中国科学院大学研究生教材系列

环境催化与污染控制系列

挥发性有机污染物催化反应过程与控制技术

郝郑平　何　炽　邓积光　程　杰　编著

科学出版社

北　京

内 容 简 介

挥发性有机物（VOCs）是 $PM_{2.5}$ 和 O_3 的重要前体物，其减排与控制是实现 $PM_{2.5}$ 和 O_3 协同控制、深入打好蓝天保卫战的关键。本书从污染排放及污染物类型的角度对VOCs污染控制催化过程与技术的研究进展进行了总结归纳，重点阐述了脂肪烃、芳香烃、醛酮类、醇酯类、含卤素、含氮/硫、多组分VOCs催化反应行为与过程。在此基础上进一步论述了VOCs氧化整体式催化剂、工业VOCs催化氧化反应器和VOCs氧化协同控制技术。

本书适合环境科学、环境工程、化学化工研究生与专业人员使用，同时可供环保、工业、科研和设计部门的工程技术人员和管理人员及大专院校师生参考。

图书在版编目(CIP)数据

挥发性有机污染物催化反应过程与控制技术 / 郝郑平等编著. —北京：科学出版社，2022.10

中国科学院大学研究生教材系列

ISBN 978-7-03-071995-9

Ⅰ. ①挥… Ⅱ. ①郝… Ⅲ. ①挥发性有机物-有机污染物-催化反应-研究生-教材 Ⅳ. ①X513

中国版本图书馆CIP数据核字（2022）第053227号

责任编辑：霍志国 孙 曼 / 责任校对：杜子昂

责任印制：肖 兴 / 封面设计：东方人华

科学出版社 出版

北京东黄城根北街16号

邮政编码：100717

http://www.sciencep.com

北京汇瑞嘉合文化发展有限公司 印刷

科学出版社发行 各地新华书店经销

*

2022年10月第 一 版 开本：787×1092 1/16

2022年10月第一次印刷 印张：36 1/2

字数：862 000

定价：198.00 元

（如有印装质量问题，我社负责调换）

“环境催化与污染控制系列”编委会

丛　书　序

环境污染问题与我国生态文明建设战略实施息息相关，如何有效控制和消减大气、水体和土壤等中的污染事关我国可持续发展和保障人民健康的关键问题。2013年以来，国家相关部门针对经济发展过程中出现的各类污染问题陆续出台了“大气十条”“水十条”“土十条”等措施，制定了大气、水、土壤三大污染防治行动计划的施工图。2022年5月，国务院发布了《新污染物治理行动方案》，提出要强化对持久性有机污染物、内分泌干扰物、抗生素等新污染物的治理。大气污染、水污染、土壤污染以及固体废弃物污染的治理技术成为生态环境保护工作的重中之重。

在众多污染物削减和治理技术中，将污染物催化转化成无害物质或可以回收利用的环境催化技术具有尤其重要的地位，一直备受国内外的关注。环境催化是一门实践性极强的学科，其最终目标是解决生产和生活中存在的实际污染问题。从应用的角度，目前对污染物催化转化的研究主要集中在两个方面：一是从工业废气、机动车尾气等中去除对大气污染具有重要影响的无机气体污染物（如氮氧化合物，二氧化硫等）和有机挥发性污染物（VOCs）；二是工农业废水、生活用水等水中污染物的催化转化去除，以实现水的达标排放或回收利用。尽管它们在反应介质、反应条件、研究手段等方面千差万别，但同时也面临一些共同的科学和技术问题，比如如何提高催化剂的效率、如何延长催化剂的使用寿命、如何实现污染物的资源化利用、如何更明确地阐明催化机理并用于指导催化剂的合成和使用、如何在复合污染条件下实现高效的催化转化等。近年来，针对这些共性问题，科技部和国家自然科学基金委员会在环境催化科学与技术领域进行了布局，先后批准了一系列重大和重点研究计划和项目，污染防治所用的新型催化剂技术也被列入2018年国家政策重点支持的高新技术领域名单。在这些项目的支持下，我国污染控制环境催化的研究近年来取得了丰硕的成果，目前已到了总结和提炼的时候。为此，我们组织编写“环境催化与污染控制系列”，对环境催化在基础研究及其应用过程中的系列关键问题进行系统地、深入地总结和梳理，以集中展示我国科学家在环境催化领域的优秀成果，更重要的是通过整理、凝练和升华，提升我国在污染治理方面的研究水平和技术创新，以应对新的科技挑战和国际竞争。

内容上，本系列不追求囊括环境催化的每一个方面，而是更注重所论述问题的代表性和重要性。系列主要聚焦大气污染治理、水污染治理两大板块，涉及光催化、电催化、热催化、光热协同催化、光电协同催化等关键技术，包括催化材料的设计合成、催化的基本原理和机制以及实际应用中关键问题的解决方案，均是近年来的研究热点；分册作者也都是活跃在环境催化领域科研一线的优秀科学家，他们对学科热点和发展方向的把握是一手的、直接的、前沿的和深刻的。

希望本系列能为我国环境污染问题的解决以及生态文明建设战略的实施提供有益的理

论和技术上的支撑，为我国污染控制新原理和新技术的产生奠定基础。同时也为从事催化化学、环境科学与工程的工作者尤其是青年研究人员和学生了解当前国内外进展提供参考。

中国科学院　院士

赵进才

序

挥发性有机化合物（VOCs）是一类重要的大气污染物，不仅会引起灰霾、光化学烟雾等大气污染，同时也会严重影响人类的身体健康。挥发性有机化合物的减排与控制是实现大气细颗粒物（$PM_{2.5}$）和臭氧协同控制，改善我国空气质量的关键举措之一。

二十多年来，在国家“863”计划、“973”计划、国家重点研发计划、环境保护公益性行业科研专项、国家自然科学基金委员会和中国科学院项目的支持下，中国科学院、高校和各研究院等单位围绕挥发性有机污染物排放特征、污染控制催化材料、过程、机理、技术等方面开展了系列研究工作，取得了一些重要的成果，在这个过程中逐渐形成一支有关挥发性有机污染物减排控制的研究队伍。《挥发性有机污染物催化反应过程与控制技术》一书的作者队伍主要来自其中骨干成员。

该书作者从污染排放及污染物种类的角度对有关 VOCs 控制催化过程与技术的研究进行了凝练和总结，把他们的研究成果、认识和经验汇入其中。该书具有较高的学术水平，相信该书的出版不仅对环境科学与工程领域的研究人员、大专院校学生有所借鉴，也会对相关领域的工程技术人员有很好的参考价值。

贺泓

中国科学院生态环境研究中心

2022 年 8 月

前　言

挥发性有机物（VOCs）是 $PM_{2.5}$和 O_3的重要前体物，其减排与控制是实现 $PM_{2.5}$和 O_3协同控制、深入打好蓝天保卫战的关键。虽然挥发性有机物的减排控制取得了长足的进展，但现阶段我国挥发性有机物的排放量尚处于高位，仍然面临排放总量大、行业排放工艺繁杂、源头减排力度不足、无组织排放占比高等问题，在治理技术上存在资源回收利用率比较低，催化剂体系、高效催化净化技术、含杂原子有机物安全控制技术发展不完善等难题，挥发性有机物控制治理开始进入行业规模化减排与精细化和深度治理阶段。

二十多年来，我们在国家 863 计划、973 计划、国家重点研发计划、环保公益项目、自然科学基金委员会和中国科学院项目的支持下，围绕着挥发性有机物排放特征、污染控制催化材料、工艺过程、反应机理、技术设备和工程应用等方面做了大量的研究工作，取得了一些重要的成果，在这个过程中逐步形成一支有关挥发性有机物减排控制的研究队伍，同时也为政府、行业与组织做了不少的技术咨询与技术服务。

针对国家挥发性有机物排放控制的需求，结合目前科学研究的进展，我们从污染排放及污染物类型的角度对挥发性有机物污染控制催化过程与技术的研究进展进行了总结归纳，把我们的研究成果、结果和认识汇入其中。我们希望能够为未来的研究及控制材料与技术开发提供一些思路与建议，为国家挥发性有机物减排与控制做一些努力。我们相信挥发性有机物的减排控制必将有助于国家大气环境的改善与可持续发展的实现。

本书共分为 12 章。第 1 章是绪论（中国科学院大学郝郑平、黎刚刚）。第 2 章是重点行业 VOCs 排放特征与污染物组成（北京市生态环境保护科学研究院王海林、中国科学院大学郝郑平）。第 3 章是脂肪烃 VOCs 催化氧化反应行为与过程（华东理工大学詹望成、中国科学院生态环境研究中心麻春艳）。第 4 章是芳香烃 VOCs 催化反应行为与过程（中国科学院城市环境研究所贾宏鹏、绍兴文理学院左树锋）。第 5 章是醛酮类 VOCs 催化反应行为与过程（宁夏大学孙永刚、中国科学院生态环境研究中心麻春艳、中国科学院大学郝郑平）。第 6 章是醇酯类 VOCs 催化反应行为与过程（北京工业大学邓积光、刘雨溪）。第 7 章是含卤素 VOCs 催化反应行为与过程（天津大学林法伟、华东理工大学戴启广）。第 8 章是含氮/硫 VOCs 催化反应行为与过程（中国科学院大学程杰、昆明理工大学罗永明）。第 9 章是多组分 VOCs 催化反应行为与过程（浙江大学翁小乐、宁波大学孟庆洁）。第 10 章是 VOCs 氧化整体式催化剂（西安交通大学何炽，中国科学院大学张中申、程杰）。第 11 章是 VOCs 催化氧化反应器结构和设计（浙江工业大学卢晗锋、刘华彦）。第 12 章是 VOCs 氧化协同控制技术（中山大学黄海保、武汉大学李进军、大连海事大学朱斌）。全书由郝郑平统稿，何炽、邓积光和程杰负责全书内容的审核。

本书不仅可供环境科学、环境工程、化学化工研究生与专业人员使用，同时也可供环保、工业、科研和设计部门的工程技术人员和管理人员及大专院校相关专业师生参考、借鉴和使用。

由于本书所涉及的领域较宽，难免有挂一漏万和重复赘述之处，且由于作者的专业水平和认知有限，书中尚存不当之处，敬请读者赐正。

本书得到了中国科学院大学教材出版中心资助，科学出版社编辑为本书付出了辛勤劳动，相关学者和研究生在本书的写作过程中给了很大的帮助，在此一并表示感谢。

2022 年 6 月

目　录

第1章 绪 论

1.1 挥发性有机物简介

挥发性有机物，英文名称为 volatile organic compounds，简称为 VOCs，是一类具有挥发性的有机化合物的统称。目前，国际上的一些国家、国际组织和机构对 VOCs 的定义不完全相同，如欧盟将 VOCs 定义为标准压力 101.325kPa 下，沸点不大于 250℃的所有有机化合物[1]；国际标准化组织将 VOCs 定义为常温常压条件下，能够自主挥发的有机液体和/或固体[2]；美国国家环境保护局则是从光化学反应的角度将 VOCs 定义为参与大气光化学反应的所有含碳化合物。我国主要从光化学污染和管控的角度出发，将 VOCs 定义为参与大气光化学反应的有机化合物或者根据相关规定确定的有机化合物。

按照 VOCs 结构的不同，可将其分为以下几类：烷类、芳烃类、烯类、卤烃类、酯类、醛类、酮类和其他化合物。除了按照结构分类外，世界卫生组织还按照沸点将 VOCs 分为易挥发性有机物（very volatile organic compounds，VVOCs）、挥发性有机物和半挥发性有机物（semi-volatile organic compounds，SVOCs），一般还是统称为 VOCs。

1.2 VOCs 的危害

近代工业的迅速发展，导致了 VOCs 的大量排放。该类化合物由于常温下易挥发，对人体健康和环境安全造成直接危害，尤其是对光化学烟雾、臭氧、细颗粒物、全球变暖等的贡献，近年来得到了广泛的关注[3]。

VOCs 对人体健康的影响也是其备受人们关注的重要原因之一，可分为直接影响和间接影响[4]。首先，VOCs 所表现出的毒性、致癌性和恶臭，危害人体健康。其次，VOCs 可导致光化学烟雾，光化学烟雾对眼睛的刺激作用特别强，且对鼻、咽喉、气管和肺等呼吸器官也有明显的刺激作用，并伴有头痛，使呼吸道疾病恶化[5]。很多 VOCs 对人体健康有直接危害，已经有大量的大气 VOCs 生物毒理和人群暴露的研究结果，所建立的 166 种大气有毒有机物名单中 50% 以上是 VOCs。

相关研究表明，我国人为源排放的 VOCs 在化学组分方面主要由苯系物（30%）、不饱和烃（21%）、烷烃（20%）构成，毒性 VOCs 的排放比重约占 30%。因此，鉴于我国 VOCs 排放量大且具有较高的毒性和大气氧化活性，VOCs 污染对公众的身体健康和生命安全的影响不容忽视。

1.3　我国 VOCs 污染现状

当前我国大气环境质量现状是不乐观的、令人担忧。虽然我国的经济持续高速增长、社会发展取得显著成效，但是付出了空气质量衰退的代价。尽管以 $PM_{2.5}$ 为代表的大气复合污染得到了一定的有效控制，但大气中以臭氧（O_3）为特征的二次污染物浓度水平快速上升，监测到 O_3 的大气污染水平已超过美国南加州地区的浓度。大气污染造成的健康损失已引起公众和政府的高度重视，提升空气质量、保护人群健康已经被提到议事日程。

VOCs 是气态的有机物，其组分十分复杂，包括成千上万种不同的物质。大气中一些高活性的 VOCs 相当于大气氧化过程的燃料，是大气氧化性增强的关键。许多城市和地区大气臭氧的生成都是受 VOCs 控制的化学过程，关注 VOCs 在臭氧生成的作用是很多 VOCs 研究的主要出发点。VOCs 转化生成的二次有机气溶胶（SOA）在细颗粒有机物质量浓度中占20%~50%，VOCs 转化及其对 SOA 生成的贡献是认识大气 $PM_{2.5}$ 浓度、组成和变化的核心[6]。

VOCs 排放源非常复杂，从大类上分，主要包括自然源和人为源，自然源主要为植被排放、森林火灾、野生动物排放和湿地厌氧过程等，属于非人为可控范围。人为源大致可分为生活源、移动源、工业源[7]。生活源包括建筑装饰、餐饮油烟、垃圾处置、生物质焚烧、干洗、汽修等。移动源包括机动车、轮船等交通工具以及非道路发动机排放。工业源 VOCs 排放所涉及的行业众多，基于 VOCs 污染全生命周期，可以将其归类于 4 个过程：含 VOCs 产品的生产过程，含 VOCs 产品的储存、运输和营销过程，以含 VOCs 产品为原料的化工生产过程，以及含 VOCs 产品的使用过程。具体如下：

（1）含 VOCs 产品的生产过程：如石油炼制、石油化工、煤化工、有机化工等；

（2）含 VOCs 产品的储存、运输和营销过程：包括原油的转运与储存、生产过程油品（溶剂）的储存与转运，以及使用过程油品（汽油/柴油）的转运/储存/销售环节；

（3）以含 VOCs 产品为原料的化工生产过程：如涂料生产、油墨生产、高分子合成、胶黏剂生产、食品生产、日用品生产、医药化工、轮胎制造等；

（4）含 VOCs 产品的使用过程：如装备制造业涂装、半导体与电子设备制造、包装印刷、医药化工、塑料和橡胶制品生产、人造革生产、人造板生产、纺织行业、钢铁冶炼行业等，其中装备制造业涂装又涵盖所有涉及涂装工艺的行业，如机动车制造与维修、家具、家用电器、钢结构、金属制品、彩钢板、集装箱、造船、电气设备等众多行业。

我国人为源 VOCs 排放量随时间变化呈现出快速增加的态势。工业源是我国最主要的人为 VOCs 排放源，在工业源的四个产污环节中，含 VOCs 产品的使用过程的排放贡献最大。

人为 VOCs 排放源非常复杂，点多面广。区别于颗粒物、二氧化硫（SO_2）和氮氧化物（NO_x）等传统大气污染物，VOCs 由于具有挥发性，在使用过程与处理工序均可能造成排放。鉴于其具有独特的排放来源与排放形式，VOCs 被逐步纳入环境统计或污染源普查等统计范畴[8]。

1.4 VOCs排放标准与政策

我国VOCs排放量巨大，且对区域复合型污染的形成有重要作用，控制VOCs排放在我国减少灰霾和光化学烟雾污染、改善城市与区域大气环境质量方面具有重要意义。以2010年5月发布的《国务院办公厅转发环境保护部等部门关于推进大气污染联防联控工作改善区域空气质量指导意见的通知》（国办发〔2010〕33号）为标志，国家已经将VOCs污染防治工作提上了议事日程。2013年9月，国务院印发了《大气污染防治行动计划》，将VOCs与SO_2、NO_x及颗粒物一并列为重点防控的污染物，并对未来五年我国VOCs污染防治工作做出全面部署。

与欧美等发达国家和地区相比，我国涉及VOCs法规的颁布要滞后。《中华人民共和国大气污染防治法》是大气环境管理的根本依据。为了进一步满足新的环境保护形势要求，从“十二五”起，环境保护部（现生态环境部）已着手抓紧制定相关行业VOCs排放标准，以及配套的监测方法、技术政策、工程技术规范等文件，“十三五”全面铺开，“十四五”VOCs已经替换掉SO_2被列到总量考核。一些省市也开展了一些地方VOCs排放标准工作，如北京、上海、广东、天津等省市。目前VOCs排放控制方面所依据的法律、标准与政策文件主要包括以下几种。

1. 法律

《中华人民共和国大气污染防治法（主席令第三十一号)》（自2016年1月1日起施行)，对VOCs的治理要求进行了细化。

2. 国家相关规划政策文件

（1）《国务院办公厅转发环境保护部等部门关于推进大气污染联防联控工作改善区域空气质量指导意见的通知》（国办发〔2010〕33号)，首次将VOCs列为需要重点控制的四项污染物之一。

（2）环境保护部、国家发展和改革委员会、财政部关于印发《重点区域大气污染防治“十二五”规划》的通知（国函〔2012〕146号)。

（3）《挥发性有机物（VOCs）污染防治技术政策》(环境保护部公告2013年第31号)。

（4）《国务院关于印发大气污染防治行动计划的通知》（国发〔2013〕37号)，提出全面启动挥发性有机物污染防治，全面深化京津冀及周边地区、长三角、珠三角等区域大气污染联防联控，全面加强石化、有机化工、表面涂装、包装印刷等重点行业挥发性有机物控制。

（5）环境保护部《关于印发〈石化行业挥发性有机物综合整治方案〉的通知》(环发〔2014〕177号)，针对排放量巨大的石化行业提出了综合整治方案。

（6）环境保护部《关于印发〈石化行业VOCs污染源排查工作指南〉及〈石化企业泄漏检测与修复工作指南〉的通知》（环办〔2015〕104号)，对于石化行业综合整治中污染源排查、泄漏检测与修复工作发布指南。

（7）《工业和信息化部　财政部关于印发〈重点行业挥发性有机物削减行动计划〉的通知》（工信部联节〔2016〕217 号），提出在重点行业通过实施原料替代和过程控制等削减 VOCs 排放量，达到 2018 年减排 330 万 t。

（8）《国务院关于印发“十三五”生态环境保护规划的通知》（国发〔2016〕65 号），提出在重点地区、重点行业大力推进挥发性有机物总量控制，“十三五”期间全国排放总量下降 10% 以上。

（9）《国务院关于印发“十三五”节能减排综合工作方案的通知》（国发〔2016〕74 号），提出大力推进石化、化工、印刷、工业涂装、电子信息等行业挥发性有机物综合治理，全国挥发性有机物排放总量比 2015 年下降 10% 以上。

（10）环境保护部等六部委《关于印发〈“十三五”挥发性有机物污染防治工作方案〉的通知》（环大气〔2017〕121 号），明确提出 2020 年 VOCs 的排放量要在 2015 年的基础上减排 10% 的目标任务。

（11）《国务院关于印发打赢蓝天保卫战三年行动计划的通知》（国发〔2018〕22 号），对 VOCs 治理工作提出了更加严格的要求。

（12）生态环境部《关于印发〈重点行业挥发性有机物综合治理方案〉的通知》（环大气〔2019〕53 号），针对 VOCs 治理中存在的无组织排放问题、治理设施简易低效等问题，提出了具体可行的治理意见，以指导行业。

（13）生态环境部《关于印发〈2020 年挥发性有机物治理攻坚方案〉的通知》（环大气〔2020〕33 号），强调监测、执法、人员、资金保障等重点向 VOCs 治理攻坚行动倾斜，加强相关部门、行业协会等协调配合，强调加强京津冀及周边地区、长三角地区、汾渭平原、苏皖鲁豫交界地区及其他 O_3 污染防治任务重的地区的工作。

（14）生态环境部印发《关于加快解决当前挥发性有机物治理突出问题的通知》（环大气〔2021〕65 号），要求开展重点任务和问题整改“回头看”，针对当前的突出问题［挥发性有机液体储罐、装卸、敞开液面、泄漏检测与修复（LDAR）、废气收集、废气旁路、治理设施、加油站、非正常工况、产品 VOCs 含量等 10 个关键环节］开展排查整治，推动环境空气质量持续改善和“十四五”VOCs 减排目标顺利完成。

3. 国家排放标准

涉及 VOCs 污染控制方面的标准规范修订工作持续推进，最新发布的《挥发性有机物无组织排放控制标准》（GB 37822—2019）、《涂料、油墨及胶粘剂工业大气污染物排放标准》（GB 37824—2019）、《制药工业大气污染物排放标准》（GB 37823—2019）等国家标准，标志着 VOCs 污染管理思路上有了新的变化，强调从源头、过程和末端进行全过程控制，强化源头削减和过程控制，鼓励企业进行源头减排（表 1-1）。标准中规定除排放浓度指标外，对源排放增加了去除效率的要求［当废气中非甲烷总烃（non-methane total hydrocarbon，NMHC）初始排放速率≥3kg/h 或重点地区≥2kg/h 时，应配置 VOCs 处理设施，处理效率不应低于 80%］；也明确了困扰行业已久的 VOCs 燃烧（焚烧、氧化）装置的含氧量折算要求；VOCs 排放控制要求普遍加严，规定了重点地区的特别排放限值和无组织排放特别控制要求；标准中限值要求与措施性要求并重，兼顾行为管控与效果评定。

表 1-1 涉及 VOCs 国家大气污染物排放管控项目

序号	标准名称	标准编号
1	《恶臭污染物排放标准》	GB 14554—1993
2	《大气污染物综合排放标准》	GB 16297—1996
3	《合成革与人造革工业污染物排放标准》	GB 21902—2008
4	《橡胶制品工业污染物排放标准》	GB 27632—2011
5	《炼焦化学工业污染物排放标准》	GB 16171—2012
6	《轧钢工业大气污染物排放标准》	GB 28665—2012
7	《电池工业污染物排放标准》	GB 30484—2013
8	《石油炼制工业污染物排放标准》	GB 31570—2015
9	《石油化学工业污染物排放标准》	GB 31571—2015
10	《合成树脂工业污染物排放标准》	GB 31572—2015
11	《烧碱、聚氯乙烯工业污染物排放标准》	GB 15581—2016
12	《挥发性有机物无组织排放控制标准》	GB 37822—2019
13	《制药工业大气污染物排放标准》	GB 37823—2019
14	《涂料、油墨及胶粘剂工业大气污染物排放标准》	GB 37824—2019
15	《铸造工业大气污染物排放标准》	GB 39726—2020
16	《农药制造工业大气污染物排放标准》	GB 39727—2020
17	《陆上石油天然气开采工业大气污染物排放标准》	GB 39728—2020
18	《储油库大气污染物排放标准》	GB 20950—2020
19	《油品运输大气污染物排放标准》	GB 20951—2020
20	《加油站大气污染物排放标准》	GB 20952—2020

汽车涂装、家具制造、人造板制造、印刷等行业大气污染物排放标准及恶臭污染物排放标准正在加快修订中。

4. 地方排放标准

我国各省（区、市）根据各地产业结构和减排方向，制定了大量与 VOCs 排放相关的地方排放标准，目前已经发布的与 VOCs 有关的排放标准包括：北京市 15 项，上海市 12 项，山东省 9 项，重庆市、江苏省各 7 项，江西省 6 项，广东省、浙江省、河南省各 5 项，河北省、福建省各 4 项，天津市、湖南省各 3 项，辽宁省、湖北省、山西省各 2 项，吉林省、黑龙江省、宁夏回族自治区、陕西省、四川省各 1 项（表 1-2）。

5. 工程技术规范

VOCs 治理行业的主流技术，如吸附法、蓄热燃烧法、催化燃烧法等有机废气治理技术已经比较成熟，均制定了相关的工程技术规范。同时还制定了石油炼制、包装印刷等重点 VOCs 排放行业的治理工程技术规范。举例如下：

《吸附法工业有机废气治理工程技术规范》（HJ/T 2026—2013）；

表 1-2　涉及 VOCs 地方大气污染物排放管控项目

序号	标准名称	标准编号
	北京市	
1	《储油库油气排放控制和限值》	DB 11/206—2010
2	《油罐车油气排放控制和限值》	DB 11/207—2010
3	《加油站油气排放控制和限值》	DB 11/208—2019
4	《炼油与石油化学工业大气污染物排放标准》	DB 11/447—2015
5	《大气污染物综合排放标准》	DB 11/501—2017
6	《铸锻工业大气污染物排放标准》	DB 11/914—2012
7	《防水卷材行业大气污染物排放标准》	DB 11/1055—2013
8	《印刷业挥发性有机物排放标准》	DB 11/1201—2015
9	《木质家具制造业大气污染物排放标准》	DB 11/1202—2015
10	《工业涂装工序大气污染物排放标准》	DB 11/1226—2015
11	《汽车整车制造业（涂装工序）大气污染物排放标准》	DB 11/1227—2015
12	《汽车维修业大气污染物排放标准》	DB 11/1228—2015
13	《有机化学品制造业大气污染物排放标准》	DB 11/1385—2017
14	《餐饮业大气污染物排放标准》	DB 11/1488—2018
15	《电子工业大气污染物排放标准》	DB 11/1631—2019
	上海市	
1	《生物制药行业污染物排放标准》	DB 31/373—2010
2	《半导体行业污染物排放标准》	DB 31/374—2006
3	《汽车制造业（涂装）大气污染物排放标准》	DB 31/859—2014
4	《印刷业大气污染物排放标准》	DB 31/872—2015
5	《涂料、油墨及其类似产品制造工业大气污染物排放标准》	DB 31/881—2015
6	《大气污染物综合排放标准》	DB 31/933—2015
7	《船舶工业大气污染物排放标准》	DB 31/934—2015
8	《城镇污水处理厂大气污染物排放标准》	DB 31/982—2016
9	《恶臭（异味）污染物排放标准》	DB 31/1025—2016
10	《家具制造业大气污染物排放标准》	DB 31/1059—2017
11	《畜禽养殖业污染物排放标准》	DB 31/1098—2018
12	《汽车维修行业大气污染物排放标准》	DB 31/1288—2021
	重庆市	
1	《大气污染物综合排放标准》	DB 50/418—2016
2	《汽车整车制造表面涂装大气污染物排放标准》	DB 50/577—2015
3	《摩托车及汽车配件制造表面涂装大气污染物排放标准》	DB 50/660—2016
4	《汽车维修业大气污染物排放标准》	DB 50/661—2016
5	《家具制造业大气污染物排放标准》	DB 50/757—2017

续表

序号	标准名称	标准编号
6	《包装印刷业大气污染物排放标准》	DB 50/758—2017
7	《餐饮业大气污染物排放标准》	DB 50/859—2018
	天津市	
1	《恶臭污染物排放标准》	DB 12/059—2018
2	《工业企业挥发性有机物排放控制标准》	DB 12/524—2020
3	《铸锻工业大气污染物排放标准》	DB 12/764—2018
	山东省	
1	《挥发性有机物排放标准 第1部分：汽车制造业》	DB 37/2801.1—2016
2	《挥发性有机物排放标准 第2部分：铝型材工业》	DB 37/2801.2—2019
3	《挥发性有机物排放标准 第3部分：家具制造业》	DB 37/2801.3—2017
4	《挥发性有机物排放标准 第4部分：印刷业》	DB 37/2801.4—2017
5	《挥发性有机物排放标准 第5部分：表面涂装行业》	DB 37/2801.5—2018
6	《挥发性有机物排放标准 第6部分：有机化工行业》	DB 37/2801.6—2018
7	《挥发性有机物排放标准 第7部分：其他行业》	DB 37/2801.7—2019
8	《有机化工企业污水处理厂（站）挥发性有机物及恶臭污染物排放标准》	DB 37/3161—2018
9	《钢铁工业大气污染物排放标准》	DB 37/990—2019
	江西省	
1	《挥发性有机物排放标准 第1部分：印刷业》	DB 36/1101.01—2019
2	《挥发性有机物排放标准 第2部分：有机化工行业》	DB 36/1101.02—2019
3	《挥发性有机物排放标准 第3部分：医药制造业》	DB 36/1101.03—2019
4	《挥发性有机物排放标准 第4部分：塑料制品业》	DB 36/1101.04—2019
5	《挥发性有机物排放标准 第5部分：汽车制造业》	DB 36/1101.05—2019
6	《挥发性有机物排放标准 第6部分：家具制造业》	DB 36/1101.06—2019
	广东省	
1	《家具制造行业挥发性有机化合物排放标准》	DB 44/814—2010
2	《印刷行业挥发性有机化合物排放标准》	DB 44/815—2010
3	《表面涂装（汽车制造业）挥发性有机化合物排放标准》	DB 44/816—2010
4	《制鞋行业挥发性有机化合物排放标准》	DB 44/817—2010
5	《集装箱制造业挥发性有机物排放标准》	DB 44/1837—2016
	浙江省	
1	《生物制药工业污染物排放标准》	DB 33/923—2014
2	《纺织染整工业大气污染物排放标准》	DB 33/962—2015
3	《化学合成类制药工业大气污染物排放标准》	DB 33/2015—2016
4	《制鞋工业大气污染物排放标准》	DB 33/2046—2017
5	《工业涂装工序大气污染物排放标准》	DB 33/2146—2018

续表

序号	标准名称	标准编号
	江苏省	
1	《表面涂装（汽车制造业）挥发性有机物排放标准》	DB 32/2862—2016
2	《化学工业挥发性有机物排放标准》	DB 32/3151—2016
3	《表面涂装（家具制造业）挥发性有机物排放标准》	DB 32/3152—2016
4	《生物制药行业水和大气污染物排放限值》	DB 32/3560—2019
5	《半导体行业污染物排放标准》	DB 32/3747—2020
6	《汽车维修行业大气污染物排放标准》	DB 32/3814—2020
7	《表面涂装（汽车零部件）大气污染物排放标准》	DB 32/3966—2021
	河北省	
1	《青霉素类制药挥发性有机物和恶臭特征污染物排放标准》	DB 13/2208—2015
2	《工业企业挥发性有机物排放控制标准》	DB 13/2322—2016
3	《炼焦化学工业大气污染物超低排放标准》	DB 13/2863—2018
4	《钢铁工业大气污染物超低排放标准》	DB 13/2169—2018
	河南省	
1	《餐饮业油烟污染物排放标准》	DB 41/1604—2018
2	《工业涂装工序挥发性有机物排放标准》	DB 41/1951—2020
3	《钢铁工业大气污染物排放标准》	DB 41/1954—2020
4	《炼焦化学工业大气污染物排放标准》	DB 41/1955—2020
5	《印刷工业挥发性有机物排放标准》	DB 41/1956—2020
	湖南省	
1	《家具制造行业挥发性有机物排放标准》	DB 43/1355—2017
2	《表面涂装（汽车制造及维修）挥发性有机物、镍排放标准》	DB 43/1356—2017
3	《印刷业挥发性有机物排放标准》	DB 43/1357—2017
	湖北省	
1	《湖北省印刷行业挥发性有机物排放标准》	DB 42/1538—2019
2	《表面涂装（汽车制造业）挥发性有机化合物排放标准》	DB 42/1539—2019
	福建省	
1	《制鞋工业大气污染物排放标准》	DB 35/156—1996
2	《工业企业挥发性有机物排放标准》	DB 35/1782—2018
3	《工业涂装工序挥发性有机物排放标准》	DB 35/1783—2018
4	《印刷行业挥发性有机物排放标准》	DB 35/1784—2018

续表

序号	标准名称	标准编号
	辽宁省	
1	《工业涂装工序挥发性有机物排放标准》	DB 21/3160—2019
2	《印刷业挥发性有机物排放标准》	DB 21/3161—2019
	吉林省	
1	《糠醛工业污染物控制要求》	DB 22/426—2010
	黑龙江省	
1	《糠醛工业大气污染物排放标准》	DB 23/395—2010
	宁夏回族自治区	
1	《煤基活性炭工业大气污染物排放标准》	DB 64/819—2012
	四川省	
1	《四川省固定污染源大气挥发性有机物排放标准》	DB 51/2377—2017
	陕西省	
1	《挥发性有机物排放控制标准》	DB 61/T1061—2017
	山西省	
1	《再生橡胶行业大气污染物排放标准》	DB 14/1930—2019
2	《钢铁工业大气污染物排放标准》	DB 14/2249—2020

《催化燃烧法工业有机废气治理工程技术规范》（HJ/T 2027—2013）；
《蓄热燃烧法工业有机废气治理工程技术规范》（HJ/T 1093—2020）；
《石油炼制工业废气治理工程技术规范》（HJ 1094—2020）；
《包装印刷业有机废气治理工程技术规范》（HJ 1163—2021）。

6. 相关行业技术指南

国家层面上，已发布了一些重点 VOCs 排放行业的污染防治可行技术指南，还有一些行业尚在制定过程中。举例如下：

《炼焦化学工业污染防治可行技术指南》（HJ 2306—2018）；
《印刷工业污染防治可行技术指南》（HJ 1089—2020）；
《纺织工业污染防治可行技术指南》（HJ 1177—2021）；
《涂料油墨工业污染防治可行技术指南》（HJ 1179—2021）；
《家具制造工业污染防治可行技术指南》（HJ 1180—2021）；
《汽车工业污染防治可行技术指南》（HJ 1181—2021）。

7. 国家产品标准

《环境保护产品技术要求 工业废气吸附净化装置》（HJ/T 386—2007）；
《环境保护产品技术要求 工业废气吸收净化装置》（HJ/T 387—2007）；
《环境保护产品技术要求 工业有机废气催化净化装置》（HJ/T 389—2007）。

8. 团体标准

吸附法、蓄热燃烧法、催化燃烧法等有机废气治理技术已经比较成熟，工程实践中发展了多种成熟的工艺过程，制定相关工艺装置的团体标准在于引领 VOCs 治理设施的发展，提高治理设施整体的质量。相关标准举例如下：

《工业有机废气蓄热催化燃烧装置》（JB/T 13733—2019）；

《工业有机废气蓄热热力燃烧装置》（JB/T 13734—2019）；

《固定床蜂窝状活性炭吸附浓缩装置技术要求（T/CAEPI 34—2021）》；

《旋转式沸石吸附浓缩装置技术要求（T/CAEPI 31—2021）》；

《废气生物法净化装置技术要求（T/CAEPI 29—2020）》等。

在编的团体标准包括颗粒活性炭吸附-氮气脱附溶剂回收、颗粒活性炭吸附-蒸气脱附溶剂回收、活性碳纤维吸附-蒸气脱附溶剂回收等。

9. 含 VOCs 溶剂使用产品标准

下面 7 项涉及 VOCs 物料含量限值标准，于 2020 年 12 月 1 日实施。含 VOCs 产品的使用在工业源 VOCs 排放中占比很大，从原料上对挥发性有机物含量提出限值，进行源头减排是 VOCs 治理的重要环节。

《木器涂料中有害物质限量》（GB 18551—2020）；

《建筑用墙面涂料中有害物质限量》（GB 18552—2020）；

《车辆涂料中有害物质限量》（GB 24409—2020）；

《工业防护涂料中有害物质限量》（GB 30981—2020）；

《胶粘剂挥发性有机化合物限量》（GB 33372—2020）；

《油墨中可挥发性有机化合物（VOCs）含量的限值》（GB 38507—2020）；

《清洗剂挥发性有机化合物含量限值》（GB 38508—2020）。

总体而言，“十三五”期间我国 VOCs 控制的标准得到了长足的发展，基本上能满足当前的环境管理需要，主要表现在系统性、行业针对性等方面。不过针对全面控制及控制水平的提高，相应的标准仍需要不断制定与修订完善。

1.5　VOCs 减排控制技术

VOCs 的减排控制需要经过系统的考虑，遵循的基本原则是源头控制、过程控制、末端控制以及通过综合有组织和无组织排放的总量控制。减排的最佳途径是通过源头替代与清洁生产减少其使用及挥发。但鉴于当前管理水平以及工业生产现状，其控制和治理仍然要以工程技术为主。末端控制技术主要包括催化氧化、吸附-浓缩-（催化）燃烧、活性炭/碳纤维吸脱附、等离子体分解、生物净化以及热力燃烧等。

源头减排是实现行业 VOCs 减排的重点。在很多行业中，VOCs 的减排首先是提高清洁生产水平，从源头上实现 VOCs 的减排。源头减排涉及对企业的提质改造，包括生产工艺、生产设备和原材料的替代与改进。如汽车和家具生产行业喷涂生产线的改造，更换水性涂料或低VOCs含量的涂料；包装印刷行业复合与印刷生产工艺改进，更换水性油墨和水性胶黏剂等。从短期来看，生产工艺、生产设备改进投入大；但从长期来看，可以促进产业升级，提高企业的核心竞争力。目前我国很多行业尚处于粗放型生产阶段，源头减排的潜力巨大，由此催生了环保型原材料，如涂料、油墨、胶黏剂、清洗剂等。

过程控制是VOCs减排的难点。过程控制主要包括两个方面：一是加强生产过程控制，减少设备和管线的泄漏；二是完善废气收集措施，减少废气的无组织逸散。泄漏检测与修复（LDAR）是石化等行业VOCs减排的重点，逐渐扩展到化工、制药等行业。废气的有效收集是进行末端治理的前提，应着重提高废气收集效率。在众多行业中，VOCs无组织逸散通常是VOCs废气的主要排放形式。随着对VOCs进行深化治理，减少管线和设备泄漏，对废气进行高效的收集，使无组织废气变为有组织废气，才能实现废气的高效治理，达到深度治理的目的。

末端治理技术是达标排放的关键。VOCs治理技术得到了快速的发展和提升。主流的治理技术，如吸附技术、燃烧技术、催化技术不断发展和完善，生物治理技术的适用范围不断拓宽。随着对VOCs和恶臭异味的治理要求不断提高，各地开始强调对VOCs的深化治理工作，针对重点行业的VOCs的深度治理技术和治理工艺，各类集成净化技术和组合净化工艺逐渐得以完善。

1. 吸附技术

吸附技术按脱附方式划分，主要有变温吸附技术和变压吸附技术两种。因脱附介质不同，变温吸附技术可分为低压水蒸气脱附再生技术、氮气保护脱附再生技术和热空气脱附再生技术。其中，低压水蒸气脱附再生技术应用最为广泛，主要用于各类有机溶剂的吸附回收工艺；氮气保护脱附再生技术与低压水蒸气脱附再生技术相比，安全性好，在包装印刷行业的应用最为广泛，目前正逐步拓展到其他行业；热空气脱附再生技术目前在工程上主要应用于低浓度VOCs废气的吸附浓缩装置，通常和催化燃烧装置配合使用，如蜂窝状活性炭的再生、沸石转轮的再生等。真空（降压）解吸再生技术主要应用在高浓度油气回收和储运过程中的溶剂回收领域。目前在VOCs治理中常用的吸附材料主要包括颗粒活性炭、蜂窝活性炭、活性碳纤维、改性沸石以及硅胶等。

在众多的工业行业中，VOCs是以低浓度、大风量的形式排放的，为了降低治理费用，通常是利用吸附材料首先对低浓度废气进行吸附浓缩，然后再进行冷凝回收、催化燃烧或高温焚烧处理。在包装印刷、石油化工、化学化工、原料药制造、涂布等行业中，吸附+冷凝回收工艺因具有一定的经济效益而得到广泛应用。低浓度的废气吸附浓缩后一般采用燃烧装置进行净化，旋转式沸石（分子筛）吸附浓缩技术（盘式转轮和立式转塔，采用多种类型的硅铝分子筛材料作为吸附剂）是很多行业低浓度VOCs治理的主流技术。该技术净化效率高，尾气排放浓度稳定，采用高温热气流再生时安全性好，应用范围非常广泛，是目前如汽车制造等喷涂行业的最佳可行治理技术。

活性炭是VOCs治理中应用较为广泛的吸附材料，近年来正沿着高性能和高附加值的单一用途活性炭的方向发展，如不同类型的溶剂（含氯溶剂、酮类溶剂等）回收用活性炭、油气回收专用活性炭等。疏水改性硅铝分子筛是沸石转轮的关键吸附材料，国外的公司在多年前便掌握了该技术，并大量应用，近年来我国的一些公司在硅铝分子筛的改性技术方面也取得了进展，技术水平逐步提高，实现了工程应用。在活性碳纤维制造方面，除了黏胶基纤维外，在高性能的聚丙烯腈基和酚醛树脂基活性碳纤维研制方面已取得了重要进展。二氯甲烷等专用活性碳纤维研发取得了突破，应用效果良好。颗粒活性炭、活性碳纤维溶剂吸附回收设备在我国已经得到了大量应用，技术水平也得到了显著提升。在低压水蒸气脱附再生工艺中，吨溶剂的水蒸气用量减少，降低了设备运行成本；氮气保护脱附再生工艺设备不断得到完善，逐步应用于除包装印刷以外的其他行业。盘式转轮立式转塔的制造技术得到了突破，技术接近国际水平，目前已经形成了多种型号的吸附设备[9]。

2. 燃烧技术

高温燃烧是比较彻底的处理有机废气的方法，也是目前 VOCs 治理的主流技术之一。一般来说，其适用于较高浓度有机废气的治理，如汽车制造、化工、工业涂装等行业。其中，热回收式热力焚烧装置（TNV）由于可以较为充分地回收利用燃烧后产生的热能，被应用于一些行业的高浓度 VOCs 治理中。但由于工业生产过程中产生的有机废气大部分具有大风量、低浓度的排放特点，单一高温焚烧技术的应用受到限制。

蓄热燃烧（RTO）技术是指将工业有机废气进行燃烧净化处理，并利用陶瓷蓄热体对待处理废气进行换热升温、对净化后排气进行换热降温的工艺。蓄热燃烧技术因具有去除效率高、适用浓度范围广、运行稳定等优点而成为 VOCs 治理的主流技术之一。相对于其他技术而言，由于其净化效率高，运行稳定可靠，在对污染源的管理日益严格的情况下，蓄热燃烧净化设备的应用范围广泛。

具有高热容量的陶瓷蓄热体是蓄热燃烧装置（RTO）中蓄热系统的关键材料。RTO 采用直接换热的方法将燃烧尾气中的热量储存在蓄热体中，高温蓄热体直接加热待处理废气，换热效率可达 90% 以上，远高于传统的间接换热器的换热效率（50%～70%）。新型的多层板片组合式陶瓷蜂窝填料目前应用较为广泛，该材料的特点在于每个薄片上开有沟槽，两片组合后构成内部相通的通道，使气流可以横向和纵向地通过填料，在达到相同热效率的条件下，所需的容积比传统的陶瓷蜂窝体少，堆体密度、比表面积、孔隙率等与传统的陶瓷蜂窝体性能接近。

RTO 可以分为固定式 RTO 和旋转式 RTO。应根据废气来源、组分、性质（温度、湿度、压力）、流量等因素，综合分析后选择适宜的 RTO。固定式 RTO，根据蓄热体床层的数量分为两室 RTO 或多室 RTO。与两室 RTO 相比，三室 RTO 或多室 RTO 的净化效率较高，目前三室 RTO 的应用最为广泛。旋转式 RTO 的蓄热体是固定的，利用旋转式气体分配器来改变进入蓄热体气流的方向，其外形呈圆筒状。旋转式 RTO 的气流切换装置比较复杂，但结构较紧凑，占地面积小[9]。

3. 催化净化技术

催化净化技术狭义上又称催化氧化技术（实际上不完全是氧化技术，是催化反应技术），由于处理效率高，其已成为 VOCs 治理的主流技术之一，适用于中高浓度有机废气的治理。该技术使用催化剂降低反应的活化能，使有机物在较低温度下氧化（转化）分解，设备的运行费用较低。VOCs 氧化（净化）催化剂一般分为贵金属催化剂和金属氧化物催化剂，两类催化剂的应用都很广泛。针对不同类型的有机化合物（碳氢化合物、芳烃、醇类、脂类、醛类等）的转化与反应，催化剂的起燃温度、净化效率等存在差异，市场上使用的通常是广谱有效的催化剂与专用催化剂产品。目前市场上贵金属催化剂的性能差异较大，催化剂的贵金属含量、催化效率、催化剂寿命等缺乏标准规范，存在不少的问题。金属氧化物催化剂的反应温度较高，可以用于含氧、氮、硫、卤素等有机物的净化，也有很多的应用。总体来看，贵金属催化剂市场上可选的产品性能相对比较稳定，金属氧化物催化剂选型与性能有待进一步提高。蓄热催化燃烧（RCO）技术是在催化燃烧的基础上增加直接换热装置，以提高热能回收效率。热能回收原理和蓄热燃烧技术相同。催化剂和蓄热体是蓄热催化燃烧装置的关键材料。

4. 生物净化技术

生物法具有设备简单、投资及运行费用较低、无二次污染等优点。近年来生物法处理有机废气取得了长足的进展，不同种类的生物菌剂和新的生物填料的开发不断深入，适用范围不断拓宽，除在以往的生物除臭领域的应用外，已成为某些行业低浓度、易生物降解有机废气治理的主要技术之一。针对废气组分性质差异化的特点，开发出以生物净化为主的组合净化工艺，通过反应过程定向调控，显著提高了气态污染物的水溶性和可生物降解性，作为生物净化的预处理或深度处理工艺，实现了对难生物降解、低水溶性气态污染物的深度净化。

真菌/细菌复合降解技术是利用微生物种间协同作用来高效降解成分复杂的污染物，能提高净化目标污染物的效率。两相分配生物反应器能强化液相传质，可有效缓冲污染物冲击负荷的波动。近年来，为了解决一些难生物降解的污染物的净化问题，开始尝试高级氧化-生物净化耦合净化工艺，采用紫外光或低温等离子体对这类废气进行预处理，将其转化为可生化性的物质，进而进行后续的生物降解净化。这类耦合或集成处理工艺在难降解有机废气（如氯代烃类）的处理中会得到越来越广泛的应用[9]。

5. 其他的技术

采用低温等离子体和催化剂的集成净化技术也取得了一定的发展，前端低温等离子体产生的 O_3、·OH 等氧化剂和后端的催化剂进行催化氧化，也可以后置臭氧分解催化剂来分解未反应的 O_3，组合工艺的净化效率同单一技术相比有较大幅度的提高，在低浓度的恶臭异味净化领域有比较好的应用前景。液相催化高级氧化技术采用催化剂，在强氧化剂的辅助作用下促进异味化合物的分解，净化效率高，在制药、农药、化工、污水厂尾气处理等行业得到了较多的应用。

6. 集成净化技术

VOCs 的治理技术体系极其复杂，每种单一净化技术都有其特定的使用条件与范围。在实际应用中，通常针对的都是复杂体系污染物的控制问题，在实施治理工程时，一般是需要针对污染源与排放的特征选择适宜高效的组合净化技术或集成净化工艺。针对不同行业的 VOCs 废气排放特征，选择合理可行的组合技术和集成工艺。制定行业治理技术导则与指南，是近年来各级管理部门努力推动的重要工作。随着多年来工程实践的不断积累以及对重点行业 VOCs 排放特征认识的不断深入，涂装、包装印刷等行业的最佳集成净化工艺路线逐渐明确。如汽车涂装工序采用漆雾预处理+沸石转轮吸附浓缩+RTO/TNV 集成净化工艺；包装印刷行业的溶剂型凹版印刷工序采用沸石转轮吸附浓缩+RTO 集成净化工艺/循环风浓缩+RTO 净化工艺，溶剂型干复工序采用活性炭/活性碳纤维吸附+冷凝回收集成净化工艺等；在制药、农药、精细化工等行业，对恶臭异味的净化要求非常高，通常净化工艺路线长，涉及吸收、冷凝、吸附、焚烧等多技术的集成，工艺设计非常复杂。针对重要的排污工序可行技术需要不断的工程案例和经验积累，逐步完善工艺设计。

1.6 催化反应过程与控制技术

催化净化技术是 VOCs 治理的主流技术之一，在 VOCs 的减排与控制中起着重要的作用。本书以污染物种类为主线，不同于传统的 VOCs 催化净化的综述与书籍以催化剂体系（活性成分与活性相）为主线[8,10]，重点强调不同种类污染物的活化、转化和催化反应过程，有污染物催化净化，也有污染物的催化转化利用。从污染物净化的角度看，主要包括催化氧化、选择催化氧化、水解催化氧化、高温催化氧化等反应过程，涉及吸附态、活性氧物种、中间物种、微观反应机理和动力学等。

在综述 VOCs 排放与控制背景（绪论）的基础上，总结阐述了重点行业 VOCs 排放特征与污染物组成（第 2 章），分 6 章分别阐述脂肪烃、芳香烃、醛酮类、醇酯类、含卤素、含氮/硫 VOCs 催化反应行为与过程（第 3 ~ 8 章），探讨了多组分 VOCs 催化反应行为与过程（第 9 章）。在此基础上，结合催化技术工艺的应用，就 VOCs 氧化整体式催化剂（第 10 章）、工业 VOCs 催化氧化反应器（第 11 章）、VOCs 氧化协同控制技术进行总结评述（第 12 章）。

VOCs 是 $PM_{2.5}$ 和 O_3 的重要前体物，其减排与控制是实现 $PM_{2.5}$ 和 O_3 协同控制，改善我国空气质量的关键。在“十三五”大气专项重点研发计划等支持下，污染的减排技术与监管控制取得了长足的进展，VOCs 治理逐步开始进入行业规模化减排与精细化和深度治理阶段。但现阶段我国 VOCs 的排放量尚处于高位，仍然面临排放总量大、行业排放工艺繁杂、源头减排力度不足、无组织排放占比高等问题，在治理技术上资源回收利用率比较低、催化剂体系、高效催化净化技术、含杂原子有机物安全控制技术发展不完善等难题。在这种背景下，有关 VOCs 催化反应过程与控制技术的研究就显得尤为重要。通过大量基础和应用研究带动有机污染物控制技术的进步，推动技术的产业化与工程化，为我国工业污染减排和大气复合污染防治工作提供技术支撑，持续改善大气环境质量，进而取得良好的环境与社会效益。

参考文献

[1] Directive 2004/42/CE of the European Parliament and of the Council of 21 April 2004 on the limitation of e-missions of volatile organic compounds due to the use of organic solvents in certain paints and varnishes and

vehicle refinishing products [R]. Official Journal of the European Union, 2004, 143: 87-96.
[2] 生态环境部，国家市场监督管理总局．挥发性有机物无组织排放控制标准：GB 37822—2019 [S]. 北京：中国环境出版社.
[3] Kim S Y, Jiang X Y, Lee M, et al. Impact of biogenic volatile organic compounds on ozone production at the Taehwa Research Forest near Seoul, South Korea [J]. Atmospheric Environment, 2013, 70: 447-453.
[4] Charbotel B, Fervers B, Droz J P. Occupational exposures in rare cancers: a critical review of the literature [J]. Critical Reviews in Oncology/Hematology, 2014, 90 (2): 99-134.
[5] Parmar G R, Rao N N. Emerging control technologies for volatile organic compounds [J]. Critical Reviews in Environmental Science and Technology, 2009, 39 (1): 41-78.
[6] Mentel T F, Kleist E, Andres S, et al. Secondary aerosol formation from stress-induced biogenic emissions and possible climate feedbacks [J]. Atmospheric Chemistry and Physics, 2013, 13 (17): 8755-8770.
[7] 栾志强，郝郑平，王喜芹．工业固定源VOCs治理技术分析评估 [J]. 环境科学，2011，32 (12): 3476-3486.
[8] 郝郑平．挥发性有机污染物排放控制过程、材料与技术 [M]. 北京：科学出版社，2016.
[9] 栾志强，王喜芹，郝郑平，等．有机废气治理行业2019年发展报告 [R]. 中国环境保护产业发展报告，2020：50-77.
[10] He C, Cheng J, Zhang X, et al. Recent advances in the catalytic oxidation of volatile organic compounds: a review based on pollutant sorts and sources [J]. Chemical Reviews, 2019, 119 (7): 4471-4568.

第2章　重点行业VOCs排放特征与污染物组成

VOCs污染排放涉及种类较多，常见的VOCs主要包括苯系物、卤代烃、烷烃、烯烃、醇类、酯类、醚类、酮醛类以及含杂原子（S、N等）等9大类150多种物质。VOCs来源较为复杂，其中，包含众多行业在内的工业源是VOCs排放的主要来源，对工业源排放VOCs进行控制已经成为我国当前$PM_{2.5}$和O_3污染控制的重要手段和有效路径之一。识别重点行业涉VOCs排放环节和主要排放物种是实现VOCs有效控制的重要前提。因此，本章主要依据当前我国工业源VOCs排放清单[1,2]，选取石油炼制、有机化工、涂料及类似产品制造、化学原料药制造、橡胶制品、合成树脂、工业涂装、印刷和包装印刷、制鞋业、电子制造等10类重点行业作为研究对象，这10类行业涉及VOCs的生产（石油炼制、有机化工）、以VOCs为原料的工艺过程（涂料及类似产品制造、化学原料药制造、橡胶制品、合成树脂）以及含VOCs产品的使用（工业涂装、印刷和包装印刷、制鞋业、电子制造）等三大过程，且其排放量总和占工业源VOCs排放总量的60%左右，具有较好的代表性。对于每一类具体行业，首先介绍行业的基本概况，然后对行业涉VOCs的产排污工艺节点进行概述，最后对当前该行业涉VOCs排放的研究结果进行总结和评述，以期为广大读者和研究者了解我国当前重点行业VOCs排放现状提供基础与参考。

2.1　石油炼制

我国在长江三角洲、珠江三角洲和环渤海地区形成了三个大型区域炼化企业集群，建设了一批现代化的大型炼厂。按加工能力统计，华东地区占36.3%，东北地区占21.2%，西北地区占12.1%，中南地区占20.5%，华北地区占7.3%，西南地区占2.6%[3]。石油炼制工业原料为原油，国内原油产量增长缓慢，但原油需求强劲，进口持续增长。根据统计年鉴数据（图2-1），2017年我国成品油（汽油、柴油合计）产量达到3.16亿t，全年汽油产量为1.33亿t；柴油产量为1.83亿t。中国石化原油一次加工能力为2.62亿t/a，占全国炼油能力的45.55%；中国石油为1.73亿t/a，占30.08%；中国海油为2950万t/a，占5.13%；其他炼油企业为1.11亿t/a，占19.24%。

石油炼制工业是以生产汽油馏分、柴油馏分、燃料油、润滑油、石油蜡、石油沥青和石油化工原料等为主的工业。由于国产原油大部分为重质原油，为更大程度提高原油的产品率，炼油企业大部分采用了延迟焦化、催化裂化加工等工艺，使重质馏分轻质化。石油炼制过程一般包含分离工艺、石油转化工艺、石油精制工艺、原料和产品储运等，典型炼油生产工艺流程如图2-2所示。其中涉及VOCs排放的环节基本涵盖了相关炼油生产和储运过程。有文献指出[3]，VOCs排放与企业类型、规模、投产时间以及管理水

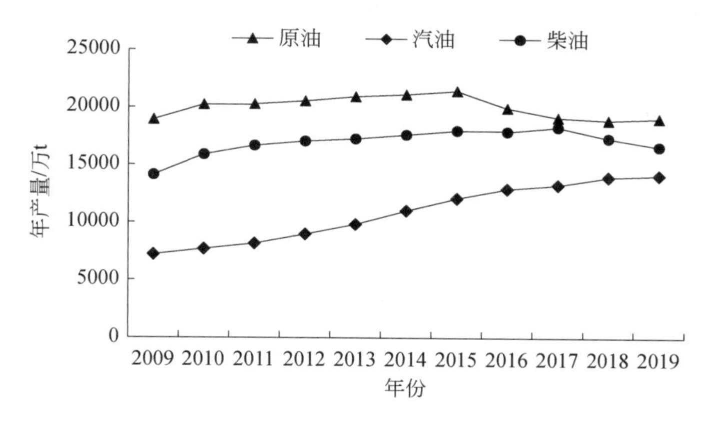

图 2-1　2009 ~ 2019 年全国油品年产量变化趋势

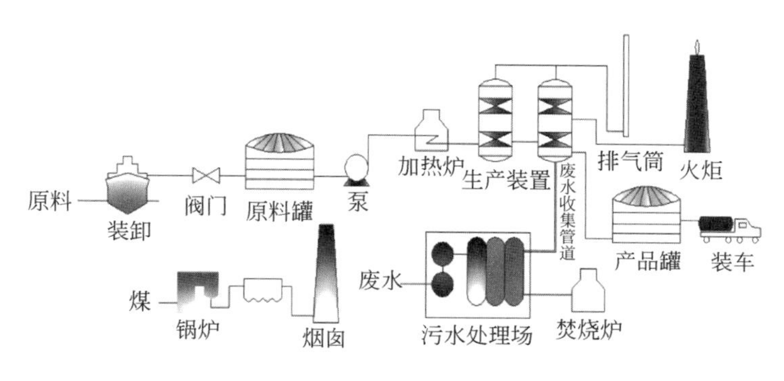

图 2-2　典型炼油生产工艺流程图

平等密切相关，国内炼油厂 VOCs 排放以无组织排放为主，其中设备泄漏、储罐泄漏、装卸过程泄漏、废水处理过程逸散的 VOCs 分别占 VOCs 总排放量的 30%、30%、15%、15%，非正常工况下排放的 VOCs 占全厂 VOCs 排放量的 10%，工艺尾气和燃烧烟气排放的 VOCs 较低。

石油炼制是国民经济的主要产业，也是 VOCs 排放的重点污染源，其 VOCs 排放强度较大，排放的化合物以低碳、高活性挥发烃类为主。陈颖等[4]研究表明，石油炼制加工过程的 VOCs 污染排放主要来源于储罐、原辅材料及产品转运系统、生产单元装置泄漏和废水处理系统，其排放量贡献分别为 10.0%、60.2%、27.4% 和 2.4%。吕兆丰等[5]研究表明，炼油厂 VOCs 排放组分以烷烃为主，所占比例为 74.9%，其中乙烷约 24%，为占比最大的组分，他们与程水源等[6]、Liu 等[7]测试的石化炼油厂 VOCs 化学成分谱进行了相似度分析，发现炼油厂排放的主要 VOCs 污染物的体积分数较为接近：丙烷（7.3% ~ 11.8%）、丁烷（6.9% ~ 10.4%）、异丁烷（2.4% ~ 9.0%）、戊烷（3.7% ~ 6.9%）、异戊烷（5.2% ~ 6.4%）、丙烯（5.0% ~ 11.5%）、苯（2.6% ~ 7.8%）。谢馨等[8]对炼油装置区无组织排放废气进行了分析，结果表明石油炼制行业排放的 VOCs 主要组分为烷烃和苯系物，分别约占 64.8% 和 20.9%，特征污染物为戊烷、丁烷、苯、二甲苯和乙苯等。虽然不同石化企业因所处气候条件不同、加工原油不同等因素而导致烷烃、烯烃和芳香烃排放占比不同[5-14]，但石油炼制行业无组织排放浓度最高的物种均为烷烃，占比为46.5%~86.73%，芳香烃所占比例为2.53%~20.9%，烯烃为3.2%~36.5%。因此，石油炼制企业需优先考虑控制烷烃的无组织排放。就特征组分而言，石油炼制行业排放的VOCs特征组分种类相似，多为烷烃、芳香烃与烯烃，其中占比较大的组分多为乙烷、丙烷、异丁烷、乙烯、丙烯、苯、甲苯等。吕兆丰等[5]，胡天鹏等[11]和毛瑶等[12]研究结果相似，占比较大的组分均为乙烷（23.4%~29.4%）、丙烷（11.8%~15.0%）、丁烷（10.4%~10.6%）和异丁烷（8.2%~9.0%）等，组分占比相差较小。高洁等[9]对芳香烃提取装置的组分检测结果为：2-甲基戊烷、2,3-二甲基丁烷、甲基环戊烷、3-甲基己烷、2-甲基己烷、甲基环己烷、苯、甲苯和3-甲基戊烷，这与李勤勤等[10]对炼油装置区的研究结果基本一致。部分研究者[8,14]对石油炼制企业进行了含氧VOCs（OVOCs）的组分检测，检出的组分多为甲基叔丁基醚和乙醛，具体排放特征组分见表2-1。

表2-1 石油炼制行业VOCs排放特征组分

参考文献	组分
[6]	丙烯（31.4%）、异丁烷（13.4%）、苯（6.7%）、戊烷（6.2%）、庚烷（5.1%）、甲苯（4.8%）、2-甲基戊烷（3.7%）、丁烷（3.5%）、甲基环戊烷（3.3%）、乙烷（2.7%）、异戊烷（2.0%）
[5]	乙烷（23.4%）、丙烷（11.8%）、丁烷（10.4%）、异丁烷（9.0%）、戊烷（5.3%）、异戊烷（6.4%）、丙烯（11.5%）
[8]	戊烷、丁烷、苯、二甲苯、乙苯、甲基叔丁基醚、乙醛
[9]（压缩系统）	乙烯（11.5%）、丙烷（10.5%）、甲基环戊烷（10.4%）、2-甲基戊烷（7.3%）、甲基环己烷（6.5%）、3-甲基己烷（6.1%）、2-甲基庚烷（5.3%）、2,3-二甲基丁烷（5.1%）、2-甲基己烷（3.6%）、反-2-丁烯（3.2%）
[9]（分离系统）	乙烯（35.1%）、丙烷（10.8%）、2-甲基戊烷（5.4%）、乙烷（4.8%）、甲基环戊烷（4.5%）、反-2-丁烯（3.6%）、1-丁烯（3.6%）、3-甲基己烷（2.3%）、1-戊烯（2.2%）、2,3-二甲基丁烷（2.0%）
[9]（芳烃抽提装置）	2-甲基戊烷（17.6%）、2,3-二甲基丁烷（17.1%）、甲基环戊烷（11.4%）、3-甲基己烷（5.7%）、2-甲基己烷（5.6%）、甲基环己烷（5.2%）、苯（3.8%）、甲苯（3.1%）、正己烷（2.9%）、3-甲基戊烷（2.8%）
[10]	2-甲基戊烷（16.2%）、2,3-二甲基丁烷（11.9%）、甲基环戊烷（10.1%）、3-甲基己烷（6.7%）、甲苯（5.3%）、2-甲基庚烷（5.0%）、2-甲基己烷（4.3%）、甲基环己烷（3.7%）、1-戊烯（3.6%）、3-甲基戊烷（3.4%）
[11]	乙烷（27.0%）、丙烷（15.0%）、正丁烷（10.6%）、异丁烷（8.2%）、1-戊烯（3.8%）、丙烯（1.3%）、1-己烯（1.0%）、乙烯（0.9%）、乙炔（1.0%）、苯（0.7%）、甲苯（0.7%）、二甲苯（0.6%）、乙苯（0.2%）
[12]	乙烷（29.4%）、丙烷（12.4%）、正丁烷（10.6%）、异丁烷（8.7%）、正戊烷（5.4%）、乙炔（4.9%）、乙烯（1.3%）、丙烯（1.0%）、苯（0.9%）、甲苯（0.7%）、间/对二甲苯（0.3%）

续表

参考文献	组分
[13]	正丁烷（10.3%）、苯（9.4%）、丙烯（8.9%）、乙炔（8.1%）、异戊烷（7.6%）、丙烷（7.4%）、乙烷（6.8%）、甲苯（4.6%）、正戊烷（4.1%）、异丁烷（3.2%）、乙烯（3.1%）、邻二甲苯（2.5%）
[14]	异戊烷、正丁烷、正戊烷、乙烷、正丁烷、乙烯、丙烯、正丁烯、甲苯、甲基叔丁基醚

2.2　有机化工

有机化工是以石油、天然气、煤等为基础原料，主要生产各种有机原料的工业，基础有机化工的很大一部分或主要部分是常见的石油化工。根据公开数据整理，2017 年我国纯苯产量为 833.47 万 t，至 2019 年，我国纯苯产量超过 1000 万 t，达 1086.2 万 t，同比增长 30.32%。2019 年我国乙烯累计产量 2052.3 万 t，同比增长 11.48%；冰醋酸累计产量 743.93 万 t，同比增长 7.6%；精甲醇累计产量 6216 万 t，同比增长 49.96%；合成纤维累计产量 543.27 万 t，同比增长 19.07%。具体年产量见图 2-3。我国乙烯产业起步于 20 世纪 60 年代，近年来，乙烯产能产量和消费需求迅速增长，成为仅次于美国的世界第二大生产国、消费国，目前产业发展已经进入了成熟期的后期阶段。

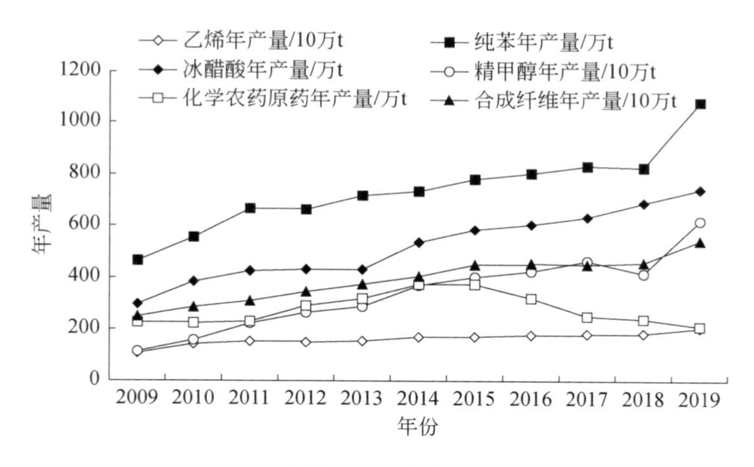

图 2-3　2009 ~ 2019 年化学原料和化学制品制造业产量变化趋势

有机化工属于精细化工的范畴。生产过程基本都是通过整套的装置完成，这些装置类似于石油化工行业的含各种设备、组件及连接件为一体的装置，但在规模上较小。精细化工产品多为有机、无机多步单元合成反应，生产工艺依据产品而定，不尽相同。主要污染来源为整套生产装置或反应釜装置的管线、组件等可能泄漏而产生的无组织排放、有机原辅料的储存产生的无组织排放、加工过程中其他敞开的容器逸散产生的无组织排放。主要生产工艺流程见图 2-4。

王雨燕等[15]选取了以丁二烯生产为代表的基础化学品制造业开展研究，结果表明该

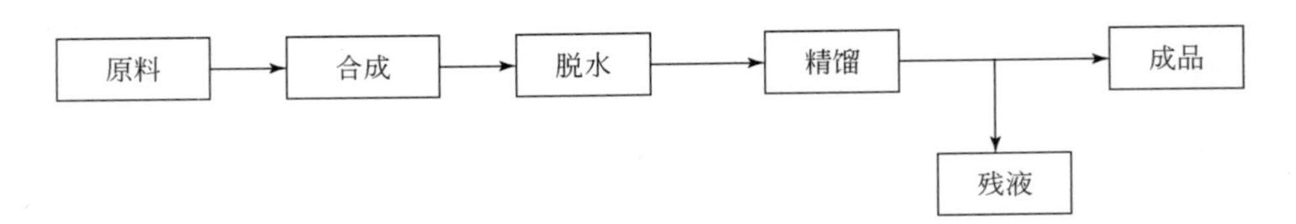

图 2-4　有机化工生产工艺流程图

企业烷烃类排放量最高，占比 50.98%，其次为乙炔 25.63%；基础化学品制造行业以乙炔物种的排放量最高，占比 25.63%，其特征物种多为 2,3,4-三甲基戊烷、2-甲基庚烷、正庚烷等高碳 VOCs。包亦姝等[16]研究表明，化学品制造行业排放的 VOCs 主要为烷烃和芳香烃，占比分别为 36.3% 和 34.0%，排放浓度较高的组分为 2-甲基戊烷、甲苯和乙酸乙酯，分别占总排放量的 16.7%、14.0% 和 10.1%。盛涛等[17]对上海市专项化学品制造行业进行了研究，结果表明含氧挥发性有机物（OVOCs）和芳香烃是专项化学品制造行业的 VOCs 特征组分，OVOCs 与芳香烃的质量分数之和为 65.0% 以上，复鞣剂、丙烯酸乳液和表面活性剂等产品的制造企业排放的 VOCs 中质量分数最高的物种均为异丙醇，占比为 79.7%~99.7%，生产聚氨酯树脂、聚酯多元醇的企业排放的 VOCs 中质量分数最高的物种为四氢呋喃（80.3%），生产聚醚（聚氨酯）和表面活性剂及助剂等产品的企业排放的 VOCs 中质量分数最高的物种均为丙酮，分别为 74.4% 和 36.1%。谢添等[18]研究了以甲醇和丁辛醇为主要产品的有机化学原料制造行业，其 VOCs 排放以烷烃和含氧 VOCs 为主，占比分别为 54% 和 30%，排放组分主要是甲醇，占比超过 15%。张桂芹等[19]研究表明，有机化工企业有组织排放 VOCs 污染物种类以卤代烃、芳香烃和含硫/氧有机物为主，其中排放浓度最高的组分为四氯化碳，占总挥发性有机物（TVOCs）的 19.68%，其原因是原辅材料中醇类以及含氯有机化合物的使用。高家乐等[20]采用走航监测的方式对南京化工园区进行了研究，VOCs 组成以烷烃和芳香烃浓度占比最大（均为 31%），其次为烯烃（25%）和卤代烃（13%）。不同的有机化工制造企业排放的 VOCs 特征组分存在差异，VOCs 废气主要来自合成和精馏等生产工艺过程中的挥发，且同一企业的不同产品所使用的原辅料不同，因此各研究的结果也不尽相同。张桂芹等[19]和高家乐等[20]研究结果表明，氯代苯和氯甲烷等是排放占比较大的污染物，异丙醇、丙酮和三甲苯等是专项化学品制造企业排放的主要污染物。具体排放特征组分见表 2-2。

表 2-2　有机化工制造行业 VOCs 排放特征组分

参考文献	组分
[15]	乙炔（25.6%）、2,3,4-三甲基戊烷（10.5%）、2-三甲基庚烷（10.5%）、乙烷（5.8%）、正庚烷（5.2%）、甲基环己烷（4.7%）、正辛烷（4.1%）、正丙苯（3.5%）、正丁烷（3.5%）、乙烯（3.5%）
[16]	2-甲基戊烷（16.7%）、甲苯（14.0%）、乙酸乙酯（10.1%）、3-甲基戊烷（8.6%）、邻二甲苯（6.4%）、间二甲苯（6.1%）、对二甲苯（6.1%）、乙醇（5.7%）
[17]（企业 A）	异丙醇（98.8%）、苯乙烯（1.0%）、甲苯（0.1%）、乙苯（0.1%）

续表

参考文献	组分
[17]（企业 B）	四氢呋喃（80.3%）、2-丁酮（6.8%）、甲苯（3.6%）、1,4-二噁烷（2.4%）、乙酸乙酯（1.7%）、二氯甲烷（0.9%）、1,2-二氯乙烷（0.8%）、丙酮（0.6%）、丙烷（0.5%）、异丙醇（0.4%）
[17]（企业 C）	异丙醇（99.7%）、丙酮（0.1%）、1-丁烯（0.04%）、1,4-二噁烷（0.04%）、乙苯（0.02%）、间/对二甲苯（0.01%）、环己烷（0.01%）
[17]（企业 D）	丙酮（74.4%）、1,2,4-三甲苯（11.2%）、对二乙苯（4.3%）、1,2,4-三氯苯（1.9%）、1,2,3-三甲苯（1.8%）、萘（1.5%）、六氯-1,3-丁二烯（1.4%）、间二乙苯（0.7%）、间乙基甲苯（0.4%）、邻乙基甲苯（0.4%）
[17]（企业 E）	异丙醇（79.7%）、丙酮（11.8%）、1,4-二噁烷（3.9%）、甲苯（3.1%）、2-丁酮（0.3%）、甲基环己烷（0.2%）、氯甲烷（0.1%）、萘（0.1%）
[17]（企业 F）	丙酮（36.1%）、二硫化碳（21.1%）、甲基异丁基酮（12.1%）、甲苯（8.6%）、异丙醇（6.7%）、正庚烷（2.6%）、三氯甲烷（2.0%）、甲基环己烷（1.2%）、丙烯（0.8%）、乙烷（0.7%）
[17]（企业 G）	苯（37.4%）、甲苯（21.8%）、丙酮（11.7%）、乙酸乙酯（11.2%）、甲基丙烯酸甲酯（9.2%）、正丁烷（3.1%）、异戊烷（2.2%）、异丁烷（0.7%）、正戊烷（0.5%）、2-丁酮（0.4%）
[19]	四氯化碳（19.7%）、一氯甲烷、二氯甲烷、甲苯、异丙苯、异丙醇、1,2-二氯丙烷、三氯甲烷、2-己酮、四氯乙烯
[20]	三氯苯（51%）、戊烯（17%）、壬烷（或萘）（9%）、甲苯（5%）、二甲苯（或乙基甲苯）（5%）、苯乙烯（4%）

2.3　涂料、油墨、黏合剂制造

2.3.1　涂料

2009 年，中国涂料产业总产量首次突破 700 万 t 大关，超过美国成为全球涂料生产第一大国。2011 年我国涂料行业总产量达到 1079.5 万 t，首次突破千万吨大关，并持续增长，2017 年突破 2000 万 t。至 2019 年，全国涂料总产量达 2438.8 万 t，与 2009 年相比，增加了 1683.36 万 t，增长了 2.23 倍（图 2-5）。2009～2019 年，全国涂料总产量年均增长率为 12.77%。北京、天津、上海、海南等地区随着当地环保安全生产政策的落实，涂料产量有所波动。重庆、贵州、云南等地区规模以上企业涂料年产量相对增加，继珠江三角洲、长江三角洲、环渤海地区之后，西南地区可能会成为我国涂料行业发展的第四极。

溶剂型涂料生产企业大致上可分为两大类，一是所有树脂和固化剂等辅助材料均为外购，不在厂内生产树脂原料或辅助材料的；二是厂内生产树脂或者固化剂作为涂料生产的原料。典型的溶剂型涂料生产工艺如图 2-6 所示。

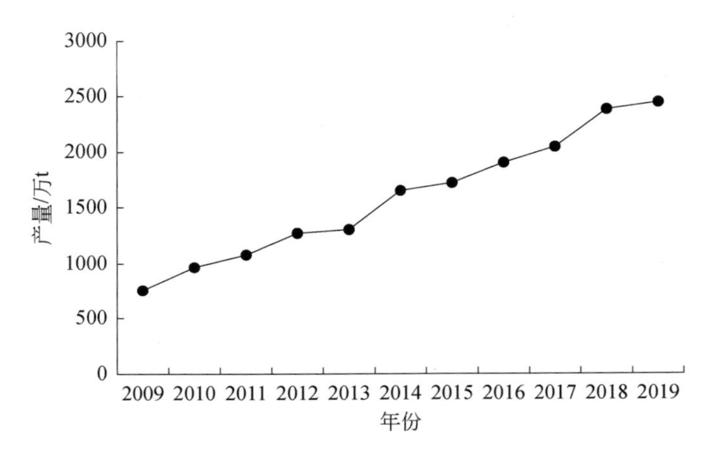

图 2-5　2009～2019 年全国涂料行业产量变化趋势

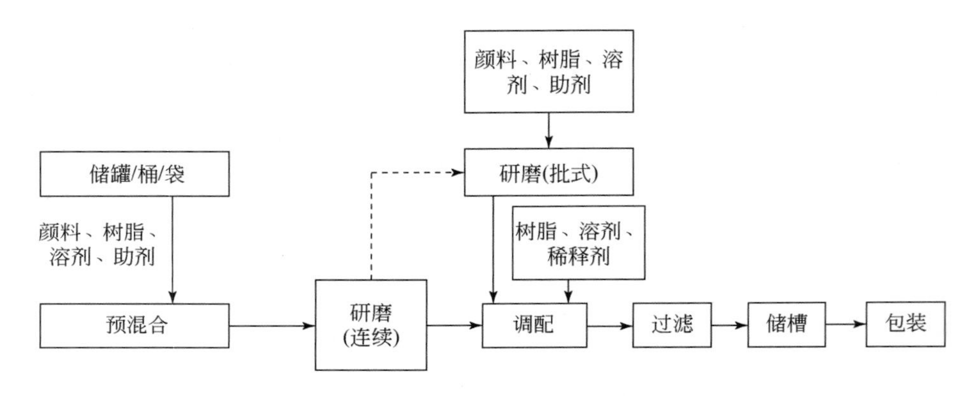

图 2-6　溶剂型涂料生产工艺流程图

与传统溶剂型涂料相比，水性涂料主要是用水代替溶剂，其一般流程如图 2-7 所示。由于用水代替了溶剂，因此洗涤过程通常使用水，增加了水的回用过程，在一定程度上减少了溶剂的使用。

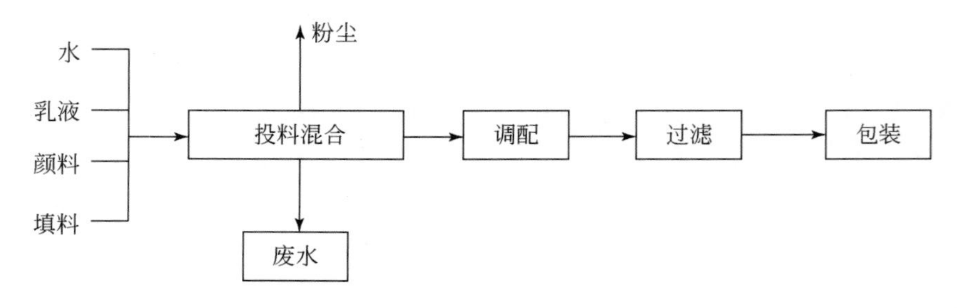

图 2-7　水性涂料生产工艺流程图

粉末涂料通常是由聚合物、颜料、助剂等混合粉碎加工而成的，一般经过图2-8的工艺流程。粉末涂料的制备方法大致可分为干法和湿法两种方法，干法又可分为干混合法和熔融混合法。湿法又分为蒸发法、喷雾干燥法和沉淀法。干法涂料生产主要是熔融混合法；湿法工艺环节有蒸发法、喷雾干燥法和沉淀法。蒸发法是先配制溶剂型涂料，然后用薄膜蒸发、真空蒸馏等法除去溶剂得到固体涂料，最后经过粉碎、过筛分级得到粉末涂料，主要是针对丙烯酸树脂基粉末涂料的生产，使用较多的设备是薄膜蒸发器和行星螺杆挤出机；喷雾干燥法则是先配制溶剂型涂料，经过研磨、调色，然后分别喷雾干燥造粒或者在液体中沉淀造粒得到粉末涂料。

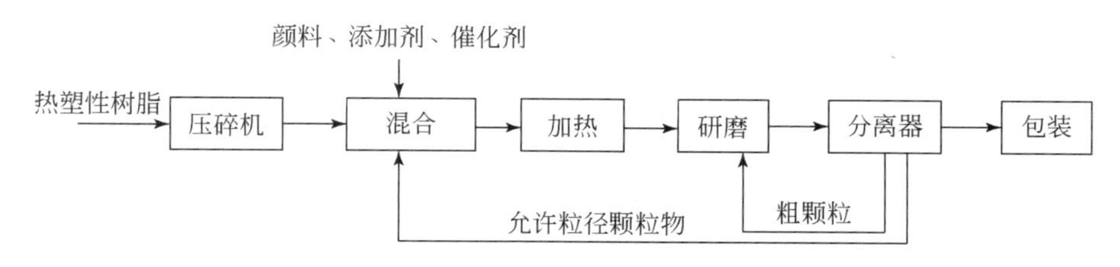

图2-8　粉末涂料生产工艺流程图

曾培源等[21]对汽车涂料的生产过程开展了研究，在8个生产环节所占比例均较高的VOCs种类是苯系物和酯类化合物，两类化合物在不同生产环节的百分比之和可占到TVOCs的83.3%~95.7%。以往的涂料行业均以溶剂型涂料生产为主，自水性涂料得到重点推广后，水性和粉末涂料等环境友好型产品受到重视。工艺革新和原辅料更替导致废气组分特征发生变化[21-28]。吴健等[24]选取化工集中区内溶剂型涂料和水性涂料制造企业进行了研究，溶剂型涂料的主要组分是芳香烃和含氧VOCs，分别占总VOCs排放的66.3%和27.4%，其主要VOCs组分为间/对二甲苯（32.4%）、乙苯（19.0%）和乙酸乙酯（12.1%）；水性涂料中含氧VOCs的占比最大，为93.5%，主要VOCs组分为乙酸乙酯（83.7%）与2-丁酮（8.0%）。原辅料的不同造成水性涂料与溶剂型涂料截然不同的VOCs排放特征，水性涂料取代溶剂型涂料后，VOCs排放特征由芳香烃为主转变为含氧VOCs。周子航等[26]对成都市溶剂型涂料制造企业开展了研究，其VOCs排放与其原辅料相关性较高，VOCs排放组分以芳香烃和含氧VOCs为主，其中芳香烃占VOCs总排放的52.9%，含氧VOCs占比达到23.1%，特征VOCs组分为间，对二甲苯（14.1%）、甲苯（14.0%）、4-甲基-2-戊酮（12.1%）和乙苯（11.1%）等。徐晨曦等[27]研究表明，油性涂料制造企业排放的VOCs中芳香烃、含氧化合物占比较高，分别占62.9%、34.3%。VOCs成分谱主要物种是4-甲基-2-戊酮（25.6%）、间/对二甲苯（18.9%）、乙苯（18.67%）、邻二甲苯（8.8%）、甲苯（7.9%）、乙酸乙酯（4.1%）、2-丁酮（3.6%）和苯（3.3%）。邵弈欣[25]研究表明，油漆生产企业排放的VOCs仍以芳香烃为主，占比为51%，但主要排放特征组分为2-己酮（16.3%）、邻二氯苯（16.0%）、邻二甲苯（12.9%）、乙苯（12.2%）、甲苯（11.7%）等。

不同的涂料制造企业排放的VOCs特征组分存在差异，VOCs废气主要来自混合和加热等生产工艺过程中的挥发，且同一企业的不同产品所使用的原辅料不同，因此研究的结果也不相同。曾培源等[21]、吴健等[24]、周子航等[26]和齐一谨等[29]的研究结果表明，苯系物是涂料制造企业排放占比最大的污染物，甲苯、乙苯、二甲苯以及三甲苯等是主要的特征污染物，企业所使用的原辅料多为溶剂型。具体排放特征组分见表 2-3。

表 2-3 涂料制造行业 VOCs 排放特征组分

参考文献	组分
[21]（投料区）	乙酸仲丁酯（23.7%）、甲苯（17.4%）、间二甲苯（12.9%）、乙苯（11.9%）、邻二甲苯（8.7%）、对二甲苯（6.8%）、甲基异丁基酮（6.1%）、1,2,3-三甲苯（4.7%）、乙酸丁酯（3.4%）、丙二醇甲醚乙酸酯（2.2%）、乙酸乙酯（1.1%）、苯（0.6%）、乙二醇丁醚（0.3%）、1,2,4-三甲苯（0.2%）、1，3，5-三甲苯（0.1%）
[21]（稀释剂包装）	甲苯（8.7%）、乙苯（5.8%）、邻二甲苯（6.0%）、间二甲苯（10.0%）、对二甲苯（5.5%）、1,2,3-三甲苯（1.3%）、1,2,4-三甲苯（0.1%）、乙酸乙酯（0.3%）、乙酸丁酯（22.1%）、乙酸仲丁酯（22.0%）、丙二醇甲醚乙酸酯（1.6%）、甲基异丁基酮（16.6%）、乙二醇丁醚（0.1%）
[23]	2-丁酮（24.8%）、甲苯（17.1%）、间/对二甲苯（16.0%）、乙酸正丁酯（10.1%）、甲基异丁基酮（10.0%）、异丙醇（6.3%）、邻二甲苯（5.2%）
[28]（1 号涂料企业）	乙酸丁酯（45.3%）、乙酸乙酯（24.7%）、间二甲苯（9.3%）、乙苯（8.3%）、乙醇（3.3%）、对二甲苯（3.2%）、邻二甲苯（2.8%）、异丙醇（1.0%）、甲苯（0.8%）、丙酮（0.6%）
[28]（2 号涂料企业）	乙酸乙酯（70.8%）、2-丁酮（9.5%）、甲基异丁酮（9.1%）、乙酸异丁酯（6.4%）、乙酸丁酯（1.85%）、甲苯（1.4%）、乙醇（0.4%）、丙酮（0.3%）、乙苯（0.2%）、间二甲苯（0.1%）
[26]	间/对二甲苯（14.1%）、甲苯（14.0%）、4-甲基-2-戊酮（12.1%）、乙苯（11.1%）、邻二甲苯（6.1%）、乙酸乙酯（5.8%）、甲基环己烷（3.9%）、2-丁酮（2.9%）、环己烷（2.3%）、苯（2.1%）、正辛烷（1.9%）
[25]	2-己酮（16.3%）、邻二氯苯（16.0%）、邻二甲苯（12.9%）、乙苯（12.2%）、甲苯（11.7%）
[24]（溶剂型涂料）	间/对二甲苯（32.4%）、乙苯（19.0%）、乙酸乙酯（12.1%）、邻二甲苯（9.3%）、2-丁酮（7.7%）、甲基异丁基酮（4.2%）、甲苯（2.4%）、异丙醇（2.3%）、丙醇（1.5%）
[24]（水性涂料）	乙酸乙酯（83.7%）、2-丁酮（8.0%）、二氯甲烷（2.7%）、异丙醇（2.3%）、1,2-二氯丙烷（1.5%）、间/对二甲苯（1.1%）
[27]	4-甲基-2-戊酮（25.6%）、间/对二甲苯（18.9%）、乙苯（18.7%）、邻二甲苯（8.8%）、甲苯（7.9%）、乙酸乙酯（4.1%）、2-丁酮（3.6%）、苯（3.3%）
[29]（涂料企业）	乙苯（31.3%）、间/对二甲苯（21.9%）、甲苯（6.9%）、邻二甲苯（5.8%）、丙酮（5.7%）
[29]（涂料企业）	丙酮（31.2%）、异丙醇（26.5%）、正丁烷（7.3%）、异戊烷（6.9%）、正戊烷（2.4%）

2.3.2　油墨

油墨是由作为分散相的色料和作为连续相的连接料组成的一种稳定的粗分散体系。根据统计，全国油墨产量变化如图 2-9 所示。2016 年全国油墨大类产品完成产量为 71.5 万 t，同比增长 2.58%。2019 年全国油墨产量为 79.4 万 t，较 2009 年增加了 54%。我国油墨企业以印刷油墨为主，业内通常按照印刷方式将其分为平版油墨、凹版油墨、柔版油墨、凸版油墨等，其中又以平版油墨（胶印油墨）和凹版油墨为主。2018 年统计数据表明，平版油墨约占印刷油墨总产量的 36%，其次是凹版油墨，约占总量的 30.8%，同比略下降。近几年，通过不断的技术改进，平版油墨的质量水平有了长足进步。平版油墨增长率约 3.5%，凹版油墨保持平稳增长，醇溶油墨和水性油墨的需求迅速增长。按照溶剂类型分，水性油墨和溶剂基油墨在凹版油墨和平版油墨中的比例不同，凹版油墨中水性油墨占了一定比例，但是仍以溶剂基油墨为主；平版油墨中虽然都是溶剂基油墨，但以高沸点矿物油为主，挥发性组分所占比例并不大；柔版油墨中水性的比例已经逐渐超过了溶剂基油墨。

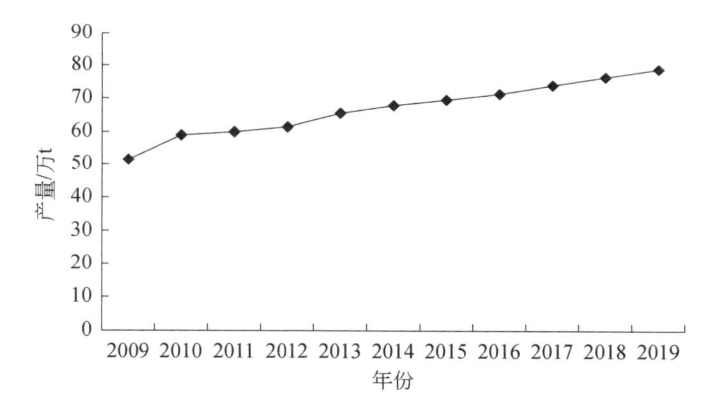

图 2-9　2009～2019 年全国油墨行业产量变化趋势

平版油墨也称胶印油墨，是一种浆状油墨。胶印油墨是浆状油墨的代表，平台机凸版油墨、丝网油墨和印铁油墨都属于浆状油墨。UV（紫外光固化）油墨生产工艺与浆状油墨也类似。基于颜料滤饼特点，浆状油墨生产工艺可以分为干法生产和湿法生产，如图 2-10 所示。

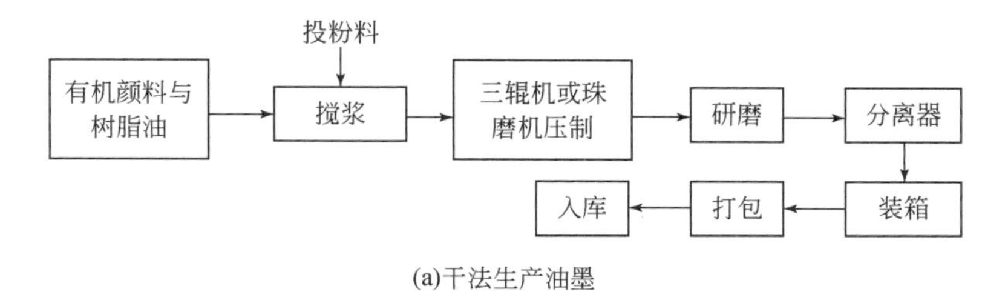

(a)干法生产油墨

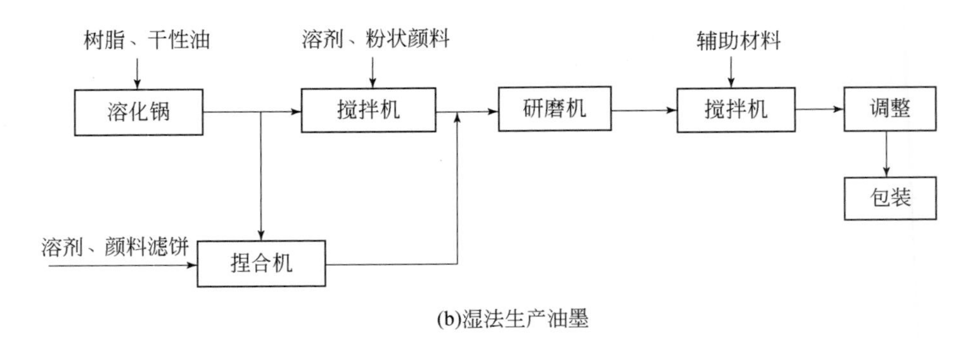

(b)湿法生产油墨

图 2-10　胶印油墨生产工艺流程图

凹版油墨属于典型的液状油墨，柔版油墨和新闻油墨都属于液状油墨，黏度很小，通常不需要预先混合，而是直接砂磨或者球磨。根据溶剂使用特点，液状油墨通常可以分为水基油墨和溶剂基油墨，以水或者醇类为主的溶剂，便形成了水基油墨。生产工艺流程如图 2-11 所示。

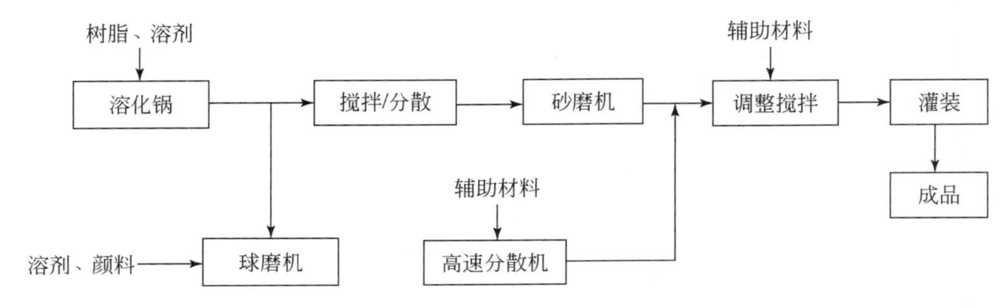

图 2-11　液状油墨生产工艺流程图

关于油墨生产企业的 VOCs 排放研究较少，王红丽等[30]研究显示，油墨生产企业排放的 VOCs 仅有 29. 2% 左右的组分被检出，其中主要是丁酮和芳香烃物质，二者浓度比较接近。王斌[31]对上海市的大型油墨生产企业进行了研究，结果表明含氧 VOCs（85. 3%）是该企业的主要排放成分，乙酸乙酯占 VOCs 排放量的 60. 8%，其次为丁酮和甲苯，分别占 24. 5% 和 10. 4%。盛涛等[17]研究结果表明，油墨制造企业的 VOCs 排放以含氧 VOCs 为主，其中乙酸乙酯的占比高达 95. 4%，是主要的 VOCs 排放成分。王红丽等[33]对工艺过程源的 VOCs 排放成分谱进行了统计，涂料、油墨、颜料以及类似产品制造过程中排放的酯类物质占总含氧 VOCs 的比例达到 90%，主要成分是乙酸丁酯和苯系物等，这主要取决于涂料、油墨、颜料以及类似产品中溶剂原料成分特征。不同的油墨制造企业排放的 VOCs 特征组分存在差异，VOCs 废气主要来自熔化和搅拌等生产工艺过程中的挥发，且同一企业的不同产品所使用的有机溶剂不同，因此各研究的结果也不相同。王斌[31]、王迪等[32]、盛涛等[17]和王红丽等[33]的研究结果表明，VOCs 特征组分多为乙酸乙酯、异丙醇、丁酮和甲苯、二甲苯等，主要取决于产品中溶剂原料的成分特征。具体排放特征组分见表 2-4。

表 2-4　油墨制造行业 VOCs 排放特征组分

参考文献	组分
[30]（烟囱/生产车间空气）	乙酸乙酯（18.8%）、异丙醇（17.3%）、间/对二甲苯（9.3%）、甲苯（8.7%）、苯（4.5%）、环己烷（3.1%）、乙苯（3.0%）、正己烷（2.5%）、2-丁酮（2.3%）、二氯甲苯（2.1%）
[30]（顶空挥发试验）	乙酸丁酯（71.2%）、甲苯（22.8%）、邻二甲苯（1.7%）、苯乙烯（1.7%）、苯（1.0%）、乙苯（0.7%）、间/对二甲苯（0.5%）、正十一烷（0.4%）
[17]	乙酸乙酯（95.4%）、异丙醇（3.3%）、异戊烷（0.2%）、苯乙烯（0.1%）、正己烷（0.1%）、苯（0.1%）、二氯甲烷（0.1%）、甲苯（0.1%）、一溴二氯甲烷（0.1%）、2-丁酮（0.1%）、
[31]	乙酸乙酯（60.8%）、丁酮（24.5%）、甲苯（10.4%）、庚烷（3.0%）

2.3.3　胶黏剂

据统计，2009～2019 年的胶黏剂产量如图 2-12 所示。2009 年以来，我国胶黏剂虽然逐年的增长率有所下降，但是产量逐年增加。2009 年我国胶黏剂行业产量已达 405 万 t，截止到 2019 年我国胶黏剂行业产量增长至 881.9 万 t，同比增长 5.2%，相较于 2009 年，产量增加了约 477 万 t，增长了 1.18 倍。目前，中国胶黏剂企业大部分为中小型企业，还有部分作坊式小型企业。未来，随着行业原材料、劳动力成本的上升，胶黏剂产业将加快规模结构的合理调整，实现胶黏剂行业的大规模重组，使生产要素向优势企业集中，实现胶黏剂生产的集约化、规模化。

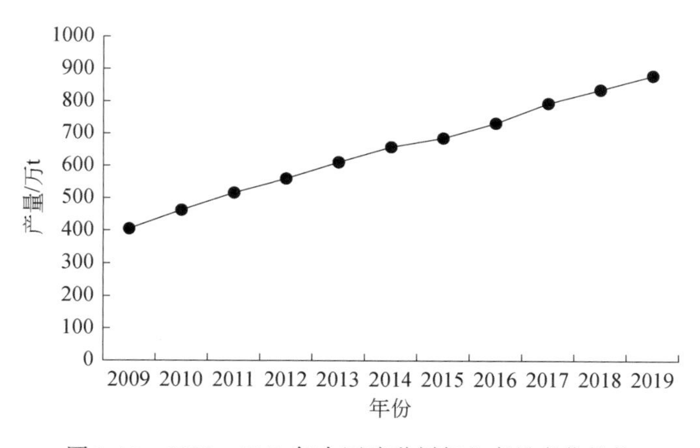

图 2-12　2009～2019 年全国胶黏剂行业产量变化趋势

胶黏剂的生产与涂料、油墨生产具有相似之处。胶黏剂的生产包括原材料的合成与制备、胶黏剂各组分的混合、产品包装等过程。对于大型生产厂家而言，部分黏料和固化剂如环氧树脂、胺类固化剂、预聚体聚氨酯等自行合成；而对于小型胶黏剂的生产厂家，则一般购置现成的树脂、填料、辅助材料等混合包装而成。胶黏剂的一般生产过程与涂料、油墨基本类似，由混合搅拌、研磨、过筛、包装构成。生产工艺流程见图 2-13。

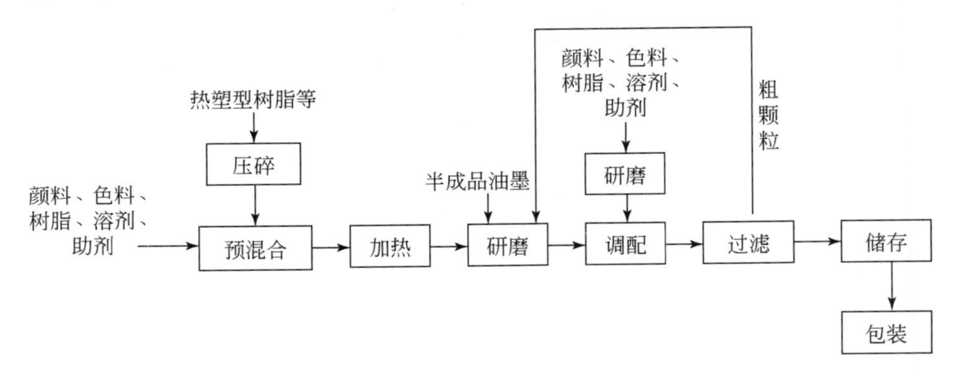

图 2-13　胶黏剂生产工艺流程图

胶黏剂行业排放的 VOCs 大多以含氧 VOCs 为主，且组分多为乙醇、丙酮等。盛涛等[17]研究结果表明，胶黏剂制造企业排放的 VOCs 以含氧 VOCs 为主，其占比超过 70%，其中 VOCs 中质量分数最高的物种为四氢呋喃（43.5%）。周子航等[26]对制胶工艺的 VOCs 排放情况进行了研究，制胶工艺有组织和无组织排放 VOCs 的主要组分为甲醛、乙醇、2,3-二甲基丁烷、丙酮和丙烯醛等；调胶工艺排放的 VOCs 主要组分为乙醇、甲醛和丙酮，分别占总 VOCs 排放的 45.2%、33.4% 和 7.2%，其中乙醇主要源于胶黏剂制造过程中加入的醇类物质。王继钦等[34]研究表明，制胶过程和施胶过程有组织排放均以含氧 VOCs 为主，排放的 VOCs 主要组分为乙醇、丙烯醛、异丙醇和丙酮等，且含氧 VOCs 占总 VOCs 的比例高达 80% 以上，其中，乙醇在制胶和施胶工段的质量分数均最大，分别为 63.2% 和 46.8%；无组织排放过程中，调胶车间的 VOCs 以含氧 VOCs 和卤代烃为主，VOCs 主要组分是乙醇（20.75%）、苯乙烯（13.34%）和乙酸乙酯（5.96%），制胶车间的 VOCs 以含氧 VOCs 为主，主要组分为丙酮（31.52%）、乙醇（19.98%）和乙酸乙酯（19.73%）。不同的胶黏剂制造企业排放的 VOCs 特征组分存在差异，VOCs 废气主要来自混合、加热和调配等生产工艺过程中的挥发，且同一企业的不同产品所使用的原辅材料不同，因此各研究的结果也不相同。周子航等[26]、盛涛等[17]、王继钦等[34]的研究结果表明，VOCs 特征组分多为乙酸乙酯、乙醇、甲醛等含氧 VOCs，具体排放特征组分见表 2-5。

表 2-5　胶黏剂制造行业 VOCs 排放特征组分

参考文献	组分
[17]	四氢呋喃（43.5%）、乙酸乙酯（21.2%）、正己烷（9.7%）、2-丁酮（7.0%）、甲苯（1.9%）、甲基异丁基酮（1.9%）、1,4-二噁烷（1.8%）、三氯甲烷（1.7%）、四氯化碳（1.5%）、1,2-二氯乙烷（1.5%）
[26]（制胶有组织）	甲醛（87.8%）、乙醇（8.0%）、正癸烷（2.4%）、异丙醇（1.2%）、丙酮（0.2%）、2,3-二甲基丁烷（0.2%）、丙烯醛（0.1%）

续表

参考文献	组分
[26]（制胶无组织）	甲醛（73.8%）、丙酮（9.8%）、乙醇（6.2%）、乙酸乙酯（2.9%）、2,3-二甲基丁烷（1.1%）、1,3-丁二烯（1.0%）、丙烯醛（1.0%）、异戊二烯（0.9%）
[26]（调胶）	乙醇（45.2%）、甲醛（33.4%）、丙酮（7.2%）、异丙基苯（5.2%）、间/对二甲苯（1.0%）、丙烯醛（1.8%）、2,3-二甲基丁烷（0.8%）、间二乙基苯（0.8%）、乙苯（0.7%）、1,3-丁二烯（0.5%）
[34]	乙醇（57.4%）、丙酮（13.0%）、癸烷（7.6%）、异丙醇（6.2%）、丙烯醛（4.3%）、2,3-二甲基丁烷（1.7%）、2-丁酮（1.5%）、1,4-二噁烷（0.9%）、间/对二甲苯（0.8%）、异丙基苯（0.7%）
[34]	乙醇（22.3%）、苯乙烯（8.5%）、丙酮（8.5%）、乙酸乙酯（6.1%）、间/对二甲苯（4.4%）、1,3-丁二烯（4.2%）、1,2,4-三氯苯（3.9%）、1,2-二氯乙烷（2.4%）、萘（2.3%）、4-甲基-2-戊酮（2.3%）

2.4　化学原料药制造

目前我国已成为全球化学原料药生产与出口大国和全球最大的药物制剂生产国之一。我国医药工业企业的特点是数量多、小型企业占比大。目前，国内生物制药产值区域主要分布在山东、江苏、河南、广东等省市。与2009年相比，2017年年产量达到最大值739.05万t，增长了83.83%；其中化学药品原料药年产355.44万t，比重为48.09%，增长了76.64%（图2-14）。2018年以来，我国部分小品种、大用量的原料药断供，导致部分药品停产。

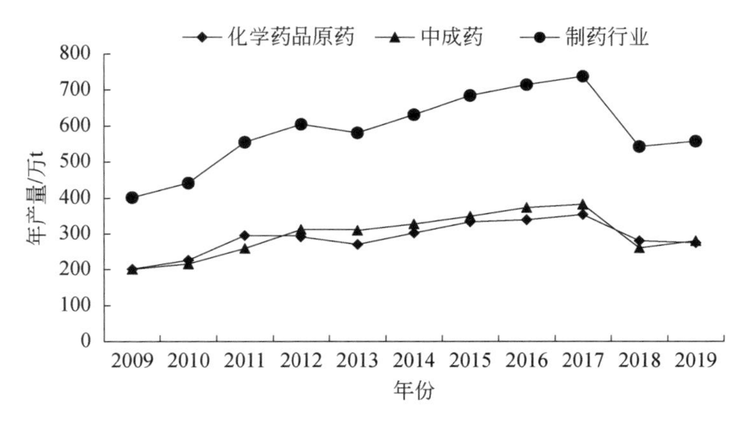

图2-14　2009～2019年全国制药行业产量变化趋势

化学药品原料药制造是制药工业污染较重的领域，基本涵盖了化学合成类、发酵类、提取类、生物工程类、中药类、混装制剂类等，目前国内研究较多的为发酵类和化学合成类。根据2020年7月生态环境部发布的《制药工业挥发性有机物治理实用手册》，发酵类制药指通过微生物发酵的方法产生抗生素或其他的活性成分，然后经过分离、纯化、精制等工序生产出药物的过程。发酵类制药生产工艺流程一般为：种子培养、微生物发酵、发酵液预处理和固液分离、提炼纯化、精制、干燥、包装等。化学合成类制药指采用一个化学反应或者一系列化学反应生产药物活性成分的过程。化学合成类制药的生产工艺主要包括反应和药品纯化两个阶段。反应阶段包括合成、药物结构改造、脱保护基等过程。具体的化学反应类型包括酰化反应、裂解反应、硝基化反应、缩合反应和取代反应等。化学合成类制药的纯化过程包括分离、提取、精制和成型等。具体生产工艺及产排污情况见图2-15。

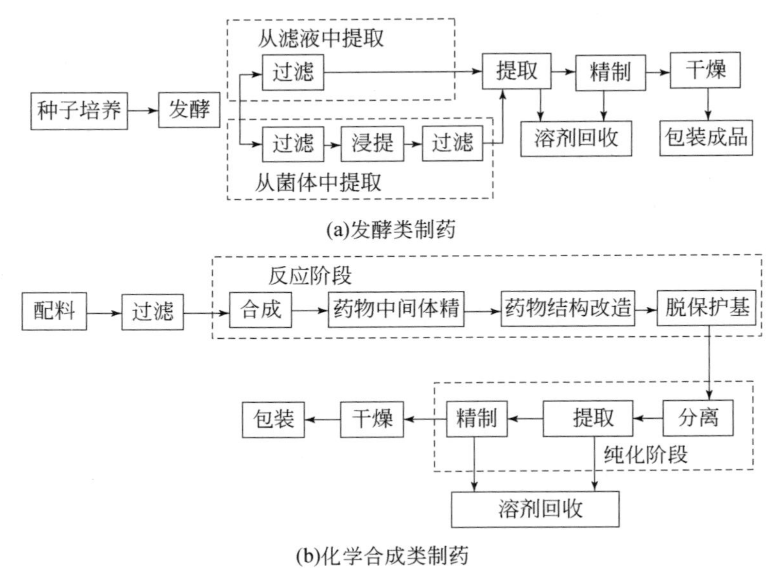

图 2-15　制药行业生产工艺流程图

这两类制药企业生产过程中都涉及提取、精制的过程，这两个过程因需要使用大量的有机溶剂，是 VOCs 的重要来源，同时干燥过程中也会有部分 VOCs 挥发。另外，发酵类企业中的发酵、溶剂回收过程，化学合成类企业的合成过程都是重要的 VOCs 排放节点。

郭斌等[35]以河北省某制药企业密集区为研究对象，检测分析出排放的 VOCs 中芳香烃类和酮类所占比例最高，分别占总 VOCs 浓度的 43% 和 28%，主要组分为丙酮、间/对二甲苯、1,3-丁二烯和 1,3,5-三甲基苯等，这与制药过程中使用的大量丙酮、甲苯等有机溶剂有关。徐志荣等[36]通过对浙江省制药企业进行研究发现，发酵类企业 VOCs 排放浓度最高，发酵类工艺以丙酮和乙酸乙酯为主，占总 VOCs 的 85% 以上；提取类工艺也是以丙酮和乙酸乙酯为主，可占 92% 以上；化学合成类工艺则以异丙醇和丙酮为主，两者约占排放总量的 80%。邵弈欣等[37]对华东地区的两家化学合成类企业开展了研究，其有组织排放的 VOCs 多以卤代烃为主（34%～56%），含氧 VOCs 次之（25%～40%），其特征组分为二氯甲烷和一氯甲烷等。周子航等[26]对成都市化学合成类制药企业进行研究，含氧 VOCs 是其有组织排放的主要成分，占比为 78.3%，其首要 VOCs 组分均为乙醇，占总 VOCs 排放的 35.2%，其次为 2-丁酮（13.4%）、乙酸乙酯（12.7%）、甲苯（10.0%）、1,4-二噁烷（8.2%）、2,3-二甲基丁烷（7.5%）等。从 VOCs 排放的特征组分来看，制药行业主要使用乙醇、乙酸乙酯和甲苯等有机溶剂来进行提取和合成，导致其VOCs排放特征与使用的原辅料具有极高的相关性。因此，有效控制VOCs排放不能忽视原料使用与生产过程。制药企业生产中使用的提取和精制过程是VOCs排放的主要来源，发酵类制药企业排放的特征组分主要是醇酮类、酯类和苯系物，其中多为丙酮、丁醇、乙酸乙酯和苯、甲苯等。化学合成类制药企业排放的特征组分主要是醇酮类、酯类和部分卤代烃，其中占比较大的组分多为丙酮、异丙醇、乙醇和二氯甲烷、一氯甲烷等，主要原因在于制药行业需使用乙醇、乙酸乙酯和甲苯等有机溶剂，从而导致相应组分占比较大。具体VOCs排放特征组分见表2-6。

表2-6 制药工业VOCs排放特征组分

	参考文献	组分
发酵类制药企业	[36]（制药企业A）	甲醇（1.6%）、丙酮（62.9%）、苯（0.8%）、甲苯（1.1%）、二甲苯（0.4%）、二氯甲苯（0.7%）、乙酸乙酯（31.3%）、三乙胺（0.1%）、DMF（0.5%）、乙酸正丁酯（0.4%）、正丙醇（0.2%）
	[36]（制药企业B）	丙酮（67.1%）、苯（0.7%）、甲苯（0.8%）、二甲苯（0.4%）、二氯甲苯（0.9%）、乙酸乙酯（29.5%）、正丙醇（0.6%）
化学合成类制药企业	[36]（制药企业E）	甲醇（3.3%）、丙酮（33.0%）、甲苯（3.6%）、二氯甲苯（2.0%）、三乙胺（0.8%）、乙醇（8.5%）、异丙醇（47.3%）、乙腈（1.5%）
	[36]（制药企业F）	丙酮（37.8%）、甲苯（4.2%）、二氯甲苯（2.7%）、三乙胺（1.3%）、乙醇（11.0%）、异丙醇（41.3%）、乙腈（1.7%）
	[26]	乙醇（35.2%）、2-丁酮（13.4%）、乙酸乙酯（12.7%）、甲苯（10.0%）、1,4-二烷（8.2%）、2,3-二甲基丁烷（7.5%）、丙酮（4.1%）、四氢呋喃（3.9%）、二氯甲烷（3.4%）
	[37]（有组织排放BⅠ）	4-甲基-2-戊酮（29.1%）、二氯甲烷（21.9%）、甲苯（13.0%）、丙酮（9.0%）、1,2,4-三甲苯（6.0%）
	[37]（有组织排放BⅡ）	一氯甲烷（44.2%）、1,2,4-三甲苯（14.4%）、4-甲基2-戊酮（11.9%）、丙酮（11.5%）、1,3-二氯苯（3.6%）

2.5 橡胶制品

橡胶制品工业是以生胶（天然胶、合成胶、再生胶等）为主要原料、各种配合剂为辅料，经炼胶、压延、压出、成型、硫化等工序，制造各类产品的工业，主要包括轮胎、力车胎、胶管、胶带、胶鞋、乳胶制品以及其他橡胶制品的生产企业，但不包含轮胎翻新及再生胶生产企业。国家统计局数据显示，2019年中国橡胶轮胎外胎产量达到了84445.28万条，累计减少4.7%，合成橡胶产量达到了743.96万t，累计增长7.6%，2009年，中国合成橡胶产量为274.91万t，截止至2019年，产量增加了469.05万t。2009～2014年，我国轮胎产量保持了稳定、高速增长，自 2015 年以来产量开始持续减少，具体年产量如图 2-16 所示。根据我国橡胶制品的行业分布来看，区域结构非常明显，橡胶产业主要集中在东部和中部地区。而且大多数橡胶制品企业具有区域性特征，产业规模偏小。橡胶制品产业呈现出垄断与过度分散竞争并存的格局。

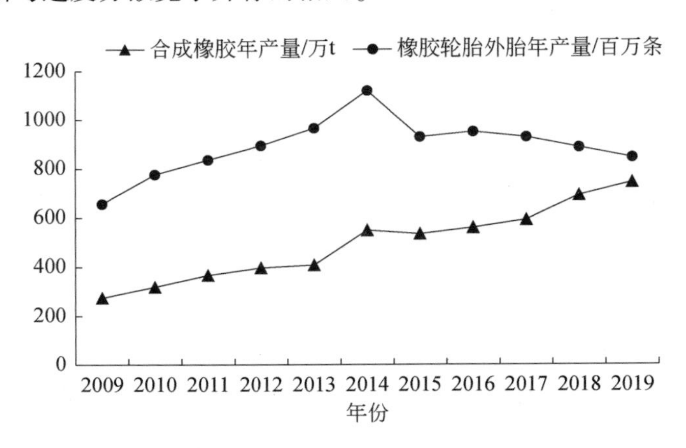

图 2-16　2009 ~ 2019 年全国橡胶制品行业产量变化趋势

橡胶制品工业生产废气主要产生于下列工艺过程或生产装置：炼胶过程中产生的有机废气；纤维织物浸胶、烘干过程中的有机废气；压延过程中产生的有机废气；硫化工序中产生的有机废气；树脂、溶剂及其他挥发性有机物在配料、存放时产生的有机废气。挥发性有机物来自 3 个方面：①残存有机单体的释放。生胶如天然橡胶、丁苯橡胶、顺丁橡胶、丁基橡胶、乙丙橡胶、氯丁橡胶等，其单体具有较大毒性，在高温热氧化、高温塑炼、燃烧条件下，这些生胶解离出微量的单体和有害分解物，主要是烷烃和烯烃衍生物。橡胶制品工业生产废气中可能含的残存单体包括丁二烯、戊二烯、氯丁二烯、丙烯腈、苯乙烯、二异氰酸甲苯酯、丙烯酸甲酯、甲基丙烯酸甲酯、丙烯酸、氯乙烯、煤焦沥青等。②有机溶剂的挥发。在橡胶行业普遍使用汽油等作为有机稀释剂，橡胶制品工业可能使用的有机溶剂包括甲苯、二甲苯、丙酮、环己酮、松节油、四氢呋喃、环己醇、乙二醇醚、乙酸乙酯、乙酸丁酯、乙酸戊酯、二氯乙烷、三氯甲烷、三氯乙烯、二甲基甲酰胺等。③热反应生成物。橡胶制品生产过程多在高温条件下进行，易引起各种化学物质之间的热反应，形成新的化合物。具体生产工艺流程见图 2-17。

王雨燕等[15]对淄博市合成橡胶行业的研究表明，VOCs 组成以卤代烃和烷烃类物质为主，所占质量分数分别为 46.80%、37.73%，1,1-二氯乙烷、氟利昂-114、乙烷、氯甲烷、乙炔等前 10 个组分的总质量分数总和达 58.54%，并分析出合成橡胶行业以有机液体装卸过程中挥发损失的 VOCs 排放为主，占全过程的 51.37%。周咪等[38]对塑胶企业进行了研究，胶布成型车间排放的 VOCs 主要为烷烃、芳香烃和含氧 VOCs，占比分别为 46.03%、26.99% 和 19.99%，排放浓度最高的物质是十一烷、癸烷、萘、乙醇和乙酸乙酯等。胶布成型时，加入聚氯乙烯（PVC）粉、PVC 胶粒和其他含醇、酯、苯类的助剂后，通过加热压出、转轮，可产生并排放出一定量的烷烃、芳香烃和含氧有机物。齐一谨

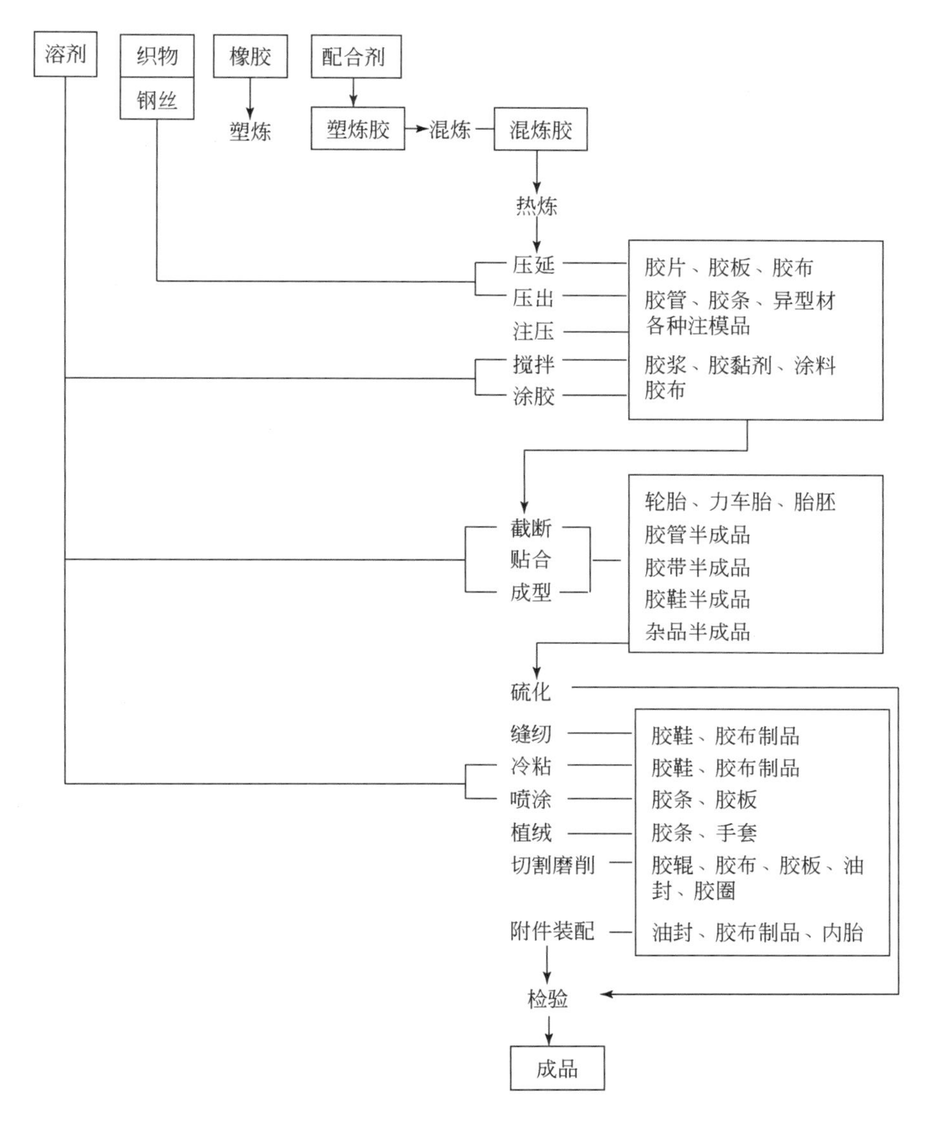

图2-17 橡胶制品行业生产工艺流程图

等[29]对郑州市橡胶制品企业的研究表明，硫化环节的VOCs组分以卤代烃和芳香烃为主，占比分别为36.7%和21.5%，炼胶环节中的VOCs组分以烷烃和芳香烃为主，占比分别为37.6%和27.8%。白红祥等[39]基于扩散模式反演的橡胶轮胎制造行业VOCs排放以含氧VOCs、烷烃和芳香烃为主，占比分别为36.8%、31.17%和27.73%，其中VOCs主要组分为壬醛（21.79%）和正己烷（11.72%）。王刚等[40]研究表明，橡胶厂工艺过程排放的VOCs同样以芳香烃为主，伸缩装置车间、开密炼胶车间和硫化车间的芳香烃排放分别占总VOCs的94.5%、78.0%和95.3%；伸缩装置车间苯乙烯、甲苯和邻二甲苯为主要物种，其质量分数比分别达30.5%、26.4%和18.0%；开密炼胶过程车间内无组织排放废气中VOCs以甲苯、乙苯和间/对二甲苯为主，其质量分数达到55.7%、7.8%和4.5%；

硫化车间内无组织排放废气中 VOCs 以乙苯、间/对二甲苯和邻二甲苯为主，其质量分数分别达到 42.4%、24.2% 和 13.7%。不同的橡胶制造企业排放的 VOCs 特征组分存在差异，VOCs 废气主要来自炼胶和硫化等生产工艺过程中的挥发，且同一企业的不同产品所使用的溶剂不同，因此各研究的结果也不相同。周阳等[23]、周咪等[38]和白红祥等[39]的研究结果表明，烷烃和甲苯等是主要的 VOCs 成分，部分研究包含乙醇、乙酸乙酯等含氧 VOCs 组分。具体排放特征组分见表 2-7。

表 2-7　橡胶制造行业 VOCs 排放特征组分

参考文献	组分
[40]（伸缩装置车间）	苯乙烯（30.5%）、甲苯（26.4%）、邻二甲苯（18.0%）、乙苯（7.3%）、间/对二甲苯（7.0%）、苯（0.9%）、1,2,4-三甲基苯（0.6%）、异丁烷（0.2%）、丁烷（0.2%）、异戊烷（0.2%）、2-甲基戊烷（0.1%）
[40]（开密炼胶车间）	甲苯（55.7%）、乙苯（7.8%）、间/对二甲苯（4.5%）、邻二甲苯（3.1%）、苯（2.9%）、丁烷（1.3%）、己烷（1.2%）、异丁烷（1.1%）、异戊烷（1.1%）、1-丁烯（0.6%）
[40]（硫化车间）	乙苯（42.4%）、间/对二甲苯（24.2%）、邻二甲苯（13.7%）、甲苯（8.6%）、苯乙烯（1.9%）、异丁烷（0.8%）、异戊烷（0.7%）、苯（0.6%）、丁烷（0.5%）、顺-2-丁烯（0.3%）
[38]	十一烷（6.5%）、癸烷（6.2%）、萘（5.6%）、乙醇（5.3%）、乙酸乙酯（4.0%）、十二烷（3.7%）、1,2,4-三甲苯（3.7%）、异丙醇（3.3%）、甲苯（2.9%）、壬烷（2.6%）
[23]	正庚烷（19.2%）、3-甲基己烷（12.8%）、甲基环己烷（12.2%）、正己烷（11.7%）、2-甲基己烷（10.7%）、环己烷（9.3%）、甲基环戊烷（7.4%）
[39]	丙烯（4.3%）、丙烷（5.1%）、正己烷（11.7%）、苯（5.5%）、甲苯（9.2%）、乙苯（7.1%）、间/对二甲苯（3.1%）、十二烷（7.8%）、乙醛（5.6%）、苯甲醛（5.6%）、壬醛（21.8%）
[15]	1,1-二氯乙烷（12.5%）、氟利昂-114（11.9%）、乙烷（5.6%）、氯甲烷（5.6%）、乙炔（5.0%）、氟利昂-12（3.4%）、异丁烷（3.4%）、3-甲基戊烷（3.1%）、正庚烷（3.1%）、正丁烷（3.1%）

2.6　合成树脂

目前，我国已是世界最大的合成树脂生产国与消费国。2009～2019 年合成树脂年产量变化趋势如图 2-18 所示，2019 年我国合成树脂制造业规模以上企业数达到 1725 家，产量增长至 8660 万 t。合成树脂种类繁多，应用较为广泛的为五大通用合成树脂，即聚乙烯（PE）、聚丙烯（PP）、聚氯乙烯（PVC）、聚苯乙烯（PS）及丙烯腈–丁二烯–苯乙烯三元共聚物（ABS），与人们生活息息相关，被广泛地应用于包装、建筑、农业、家电及汽车等领域。目前我国合成树脂生产主要集中在江苏、浙江、山东、广东、新疆、陕西、内蒙古等地区。

合成树脂是由人工合成的一类高分子聚合物，是由低分子原料——单体（如乙烯、丙烯、氯乙烯、苯乙烯等）通过聚合反应结合成大分子而制得的。合成树脂为黏稠液体或加热可软化的固体，受热时通常有熔融或软化的温度区间，在外力作用下可呈塑性流动状态。合成树脂最重要的应用领域是生产塑料制品，此外合成树脂也是生产合成纤

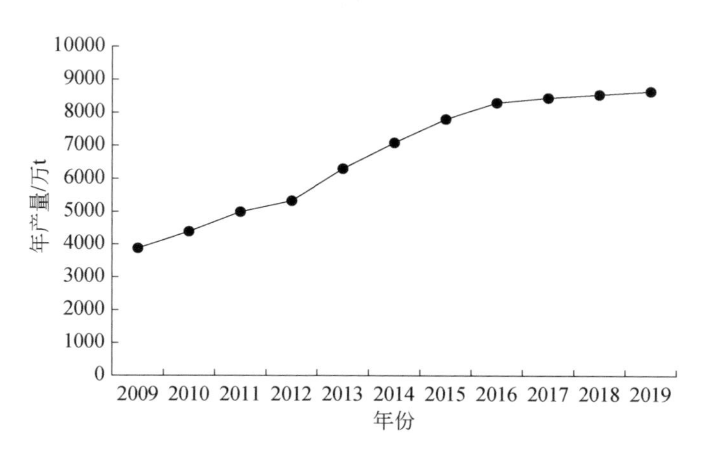

图2-18　2009～2019年全国合成树脂年产量变化趋势

维、涂料、胶黏剂、绝缘材料等化工产品的基础原料。聚合工艺是主要的合成树脂生产工艺，典型的合成树脂聚合工艺分为聚烯烃生产工艺（如聚乙烯树脂）、乳液生产工艺（如丙烯酸酯类树脂）和氟化物聚合工艺（如氟树脂），合成树脂及主要原料大多是以直链脂肪烃为基本骨架的碳氢化合物，包括烷烃、烯烃、芳香烃和含氧烃等组分，排入大气则属于挥发性有机物，因此涉及VOCs排放环节多为聚合和后处理。具体生产工艺如图2-19所示。

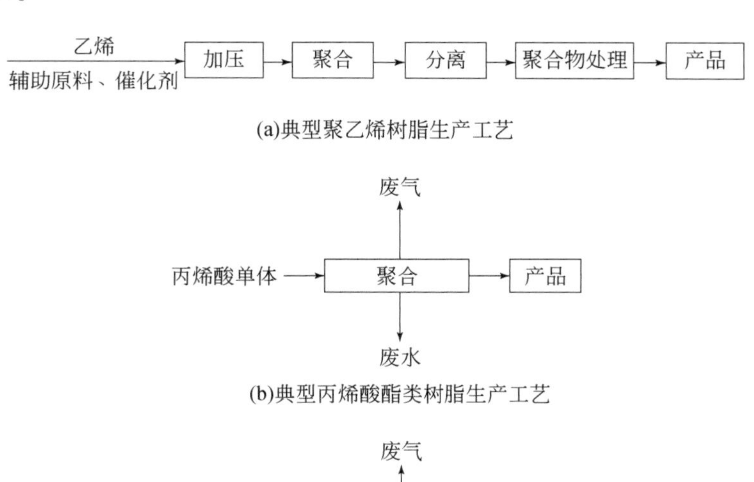

(a)典型聚乙烯树脂生产工艺

(b)典型丙烯酸酯类树脂生产工艺

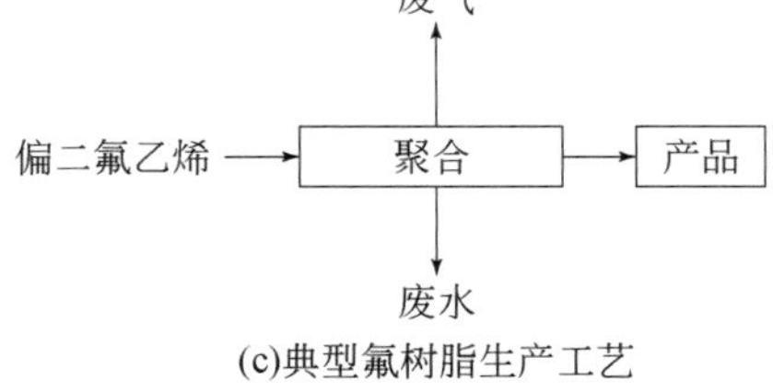

(c)典型氟树脂生产工艺

图2-19　典型合成树脂行业生产工艺流程图

王雨燕等[15]对 PVC 手套制造企业进行了研究，结果表明合成树脂企业 VOCs 排放以烷烃（43.45%）和芳香烃（27.97%）为主，主要排放组分为正癸烷（18.19%）、1,2,3-三甲基苯（14.51%）、乙炔（6.56%）和甲苯（3.94%）等，其中芳香烃占比较高的原因在于 PVC 手套在浸渍槽中黏附乳液的过程中，大量芳香烃类物质作为溶剂使用。韩博等[41]认为聚苯乙烯树脂的生产过程中所排放的 VOCs 物质以苯乙烯为主，所占比例为 51.8%，除此之外，四氯化碳和 1,2-二溴乙烷的比例也较高，分别为 12.4% 和 15.6%。Ma 等[42]认为芳香烃和含氧 VOCs 是合成树脂的主要 VOCs 组分，占比超过 70%。徐晨曦等[27]的监测结果表明，合成树脂企业 VOCs 物种中芳香烃（66.5%）和烯烃（14.3%）占比较高，VOCs 主要组分是甲苯（23.6%）、间/对二甲苯（18.5%）、苯乙烯（10.3%）和 1,3-丁二烯（8.5%）等。马怡然等[43]对 5 类合成树脂［分别为涂料树脂（CR）、酚醛树脂（PF）、聚氨酯（PU）、丙烯腈-丁二烯-苯乙烯共聚物（ABS）和聚碳酸酯（PC）］企业进行研究，得知芳香烃、含氧 VOCs 和卤代烃是合成树脂行业的主要排放组分，累计占比范围是 73.2%~98.3%；其中 PU 以芳香烃和含氧 VOCs 为主，占比分别为 43.1% 和 47.9%；CR 同样以芳香烃和含氧 VOCs 为主，占比分别为 46.8% 和 50.3%；PF 和 ABS 中芳香烃是质量分数最高的组分，占比分别为 96.0% 和 78.7%，ABS 排放中还含有 14.4% 的烯炔烃；PC 以卤代烃为主，占比为 71.7%。研究均表明不同类型的合成树脂排放特征差异较大，其主要取决于生产原料和产品。马怡然等[43]研究表明：PC 的主要污染物是二氯甲烷、乙烷和氯甲烷等；CR 的主要污染物是甲基异丁基酮、乙苯和间/对二甲苯等；PF 的主要污染物是苯；PU 的主要污染物是甲苯、2-丁酮、乙酸乙酯、二氯甲烷等；ABS 的主要污染物是苯乙烯、苯和乙炔等。韩博等[41]的研究认为合成树脂企业的首要污染物为苯乙烯，与 ABS 结果相似。徐晨曦等[27]研究表明甲苯、间/对二甲苯和苯乙烯是醇酸树脂企业的主要污染物。王雨燕等[15]则认为正癸烷、1,2,3-三甲基苯是 PVC 手套企业的特征污染物。具体排放特征组分见表 2-8。

表 2-8　合成树脂行业 VOCs 排放特征组分

参考文献	组分
[41]	苯乙烯（51.8%）、1,2-二溴乙烷（15.6%）、四氯化碳（12.4%）、甲苯（9%）、苯（7.9%）
[27]（醇酸树脂）	甲苯（23.6%）、间/对二甲苯（18.5%）、苯乙烯（10.3%）、1,3-丁二烯（8.5%）、乙苯（6.7%）、邻二甲苯（4.6%）、1-丁烯（4.0%）
[15]（PVC 手套）	正癸烷（18.2%）、1,2,3-三甲基苯（14.5%）、乙炔（6.6%）、四氯化碳（4.5%）、甲苯（3.9%）、1,2-二溴乙烷（3.6%）、乙烷（3.0%）、1-己烯（2.9%）、2,3-二甲基丁烷（2.7%）、环戊烷（2.6%）
[43]（PU）	甲基异丁基酮（41.6%）、乙苯（21.0%）、间/对二甲苯（14.2%）、邻二甲苯（4.0%）、对二乙苯（3.3%）、丙酮（2.8%）、甲基丙烯酸甲酯（2.7%）、甲基叔丁基醚（1.5%）、2-丁酮（1.4%）、1,2,3-三甲苯（1.2%）
[43]（CR）	苯（83.2%）、间/对二甲苯（4.7%）、邻二甲苯（3.0%）、正己烷（1.6%）、乙苯（1.5%）、1,2,4-三甲苯（1.3%）、3-甲基戊烷（1.1%）、正丁烷（1.0%）、甲苯（0.9%）、1,2,5-三甲苯（0.8%）

续表

参考文献	组分
[43]（PF）	甲苯（42.7%）、2-丁酮（24.4%）、乙酸乙酯（18.5%）、二氯甲烷（4.5%）、异丙醇（3.5%）、丙酮（0.9%）、四氢呋喃（0.7%）、1,2-二氯乙烷（0.6%）、2,3-二甲基戊烷（0.6%）、异戊烷（0.5%）
[43]（ABS）	苯乙烯（53.4%）、苯（13.6%）、乙炔（10.8%）、乙苯（6.9%）、丙酮（3.0%）、乙烯（1.3%）、甲苯（1.1%）、异丙苯（1.0%）、丙烯（1.0%）、1-丁烯（0.9%）
[43]（PC）	二氯甲烷（66.6%）、乙烷（22.8%）、氯甲烷（4.1%）、乙烯（1.8%）、丙酮（1.0%）、丙烷（0.8%）、乙炔（0.8%）、1,4-二氯苯（0.4%）、氯乙烷（0.3%）、正庚烷（0.3%）

2.7　表面涂装

表面涂装行业是指为保护或装饰加工对象，在加工对象表面覆以涂料膜层的工业[44]，涂装工序一般由预处理、涂布（含底漆、中涂、面漆、清漆）、流平、烘干等环节组成。工业涂装企业被涂装对象材料不同，其涂装工艺会存在一定的差别，涂装对象的材料主要包括金属制品、木制品和塑料制品，其涂装工艺分别介绍如下。

1）金属制品表面涂装

典型金属制品表面涂装工艺流程如下：除油除锈—水洗—中和—水洗—磷化—水洗—干燥—底涂—中涂—面漆—烘干—修补—成品。

2）木制品表面涂装

典型木制品表面涂装工艺流程如下：干燥—除毛刺—除松脂—漂白脱色—着色填孔—底涂—打磨—中涂—打磨—面漆—抛光修饰—成品。

3）塑料制品表面涂装

典型塑料制品表面涂装工艺流程如下：成型—脱脂—水洗—干燥—底涂—中涂—面漆—干燥—冷却—成品。

塑料制品表面涂装主要涉及汽车整车制造、木质家具制造、电子产品制造、金属表面制造等行业，不同涂装行业的 VOCs 排放特点及污染物组成各不相同，在本章中，选取汽车整车制造作为金属制品表面涂装行业、木质家具制造作为木制品表面涂装行业进行相关分析，具体内容如下。

1）汽车整车制造

我国长江三角洲、珠江三角洲、环渤海地区、东北地区、华中地区和西南地区是主要汽车产业区域的六大汽车产业集群[45]。据《中华人民共和国国民经济和社会发展统计公报》统计，我国 2010 年汽车年产量同比增长了 32.4%，是近 10 年最大的增长率，达到了汽车发展高峰期，并持续增加，至 2017 年年产量达到最大值 2901.8 万辆，随之缓慢下降，2019 年汽车年产量为 2552.8 万辆，10 年内汽车产量增加了 85.05%，成为目前全球最大的汽车制造国家。其中，轿车是汽车制造业的主要生产类型（图 2-20）。

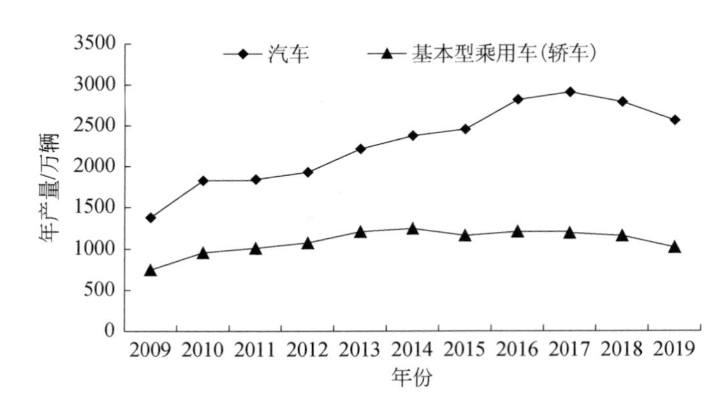

图 2-20　2009 ~ 2019 年全国汽车产量变化趋势

近年来，随着原辅料成分的标准化、涂装工艺设备的优化、污染治理水平的强化和环境管理要求的严格化，汽车涂装的清洁生产水平不断提高[46]。汽车整车制造行业的涂装工序是指将涂料覆于基底表面形成具有防护、装饰或特定功能涂层的过程，包括前处理、底漆、中涂、色漆、清漆、涂密封胶、流平、烘干、打磨、注蜡、车身发泡、图案和打腻等所有工序[47]，具体生产工艺及产排污节点如图 2-21 所示。其中电泳烘干、涂密封胶、中涂喷漆及其流平和烘干、面漆（色漆）清漆喷涂及烘干过程，因涉及漆料、稀释剂等含 VOCs 原辅料的使用，易产生 VOCs 的排放。

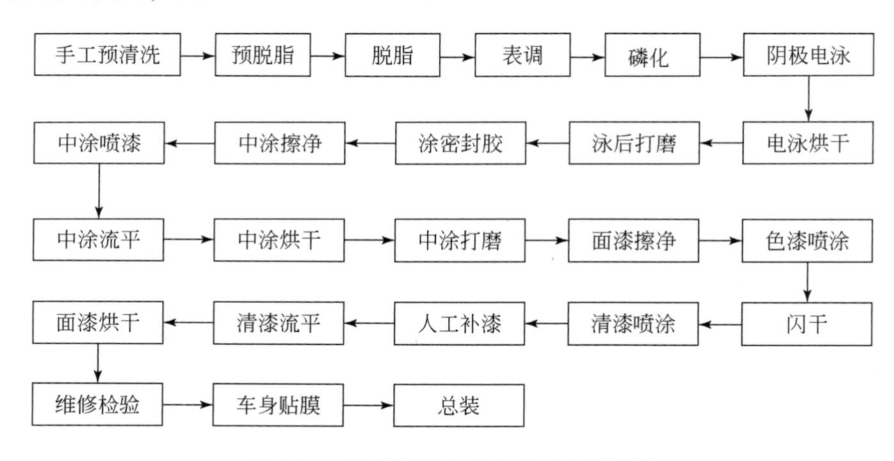

图 2-21　整车制造企业生产工艺流程图

相关研究表明，汽车喷涂企业 VOCs 排放特征随行业使用涂料种类的改变而发生变化[48]。齐一谨等[29]对郑州市汽车制造企业的研究表明，乙酸乙酯、C_7 ~ C_8的苯系物、正十二烷和异丙醇是该行业的特征组分。徐晨曦等[27]对四川省汽车制造企业进行了研究，结果表明水性喷涂排放的主要物种分别是间/对二甲苯（14.0%）、异丙醇（13.0%）、十二烷（11.0%）、1,2,4-三甲苯（8.0%）、间乙基甲苯（8.0%）和邻二甲苯（5.0%）等；溶剂型喷涂排放的主要物种分别是间/对二甲苯（20.0%）、1,4-二烷（15.0%）、乙苯（10.0%）、邻二甲苯（9.0%）、异丙醇（8.0%）等。以往研究显示苯系物为汽车整车制造行业的主要成分[49]，而近年来大部分汽车整车制造企业新建汽车生产线和原有汽车生产线改造绝大多数采用“阴极电泳+水性中涂+水性底色漆+溶剂型罩光漆”的技术路线，目前底色漆涂装工序已基本完成水性化改造，因此喷涂工序VOCs组成与传统企业存在差异，芳香烃占比大幅降低，含氧VOCs占比显著提升[50]。不同的整车制造企业排放的VOCs特征组分存在差异，VOCs废气主要来自喷漆和干燥（如烘干）等生产工艺过程中的挥发，不同企业使用的原辅料存在差异，因此排放的特征组分也大不相同，且同一企业的不同产品所使用的有机溶剂不同，因此各研究的结果也不相同。徐晨曦等[27]、齐一谨等[29]、莫梓伟等[48]、Yuan等[49]和田亮等[51]的研究结果表明，苯系物是整车制造企业排放占比最大的污染物，甲苯、乙苯以及三甲苯等是主要的特征污染物，其部分企业的特征组分包含异丙醇、正丁醛等含氧VOCs，其原辅料多为溶剂型涂料；齐一谨等[29]、方莉等[50]和赵锐等[52]的研究结果表明，VOCs特征组分多为乙酸乙酯、乙酸丁酯和乙醇等含氧VOCs，主要原因在于近年来汽车喷涂行业使用的溶剂逐渐由油性漆向水性漆转变，具体排放特征组分见表2-9。

表2-9 汽车整车制造行业VOCs排放特征组分

参考文献	组分
[49]	间二甲苯（32%）、甲苯（25.7%）、乙苯（11.1%）和邻二甲苯（6.8%）
[48]（北京汽车喷涂1）	丙酮（15.3%）、3-甲基己烷（7.1%）、正庚烷（6.0%）、2-甲基己烷（5.0%）和间/对二甲苯（5.0%）
[48]（北京汽车喷涂3）	1,2,4-三甲基苯（18.2%）、正丁醛（12.0%）、3-乙基甲苯（9.8%）、1,3,5-三甲基苯（5.3%）和4-乙基甲苯（4.7%）
[48]（长江三角洲活性炭吸附处理）	甲苯（18.6%）、乙苯（8.7%）、丙烷（7.5%）
[51]	邻二甲苯（16.4%）、乙苯（11.9%）、1,2,4-三甲苯（11.1%）和甲苯（9.4%）
[52]（汽车企业4）	乙酸异丁酯（18%）、对二甲苯（16%）、邻二甲苯（15%）、乙苯（13%）、乙酸正丁酯（11%）
[52]（汽车企业5）	乙酸乙酯（19%）、乙酸正丁酯（18%）、正丁醇（15%）、环己烷（9%）、偏三甲苯（8%）
[28]	乙醇（21.9%）、乙酸丁酯（15.5%）、丙烷（11.2%）和三氯甲烷（7.5%）
[50]（色漆）	丁醇（35.8%）、乙酸丁酯（17.7%）、乙醇（10.0%）、间/对二甲苯（6.7%）、异丙醇（6.2%）、邻二甲苯（5.4%）、1,3,5-三甲基苯（4.9%）、乙苯（4.0%）、1-乙基-2-甲基苯（1.5%）、1,2,4-三甲苯（1.1%）
[50]（罩光漆）	1,2,4-三甲基苯（23.5%）、1-乙基-3-甲基苯（16.3%）、1,2,3-三甲基苯（11.7%）、1,3,5-三甲基苯（6.3%）、1-乙基-2-甲基苯（6.3%）、对乙基甲苯（6.2%）、间/对二甲苯（4.8%）、异丙醇（4.3%）、正丙苯（3.4%）、四氯化碳（2.8%）
[29]（汽车制造企业3）	乙酸乙酯（21.4%）、正十二烷（10.4%）、间/对二甲苯（9.9%）、甲苯（9.5%）、正癸烷（5.2%）
[29]（汽车制造企业4）	间/对二甲苯（21.5%）、异丙醇（14.0%）、苯乙烯（10.0%）、乙苯（8.8%）、邻二甲苯（8.5%）

续表

参考文献	组分
[27]（溶剂型喷涂）	间/对二甲苯（20.0%）、1,4-二烷（15.0%）、乙苯（10.0%）、邻二甲苯（9.0%）、异丙醇（8.0%）
[27]（水性喷涂）	间/对二甲苯（14.0%）、异丙醇（13.0%）、十二烷（11.0%）、1,2,4-三甲苯（8.0%）、间乙基甲苯（8.0%）、邻二甲苯（5.0%）

2）木质家具制造

我国家具产业集群分为东北、环渤海、长江三角洲、珠江三角洲、中西部五大家具产业集群区。研究表明[53]，中国家具产业分布不均衡性显著，且趋海性特征较为明显，东部板块的三大经济区即沿海十省市，家具总产量占据全国的78.53%，单位面积的家具产量是全国平均水平的8.55倍。2010年家具年产量同比增长了26.67%，是近10年最大的增长率，2019年产量达到最大值89698.5万件，10年内家具产量增加了47.50%，庞大的经济总量和生产规模使得家具产业成为了中国第二产业体系中的支柱产业之一（图2-22）。

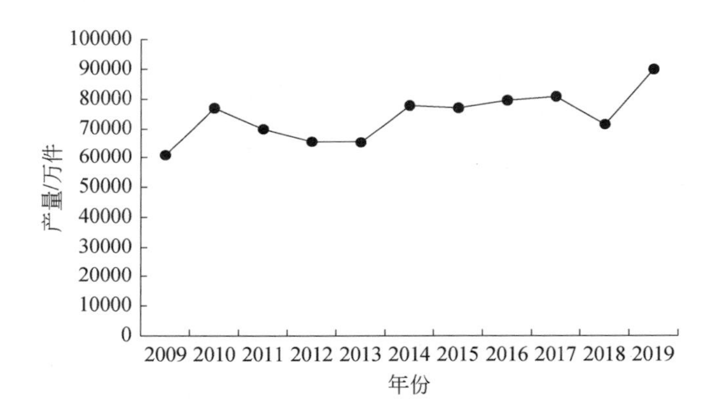

图2-22　2009～2019年全国家具产量变化趋势

木质家具企业生产工艺流程如图2-23所示，木质家具制造的涂装工艺是将涂料涂覆于木制家具某一表面，形成具有防护、装饰或特定功能涂层的工艺过程[54]，木质家具制造业排放的VOCs主要来源于涂装工序所使用的涂料、稀释剂和固化剂等含VOCs原辅材料的挥发，涂料种类、稀释剂配比、固化剂使用情况等因素都会影响木质家具制造行业VOCs的排放。此外，间歇涂装作业的行业特征也会导致不同工况条件下木质家具制造业排放的VOCs组分存在一定的差异。在“十二五期间积极推进溶剂使用行业落后工艺淘汰退出”使得近几年溶剂使用行业生产工艺和含VOCs原辅材料使用情况发生了较为明显的变化，随着水性涂料的大力推广，部分地区木质家具行业基本实现水性涂装工艺代替传统溶剂型涂装工艺。

早期家具制造业VOCs源谱组分以芳香烃为主，洪沁和常宏宏[55]的研究表明，涂装车

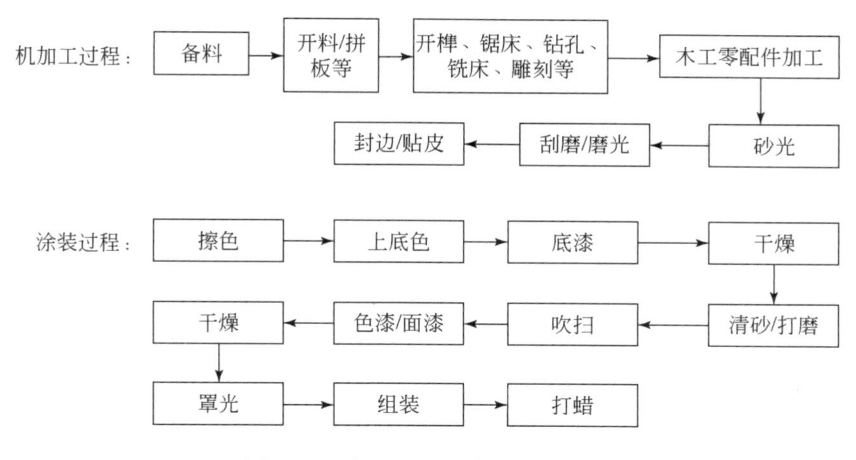

图2-23　家具企业生产工艺流程图

间和干燥车间的无组织和有组织排放均以苯系物为主，其中无组织排放的质量分数占TVOCs的88%以上，有组织排放也达78%，其组分以1,2,4-三甲苯、邻二甲苯和乙苯为主，主要原因在于该家具制造行业采用的PU油性漆VOCs含量较高。赵锐等[52]的研究表明，使用水性漆的家具企业，含氧VOCs占比最大，乙酸正丁酯为占比最大的组分(36%)，与洪沁和常宏宏[55]的研究相比，芳香烃比例（45%）大幅下降。张嘉妮等[56]研究显示，车间主要VOCs物质为含氧VOCs，占比达51.5%，其次为芳香烃，占比为29.87%，主要组分为甲缩醛、乙酸仲丁酯和甲苯，占比分别为21.8%，19.58%，9.62%。由于环保型原辅材料的使用、配套工艺的改进以及VOCs末端处理设施的安装，木质家具制造业VOCs组分构成发生了较大的改变。不同的家具制造企业排放的VOCs特征组分存在差异，VOCs废气主要来自喷漆和干燥（如烘干）等生产工艺过程中的挥发，且同一企业的不同产品所使用的有机溶剂不同，因此各研究的结果也不相同。齐一谨等[29]、Yuan等[49]、田亮等[51]、洪沁和常宏宏[55]和莫梓伟等[57]的研究结果表明，苯系物是家具制造企业排放占比最大的污染物，甲苯、乙苯、二甲苯以及三甲苯等是主要的特征污染物，企业所使用的原辅料多为溶剂型涂料；赵锐等[52]、方莉等[50]和张嘉妮等[56]的研究结果表明VOCs特征组分多为乙酸正/仲丁酯、乙酸乙酯和乙醇等含氧VOCs，主要原因在于近年来大多数地区家具制造行业使用的溶剂逐渐由油性漆向水性漆转变，具体排放特征组分见表2-10。

表2-10　家具制造行业VOCs排放特征组分

参考文献	组分
[49]	甲苯（47.1%）、间/对二甲苯（29.5%）、乙苯（11.5%）、邻二甲苯（9.5%）
[60]	苯乙烯（19.9%）、乙酸乙酯（16.1%）、乙苯（9.5%）、乙酸丁酯（9.5%）、甲苯（7.4%）
[57]	甲苯（72.6%）、乙苯（8.7%）、间/对二甲苯（4.9%）
[55]	1,2,4-三甲苯（16.1%）、邻二甲苯（15.0%）、乙苯（13.5%）、甲苯（12.4%）和间/对二甲苯（8.7%）

续表

参考文献	组分
[51]	邻二甲苯（17.1%）、乙苯（13.9%）和甲苯（12.1%）
[52]（企业1）	乙酸正丁酯（25%）、对二甲苯（23%）、邻二甲苯（21%）、乙苯（16%）、环已酮（7%）
[52]（企业2）	乙酸正丁酯（26%）、对二甲苯（22%）、邻二甲苯（15%）、乙酸乙酯（9%）、乙苯（6%）
[52]（企业3）	乙酸正丁酯（36%）、对二甲苯（21%）、邻二甲苯（15%）、乙酸乙酯（15%）、乙苯（7%）
[56]（底漆排气筒）	乙酸仲丁酯（25.0%）、甲苯（9.0%）、间二甲苯（5.5%）、1,2-二氯乙烷（4.6%）、甲缩醛（4.0%）、2-甲基戊烷（4.0%）、乙苯（3.4%）、乙酸乙酯（3.1%）、邻二甲苯（3.1%）、2,4-二甲基戊烷（3.0%）
[56]（底色排气筒）	乙酸仲丁酯（29.8%）、间二甲苯（7.6%）、甲苯（6.9%）、1-乙基-3-甲基苯（5.8%）、1,3,5-三甲基苯（5.5%）、乙苯（5.0%）、乙酸丁酯（4.4%）、邻二甲苯（4.3%）、乙酸乙酯（2.7%）、1,2-二氯乙烷（2.7%）、2,4-二甲基戊烷（2.3%）
[56]（面漆排气筒）	乙酸仲丁酯（30.5%）、甲苯（16.4%）、甲缩醛（15.0%）、间二甲苯（5.9%）、二氯甲烷（5.6%）、乙酸乙酯（5.4%）、对二甲苯（4.1%）、乙苯（3.6%）、1,2-二氯乙烷（3.2%）、邻二甲苯（3.0%）、乙酸丁酯（2.8%）
[50]	乙醇（36.7%）、乙酸乙酯（8.2%）、丙酮（7.8%）、二氯甲烷（7.3%）、间/对二甲苯（5.5%）、环已烷（3.7%）、甲苯（3.7%）、邻二甲苯（3.2%）、2-甲基戊烷（3.1%）、乙苯（2.9%）
[29]（家具企业5）	间/对二甲苯（22.9%）、乙苯（14.0%）、异丙醇（12.1%）、邻二甲苯（10.9%）、乙酸乙酯（6.5%）
[29]（家具企业6）	间/对二甲苯（24.1%）、乙酸乙酯（15.2%）、邻二甲苯（11.8%）、1,2,4-三甲基苯（9.4%）、乙苯（8.9%）
[27]	苯乙烯（18.3%）、间/对二甲苯（13.8%）、乙酸乙酯（11.2%）、2,3-二甲基丁烷（10.5%）、4-甲基-2-戊酮（10.3%）、2-丁酮（9.0%）、邻二甲苯（7.0%）、乙苯（5.3%）、乙醇（3.1%）、甲苯（2.4%）
[16]	乙酸乙酯（17.3%）、邻二甲苯（10.0%）、乙醇（9.5%）、间二甲苯（9.0%）、对二甲苯（9.0%）、甲苯（6.8%）、异丙醇（6.3%）、乙苯（5.1%）

2.8 印 刷 业

2019年我国印刷业继续保持平稳增长态势，截至2019年，我国共有9.7万家企业、258万从业人员，实现总产值1.3万亿元。行业人均产值由2009年的17万元增长到2018年的50.39万元，增长超过196%。根据中国印刷及设备器材工业协会统计，包装装潢印刷已发展成为印刷工业产值占比最大的一类分支，占比约75%；报刊印刷、本册印刷、装订及印刷相关服务则分别占比约16%、6%和3%[58]。

印刷生产一般包括印前、印刷、印后加工三个工艺过程。根据印刷所用版式类型可将印刷分为平版印刷、凹版印刷、凸版印刷（主要为柔版印刷）和孔版印刷（主要为丝网印刷）。印前过程主要包括制版及印前处理等工序；印刷过程主要包括印刷、润版、烘干、清洗、油墨调配和输送等工序；印后加工过程主要包括覆膜、复合、上光、胶订、烘干、胶黏剂（光油）调配和输送，以及烫印、模切、折叠糊盒、制袋、装裱、裁切等整形成型工序[59]。印刷工艺流程见图 2-24。

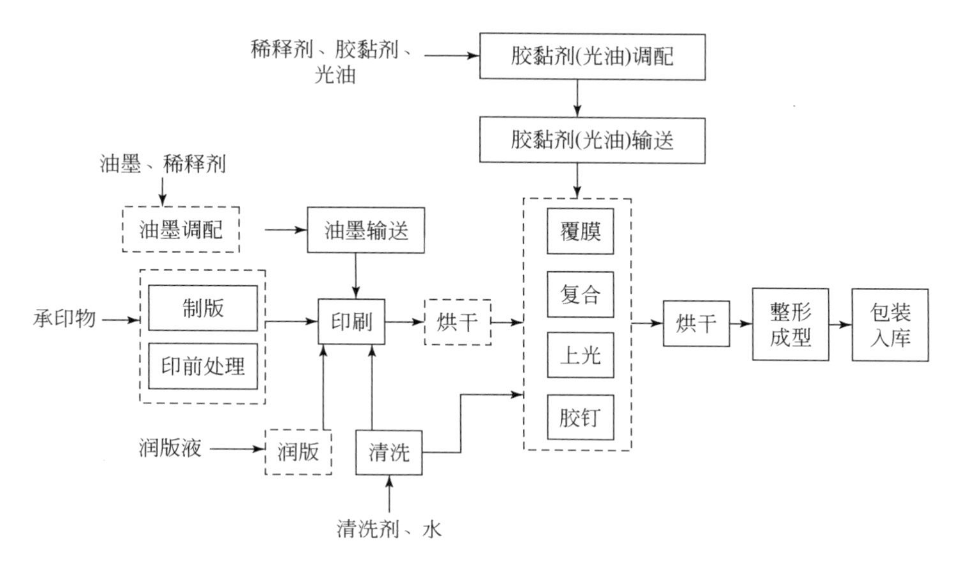

图 2-24　印刷企业生产工艺流程图

印刷生产活动 VOCs 排放主要集中在印刷、干燥（如烘干）、复合和清洗等生产工艺过程中，主要来源于油墨、稀释剂、胶黏剂、涂布液、润版液、光油、清洗剂、各类溶剂等含 VOCs 原辅材料的挥发。

印刷工艺分类的不同以及纳入监测分析的 VOCs 物种不同，导致各研究组分构成存在明显差异[28,48,49,51,52,60-63]。相关研究显示[50]，北京市印刷业已完成使用溶剂基油墨包装印刷企业的退出调整，印刷行业工艺集中度高，保留的印刷企业主要是出版物印刷企业，采用的都是主流技术，印刷工艺主要采用平版胶印，油墨主要采用植物油基油墨，且组分以烷烃和含氧 VOCs 为主，占比分别为 47.29% 和 44.57%，其中异丙醇（42.85%）、2-甲基己烷（7.18%）、3-甲基己烷（6.35%）、庚烷（6.34%）、正十一烷（4.11%）是出版物印刷企业的主要 VOCs 组分。刘文文等[63]研究表明，出版物印刷企业大部分使用了环保油墨（水性油墨、植物油基油墨），油墨种类较多，VOCs 检出种类差别较大，VOCs 大多以含氧 VOCs 为主，占比均在 64.3% 以上，且主要物质均为异丙醇，其占比为 30.3%～77.5%，主要原因在于平版胶印过程中油墨和润版液在同一工位使用，排放环节无法单独收集，主要组分为异丙醇的润版液的大量使用造成印刷工位排放浓度的叠加，同时造成异丙醇排放占比增大。目前国内大多数出版物印刷企业基本已全部使用植物油基油墨、水性胶黏剂、水性光油，所以润版液和洗车水是目前出版物印刷企业 VOCs 的主要来源，占企业总 VOCs 产生量的 80%～90%。

多数包装印刷企业采用传统含 VOCs 原辅材料，低 VOCs 含量原辅材料还未得到规模化应用，纸包装印刷企业使用的润版液、洗车水和光油，以及塑料软包装印刷企业使用的凹版油墨 VOCs 含量均很高。刘文文等[63]研究表明，使用溶剂型凹版油墨的包装印刷企业，排放浓度最高的物质为卤代烃，占比为22.6%~22.8%，使用溶剂型醇墨的包装印刷企业，排放浓度最高的物质为乙醇，占比达89.9%。齐一谨等[29]研究表明，包装印刷企业排放的 VOCs 以乙酸乙酯和异丙醇占比为主，分别占比 66.8%~84.7% 和 2.9%~21.5%。因此，印刷工艺以及油墨不同，其排放的 VOCs 种类以及主要污染物含量有较大差别。不同的印刷企业排放的 VOCs 特征组分存在差异，VOCs 废气主要来自印刷、干燥（如烘干）、复合和清洗等生产工艺过程中的挥发，也包括仓库中存放的原辅料的自然挥发，且同一企业的不同产品所使用的有机溶剂也不同，因此各研究的结果也不相同。赵锐等[52]、谢秩嵩等[62]、齐一谨等[29]研究结果表明，特征污染物均以含氧 VOCs 为主，乙酸乙酯、异丙醇等是其占比较大的 VOCs 组分，具体排放特征组分见表 2-11。

表 2-11 印刷行业 VOCs 排放特征组分

参考文献	组分
[49]	癸烷（16.9%）、壬烷（14.8%）、正十一烷（13.0%）和正辛烷（6.7%）
[60]	乙酸乙酯（64%）、异丙醇（14%）、乙酸丙酯（5%）
[61]	异丙醇（15.7%）和正庚烷（5.9%）
[48]	环己烷（21.7%）、甲基环己烷（9.7%）、正庚烷（8.7%）、甲基乙基酮（8.4%）、2-甲基己烷（7.3%）
[51]	癸烷（9.8%）、乙苯（9.5%）、1,2,4-三甲苯（9.1%）和间/对二甲苯（7.8%）
[52]（凹印企业 8）	乙二醇乙醚（69%）、乙酸乙酯（18%）、乙酸正丁酯（5%）、偏三甲苯（1%）、正丁醇（1%）
[52]（凹印企业 9）	乙酸乙酯（99.4%）、乙酸正丁酯（0.6%）
[52]（凹印企业 10）	正十一烷（82%）、正丁醇（5%）、甲苯（5%）、乙酸乙酯（5%）、偏三甲苯（3%）
[28]	2,2,4,6,6-五甲基庚烷（83.3%）、异丙醇（4.4%）、甲基异丁酮（3.2%）、甲苯（2.8%）、2-丁酮（2.4%）、乙醇（1.0%）、乙苯（0.6%）、丙酮（0.5%）、间二甲苯（0.4%）、丙烷（0.3%）
[62]（凹印）	异丙醇（18.6%）、乙醇（11.8%）、1-己烯（11.7%）、1,2-二氯乙烯（6.3%）、甲基环己烷（4.8%）、甲基环戊烷（4.6%）、二氯甲烷（3.3%）、正己烷（3.3%）、1,2-二氯丙烷（2.6%）、1-丁烯（2.2%）
[62]（平印）	异丙醇（20.3%）、乙醇（18.8%）、二氯甲烷（10.7%）、乙酸乙酯（9.5%）、2-丁酮（7.8%）、1-己烯（3.8%）、正己烷（3.2%）、甲基环己烷（2.6%）、3-甲基己烷（2.3%）、2-甲基己烷（2.3%）
[62]（凸印）	异丙醇（39.7%）、二氯甲烷（19.6%）、异戊烷（4.1%）、乙酸乙酯（3.4%）、特丁基甲醚（3.4%）、异丁烷（3.2%）、壬烷（2.7%）、2-丁酮（2.7%）、癸烷（2.2%）、2-甲基戊烷（1.9%）
[63]（企业凹印工位）	溴二氯甲烷（22.6%）、甲基环己烷（17.9%）、异丙醇（17.0%）、乙醇（10.2%）、甲基丙烯酸甲酯（4.8%）

续表

参考文献	组分
[63]（企业凹印工位）	异丙醇（51.4%）、乙酸乙酯（39.2%）、乙醇（6.4%）、乙酸丙酯（1.9%）、2-丁酮（0.5%）
[63]（企业胶印工位）	异丙醇（30.3%）、2-甲基己烷（10.1%）、庚烷（8.9%）、3-甲基己烷（8.7%）、二氯甲烷（5.5%）
[29]（印刷企业1）	乙酸乙酯（69.0%）、异丙醇（20.1%）、甲基乙基酮（10.3%）、正庚烷（0.3%）、乙酸乙烯酯（0.1%）
[29]（印刷企业2）	乙酸乙酯（84.3%）、正庚烷（5.6%）、丙酮（5.3%）、异丙醇（3.6%）、甲基异丁基酮（0.1%）
[16]	乙醇（36.5%）、乙酸乙酯（11.8%）、异丙醇（11.0%）、邻二甲苯（8.4%）、对二甲苯（6.0%）、间二甲苯（6.0%）、丙酮（5.4%）

2.9　制　鞋　业

据国家统计局数据，2019年，全国规模以上皮革、毛皮及制品和制鞋企业数8319家，完成营业收入11861.5亿元，利润总额800.7亿元，同比增长11.05%。从产业区域分布情况来看，中国皮革产量主要集中在福建、四川、河北、广东、山东、浙江等地区。近几年，我国制革企业逐渐从大中城市向小城市、乡镇转移，70%的企业集中在沿海一带，如福建、浙江、广东等省份，但以小型企业为主体，规模以上的大型企业较少，生产集中度较低。

制鞋生产过程主要包括鞋面的加工和鞋底加工，再经流水线成型组合。污染物主要是有机废气。按制鞋工艺，皮鞋可分为线缝鞋、胶黏鞋、模压鞋、硫化鞋和注压鞋五类。以胶黏鞋为例，鞋面商标印刷时，油墨挥发产生有机废气。油墨主要成分是色料，包括颜料和染料，颜料分有机颜料和无机颜料，在油墨中应用较广，其稀释剂一般为苯类、烷烃类和酮类，在油印干燥过程该有机溶剂成分挥发进入周围环境。鞋底材料EVA（乙烯-乙酸乙烯酯共聚物）、MDI（二苯基甲烷二异氰酸酯）发泡过程，以及TPR（热可塑性橡胶）、PVC（聚氯乙烯）注塑加热状况下产生的有机废气，属高分子聚合物受热发生分子降解，释放出的单体式低聚物，解聚量与温度、加热时间相关，有机废气主要成分为单体式低聚物、烯烃等。鞋底喷漆过程一般采用溶剂型油漆，该有机成分是芳香族树脂与芳香烃溶剂的混合物，主要用于PVC、塑料、橡胶等材质的喷漆，在使用过程中芳香烃溶剂全部挥发进入大气。鞋底中底贴合、鞋面鞋底粘胶成型过程使用胶黏剂，最初胶黏剂所使用的溶剂是苯，其溶解性极佳，胶黏剂的性能也较容易控制，但是苯的毒性相当大，在多次出现操作使用者中毒死亡事故后改用甲苯作溶剂。甲苯的毒性虽比苯小，但如果措施不当，仍可严重毒害操作者和污染环境。甲苯是工业生产中最常见的溶剂和原料，长期持续接触可造成神经系统和造血系统损害，对肺功能造成极大的损伤。

制鞋行业VOCs的排放主要源于各类胶黏剂、处理剂、清洗剂等的使用。一般制鞋企业以溶剂型原料为主，其VOCs含量达70%以上。熊超等[64]对四川省6种制鞋类型企业排放的 VOCs 进行了采样分析，结果表明：四川省制鞋行业的 VOCs 成分谱中，含氧化合物（35.83%~47.34%）和烷烃（23.3%~47.9%）含量最高。周子航等[65]对成都市制鞋行业的 VOCs 排放情况进行了成分谱研究，发现制鞋业排放以烷烃和 OVOCs 为主，平均占比分别在 52% 和 36%，主要来自生产中使用的胶黏剂和有机溶剂；成型工段以 2-甲基戊烷（13.2%）和环戊烷（10.3%）等烷烃为主，黏合车间以 3-甲基戊烷（21%）、丙酮（14%）、甲苯（14%）和乙醇（14%）等为主，无组织排放以丙酮（15%）、乙酸乙酯（15%）和环戊烷（14%）等为主，表明制鞋行业排放的 VOCs 组分受原辅料影响较大。徐志荣等[66]以 2015 年浙江省 490 家制鞋企业调查数据为基础，分析浙江制鞋行业污染治理现状，浙江 95% 以上的制鞋企业并未能有效地处理 VOCs，且大部分（90% 左右）仍使用溶剂型原辅材料；其主要污染因子为甲乙酮、甲苯、丙酮、环已酮、乙酸乙酯等 10 种 VOCs。于广河等[67]研究结果显示，制鞋行业排放的芳香烃和卤代烃含量均较高（占比分别为 46% 和 47.8%），其中以甲苯为代表的芳香烃和以反 1,3-二氯丙烯为代表的氯代烃是该行业企业的特征污染物，占比分别为 37.5% 和 35.2%，与制鞋工艺中所用的胶黏剂中富含苯系物和氯代烃相关。吕建华等[68]在青岛市重点行业排放特征研究中指出，制鞋业排放的 VOCs 中，OVOCs 占比是最高的，且多为醛酮类物质，浓度占比高达 87.29%。

制鞋企业生产中使用的胶黏剂和有机溶剂是 VOCs 排放的主要来源，其特征组分主要是丙酮、甲苯、正戊烷、乙酸乙酯等。熊超等[64]、周子航等[65]和李婷婷等[69]研究表明，丙酮、正戊烷占比较大；部分研究结果含有卤代烃，以二氯甲烷为主，主要原因在于制鞋所用的胶黏剂中富含苯系物和氯代烃，具体排放特征组分见表 2-12。

表 2-12 制鞋工业 VOCs 排放特征组分

参考文献	组分
[64]（有组织）	丙酮（30.8%）、二氯甲烷（16.0%）、甲苯（11.1%）、乙酸乙酯（8.2%）、4-甲基-2-戊酮（7.4%）、2-甲基戊烷（4.1%）、2,4-二甲基戊烷（4.0%）、2,3-二甲基戊烷（3.9%）、3-甲基已烷（3.3%）、庚烷（2.4%）、1,2-二氯丙烷（1.1%）
[64]（无组织）	正戊烷（20.3%）、丙酮（17.1%）、2-甲基戊烷（10.3%）、异丙醇（8.8%）、乙酸乙酯（8.6%）、甲苯（7.5%）、二氯甲烷（4.3%）、庚烷（2.8%）、甲基环已烷（2.2%）、2,4-二甲基戊烷（2.1%）、3-甲基已烷（1.9%）
[67]	甲苯（37.5%）、反-1,3-二氯丙烯（35.2%）、二氯甲烷（10.3%）、乙苯（3.5%）、1,1,2-三氯乙烷（2.3%）、间/对二甲苯（1.5%）、苯（1.4%）、苯乙烯（1.2%）
[65]（成型车间）	2-甲基戊烷（13.2%）、环戊烷（10.3%）、四氢呋喃（7.7%）、3-甲基戊烷（7.6%）、甲基环戊烷（6.6%）、丙酮（5.4%）、2,3-二甲基丁烷（5.3%）、2-丁酮（4.8%）、丙烯醛（4.1%）、异丙醇（3.7%）、1,2-二氯苯（2.5%）、甲苯（2.4%）
[65]（黏合车间）	3-甲基戊烷（20.7%）、丙酮（14.3%）、甲苯（13.6%）、乙醇（13.6%）、环戊烷（12.2%）、乙酸乙酯（10.7%）、甲基环戊烷（5.3%）、2,3-二甲基丁烷（4.8%）、2,2-二甲基丁烷（1.6%）、丙烯醛（0.9%）、顺-2-丁烯（0.6%）、萘（0.5%）
[65]（生产车间无组织）	丙酮（15.0%）、乙酸乙酯（14.6%）、环戊烷（14.5%）、甲基环戊烷（9.6%）、3-甲基戊烷（9.4%）、2,3-二甲基丁烷（9.2%）、乙醇（5.0%）、2-甲基已烷（3.3%）、3-甲基已烷（2.8%）、2,3-二甲基戊烷（2.1%）、2,2-二甲基丁烷（2.0%）、2,4-二甲基戊烷（1.9%）
[52]（制鞋企业 6）	甲苯（71%）、乙酸乙酯（24%）、环已烷（3%）、正丁醇（1%）、乙酸正丁酯（1%）

续表

参考文献	组分
[52]（制鞋企业 7）	甲苯（90%）、乙酸乙酯（7%）、环己酮（2%）、环己烷（1%）
[69]	正戊烷（13.7）、丙酮（9.5%）、甲苯（6.4%）、异戊烷（6.0%）、甲醛（5.4%）、环己酮（4.4%）、间二甲苯（3.5%）、甲基丙烯酸甲酯（3.4%）、1-丁烯（3.4%）、异丁烷（3.2%）、正丁烷（3.0%）、乙酸乙酯（2.4%）、邻二甲苯（2.3%）

2.10　电子制造

近年来，我国电子信息产业整体保持了平稳增长，产业规模稳步扩大。据统计年鉴，2009～2019 年集成电路年产量逐年增加（图 2-25），从 2009 年的 414.4 亿块增加至 2019 年的 2018.2 亿块，其中 2010 年增速最快。随着产业集中度的提升，产业区域聚集效应日益凸显，主要分布在长江三角洲、珠江三角洲、环渤海以及中西部区域，产业集聚效应及基地优势地位日益明显。

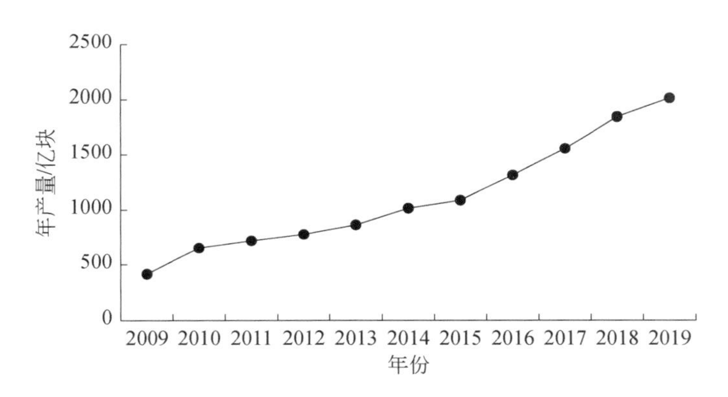

图 2-25　2009～2019 年全国集成电路年产量变化趋势

电子产品制造的产业链结构大体上可分为上游、中游、下游三个层次，下游是电子整机产品（电子设备）即电子终端产品，中游是各种电子基础产品，上游是电子专用材料制造。集成电路是目前研究最多的产品，集成电路制造处于电子行业产业链的中游，具有附加值高、技术密集等特点，是中国重点发展的电子行业之一。集成电路制造可大致分为各个独立的“单元”，如晶片制造、氧化、掺杂、显影、刻蚀、薄膜等。各单元中又可再分为不同的“操作步骤”，如清洗、光阻涂布、曝光、显影、离子植入、光阻去除、溅镀、化学气相沉积等。上述单元将依功能设计不同，视需要重复操作。其中清洗、光刻、刻蚀和去胶等过程是主要的 VOCs 排放环节。

翟增秀等[28]对电子元件生产企业进行了检测分析，结果表明酯类是电子元件生产企业喷漆排气筒排放的重要的 VOCs 种类，排放比例占 67.99%，其次是酮，占 21.67%，其中主要的 VOCs 物质为乙酸异丁酯、乙酸乙酯和甲基异丁酮，这 3 种物质所占排放比例分别为34.89%、25.43%和20.31%。肖景方等[70]研究表明，电子产品行业塑胶零件的生产过程中，大量的有机原料在涂装工序中使用，为VOCs排放主要来源，其主要排放物质为酯类，占总VOCs的76.36%~88.45%，排放与使用原料的有机成分及含量有关。于广河等[67]对深圳市电子行业开展了研究，发现生产过程中的VOCs排放主要来源于清洗过程中有机清洗剂的使用，由于不同的电子企业对不同产品的清洗要求以及不同清洗剂配方的差异，电子行业的VOCs排放特征差异较大，其中烷烃占比为20.9%~65.4%，卤代烃中的三氯乙烯占比为8%~23.4%，部分企业的1,1-二氯-2-氟乙烷高达88%。何梦林等[71]研究表明，手机喷涂车间以酯类（53%）为主，电脑喷涂车间以酮类（28%）和苯系物（33%）为主，相机喷涂车间则主要为苯系物（40%），主要原因在于，手机喷涂所使用的有机溶剂主要为酯类，相机、电脑所使用的有机溶剂则以苯系物溶剂为主。王瑞文等[72]对电子塑料件的生产进行了研究，其中，OVOCs是首要组成成分，约占到总组分的45%；烷烃是注塑成型期的另一重要组分，质量百分比为37%；不同于注塑成型期，卤代烃是塑料件加工期第二大VOCs组分，约占34%；注塑成型期醛类为主要组分，主要物种有丙酮、丙醛、丙烯醛和部分C_5以下的烷烃，丙酮、乙烷、丙烯醛三者占总VOCs的41.8%；塑料件加工期卤代烃占比最大，约为34%，三氯乙烯和顺-1,2-二氯乙烯在塑料件加工期多有检出；三氯乙烯、丙酮、正己醛是塑料件加工期的主要成分，三者之和占总VOCs的64.7%。周子航等[65]研究结果表明，电子制造各工艺环节均以OVOCs为主，占VOCs总排放的50%以上，这是因为酮类等为目前电子行业主要使用的溶剂。不同的电子产品加工企业排放的VOCs特征组分相差较大，电子产品涂装过程VOCs主要来源于溶剂、稀释剂及助剂使用过程中的挥发，各产品的原辅料均存在一定差异，且同一企业的不同产品所使用的有机溶剂也不同，因此各研究的结果也不相同。翟增秀等[28]、肖景方等[70]和周子航等[65]对电子产品加工行业的研究结果表明，该行业排放的VOCs以OVOCs为主，其中特征组分主要是乙酸乙酯和甲苯等。于广河等[67]和王瑞文等[72]研究表明，由于清洗剂配方的差异等原因，卤代烃的占比相对提高，1,2-二氯乙烷和三氯乙烯等组分占比较大，具体排放特征组分见表2-13。

表2-13　电子产品加工行业VOCs排放特征组分

参考文献	组分
[28]	乙酸异丙酯（34.89%）、乙酸乙酯（25.43%）、甲基异丁酮（20.31%）、乙酸丁酯（7.67%）、甲苯（5.11%）、异丙醇（2.88%）、丙酮（1.06%）、二硫化碳（1.01%）、乙醇（0.37%）、2-丁酮（0.30%）
[70]（塑胶零件（A2）喷涂排气筒）	乙酸乙酯（61.34%）、环己烷（5.37%）、甲苯（4.92%）、乙酸异丁酯（24.97%）、二甲苯（3.4%）
[70]（塑胶零件（A2）调漆等排气筒）	乙酸乙酯（87.3%）、环己烷（6.1%）、甲苯（2.55%）、乙酸异丁酯（1.16%）、二甲苯（0.42%）、苯（2.46%）
[70]（塑胶零件（E）喷涂排气筒）	乙酸乙酯（78.01%）、环己烷（18.75%）、甲苯（1.26%）、乙酸异丁酯（0.59%）、二甲苯（1.29%）、三甲苯（0.11%）

续表

参考文献	组分
[70]（塑胶零件（E）调漆等排气筒）	乙酸乙酯（70.41%）、环己烷（11.2%）、甲苯（1.27%）、乙酸异丁酯（5.95%）、二甲苯（11.17%）
[67]（电子行业#8企业）	烷烃（65.4%）、三氯乙烯（11.9%）、1,2-二氯乙烷（7.5%）、乙苯（6.3%）、间/对二甲苯（2.9%）
[67]（电子行业#9企业）	1,2-二氯乙烷（45.9%）、烷烃（20.9%）、三氯乙烯（8.0%）、乙苯（5.8%）、间/对二甲苯（3.7%）
[71]（手机喷涂车间）	苯（1.3%）、甲苯（6.5%）、二甲苯（1.5%）、甲基环己烷（24.7%）、环己烷（6.0%）、甲基异丁基甲酮（5.9%）、乙酸乙酯（43.2%）、乙酸丁酯（10.9%）
[71]（笔记本电脑喷涂车间）	甲苯（40.4%）、环己烷（1.8%）、乙酸乙酯（10.7%）、异丙醇（28%）、丙烯酸乙酯（0.5%）、甲基乙基酮（15%）、乙酸丁酯（3.2%）、丙烯酸丁酯（0.4%）
[71]（相机喷涂车间）	甲苯（21%）、二甲苯（7.2%）、庚烷（7.4%）、丙酮（7.9%）、乙酸乙酯（11.8%）、异丙醇（3.5%）、丁醇（13.1%）、甲基戊酮（19.8%）、乙酸丁酯（2.7%）、环己酮（5.7%）
[72]（喷涂工艺）	丙酮（29.9%）、顺-1,2-二氯乙烯（10.3%）、环己烷（8.1%）、三氯乙烯（7.9%）、2-丁酮（5.9%）、甲苯（2.5%）、乙苯（2.2%）
[72]（非喷涂工艺）	三氯乙烯（29.8%）、丙酮（11.8%）、3-甲基己烷（2.6%）、2-丁酮（2.5%）、1,3-丁二烯（2.5%）、甲苯（2.3%）
[65]（烤漆车间排气筒）	乙酸乙酯（30.9%）、乙醇（27.2%）、异丙醇（19.2%）、丙酮（11.7%）、2-丁酮（3.5%）、4-甲基-2-戊酮（2.6%）、甲苯（2.5%）、1,3-丁二烯（1.1%）、2,3-二甲基丁烷（0.8%）
[65]（组装车间排气筒）	乙醇（59.5%）、1,2-二氯乙烷（14.3%）、丙酮（6.9%）、二氯甲烷（6.2%）、一氯甲烷（3.0%）、丙烯醛（2.9%）、萘（1.9%）、正戊烷（1.3%）、1,3-丁二烯（1.2%）
[65]（注塑车间无组织排放）	乙醇（27.7%）、1,3-丁二烯（19.1%）、甲苯（11.9%），二氯甲烷（9.2%）、乙酸乙酯（7.3%）、丙酮（6.4%）、2-丁酮（5.2%）、异丙醇（2.0%）、四氯化碳（1.7%）、正丁烷（1.6%）
[65]（显示屏制造排气筒）	乙醇（42.1%）、丙酮（31.7%）、甲基丙烯酸甲酯（7.9%）、异丙醇（4.5%）、正壬烷（3.7%）、间/对二甲苯（2.5%）、1,2,4-三甲苯（1.3%）、邻二甲苯（1.0%）
[65]（芯片制造排气筒）	异丙醇（92.6%）、丙酮（2.2%）、1,2,4-三甲苯（1.9%）、乙苯（0.5%）

综上所述，不同行业排放的具体VOCs物种不同，即使同一行业，不同工序排放的VOCs也不尽相同。对于涉及VOCs的生产和以VOCs为原料的工艺过程的相关行业而言，排放的VOCs主要取决于具体行业的生产工艺。对于涉及含VOCs产品使用的相关行业而言，排放的VOCs主要取决于涉VOCs的原辅料使用种类以及组成。在此，需要指出的是，虽然本章介绍了部分重点行业的VOCs排放特征与特征污染物，但由于涉VOCs排放的行业众多，大多数行业的VOCs排放如何，仍不得而知。此外，即使对于已知行业，由于受生产、收集、治理和发展等因素影响，VOCs排放组分和浓度水平也会发生改变。因此，面对具体行业VOCs排放控制时，仍需针对具体污染与排放进行现场调研和检测，掌握具体数据，才能为后续的VOCs治理提供有效的资料和数据支撑。

参考文献

[1] 梁小明，孙西勃，徐建铁，等．中国工业源挥发性有机物排放清单［J］．环境科学，2020，41（11）：4767-4775.

[2] 刘锐源，钟美芳，赵晓雅，等．2011—2019年中国工业源挥发性有机物排放特征［J］．环境科学，2021，（11）：5169-5179.

[3] 环境保护部办公厅．关于征求国家环境保护标准《石油炼制工业污染物排放标准》（二次征求意见稿）意见的函［EB/OL］．2014-04-10. http：//www. mee. gov. cn/gkml/hbb/bgth/201404/t20140415_270568. htm.

[4] 陈颖，叶代启，刘秀珍，等．我国工业源VOCs排放的源头追踪和行业特征研究［J］．中国环境科学，2012，32（1）：48-55.

[5] 吕兆丰，魏巍，杨干，等．某石油炼制企业VOCs排放源强反演研究［J］．中国环境科学，2015，35（10）：2958-2963.

[6] 程水源，李文忠，魏巍，等．炼油厂分季节VOCs组成及其臭氧生成潜势分析［J］．北京工业大学学报，2013，39（3）：438-443.

[7] Liu Y，Shao M，Fu L L，et al. Source profiles of volatile organic compounds（VOCs）measured in China：part Ⅰ［J］. Atmospheric Environment，2008，42：6247-6260.

[8] 谢馨，马光军，陆芝伟．浅析石油炼制行业挥发性有机物排放特征研究［J］．环境科学与管理，2016，41（11）：138-141.

[9] 高洁，张春林，王伯光，等．基于包扎法的石化乙烯装置挥发性有机物排放特征［J］．中国环境科学，2016，36（3）：694-701.

[10] 李勤勤，张志娟，李杨，等．石油炼化无组织VOCs的排放特征及臭氧生成潜力分析［J］．中国环境科学，2016，36（5）：1323-1331.

[11] 胡天鹏，李刚，毛瑶，等．某石油化工园区秋季VOCs污染特征及来源解析［J］．环境科学，2018，39（2）：517-524.

[12] 毛瑶，李刚，胡天鹏，等．某典型石油化工园区冬季大气中VOCs污染特征［J］．环境科学，2018，39（2）：525-532.

[13] 盛涛，陈筱佳，高松，等．上海某石化园区周边区域VOCs污染特征及健康风险［J］．环境科学，2018，39（11）：4901-4908.

[14] 吴亚君，胡君，张鹤丰，等．兰州市典型企业VOCs排放特征及反应活性分析［J］．环境科学研究，2019，32（5）：802-812.

[15] 王雨燕，王秀艳，杜森，等．淄博市重点工业行业VOCs排放特征［J］．环境科学，2020，41（3）：1078-1084.

[16] 包亦姝，王斌，邓也，等．成都市典型有机溶剂使用行业VOCs组成成分谱及臭氧生成潜势研究［J］．环境科学学报，2020，40（1）：76-82.

[17] 盛涛，高宗江，高松，等．上海市专项化学品制造行业VOCs排放特征及臭氧生成潜势研究［J］．环境科学研究，2019，32（5）：830-838.

[18] 谢添，杨文，郭婷，等．化工行业挥发性有机物无组织排放特征研究——以天津化工企业为例［J］．南开大学学报（自然科学版），2017，50（3）：79-83.

[19] 张桂芹，李思远，潘光，等．化工企业优控VOCs污染物分析及生成机理［J］．中国环境科学，2019，39（4）：1380-1389.

[20] 高家乐，乐昊，盖鑫磊．南京江北化工园区挥发性有机物走航观测［J］．环境工程，2021，

39（1）：89-95.

[21] 曾培源，李建军，廖东奇，等．汽车涂料生产环节 VOCs 的排放特征及安全评价［J］．环境科学，2013，34（12）：4592-4598.

[22] 陈敏敏．佛山市涂料行业挥发性有机物（VOCs）排放特征调查与分析［J］．广东化工，2012，39（6）：179-180.

[23] 周阳，姚立英，张丽娜，等．基于大气化学机制的天津市重点行业 VOCs 化学物种谱研究［J］．中国环境科学，2018，38（7）：2451-2460.

[24] 吴健，高松，陈曦，等．涂料制造行业挥发性有机物排放成分谱及影响［J］．环境科学，2020，41（4）：1582-1588.

[25] 邵弈欣．典型行业挥发性有机物排放特征及减排潜力研究［D］．杭州：浙江大学，2019.

[26] 周子航，邓也，吴柯颖，等．成都市典型工艺过程源挥发性有机物源成分谱［J］．环境科学，2019，40（9）：3949-3961.

[27] 徐晨曦，陈军辉，韩丽，等．四川省典型行业挥发性有机物源成分谱［J］．环境科学，2020，41（7）：3031-3041.

[28] 翟增秀，孟洁，王亘，等．有机溶剂使用企业挥发性恶臭有机物排放特征及特征物质识别［J］．环境科学，2018，39（8）：3557-3562.

[29] 齐一谨，倪经纬，赵东旭，等．郑州市典型工业企业 VOCs 排放特征及风险评估［J］．环境科学，2020，41（7）：3056-3065.

[30] 王红丽，景盛翱，王倩，等．溶剂使用源有组织排放 VOCs 监测方法及组成特征［J］．环境科学研究，2016，29（10）：1433-1439.

[31] 王斌．上海某区 VOCs 排放特征及健康风险分析［J］．广州化工，2019，47（5）：123-126.

[32] 王迪，赵文娟，张玮琦，等．溶剂使用源挥发性有机物排放特征与污染控制对策［J］．环境科学研究，2019，32（10）：1687-1695.

[33] 王红丽，杨肇勋，景盛翱．工艺过程源和溶剂使用源挥发性有机物排放成分谱研究进展［J］．环境科学，2017，38（6）：2617-2628.

[34] 王继钦，熊超，陈军辉，等．典型人造板制造企业 VOCs 排放特征及成分谱研究［J］．四川环境，2019，38（4）：1-8.

[35] 郭斌，宋玉，律国黎，等．制药企业密集区空气中 VOCs 污染特性及健康风险评价［J］．环境化学，2014，33（8）：1354-1360.

[36] 徐志荣，王浙明，许明珠，等．浙江省制药行业典型挥发性有机物臭氧产生潜力分析及健康风险评价［J］．环境科学，2013，34（5）：1864-1870.

[37] 邵弈欣，陆燕，楼振纲，等．制药行业 VOCs 排放组分特征及其排放因子研究［J］．环境科学学报，2020，40（11）：4145-4155.

[38] 周咪，黄锐雄，朱迪，等．珠三角典型塑胶企业挥发性有机物排放特征研究［J］．环境科技，2018，31（4）：24-28.

[39] 白红祥，魏巍，王雅婷，等．基于扩散模式反演的橡胶轮胎制造行业 VOCs 排放特征［J］．环境科学，2019，40（7）：2994-3000.

[40] 王刚，魏巍，米同清，等．典型工业无组织源 VOCs 排放特征［J］．中国环境科学，2015，35（7）：1957-1964.

[41] 韩博，吴建会，王凤炜，等．天津滨海新区工业源 VOCs 及恶臭物质排放特征［J］．中国环境科学，2011，31（11）：1776-1781.

[42] Ma Y，Fu S Q，Gao S，et al. Update on volatile organic compound（VOC）source profiles and ozone

formation potential in synthetic resins industry in China [J]. Environmental Pollution, 2021, 291: 118253.
[43] 马怡然，高松，王巧敏，等．合成树脂行业挥发性有机物排放成分谱及影响 [J]．中国环境科学，2020，40（8）：3268-3274.
[44] 山东省环境保护厅，山东省质量技术监督局．挥发性有机物排放标准　第5部分：表面涂装行业 [S]：DB 37/2801. 5—2018. 2018.
[45] 贺正楚，王姣，吴敬静，等．中国汽车制造业产能和产量的地域分布 [J]．经济地理，2018，38（10）：118-126.
[46] 庄梦梦，陈平，赵明楠．汽车绿色发展趋势分析 [J]．科技创新与应用，2017，(34)：183-184.
[47] 北京市质量技术监督局，北京市环境保护厅．汽车整车制造业（涂装工序）大气污染物排放标准 [S]：DB 11/1227—2015. 2015.
[48] 莫梓伟，陆思华，李悦，等．北京市典型溶剂使用企业 VOCs 排放成分特征 [J]．中国环境科学，2015，35（2）：374-380.
[49] Yuan B, Shao M, Lu S H, et al. Source profiles of volatile organic compounds associated with solvent use in Beijing, China [J]. Atmospheric Environment, 2010, 44 (15): 1919-1926.
[50] 方莉，刘文文，陈丹妮，等．北京市典型溶剂使用行业 VOCs 成分谱 [J]．环境科学，2019，40（10）：4395-4403.
[51] 田亮，魏巍，程水源，等．典型有机溶剂使用行业 VOCs 成分谱及臭氧生成潜势 [J]．安全与环境学报，2017，17（1）：314-320.
[52] 赵锐，黄络萍，张建强，等．成都市典型溶剂源使用行业 VOCs 排放成分特征 [J]．环境科学学报，2018，38（3）：1147-1154.
[53] 徐立城，徐伟，梁峰，等．八大经济区视角下中国家具产业的空间分布特征及差异性 [J]．家具，2019，40（1）：1-7.
[54] 北京市质量技术监督局，北京市环境保护厅．木质家具制造业大气污染物排放标准 [S]：DB 11/1202—2015. 2015.
[55] 洪沁，常宏宏．家具涂装行业 VOCs 污染特征分析 [J]．环境工程，2017，35（5）：82-86.
[56] 张嘉妮，曾春玲，刘锐源，等．家具企业挥发性有机物排放特征及其环境影响 [J]．环境科学，2019，40（12）：5240-5249.
[57] 莫梓伟，牛贺，陆思华，等．长江三角洲地区基于喷涂工艺的溶剂源 VOCs 排放特征 [J]．环境科学，2015，36（6）：1944-1951.
[58] 生态环境部办公厅．关于征求国家环境保护标准《印刷工业大气污染物排放标准（征求意见稿）》意见的函 [EB/OL]. 2019-12-31. http://www.mee.gov.cn/xxgk2018/xxgk/xxgk06/202001/t20200113_758943.html.
[59] 生态环境部办公厅．关于征求国家环境保护标准《印刷工业污染防治可行技术指南（征求意见稿)》意见的函 [EB/OL]. 2019-08-07. http://www.mee.gov.cn/xxgk2018/xxgk/xxgk06/201908/t20190821_729533.html.
[60] Zheng J Y, Yu Y F, Mo Z W, et al. Industrial sector-based volatile organic compound (VOC) source profiles measured in manufacturing facilities in the Pearl River Delta, China [J]. Science of the Total Environment, 2013, 456-457: 127-136.
[61] 杨杨，杨静，尹沙沙，等．珠江三角洲印刷行业 VOCs 组分排放清单及关键活性组分 [J]．环境科学研究，2013，26（3）：326-333.
[62] 谢轶嵩，郑新梅，刘春蕾．南京市印刷行业 VOCs 成分谱及臭氧生成潜势 [J]．环境科技，2018，

31（5）：64-67.
[63] 刘文文，方莉，郭秀锐，等. 京津冀地区典型印刷企业VOCs排放特征及臭氧生成潜势分析［J］. 环境科学，2019，40（9）：3942-3948.
[64] 熊超，王继钦，陈军辉，等. 四川省制鞋行业挥发性有机物成分谱研究［J］. 环境污染与防治，2019，41（4）：430-434，451.
[65] 周子航，邓也，周小玲，等. 成都市工业挥发性有机物排源成分谱［J］. 环境科学，2020，41（7）：3042-3055.
[66] 徐志荣，姚轶，蔡卫丹，等. 浙江省制鞋行业挥发性有机物污染特征及其排放系数［J］. 环境科学，2016，37（10）：3702-3707.
[67] 于广河，朱乔，夏士勇，等. 深圳市典型工业行业VOCs排放谱特征研究［J］. 环境科学与技术，2018，41（S1）：232-236.
[68] 吕建华，李瑞芃，付飞，等. 青岛市挥发性有机物排放清单及重点行业排放特征研究［J］. 中国环境管理，2019，11（1）：60-66.
[69] 李婷婷，梁小明，卢清，等. 泡沫塑料鞋制造区VOCs污染特征及臭氧生成潜势［J］. 中国环境科学，2020，40（8）：3260-3267.
[70] 肖景方，叶代启，刘巧，等. 消费电子产品生产过程中挥发性有机物（VOCs）排放特征的研究［J］. 环境科学学报，2015，35（6）：1612-1619.
[71] 何梦林，王旎，陈扬达，等. 广东省典型电子工业企业挥发性有机物排放特征研究［J］. 环境科学学报，2016，36（5）：1581-1588.
[72] 王瑞文，张春林，丁航，等. 电子制造业塑料件生产过程的挥发性有机物排放特征分析［J］. 环境科学学报，2019，39（1）：4-12.

第3章　脂肪烃VOCs催化氧化反应行为与过程

3.1　烷烃催化氧化反应

烷烃分子由C—C和C—H两种σ键连接而成，这两种共价键的平均键能相当高，而且随着碳链的减小，C—H键能逐渐增大，因此烷烃分子具有很好的热稳定性和化学稳定性。另外，由于碳原子与氢原子的电负性十分接近（分别为2.2和2.1），烷烃分子中C—H键的极性很小。这两种性质导致烷烃在催化剂活性位上较难吸附和活化，尤其是乙烷和丙烷等低碳烷烃，因此烷烃通常需要在较高温度下才能活化和转化。现有研究表明，在烷烃催化燃烧反应中，第一个C—H的活化和断裂是速控步骤，因此提高催化剂对C—H键的活化能力，是提高烷烃催化燃烧活性的关键。

3.1.1　乙烷催化氧化反应

乙烷作为一种典型的低碳烷烃，大量产生于炼油厂、煤田开采、石油提炼及油品的存储和运输过程中。目前针对乙烷的催化氧化已经开发了多种催化剂体系，根据活性组分的不同，分为负载型贵金属[1-4]、过渡金属氧化物[5-8]和钙钛矿型复合氧化物[8-10]等三类催化剂。贵金属催化剂具有高催化活性和易再生等优点，但成本较高。而过渡金属氧化物和钙钛矿型复合氧化物催化剂具有成本低、热稳定性好等优点，但通常情况下活性相对较低。

1. 负载型贵金属催化剂

现有研究表明，在烷烃催化燃烧过程中，C—H键的解离断裂是反应的速控步骤。Pt族贵金属因具有较强的C—H键解离断裂能力，表现出良好的烷烃催化燃烧活性，因而受到广泛的关注。贵金属活性相通常负载在Al_2O_3、TiO_2和CeO_2等金属氧化物表面，以提高其分散度和抗烧结的能力，催化活性主要受贵金属和载体的种类、表面酸碱性、助剂、煅烧气氛和温度等因素的影响。

在众多贵金属催化剂中，Pt和Pd催化剂因在乙烷燃烧反应中具有高活性而最受关注。Schmidt等[11]研究了乙烷在Pt、Pd、Rh和Ir等不同贵金属表面的起燃行为，起燃温度从低到高的顺序依次为：Pt<Pd<Rh<Ir<Ni。研究表明起燃活性与金属氧化物中M—O键的键能大小密切相关，这可能是因为在金属表面乙烷燃烧遵循L—H反应机理，Pt—O和Pd—O键能较小，容易断裂，有利于乙烷的吸附和活化，从而表现出最好的燃烧活性。而Rh—O、Ir—O和Ni—O键能较强，活性较差，且在过量空气气氛下催化剂会失活。进一

步比较Pt和Pd的催化性能，发现Pt在相当宽的空燃比范围内均表现出稳定的催化活性，但Pd在燃料过量的情况下会发生积碳导致的失活现象。Xin等[12]通过DFT理论计算和微量热法实验研究了乙烷在氧化钯（PdO）表面上的催化氧化过程。结果表明，乙烷在PdO表面发生解离吸附是乙烷催化燃烧的速控步骤。乙烷首先在PdO表面解离生成CH_x碎片，然后与表面活性氧发生反应，氧化生成CO_2和H_2O。这与之前乙烷在Pt活性中心上的催化氧化过程相一致[13]。Yu Yao等[14]系统地研究了在200～500℃温度范围内，甲烷、乙烷、丙烷和丁烷等低碳烷烃在贵金属Pd、Rh和Pt表面的催化燃烧动力学过程。在Pd和Rh催化剂表面，碳氢化合物的反应级数为分数级，而氧为零级。而在Pt表面，反应级数的大小与烷烃链长度有关，烷烃部分反应级数为0.6～3，氧的反应级数从-1到-3不等。

针对乙烷燃烧的反应机理，目前也有一些相关研究报道。Auroux等[15]利用原位红外光谱研究了乙烷在$Pd/\gamma-Al_2O_3$、Pd/SiO_2和$\gamma-Al_2O_3$表面的催化燃烧过程。当将不同摩尔比乙烷和氧气的混合气通入预先经H_2高温还原处理的样品后，仅在$Pd/\gamma-Al_2O_3$样品表面检测到了乙酸和乙醛物种，这可能是由于乙烷首先在Pd和强酸性$\gamma-Al_2O_3$协同作用下发生C—H键解离，然后与表面活性氧反应生成乙酸和乙醛等含氧中间物种，最后转化为CO_2和H_2O。Pisanu和Gigola[16]研究了富氧条件下乙烷在$Pd/\alpha-Al_2O_3$表面的催化燃烧过程，结果表明：随着反应的进行，在H_2还原处理后的$Pd/\alpha-Al_2O_3$上乙烷的催化活性不断提高，直至保持不变。其原因可能是：在富氧反应气氛中，金属态Pd逐渐被氧化成PdO，且PdO具有更强的乙烷吸附活化能力。但是，Bychkov等[17]认为乙烷在Pd表面的催化燃烧反应中，金属态Pd和氧化态Pd均为活性中心，起着协同催化乙烷燃烧的作用。

提高催化剂表面的酸性可促进乙烷的吸附和C—H键的解离，从而提高乙烷催化燃烧活性[18,19]。Gawthrope等[19]通过简单的二次浸渍法合成了一系列不同Pt含量的硫酸化Pt/Al_2O_3催化剂。相比Pt/Al_2O_3催化剂，经硫酸化处理Pt/Al_2O_3的低碳烷烃催化燃烧活性显著提高（图3-1），在450℃下乙烷转化率可达90%［100mg催化剂，反应气为5vol% C_2H_6+17.5vol% O_2+77.5vol% N_2，空速12600mL/(h·g_{cat})］。这是因为氧化铝表面SO_x可参与C—H键的断裂，形成烷基硫酸盐等中间物种，随后溢流到PtO_x表面发生氧化反应，生成CO_2和H_2O。

另外，通过引入过渡金属调控贵金属活性位的状态或催化剂的氧化还原性来提高活性也是一种有效的策略。Tahir和Koh[20]研究了MoO_3和Fe_2O_3助剂对$Pt-Pd/TiO_2$催化剂对乙烯/乙烷复合VOCs催化燃烧性能的影响。结果表明，其活性顺序为Pt-Pd-Mo-Fe>Pt-Pd-Mo>Pt-Pd-Fe>Pt-Pd。Verykios等[21]研究了Li掺杂对TiO_2催化剂在乙烷催化氧化中的影响，发现Li^+掺杂导致TiO_2缺陷程度增大和电荷不平衡增加，使TiO_2具有更多的活性氧物种和较高的晶格氧流动性，有利于乙烷的吸附和反应中间物种被快速氧化成CO_2和H_2O。

2. 过渡金属氧化物催化剂

相比Pt和Pd等贵金属催化剂，过渡金属氧化物催化剂具有明显的成本优势。乙烷在过渡金属氧化物表面的催化氧化一般遵循的是MvK（Mars-van Krevenlen）的反应机理，提升表面活性氧的数量和迁移速率、氧空位的浓度等因素对烷烃的催化燃烧具有显著促进作用。Jian等[22]通过简单溶剂热法合成了三种不同形貌的$\alpha-Fe_2O_3$氧化物，并用于乙烷的催

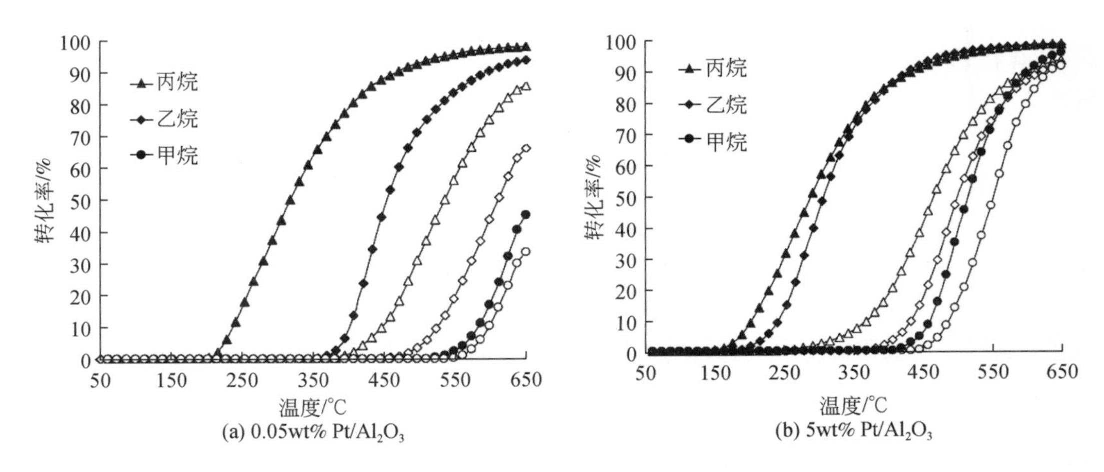

图 3-1　添加 H_2SO_4 对 0.05wt%（wt% 表示质量分数）和 5wt% 负载量 Pt/Al_2O_3 催化剂的 $C_1 \sim C_3$ 烷烃催化燃烧活性的促进作用[19]

实心符号，氧化铝经硫酸化处理后；空心符号，氧化铝未经硫酸化处理

化燃烧（图 3-2）。结果表明，与纳米立方体和纳米棒状的 α-Fe_2O_3 相比，纳米球状的 α-Fe_2O_3 具有最佳的乙烷燃烧活性和反应稳定性，在 415℃下乙烷转化率可达 90% [反应气为 0.25vol% C_2H_6（vol% 表示体积分数）+空气平衡气，空速 $12000h^{-1}$]。DFT 计算结果表明，在纳米球状 α-Fe_2O_3（110）面上氧空位的形成能最低，其表面存在大量的氧空位和晶格缺陷，从而大大提高了活性氧的浓度和氧的迁移速率。同时，暴露的（110）晶面对乙烷具有较强的吸附能力，加速了乙烷的催化燃烧过程。

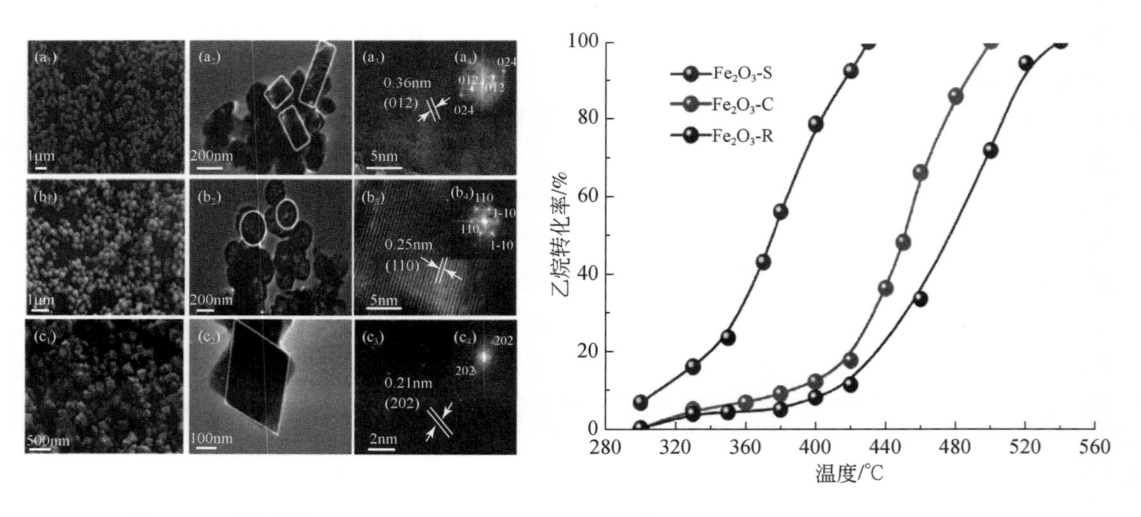

图 3-2　不同形貌 Fe_2O_3-R、Fe_2O_3-S 和 Fe_2O_3-C 的 FE-SEM [(a_1)、(b_1)、(c_1)]、HR-TEM [(a_2)、(b_2)、(c_2)] 和 FFT 图 [(a_3)、(b_3)、(c_3)]，以及乙烷催化燃烧活性图[22]

相较于Fe_2O_3催化剂，NiO[20]、Co_3O_4[5,23]和CuO[7]具有较好的低温乙烷催化燃烧性能，但是它们的热稳定性较差，高温下催化剂会失活。另外，现有研究表明，所有过渡金属氧化物催化剂中，Co_3O_4具有最好的乙烷催化燃烧活性，乙烷全转化温度最低至320℃（反应气为0.2vol% C_2H_6+空气平衡气，空速20000h^{-1}）[5]。

与纯过渡金属氧化物相比，负载型过渡金属氧化物在乙烷燃烧反应中的研究更受关注。载体不仅可以提高过渡金属活性相的分散度，同时可通过金属和载体间的相互作用提高活性相的稳定性。Kucherov等[6]针对高温条件下Cu/ZSM-5催化剂中平面四配位Cu^{2+}发生不可逆结构改变而导致催化剂失活的问题，通过引入La等稀土离子有效抑制Cu^{2+}的结构变化，而Co的同时引入增强了催化剂的氧化还原性，乙烷氧化活性进一步提高。Tahir和Koh[5]采用浸渍法制备了一系列SnO_2负载金属氧化物催化剂（Mn、Co、Cu、Ce、Ni），其中SnO_2负载的锰氧化物和钴氧化物均表现出了优异的乙烷燃烧活性和循环稳定性，在340℃下乙烷转化率可达90%（反应气为0.2vol% C_2H_6+空气，空速20000h^{-1}）。而且，MnO_x/SnO_2催化剂具有较好的热稳定性，但CoO_x/SnO_2催化剂在高温焙烧过程中发生烧结，导致失活。

3. 钙钛矿型复合氧化物催化剂

钙钛矿型复合氧化物（ABO_3）具有高的结构稳定性，而且可通过引入不同的A位和B位离子调节钙钛矿的催化性质，因此在高温反应中具有稳定性方面的优势，也是乙烷燃烧的典型催化剂之一。Gholizadeh等[10]通过柠檬酸法制备了不同组成的$La_{0.7}Bi_{0.3}Mn_{1-x}Co_xO_3$纳米催化剂（$x$=0.00、0.25、0.50、0.75和1.00），当x=0和0.25时催化剂分别具有最高的CO氧化和乙烷燃烧活性，T_{90}分别为231℃和542℃（反应气为6vol% CO+0.2vol% C_2H_6+空气，空速12000h^{-1}）。当用Sr代替Bi进行A位取代时，CO和乙烷的T_{95}可进一步降低到174℃和382℃[9]。Lee等[24]研究了K取代对$LaMnO_3$钙钛矿在乙烷催化氧化中的影响，发现K的掺杂会促进钙钛矿中晶格氧的还原和对气相氧分子的吸附与活化，但高度活化的氧物种促使乙烷发生氧化脱氢反应生成乙烯，却不利于乙烷的催化燃烧。另外，传统ABO_3的制备通常需要较高的成矿温度，导致其比表面积较小，不利于催化燃烧活性。Alifanti等[25]采用改进后的溶胶–凝胶法合成高比表面积（约28m^2/g）的$SmCoO_3$钙钛矿，具有更多的活性氧物种和较高的晶格氧流动性，表现出优异的乙烷燃烧活性和稳定性。

综上所述，Pt和Pd催化剂是目前最为有效的乙烷燃烧催化剂，其中金属态的Pt和氧化态的PdO通常被认为是乙烷燃烧的活性位点。但在甲烷和丙烷催化燃烧的研究中，越来越多的证据表明：Pd^0-$Pd^{\delta+}$和Pt^0-$Pt^{\delta+}$作为活性位，协同催化了甲烷和丙烷的燃烧，因此关于乙烷催化燃烧中Pt和Pd的活性位有待进一步的确定。

对于负载型贵金属催化剂，设计并合成具有高活性、高稳定性和低成本的乙烷燃烧催化剂具有非常重要的实际意义。根据反应机理，提高贵金属分散度和调变化学状态是提高乙烷燃烧活性的最直接途径。在此基础上，通过载体的选择和优化，提高催化剂整体的氧化能力，可进一步提高乙烷燃烧活性。同时，通过载体酸化（硫酸或磷酸）处理或者引入酸性的金属氧化物（Nb、Mo、V和W等），促进乙烷的吸附和C—H键的断裂，也是提高催化剂乙烷燃烧活性的有效策略之一。相比贵金属催化剂，金属氧化物和钙钛矿型复合氧化物催化剂具有成本低的优点，但低温活性有待进一步的提高，可以通过掺杂引入第二组分、酸刻蚀、晶面调控等方法来提高金属氧化物表面的氧空位浓度，增加活性氧数量和迁移速率，从而提高乙烷的燃烧活性。

3.1.2 丙烷催化氧化反应

对于丙烷燃烧，Pt、Pd 和 Ru 等贵金属催化剂普遍具有较高的催化活性，研究最为广泛。同时，Rh 和 Au 等贵金属催化剂也有少量报道。过渡金属氧化物催化剂则主要包括 CoO_x、MnO_x、CuO、ZnO、Fe_2O_3、TiO_2 和 ZrO_2 等复合氧化物。其中，Pt 和 Pd 催化剂具有较好的丙烷燃烧活性和稳定性，在工业上被广泛应用。虽然近期有少量研究发现 Ru 催化剂在低温丙烷燃烧反应中具有优异的表现，起燃温度远低于 Pt 和 Pd 催化剂，但其仍需解决高温稳定性差和苯系、含氧类等 VOCs 催化燃烧性能差等问题，为实现工业化应用奠定基础。在过渡金属氧化物中，CoO_x 催化剂具有非常优异的丙烷燃烧活性，起燃温度可与 Pt 和 Pd 等贵金属催化剂相当，但其高温稳定性较差，高温下活性相 Co_3O_4 容易烧结或转变成 CoO，导致失活，因此其目前仍无法满足工业应用要求[26,27]。

1. Pt 催化剂

目前针对 Pt 催化剂催化丙烷燃烧已有大量的研究，通常被作为低碳烷烃燃烧的模型反应。而现在对于 Pt 丙烷燃烧反应活性中心的认识仍存在争议。一般认为金属 Pt 是丙烷燃烧的活性中心[28,29]。例如，Luo 等[28]制备了六方氮化硼负载 Pt 催化剂，研究发现与未还原处理的催化剂对比，预还原后催化剂没有明显的诱导期，并且活性更高，在 250℃ 时转化率维持在 95.1%，说明催化剂中金属 Pt 含量增加有利于提高活性。但也有一些研究认为氧化铂是丙烷燃烧的活性中心。例如，Corro 等[30]制备了硫酸化和非硫酸化的 Pt/Al_2O_3 催化剂，研究发现硫酸化处理后的催化剂表面存在更多的高度氧化的 Pt 原子，使得其丙烷活性优于非硫酸化的催化剂，T_{50} 下降 60℃ [200mg 催化剂，反应气为 2.5vol% C_3H_8+15vol% O_2+He，空速 30000mL/(h · g_{cat})]。考虑到典型反应条件下（高 O_2/丙烷比）的反应机理，丙烷活化通常需要金属 Pt，而氧化需要铂（PtO_x）上的氧原子[31]。因此，金属 Pt 和氧化铂对反应同样重要[32]。

对于负载型 Pt 催化剂而言，影响其活性的关键参数主要有 Pt 颗粒大小、催化剂表面酸性和界面效应等。Park 等[33]在 Pt/ZSM-5 催化剂上研究了 Pt 颗粒尺寸对丙烷燃烧的影响。通过调节 H-ZSM-5 中 SiO_2/Al_2O_3 的比例和老化温度控制 Pt/H-ZSM-5 催化剂中 Pt 的粒径，发现 Pt 粒径随 H-ZSM-5 中 SiO_2/Al_2O_3 比的增加和老化温度的升高而增大，而反应速率随 Pt 粒径的增大而减小，丙烷燃烧的催化活性依次为：Pt/H-ZSM-5（150）>Pt/H-ZSM-5（500）>Pt/H-ZSM-5（1000）（括号内数字为分子筛中的硅铝比）。除了 Pt 的状态外，催化剂表面的酸性对丙烷燃烧也存在显著的影响[34-36]。Yoshida 等[37]制备了 Pt/MgO、Pt/Al_2O_3 和 Pt/SiO_2-Al_2O_3 催化剂，研究了 Pt 催化剂中载体酸性对丙烷催化燃烧的影响。结果表明，随着载体酸性的增强，丙烷催化燃烧活性增强，活性顺序依次为：Pt/MgO<Pt/

Al_2O_3<Pt/SiO_2-Al_2O_3。Wang 等[38]合成了具有核壳结构的 Pt@ Si@ SiAl 催化剂，通过形成 Si—(OH)—Al 提升催化剂的表面酸性，同时通过改变正硅酸乙酯添加量，精确控制酸性位点与 Pt 之间的距离。研究发现在氧化气氛下，Pt 和酸性位点之间的界面（Pt@ SiAl）可以使 40% 的 Pt 位点保持金属态，从而有助于提高丙烷燃烧活性。

Pt 颗粒与载体间的界面性质对丙烷燃烧活性的影响机制较为复杂。Garetto 等[39]研究了丙烷在 MgO、Al_2O_3、KL、HY、ZSM-5 和 Beta 负载 Pt 催化剂上的丙烷燃烧反应，发现转换频率（turnover frequency，TOF）大小顺序为：Pt/MgO<Pt/Al_2O_3<Pt/KL<Pt/HY≤Pt/ZSM-5<Pt/Beta。作者认为 Pt/沸石分子筛较高的活性与 Pt-分子筛界面增加丙烷吸附能力有关。图 3-3 为丙烷在 Pt/沸石分子筛上的反应路径。在 Pt 活性位上［图 3-3（a）］，烷烃在 Pt 上化学吸附，使得最弱的C—H键断裂，然后与相邻位置上吸附的氧发生作用。在 Pt/沸石分子筛界面［图 3-3（b）］，丙烷可吸附在界面位点，然后与 Pt 上的活性氧发生反应。后一种额外反应路径导致 Pt/酸性分子筛具有更高的丙烷催化燃烧活性。同样，这种额外反应路径在其他负载型 Pt 催化剂中也存在。Liao 等[40]在 Pt/BN 催化剂中添加 WO_3，根据动力学和原位漫反射红外光谱结果，Pt-WO_3 界面可提供新的活性中心，吸附在 Pt 原子上的丙烷与相邻 WO_x 表面羟基之间的反应可加速 C—H 键的断裂，比 Pt^0-Pt^{n+} 表现出更高的活性。当 W 含量为 7wt% 时，1Pt-7W/BN 催化剂活性［220℃ 时反应速率为 367.1μmol/(g_{Pt}·s)］是 1Pt/BN 催化剂［反应速率为 52.4μmol/(g_{Pt}·s)］的 7 倍。同样[41]，在 Pt/SiO_2 催化剂中添加 V_2O_5，由于存在额外的 Pt-V 界面活性中心，吸附在 VO_x 上的丙烷与 Pt 氧化物上的氧发生反应，因此提高了丙烷催化燃烧活性。在 Pt 和 V 含量分别为 2wt% 和 10wt% 时（2Pt-10V/SiO_2），200℃ 时反应速率［153.2μmol/(g_{Pt}·s)］远高于 2Pt/SiO_2［9.8μmol/(g_{Pt}·s)］。

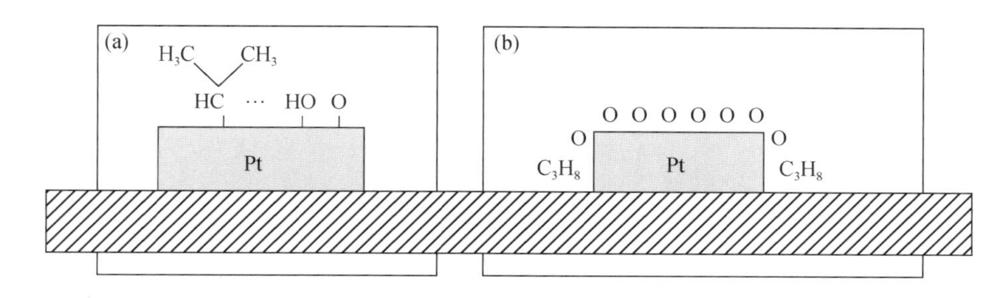

图 3-3　Pt/沸石分子筛催化剂上丙烷氧化反应路径

（a）Pt 活性位上的反应途径；（b）Pt/沸石分子筛界面处的附加反应途径[39]

综上所述，负载型 Pt 催化剂广泛应用于丙烷催化燃烧反应，普遍认为 Pt^0 和 PtO_x 之间的协同作用是反应活性位点。除了 Pt 活性位自身性质外，载体性质对 Pt 催化剂活性也存在显著影响，载体酸性越强，丙烷燃烧活性越高。而且，金属与载体之间的界面效应也会促进丙烷的吸附，或提供额外的界面活性中心，从而提高丙烷燃烧活性。

2. Pd 催化剂

Pd 对碳氢化合物也普遍具有较高的氧化活性，因此与 Pt 类似，作为活性组分被广泛用于三效催化剂（TWC）和 VOCs 净化催化剂中。其中，Al_2O_3 负载 Pd 催化剂被公认为 HC 氧化最活跃的催化剂之一。Pd 催化剂的丙烷燃烧活性通常与 Pd 存在状态密切相关，主要取决于载体和助剂的种类与性质[42]。

载体会影响 Pd 的氧化态，进而影响其丙烷燃烧活性，这与 Pt 催化剂相似。Yazawa 等[43]研究了 MgO、ZrO_2、Al_2O_3、SiO_2、SiO_2-ZrO_2、SiO_2-Al_2O_3 和 SO_4^{2-}-ZrO_2 等载体对 Pd 催化剂上丙烷燃烧的影响，发现催化剂的活性随载体酸性的增强而提高，这主要是因为酸性载体上的 Pd 在高氧含量反应条件下仍保持金属状态，从而促进丙烷燃烧反应。而且，相同载体的不同晶面上，Pd 物种的存在形式也有所差异。Hu 等[44]采用水热法制备了不同形貌 CeO_2 纳米晶，结果表明 CeO_2-R（棒状）和 CeO_2-C（立方）上的 Pd 主要形成 $Pd_xCe_{1-x}O_{2-\sigma}$固溶体，存在—Pd^{2+}—O^{2-}—Ce^{4+}—键，而在 Pd/CeO_2-O（八面体）表面 Pd 主要以 PdO_x 纳米粒子存在。对于丙烷催化燃烧，Pd/CeO_2-O 催化剂上具有最高的反应速率［300℃下为 8.08×10^{-5}mol/(g_{Pd} · s)］。

除了选择合适的载体外，通过添加第二金属调变 Pd 的状态，也可以提高 Pd 催化剂的丙烷燃烧活性。Taylor 等[45]研究了 W 改性 TiO_2 负载 Pd 催化剂上丙烷燃烧反应，发现 W 的添加可显著提高催化活性。在添加和不添加 WO_x的情况下，催化剂上均存在高度分散的 Pd 纳米粒子，但 Pd 的价态有所变化。Pd/TiO_2 催化剂上存在 Pd^0 和 Pd^{2+}，而加入 W 后，所有 Pd 都以 Pd^{2+}的形式存在，活性物种的浓度有所增加，从而提高了 Pd-WO_x/TiO_2 催化剂的丙烷燃烧活性，催化剂结构的模型如图 3-4 所示。

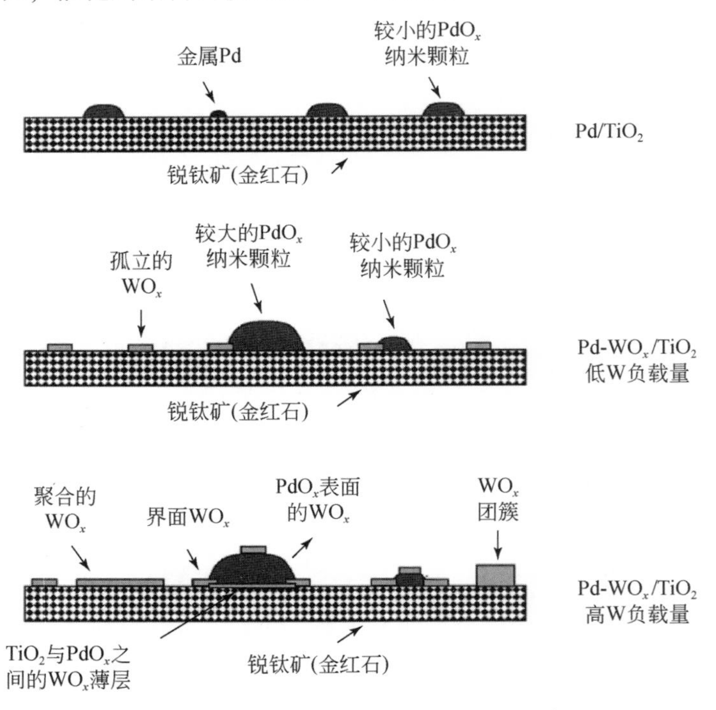

图 3-4　不同 W 含量 Pd/WO_x/TiO_2 催化剂的结构模型[45]

3. Ru催化剂

与Pt和Pd催化剂不同，负载型Ru催化剂在低碳烷烃中的研究较少。Okal等首次报道了Ru/γ-Al_2O_3催化剂在丙烷和丁烷等低碳烷烃催化燃烧反应中的活性，发现经过H_2还原预处理的4.6wt% Ru/γ-Al_2O_3催化剂，在200℃时即可实现低碳烷烃的完全转化（700mg催化剂，烷烃/空气体积比为1∶500，空速21000h^{-1}）。并且，研究发现非化学计量比的Ru_xO_y纳米小颗粒和表面包覆RuO_2纳米薄层的大颗粒金属Ru是反应活性位，而结晶态RuO_2颗粒不具有低碳烷烃催化燃烧活性[46]。

在以上基础上，他们进一步研究了影响Ru催化剂丙烷催化燃烧活性的关键因素。与其他贵金属催化剂一样，载体种类和性质对Ru催化剂的丙烷燃烧活性存在显著影响。研究表明，当采用具有高比表面积的$ZnAl_2O_4$尖晶石为载体时，Ru物种的分散度会显著提高，使得Ru/$ZnAl_2O_4$催化剂上丙烷完全燃烧的温度降低至230℃（0.7g催化剂，反应气组成0.2vol% C_3H_8，99.8vol%空气，空速21000h^{-1}）[47]。

Zhan等[48]采用CeO_2为载体制备了Ru/CeO_2催化剂，使丙烷在210℃实现完全转化[200mg催化剂，反应气为0.2vol% C_3H_8+2vol% O_2+97.8vol%空气，空速30000mL/(h·g_{cat})]，而相同条件下Ru/Al_2O_3催化剂上丙烷全转化温度为275℃。分析表明，与Ru/Al_2O_3参照样相比，Ru/CeO_2催化剂上C—H键不仅可以在RuO_x活性位上吸附和活化，还在Ru-CeO_2界面存在额外的反应途径，即利用载体CeO_2对C—H键进行活化，然后与RuO_x上的活性氧在界面处发生反应，增加了反应途径，从而显著提高丙烷燃烧活性。在此基础上，他们进一步制备了CeO_2纳米棒（CeO_2-R）、立方体（CeO_2-C）和八面体（CeO_2-O）等负载的Ru催化剂，其活性存在显著差异，其中Ru/CeO_2-R催化剂具有最高的活性，丙烷全转化温度进一步降低至195℃[200mg催化剂，反应气为0.2vol% C_3H_8+2vol% O_2+97.8vol%氩气，空速30000mL/(h·g_{cat})]，为目前文献报道的最低值，而在155℃低温时TOF高达0.344s^{-1}[49]。分析表明，不同形貌CeO_2载体上Ru的粒径和价态并没有显著差别，但界面缺陷浓度存在差异，顺序为Ru/CeO_2-R>Ru/CeO_2-C>Ru/CeO_2-O（图3-5）。当界面存在缺陷时，氧分子可以在缺陷处吸附，生成高活性的表面氧，从而促进C—H键活化。同时，C—H键活化能力与界面缺陷浓度也呈正相关规律，在上述两个因素共同作用下，导致Ru/CeO_2-R催化剂具有最高的丙烷燃烧活性。

Okal等[50]还研究了等体积浸渍法和微波-多元醇法等不同制备方法对Ru/Al_2O_3催化剂丙烷燃烧活性的影响。结果发现利用微波-多元醇法沉积Ru纳米颗粒得到的Ru/γ-Al_2O_3催化剂，在200℃时就可以实现丙烷的完全转化（400mg催化剂，反应气为0.2vol% C_3H_8+99.8vol%空气，空速21000h^{-1}）。而且，在反应温度最高为250℃时的循环使用过程中，该催化剂表面无定形Ru_xO_y活性物种基本保持不变，未形成惰性的RuO_2，使得该催化剂在循环使用中能保持很好的稳定性。相反，采用等体积浸渍法制备的Ru/Al_2O_3催化剂，在循环反应过程中催化剂表面无定形Ru_xO_y活性物种会转变成惰性的RuO_2，导致活性下降。同时，研究了Ru的前驱体种类对Ru/CeO_2催化剂活性的影响。当采用$RuCl_3$为前驱体时，残留的Cl^-会降低CeO_2的氧化还原性能，导致其催化剂活性低于以Ru（NO）

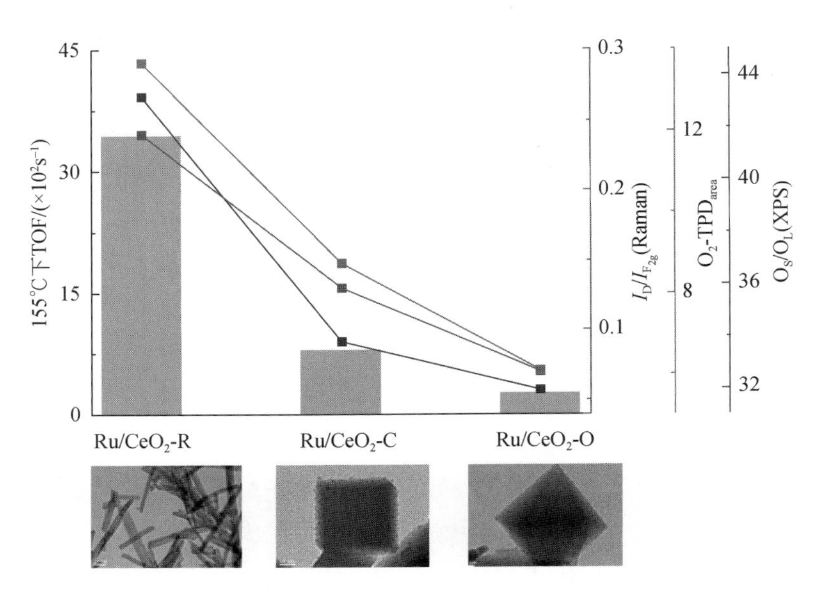

图 3-5　不同形貌 CeO_2 负载 Ru 催化剂在丙烷燃烧反应中的活性和结构之间的相关性分析[49]

$(NO_3)_3$ 为前驱体制备的催化剂[51]。

引入第二组分也会对 Ru 的存在状态产生影响。在 Ru/γ-Al_2O_3 中加入 3% 的 Re 时，催化剂表面生成的 ReO_x 物种与 γ-Al_2O_3 存在强相互作用，通过空间隔离效应可以抑制 RuO_x 物种的团聚，减缓 RuO_2 物种的生成，从而形成具有高分散的活性 RuO_x 物种。Ru-Re/γ-Al_2O_3 催化剂在 200℃时就可以实现 95% 的丙烷转化率（100mg 催化剂，反应气位 0.5vol% C_3H_8+99.5vol%空气，空速 60000h^{-1}），且在 25h 内活性保持不变，表现出较好的稳定性[52]。同样，与 Ru/γ-Al_2O_3 催化剂相比，添加少量 Mo（1.6%）也可以提高Ru-Mo/γ-Al_2O_3 催化剂中 Ru 物种的分散度，并且增强高分散活性 RuO_x物种与载体 γ-Al_2O_3 的相互作用，通过上述协同作用提高了催化剂的丙烷催化燃烧活性，在 165℃时 TOF 值为 0.034 s^{-1}（100mg 催化剂，反应气为 0.08vol% C_3H_8+99.92vol%空气，空速 60000h^{-1}）[53]。

虽然 Ru 催化剂比 Pt 或 Pd 催化剂具有更好的丙烷燃烧活性，但其还需要解决 Ru 活性位高温稳定性较差的问题。目前，为了获得高活性的 RuO_x物种，通常采用 H_2 高温还原和低温空气焙烧制备负载型 Ru 催化剂。但是，在丙烷燃烧富氧反应条件下，RuO_x活性物种会被逐渐氧化或者转变成结晶态 RuO_2 颗粒，导致 Ru 催化剂失活。因此，当前迫切需要发展高活性、高稳定性 RuO_x物种的构建方法，为实现工业化应用提供研究基础。

4. Co_3O_4 催化剂

对于过渡金属氧化物催化剂而言，文献研究表明主要通过 C—H 键的 σ/σ* 轨道与过渡金属阳离子的 d 轨道直接相互作用（或电子耦合），实现 C—H 键断裂。因此，金属阳离子最外层 d 轨道中电子填充的不饱和度可决定金属活性位对 C—H 键断裂的能力[54]。例如，对于不同价态的 Co 阳离子，其最外层 d 轨道的电子填充不饱和度较高（Co^{2+}：$3d^7$；

Co^{3+}：$3d^6$），因此有利于 C—H 键断裂，同时 Co_3O_4 具有优异的氧化性能，可对活化后生成的碳氢碎片实现深度氧化，因而 Co_3O_4 在过渡金属氧化物中表现出最高的活性，甚至可与贵金属相当。

Co_3O_4 氧化物表面结构比较敏感，所以影响其活性的因素较多，主要包括制备方法和形貌等。Zhang 等[55]采用沉淀法制备了多种 Co_3O_4 催化剂，研究了沉淀剂对其丙烷燃烧活性的影响。其中采用碳酸钠为沉淀剂制备的 Co_3O_4 催化剂（Co-CO_3）活性最高，在 226℃ 下丙烷的转化率可达 90% ［150mg 催化剂，反应气为 0.1vol% C_3H_8 +21vol% O_2 +He 平衡气，空速 40000mL/(h · g_{cat})］。沉淀剂的性质会影响其晶粒大小、比表面积、表面钴的价态以及可还原性，从而影响其活性。图 3-6 为构效关系总结示意图，Co-CO_3 具有较高的应变性、较好的氧化还原性、相对较大的表面积和较多的表面 Co^{2+} 物种，因此其具有较高的丙烷反应速率。Chen 等[56]制备了纳米立方体、纳米薄片和纳米八面体等三种不同形貌的 Co_3O_4 催化剂，研究了丙烷催化燃烧活性。其中，Co_3O_4 纳米片（Co_3O_4-S）表现出最好的催化活性，在 210℃ 下实现丙烷的完全氧化［40mg 催化剂，反应气为 0.9vol% C_3H_8 +空气平衡气，空速 30000mL/(h · g_{cat})］，而纳米立方体和八面体上丙烷完全氧化的温度升至 320℃ 和 400℃。通过表征和 DFT 理论计算，发现 Co_3O_4-S 表面 Co^{2+} 含量较高，导致与表面 Co^{2+} 结合的羟基增加，改变了反应途径和反应中间产物，从而提高了 Co_3O_4-S 的催化活性。

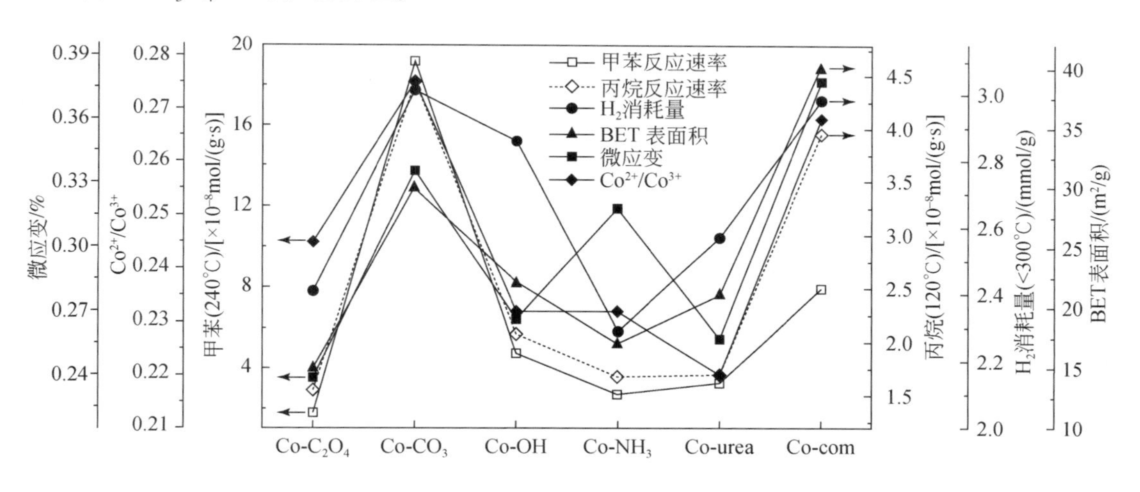

图 3-6　催化反应速率与物理化学参数之间的关系[55]

Co_3O_4 氧化物虽然具有较高的丙烷催化活性，但是该催化剂在高温下活性会急剧下降，这主要是因为其在高温下容易发生团聚，导致粒径增大、比表面积减小、活性表面 Co 物种含量降低。为了提高 Co_3O_4 催化剂的热稳定，目前有研究采用 γ-Al_2O_3[57] 和ZSM-5[58]等载体负载 Co_3O_4，抑制烧结过程，但是文献中采用的焙烧温度也只到 500℃。因此，仍迫切需要切实可行的方法来抑制 Co_3O_4 高温失活，为实现低成本 Co_3O_4 催化剂的工业化应用提供研究基础。

表 3-1 提供了部分文献中报道的催化剂对丙烷燃烧的活性数据。

表 3-1 文献中报道的各种催化剂对丙烷催化燃烧的活性对比

催化剂	反应气组成	GSHV /[mL/(h·g_{cat})]	反应温度/℃	T_{100}、T_{90} 或 T_{50}/℃	TOF/($\times10^3 s^{-1}$)	参考文献
0.5wt% Pt/Al_2O_3	0.8vol% C_3H_8，9.9vol% O_2，89.3vol% N_2	180000	250	$T_{50}=395$	27.8	[59]
0.5wt% Pt/CeO_2	0.8vol% C_3H_8，9.9vol% O_2，89.3vol% N_2	180000	250	$T_{50}=333$	134	[60]
0.4wt% Pt/Al_2O_3	0.6vol% C_3H_8，10vol% O_2，89.4vol% N_2	180000	220	$T_{50}=357$	6.97	[60]
1.2wt% Pt/ZSM-5	0.2vol% C_3H_8，2vol% O_2，97.8vol% Ar	30000	200	$T_{90}=240$	4.0	[61]
0.2wt% Pt/BN	0.2vol% C_3H_8，2vol% O_2，97.8vol% N_2	80000	220	$T_{90}=400$	36.8	[28]
0.17wt% Pt/AlF_3	0.2vol% C_3H_8，2vol% O_2，97.8vol% N_2	80000	220	$T_{90}=320$	53.9	[32]
1wt% PtWAl	0.08vol% C_3H_8，2vol% O_2，97.92vol% N_2	300000	—	$T_{50}=245$	—	[35]
5wt% Pd/Al_2O_3	0.25vol% C_3H_8，3vol% O_2，96.75vol% N_2	—	500	$T_{50}=377$	—	[43]
1wt% Pd/CeO_2-R	0.2vol% C_3H_8，2vol% O_2，97.8vol% Ar	30000	300	—	0.679	[44]
1wt% Pd/CeO_2-C	0.2vol% C_3H_8，2vol% O_2，97.8vol% Ar	30000	300	—	2.56	[44]
1wt% Pd/CeO_2-O	0.2vol% C_3H_8，2vol% O_2，97.8vol% Ar	30000	300	—	35.2	[44]
0.5wt% Pd/TiO_2	0.5vol% C_3H_8，空气	45000	—	$T_{90}=395$	—	[45]
1.91wt% Ru/CeO_2-R	0.2vol% C_3H_8，2vol% O_2，97.8vol% Ar	30000	155	$T_{100}=198$	344	[49]
1.94wt% Ru/CeO_2-C	0.2vol% C_3H_8，2vol% O_2，97.8vol% Ar	30000	155	$T_{100}=226$	78.1	[49]
1.79wt% Ru/CeO_2-O	0.2vol% C_3H_8，2vol% O_2，97.8vol% Ar	30000	155	$T_{100}=255$	26.1	[49]
3.2wt% Ru/CeO_2	0.2vol% C_3H_8，2vol% O_2，97.8vol% Ar	30000	200	$T_{100}=180$	6.14	[48]
2.98wt% Ru/Al_2O_3	0.2vol% C_3H_8，2vol% O_2，97.8vol% Ar	30000	200	$T_{100}=250$	2.13	[48]

续表

催化剂	反应气组成	GSHV / [mL/(h · g_{cat})]	反应温度 /℃	T_{100}、T_{90} 或 T_{50} /℃	TOF/ ($\times 10^3 s^{-1}$)	参考文献
4. 5wt% $Ru/ZnAl_2O_4$	0. 2vol% C_3H_8，99. 8vol% 空气	21000	220	$T_{50}=198$	3. 9	[47]
Ru/Al_2O_3	0. 2vol% C_3H_8，99. 8vol% 空气	21000	170		0. 94	[50]
Co_3O_4/ZSM-5	0. 2vol% C_3H_8，2vol% O_2，97. 8vol% Ar	30000	280	$T_{50}=235$	18. 5	[58]

3. 1. 3　丁烷催化氧化反应

与其他低碳烷烃相比，目前针对丁烷催化燃烧的研究相对较少。贵金属催化剂主要有负载型 Pd、Pt、Ru 和 Au 催化剂，而非贵金属催化剂主要包括 Ce、Mn、Co 和 Cu 等氧化物催化剂。

贵金属催化剂的活性受多方面因素的影响，主要包括贵金属粒径、预处理条件以及贵金属与载体的相互作用。研究表明，丁烷在 Pt 基催化剂上的氧化反应是一种结构敏感型反应[62]，当 Pt 颗粒尺寸在 1 ~ 4nm 范围内时，催化剂的比活性随着颗粒尺寸的增加而增加，但是颗粒尺寸进一步长大会减少活性位的暴露，导致活性下降。而且，这种结构敏感性会随着烷烃碳链长度的增加而增强。Stakheev 等[63]研究发现随着 Pt 颗粒增大，催化剂对 n-C_4H_{10}和 n-C_6H_{14}燃烧反应比活性的提高程度大于 C_2H_6燃烧反应比活性的提高。Okal 和 Zawadzki[64]发现对 Ru/γ-Al_2O_3 催化剂分别进行先空气焙烧后还原、直接氢气还原预处理，发现焙烧过程显著影响 Ru 的分散性，从而导致活性存在差异。对催化剂进行直接还原时，催化剂中 Ru 分散度较高，Ru 粒径为 2. 5nm，而先空气焙烧后还原制备得到的催化剂中 Ru 平均粒径增加至 4. 7nm，导致前者的活性明显高于后者，T_{100}分别为 190℃ 和 400℃ [700mg 催化剂，反应气为 0. 2vol% C_4H_{10}+空气平衡气，空速 21000mL/(h · g_{cat})]。另外，贵金属的氧化态也会影响催化剂的活性。Okal 和 Zawadzki[64]发现 Ru/Al_2O_3 经过氧化处理后，丁烷催化氧化活性低于还原后的催化剂活性，这是因为 Ru 物种氧化程度越高，Ru—O 键能越强，反应中能够提供的活性氧物种就越少，导致催化活性下降。

与其他低碳烷烃类似，催化剂载体的氧化还原性、酸碱性和比表面积对丁烷催化燃烧性能同样具有重要影响。Garcia 等[65]发现在 Pd/TiO_2 中引入 V 可以提高催化剂的氧化还原性能，从而提高其对丁烷催化燃烧的活性。Okal 等[51]发现对于 Ru/CeO_2 催化剂上的丁烷燃烧反应，$RuCl_3$ 前驱体中 Cl^-的残留对 CeO_2 的氧化还原性能造成负面影响，进而导致催化剂活性和稳定性的下降。

载体的酸碱性在丁烷催化氧化中同样具有重要影响。例如，Pt/TiO_2 催化剂的比活性是 Pt/SiO_2 催化剂的 3 ~ 4 倍[62]，Pt/Al_2O_3 的 T_{90}比 Pt/MgO 低 200℃[66]，这种性能差异归

因于 TiO_2 和 Al_2O_3 表面较高的酸性。Bonne 等[67]发现在 ZrO_2 中掺杂2mol% Y_2O_3，可以提高其表面酸性，使 Pt 颗粒更倾向于以金属状态存在，从而提高了 Pt-Y/ZrO_2 对丁烷的催化燃烧活性。然而，过量 Y_2O_3 的掺杂又会使表面酸碱性失衡[68]，导致催化剂活性下降。

众所周知，催化剂比表面积的增加有利于暴露更多的活性位，而丰富的孔道结构可以通过增加反应物与活性位的接触时间提升催化剂的活性。Almukhlifi 等[69]发现当 CeO_2 比表面积为4.3m^2/g 和25.6m^2/g 时，对异丁烷的催化燃烧几乎没有活性，当其比表面积提高至81.8m^2/g 时，可以在500℃实现异丁烷完全氧化。Garetto 等[66]发现分子筛负载 Pt 催化剂的活性远远高于 Pt/Al_2O_3 和 Pt/MgO 催化剂，虽然载体的酸性也是影响因素之一，但作者认为影响最大的还是分子筛丰富的孔道结构。反应物在分子筛孔道中富集，提高了反应物的局域浓度，并且丁烷的催化氧化是正级数反应（反应速率随着反应物浓度的增加而增加)，因此提高了丁烷的燃烧速率。类似的结果也存在于 TiO_2 纳米管负载 Pd 催化剂中[70]，在 TiO_2 纳米管内侧负载 Pd 纳米颗粒比在外表面沉积 Pd 催化剂的丁烷完全氧化温度降低约20℃。

与贵金属催化剂相比，过渡金属氧化物在丁烷催化燃烧中的研究更少，主要包括 Ce、Mn、Co、Cu、Co 等氧化物催化剂。Gorte 等[71]在 CeO_2 中掺杂 Yb、Y、Sm、Gd、La、Nb、Ta 和 Pr 等元素，发现所有复合氧化物对正丁烷的催化氧化活性都远低于纯 CeO_2。Yao 等[72]将 CeO_2 和 CuO 分别负载在 TiO_2 纳米管的内部和外部（Ce-in-TNT-Cu-out)，发现与 Ce-in-TNT 和 Cu-out-TNT 相比，Ce-in-TNT-Cu-out 具有更高的丁烷氧化活性（图3-7)，在300℃下的转化率可达90% [100mg 催化剂，反应气组成：5vol% 丁烷、50vol% O_2、45vol% N_2，空速30000mL/($h \cdot g_{cat}$)]。Zhao 等[73]研究了 Co-ZSM-5 催化剂的正丁烷催化燃烧活性，发现 Co^{3+}物种在正丁烷氧化反应中具有至关重要的作用，当 Co 负载量为7wt%时，由于 Co^{3+}的易还原性和表面较高的 Co^{3+}浓度，其活性最佳（T_{90}=374℃)。Sui 等[74]分别采用柠檬酸法和溶胶–凝胶燃烧方法制备了 $LaMnO_3$，并在各种温度下进行热处理，研究 $LaMnO_3$ 粒径对丁烷催化燃烧性能的影响。发现柠檬酸法制备的 $LaMnO_3$ 可以在250℃下使丁烷全转化，而且在高达800℃温度下无明显烧结现象。与 CeO_2、CuO_2、CoO_x基催化剂相比，Mn 基氧化物在丁烷催化燃烧中具有更好的活性，甚至优于部分贵金属。Zhang 等[75]将 MnO_2 负载在 TiO_2 纳米管内部，可以将丁烷催化燃烧反应的 T_{90}降至212℃（5vol% n-C_4H_{10}+47.5vol% O_2+N_2 平衡气，空速30000h^{-1})。

总的来说，丁烷催化燃烧反应机理与乙烷、丙烷催化燃烧反应相同，决速步骤均为首个 C—H 键的解离。由于丁烷碳链较长，首个 C—H 键比乙烷、丙烷等相对容易活化，因此在催化燃烧反应过程中起燃温度低。目前，由于 Pt 基催化剂具有较为优异的 C—H 键解离能力，因此针对 Pt 基催化剂的研究相对较多。而 Pd 催化剂虽然对 C—H 键也有较强的解离作用，但对于丁烷的催化燃烧活性有待提高。Ru 基催化剂虽然对包括丁烷的多种 VOCs 有良好的催化效果，其活性位稳定性较差，极易受催化反应条件的影响。在非贵金属催化剂中，Mn、Co、Cu 等可变价金属氧化物均对丁烷具有一定的催化燃烧活性，其中 Mn 基催化剂的活性最好，但对于其活性位和稳定性的探讨还有所欠缺。

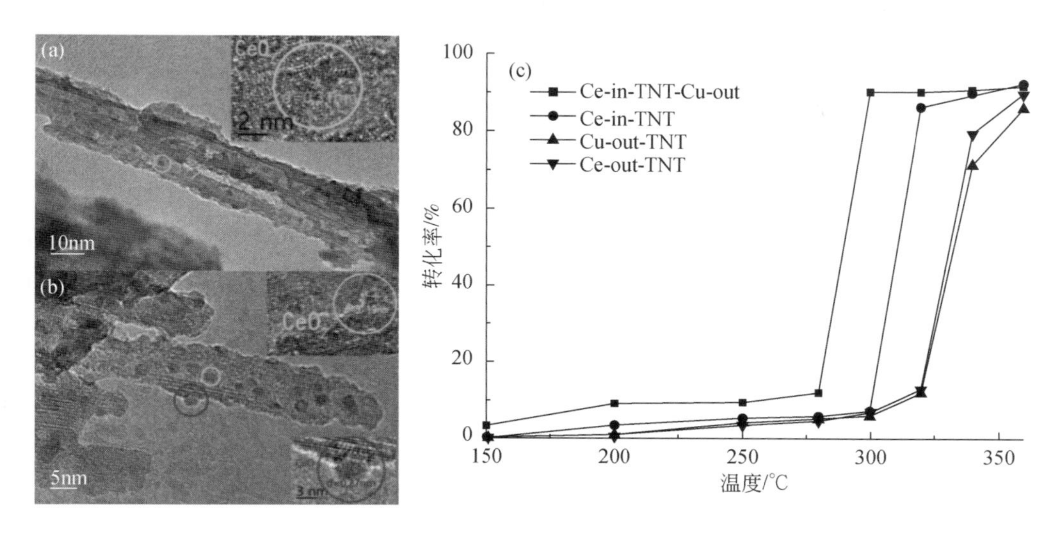

图 3-7　(a) Ce-in-TNT、(b) Ce-in-TNT-Cu-out 的 HR-TEM 图和 (c) 催化剂的丁烷催化燃烧活性图[69]

3.1.4　正己烷催化氧化反应

与其他烷烃相似，用于正己烷催化燃烧的催化剂也主要包括负载型贵金属催化剂和金属氧化物催化剂等。

1. 贵金属催化剂

负载型贵金属催化剂主要以 Pt 为活性中心，常用的载体有氧化铝和分子筛等。对于负载型贵金属催化剂，贵金属含量和颗粒大小等决定了贵金属的存在状态和催化活性[76]。Ordóñez 等[77]研究了不同 Pt 含量的 Pt/γ-Al_2O_3 催化剂上正己烷催化燃烧活性，结果表明 T_{50}随着 Pt 含量的增加而降低，同时通过计算发现正己烷反应主要遵循 Mars-van Krevelen (Mvk) 机理。Radic 等[78]研究了贵金属颗粒尺寸对 0.12% Pt/Al_2O_3 催化剂正己烷燃烧活性的影响。结果表明，随着 Pt 晶粒尺寸的增大，Pt—O 键强度减小，氧的化学吸附速率常数增大，导致表面反应速率增加。相反，Anić 等[79]通过研究 Pt/γ-Al_2O_3 催化剂，发现 Pt 颗粒尺寸越小，正己烷催化燃烧性能越好。其中，Pt 颗粒大小为 1nm 左右的催化剂催化活性最佳，其 T_{50}为 279℃左右（100mg 催化剂，反应气为 1500ppm 正己烷+空气平衡气，空速 17500h^{-1}）。

通常情况下，贵金属颗粒大小与载体性质密切相关，因此优化载体种类和调变载体性质，是提高贵金属分散度和正己烷燃烧活性的有效途径之一[80]。Navascués 等[81]研究了 ZSM-5 和 Y 型分子筛（ZY）作为载体的 Pt/ZSM-5 和 Pt/ZY 催化剂的活性。结果表明，与 Pt/ZSM-5 相比，Pt/ZY0.1（0.1 为 Pt 前驱体浓度，mmol/L）催化剂具有更高的比表面积和更大的孔径，以及更多的金属离子交换位点，使得 Pt 分散性更好，从而导致其具有较高的活性。Uson 等[82]研究了常规 SBA-15 和 SBA-15 纳米棒负载贵金属所制备催化剂的活性。结果表明在相同反应条件下，以 SBA-15 纳米棒作载体的催化剂具有更好的反应活性，T_{90}降低了 16℃（40mg 催化剂，反应气为 8μL/min 正己烷+8.4mL/min 氧气+31.6mL/min 氮气，空速 3100h^{-1}），这是因为 SBA-15 纳米棒具有较大的孔径和较高的比表面积，提高了 Pt 的分散性，导致其具有更好的正己烷燃烧活性。除了贵金属颗粒大小外，添加助剂进一步改变贵金属活性中心的性质，也可以提高其正己烷燃烧活性。Anić等[79]在 Pt/γ-Al_2O_3 表面添加少量 MnO_x，可以提高正己烷催化燃烧活性。与相同贵金属粒径的 Pt/γ-Al_2O_3 催化剂相比，当表面 MnO_x 含量为 0.4wt% 时，Mn/Pt/γ-Al_2O_3 的 T_{50}降低了 80℃（100mg 催化剂，反应气为 1500ppm 正己烷+空气平衡气，空速 17500h^{-1}），这主要是因为 MnO_x与 Pt 形成 Pt-O-Mn 活性中心，加速了氧的迁移，从而提高了正己烷燃烧活性。

除 Pt 外，少量文献也研究了 Pd[83]、Au[84]和 Re[85]等贵金属催化剂的正己烷催化燃烧性能。Ihm 等[83]制备了 5% Pd/γ-Al_2O_3 催化剂，发现氢气处理的催化剂在低温下比空气处理的催化剂具有更高的催化活性，T_{50}从 250℃降低至 200℃（100mg 催化剂，反应气为 250ppm 正己烷+空气平衡气，空速 108000h^{-1}）。但是长时间反应过程中，还原处理的催化剂的活性逐渐降低，最终与空气焙烧催化剂的活性相当。通过 XRD 和 XPS 证实：反应前后 Pd 的氧化态没有显著变化，低温失活是由反应过程中积碳所致。

2. 金属氧化物催化剂

用于正己烷燃烧的金属氧化物催化剂主要包括单组分金属氧化物和复合金属氧化物等。单组分金属氧化物以 Co 和 Mn 为主，Sinha 等[86]以草酸钴为前驱体制备了 Co/SiO_2 催化剂，在 280℃时正己烷的转化率为 86%（2g 催化剂，反应气为 0.5mol% 正己烷+空气平衡气，流速 7.008×10^{-7}mol/s）。Tang 等[87]制备了棒状结构的 Co_3O_4 和 MnO_x，结果表明棒状 Co_3O_4 比 MnO_x具有更好的高温活性，T_{90}分别为 235℃和 250℃［50mg 催化剂，反应气为 1000ppm 正己烷+空气平衡气，空速 120000mL/(h · g_{cat})］。Todorova 等[88]研究发现单组分钴和锰催化剂的 T_{90}分别是 260℃和 300℃（1cm^3 催化剂，反应气为 710ppm 正己烷+空气平衡气，空速 14400h^{-1}），活性顺序结果与 Tang 等的研究一致。

通常情况下，与单一组分金属氧化物相比，复合金属氧化物由于具有更高的氧化还原性能，因此普遍具有更好的烷烃催化燃烧活性，更为研究者们关注。Todorova 等分别研究了 Co-Mn[88,89]、Co-Ce[90]和 Ce-Mn[91]等复合氧化物体系。相比于负载单一金属的 Co/SiO_2 或 Mn/SiO_2 催化剂，Co-Mn/SiO_2 催化剂的正己烷催化燃烧活性显著提高，这是因为双组分催化剂上 Co 在表面的部分富集和 Co-Mn 氧化物在 SiO_2 载体上的均匀分布，增加了反应活性位点，从而导致活性增强。另外，正己烷氧化在 CoMn/SiO_2 催化剂上遵循 MvK 反应机理，因此 CoMn-MS 催化剂具有更强的可还原性和较弱的 Co—O 键强度，这也是催化剂活性提高的原因[89]。对于 Co-Ce 体系而言，Co_3O_4 是正己烷催化燃烧反应的主要活性相，Ce 的引入促进了氧化钴的分散，改变了 Co_3O_4 的还原性，为钴氧化物提供了更多的表面氧物种，因此 Ce 的添加提高了 Co_3O_4 的正己烷催化燃烧活性[90]。

与 Co-Mn、Co-Ce 催化剂相比，Ce-Mn 氧化物催化剂的研究更被关注。Todorova 等采用浸渍法制备了 Ce-Mn 催化剂，与 Co-Mn 催化剂进行比较。结果表明 Co-Mn 催化剂具有较好的正己烷燃烧活性，这主要是因为 Co-Mn 催化剂具有较高的晶格氧迁移率、Mn^{4+} 和 Mn^{3+} 共存的状态、较弱的 Co—O 键，以及表面更多的 Co^{2+} 含量。而 Ce-Mn 催化剂的正己烷燃烧活性较差，这是因为其表面以 Ce 为主，晶格氧迁移率也较低[91]。Picasso 等[92]通过共沉淀法制备了 $Ce_{\alpha}Mn_{1-\alpha}O_2$，并考察了 Ce/Mn 比和老化时间对其催化性能的影响。结果表明，24h 老化制备得到的 $Ce_{0.67}Mn_{0.33}O_2$ 催化剂活性最高，在 250℃ 下就可实现完全转化（100mg 催化剂，反应气为 2000ppm 正己烷+空气平衡气，空速 $80h^{-1}$），这主要是因为 MnO_x 物种进入 CeO_2 体相结构中，增加了表面缺陷，提高了比表面积和可还原性，从而导致活性提高。Quispe 等[93]进一步研究了 Ce 含量和沉淀剂种类对 $Ce_{\alpha}Mn_{1-\alpha}O_2$ 环己烷燃烧活性的影响，结果表明以 Na_2CO_3 为沉淀剂且 Ce 摩尔分数为 0.33% 时，催化剂的正己烷催化燃烧活性最高，此时表面 Ce^{4+}、Mn^{3+} 和 Mn^{4+} 之间有更好的 Ce-Mn 相互作用力。

除 Co、Mn 和 Ce 外，Cu 复合氧化物催化剂也被经常用于正己烷催化燃烧反应。Morales 等[94]合成了 Mn-Cu 混合氧化物整体式催化剂，在正己烷燃烧反应中表现出良好的活性和稳定性。研究发现，活性相含量和化学性质等会影响正己烷催化燃烧的反应机理，从而影响反应活性。Araújo 等[95]制备了 $Ce_{1-x}Cu_xO_2$ 复合氧化物催化剂，结果发现 Cu 含量较低时，Cu 分散度高，而且 Cu 主要存在于 CeO_2 晶格外，使得催化剂可还原性增强，最终导致 $Ce_{0.97}Cu_{0.03}O_2$ 催化剂的性能最好。

在双金属氧化物基础上，Morales 等[96]制备了三元金属氧化物催化剂 $(MnCu_x)_{1-y}Ce_y/Al_2O_3$（$x=0$ 或 1；$y=0$，0.1，0.2 或 0.3）。由于 Mn_2CuO_4 尖晶石的形成，Cu 的加入并没有提高 MnO_x/Al_2O_3 的催化活性。而 Ce 的添加有利于降低结晶度，提高氧迁移率，并促进高含量氧空位 MnO_x 的形成。Ce 含量越高，催化剂中 Mn 和 Ce 的氧化态越高，催化剂对正己烷燃烧的催化活性越高。除此之外，尖晶石结构 AB_2O_4 混合氧化物（其中 A=Co 或 Cu，B=Cr 或 Co）[97]和 $LaMO_3$（M=Mn、Fe 或 Co）钙钛矿型氧化物催化剂[98]也被用于正己烷燃烧反应。Zavyalova 等[97]通过凝胶燃烧法制备了 $CoCr_2O_4$、$CuCo_2O_4$ 和 Co_3O_4 催化剂，并用于正己烷催化燃烧。结果表明，Co 基尖晶石催化剂在正己烷氧化反应中的活性顺序为 $CuCo_2O_4>Co_3O_4>CoCr_2O_4$。$CuCo_2O_4$ 活性较好的主要原因是 Co^{2+} 和 Cu 阳离子都占据八面体配位位置，两者之间的电子转移较为容易。

综上所述，针对正己烷催化燃烧，贵金属和非贵金属催化剂都有一定的研究。贵金属催化剂活性好，可以将全转化温度控制在 200℃ 以下，但是贵金属价格昂贵，减少贵金属的用量和使用非贵金属氧化物催化剂一直以来是研究重点。近年来，针对正己烷燃烧的非贵金属氧化物催化剂的研究逐渐增加，主要包括 Co、Mn、Ce 和 Cu 等氧化物催化剂体系，而且复合金属氧化物比单组分金属氧化物具有更丰富的结构调变性和更大的催化性能提升潜力，是后续研究的重点。

3.1.5　烷烃催化氧化小结

乙烷、丙烷、丁烷和正己烷等烷烃的催化燃烧，第一个 C—H 键的活化和断裂是关键。而且随着碳链减小，C—H 键能逐渐增大。因此，随着烷烃分子中碳链长度的减小，起燃温度逐渐升高。目前广泛研究的催化剂体系主要有贵金属催化剂和过渡金属氧化物等。贵金属催化剂主要以 Pd、Pt 和 Ru 为活性组分，过渡金属氧化物主要包括 Co、Mn、Cu 等单一金属氧化物或第二金属掺杂的复合氧化物等。其中，贵金属催化剂普遍具有更高的活性，尤其是 Pd 和 Pt 催化剂，已实现了规模化工业应用。而且相比较而言，Pd 催化剂通常比 Pt 催化剂具有更好的乙烷和丙烷燃烧活性，Pt 催化剂在丁烷和正己烷燃烧中具有优势。与 Pd 和 Pt 催化剂相比，Ru 催化剂在实验室研究中也表现出很好的烷烃燃烧活性，尤其是丙烷燃烧活性要显著优于 Pt 和 Pd，但 Ru 催化剂上 RuO_x 活性物种的热稳定性和反应稳定性需要进一步提高，以满足工业化应用的要求。目前提高贵金属催化剂烷烃燃烧活性的主要途径有：提高贵金属分散度和调变状态；提高催化剂的氧化能力；增加催化剂表面的酸性。相比贵金属催化剂，金属氧化物催化剂的活性较差，需要进一步的提高。通过掺杂引入第二组分和酸刻蚀等增加金属氧化物表面的缺陷位或氧空位浓度，增加表面活性氧数量和迁移速率，是提高其对烷烃燃烧活性的有效途径。同时，通过形貌优化和构建多孔结构，也可以有效提高烷烃燃烧活性。

3.1.6　烷烃催化氧化展望

虽然目前对烷烃催化燃烧开展了大量的研究工作，但在反应机理方面仍存在认识盲区，主要包括：①虽然现在已经认识到烷烃分子中碳链长度越短，活化越难，起燃温度逐渐越高，但是不同碳链长度对 Pd 和 Pt 活性相上 C—H 键断裂和 C—C 键断裂的影响机制并不清楚；②虽然目前已确定第一个 C—H 键的活化和断裂是反应决速步骤，但对反应中间物种和具体反应途径并没有系统的研究。除了利用原位红外和拉曼等表征烷烃在催化剂的吸附和反应外，还需要发展其他一些原位表征方法和设计实验，去研究反应的中间物种和途径，以实现催化性能的优化；③在烷烃燃烧反应中，对于贵金属活性位的认识并没有统一，而近期越来越多的研究发现部分活性中心在反应过程中存在动态变化，因此对于 Pt 和 Pd 等烷烃燃烧活性中心，除了设计一些实验进一步确认活性位之外，还应该大量开展原位表征，观察其在反应过程中的动态结构变化，揭示其影响反应途径的本质。

在催化剂性能优化方面，目前的研究绝大部分还是集中在催化剂表面酸性或氧化还原性单一因素的调变方面，如果可以将酸性和氧化还原性更好地结合起来，增强 C—H 键解离能力和碳氢碎片的氧化能力，有望在多种烷烃催化燃烧中表现出优异的催化性能。但在通常情况下，催化剂的酸性和氧化还原性是相互制约的，所以需要发展和完善催化剂制备方法，实现两种性质的有效控制，才能实现提高烷烃燃烧活性的目的。另外，随着纳米科学技术的发展，尤其是单原子、金属团簇等控制合成技术的进步，也为制备高活性催化剂提供了基础，但是需要注意活性金属稳定性的问题。

在低碳烷烃催化净化技术方面，现在研究绝大部分还只是关注低碳烷烃单一污染物的活性，需要聚焦“真实环境”，在研究烷烃催化燃烧活性的基础上，还需要进一步研究复合污染物共存时，对烷烃催化燃烧反应过程的影响。同时，也需要关注产物的选择性，目前颁发的很多行业法规限定了各种污染物的排放限值，需要关注极微量污染物在反应产物中的生成情况。

针对 VOCs 催化燃烧净化，目前商业化催化剂普遍采用 Pd 和 Pt 为活性组分，Rh、Au

和Ru催化剂等虽有一些研究，但仍无法满足工业应用的要求。近几年Pd和Pt贵金属价格波动很大，在降低其成本方面面临很大的压力。如果能够突破Pd和Pt催化剂，针对一些特定应用工况，开发价格低廉的Ru催化剂和氧化物催化剂，具有非常重要的意义。

3.2 烯烃催化氧化反应

烯烃（乙烯、丙烯）广泛存在于化学工业的排放过程，具有典型的光化学污染效应。烯烃的催化氧化降解需要C═C双键和C—H键的活化氧化，已报道的复合金属氧化物[97,100]和负载型贵金属催化剂[101-106]可以实现烯烃的氧化降解。然而，催化剂的稳定性仍然是制约其应用的关键[99,102-106]。目前普遍认为导致催化剂失活的原因有催化剂积碳[102]、环境H_2O在活性位点的吸附[103]、贵金属颗粒的团聚[107]等。开发具有良好催化稳定性的烯烃氧化降解材料，具有应用价值和科学意义。

乙烯，既有致光化学污染效应，也是果蔬催熟剂，在低浓度乙烯环境中，水果蔬菜快速腐烂，植物花卉枯萎凋谢。因而，低浓度乙烯的催化降解技术被广泛应用在果蔬的存储运输中[108]。光催化氧化降解乙烯已有报道[109-112]，但由于光催化需要提供光源，在乙烯降解的实际应用环境中较难实现。热催化氧化降解乙烯受到了广泛关注，尤其是实现低温催化氧化降解乙烯具有重要的研究和应用意义。

Hao等[102]报道了Au/Co_3O_4催化剂在20℃下可催化转化54%的乙烯，Au的负载量为4%，乙烯浓度为5ppm时催化剂稳定运行60min，但当乙烯浓度提高到50ppm，随反应时间的增加催化剂活性逐步降低，研究表明催化剂表面积碳是催化剂失活的主要原因。随后Hao等[101]研究了介孔Co_3O_4负载Au催化剂，当Au负载量降为2.5%，0℃下乙烯转化率为76%，实现了低温下乙烯的催化氧化降解。然而，该研究对催化剂的稳定性未做深入探讨。Fukuoka等[104]报道了Pt/MCM-41催化剂，25℃实现乙烯100%催化转化，且稳定运行12h不失活，但在0℃下，乙烯100%转化率仅能维持1.5h，随后催化剂快速失活，研究认为反应生成的H_2O分子在催化剂表面吸附是导致催化剂失活的主要原因。Fukuoka等[103]进一步研究了疏水中孔硅负载Pt纳米粒子催化剂，0℃下乙烯转化率可达到100%，但催化稳定性并未得到有效提升，催化剂在反应1h后乙烯氧化活性快速下降，并且产物CO_2的生成率低于40%，表明乙烯没有全部发生氧化反应。Hao等[113,114]报道了Ag/ZSM-5催化剂的乙烯完全氧化性能，重点研究了环境H_2O对催化剂稳定性的影响，在25℃和相对湿度50%的反应条件下，Ag/ZSM-5催化剂上乙烯100%转化率仅能维持1.5h，但当乙烯转化率降低到65%时，催化剂能够稳定运行24h，表明催化剂的稳定性得到了有效提升，研究认为Ag/ZSM-5的Brønsted酸中心是乙烯完全氧化的活性中心，H_2O吸附会导致Brønsted酸位数量的减少，进而导致催化活性下降甚至完全失活。机理详见图3-8。

丙烯是导致臭氧生成和光化学烟雾的挥发性有机物。对于丙烯的催化氧化，负载型贵金属催化剂的催化性能[112]与过渡金属氧化物催化剂[100,116]相比并没有显著优势，但贵金属催化剂的价格较高。因而，金属氧化物催化剂的开发就具有经济价值和应用意义。Guo等[100]研究了$CuTiO_x$催化剂的丙烯完全氧化性能，T_{90}为212℃，高于CuO/TiO_2

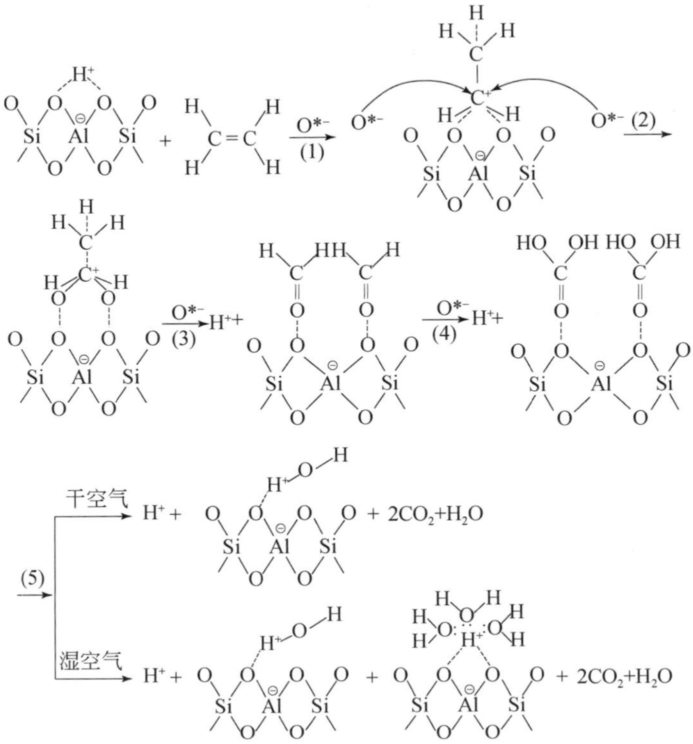

图 3-8 环境 H_2O 影响下 Ag/ZSM-5 催化剂的乙烯完全氧化反应机理

的 235℃，催化剂在运行 24h 时活性略有下降，而 CuO/TiO_2 运行 24h，活性下降 24.6%，研究认为 Cu-O-Ti 诱导了亲核氧的生成，促进丙烯 C—H 键的解离，进而实现丙烯完全氧化。

综上所述，低室温乙烯完全氧化催化剂和高温（>200℃）丙烯完全氧化催化剂均能够有效构筑，制约催化剂应用的仍然是催化剂的稳定性，稳定性的提升要基于活性位的揭示和失活原因的研究。因而，在催化活性位示踪、活性位点中毒、反应机理揭示、失活机制等方面仍需开展系统的研究工作，获得具有优异催化稳定性的烯烃氧化降解催化材料是未来发展的目标。

参考文献

[1] Veser G, Ziauddin M, Schmidt L D. Ignition in alkane oxidation on noble-metal catalysts [J]. Catalysis Today, 1999, 47: 219-228.

[2] Hiam L, Wise H, Chaikin S. Catalytic oxidation of hydrocarbons on platinum [J]. Journal of Catalysis, 1968, 10: 272-276.

[3] Choudhary T V, Banerjee S, Choudhary V R. Catalysts for combustion of methane and lower alkanes [J]. Applied Catalysis A: General, 2002, 234: 1-23.

[4] Peela N R, Sutton J E, Lee I C, et al. Microkinetic modeling of ethane total oxidation on Pt [J].

Industrial & Engineering Chemistry Research, 2014, 53 (24): 10051-10058.
[5] Tahir S F, Koh C A. Catalytic oxidation of ethane over supported metal oxide catalysts [J]. Chemosphere, 1997, 34: 1787-1793.
[6] Kucherov A V, Hunnard C P, Kucherova T N, et al. Stabilization of the ethane oxidation catalytic activity of Cu-ZSM-5 [J]. Applied Catalysis B: Environmental, 1996, 7: 285-298.
[7] Pidko E, Kazansky V. Sigma-type ethane adsorption complexes with Cu^+ ions in Cu (Ⅰ) -ZSM-5 zeolite. Combined DRIFTS and DFT study [J]. Physical Chemistry Chemical Physics, 2005, 7: 1939-1944.
[8] Tahir S, Askari H. Catalytic abatement of VOCs: aerobic combustion of methane or ethane over alumina-supported metal oxides recovered from spent catalysts [J]. Environment and Natural Resources Research, 2020, 10 (2): 33.
[9] Gholizadeh A, Malekzadeh A, Ghiasi M. Structural and magnetic features of $La_{0.7}Sr_{0.3}Mn_{1-x}CoO_3$ nano-catalysts for ethane combustion and CO oxidation [J]. Ceramics International, 2016, 42 (5): 5707-5717.
[10] Gholizadeh A, Malekzadeh A. Structural and redox features of $La_{0.7}Bi_{0.3}Mn_{1-x}Co_xO_3$ nanoperovskites for ethane combustion and CO oxidation [J]. International Journal of Applied Ceramic Technology, 2017, 14 (3): 404-412.
[11] Ziauddin M, Veser G, Schmidt LD. Ignition-extinction of ethane-air mixtures over noble metals [J]. Catalysis Letters, 1997, 46: 159-167.
[12] Xin Y X, Wang H, Law C K. Kinetics of catalytic oxidation of methane, ethane and propane over palladiumoxide [J]. Combustion and Flame, 2014, 161 (4): 1048-1054.
[13] García Diéguez M, Chin Y H, Iglesia E. Catalytic reactions of dioxygen with ethane and methane on platinum clusters: mechanistic connections, site requirements, and consequences of chemisorbed oxygen [J]. Journal of Catalysis, 2012, 285 (1): 260-272.
[14] Yu Yao F Y. Oxidation of alkanes over noble metal catalysts [J] . Industrial & Engineering Chemistry Product Research and Development, 1980, 19 (3): 293-298.
[15] Trautmann S, Baerns M, Auroux A. *In situ* infrared spectroscopic and catalytic studies on the oxidation of ethane over supported palladium catalysts [J]. Journal of Catalysis, 1992, 136: 613-616.
[16] Pisanu A M, Gigola C E. Total ethane oxidation over Pd/α-Al_2O_3: the palladium oxidation state under reaction conditions [J]. Applied Catalysis B: Environmental, 1996, 11: 37-47.
[17] Bychkov V Y, Tyulenin Y P, Gorenberg A Y, et al. Evolution of Pd catalyst structure and activity during catalytic oxidation of methane and ethane [J]. Applied Catalysis A: General, 2014, 485: 1-9.
[18] David E, Gawthrope A F L, Karen W. Physicochemical properties of Pt-SO_4/Al_2O_3 alkane oxidation catalysts [J]. Physical Chemistry Chemical Physics, 2004, 6 (14): 3907.
[19] Gawthrope D E, Lee A F, Wilson K. Support-mediated alkane activation over Pt-SO_4/Al_2O_3 catalysts [J]. Catalysis Letters, 2004, 94: 1-2.
[20] Tahir S F, Koh C A. Catalytic oxidation for air pollution control [J]. Environmental Science and Pollution Research, 1996, 3: 20-23.
[21] Papageorgiou D, Efstathiou A M, Verykios X E. Transient kinetic study of the reaction of C_2H_4 and C_2H_6 with the lattice and adsorbed oxygen species of Li^+-doped TiO_2 catalysts [J]. Journal of Catalysis, 1994, 147 (1): 279-293.
[22] Jian Y F, Yu T T, Jiang Z Y, et al. In-depth understanding of the morphology effect of α-Fe_2O_3 on catalytic ethane destruction [J]. ACS Applied Materials & Interfaces, 2019, 11 (12): 11369-11383.

[23] Yao Y F Y. The oxidation of hydrocarbons and CO over metal oxides III. Co_3O_4 [J]. Journal of Catalysis, 1974, 33: 108-122.

[24] Lee Y N, Lago R M, Fierro J L G, et al. Surface properties and catalytic performance for ethane combustion of $La_{1-x}K_xMnO_{3+\delta}$ perovskites [J]. Applied Catalysis A: General, 2001, 207: 17-24.

[25] Alifanti M, Bueno G, Parvulescu V, et al. Oxidation of ethane on high specific surface $SmCoO_3$ and $PrCoO_3$ perovskites [J]. Catalysis Today, 2009, 143 (3-4): 309-314.

[26] Liotta L F, Carlo G D, Pantaleo G, et al. Co_3O_4/CeO_2 composite oxides for methane emissions abatement: relationship between Co_3O_4- CeO_2 interaction and catalytic activity [J]. Applied Catalysis B: Environmental, 2006, 66: 217-227.

[27] Trimm D L. Materials selection and design of high temperature catalytic combustion units [J]. Catalysis Today, 1995, 26: 231-238.

[28] Liu Y R, Li X, Liao W M, et al. Highly active Pt/BN catalysts for propane combustion: the roles of support and reactant-induced evolution of active sites [J]. ACS Catalysis, 2019, 9: 1472-1481.

[29] Yazawa Y, Yoshida H, Komai S I, et al. The additive effect on propane combustion over platinum catalyst: control of the oxidation-resistance of platinum by the electronegativity of additives [J]. Applied Catalysis A: General, 2002, 233: 113-124.

[30] Corro G, Fierro J L G, Odilon V C. An XPS evidence of Pt^{4+} present on sulfated Pt/Al_2O_3 and its effect on propane combustion [J]. Catalysis Communications, 2003, 4: 371-376.

[31] Stakheev A Y, Bokarev D A, Prosvirin I P, et al. Particle- size effect in catalytic oxidation over Pt nanoparticles [M] . Advanced Nanomaterials for Catalysis and Energy, Elsevier, 2019: 295-320.

[32] Li X, Liu Y R, Liao W M, et al. Synergistic roles of Pt^0 and Pt^{2+} species in propane combustion over high-performance Pt/AlF_3 catalysts [J]. Applied Surface Science, 2019, 475: 524-531.

[33] Park J E, Kim K B, Kim Y A, et al. Effect of Pt particle size on propane combustion over Pt/ZSM-5 [J]. Catalysis Letters, 2013, 143: 1132-1138.

[34] Garcia T, Agouram S, Taylor S H, et al. Total oxidation of propane in vanadia-promoted platinum-alumina catalysts: influence of the order of impregnation [J]. Catalysis Today, 2015, 254: 12-20.

[35] Wu X D, Zhang L, Weng D, et al. Total oxidation of propane on $Pt/WO_x/Al_2O_3$ catalysts by formation of metastable $Pt^{\delta+}$ species interacted with WO_x clusters [J]. Journal of Hazardous Materials, 2012, 225-226: 146-154.

[36] Yazawa Y, Kagi N, Komai S, et al. Kinetic study of support effect in the propane combustion over platinum catalyst [J]. Catalysis Letters, 2001, 72: 157-160.

[37] Yoshida H, Yazawa Y, Hattori T. Effects of support and additive on oxidation state and activity of Pt catalyst in propane combustion [J]. Catalysis Today, 2003, 87: 19-28.

[38] Wang H L, Liu M H, Ma Y, et al. Simple strategy generating hydrothermally stable core-shell platinum catalysts with tunable distribution of acid sites [J]. ACS Catalysis, 2018, 8: 2796-2804.

[39] Garetto T F, Rincón E, Apesteguía C R. Deep oxidation of propane on Pt-supported catalysts: drastic turnover rate enhancement using zeolite supports [J]. Applied Catalysis B: Environmental, 2004, 48: 167-174.

[40] Liao W M, Fang X X, Cen B H, et al. Deep oxidation of propane over WO_3-promoted Pt/BN catalysts: the critical role of Pt-WO_3 interface [J]. Applied Catalysis B: Environmental, 2020, 272: 118858.

[41] Liao W M, Liu Y R, Zhao P P, et al. Total oxidation of propane over Pt-V/SiO_2 catalysts: remarkable enhancement of activity by vanadium promotion [J]. Applied Catalysis A: General, 2020, 590: 117337.

[42] Hoost T E, Otto K. Temperature-programmed study of the oxidation of palladium/alumina catalysts and their lanthanum modification [J]. Applied Catalysis A: General, 1992, 92: 39-58.

[43] Yazawa Y, Yoshida H, Takagi N, et al. Acid strength of support materials as a factor controlling oxidation state of palladium catalyst for propane combustion [J]. Journal of Catalysis, 1999, 187: 15-23.

[44] Hu Z, Liu X F, Meng D M, et al. Effect of ceria crystal plane on the physicochemical and catalytic properties of Pd/Ceria for CO and propane oxidation [J]. ACS Catalysis, 2016, 6: 2265-2279.

[45] Taylor M N, Zhou W, Garcia T, et al. Synergy between tungsten and palladium supported on titania for the catalytic total oxidation of propane [J]. Journal of Catalysis, 2012, 285: 103-114.

[46] Okal J, Zawadzki M. Influence of catalyst pretreatments on propane oxidation over Ru/γ-Al_2O_3 [J]. Catalysis Letters, 2009, 132: 225-234.

[47] Okal J, Zawadzki M. Combustion of propane over novel zinc aluminate-supported ruthenium catalysts [J]. Applied Catalysis B: Environmental, 2011, 105: 182-190.

[48] Hu Z, Wang Z, Guo Y, et al. Total oxidation of propane over a Ru/CeO_2 catalyst at low temperature [J]. Environmental Science & Technology, 2018, 52: 9531-9541.

[49] Wang Z, Huang Z P, Brosnahan J T, et al. Ru/CeO_2 catalyst with optimized CeO_2 support morphology and surface facets for propane combustion [J]. Environmental Science & Technology, 2019, 53: 5349-5358.

[50] Okal J, Zawadzki M, Tylus W. Microstructure characterization and propane oxidation over supported Ru nanoparticles synthesized by the microwave-polyol method [J]. Applied Catalysis B: Environmental, 2011, 101: 548-559.

[51] Okal J, Zawadzki M, Kraszkiewicz P, et al. Ru/CeO_2 catalysts for combustion of mixture of light hydrocarbons: effect of preparation method and metal salt precursors [J]. Applied Catalysis A: General, 2018, 549: 161-169.

[52] Baranowska K, Okal J. Bimetallic Ru-Re/γ-Al_2O_3 catalysts for the catalytic combustion of propane: effect of the Re addition [J]. Applied Catalysis A: General, 2015, 499: 158-167.

[53] Adamska K, Okal J, Tylus W. Stable bimetallic Ru-Mo/Al_2O_3 catalysts for the light alkane combustion: effect of the Mo addition [J]. Applied Catalysis B: Environmental, 2019, 246: 180-194.

[54] Liotta L F, Wu H J, Pantaleo G, et al. Co_3O_4 nanocrystals and Co_3O_4-MO_x binary oxides for CO, CH_4 and VOC oxidation at low temperatures: a review [J]. Catalysis Science & Technology, 2013, 3: 3085-3102.

[55] Zhang W D, Díez-Ramírez J, Anguita P, et al. Nanocrystalline Co_3O_4 catalysts for toluene and propane oxidation: effect of the precipitation agent [J]. Applied Catalysis B: Environmental, 2020, 273: 338894.

[56] Chen K, Li W Z, Zhou Z, et al. Hydroxyl groups attached to Co^{2+} on the surface of Co_3O_4: a promising structure for propane catalytic oxidation [J]. Catalysis Science & Technology, 2020, 30: 2573-2582.

[57] Cai T, Deng W, Xu P, et al. Great activity enhancement of Co_3O_4/γ-Al_2O_3 catalyst for propane combustion by structural modulation [J]. Chemical Engineering Journal, 2020, 395: 325073.

[58] Zhu Z Z, Lu G Z, Zhang Z G, et al. Highly active and stable Co_3O_4/ZSM-5 catalyst for propane oxidation: effect of the preparation method [J]. ACS Catalysis, 2013, 3: 3354-3364.

[59] Avila M S, Vignatti C I, Apesteguía C R, et al. Effect of support on the deep oxidation of propane and propylene on Pt-based catalysts [J]. Chemical Engineering Journal, 2014, 241: 52-59.

[60] Avila M S, Vignatti C I, Apesteguía C R, et al. Effect of V_2O_5 loading on propane combustion over Pt/V_2O_5-Al_2O_3 catalysts [J]. Catalysis Letters, 2010, 134: 118-123.

[61] Zhu Z, Lu G, Guo Y, et al. High performance and stability of the Pt-W/ZSM-5 catalyst for the total

oxidation of propane: the role of tungsten [J]. Chemcatchem, 2013, 5: 2495-2503.
[62] Gololobov A M, Bekk I E, Bragina G O, et al. Platinum nanoparticle size effect on specific catalytic activity in n-alkane deep oxidation: dependence on the chain length of the paraffin [J]. Kinetics and Catalysis, 2009, 50 (6): 830-836.
[63] Stakheev A Y, Gololobov A M, Beck I E, et al. Effect of Pt nanoparticle size on the specific catalytic activity of Pt/SiO_2 and Pt/TiO_2 in the total oxidation of methane and n-butane [J]. Russian Chemical Bulletin, 2010, 59 (9): 1667-1673.
[64] Okal J, Zawadzki M. Catalytic combustion of butane on Ru/γ-Al_2O_3 catalysts [J]. Applied Catalysis B: Environmental, 2009, 89 (1): 22-32.
[65] Garcia T, Solsona B, Murphy D M, et al. Deep oxidation of light alkanes over titania-supported palladium/vanadium catalysts [J]. Journal of Catalysis, 2005, 229 (1): 1-11.
[66] Garetto T F, Rincón E, Apesteguía C R. The origin of the enhanced activity of Pt/zeolites for combustion of $C_2 \sim C_4$ alkanes [J]. Applied Catalysis B: Environmental, 2007, 73 (1-2): 65-72.
[67] Bonne M, Haneda M, Duprez D, et al. Effect of addition on Y_2O_3 in ZrO_2 support on n-butane Pt catalyzed oxidation [J]. Catalysis Communications, 2012, 19: 74-79.
[68] Haneda M, Bonne M, Duprez D, et al. Effect of Y-stabilized ZrO_2 as support on catalytic performance of Pt for n-butane oxidation [J]. Catalysis Today, 2013, 201: 25-31.
[69] Almukhlifi H A, Burns R C. The complete oxidation of isobutane over CeO_2 and Au/CeO_2, and the composite catalysts MO_x/CeO_2 and $Au/MO_x/CeO_2$ (M^{n+} = Mn, Fe, Co and Ni): the effects of gold nanoparticles obtained from n-hexanethiolate-stabilized gold nanoparticles [J]. Journal of Molecular Catalysis A: Chemical, 2016, 415: 131-143.
[70] Yang X, Lu X Y, Wu L P, et al. Pd nanoparticles entrapped in TiO_2 nanotubes for complete butane catalytic combustion at 130℃ [J]. Environmental Chemistry Letters, 2017, 15 (3): 421-426.
[71] Zhao S, Gorte R J. The effect of oxide dopants in ceria on n-butane oxidation [J]. Applied Catalysis A: General, 2003, 248 (1): 9-18.
[72] Yao G S, Wu L P, Lv T, et al. The effect of CuO modification for a TiO_2 nanotube confined CeO_2 catalyst on the catalytic combustion of butane [J]. Open Chemistry, 2018, 16 (1): 1-8.
[73] Zhao W, Ruan S S, Qian S Y, et al. Abatement of n-butane by catalytic combustion over Co-ZSM-5 catalysts [J]. Energy Fuels, 2020, 34 (10): 12880-12890.
[74] Sui Z J, Vradman L, Reizner I, et al. Effect of preparation method and particle size on $LaMnO_3$ performance in butane oxidation [J]. Catalysis Communications, 2011, 12 (15): 1437-1441.
[75] Zhang S, Luo W M, Yang X, et al. MnO_2 nanoparticles confined in TiO_2 nanotubes for catalytic combustion of butane [J]. ChemistrySelect, 2017, 2 (16): 4557-4560.
[76] Zhong H, Zeng X R. Surface properties and catalytic performance of $Pt/LaSrCoO_4$ catalysts in the oxidation of hexane [J]. Bulletin of the Chemical Society of Ethiopia, 2007, 21 (2): 271-280.
[77] Ordóñez S, Bello L, Sastre H, et al. Kinetics of the deep oxidation of benzene, toluene, n-hexane and their binary mixtures over a platinum on-alumina catalyst [J]. Applied Catalysis B: Environmental, 2002, 38 (2): 139-149.
[78] Radic N, Grbic B, Terlecki-Baricevic A. Kinetics of deep oxidation of n-hexane and toluene over Pt/Al_2O_3 catalysts platinum crystallite size effect [J]. Applied Catalysis B: Environmental, 2004, 50 (3): 153-159.
[79] Anić M, Radic N, Grbic B, et al. Catalytic activity of Pt catalysts promoted by MnO_x for n-hexane

oxidation [J]. Applied Catalysis B: Environmental, 2011, 107 (3-4): 327-332.
[80] Usón L, Colmenares M G, Hueso J L, et al. VOCs abatement using thick eggshell Pt/SBA-15 pellets with hierarchical porosity [J]. Catalysis Today, 2014, 227 (15): 179-186.
[81] Navascués N, Escuin M, Rodas Y, et al. Combustion of volatile organic compounds at trace concentration levels in zeolite- coated microreactors [J]. Ndustrial & Engineering Chemistry Research, 2010, 49 (15): 6941-6947.
[82] Uson L, Hueso J L, Sebastian V, et al. *In-situ* preparation of ultra-small Pt nanoparticles within rod-shaped mesoporous silica particles: 3-D tomography and catalytic oxidation of *n*-hexane [J]. Catalysis Communications, 2017, 100: 93-97.
[83] Ihm S K, Jun Y D, Kim D C, et al. Low-temperature deactivation and oxidation state of Pd/γ-Al_2O_3 catalysts for total oxidation of *n*-hexane [J]. Catalysis Today, 2004, 93-95: 149-154.
[84] Cellier C, Lambert S, Gaigneaux E M, et al. Investigation of the preparation and activity of gold catalysts in the total oxidation of *n*-hexane [J]. Applied Catalysis B: Environmental, 2007, 70 (1-4): 406-416.
[85] Mishra G S, Alegria E, Pombeiro A, et al. Highly active and selective supported rhenium catalysts for aerobic oxidation of *n*-hexane and *n*-heptane [J]. Catalysts, 2018, 8 (3): 114.
[86] Sinha A S K, Shankar V. Low-temperature catalysts for total oxidation of n-hexane [J]. Industrial & Engineering Chemistry Research, 1993, 32 (6): 1061-1065.
[87] Tang W X, Wu X F, Li S D, et al. Porous Mn-Co mixed oxide nanorod as a novel catalyst with enhanced catalytic activity for removal of VOCs [J]. Catalysis Communications, 2014, 56 (5): 134-138.
[88] Todorova S, Kolev H, Holgado J P, et al. Complete *n*-hexane oxidation over supported Mn-Co catalysts [J]. Applied Catalysis B: Environmental, 2010, 94 (1-2): 46-54.
[89] Todorova S, Naydenov A, Kolev H, et al. Mechanism of complete *n*-hexane oxidation on silica supported cobalt and manganese catalysts [J]. Applied Catalysis A: General, 2012, 413-414 (31): 43-51.
[90] Todorova S, Kadinov G, Tenchev K, et al. $Co_3O_4+CeO_2/SiO_2$ catalysts for *n*-hexane and CO oxidation [J]. Catalysis Letters, 2009, 129: 149-155.
[91] Todorova S, Naydenov A, Kolev H, et al. Effect of Co and Ce on silica supported manganese catalysts in the reactions of complete oxidation of *n*-hexane and ethyl acetate [J]. Journal of Materials Science, 2011, 46: 7152-7159.
[92] Picasso G, Cruz R, Kou S. Preparation by co-precipitation of Ce-Mn based catalysts for combustion of *n*-hexane [J]. Materials Research Bulletin, 2015, 70: 621-632.
[93] Quispe J R, Cruz R, Kou R S, et al. $Ce_{\alpha}Mn_{1-\alpha}O_2$ catalysts supported over γ-Al_2O_3 prepared by modified redox-coprecipitation methods for *n*-hexane combustion [J]. Química Nova, 2020, 43 (4): 1-8.
[94] Morales M R, Yeste M P, Vidal H, et al. Insights on the combustion mechanism of ethanol and *n*-hexane in honeycomb monolithic type catalysts: influence of the amount and nature of Mn-Cu mixed oxide [J]. Fuel, 2017, 208 (15): 637-646.
[95] Araújo V D, de Lima Jr., M M, Cantarero A, et al. Catalytic oxidation of *n*-hexane promoted by $Ce_{1-x}Cu_xO_2$ catalysts prepared by one-step polymeric precursor method [J]. Materials Chemistry and Physics, 2013, 142 (2-3): 677-681.
[96] Morales M R, Agüero F N, Cadus L E. Catalytic combustion of *n*-hexane over alumina supported Mn-Cu-Ce catalysts [J]. Catalysis Letters, 2013, 143 (10): 1003-1011.
[97] Zavyalova U, Nigrovski B, Pollok K, et al. Gel-combustion synthesis of nanocrystalline spinel catalysts for

VOCs elimination [J]. Applied Catalysis B: Environmental, 2008, 83 (3-4): 221-228.

[98] Spinicci R, Tofanari A, Faticanti M, et al. Hexane total oxidation on $LaMO_3$ (M = Mn, Co, Fe) perovskite-type oxides [J]. Journal of Molecular Catalysis A: Chemical, 2001, 176 (1): 247-252.

[99] Li W C, Zhang Z X, Wang J T, et al, Low temperature catalytic combustion of ethylene over cobalt oxide supported mesoporous carbon spheres [J]. Chemical Engineering Journal, 2016, 293: 243-251.

[100] Fang Y R, Li L, Yang J, et al. Engineering the nucleophilic active oxygen species in $CuTiO_x$ for efficient low-temperature propene combustion [J]. Environmental Science & Technology, 2020, 54 (23): 15476-15488.

[101] Ma C Y, Mu Z, Li J J, et al. Mesoporous Co_3O_4 and Au-Co_3O_4 catalysts for low-temperature oxidation of trace ethylene [J]. Journal of American Chemical Society, 2010, 132: 2608-2613.

[102] Li J, Ma C Y, Xu X Y, et al. Efficient elimination of trace ethylene over nano-gold catalyst under ambient conditions [J]. Environmental Science & Technology, 2008, 42 (23): 8947-8951.

[103] Satter S S, Hirayama J, Nakajima K, et al. Low temperature oxidation of trace ethylene over Pt nanoparticles supported on hydrophobic mesoporous silica [J]. Chemistry Letters, 2018, 47 (8): 1000-1002.

[104] Jiang C X, Hara K, Fukuoka A. Low-temperature oxidation of ethylene over platinum nanoparticles supported on mesoporous silica [J]. Angewandte Chemie International Edition, 2013, 52 (24): 6265-6268.

[105] Satter S S, Yokoya T, Hirayama J, et al. Oxidation of trace ethylene at 0℃ over platinum nanoparticles supported on silica [J]. ACS Sustainable Chemistry & Engineering, 2018, 6 (9): 11480-11486.

[106] Satter S S, Hirayama J, Kobayashi H, et al. Water-resistant Pt sites in hydrophobic mesopores effective for low-temperature ethylene oxidation [J]. ACS Catalysis, 2020, 10 (22): 13257-13268.

[107] Kou Y, Sun L B. Size regulation of platinum nanoparticles by using confined spaces for the low-temperature oxidation of ethylene [J]. Inorganic Chemistry, 2018, 57 (3): 1645-1650.

[108] Keller N, Ducamp M N, Robert D, et al. Ethylene removal and fresh product storage: a challenge at the frontiers of chemistry. toward an approach by photocatalytic oxidation [J]. Chemical Reviews, 2013, 113 (7): 5029-5070.

[109] Zhu X L, Liang X Z, Wang P, et al. Porous Ag-ZnO microspheres as efficient photocatalyst for methane and ethylene oxidation: insight into the role of Ag particles [J]. Applied Surface Science, 2018, 456: 493-500.

[110] Einaga H, Tokura J, Teraoka Y, et al. Kinetic analysis of TiO_2-catalyzed heterogeneous photocatalytic oxidation of ethylene using computational fluid dynamics [J]. Chemical Engineering Journal, 2015, 263: 325-335.

[111] Long P Q, Zhang Y H, Chen X X, et al. Fabrication of $Y_xBi_{1-x}VO_4$ solid solutions for efficient C_2H_4 photodegradation [J]. Journal of Materials Chemistry A, 2015, 3 (8): 4163-4169.

[112] Pan X Y, Chen X X, Yi Z G. Defective, Porous TiO_2 nanosheets with Pt decoration as an efficient photocatalyst for ethylene oxidation synthesized by a C_3N_4 templating method [J]. ACS Applied Materials & Interfaces, 2016, 8 (16): 10104-10108.

[113] Yang H L, Ma C Y, Zhang X, et al. Understanding the active sites of Ag/zeolites and deactivation mechanism of ethylene catalytic oxidation at room temperature [J]. ACS Catalysis, 2018, 8 (2): 1248-1258.

[114] Yang H L, Ma C Y, Li Y, et al. Synthesis, characterization and evaluations of the Ag/ZSM-5 for

ethylene oxidation at room temperature: investigating the effect of water and deactivation [J]. Chemical Engineering Journal, 2018, 347: 808-818.

[115] Lang W, Laing P, Cheng Y S, et al. Co-oxidation of CO and propylene on Pd/CeO_2-ZrO_2 and Pd/Al_2O_3 monolith catalysts: a light- off, kinetics, and mechanistic study [J]. Applied Catalysis B: Environmental, 2017, 218: 430-442.

[116] Tian Z Y, Bahlawane N, Vannier V, et al. Structure sensitivity of propene oxidation over Co-Mn spinels [J]. Proceedings of the Combustion Institute, 2013, 34 (2): 2261-2268.

第4章 芳香烃 VOCs 催化反应行为与过程

芳香烃是指分子中含有苯环、芳香环结构的碳氢化合物，典型的芳香烃包含被称作BTEX的苯、甲苯、乙苯和二甲苯四种苯系物，是一类重要的化工原料，被广泛应用在塑料、农药等行业中。

苯作为合成一系列苯系化合物的原料，属一类致癌物，长期吸入会损害神经系统，急性中毒会产生神经痉挛甚至昏迷、死亡。甲苯主要由原油经石油化工过程制成，是多种化工材料和有机物合成的重要原料，具有低毒性，高浓度气体有刺激性。乙苯主要用于生产苯乙烯、苯乙酮等有机物，进而合成橡胶和塑料等高分子材料，乙苯的挥发气体对人的呼吸道有刺激性。二甲苯广泛用作燃料、油墨等行业的溶剂，同样也是有机化工的重要原料，其挥发气体对眼及上呼吸道有刺激作用，高浓度会对中枢系统有麻醉作用。另外，甲苯、乙苯和二甲苯均为可能致癌物（三类致癌物质）。针对典型芳香烃化合物，国家已出台了相关法规和行业标准来限制其排放，在第2章已有具体介绍。例如，《大气污染物综合排放标准》（GB 16297—1996）中明确规定了苯、甲苯和二甲苯的排放限值。

大部分工业废气中均含有苯类物质，其在大气中的排放将会严重危害生态环境和人类健康，在排放前对其进行净化处理是非常必要的。在已有的废气净化技术中，催化氧化（燃烧）技术最为有效，应用最广。在过去的几十年间，众多研究者对苯系物的催化燃烧进行了全面、深入的研究，并取得了卓有成效的进步，在这一章将对几种常见苯系物的催化氧化催化剂进行介绍和总结。

4.1 苯

4.1.1 贵金属催化剂

贵金属催化剂凭借其优异的催化活性、高选择性以及良好的稳定性在工业生产领域起着非常重要的作用，且受到国内外广泛关注。Pd[1-26]、Pt[27-38]和Au[39-41]等是典型的用于苯催化燃烧的贵金属催化剂，这类催化剂通常负载在载体上，由于其d电子轨道都未填满，表面易吸附苯分子且强度适中，易产生中间“活性化合物”，展现出较高的催化活性，在苯的催化燃烧反应中，起燃温度可低至100～200℃[1,2]。但由于贵金属资源稀少、价格昂贵，且当实际苯废气中存在含氯和含硫元素时很容易中毒失活，因而在实际工业废气的催化燃烧应用中受到一定的限制。另外，针对苯催化燃烧反应，贵金属催化剂性能受多种因素的干扰，如载体结构及稳定性，活性组分种类、含量以及分散度等。目前用于苯催化燃烧的贵金属催化剂大多为负载型催化剂，因此在催化剂的设计与制备时，除通过贵金属形貌和尺度的自身调控来提高其催化活性和稳定性外，还可以通过载体如金属–载体强相互作用对贵金属性质进行调控。不同载体在活性组分相的分散、催化剂表面活性粒子的氧化还原性能和催化氧化反应中反应物/产物的吸脱附中起着不同的作用。

表 4-1 列出了文献报道的具有代表性的用于苯催化氧化的贵金属催化剂。

表 4-1　一些催化氧化苯的贵金属催化剂

催化剂	苯浓度	空速/流量	T_{90}/℃	参考文献
0. 8wt% Pd/陶瓷	1500ppm（20% O_2 平衡气）	300mL/min	225	[2]
0. 2wt% Pd/0. 6wt% Ce/Al-PILC	130 ~ 160ppm	$20000h^{-1}$	280	[3]
Pd/0. 6wt% Ce/Al-PILC（8，60，2. 4）	130 ~ 160ppm	$20000h^{-1}$	250	[4]
Pd/AlCe-PILC（5，30）	130 ~ 160ppm	$20000h^{-1}$	250	[5]
0. 2wt% Pt/LaSPC（0. 5 : 1）	1000ppm	20000mL/(h · g)	200	[7]
Pd/Ce-Lap	1070ppm	320mL/min	230	[8]
1Pd/Al（N）	1000ppm	$55000h^{-1}$	318	[9]
Pd/10% V_2O_5/Al_2O_3	482ppm	$30000h^{-1}$	277	[10]
Pd/Co-Ce（6 : 1）/Al_2O_3	1000ppm	$20000h^{-1}$	210	[11]
Pd_1 Na_1/Al_2O_3	1500ppm（20% O_2 平衡气）	$45000h^{-1}$	200	[12]
PdO/CuO/SnO_2/γ-Al_2O_3	1500ppm	$20000h^{-1}$	300	[13]
Pd-Mo/Al_2O_3	0. 2vol%（20% O_2/N_2）	200mL/min	190	[14]
Pd-Nb/Al_2O_3	0. 8vol%	$5000h^{-1}$	195	[15]
Pd/γ-Al_2O_3	1000ppm	52. 5mL/min	200	[16]
Pd/γ-Al_2O_3	1000ppm	52. 5mL/min	190	[17]
Pd-Pt/γ-Al_2O_3	0. 01vol%	$3000h^{-1}$	280	[18]
0. 28wt% Pd/ZM-40	1500ppm	$32000h^{-1}$	209	[19]
0. 2% Pd/6% La-ZSM-5-OM	1000ppm	$20000h^{-1}$	220	[20]
Pd/Ti-SBA-15	1500ppm	$26000h^{-1}$	240	[21]
0. 8wt% Pd/陶瓷	1500ppm（20% O_2 平衡气）	300mL/min	225	[22]
Pd/Mn_3O_4-O	1000ppm	93. 5mL/min	207	[23]
0. 9wt% Pd/Al-HMS（Si/Al = 50）	1050ppm	$100000h^{-1}$	200	[24]
0. 9wt% Pd/Al-HMS	1050ppm	$100000h^{-1}$	200	[25]
Pt/Al_2O_3	100ppm	$60000h^{-1}$	108	[28]
Pt/Al_2O_3	2800ppm	32000mL/(h · g)	145	[30]

续表

催化剂	苯浓度	空速/流量	T_{90}/℃	参考文献
0.2% Pd/8% Ce/NaY	1000ppm	$20000h^{-1}$	230	[31]
0.56wt% Pt/meso-CoO	1000ppm	33.4mL/min	186	[32]
0.25Pt_1/meso-Fe_2O_3	1000ppm	16.6mL/min	198	[33]
Pt/EG	1000ppm	$120000h^{-1}$	180	[34]
ALi900Pt	1000ppm	3600mL · h	160	[35]
0.5wt% Pt/SBA-15	1000ppm	100mL/min	145	[36]
0.2wt% Pt/6% Nd/MCM-41	1000ppm	125mL/min	230	[37]
Pt/Al_2O_3-11	2800ppm	32000mL/(h · g)	145	[38]
Au/Mn_3O_4 HPs	饱和苯蒸气	40mL/min	212	[39]
Au/h-Co_3O_4	2000ppm	60mL/min	208	[40]
6.5Au/meso-Co_3O_4	1000ppm	20000mL/(h · g)	189	[41]
5Ag/nano-MnO_2	2000ppm	197.2mL/min	83	[42]
Ag-MnO_x-H	1500ppm	90000mL/(h · g)	216	[43]
2% Ag/Co_3O_4	100ppm	100mL/min	201	[44]
Ru/P25-TiO_2	500ppm	100mL/min	220	[45]
0.2% Pd-Pt (1∶1) /10% Ce/γ-Al_2O_3	1000ppm	$20000h^{-1}$	200	[46]
0.2% Pd-Pt (6∶1) /6% Ce/KL-NY	1000ppm	$20000h^{-1}$	230	[47]
0.1% Pt-Pd/1% $Ce_{0.75}Zr_{0.25}$/Al_2O_3/堇石	0.1vol%	$20000h^{-1}$	220	[48]
Pd-AuYCeIM	$42g/m^3$（空气中）	$4000h^{-1}$	150	[49]

1. Pd 基催化剂

Pd 基催化剂具有优异的催化活性和水热稳定性，是苯催化氧化中最常用的催化剂。对于 Pd 基催化剂，载体发挥着重要的作用，其不仅可以降低贵金属的用量，获得高分散的贵金属颗粒以提高 Pd 的利用率，而且可以通过选用不同载体和不同的制备工艺，使金属与载体间具有一定的相互作用以调节催化活性和 Pd 稳定性。研究者普遍认为载体结构和性质的差异往往会影响 Pd 在其表面的稳定性、分散性和化学价态、催化剂的表面酸性、氧化还原性能以及金属–载体之间的强相互作用程度，从而对催化剂的催化降解性能产生重要的影响。

早期对 Pd 基催化剂的研究，主要集中在 Pd 负载在柱撑黏土（PILC）[1-7]、Al_2O_3 和分子筛等传统载体上。Zuo 等[3-6]选用环境相容性好、成本低、选择性高、可重用性强和操作简便的黏土矿物，进行阳离子改性获得一类孔隙率和稳定性可控的柱撑黏土，并负载贵金属 Pd，研究其对苯催化燃烧性能以及不同载体在苯催化燃烧反应中的不同作用。研究发现：Al 柱撑后所制备的 Al-PILC 材料较原土 Na-mmt 的层间距、比表面积和孔体积都有较大提高。Al-PILC材料上浸渍稀土后出现了超结构现象（图4-1），这是由于稀土离子进入到黏土的Si-O空隙和土层间孔道交汇的地方，经高温焙烧后形成的稀土氧化物使部分土层结构破坏，被剥离的土层包围而形成类似“卡片窝”的结构。这种超结构的存在更有利于Al-PILC与Pd之间的相互作用，提高了Pd颗粒在黏土表面的分散，从而促进了其负载的Pd催化剂对低浓度苯的催化氧化性能，在315℃左右苯的转化率就已经高于90%。

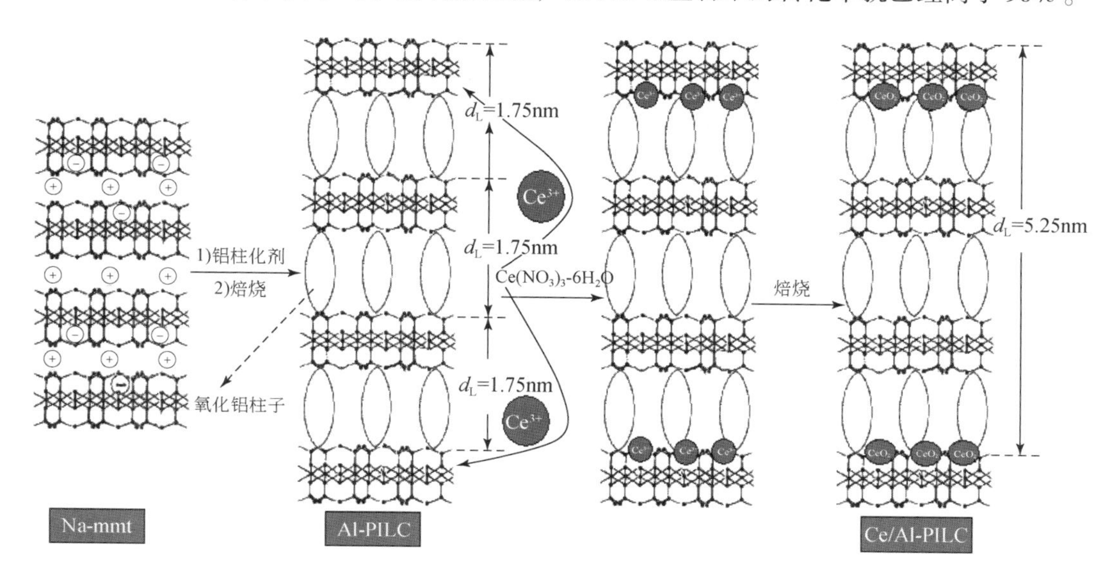

图4-1　Ce/Al-PILC形成超结构的示意图

Cheng等[7]在Al-PILC基础上合成了具有更高比表面积（S_{BET}）和更大的孔体积（V_p）的Si-PILC（简称SPC），并利用浸渍法制备了负载PdO_x的催化剂，经Si柱撑改性的Pd/SPC对苯具有良好的吸附-催化氧化性能，在320℃以下实现苯的完全氧化。李进军等[8]合成了CeO_2和Al_2O_3柱撑的Laponite黏土材料（Ce-Lap和Al-Lap）并负载了0.3%的Pd，苯催化氧化活性测试表明两者均能在300℃以下实现90%的苯氧化，其中Ce-Lap担载Pd催化剂（Pd/Ce-Lap）表现出更好的活性。从具有不同孔结构黏土材料负载的Pd或过渡金属催化剂上低浓度苯吸附-脱附性能和催化氧化性能的研究中可发现，基于具有高比表面积和大孔径的改性黏土材料制备的负载型催化剂有利于对低浓度苯的吸附，吸附量显著增加、脱附温度提高，从而促进了苯的深度氧化，这一研究结果对改善“吸附-催化”一体化的低温吸附、高温脱附及氧化性能有极其重要的意义。

众所周知，在负载型催化剂载体中，氧化铝是一类使用最为广泛的催化剂载体，约占工业上负载型催化剂的70%。氧化铝有多种形态，不仅不同形态有不同的性质，而且同一形态也因其来源不同而表现出性质的差异，如密度、孔隙结构和比表面积等，其中被称为“活性氧化铝”的γ-Al_2O_3具有较大的比表面积和孔体积、较高的热稳定性和丰富的表面酸性等特性，被认为是一种良好的催化剂和催化剂载体材料，用于多种工业应用。Sang等[9]以γ-Al_2O_3为载体制备了负载型Pd基催化剂（1wt% Pd/γ-Al_2O_3），发现在γ-Al_2O_3上的Pd颗粒大小和Pd的氧化态以及总酸度都对催化活性有显著影响，较高的总酸度和较大的 Pd 粒度有利于催化燃烧苯。Ferreira 等[10]研究了 V_2O_5 和 Pd 在 $Pd/V_2O_5/Al_2O_3$ 催化剂上对苯进行催化氧化反应时的作用，发现 V_2O_5 含量的增加会降低 Pd 的分散度，提高苯的转化率，且 Pd 粒径对苯氧化反应的影响很大，因此 $Pd/V_2O_5/Al_2O_3$ 催化剂比 V_2O_5/Al_2O_3 和 Pd/Al_2O_3 催化剂更具活性。

通过 Ferreira 等的研究可以发现：对于负载型 Pd 基催化剂，不仅 Pd 的颗粒大小和分散度会影响催化剂的催化活性，而且其他金属的添加也可以对 Pd 基催化剂的活性产生调变作用，许多研究者的研究也印证了此观点。Zuo 等[11]制备了 Co 掺杂的 Pd/Al_2O_3 催化剂，在 310℃的温度下实现 90% 的苯转化，相比于 Pd/Al_2O_3 与 Co/Al_2O_3 催化剂，活性明显提高。Kang 等[12]制备了不同 Na 含量掺杂的 1wt% Pd/Al_2O_3 催化剂，发现适当地添加 Na 对 Pd/Al_2O_3 催化剂的耐水性和低温活性有明显的促进作用。Niu 等[13]通过多步浸渍法制备了五种催化剂（$PdO/\gamma\text{-}Al_2O_3$、$SnO_2/PdO/\gamma\text{-}Al_2O_3$、$CuO/PdO/\gamma\text{-}Al_2O_3$、$CuO/SnO_2/\gamma\text{-}Al_2O_3$ 和 $CuO/SnO_2/PdO/\gamma\text{-}Al_2O_3$）用于苯的催化燃烧。CuO 的添加可以促进 Pd 基催化剂的催化活性；虽然 SnO_2 的加入有利于提高催化剂的抗硫性，但是对活性没有任何促进作用。He 等[14]通过浸渍法制备了 Mo 改性的 Pd/Al_2O_3 催化剂，发现 Pd 含量在苯催化反应中并不起决定性作用，而 Pd 和 Mo 在苯催化燃烧中良好的协同作用是产生高催化活性的关键。添加 Mo 可以有效地提高 Pd 活性组分的分散性、改变 Pd 的部分氧化态和增加催化剂表面的氧浓度，从而有效地提高 Pd/Al_2O_3 催化剂的活性和稳定性（图 4-2 和图 4-3）。$Pd\text{-}Mo/Al_2O_3$ 催化剂可在低至 190℃的温度下获得 90% 的苯转化率，比 Pd/Al_2O_3 催化剂降低了 45℃（图 4-2）。此外，1.0% Pd-5% Mo/Al_2O_3 催化剂比 2.0% Pd/Al_2O_3 催化剂具有更好的活性。He 等[15]制备了 Nb 改性的 Pd/Al_2O_3 催化剂，并对其结构和催化活性进行了研究，发现 Nb 的添加与 Mo 的改性具有相同之处，通过 Nb 的添加同样增加了 Pd 活性组分的分散性，改变了部分 Pd 的氧化态且增加了催化剂表面的氧浓度，有效地提高了 Pd/

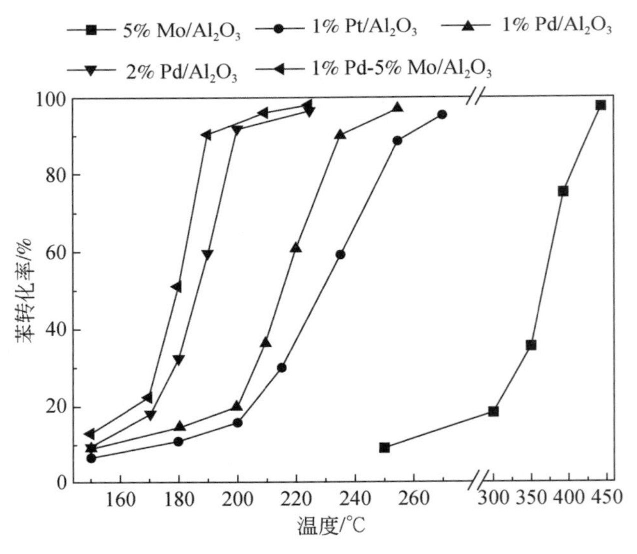

图 4-2　添加 Mo 的 Pd/Al_2O_3 催化剂对苯的催化降解活性

Al_2O_3 催化剂的活性和稳定性。在 Pd-Nb/Al_2O_3 催化剂的作用下，可在低至 195℃ 的温度下获得 90% 的苯转化率，且 1% Pd-5% Nb/Al_2O_3 比 2% Pd/Al_2O_3 更具活性，说明了 Pd 和 Nb 在苯催化燃烧中具有协同作用（图 4-4）。因此，获得具有优异性能催化剂的重要步骤在于活性组分之间以及活性组分与载体之间的协同效应。

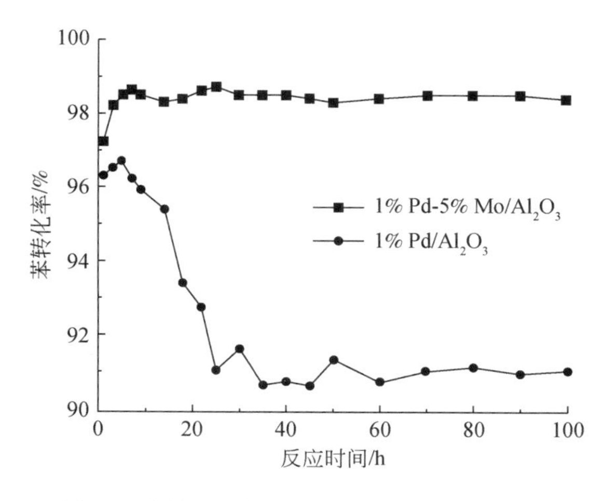

图 4-3　添加 Mo 的 Pd/Al_2O_3 催化剂对苯催化降解的耐久性

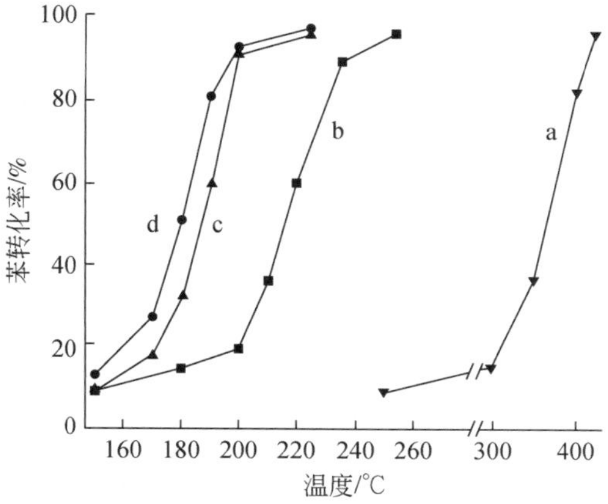

图 4-4　（a）5% Nb/Al_2O_3、（b）1% Pd/Al_2O_3、（c）2% Pd/Al_2O_3、（d）1% Pd-5% Nb/Al_2O_3 催化剂催化燃烧苯的活性

除了选择合适的活性组分外，预处理条件也对 Pd/Al_2O_3 催化剂的结构以及其对苯的催化活性有重要的影响。Liu 等[16,17] 和 Lan 等[18] 研究了不同气氛预处理对 Pd/Al_2O_3 催化剂催化降解苯的影响，发现与空气相比，H_2、N_2 和 He 预处理对催化剂的初始活性具有明显的积极影响。H_2 预处理降低了 Pd 物种的化学价态，提高了初始催化活性，而空气预处理使得 Pd 物种的化学价态增加，降低了苯的降解程度。使用惰性气氛（N_2 和/或 He）预处理的 Pd 物种化学状态没有变化，但由于催化剂中 Pd 物种的晶体结构发生了改变，催化剂的初始活性得到了显著改善，其中 PdO 转变为非晶态。

相较于 Al_2O_3，分子筛材料有更大的比表面积，在结构上有许多均匀的孔道和排列整齐的孔穴，引起了研究者的广泛关注。He 等[19] 通过两步晶化法成功合成了具有各种酸度的 ZSM-5/MCM-48 复合材料，并发现负载 Pd 的 ZSM-5/MCM-48 复合催化剂的催化活性远高于 Pd/ZSM-5 和 Pd/MCM-48 的催化活性，且 Pd^0 和 Pd^{2+} 都参与催化燃烧反应；催化剂的催化活性与载体酸度、CO_2 解吸能力和 Pd 的分散度密切相关。分子筛作为载体不仅可以通过不同分子筛的组合得到更优异的性能，也可以通过金属的掺杂对其性能进行优化。Liu 等[20] 通过阳离子两亲共聚物的自组装成功制备了一系列 Pd 负载的过渡金属氧化物功能化的介孔 ZSM-5 单晶（Pd/M-ZSM-5-OMs），由于设计得到的催化剂具有丰富且可控的中孔、分散良好的活性物质以及催化剂上 Pd 与过渡金属氧化物之间的独特相互作用，其对苯具有出色的催化活性和耐久性，在 220℃ 下可催化降解苯。He 等[21] 全面探讨了 Pd/Ti-SBA-15 催化剂消除苯的可行性，发现 Ti 改性的催化剂比纯 Pd/SBA-15 具有更大的孔径，Ti 可以将酸性位引入载体，显著提高催化剂的催化活性且具有长期稳定性。虽然 Ti 对活性相的分散具有积极的影响，但载体中只能掺入有限的 Ti。Deng 等[22]通过超声辅助浸渍法在分别用水、硫酸和硝酸浸出预处理的陶瓷和玻璃纤维载体上合成了 Pd 负载型催化剂。Pd 陶瓷纤维表现出比 Pd 玻璃纤维更好的活性，且 Pd 负载量为 0.8wt% 最佳。

相比于惰性载体，过渡金属氧化物作为载体能够改变 Pd 的氧化还原速率，从而影响反应活性。Odoom-Wubah 等[23]利用生物辅助（IB）浸渍法合成了高活性的 Pd/Mn_3O_4-O 催化剂，并探索了不同载体（锌、钛、铜和锰氧化物）导致的 Pd 基催化剂的活性差异，发现通过碱处理和酸处理可以改善 Mn_3O_4 的酸性位点，与市售载体上负载 Pd 的催化剂相比，Pd/Mn_3O_4-O 在 140℃已具有苯催化活性，并且在 240℃实现完全降解苯，优于 Pd/Mn_3O_4（市售）、Pd/ZnO 和 Pd/CuO。

除了载体类型外，Pd 颗粒的大小、烧结程度和载体尺寸也可能会极大地影响 Pd 的分散行为。Zhao 等[24,25]合成了高质量的纳米 Al-HMS，Pd 原子可以高度分散在约 12nm 有序尺寸的 Al-HMS 上，且仅负载 0.9wt% Pd 的 Pd/Al-HMS 催化剂在 200℃时即可完成苯的完全转化。李兵等[26]采用简单的浸渍步骤制备了高分散、抗烧结且粒径可控的 Pd/SiO_2 催化剂并对催化剂的制备机理进行考察，为研制粒径可控且具有良好抗高温烧结性能的负载型纳米金属催化剂提供了科学基础。将不同 Pd 前驱体制备的催化剂在空气、H_2/Ar 和 Ar 气氛中焙烧分解并对整个过程进行在线跟踪，发现以乙酰丙酮钯［Pd（acac）$_2$］为前驱体制备的 Pd/SiO_2 催化剂经空气中 800℃焙烧和 H_2 中 600℃还原后，Pd 的平均粒径仍可保持在 3nm 左右，这是因为硅胶（SiO_2）载体表面羟基上的 H^+ 可与 Pd（acac）$_2$ 的 $acac^-$ 反应，生成高度分散于 SiO_2 表面的（Os）$_2$Pd 物种。在空气中升温至 200℃时，伴随着乙酰丙酮配体的氧化，（Os）$_2$Pd 物种被快速还原成高分散的金属 Pd 纳米粒子，这些步骤是保证 SiO_2 上负载的 Pd 物种具有良好的抗烧结性能的关键。进一步的研究表明，只要载体表面能提供足够多的羟基，均可保证最终制备的 Pd/SiO_2 上 Pd 的平均粒径（约 3nm）基本不随其负载量（0.5wt%～5wt%）和焙烧温度（200～800℃）的改变而变化。

2. Pt 基催化剂

虽然 Pd 基催化剂具有优异的催化活性和水热稳定性，是苯催化氧化中最常用的催化剂，但是 Pt 基催化剂在含氯 VOCs 反应中对 CO_2 具有更好的选择性，表现出 Pd 基催化剂不可取代的优势。早在 19 世纪 70 年代，工业生产硫酸中就用到了贵金属铂为催化剂，铂是首个工业催化剂，且至今依然是许多重要工业催化剂中的催化活性组分。Pt 基催化剂因其突出的催化性能已被广泛应用于苯的催化氧化反应，如 Li 等研究者[27]制备了一种用于苯催化氧化反应的 Pt 基催化剂，该催化剂在 150℃时即可将苯完全氧化。与 Pd 基催化剂类似，诸多因素决定着 Pt 基催化剂的性能，其中 Pt 颗粒形貌是主要因素之一。Li 等[28]采用液相法对活性组分 Pt 的形貌进行精细调控。通过对反应温度和 Ag（或 Au）添加量的控制，可以有效地调控 Pt 的形貌，最终获得枝状和球形的 Pt 纳米颗粒。在进一步实验中发现枝状 Pt/Al_2O_3 与球状 Pt/Al_2O_3 催化剂相比，表面活性氧更多、更为活跃，在苯完全氧化反应中表现出更为优异的催化活性。同时李佳琪等[29]还通过掺杂不同含量的 Cu 获得了一系列 Pt-Cu 颗粒，并将其负载在 γ-Al_2O_3 上。由于在制得的催化剂中，Cu 含量、分散度、形貌均存在较大的差异，因此很难在催化剂的性质与活性之间找到直接相关的简单规律，但催化剂的转化频率（TOF）与其上Pt颗粒的模型计算粒径呈正相关，催化剂的活性与其表面的Pt原子数和Pt颗粒模型计算粒径之间存在正相关关系。目前，许多文献已表明，Pt颗粒尺寸是影响其催化活性的重要因素。Chen等[30]通过改进的乙二醇（EG）还原方法一步合成了一系列具有可控Pt粒径（1.2～2.2nm）的Pt/Al_2O_3催化剂，发现Pt尺寸为1.2nm的Pt/Al_2O_3催化剂在145℃下可完全催化燃烧苯，提出Pt^0物种作为苯完全氧化的活性中心，Pt含量不是苯催化燃烧过程中的决定性因素。Cheng等[31]合成了Pt负载于SPC以及Pt负载在La_2O_3改性的SPC（LaSPC）催化剂，其S_{BET}达到了500～600m^2/g，且La_2O_3的添加提高了SPC的耐热性。以改进后的LaSPC为载体，采用高温液相还原法合成了具有粒径均一、颗粒小的PtO_x纳米晶（3～5nm）催化剂，并研究了催化剂对低浓度苯的催化氧化性能。其中，0.2% Pt/LaSPC（0.5：1）表现出最佳的催化降解低浓度苯的活性。Yang等[32]通过KIT-6模板和聚乙烯醇辅助还原合成了介孔Co_3O_4，通过用甘油原位还原获得负载Pt的催化剂，约2nm的Pt纳米颗粒均匀地分布在介孔Co_3O_4或CoO上，0.56wt%的Pt/meso-CoO（0.56Pt/meso-CoO）样品在苯燃烧中表现最好［T_{50}=156℃和T_{90}=186℃，空速为80000mL/(g·h)］。Yang等[33]通过同样的方法得到了具有良好催化活性的介孔Fe_2O_3以及其负载单原子Pt的催化剂。Li等[34]通过光沉积法制备了用于低温苯催化燃烧的负载在不同碳基载体上的Pt基催化剂，Pt颗粒尺寸在3～8nm之间。相比于其他催化剂，0.5Pt/膨胀石墨催化剂表现出优异的稳定性、良好的耐水性以及高可回收性，在180℃下可以实现苯的完全催化降解。Morales-Torres等[35]使用纯碳气凝胶作为载体制备了两种Pt/C催化剂，分析了孔隙度、表面化学性质和Pt的分散度对Pt/C催化燃烧苯活性的影响，发现催化燃烧苯的性能主要取决于多孔结构以及Pt的分散度。

对于Pt分散度，人们认为Pt的纳米颗粒在多孔材料中更容易分散。Tang等[36]采用高比表面积的多孔SBA-15二氧化硅材料作为载体，通过沉积–还原或浸渍–还原法负载Pt颗粒，多孔SBA-15载体提供了足够的空间来分散Pt颗粒。Zuo等[37]制备了具有大S_{BET}和V_p的纳米级MCM-41，掺杂Nd获得Pt高度分散的催化剂，认为催化剂对苯的高催化活性与催化剂改善后的结构以及分散的活性位有关。Li等[26]用浸渍法制备Pt/γ-Al_2O_3催化剂时，发现载体的改性和催化剂制备过程中竞争吸附剂的添加等对Pt/γ-Al_2O_3中的Pt分散度有显著影响。事实上，通过载体改性、制备条件的改善以及还原方法的优化均可提高催化剂活性组分的分散度，进而影响Pt基催化剂的苯催化氧化性能。陈紫昱[38]制备了一系列Pt/Al_2O_3催化剂，考察了其在苯催化氧化中的粒径效应。采用乙二醇液相还原法可以合成不同粒径大小、高分散度的Pt/Al_2O_3催化剂。调节还原溶液的pH可以有效地控制Pt的粒径。在一定范围内，还原溶液pH越高，合成催化剂的Pt粒径越小，对苯的催化效果越好。其中，Pt/Al_2O_3–11（pH=11）催化降解苯的活性最好，145℃就可将苯完全转化，这可能是因为Pt的粒径越小，Pt的分散度越高，活性催化位点就越多，有利于有机物的吸附和活化；而且小粒径的Pt基催化剂存在更多的吸附氧物种，氧化还原性能增强，有利于有机物的深度氧化。Pt/Al_2O_3–11催化剂具有良好的耐久性及良好的抗CO_2和H_2O活性。进一步研究发现，先负载再还原方法制备的催化剂相较于先还原再负载方法制备的催化剂具有更好的高温稳定性，这是因为先负载再还原方法使得金属Pt与载体之间有更强的相互作用，抑制了 Pt 颗粒的团聚，从而表现出高活性和优异的高温稳定性。

3. Au 基催化剂

Au 在催化反应中曾经被认为是惰性粒子，但随着纳米技术的发展，人们逐渐发现当 Au 的颗粒尺寸低于 3 ~ 5nm 时，Au 催化剂也可表现出良好的催化活性，但易受各种因素干扰，如载体性质、催化剂制备方法、反应预处理条件、Au 纳米粒子尺寸和分散度等。一般来说，Au 的颗粒尺寸以及与载体之间的相互作用对催化剂的活性至关重要。Fei 等[39]将 Au 纳米颗粒（3 ~ 4nm）沉积在具有三种不同形态（立方 CPs，六边形 HPs 和八面体 OPs）的 Mn_3O_4 纳米晶体上（图 4-5），Au 纳米团簇与 Mn_3O_4 多面体特定面之间的金属-载体形成独特的界面协同作用，其中 Au 纳米粒子的电子修饰和 Mn_3O_4 底物形态具有共同的作用，该作用可明显增强 Au/Mn_3O_4 的催化活性。

图 4-5 （a）Mn_3O_4CPs、（b）Mn_3O_4OPs 和（c）Mn_3O_4HPs 的扫描电镜图

Jiang 等[40]通过对 Co_3O_4 载体的晶面控制和元素掺杂以及 Au 的精确组装开发了用于低温苯催化燃烧的 Au 基催化剂。Au 负载于六角形板型的 $Fe_xCo_{3-x}O_4$ 载体（$x = 0.09$ ~ 0.36），当 $x=0.18$ 时，载体暴露最活跃的（112）晶面，通过对 Au 的良好控制将其组装到该载体晶面上，可以非常有效地实现目标反应。他们发现决定界面活性的重要因素有：关键的支撑取向和元素组成［h-$M_xCo_{3-x}O_4$（112）（M=Fe，Mn，$x=0.09$ ~ 0.18）］，Au 的氧化态，活性氧的演变（O_{I}^- *vs.* O_{II}^-）和由于掺杂元素的含量变化而引起的晶面变化［从（112）到（111）］。Liu 等[41]通过 KIT-6 模板法获得了有序的中孔 Co_3O_4（图 4-6），用胶体沉积法将 Au 负载在 Co_3O_4 上得到纳米催化剂，Au 纳米颗粒高度分散在介孔 Co_3O_4 的介孔通道内，与 Co_3O_4 之间存在很强的相互作用，在 189℃下苯的转化率达到 90%。

4. 其他贵金属催化剂

在苯催化燃烧反应中，Pt 基、Pd 基和 Au 基催化剂的研究相对较多，对于其他贵金属催化剂如 Ru、Rh 和 Ag 基催化剂的研究较少，但 Ag 是一种较为廉价的贵金属，因而对其的研究也相对较多。Ye 等[42]通过等体积浸渍法制备了纳米 MnO_2 负载 Ag 的催化剂，纳米 MnO_2 上的 Ag 负载量可以显著改变催化活性，且催化性能强烈依赖于 Ag 的负载量，其中

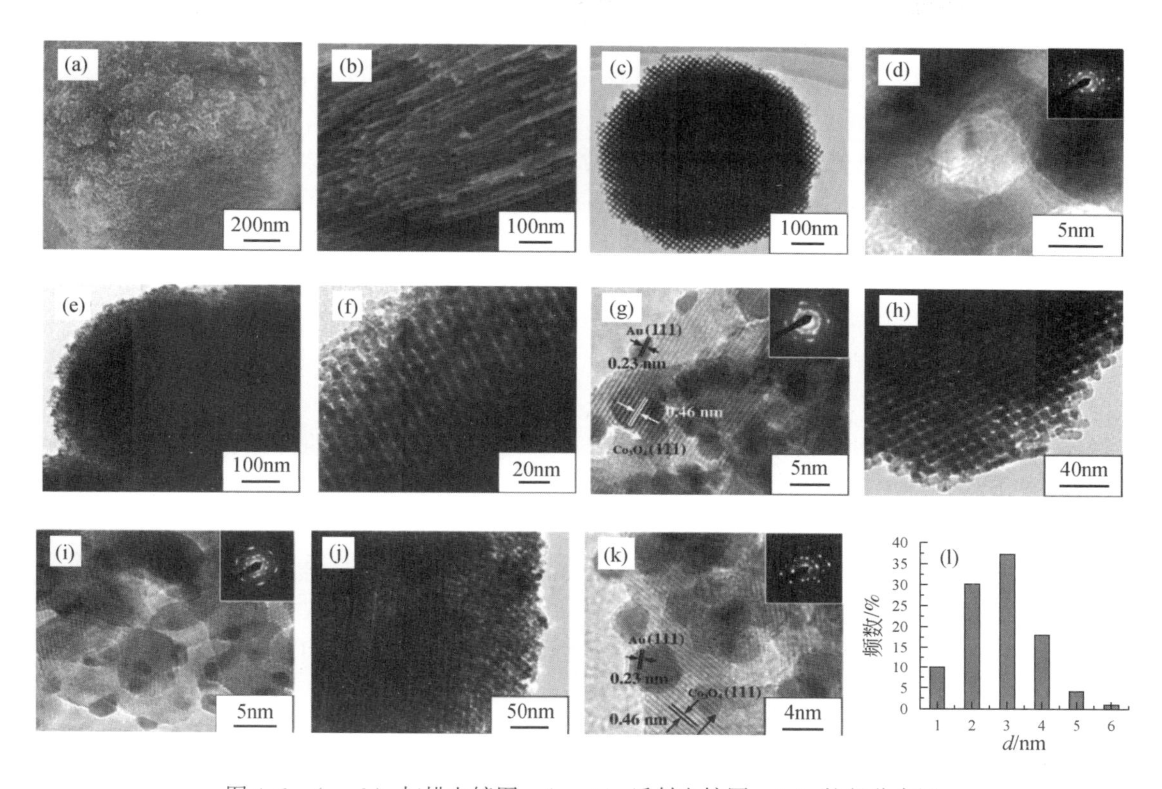

图 4-6　(a, b) 扫描电镜图；(c ~ k) 透射电镜图；(l) 粒径分布图
(a ~ d) meso-Co_3O_4，(e ~ g) 3.7Au/meso-Co_3O_4，(h, i, l) 6.5Au/meso-Co_3O_4 和 (j, k) 9.0Au/meso-Co_3O_4

5wt% Ag/纳米 MnO_2 表现最佳，这与高度分散的 Ag 以及 Ag 和 MnO_2 在纳米域界面处的协同作用有关。Deng 等[43]同样以 MnO_2 为载体，比较了各种方法制备的 Ag/MnO_x 催化剂对苯催化活性的影响，发现通过水热置换原始的 K^+ 离子，将 Ag^+ 离子很好地分散在 Ag/MnO_x 的微隧道中，可得到一种富含缺陷的 Ag/MnO_x 纳米催化剂，在 216℃下苯的转化率达到 90%，与典型的贵金属催化剂相当。通常采用浸渍法将贵金属负载到金属氧化物载体上。通过浸渍制备的 Ag 负载的催化剂的催化活性显著提高，但是还存在诸如大粒径和 Ag 的利用率低等缺点。Ma 等[44]采用简便的一步溶剂法制备了 Ag 负载在 Co_3O_4 上的催化剂，与通过浸渍法合成的 Ag/Co_3O_4-I 催化剂相比，苯的催化氧化活性为 2% Ag/Co_3O_4>1% Ag/Co_3O_4>2% Ag/Co_3O_4-I>Co_3O_4。所获得的 Ag/Co_3O_4 催化剂具有丰富的表面氧空位和优异的低温还原性，因而表现出优异的苯催化氧化活性，2% Ag/Co_3O_4 催化剂的 T_{50} 和 T_{90} 值分别为 181℃和 201℃，低于其他催化剂且表现出优异的长期热稳定性。

大量研究发现 Rh、Ru 和 Ir 基催化剂通常具备良好的活化 C—H 键及抗积碳能力。王健[45]以 P25-TiO_2 负载 Ru 获得催化剂，系统研究了苯的催化氧化反应中 Ru 在 P25-TiO_2 上的存在状态，包括价态、形貌等，以及催化剂与反应物的作用规律、焙烧温度对催化剂的结构、性质的影响和机理解释以及 H_2O 对催化过程的影响及可能的原因。RuO_2 作为活性组分对苯具有较强的吸附作用，并且 RuO_2 在苯的催化氧化反应中起到了储存–释放活性氧的作用。但 RuO_2 具有明显的颗粒尺寸效应，对反应物（苯和 O_2）的活化作用随着 RuO_2 颗粒尺寸的增大而减小，但是尺寸较小的 RuO_2 可能对苯的吸附过于强烈，导致催化剂表面 O_2 化学吸附的活性位点较少，不利于催化反应的进行，而尺寸较大的 RuO_2 与苯的作用相对较弱，催化剂暴露出的 O_2 化学吸附的活性位点更多，极大地增加了催化剂表面苯和中间产物与活性氧的碰撞概率，两种效应的综合作用是 RuO_2 的颗粒尺寸效应产生的原因。另外，催化剂制备时的焙烧温度和 H_2O 都对催化剂的活性有影响，在 500℃ 以上 Ru 基催化剂会出现失活，虽然 H_2O 的存在会抑制活性，但是除去 H_2O 后其活性即可恢复。

5. 合金催化剂

已有大量文献表明，双贵金属可以进一步提高贵金属催化剂的催化性能[26-28]，Pt 基双金属催化剂如 Pt-Pd 和 Pd-Au，表现出更好的抗硫和抗水性能。Chen 等[46]比较了苯催化燃烧反应中 Pd/γ-Al_2O_3、Pt/γ-Al_2O_3 和不同比例 Pd-Pt/γ-Al_2O_3 的催化性能，Pd-Pt(1∶1)/γ-Al_2O_3 显示出最佳活性（图 4-7）。Zuo 等[47]通过一步法合成了多孔高岭土/NaY 复合材料（KL-NY），通过稀土改性得到大比表面积和大孔径 KL-NY 负载 Pd-Pt 催化剂，相比于 Pd/KL-NY 催化剂，Pd-Pt 基催化剂活性更具优势，且当 Pd-Pt 比例为 6∶1 时，活性最佳。

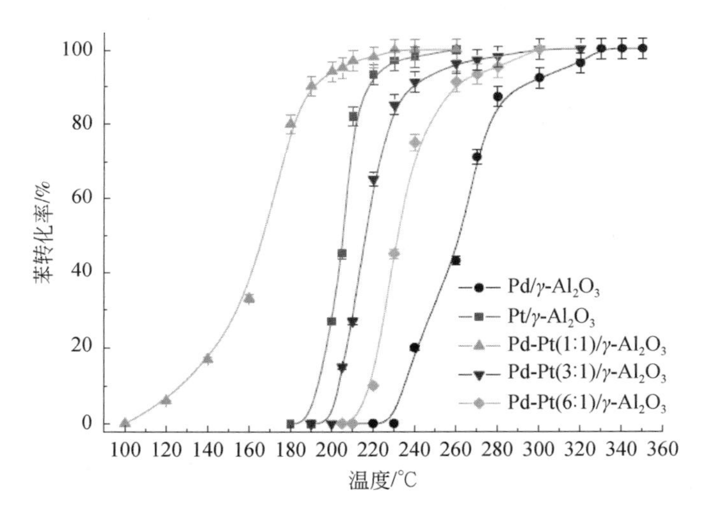

图 4-7 Pd/Pt 摩尔比对催化剂催化燃烧苯活性的影响

Jiang 等[48]通过堇青石蜂窝状陶瓷作为第一载体，负载 Pt-Pd/Al_2O_3 双金属得到催化剂，当 Pt-Pd 的含量为 0.1%，且煅烧温度低于 500℃时，所制备的催化剂比市售催化剂显示出更高的活性和稳定性。由 Pd 和 Au 组成的双金属 Pd-Au 基催化剂的活性随 Pd 负载量的增加而升高，添加 Au 起到保持催化剂高温热稳定性的作用，延缓并抑制催化剂的失活。Lyuba 等[49]发现在单金属体系中，Pd 催化剂比相应的 Au 催化剂更具活性，但双金属系统相比于单金属表现出更佳的催化活性。

4.1.2　金属氧化物催化剂

尽管使用贵金属基催化剂催化氧化苯的技术已经较为成熟，但其昂贵的价格以及易中毒的特性大大地限制了它的应用。近年来，越来越多的学者开始寻求可代替贵金属的金属氧化物催化剂，特别是过渡金属氧化物，如 Cr_2O_3、Co_3O_4、Fe_2O_3、MnO_x、NiO 和 CuO 等的研究。金属氧化物对苯催化氧化的活性有赖于金属的类型、形貌和晶相。同时，设计和制备多孔结构的金属氧化物可以有效地增加活性位点的数目，从而提高催化剂的活性。此外，复合型金属氧化物，即两种或是更多种活性组分复合产生的协同效应也有利于苯的催化氧化。

表 4-2 列出了具有代表性的用于苯催化氧化的金属氧化物催化剂。

表 4-2　一些催化氧化苯的金属氧化物催化剂

催化剂	苯浓度	空速/流量	T_{90}/℃	参考文献
MnO_x	500ppm	100mL/min	209	[52]
Mn_3O_4	1000ppm	100mL/min	270	[53]
α-MnO_2	1000ppm	100mL/min	325	[54]
Mn15%/KIT-6	100ppm	120mL/min	60（T_{70}）	[55]
MnO_2（Mn-120）	500ppm	100mL/min	248	[56]
Mn_2O_3	200ppm	100mL/min	212	[58]
λ-MnO_2	500ppm	100mL/min	170	[59]
α-MnO_2 棒状催化剂	500ppm	60000mL/(h · g)	200	[60]
$ZnCo_2O_4$	498ppm	150mL/min	236	[61]
20% Co_3O_4/MCM-41	1000g/m^3	20000h^{-1}	340	[62]
Co_3O_4/蛋壳-2	1000ppm	20000mL/(h · g)	256	[63]
7wt% CuO/SBA-15	10000ppm	30000h^{-1}	350	[65]
5.8wt% CuO/SBA-15	10000ppm	30000h^{-1}	350	[66]
10wt% CuO/SBA-15	10000ppm	30000h^{-1}	310	[67]
10wt% CuO/SBA-15	0.5vol%（空气中）	30000h^{-1}	400	[68]
CrO_x/γ-Al_2O_3（8.5Cr/Al）	1000ppm	100mL/min	338	[70]
GuMn（G）400–10	500ppm	10000h^{-1}	228	[71]
$Cu_{0.6}Mn$	1000ppm	100mL/min	234	[72]
8% MnO_2-2% CuO/Al_2O_3-$Ce_{0.45}Zr_{0.45}Y_{0.05}La_{0.05}O_{1.95}$	1.6vol%（空气中）	4000h^{-1}	285	[73]
$CuMn_2Zr_{1.25}$/Al-Ti	900ppm	30mL/min	281	[74]
Cu-Mn/TiO_2	900ppm	30000h^{-1}	350	[75]

续表

催化剂	苯浓度	空速/流量	T_{90}/℃	参考文献
MnTi	1000ppm	120000mL/(h · g)	249	[76]
Ti/δ-MnO_2 (T140)	1000ppm	100mL/min	217 (T_{50})	[77]
Co-MnO_2	1000ppm	30000mL/(h · g)	191	[78]
α-MnO_2 纳米线@Co_3O_4	1000ppm	120000mL/(h · g)	247	[80]
Mn_5Co_5	1000ppm	100mL/min	237	[81]
$Co_2Mn_{1-x}O_x$	1500ppm	34mL/min	191	[82]
CoNi-NF-4 : 1	100ppm	100mL/min	197	[83]
$NiCo_2O_4$-MnO_x-NF-250	100ppm	$6000h^{-1}$	196	[84]
Co_5Al 混合氧化物	516ppm	60mL/min	300	[85]
$Co_{4.75}Cu_{0.25}Al$	516ppm	60mL/min	246	[86]
$CoMn_2AlO$	100ppm	100mL/min	238	87

1. 单一金属氧化物

在单一金属氧化物催化剂中，铁氧化物、锰氧化物和钴氧化物具有较高的催化活性而备受关注。锰氧化物由于具有较好的活性、稳定性、低毒性以及特殊的物化性质而常应用于苯催化氧化。锰氧化物（Mn_3O_4，Mn_2O_3 和 MnO_2）有多种晶相，如β-MnO_2、γ-MnO_2、α-Mn_2O_3、γ-Mn_2O_3 和 α-Mn_3O_4，且锰元素有+2、+3 和+4 三种氧化态，在锰氧化物中易产生结构缺陷，促进晶格氧的迁移性，具有氧存储能力。Lahousse 等[50]探究了 Pt/TiO_2 和 MnO_2 两种催化剂对苯的催化性能，结果发现，MnO_2 催化活性比贵金属 Pt/TiO_2 催化剂的催化活性高。Tang 等[51]采用纳米浇铸法制备了纳米金属氧化物 MnO_2、Co_3O_4 和 NiO，MnO_2 表现出更好的催化氧化活性。Tang 等[52]通过煅烧草酸盐合成了具有高比表面积（$355m^2/g$）的介孔 MnO_x，在 209℃下苯转化率达到 90%。Kim 等[53]研究了苯在锰氧化物催化剂上的催化燃烧，发现 Mn_3O_4 对苯的催化氧化表现出最高的活性（$Mn_3O_4>Mn_2O_3>MnO_2$），这与其催化剂上的氧迁移率有关。在 Mn_3O_4 催化剂中添加钾（K），钙（Ca）或镁（Mg）均可增强催化剂的催化活性，发挥促进剂的作用，推测这可能与产生缺陷的氧化物或羟基基团有关。

MnO_x优异的催化性能来自许多因素，如比表面积大、孔径小、低温还原性强、晶格氧存储丰富以及 Mn 的氧化态多变，除此之外，MnO_x材料的形态也会影响苯催化氧化的性能。Li 等[54]通过简便的水热法合成了三种类型的 MnO_2 微球，即由均匀的纳米棒组成的分层空心 β-MnO_2 微球，由两类纳米棒组装而成的双层空心 β/α-MnO_2 微球，以及由纳米棒和纳米线构成的分层空心 α-MnO_2 微球，用于苯的催化氧化反应。发现通过简单地改变前体的浓度，可以控制产物的晶体形式和形态，且 HCl 对于分层的中空微球的形成至关重要，分层空心 MnO_2 微球的生长机制可归因于定向附着和蚀刻过程，其对苯氧化的催化能力按以下次序下降：分层空心 α-MnO_2 微球>分层双壁 β/α-MnO_2 微球>分层空心 β-MnO_2 微球>β-MnO_2 纳米棒。Park 等[55]使用两种不同的 Mn 前体（乙酸锰和硝酸锰）合成了 MnO_x/KIT-6 催化剂。Huang 等[56]在不同的水热温度下制备了一系列 Mn_2O_3 催化剂，水热温度在120℃下得到的 Mn-120 样品具有三维分层立方状形态，其表现出对苯氧化的最佳催化活性，并在248℃时实现了90%的苯转化率。Hu 等[57]合成了四种具有相似纳米棒状形态的不同晶体结构的氧化锰（γ-MnO_2，β-MnO_2，α-MnO_2 和 δ-MnO_2），其中 γ-MnO_2 上苯燃烧的活化能最低（67.4kJ/mol），且表面吸附氧比率以及催化活性最佳，在235℃时实现了90%的苯转化率。Guo 等[58]采用柠檬酸溶液为辅助原料，通过燃烧不同比例的柠檬酸/硝酸锰合成多孔 MnO_x，发现柠檬酸/硝酸锰的比例对 MnO_x的物理、化学性质有积极的影响，如比表面积、多孔结构和还原性等，都与其关系密切。当柠檬酸/硝酸锰比例为2∶1时，形成具有丰富的纳米孔，最大的表面积以及表面适当的 Mn^{4+}/Mn^{3+} 比例，较好的低温还原性的 Mn_2O_3 催化剂，在212℃对苯的催化燃烧转化率达到90%。Li 等[59]通过酸腐蚀 $ZnMn_2O_4$ 材料快速合成出多孔 λ-MnO_2 尖晶石，可得到相似的性质，用稀 HNO_3 溶液处理60min得到的 λ-MnO_2-2 具有最佳活性，T_{90}为170℃（图4-8）。

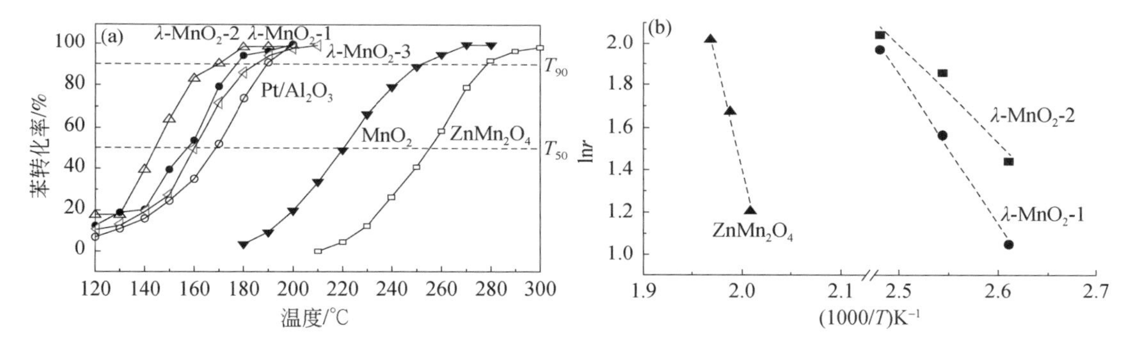

图4-8　$ZnMn_2O_4$、λ-MnO_2-1、λ-MnO_2-2、λ-MnO_2-3、Pt/Al_2O_3、常用 MnO_2 催化剂催化燃烧苯活性（a）以及速率（b）

Yang 等[60]以 YMn_2O_5（YMO）莫来石作为新型前体，同样通过酸刻蚀的方法制备了新型的 α-MnO_2 棒状催化剂。与原料 YMn_2O_5莫来石和市售 MnO_2 催化剂相比，α-MnO_2 棒状催化剂（YMO-90）可明显改善苯的氧化活性。在200℃下，催化剂实现100%的苯转化率。在酸蚀刻过程中，更多的 Mn^{3+}被氧化为 Mn^{4+}，并且 α-MnO_2 棒状催化剂上产生更多的表面氧空位，从而提供更多的吸附氧分子的位点，以促进苯氧化反应。多孔 λ-MnO_2 尖晶石和 α-MnO_2 棒状催化剂产生良好的催化性能都与其低温还原性和丰富的表面活性氧有关。值得注意的是，α-MnO_2 棒状催化剂在较低温度（100～175℃）下的性能超过了商用 Pt/Al_2O_3 催化剂，他们认为 α-MnO_2 棒状催化剂是商业上贵金属催化剂的绝佳替代品，可消除挥发性有机物，尤其是在较低的温度下。

Co_3O_4 具有良好的氧迁移率，是一种非常有前景的苯催化氧化的材料。Wang 等[61]制备了 Co_3O_4 和 CoO，分别在245℃、263℃下观察到苯的90%转化。Liu 等[41]通过 KIT-6 模板法获得有序的中孔 Co_3O_4，在223℃实现苯的90%转化。Co_3O_4 作为活性组分，还可以通过其载体优势减少金属的使用量，在较低温度下催化降解苯。Duan 等[62]分别以介孔分子筛 MCM-41、MCM-48、SBA-15 为载体，采用等体积浸渍法制备了氧化钴/介孔分子筛催化剂。Li 等[63]通过浸渍法合成了 Co_3O_4 纳米粒子/蛋壳催化剂，蛋壳被用作有效的硬模板和具有良好多孔结构的载体，并通过改变 Co_3O_4 的负载量，合成了一系列 Co_3O_4/蛋壳催化剂［Co_3O_4/蛋壳-1（33.1%），Co_3O_4/蛋壳-2（16.7%）和 Co_3O_4/蛋壳-3（9.1%）］。其中，Co_3O_4/蛋壳-2 表现出最好的活性，在256℃实现苯的90%转化，比 Co_3O_4/牡蛎壳对苯的催化氧化温度约低 90℃，与商业纯 Co_3O_4 纳米颗粒和商业 $CaCO_3$ 相比，Co_3O_4/蛋壳的催化活性得到了显著提高且具有长期稳定性。研究者认为这主要是因为蛋壳的独特结构以及 $CaCO_3$ 和 Co_3O_4 的相互作用。

在几种常见的金属氧化物中，CuO 与 CrO_x 也表现出良好的催化活性。Fei 等[64]合成了各种 CuO 纳米晶体，且具有单斜晶 CuO 结构，苯在 CuO 各晶面上的燃烧活性为：$(200)>(111)>(01\bar{1})>(001)$。研究者发现氧的存在量依赖于晶面的取向，且与苯和氧均被激活的 Cu^{2+} 离子相应密度的顺序一致。Yang 等[65-67]研究了苯在 CuO/SBA-15 催化剂上的催化氧化，发现催化活性随 CuO 负载率的增加而增加。当氢气还原温度升至500℃时，7% CuO/SBA-15 可在350℃完全降解苯。徐丹丹等[68]利用高温水热法合成了具有高度晶化孔壁结构的介孔氧化铬材料，在不担载任何活性组分的条件下，在催化氧化苯中显示了优异的性能，在340℃时苯的转化率几乎达到100%。其中，其高度晶化的孔壁结构、丰富的介孔结构和均一的孔径分布，有利于活性中心与反应物的充分接触，促进反应物在催化剂中的快速吸附和反应物的脱附过程，提高其对氧化消除苯的催化性能。高度晶化的孔壁结构大大提高了 CrO_x 的稳定性，有利于大幅度提高材料的抗烧结能力。Xing 等[69]通过浸渍法制备了不同 Cr 含量的 $Cr/\gamma\text{-}Al_2O_3$ 催化剂，发现其催化活性主要取决于 Cr 的负载量。对于 Cr 负载量为 8.5wt% 的负载型氧化铬催化剂，在 350℃下可实现苯的完全转化，这大大低于其他催化剂的温度，表明负载型氧化铬催化剂在接近单层分散能力下表现出最佳的苯催化性能。此外，CuO 和 CrO_x 相比，CuO 在非含氯挥发性有机物（CVOCs）包括苯的氧化中具有很高的氧化活性，而 CrO_x 在 CVOCs 氧化中也具有较好的活性且有较高的抗 Cl 中毒能力，因此，后者在 VOCs 催化燃烧中更具有前景。

2. 复合金属氧化物

目前，单一金属氧化物在催化反应中效果还不是很理想，而复合金属氧化物由于不同金属之间的相互作用而形成 O^-，促进了有机物的吸附，表现出远高于单一金属的催化活性。常见的不同过渡金属复合氧化物有：$CuMnO_x$、$CoMnO_x$、$CuVO_x$、$CuCrO_x$、$FeCrO_x$ 等。复合金属氧化物催化剂的催化活性主要受载体的性质、活性组分的选择和含量等影响。

Mn-Cu 系过渡金属复合氧化物中 Cu 和 Mn 之间存在电子传递，发生 $Cu^{2+}+Mn^{3+}$、$Cu^{+}+Mn^{4+}$ 的氧化还原反应。Cu 和 Mn 之间存在氧溢流的现象，即锰氧化物作为氧的供体，而铜氧化物作为氧的接受体。由于催化剂吸附氧量的提高，Mn-Cu 复合氧化物具有优良的低温活性。Ahn 等[70]制备了非晶球形 $CuMn_2O_4$ 并用于催化苯燃烧的研究，在210℃下将苯完全催化转化。Tang 等[71]采用不同的方法以及不同的 Cu/Mn 比制备了 $CuMnO_x$ 复合氧化物，发现以SBA-15为硬模板制备$CuMnO_x$复合氧化物表现出最高比表面积，更多的氧空位以及最佳活性，在234℃即可实现苯的90%转化，比使用NaOH共沉淀法制备的$CuMnO_x$低131℃。所有催化剂在低于325℃下可将苯完全转化为CO_2，并且不产生其他副产物。与单一的中孔氧化锰相比［图4-9（a）］，Cu的添加明显提高了其催化性能，当Cu/Mn比大于0.6时，如$Cu_{0.9}Mn$或$Cu_{1.2}Mn$会因铜含量较高而抑制其促进作用。通过纳米浇铸法制备的$Cu_{0.6}Mn$催化剂表现出比其他Cu-Mn比例的催化剂更好的性能，T_{90}为234℃［图4-9（b）］，E_a值为45.0kJ/mol［图4-9（c）］，这主要是由于纳米铸法制备的Cu-Mn催化剂具有高比表面积、丰富的孔结构及表面吸附氧物种、低温还原性和Cu、Mn间的强相互作用，且在反应气中引入水汽后，纳米浇铸法制备的催化剂依然具有较好的催化活性。Cao等[72]采用沉淀法制备了一系列Mn-Cu混合氧化物催化剂，发现负载少量的CuO可降低催化剂的还原温度，增加其表面Mn和缺陷氧的含量，并能使Mn稳定在较高的氧化态上，在催化剂表面锰氧化物达到饱和之前，随着活性成分的增加和表面缺陷氧的增加，Mn-Cu混合氧化物催化剂对苯催化燃烧的活性得到增强，但当氧化锰过量时，氧化锰和氧化铜之间的相互作用太强，随着Mn的沉积和Cu的迁移，活性会被抑制。

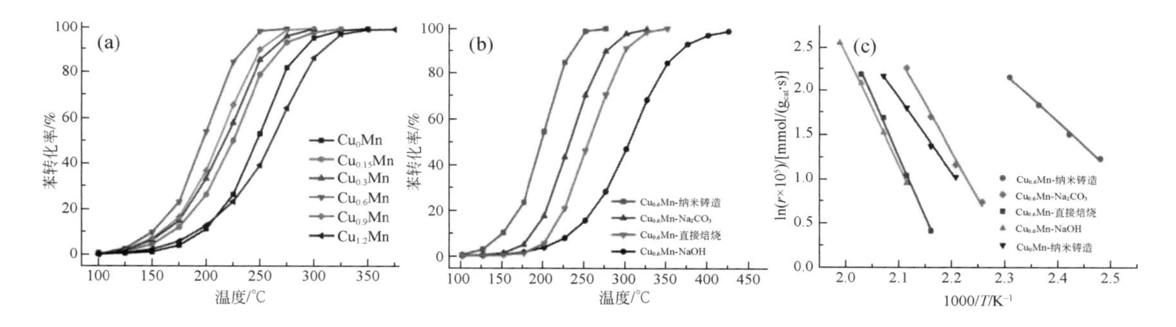

图4-9　（a）和（b）苯转化率与通过纳米浇铸策略和其他方法制备的Cu-Mn复合氧化物上反应温度的函数关系；（c）通过不同方法合成的Cu-Mn复合氧化物上苯氧化的Arrhenius图

在Mn-Cu为主活性组分的催化剂中掺杂其他金属或负载在不同功能的载体上有利于苯催化反应的进行。张志强等[73]采用浸渍法制备了一系列$MnO_x/Al_{0.82}Ti_{0.18}O_x$（Mn/Al-Ti）、Cu/Al-Ti、$CuMn_2$/Al-Ti和$CuMn_2Zr_{1.25}$/Al-Ti整体式催化剂。结果表明，在催化剂中添加ZrO_2可以提高催化剂的比表面积、组分分散度和氧浓度，具有较高的催化活性，在281℃下苯的转化率为91%。Doggali等[74]采用介孔Al_2O_3、TiO_2和ZrO_2合成了负载型的Cu-Mn过渡金属混合氧化物催化剂。对于苯的催化反应，双金属负载型催化剂活性次序为Cu-Mn/TiO_2>Cu-Mn/ZrO_2>Cu-Mn/Al_2O_3。催化活性取决于所用的载体，但是完全不依赖于这些载体的表面积。TiO_2和ZrO_2基催化剂具有更好的活性可能是由于它们的氧化还原特性。

Tang等[75]通过纳米浇铸法，在有限的纳米空间中控制纳米晶体的生长而合成了多孔的Mn-Ni混合氧化物，良好的协同作用产生了更多的吸附氧物种和更好的低温还原性，在120000mL/(g·h)空速下，1000ppm苯的T_{90}可低至249℃，明显比单一氧化物具有更高的活性。Li 等[76]通过一种简便的阴离子途径，在水热制备过程中对具有高活性的分级 δ-MnO_2 进行 Ti 掺杂，合成了 Mn-Ti 混合氧化物催化剂，具有丰富的孔结构，促进了气体扩散和反应，在 250℃左右下实现 90% 苯的转化。

尽管 Co_3O_4 在高温时热稳定性差，易烧结导致活性迅速下降。但 Co_3O_4 晶格中的部分 Co 被其他金属（如 Mn、Fe、Cu、Zr 和 Zn 等）取代则不仅可以提高催化剂的氧化-还原能力和催化活性，还可以改善其热稳定性。Mn-Co 系列过渡金属复合氧化物可利用 Co 原子调控 Mn 原子的电子结构，有效激活 MnO_2（110）表面的相邻 Mn 位点的本征氧催化活性，不少研究者认为钴锰氧化物将是有效去除苯潜在的贵金属替代品。Wang 等[77]制备了具有不同纳米结构的 Co-Mn 氧化物，发现 Co 掺杂纳米立方 MnO_2 材料表现出最高的催化作用。Wang 等[61]利用 SBA-15 为硬模板，合成了具有高表面积的介孔 ACo_2O_4（A = Cu，Ni 和 Mn）催化剂。在 $MnCo_2O_4$ 上，在 238℃时苯的转化率大于 90%，高于在 $NiCo_2O_4$ 和 $CuCo_2O_4$ 上的。$MnCo_2O_4$ 优异的催化活性与其高度有序的介孔结构，较高的表面 Mn 浓度和更多的活性氧有关。原位漫反射傅里叶变换红外光谱（DRIFTS）结果表明晶格氧物种参与了 ACo_2O_4 上羧酸盐中间体的生成，而表面活性氧物种则促进了羧酸盐氧化为最终产物。叶俊辉[78]探究了 Co_xMn_y 催化剂焙烧温度、不同摩尔比以及形貌对苯催化活性的影响，发现 300℃焙烧得到的 Co_2Mn_1 催化剂的活性最高，这可能与其尖晶石结构、片状形貌、高的低温氧化还原能力等有关。Tang 等[79]合成了 Co_3O_4 纳米颗粒与一系列 MnO_2 材料（α-MnO_2 纳米线、α-MnO_2 纳米棒和 α-MnO_2 微棒）（图 4-10），探究了 MnO_2 掺杂 Co_3O_4 对苯催化性能的影响，负载在 α-MnO_2 纳米线上的 Co_3O_4 表现出最高的催化性能，在 247℃下可实现 90% 苯的转化；通过溶胶-凝胶螯合法制备的一系列具有均匀蠕虫状孔的 Mn_5Co_5 混合氧化物纳米棒在 237℃下观察到 90% 苯的转化[80]。

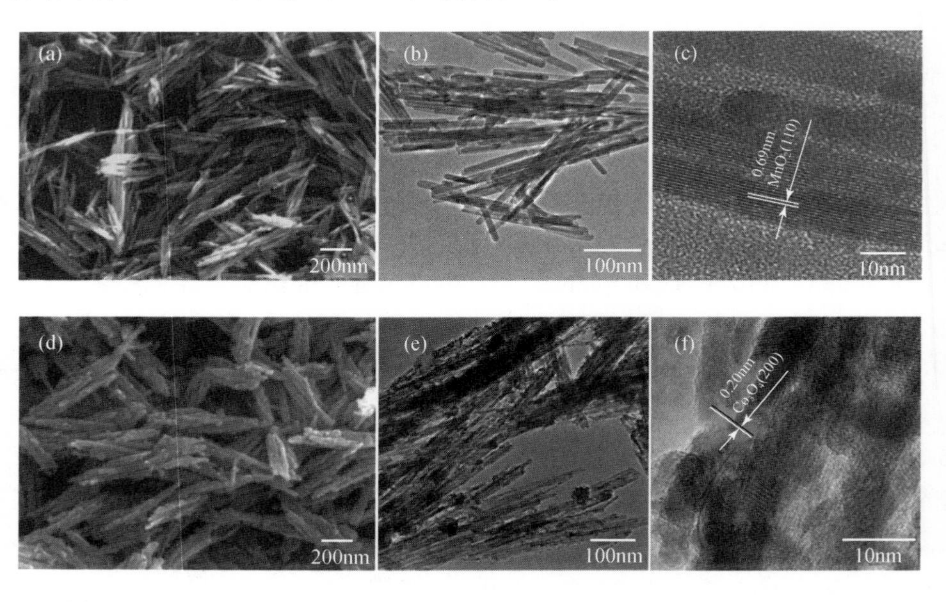

图 4-10 （a，b，c）α-MnO_2 纳米线和（d，e，f）MnO_2@Co_3O_4 的扫描电镜、透射电镜和高分辨透射电镜图

Zhang等[81]通过草酸盐共沉淀法制备了一系列不同比例的$Co_aMn_bO_x$氧化物（a/b=1∶1～7∶1），发现$Co_2Mn_1O_x$催化剂呈现均匀纳米片形态且表现出最好的活性，煅烧温度也是影响$Co_2Mn_1O_x$结构、理化性质以及催化性能的重要因素。在300℃下煅烧的$Co_2Mn_1O_x$催化剂（CM300）呈现出非常薄的纳米片形貌和6.6nm的小粒径（图4-11），与高于300℃焙烧温度所得的催化剂相比，它显示出更好的低温催化活性和稳定性。

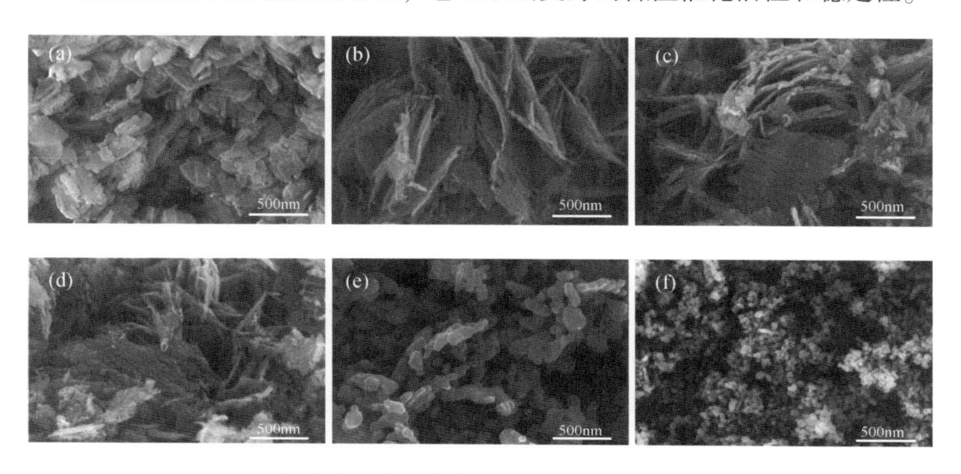

图4-11　在不同煅烧温度下制备的$Co_2Mn_1O_x$混合氧化物的SEM图

（a）CM000；（b）CM300；（c）CM400；（d）CM500；（e）CM600；（f）CM700

除了Mn-Co复合氧化物外，Co还能与其他金属复合形成具有良好催化氧化苯性能的催化剂，如Co-Ni、Co-Fe、Co-Al等。Wang等[82,83]通过原位电沉积获得了$NiCo_2O_4$和$NiCo_2O_4$-MnO_x催化剂，T_{90}分别为198℃和196℃。Li等[84]通过共沉淀法制备了Co-Al层状双氢氧化物（LDHs）前驱体，然后煅烧产生了一系列Co-Al混合氧化物，以Co（Co, Al)$_2$O$_4$尖晶石状混合氧化物为主相，其晶粒尺寸为6～9nm，并随着Co/Al摩尔比的减小而减小，表明在尖晶石相中掺入Al^{3+}会抑制晶体生长。当Co/Al摩尔比为5时，Co-Al混合氧化物催化氧化苯的活性最高，T_{50}为513K，且持续反应50h活性未下降（图4-12），进一步增加Co/Al摩尔比至6时，活性降低，这可能是由于改变了混合氧化物的表面状态。

可往Co-Al混合氧化物中添加其他元素，从而形成多种金属组合的多元金属氧化物。以水滑石为前驱体，Li等[85]合成了（Co，Cu）（Co，Al)$_2$O$_4$尖晶石，Cu^{2+}被掺入尖晶石结构，明显提高了Co氧化物的还原性，可与0.3% Pd/γ-Al_2O_3催化剂相媲美，说明了Cu对结构改性的促进作用。Li等[86]合成了具有低温还原性的$CoMnAlO_x$催化剂，表现出相似的性能，约在238℃实现了90%苯的降解，表现出最佳的活性。这是由Co和Mn的协同作用诱导的还原性以及大量的活性位暴露所致。

对于Co-Fe混合氧化物，Xiang等[87]采用浸渍–煅烧法制备了Co_3O_4/α-Fe_2O_3金属氧化物，发现相比于α-Fe_2O_3，Co的引入能提高催化剂催化氧化苯的活性，且随着Co含量的增加，催化剂活性表现出先升后降的趋势，在500℃煅烧获得的Co_3O_4/α-Fe_2O_3（0.6∶1）

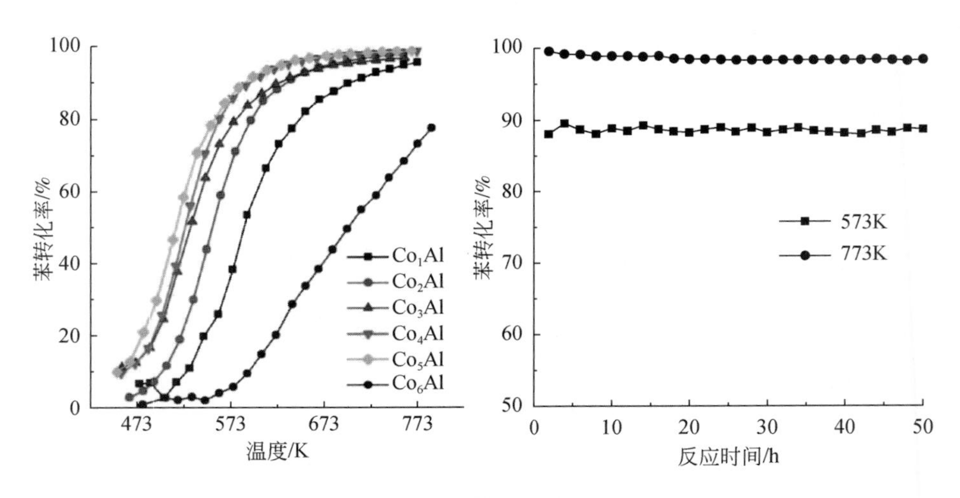

图 4-12　催化剂活性和稳定性图

催化燃烧苯的性能最佳，在反应温度为400℃时，苯的转化率接近100%。Wang 等[61]制备的 $CoFe_2O_4$ 和 $ZnCo_2O_4$ 复合金属氧化物，分别在261℃和236℃下观察到苯的90%转化。

α-Fe_2O_3 还可以与 CuO 或 Mn_2O_3 形成复合氧化物。朱一[88]使用天然赤铁矿作为载体，分别采用浸渍–煅烧法和沉淀–煅烧法，在空气气氛中于500℃和530℃焙烧制备了 CuO/α-Fe_2O_3 和 Mn_2O_3/α-Fe_2O_3 催化剂。CuO 或 α-Fe_2O_3 催化降解苯时，催化活性均较低，当反应温度达到440℃时，降解率分别仅为59%和52%。CuO/α-Fe_2O_3 的催化活性明显高于 CuO 或 α-Fe_2O_3 的，且随着 CuO 负载量的增加，苯的降解率先升后降。当 CuO/Fe_2O_3 质量比为30%时达到最大值，大于30%时苯的转化率呈下降的趋势。这是由于 CuO 负载量过高会在 α-Fe_2O_3 表面堆积，堵塞其表面孔道，从而使催化活性位的数量减少，导致催化氧化性能降低（图4-13）。当 CuO 和 α-Fe_2O_3 质量比为30%时，CuO/α-Fe_2O_3 催化剂在反应温度为440℃时对苯的降解率接近100%，且对 CO_2 的选择性可达到87.2%，而 Mn_2O_3/α-Fe_2O_3 催化剂在反应温度为420℃时对苯的降解率就接近100%，且此时 CO_2 的选择性可达到89.8%。在苯的催化燃烧反应中，CuO/α-Fe_2O_3 持续反应60h 催化剂并未失活，Mn_2O_3/α-Fe_2O_3 持续反应76h 不失活，具有优异的稳定性，在实际工业应用中具有一定的潜力。相比纯针铁矿，Mn_2O_3/α-Fe_2O_3 复合催化剂具有较大的比表面积、较高的表面氧浓度和较强的氧化还原性能，均有利于苯的催化氧化。α-Fe_2O_3 复合催化剂催化活性的提高主要与 CuO、Mn_2O_3 和 α-Fe_2O_3 之间相互作用以及产生的高浓度表面吸附氧有关。

4.1.3　稀土基氧化物催化剂

稀土氧化物（CeO_2、La_2O_3、Pr_6O_{11}和 Sm_2O_3 等）因其独特的4f 电子层，可作为催化材料且被广泛地应用于工业生产中。CeO_2 是稀土氧化物系列中活性最高、研究最多的一种金属氧化物催化剂，具有独特的晶体结构、较高的储氧能力（OSC）和释放氧的能力。Zheng 等[89]通过前驱体 Ce-MOF 在400℃下煅烧合成了介孔 CeO_2，在260℃可实现苯的完

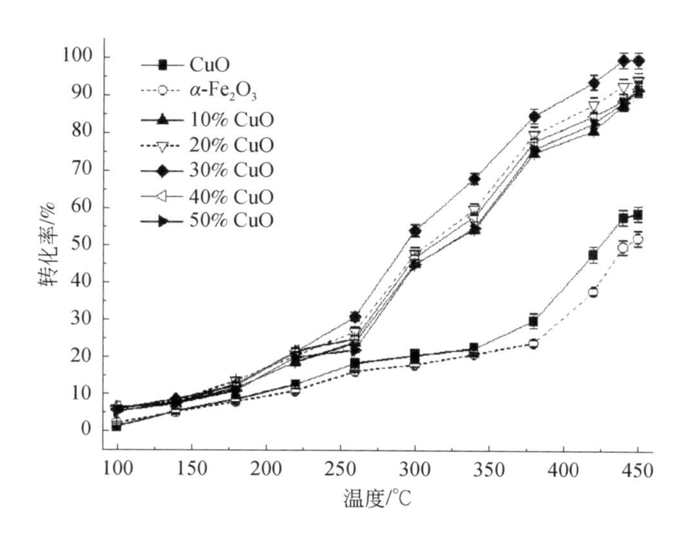

图 4-13　不同 Cu/Fe 质量比对催化剂苯催化降解的影响

全催化氧化。Wang 等[90]通过直接煅烧硝酸铈获得介孔 CeO_2 纳米颗粒，且暴露｛100｝晶面，有助于表面晶格缺陷的形成和活性氧的生成，在 320℃可实现 91.7% 苯的催化氧化。

表 4-3 列出了具有代表性的用于苯催化氧化的稀土基氧化物催化剂。

表 4-3　一些催化氧化苯的稀土基氧化物催化剂

催化剂	苯浓度	空速/流量	T_{90}/℃	参考文献
CeO_2（400）	1000ppm	20000h^{-1}	260	[89]
Pd/CeO_2-DC	1000ppm	20000h^{-1}	320	[90]
1wt% $Pt/Ce_{0.75}Zr_{0.25}O_2$	0.1vol%	30000mL/(h · g)	96.5	[91]
$MnO_x/Ce_{0.8}Zr_{0.1}La_{0.1}O_{1.95}$-$Al_2O_3$	饱和苯蒸气	10000h^{-1}	328	[92]
$MnO_x/Ce_{0.4}Zr_{0.4}Y_{0.1}Mn_{0.1}O_y/Al_2O_3$	1mol%	10000h^{-1}	280	[93]
3.3% CuO-3.3% MnO_2-3.3% $NiO/Ce_{0.75}Zr_{0.25}O_2$	2000～2500ppm	120mL/min	250	[94]
0.2% Pt/10% Mn/P4VP-CeO_2	1000ppm	20000h^{-1}	210	[95]
$MnCeO_x$/Cord	1500ppm	20000h^{-1}	300	[96]
7% $CuO/Ce_{0.7}Mn_{0.3}O_2$	1000ppm	100mL/min	260	[97]
$Cu_{0.2}Mn_{0.6}Ce_{0.2}$/PCMs	100ppm	5000h^{-1}	212	[98]
Cu_3Mn_9/SiO_2	2000mg/m^3（空气中）		265	[99]
CMC-0.25	1000ppm	90000mL/(h · g)	247	[100]
3D Co_3O_4–CeO_2（$Co_{16}Ce_1$）	1000ppm	100000h^{-1}	263	[101]
$CeCoO_x$-MNS	3000ppm	30000mL/(h · g)	204	[102]

续表

催化剂	苯浓度	空速/流量	T_{90}/℃	参考文献
Pt/AC20	160000ppm	72000h^{-1}	330	[103]
CuO-CeO_2（Cu：Ce=4：6）	10000ppm	30000h^{-1}	350	[104]
CeCu-HT3	1vol%	55mL/min	220（T_{50}）	[105]
CuO-CeO_2	1000ppm	160mL/min	240	[106]
$LaMnO_3$	10000ppm	30000h^{-1}	310	[108]
$LaCoO_3$	10000ppm	30000h^{-1}	360	[109]
Na-LCO	100ppm	2000mL/min	300	[110]
SSI-LaCoCe	500ppm	80mL/min	400	[111]
Pd/La-Cu-Co-O/堇青石	1500ppm	20000h^{-1}	359	[114]
Ni-Mn/CeO_2/堇青石	1500ppm	15000h^{-1}	300	[115]
$SmMn_2O_5$	1200ppm	100mL/min	265	[118]
0.5wt% Pd-$CeMnO_3$	500ppm	20000mL/(h·g)	186	[119]
10% CuO/CeO_2	10000ppm	30000h^{-1}	210	[120]
0.2Ce/MnAl	100ppm	100mL/min	210	[121]
0.3% Pt/10% Ce-10% V/Al_2O_3	1000ppm	60mL/min	235	[122]
$Cu_1Mn_{1.5}Ce_{0.5}$	2000mg/m^3	20000mL/(h·g)	300	[123]
$Cu_1Mn_{1.5}Ce_{0.5}$（T=700）	2000mg/m^3	20000mL/(h·g)	250	[124]
1wt% Pt/Al_2O_3-CeO_2（30wt%）	1000ppm	70mL/min	210	[125]
Au/BSA-CeO_2	1000ppm	16.7mL/min	210	[126]
1% Au/2% V_2O_5/CeO_2	饱和苯蒸气	24000h^{-1}	160	[127]
0.5Pd/kit-CeO_2	1000ppm	20000mL/(h·g)	187	[128]
10% MnCe（9：1）/KL-NY	1000ppm	20000h^{-1}	250	[129]
MnCe（6：1）/AlFe-PILC	600ppm	30000h^{-1}	250	[130]
0.2% Pd/12.5% Ce/AlNi-PILC	1000ppm	20000h^{-1}	240	[131]
CoCe（18：1）/SBA-16	1000ppm	20000h^{-1}	265	[132]
10% Co-7.5% Ce/USY	1000ppm	20000h^{-1}	250	[133]
Co/SBA-15	1000ppm	320mL/min	250	[134]
Mn/7.5% Ce/P4VP-Cr_2O_3	1000ppm	20000h^{-1}	250	[135]
$NiMnO_3$/CeO_2/堇青石	3.19×10^{-8}mol/cm^3	15000h^{-1}	215	[136]

1. 固溶体型稀土复合氧化物催化剂

在设计催化剂时，可以选择合适的金属进行组合，以实现所需要的功能。Zhao 等[91]

通过将电场与Pt-Ce-Zr纳米催化剂相结合，构建了一种低温苯氧化的新型催化体系。电场辅助下的1wt% $Pt/Ce_{0.75}Zr_{0.25}O_2$ 催化剂表现出最佳的催化性能，在96.5℃下苯转化率为90%，并且具有出色的耐水性。Liao等[92]通过共沉淀法制备了复合载体 $Ce_{0.5+x}Zr_{0.4-x}La_{0.1}O_{1.95}$-$Al_2O_3$（$x$=0，0.1，0.2，0.3，0.4）和 CeO_2-Al_2O_3，研究了负载 MnO_x 催化剂上苯的完全氧化。在这些催化剂中，负载在 $Ce_{0.8}Zr_{0.1}La_{0.1}O_{1.95}$-$Al_2O_3$ 上的 MnO_x 对苯氧化具有最高的催化活性，可在328℃下实现完全转化。Yan等[93]制备了Y和Mn改性的 CeO_2-ZrO_x 混合氧化物催化剂，苯在 $MnO_x/Ce_{0.4}Zr_{0.4}Y_{0.1}Mn_{0.1}O_y/Al_2O_3$ 上的完全转化温度为290℃，CO_2 的选择性为99%。

Sophiana等[94]合成了Cu、Mn、Ni、Ce、Zr系列复合金属氧化物催化剂，探究了不同金属组合的复合氧化物对苯催化燃烧性能的影响，发现由不同比例的Ce和Zr组合形成的固溶体中 $Ce_{0.75}Zr_{0.25}O_2$ 比表面积最大，并以此为载体，分别引入Cu、Mn和Ni形成三种金属复合氧化物，其中往 $Ce_{0.75}Zr_{0.25}O_2$ 中引入 MnO_2 在苯氧化中作为活性位点最有效，活性次序为 $MnO_2/Ce_{0.75}Zr_{0.25}O_2 > CuO/Ce_{0.75}Zr_{0.25}O_2 > NiO/Ce_{0.75}Zr_{0.25}O_2$；与两种金属氧化物（CuO-$MnO_2$>$MnO_2$-NiO>CuO-NiO）的混合物相比，以10wt%的三种金属氧化物（CuO，MnO_2 和NiO）的混合物具有更高的催化活性，3.3% CuO-3.3% MnO_2-3.3% $NiO/Ce_{0.75}Zr_{0.25}O_2$ 在180℃时，苯的转化率达到50%，在250℃时达到90%，在300℃时实现苯的完全氧化（图4-14）。

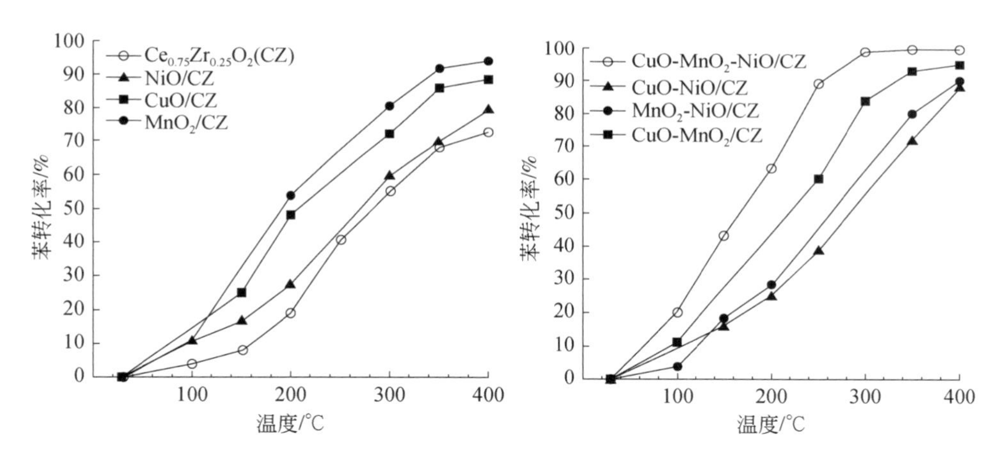

图4-14 Cu、Mn、Ni、Ce、Zr系列复合金属氧化物的活性图

Ce-Mn复合氧化物催化剂是一种潜在的替代工业贵金属催化剂的低成本催化剂。Liu等[95]通过模板法制备了多种介孔金属氧化物，包括 CeO_2、Cr_2O_3、Fe_2O_3、SnO_2、$Ce_{0.5}Zr_{0.5}O_2$、TiO_2、Al_2O_3 和 ZrO_2，并以在550℃下煅烧除去模板后制得的介孔 CeO_2 为载体，负载多种过渡金属氧化物，其中10% MnO_x-CeO_2 催化剂可在260℃下完全催化降解苯。Huang等[96]研究了 $MnCeO_x$/堇青石催化剂对苯的低温催化氧化性能，发现其表现出高活性，H_2O 可能与反应物分子竞争活性位点而抑制活性，且催化剂的结构特征和催化行为与其制备条件密切相关。Li等[97]认为7% $CuO/Ce_{0.7}Mn_{0.3}O_2$ 催化剂可替代贵金属催化剂在低

温下消除低浓度的苯。在 7% $CuO/Ce_{1-x}Mn_xO_2$ 催化剂中，当 $x=0.1$ 和 0.2 时，大多数 Mn 固定在萤石结构的 CeO_2 中形成 Mn-Ce-O 固溶体；当 $x=0.3$ 时，CuO 与 $Ce_{0.7}Mn_{0.3}O_2$ 之间相互作用，快速氧化还原促进了表面氧的活化，从而提高苯的催化活性；当 x 超过 0.3 时，MnO_x 表现出良好的分散性。Cuo 等[98]通过溶胶–凝胶法将 CuO 掺杂的 Mn-Ce 氧化物负载到多孔陶瓷膜（PCM）中，氧化物以均匀的附着力分散在整个 PCM 上，与粉末催化剂相比，为反应气体提供了更多的活性位点。$Cu_{0.2}Mn_{0.6}Ce_{0.2}$/PCMs 整体催化剂在 212℃下实现了 90% 的苯转化，且具有长期稳定性。Fang 等[99]通过改变活性物质的负载量来优化 $Cu_xMn_yO_z/SiO_2$ 催化剂，Cu_3Mn_9/SiO_2（Cu/Mn 的摩尔比为 3∶9，活性物质的总负载量为 11%）表现出最佳的催化性能，在 265℃可完全氧化苯。

Deng 等[100]采用共沉淀法合成了 $Co_xMn_{1-x}CeO_y$ 复合氧化物，发现 $Co_{0.25}Mn_{0.75}CeO_y$（CMC-0.25）在苯催化燃烧反应中具有良好的催化活性、稳定性和 CO_2 选择性，这可能是由于 Co 掺杂诱导 Mn-Ce 固溶体产生更多的活性氧以及 Co—Mn—Ce—O 之间的强烈相互作用。Ma 等[101]发现介孔结构的 Co_3O_4-CeO_2 复合材料是苯完全氧化的有效催化材料。以二维（2D）六角形的 SBA-15 和三维（3D）立方的 KIT-6 为模板，通过纳米浇铸法制备了具有不同 Co/Ce 摩尔比的 Co_3O_4-CeO_2 催化剂，发现催化剂均与模板表现出相似的对称性，具有良好的介观结构。具有 2D 介观结构的 Co_3O_4-CeO_2 催化剂显示出比相应 3D 材料更低的催化活性。KIT-6 纳米铸造的 Co/Ce 比为 16/1 的 Co_3O_4-CeO_2 催化剂由于存在大量的表面羟基和表面氧物种而具有最佳的苯催化氧化活性。Dong 等[102]通过在 Co-MOFs-MNS 前体上湿浸渍 Ce 离子衍生的 $CeCoO_x$-MNS 催化剂对苯的完全氧化表现出优异的活性。

Hugo 等[103]制备了不同 CeO_2 负载量的 Al_2O_3-CeO_2 溶胶–凝胶氧化物，发现 Ce 离子使 Al_2O_3 质变形并限制了表面 CeO_2 的量，在 Al_2O_3-CeO_2 上负载 Pt，在缺氧环境中苯催化活性随表面 CeO_2 浓度的增加而增加。

CeO_2-CuO 材料具有高活性，可作为多种不同氧化反应的催化剂。Jung 等[104]以苹果酸为有机燃料，通过燃烧法制备了 CeO_2-CuO 混合氧化物，苯在 CeO_2-CuO 催化剂上的转化率在 350℃时达到近 100%。Zhou 等[105]采用硬模板法合成了有序介孔 CeO_2-CuO 混合氧化物，它们具有 CeO_2 萤石结构、发达的排列规整的介孔结构且孔径均匀。当 Ce/Cu 摩尔比为 3.0 时，具有最佳的催化氧化苯的活性。Hu 等[106]通过溶剂热法首次合成具有板状形态的 CuO-CeO_2 二元氧化物，发现大量的 Cu 物种暴露在 CuO-CeO_2 纳米板表面上，尽管表面积相对较低，但可还原性高，表现出较高的苯催化氧化活性，可以在低至 240℃的温度下实现苯的完全氧化。该制备方法可以扩展到其他具有介孔结构的混合氧化物的合成，如 ZrO_2-CeO_2 和 ZrO_2-Y_2O_3。朱一[88]利用沉淀–煅烧法，在煅烧温度为 500℃时合成了 20% CeO_2/α-Fe_2O_3 复合催化剂，在反应温度为 450℃时，其对苯的降解率接近 100%，CO_2 选择性可达到 86.1%（图 4-15）。CeO_2/α-Fe_2O_3 催化活性的提高主要与 CeO_2 和 α-Fe_2O_3 之间的相互作用以及产生的高浓度表面吸附氧有关。

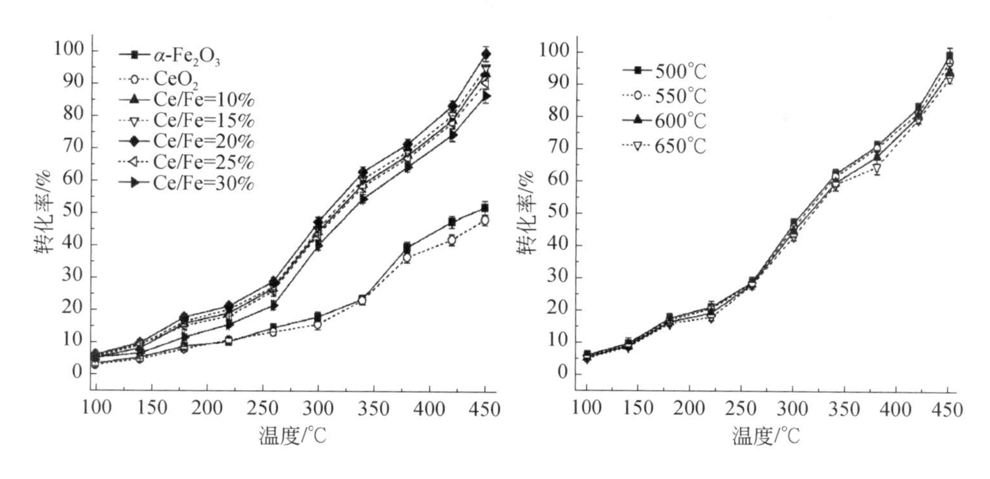

图 4-15　不同 Ce/Fe 质量比及不同煅烧温度对催化降解苯的影响

2. 钙钛矿型稀土复合氧化物催化剂

稀土与过渡金属氧化物在一定条件下可以形成具有天然钙钛矿（$CaTiO_3$）型的复合氧化物，通式为 ABO_3，其活性明显优于相应的单一氧化物。就活性组分而言，在 A 位上通常选用 La 和 Ce，B 位元素用得最多的是 Co、Mn、Fe、Cu、Cr、V 和 Ni 等。A 和 B 形成交替立体结构，易于取代而产生晶格缺陷，即催化活性中心位，表面晶格氧提供高活性的氧化中心，从而实现深度氧化反应。同一个钙钛矿型复合氧化物对不同物质的催化燃烧活性不同；对某一可燃物，不同钙钛矿型复合氧化物的活性顺序也不一样。

近年来，文献报道的用于苯催化降解的 ABO_3 主要集中在 $LaMnO_3$ 及其改性催化剂，这主要是由于 $LaMnO_3$ 环境友好、廉价、具有较好的氧流动性和热稳定性，因此对苯显示出较好的催化氧化活性。Zhou 等[107]选取 $LaBO_3$（B=Cr，Mn，Fe，Co，Ni）为研究对象，对 $LaBO_3$ 催化剂催化燃烧苯的活性进行探究，活性次序为：$LaMnO_3 > LaCoO_3 > LaNiO_3 > LaFeO_3 > LaCrO_3$。在芳烃类有机物中，$LaCoO_3$ 和 $LaMnO_3$ 均表现出优良的催化性能，完全燃烧苯的温度为 300℃和 400℃。Jung 等[108]使用苹果酸成功制备了 $LaMnO_3$ 催化剂，在苹果酸含量大于 1.0mol 时活性最高，转化率几乎在 310℃达到 100%；还用微波辅助法制备了 $LaCoO_3$ 催化剂，苯在 360℃下转化率几乎达到 100%[109]。Huang 等[110]采用柠檬酸络合法合成 $LaCoO_3$ 催化剂，发现在低煅烧温度（500℃）下即可合成 $LaCoO_3$ 并表现出丰富的多孔结构；硝酸盐添加剂的金属离子没有掺杂到 $LaCoO_3$ 晶格中，但去除硝酸盐残留物后，可大大提高催化活性，这是因为 $NaNO_3$ 或 KNO_3 在 $LaCoO_3$ 低温结晶过程中被认为是良好的助燃剂。Wang 等[111]以 $LaCoO_3$ 和 $Ce(NO_3)_3 \cdot 6H_2O$ 为前驱体，通过固相浸渍法合成了具有高氧迁移率的 $CeO_2/LaCoO_3$（SSI-LaCoCe）；采用静电纺丝和球磨技术制备了 La-Co-Ce 氧化物，分别称为 ES-LaCoCe 和 BM-LaCoCe。与 $LaCoO_3$ 和 CeO_2 相比，SSI-LaCoCe 催化剂对苯氧化具有最佳活性。通常认为 $LaMnO_3$ 属于阳离子缺陷钙钛矿结构，晶格氧较为丰富，更适合应用在一些 C—H 键键能较高和难以活化的有机分子（如苯）催化燃烧反应中；$LaCoO_3$、$LaNiO_3$ 属于阴离子缺陷钙钛矿结构，Co、Ni 催化剂的化学吸附氧（表面氧）最为丰富，更适合应用在低温下易活化的有机分子（如乙酸乙酯、丙酮等）催化燃烧反应中。Forni 等[112]把催化氧化反应分为表面和界面反应，低温氧化反应一般遵循表面反应，表面氧起到重要的作用；高温氧化反应则与晶格氧密切相关，为界面反应。因此 Mn 钙钛矿催化剂的高温界面反应活性要优于 Co 催化剂，更适于应用在一些 C—H 键键能较高的 VOCs 催化燃烧上。

Jung 等[108]在 $LaMnO_3$ 催化剂中，Sr 部分取代位点 A 和 Co 部分取代位点 B 均增强了苯燃烧过程中的催化活性，并且在 $LaMn_{1-x}B_xO_3$（B=Co，Fe，Cu）中，依次按掺杂 Co>Cu>Fe 的次序降低。堇青石也常作为钙钛矿型复合氧化物的载体，用于提高其比表面积。Li 等[113]采用柠檬酸盐法制备了 $LaB_xMn_{1-x}O_3$/堇青石（B=Co，Fe，Ni，Cu）催化剂，发现 $LaCo_{0.5}Mn_{0.5}O_3$/堇青石催化剂具有完善的钙钛矿晶相，表现出最佳的苯催化氧化性能，且堇青石经 CeO_2 涂覆改性可起到协同催化和稳定剂的作用，提高了其催化燃烧活性和热稳定性；在水蒸气存在下，低温时水蒸气与苯在催化剂上存在竞争吸附，当温度高于 350℃后水蒸气因高温蒸发，竞争关系消失，催化剂活性迅速恢复。Chen 等[114]使用多步浸渍法制备了一系列在堇青石上的掺杂 Pd 和 Cu 的 $LaCoO_3$ 催化剂，Cu 的掺杂减小了 LaCo-O/堇青石的晶体尺寸，LaCu-Co-O 与贵金属 Pd 的协同作用增强了 LaCo-O/堇青石催化剂的催化活性。Li 等[115]研究了堇青石负载 Ni-Mn 混合氧化物掺杂 CeO_2 催化剂对苯的催化燃烧性能，Ni/Mn 摩尔比为 1、在 500℃下煅烧 7h 制得的催化剂表现出最高的催化活性，在 300℃下苯转化率为 94.3%，这可能是由于 $NiMnO_3$ 钙钛矿与 CeO_2 间的协同作用。进一步研究发现，$Ce_{0.75}Zr_{0.25}O_2$ 涂层有助于提高载体的比表面积，提供更多的活性位点，使 $NiMnO_3$ 活性组分分散更加均匀，晶粒尺寸更小，提高了其高温稳定性。$Ce_{0.75}Zr_{0.25}O_2$ 涂层与 $NiMnO_3$ 之间的协同作用提高了反应的氧化还原循环速率，进而提高了催化剂的催化性能[116]。氧化铝和分子筛也常作为钙钛矿型复合氧化物的载体，有助于其在载体上保持良好的分散状态，提供更多的活性位点。例如，将 $La_{0.8}Ce_{0.2}Mn_{0.8}Co_{0.2}O_3$ 负载于 γ-Al_2O_3 上后，$La_{0.8}Ce_{0.2}Mn_{0.8}Co_{0.2}O_3/\gamma$-$Al_2O_3$ 的晶型没有发生明显变化，仍保持原来的钙钛矿结构，$La_{0.8}Ce_{0.2}Mn_{0.8}Co_{0.2}O_3$ 均匀分布在 γ-Al_2O_3 载体表面，与载体很好地结合，更有利于催化剂活性的发挥[117]。

在 A 位上还可选用其他稀土金属，Liu 等[118]通过 $SmMnO_3$ 中的 Mn^{3+} 发生原位歧化，制备了多孔 Mn 基莫来石 $SmMn_2O_5$，其表现出优异的稳定性，更大的比表面积，更高的 Mn^{4+}/Mn^{3+} 和 O_{latt}/O_{ads} 摩尔比，更好的活性氧脱附能力和可还原性，可促进苯的低温催化氧化。Yi 等[119]制备了高分散的 0.5wt% Pd-$CeMnO_3$，超声处理有助于稳定 $CeMnO_3$ 钙钛矿晶体结构，形成表面孔结构且产生更多的低温活性位点，在低温催化氧化苯时，可提高 64% 的去除率和 46% 的矿化率。

3. 稀土掺杂的负载型催化剂

过渡金属具有 d 电子层，容易失电子或夺电子，具有较强的氧化还原性。为提高催化氧化苯的活性，可在过渡金属氧化物催化剂中引入稀土金属作为助剂。掺杂稀土氧化物可增强催化活性，例如在 CeO_2 与过渡金属氧化物合成的 Ce 掺杂复合金属氧化物催化剂中，当 CeO_2 与其复合并发生相互作用，使得 CeO_2 晶格变化，Ce^{3+}/Ce^{4+} 在富氧和缺氧条件下快速转化，加快晶相中氧的流动，为催化氧化提供更多的活性氧物种，增强了催化剂的氧化还原能力，提高催化剂的活性。Jung 等[120]研究了 CeO_2 负载 CuO 催化剂对苯的催化燃烧，在 pH=7 下制备的催化剂具有较高的活性，在 210℃ 时苯转化率几乎达到 100%。催化活性随着 CuO 负载量的增加而增加，其中 10wt% CuO/CeO_2 催化剂具有较高的催化活性。

Mo 等[121]通过层状双氢氧化物的煅烧，合成了一系列结晶良好的 MnAl 复合氧化物，并系统地研究了 MnAl 复合氧化物掺杂不同 Ce^{3+} 含量对苯催化燃烧的影响。发现含 Ce 的 MnAl 复合氧化物催化剂催化活性大大提高（图 4-16），0.2Ce/MnAl 催化剂表现出最高的催化性能，在高反应空速 [SV=60000mL/(g·h)] 和 210℃ 条件下苯转化率达到 90%，主要原因在于其良好的低温还原性，丰富的表面晶格氧（O_{latt}）以及 Mn^{4+} 和 Ce^{3+}/Ce^{4+} 之间的协同作用。Yang 等[122]制备了 γ-Al_2O_3 负载不同含量的 CeO_2 和 V_2O_5 催化剂（图 4-17），发现添加少量 CeO_2 时，可以提高 10% V/γ-Al_2O_3 催化剂的苯催化燃烧活性，且不同含量的 CeO_2 掺杂后，催化活性提升顺序为：10% Ce/γ-Al_2O_3（500℃）≪10% V/γ-Al_2O_3（327℃）<5% Ce-10% V/γ-Al_2O_3（300℃）<7.5% Ce-10% V/γ-Al_2O_3（292℃）<10% Ce-10% V/γ-Al_2O_3（283℃）<12.5% Ce-10% V/γ-Al_2O_3（281℃）。0.3% Pt-10% Ce-10% V/γ-Al_2O_3 催化剂还表现出良好的耐久性、耐水和耐 Cl 中毒性。

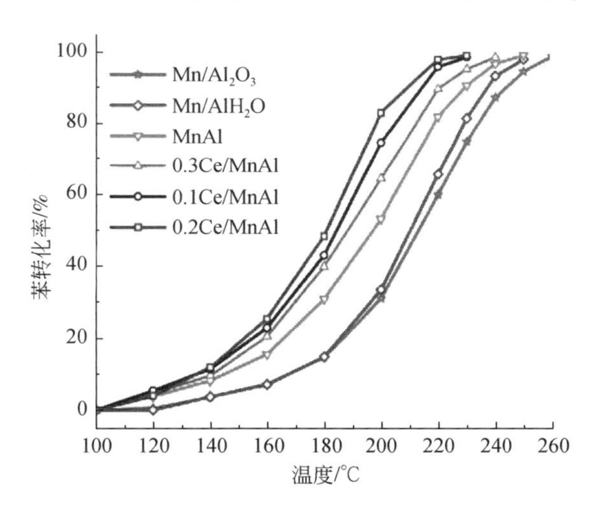

图 4-16　催化剂对苯的催化性能

苯浓度：100ppm，SV=60000mL/(g·h)

Wang 等[123]研究了 Ce 和 Mn 的添加对 γ-Al_2O_3 负载 Cu 催化剂（Cu/γ-Al_2O_3）催化苯燃烧的影响，在 600℃ 的煅烧温度下，摩尔比为 1∶1.5∶0.5 和载量为 10% 的 Cu-Mn-Ce 催化剂表现出最佳的催化性能。Ce 可以改善晶格氧（O_{latt}）的形成，Mn 有利于增加表面氧（O_{sur}）和吸附氧（O_{ads}）。Mn 和 Ce 的协同作用可以进一步增加表面氧和吸附氧的含量，从而提高其催化活性。Yang 等[124]采用浸渍法制备了不同 Mg 含量和不同煅烧温度的

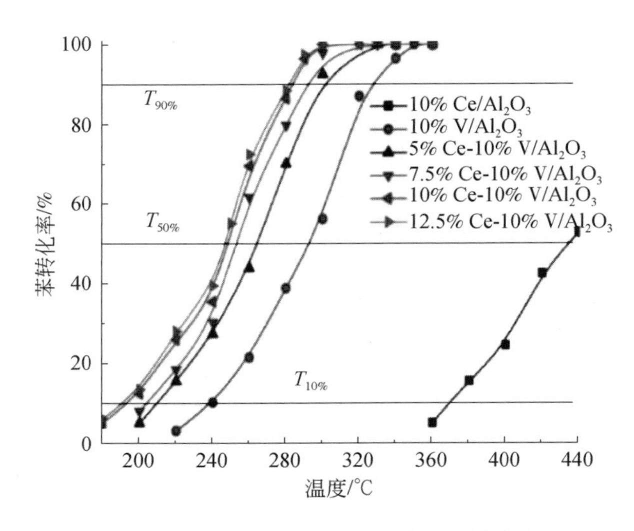

图 4-17 催化剂对苯催化燃烧的起燃曲线

Cu-Mn-Ce/γ-Al_2O_3 催化剂，发现一定量的 Mg 掺杂主要存在于催化剂表面，可以有效地提高催化剂的活性，减少催化剂表面的烧结。Abbasi 等[125]通过浸渍法成功制备了 Pt/Al_2O_3-CeO_2 纳米催化剂，揭示了 CeO_2 对 Pt 和 Al_2O_3 还原性具有促进作用。Dai 等[126]采用柠檬酸溶胶–凝胶法制备了牛血清白蛋白（BSA）模板的 CeO_2，将其作为载体合成了 Au/BSA-CeO_2 催化剂，苯在该催化剂上 210℃时达到 90% 转化率，并且在 140h 内保持 90% 以上。进一步研究证明，以 BSA 为模板的 CeO_2 载体具有分层结构，丰富的吸附氧种类以及与 Au 之间良好的协同作用。CeO_2 的多孔结构会影响氧空位的产生，Au 纳米粒子和 CeO_2 载体之间的协同作用则可以促进苯氧化之前吸附在 Au 纳米粒子上的苯的活化，且遵循双中心机理[126]。Yang 等[127]研究了 Au/CeO_2 和 Au/V_2O_5/CeO_2 催化剂对苯的催化氧化，发现 CeO_2 来源种类、Au 负载量、V_2O_5的改性量以及煅烧温度都可以影响催化剂的催化活性，尤其是 Au 颗粒尺寸以及 V_2O_5和 CeO_2 之间的相互作用对催化活性很重要。Guo 等[128]通过 KIT-6 模板获得了三维有序介孔（3DOM）CeO_2（即 kit-CeO_2）负载不同 Pd 含量的催化剂，发现 0.5wt% Pd/kit-CeO_2 可将 90% 苯转化所需的温度降低至 187℃且维持稳定（图 4-18）。

Lyuba 等[49]制备了 Y 修饰的 CeO_2 负载 Pd-Au 催化剂，在 150℃温度下，苯的转化率为 100%。Zuo 等[47]对多孔高岭土/NaY 复合材料（KL-NY）负载 Pd-Pt 的催化剂进行了稀土改性，含稀土金属的催化剂大大提高了催化剂的活性，Pd/KL-NY 以及在 Pd-Pt/KL-NY 催化剂中添加 Ce 可以提高催化活性和稳定性，Ce 含量和 Pt/Pd 摩尔比为 0.2% Pd-Pt（6∶1）/6% Ce/KL-NY 的催化剂表现出最佳活性，苯在 230℃时实现完全氧化且在 960h 内维持 100% 转化率。Yang 等[129]通过原位结晶合成了一种新型的高岭土基 NaY 型沸石（HMOR）晶体（KL-NY）材料，并进一步制备了 CeO_2 改性的 KL-NY 负载锰氧化物的催化剂（MnCeO_x/KL-NY），发现 10% MnCe（9∶1）/KL-NY 催化活性最高，主要与 KL-NY 表面的 CeO_2 和 MnO_x间强相互作用有关，可以在 260℃下完全氧化低浓度的苯，且连续反

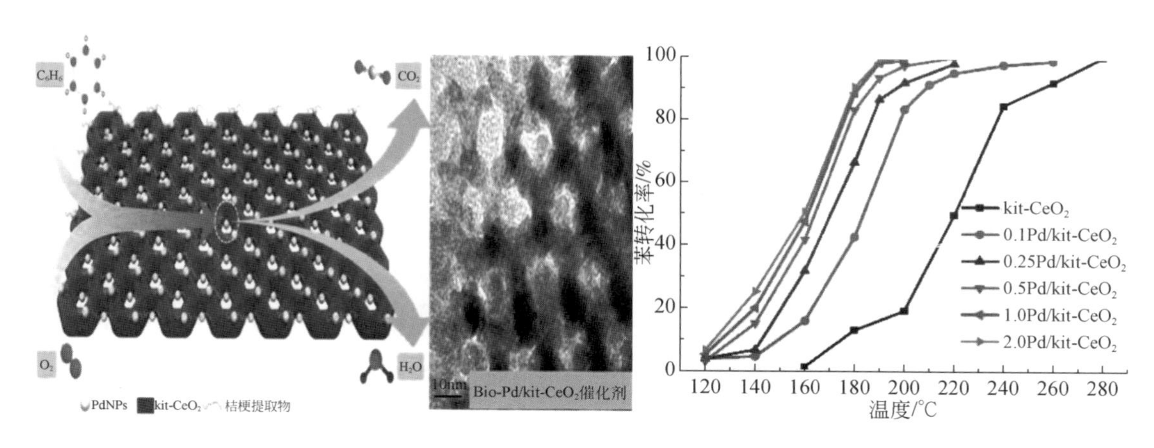

图4-18 Pd/kit-CeO_2 对苯的催化活性以及反应过程示意图

应800h后活性没有降低，表明其具有很高的工业应用潜力。

Zuo等[3-6]研究了REE掺杂对Al-PILC的影响，结果表明，AlREE-PILC的层间距、比表面积和孔体积较Na-mmt和Al-PILC都有显著提高，具有高比表面积、大孔径的AlREE-PILC有利于Pd颗粒的分散，增加了活性中心数目，从而提高了其负载Pd催化剂上低浓度苯的催化氧化性能，其中AlCe-PILC负载Pd催化剂的氧化活性最高，苯的转化率在240℃时就高于90%。各催化剂的完全氧化（>90%转化率）活性次序为：Pd/AlCe-PILC>Pd/AlLa-PILC>Pd/AlPr-PILC>Pd/AlNd-PILC>Pd/AlY-PILC>Pd/Al-PILC。复合交联剂的水热制备条件以及不同Al/Ce比例对于AlCe-PILC负载Pd催化剂的活性影响很大，随着复合交联剂水热时间的增加，催化剂的氧化活性次序为：Pd/AlCe-PILC（5；30）>Pd/AlCe-PILC（5；20）>Pd/AlCe-PILC（5；10）>Pd/AlCe-PILC（5；5），即随着复合交联剂水热时间的增加，催化剂的氧化活性增加。Ce不仅可以作为阳离子改性交联剂与Al复合形成AlCe-PILC，也可通过活性物种的助剂进行改性，改变活性物种的氧化态，进而影响活性。Zuo等[130]用不同Mn/Ce原子比的MnO_x和CeO_2通过浸渍法负载到AlFe-PILC载体上，CeO_2的添加量对MnO_x在载体上的分散至关重要，当Mn/Ce为6∶1时，MnCe/AlFe-PILC具有最高的催化活性，可在250℃温度下完全降解苯。Li等[131]以大比表面积、大孔径的AlNi-PILC为载体，制备了一系列以M（M=Cr，Co，Fe，Mn）为活性组分且用稀土元素REE（REE=Y，Ce，La，Pr，Nd）改性的M/REE/AlNi-PILC催化剂。他们发现在催化燃烧苯的过程中，催化剂的活性与过渡金属的类型有关，且不同稀土种类和含量对催化剂的活性有影响，如图4-19（a，b）所示。适量Ce通过储放氧功能促进催化剂的催化活性；当含量过高时，Ce会将催化剂表面Cr活性组分部分覆盖，导致催化剂活性降低。Zhao等[31]合成了Ce修饰的NaY分子筛负载PdO纳米晶催化剂，NaY分子筛结构稳定，S_{BET}达到了651m^2/g，0.2% Pd/8% Ce/NaY表现出最佳的催化降解低浓度苯的活性，在250℃下实现苯的完全氧化。

Zuo等[132]以SBA-16为载体负载不同过渡金属（Cr，Mn，Fe，Co，Ni，Cu），并用稀土Ce修饰后发现，由于不同过渡金属氧化物的性质与SBA-16载体之间的相互作用程度不

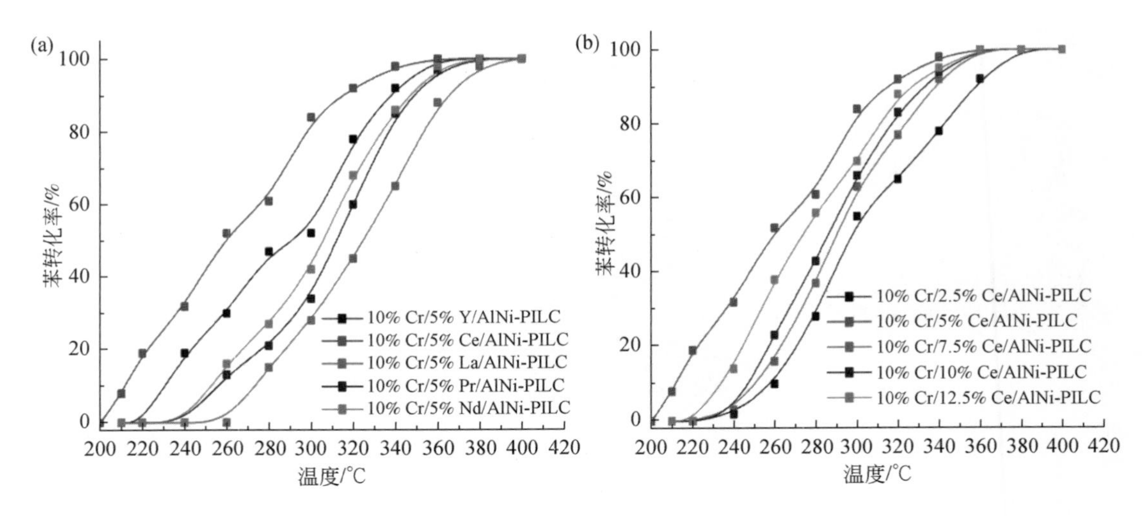

图 4-19　催化剂的催化活性

同，催化剂 M/SBA-16 的活性遵循以下顺序：Co>Mn>Fe>Ni>Cr>Cu，Co 基催化剂具有更优的活性，且当 Co/Ce 比为 18∶1 时［CoCe（18∶1）/SBA-16］其对苯的催化活性最佳，其中 Co 是活性物种，而 Ce 仅充当助催化剂，适量 Ce 引入可以促进苯的催化反应，过少容易导致氧空位的缺乏。Li 等[133]通过浸渍法合成了掺杂 REE 的 Co/USY 催化剂，发现将 REE 添加到负载型 Co_3O_4 催化剂中可以提高催化燃烧苯的效率，10% Co-7.5% Ce/USY 在 250℃下可以完全催化氧化低浓度的苯。值得注意的是，掺杂 Ce 在促进 Co_3O_4 分散的同时也会导致 CeO_2 堵塞载体孔道，不利于苯的催化反应。Mu 等[134]合成了 Co/CeO_2/SBA-15 和 Co/SBA-15 两种催化剂（图 4-20），发现分别约在 260℃和 320℃下实现苯的完全氧化。Co/CeO_2/SBA-15 的比表面积相对于 CeO_2/SBA-15 的比表面积从 912m^2/g 减小到 529m^2/g，这可能是由于框架外的 CeO_2 阻碍了 Co_3O_4 在 CeO_2/SBA-15

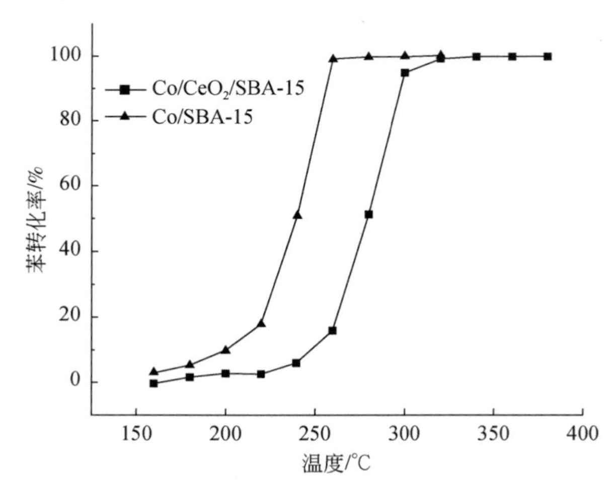

图 4-20　Co/CeO_2/SBA-15 和 Co/SBA-15 催化剂的催化活性

上的分散并使其聚集形成较大的 Co_3O_4 颗粒而易堵塞孔道，这不利于苯的催化燃烧。Xia 等[135]将 CeO_2 添加到 Mn/Cr_2O_3 催化剂上，Cr_2O_3、CeO_2 和 MnO_x 之间的相互作用改善了催化剂的氧化性能。

4.2 甲　　苯

甲苯是最常见的 VOCs 成分之一，被广泛地用作化工合成的溶剂或原料，也是燃料不完全燃烧的产物之一，其往大气中的排放严重破坏了生态环境并威胁着人类健康，把工业甲苯废气进行催化降解处理对于大气环境保护而言是至关重要的。目前，用于甲苯催化燃烧的催化剂主要分为贵金属催化剂、过渡金属氧化物催化剂和稀土金属氧化物催化剂三类。其中，针对贵金属催化剂的研究集中于通过载体性质调控来促进贵金属的高分散及稳定、通过多金属合金策略来降低制备成本以及通过原子级分散来降低贵金属组分负载量等三个主要方面。对于过渡金属氧化物和稀土氧化物催化剂的研究则致力于开发高效的复合氧化物催化剂。在下文中，将分别对三类催化剂进行介绍。

4.2.1　贵金属催化剂

贵金属催化剂是最先发展起来的甲苯氧化催化剂，具有优异的低温活性和良好的产物选择性，已在工业废气治理领域被广泛应用。目前多为负载型催化剂，以过渡金属氧化物、稀土金属氧化物和分子筛等作为载体，其活性组分主要有：Pt、Pd、Au、Ru、Rh 和 Ag 等，依据活性组分可以分为单一贵金属催化剂、多元贵金属催化剂，以及最近几年发展起来的单原子贵金属催化剂。

1. 单一贵金属催化剂

在贵金属催化剂中，使用最多的为 Pt 和 Pd 体系催化剂。其中 Pt 系催化剂具有优异的氧化还原性能，其对甲苯的降解活性一般高于 Pd 系催化剂，可在较低的温度下实现甲苯的完全氧化。Zhao 等[137]报道了以复合稀土金属氧化物 Eu_2O_3-CeO_2 为载体的 Pt/Eu_2O_3-CeO_2 系列催化剂，其中 Pt/EC-2.5 催化剂可在 200℃ 时促进 0.09vol% 甲苯的完全降解（图 4-21）。Nunotani 等[138]制备的 $Pt/La_{0.95}Ni_{0.05}O_{0.975}F/\gamma$-$Al_2O_3$ 催化剂甚至可在 120℃ 的极低反应温度下完全氧化 900ppm 甲苯。Hu 等采用电置换法在 Co_3O_4 表面沉积 Pt^0 制得了 Pt/Co_3O_4-GD 催化剂，其可在 150℃ 下实现 90% 的甲苯转化。相较于传统的浸渍法和纳米颗粒法制备的催化剂，Pt/Co_3O_4-GD 材料上 Pt 物种与载体间的相互作用最强，促进了气相氧的吸附和活性氧的迁移[139]。Abdelouahab-Reddam 等报道了在含铈活性炭上载 Pt 的体系也可有效降解甲苯，其中 Pt-10Ce/C 催化剂使甲苯完全转化温度低至 180℃[140]。显然，与过渡金属氧化物催化剂一般高于 200℃ 的甲苯氧化活性相比，Pt 系催化剂的性能更加优异，这也是其被广泛应用的主要原因。

以往的研究显示，Pt 系催化剂的甲苯氧化性能与 Pt 组分的价态分布、分散性能、颗粒尺寸及其与载体间相互作用等有关。对于不同价态的 Pt 组分，研究者一般认为零价 Pt

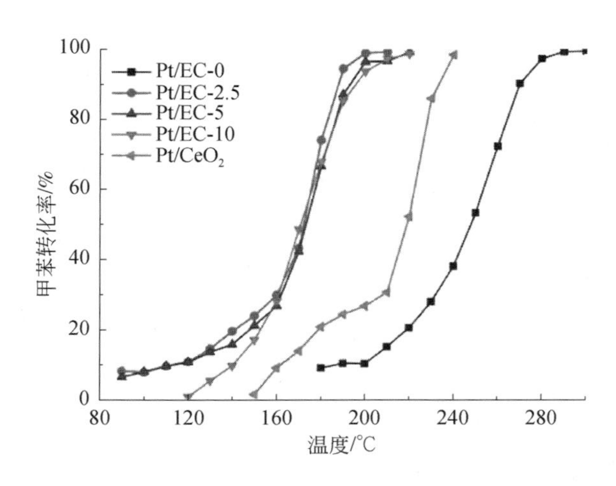

图 4-21 催化剂的甲苯催化燃烧活性

为氧化甲苯的高活性物种。Chen 等以介孔 Beta 分子筛为载体制备了 Pt-R/Beta-H 催化剂，利用分子筛材料大的比表面积和发达的微介孔结构促进了 Pt 组分的高度分散。研究者考察了还原处理对材料催化性能的影响，发现经过氢气还原处理的 Pt-R/Beta-H 催化剂具有更高的 Pt^0/Pt^{2+} 比和更优异的甲苯氧化活性，可在 195℃时实现 98% 的甲苯转化[141]。Gan 等通过调控 Pt 活性物种的化学状态和载体的表面性质，发现 0.1% Pt/Al_2O_3(S) 催化剂在 180℃下将 1000ppm 甲苯完全转化为 CO_2[142]。表面零价 Pt 物种与载体间的协同作用是其高活性的来源。零价 Pt 的高活性也被 Chen 等证实，发现通过碱金属掺杂的方式来增强 ZSM-5 表面零价 Pt 的比例，可显著提高催化剂对甲苯的氧化活性[143,144]。尽管零价 Pt 被广泛认可为主要的甲苯氧化位点，但也有研究者指出 Pt^{2+} 可作为主要的活性物种来促进甲苯氧化。Yang 等研究了贵金属与载体间的强相互作用，结果显示 Pt 组分以界面强相互作用负载于 ZrO_2 载体，更多的 Pt^{2+} 和 O_{ads} 使其具有更高的甲苯降解活性[145]。影响 Pt 系催化剂氧化性能的因素是多样的，在研究时需要从多个角度进行考察。有研究者提到，甲苯在贵金属催化剂上的氧化行为有明显的尺寸依赖反应，Pt 组分的分散和尺寸分布是影响催化剂性能的一个重要因素。一方面，随 Pt 组分分散性增加、颗粒尺寸减小，活性位点数增多，有利于甲苯氧化反应的发生。另一方面，随颗粒尺寸减小，Pt 组分的价态分布也会发生变化，高活性 Pt^0 的浓度减小不利于催化剂活性的提升。Chen 等制备了不同粒径（1.3～2.3nm）的 Pt/ZSM-5 催化剂来研究 Pt 组分分散度对其活性的影响。结果显示催化剂的活性与 Pt 分散度和 Pt^0 的表面比例有关，当 Pt 颗粒粒径为 1.9nm 时，催化活性最优，温度为 155℃时其对甲苯的转化率可高达 98%[146]。Peng 等采用乙二醇还原法制备了1.3～2.5nm 的可控尺寸的 Pt 纳米颗粒，并通过吸附法成功将其负载于 CeO_2 载体（图 4-22）。实验结果显示制备的 Pt/CeO_2 催化剂对甲苯的氧化活性表现出明显的尺寸依赖性。发现随着 Pt 颗粒尺寸的增加，Pt 的分散度减小，但 Ce—O—Pt 键、Ce^{3+} 和表面氧空位浓度增加，在多个因素的共同作用下，Pt-1.8/CeO_2 展现出最好的活性（图 4-23）[147]。

对于负载型 Pt 系催化剂，不同类型载体虽然不是主要的活性组分，但其可通过与活

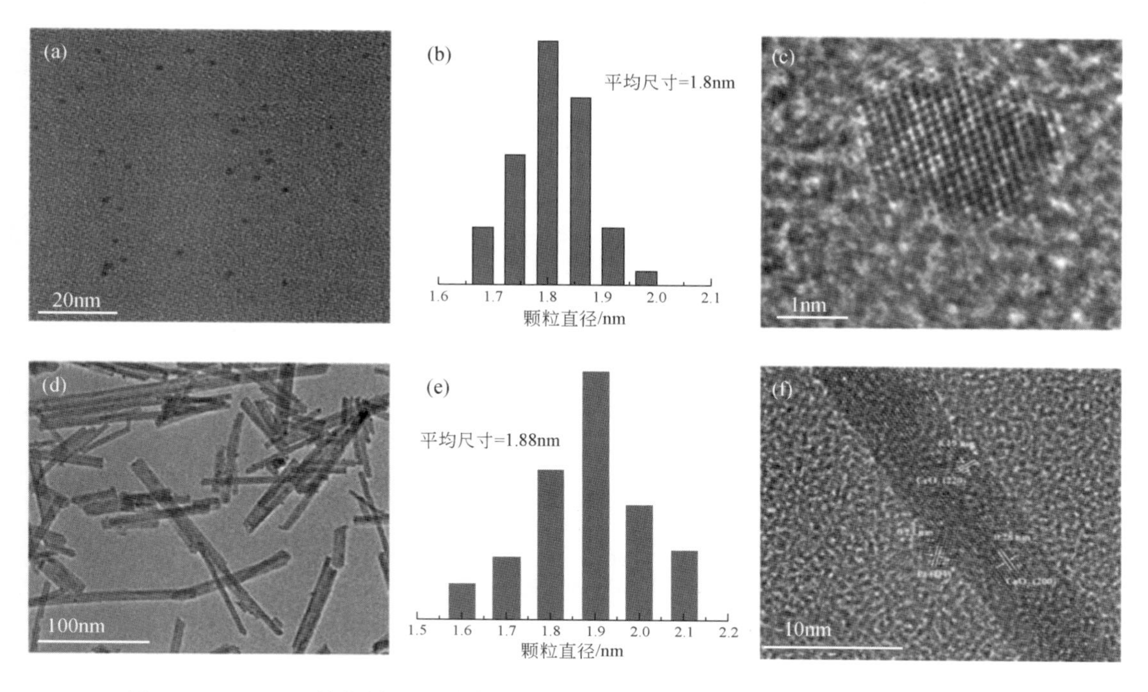

图 4-22　Pt/CeO_2 催化剂上 Pt 纳米颗粒的 TEM、HR-TEM 图，以及颗粒的粒径分布图

（a～c）母液中的 Pt 颗粒；（d～f）CeO_2 载体上的 Pt 颗粒

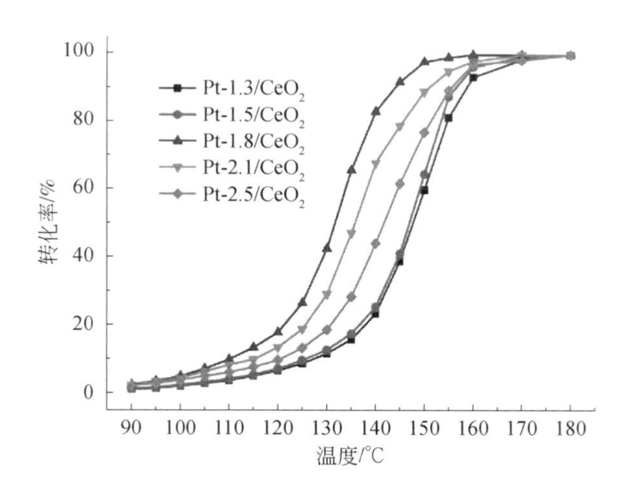

图 4-23　甲苯在 CeO_2 负载不同粒径大小 Pt 颗粒的催化剂上的催化活性[11]

催化剂量：200mg；甲苯浓度：1000ppm；WHSV：48000mL/(g·h)

性组分的相互作用对表面 Pt 物种的分散性、价态和氧化还原性能等进行调控，进而提高甲苯的氧化性能。Zhang 等采用金属-有机模板法制备了 $Pt\text{-}Co(OH)_2\text{-}O$ 催化剂，催化体系中活性组分与载体间存在着强金属-载体相互作用，削弱了载体上 Co—O 键的强度，加快

了催化剂表面的电子转移和氧迁移速率，有利于催化反应的进行。与金属-载体相互作用弱的 Pt/Co(OH)$_2$-O 催化剂相比，Pt-Co(OH)$_2$-O 表面的 Pt^0 比例更高，甲苯降解能力更强[148]。Peng 等则报道了在 Pt/CeO_2 催化剂中，甲苯的氧化活性对载体的形貌具有依赖性。相较于颗粒型和立方型 CeO_2，负载于暴露（110）晶面的纳米棒 CeO_2 上的 Pt 组分展现出更优异的活性，这与其较高的 Pt^0 比例以及材料表面丰富的氧空位有关（图 4-24）[149]。Lu 等报道了一种调控催化剂-载体相互作用的新方法，通过高结晶 TiO_2 载体的光滑表面对 Pt 纳米颗粒的表面电荷性质进行调节，促使负电荷在 Pt 位点的富集，进而加速甲苯的开环反应，提高催化剂的甲苯降解活性[150]。此外，利用金属氧化物间的界面效应来强化金属-载体相互作用，构建高效甲苯降解催化剂也是一条可行的策略。Duan 通过原位液相还原法成功制备了 Pt/MnO_2@Mn_2O_3 催化剂。通过 XRD、HR-TEM 和 XPS 表征结果发现 Pt 纳米粒子高度分散在 MnO_2@Mn_2O_3 的界面处。得益于较高的 Pt^0 含量和独特三相界面处的强金属-载体相互作用，Pt/MnO_2@Mn_2O_3 催化剂表现出优异的活性和稳定性，在 22500mL/(g·h) 空速下对甲苯的完全转化温度低至 160℃（图 4-25）[151]。

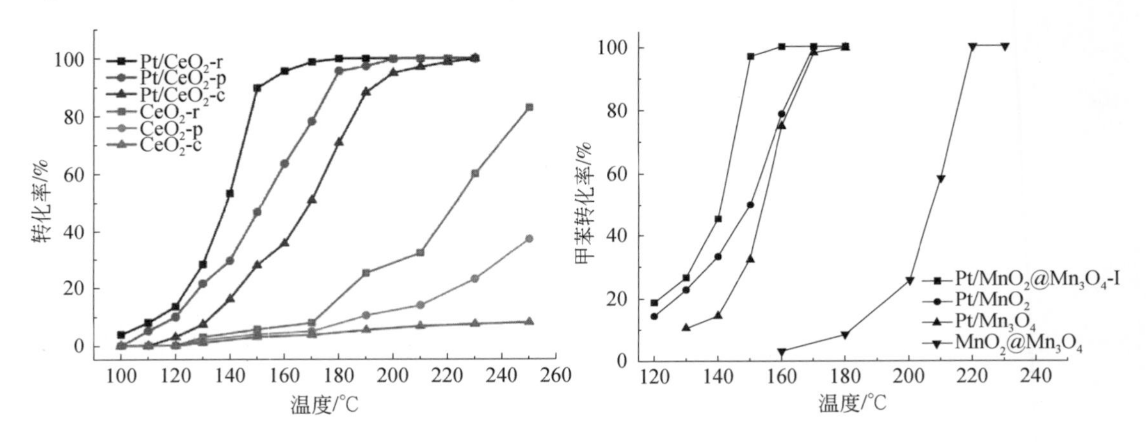

图 4-24　多种 CeO_2 和 Pt/CeO_2 催化剂的甲苯转化

甲苯浓度：1000ppm；WHSV：48000mL/(g·h)；催化剂量：200mg

图 4-25　MnO_2@Mn_3O_4 及三种 Pt 系催化剂的甲苯转化

利用载体与活性组分的相互作用来促进材料的热稳定性、提高催化剂抗烧结能力是研究热点问题，也是 Pt 系催化剂走向实际应用的关键因素之一。多孔材料的孔道限域作用和核-壳材料的包覆作用常被研究者用来提高催化剂的稳定性、抑制 Pt 组分的聚集失活。分子筛材料具有极大的比表面积和发达的微介孔结构，作为载体可有效地促进 Pt 组分的高度分散和稳定。Zhang 等采用简单的酸碱后处理工艺制备了分级多孔丝光沸石，并以此作为载体制备了 Pt 系催化剂。分级丝光沸石均匀分布的微介孔道结构促使 Pt 组分在载体上高度分散，制备的 Pt/HPMOR 催化剂可在 190℃下实现 90% 的甲苯转化，且在 60h 的稳定性测试中保持稳定的活性[152]。Chen 等报道了以富铝 Beta 沸石作为载体的 Pt/KBeta-SDS 催化剂。TEM 照片显示，平均粒径为 2.2nm 的 Pt 纳米颗粒均匀地分散于分子筛表面。此催化剂可在 150℃的低温下实现 1000ppm 甲苯的 98% 转化，且在原料气中存在 H_2O 和 CO_2

的情况下保持稳定的甲苯转化率[144]。有研究者以具有一维孔道结构的 SBA-15 分子筛作为载体制备了 Pt/SBA-15 催化剂用于甲苯降解。与 Pt/SiO_2 催化剂相比，Pt/SBA-15 材料能在低温下促进甲苯解离为苯、烃类碎片和 H_2，进而促进甲苯的低温降解。由于 SBA-15 载体的孔道限域作用，Pt 组分在载体孔道内部以亚纳米尺寸的 Pt 簇或单原子 Pt 的形式存在，这些低配位的小尺寸活性位点将会促进甲苯的吸附，诱导其强解离[153]。而 Liu 等则利用二季铵盐表面活性剂中铵离子的静电吸附作用，将 Pt 纳米颗粒可控地嵌入到 ZSM-5 分子筛的单层纳米片中，制得了三明治结构的 Pt@ ZSM-5 催化剂。由于纳米片的约束作用，层间团簇经过高温处理后仍能保持良好的分散性和优异的热稳定性，在 60000mL/(g · h) 空速、1000ppm 甲苯浓度和 230℃ 温度条件下反应 360h 未发生明显失活，展现出超高的稳定性（图 4-26）[154]。除分子筛外，其他多孔材料或氧化物对 Pt 物种的限域或者包覆作用也可有效提高催化剂的活性和稳定性。Zhang 等报道了一种 Pt@ CNT 催化剂可在 150℃ 下完全转化甲苯（图 4-27）[155]。研究者利用管道直径为 1. 0 ~ 1. 5nm 的碳纳米管（CNT）对 Pt 组分进行封装，不仅可将 Pt 簇的尺寸限制在 1. 0nm 左右，还可利用主体-客体相互作用使 Pt 组分处于高活性的还原态，极大地促进了 Pt 组分对甲苯的降解能力。Peng 等针对贵金属和 CeO_2 材料的高温烧结问题介绍了一种 SiO_2 包覆策略。研究者在反胶束乳液体系中制备的具有核-壳结构的 Pt-CeO_2 NW@ SiO_2 催化剂是一种理想的甲苯氧化催化剂。均匀分散的 Pt 簇和 CeO_2 纳米线间存在的强相互作用提高了催化剂的甲苯氧化性能，而包覆的多孔硅壳可有效抑制活性组分的烧结。此催化剂可在 170℃ 时促进甲苯的完全转化，并在 700℃ 煅烧 100h 后仍能保持核-壳结构和纳米线核，有效地抑制了贵金属 Pt 的烧结[156]。

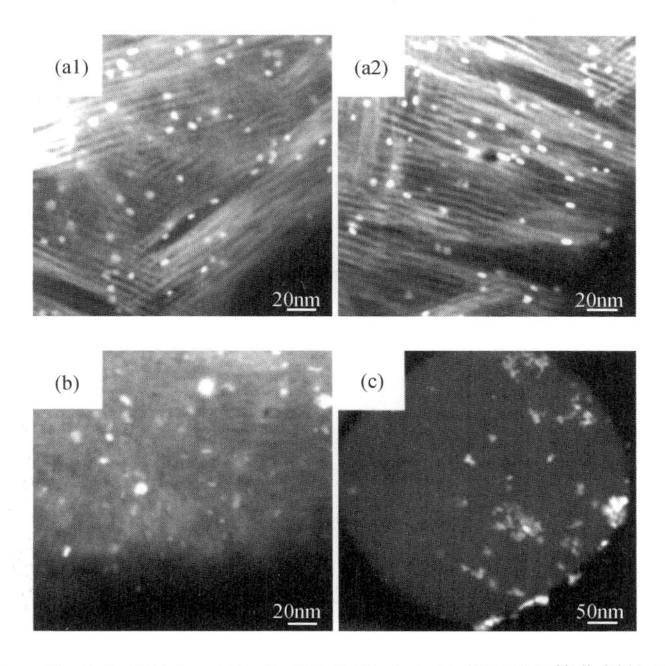

图 4-26　（a1、a2）Pt@ PZN-2，（b）Pt/ZN-2 和（c）Pt/CZ-500 催化剂的 HAADF-STEM（高角度环形暗场扫描透射电子显微镜）照片

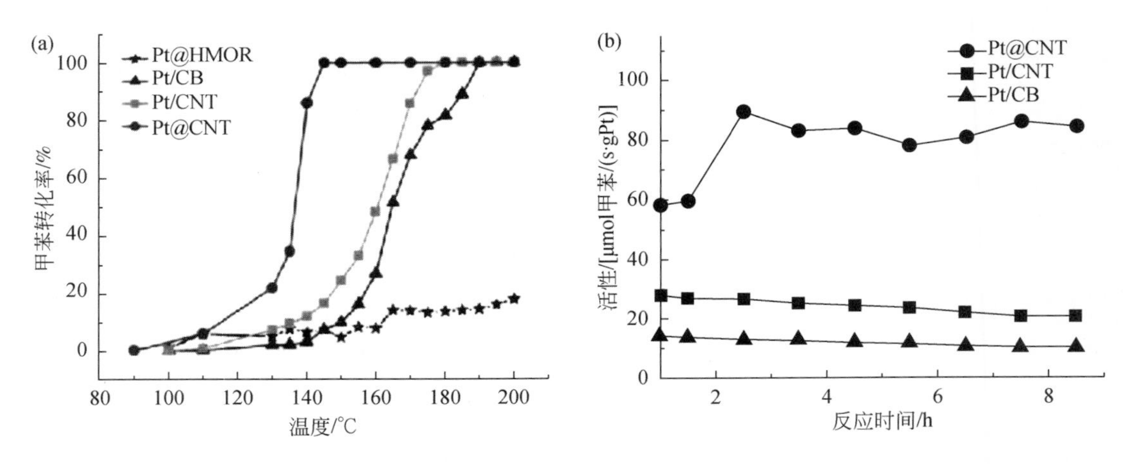

图 4-27　Pt 纳米团簇负载于沸石、碳纳米管、碳黑（CB）上的甲苯催化活性和稳定性

有研究者对 Pt 基催化剂上甲苯的氧化行为和可能的反应路径进行了研究，指出苯甲酸和苯甲醛类物质通常是甲苯氧化过程中最主要的中间产物。Chen 等以预浸渍 Pt NPs 的 MIL-101-Cr 为原料，热解制得了具有极高甲苯氧化活性的三维联通介孔 Pt@ M-Cr_2O_3 催化剂，可在 144℃下实现 90% 的甲苯转化（图 4-28）[157]。研究者指出 Pt@ M-Cr_2O_3 催化剂优异的催化活性与良好的 Pt 纳米颗粒分散性、Pt 纳米颗粒与 M-Cr_2O_3 的强相互作用、高 Pt^0/Pt^{4+} 比和优异的低温还原性等有关。研究者通过原位 DRIFT 表征技术揭示了甲苯的氧化路径，发现吸附于催化剂表面上的甲苯首先转化为苯甲酸和苯甲醛类物质，之后经开环反应生成马来酸酐，最后深度氧化为 CO_2 和水。在整个过程中，苯甲酸是最关键的中间产物，其深度氧化过程是整个反应过程的速控步骤[157]。类似的反应路径也被 Pei 等报道，研究者运用原位红外技术考察了甲苯在 Pt/3DOM Mn_2O_3 上的氧化过程，在得到的光谱上同时观察到了苯甲醇、苯甲醛、苯甲酸和马来酸酐中间体的相关峰。研究者指出在催化剂表面吸附的甲苯在低温下按照苯甲醇、苯甲醛、苯甲酸的顺序发生转化，随着反应温度的升高，苯甲酸发生开环反应转变为马来酸酐，最后氧化为 CO_2 和 H_2O[158]。Zhang 等采用乙二醇还原法和静电吸附法分别制备了 Pt-Al_2O_3、Pt-Co_3O_4 和 Pt-CeO_2 催化剂，Pt-CeO_2 催化剂展现出最优异的催化性能，CeO_2 表面氧与相邻 Pt 物种间形成了强金属-载体相互作用，增强了氧组分的活化与迁移，促进了氧空位的形成。依据原位红外表征结果，研究者指出甲苯在催化剂上的氧化反应路径是一个连续的过程，遵循苄基—苯甲醛—苯甲酸酯—甲酸酯物种—CO_2 和 H_2O 的转化顺序[159]。

相比于 Pt 系催化剂，Pd 系催化剂的活性稍差，不过也具有优异的水热稳定性和抗高温烧结性能，被广泛地开发为甲苯废气催化燃烧材料。与 Pt 系催化剂类似，Pd 系催化剂的活性受到 Pd 组分化学状态、分散度和载体性质等的共同调控。在进行 Pd 系催化剂的设计和研究时要全面地考虑几类性质对材料的影响。

一般认为，Pd^0是 Pd 系催化体系中主要的活性组分，载体表面 Pd^0的比例越高，材料的催化性能越好。Bi 等制备了 Pd/UIO-66 催化剂用于甲苯氧化，并研究了 H_2、$NaBH_4$

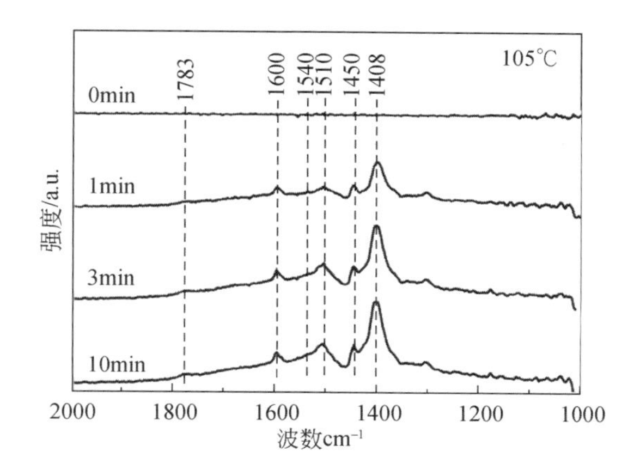

图 4-28　0.82Pt@ M-Cr_2O_3 催化剂在 105℃对 300ppm 甲苯氧化的原位红外谱图

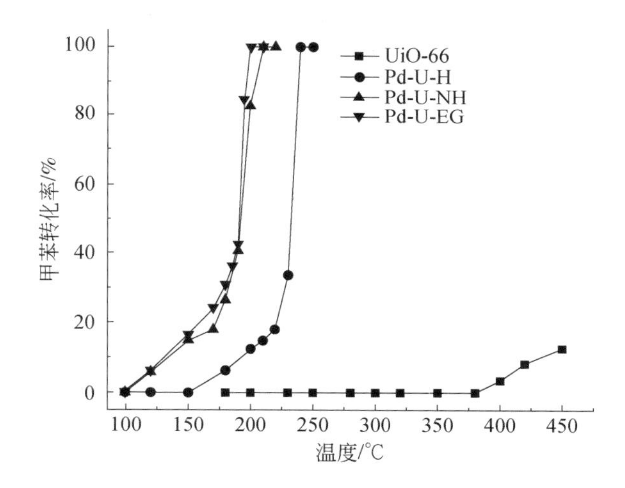

图 4-29　不同还原条件下催化剂的甲苯活性

(NH) 和聚乙烯醇 (EG) 等不同还原条件对材料活性的影响。结果显示，使用聚乙烯醇还原后的催化剂具有最优的活性，且具有良好的抗水性 (图 4-29)[160]。通过 XPS 分析可知，Pd^0/Pd^{2+} 比例越大，催化剂的催化活性越高，Pd^0 为主要的活性位点。Peng 等认为 Pd^0 比 Pd^{2+} 具有更高的催化活性，通过比较 Pd/Fe-ZSM-5 和 Pd/Al-ZSM-5 对甲苯的降解，发现 Fe 的加入促进了表面 Pd^0 和吸附氧的形成，改善了甲苯燃烧性能[161]。Ri 等以 Mn/Ce-MOF 热解得到的 Mn_3Ce_2-300 为载体制备了 Pd 系催化剂。相比于由共沉淀法载体制备的 Pd/Mn_3Ce_2-Cop 催化剂，Pd/Mn_3Ce_2-300 表现出更好的甲苯氧化活性，完全转化甲苯所需温度低至 190℃。Pd 组分与 Mn_3Ce_2-300 间存在着强相互作用，导致材料表面更高的 Pd^0 比例、更多的活性吸附氧和更强的低温还原能力 (图 4-30)[162]。Lin 等考察了经过不同金属添加剂改性的 CeO_2 载体对 Pd 系催化剂活性的影响，发现催化剂活性顺序为 Pd/ZrO_2-CeO_2 > Pd/MnO_2-CeO_2 > Pd/CuO-CeO_2 > Pd/ZnO-CeO_2 > Pd/CeO_2，添加剂与 Pd/CeO_2 产生了协同效应，增加了 Pd^0 浓度和 CeO_2 的储氧量，有利于甲苯的催化氧化。其中 Pd/ZrO_2-CeO_2 催化剂活性最优，可在 170℃时达到 90% 甲苯转化[163]。Weng 等考察了不同碱性金属如 MgO 或 BaO 掺杂改性的 Al_2O_3 作为载体制备的 Pd/Al_2O_3 催化剂，碱性元素的掺杂提高了 PdO 和活性氧的低温还原性，进而提高了对甲苯的氧化能力[164]。

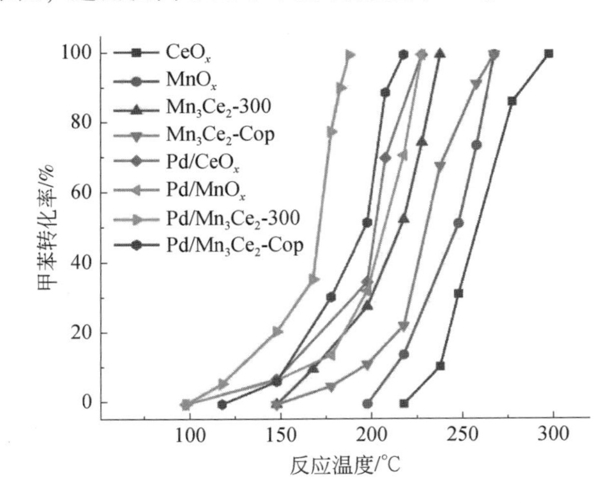

图 4-30　载体和载 Pd 催化剂的甲苯转化曲线

对于贵金属催化剂，活性组分的分散度往往与催化性能密切相关。Pham 等以硝酸四铵钯为前驱体，采用湿浸渍法制备的 1wt% Pd/Al_2O_3 催化剂拥有较好的甲苯氧化性能，可在 250℃完全降解甲苯，其良好活性与 Pd 组分小的粒径和高的分散度有关[165]。Tidahy 等以分级双模大–介孔氧化锆为载体制备了 0.5wt% Pd/ZrO_2 催化剂，研究发现经 600℃煅烧后的材料的甲苯氧化活性更好，这与其更高的 PdO 物种量和更高的 Pd 分散度有关[166]。

分子筛类材料具有比表面积大、孔隙率高、孔道类型多样、亲/疏水性和酸碱性可调等优势，可为活性组分的负载和稳定提供丰富的位点，是一种理想的催化剂载体。通过调控分子筛载体的孔道组成和酸碱性等性质可有效改善 Pd 系材料的甲苯催化氧化活性。He 等报道了一种微/介孔复合材料作为载体的 Pd/ZK-x 催化剂。采用原位生长的方法成功将具有较高酸性的微孔 ZSM-5 引入到介孔 KIT-6 材料中，随着酸性位点和微孔结构的引入，催化剂的活性得到了极大的提升，以 90% 甲苯转化率所需温度为基准，最优的 Pd/ZK-6 催化剂较 Pd/KIT-6 低 30℃，可在 203℃时实现 90% 的甲苯转化且具有最高的 CO_2 选择性（图 4-31）。复合载体对活性提升主要得益于其较大的比表面积和酸度对 Pd 组分分散的协同促进以及微孔结构对甲苯吸附性能的增强[167]。Wang 等考察了负载于不同分子筛（ZSM-5、MOR、NaY 和 β 分子筛）上的 $Pd/La_{0.8}Ce_{0.2}MnO_3$ 对甲苯燃烧的催化活性，发现在比表面积最小的 ZSM-5 分子筛上的催化剂具有最好的性能，其更强的表面酸性和优异的还原性是促进甲苯氧化的关键[168]。由于构成分子筛的 Si 和 Al 元素的亲水性明显不同，采用不同的 SiO_2/Al_2O_3 比可以有效调控分子筛载体的亲/疏水性质。有机甲苯分子具有明显的亲油性，分子筛表面更强的疏水性质有利于其在表面的吸附和反应[169]。He 等报道了一系列负载型 Pd 系催化剂，详细研究了具有大比表面积的分子筛类载体对催化剂甲苯氧化性能的影响。研究者以酸度可控的短柱型 SBA-15 为载体，采用简单的“双溶剂”法制备了 Pd/SC-x 催化剂以用于甲苯催化氧化。通过比较催化剂的甲苯氧化性能和催化材料的理化性质之间的构效关系，研究者发现比表面积和甲苯的吸/脱附性能并不是催化活性的决定因素，相较而言载体的微孔率、酸度、Pd 组分的分散度以及材料的 CO_2 解吸能力对活性的影响更加重要。载体表面亲电性的酸性位点可以极大地促进 Pd 组分的分散和金属 Pd 的氧化，进而促进材料催化性能的提升。在制备的催化剂中，Pd/SC-20 活性最佳，可在 210℃以内完全降解甲苯[170]。类似地，载体多孔表面对 Pd 分散的促进作用也在其他催化体系中有所体现，包括 Pd/BMS-x[167]、Pd/SBA-15[171]等。

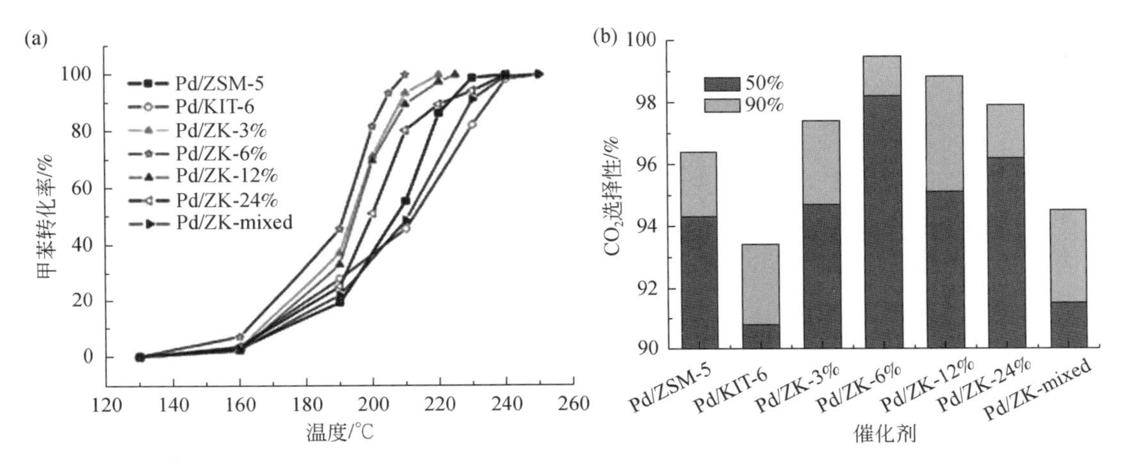

图 4-31　不同载钯催化剂的（a）甲苯催化活性和（b）CO_2 选择性（50% 和 90% 甲苯转化率）

Au 曾经被认为是一种惰性金属，其对氧和氢原子的活性较差，很少应用于催化领域。在 Haruta 等发现当 Au 粒子尺寸减小到一定程度时会表现出极高的氧化活性后[172]，引起了人们对 Au 催化的研究兴趣。近几年，Au 系催化剂在甲苯催化氧化领域发挥了重要的作用。Xie 等以三维有序大孔材料为载体对 Au 系催化剂进行了系统的研究，指出材料的高比表面积和三维大孔结构有利于 Au 组分的负载，5.8wt% Au/3DOM-Mn_2O_3 展现出优异的甲苯降解活性，在 244℃下可实现 90% 的甲苯转化（图 4-32）[173]。Li 等报道了 Au/CeO_2 催化剂，随着 Au 负载量的不同可在 250～350℃的范围内实现甲苯的完全转化[174]。Au/X_6Al_2HT（X 代表 Co、Mn 或 Mg）水滑石催化体系也被用于甲苯氧化，载体性质对此 Au 系催化剂甲苯氧化活性有重大影响[147]。此外，也有研究者提到 Au 组分负载对材料还原性和氧空位形成具有促进作用[175,176]。需要注意到，尽管 Au 组分的负载可有效地提高材料的催化性能，但与 Pt 和 Pd 体系催化剂相比，Au 系催化剂的甲苯降解活性较差，完全氧化温度很难降至 250℃以下。在最近的研究中，有研究者利用 Au 相对廉价的优势，开发多元贵金属催化剂以获得高效且廉价的甲苯氧化催化剂，这一部分将在后文中进行讨论。

除上述三类催化剂外，Ru 系、Rh 系和 Ag 系催化剂在甲苯催化氧化中的应用较少，但也有报道指出这几种贵金属元素可高效降解甲苯。Liu 等以金属-有机框架模板法制备的 Co_3O_4-MOF 作为载体，开发了 Ru/Co_3O_4-MOF 催化剂用于甲苯降解，可在 238℃下达到

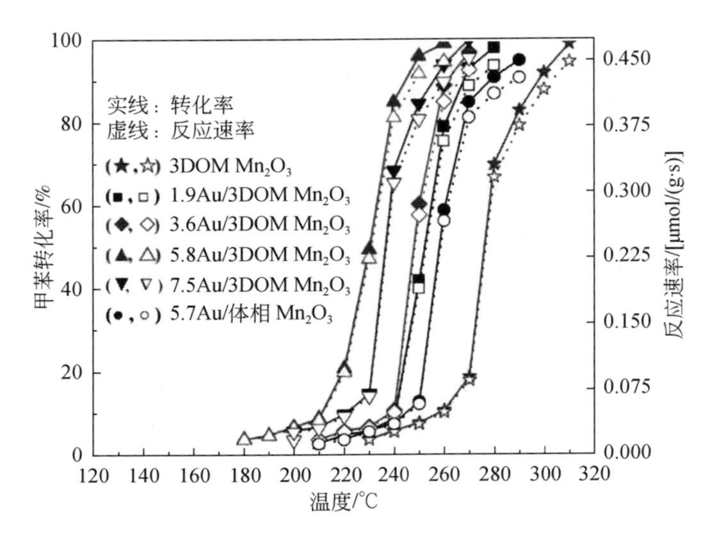

图 4-32　在 40000mL/(g·h) 下，甲苯在 3DOM Mn_2O_3、xAu/3DOM Mn_2O_3 和 5.7Au/体相 Mn_2O_3 样品上的转化率和反应速率随反应温度的变化趋势

90% 的甲苯转化，且具有良好的抗水性和长期稳定性[177]。Wang 等以分级 HZSM-5 分子筛为载体，贵金属 Ru 为活性组分构建了双功能吸附/催化体系用于高湿度条件下苯系物的消除，其中最优的 Ru/m-HZ（3）材料降解 90% 甲苯所需温度为 243℃，在多次循环测试中均保持良好的碳平衡，无二次污染物产生[178]。Santos 等研究了以 TiO_2 为载体的贵金属催化剂对 VOCs 的氧化行为，发现 Rh 系催化剂对甲苯的催化降解活性比 Au 系催化剂好，但要弱于 Pt 和 Pd 系催化剂[179]。针对最廉价的贵金属 Ag 也有相关催化剂的报道，如 Ag-U[180]、Ag-Mn/SBA-15[181] 和 Ag/ZrO_2[182] 等催化体系，但其对甲苯的完全降解温度均在 250℃以上。Deng 等报道了一种具有优异甲苯氧化活性的 Ag 系催化剂。研究者采用原位熔盐法制得了超低负载（0.13wt%）的 Ag/Mn_2O_3-ms 催化剂，由于载体表面 Ag 物种高度分散，此催化剂对甲苯的 90% 转化温度可低至 215℃（图 4-33）[183]。

贵金属催化剂对甲苯燃烧具有较高的催化活性，但贵金属资源稀缺、价格昂贵，限制了其在工业中的应用。作为应对，研究者提出了构建多元贵金属催化剂和单原子催化剂的策略。前者主要通过较廉价金属组分的添加来减少昂贵金属的使用，进而降低成本。后者则是通过提高活性组分分散度，提高原子利用率的方法来减少贵金属负载量，开发高效廉价的催化体系。

2. 多元贵金属催化剂

近年来，多元金属合金策略受到了研究者的广泛关注，利用不同金属活性组分间的协同作用可有效提高催化剂的活性和稳定性，降低贵金属用量。对于甲苯的催化氧化，Pt 和 Pd 系催化剂的活性最高，Ag、Ru、Au 和 Rh 等贵金属可作为活性促进剂来构建双组分贵金属催化剂，在确保催化活性的前提下减少 Pt 和 Pd 组分的用量。Wang 等在有序 ZrO_2 纳

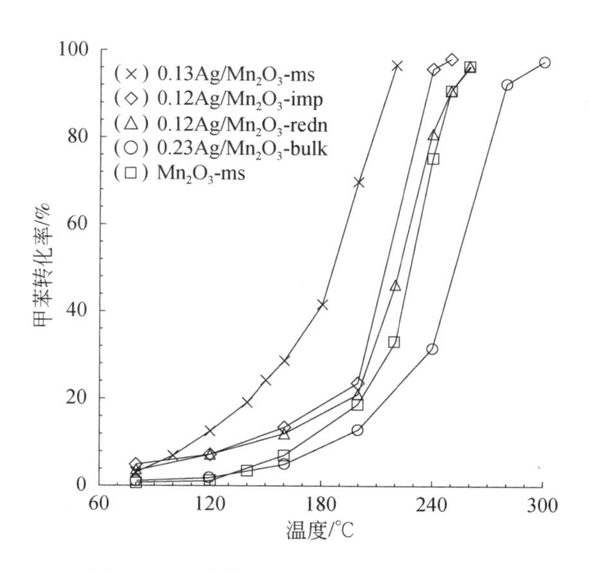

图 4-33 不同样品的甲苯氧化催化活性

甲苯/氧摩尔比：1/400；SV：40000mL/(g·h)

米管上构建了 Pt-Ru 双金属体系来降解甲苯。在 36000mL/(g·h) 空速下，$Pt_{0.7}Ru_{0.3}/ZrO_2$ 催化剂对甲苯的完全转化温度低至 160℃，是一种高效的甲苯催化氧化材料。Pt-Ru 组分间存在着协同作用，促进了材料低温还原性和氧吸附容量，进而导致了超高的甲苯降解活性[184]。Xie 等采用聚乙烯醇保护还原技术在 3DOM Mn_2O_3 载体上负载了不同含量（1.0wt%~3.8wt%）的 AuPd 合金颗粒，比较了不同 Au/Pd 原子比对甲苯催化活性的影响。结果显示，由于载体与合金颗粒间的强相互作用，3.8wt% $AuPd_{1.92}$/3DOM Mn_2O_3 催化剂展现出优异的甲苯降解活性、热稳定性及良好的抗水汽能力，具有工业应用潜力（图 4-34）[185]。Trung 等以铈/颗粒碳为载体，通过金属溶胶法成功负载 Au、Pd 和 Au-Pd 贵金属颗粒，构建了双功能吸附/催化体系。发现当 Au 和 Pd 同时存在时，由于二者间的相互作用，载体上贵金属颗粒的尺寸明显减小至 5nm 以下，相应的双元贵金属材料对甲苯的催化活性明显提升。0.5% Au-0.27% Pd/CeO_2/GC 催化剂可在 175℃下稳定消除 90% 的高湿度（60%）甲苯废气。研究者还对催化反应行为进行了模拟研究，发现 MvK 机制与实验数据的拟合度最高，可被用来描述整个反应过程[186]。Hosseini 等发现贵金属组分的沉积顺序对 Pd-Au 催化体系的催化性能有显著影响，其中先沉积 Au 颗粒再沉积 Pd 组分的 Pd（壳）-Au（核）/TiO_2 催化剂对甲苯的氧化能力最强。甲苯在催化剂上的氧化反应过程遵循 L-H 反应机理，气相 O_2 分子在活性位点上的吸附活化过程是整个反应的重要步骤，但 Au 组分对 O_2 分子的极化能力极弱，限制了 Au（壳）-Pd（核）/TiO_2 和 Pd-Au（合金）/TiO_2 材料的活性[187]。这为贵金属合金催化剂的开发提供了新的思路，通过调控合金化方式充分利用各组分的特性，有利于高效催化剂的开发[187]。

Pt 和 Pd 两组分间也存在独特的协同作用，用其构建的 Pt-Pd 双组分催化体系可在相对低的总负载量下高效降解甲苯。Fu 等报道了双金属 Pt-Pd/MCM-41 催化剂，仅需

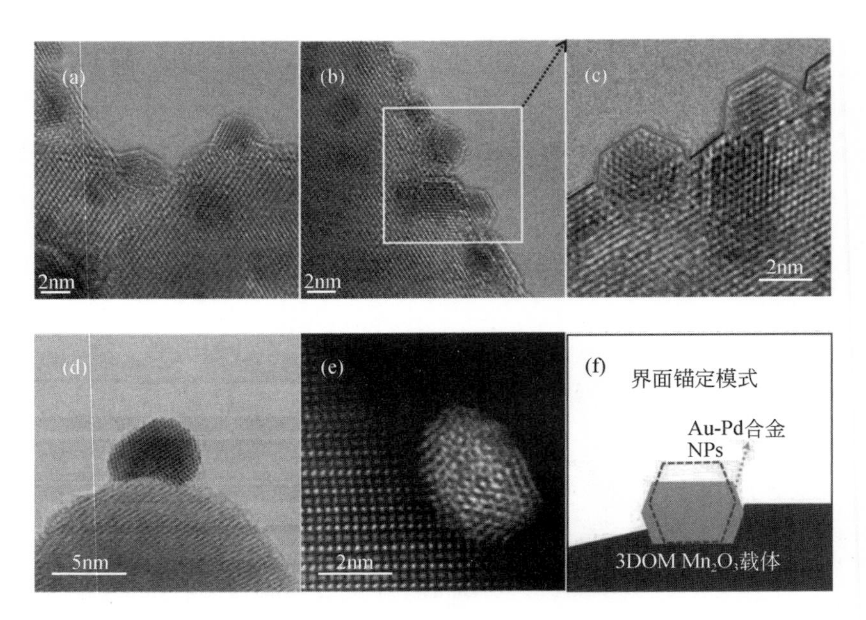

图 4-34 （a～e）3.8wt% $AuPd_{1.92}$/3DOM Mn_2O_3 的 STEM 图和（f）Au-Pd 合金颗粒锚定在 3DOM Mn_2O_3 上的示意图

0.3wt%的贵金属负载量就可在180℃时实现甲苯的完全转化。两贵金属组分间的协同作用使得双金属催化剂拥有更高的表面 Pd^0 含量和更小的颗粒尺寸，提高了材料的氧吸附能力和还原性[188]。类似的协同作用也被 Liu 等证实，发现 Pt-Pd/Al_2O_3 催化剂展现出比单一金属催化剂更小的颗粒尺寸和更优异的甲苯催化活性[189]。Wang 等采用改进的初湿浸渍法制备了 Pd-Pt/SiO_2-OA 合金体系，通过在浸渍液中加入适量油酸促进了贵金属的分散与合金化程度。贵金属负载总量仅为0.5wt%的0.25% Pd-0.25% Pt/SiO_2-OA 催化剂可在160℃下几乎完全降解甲苯，活性较相同负载量的单一贵金属催化剂0.5% Pd/SiO_2-OA（190℃）和0.5% Pt/SiO_2-OA（180℃）有明显提升，且展现出优异的稳定性和抗结焦能力（图4-35）[190]。

在双元合金催化剂的开发中，一些廉价的过渡金属元素也可作为合金化活性组分，优化贵金属位点的活性。He 等对 PdCu 合金催化剂进行了研究，发现 Pd 和 Cu 的合金化极大地促进了甲苯氧化活性的提升。Cu^{2+}/Cu^+离子对的存在促进了 Pd^0/Pd^{2+}之间的相互转换，进而提高了材料的活性。在一系列催化剂中，Pd_8Cu_2/ZSM-5 的活性最优，可在160℃下实现甲苯的完全转化。相比于 Pd/ZSM-5 催化剂，Cu 的添加不仅提高了材料的活性，还有效地减少了贵金属 Pd 的用量，证明了多元金属策略的实用性[191]。Ren 等报道了 Ce 掺杂对 Pd 系催化剂活性的促进效应，研究发现 CeO_2 的引入可减小 PdO 颗粒的尺寸，提高材料的低温还原性，且 Ce^{3+}/Ce^{4+}循环同样加速了 Pd 物种（Pd^{2+}、Pd^0）间的转化，有利于催化反应的进行[192]。锰元素也是常见的活性促进剂，Fu 等在介孔 CeO_2 上制备的 0.37Pt-0.16MnO_x/meso-CeO_2 可在171℃下实现90%的甲苯转化，且具有良好的热稳定性和抗水性。研究者利用原位红外技术对甲苯在催化剂上的反应路径进行考察，发现苯甲醇、苯甲

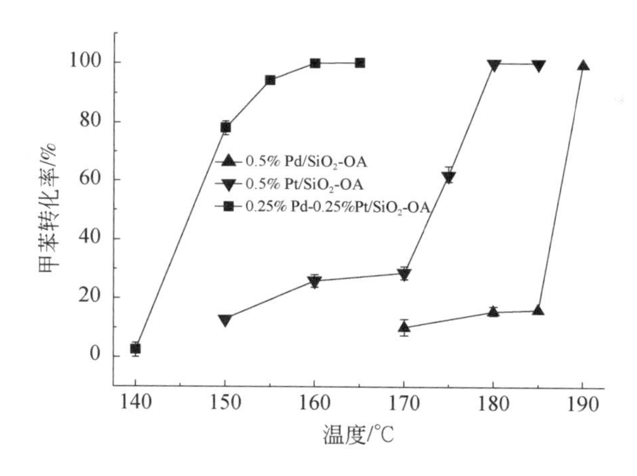

图 4-35　甲苯在 0.5% Pt/SiO_2-OA、0.5% Pd/SiO_2-OA 和 0.25% Pd-0.25% Pt/SiO_2-OA 催化剂上的催化燃烧

酸和顺丁烯二酸酐为主要的中间体，提出甲苯的氧化路径为甲苯→苯甲醇→苯甲酸→顺丁烯二酸酐→CO_2 和 H_2O[193]。

3. 单原子贵金属催化剂

如上所述，活性组分的高分散可提高贵金属利用率，促进催化剂性能的提升，即便是活性较差的 Ag 系催化剂也可达到较高的甲苯降解活性[47]。单原子分散的贵金属催化剂理论上可以实现 100% 的原子利用率，在极低的负载量下也可保持极高的甲苯氧化性能。Zang 等采用一步水热法制备了 Pt/MnO_2 催化剂，通过 MnO_2 缺陷位的锚定作用实现了 Pt 元素的原子级分散。即便 Pt 的负载量低至 0.1wt%，仍可在 160℃下实现 100ppm 甲苯的完全转化。对于低浓度（10ppm）甲苯，在 80℃时就可完全转化，且可在常温下实现超低浓度（0.42ppm）甲苯的稳定降解（图 4-36）[194]。Zhao 等在 MgO 纳米片上负载单原子 Pt 用于甲苯的低温燃烧。研究显示，负载单原子 Pt 后，载体表面氧空位浓度明显增加，促进了分子氧的活化和活性氧物种的形成，且在有水汽存在时，气相 O_2 可在氧空位处生成羟基自由基，有利于甲苯的氧化。当进气中存在 2.5vol% 水汽时，Pt SA/MgO 催化剂可在 175℃下实现 90% 的甲苯转化[195]。Zhang 等报道了负载于 MnO_x 纳米线上的单原子 Ag 催化剂，与传统的 Ag 纳米催化剂相比，此单原子催化剂展现出更高的甲苯氧化活性，即便 Ag 负载量低至 0.06wt%，仍可在 205℃下达到 90% 的甲苯转化[196]。

在甲苯催化氧化领域，负载型贵金属材料仍然是最主要的催化剂，在实际应用中发挥着重要作用。对贵金属催化剂进行更加全面和深入的研究，充分挖掘贵金属元素的应用潜力，开发更加稳定、高效和廉价的催化材料意义重大。就目前而言，多元贵金属催化剂和单原子贵金属催化剂的研究已被证明可切实有效地降低贵金属催化剂的成本，是两个极具价值的研究方向。

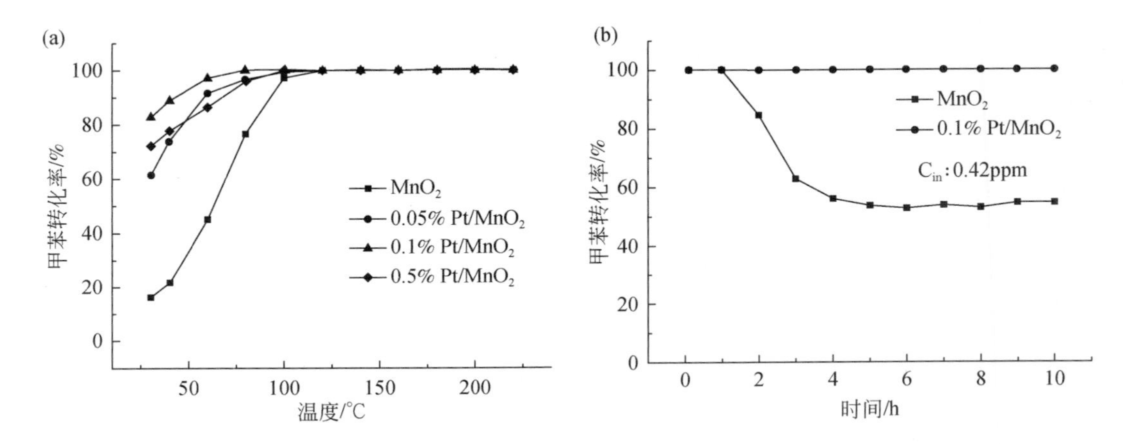

图 4-36　(a) 甲苯在 MnO_2 和 Pt/MnO_2 上的转化曲线，反应条件：甲苯浓度为 10ppm，21% O_2/N_2 作为平衡气，GHSV 为 60L/(g·h)；(b) 常温下，甲苯在 1% Pt/MnO_2 和 MnO_2 上的转化，反应条件为：甲苯浓度 0.42ppm，21% O_2/N_2 作为平衡气，GHSV 为 300L/(g·h)

4.2.2　过渡金属氧化物催化剂

过渡金属氧化物催化剂最初作为贵金属催化剂的补充而出现，具有价格低廉、环境友好和热稳定性较高等特点，被广泛地应用于甲苯废气的消除。过渡金属是指元素周期表中 d 区的一系列金属元素，独特的 d 空轨道使其通常具有多个可变价态，可在催化氧化过程中形成氧化-还原离子对，有利于甲苯的高效氧化。过渡金属氧化物催化剂可分为单一过渡金属氧化物催化剂和复合过渡金属氧化物催化剂两类。

1. 单一过渡金属氧化物催化剂

常见的单一过渡金属氧化物有 MnO_x、CoO_x、CrO_x、SnO_x 和 FeO_x[197] 等，其中具有多种价态和晶相的 MnO_x 对甲苯的氧化活性最高，是目前研究最为广泛的单一过渡金属氧化物催化剂。具有不同晶型结构和形貌的锰氧化物在孔道特性、比表面积、氧化还原能力和活性氧物种等方面会有所差异，进而导致多样的甲苯氧化性能。Kim 和 Shim 指出，锰氧化物的甲苯氧化活性顺序为 $Mn_3O_4>Mn_2O_3>MnO_2$，低价态的锰氧化物具有更优异的氧化还原性能[198]。类似的结论也被 Piumetti 等报道，表面丰富的亲电氧物种是 Mn_3O_4 高活性的来源[1]。Wang 等研究了多种晶体结构 MnO_2 对甲苯的催化性能，发现其活性顺序为棒状 α-MnO_2>花状 ε-MnO_2>哑铃状 ε-MnO_2。此外，研究者还对不同形貌的 α-MnO_2 进行了研究，发现棒状 α-MnO_2 的甲苯降解活性高于管状和线状 α-MnO_2。棒状 α-MnO_2 优异的甲苯降解活性主要与其丰富的吸附氧含量和良好的低温还原性有关[199]。Nguyen Dinh 等以硝酸锰为原料，以尿素和葡萄糖为结构导向剂合成了具有三维多孔结构的 ε-MnO_2 并用来降解甲苯（图 4-37），在 250℃左右实现将 90% 甲苯转化，具有较好的活性，其中 Mn^{4+} 为主要的活性位点（图 4-38）[200]。有研究者认为暴露的不同晶面决定了锰氧化物的甲苯氧化性能，（210）晶面因其独特的原子排列增强了电荷的分离与转化，有利于活性氧的形成和甲苯的活化，表现出比（110）和（310）晶面更强的催化性能。原位红外表征发现甲苯在（210）晶面上按照苯甲醇→苯甲醛→苯甲酸→不饱和长链烯醇和炔烃→CO_2 和 H_2O 的顺序分解，但转化速率极快，中间体在催化剂表面的积累量较低。通过水热法制备的主要暴露（210）晶面的 α-MnO_2-210 可在 140℃下完全降解甲苯，活性甚至优于大多数贵金属催化剂[201]。Mo 等报道了氧空位缺陷对甲苯氧化过程的影响，发现氧空位缺陷有利于催化剂的储氧能力和低温还原性的提高，对催化剂的甲苯氧化活性有明显的增强效应。通过原位红外技术发现，在富氧气氛下甲苯降解遵循甲苯→苄基→苯甲醇→苯甲酸酯→短链碳酸盐→CO_2 和 H_2O 的顺序，其中苯甲酸酯裂解为短链碳酸盐的过程为速控步骤，催化剂上丰富的氧空位能够加速氧化产物的活化和生成[202]。

图 4-37　焙烧后得到的不同锰-葡萄糖-尿素比例的锰氧化物催化剂：(a) 6-1-0；(b) 6-1-0.5；(c) 6-1-1；(d) 6-1-3；(e) 6-2-6，140℃和 (f) 6-2-6，160℃

Sun 等研究了 OMS-2 催化剂上的晶格氧对甲苯氧化的作用，发现晶格氧比化学吸附氧具有更强的反应性，为甲苯的吸附位点和活化位点，在氧化过程中最先被消耗，之后被气相氧和体相晶格氧补充。在甲苯氧化过程中，伴随着 Mn^{2+}/Mn^{4+} 和 Mn^{3+}/Mn^{4+} 氧化还原对间的转换（图 4-39）[203]。García 等采用水热合成法制备了含空洞结构的 Mn-HT 催化剂，在 150℃时对 200ppm 甲苯的转化率可达 80%。与溶剂热法合成的 Mn-ST 以及商业 Mn_3O_4

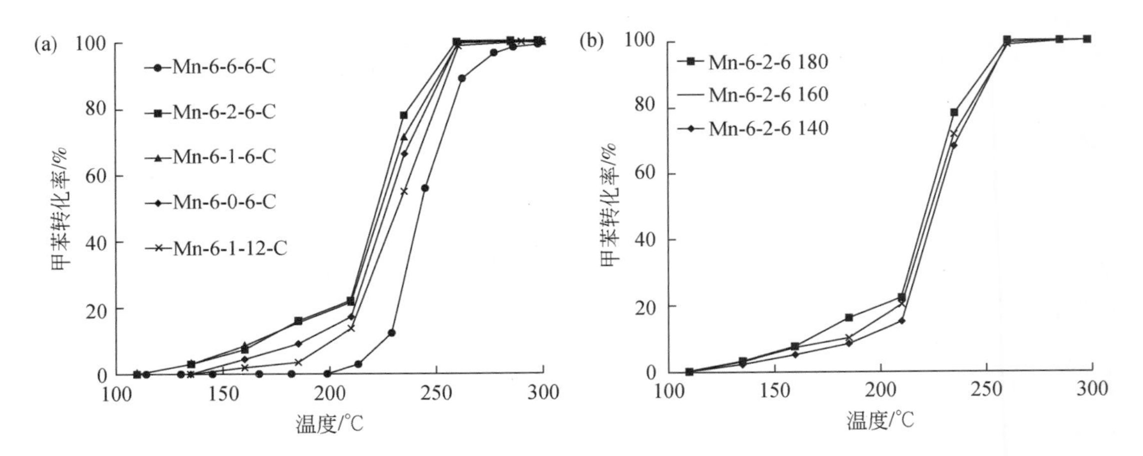

图 4-38　(a) 180℃时不同锰-葡萄糖-尿素比例和 (b) 140～180℃时 6-2-6 锰-葡萄糖-尿素比例下合成的 ε-MnO_2 的甲苯氧化活性曲线

反应条件：甲苯浓度为 500ppm；WHSV 为 60000mL/(g · h)

催化剂相比，Mn-HT 催化剂的活性更高，得益于其丰富的 Mn^{3+} 和材料空洞内嵌入的结构水和羟基[204]。Liao 等采用简单的水热法合成了中空和多面体锰氧化物，发现具有中空结构的锰氧化物具有更高的活性氧含量和锰氧化态，使其对甲苯的降解活性远高于多面体锰氧化物[205]。事实上，得益于 Mn 原子多变的价态特征，锰氧化物具有极大的活性氧容量和优异的氧化还原性能，是一种极具潜力的催化材料。在一些报道中，锰氧化物的甲苯催化氧化活性甚至可与贵金属催化剂相媲美[199,206]。

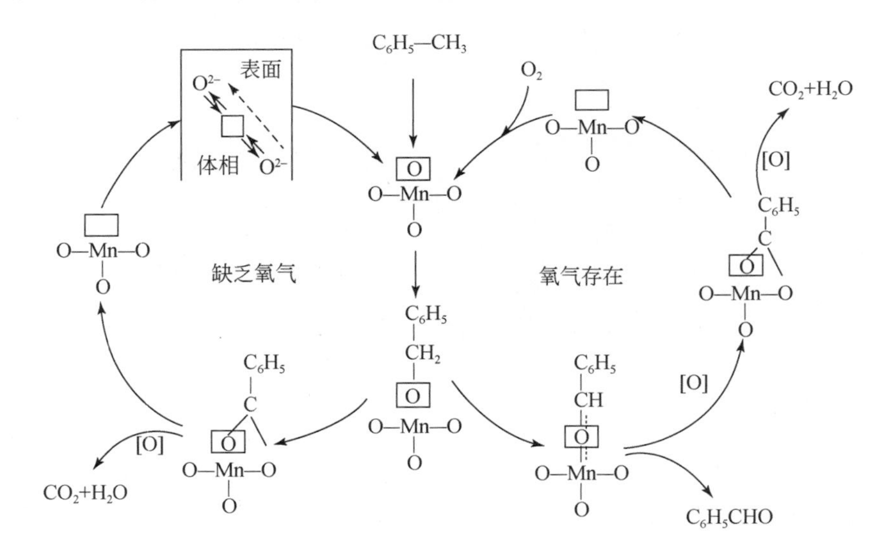

图 4-39　甲苯在 OMS-2 催化剂上的反应机理

与锰元素类似，钴元素同样具有多个可变价态，其氧化物对甲苯具有良好的降解活性。Bai 等采用水热法或微乳液法制备了一系列多孔 Co_3O_4 纳米线和纳米棒催化剂，发现具有多孔纳米线形态的 Co_3O_4-HT-PEG 和 Co_3O_4-HT-CTAB 催化剂具有最大的比表面积和最优的催化性能。Co_3O_4-HT-CTAB 可在 220℃温度下完全转化甲苯[207]。Ye 等报道了三维分层 Co_3O_4 材料在甲苯催化氧化中的应用。通过调控水热条件，制备了四种不同形貌、暴露不同晶面的 Co_3O_4 催化剂，分别为三维分层立方堆积 Co_3O_4 微球、三维分层碟堆积 Co_3O_4 花、三维分层针堆积 Co_3O_4 双球体和三维分层碟堆积扇形 Co_3O_4（图 4-40），其中三维分层立方堆积 Co_3O_4 微球的催化性能最佳，且具有优异的稳定性（图 4-41）。依据多种表征结果，发现该催化剂优异的甲苯氧化活性与其大的比表面积、高的吸附氧物种以及丰富的高价钴离子有关[208]。之后，他们还对富 Co^{3+} 的 Co_3O_4 材料进行了研究，发现利用 $Co(NO_3)_2 \cdot 6H_2O$ 作为前驱体制备的 Co_3O_4-N 催化剂具有极高的甲苯降解活性，在 60000mL/(g · h) 空速、1000ppm 甲苯浓度条件下，甲苯达到 90% 转化的温度低至 217℃。Co_3O_4-N 优异的活性主要来源于其丰富的 Co^{3+}、表面缺陷位点以及较强的低温还原性。借助原位红外表征和 PTR-TOF-MS 联用技术，对甲苯氧化中间产物进行了更详细、准确的检测，清晰地揭示了甲苯在该材料上的反应机理，提出了比之前文献报道更详细的甲苯降解

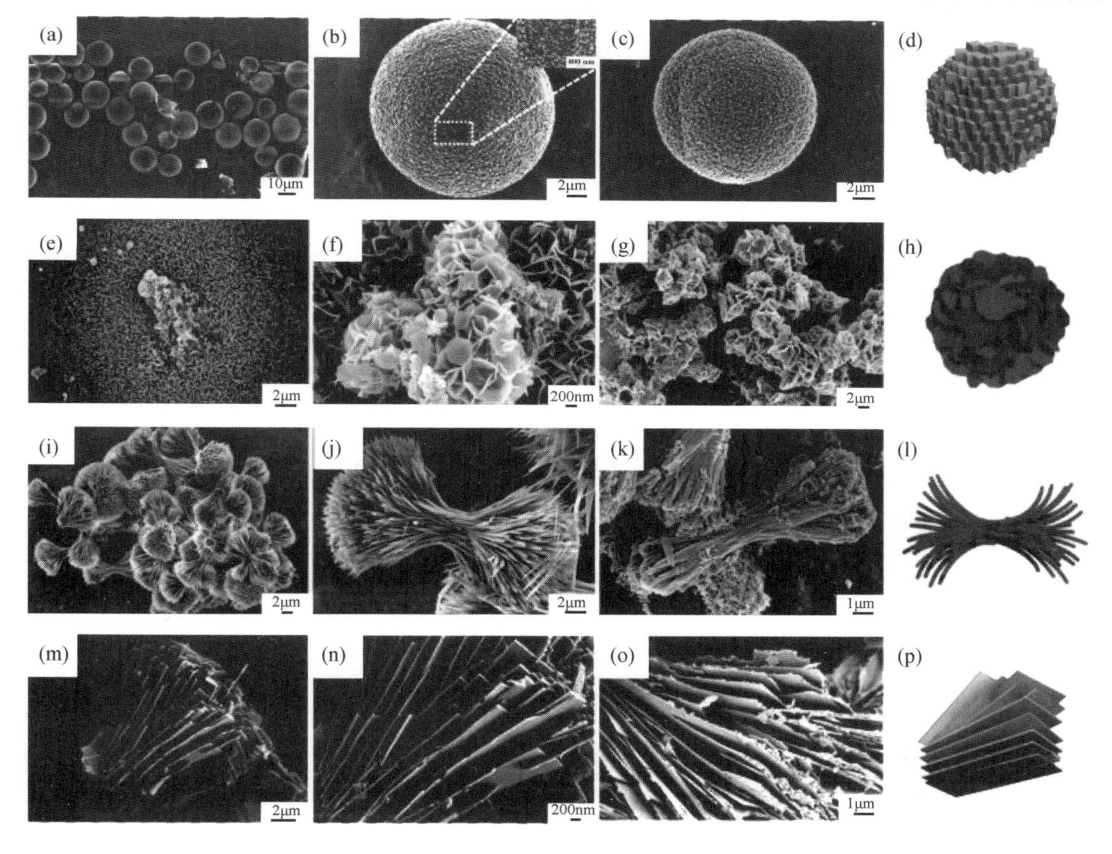

图 4-40　300℃焙烧后得到的不同形貌的 Co_3O_4 催化剂

C，立方堆积（a～d）；P，平板堆积（e～h）；N，线状堆积（i～l）；S，层状堆积（m～p）

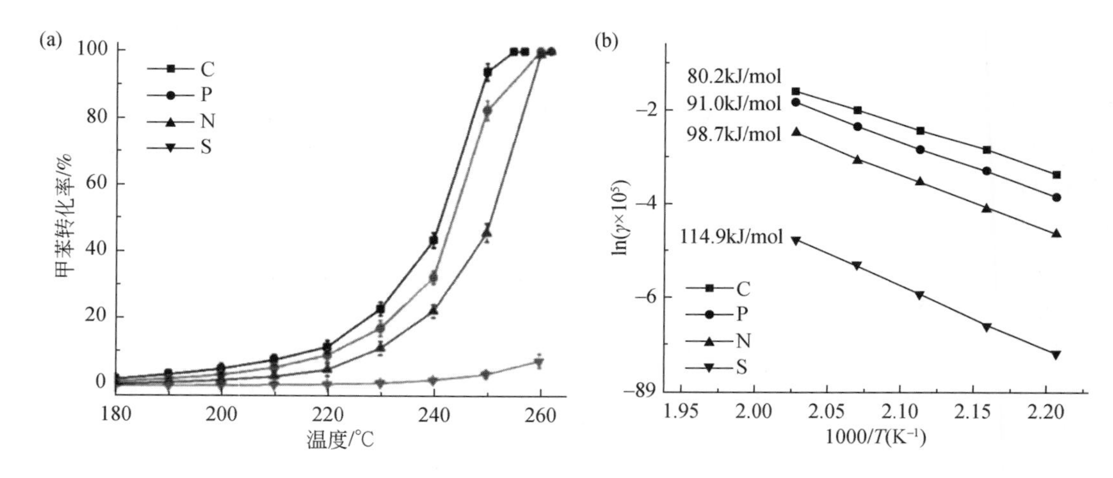

图 4-41 不同形貌的 Co_3O_4 催化剂的催化性能（a）和阿伦尼乌斯曲线（b）

甲苯浓度：1000ppm；WHSV：48000mL/(g·h)

路径：甲苯→苯甲醇→苯甲醛→苯甲酸→苯→苯酚→苯醌→马来酸→CO_2 和 H_2O，这对甲苯氧化催化剂的研发具有重要的指导意义[209]。

SnO_x、FeO_x 和 CrO_x 等在甲苯催化氧化中的作用也被研究者报道。Liu 等通过调控 SnO_2 比表面积来促进其对甲苯的氧化。随着 SnO_x 比表面积的增加，材料的表面酸性增加，且有更多的 Sn^{4+} 位点暴露出来，有利于甲苯的吸附与活化[210]。Solsona 等报道了介孔 Fe_2O_3 在甲苯降解中的应用[61]。Xia 等采用 KIT-6 作为硬模板制备了介孔 CrO_x 来催化氧化甲苯[211]。

单一过渡金属氧化物在甲苯催化氧化领域已被广泛研究，但其整体活性偏低，无法与贵金属催化剂相媲美。为了进一步提高过渡金属催化剂的活性，提高其实际应用价值，研究者对复合过渡金属氧化物催化剂展开了研究。通过多个过渡金属组分间的掺杂和相互作用，可有效提高材料表面的晶格缺陷（氧空位）浓度，增强表面氧物种的反应性和移动性，实现甲苯的高效氧化。

2. 复合过渡金属氧化物催化剂

复合金属氧化物催化剂可分为负载型和掺杂型两类。负载型催化剂利用多种过渡金属氧化物间的相互作用来提高催化活性。Chen 等通过 Cr-MOF 的热解制备了 MnO_x/Cr_2O_3 复合材料，研究显示最佳的 $15Mn/Cr_2O_3$-M 催化剂可在 269℃ 下实现 90% 的甲苯转化（图 4-42），均匀分散的 Mn、Cr 氧化物间的强相互作用是材料高活性的主要原因[212]。催化剂表面晶格氧在甲苯氧化中起着关键作用，促使吸附的甲苯快速转化为苯甲醛和苯甲酸类物质，最终分解为 CO_2 和 H_2O[212]。Shan 等以 ZIF-67 为基底材料，浸渍 Mn 和 Ce 离子后煅烧得到 $MnCeO_\delta/Co_3O_4$-NC 催化剂。$MnCeO_\delta$ 固溶体与 Co_3O_4 间的相互作用使得材料表面产生了丰富的活性氧，促进了甲苯氧化活性[213]。除氧化物间的相互作用外，氧化物组分的分散也对材料的催化活性有重要作用。Kondratowicz 等考察了载体性质对 Cu/Zr 催化剂的影响，发现相较于非晶相@ ZrO_2 载体，正方晶系@ ZrO_2 具有更大的比表面积，有利于

Cu^{2+}在表面的分散和甲苯的氧化[214]。Pozan 等在多种载体（由拟薄水铝石制备的 α-Al_2O_3 和 γ-Al_2O_3，以及商业购买的 γ-Al_2O_3、SiO_2、TiO_2 和 ZrO_2）上负载 MnO_2 组分，考察了载体对催化剂催化性能的影响。其中 9.5MnO_2/α-Al_2O_3 具有最优异的活性，可在 289℃下实现 90%的甲苯转化[215]。分子筛催化剂一般具有均匀的孔径分布和较大的比表面积，作为载体能够促进金属氧化物的高度分散，有利于甲苯氧化分解。Zhang 等考察了活性组分粒径对材料催化性能的影响。通过添加各种富羟基络合剂来调控 HZSM-5 分子筛上 Co_3O_4 纳米颗粒的尺寸，发现更小尺寸和更好分散度的 Co_3O_4 颗粒对甲苯的催化性能更好，这主要与其显著增强的还原性和表面酸性有关[216]。Li 等以不同的微介孔分子筛（MCM-41、β-沸石、ZSM-5 和介孔硅）为载体，考察了 Cu-Mn 二元体系在过量氧存在下对甲苯的氧化活性。结果显示，Cu-Mn 混合氧化物在介孔 MCM-41 分子筛上具有最高的分散度和最优异的催化性能[217]。

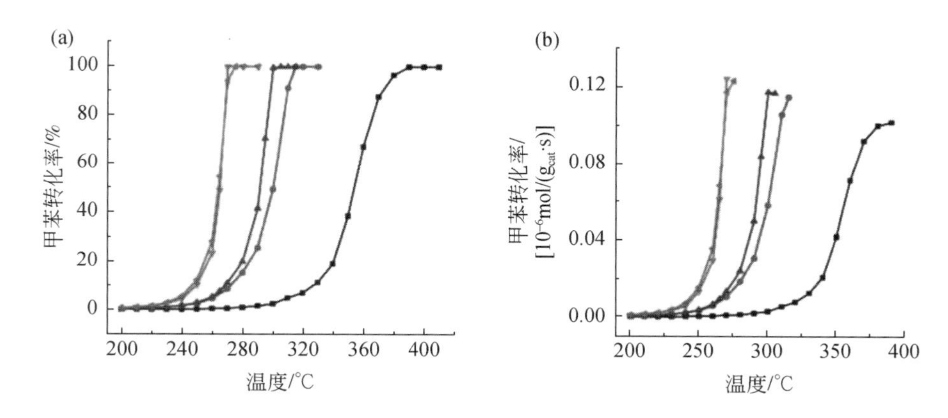

图 4-42　（a）不同锰负载量的 Cr_2O_3 催化剂的催化性能和（b）每克催化剂的甲苯消耗速率

方形：Cr_2O_3-C；菱形：Cr_2O_3-M；正三角形：5Mn/Cr_2O_3-M；倒三角形：15Mn/Cr_2O_3-M；侧三角形：25Mn/Cr_2O_3-M

有研究者认为金属元素的价态、配位形式和氧物种类型对催化剂性能起着重要作用[215]。Kim 等采用普通浸渍法在 MnO_x/γ-Al_2O_3 上掺入了不同的过渡金属组分，并对其甲苯氧化性能进行研究。结果显示，过渡金属的加入对锰氧化物晶体结构、结晶度和分散性有较大影响，其中 Cu-Mn/γ-Al_2O_3 的活性最优，这与其较高的氧迁移率有关[218]。Zhao 等采用二次水热法在 Co_3O_4 纳米棒上原位生长 MnO_x制得了 Co_3O_4@MnO_x材料，在二次水热过程中 MnO_4^-与 Co^{2+}充分反应增强了表面 Co^{3+}浓度和低温还原性，提升了材料的催化活性和稳定性，可在 222℃实现甲苯 90%转化[219]。Popova 等采用简单浸渍法制备了具有不同 Cu/Cr 比的 $CuCrO_x$/SBA-15 和 $CuCrO_x$/SiO_2 催化剂，$CuCrO_x$组分在介孔 SBA-15 上以四面体配位的形式存在，有利于活性组分的分散，使得 $CuCrO_x$/SBA-15 催化剂具有更强的甲苯氧化能力[220]。负载型纳米催化剂的研究是甲苯催化氧化工艺的基础与核心，而整体式成型催化剂的开发则是该工艺走向应用的必经之路，对其进行研究是至关重要的。Zhao 等以在泡沫镍上原位生长活性组分的方式制得整体式 Co_3O_4@MnO_x-NF 和 Co_3O_4-NF-10 催化剂用于甲苯降解，发现 Co_3O_4 与 MnO_x间的相互作用使得催化剂表面出现更多的 Co^{3+}和活性氧物种，让整体式 Co_3O_4@ MnO_x-NF 催化剂的甲苯氧化活性得到显著提升[221]。Xue 等则报道了负载于铁网上的 Co-Fe 水滑石对甲苯的降解，制得的整体式 CoFe-LDO/IM 催化剂不仅可高效降解甲苯，还具有优异的耐水性和热稳定性（图 4-43，图 4-44）[222]。

图 4-43 不同放大倍数下催化剂的 SEM 图：(a) 5-CoFe-LDO/IM；(b) 10-CoFe-LDO/IM；(c) 30-CoFe-LDO/IM 和 (d) 50-CoFe-LDO/IM

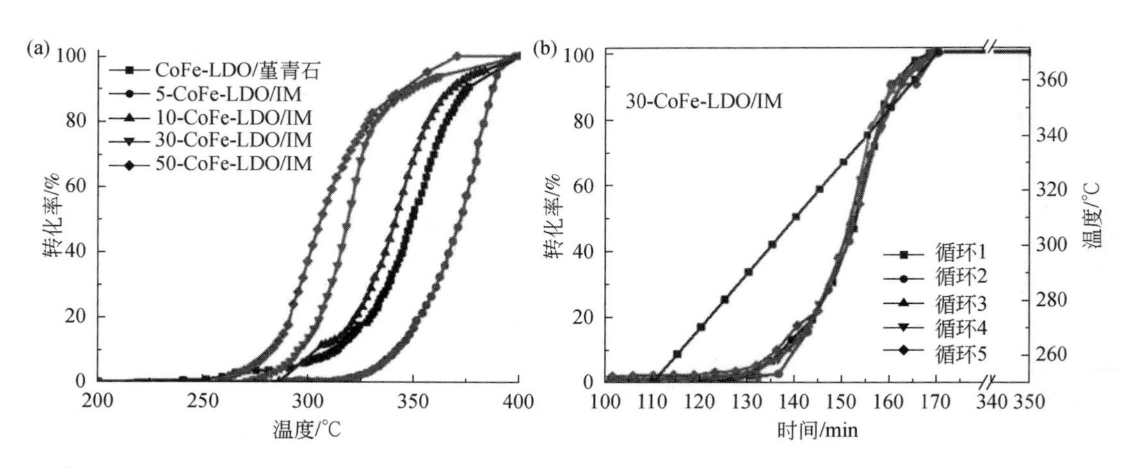

图 4-44 (a) *n*-CoFe/IM 和 CoFe-LDO/堇青石的催化活性；(b) 30-CoFe-LDO/IM 的循环活性测试

掺杂型过渡金属氧化物也是一类重要的甲苯氧化催化剂，通过不同离子半径金属元素的相互掺杂，可以引起氧化物的晶格畸变，促进表面氧缺陷浓度的增加和氧物种活性的提升，有利于甲苯分子的吸附与活化。Dong 等报道了一种调控 MnO_2 氧空位浓度的有效策略，并研究了氧空位浓度对甲苯氧化的影响。以 Cu^{2+}取代水钠锰矿 MnO_2 夹层内的 K^+来实现对材料氧空位浓度的调控，发现适量 Cu^{2+}掺入可有效提高 MnO_2 的氧空位浓度，促进甲苯氧化，但过量氧空位将会限制活性晶格氧的移动，从而抑制甲苯氧化（图 4-45）[223]。Luo 等采用一步水热法制备了三种不同结构（隧道状、层状和过渡结构）的 Cu 改性锰氧化物，发现 Cu 的掺杂极大地提高了材料的催化性能，这主要是因为 $Cu^{2+}+Mn^{3+} \rightleftharpoons Cu^{+}+Mn^{4+}$过程的存在加速了 Mn^{3+}的再氧化过程和晶格氧的再生过程。此外，在表面均匀分布的 Cu 离子加速了晶格氧的迁移，从而促进了甲苯的 MvK 氧化过程[224]。Wang 等采用琼脂-凝胶法制得了具有丰富缺陷位点的 Mn-Co 混合氧化物并用于甲苯降解。由于高浓度吸附氧含量、晶格缺陷、Co^{3+}、Mn^{4+}和良好的低温还原性，该催化剂具有优异的催化活性，其中 Mn_2Co_1 氧化物可在 238℃时完全降解 1000ppm 甲苯。以原位红外技术考察了不同气氛下甲苯氧化中间体的演变，发现吸附氧和晶格氧同时参与甲苯的吸附-氧化过程，苯甲醛、苯甲酸、苯酚和顺丁烯二酸酐为主要的反应中间体，在甲苯分解过程中苯酚的开环反应为速控步骤（图 4-46）[225]。Li 等采用反相微乳液法制备了一系列含锰的混合氧化物，并对其进行了甲苯催化氧化实验。$Mn_{0.67}$-$Cu_{0.22}$氧化物展现出最优异的催化活性，可在 220℃实现甲苯的完全氧化[226]。Castano 等通过煅烧相应的 LDH 前驱体得到了 Mn-Co-Al-Mg 混合氧化物并用于甲苯催化燃烧[227]。Yi 等对水滑石类金属氧化物的甲苯氧化性能进行了研究，比较了 MgAl、NiAl 和 CoAl 氧化物的催化活性并考察了超声波干涉对材料制备的影响，发现其活性顺序为 CoAl>NiAl>MgAl，且在超声条件下制备的材料活性更优。超声波干涉可促使催化剂破碎为更小的颗粒，展现出更大的比表面积并暴露更多的表面氧缺陷位点，促进气相氧到晶格氧的转换，提高氧物种迁移速率，进而导致催化剂更优异的氧化活性[228]。此外，微波干涉对 CoAl 水滑石催化剂甲苯降解性能的促进作用也被报道[229]。

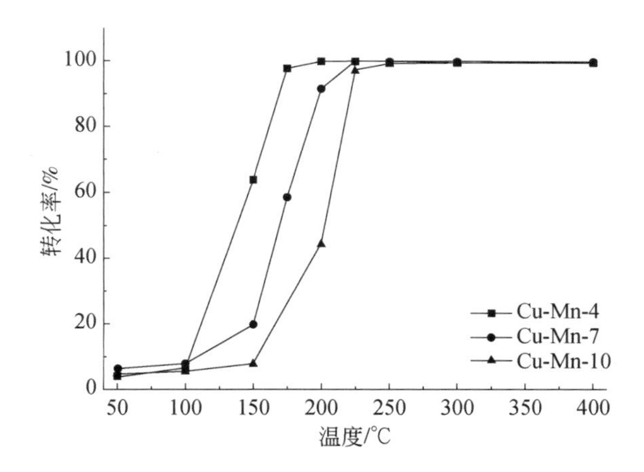

图 4-45　Cu-Mn 混合氧化物的甲苯催化活性

对于多元混合金属氧化物，金属元素结合的均匀性是衡量材料性能的重要指标。一般而言，金属元素分布越均匀，相互作用越强，材料催化性能越好。Chen 等通过水解驱动

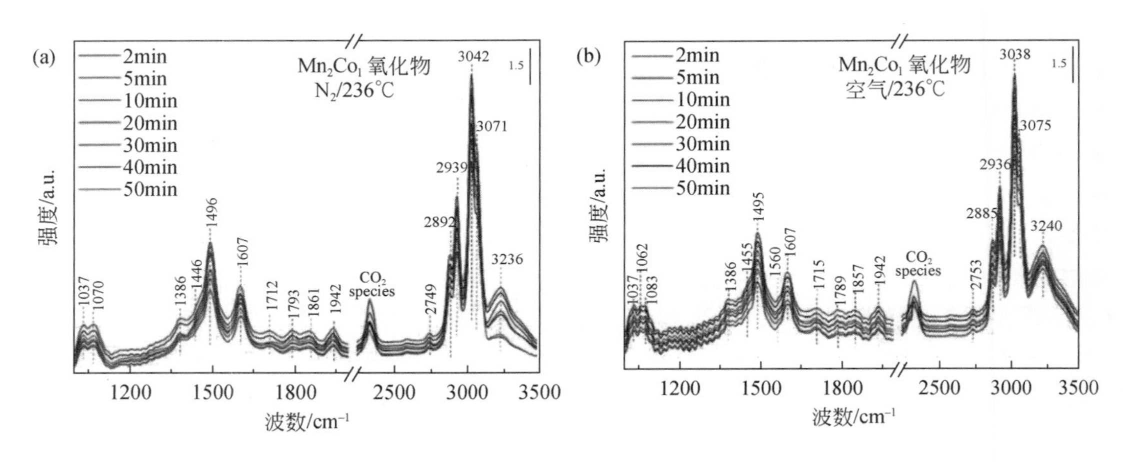

图 4-46　Mn_2Co_1 混合氧化物上甲苯（a）吸附和（b）氧化的原位红外谱图

氧化还原策略制得了均匀掺杂的 Mn-Fe 二元金属氧化物，其甲苯氧化活性远高于传统沉淀法得到的催化剂。其中最优的 5Mn1Fe 催化剂可以在 215℃下实现 1000ppm 甲苯的完全矿化，其活性可与一般的贵金属催化剂相媲美，即便是在 240000mL/(g · h) 的高空速下也可在 250℃时促进甲苯的完全矿化（图 4-47）。长期寿命测试以及水的耐受性测试显示 5Mn1Fe 催化剂具有良好的稳定性、可再生性以及对高湿度的优异耐受性，是一种极具应用潜力的甲苯氧化催化剂[230]。结合原位拉曼、原位红外和质谱等表征分析了甲苯氧化机理，发现苯甲醛、苯甲酸和顺丁烯丁二酸为主要的中间产物，在低温下就可迅速地积累在催化剂表面及次表面，当温度进一步升高后反应中间体进一步氧化为小分子有机盐、CO_2 和 H_2O[230]。需要注意到，中间体在低温区的大量积累有时会覆盖活性位点，降低材料性能，此时需要对催化剂进行高温处理，加速中间体的转化和释放。Xiao 等采用水解驱动氧化还原法制备了均匀的 HR-2Mn1Cu 中空微球催化剂，相比于由共沉淀法制备的 Cop-2Mn1Cu 和 HR-2Mn1Cu，其催化性能更优，可在 237℃下实现 90% 的甲苯转化，且具有极高的耐用性。HR-2Mn1Cu 具有丰富的微观孔道，有利于反应分子的扩散，而其良好的结晶度、边缘位点的不饱和配位环境和快速的氧化还原性则促进了甲苯的氧化过程[231]。Zhao 等采用 Mn@ Co-ZIFs 热解的方法制备了中空、核-壳和颗粒三种形貌的 $Mn_xCo_{3-x}O_4$ 催化剂，中空 HW-$Mn_xCo_{3-x}O_4$ 拥有更大的 Co^{2+} 比例、更优越的还原能力和更高的活性。Mn 离子成功掺入到 Co_3O_4 的晶格内形成了 Co—O—Mn 键，Mn 与 Co_3O_4 间的强相互作用促进了甲苯的氧化[232]。

金属氧化物的晶体结构和电荷特性也是影响活性的重要因素，而多元金属的掺杂可对上述特性进行有效调控。Liu 等考察了 Ti^{4+} 和 Zn^{2+} 的掺杂对 α-Fe_2O_3 的甲苯氧化活性的影响，发现两类离子掺杂可通过改变 α-Fe_2O_3 的电子结构来调控其催化活性，其中 Ti^{4+} 的掺入对 α-Fe_2O_3 的催化性能具有良好的促进作用。Fe^{3+} 是甲苯吸附活化的主要位点，Ti^{4+} 掺入后会占据材料四面体或八面体配位点，促使表面 Fe^{2+} 转变为八面体配位的 Fe^{3+}，丰富的活性位点促使 Ti-α-Fe_2O_3 催化剂展现出优异的甲苯氧化性能。而 Zn^{2+} 的掺入则会破坏局部晶

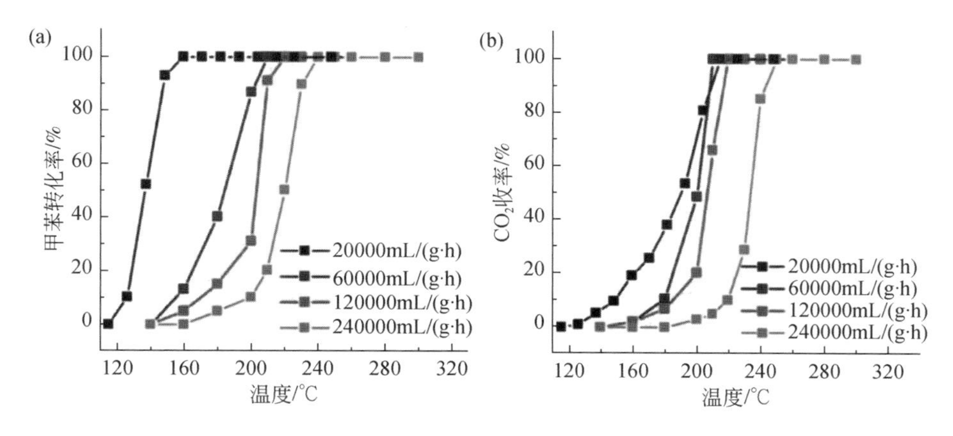

图 4-47　气速对 5Mn1Fe 催化活性的影响

（a）甲苯转化率和（b）CO_2 收率

体结构，替换八面体配位的 Fe^{3+}，进而抑制氧化反应（图 4-48）[233]。碱金属钾对金属氧化物通常具有结构促进和电子调节的作用，Zhu 等考察了不同前驱体钾对 α-MnO_2 的促进作用，发现 KOH 是最优的前驱体。钾离子的掺入促进了 MnO_6—K—MnO_6的形成和材料平衡电荷转移能力的提升。经 KOH 处理后，α-MnO_2 催化剂表面的活性晶格氧含量和正电荷缺陷位点（Mn^{3+}）显著增加，氧迁移能力和还原性也明显增强，展现出钾离子对催化剂活性的促进效应[234]。

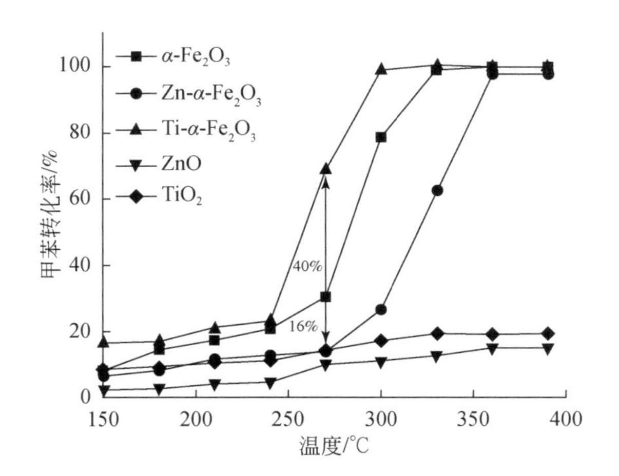

图 4-48　不同催化剂上甲苯转化曲线

在掺杂型过渡金属氧化物中有两类具有特殊结构的氧化物，分别是尖晶石型氧化物和钙钛矿型氧化物。尖晶石型氧化物的分子式为 AB_2O_4（A 和 B 均为金属成分），常呈现出特殊的八面体晶型结构，将其应用于甲苯氧化往往能够获得优异的性能。Dong 等报道了 $CoMn_2O_4$ 尖晶石材料具有丰富的活性氧物种和极快的氧迁移速率，可在 220℃下完全氧化甲苯（图 4-49）[235]。Behar 等以低成本的海藻酸盐为原料，制备了立方型尖晶石

$Cu_{1.5}Mn_{1.5}O_4$催化剂。与普通的 Cu-Mn 氧化物相比，尖晶石型氧化物具有更好的氧化还原性能和优异的甲苯氧化活性。钙钛矿型氧化物中往往包含稀土元素，其在甲苯氧化中的应用将在下文详细讨论[236]。

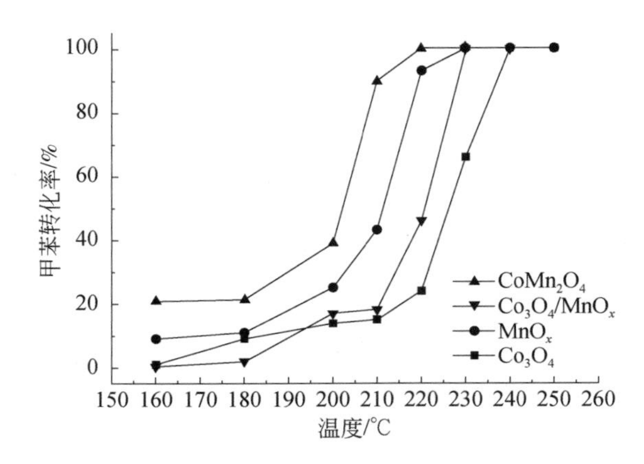

图 4-49　不同催化剂的甲苯催化活性

4.2.3　稀土氧化物催化剂

稀土氧化物催化剂是近年来发展起来的一类重要的甲苯氧化催化剂。稀土金属元素往往具有较大的原子半径，极易失去外层电子形成金属阳离子，这也导致其具有极强的化学活性和催化氧化潜力。我国拥有丰富的稀土资源，已探明储量居于世界首位，为稀土氧化物催化剂的发展提供了坚实的基础。

1. 铈基氧化物催化剂

铈基氧化物因其优异的储氧能力被广泛应用于甲苯氧化研究。基于对 CeO_2 纳米催化剂的系统考察，研究者提出 CeO_2 催化剂的甲苯氧化活性受到暴露晶面、比表面积、表面氧空位浓度、表面 Ce^{3+}分布以及材料氧化还原性能的共同调控，对于不同的 CeO_2 材料需要从多个方面去分析其在甲苯氧化中的构效关系[237]。Chen 等采用 Ce-MOF 热解的方式制备了 CeO_2-MOF/350 催化剂，相较于商业的 CeO_2-P 催化剂，CeO_2-MOF/350 具有相对高的 Ce^{3+}/Ce^{4+}、O_{Sur}/O_{Latt}比例和更高的储氧能力以及更好的低温还原性，因而展现出更优异的甲苯氧化活性，尤其在高温区域其活性远高于商业催化剂（图 4-50）[238]。苯甲醛和苯甲酸为主要的反应中间体，这与之前的众多报道相一致。胡方云等对铈基催化剂微观结构的调控及其在甲苯氧化中的应用进行了详细的研究。通过温和的水热法和简单的沉淀法分别合成了零维纳米空心球氧化铈（0D-CeO_2）、一维空心管氧化铈（1D-CeO_2）和二维纳米片氧化铈（2D-CeO_2）催化剂，对甲苯氧化的催化活性顺序为：2D-CeO_2 > 0D-CeO_2 > 1D-CeO_2，2D-CeO_2 优良的活性主要归因于其较好的低温还原性和较丰富的表面活性氧物种。通过简单的一步水热法得到了具有多级孔结构的 CeO_2 微球，可在 195℃时实现 50% 甲苯的转化，其活性可与常规商业贵金属催化剂相媲美。为了进一步提高铈基催化剂的活性，研究者还对负载型钴/铈纳米催化剂和三元掺杂型铜-锰-铈催化剂进行了研究，发现这两类催化剂都对甲苯具有极高的降解活性[239]。廖银念等详细讨论了 CeO_2 暴露晶面、晶体尺寸、比表面积以及其他理化性质对甲苯催化氧化活性的影响，他们首先制备了棒状、颗粒状和立方体状 CeO_2 催化剂，发现棒状 CeO_2 催化剂具有远高于颗粒状和立方体状 CeO_2 的催化活性，这是因为 CeO_2 棒沿（110）晶面择优生长，暴露出最多的（200）和（220）晶面，相较于其他催化剂暴露的（111）和（200）晶面具有更高的甲苯氧化活性。对于立方体 CeO_2，其暴露的（200）晶面同样具有较高的活性，但低的比表面积限制了其氧化性能。他们还考察了棒状 CeO_2 催化剂长径比对其活性的影响，发现不同纳米棒的催化性能主要与其直径有关，直径越小，性能越好，当直径相似时，甲苯氧化活性也相当。纳米棒直径的影响主要与 Ce^{3+} 在表面的分布以及氧空位浓度有关[240]。

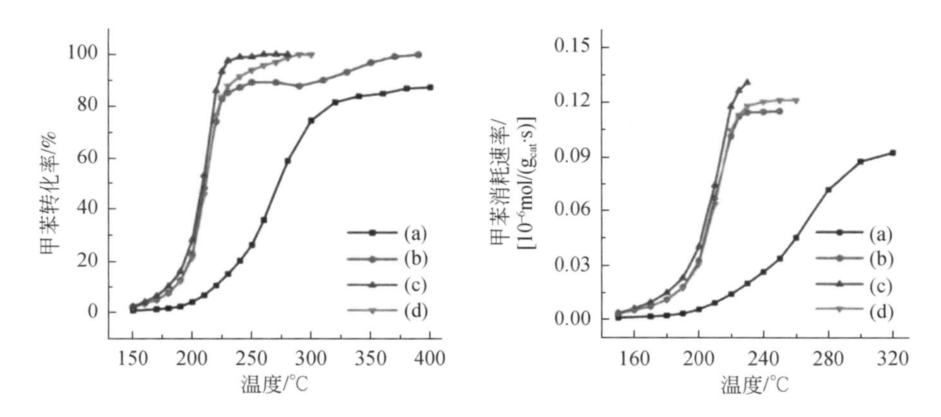

图 4-50　催化剂［（a）CeO_2-C，（b）CeO_2-P，（c）CeO_2-MOF/350，（d）CeO_2-MOF/500］的甲苯转化率和每克催化剂的甲苯消耗速率

铈元素是一种性能优良的活性促进剂，其在复合金属氧化物催化剂中的应用有助于开发高效的甲苯氧化催化剂。Liao 等合成了一系列具有不同锰含量的 Mn-Ce 混合氧化物，发现具有更高锰含量的 Mn-Ce 混合物纳米棒具有更高的甲苯氧化活性和稳定性。锰铈之间以固溶体的形式相互掺杂，导致了更多的 Mn^{4+} 和氧空位，这是催化剂保持活性的关键[241]。Chen 等采用水解驱动共沉淀法合成的 3Mn1Ce 催化剂也是一种性能优异的催化材料，具有比 Cop-3Mn1Ce（传统共沉淀法制备）和 Mixed-3Mn1Ce（机械混合法制备）更强的甲苯氧化能力，其对 240000mL/(g · h) 高空速下甲苯的完全矿化温度为 280℃，同样具有极高的稳定性和抗水性能。通过水解驱动氧化还原法制备的双元金属氧化物中两组分分散均匀，第二金属元素的均匀掺入提高了锰基氧化物的结构稳定性和可再生性能，使复合金属氧化物催化剂具有极高的稳定性和抗水性能（图 4-51）。此外，通过此方法制备的催化剂具有良好的低温还原性、丰富的晶格缺陷和氧空位以及高的活性晶格氧浓度，这是其优异的甲苯氧化性能的来源[242]。Du 等报道了 Mn、Ce 组分间的协同作用，指出在 Mn-Ce 氧化物中 Ce 元素对甲苯的吸附起着关键作用，而 Mn 元素则主要促进氧化反应的发生，二者间的协同作用改善了甲苯催化反应过程。通过原位红外表征对反应历程进行了考察，发现

吸附的甲苯在80～120℃的范围内被氧化为苯甲醇，之后再氧化为苯甲酸，随着温度的升高，中间体进一步分解为甲酸或碳酸类物质，最后完全转化为H_2O和CO_2[243]。Hou等采用共沉淀法制备了介孔$Ce_{0.65}Zr_{0.35}O_2$复合材料，并在其上负载了不同含量的锰氧化物组分制成整体式催化剂。研究发现，在12000h^{-1}的空速下，负载15wt% MnO_x的催化剂完全氧化甲苯的温度为250℃，对于整体式催化剂而言，这是相当优异的催化性能。结合H_2-TPR、O_2-TPD、XPS和XRD等表征手段，发现催化剂优异的氧化性能与MnO_x良好的分散性、表面丰富的Mn^{4+}和活性氧物种以及材料优异的低温还原性等因素有关[244]。Genty等报道了Ce元素对CoAl水滑石类催化剂活性的促进作用，发现Ce的引入可有效地增加材料的比表面积和还原性，加速甲苯的降解[245]。Carabineiro等发现了Ce掺杂对Co_3O_4催化剂活性的促进作用[246]。类似地，研究者们还发现了Ce掺杂对CuO_x[247,248]和ZrO_x[249]等氧化物活性的促进作用。He等发现铈基氧化物含有丰富的活性氧容量和稳定的结构特性，无论单独使用还是与其他金属氧化物复合都可促进甲苯的高效和稳定降解，极具研究价值(图4-52)[250]。

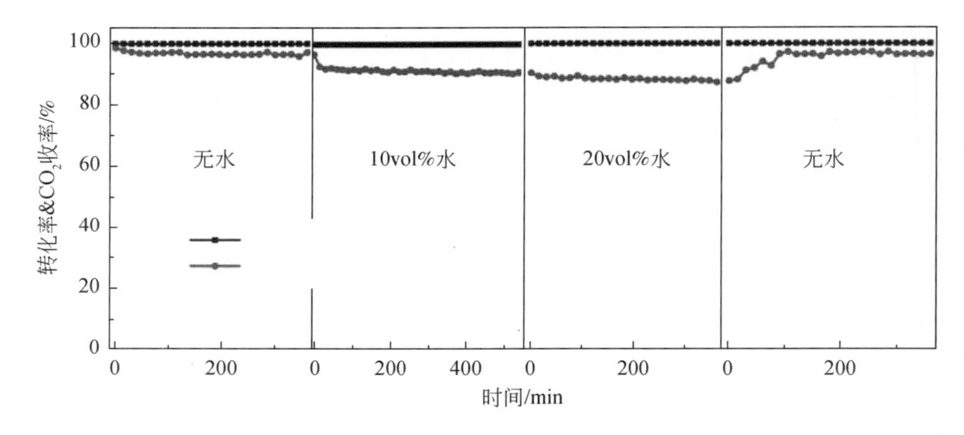

图4-51　湿度对3Mn1Ce催化氧化甲苯性能的影响

2. 钙钛矿及类钙钛矿型氧化物

钙钛矿型氧化物的分子式为ABO_3，离子半径较大的稀土元素往往占据A位点，B位点则通常是半径较小的过渡金属离子。通常人们认为B位点组分是主要的活性中心，而A位点的金属元素则起到调变B位点离子微环境和氧物种的作用。Hosseini等研究了$LaB_{0.5}Co_{0.5}O_3$（B=Cr，Mn，Cu）在甲苯催化氧化中的应用，发现相较于其他金属离子，Mn离子在B位点的掺入更能提升催化剂的活性[251]。Wu等采用氧空位诱导的方式来增强$LaFeO_3$催化剂的甲苯氧化性能。通过引入A位点缺陷来调变材料的表面性质，提高了Fe^{4+}的比例、氧空位浓度和表面吸附氧的含量，增强了材料表面反应性和活性氧的移动性，进而提高了催化性能[252]。Deng等系统研究了Sr元素部分取代A位点金属对$LaCoO_3$和$LaMnO_3$的甲苯氧化活性的影响。研究表明，Sr离子引入A位点后促进了材料缺陷位的产生，加快了Mn^{4+}/Mn^{3+}和Co^{3+}/Co^{2+}的氧化还原循环，使得材料的氧化活性得以提升[253]。

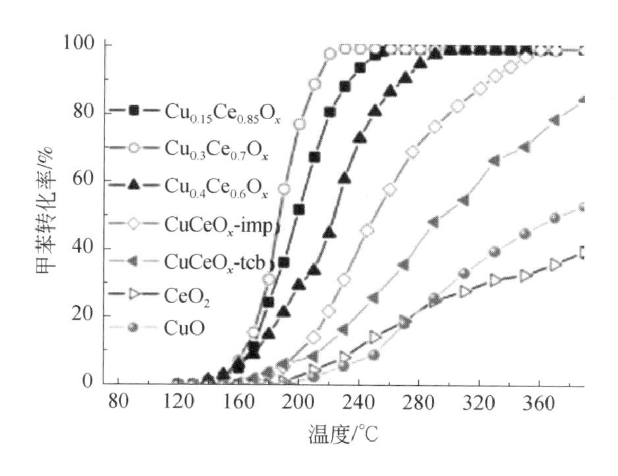

图 4-52　不同催化剂的甲苯催化活性

催化剂量：300mg；甲苯浓度：1000ppm；GHSV：36000mL/(g · h)

研究者还对 $Eu_{1-x}Sr_xFeO_3$ 催化剂（ESFO）的甲苯降解性能进行了考察，发现相较于 $EuFeO_3$（EFO）材料，金属 Sr 的引入促进了表面缺陷位点的形成，增加了活性氧物种的浓度，增强了 ESFO 的低温还原性和对甲苯的氧化能力，可在 305℃下实现 90% 甲苯转化［甲苯浓度：1000ppm；空速：20000mL/(g · h)］[254]。在上述研究中，研究者发现具有三维有序大孔（3DOM）结构的材料比单纯的体相催化剂具有更高的氧化活性和更低的反应活化能，这与 3DOM 材料较大的比表面积和优良的低温还原性有关（图 4-53，图 4-54）。Tarjomannejad 等通过在 A 和 B 位点掺入不同类型的金属离子对 $LaMnO_3$ 材料的甲苯氧化活性进行调控，发现当 Cu 和 Fe 元素取代 B 位点的 Mn 元素后促进了表面氧空位的形成和气相氧的吸附，而在 A 位点掺入的 Sr^{4+} 和 Ce^{4+} 离子则可增强 B 位点离子的还原性，进而增强催化剂的整体活性。通过对 A 和 B 位点的金属组成进行调控可得到具有超高活性的钙钛矿催化剂，其中 $La_{0.8}Ce_{0.2}Mn_{0.3}Fe_{0.7}O_3$ 催化剂可在 200℃时完全降解甲苯，活性与一般贵金属催化剂相当[255]。

对于工业废气净化催化剂而言，快速简单的制备和整体化制备是应用的关键因素。Weng 等在一个含有超临界水的连续热流反应器中快速制备了离子（Sr^{3+} 或/和 Fe^{3+}）掺杂的 $LaMnO_3$ 催化剂并用于甲苯催化燃烧。研究显示，得到的钙钛矿催化剂具有丰富的缺陷

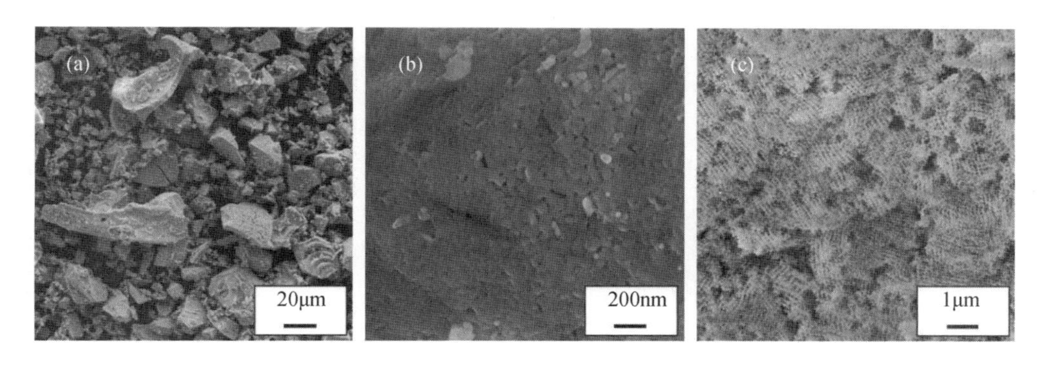

图 4-53　(a，b) EFO-bulk，(c，d) EFO-3DOM 和 (e，f) ESFO-3DOM 的 SEM 图像

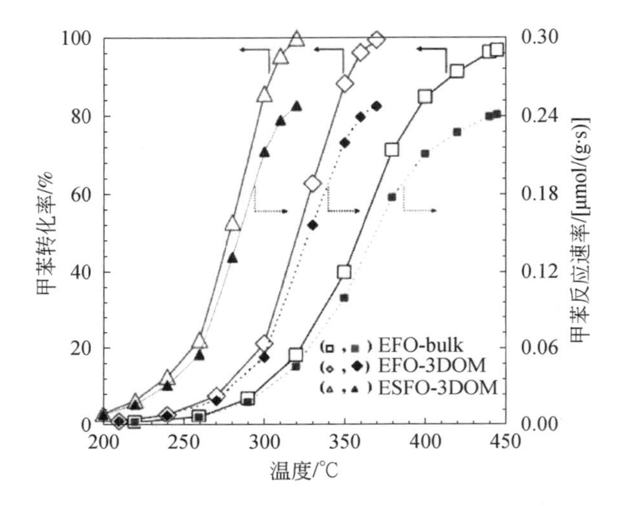

图 4-54　EFO-bulk，EFO-3DOM 和 ESFO-3DOM 催化剂的甲苯氧化活性曲线和相应的反应速率曲线

甲苯浓度：1000ppm；SV：20000mL/(g · h)；甲苯/O_2 摩尔比：1/400

位点，加速了气态氧在材料表面的解离以及体相晶格氧的迁移，促进了氧化反应的发生，其中缺陷位点最丰富的 $La_{0.9}Sr_{0.1}Mn_{0.9}Fe_{0.1}O_3$ 催化剂可在 236℃ 下实现 90% 的甲苯转化[256]。Zang 等采用 PMMA 胶晶模板法和浸渍法在堇青石载体上负载了三维有序大孔 $La_{0.8}Ce_{0.2}MnO_3$，并考察了煅烧温度对催化剂的比表面积、还原能力和表面酸性分布的影响。催化剂经过 600℃ 煅烧后，氧化还原性能和催化活性最优，其上甲苯降解的活化能仅为 27.01kJ/mol[257]。Si 等采用简单的一步法制备了 $MnO_2/LaMnO_3$ 材料，可在极高的空速 [120000mL/(g · h)] 下高效降解甲苯，甲苯在其上的反应活化能仅为 57kJ/mol，远低于常见金属氧化物催化剂上的（图 4-55）。该材料具有制备简单、稳定性好和成本低等优点，是一种极具前景的甲苯氧化催化剂[258]。综上可见，钙钛矿材料的组成和结构形态可被灵活调控，这使其对不同的甲苯降解场景具有极强的适应性，且其制备方法简单并可大规模、整体化制备，是一种极具潜力的催化材料。

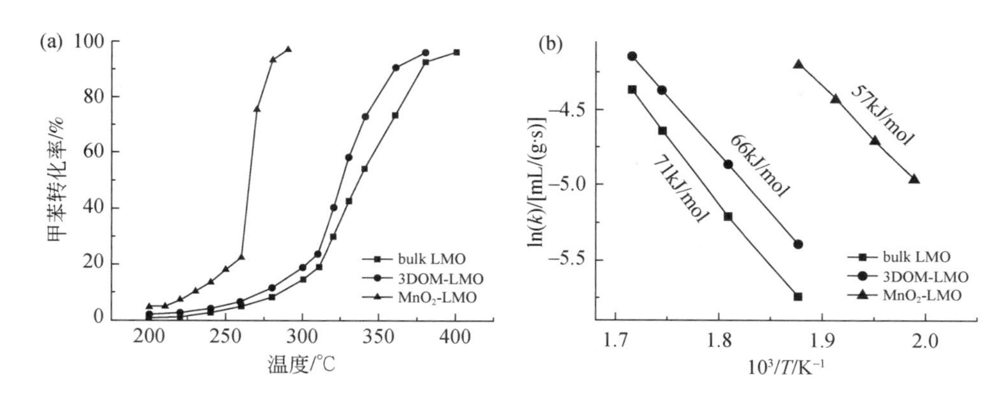

图 4-55 (a) 三个样品的活性曲线和 (b) 阿伦尼乌斯曲线图

4.3 二 甲 苯

二甲苯作为“三苯”之一，广泛存在于各种工业环境中。世界卫生组织将二甲苯定义为一种可引起慢性中毒和致癌的物质[259]。因此，寻找一种能够有效地消除二甲苯的技术得到了非常广泛的关注。大量研究表明，催化燃烧是一种非常有效，且无二次污染的处理二甲苯的技术[260,261]。对于催化燃烧，催化剂的选择至关重要。常见的用于催化燃烧二甲苯的催化剂包括：贵金属催化剂、金属氧化物催化剂和含稀土元素的金属氧化物催化剂[262-265]。

4.3.1 贵金属催化剂

贵金属催化剂通常是指活性组分为 Ag、Pd、Pt、Ru、Rh 和 Au 的负载型催化剂。由贵金属或其氧化物担任活性组分，负载在具有稳定结构的载体上。这类催化剂具有高活性、低起燃温度和催化氧化彻底的优点，这使得其成为低温催化氧化 VOCs 的最佳选择，但是却存在价格昂贵、活性组分高温易烧结和流失以及在催化氧化含有 S、Cl 等组分的 VOCs 时易中毒的问题。对于二甲苯的催化燃烧，研究最多的贵金属催化剂是 Pt 基和 Pd 基催化剂，它们既可以单独使用，又可以作为复合贵金属催化剂使用。使用的载体通常是各种金属氧化物、活性炭和沸石分子筛等[266]。

1. Pd 基催化剂

贵金属 Pd 作为一种常见的催化剂活性组分，经常被用于二甲苯的催化燃烧，且 Pd 基催化剂相较于 Pt 基催化剂具有优异的催化活性和水热稳定性，所以众多研究者对负载型 Pd 基催化剂进行了深入的研究[267-269]。但关于 Pd 的化学态和粒径大小对于 Pd 基催化剂催化活性的影响仍然存在争议。

许多研究人员认为，Pd 基催化剂的催化性能高度依赖于 Pd 的化学态。一些研究者认为氧化物形式的 PdO 物种（Pd^{2+}）比金属 Pd 物种（Pd^0）具有更强的催化氧化活性[270,271]。但也有研究者表示金属 Pd 物种（Pd^0）在催化氧化过程中活性更高。Huang 等[272]以 γ-Al_2O_3 为载体，利用浸渍法制备了一系列负载型贵金属（Pd、Pt、Rh、Au 和 Ag）催化剂。在这些催化剂中，Pd/Al_2O_3 催化剂显示出最高的催化活性（图 4-56）。在 10000h^{-1}的空速下，可以将 100ppm 的邻二甲苯在 110℃左右完全氧化。Huang 等[273]采用湿法浸渍制备了 1wt% Pd/Al_2O_3 催化剂并研究了 H_2 预处理对 Pd/Al_2O_3 活性的影响。将催化剂在 100℃、200℃、300℃和 400℃的纯 H_2 流中还原 1h（分别表示为 H_{T1}、H_{T2}、H_{T3}和 H_{T4}）。结果表明，Pd/Al_2O_3 的活性与预还原温度密切相关。随着还原温度的升高，转换曲线向较低的温度方向移动。催化活性依次为 $H_{T4} \approx H_{T3} > H_{T2} > H_{T1}$。$H_{T3}$和 H_{T4}样品表现出相似的优良活性，且这两种催化剂全部都表现为完全的金属 Pd 物种（表 4-4）。值得注意的是，所有 H_2 预处理催化剂的活性都比新鲜催化剂高得多，说明金属 Pd 物种是低温催化氧化二甲苯的活性物种。然而，金属 Pd 物种在活性测试过程中不稳定，易被部分氧化成 PdO，这是催化剂活性急剧下降的原因。

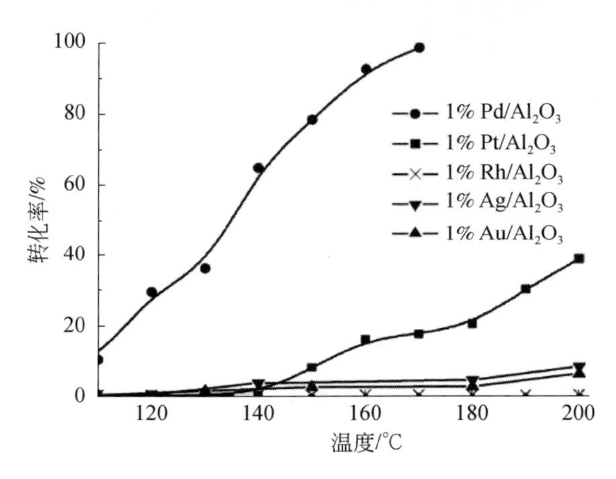

图 4-56　γ-Al_2O_3 负载不同贵金属催化剂的催化活性

表 4-4　不同 H_2 预处理下 Pd/Al_2O_3 催化剂的 Pd 粒径、分散度和 Pd 含量

样品	$3d_{5/2}$结合能/eV	Pd 粒径/nm	Pd 分散度	Pd 含量/%
新鲜样品	336.8	8.00	—	0
H_{T1}	336.0	7.80	—	32.6
H_{T2}	335.2	6.75	16.6	72.4
H_{T3}	335.1	7.68	14.6	100
H_{T4}	335.1	8.45	13.3	100

大量研究表明，Pd 基催化剂中金属 Pd 组分的粒径大小对其催化活性有着重要的影响。Kim 等[274]采用湿法浸渍制备了 1% Pd/γ-Al_2O_3 催化剂，在 300℃下用 H_2 预处理 2h，由于金属 Pd 物种的增加，材料具有更高的催化活性，可以在 190℃实现邻二甲苯的完全转

化。随着反应的持续进行，催化剂的活性有所上升，并伴随着Pd颗粒的生长，他们认为Pd的化学态和粒径对催化活性都有很大的影响，对于化学态相同的催化剂（Pd^0或Pd^{2+}），粒径对催化活性的影响更大。但也有一些研究者认为对于Pd基催化剂，更小的Pd粒径有利于改善其催化活性。Hu等[275]使用纳米γ-Al_2O_3（10nm）和普通γ-Al_2O_3（200～300nm）作为载体材料，通过浸渍法制备了1wt% Pd/γ-Al_2O_3催化剂。结果表明，Pd/γ-Al_2O_3（纳米）经过H_2预处理之后对邻二甲苯具有最高的催化活性（T_{90}=150℃）。载体γ-Al_2O_3（纳米）与Pd活性物种之间存在很强的相互作用，更有利于控制Pd的粒径和分散，从而提高了Pd/γ-Al_2O_3（纳米）催化剂的催化活性。当Pd为金属态（Pd^0）存在时，小粒径的Pd活性更高（图4-57）。

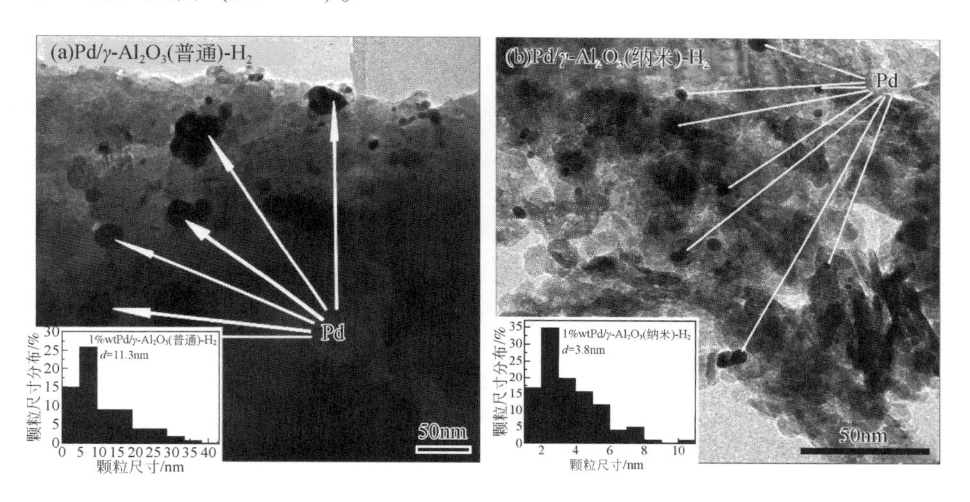

图4-57　H_2还原后Pd/Al_2O_3催化剂的TEM图像

还有研究者认为，载体对Pd基催化剂性能起着关键性的作用。Wang等[276]使用3D介孔Co_3O_4作为载体，分别使用原位纳米铸造和浸渍法制备了Pd/Co_3O_4（3D）和Pd/Co_3O_4（3DL）催化剂。发现Pd/Co_3O_4（3D）相较于Pd/Co_3O_4（3DL）的活性更高，这可以归因于催化剂更有序的介孔结构和更加分散的Pd物种（图4-58）。Qiao等[277]采用双模板法成功合成了分级的大孔/介孔SiO_2载体，然后通过胶体沉淀法将Pd负载到SiO_2载体上，该催化剂具有较高的表面积和较大的孔体积（表4-5），并具有有序的、相互连接的大孔和二维六角形中孔杂化网络。这种新颖的有序分层多孔结构对较低Pd负载量的分散非常有利，并有助于反应物和产物的扩散。Xie等[278]制备了介孔Co_3O_4和CoO并用作负载Pd纳米颗粒（NPs）的载体。负载了Pd的催化剂催化二甲苯氧化的活性明显高于未负载Pd的催化剂，其中Pd/介孔CoO样品表现出最佳的催化活性（T_{90}=173℃）。介孔CoO可以将氧分子活化为活性氧物种，而金属Pd物种有利于催化剂上二甲苯的吸附，并且所吸附的邻二甲苯可以立即与在介孔CoO和Pd纳米颗粒界面之间的活性氧物种反应。

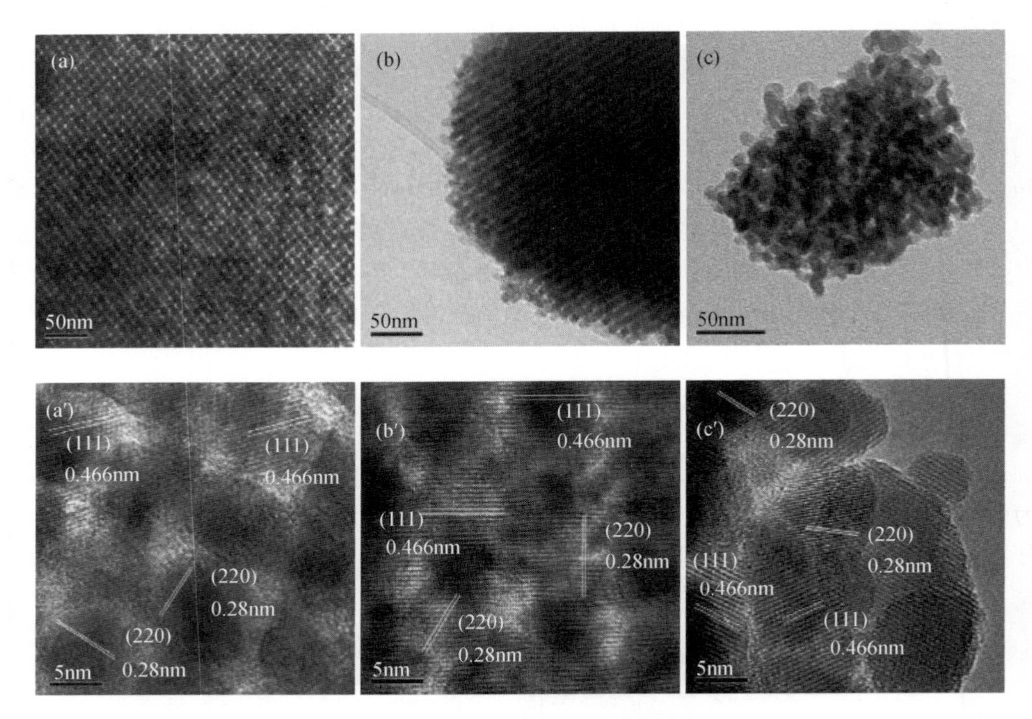

图 4-58　三种催化剂的电镜图像

(a, a') Co_3O_4 (3D); (b, b') Pd/Co_3O_4 (3D); (c, c') Pd/Co_3O_4 (3DL)

表 4-5　催化剂的活性及其物化参数

催化剂	S_{BET}/ (m^2/g)	V_P/ (cm^3/g)	Pd 负载量 /wt%	分散度 /%	42000h^{-1}		52500h^{-1}		70000h^{-1}	
					T_{10}	T_{90}	T_{10}	T_{90}	T_{10}	T_{90}
Pd/SBA-15	673	0.92	0.28	20	112	188	146	205	166	218
Pd/MMS-a	612	0.62	0.39	37	118	173	145	199	157	223
Pd/MMS-b	604	0.81	0.38	66	122	174	136	188	144	200
Pd/MMS-c	487	0.76	0.38	57	152	202	—	—	—	—

但也有研究者表示催化活性只和催化剂的活性组分有关，载体没有太大的影响。Wang 等[279]利用 Co_3O_4、MnO_2、CeO_2、TiO_2、Al_2O_3 和 SiO_2 作为载体，制备了一系列 Pd 基催化剂。然后分别通过 $NaBH_4$ 和 H_2 对制得的催化剂进行预处理，最后进行邻二甲苯氧化测试。发现对于低温下的邻二甲苯氧化，金属 Pd 物种（Pd^0）相较于 Pd 氧化物种（Pd^{2+}）具有更高的活性，而载体中可还原氧化物的存在与催化剂活性并无太大关联。此外，$NaBH_4$ 预处理可以避免载体被还原，是比 H_2 还原更合适的用于制备负载型贵金属催化剂的方法。$NaBH_4$ 还原可以有效地改善所有 Pd 基催化剂对邻二甲苯氧化的催化性能，而 H_2 预处理对 Pd 基催化剂的影响与载体类型密切相关。

2. Pt 基催化剂

Pt 基催化剂也显示出类似于 Pd 基催化剂的特性，相较于 Pt 的化学态，更小的粒径和更高的分散度对催化剂的催化活性起着至关重要的作用。Chen 等[280]利用浸渍法成功合成了 Pt/分层 ZSM-5 沸石催化剂（Pt/mZSM-5）。与 Pt/常规 ZSM-5 沸石（Pt/ZSM-5）相比，Pt/mZSM-5 对邻二甲苯的吸附容量约为没有介孔结构的催化剂的 8 倍（图 4-59）。此外，由于 mZSM-5 具有大量的介孔，改善了 Pt 的分散性。高度分散的 Pt 纳米颗粒有利于邻二甲苯的催化燃烧（图 4-60）。颗粒较大的 Pt 不利于化学吸附反应物分子，因而催化活性较低。mZSM-5 分子筛上 Pt 的颗粒较小、分散度较高，易于捕捉邻二甲苯分子进而进行催化燃烧反应。值得注意的是，在催化燃烧邻二甲苯的过程中，Pt 纳米粒子负载量及 Pt 分散度起到至关重要的作用，而载体本身仅起到辅助作用，其介孔结构有助于反应物分子的吸附和传质。Xia 等[281]利用 $NaNO_3$ 和 NaF 作为熔融盐，使用 Fe（NO_3）$_3$ 和 Pt（NH_3）$_4$（NO_3）$_2$ 作为前体制备的 Pt/Fe_2O_3 催化剂，可以在 225℃完全催化氧化二甲苯，这是由于催化剂高度分散的 Pt 物种以及低温可还原性。催化剂活性随着 Pt 负载量的增加而提高，但当 Pt 负载量大于 0.22wt% 后，催化剂的活性开始下降。除此之外，该催化剂对于水蒸气、CO_2 和 SO_2 拥有很好的稳定性。

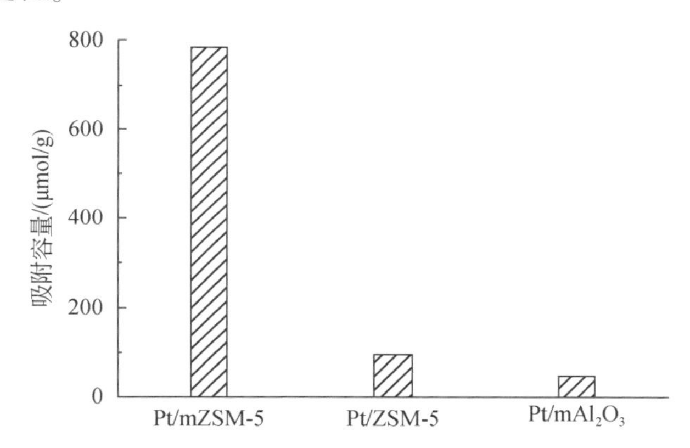

图 4-59　Pt/mZSM-5、Pt/ZSM-5 和 Pt/mAl_2O_3 催化剂对邻二甲苯的吸附容量

成本高是贵金属催化剂不能广泛使用的重要原因。一些研究者利用工业上废弃的材料作为催化剂载体负载贵金属 Pt 并用于二甲苯的催化燃烧，这样可以部分降低催化剂的制作成本。Kim 等[282]利用制铝工业中的废物赤泥（RM）作为催化剂载体，经过酸处理之后使用浸渍法制备了 Pt/HRM 催化剂，相较于 Pt/Al_2O_3 催化剂，其对二甲苯的催化燃烧有更高的活性，由于经酸处理过后制备的催化剂具有更大的比表面积（表 4-6）。Park 等[283]利用废弃碱性电池作为催化剂载体，经硫酸酸处理后所得 Pt 基催化剂用于二甲苯的催化燃烧，催化剂的活性随着 Pt 负载量的增加而增加，负载 1wt% Pt 的催化剂可以在 280℃完全催化氧化二甲苯。也有研究者通过将已经失活的催化剂进行再生，延长催化剂的使用寿命，来达到降低催化剂的使用成本。Shim 等[284]将韩国石化公司提供的废弃 Pt/AC（活性炭）催化剂用硫酸水溶液进行酸性处理再生，提高了催化剂 Pt/C 的原子比、比表面积以

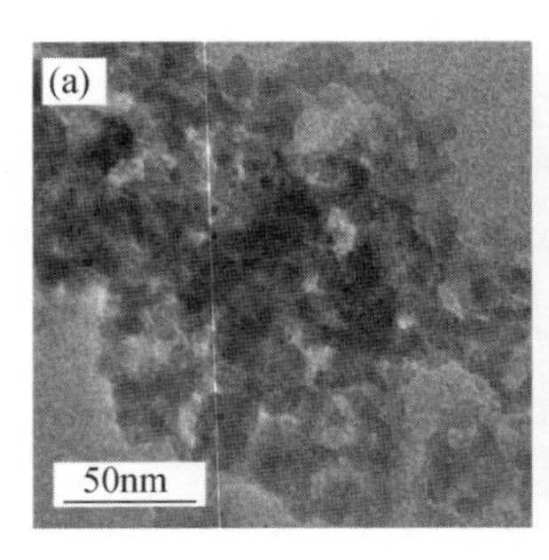

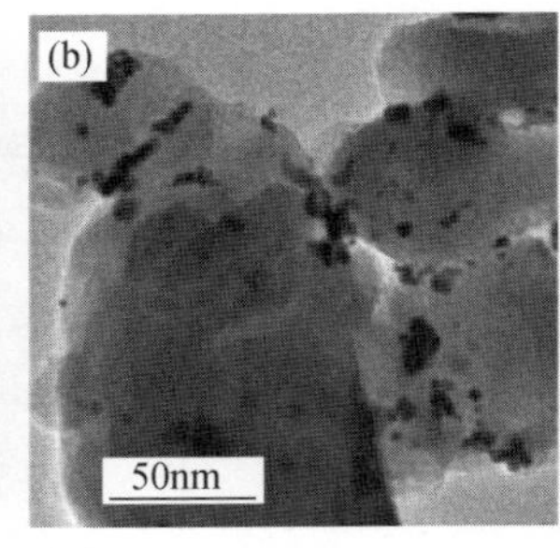

图 4-60 Pt/mZSM-5（a）、Pt/ZSM-5（b）和 Pt/Al_2O_3（c）催化剂的 TEM 照片

及对甲苯的吸附量。随着压力的增加，吸附平衡量逐渐增加。硫酸处理后的废 Pt/AC 可以在 360℃时实现二甲苯的完全催化燃烧。

表 4-6 样品的比表面积、孔体积和 H_2-TPR 还原温度

催化剂	RM	HRM（400）	HRM（500）	HRM（600）
BET 比表面积/(m^2/g)	23.0	124.9	99.7	92.1
孔体积/(cm^3/g)	0.11	0.22	0.20	0.20
TPR 峰温/℃	540[a]	500[a]，540[b]	539[a]	543[a]

a 第一个峰，b 第二个峰。

3. 其他贵金属催化剂

除了 Pd 基和 Pt 基催化剂外，其他贵金属组分的催化剂在二甲苯的燃烧上也有广泛的研究。Liu 等[41]使用 KIT-6 作为模板制备了三维有序介孔 Co_3O_4（meso-Co_3O_4）载体，并制备了 Au/meso-Co_3O_4 催化剂。该催化剂拥有优异的二甲苯催化氧化性能，可以在 162℃实现 90% 的二甲苯转化。优异的性能可以归因于催化剂大的比表面积、高浓度的氧物种和良好的低温还原性，以及 Au 和 meso-Co_3O_4 之间的强相互作用力。Wu 等[285]通过氧化还原和沉积沉淀法合成了 Ag/NiO_x-MnO_2，表现出比 NiO_x-MnO_2 更高的活性，可以在 190℃完成邻二甲苯的完全燃烧。此外，该催化剂还显示出优异的耐水性和稳定性。Ni 和 Ag 的引入提高了催化剂的低温还原性、亲电性氧的数量以及氧分子的活化能力，从而在低温下具有出色的催化性能。原位 DRIFTS 研究表明，在不存在氧分子的情况下，Ag/NiO_x-MnO_2 的亲电子晶格氧可将芳环直接氧化为马来酸盐；在存在氧分子的情况下，形成的马来酸盐可被氧化为甲酸盐和/（或）碳酸盐（图 4-61）。

4. 复合贵金属催化剂

许多研究者发现，复合贵金属催化剂的催化活性要高于单一组分的贵金属催化剂，且由于多组分贵金属的相互作用，可以通过调节不同贵金属的比例对催化剂的形貌和结构进行调控，进而影响催化剂的性能。deSilva 等[286]制备了 AgAu 纳米枝晶可调的 AgAu/SiO_2 催化剂，发现控制 Ag 纳米颗粒的数量，可以调控纳米枝晶的尺寸和形态。较少的 Ag 纳米

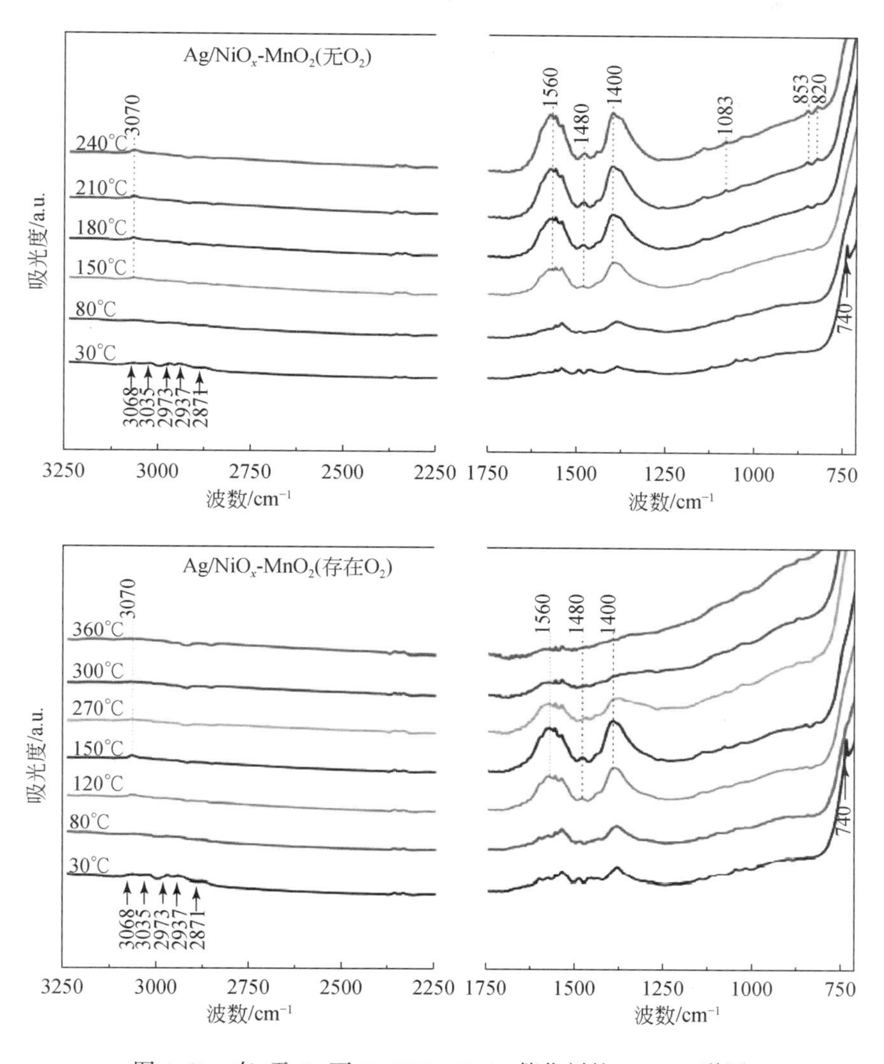

图4-61 有/无 O_2 下 Ag/NiO_x-MnO_2 催化剂的DRIFTS谱图

颗粒会导致较大的纳米枝晶，且纳米颗粒的外径可在45～148nm范围内调节（图4-62）。通过改变纳米枝晶的尺寸和表面形态可以直接影响其催化活性。Wang等[287]使用熔融盐和聚乙烯醇保护的还原方法，制备了 $xAuPd_y/Co_3O_4$ 纳米催化剂［x=0.18wt%、0.47wt%和0.96wt%；y（Pd/Au摩尔比）=1.85～1.97］。Co_3O_4 具有八面体形貌，边长为300nm。尺寸为2.7～3.2nm的Au-Pd纳米颗粒均匀地分散在 Co_3O_4 表面上。由于Au-Pd纳米颗粒与 Co_3O_4 之间的相互作用以及高浓度的吸附氧，$0.96AuPd_{1.92}/Co_3O_4$ 显示出最高的催化活性，可以在187℃实现90%的二甲苯转化率。Xie等[288]使用过渡金属（M=Mn，Cr，Fe和Co）掺杂改性三维有序大孔 Mn_2O_3（3DOM）负载的 $Au-Pd/Mn_2O_3$ 催化剂，发现大小为3.6～4.4nm的Au-Pd-xM NPs高度分散在 Mn_2O_3（3DOM）的表面上。1.94wt% Au-Pd-$0.22Fe/Mn_2O_3$（3DOM）样品对邻二甲苯的氧化效果最佳，可以在213℃实现90%的二甲苯转化率，这与其吸附的氧种类最多、适量的过渡金属掺杂修饰了 Au-Pd NPs 的微观结构有关。Xia 等[289]分别使用水热法和聚乙烯醇保护的还原法制备了 α-MnO_2 纳米管及其负载的 Au-Pd 合金纳米催化剂，发现 Au-Pd 合金纳米粒子与 α-MnO_2 纳米管之间的相互作用显著提高了晶格氧的反应性。0.91wt% 的 $Au_{0.48}Pd/\alpha$-MnO_2 纳米管催化剂的性能优于 α-MnO_2 纳米管催化剂的，α-MnO_2 可以在 305℃ 达到 90% 的二甲苯转化率，而 $Au_{0.48}Pd/\alpha$-MnO_2 纳米管催化剂在 220℃ 就可以达到 90% 的二甲苯转化率。0.91wt% 的 $Au_{0.48}Pd/\alpha$-MnO_2 纳米管催化剂在 VOCs 混合物的氧化中表现出高的催化稳定性以及对水蒸气和 CO_2 的良好耐受性。

图 4-62　AgAu 纳米枝晶的 SEM（a）~（d）和 TEM（e）~（h）图像

4.3.2　金属氧化物催化剂

常用的金属氧化物催化剂是指以 Cu、Cr、Co、Mn 和 Ni 等过渡金属为活性组分的单金属氧化物和复合金属氧化物催化剂。通常情况下，复合金属氧化物催化剂由于金属之间的协同效应，催化性能要明显优于单金属氧化物催化剂[290-292]。在特定条件下，某些复合金属氧化物催化剂可以达到贵金属催化剂的效果。作为贵金属催化剂的替代品，过渡金属氧化物催化剂目前得到了广泛的研究。

1. 单金属氧化物

MnO_2 是一种最为常见的具有高催化活性的单金属氧化物催化剂，可以达到类似于贵金属催化剂的活性[293,294]。MnO_2 具有多种化学态，不同的晶体结构和形貌也会影响催化剂的活性。大部分研究者认为 Mn^{4+} 离子作为 MnO_2 催化剂中的活性组分在二甲苯的催化燃烧中有着重要的影响。Wu 等[295]利用氧化还原沉淀法制备了多孔分层结构微晶 MnO_2，可以在 220℃下达到 100% 的邻二甲苯转化率，比传统沉淀法制备的催化剂低 50℃。该方法制备的材料表面 Mn^{4+} 含量为 100%，而传统方法制备的催化剂表面 Mn^{4+} 含量仅为 31%（图 4-63），Mn^{4+} 表面浓度对其催化燃烧邻二甲苯的高催化活性起着重要作用[296]。在之后的研究中，Wu 等[297]又以 $KMnO_4$ 和 $MnCO_3$ 作为前驱体，在无模板的情况下，通过简单的水热法制备了介孔 α-MnO_2 纳米棒（图 4-64），其在 210℃时就可以实现邻二甲苯的完全转化。催化剂的三维立体形貌、介孔结构和高的比表面积都有利于催化活性的提升。在后续的实验中 Wu 等证明对于锰基催化剂，比表面积是影响二甲苯催化活性的重要因素[298]。

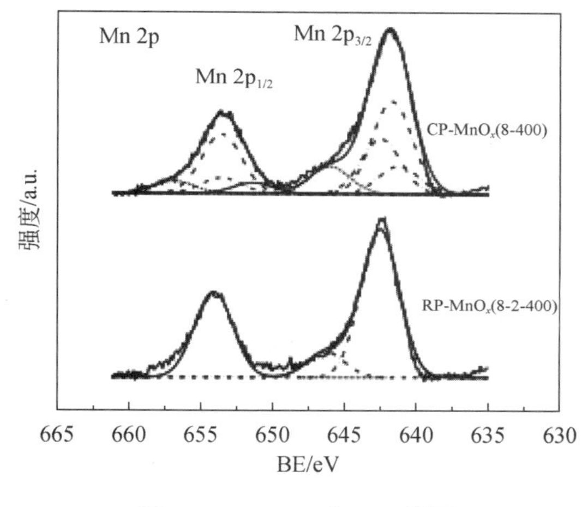

图 4-63　Mn 2p 的 XPS 谱图

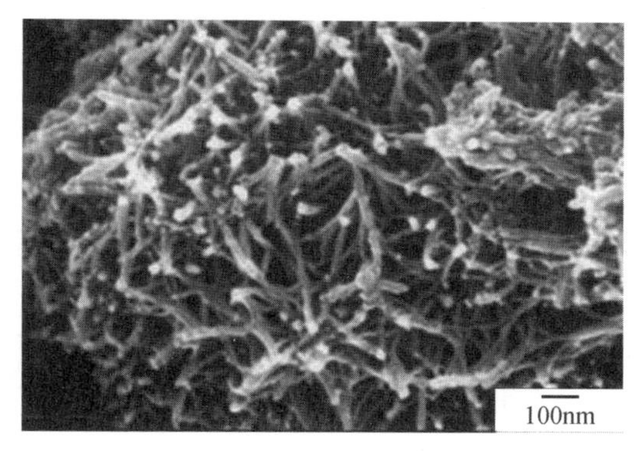

图 4-64　α-MnO_2 的 SEM 图像

不同形貌的 MnO_2 也会显示出不同的催化活性。Genuino 等[299]利用 $KMnO_4$ 和 $Mn(CH_3COO)_2$的回流制备了八面体锰氧化物分子筛（OMS），通过将 $Mn(CH_3COO)_2 \cdot 4H_2O$ 滴加到 $KMnO_4$ 中煅烧后得到无定型锰氧化物（AMO），又通过共沉淀法制备了 CuO/Mn_2O_3混合氧化物。与市售 MnO_2 相比，几种催化剂的催化活性为 OMS≈CuO/Mn_2O_3>AMO>市售 MnO_2。这归因于多种因素的组合，包括结构、形态、疏水性和氧化还原特性。活性氧的迁移率和反应性与催化活性密切相关。Tang 等[52]用草酸盐法制备了一系列介孔锰氧化物，包括微棒、微管和具有高比表面积的介孔颗粒。草酸盐制备的锰氧化物具有丰富的表面晶格氧、介孔结构、低温还原性和锰化学氧化态适中的特点，在较低的反应温度范围（160～220℃）下表现出较高的活性。较低的焙烧温度有利于保持高比表面积和小孔，而较高的焙烧温度则会降低比表面积和孔径（表 4-7）。

表 4-7 不同前体和煅烧温度下样品的物理化学性质

样品	BET 比表面积 /(m^2/g)	BJH 孔径 /nm	孔体积 /(cm^3/g)	表面元素摩尔比						
				Mn					O	
				Mn^{2+}	Mn^{3+}	Mn^{4+}	Mn^{4+}/Mn^{2+}	Mn^{4+}/Mn^{3+}	O_{ads}^{a}	O_{latt}
A-350	355.5	3.8	0.21	0.301	0.395	0.304	1.010	0.770	0.349	0.557
B-350	226.3	3.4	0.27	0.300	0.393	0.307	1.023	0.781	0.334	0.591
A-450	85.9	4.4	0.15	0.290	0.418	0.291	1.003	0.697	0.235	0.728
A-550	50.1	9.6	0.15	0.325	0.467	0.208	0.641	0.446	0.315	0.643
B-450	65.4	7.85	0.25	0.297	0.469	0.234	0.787	0.498	0.281	0.688
B-550	35.1	17.2	0.25	0.306	0.502	0.192	0.626	0.383	0.298	0.621
C-450	115.9	6.6	0.24	0.126	0.418	0.456	3.624	1.089	0.299	0.629
D-450	132.6	17.5	0.59	0.144	0.382	0.473	3.284	1.239	0.188	0.582
E-450	28.5	17.0	0.23	0.391	0.367	0.242	0.619	0.662	0.251	0.549

a 吸附氧包括 O_2、O^- 和 O_2^{2-}。

制备方法也会对催化剂活性产生重要影响。Zhou 等[300]采用硬模板法（MnO_x-HT）和沉淀法（MnO_x-PC）制备了锰氧化物（MnO_x）催化剂，发现制备方法对催化剂化学组成和结构有明显影响。MnO_x-HT 催化剂可以在 200℃实现二甲苯 90% 的催化燃烧，性能远高于 MnO_x-PC 催化剂，这可以归因于其 MnO_2 含量高、表面活性氧浓度高、介孔有序度高、比表面积大、氧迁移率好、低温还原性好（表 4-8）。Zeng 等[301]通过用稀 HNO_3 溶液处理有序介孔 Mn_2O_3 前驱体，得到有序介孔骨架保留得很好的 γ-MnO_2，且其具有高的比表面积和丰富的表面氧空位，大大提高了表面活性位点的数量和表面氧物种的反应性。与无孔 α-MnO_2 纳米棒和 γ-MnO_2 相比，介孔 γ-MnO_2 表现出明显较高的催化活性，可以在 237℃下去除 90% 的二甲苯。

表 4-8 MnO_x-HT 和 MnO_x-PC 的 XPS 数据

催化剂	物种	BE/eV	峰面积	占比/%
MnO_x-PC	Mn^{3+}	641.43	4047.73	80.8
	Mn^{4+}	643.26	959.24	19.2
	O_{latt}	529.62	2833.90	76.8
	O_{OH}	531.04	642.60	17.4
	O_{ads}	532.58	211.64	5.7
MnO_x-HT	Mn^{3+}	641.09	1956.77	46.5
	Mn^{4+}	642.30	2248.25	53.5
	O_{latt}	529.45	2786.90	66.9
	O_{OH}	531.21	899.80	21.6
	O_{ads}	532.95	479.17	11.5

有研究者发现将 MnO_2 负载在高比表面积的载体上有利于吸附二甲苯，改善催化剂的活性。Jung 等[302]采用常规浸渍法制备了 15wt% Mn 基催化剂，考察了焙烧温度和载体（γ-Al_2O_3、SiO_2 和 TiO_2）对 Mn 基催化剂催化氧化甲苯、苯和邻二甲苯性能的影响，发现焙烧温度对 15% Mn/γ-Al_2O_3 催化剂的晶体结构和氧空位的形成有较大影响。15% Mn/γ-Al_2O_3 的氧空位含量随焙烧温度的变化顺序为 900℃>500℃>700℃（表 4-9），这与催化活性的变化规律基本一致。15% Mn 基催化剂的活性按载体类型依次为 γ-Al_2O_3>SiO_2>TiO_2。15% Mn/γ-Al_2O_3 拥有最多的氧空位，可以在 340℃实现二甲苯的完全催化燃烧。Van Nguyen 等[303]将赤泥和稻壳灰经酸中和处理得到载体材料（RR），通过浸渍法制备了一系列 Mn 负载在 RR 上的催化剂，该催化剂在 400℃时实现了 93% 的对二甲苯转化率。所获得的催化剂颗粒使用高岭土作为黏合剂制得粒状催化剂，显示出 12.4MPa 的机械强度和 1.8% 的低质量磨损率。粒状催化剂的催化活性比粉末催化剂的催化活性稍低，在 450℃时对二甲苯的转化率为 83.8%，在测试的 50h 内几乎保持稳定。

表 4-9　不同煅烧温度下 Mn/Al 催化剂 Mn 2p 和 O 1s 结合能及其相对含量

催化剂	15Mn/Al（500）	15Mn/Al（700）	15Mn/Al（900）
Mn $2p_{3/2}$/eV	641.61	640.48	641.69
Mn $2p_{1/2}$/eV	652.87	651.89	653.21
O $1s_L$/eV	527.82	528.75	529.24
O $1s_D$/eV	530.93	531.33	530.65
Mn 2p 表面浓度/at%	9.44	9.84	15.51
O $1s_D$/O $1s_L$ 面积比	2.15	1.97	2.31

除了 Mn 基催化剂外，Co 基催化剂也经常被用于二甲苯的催化燃烧。Xie 等[304]采用甘油溶液还原方法将介孔 Co_3O_4（meso-Co_3O_4）转化成为介孔 CoO（meso-CoO）或 CoO_x（meso-CoO_x）。所获得的样品富含 Co^{2+}，并且对邻二甲苯表现出高的催化活性（图 4-65）。具有最大表面 Co^{2+}含量的介孔 CoO_x样品表现最佳，可以在 240℃实现 83% 的邻二甲苯转化率，介孔 CoO_x的反应速率比介孔 Co_3O_4 高 9 倍。他们发现具有更多表面 Co^{2+}物种的样品具有更好的氧化能力，并且 Co^{2+}物种是有利于形成高活性 O_2^- 和 O_2^{2-}（特别是 O_2^-）物种的活性位点。

还有研究者发现 WO_3 催化剂也可以有效降解二甲苯。Balzer 等[305]制备了 WO_3 催化剂用于对苯、甲苯和二甲苯（BTX）的催化氧化。WO_3 催化剂在 350℃时，苯的转化率超过 70%，甲苯的转化率超过 50%，间二甲苯和对二甲苯的转化率超过 40%（图 4-66）。较高的催化性能可能是由于强金属相互作用，以及催化剂表面存在的 W^{4+}、W^{5+}和 W^{6+}等物种。

2. 复合金属氧化物

因为 Mn 基催化剂优异的催化活性，含 Mn 的复合金属氧化物得到了广泛的研究。在 Mn 基催化剂中掺入 Cu 的氧化物会明显提升催化剂的活性。Nguyen 等[306]通过水热法制备

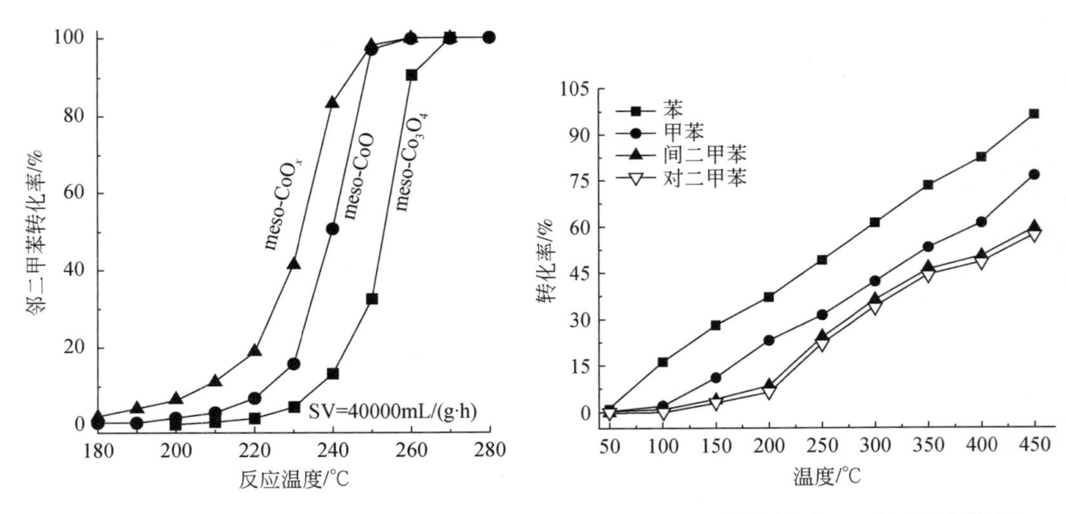

图 4-65 介孔 CoO_x 的邻二甲苯催化活性

图 4-66 WO_3 催化剂对 BTX 的催化活性图

的 CuMn 复合氧化物催化剂显示出高的热稳定性，在 700℃下未发生相变，且在 7 次运行后催化性能没有明显变化。间二甲苯及其氧化产物有可能吸附在催化剂表面，从而降低催化剂在低温下的活性。在 150℃时二甲苯开始转化，在 200℃可以实现二甲苯的完全催化燃烧。在经过 7 次运行之后，二甲苯在催化剂上完全转化温度仅上升 3～5℃（图 4-67）。Wang 等[307]采用一步水热氧化还原沉淀法，成功制备了单斜/四方桥相结构的层状 CuMn 氧化物。在单斜晶–四方相的界面形成了大量缺陷，抑制了纳米粒子的生长，有利于保持较小的晶体尺寸和较高的表面积。混合相界面结构可以诱导 Cu^{2+}-O_2^--Mn^{4+}的形成，存在大量的表面氧物种和氧空位，有利于催化剂催化活性的提升（图 4-68）。随着表面氧物种和氧空位含量的增加，催化剂的活性显著增加。此外，层状铜锰混合氧化物（LCMO）对 H_2O、SO_2、CO_2 和其他 VOCs 具有优异的抵抗力。

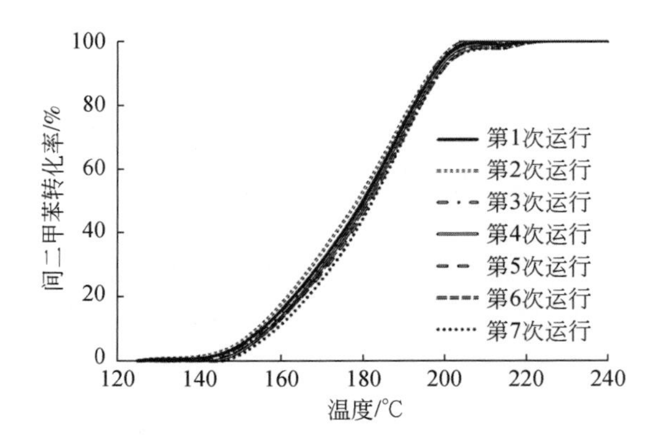

图 4-67 Cu-MnO_2 催化剂的循环催化图

有研究表明掺入其他过渡金属也能增加 Mn 基催化剂的活性。Wu 等[308]通过丙醛一步还原制备 Ag 或 Cu 掺杂的氧化锰八面体分子筛（OMS）。Ag-OMS 和 Cu-OMS 分别在较高

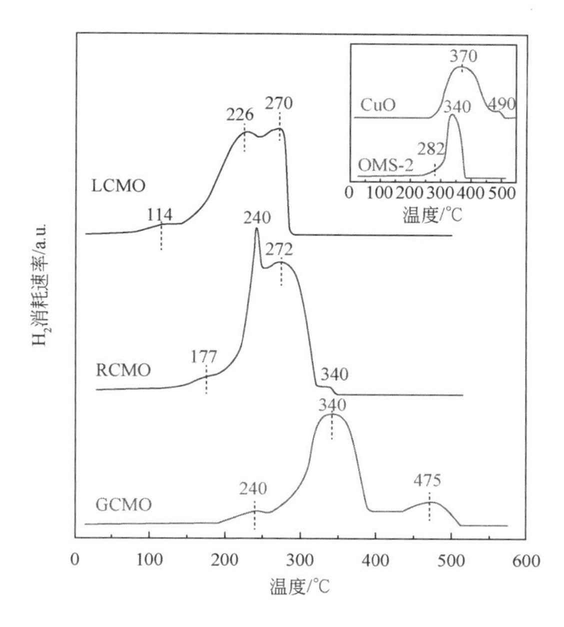

图 4-68 Cu-Mn 催化剂的 H_2-TPR 图

的温度（>185℃）和较低的温度（≤185℃）上表现出相对较高的邻二甲苯氧化催化活性。Ag 和 Cu 分别以 Ag^0/Ag^+ 和 Cu^+/Cu^{2+} 的形式存在，显著影响 OMS 的结构和氧化还原能力。掺杂 Ag 增加了表面吸附氧含量并抑制了 CO_2 的吸附。掺杂铜增加了晶格氧含量和 OMS 表面积，但也增强了材料对 CO_2 的吸附能力。原位 DRIFTS 研究表明，低分子量羧酸盐（邻二甲苯氧化中的稳定中间体）氧化是决速步骤，与活性氧种类密切相关。掺杂 Ag 增加了亲电氧（O_2^-，O^- 或 O_2^{2-}）的含量，并促进了 O_2 向亲核氧（O^{2-}）的转化，从而促进了苯环的氧化（图 4-69）。Han 等[309]使用聚甲基丙烯酸甲酯微球作为模板，通过湿法浸渍和酸处理方法制备了 $x Co_3O_4$-MnO_2（x=2.6wt%、8.8wt% 和 13.3wt%）催化剂，具有立方晶体结构，表面积为 51.9~63.9m^2/g。8.8Co_3O_4-MnO_2 样品具有最高的催化活性，可以在 273℃实现 90% 的二甲苯转化，这与其高吸附氧物种浓度、良好的低温还原性以及 Co_3O_4 和 MnO_2 之间的强相互作用有关。

Wu 等[310]通过热溶剂法成功合成了不同形貌的 Cu-Ni 双金属纳米晶（图 4-70）。纳米晶形态随聚乙烯吡咯烷酮（PVP）封端剂的量而发生显著变化。通过增加 PVP 的浓度来控制还原动力学，可以实现 Cu-Ni 纳米粒子从六角形纳米板向纳米线的演化。温度对纳米晶的受控合成也至关重要，随着温度的升高，纳米晶的形态呈多样化并且纳米晶的尺寸变大。Ni 原子被有效地插入到 Cu 晶体的晶格中，从而形成了具有面心立方晶格结构的 Cu-Ni 纳米晶。合成的 Cu-Ni 六边形纳米板和纳米线均分散良好，具有较高的结晶度，且纯度、形状和尺寸均一。通过混合超声法将合成的 Cu-Ni 纳米板和纳米线分别负载在介孔 ZSM-5 沸石（MZSM-5）上，纳米线状催化剂具有较好的二甲苯催化燃烧性能，比常规浸渍法制备的 Cu-Ni/MZSM-5 催化剂的 T_{90} 低了 40℃。

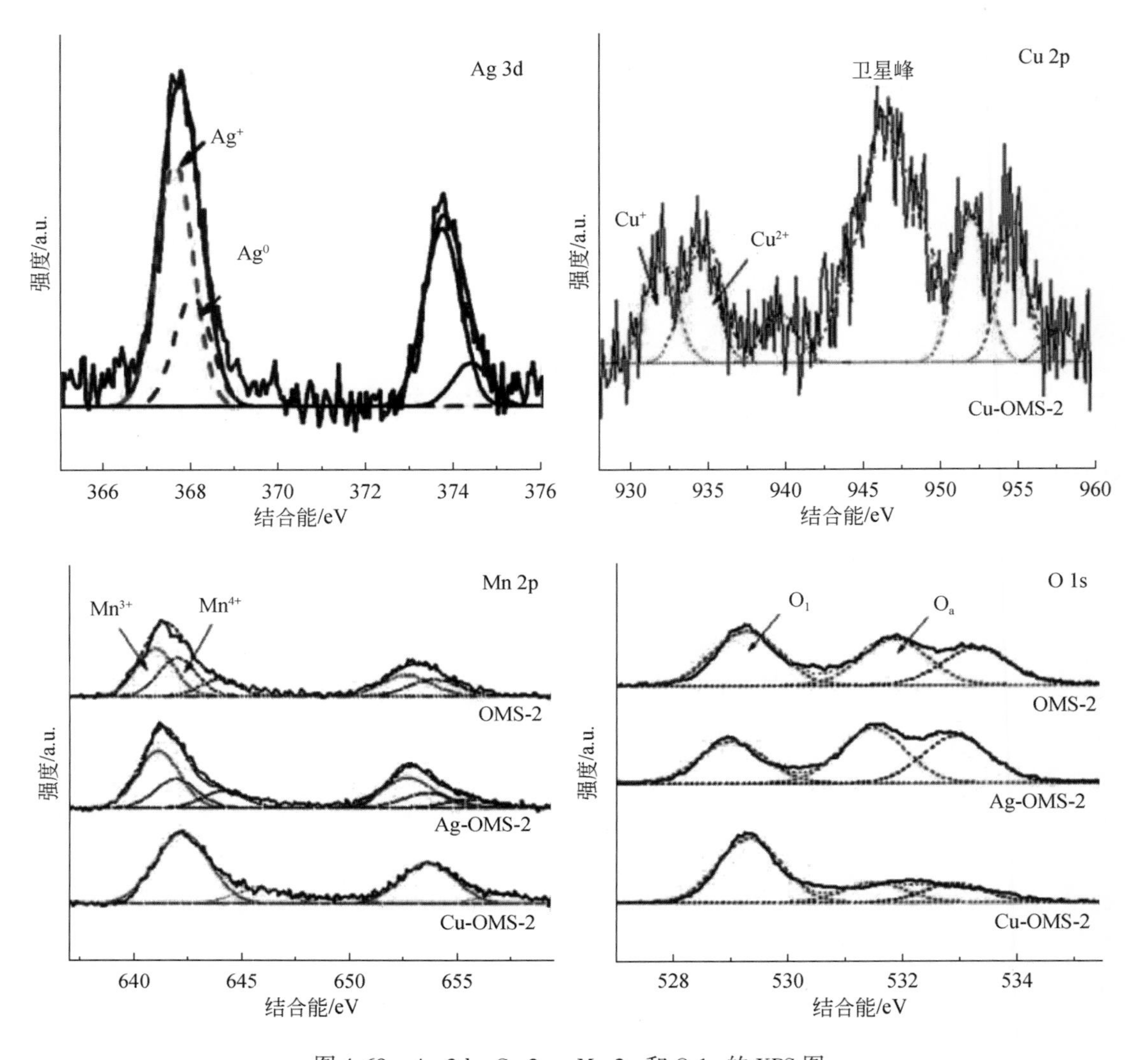

图 4-69 Ag 3d、Cu 2p、Mn 2p 和 O 1s 的 XPS 图

钙钛矿型复合氧化物在二甲苯催化燃烧中也有着重大作用。Liu 等[311]通过一步法煅烧合成了 $SmMnO_3$（SMO）钙钛矿，并通过 γ-MnO_2 在 SMO 表面原位生长形成了 γ-MnO_2/SMO（图 4-71）。与 SMO 和 γ-MnO_2 相比，γ-MnO_2/SMO 在湿空气中对芳香族 VOCs 的催化氧化性能更好，这可归因于其较高的表面晶格氧与吸附氧的摩尔比（O_{latt}/O_{ads}）和更好的低温可还原性。与 SMO 相比，γ-MnO_2/SMO 催化剂的比表面积大，Mn/Sm、Mn^{4+}/Mn^{3+} 和 O_{latt}/O_{ads} 的摩尔比高。在 γ-MnO_2/SMO 催化剂上，可将二甲苯在 220℃ 下完全氧化为 CO_2。

Rogacheva 等[312]提出了一种制备块状 SiO_2-TiO_2/Cr_2O_3 多孔复合材料的方法，该催化剂具有由硅酸盐基质制成的壁和包含 TiO_2/Cr_2O_3 球形空心复合氧化物的基质互连的通道，在 350℃的温度下可以实现 100%的二甲苯转化率。也有不少研究者提出利用天然矿物或

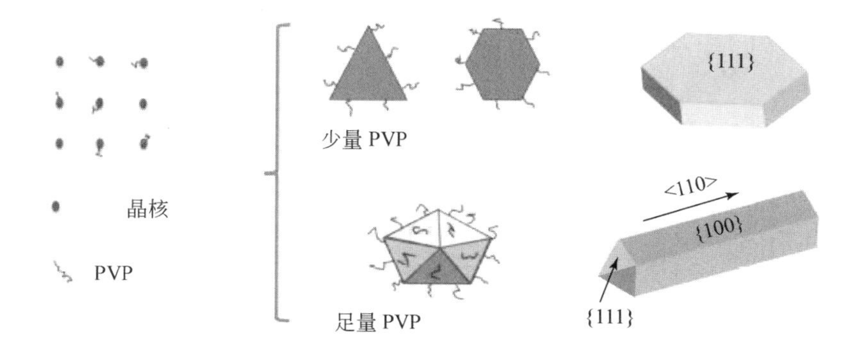

图4-70　Cu-Ni纳米晶的形成

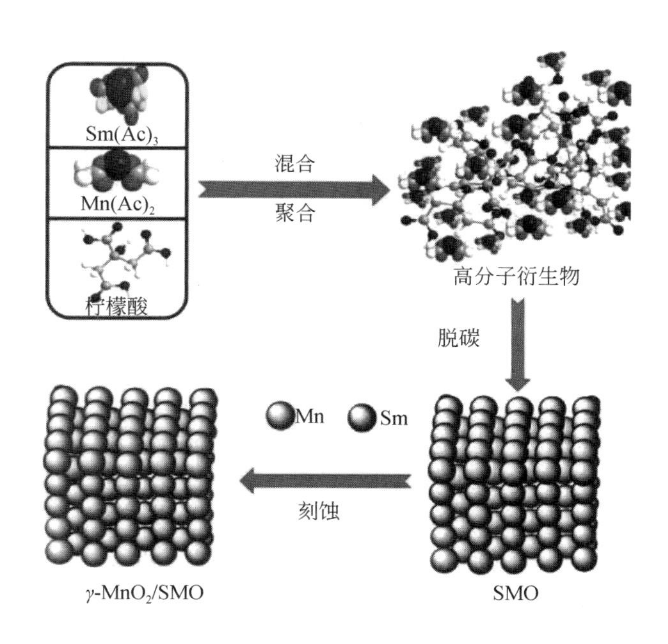

图4-71　SMO和γ-MnO_2/SMO的形成

者废弃工业原料作为催化剂，用于二甲苯的催化燃烧。Wu等[313]以广西产的天然锰矿（NMO）为原料，加入适量碱金属硝酸盐溶液，通过浸渍法制备了碱金属掺杂的NMO催化剂，该催化剂记为NMO-M-*x*（M表示掺杂碱金属；*x*表示M/Mn的摩尔比例）。碱金属改性NMO催化剂的催化氧化活性的提高顺序为：Li<Na<Rb<K<Cs（图4-72）。NMO-Cs-0.07具有最高的催化活性，在240℃即可实现二甲苯的完全转化。Assebban等[314]使用黏土蜂窝整体式催化剂，用X射线荧光法测定催化剂的化学成分为SiO_2（58.50wt%）、Al_2O_3（23.90wt%）、Fe_2O_3（11.11wt%）、K_2O（2.29wt%）、MgO（1.55wt%）、Na_2O（1.46wt%）、TiO_2（0.63wt%）、CaO（0.22wt%）、ZrO_2（0.02wt%）、MnO_2（0.02wt%），矿物成分为石英、伊利石、高岭石和蛭石的混合物，该催化剂可以在386℃

实现 90% 二甲苯的催化燃烧。Park 等[315]将废弃碱性电池制备的催化剂（WB）用于甲苯和二甲苯的完全催化氧化。WB 基催化剂的主要元素是碳、锰、锌和铁。煅烧温度对催化剂活性有显著影响。升高煅烧温度，导致 WB 催化剂的比表面积以及表面碳和氯的浓度显著降低，而其他组分的含量则增加。在 400℃ 下煅烧的 WB 催化剂的平均孔径最小，催化剂中锰和铁的浓度最高，而 300℃ 煅烧的 WB 催化剂中的锰和铁的浓度最低。因此，WB（400）催化剂的良好性能可以归因于其较高的锰和铁浓度和最小的孔径，其在 440℃ 下可完全催化氧化二甲苯。

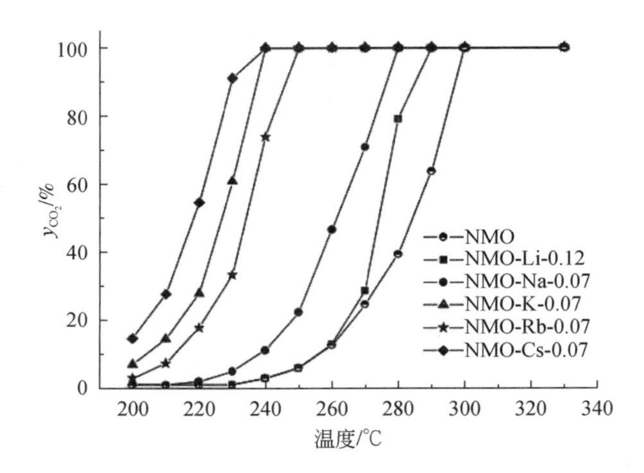

图 4-72 不同碱金属改性 NMO 催化剂的二甲苯催化氧化活性

4.3.3 含稀土元素金属氧化物催化剂

由于具有许多独特的特点，稀土元素及其氧化物经常被用作催化剂中的助剂或者直接作为活性组分使用[316-318]。常见的稀土元素有 Y、Ce、La、Pr 和 Nd，其中由于 CeO_2 具有独特的储氧性能，经常被作为贵金属催化剂的助剂或者用于制备混合金属氧化物[319]。

贵金属催化剂普遍存在高温易烧结的问题，在贵金属催化剂中加入 CeO_2 可以有效提高催化剂的热稳定性，提升催化剂的抗烧结性能。而且因为 CeO_2 具有独特的储氧功能，可以有效调节贵金属催化剂的氧化还原能力，从而提升催化剂的活性。Abbasi 等[320]采用湿法浸渍法制备了 1% Pt/Al_2O_3-CeO_2（30%）纳米结构催化剂，在 250℃ 时可以将二甲苯完全氧化。纳米 CeO_2 是在 Al_2O_3 上形成的结晶相，平均晶粒尺寸为 8.1 ~ 8.7nm。催化剂具有较大的比表面积，有利于催化反应的进行。H_2-TPR 结果表明 Pt 和 CeO_2 具有强的相互作用，使 Pt（1%）/Al_2O_3-CeO_2（30%）催化剂的还原温度降低。Luu 等[321]以 Pt-CuO 为基础，在 γ-Al_2O_3、TiO_2、CeO_2 和 γ-Al_2O_3+CeO_2 上制备了四种催化剂，发现含 CeO_2（PtCu/Ce 和 PtCu/CeAl）的催化剂对 CO、二甲苯及其混合物的氧化活性最好，在 300℃ 下即可对二甲苯完全氧化。Asgari 等[322]使用 Mianeh 矿（伊朗东阿塞拜疆）的天然斜发沸石作为载体。将斜发沸石酸处理过后，采用氧化还原法掺杂二氧化铈，再用浸渍法负载贵金属Pd作为催化剂活性组分。盐酸处理和氧化铈掺入显著改变了催化剂的微观形貌，改善了复合材料的结构和贵金属Pd的分布。在Pd/CeO_2（30%）斜发沸石催化剂中，催化性能随Pd载量从0%～5%的变化而增加。在275℃左右，Pd（1%）/CeO_2（30%）-斜发沸石可以将1000ppm对二甲苯完全氧化成CO_2和H_2O。作者提出了一种基于物质吸附迁移的反应路径，以揭示对二甲苯在纳米催化剂上的氧化机理（图4-73）。Jamalzadeh等[323]制备了碳-沸石（PCZ）和碳-氧化铈（PCC）混合载体，并采用浸渍法将Pd分散在载体上。该催化剂具有相当大的表面积（1000m^2/g）。相较于没有CeO_2参与的催化剂，有CeO_2的催化剂的催化活性更高。在175℃时转化曲线出现了一个转折点。低于175℃时，PCC纳米催化剂具有较高的活性。他们[324]又以伊朗东阿塞拜疆Mianeh矿天然斜发沸石为原料，以粉末形式进行HCl酸（37%）改性处理。利用浸渍法负载贵金属Pd并用于二甲苯的催化燃烧，该催化剂可以在200℃实现98%的二甲苯转化。

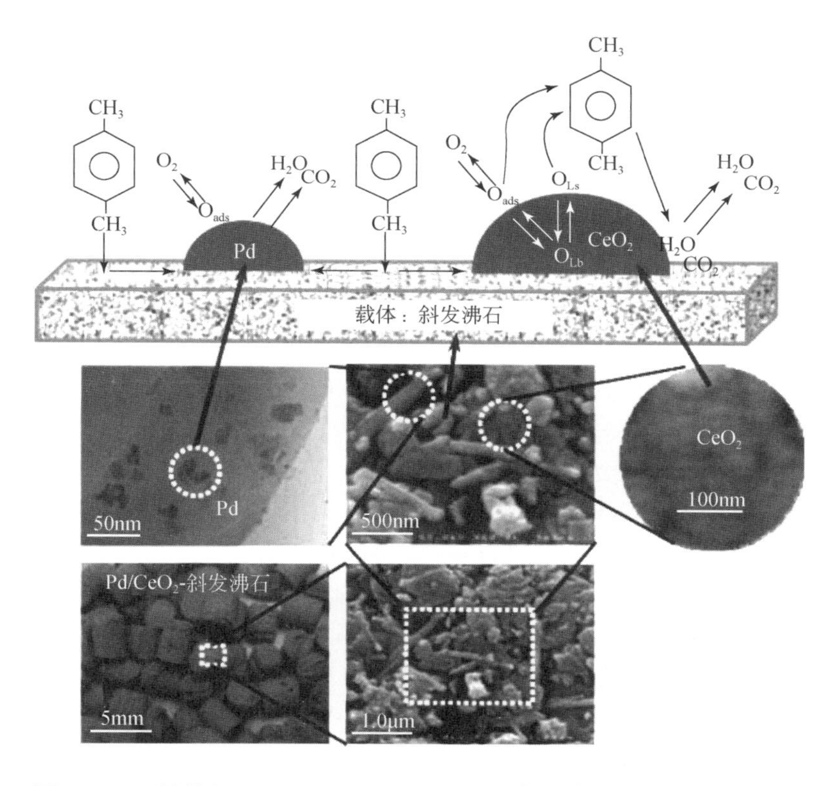

图4-73　二甲苯在Pd（1%）/CeO_2（30%）-斜发沸石上催化氧化的机理

单一金属氧化物催化剂存在活性较低且热稳定性差的问题，加入CeO_2之后可以有效提升催化剂的性能，并且提升催化剂的抗烧结能力。CeO_2可以为混合金属氧化物提供大量的晶格氧物种，促进催化剂中氧空位的生成，进一步提高催化剂的活性。Wu等[325]通过氧化还原沉淀法制备了不同Mn/Ce摩尔比的混合氧化物（RP-MnCe），与传统共沉淀法相比（CP-MnCe），400℃焙烧制备的MnCe混合氧化物对邻二甲苯完全催化氧化具有更高的催化活性。当Mn/Ce比值为1～2时，氧化还原沉淀法制备的MnCe催化剂具有较高的

MnO_2 含量和分散性。在240℃时，可以实现完全催化氧化邻二甲苯。非晶态 MnO_2 分散在微晶 CeO_2 中并作为催化剂的活性组分，MnO_2 提供氧物种，CeO_2 提高氧迁移率。MnO_2 和 CeO_2 的协同作用促进了邻二甲苯的氧化还原行为（表4-10），对邻二甲苯的完全催化氧化起着重要作用。Chen 等[242]通过水解驱动氧化还原共沉淀法，成功制备了均匀分散的3Mn1Ce 混合氧化物。与其他方法制得的单金属氧化物（MnO_2 和 CeO_2）和 Mn-Ce 二元氧化物相比，3Mn1Ce 的物理化学性质（如金属分布、表面积、结构、形态和可还原性）的改善导致催化剂拥有更好的催化氧化性能，这可以归因于其较高的活性晶格氧浓度、更好的低温还原性以及均匀的分散性。该催化剂可以在268℃下实现90%的二甲苯催化效率。

表4-10 RP-MnCe 和 CP-MnCe 的 XPS 结果

样品	BE/eV		[Mn^{4+}/（Mn^{4+}+Mn^{3+}）]/%	BE/eV		[O_α/（O_α+O_β）]/%
	Mn^{4+}	Mn^{3+}		O_α	O_β	
CP-Mn_1Ce（400）	642.4	641.1	82.7	529.4	531.3	59.9
RP-Mn_1Ce（400）	642.1	0	100	529.3	531.1	72.5

Wang 等[326]制备了 Mn/Ce 质量比为6∶4的 MnCe/TiO_2 催化剂，在250℃时可促进87%的邻二甲苯氧化。催化剂上化学吸附氧（O_{chem}）比晶格氧（O_{lat}）更具活性，O_{chem}优先于 O_{lat}消耗。Zhou 等[105]使用 KIT-6 作为硬模板，制备了具有发达有序介孔结构的 CeCu 氧化物固溶体催化剂。Ce/Cu 摩尔比会影响中孔结构的有序度、表面化学性质和催化剂还原性。与 CeCu-HT2 和 CeCu-HT4 相比，Ce/Cu 摩尔比为3.0的 CeCu-HT3 具有更高的低温还原性、中孔结构度，丰富的活性氧物种和均匀的 CeCu 固溶体相，可在230℃实现二甲苯大于80%的转化率。之后，又分别采用硬模板法、共沉淀法和络合物法合成了 CeCu-HT、CeCu-PC 和 CeCu-CA 复合氧化物催化剂[327]。CeCu-HT 具有发达有序的双连续介孔结构，比表面积为206m^2/g。而 CeCu-PC 和 CeCu-CA 却形成了低孔隙率、团聚型的结构，比表面积分别为15m^2/g 和24m^2/g。与 CeCu-PC 和 CeCu-CA 相比，CeCu-HT 具有更多的活性氧和更佳的低温还原性，240℃可实现大于90%的二甲苯转化率。Xie 等[328]通过一锅法制备了具有不同 Ce/Cu 摩尔比的 CeCu 混合氧化物固溶体催化剂。CuO 物种可以完全溶解在 CeO_2 晶格中，形成 CeCu 氧化物固溶体，其含有丰富的活性氧和优良的还原性。CeCu 混合氧化物的物理化学性质受 Ce/Cu 摩尔比的影响。Ce/Cu 摩尔比为3.0的 CeCu 催化剂含有丰富的活性氧，并且具有优异的催化活性，在220℃下二甲苯的催化燃烧转化率为98.9%。Tinh 等[329]采用共浸法制备了由赤泥和稻壳灰负载的 CuO-CeO_2 催化剂（CuO-CeO_2/ZRM）。用3wt% CeO_2 改性5wt% CuO/ZRM 催化剂可减小纳米粒子的尺寸，其平均尺寸为17.5nm，比表面积为31.3m^2/g，从而显著提高催化剂在275~400℃的温度范围内对二甲苯深度氧化的催化活性，对二甲苯的转化率在350℃时达到90%。Dai 等[330]以聚乙烯醇为燃料，采用燃烧法制备了蜂窝状纳米 $CeO_2Al_2O_3$ 催化剂。结果表明，在450~850℃范围内煅烧的样品，间二甲苯90%转化温度在200~250℃之间单调升高。在450℃下煅烧的具有蜂窝状纳米结构、平均孔径为800nm的样品具有最高的催化活性。当 Ce/Al 摩尔比为1时，间二甲苯达到90%转化率的反应温度最低，为250℃。Balzer 等[331]采用湿法浸渍

法制备了不同钴用量（10%和20%）的钴催化剂。Co_{20}/γ-Al_2O_3-CeO_2 催化活性较好，在300℃可以实现二甲苯转化率大于50%。Co_{20}/γ-Al_2O_3-CeO_2 催化剂表面钴的富集有助于提高催化剂的活性。铈的存在可以向钴供氧，钴仍保持较高的价态，随着钴负载量的增加，产生了更多的活性位点，催化剂的活性提高（表 4-11）。Co_{20}/γ-Al_2O_3-CeO_2 催化剂的优异性能还归因于其较高的氧空位量和钴、铈、铝氧化物之间更强的接触。之后他们[332]又以微波辅助水热法合成了 $x=0$、0.05、0.10、0.15 和 0.20 的 $Ce_{1-x}Co_xO_2$ 纳米棒，并考察了其对苯、甲苯和邻二甲苯的总氧化活性。发现 Co 的加入导致体系中氧空位的增加，提高了氧迁移率，催化活性也随之增加。Dong 等[102]成功地合成了多种三维（3D）钴基金属有机骨架（Co-MOFs），包括三维纳米立方体 Co-MOFs（Co-MOFs-NC），三维网状纳米片 Co-MOF（Co-MOFs-MNS）和三维棱柱形纳米管 Co-MOF（Co-MOFs-PNT）。衍生自 Co-MOFs-MNS 前体的 $CeCoO_x$-MNS 催化剂对二甲苯的完全氧化显示出优异的活性，可以在320℃完全催化氧化二甲苯。$CeCoO_x$-MNS 催化剂具有更多的 Co^{3+}、优异的氧化还原性能（$Ce^{4+}+Co^{2+} \longrightarrow Ce^{3+}+Co^{3+}$）和丰富的表面弱酸性位，这些因素促进了 VOCs 在较低温度下的转化。

表 4-11　样品的物理化学性质

样品	BET 比表面积 /(m^2/g)	V_p/ (cm^3/g)	D_p/nm	CoO 平均尺寸 /nm	Co_3O_4 平均尺寸 /nm	CeO_2 平均尺寸 /nm	Co 平均尺寸 /nm	Co 负载量 /wt%	Co 分散度 /%
Al_2O_3	208	0.69	6.63	—	—	—	—	—	—
CeO_2	4	0.01	6.38	—	—	—	—	—	—
Co_{10}/γ-Al_2O_3	184	0.63	6.07	—	—	—	—	—	—
Co_{20}/γ-Al_2O_3	130	0.42	6.47	—	—	—	—	—	—
Co_{10}/CeO_2	7	0.05	13.26	—	—	—	—	—	—
Co_{20}/CeO_2	7	0.03	10.24	—	—	—	—	—	—
Ce_{10}/γ-Al_2O_3	153	0.51	6.60	—	—	—	—	—	—
Ce_{20}/γ-Al_2O_3	142	0.43	6.08	—	—	—	—	—	—
Co_{10}/γ-Al_2O_3-CeO_2	74	0.24	6.45	42	25	50	96.63	9.6	0.99
Co_{20}/γ-Al_2O_3-CeO_2	65	0.19	6.00	52	28	>100	104.67	20	0.92

CeO_2 也具有高的催化活性，可以直接用于芳香系 VOCs 的催化燃烧。He 等[333]采用水热法合成了 CeO_2 纳米立方体（图 4-74），在550℃下煅烧的 CeO_2 纳米立方体具有更小的晶粒尺寸和更大的表面积，因此拥有最好的活性，可以在210℃完全催化氧化邻二甲苯。从 TEM 图像可知，所有 CeO_2 纳米立方体均显示立方形态，并不随煅烧温度变化而发生变化，说明催化剂具有良好的热稳定性。Wang 等[334]采用溶液水热法制备了 CeO_2 纳米立方体和纳米棒，CeO_2 纳米颗粒是由传统的沉淀方法制备的。在邻二甲苯的催化氧化中，纳米棒表现出最高的活性，可与传统的贵金属催化剂相媲美。且 CeO_2 纳米棒对邻二甲苯的

氧化也显示出长久的耐用性，在50h的稳定性测试中不会失活。在CeO_2纳米棒和颗粒上，水蒸气的存在会稍微降低邻二甲苯的转化率，而在CeO_2立方体上反而观察到水蒸气对邻二甲苯氧化的增强。由（111）和（100）晶面包围的CeO_2纳米棒显示出最高的氧空位簇（VC）浓度，促进了氧气分子的吸附。化学吸附氧物种的解吸温度越低，二甲苯氧化的活性越高，表明氧空位通过氧气分子在纳米CeO_2上的活化，在该反应中起关键作用。他们[335]还研究了不同煅烧温度下CeO_2纳米立方体对二甲苯的催化氧化。在550℃下煅烧的样品表现出最高的活性和耐久性。通过控制煅烧温度，可以调控CeO_2纳米立方体上氧空位浓度和分布。在CeO_2纳米立方体上，氧空位浓度和分布与邻二甲苯氧化反应速率之间有很好的线性相关性。

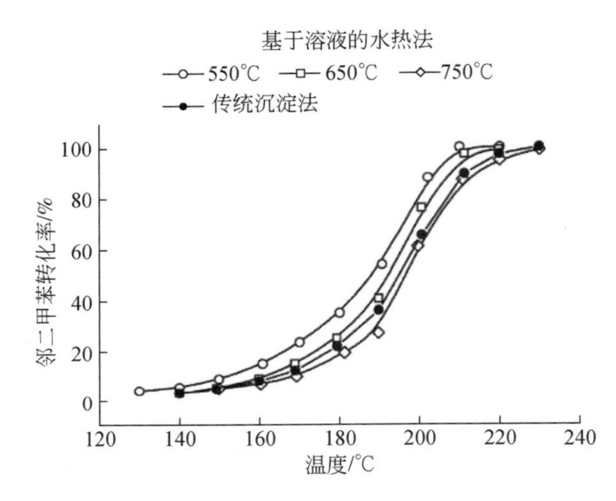

图4-74　基于溶液的水热法和传统的沉淀法制备的550℃、650℃和750℃煅烧的CeO_2纳米材料的催化活性

钙钛矿型稀土氧化物催化剂近年来得到了非常广泛的关注。Dung等[336]利用聚乙烯醇（PVA）和相应的金属硝酸盐，通过燃烧法在低温（650℃）下合成了具有较高表面积（15.5m^2/g）的纳米$LaCr_{0.5}Mn_{0.5}O_3$。最佳的制备条件是PVA/金属的摩尔比为3∶1，pH=3~4和凝胶形成的温度为80℃。所得催化剂具有较高的间二甲苯氧化活性（T_{50}=200℃）；当温度为250℃时，可以实现间二甲苯的完全催化燃烧。他们[337]还使用甘氨酸试剂和相应的金属硝酸盐通过燃烧方法合成了$La_{1-x}Ca_xCoO_3$（x=0、0.1、0.3和0.5），晶粒尺寸为20~30nm，在较低温度下对间二甲苯显示出良好的催化活性，$La_{0.7}Ca_{0.3}CoO_3$可以在275℃实现二甲苯的完全催化燃烧。Sun等[338]通过水热合成和浸渍的两步组合方法，将具有不同形态的钙钛矿/类钙钛矿（$LaBO_3$，B=Mn，Co或Ni）/Co_3O_4成功地整合到三维（3D）堇青石蜂窝陶瓷表面。La_2NiO_4/Co_3O_4复合材料显示出由许多纳米线组装而成的3D分层空心微球结构，这与$LaMnO_3$/Co_3O_4和$LaCoO_3$/Co_3O_4的纳米线结构不同。与其他催化剂相比，La_2NiO_4/Co_3O_4/堇青石催化剂具有较低的起燃温度和较好的催化性能，这可能与其较高的比表面积、较大的储氧量以及La_2NiO_4和Co_3O_4的协同作用有关。此外，当钙钛矿负载量为11.39wt%并在600℃下煅烧4h后，它表现出最佳的邻二甲苯催化氧化活性，在

299℃下具有 90% 的转化率。

表 4-12 总结了部分典型催化剂对二甲苯催化氧化的活性。

表 4-12　催化氧化二甲苯的催化剂的性能汇总表

催化剂	二甲苯浓度	空速/流量	T_{90}/℃	参考文献
1.0wt% Pd/Al_2O_3	100ppm	$10000h^{-1}$	110	[272]
1.0wt% Pd/Al_2O_3	100ppm	$50000h^{-1}$	160	[273]
1.0wt% Pd/γ-Al_2O_3	1000ppm	$15000h^{-1}$	190	[274]
1.0wt% Pd/γ-Al_2O_3	50ppm	100mL/min	180	[275]
Pd/Co_3O_4（3D）	150ppm	100mL/min	200	[276]
Pd/MMS-b	1000ppm	$70000h^{-1}$	200	[277]
Pd/meso-CoO	1000ppm	40000mL/(g·h)	173	[278]
Pd/MO_x-$NaBH_4$	150ppm	100mL/min	210	[279]
Pt/分层 ZSM-5 沸石	250ppm	100mL/min	180	[280]
0.22wt% Pt/Fe_2O_3	1000ppm	33.4mL/min	225	[281]
1.0wt% Pt/HRM（400）	1000ppm	$75000h^{-1}$	265	[282]
1.0wt% Pt/SAB（400）	1000ppm	$40000h^{-1}$	280	[283]
Pt/AC	1000ppm	$8000h^{-1}$	360	[284]
6.5wt% Au/meso-Co_3O_4	1000ppm	20000mL/(g·h)	150	[41]
Ag/NiO_x-MnO_2	500ppm	$6000h^{-1}$	190	[285]
0.1wt% $AgAu/SiO_2$	$0.5g/m^3$	$12000h^{-1}$	300	[286]
0.96 $AuPd_{1.92}/Co_3O_4$	1000ppm	33.6mL/min	187	[287]
1.94wt% Au-Pd-0.22Fe/Mn_2O_3（3DOM）	1000ppm	40000mL/(g·h)	213	[288]
0.91wt% $Au_{0.48}Pd/\alpha$-MnO_2	1000ppm	40000mL/(g·h)	220	[289]
RP-MnO_x（8-400）	700ppm	50mL/min	220	[295]
B-OMS-2	500ppm	$8000h^{-1}$	190	[296]
α-MnO 纳米棒	700ppm	50mL/min	210	[297]
MnO_2-2	700ppm	50mL/min	210	[298]
CuO/Mn_2O_3	8vol%	200mL/min	350（T_{50}）	[299]
A-450MnO_x	200ppm	100mL/h	240	[52]
MnO_x-HT	1000ppm	55mL/min	200	[300]
γ-MnO_2	1000ppm	33.4mL/min	237	[301]
15wt% Mn/γ-Al_2O_3	1000ppm	100mL/min	340	[302]
3.0MnRR1	0.34mol/L	20000mL/h	400	[303]
CoO（meso-CoO）	1000ppm	40000mL/(g·h)	250	[304]

续表

催化剂	二甲苯浓度	空速/流量	T_{90}/℃	参考文献
WO_3	1.0g/m^3	20mL/min	450（T_{50}）	[305]
Cu-MnO_2	1000ppm	1000mL/min	200	[306]
LCMO	200ppm	50000h^{-1}	227	[307]
Cu-OMS-2；Ag-OMS-2	550ppm	50mL/min	185	[308]
8.8wt% Co_3O_4-MnO_2	1000ppm	100000mL/(g·h)	273	[309]
Cu-Ni 纳米晶	1000ppm	50mL/min	300	[310]
γ-MnO_2/SMO	1000ppm	100mL/min	220	[311]
SiO_2-TiO_2/Cr_2O_3（840）	2.5vol%	29600mL/h	350	[312]
NMO-Cs-0.07	550ppm	50mL/min	240	[313]
黏土蜂窝催化剂	10000ppm	15mL/min	386	[314]
WB（400）	1000ppm	4000h^{-1}	440	[315]
1.0wt% Pt/Al_2O_3-Ceo_2（30%）	1000ppm	4200mL/(g·h)	250	[320]
PtCu/Ce；PtCu/CeAl	0.34mol%	12000mL/h	275	[321]
1.0wt% Pd/CeO_2（30%）斜发沸石	1000ppm	7000h^{-1}	275	[322]
Pd/C-CeO_2	1000ppm	7000h^{-1}	225	[323]
Pd/C-Z-CeO	2000ppm	7000h^{-1}	200	[324]
RP-MnCe（400）	700ppm	50mL/min	240	[325]
3$MnO_{x-1}$$CeO_y$	1000ppm	66mL/min	268	[242]
MnCe/TiO_2	20ppm	20000h^{-1}	250	[326]
CeCu-HT3	10000ppm	55mL/min	240	[105]
CeCu-HT	10000ppm	66000mL/(g·h)	240	[327]
CeCu 氧化物催化剂（Ce/Cu=3.0）	10000ppm	55mL/min	220	[328]
3wt% CeO/5wt% CuO/ZRM	0.34mol%	12000mL/h	350	[329]
CeO_2/Al_2O_3	2000ppm	10mL/min	250	[330]
20wt% Co/γ-Al_2O_3-CeO_2	0.45g/m^3	12000h^{-1}	350（T_{50}）	[331]
$Ce_{0.80}Co_{0.20}O_2$	0.5g/m^3	12000h^{-1}	375（T_{50}）	[332]
$CeCoO_x$-MNS	3000ppm	30000mL/(g·h)	249	[102]
CeO_2 纳米立方体	500ppm	10000mL/(g·h)	210	[333]
CeO_2 纳米棒	250ppm	100mL/min	272	[334]
CeO_2 纳米立方体	500ppm	100mL/min	250	[335]
$LaCr_{0.5}Mn_{0.5}O_3$	800ppm	3000mL/h	250	[336]
$La_{0.7}Ca_{0.3}CoO_3$	800ppm	3000mL/h	275	[337]

4.4　乙　　苯

乙苯是一种芳香族有机化合物，其在工业中主要作为生产原料出现。相较于苯和甲苯，乙苯的应用范围较窄，在有机废气中也并非是主要的污染物成分，通常是与其他 VOCs 一同以混合物的形式存在，但其仍然对人体健康和生态环境具有较高的危害性，对其催化降解过程进行研究是有必要的。考虑到实际的有机废气组成，通常以混合 VOCs 气体作为反应气来考察乙苯的催化氧化性能。类似于苯和甲苯的催化氧化，乙苯的催化氧化材料同样可分为贵金属催化剂、过渡金属氧化物催化剂和稀土氧化物催化剂三类，将会在下文中分别对其进行介绍。

4.4.1　贵金属催化剂

贵金属催化剂是较为通用的 VOCs 降解材料，具有催化活性高、起燃温度低、不易积碳等优势。王筱喃等考察了 Pt/Pd 催化剂对含苯系物废气的净化效果，结果显示，当空速为 20000h^{-1}、反应器入口温度为 250℃时，催化剂对 2323mg/m^3 浓度的乙苯废气的净化效率高达 99.1%，对 4264.3mg/m^3 的混合废气（210.2mg/m^3 苯乙烯、1321.3mg/m^3 苯乙酮、210.2mg/m^3 苯和 2012mg/m^3 乙苯）的净化效率更是高达 99.5%，净化后的废气符合国家排放标准[339]。Heo 等发现含铜铈锆混合物体系和 Pt/Pd 催化剂结合集成的混合催化剂，对碳氢化合物的混合物具有极高的净化能力，可在 200℃下实现包括乙苯在内的碳氢化合物的完全氧化[340]。

4.4.2　过渡金属氧化物催化剂

乙苯的苯环上连有乙基，促使了苯环的活化，使其更易被氧化降解，为过渡金属氧化物催化剂的应用和开发提供了可能。Zhou 等以商业椰壳活性炭为载体制备了多种 CoMn/AC 催化剂并用于混合苯系物（苯、甲苯、乙苯）的降解，结果显示相较于苯组分，连接有烷基的甲苯和乙苯更易被氧化，其中最佳的 CAT350 催化剂可在 250℃时实现 90% 的乙苯降解[341]。他们还考察了制备方法对 MnO_x 活性的影响，发现相较于沉淀法制备的 MnO_x-PC，使用硬模板法制备的 MnO_x-HT 具有更好的苯系物催化氧化性能，这主要得益于其更高的表面活性氧浓度、更大的比表面积、更好的氧迁移速率和更好的低温还原性。通过对比不同类型苯系物在 MnO_x-HT 上的氧化行为，研究者指出苯系物的催化燃烧受到其结构稳定性、分子极性和尺寸等固有特性的影响。在 MnO_x-HT 的催化作用下，乙苯在 205℃下就可实现 90% 转化，比苯和甲苯更易被氧化分解（图 4-75）[300]。Genuino 等则讨论了催化剂基底对 VOCs 分子吸附程度和结构效应对氧化性能的影响，考察了不同形貌锰氧化物（OMS-2、AMO、商业 MnO_2）和铜锰氧化物（CuO/Mn_2O_3）对六种 VOCs 的催化氧化。OMS-2 催化剂具有最佳的苯系物总氧化性能，其极高的疏水性促进了苯系物的吸附，而更高的活性氧含量和氧迁移速率则促进了苯系物的深度氧化。在 OMS-2 的活性考察中，其对乙苯的氧化性能介于苯和甲苯之间[299]。可见由于烷基的存在，甲苯和乙苯均比苯更易氧化，但二者的氧化反应性高低没有特定标准，与催化材料特性有关。

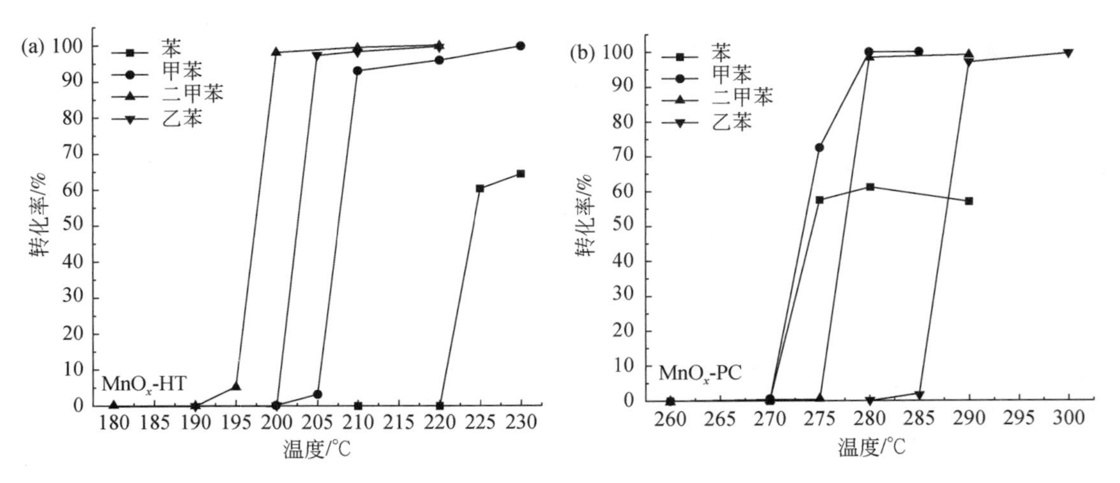

图 4-75 (a) 介孔 MnO_x-HT 和 (b) MnO_x-PC 催化剂上 VOCs 催化燃烧转化率和反应温度之间的关系

尖晶石型氧化物作为一种稳定、高活性的复合过渡金属氧化物也被应用于乙苯污染物的催化燃烧研究。Pirogova 等对锰系尖晶石 MMn_2O_4（M = Co、Cu、Zn、Mg）的乙苯氧化性能展开了研究，发现由碳酸盐法制备的 $CuMn_2O_4$ 催化剂的活性最佳，可在 215℃下实现乙苯的完全降解，活性可媲美贵金属催化剂[342]。类似地，在 MFe_2O_4（M = Cu、Co、Ni、Mg 和 Zn）和 $M^1M^2_2O_4$（M^1 = Cu、Ni、Mn、Zn、Mg、Co；M^2 = Co、Cr、Al）中，同样发现含铜尖晶石对乙苯的氧化活性最优，$CuFe_2O_4$ 和 $CuCo_2O_4$ 催化剂可分别在 255℃和 227℃下实现乙苯的完全氧化[343,344]。不难发现，对于乙苯的催化氧化，铜氧化物具有异常优异的活性，是一种良好的乙苯氧化催化剂或催化助剂，具有极好的应用潜力。

4.4.3 稀土氧化物催化剂

在前文中提到了铜氧化物具有异常优异的乙苯氧化性能，这主要得益于其快速的 Cu^+/Cu^{2+} 变价循环，促进了氧物种的循环转变。显然，铜元素的存在将会极大地促进富氧催化材料的氧化性能。稀土氧化物是一种常见的催化材料，其中铈氧化物具有极高的储氧量，通常作为供氧剂存在于催化体系中。在乙苯催化氧化研究中，研究者通常将铜氧化物和铈氧化物复合构建催化体系以达到更高的催化性能。

Xie 等采用一步复合法制备了 $Ce_{1-x}Cu_xO_2$ 固溶体，发现其具有丰富的活性氧物种和优异的低温还原性，其中 Ce/Cu 比为 3 的 $CeCu_3$ 具有最高的活性氧浓度和最佳的催化性能，可在 205℃下实现 99% 的乙苯转化[327]。Zhou 等考察了制备方法对 CeCu 氧化物催化剂性能的影响，分别采用硬模板法、共沉淀法和复合法制备了 CeCu-HT、CeCu-PC 和 CeCu-CA 催化剂并用于苯系污染物的催化氧化，研究发现采用硬模板法合成的 CeCu-HT 具有有序双连续介孔结构和较大的比表面积（206m^2/g），相较于其他两种催化剂对苯系物展现出更高的催化性能（图 4-76）[328]。此外，Zhou 等还研究了 Ce/Cu 比对苯系污染物的催化氧化性能的影响，发现 Ce/Cu 比为 3 的 CeCu-HT3 展现出最好的氧化活性，可在 230℃ 下实现乙苯的完全降解（图 4-77）[105]。在前面几项工作中，CeCu 复合材料都展现出了优异的乙苯催化氧化性能，且报道的最佳催化剂对乙苯的氧化活性均高于苯、甲苯和二甲苯。可见 CeCu 体系是一种尤其适合乙苯催化燃烧的材料，这对于乙苯氧化催化剂的开发和应用具有参考价值和指导意义。

图 4-76　CeCu-HT、CeCu-PC、CeCu-CA 催化剂和 KIT-6 模板的 TEM 图像

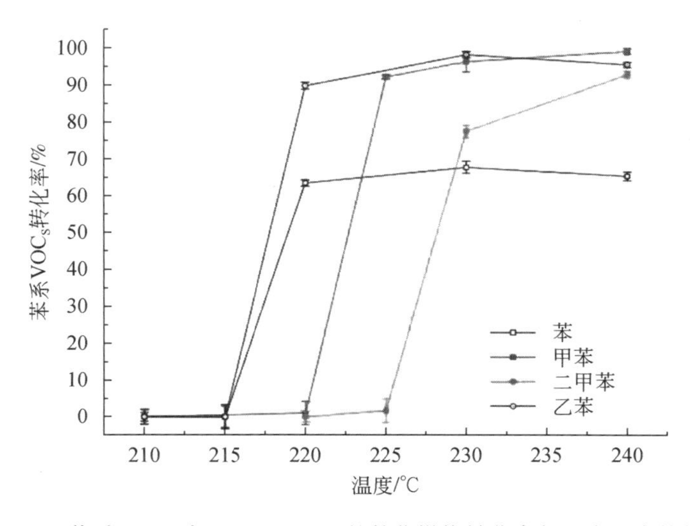

图 4-77　苯系 VOCs 在 CeCu-HT3 上的催化燃烧转化率与反应温度的关系

4.5　催化反应机理

催化燃烧本质上是一种气–固非均相催化氧化反应，是通过活性氧物种参与实现有机化合物深度氧化的过程。因此，催化剂表面上活性氧物种的形态与浓度对其催化性能具有重要的影响。在催化氧化催化剂中，活性氧物种被分为两大类：分别为活性吸附氧和活性晶格氧。对于不同的氧化反应，参与氧化过程的主要活性氧物种及其氧化行为是不同的，据此可将催化氧化过程划分为 Mars-van Krevelen（MvK）机理，Eley-Rideal（E-R）机理和 Langmuir-Hinshelwood（L-H）机理三类。三类反应机理常见于各类有机化合物的氧化反应中，其中对于芳香烃的催化氧化反应，以 MvK 机理为主，但其他两种机理也有相关报道，这与催化剂类型和反应条件有关。对三类反应机理进行深入探讨，揭示反应机理与材料理化性质和外部条件间的本质联系，有助于研究者更加深入了解芳香族化合物的催化氧化过程，为芳香烃催化燃烧技术的发展与完善提供指导。

4.5.1　Mars-van Krevelen 机理

MvK 机理是一种氧化还原反应机理，对于 VOCs 催化氧化的反应是指吸附态反应物与催化剂表面晶格氧之间的反应过程。MvK 反应过程一般分为两个步骤：①反应步骤，VOCs 与氧化物反应被氧化，而氧化物的活性晶格氧被消耗，活性位点被还原；②补充步骤，氧化物与气相氧结合补充活性晶格氧，活性位点被氧化恢复（机理示意图：图 4-78）。

$$R+M^* \underset{\kappa_{-1}}{\overset{\kappa_1}{\rightleftharpoons}} M^*—R$$

$$M^*—R+xO_{latt} \xrightarrow{\kappa_2} M^*+aCO_2+bH_2O+X_v$$

$$2X_v+O_2 \underset{\kappa_{-3}}{\overset{\kappa_3}{\rightleftharpoons}} 2X—O$$

$$2X—O \xrightarrow{\kappa_4} 2O_{latt}$$

图 4-78　MvK 机理示意图

M^* 表示金属活性位点；M^*—R 表示吸附于金属活性位点上的芳香烃；X_v 表示载体上的缺陷位点；X—O 表示载体上的吸附物种；O_{latt} 表示活性晶格氧

对于遵循 MvK 机理的反应过程，晶格氧为主要的活性位点，催化剂表面活性晶格氧浓度越高，其对 VOCs 的催化氧化性能越好。尤其是对于芳香族化合物的催化氧化而言，大部分遵循 MvK 反应机理，利用活性晶格氧的高反应性促进其氧化分解。

苯的催化氧化主要以气固相催化为主，其实质是活性氧参与的剧烈氧化反应。催化剂兼具吸附和催化氧化的双重功能，苯和 O_2 分子先被催化剂表面吸附富集，活性中心降低苯与 O_2 反应的活化能。在较低温度下，热量的驱动使得苯完全氧化为 CO_2 和 H_2O。

MvK 机理普遍用于解释非贵金属氧化物催化氧化苯。它由两步氧化–还原过程组成：

第一步是苯与金属氧化物表面氧发生反应，苯被氧化为CO_2和H_2O，表面金属元素由高价态还原成低价态；第二步是被还原的表面金属元素与O_2发生反应，金属元素被氧化，表面氧得到补充。MvK反应机理的动力学方程如下：

$$-r_b=\frac{K_{O_2}K_bP_{O_2}P_b}{K_{O_2}P_{O_2}+\gamma K_bP_b}$$

式中，$-r_b$为苯氧化反应速率［$mol/(m^3\cdot s)$］；P_b为苯的分压；P_{O_2}为O_2的分压；K_b为苯的氧化速率常数；K_{O_2}为表面金属元素的氧化速率常数；γ为苯氧化反应方程式中的化学计量数。

许多研究者在评价催化剂对苯的催化反应活性的同时，也探索了苯在各类催化剂上的催化氧化机理。Guo等[58]采用柠檬酸溶液为辅助原料，通过燃烧不同比例的柠檬酸/硝酸锰合成多孔MnO_x，利用苯-TPSR（程序升温表面反应）和原位傅里叶变换红外光谱（原位FTIR）对苯催化氧化过程进行分析，发现苯依次被氧化为酚盐、邻苯醌和小分子（如马来酸盐、乙酸盐和乙烯基），最后转化为CO_2和水。Li等[99]制备了7% $CuO/Ce_{0.7}Mn_{0.3}O_2$催化剂，并通过研究Cu-Mn-Ce-O不同比例下的活性，推测了苯在催化剂上不同于CO氧化的三种路径，如图4-79所示，其认为可能是吸附在$Ce_{0.7}Mn_{0.3}O_2$上的苯通过$Ce_{0.7}Mn_{0.3}O_2$释放的氧而被氧化，也有可能是苯吸附在CuO上被CuO或$Ce_{0.7}Mn_{0.3}O_2$释放的氧气氧化。

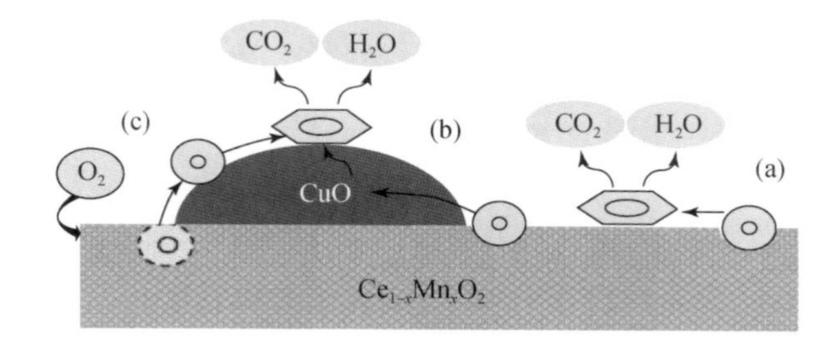

图4-79　苯在$CuO/Ce_{1-x}Mn_xO_2$催化剂上的催化氧化机理

Li等[59]通过酸腐蚀$ZnMn_2O_4$材料，快速合成出多孔λ-MnO_2尖晶石，然后将其用于苯的催化氧化，并提出苯的可能氧化机理，如图4-80所示。首先，苯被氧化成具有活性氧的酚盐；其次，形成的酚盐被转化为苯醌；最后，芳环被分解为羧酸盐和马来酸盐，进一步氧化为最终产物（CO_2和H_2O）。值得注意的是，酚盐物种的形成是一个快速步骤，可以在苯吸附过程中将其直接转化为具有相邻活性氧物种的羧酸盐物种。除羧酸盐种类外，未检测到苯醌或马来酸盐物种。当氧气被引入后，随着反应温度升高至180℃，羧酸盐物种的浓度明显降低，而马来酸盐物种的浓度则随着温度的升高而逐渐增加。这表明通过酚盐到羧酸盐和CO_2的反应过程是一个相对较快的过程（途径1），而通过酚盐到苯醌再到马来酸酯物种和CO_2的反应过程是一个相对较慢的过程（途径2）。

Sophiana等[94]合成了3.3% CuO-3.3% MnO_2-3.3% $NiO/Ce_{0.75}Zr_{0.25}O_2$，苯在250℃时达到90%的氧化，在300℃时达到完全氧化。他们认为苯通过具有两个氧化还原机理的Mars-van Krevelen（MvK）模型被氧化（图4-81）。在路径（1）中，第一步是CeO_2-ZrO_2

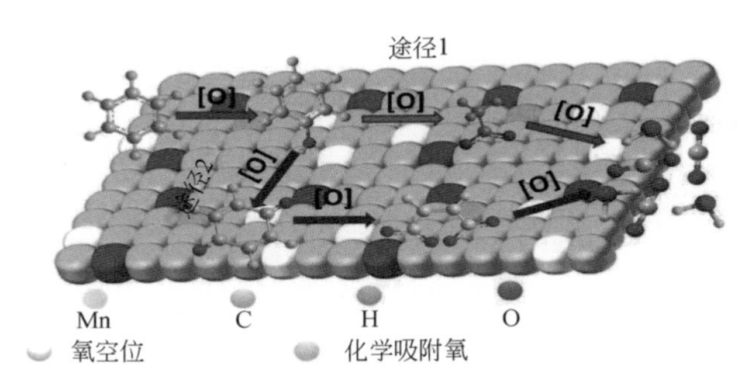

图 4-80　苯在 λ-MnO_2 尖晶石催化剂上的催化氧化机理

混合氧化物被 O_2 氧化，并释放出 O_2 至 CuO-MnO_2-NiO。第二步，CuO-MnO_2-NiO 释放出 O_2 以氧化吸附在 CuO-MnO_2-NiO 表面的苯，然后再将 CeO_2-ZrO_2 混合氧化物重新氧化。在路径（2）中，CuO-MnO_2-NiO 被 O_2 氧化，然后吸附在 CuO-MnO_2-NiO 表面的苯与从 CuO-MnO_2-NiO 释放的氧气发生反应。

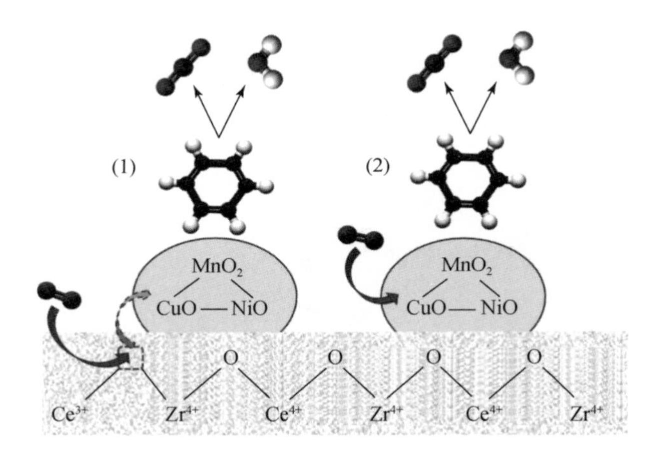

图 4-81　CeO_2-ZrO 混合氧化物催化剂上的反应机理

Zuo 课题组[7]研究了 Si-PILC（简称 SPC）负载 PdO_x催化剂对苯的催化降解机理，他们认为苯的氧化是按 MvK 模型进行的。首先，金属氧化物被还原，然后再被重新氧化，因此，该模型也被描述为氧化还原机理。从本质上讲，它是一系列的电子转移反应。苯在 0.2% Pt/LaSPC（0.5∶1）上可能的降解机理被提出：

（1）$2C_6H_6+15O_2^{2-} \longrightarrow 12CO_2+6H_2O+30e^-$

$2C_6H_6+15O_2^{-} \longrightarrow 12CO_2+6H_2O+15e^-$

$PtO_x+e^- \longrightarrow Pt$

（2）$Pt+O_2 \longrightarrow PtO_x$

在此过程中表面活性氧（O_2^{2-}，O_2^-）对于苯的催化氧化是至关重要的。La_2O_3 几乎没有表面活性氧，因此它并没有参与苯的氧化过程，另外它经常被用作一种促进剂来改性主活性组分的催化氧化性能。Li 等[57]合成了四种具有相似的纳米棒状形态的不同晶体结构的氧化锰（γ-MnO_2，β-MnO_2，α-MnO_2，δ-MnO_2），并研究了苯的催化燃烧机理，他们认为该机理遵循 MvK 机理。Li 等[136]研究了堇青石负载 Ni-Mn 混合氧化物掺杂 CeO_2 催化剂上不同浓度苯的催化燃烧动力学，以深入了解催化反应机理。催化燃烧动力学使用 Power-Law 模型和 MvK 模型进行建模。结果表明，MvK 动力学模型可以更好地拟合并解释苯在催化燃烧过程中的动力学。Fei 等[39]将 Au 纳米颗粒（3～4nm）沉积在具有三种不同形态（立方、六边形和八面体）的 Mn_3O_4 纳米晶体上并考察了苯的催化氧化，提出存在如图 4-82所示的两种反应路径。反应路径 A：Mn_3O_4 上的苯通过 MvK 机理在 Mn_3O_4 释放的氧以及弱吸附的氧物种中氧化；反应路径 B：苯被 Au-Mn_3O_4 边界周围的晶格氧氧化，Au 纳米颗粒上活化的氧可以溢出到 Au-Mn_3O_4 边界上并与附近的苯分子发生反应。

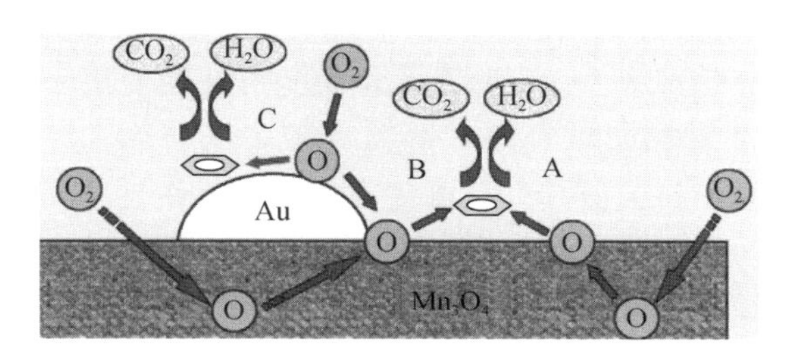

图 4-82　苯在 Mn_3O_4 纳米微晶及 Au-Mn_3O_4 上氧化的可能反应途径

Liao 等[92]在 CeZr 固溶体基础上，掺杂稀土 La 并结合传统载体氧化铝进行了进一步的研究，认为 MnO_2 最初释放的氧物种（O^*）直接参与了苯的氧化，然后 Mn_2O_3 通过 CeO_2 产生的氧物种氧化成 MnO_2，Ce_2O_3 最终被氧分子重新氧化为 CeO_2，还原过程协同机制如下：$2Ce^{4+}+O^{2-}+\delta H_2 \longrightarrow 2Ce^{3+}+H_2O+\delta VO$（图 4-83），由此推断还原性可能对苯燃烧的催化活性起重要作用。

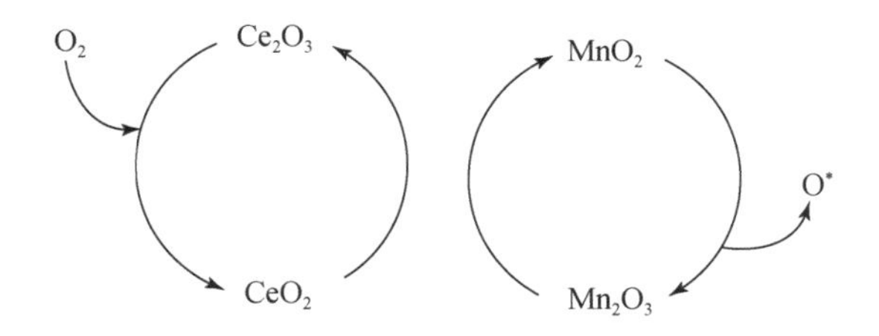

图 4-83　催化剂还原过程协同机制

Abbasi 等[125]通过湿式浸渍法成功制备了 Pt/Al_2O_3-CeO_2 纳米催化剂，揭示了 CeO_2 对 Pt 和 Al_2O_3 还原性具有促进作用。他们认为苯在 CeO_2 上的氧化机理是 MvK 机理，而在 Pt 上的氧化机理可能是 Elay-Rideal 机理或 Longmuir-Hinshelwood 机理。

类似地，甲苯和苯拥有相似的氧化过程。Luo 等[345]发现甲苯在 Ce-Mn 氧化物上的反应遵循 MvK 机理，将 MnO_2 纳米颗粒封装于 Ce-Mn 固溶体小球中制备的 $CeMn_2$ 催化剂，

具有比单纯 CeO_2 和 MnO_2 更优异的活性，这主要得益于其更高的活性晶格氧含量。Zhao 等[346]提到 EuO_x 对 Pt/CeO_2 的甲苯氧化活性具有极大的促进作用，这与其对材料表面晶格氧浓度的提升作用有关。Pan 等[347]发现具有更多晶格氧含量的双钙钛矿金属氧化物具有比单钙钛矿金属氧化物更高的甲苯氧化活性。

除材料表面的晶格氧浓度外，晶格氧的迁移速率和补充速率对于苯系物的 MvK 氧化过程也是至关重要的。而这两种性质通常与材料的氧空位有关，适当浓度的氧空位不仅可以提高晶格氧在材料内部的迁移速率，还会加快吸附氧和晶格氧之间的转换，促进晶格氧的再生，有利于催化反应的发生。Carabineiro 等[348]研究了负载于不同金属氧化物上的 Au 系催化剂在 VOCs 氧化中的作用，发现甲苯在催化剂上的氧化符合 MvK 机理，而 Au 的存在可以加快表面晶格氧与吸附氧之间的交换，极大地提高了材料表面的还原性和反应性，促进了甲苯的氧化。Genuino 等[299]比较了催化剂晶格氧浓度和氧交换能力在甲苯降解中的重要作用，发现在甲苯氧化过程中，材料上晶格氧的可获得性比晶格氧浓度更加重要。无定形 AMO 比商业 MnO_2 的晶格氧浓度低，但其材料缺陷位点丰富，导致其更快的晶格氧迁移速率和更多的有效晶格氧，使其具有更优异的甲苯降解性能。Yi 等[228]采用超声波干涉的方法对一系列类水滑石衍生氧化物进行了表面改性，并对其低温甲苯降解机理进行了研究。结果显示，甲苯在催化剂上的氧化行为遵循 MvK 氧化机理，反应过程分为甲苯吸附活化、气相氧吸附活化为晶格氧和氧化反应三个主要步骤，其中表面晶格氧为主要的活性位点，气相氧到晶格氧的转变为反应的速控步骤。超声波干涉可促使催化剂破碎为更小的颗粒，展现出更大的比表面积并暴露更多的 Co^{2+} 和表面氧缺陷位点，进而促进气相氧到晶格氧的转换，提高氧物种迁移速率，导致催化剂更优异的甲苯氧化性能（图 4-84）。

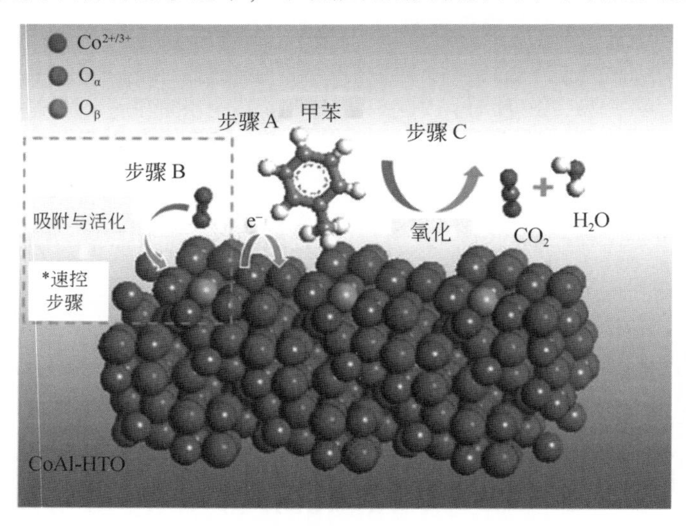

图 4-84　甲苯反应机理示意图

Jiang 等[349]研究了稀土元素掺杂对催化剂甲苯氧化性能的提升作用，发现对于制备的 $CuMCeO_x$（M＝Y、Eu、Ho 和 Sm）催化剂，Y、Eu 和 Ho 的掺杂都可促进材料的催化活性。其中 $CuHoCeO_x$ 的活性最优，这主要是因为 Ho 与 $CuCeO_x$ 框架发生协同效应产生了丰富的氧空位，促进了MvK反应过程的发生。Chen等[212]采用浸渍、原位氧化还原沉淀和原位热解的组合方法制备了MnO_x/Cr_2O_3材料并用于甲苯降解，发现MnO_x的引入导致产生了丰富的氧空位和缺陷位点，增强了材料的储氧能力和氧迁移率，有利于甲苯的氧化分解。通过原位红外技术研究了甲苯在材料上的催化氧化行为，发现在反应过程中晶格氧为主要的活性位点以促进甲苯的氧化，而气相氧则起到补充晶格氧的作用，丰富的表面氧空位促使了气相氧到晶格氧的快速转换，有利于甲苯的快速降解。在甲苯的氧化过程中，苯甲酸为关键的中间产物（图4-85）。Kondratowicz等[214]对含铜ZrO_2空心球的研究也揭示了材料表面氧空位对甲苯MvK反应的促进作用。

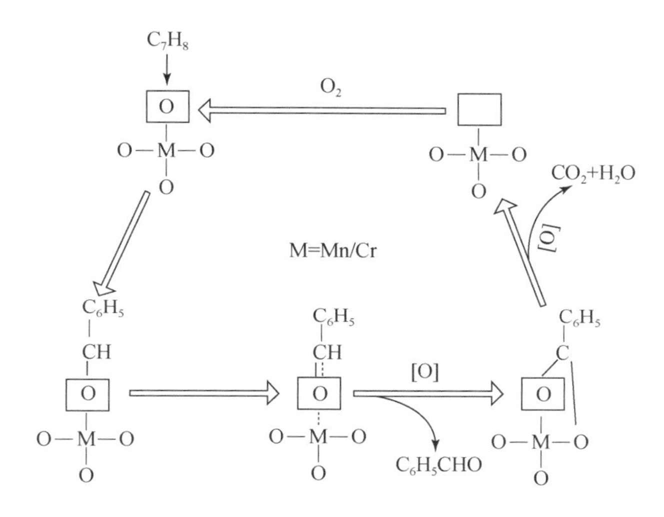

图4-85 甲苯在$15Mn/Cr_2O_3$-M上的降解机理

Zhu等[234]发现引入钾元素可以极大地促进α-MnO_2的甲苯氧化活性，且不同的前驱体钾盐对α-MnO_2的促进效果不同。研究发现，不同钾前体的阴离子具有明显不同的平衡电荷转移的能力，其进入材料内部后会造成α-MnO_2发生不同程度的畸变，进而对甲苯氧化活性产生影响。通过比较几类催化剂的活性数据和表征结果，研究者指出在这个催化体系中，反应遵循MvK机理，晶格氧在甲苯氧化过程中发挥着关键作用。在众多钾前体中，KOH被认为是最佳的，可促进活性氧的迁移并提高活性晶格氧的反应性和含量。He等[191]对PdCu合金催化剂进行了研究，结果显示Pd和Cu的合金化极大地促进了甲苯氧化活性的提升。研究者用MvK机理解释了合金化对活性的提升作用，指出在甲苯的催化氧化过程中，存在着Pd^0、Cu^+和Pd^{2+}、Cu^{2+}之间的价态变化。当甲苯在催化剂富氧区域消耗活性晶格氧发生氧化反应时，材料表面的Pd^{2+}和Cu^{2+}被还原为Pd^0和Cu^+，之后还原区域与气相氧接触被重新氧化为PdO和Cu^{2+}，恢复活性位点并补充活性晶格氧。由于PdCu合金中的Cu多以单价态形式存在，且更易实现表面晶格氧的捕获-释放循环，因此合金化样品展现出更加优异的催化性能（图4-86）。

Minh等[350]构建了纳米金/金属氧化物/颗粒碳（GAC）双功能吸附/催化耦合体系并用于高湿度条件下甲苯的净化，研究显示此体系中甲苯的氧化遵循MvK路径，纳米Au是

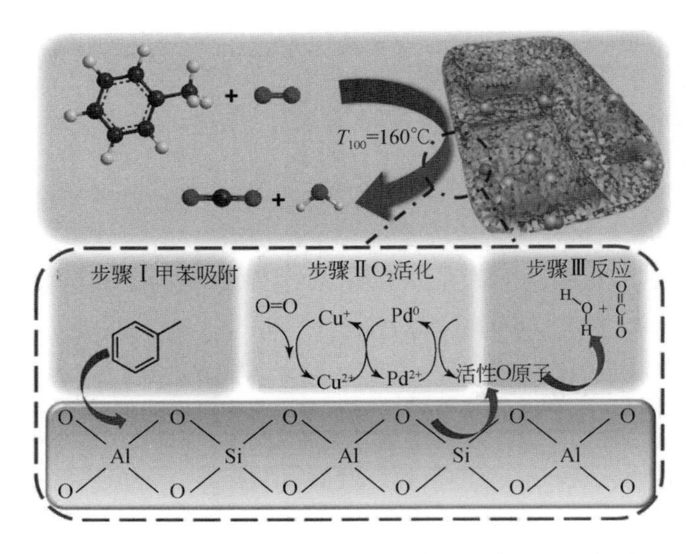

图 4-86　PdCu 合金催化剂的甲苯氧化反应机理示意图

甲苯氧化的活性位点，而被 Au 削弱的 M—O 键则起到了提供活性晶格氧的作用（图 4-87）。Genty 等[229]研究了微波或超声波辅助法对 Co-Al 混合氧化物甲苯氧化性能的提升作用，并通过考察表面 Co^{2+}比例和材料还原性与 T_{50}之间的关系确定了甲苯氧化的 MvK 路径。Gómez 等[351]采用同位素法研究了甲苯在 Co_3O_4/La-CeO_2 上的全氧化过程，发现甲苯氧化遵循 MvK 机理，晶格氧和表面吸附氧均参与了反应，其中吸附氧的作用是活化甲苯的 C—H 键。甲苯总氧化的反应过程按以下顺序发生：甲苯吸附于催化剂表面；甲苯被吸附氧的脱氢作用活化；活化后的甲苯被晶格氧氧化；被还原的催化剂被气相 O_2 再氧化。吸附氧对甲苯活化过程的发现，为 MvK 机理的应用进行了补充。

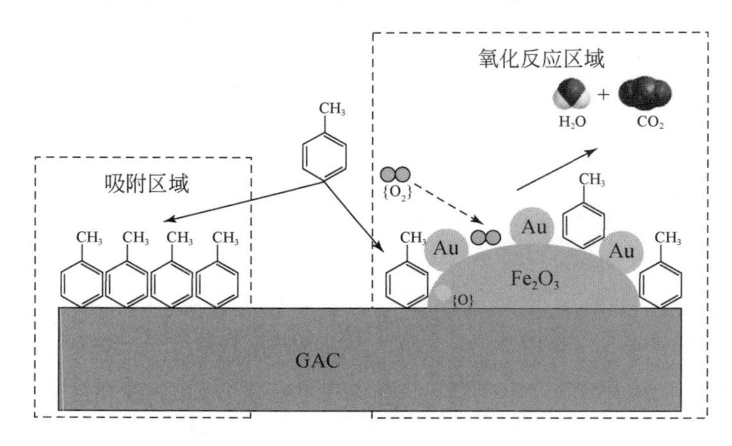

图 4-87　双功能吸附/催化材料上的甲苯消除机理

在实验研究之外，部分研究者采用数值模拟的方法对甲苯氧化的 MvK 反应机理进行了探索。Trung 等[186]以二氧化铈-颗粒碳作为载体，负载贵金属 Au、Pd 组分构建了吸附-

催化耦合体系并用于低温甲苯消除。为了应对实际应用需求，研究者基于不同温度、甲苯浓度下的45组数据进行了模拟研究，分别考察了E-R模型、L-H模型和MvK模型对体系的适用性，结果显示MvK模型可以很好地描述反应过程，其对实验数据拟合的相关系数为0.9963。除拟合现有数据外，研究者可利用MvK模型实现甲苯氧化和催化剂再氧化活化能的计算，这对甲苯净化反应器的设计具有重要意义。Behar等[352]对海藻酸路线合成的Cu-Mn尖晶石材料的甲苯氧化动力学进行了模型研究。通过比较幂律模型、L-H模型和MvK模型的动力学参数和对实验数据的拟合结果，可以发现MvK模型的拟合结果最优，相关系数高达0.94。Genty等[353]对类水滑石CoAlCe催化剂甲苯氧化动力学进行了考察，发现此反应依然遵循MvK机理，在整个反应体系中Co_3O_4-CeO_2界面是主要的活性中心。其中Co_3O_4为甲苯氧化位点是催化剂高活性的来源，而CeO_2则促进了Co_3O_4的再氧化过程，加速了催化剂的氧化恢复，二者之间的协同作用共同促进了甲苯以MvK形式氧化分解。

二甲苯催化氧化也符合MvK机理。Huang等[272]认为金属Pd物种是Pd/Al_2O_3催化剂催化氧化邻二甲苯过程中的活性物种，并且提出了两种邻二甲苯催化氧化的机理（图4-88）。在途经Ⅰ中，吸附在催化剂上的二甲苯先被氧化为苯甲醇物种，然后被快速氧化为2-甲基苯甲醛、1-异苯并呋喃酮或者邻苯二甲酸酯，之后将2-甲基苯甲醛和1-异苯并呋喃酮进一步氧化为邻苯二甲酸酯类物质。接下来，破坏环结构，将吸附的邻苯二甲酸酯物质转化为表面马来酸酯。吸附的马来酸盐物质又被氧化成表面羧酸盐（甲酸盐/乙酸盐）物质。最后，通过分解和进一步氧化表面羧酸盐物质生成CO_2和H_2O，该过程主要发生在γ-Al_2O_3载体上。在反应路径Ⅱ中，吸附在金属Pd上的邻二甲苯分子通过与氧之间的相互作用直接氧化成CO_2和H_2O。

4.5.2 Eley-Rideal机理

E-R机理是一种单分子吸附反应模型，对于VOCs的催化氧化反应是指催化剂表面吸附态氧物种与气相VOCs分子直接发生反应的过程，反应的速控步骤是气态VOCs与吸附氧物种之间的反应。

对于苯的催化氧化，E-R反应机理的动力学方程如下：

$$-r_b=\frac{k_{O_2}K_bP_{O_2}P_b}{1+K_bP_b}$$

式中，k_{O_2}为O_2的吸附平衡常数；K_b为苯的吸附平衡常数；P_{O_2}为O_2的分压；P_b为苯的分压。Zhao等[91]通过将电场与Pt-Ce-Zr纳米催化剂的组合，构建了一种低温苯氧化新型催化体系。他们认为催化剂上苯的氧化反应机理为：氧分子吸附在催化剂表面的活性位点上形成活性中间体，苯直接与其反应，与此同时催化剂被还原，然后通过气相氧补充产生新的氧活性物种。通常，通过这种机理产生的氧物种更具活性，且更高的表面活性氧含量有助于增强催化活性，这意味着Eley-Rideal机制占主导地位。但是，在电场作用下，Ce^{4+}向Ce^{3+}的转化增加了表面吸附氧的含量，从而改变了Pt物种的化合价分布并形成了更多的活性位，最终影响了催化活性（图4-89）。

Zabihi等[354]以杏仁壳活性炭为载体，制备了负载型氧化铜催化剂，并用于甲苯的催

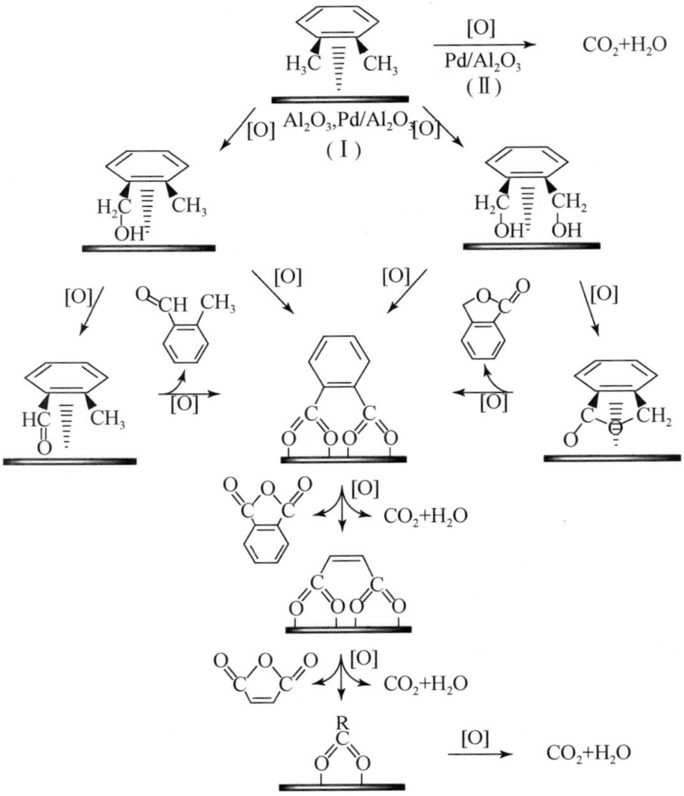

图 4-88　二甲苯在 Pd/Al_2O_3 催化剂上的催化燃烧机理

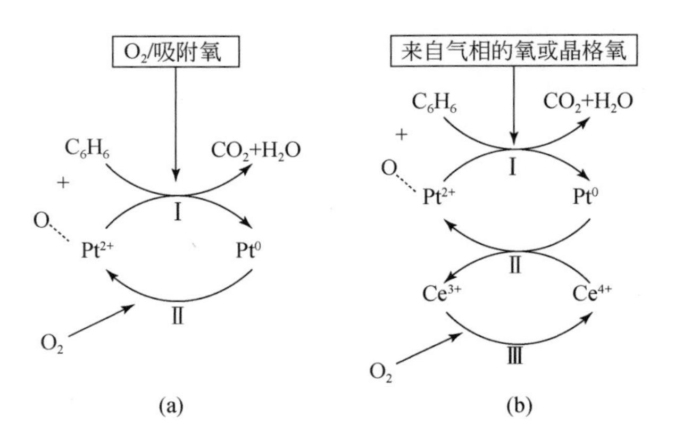

图 4-89　Pt-Ce-Zr 催化剂催化氧化苯的机理

（a）没有电场的反应模型；（b）电场中的反应模型

化燃烧，发现采用沉积–沉淀法制备的 CuO/AC 催化剂具有最好的甲苯氧化活性，对其进行反应动力学研究发现甲苯在此催化剂上的氧化过程可用 E-R 机理来准确描述，模型拟合

曲线的 R^2 均大于0.93。反应过程发生于表面吸附的氧分子与气相甲苯之间。Fu等[355]构建了 mPt-nMnO$_x$/meso-CeO$_2$ 催化体系并用于甲苯催化燃烧的研究。研究者指出，甲苯在此催化体系上的降解遵循E-R反应机理，主要是气相甲苯与表面吸附氧之间的反应（图4-90）。在一系列催化剂中，0.37Pt-0.16MnO$_x$/meso-CeO$_2$ 具有最优的催化性能，这主要得益于其最高的吸附氧和表面 Mn^{2+} 离子浓度。E-R机理相对简单，方便进行数值模拟研究论证，但由于单吸附分子可提供的氧化活化能有限，极大地限制了VOCs的氧化过程，对于大部分VOCs氧化反应的解释难以适用。尤其是对于需要较高活化能的芳香烃降解过程，E-R机理报道较少。

$$2X_v+O_2 \underset{\kappa_{-1}}{\overset{\kappa_1}{\rightleftharpoons}} 2X—O$$

$$xX—O+R \underset{\kappa_{-2}}{\overset{\kappa_2}{\rightleftharpoons}} 2X—O—R$$

$$X—R—O \xrightarrow{\kappa_3} aCO_2+bH_2O+X_v$$

图4-90 E-R机理示意图

X_v表示载体上的缺陷位点；X—R和X—R—O分别表示载体上的吸附物种

4.5.3 Langmuir-Hinshelwood机理

L-H机理（图4-91）是一种吸附氧反应机理，对于VOCs催化氧化反应是指发生于吸附态VOCs分子与吸附态氧物种之间的反应过程。一般地，VOCs分子的吸附活性中心与氧分子的吸附活性中心可以为同类或不同类，而反应过程发生于两个相邻的吸附物种之间。

$$R+X_v \underset{\kappa_{-1}}{\overset{\kappa_1}{\rightleftharpoons}} X—R$$

$$O_2+2X_v \underset{\kappa_{-2}}{\overset{\kappa_2}{\rightleftharpoons}} 2X—O$$

$$X—R+X—O \underset{\kappa_{-3}}{\overset{\kappa_3}{\rightleftharpoons}} X—R—O+X_v$$

$$X—R—O \xrightarrow{\kappa_4} aCO_2+bH_2O+X_v$$

图4-91 L-H机理示意图

X_v表示载体上的缺陷位点；X—R、X—O、X—R—O分别表示载体上的吸附物种

对于遵循L-H机理的反应体系，可以通过调控两类物质的吸附活性位点来促进催化反应的进行，这需要对各类物质的吸附位点具有清晰的认知。在之前的研究中，反应物的吸附位点主要有贵金属活性位点、金属氧化物位点以及氧空穴位点三类。

L-H机理认为催化剂表面吸附的 O_2 与吸附的苯分子之间发生反应。如果苯与 O_2 可以被同一类位点吸附，称为单位点L-H模型。如果两者吸附在不同的位点，称为双位点L-H模型。单位点L-H模型和双位点L-H模型反应机理的动力学方程分别见公式（4-1）和公式（4-2）：

$$-r_{b}=\frac{kK_{O_2}K_{b}P_{O_2}P_{b}}{(1+K_{O_2}P_{O_2}+K_{b}P_{b})^{2}} \tag{4-1}$$

$$-r_{b}=\frac{kK_{O_2}K_{b}P_{O_2}P_{b}}{(1+K_{O_2}P_{O_2})(1+K_{b}P_{b})} \tag{4-2}$$

Einaga 等[356]探讨了 Mn_2O_3 负载在 USY 上催化活性位的结构，并在臭氧存在下对苯氧化的催化行为进行了探究，结果表明，反应按照以下步骤进行：臭氧会在负载型 Mn_2O_3 催化剂上分解为 O_2 和 O^*（*表示催化活性位点），在反应过程中也会发生臭氧对副产物化合物的直接氧化［式（4-7）］；Mn^{3+}作为氧化苯的活性位点高度分散在沸石 Y 上，当苯通过 Mn/USY 催化剂时，迅速裂解并形成副产物，弱结合的甲酸和强结合的甲酸酯（羧酸）积累在催化剂上，这些化合物在臭氧存在下迅速氧化为 CO_2 和 CO。

$$O_3+* \longrightarrow O_2+O^* \tag{4-3}$$

$$O^*+O_3 \longrightarrow O_2+O_2^* \tag{4-4}$$

$$O_2^* \longrightarrow O_2+* \tag{4-5}$$

$$O^*+\text{苯} \longrightarrow \text{副产物化合物}+CO_2+CO \tag{4-6}$$

$$O_3+\text{副产物化合物} \longrightarrow CO_2+CO \tag{4-7}$$

Odoom-Wubah[351]利用生物辅助（IB）浸渍法合成了高活性的 Pd/Mn_3O_4-O 催化剂，并提出了苯在 Pd/Mn_3O_4-O 上可能的反应机理（图 4-92）：气态苯容易通过 Brønsted 酸吸附于催化剂表面，O_2 分子通过在 Pd/Mn_3O_4-O 催化剂上氧化还原而被活化为可移动的氧物种。苯分子首先借助丰富的表面晶格氧、物理吸附的氧和醇盐（C-O-金属）被吸附到 Pd/Mn_3O_4-O 的 Brønsted 酸位点上。然后，通过从苯环中夺取 H 原子可转化为酚盐和苯醌类，再通过 Pd/Mn_3O_4-O 在酸性位置上进一步被表面晶格氧、物理吸附的氧和醇盐物种氧化，因此产生足够的氧空位，触发连续的氧化还原循环，从而产生 CO_2 和 H_2O。

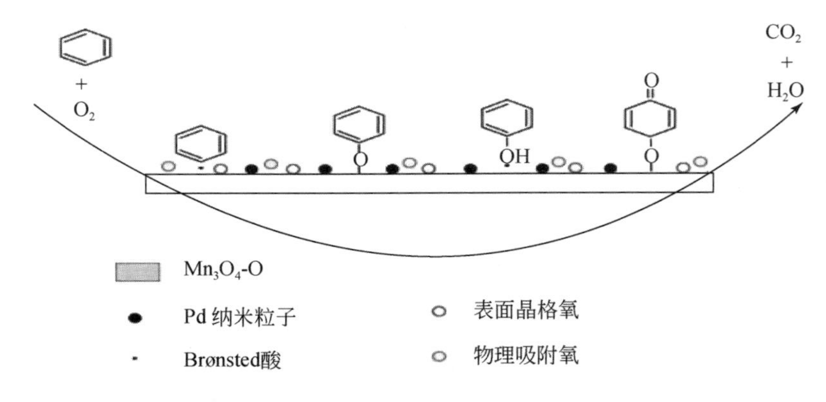

图 4-92　苯在 Pd/Mn_3O_4-O 催化剂上的氧化反应机理

Gan 等利用原位红外和 EPR 表征揭示了 Pt/Al_2O_3 体系各组分在甲苯氧化中的作用。其中 Pt 组分是氧气活化的活性中心，Pt^0甚至可以在常温下活化气相氧。而 Al_2O_3 则为甲苯的吸附活化提供位点，Pt 与 Al_2O_3 之间的协同作用是高效降解甲苯的关键（图 4-93）。

显然，这是一个典型的L-H反应过程，两反应物在材料表面的吸脱附决定了催化剂的氧化性能。氧空穴是由晶格氧脱离产生的晶格缺陷位点，通常与表面吸附氧相对应，是气相氧分子的主要吸附位点，材料表面的氧空位浓度越高，吸附氧物种越多，越有利于苯系物的氧化分解[357]。在Bai等和Deng等[207,358]的研究中均发现了氧空位和表面吸附氧在甲苯氧化反应中的重要作用。

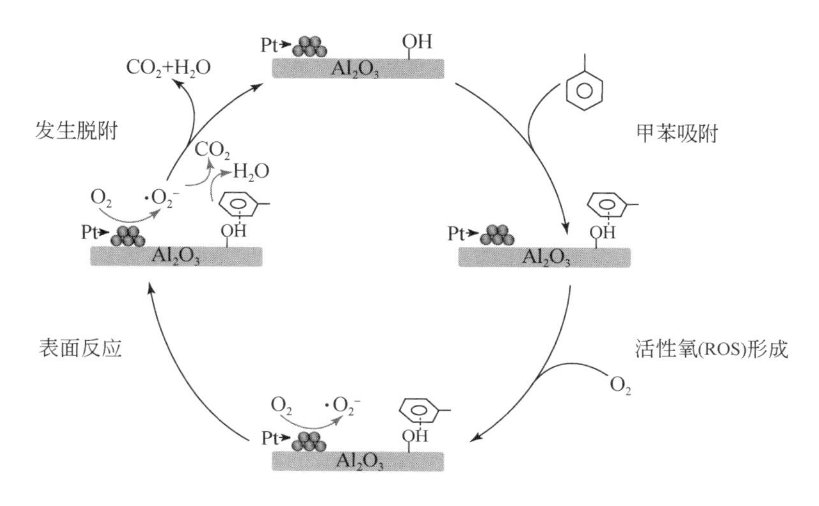

图4-93 Pt/Al_2O_3 催化剂催化甲苯氧化反应过程

在最近的报道中，人们对苯系物的氧化机理和动力学进行了模拟比较研究，并从L-H机理的角度来解释甲苯氧化过程。Tarjomannejad等[255]研究了钙钛矿型氧化物催化剂在甲苯氧化中的应用，其中表现最优的 $La_{0.8}Ce_{0.2}Mn_{0.3}Fe_{0.7}O_3$ 催化剂可在200℃时完全降解甲苯。基于对甲苯氧化过程的L-H模拟以及动力学考察，研究者提出了LH-OS-ND模型来描述反应机理，指出反应发生于吸附在相同位点的反应物分子和表面非解离吸附的氧分子之间。用此模型对实验数据进行模拟，可得到0.9952的相关系数值，表明此模型对该催化体系具有极高的适应性。Hu[359]对甲苯在 $Cu_{0.13}Ce_{0.87}O_y$ 上的催化反应动力学进行了系统的研究，发现相较于简单的幂律模型，L-H方程更适用于反应动力学数据的拟合。类似的结论也被Parsafard等[360]提到，在其对微/介孔铂系催化剂的甲苯氧化动力学研究中发现，L-H模型比简单的幂律模型对数据的拟合度更好。研究者推测L-H模型对甲苯氧化的优异适用性与其对表面相互作用和反应机理的更充分考虑有关。通过对不同煅烧温度样品的活性和动力学参数的比较，研究者指出催化剂的性能主要受到氧气和甲苯的吸附键强度的调控。在被比较的三类催化剂中，CuCe400具有最强的氧吸附能力和最优异的甲苯氧化性能。Bedia等[361]以硫酸盐木质素为原料制备了介孔活性炭，并以此为载体构建了碳基Pd系催化剂并用于芳香烃的催化燃烧。除对活性考察之外，研究者分别采用E-R模型、L-H模型和MvK模型对反应动力学进行了模拟考察，发现L-H模型对实验数据的拟合性更好。在整个反应过程中，表面吸附态甲苯物种和吸附态解离氧之间的反应为速控步骤，决定了催化剂的氧化活性。

4.5.4 混合氧化反应机理

对于气相苯系污染物的催化氧化，上述三类模型均可用于描述反应过程，结合实验数据选择并应用最适合的模型无疑可促使研究工作更加系统、完善。但苯系物的催化氧化是一个复杂的反应过程，且催化剂表面的活性氧物种也是吸附氧与晶格氧共存的状态，单纯地应用某一种反应机理有时难以准确地对整个催化反应体系进行描述，这时需要考虑两种或多种反应模式同时发生的情况，并通过系统性表征、模拟进行验证。

Liu 等[362]报道了甲苯氧化过程中，MvK 和 L-H 路径共存的现象。研究者考察了 Ti^{4+} 和 Zn^{2+} 的掺杂对 α-Fe_2O_3 甲苯氧化活性的影响，发现两类离子掺杂可通过改变 α-Fe_2O_3 的电子结构来调控其催化活性，其中 Ti^{4+} 的掺入对 α-Fe_2O_3 的催化性能具有良好的促进作用。结合活性测试和相关表征结果，研究者指出在催化体系中 Fe^{3+} 是甲苯吸附活化的主要位点，Ti^{4+} 掺入后会占据材料四面体或八面体配位点，促使表面 Fe^{2+} 转变为八面体配位的 Fe^{3+}，丰富的活性位点数量促使 Ti-α-Fe_2O_3 催化剂展现出优异的甲苯氧化性能。表面氧空位的存在既增加了表面吸附氧浓度，又提高了晶格氧的迁移速率，因此材料表面的甲苯分子可被吸附氧和晶格氧快速活化，并遵循 MvK 和 L-H 两种反应路径发生氧化分解（图 4-94）。

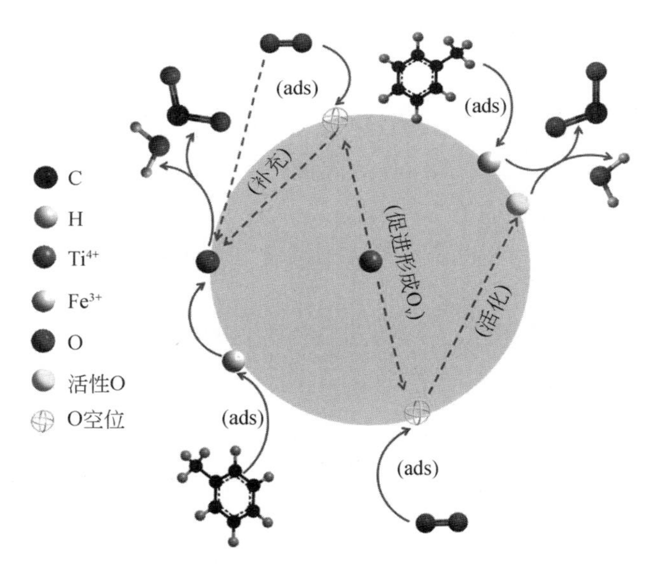

图 4-94 Ti-α-Fe_2O_3 催化剂的甲苯氧化反应机理示意图

Markova-Velichkova 等[363]比较了 $YFeO_3$ 和 $LaFeO_3$ 对甲苯的氧化活性，并对反应过程进行了动力学研究。研究者指出 $LaFeO_3$ 具有相对稳定的钙钛矿结构，可以容纳更多的阴阳离子缺陷，保证 Fe 离子在不同价态间发生转变，为气相氧分子和甲苯的吸附提供充足的活性位点，使得甲苯按照 L-H 机理氧化分解。而对于 $YFeO_3$ 催化剂，小尺寸 A 型阳离子促使钙钛矿结构发生了形变，使得材料结构不稳定，限制了 Fe 离子的价态变化，但晶体畸变导致了活性晶格氧的增加，因此甲苯在 $YFeO_3$ 上的降解过程同时遵循 MvK 路径和 L-H 路径。Wang 等[364]报道了甲苯在 ACo_2O_4（A＝Cu、Ni 和 Mn）催化剂上同时遵循 MvK 和 L-H 两种机理的氧化过程。依据原位红外表征结果，研究者发现了不同种类的活性氧参与的氧化阶段不同，其中晶格氧主要参与羧酸类中间体的形成，而表面吸附氧则促进羧酸类物质进一步分解为 CO_2 和 H_2O 等最终产物。Weng 等[256]通过在 $LaMnO_3$ 上掺杂 Sr^{2+} 和 Fe^{3+} 成功构建了富含缺陷位点的纳米尺度钙钛矿材料。H_2-TPR，O_2-TPD 和 $^{18}O_2$-TPSR 实验结果显示，缺陷位点的增加不仅促进了表面吸附氧浓度的增加，还提高了材料内晶格氧的移动速率，使得材料表面的甲苯氧化过程同时包括 MvK 和 L-H 两种模式。

此外，Qin 等[181]利用 O_2-TPD、甲苯-TPD、甲苯-TPSR、甲苯-TPSR-同位素 $^{18}O_2$ 和同位素 $^{18}O_2$ 脉冲实验等对甲苯氧化反应过程中 MnO_x/SBA-15 和 Ag-MnO_x/SBA-15 催化剂上的氧物种贡献及循环过程进行了研究，发现甲苯在催化剂上的氧化过程受到 MvK 和 L-H 两种机理的共同调控。研究者考察了不同预处理条件下的甲苯-TPD 实验，通过对比实验过程中 CO_2 的释放规律，发现 MnO_x/SBA-15 上的活性晶格氧是甲苯氧化反应的主要参与者，但当无气相氧和表面吸附氧存在时，晶格氧极难被活化，此时 CO_2 的释放峰均在 300℃以上，远高于实际反应温度。而在催化剂表面引入吸附氧物种后，CO_2 的释放峰明显向低温偏移，体现了晶格氧的活化。此外，研究者同样监测了甲苯-TPSR 实验中 CO_2 的释放规律，发现在气相氧存在时 CO_2 的释放峰温度远低于甲苯-O_2-TPD 实验，证实了气相氧在晶格氧活化和甲苯氧化过程中的重要作用。在甲苯-TPSR-同位素 $^{18}O_2$ 实验中，研究者通过比较三种同位素 CO_2（$C^{16}O_2$、$C^{16}O^{18}O$、$C^{18}O_2$）的产生规律，发现了晶格氧在反应过程中的主导地位。同位素脉冲实验则验证了气相氧对晶格氧的补充过程，随着脉冲温度的升高，催化剂上的氧迁移速率增加，晶格氧补充循环加快。综合上述实验，研究者指出甲苯在 MnO_x/SBA-15 上的氧化主要遵循 MvK 机理，以晶格氧为主要的活性物种，但在低温时，晶格氧迁移、补充速率较慢，部分甲苯按照 L-H 机理与表面吸附氧物种发生氧化反应。在此基础上，研究者对催化剂活性进行了优化，研究了甲苯在 Ag-MnO_x/SBA-15 上的氧化反应，发现 Ag 的引入增加了表面晶格氧的含量，提高了晶格氧的活化和迁移速率，有效地促进了甲苯的低温氧化（图 4-95）。在这项工作中，研究者通过设计合理的实验，系统、准确地揭示了各类氧物种在甲苯氧化过程中的参与方式和转换行为，从本质上验证了 MvK 机理和 L-H 机理的作用机制，对于更深入地理解、探索苯系物氧化过程具有重要意义。

三类反应机理模型描述的是苯系物在催化剂上的催化反应过程，包括反应物的吸附、活化和氧化分解等步骤，其中氧物种的消耗、补充、转换和迁移无疑是此过程中最关键的部分，决定了反应发生机制和氧化效率。在以往的研究报道中，较全面地介绍了三类反应机理在苯系物氧化过程中的应用，阐述了氧空位浓度、各类活性氧浓度和迁移速率对苯系物氧化的影响，并从数值模拟的角度对三类反应机理进行了拟合研究，对于催化氧化的苯系物催化剂的设计和开发具有指导意义。但对于各类氧物种在反应过程中的具体作用及其相互间转换过程影响因素的考察尚有欠缺，且大部分实验研究和数值模拟只关注了占据主导位置的反应机理，对于混合反应机制的认识不够深刻，不利于反应过程的准确描述。对于苯系物反应机理的研究，应当结合多种表征手段（如 TPD、TPSR 和同位素交换等）更

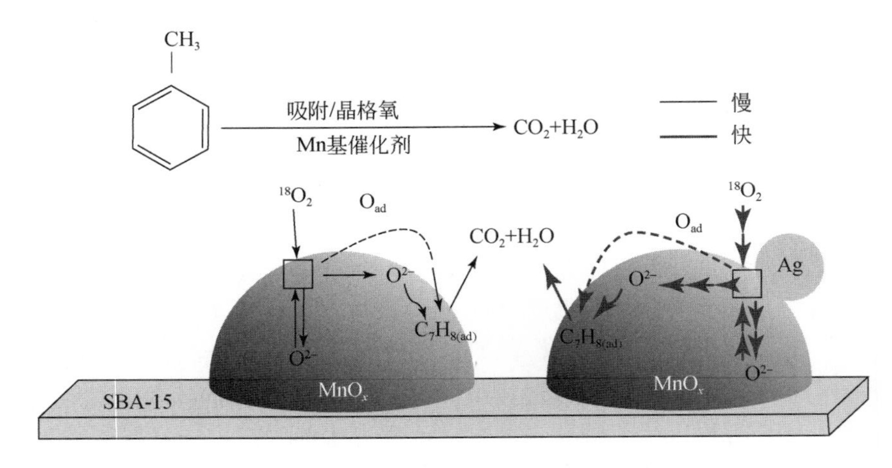

图 4-95 氧反应过程和 Ag 的引入对甲苯氧化速率的影响[31]

加精准地探究反应过程中各类氧物种的贡献及循环转化路径，从多种反应机理并存的角度来探索、描述苯系物的氧化过程，建立更为准确、通用的反应模型。

4.6 总结与展望

经过多年的发展，降解常见苯系物的热催化氧化催化剂的研究已经日渐成熟，众多研究者及团队对各类苯系物降解催化剂的制备、性能以及调控策略进行了系统的研究和详细的报道，为工业苯系物废气的治理做出了巨大贡献。但随着社会大众对健康生态环境的要求日益增加，以及国家对废气排放的限制愈加严格，仍有一些领域需要去继续研究和完善。而且基于经济和资源丰度方面的考虑，廉价、高效和来源广泛的催化材料的开发仍是今后的研究重点。

（1）催化氧化是治理苯系物排放的主要途径之一，其关键是性能优异的催化剂的开发，尤其是催化剂载体性能和活性组分的种类、分散性对于催化燃烧挥发性有机物的技术是至关重要的。从目前的研究来看，比表面积大和孔径分布广的载体制成的催化剂催化燃烧苯系物的活性较高，因此在以后的研究工作中应重点探讨如何进一步更好地控制载体的孔径分布，并开发制备高比表面积、中孔发达的载体，以改善催化剂载体的结构，如多层多孔材料、骨架/通道核约束材料、核壳结构材料和单原子催化材料，从而开发高分散性的高效催化剂，产生丰富的缺陷位和强烈的界面相互作用，以期可以进一步提高催化剂催化燃烧苯系物的转化率。

（2）贵金属具有良好的低温活性，但其价格昂贵以及稀少的资源丰度一直是限制其应用的关键因素，需要继续开展单原子催化剂以及多元贵金属催化剂的开发与研究等工作，在确保催化性能的同时不断降低对贵金属负载量的需求。另外，贵金属催化剂的活性组分易挥发和烧结，催化剂易受到氯、硫等引起的中毒，因此提高催化剂的抗中毒性能在实际应用方面有重要意义。此外，实际工业中还含有大量的水蒸气，其对催化剂的性能影响较大。因此，在催化燃烧反应中引入一定量的水气，并进一步探究水汽对催化剂的影响也是非常必要的。类似地，也可以考察催化剂的抗硫和抗积碳性能，这是因为实际的反应环境通常非常复杂，含有微量的污染物，水蒸气、氨和含硫化合物可能共存于这些气流中，因此也可以通过掺杂较便宜的金属，设计对毒物具有强抵抗力的催化剂（尤其是用于卤化或含硫的有机污染物），可降低成本、提高催化活性、稳定性和抗毒性能。同时可以建立不同的催化活性位点（即氧化还原中心、贵金属活性位点和酸性/碱性中心）分别参与各阶段的氧化反应过程，促进苯系物的高效降解。深入理解各类型活性位点对苯系物氧化反应的促进作用以及相互之间的协同效应，有助于高效贵金属催化剂的设计与开发。

（3）作为贵金属催化剂的替代品，过渡金属氧化物催化剂和稀土金属氧化物催化剂具有廉价和资源丰富等优势，但其对苯系物的催化活性还难以完全与贵金属相媲美，需要进一步完善和优化。在保证催化剂的低温高活性前提下，通过添加助剂或负载其他性能较好的活性组分进一步提高催化剂的活性。鉴于现阶段对催化剂催化燃烧性能的研究，同时借鉴国内外目前先进的研究成果，通过改善催化剂的制备条件，优化实验所用装置和仪器等方法进一步提高催化剂的催化燃烧活性。采用现阶段先进的表征手段如TEM和XPS等对催化剂的载体及所负载的活性组分结构进行研究，通过FTIR、同步加速器辐射、同位素示踪技术演示键的裂解和氧化反应机理受反应分子水平上的条件或时间的影响，且利用高度敏感的实时监控技术，如质子转移反应质谱法，对不同金属之间的协同机理做进一步的探讨。如此能够从本质上探究不同金属之间的相互作用关系，为开发更高效的催化剂提供技术指导。

（4）对于为数众多的高效催化剂，只有将其转化为实际的工业催化剂，真正应用于苯系物废气的治理才能最大限度地发挥其价值。因此，对于成型的苯系物催化氧化催化剂的研究以及进一步的应用转化是十分必要的。

（5）除了常规的工业废气净化外，在一些室内或其他低苯系物浓度场所的空气净化也引起了研究者的关注，但适用于工业应用的苯系物氧化催化剂却未必能有效降解低浓度甚至超低浓度的甲苯。为了有效净化室内苯系物污染物，进一步提高人类生活质量，需要对低浓度苯系物的催化氧化的催化剂进行开发和研究。针对低浓度甲苯废气，研究者提出使用吸附-催化双功能耦合催化剂来进行降解，目前已有相关尝试，是一条可行的研究方向。对于甲苯氧化催化剂的研究，最终目的是实现环境中有毒甲苯的高效降解，从而改善生态环境并保护人类健康。因此，需要根据人体健康要求，以及实际污染物状况有针对性地进行催化剂的开发，推动研究工作切实发挥作用。

参考文献

[1] Piumetti M, Fino D, Russo N. Mesoporous manganese oxides prepared by solution combustion synthesis as catalysts for the total oxidation of VOCs [J]. Applied Catalysis B: Environmental, 2015, 163: 277-287.

[2] Deng H, Kang S Y, Wang C Y, et al. Palladium supported on low surface-area fiber-based materials for catalytic oxidation of volatile organic compounds [J]. Chemical Engineering Journal, 2018, 348: 361-369.

[3] Zuo S F, Zhou R X. Al-pillared clays supported rare earths and palladium catalysts for deep oxidation of low concentration of benzene [J]. Applied Surface Science, 2006, 253: 2508-2514.

[4] Zuo S F, Zhou R X. Influence of synthesis condition on pore structure of Al pillared clays and supported Pd

catalysts for deep oxidation of benzene [J]. Microporous and Mesoporous Materials, 2008, 113: 472-480.

[5] Zuo S F, Huang Q Q, Zhou R X. Al/Ce pillared clays with high surface area and large pore: synthesis, characterization and supported palladium catalysts for deep oxidation ofbenzene [J]. Catalysis Today, 2008, 139: 88-93.

[6] Zuo S F, Huang Q Q, Li J, et al. Promoting effect of Ce added to metal oxide supported on Al pillared clays for deep benzene oxidation [J]. Applied Catalysis B: Environmental, 2009, 91 (1-2): 204-209.

[7] Cheng Z, Li J, Feng B B, et al. La_2O_3 modified silica-pillared clays supported PtO_x nanocrystalline catalyst for catalytic combustion of benzene [J]. Applied Catalysis B: Environmental, 2020, 392: 123747.

[8] 李进军，蒋政，郝郑平，等. 氧化铈和氧化铝柱撑粘土材料上苯完全催化氧化的研究，中国稀土学会 [C]. 中国稀土学会第十届全国稀土催化学术会议集，2003: 94-97.

[9] Sang C J, Young K P, Hyuk R P, et al. Catalytic performance of supported Pd catalyst prepared with different palladium precursors for catalytic combustion of BTH [J]. Journal of Nanoscience and Nanotechnology, 2019, 19 (2): 1208-1212.

[10] Ferreira R, Oliveira P, Noronha F. Characterization and catalytic activity of $Pd/V_2O_5/Al_2O_3$ catalysts on benzene total oxidation [J]. Applied Catalysis B: Environmental, 2004, 50 (4): 243-249.

[11] Zuo S F, Qi C Z. Modification of Co/ Al_2O_3 with Pd and Ce and their effects on benzene oxidation [J]. Catalysis Communications, 2011, 15 (1): 74-77.

[12] Kang S Y, Wang M, Zhu N, et al. Significant enhancement in water resistance of Pd/Al_2O_3 catalyst for benzene oxidation by Na addition [J]. Chinese Chemical Letters, 2019, 30 (7): 1450-1454.

[13] Niu Q, Li B, Xu X L, et al. Activity and sulfur resistance of $CuO/SnO_2/PdO$ catalysts supported on γ-Al_2O_3 for the catalytic combustion of benzene [J]. RSC Advances, 2014, 4: 51280-51285.

[14] He Z F, He Z R, Wang D, et al. Mo-modified Pd/Al_2O_3 catalysts for benzene catalytic combustion [J]. Journal of Environmental Sciences, 2014, 26 (7): 1481-1487.

[15] He Z F, Wang D, Liu T, et al. Nb-modified Pd/ Al_2O_3 catalysts for benzene catalytic combustion [J]. Chemical Journal of Chinese Universities, 2014, 35 (1): 92-97.

[16] Liu J, Wang H M, Chen Y, et al. Effects of pretreatment atmospheres on the catalytic performance of Pd/ γ-Al_2O_3 catalyst in benzene degradation [J]. Catalysis Communications, 2014, 46 (10): 11-16.

[17] Liu J, Chen Y, Wang H M, et al. Effects of atmosphere pretreatment on the catalytic performance of Pd/γ-Al_2O_3 catalyst in benzene degradation Ⅱ: crystal structure transformation of Pd active species [J]. Catalysis Today, 2017, 297: 211-218.

[18] Lan L, Dang J, Liu J, et al. Study on catalytic degradation of benzene over Pd/γ-Al_2O_3 catalysis [J]. Modern Chemical Industry, 2012, 32 (6): 43-46.

[19] He C, Li J J, Li P, et al. Comprehensive investigation of Pd/ZSM-5/MCM-48 composite catalysts with enhanced activity and stability for benzene oxidation [J]. Applied Catalysis B: Environmental, 2010, 96 (3-4): 466-475.

[20] Liu F J, Zuo S F, Wang C, et al. Pd/transition metal oxides functionalized ZSM-5 single crystals with *b*-axis aligned mesopores: efficient and long-lived catalysts for benzene combustion [J]. Applied Catalysis B: Environmental, 2014, 148-149: 106-113.

[21] He C, Li P, Cheng J, et al. Preparation and investigation of Pd/Ti-SBA-15 catalysts for catalytic oxidation of benzene [J]. Environmental Progress & Sustainable Energy, 2010, 29: 435-442.

[22] Deng H, Kang S, Wang C, et al. Palladium supported on low-surface-area fiber-based materials for catalytic oxidation of volatile organic compounds [J]. Chemical Engineering Journal, 2018, 348:

361-369.

[23] Odoom Wubah T, Li Q, Adilov Isroil, et al. Towards efficient Pd/Mn_3O_4 catalyst with enhanced acidic sites and low temperature reducibility for Benzene abatement [J]. Molecular Catalysis, 2019, 477: 110558.

[24] Zhao W, Li J, He C, et al. Synthesis of nanosized Al-HMS and its application in deep oxidation of benzene [J]. Catalysis Today, 2010, 158: 427-431.

[25] Zhao W, Liu Y, Wang L, et al. Catalytic combustion of benzene on the Pd/nanosize Al-HMS [J]. Microporous and Mesoporous Materials, 2011, 138: 215-220.

[26] 李兵. 高分散、抗烧结、粒径可控 Pd/SiO_2 催化剂的浸渍法制备及其制备机理和催化性能研究 [D]. 厦门: 厦门大学, 2011.

[27] Li J Q, Tang W X, Liu G, et al. Reduced graphene oxide modified platinum catalysts for the oxidation of volatile organic compounds [J]. Catalysis Today, 2016, 278: 203-208.

[28] Li J Q, Feng Y, Mo S, et al. Nanodendritic platinum supported on-alumina for complete benzene oxidation [J]. Particle, 2016, 33 (9): 620-627.

[29] 李佳琪. 贵金属基催化剂设计、制备及其催化氧化苯的性能研究 [D]. 北京: 中国科学院大学 (中国科学院过程工程研究所), 2017.

[30] Chen Z Y, Mao J X, Zhou R X. Preparation of size-controlled Pt supported on Al_2O_3 nanocatalysts for deep catalytic oxidation of benzene at lower temperature [J]. Applied Surface Science, 2019, 465: 15-22.

[31] Cheng Z, Feng B, Chen Z, et al. La_2O_3 modified silica-pillared clays supported PtO_x nanocrystalline catalysts for catalytic combustion of benzene [J]. Chemical Engineering Journal, 2020, 392: 123747.

[32] Yang J, Xue Y, Liu Y, et al. Mesoporous cobalt monoxide-supported platinum nanoparticles: superior catalysts for the oxidative removal of benzene [J]. Journal of Environmental Sciences, 2020, 90: 170-179.

[33] Yang K, Liu Y, Deng J, et al. Three-dimensionally ordered mesoporous iron oxide-supported single-atom platinum: highly active catalysts for benzene combustion [J]. Applied Catalysis B: Environmental, 2019, 244: 650-659.

[34] Li Q, Odoom Wubah T, Fu X X, et al. Photoinduced Pt-decorated expanded graphite toward low-temperature benzene catalytic combustion [J]. Industrial & Engineering Chemistry Research, 2020, 59: 11453-11461.

[35] Morales-Torres S, Maldonado-Hódar F J, Pérez-Cadenas A F, et al. Design of low-temperature Pt-carbon combustion catalysts for VOC's treatments [J]. Journal of Hazardous Materials, 2010, 183 (1-3): 814-822.

[36] Tang W X, Wu X F, Chen Y F, et al. Catalytic removal of gaseous benzene over Pt/SBA-15 catalyst: the effect of the preparation method [J]. Reaction Kinetics, Mechanisms and Catalysis, 2015, 114: 711-723.

[37] Zuo S F, Wang X Q, Yang P, et al. Preparation and high performance of rare earth modified Pt/MCM-41 for benzene catalytic combustion [J]. Catalysis Communications, 2017, 94: 52-55.

[38] 陈紫昱. 负载型纳米 Pt 催化剂的合成、表征及其对 VOCs 深度氧化性能的研究 [D]. 杭州: 浙江大学, 2019.

[39] Fei Z Y, Sun B, Zhao L, et al. Strong morphological effect of Mn_3O_4 nanocrystallites on the catalytic activity of Mn_3O_4 and Au/Mn_3O_4 in benzene combustion [J]. Chemistry A European Journal, 2013, 19: 6480-6487.

[40] Jiang W, Feng Y, Zeng Y, et al. Establishing high-performance Au/cobalt oxide interfaces for low-temperature benzene combustion [J]. Journal of Catalysis, 2019, 375: 171-182.

[41] Liu Y X, Dai H X, Deng J G, et al. Mesoporous Co_3O_4-supported gold nanocatalysts: highly active for the oxidation of carbon monoxide, benzene, toluene, and *o*-xylene [J]. Journal of Catalysis, 2014, 309: 408-418.

[42] Ye Q, Zhao J, Huo F, et al. Nanosized Ag/α-MnO_2 catalysts highly active for the low-temperature oxidation of carbon monoxide and benzene [J]. Catalysis Today, 2011, 175: 603-609.

[43] Deng H, Kang S, Ma J, et al. Role of structural defects in MnO_x promoted by Ag doping in the catalytic combustion of volatile organic compounds and ambient decomposition of O_3 [J]. Environmental Science & Technology, 2019, 53: 10871-10879.

[44] Ma X Y, Yu X L, Ge M F. Highly efficient catalytic oxidation of benzene over Ag assisted Co_3O_4 catalysts [J]. Catalysis Today, 2020, 376: 262-268.

[45] 王健. 负载型钌催化剂对 VOCs 的催化氧化研究 [D]. 北京: 中国科学院研究生院（过程工程研究所）, 2016.

[46] Chen Z, Li J, Yang P, et al. Ce-modified mesoporous γ-Al_2O_3 supported Pd-Pt nanoparticle catalysts and their structure-function relationship in complete benzene oxidation [J]. Chemical Engineering Journal, 2019, 35615: 255-261.

[47] Zuo S F, Sun X J, Lv N N, et al. Rare earth-modified Kaolin/NaY-supported Pd-Pt bimetallic catalyst for the catalytic combustion of benzene [J]. ACS Applied Materials & Interfaces, 2014, 6: 11988-11996.

[48] Jiang L, Yang N, Zhu J Q, et al. Preparation of monolithic Pt-Pd bimetallic catalyst and its performance in catalytic combustion of benzene series [J]. Catalysis Today, 2013, 216: 71-75.

[49] Lyuba I, Anna V, Petya P, et al. Effect of Y modified ceria support in mono and bimetallic Pd-Au catalysts for complete benzene oxidation [J]. Catalysts, 2018, 8 (7): 283-300.

[50] Lahousse C, Bernier A, Grange P, et al. Evaluation of γ-MnO_2 as a VOC removal catalyst: comparison with a noble metal catalyst [J]. Journal of Catalysis, 1998, 178 (1): 214-225.

[51] Tang W X, Deng Y Z, Li W H, et al. Restrictive nanoreactor for growth of transition metal oxides (MnO_2, Co_3O_4, NiO) nanocrystal with enhanced catalytic oxidation activity [J]. Catalysis Communications, 2015, 72: 165-169.

[52] Tang W X, Wu X F, Li D Y, et al. Oxalate route for promoting activity of manganese oxide catalysts in total VOCs' oxidation: effect of calcination temperature and preparation method [J]. Journal of Materials Chemistry A, 2014, 2 (8): 2544-2554.

[53] Kim S C, Shim W G. Catalytic combustion of VOCs over a series of manganese oxide catalysts [J]. Applied Catalysis B: Environmental, 2010, 98: 180-185.

[54] Li D Y, Yang J, Tang W X, et al. Controlled synthesis of hierarchical MnO_2 microspheres with hollow interiors for the removal of benzene [J]. RSC Advances, 2014, 4 (26796): 2544-2554.

[55] Park J H, Kim J M, Jurng J, et al. Catalytic oxidation of benzene with ozone over Mn/KIT-6 [J]. Journal of Nanoscience and Nanotechnology, 2013, 13 (1): 423-429.

[56] Huang Z Z, Wei Y H, Song Z X, et al. Three-dimensional (3D) hierarchical Mn_2O_3 catalysts with the highly efficient purification of benzene combustion [J]. Separation and Purification Technology, 2021, 255 (15): 117633.

[57] Hu Z, Mi R L, Yong X, et al. Effect of crystal phase of MnO_2 with similar nanorod-shaped morphology on the catalytic performance of benzene combustion [J]. Chemistry Select, 2019, 4: 473-480.

[58] Guo H, Zhang Z X, Jiang Z. Catalytic activity of porous manganese oxides for benzene oxidation improved via citric acid solution combustion synthesis [J]. Journal of Environmental Sciences, 2020, 98 (196): 196-204.

[59] Li L, Yang Q L, Wang D, et al. Facile synt hesis λ-MnO_2 spinel for highly effective catalytic oxidation of benzene [J]. Chemical Engineering Journal, 2020, 421 (2): 127828.

[60] Yang Q L, Li Q, Li L, et al. Synthesis of alpha-MnO_2-like rod catalyst using YMn_2O_5 A-site sacrificial strategy for efficient benzene oxidation [J]. Journal of Hazardous Materials, 2021, 403: 123811.

[61] Wang X Y, Liu Y, Zhang T H, et al. Geometrical-site-dependent catalytic activity of ordered mesoporous Co-based spinel for benzene oxidation: *in situ* DRIFTS study coupled with Raman and XAFS spectroscopy [J]. ACS Catalysis, 2017, 7: 1626-1636.

[62] Duan M H, Mu Z, Li J J, et al. Complete catalytic oxidation of benzene on Co_3O_4 catalysts supported on mesoporous molecular sieves Co_3O_4 [J]. Journal of Environment Engineering, 2008, 2 (8): 1087-1091.

[63] Li Z H, Yang D P, Chen Y S, et al. Waste eggshells to valuable $Co_3O_4/CaCO_3$ materials as efficient catalysts for VOCs oxidation [J]. Molecular Catalysis, 2020, 483: 110766.

[64] Fei Z, Lu P, Feng X, et al. Geometrical effect of CuO nanostructures on catalytic benzene combustion [J]. Catalysis Science and Technology, 2012, 2 (8): 1705-1710.

[65] Yang J S, Jung W Y, Lee G D. Catalytic combustion of benzene over metal oxides supported on SBA-15 [J]. Journal of Industrial and Engineering Chemistry, 2008, 14: 779-784.

[66] Yang J S, Jung W Y, Lee W K. Catalytic combustion of benzene over copper oxide supported on SBA-15 using chelating method [J]. Journal of Nanoscience and Nanotechnology, 2011, 11: 1542-1546.

[67] Yang J S, Jung W Y, Lee G D. Effect of pretreatment conditions on the catalytic activity of benzene combustion over SBA-15-supported copper xides [J]. Topics in Catalysis, 2010, 53: 543-549.

[68] 徐丹丹,赵黎,刘华,等. 高温水热合成高度晶化的介孔氧化铬及其在催化苯类VOCs消除中的应用研究 [J]. 应用化工, 2014, 5: 1671-3206.

[69] Xing T, Wan H, Shao Y, et al. Catalytic combustion of benzene over γ-alumina supported chromium oxide catalysts [J]. Applied Catalysis A: General, 2013, 468: 269-275.

[70] Ahn C W, You Y W, Heo I, et al. Catalytic combustion of volatile organic compound over spherical-shaped copper-manganese oxide [J]. Journal of Industrial and Engineering Chemistry, 2017, 47: 439-445.

[71] Tang W X, Wu X F, Li S D. Co-nanocasting synthesis of mesoporous Cu-Mn composite oxides and their promoted catalytic activities for gaseous benzene removal [J]. Applied Catalysis B: Environmental, 2015, 162: 110-121.

[72] Cao H Y, Li X S, Chen Y Q. Effect of loading content of copper oxides on performance of Mn-Cu mixed oxide catalysts for catalytic combustion of benzene [J]. Journal of Rare Earths, 2012, 30 (9): 871-877.

[73] 张志强,贺站锋,王娟芸,等. ZrO_2 对 $CuMn_2/Al$-Ti 整体式催化剂催化苯燃烧反应性能的影响 [J]. 催化学报, 2010, 31: 793-796.

[74] Doggali P, Teraoka Y, Mungse P, et al. Combustion of volatile organic compounds over Cu-Mn based mixed oxide type catalysts supported on mesoporous Al_2O_3, TiO_2 and ZrO_2 [J]. Journal of Molecular Catalysis A: Chemical, 2012, 358: 23-30.

[75] Tang W X, Li J Q, Wu X F, et al. Limited nanospace for growth of Ni-Mn composite oxide nanocrystals

with enhanced catalytic activity for deep oxidation of benzene [J]. Catalysis Today, 2015, 258: 148-155.
[76] Li D Y, Li W H, Deng Y Z, et al. Effective Ti doping of δ-MnO_2 via anion route for highly active catalytic combustion of benzene [J]. Journal of Physical Chemistry C, 2016, 120: 10275-10282.
[77] Wang X Y, Zhao W T, Zhang T H, et al. Facile fabrication of shape-controlled $Co_xMn_yO_\beta$ nanocatalysts for benzene oxidation at low temperatures [J]. Chemical Communications, 2018, 54: 2154-2157.
[78] 叶俊辉．钴锰基催化剂的设计制备及其在苯燃烧反应中的研究 [D]. 上海：上海交通大学，2018.
[79] Tang W X, Yao M S, Deng Y Z, et al. Decoration of one-dimensional MnO_2 with Co_3O_4 nanoparticles: a heterogeneous interface for remarkably promoting, catalytic oxidation activity [J]. Chemical Engineering Journal, 2016, 306: 709-718.
[80] Tang W X, Li W H, Li D Y, et al. Synergistic effects in porous Mn-Co mixed oxide nanorods enhance catalytic deep oxidation of benzene [J]. Catalysis Letters, 2014, 144: 1900-1910.
[81] Zhang X L, Ye J H, Jing Y, et al. Excellent low-temperature catalytic performance of nanosheet Co-Mn oxides for total benzene oxidation [J]. Applied Catalysis A: General, 2018, 566: 104-112.
[82] Wang D D, Cuo Z X, Li S D, et al. *In-situ* anchoring $NiCo_2O_4$ on nickel foam as monolithic catalysts by electro-deposition for improved benzene combustion performance [J]. CrystEngComm, 2020, 22 (13): 2371-2379.
[83] Wang D D, Cuo Z X, Du Y C, et al. Hierarchical $NiCo_2O_4$-MnO_x-NF monolithic catalyst synthesized by *in-situ* alternating anode and cathode electro-deposition strategy: strong interfacial anchoring force promote catalytic performance [J]. Applied Surface Science, 2020, 532: 147485.
[84] Li D L, Ding Y Y, Wei X F, et al. Cobalt-aluminum mixed oxides prepared from layered double hydroxides for the total oxidation of benzene [J]. Applied Catalysis A: General, 2015, 507: 130-138.
[85] Li D L, Fan Y Y, Ding Y Y, et al. Preparation of cobalt-copper-aluminum spinel mixed oxides from layered double hydroxides for total oxidation of benzene [J]. Catalysis Communications, 2017, 88: 60-63.
[86] Li S D, Mo S P, Wang D D, et al. Synergistic effect for promoted benzene oxidation over monolithic CoMnAlO catalysts derived from *in situ* supported LDH film [J]. Catalysis Today, 2019, 332: 132-138.
[87] Xiang Y, Zhua Y, Lu J. Co_3O_4/α-Fe_2O_3 catalyzed oxidative degradation of gaseous benzene: preparation, characterization and its catalytic properties [J]. Solid State Sciences, 2019, 93: 79-86.
[88] 朱一．天然赤铁矿负载金属氧化物催化氧化苯的性能 [D]. 合肥：合肥工业大学，2020.
[89] Zheng J, Wang Z, Chen Z, et al. Mechanism of CeO_2 synthesized by thermal decomposition of Ce-MOF and its performance of benzene catalytic combustion [J]. Journal of Rare Earths, 2020, 39 (7): 790-796.
[90] Wang Z, Chen Z, Zheng J, et al. Effect of particle size and crystal surface of CeO_2 on the catalytic combustion of benzene [J]. Materials, 2020, 13 (24): 5768.
[91] Zhao X T, Xu D J, Wang Y N, et al. Electric field assisted benzene oxidation over Pt-Ce-Zr nano-catalysts at low temperature [J]. Journal of Hazardous Materials, 2021, 407: 124349.
[92] Liao C W, Li X S, Wang J L, et al. $MnO_x/Ce_{0.8}Zr_{0.1}La_{0.1}O_{1.95}$-$Al_2O_3$ catalysts used for benzene catalytic combustion [J]. Journal of Rare Earths, 2011, 29 (2): 109-113.
[93] Yan S H, Wang J L, Zhong J B, et al. Effect of metal doping into $Ce_{0.5}Zr_{0.5}O_2$ on catalytic activity of $MnO_x/Ce_{0.5-x}Zr_{0.5-x}M_{0.2x}O_y/Al_2O_3$ for benzene combustion [J]. Journal of Rare Earths, 2008, 26: 841-845.

[94] Sophiana I C, Topandi A, Iskandar F. Catalytic oxidation of benzene at low temperature over novel combination of metal oxide based catalysts: CuO, MnO_2, NiO with $Ce_{0.75}Zr_{0.25}O_2$ as support [J]. Materials Today Chemistry, 2020, 17: 100305.

[95] Liu F J, Zuo S F, Xia X D, et al. Generalized and high temperature synthesis of a series of crystalline mesoporous metal oxides based nanocomposites with enhanced catalytic activities for benzene combustion [J]. Journal of Materials Chemistry A, 2013, 1: 4089-4096.

[96] Huang Q, Yan X K, Li B, et al. Study on catalytic combustion of benzene over cerium based catalyst supported oncordierite [J] . Journal of Rare Earths, 2013, 31: 124-129.

[97] Li T Y, Chiang S J, Liaw B J. Catalytic oxidation of benzene over $CuO/Ce_{1-x}Mn_xO_2$ catalysts [J]. Applied Catalysis B: Environmental, 2011, 103 (1-2): 143-148.

[98] Cuo Z, Wang D, Gong Y, et al. A novel porous ceramic membrane supported monolithic Cu-doped Mn-Ce catalysts for benzene combustion [J]. Catalysts, 2019, 9: 652.

[99] Fang R, Yang Z, Liu X, et al. Catalytic oxidation and reaction kinetics of low concentration benzene over $Cu_xMn_yO_z/SiO_2$ [J]. Fuel, 2021, 286: 119311.

[100] Deng L, Ding Y, Duan B, et al. Catalytic deep combustion characteristics of benzene over cobalt doped Mn-Ce solid solution catalysts at lower temperatures [J]. Molecular Catalysis, 2018, 446: 72-80.

[101] Ma C Y, Mu Z, He C, et al. Catalytic oxidation of benzene over nanostructured porous Co_3O_4-CeO_2 composite catalysts [J]. Journal of Environmental Sciences, 2011, 23 (12): 2078-2086.

[102] Dong F, Han W G, Guo Y, et al. $CeCoO_x$-MNS catalyst derived from three-dimensional mesh nanosheet Co-based metal-organic frameworks for highly efficient catalytic combustion of VOCs [J]. Chemical Engineering Journal, 2021, 405: 126948.

[103] Perez Pastenes H, Barrales Cortes C A, Viveros T. Al_2O_3-CeO_2 oxides: synthesis, characterization and evaluation as catalytic supports in benzene combustion, surface ceria effects [J]. International Journal of Chemical Reactor Engineering, 2017, 15 (6): 1-13.

[104] Jung W Y, Lim K T, Hong S S. Catalytic combustion of benzene over CuO-CeO_2 mixed oxides [J]. Journal of Nanoscience and Nanotechnology, 2014, 14: 8507-8511.

[105] Zhou G, Lan H, Gao T, et al. Influence of Ce/Cu ratio on the performance of ordered mesoporous CeCu composite oxide catalysts [J]. Chemical Engineering Journal, 2014, 246: 53-63.

[106] Hu C Q, Zhu Q S, Chen L, et al. CuO-CeO_2 binary oxide nanoplates: synthesis, characterization, and catalytic performance for benzene oxidation [J]. Materials Research Bulletin, 2009, 44 (12): 2174-2180.

[107] Zhou Y, Lu H F, Zhang H H, et al. Catalytic properties of $LaBO_3$ perovskite catalysts in VOCs combustion [J]. Chinese Environmental Sciences, 2012, 32 (10): 1772-1777.

[108] Jung W Y, Lim K T, Lee G D, et al. Catalytic combustion of benzene over nanosized $LaMnO_3$ perovskite oxides [J]. Journal of Nanoscience and Nanotechnology, 2013, 13: 6120-6124.

[109] Jung W Y, Song Y I, Lim K T. Catalytic oxidation of benzene over $LaCoO_3$ perovskite-type oxides prepared using microwave process [J]. Journal of Nanoscience and Nanotechnology, 2015, 15: 652-655.

[110] Huang J J, Wang K C, Huang X T. Deep oxidation of benzene over $LaCoO_3$ catalysts synthesized via a salt-assisted sol-gel process [J]. Molecular Catalysis, 2020, 493: 111073.

[111] Wang X Y, Zuo J C, Luo Y J, et al. New route to $CeO_2/LaCoO_3$ with high oxygen mobility for total benzene oxidation [J]. Applied Surface Science, 2017, 396: 95-101.

[112] Forni L, Rossetti I. Catalytic combustion of hydrocarbons over perovskites [J]. Applied Catalysis B: Environmental, 2002, 38 (1): 29-37.
[113] Li B, Xu X L, Niu Q, et al. Properties of supported perovskite $LaB_xMn_{(1-x)}O_3$/cordierite (B=Co, Fe, Ni, Cu) catalysts for benzene combustion [J]. Journal of Nanjing University of Science and Technology, 2014, 4: 1-6.
[114] Chen Y W, Li B, Niu Q, et al. Combined promoting effects of low-Pd-containing and Cu-doped $LaCoO_3$ perovskite supported on cordierite for the catalytic combustion of benzene [J]. Environmental Science and Pollution Research, 2016, 23: 15193-15201.
[115] Li B, Huang Q, Yan X K, et al. Low-temperature catalytic combustion of benzene over Ni-Mn/CeO_2/cordierite catalysts [J]. Journal of Industrial and Engineering Chemistry, 2014, 20: 2359-2363.
[116] 邓磊，李兵，阚家伟，等．载体涂层对负载型 $NiMnO_3$ 钙钛矿催化剂催化燃烧 VOCs 性能的影响 [J]．化工进展，2017，36 (1)：210-215.
[117] 许秀鑫，赵朝成，王永强．B 位元素掺杂对 $La_{0.8}Ce_{0.2}Mn_xM_{1-x}O_3/\gamma\text{-}Al_2O_3$ 催化剂催化 VOCs 燃烧性能的影响 [J]．石油学报，2013，29 (5)：778-784.
[118] Liu R Y, Zhou B, Liu L Z. Enhanced catalytic oxidation of VOCs over porous Mn-based mullite synthesized by *in-situ* dismutation [J]. Journal of Colloid and Interface Science, 2021, 585: 302-311.
[119] Yi H H, Xu J L, Tang X L. Novel synthesis of Pd-$CeMnO_3$ perovskite based on unique ultrasonic intervention from combination of sol-gel and impregnation method for low temperature efficient oxidation of benzene vapour [J]. Ultrasonics Sonochemistry, 2018, 48: 418-423.
[120] Jung W Y, Lim K T, Lee G D, et al. Catalytic combustion of benzene over CuO/CeO_2 catalysts prepared using the precipitation-deposition method [J]. Research on Chemical Intermediates, 2011, 37: 1345-1354.
[121] Mo S P, Li S D, Li J Q, et al. Promotional effects of Ce on the activity of Mn/Al oxide catalysts derived from hydrotalcites for low temperature benzene oxidation [J]. Catalysis Communications, 2016, 87: 102-105.
[122] Yang P, Li J R, Cheng Z, et al. Promoting effects of Ce and Pt addition on the destructive performances of $V_2O_5/\gamma\text{-}Al_2O_3$ for catalytic combustion of benzene [J]. Applied Catalysis A: General, 2017, 542: 38-46.
[123] Wang P, He Y, Yang Z Q, et al. Experimental study of benzene catalytic combustion over Cu-Mn-Ce/Al_2O_3 particles [J]. ChemistrySelect, 2020, 5: 1122-1129.
[124] Yang Z Q, Wang H Y, Liu X W, et al. The effects of promoter Mg on Cu-Mn-Ce catalytic combustion for low concentration benzene [J]. Kung Cheng Je Wu LI Hsueh Pao/journal of Engineering Thermophysics, 2019, 40: 457-463.
[125] Abbasi Z, Haghighi M, Fatehifar E, et al. Synthesis and physicochemical characterizations of nanostructured Pt/Al_2O_3-CeO_2 catalysts for total oxidation of VOCs [J]. Journal of Hazardous Materials, 2011, 186: 1445-1454.
[126] Dai J J, Guo Y L, Xu L H. Bovine serum albumin templated porous CeO_2 to support Au catalyst for benzene oxidation [J]. Molecular Catalysis, 2020, 486: 110849.
[127] Yang S M, Liu D M, Liu S Y. Catalytic combustion of benzene over Au supported on ceria and vanadia promoted ceria [J]. Topics in Catalysis, 2008, 47: 101-108.
[128] Guo Y L, Gao Y J, Li X, et al. Catalytic benzene oxidation by biogenic Pd nanoparticles over 3D-ordered mesoporous CeO_2 [J]. Chemical Engineering Journal, 2019, 362: 41-52.

[129] Yang P, Li J R, Zuo S F. Promoting oxidative activity and stability of CeO_2 addition on the MnO_x modified kaolin-based catalysts for catalytic combustion of benzene [J]. Chemical Engineering Science, 2017, 162: 218-226.

[130] Zuo S F, Yang P, Wang X. Efficient and environmentally friendly synthesis of AlFe-PILC-supported Mn Ce catalysts for benzene combustion [J]. ACS Omega, 2017, 2: 5179-5186.

[131] Li J R, Zuo S F, Yang P, et al. Study of CeO_2 modified AlNi mixed pillared clays supported palladium catalysts for benzene adsorption/desorption-catalytic combustion [J]. Materials, 2017, 10: 949-962.

[132] Zuo S F, Liu F J, Tong J, et al. Complete oxidation of benzene with cobalt oxide and ceria using the mesoporous support SBA-16 [J]. Applied Catalysis A: General, 2013, 467: 1-6.

[133] Li J R, Zuo S F, Qi C Z. Preparation and high performance of rare earth modified Co/USY for benzene catalytic combustion [J]. Catalysis Communications, 2017, 91: 30-33.

[134] Mu Z, Li J J, Du M H, et al. Catalytic combustion of benzene on Co/CeO_2/SBA-15 and Co/SBA-15 catalysts [J]. Catalysis Communications, 2008, 9: 1874-1877.

[135] Xia P, Zuo S F, Liu F J, et al. Ceria modified crystalline mesoporous Cr_2O_3 based nanocomposites supported metal oxide for benzene complete oxidation [J]. Catalysis Communications, 2013, 41: 91-95.

[136] Li B, Chen Y, Li L, et al. Reaction kinetics and mechanism of benzene combustion over the $NiMnO_3$/CeO_2/Cordierite catalyst [J]. Journal of Molecular Catalysis A: Chemical, 2016, 415: 160-167.

[137] Zhao B, Jian Y, Jiang Z, et al. Revealing the unexpected promotion effect of EuO on Pt/CeO_2 catalysts for catalytic combustion of toluene [J]. Chinese Journal of Catalysis, 2019, 40 (4): 543-552.

[138] Nunotani N, Saeki S, Matsuo K, et al. Novel catalysts based on lanthanum oxyfluoride for toluene combustion [J]. Materials Letters, 2020, 258: 126802.

[139] Hu X, Zhang Z, Zhang Y, et al. Synthesis of a highly active and stable Pt/Co_3O_4 catalyst and its application for the catalytic combustion of toluene [J]. European Journal of Inorganic Chemistry, 2019, 2019 (24): 2933-2939.

[140] Abdelouahab-Reddam Z, Mail R E, Coloma F, et al. Platinum supported on highly-dispersed ceria on activated carbon for the total oxidation of VOCs [J]. Applied Catalysis A: General, 2015, 494: 87-94.

[141] Chen C, Zhu J, Chen F, et al. Enhanced performance in catalytic combustion of toluene over mesoporous beta zeolite-supported platinum catalyst [J]. Applied Catalysis B: Environmental, 2013, 140-141: 199-205.

[142] Gan T, Chu X, Qi H, et al. Pt/Al_2O_3 with ultralow Pt-loading catalyze toluene oxidation: promotional synergistic effect of Pt nanoparticles and Al_2O_3 support [J]. Applied Catalysis B: Environmental, 2019, 257: 117943.

[143] Chen C, Wang X, Zhang J, et al. Superior performance in catalytic combustion of toluene over mesoporous ZSM-5 zeolite supported platinum catalyst [J]. Catalysis Today, 2015, 258: 190-195.

[144] Chen C, Wu Q, Chen F, et al. Aluminium-rich beta zeolite-supported platinum nanoparticles for the low-temperature catalytic removal of toluene [J]. Journal of Materials Chemistry A, 2015, 3 (10): 5556-5562.

[145] Yang X, Ma X, Yu X, et al. Exploration of strong metal-support interaction in zirconia supported catalysts for toluene oxidation [J]. Applied Catalysis B: Environmental, 2020, 263: 118355.

[146] Chen C, Chen F, Zhang L, et al. Importance of platinum particle size for complete oxidation of toluene

over Pt/ZSM-5 catalysts [J]. Chemical Communications, 2015, 51 (27): 5936-5938.
[147] Peng R, Li S, Sun X, et al. Size effect of Pt nanoparticles on the catalytic oxidation of toluene over Pt/ CeO_2 catalysts [J]. Applied Catalysis B: Environmental, 2018, 220: 462-470.
[148] Zhang M, Zou S, Mo S, et al. Enhancement of catalytic toluene combustion over Pt- Co_3O_4 catalyst through *in-situ* metal-organic template conversion [J]. Chemosphere, 2021, 262: 127738.
[149] Peng R, Sun X, Li S, et al. Shape effect of Pt/ CeO_2 catalysts on the catalytic oxidation of toluene [J]. Chemical Engineering Journal, 2016, 306: 1234-1246.
[150] Lu A, Sun H, Zhang N, et al. Surface partial-charge-tuned enhancement of catalytic activity of platinum nanocatalysts for toluene oxidation [J]. ACS Catalysis, 2019, 9 (8): 7431-7442.
[151] Duan X, Qu Z, Dong C, et al. Enhancement of toluene oxidation performance over Pt/ MnO_2 @ Mn_3O_4 catalyst with unique interfacial structure [J]. Applied Surface Science, 2020, 503: 144161.
[152] Zhang J, Rao C, Peng H, et al. Enhanced toluene combustion performance over Pt loaded hierarchical porous MOR zeolite [J]. Chemical Engineering Journal, 2018, 334: 10-18.
[153] Lai Y T, Chen T C, Lan Y K, et al. Pt/SBA-15 as a highly efficient catalyst for catalytic toluene oxidation [J]. ACS Catalysis, 2014, 4 (11): 3824-3836.
[154] Liu G, Tian Y, Zhang B, et al. Catalytic combustion of VOC on sandwich-structured Pt@ZSM-5 nanosheets prepared by controllable intercalation [J]. Journal of Hazardous Materials, 2019, 367: 568-576.
[155] Zhang F, Jiao F, Pan X, et al. Tailoring the oxidation activity of Pt nanoclusters via encapsulation [J]. ACS Catalysis, 2015, 5 (2): 1381-1385.
[156] Peng H, Dong T, Zhang L, et al. Active and stable Pt-ceria nanowires@silica shell catalyst: design, formation mechanism and total oxidation of CO and toluene [J]. Applied Catalysis B: Environmental, 2019, 256: 117807.
[157] Chen X, Chen X, Cai S, et al. Catalytic combustion of toluene over mesoporous Cr_2O_3-supported platinum catalysts prepared by *in situ* pyrolysis of MOFs [J]. Chemical Engineering Journal, 2018, 334: 768-779.
[158] Pei W, Liu Y, Deng J, et al. Partially embedding Pt nanoparticles in the skeleton of 3DOM Mn_2O_3: an effective strategy for enhancing catalytic stability in toluene combustion [J]. Applied Catalysis B: Environmental, 2019, 256: 117814.
[159] Zhang Q, Mo S, Li J, et al. *In situ* DRIFT spectroscopy insights into the reaction mechanism of CO and toluene co-oxidation over Pt-based catalysts [J]. Catalysis Science & Technology, 2019, 9 (17): 4538-4551.
[160] Bi F, Zhang X, Chen J, et al. Excellent catalytic activity and water resistance of UiO-66-supported highly dispersed Pd nanoparticles for toluene catalytic oxidation [J]. Applied Catalysis B: Environmental, 2020, 269: 118767.
[161] Peng Y, Zhang L, Jiang Y, et al. Fe-ZSM-5 supported palladium nanoparticles as an efficient catalyst for toluene abatement [J]. Catalysis Today, 2019, 332: 195-200.
[162] Hyok Ri S, Bi F, Guan A, et al. Manganese-cerium composite oxide pyrolyzed from metal organic framework supporting palladium nanoparticles for efficient toluene oxidation [J]. Journal of Colloid and Interface Science, 2021, 586: 836-846.
[163] Lin H Q, Chen Y W. Complete oxidation of toluene on Pd/modified- CeO_2 catalysts [J]. Journal of the Taiwan Institute of Chemical Engineers, 2016, 67: 69-73.

[164] Weng X, Shi B, Liu A, et al. Highly dispersed Pd/modified-Al_2O_3 catalyst on complete oxidation of toluene: role of basic sites and mechanism insight [J]. Applied Surface Science, 2019, 497: 143747.

[165] Pham T H, Than H, Bui H M. The catalytic oxidation of toluene at low temperature over palladium nanoparticles supported on Alumina sphere catalysts: effects of Palladium precursors and preparation method [J]. Polish Journal of Chemical Technology, 2019, 21 (4): 48-50.

[166] Tidahy H L, Hosseni M, Siffert S, et al. Nanostructured macro-mesoporous zirconia impregnated by noble metal for catalytic total oxidation of toluene [J]. Catalysis Today, 2008, 137 (2-4): 335-339.

[167] He C, Xu L, Yu L, et al. Supported nanometric Pd hierarchical catalysts for efficient toluene removal: catalyst characterization and activity elucidation [J]. Industrial & Engineering Chemistry Research, 2012, 51 (21): 7211-7222.

[168] Wang Y, Xiao L, Zhao C, et al. Catalytic combustion of toluene with Pd/$La_{0.8}Ce_{0.2}MnO_3$ supported on different zeolites [J]. Environmental Progress & Sustainable Energy, 2018, 37 (1): 215-220.

[169] Zhang Z, Xu L, Wang Z, et al. Pd/Hβ-zeolite catalysts for catalytic combustion of toluene: effect of SiO_2/Al_2O_3 ratio [J]. Journal of Natural Gas Chemistry, 2010, 19 (4): 417-421.

[170] He C, Zhang F, Yue L, et al. Nanometric palladium confined in mesoporous silica as efficient catalysts for toluene oxidation at low temperature [J]. Applied Catalysis B: Environmental, 2012, 111-112: 46-57.

[171] Bendahou K, Cherif L, Siffert S, et al. The effect of the use of lanthanum-doped mesoporous SBA-15 on the performance of Pt/SBA-15 and Pd/SBA-15 catalysts for total oxidation of toluene [J]. Applied Catalysis A: General, 2008, 351 (1): 82-87.

[172] Haruta M, Yamada N, Kobayashi T, et al. Gold catalysts prepared by coprecipitation oxidation for low-temperature of hydrogen and of carbonmonoxide [J]. Journal of Catalysis, 1989, 115 (2): 301-309.

[173] Xie S, Dai H, Deng J, et al. Preparation and high catalytic performance of Au/3DOM Mn_2O_3 for the oxidation of carbon monoxide and toluene [J]. Journal of Hazardous Materials, 2014, 279: 392-401.

[174] Li J, Li W. Effect of preparation method on the catalytic activity of Au/CeO_2 for VOCs oxidation [J]. Journal of Rare Earthss, 2010, 28 (4): 547-551.

[175] Solsona B, Aylon E, Murillo R, et al. Deep oxidation of pollutants using gold deposited on a high surface area cobalt oxide prepared by a nanocasting route [J]. Journal of Hazardous Materials, 2011, 187 (1-3): 544-552.

[176] Wu H, Wang L, Shen Z, et al. Catalytic oxidation of toluene and *p*-xylene using gold supported on Co_3O_4 catalyst prepared by colloidal precipitation method [J]. Journal of Molecular Catalysis A: Chemical, 2011, 351: 188-195.

[177] Liu X, Wang J, Zeng J, et al. Catalytic oxidation of toluene over a porous Co_3O_4-supported ruthenium catalyst [J]. RSC Advances, 2015, 5 (64): 52066-52071.

[178] Wang Y, Yang D, Li S, et al. Ru/hierarchical HZSM-5 zeolite as efficient bi-functional adsorbent/catalyst for bulky aromatic VOCs elimination [J]. Microporous and Mesoporous Materials, 2018, 258: 17-25.

[179] Santos V P, Carabineiro S A C, Tavares P B, et al. Oxidation of CO, ethanol and toluene over TiO_2 supported noble metal catalysts [J]. Applied Catalysis B: Environmental, 2010, 99 (1-2): 198-205.

[180] Zhang X, Song L, Bi F, et al. Catalytic oxidation of toluene using a facile synthesized Ag nanoparticle supported on UiO-66 derivative [J]. Journal of Colloid and Interface Science, 2020, 571: 38-47.

[181] Qu Z, Bu Y, Qin Y, et al. The improved reactivity of manganese catalysts by Ag in catalytic oxidation of

toluene [J]. Applied Catalysis B: Environmental, 2013, 132-133: 353-362.

[182] Ismail R, Arfaoui J, Ksibi Z, et al. Ag/ZrO_2 and Ag/Fe-ZrO_2 catalysts for the low temperature total oxidation of toluene in the presence of water vapor [J]. Transition Metal Chemistry, 2020, 45 (7): 501-509.

[183] Deng J, He S, Xie S, et al. Ultralow loading of silver nanoparticles on Mn_2O_3 nanowires derived with molten salts: a high-efficiency catalyst for the oxidative removal of toluene [J]. Environmental Science & Technology, 2015, 49 (18): 11089-11095.

[184] Wang M, Chen D, Li N, et al. Highly efficient catalysts of bimetallic Pt-Ru nanocrystals supported on ordered ZrO_2 nanotube for toluene oxidation [J]. ACS Applied Materials & Interfaces, 2020, 12 (12): 13781-13789.

[185] Xie S, Deng J, Liu Y, et al. Excellent catalytic performance, thermal stability, and water resistance of 3DOM Mn_2O_3-supported Au-Pd alloy nanoparticles for the complete oxidation of toluene [J]. Applied Catalysis A: General, 2015, 507: 82-90.

[186] Trung B C, Tu L N Q, Thanh L D, et al. Combined adsorption and catalytic oxidation for low-temperature toluene removal using nano-sized noble metal supported on ceria-granular carbon [J]. Journal of Environmental Chemical Engineering, 2020, 8 (2): 103546.

[187] Hosseini M, Barakat T, Cousin R, et al. Catalytic performance of core-shell and alloy Pd-Au nanoparticles for total oxidation of VOC: the effect of metal deposition [J]. Applied Catalysis B: Environmental, 2012, 111-112: 218-224.

[188] Fu X, Liu Y, Yao W, et al. One-step synthesis of bimetallic Pt-Pd/MCM-41 mesoporous materials with superior catalytic performance for toluene oxidation [J]. Catalysis Communications, 2016, 83: 22-26.

[189] Liu X, Zhang Q, Ning P, et al. One-pot synthesis of mesoporous Al_2O_3-supported Pt-Pd catalysts for toluene combustion [J]. Catalysis Communications, 2018, 115: 26-30.

[190] Wang H, Yang W, Tian P, et al. A highly active and anti-coking Pd-Pt/SiO_2 catalyst for catalytic combustion of toluene at low temperature [J]. Applied Catalysis A: General, 2017, 529: 60-67.

[191] He J, Chen D, Li N, et al. Controlled fabrication of mesoporous ZSM-5 zeolite-supported PdCu alloy nanoparticles for complete oxidation of toluene [J]. Applied Catalysis B: Environmental, 2020, 265: 118560.

[192] Ren S, Liang W, Li Q, et al. Effect of Pd/Ce loading on the performance of Pd-Ce/γ-Al_2O_3 catalysts for toluene abatement [J]. Chemosphere, 2020, 251: 126382.

[193] Fu X, Liu Y, Deng J, et al. Intermetallic compound PtMn-derived Pt-MnO supported on mesoporous CeO_2: highly efficient catalysts for the combustion of toluene [J]. Applied Catalysis A: General, 2020, 595: 117509.

[194] Zhang H, Sui S, Zheng X, et al. One-pot synthesis of atomically dispersed Pt on MnO_2 for efficient catalytic decomposition of toluene at low temperatures [J]. Applied Catalysis B: Environmental, 2019, 257: 117878.

[195] Zhao S, Wen Y, Liu X, et al. Formation of active oxygen species on single-atom Pt catalyst and promoted catalytic oxidation of toluene [J]. Nano Research, 2020, 13 (6): 1544-1551.

[196] Zhang Y, Liu Y, Xie S, et al. Supported ceria-modified silver catalysts with high activity and stability for toluene removal [J]. Environment International, 2019, 128: 335-342.

[197] Solsona B, García T, Sanchis R, et al. Total oxidation of VOCs on mesoporous iron oxide catalysts: soft chemistry route versus hard template method [J]. Chemical Engineering Journal, 2016, 290: 273-281.

[198] Kim S C, Shim W G. Catalytic combustion of VOCs over a series of manganese oxide catalysts [J]. Applied Catalysis B: Environmental, 2010, 98 (3-4): 180-185.

[199] Wang L, Zhang C, Huang H, et al. Catalytic oxidation of toluene over active MnO_x catalyst prepared via an alkali- promoted redox precipitation method [J]. Reaction Kinetics, Mechanisms and Catalysis, 2016, 118 (2): 605-619.

[200] Nguyen Dinh M T, Nguyen C C, Truong Vu T L, et al. Tailoring porous structure, reducibility and Mn^{4+} fraction of ε-MnO_2 microcubes for the complete oxidation of toluene [J]. Applied Catalysis A: General, 2020, 595: 117473.

[201] Huang J, Fang R, Sun Y, et al. Efficient alpha-MnO_2 with (210) facet exposed for catalytic oxidation of toluene at low temperature: a combined *in-situ* DRIFTS and theoretical investigation [J]. Chemosphere, 2021, 263: 128103.

[202] Mo S, Zhang Q, Li J, et al. Highly efficient mesoporous MnO_2 catalysts for the total toluene oxidation: oxygen- vacancy defect engineering and involved intermediates using *in situ* DRIFTS [J]. Applied Catalysis B: Environmental, 2020, 264: 118464.

[203] Sun H, Liu Z, Chen S, et al. The role of lattice oxygen on the activity and selectivity of the OMS- 2 catalyst for the total oxidation of toluene [J]. Chemical Engineering Journal, 2015, 270: 58-65.

[204] García T, López J M, Mayoral Á, et al. Green synthesis of cavity- containing manganese oxides with superior catalytic performance in toluene oxidation [J]. Applied Catalysis A: General, 2019, 582: 117107.

[205] Liao Y, Zhang X, Peng R, et al. Catalytic properties of manganese oxide polyhedra with hollow and solid morphologies in toluene removal [J]. Applied Surface Science, 2017, 405: 20-28.

[206] Yang X, Yu X, Lin M, et al. Enhancement effect of acid treatment on Mn_2O_3 catalyst for toluene oxidation [J]. Catalysis Today, 2019, 327: 254-261.

[207] Bai G, Dai H, Deng J, et al. Porous Co_3O_4 nanowires and nanorods: highly active catalysts for the combustion of toluene [J]. Applied Catalysis A: General, 2013, 450: 42-49.

[208] Ren Q, Mo S, Peng R, et al. Controllable synthesis of 3D hierarchical Co_3O_4 nanocatalysts with various morphologies for the catalytic oxidation of toluene [J]. Journal of Materials Chemistry A, 2018, 6 (2): 498-509.

[209] Zhong J, Zeng Y, Chen D, et al. Toluene oxidation over Co^{3+}-rich spinel Co_3O_4: evaluation of chemical and by- product species identified by *in situ* DRIFTS combined with PTR- TOF- MS [J]. Journal of Hazardous Materials, 2020, 386: 121957.

[210] Liu Y, Liu Y, Guo Y, et al. Tuning SnO_2 surface area for catalytic toluene deep oxidation: on the inherent factors determining the reactivity [J]. Industrial & Engineering Chemistry Research, 2018, 57 (42): 14052-14063.

[211] Xia Y, Dai H, Jiang H, et al. Mesoporous chromia with ordered three- dimensional structures for the complete oxidation of toluene and ethyl acetate [J]. Environmental Science & Technology, 2009, 43 (21): 8355-8360.

[212] Chen X, Chen X, Cai S, et al. MnO_x/Cr_2O_3 composites prepared by pyrolysis of Cr- MOF precursors containing *in situ* assembly of MnO_x as high stable catalyst for toluene oxidation [J]. Applied Surface Science, 2019, 475: 312-324.

[213] Shan Y, Gao N, Chen Y, et al. Self-template synthesis of a $MnCeO_\delta/Co_3O_4$ polyhedral nanocage catalyst for toluene oxidation [J]. Ndustrial & Engineering Chemistry Research, 2019, 58 (36):

16370-16378.

[214] Kondratowicz T, Drozdek M, Rokicińska A, et al. Novel CuO-containing catalysts based on ZrO_2 hollow spheres for total oxidation of toluene [J]. Microporous and Mesoporous Materials, 2019, 279: 446-455.

[215] Pozan G S. Effect of support on the catalytic activity of manganese oxide catalyts for toluene combustion [J]. Journal of Hazardous Materials, 2012, 221-222: 124-130.

[216] Zhang C, Wang Y, Li G, et al. Tuning smaller Co_3O_4 nanoparticles onto HZSM-5 zeolite via complexing agents for boosting toluene oxidation performance [J]. Applied Surface Science, 2020, 532: 147320.

[217] Li W B, Zhuang M, Xiao T C, et al. MCM-41 supported Cu-Mn catalysts for catalytic oxidation of toluene at low temperatures [J]. The Journal of Physical Chemistry B, 2006, 110 (43): 21568-21571.

[218] Kim S C, Park Y K, Nah J W. Property of a highly active bimetallic catalyst based on a supported manganese oxide for the complete oxidation of toluene [J]. Powder Technology, 2014, 266: 292-298.

[219] Zhao Q, Liu Q, Zheng Y, et al. Enhanced catalytic performance for volatile organic compound oxidation over *in-situ* growth of MnO_x on Co_3O_4 nanowire [J]. Chemosphere, 2020, 244: 125532.

[220] Popova M, Szegedi Á, Cherkezova Zheleva Z, et al. Toluene oxidation on chromium- and copper-modified SiO_2 and SBA-15 [J]. Applied Catalysis A: General, 2010, 381 (1-2): 26-35.

[221] Zhao Q, Zheng Y, Song C, et al. Novel monolithic catalysts derived from *in-situ* decoration of Co_3O_4 and hierarchical Co_3O_4@ MnO_x on Ni foam for VOC oxidation [J]. Applied Catalysis B: Environmental, 2020, 265: 118552.

[222] Xue T, Li R, Gao Y, et al. Iron mesh-supported vertically aligned Co-Fe layered double oxide as a novel monolithic catalyst for catalytic oxidation of toluene [J]. Chemical Engineering Journal, 2020, 384: 123284.

[223] Dong C, Qu Z, Jiang X, et al. Tuning oxygen vacancy concentration of MnO_2 through metal doping for improved toluene oxidation [J]. Journal of Hazardous Materials, 2020, 391: 122181.

[224] Luo M, Cheng Y, Peng X, et al. Copper modified manganese oxide with tunnel structure as efficient catalyst for low-temperature catalytic combustion of toluene [J]. Chemical Engineering Journal, 2019, 369: 758-765.

[225] Wang P, Wang J, An X, et al. Generation of abundant defects in Mn-Co mixed oxides by a facile agar-gel method for highly efficient catalysis of total toluene oxidation [J]. Applied Catalysis B: Environmental, 2021, 282: 119560.

[226] Li W B, Chu W B, Zhuang M, et al. Catalytic oxidation of toluene on Mn-containing mixed oxides prepared in reverse microemulsions [J]. Catalysis Today, 2004, 93-95: 205-209.

[227] Castaño M H, Molina R, Moreno S. Mn-Co-Al-Mg mixed oxides by auto-combustion method and their use as catalysts in the total oxidation of toluene [J]. Journal of Molecular Catalysis A: Chemical, 2013, 370: 167-174.

[228] Yi H, Xie X, Tang X, et al. Demonstration of low-temperature toluene degradation mechanism on hydrotalcite-derived oxides with ultrasonic intervention [J]. Chemical Engineering Journal, 2019, 374: 370-380.

[229] Genty E, Brunet J, Poupin C, et al. Co-Al mixed oxides prepared via LDH route using microwaves or ultrasound: application for catalytic toluene total oxidation [J]. Catalysts, 2015, 5 (2): 851-867.

[230] Chen J, Chen X, Xu W, et al. Hydrolysis driving redox reaction to synthesize Mn-Fe binary oxides as

highly active catalysts for the removal of toluene [J]. Chemical Engineering Journal, 2017, 330: 281-293.

[231] Xiao Z, Yang J, Ren R, et al. Facile synthesis of homogeneous hollow microsphere Cu-Mn based catalysts for catalytic oxidation of toluene [J]. Chemosphere, 2020, 247: 125812.

[232] Zhao J, Han W, Tang Z, et al. Carefully designed hollow $Mn_xCo_{3-x}O_4$ polyhedron derived from *in situ* pyrolysis of metal-organic frameworks for outstanding low-temperature catalytic oxidation performance [J]. Crystal Growth & Design, 2019, 19 (11): 6207-6217.

[233] Liu Y, Zhang T, Li S, et al. Geometric and electronic modification of the active Fe^{3+} sites of α-Fe_2O_3 for highly efficient toluene combustion [J]. Journal of Hazardous Materials, 2020, 398: 123233.

[234] Zhu Q, Jiang Z, Ma M, et al. Revealing the unexpected promotion effect of diverse potassium precursors on α-MnO_2 for the catalytic destruction of toluene [J]. Catalysis Science & Technology, 2020, 10 (7): 2100-2110.

[235] Dong C, Qu Z, Qin Y, et al. Revealing the highly catalytic performance of spinel $CoMn_2O_4$ for toluene oxidation: involvement and replenishment of oxygen species using *in situ* designed-TP techniques [J]. ACS Catalysis, 2019, 9 (8): 6698-6710.

[236] Behar S, Gonzalez P, Agulhon P, et al. New synthesis of nanosized Cu-Mn spinels as efficient oxidation catalysts [J]. Catalysis Today, 2012, 189 (1): 35-41.

[237] 秦媛．锰基催化剂催化氧化甲苯性能及其氧物种循环过程的研究 [D]. 大连：大连理工大学，2020.

[238] Chen X, Chen X, Yu E, et al. *In situ* pyrolysis of Ce-MOF to prepare CeO_2 catalyst with obviously improved catalytic performance for toluene combustion [J]. Chemical Engineering Journal, 2018, 344: 469-479.

[239] 胡方云．铈基催化剂微纳结构调控对甲苯氧化性能影响的研究 [D]. 北京：清华大学，2018.

[240] 廖银念．铈基金属氧化物催化氧化甲苯的形貌及尺寸效应 [D]. 广州：华南理工大学，2013.

[241] Liao Y, Fu M, Chen L, et al. Catalytic oxidation of toluene over nanorod-structured Mn-Ce mixed oxides [J]. Catalysis Today, 2013, 216: 220-228.

[242] Chen J, Chen X, Chen X, et al. Homogeneous introduction of CeO_y into MnO_x-based catalyst for oxidation of aromatic VOCs [J]. Applied Catalysis B: Environmental, 2018, 224: 825-835.

[243] Du J, Qu Z, Dong C, et al. Low-temperature abatement of toluene over Mn-Ce oxides catalysts synthesized by a modified hydrothermal approach [J]. Applied Surface Science, 2018, 433: 1025-1035.

[244] Hou Z, Feng J, Lin T, et al. The performance of manganese-based catalysts with $Ce_{0.65}Zr_{0.35}O_2$ as support for catalytic oxidation of toluene [J]. Applied Surface Science, 2018, 434: 82-90.

[245] Genty E, Brunet J, Pequeux R, et al. Effect of Ce substituted hydrotalcite-derived mixed oxides on total catalytic oxidation of air pollutant [J]. Materials Today: Proceedings, 2016, 3 (2): 277-281.

[246] Carabineiro S a C, Chen X, Konsolakis M, et al. Catalytic oxidation of toluene on Ce-Co and La-Co mixed oxides synthesized by exotemplating and evaporation methods [J]. Catalysis Today, 2015, 244: 161-171.

[247] Sumrunronnasak S, Chanlek N, Pimpha N. Improved $CeCuO_x$ catalysts for toluene oxidation prepared by aqueous cationic surfactant precipitation method [J]. Materials Chemistry and Physics, 2018, 216: 143-152.

[248] Zeng Y, Haw K G, Wang Z, et al. Double redox process to synthesize CuO-CeO_2 catalysts with strong

Cu-Ce interaction for efficient toluene oxidation [J]. Journal of Hazardous Materials, 2021, 404: 124088.

[249] Kang R, Wei X, Li H, et al. Sol-gel enhanced mesoporous Cu-Ce-Zr catalyst for toluene oxidation [J]. Combustion Science and Technology, 2018, 190 (5): 878-892.

[250] He C, Yu Y, Yue L, et al. Low-temperature removal of toluene and propanal over highly active mesoporous $CuCeO_x$ catalysts synthesized via a simple self-precipitation protocol [J]. Applied Catalysis B: Environmental, 2014, 147: 156-166.

[251] Hosseini S A, Salari D, Niaei A, et al. Physical-chemical property and activity evaluation of $LaB_{0.5}Co_{0.5}O_3$ (B=Cr, Mn, Cu) and $LaMn_xCo_{1-x}O_3$ (x=0.1, 0.25, 0.5) nano perovskites in VOC combustion [J]. Journal of Industrial and Engineering Chemistry, 2013, 19 (6): 1903-1909.

[252] Wu M, Chen S, Xiang W. Oxygen vacancy induced performance enhancement of toluene catalytic oxidation using $LaFeO_3$ perovskite oxides [J]. Chemical Engineering Journal, 2020, 387: 124101.

[253] Deng J, Zhang L, Dai H, et al. Strontium-doped lanthanum cobaltite and manganite: highly active catalysts for toluene complete oxidation [J]. Industrial & Engineering Chemistry Research, 2008, 47 (21): 8175-8183.

[254] Ji K, Dai H, Deng J, et al. Catalytic removal of toluene over three-dimensionally ordered macroporous $Eu_{1-x}Sr_xFeO_3$ [J]. Chemical Engineering Journal, 2013, 214: 262-271.

[255] Tarjomannejad A, Farzi A, Niaei A, et al. An experimental and kinetic study of toluene oxidation over $LaMn_{1-x}B_xO_3$ and $La_{0.8}A_{0.2}Mn_{0.3}B_{0.7}O_3$ (A=Sr, Ce and B=Cu, Fe) nano-perovskite catalysts [J]. Korean Journal of Chemical Engineering, 2016, 33 (9): 2628-2637.

[256] Weng X, Wang W L, Meng Q, et al. An ultrafast approach for the syntheses of defective nanosized lanthanide perovskites for catalytic toluene oxidation [J]. Catalysis Science & Technology, 2018, 8 (17): 4364-4372.

[257] Zang M, Zhao C, Wang Y, et al. Low temperature catalytic combustion of toluene over three-dimensionally ordered $La_{0.8}Ce_{0.2}MnO_3$/cordierite catalysts [J]. Applied Surface Science, 2019, 483: 355-362.

[258] Si W, Wang Y, Zhao S, et al. A facile method for *in situ* preparation of the $MnO_2/LaMnO_3$ catalyst for the removal of toluene [J]. Environmental Science & Technology, 2016, 50 (8): 4572-4578.

[259] Jones A P. Indoor air quality and health [J]. Atmospheric Environment, 1999, 33 (28): 4535-4564.

[260] Everaert K, Baeyens J. Catalytic combustion of volatile organic compounds [J]. Journal of Hazardous Materials, 2004, 109 (1): 113-139.

[261] Cordi E M, O'Neill P J, Falconer J L. Transient oxidation of volatile organic compounds on a CuO/Al_2O_3 catalyst [J]. Applied Catalysis B: Environmental, 1997, 14 (1): 23-36.

[262] Taylor S H, Heneghan C S, Hutchings G J, et al. The activity and mechanism of uranium oxide catalysts for the oxidative destruction of volatile organic compounds [J]. Catalysis Today, 2000, 59 (3-4): 249-259.

[263] Alvarez Merino M A, Ribeiro M F, Silva J M, et al. Activated carbon and tungsten oxide supported on activated carbon catalysts for toluene catalytic combustion [J]. Environmental Science & Technology, 2004, 38 (17): 4664-4670.

[264] Andreeva D, Petrova P, Sobczak J W, et al. Gold supported on ceria and ceria-alumina promoted by molybdena for complete benzene oxidation [J]. Applied Catalysis B: Environmental, 2006, 67 (3): 237-245.

[265] Garcia T, Solsona B, Murphy D M, et al. Deep oxidation of light alkanes over titania- supported palladium/vanadium catalysts [J]. Journal of Catalysis, 2005, 229 (1): 1-11.

[266] Li J J, Xu X Y, Jiang Z, et al. Nanoporous silica-supported nanometric palladium: synthesis, characterization, and catalytic deep oxidation of benzene [J]. Environmental Science & Technology, 2005, 39 (5): 1319-1323.

[267] Cordi E M, Falconer J L. Oxidation of volatile organic compounds on Al_2O_3, Pd/Al_2O_3, and PdO/Al_2O_3 catalysts [J]. Journal of Catalysis, 1996, 162 (1): 104-117.

[268] Ferreira R S G, de Oliveira P G P, Noronha F B. Characterization and catalytic activity of $Pd/V_2O_5/Al_2O_3$ catalysts on benzene total oxidation [J]. Applied Catalysis B: Environmental, 2004, 50 (4): 243-249.

[269] Gélin P, Primet M. Complete oxidation of methane at low temperature over noble metal based catalysts: areview [J]. Applied Catalysis B: Environmental, 2002, 39 (1): 1-37.

[270] Dégé P, Pinard L, Magnoux P, et al. Catalytic oxidation of volatile organic compounds: II. Influence of the physicochemical characteristics of Pd/HFAU catalysts on the oxidation of o- xylene [J]. Applied Catalysis B: Environmental, 2000, 27 (1): 17-26.

[271] Shim W G, Lee J W, Kim S C. Analysis of catalytic oxidation of aromatic hydrocarbons over supported palladium catalyst with different pretreatments based on heterogeneous adsorption properties [J]. Applied Catalysis B: Environmental, 2008, 84 (1): 133-141.

[272] Huang S Y, Zhang C B, He H. Complete oxidation of *o*-xylene over Pd/Al_2O_3 catalyst at low temperature [J]. Catalysis Today, 2008, 139 (1-2): 15-23.

[273] Huang S Y, Zhang C B, He H. Effect of pretreatment on Pd/Al_2O_3 catalyst for catalytic oxidation of *o*-xylene at low temperature [J]. Journal of Environmental Sciences, 2013, 25 (6): 1206-1212.

[274] Kim S C, Shim W G. Properties and performance of Pd based catalysts for catalytic oxidation of volatile organic compounds [J]. Applied Catalysis B: Environmental, 2009, 92 (3-4): 429-436.

[275] Hu L X, Wang L, Wang F, et al. Catalytic oxidation of *o*-xylene over $Pd/\gamma\text{-}Al_2O_3$ catalysts [J]. Acta Physico-Chimica Sinica, 2017, 33 (8): 1681-1688.

[276] Wang Y F, Zhang C B, Liu F D, et al. Well- dispersed palladium supported on ordered mesoporous Co_3O_4 for catalytic oxidation of *o*-xylene [J]. Applied Catalysis B: Environmental, 2013, 142: 72-79.

[277] Qiao N, Zhang X, He C, et al. Enhanced performances in catalytic oxidation of *o*-xylene over hierarchical macro-/mesoporous silica-supported palladium catalysts [J]. Frontiers of Environmental Science & Engineering, 2015, 10 (3): 458-466.

[278] Xie S H, Liu Y X, Deng J G, et al. Mesoporous CoO- supported palladium nanocatalysts with high performance for *o*-xylene combustion [J]. Catalysis Science & Technology, 2018, 8 (3): 806-816.

[279] Wang Y F, Zhang C B, He H. Insight into the role of Pd state on Pd-based catalysts in *o*-xylene oxidation at low temperature [J]. ChemCatChem, 2018, 10 (5): 998-1004.

[280] Chen M Q, Wang Y, Yang D Y, et al. Pt supported hierarchical ZSM-5 zeolite as adsorbent/catalytic combustion catalyst for *o*- xylene elimination [J]. Journal of Inorganic Materials, 2019, 34 (2): 173-178.

[281] Xia Y, Wang Z, Feng Y, et al. *In situ* molten salt derived iron oxide supported platinum catalyst with high catalytic performance for *o*-xylene elimination [J]. Catalysis Today, 2020, 351: 30-36.

[282] Kim S C, Nahm S W, Park Y K. Property and performance of red mud-based catalysts for the complete oxidation of volatile organic compounds [J]. Journal of Hazardous Materials, 2015, 300: 104-113.

[283] Park Y K, Jung S C, Jung H Y, et al. Performance of platinum doping on spent alkaline battery-based catalyst for complete oxidation of *o*-xylene [J]. Environmental Science and Pollution Research, 2020, 25 (1): 1-6.

[284] Shim W G, Kim1 S C. Heterogeneous adsorption and catalytic oxidation of benzene, toluene and xylene over spent and chemically regenerated platinum catalyst supported on activated carbon [J]. Applied Surface Science, 2010, 256 (17): 5566-5571.

[285] Wu Y, Shi S, Yuan S, et al. Insight into the enhanced activity of Ag/NiO_x-MnO_2 for catalytic oxidation of *o*-xylene at low temperatures [J]. Applied Surface Science, 2019, 479: 1262-1269.

[286] da Silva A G M, Rodrigues T S, Slater T J A, et al. Controlling size, morphology, and surface composition of AgAu nanodendrites in 15 s for improved environmental catalysis under low metal loadings [J]. ACS Applied Materials & Interfaces, 2015, 7 (46): 25624-25632.

[287] Wang Z W, Liu Y X, Yang T, et al. Catalytic performance of cobalt oxide-supported gold-palladium nanocatalysts for the removal of toluene and *o*-xylene [J]. Chinese Journal of Catalysis, 2017, 38 (2): 207-216.

[288] Xie S H, Liu Y X, Deng J G, et al. Effect of transition metal doping on the catalytic performance of Au-Pd/3DOM Mn_2O_3 for the oxidation of methane and *o*-xylene [J]. Applied Catalysis B: Environmental, 2017, 206: 221-232.

[289] Xia Y S, Xia L, Liu Y X, et al. Concurrent catalytic removal of typical volatile organic compound mixtures over Au-Pd/α-MnO_2 nanotubes [J]. Journal of Environmental Sciences, 2018, 64: 276-288.

[290] Salek G, Alphonse P, Dufour P, et al. Low-temperature carbon monoxide and propane total oxidation by nanocrystalline cobalt oxides [J]. Applied Catalysis B: Environmental, 2014, 147: 1-7.

[291] de Rivas B, López-Fonseca R, Jiménez-González C, et al. Synthesis, characterisation and catalytic performance of nanocrystalline Co_3O_4 for gas-phase chlorinated VOC abatement [J]. Journal of Catalysis, 2011, 281 (1): 88-97.

[292] Ataloglou T, Fountzoula C, Bourikas K, et al. Cobalt oxide/γ-alumina catalysts prepared by equilibrium deposition filtration: the influence of the initial cobalt concentration on the structure of the oxide phase and the activity for complete benzene oxidation [J]. Applied Catalysis A: General, 2005, 288 (1): 1-9.

[293] Iyer A, Galindo H, Sithambaram S, et al. Nanoscale manganese oxide octahedral molecular sieves (OMS-2) as efficient photocatalysts in 2-propanol oxidation [J]. Applied Catalysis A: General, 2010, 375 (2): 295-302.

[294] Kim S C, Shim W G. Catalytic combustion of VOCs over a series of manganese oxide catalysts [J]. Applied Catalysis B: Environmental, 2010, 98 (3): 180-185.

[295] Wu Y S, Lu Y, Song C J, et al. A novel redox-precipitation method for the preparation of alpha-MnO_2 with a high surface Mn^{4+} concentration and its activity toward complete catalytic oxidation of *o*-xylene [J]. Catalysis Today, 2013, 201: 32-39.

[296] Wu Y, Feng R, Song C, et al. Effect of reducing agent on the structure and activity of manganese oxide octahedral molecular sieve (OMS-2) in catalytic combustion of *o*-xylene [J]. Catalysis Today, 2017, 281: 500-506.

[297] Wu Y, Li S, Cao Y, et al. Facile synthesis of mesoporous α-MnO_2 nanorod with three-dimensional frameworks and its enhanced catalytic activity for VOCs removal [J]. Materials Letters, 2013, 97: 1-3.

[298] Wu Y S, Guo L, Ma Z C, et al. Structural and morphological evolution of mesoporous α-MnO_2 and β-MnO_2 materials synthesized via different routes through $KMnO_4/H_2C_2O_4$ reaction [J]. Materials Letters,

2014, 125: 158-161.

[299] Genuino H C, Dharmarathna S, Njagi E C, et al. Gas-phase total oxidation of benzene, toluene, ethylbenzene, and xylenes using shape-selective manganese oxide and copper manganese oxide catalysts [J]. The Journal of Physical Chemistry C, 2012, 116 (22): 12066-12078.

[300] Zhou G L, Lan H, Wang H, et al. Catalytic combustion of PVOCs on MnO_x catalysts [J]. Journal of Molecular Catalysis A: Chemical, 2014, 393: 279-288.

[301] Zeng X H, Cheng G, Liu Q, et al. Novel ordered mesoporous γ-MnO_2 catalyst for high-performance catalytic oxidation of toluene and *o*-xylene [J]. Industrial & Engineering Chemistry Research, 2019, 58 (31): 13926-13934.

[302] Jung S C, Park Y K, Jung H Y, et al. Effects of calcination and support on supported manganese catalysts for the catalytic oxidation of toluene as a model of VOCs [J]. Research on Chemical Intermediates, 2016, 42 (1): 185-199.

[303] Van Nguyen T T, Nguyen T, Nguyen P A, et al. Mn-doped material synthesized from red mud and rice husk ash as a highly active catalyst for the oxidation of carbon monoxide and *p*-xylene [J]. New Journal of Chemistry, 2020, 44 (46): 20241-20252.

[304] Xie S, Liu Y, Deng J, et al. Insights into the active sites of ordered mesoporous cobalt oxide catalysts for the total oxidation of *o*-xylene [J]. Journal of Catalysis, 2017, 352: 282-292.

[305] Balzer R, Drago V, Schreiner W H, et al. Synthesis and structure-activity relationship of a WO_3 catalyst for the total oxidation of BTX [J]. Journal of the Brazilian Chemical Society, 2014, 25 (11): 2026-2031.

[306] Nguyen Thi M, Le Minh C. Stability of Cu-doped manganese oxide catalyst in the oxidation of *m*-Xylene [J]. Russian Journal of Physical Chemistry A, 2019, 93 (10): 2016-2022.

[307] Wang Y, Yang D Y, Li S Z, et al. Layered copper manganese oxide for the efficient catalytic CO and VOCs oxidation [J]. Chemical Engineering Journal, 2019, 357: 258-268.

[308] Wu Y S, Yuan S S, Feng R, et al. Comparative study for low-temperature catalytic oxidation of *o*-xylene over doped OMS-2 catalysts: role of Ag and Cu [J]. Molecular Catalysis, 2017, 442: 164-172.

[309] Han Z, Liu Y, Deng J, et al. Preparation and high catalytic performance of Co_3O_4-MnO_2 for the combustion of *o*-xylene [J]. Catalysis Today, 2019, 327: 246-253.

[310] Wu D F, Tan Q Q, Hu L C. Shape-controlled synthesis of Cu-Ni nanocrystals [J]. Materials Chemistry and Physics, 2018, 206: 150-157.

[311] Liu L, Li J, Zhang H, et al. *In situ* fabrication of highly active γ-$MnO_2/SmMnO_3$ catalyst for deep catalytic oxidation of gaseous benzene, ethylbenzene, toluene, and *o*-xylene [J]. Journal of Hazardous Materials, 2019, 362: 178-186.

[312] Rogacheva A O, Buzaev A A, Brichkov A S, et al. Catalytically active composite material based on TiO_2/Cr_2O_3 hollow spherical particles [J]. Kinetics and Catalysis, 2019, 60 (4): 484-489.

[313] Wu Y S, Liu M, Ma Z C, et al. Effect of alkali metal promoters on natural manganese ore catalysts for the complete catalytic oxidation of *o*-xylene [J]. Catalysis Today, 2011, 175 (1): 196-201.

[314] Assebban M, El Kasmi A, Harti S, et al. Intrinsic catalytic properties of extruded clay honeycomb monolith toward complete oxidation of air pollutants [J]. Journal of Hazardous Materials, 2015, 300: 590-597.

[315] Park Y K, Kim M K, Jung S C, et al. Effect of calcination temperature on properties of waste alkaline battery-based catalysts for deep oxidation of toluene and *o*-xylene [J]. Energy & Environment, 2020,

32 (3): 367-379.

[316] Luo M F, He M, Xie Y L, et al. Toluene oxidation on Pd catalysts supported by CeO_2-Y_2O_3 washcoated cordierite honeycomb [J]. Applied Catalysis B: Environmental, 2007, 69 (3): 213-218.

[317] Wang C H, Lin S S. Preparing an active cerium oxide catalyst for the catalytic incineration of aromatic hydrocarbons [J]. Applied Catalysis A: General, 2004, 268 (1): 227-233.

[318] Wang Z, Shen G, Li J, et al. Catalytic removal of benzene over CeO_2-MnO_x composite oxides prepared by hydrothermal method [J]. Applied Catalysis B: Environmental, 2013, 138-139: 253-259.

[319] Yao H C, Yao Y F Y. Ceria in automotive exhaust catalysts: Ⅰ. oxygen storage [J]. Journal of Catalysis, 1984, 86 (2): 254-265.

[320] Abbasi Z, Haghighi M, Fatehifar E, et al. Synthesis and physicochemical characterizations of nanostructured Pt/Al_2O_3-CeO_2 catalysts for total oxidation of VOCs [J]. Journal of Hazardous Materials, 2011, 186 (2-3): 1445-1454.

[321] Luu C L, Nguyen T, Hoang T C, et al. The role of carriers in properties and performance of Pt-CuO nanocatalysts in low temperature oxidation of CO and *p*-xylene [J]. Advances in Natural Sciences: Nanoscience and Nanotechnology, 2015, 6 (1): 15011.

[322] Asgari N, Haghighi M, Shafiei S. Synthesis and physicochemical characterization of nanostructured Pd/ceria-clinoptilolite catalyst used for *p*-xylene abatement from waste gas streams at low temperature [J]. Journal of Chemical Technology and Biotechnology, 2013, 88 (4): 690-703.

[323] Jamalzadeh Z, Haghighi M, Asgari N. Synthesis physicochemical characterizations and catalytic performance of Pd/carbon-zeolite and Pd/carbon-CeO_2 nanocatalysts used for total oxidation of xylene at low temperatures [J]. Frontiers of Environmental Science & Engineering, 2013, 7 (3): 365-381.

[324] Jamalzadeh Z, Haghighi M, Asgari N. Synthesis and physicochemical characterizations of nanostructured Pd/carbon-clinoptilolite-CeO_2 catalyst for abatement of xylene from waste gas streams at low temperature [J]. Journal of Industrial and Engineering Chemistry, 2014, 20 (5): 2735-2744.

[325] Wu Y S, Zhang Y X, Liu M, et al. Complete catalytic oxidation of *o*-xylene over Mn-Ce oxides prepared using a redox-precipitation method [J]. Catalysis Today, 2010, 153 (3-4): 170-175.

[326] Wang Y, Zhang X, Shen B, et al. Role of impurity components and pollutant removal processes in catalytic oxidation of *o*-xylene from simulated coal-fired flue gas [J]. Science of The Total Environment, 2020, 764: 142805.

[327] Zhou G L, Lan H, Song R Y, et al. Effects of preparation method on CeCu oxide catalyst performance [J]. RSC Advances, 2014, 4 (92): 50840-50850.

[328] Xie H M, Du Q X, Li H, et al. Catalytic combustion of volatile aromatic compounds over CuO-CeO_2 catalyst [J]. Korean Journal of Chemical Engineering, 2017, 34 (7): 1944-1951.

[329] Tinh N T, Van N T T, Anh N P, et al. CuO and CeO_2-doped catalytic material synthesized from red mud and rice husk ash for *p*-xylene deep oxidation [J]. Journal of Environmental Science and Health. Part A, Toxic/Hazardous Substances & Environmental Engineering, 2019, 54 (4): 352-358.

[330] Dai L M, Nhiem D N, Lim D T, et al. Nanostructured CeO_2-Al_2O_3 catalytic powders for *m*-xylene and toluene combustion [J]. Materials Transactions, 2013, 54 (6): 1060-1062.

[331] Balzer R, Probst L F D, Drago V, et al. Catalytic oxidation of volatile organic compounds (*n*-hexane, benzene, toluene, *o*-xylene) promoted by cobalt catalysts supported on γ-Al_2O_3-CeO_2 [J]. Brazilian Journal of Chemical Engineering, 2014, 31 (3): 757-769.

[332] Balzer R, Probst L F D, Cantarero A, et al. $Ce_{1-x}Co_xO_2$ nanorods prepared by microwave-assisted

hydrothermal method: novel catalysts for removal of volatile organic compounds [J]. Science of Advanced Materials, 2015, 7 (7): 1406-1414.

[333] He L A, Yu Y B, Zhang C B, et al. Complete catalytic oxidation of *o*-xylene over CeO_2 nanocubes [J]. Journal of Environmental Sciences, 2011, 23 (1): 160-165.

[334] Wang L, Wang Y, Zhang Y, et al. Shape dependence of nanoceria on complete catalytic oxidation of *o*-xylene [J]. Catalysis Science & Technology, 2016, 6 (13): 4840-4848.

[335] Wang L, Yu Y, He H, et al. Oxygen vacancy clusters essential for the catalytic activity of CeO_2 nanocubes for *o*-xylene oxidation [J]. Scientific Reports, 2017, 7 (1): 12845.

[336] Dung N X. Synthesis of nanometric $LaCr_{0.5}Mn_{0.5}O_3$ perovskite at low temperature by the polyvinyl alcohol gel combustion method [J]. Journal of Experimental Nanoscience, 2015, 10 (7): 511-519.

[337] Dung N X, Huyen P T M, Hung L T, et al. Microstructure and total oxidising capacity for *m*-xylene of $La_{1-x}Ca_xCoO_3$ nanoparticles synthesised by combustion method [J]. International Journal of Nanotechnology, 2018, 15 (1-3): 233-241.

[338] Sun X W, Wu D F. Monolithic $LaBO_3$ (B = Mn, Co or Ni) /Co_3O_4/cordierite catalysts for *o*-xylene combustion [J]. Chemistry Select, 2019, 4 (19): 5503-5511.

[339] 王筱喃，赵磊，郝晓霞，等. Pt/Pd 催化燃烧催化剂处理含苯系物废气技术研究 [J]. 当代化工, 2011, 40 (11): 1101-1102.

[340] Heo I, Wiebenga M H, Gaudet J R, et al. Ultra low temperature CO and HC oxidation over Cu-based mixed oxides for future automotive applications [J]. Applied Catalysis B: Environmental, 2014, 160-161: 365-373.

[341] Zhou G, He X, Liu S, et al. Phenyl VOCs catalytic combustion on supported CoMn/AC oxide catalyst [J]. Journal of Industrial and Engineering Chemistry, 2015, 21: 932-941.

[342] Pirogova G N, Panich N M, Korosteleva R I, et al. Catalytic properties of manganites in the oxidation of CO and hydrocarbons [J]. Russian Chemical Bulletin, 1996, 45 (11): 2525-2528.

[343] Pirogova G N, Panich N M, Korosteleva R I, et al. Catalytic properties of ferrites in oxidation reactions [J]. Russian Chemical Bulletin, 1996, 45 (1): 42-44.

[344] Pirogova G N, Panich N M, Korosteleva R I, et al. Catalytic properties of spinel-type complex oxides in oxidation reactions [J]. Russian Chemical Bulletin, 1994, 43 (10): 1634-1636.

[345] Luo Y, Lin D, Zheng Y, et al. MnO_2 nanoparticles encapsuled in spheres of Ce-Mn solid solution: efficient catalyst and good water tolerance for low-temperature toluene oxidation [J]. Applied Surface Science, 2020, 504: 144481.

[346] Zhao B, Jian Y, Jiang Z, et al. Revealing the unexpected promotion effect of EuO on Pt/CeO_2 catalysts for catalytic combustion of toluene [J]. Chinese Journal of Catalysis, 2019, 40 (4): 543-552.

[347] Pan K L, Pan G T, Chong S, et al. Removal of VOCs from gas streams with double perovskite-type catalysts [J]. Journal of Environmental Sciences, 2018, 69: 205-216.

[348] Carabineiro S A C, Chen X, Martynyuk O, et al. Gold supported on metal oxides for volatile organic compounds total oxidation [J]. Catalysis Today, 2015, 244: 103-114.

[349] Jiang Z, Chen C, Ma M, et al. Rare-earth element doping-promoted toluene low-temperature combustion over mesostructured $CuMCeO_x$ (M = Y, Eu, Ho, and Sm) catalysts: the indispensable role of *in situ* generated oxygen vacancies [J]. Catalysis Science & Technology, 2018, 8 (22): 5933-5942.

[350] Minh N T, Thanh L D, Trung B C, et al. Dual functional adsorbent/catalyst of nano-gold/metal oxides supported on carbon grain for low-temperature removal of toluene in the presence of water vapor [J].

Clean Technologies and Environmental Policy, 2018, 20 (8): 1861-1873.

[351] Gomez D M, Galvita V V, Gatica J M, et al. TAP study of toluene total oxidation over a Co_3O_4/La-CeO_2 catalyst with an application as a washcoat of cordierite honeycomb monoliths [J]. Physical Chemistry Chemical Physics, 2014, 16 (23): 11447-11455.

[352] Behar S, Gómez-Mendoza N A, Gómez-García M Á, et al. Study and modelling of kinetics of the oxidation of VOC catalyzed by nanosized Cu-Mn spinels prepared via an alginate route [J]. Applied Catalysis A: General, 2015, 504: 203-210.

[353] Genty E, Siffert S, Cousin R. Investigation of reaction mechanism and kinetic modelling for the toluene total oxidation in presence of CoAlCe catalyst [J]. Catalysis Today, 2019, 333: 28-35.

[354] Zabihi M, Shayegan J, Fahimirad M, et al. Preparation, characterization and kinetic behavior of supported copper oxide catalysts on almond shell-based activated carbon for oxidation of toluene in air [J]. Journal of Porous Materials, 2014, 22 (1): 101-118.

[355] Fu X H, Liu Y X, Deng J G, et al. Intermetallic compound $PtMn_y$-derived Pt-MnO_x supported on mesoporous CeO_2: highly efficient catalysts for the combustion of toluene [J]. Applied Catalysis A: General, 2020, 595: 117509.

[356] Einaga H, Teraoka Y, Ogata A. Catalytic oxidation of benzene by ozone over manganese oxides supported on USY zeolite [J]. Journal of Catalysis, 2013, 305: 227-237.

[357] Gan T, Chu X F, Qi H, et al. Pt/Al_2O_3 with ultralow Pt-loading catalyze toluene oxidation: promotional synergistic effect of Pt nanoparticles and Al_2O_3 support [J]. Applied Catalysis B: Environmental, 2019, 257: 117943.

[358] Deng Q F, Ren T Z, Yuan Z Y. Mesoporous manganese oxide nanoparticles for the catalytic total oxidation of toluene [J]. Reaction Kinetics Mechanisms and Catalysis, 2012, 108 (2): 507-518.

[359] Hu C. Catalytic combustion kinetics of acetone and toluene over $Cu_{0.13}Ce_{0.87}O_y$ catalyst [J]. Chemical Engineering Journal, 2011, 168 (3): 1185-1192.

[360] Parsafard N, Peyrovi M H, Shokoohi V M. Catalytic performance and kinetic study in the total oxidation of VOC over micro/meso porous catalysts [J]. Iranian Journal of Chemistry & Chemical Engineering-international English Edition, 2018, 37 (5): 19-29.

[361] Bedia J, Rosas J M, Rodríguez-Mirasol J, et al. Pd supported on mesoporous activated carbons with high oxidation resistance as catalysts for toluene oxidation [J]. Applied Catalysis B: Environmental, 2010, 94 (1-2): 8-18.

[362] Liu Y, Zhang T, Li S, et al. Geometric and electronic modification of the active Fe^{3+} sites of α-Fe_2O_3 for highly efficient toluene combustion [J]. Journal of Hazardous Materials, 2020, 398: 123233.

[363] Markova-Velichkova M, Lazarova T, Tumbalev V, et al. Complete oxidation of hydrocarbons on $YFeO_3$ and $LaFeO_3$ catalysts [J]. Chemical Engineering Journal, 2013, 231: 236-244.

[364] Wang X, Zhao W, Wu X, et al. Total oxidation of benzene over ACo_2O_4 (A = Cu, Ni and Mn) catalysts: *in situ* DRIFTS account for understanding the reaction mechanism [J]. Applied Surface Science, 2017, 426: 1198-1205.

第 5 章　醛酮类 VOCs 催化反应行为与过程

5.1　引　　言

醛酮类有机物如乙醛和丙酮是一类具有高反应活性的挥发性有机物（VOCs）[1]，作为一类常见的自由基物种产生源，其可促进臭氧形成，危害人类健康和生态环境[2,3]。甲醛、乙醛作为原料、涂料或者黏合剂组分等被广泛用于化工、涂装、印刷等行业，是导致口腔癌、食道癌和咽喉癌等高发病的重要因素[4]。丙酮及甲乙酮是一类常见的有机溶剂，在塑料加工、树脂生产、油漆喷涂及黏合剂等行业广泛使用[5,6]。总之，醛酮类含氧 VOCs（OVOCs）的去除与治理研究意义重大。催化氧化法在高效活化醛酮类污染物分子 C—C 和 C—H 方面具有明显的优势[7-9]，通过催化功能材料的设计可以有效调控复杂排放工况下醛酮类 OVOCs 的活化与转化，进而影响醛酮类 OVOCs 的催化氧化反应过程和机理。

5.2　甲醛催化氧化

甲醛分子式为 HCHO，室内装修的板材、胶黏剂、壁纸、涂装漆以及沙发、地毯等均含有并释放甲醛。甲醛浓度超过 0.08mg/m^3（GB 50325—2010），人体接触会造成咽喉不适、眼部刺激等，长期接触则会诱导癌症。常见的甲醛净化方法包括吸附法、吸收法、光催化降解法以及热催化降解法。本节重点针对热催化氧化甲醛降解的研究进展，主要讨论在常温下氧化降解的催化剂、影响因素和催化机理。

5.2.1　贵金属催化剂上甲醛催化氧化降解的研究

甲醛完全氧化负载型贵金属催化剂常见的载体主要包括金属氧化物和分子筛两大类，金属氧化物载体主要涉及 TiO_2、CeO_2、Co_3O_4、MnO_2、Al_2O_3、SiO_2、WO_3 和 Fe_2O_3 等。负载贵金属催化剂催化氧化甲醛的性能与载体的形貌和结构相关，同时碱金属的掺杂能提升其甲醛完全氧化性能。分子筛载体的特征是有较好的吸附性能，可以促进甲醛分子的吸附，进而提高分子筛负载贵金属催化剂的活性。研究发现 Mn 等金属的掺杂也是提高分子筛负载贵金属催化剂催化甲醛氧化性能的有效方法。一般而言，金属氧化物和分子筛负载型贵金属催化剂均具有低温甲醛催化氧化活性，同时催化剂也具有很好的抗水性能，稳定性良好，在 H_2O 存在的环境条件下不易失活。

CeO_2 负载贵金属催化剂在甲醛完全氧化降解中被广泛研究。采用沉积沉淀法制备的 Au/CeO_2 催化剂在室温下可以实现甲醛 100% 转化为 CO_2 和 H_2O[10]。采用共沉淀法合成的

Au/CeO_2 催化剂，100℃可以实现甲醛完全催化转化为 CO_2[11]。硬模板法合成的三维有序大孔结构 CeO_2-Co_3O_4 负载的 Au 催化剂，实现了 39℃下甲醛 100% 完全氧化为 CO_2 和 H_2O，CeO_2 与 Co_3O_4 的协同作用是促进表面活性氧迁移和活化 Au 的关键，也是催化剂性能提升的主要原因[12]。CeO_2 的形貌影响着其负载贵金属催化剂的甲醛氧化性能，Au 与 CeO_2 纳米棒的强相互作用促进界面氧空位和 Au^{3+} 的生成，是甲醛氧化性能提升的关键[13,14]。CeO_2 负载 Pd 催化剂的催化性能也受 CeO_2 形貌的影响，暴露（100）晶面的 CeO_2 纳米立方体负载的 Pd 催化剂的催化活性，高于暴露（111）晶面的 CeO_2 纳米八面体负载的 Pd 催化剂的，这主要是由于（100）晶面能够稳定金属态的 Pd[15]。CeO_2 形貌也对 Ag/CeO_2 的甲醛氧化性能产生显著影响[16,17]，由于暴露（110）和（100）晶面的 CeO_2 纳米棒比暴露（111）晶面的商业 CeO_2 具有更多的氧空位和表面活性氧物种，因而促进了其负载 Ag 催化剂的甲醛氧化活性的提升[18]。提高比表面积、掺杂改性等也是提升 CeO_2 负载贵金属催化剂甲醛氧化性能的方式。在比表面积为 $270m^2/g$ 的 CeO_2 负载 Au 催化剂上，甲醛在 37℃下的转化率可以达到 92.3%[19]。Na 改性的 Ag/CeO_2 催化剂，由于 CeO_2 表面 OH^- 浓度的增加，具有很好的低温甲醛氧化性能[20]。CeO_2/AlOOH（摩尔比 1∶9）负载 Pt 催化剂，由于 AlOOH 对甲醛吸附量的提升，在室温下反应 60min 后，甲醛去除率达到 91.7%[21]。

TiO_2 负载贵金属催化剂在甲醛完全氧化中也展现了优异的催化性能。在 Pt/TiO_2 催化剂上，室温下实现了污染物甲醛 100% 的降解，CO 是甲醛氧化的中间产物，CO 进一步被氧化为 CO_2[22]。Na 的掺杂是提高 TiO_2 负载贵金属催化剂甲醛氧化性能的方法之一，Na 掺杂的 Pd/TiO_2 催化剂在室温下实现甲醛 100% 转化[23]。在一定的相对湿度（25%~65%）和空速（80 000~190 000h^{-1}）下，2% Na-Pd/TiO_2 催化剂具有较好的稳定性，连续反应 10h 不失活[24]。Na 掺杂的 Ir/TiO_2 催化剂，同样在 25℃下实现了甲醛 100% 催化转化[25]。Na 掺杂 Pt/TiO_2 的室温催化甲醛完全氧化性能也获得有效提升[26]，由于提高了甲醛吸附量和改变了甲醛氧化反应路径，Pt/Na_xTiO_2 的活性是 Pt/TiO_2 的 8.9~52.8 倍[27]。有机胺[28]、硅酸盐[29]、酸处理[30]改性 TiO_2 负载 Pt 催化剂，也可以使其甲醛氧化性能提升。由于高温还原处理，Pd 与 TiO_2 产生强相互作用，产生大量的氧空位，有利于氧活化和表面羟基的生成，进而显著促进 Pd/TiO_2 的甲醛室温催化氧化性能[31]。提高 TiO_2 载体缺陷，对 Pt/TiO_2 催化剂甲醛氧化性能的提升有促进作用[32]。提高 TiO_2 载体中的 Ti^{3+} 含量能够稳定 Pd 纳米粒子，进而提升 Pd/TiO_2 催化剂的甲醛氧化性能[33]。氧分子能够在 $Pt/TiO_2/Al_2O_3$ 催化剂上吸附活化产生 O∶$Pt_{surface}$ 物种，因而 $Pt/TiO_2/Al_2O_3$ 具有室温下降解甲醛的高活性[34]。在 $Pt/TiO_2/\gamma$-Al_2O_3 纳米纤维纸上，反应 60min 内甲醛快速降解，催化剂循环使用 4 次后性能略有降低[35]。

此外，人们也对 TiO_2 负载贵金属催化剂催化甲醛完全氧化的活性位和反应机理进行了比较多的探讨。在 TiO_2 负载亚纳米尺寸 Rh 催化剂上，Rh 对氧的解离吸附起到关键作用，环境中 H_2O 的存在为甲醛完全氧化反应提供了羟基，经中间物种甲酸盐后，进一步氧化为 CO_2[36]。在 Pd/TiO_2 催化剂上，环境中的 H_2O 对甲醛氧化也非常重要，生成的羟基自由基可促进 Pd/TiO_2 催化剂上氧的吸附和传递，进而促进甲醛氧化[37]。Pt/TiO_2 催化剂性能受Pt粒子尺寸的影响，Pt纳米粒子平均尺寸为10.1nm时，甲醛氧化TOF值相对最高，达到4.39s^{-1}[38]，金属态Pd是实现Pd/TiO_2催化剂甲醛高效氧化的关键[39]。高价Mn阳离子修饰TiO_2负载的Pt单原子催化剂催化甲醛氧化遵循Mars-van-Krevelen机理，环境中的H_2O能够促进甲醛完全氧化[40]。低温条件下，Ag/TiO_2催化剂中不可再生的表面氧和Ag_2O可促进甲醛氧化，高温条件下，金属态Ag促进甲醛氧化[41]。相对湿度对Pt/TiO_2催化剂性能也有影响，生成的表面羟基能够促进其氧化甲醛[42]。

MnO_2负载贵金属催化剂氧化去除甲醛的研究也受到了较多的关注。三维碳泡沫担载的Pt/MnO_2催化剂具有足够的活性氧，同时碳泡沫能吸附大量的甲醛，室温下200ppm甲醛在60min内被全部降解[43]。在碳@氧化锰核壳结构载体负载Pt催化剂上，甲醛氧化反应60min后，去除率达到90.5%[44]。三维有序介孔MnO_2负载Ag催化剂催化1300ppm甲醛氧化，110℃时TOF值为0.007s^{-1}[45]。Fe掺杂MnO_x显著提高了MnO_x负载Ag催化剂的甲醛降解性能，室温下反应60min即实现了甲醛在Ag/$Fe_{0.1}$-MnO_x上的100%降解[46]。在α-MnO_2负载Au催化剂上，75℃时可实现甲醛的完全转化[47]。Tang等构筑了锰钡矿锰氧化物（HMO）负载单原子Ag催化剂，其催化甲醛氧化性能归因于催化活性位的高电子密度态和强氧化还原能力[48]；Chen等发现Na_1/HMO单原子催化剂的低温甲醛氧化活性高于Ag_1/HMO的[49]，表明负载碱金属Na能够构筑催化活性中心，提升甲醛氧化降解性能。

FeO_x负载贵金属催化剂也具有较好的甲醛氧化降解性能。共沉淀法制得的Au/FeO_x催化剂，在一定湿度条件下可以实现甲醛室温100%氧化[50]。褐铁矿负载Pt催化剂（Pt/Fh）优异的甲醛室温催化氧化活性归因于足量的表面羟基、高分散的Pt以及褐铁矿的甲醛吸附性能[51]。对于Pt/Fe_2O_3完全催化氧化甲醛，Fe_2O_3暴露晶面是产生大量氧空位和促进Pt高度分散的关键，氧空位上形成的活性氧和表面羟基是实现甲醛室温氧化高活性和高稳定性的原因[52]。此外，制备方法和条件也影响着Pt/Fe_2O_3催化剂氧化甲醛的性能[53,54]。

由于具有丰富的孔结构和大的比表面积，分子筛负载的贵金属催化剂借助载体对反应物的吸附性和贵金属催化活性中心的协同作用，表现出优异的甲醛氧化降解性能。与Pt/TiO_2（P25）相比，Pt/ZSM-5催化活性更高，在30℃运行100h仍能够实现甲醛氧化效率>95%[55]；NaOH处理的Pt/ZSM-5在30℃可以实现99%甲醛氧化，运行1000h不失活[56]。Pt/Na-ZSM-5在调控吸附量的同时调控Pt的化学价态，实现了在32℃甲醛完全转化，催化剂运行60h不失活[57]。贵金属在载体上的分散度和粒子尺寸也是影响分子筛负载贵金属催化剂甲醛氧化性能的主要因素。在Au/HZSM-5和Au/SiO_2催化剂上，甲醛完全氧化活性受Au粒子尺寸的影响，随着Au粒子尺寸的增大且甲酸盐中间物种在催化剂表面的累积，催化剂逐渐失活[58]。TS-1限域Pd催化剂氧化甲醛的性能也与Pd粒子尺寸和分散度相关[59]。纳米Ag能够促进Ag/MCM-41催化剂上甲酸盐物种的生成，而甲酸盐物种的生成量与甲醛氧化活性的提升呈正相关[60]。金属掺杂也是提升分子筛负载贵金属催化剂甲醛氧化活性的主要方法。Ni阳离子改性的Pt/ZSM-5催化剂实现了在30℃甲醛转化率达到90%，催化剂稳定运行100h[61]。K改性NaY分子筛负载Pt催化剂（K-Pt/NaY），由于具有较好的甲醛吸附性、高的表面羟基浓度和低温还原性，在甲醛去除中表现出较高的效率和抗水性能[62]。Mn的掺杂对Pd/Beta催化剂甲醛完全氧化性能的提升作用显著，40℃

可以实现甲醛的完全转化，这归因于 MnO_x 上的金属态 Pd 被吸附氧氧化成离子态 Pd，从而促进了甲醛氧化[63]。Mn 的掺杂促进了二氧化硅 Beta 分子筛负载 Ag 催化剂的甲醛氧化活性，45℃可实现甲醛的完全转化[64]。富 Al 的 Beta 分子筛负载 Pt 催化剂也能够实现甲醛氧化性能的提升[65]。

此外，以 SiO_2、Al_2O_3、Co_3O_4、WO_3、ZnO、Bi_2WO_6、$NaInO_2$、层状氢氧化物和活性炭等作为载体负载贵金属的催化剂均有研究。在 Au@ SiO_2 核壳结构催化剂中，Au 核电子向 SiO_2 壳转移，形成 Au^+ 和 Au^{3+} 物种，离子态 Au 为甲醛完全氧化的活性位[66]。SiO_2 种类也影响了其负载 Pt 催化剂的性能，气态 SiO_2 负载 Pt 催化剂的甲醛氧化活性高于多孔颗粒 SiO_2 和 SBA-15 负载 Pt 催化剂的[67]。$Ni(OH)_x$ 能够促进 Pt/γ-Al_2O_3 催化剂性能的提升，30℃反应 100h 后甲醛转化率仍能>99%[68]。在 Ir/Al_2O_3 催化剂上，Ir^0 是促进甲醛转化为中间产物 CO 的关键[69]。K^+ 离子掺杂 Ag/Co_3O_4 能够显著提升催化剂表面 OH^- 浓度，进而使其在相对低温（<80℃）条件下实现甲醛完全氧化[70]。Co_3O_4 纳米棒负载 Pt 催化剂的甲醛氧化性能优于商业 Co_3O_4 和 TiO_2 负载 Pt 催化剂的[71]。甲醛在 WO_3 空心球负载 Pt 催化剂上反应 60min 后，去除率达 97%[72]。甲醛在 0.2wt% Pt/ZnO/TiNT 催化剂上，30℃时去除率为 95%，催化剂运行 100h 后不失活[73]。在 Bi_2WO_6 负载 Pt 催化剂中，Pt 与 Bi_2WO_6 的相互作用能够促进表面氧原子的活化，进而促进 HCHO 氧化反应[74]。通过优化中孔 $NaInO_2$ 氧空位含量，其负载 Pt 催化剂可以在 60min 实现 96% 甲醛降解[75,76]。采用水热法合成还原型石墨氧化物和 NiFe 层状氢氧化物的复合氧化物，其负载 Pt 催化剂在反应 60min 时实现甲醛降解率达 92.5%，这归因于 Pt 的高分散和载体对氧的吸附与活化[77]。Co 掺杂 MgAl 层状氢氧化物负载 Au 催化剂，由于 Co 增强了 Au 与载体电子的相互作用，提高了氧的吸附活化能力，改善了甲醛氧化性能[78]。在 25℃时，甲醛在 Na 掺杂 Pt/AC 催化剂上可以完全氧化，而在未掺杂 Na 的 Pt/AC 催化剂上的转化率仅为 40%[79]。

将负载型贵金属催化剂与整体材料相结合，发展面向实际应用的整体催化材料也有报道。在 400℃焙烧制得的海泡石纳米纤维负载 1wt% Pt 催化剂上，反应 200min 后，实现甲醛去除率>90%，循环使用 7 次后催化性能没有显著降低[80]。将 Pt/MnO_2 纳米花锚定在 BN 气凝胶上，50min 实现 96% 甲醛降解[81]。总之，通过调变载体类型和结构、贵金属分散度，第三种金属掺杂，与氢氧化物或整体材料复合等方式，可实现甲醛氧化降解性能的优化和提升。然而贵金属催化剂价格昂贵，因此过渡金属氧化物催化剂的研究也备受关注。

5.2.2　过渡金属氧化物催化剂上甲醛催化氧化降解的研究

对于催化氧化甲醛的过渡金属氧化物催化剂，研究最广泛的是 MnO_2 体系催化剂，其既能实现甲醛室温消除，又具有价格优势，相关研究涉及碱金属掺杂、表面修饰、与纤维材料或碳材料复合、调变 MnO_2 结构以及构建 Mn-基复合氧化物。此外，环境中 H_2O 的影响和氧化剂的选择也被着重考察。Co 基复合氧化物催化剂在甲醛氧化反应中具有结构敏感性和环境 H_2O 效应，室温下能够实现甲醛催化氧化降解。钙钛矿型复合氧化物由于具有丰富的氧物种，在甲醛氧化反应中也展现了较好的性能。总之，过渡金属氧化物虽然活性和稳定性稍逊于负载型贵金属催化剂，但由于合成工艺简单、价格低廉，其仍具有好的应用前景。

碱金属掺杂是提高 MnO_2 催化剂催化甲醛完全氧化性能的主要方法。Cs^+、K^+ 和 Na^+ 阳离子掺入层状 MnO_2 中，能够显著提升 MnO_2 催化剂的氧空位浓度，其中 Cs^+ 掺杂对氧空位浓度的提升最为有效，因而其活性相对更高，室温下甲醛转化率为 10% 左右[82]。K^+ 阳离子在 MnO_2 层内的插入位置对甲醛氧化性能有重要影响。孤立的 K^+ 位在层间分散形成弱的化学键作用，局部的 K^+ 位与氧原子配位，能够活化氧并且弱吸附 H_2O，提升甲醛的氧化活性[83]。对于 K^+ 型水钠锰矿（一种层状结构 MnO_2），不饱和氧诱导了 Mn 空位的形成，位于 Mn 空位旁的 K^+ 维持了电荷平衡，Mn 空位有助于甲醛氧化性能的提升[84]。K^+ 掺杂 MnO_2 还可以调节 Mn—O 键振动模式，促进非解离吸附 H_2O 的生成，提高环境 H_2O 影响下甲醛的室温催化氧化性能[85]。在 K^+ 掺杂 δ-MnO_2 催化剂上，30℃时 22ppm 的甲醛能够被完全降解，环境中 H_2O 对中间产物向 CO_2 的转化至关重要[86]。对 MnO_2 表面进行修饰能够提高其性能，O-修饰的 δ-MnO_2 催化剂甲醛氧化性能优于洁净表面的 δ-MnO_2 和 OH-修饰表面的 δ-MnO_2[87]。

MnO_2 结构和晶相显著影响其甲醛催化氧化性能。介孔 MnO_2 在室温下对甲醛的去除率可达 78.6%，并受相对湿度的影响[88]。三维 MnO_2 在室温下实现将甲醛转化为 CO_2，稳定运行 10h 后，活性无明显降低[89,90]。在不同晶相 MnO_2 中，表面氧种类与 Mn—O 键强度和还原性相关，对甲醛氧化性能有重要影响[91]。借助 X 射线光电子能谱（XPS）和飞行时间离子质谱（TOF-SIMS），发现甲醛在水钠锰矿上先部分氧化生成甲酸，吸附在锰位和钾位上，碳酸盐则仅吸附在钾位上[92]。环境中的 H_2O 能够促进水钠锰矿的甲醛氧化性能，水钠锰矿表面脱附 H_2O 分为物理吸附 H_2O、层间 H_2O 和羟基，甲醛可与 H_2O 发生氢键作用，因而 H_2O 的存在促进了甲醛吸附并向中间物种转化，如图 5-1 所示[93]。

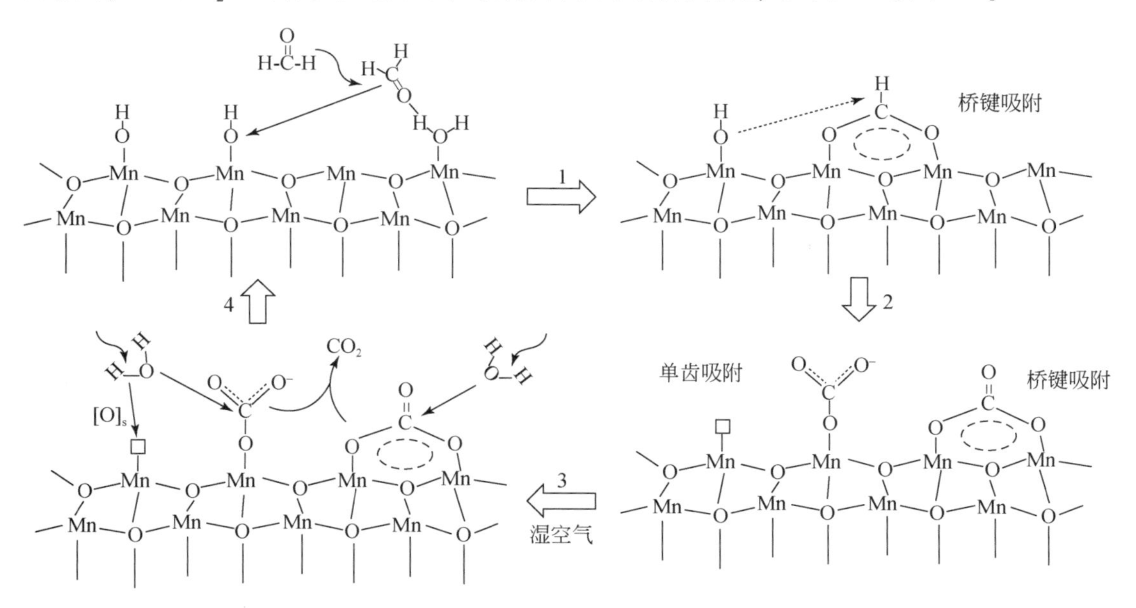

图 5-1　水钠锰矿催化剂上甲醛室温催化氧化反应机理[93]

聚酯、纤维、碳以及金属有机骨架（MOF）均可作为载体负载 MnO_2 并用于甲醛催化净化。浸渍法制得的聚对苯二甲酸乙二醇酯负载超薄 MnO_2 纳米片催化剂，浸渍时间影响其催化性能，在反应 10min 内甲醛快速降解，最终实现去除 81% 的甲醛[94]。聚酰亚胺（PI）纤维负载 MnO_x 催化剂具有静电电荷，可促进甲醛分解，室温下 1100min 甲醛去除率达到 92.4%[95]。聚酯纤维负载 MnO_2 催化剂在室温下甲醛催化氧化性能优异，反应 10h 后仍能维持 94% 的甲醛去除率[96]。锰钾矿型分子筛催化剂（OMS-2）的活性受其长径比影响，当长径比在 1～3 时，25℃ 下甲醛转化率可达 45.9%，当其负载在 SiO_2 纳米纤维上时，甲醛去除率进一步提升到 52.3%[97]。对于 C@MnO 催化剂，MnO 和 C 的界面促进了催化反应，能够实现 60ppm 甲醛和 180ppm 臭氧同时去除[98]。对于 δ-MnO_2/AC 催化剂，氧空位是甲醛吸附活化位点，氧空位浓度与 Mn^{3+} 含量相关[99]。纳米碳修饰 MnO_2 催化剂在室温下甲醛氧化活性显著高于 MnO_2 基催化剂，在 4%～80% 相对湿度范围内，催化活性受湿度影响[100]。在 MnO_2 修饰的 N 沉积碳纳米管上，30℃ 时甲醛转化率达到 95%[101]。石墨烯-MnO_2 氧化性能受表面羟基的影响，甲醛氧化中间物种为 CO，65℃ 下实现甲醛 100% 降解[102]。石墨烯-MnO_2 也具有光热效应，氙灯光照下，甲醛转化率为 80%[103]。活性炭负载 Mn_xFe_y 催化剂的性能与 Mn/Fe 比例相关，$Mn_{0.75}Fe_{6.02}$/AC 催化剂的甲醛去除效率可达 98.3%[104]。MOF 负载 MnO_2 催化剂也能够实现室温下去除甲醛[105]。

Mn 基复合氧化物催化甲醛氧化的研究也有报道。对于 MnO_x-CeO_2 催化剂，当 Mn 含量低于 50% 时，酸处理对催化性能没有影响；当 Mn 含量高于 50% 时，酸处理显著提高了甲醛氧化活性[106]。相对湿度也会影响 $MnCeO_x$ 室温甲醛氧化性能，当相对湿度高于 50% 时，实现甲醛全部氧化为 CO_2[107]。焙烧温度会改变 Mn 取代尖晶石结构铁氧体中 Mn 和 Fe 的价态与分布，进而改变其甲醛氧化活性[108]。以臭氧作氧化剂，也能够显著提升 MnO_x 催化剂的甲醛室温氧化活性[109]。

Co_3O_4 及其复合氧化物催化剂也具有良好的甲醛室温催化氧化性能。Hao 等[110]报道了介孔结构 Co_3O_4-CeO_2 催化剂的甲醛室温催化氧化性能，并提出甲醛经由甲酸中间物种，进一步氧化为 CO_2 的反应机理。DFT 计算发现，氧空位和 H_2O 对 Co_3O_4 催化剂的甲醛氧化性能有显著提升作用[111]。Ni 泡沫上生长的 Co_3O_4 纳米线具有丰富的氧空位，促进了甲醛氧化[112]。碳/Co_3O_4 复合物的甲醛室温催化氧化性能的提升归因于氧活化能力的提升[113]。Song 等[114]研究了环境中的 H_2O 对 MCo_2O_4（M＝Mn，Ce，Cu）催化剂的甲醛室温催化氧化性能的影响，发现催化剂表面非解离吸附 H_2O 可促进甲醛氧化，同时反应中间物种的生成、吸附和转化也是影响甲醛氧化性能的主要因素（图 5-2）。

富含 Fe 活性位的 FeO_x、富含氧空位的 TiO_2、富含表面氧物种的钙钛矿型复合氧化物和 Lewis 碱/酸位表面修饰碳的催化甲醛氧化性能也均有报道。通过 DFT 模拟甲醛在 Fe_3O_4(111) 上的降解机理，发现甲醛在 Fe_{tet1} 表面弱吸附，并被 H_2O_2 氧化为甲酸物种[115]。缺陷 MIL-88B(Fe) 纳米棒催化剂具有大量配位不饱和的 Fe 位，能够活化氧产生活性氧物种，促进甲醛氧化，甲醛去除率受相对湿度（RH）的影响，相对湿度太低（RH＝5%）或太高（RH＝75%）甲醛的去除率均下降[116]。还原型 TiO_2 具有甲醛室温催化氧化活性，这归因于其丰富的表面氧空位[117]。$La_{1-x}(Sr,Na,K)_xMnO_3$ 钙钛矿型复合氧化物的

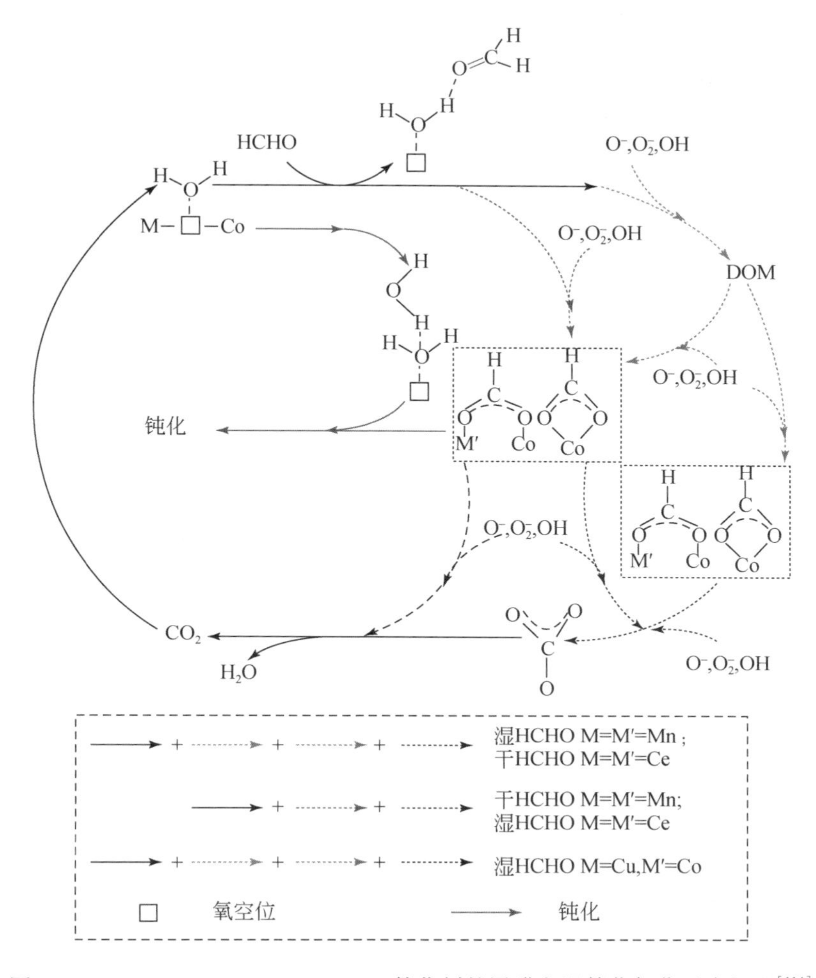

图5-2　MCo_2O_4（M=Mn，Ce，Cu）催化剂的甲醛室温催化氧化反应机理[114]

甲醛氧化性能受氧物种影响，活性氧物种和高价态Mn^{4+}的失去导致催化剂失活[118]。在碳表面构筑Lewis碱/酸位，提升了甲醛氧化性能，甲醛去除效率可达98.0%，循环使用5次后催化活性无明显降低[119]。

5.3　乙醛催化氧化

乙醛分子式为CH_3CHO，由乙醇部分氧化、乙炔水化和甲醇氢甲酰化过程等产生。室温（20℃）下其饱和蒸气压约98kPa，极易挥发。在空气中的半衰期为10～60h，在水溶液中易发生可逆的水合作用产生二元醇，但是其半衰期相比于甲醛要小得多。乙醛作为涂料或者黏合剂，被广泛用在不同工业过程中，长期处于高浓度乙醛环境中，会对人体器官造成不可修复的损伤，与包括口腔、食道和咽癌的发病率以及其他类型综合症紧密有关[120,121]，因此对乙醛污染控制意义重大。本节从功能催化材料的可控设计、反应过程及机理研究角度出发，对涉及乙醛功能化学键的活化、催化氧化产物分布、催化性能与结构的内在关联等进行阐述。

5.3.1　贵金属催化剂上乙醛催化氧化

贵金属催化剂上乙醛的催化氧化主要集中在 Pd、Pt、Ru 和 Au 基体系上，不同结构特征的催化剂在吸附活化乙醛分子 C—C 和 C—H 方面发挥着不同的作用，对催化反应过程和机理产生了不同的影响。

Takeguchi 等采用浸渍法制备了 PdO/Al_2O_3、PdO/SnO_2 和 Pt/Al_2O_3 催化剂，用于乙醛的催化氧化，发现 PdO/SnO_2 展现出了最高的催化活性，在 220℃ 实现乙醛的完全氧化，载体与 Pd 物种的相互作用对乙醛催化氧化过程影响明显[122]。对于 Pt/CeO_2 和 Pt/CeO_2/ZSM-5 催化氧化乙醛，载体 CeO_2 对 Pt 纳米粒子的高效分散起到关键作用，ZSM-5 的引入改善了污染物分子的吸附与活化，197℃ 即可实现乙醛完全氧化，CeO_2 和 ZSM-5 双载体直接促进了 Pt 对乙醛的快速氧化消除。反应过程及行为如图 5-3 所示，Pt、CeO_2 及 ZSM-5 之间的相互作用有效调控了乙醛催化氧化[123]。

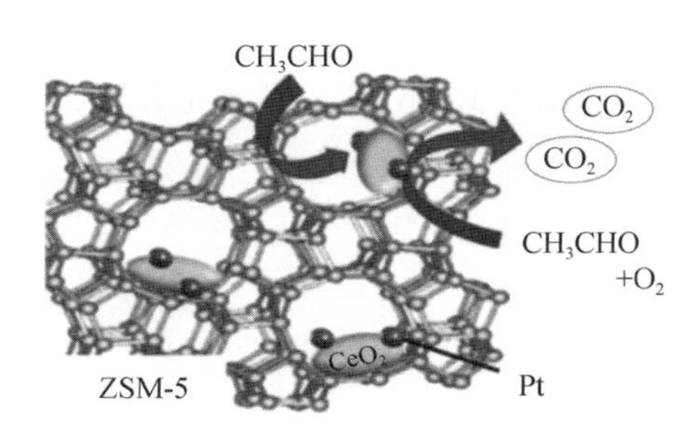

图 5-3　Pt/CeO_2/ZSM-5 催化乙醛氧化[123]

Yasuda 等采用浸渍法制备了 10wt% Pt/CeO_2-ZrO_2-Bi_2O_3 催化剂，140℃ 下实现乙醛完全催化氧化，说明多金属氧化物载体在促进贵金属氧化 OVOCs 方面发挥重要作用，金属活性相物种与金属氧化物的作用界面对污染物深度矿化发挥了重要作用[124]。从图 5-4 可以看出，还原处理前，Pt/SnO_2 低温转换率较高；还原处理后，Pt/ZrO_2 低温转化率较高。Pt/SnO_2 较高的催化活性归因于 Pt 物种在 SnO_2 载体上的高分散性，而还原处理导致 Pt/SnO_2 催化剂中形成金属间化合物，催化活性显著降低。对于 Pt/ZrO_2 和 Pt/CeO_2 催化剂，还原过程中形成的金属间化合物会提高其催化活性，因此可以在 200℃ 实现乙醛完全转化。显然，载体在调控 Pt 物种分散性、粒径尺寸和催化作用过程中发挥重要作用[125]。

在 Ru/CeO_2、Ru/SnO_2、Ru/ZrO_2 和 $Ru/\gamma\text{-}Al_2O_3$ 催化剂中，由于 Ru 物种良好的低温氧化还原性能以及其在 CeO_2 上的高分散性，Ru/CeO_2 表现出相对较高的活性，当气体流速为 100mL/min 时，乙醛在 210℃ 左右实现完全氧化[126]。对 Ru 物种进行还原处理后，由于 Ru^0 的形成，Ru/ZrO_2 和 $Ru/\gamma\text{-}Al_2O_3$ 催化活性明显提高，表明金属态 Ru 是乙醛分子 C—H 和 C—C 键活化的关键；然而金属间核壳物种的形成导致 Ru/SnO_2 活性降低。这也

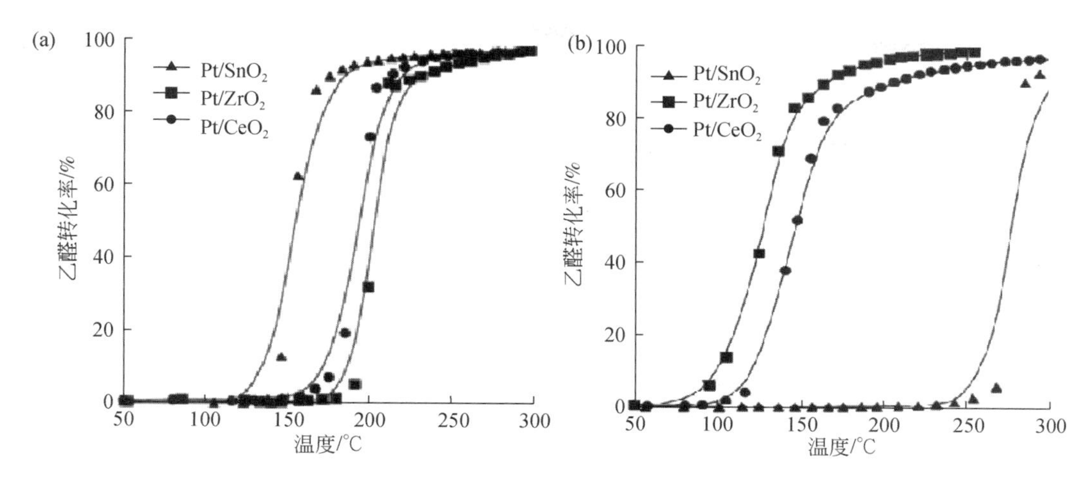

图5-4 Pt负载不同载体上的乙醛转化率[125]

(a) 还原处理前；(b) 还原处理后

进一步表明调控活性组分和载体之间的相互作用和结构特征至关重要，SnO_2 和 Ru 物种的不理想匹配导致催化剂的乙醛降解活性降低。引入其他金属组分是改进贵金属催化剂活性的重要方法。Au 或 Cu 的加入抑制了 Pd/Nb_2O_5 催化剂失活；电子从 Au 向 Pd 转移，抑制了 Pd 颗粒氧化，调控了 $Pd\text{-}Au/Nb_2O_5$ 催化乙醛氧化活性[127]。

Karatok 等通过程序升温脱附（TPD）研究了 O_3 作为氧化剂下的乙醛在 Au（111）单晶催化剂上的部分氧化，对于低 O_3 暴露量和覆盖面小的位置，有乙酸甲酯和乙酸生成，没有产生大量 CO_2[128]。Au/TiO_2 催化剂催化氧化乙醛时，TiO_2 对乙醛吸附弱，当 Au 尺寸为 3nm 时，Au/TiO_2 对乙醛呈现强且快速的吸附，并诱发乙醛氧化到乙酸、乙酸解离成为乙酸根离子和氢质子，其完全转化温度为 275℃[129]。光催化法也是一种高效去除乙醛污染物的手段[130]，在负载不同尺寸 Au 纳米粒子（2.1～7.4nm）的 Au/TiO_2 催化剂上，100ppm 乙醛经光照 1h 在 2.1nm Au/TiO_2 上完全降解。负载 Au 的 TiO_2 催化剂明显改进了乙醛的吸附，紫外光诱发吸附的乙醛快速活化转化。具体反应过程包括：

$$2CH_3CHO+2O_2+S(Au''-''Ti) \longrightarrow 2CH_3CHO\cdots S(Au''-''Ti)\cdots O_2 \tag{5-1}$$

$$2CH_3CHO\cdots S(Au''-''Ti)\cdots O_2 \longrightarrow 2CH_3COOH\cdots S(Au''-''Ti) \tag{5-2}$$

$$CH_3COOH\cdots S(Au''-''Ti)\cdots S(TiO_2) \longrightarrow CH_3COOH\cdots S(TiO_2)+S(Au''-''Ti) \tag{5-3}$$

$$CH_3COOH\cdots S(TiO_2)+2O_2 \longrightarrow 2CO_2+2H_2O+S(TiO_2) \tag{5-4}$$

氧气和乙醛首先吸附在 Au/TiO_2 的 S(Au-Ti) 位点，随后吸附的乙醛和氧气反应形成乙酸中间产物。在 TiO_2 表面，五配位的 Ti^{4+} 和氧桥分别扮演着 Lewis 酸位点和碱位点，吸附的乙酸分子分别在该系列位点上解离形成乙酸根离子和氢质子，Au 物种可以强化形成乙酸和乙酸解离的过程。之后在紫外光的激发下，乙酸根离子被矿化成二氧化碳和水（图5-5）。

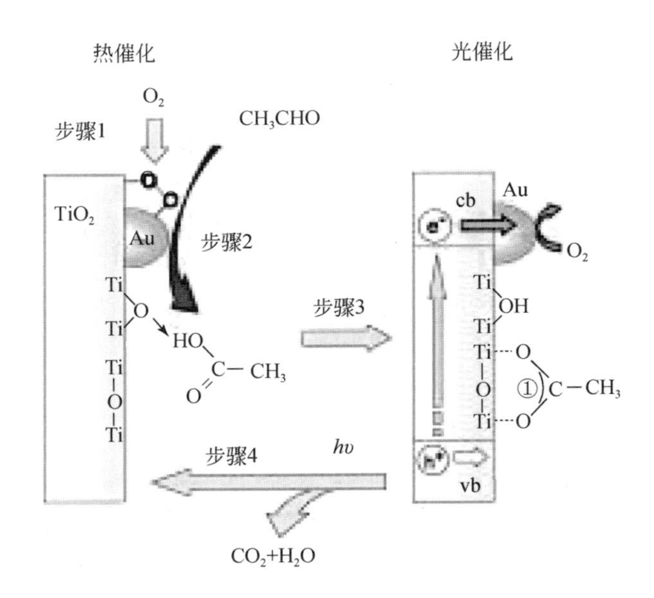

图 5-5　Au/TiO_2 催化氧化乙醛[130]

总之，不同负载型贵金属催化剂的催化性能不仅受贵金属特性的影响，包括氧化态、分散度等，载体和贵金属组分的相互作用也对活性起到了重要的影响，或促进或抑制，建立良好的匹配关系才能更好地构建活性-结构之间关系，实现污染物的高效去除。

5.3.2　金属氧化物催化剂上乙醛催化氧化

相较于贵金属催化剂，金属氧化物催化剂更加广泛地用于 OVOCs 的催化氧化。单一金属氧化物或者通过掺杂、固溶等形式形成的复合金属氧化物，在一定条件下其催化性能可与贵金属催化剂相媲美。目前研究较多的金属氧化物有 MnO_x、CeO_x、CuO_x 和 CoO_x 等，复合金属氧化物有 Ce-Ti、Mn-Cu、Co-Mn、Fe-Mn、钙钛矿型复合氧化物（ABO_3）和尖晶石型复合氧化物（AB_2O_4）等。

研究发现，乙醛在 CeO_2（100）表面氧化的主要产物有 CO、CO_2 和 H_2O，还有痕量的副产物丁烯醛和乙炔等，反应路径类似于 CeO_{2-x}（100）表面的还原过程，表明氧原子参与了反应。但是在 CeO_2（111）晶面上进行的乙醛氧化反应，元素氢以氢气形式脱附，元素碳积累至催化剂表面，这充分说明了晶面在催化反应过程中的影响至关重要[131]。图 5-6 为在 200℃时，乙醛在不同形貌 CeO_2 上程序升温过程中主、副产物的选择性分布情况，可以发现三种材料表面都会生成丁烯醛，但在立方体状 CeO_2 和纳米线状 CeO_2 上更倾向于产生乙醇，在八面体状 CeO_2 上更倾向产生甲烷，这些差异与催化剂表面碱性的变化、缺陷密度、表面原子配位数和表面形貌有关，再次印证了结构特征决定反应性能[132]。

FeO_x/TiO_2 催化剂同样对乙醛氧化呈现出高的催化活性[133,134]。CoO_x 掺杂二氧化硅的干凝胶在室温下催化氧化乙醛时，乙酸和二氧化碳是反应的主要产物[135]。通过沉积沉淀法制备 Mn-Co/HZSM-5 催化剂，并与非热等离子体（NTP）结合（图 5-7），有效促进了

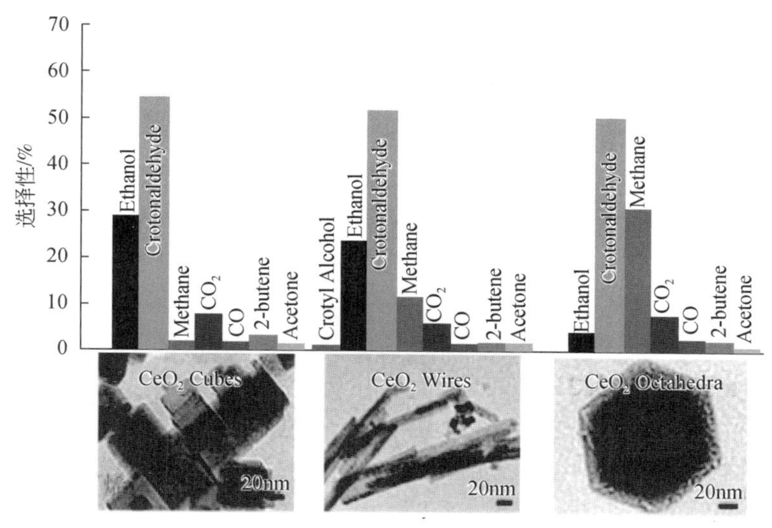

图 5-6　200℃下乙醛程序升温[132]

乙醛的催化氧化，提高了乙醛的转化率并且减少了臭氧的产生[136]。结合 NTP 和不同 SiO_2/Al_2O_3 摩尔比（5、30、80）Y 型沸石分子筛负载 5% Mn 催化剂催化氧化，在干燥条件下，乙醛去除能力与 Y 型沸石分子筛的比表面积有关；在湿润条件下，乙醛在疏水性较大的高硅铝比 Y 型沸石分子筛上的转化率较高；在室温及湿润条件下，NTP 与疏水沸石催化剂结合可以更有效地去除乙醛[137]。

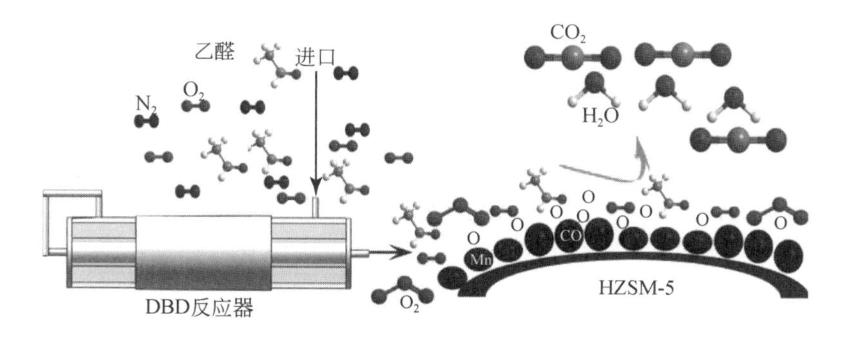

图 5-7　NTP 和 Mn-Co/HZSM-5 催化体系[136]

单一金属锰氧化物因为催化活性良好、抗烧结性较高、价格低廉，在乙醛催化氧化时有望替代贵金属催化剂[138]。OMS-2 良好的疏水性和对 VOCs 强的亲和力，促进了其对乙醛分子的吸附催化[139]。采用 $MnSO_4$ 作为前驱体制备的 OMS-2 活性相对较高，酸化处理降低了 OMS-2 催化剂的活性，Mn—O 键是影响乙醛高效氧化的主要因素[140]。

除此之外，光催化技术也被广泛地用于 OVOCs 污染物的催化净化。光催化法是指在光照射条件下，反应物在光催化剂上进行催化净化的过程。Ti 基催化剂是使用最广泛的光催化材料。将长余辉磷光体用于制备 TiO_2 基复合光催化剂，发现 $CaAl_2O_4$：(Eu,Nd) 磷光体可以产生最短波长为 440nm 的光和最长寿命的发光体，提高了光催化反应的活性，可以达到完全降解乙醛的效果，并且当长余辉磷光体和 TiO_2 含量增加时，可提升乙醛分子的降解速率（图 5-8）[141]。Ti-Cr-MCM-48 光催化剂高的催化氧化乙醛活性主要归因于 Cr 离子在 MCM-48 上的高度分散，以及 Cr 离子与锚定在孔壁上 TiO_2 纳米晶的相互协同作用[142]。

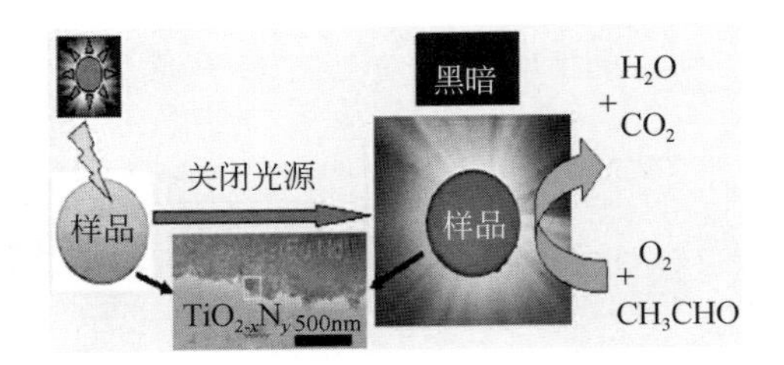

图 5-8　光催化反应过程示意图[141]

Saleh 等通过水热合成法制备了多壁碳纳米管/氧化锌（MWCNT/ZnO）复合催化材料，发现将 ZnO 嵌入碳纳米管可提升约 50% 的光催化消除乙醛的活性，主要是由于 MWCNT/ZnO 纳米复合材料具有较大的可用于反应的表面积[143]。与 TiO_2 和活性炭（AC）混合物相比，超临界处理的 TiO_2 活性炭（Sc-TiO_2-AC）复合材料对乙醛光催化降解表现出更高的催化活性，在复合材料上存在许多 OH 基，其参与反应并将乙醛转化为甲醇、甲醛和乙酸中间体，并最终将中间体分解为 CO_2[144]。吡咯 N/Zn 原位共掺杂可以提高 MIL-125(Ti) 的表面电荷分离和循环稳定性，复合催化剂表现出更高的降解气态乙醛的活性（98%），具有高的降解动力学，并且在高湿条件下改善了循环性能（图 5-9）[145]。

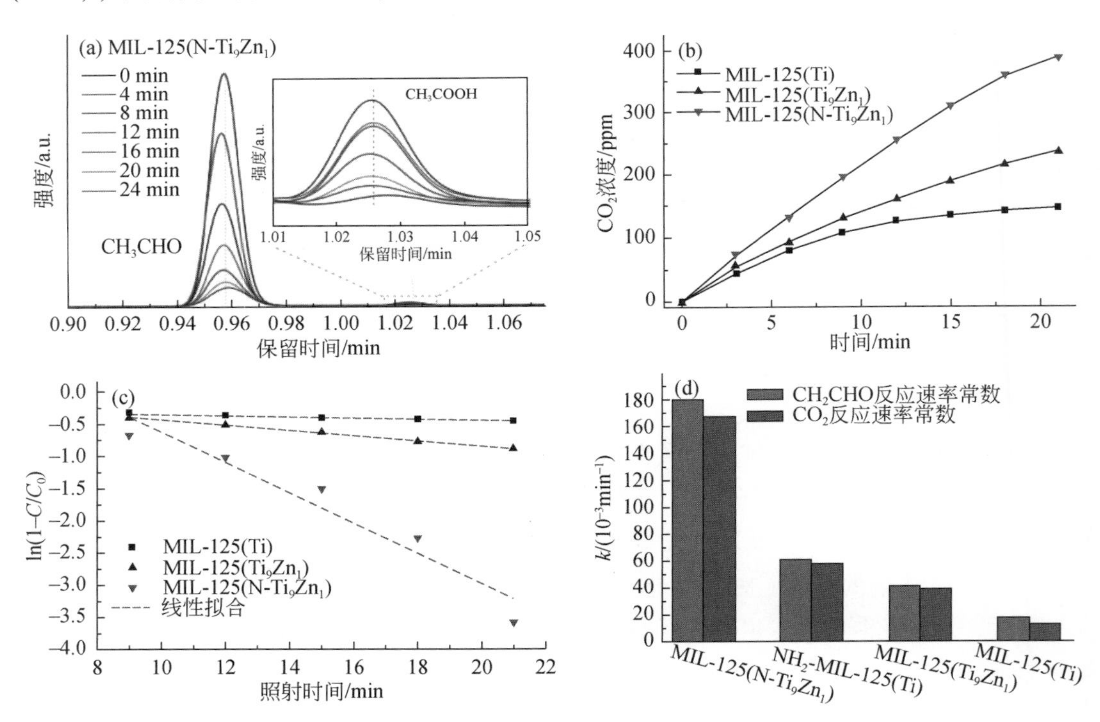

图 5-9　光催化降解乙醛性能研究[145]

采用水热法，制得还原石墨烯（rGO）含量可调的ZnO-rGO复合材料（图5-10）。发现随着rGO含量的增加，ZnO-rGO电子传输速率常数增加，表明更多的电子可用于光催化，从而提高其光催化活性。与纯ZnO相比，当rGO含量为1wt%和3wt%时，ZnO-rGO复合材料对乙醛降解表现出较高的光催化活性[146]。此外ZnO量子点（QDs）与P25类似，具有良好的乙醛光催化降解活性[147]。

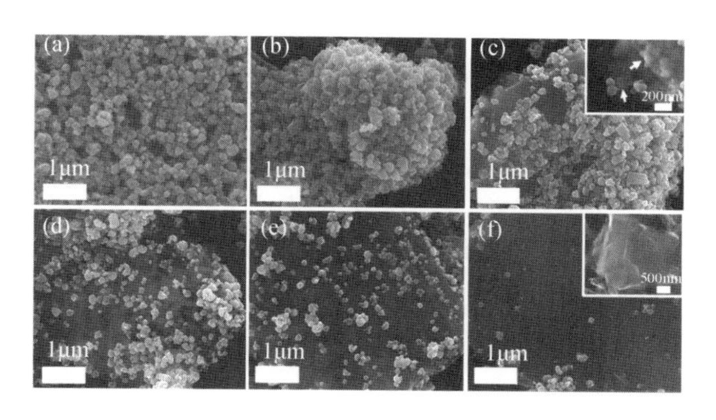

图5-10　不同rGO含量的ZnO-rGO复合材料SEM图像[146]

（a）0wt%；（b）1.0wt%；（c）3.0wt%；（d）5.0wt%；（e）10.0wt%；（f）20.0wt%；

（c）插图显示了rGO夹层中生长的ZnO；（f）中的插图描述了纯rGO的结构

在紫外光（365nm）照射下，考察了不同相对湿度（0%、16.8%和33.6%）条件下，水蒸气对乙醛在TiO_2薄膜表面光催化氧化活性的影响。由于乙醛和水分子在TiO_2膜表面发生竞争吸附，增加湿度可降低乙醛的去除率和CO_2选择性，且对CO_2选择性影响更大。乙醛氧化主要通过氧分子而不是水蒸气进行的，在吸附的乙醛分子附近存在大量对氧气活化有效的活性中心群，它们促进了乙醛的光催化氧化。增加湿度扰乱了活性中心群，降低了在紫外光照射下乙醛光催化降解速率（图5-11）[148]。

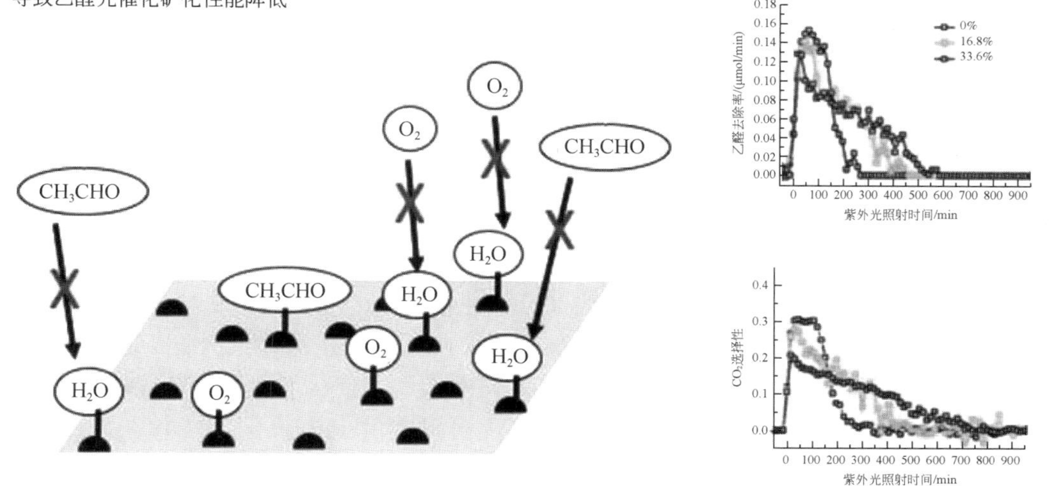

图5-11　乙醛在TiO_2表面的催化氧化[148]

5.4　丙酮催化氧化

丙酮是脂肪族酮类代表性化合物，具有酮类的典型反应。例如，与亚硫酸氢钠形成无色结晶产物，与氰化氢反应生成丙酮氰醇等。丙酮的制备方法以异丙苯法为主，常被用于炸药、塑料、橡胶、纤维、油脂、喷漆等行业中，也可作为合成烯酮、乙酸酐、碘仿、聚异戊二烯橡胶和甲基丙烯酸甲酯等物质的原料[149-151]，也广泛应用于塑料、药品、半导体、印刷电路板、电子终端产品和黏合剂等许多行业[152-155]。丙酮会对环境和人体健康有害[156,157]，因此针对丙酮污染物的高效去除具有重要意义。

5.4.1　锰基复合金属氧化物催化氧化丙酮

以初级 TiO_2 纳米纤维为主体，在其表面生长针状 MnO_x，制得 MnO_x/TiO_2 复合催化材料。当 MnO_x 组分为30%时，MnO_x/TiO_2 表现出较高的催化氧化丙酮的活性，特殊的纳米纤维形貌和丰富的表面氧物种对催化活性起到关键作用（图 5-12）[158]。Mn 改性疏水 TiO_2-SiO_2 混合氧化物催化氧化丙酮的活性与其表面积、表面氧和疏水性质密切相关。

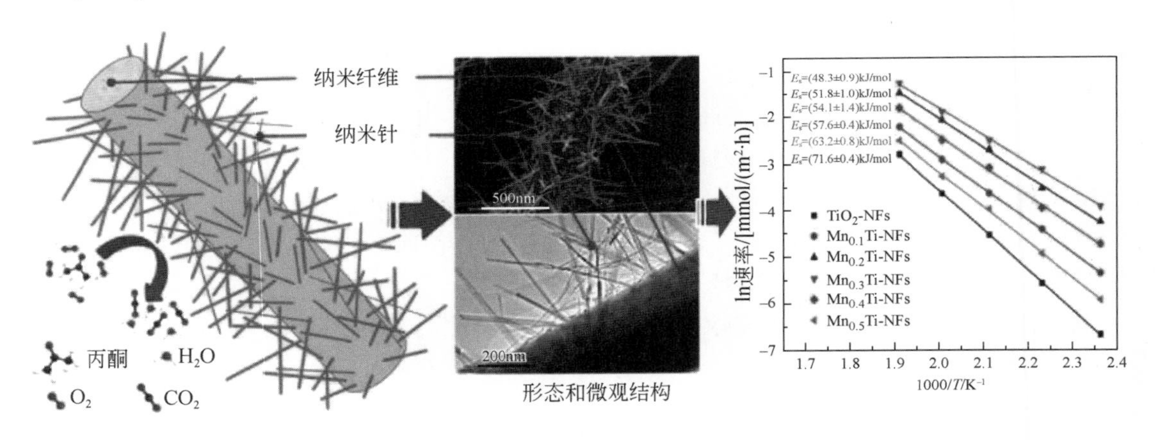

图 5-12　MnO_x/TiO_2 复合材料催化氧化丙酮[158]

具有特定结构（钙钛矿、尖晶石、类水滑石等）的复合金属氧化物也被广泛用于 OVOCs 催化氧化。Rezlescu 等采用溶胶–凝胶法制备了具有尖晶石结构的 $CuFe_2O_4$、$MgFe_2O_4$、$Ni_{0.5}Co_{0.5}Fe_2O_4$ 和钙钛矿结构的 $SrMnO_3$、$FeMnO_3$、$La_{0.6}Pb_{0.2}Ca_{0.2}MnO_3$，并用于丙酮催化氧化（图 5-13），发现钙钛矿型复合氧化物 $SrMnO_3$ 和 $La_{0.6}Pb_{0.2}Ca_{0.2}MnO_3$ 展现出了更高的催化活性，可以在300℃实现95%丙酮转化，然而在铁尖晶石型复合氧化物上仅有70%转化[159,160]。用 Ce 部分取代 Mn 后，可进一步改善催化剂活性。在200℃，丙酮在 $SrMnO_3$ 上转化率为50%，而在 $SrMn_{0.8}Ce_{0.2}O_3$ 上可以实现90%转化。Ce 掺杂后催化剂的高活性主要归因于小的晶粒尺寸、大的比表面积和活性组分可控的价态调变[161]。焙烧温度对锰基催化材料的结构和活性有重要影响。在不同焙烧温度 673K、823K、1073K 和

1273K下，制得含锰和钐的氧化物催化剂，焙烧温度实现了催化剂种类、钙钛矿结构和比表面积的调控。与单一锰氧化物相比，钐锰氧化物的催化性能更好[162]。

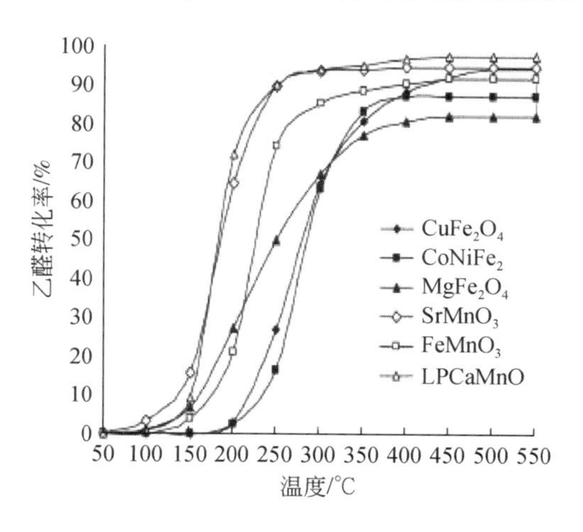

图5-13 不同催化剂催化氧化丙酮活性[159]

Dong等采用水热法制备了Mn基莫来石$GdMN_2O_5$催化剂，其（$T_{90}=160℃$）表现出比1wt% Pt/Al_2O_3（$T_{90}=191℃$）更高的催化去除丙酮的活性。在包含5.0% H_2O的体系中，于200℃反应260h，丙酮转化率维持稳定。表面活性氧物种是$GdMN_2O_5$催化剂具有高催化活性的关键。在丙酮催化氧化过程中，乙酸物种的分解是限速步骤，其能垒为151.7kJ/mol，这和丙酮在$GdMN_2O_5$催化剂上进行的氧化反应的表观活化能基本一致[163]。对于PdMn/Ti催化剂，通过控制Mn的含量，可以调节Pd在TiO_2上的分散性。引入多价态锰后，催化剂具有更高的吸附氧含量和更高的钯氧化物比例，提高了催化剂的低温还原性。含锰催化剂的活性远高于不含锰的，其中$Pd_{0.01}Mn_{0.2}/Ti$催化剂对丙酮氧化表现出良好的催化活性，在丙酮浓度为1000ppm、WHSV为30000mL/(g·h)的反应条件下，T_{95}为259℃（图5-14）[164]。

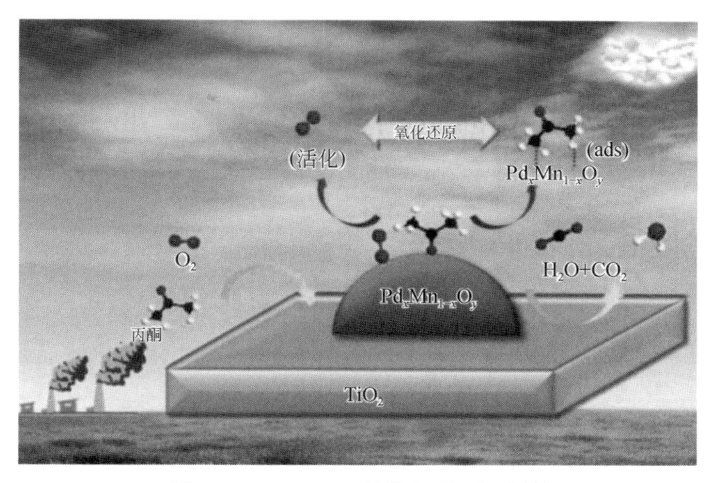

图5-14 PdMn/Ti催化氧化丙酮[164]

Hao 等[165]制备了一种源自 Mn_xAl-LDHs 的 Mn_xAlO 催化剂，发现表面固有的和形成的氧空位可以导致结构单元［MnO_6］的 Mn—O 键减弱，改善催化剂的氧化还原性能，增强气态分子的解离和吸附能力，其中，Mn_3AlO 催化剂对丙酮氧化表现出最佳的催化性能（T_{90}=164℃），产生的副产物量少（<5ppm），且二氧化碳的选择率高（>99%）。如图 5-15 所示[166]，在低温下 MnO_x/γ-Al_2O_3 催化臭氧氧化丙酮和甲苯混合物时，甲苯转化相对容易，丙酮转化则受到抑制，这可能是由于催化臭氧氧化甲苯表观活化能较低，甲苯与活性氧物种更容易反应，然而不完全氧化会导致含碳物质积聚，削弱了丙酮转化。当温度从 25℃升至 60℃和 90℃时，增加了 VOCs 去除率，提高了 CO_x 收率，缩小了甲苯和丙酮的转化差距。

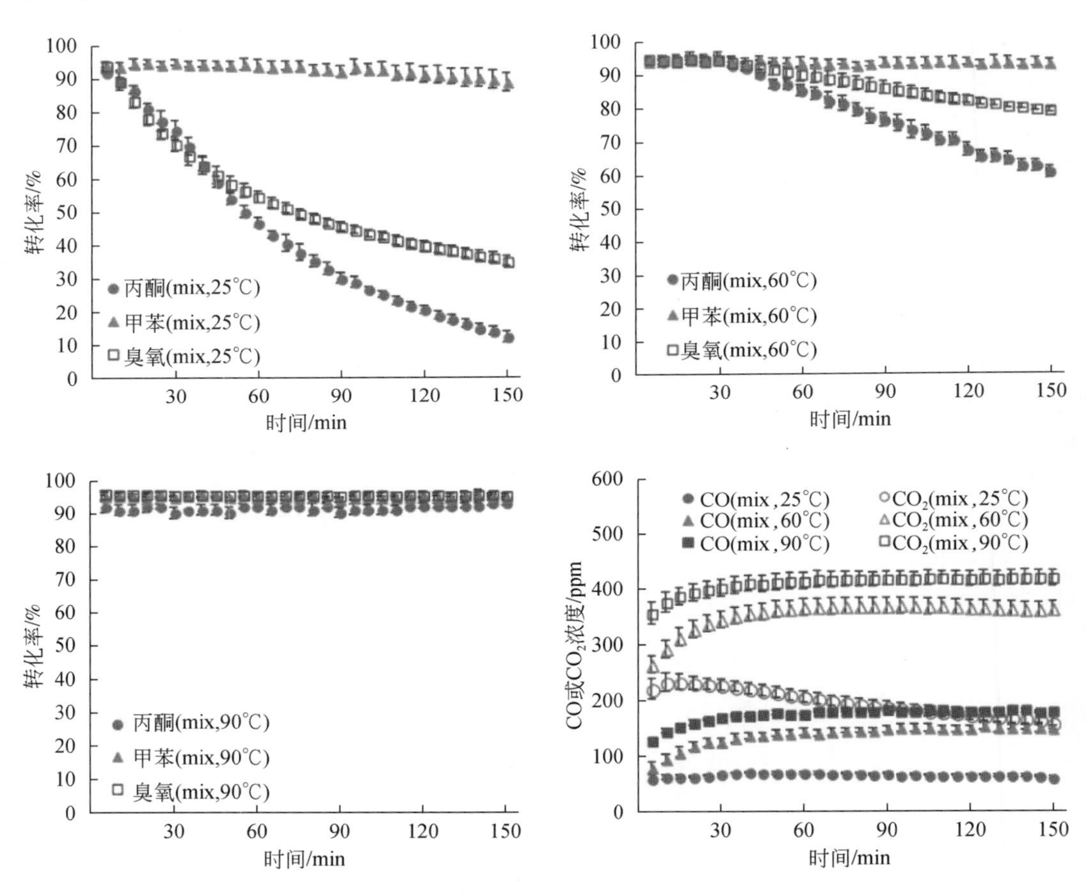

图 5-15 丙酮、甲苯和臭氧转化率以及产生的 CO 和 CO_2 浓度[166]

5.4.2 钴基复合金属氧化物催化氧化丙酮

在不同 Co 负载量的 CoO_x/γ-Al_2O_3 催化剂上（图 5-16），随着 Co 含量的降低，室温催化臭氧氧化丙酮的效率增加。钴负载量的变化改变了钴的局部环境。当从 10% 变化到

2.5% 时，钴的分散度从 4% 提高到 16%，钴的氧化态由 Co(Ⅱ,Ⅲ) 转变为 Co(Ⅱ)，提高了电子转移能力和臭氧利用率[167]。不同 Co/Al 摩尔比和焙烧温度对 Co 基催化剂活性有重要影响。催化剂活性随 Co/Al 摩尔比的增大先增大后减小，随煅烧温度的升高而降低。催化剂活性受晶体结构、表面 Co^{3+}/Co^{2+} 摩尔比、低温还原性和 O_{ads}/O_{latt} 等的影响。Co/Al 摩尔比为 5∶1，300℃焙烧的 CoAlO-300 催化剂（T_{90} = 225℃）和 Co/Al 摩尔比为 5∶1，200℃焙烧的 CoAlO-200 催化剂（T_{90} = 222℃）表现出相对较高的丙酮氧化性能[168]。

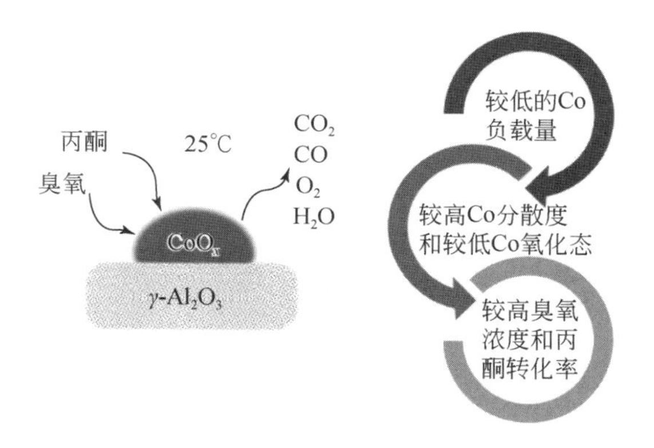

图 5-16　CoO_x/γ-Al_2O_3 催化氧化丙酮[168]

采用溶剂热醇解法，合成了一系列尖晶石 MCo_2O_4（M = Co，Ni，Cu）空心介孔球（HMS），发现 $CuCo_2O_4$ 具有相对较高的催化消除丙酮的活性，这是由于 Cu 离子取代后，催化剂上形成了 Co^{3+} 阳离子、活性氧物种和缺陷位点，提高了催化剂的可还原能力。图 5-17 为丙酮在 $CuCo_2O_4$ 催化剂上的完全氧化机理[169]。钙钛矿型氧化物 $LaMO_3$（M = Mn 和 Co）是一类高效的催化氧化催化剂，$LaMnO_3$ 在丙酮深度氧化反应中的活性高于 $LaCoO_3$ 的[170]。$LaMnO_3$ 表面也表现出更高的 VOCs 吸附性能，氧分压的增加有利于该反应的进行。采用 Ce 对 Mn 进行部分取代（20%），可显著提高 $SrMnO_3$ 在该反应中的催化活性，由于较小的微晶尺寸、较大的比表面积，以及钙钛矿结构中具有可变价态的 Ce 和 Mn 阳离子的存在[171]。

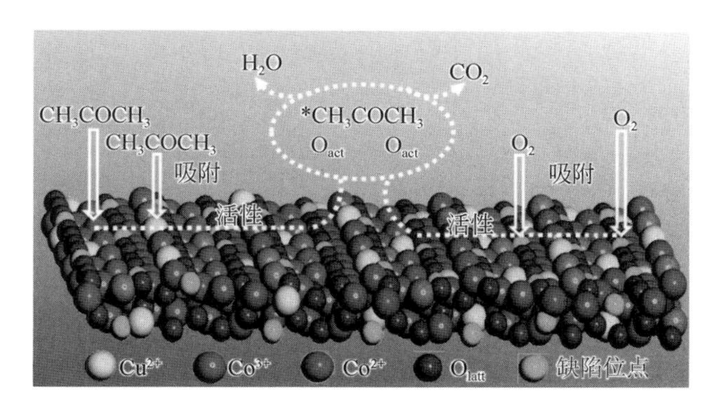

图 5-17　丙酮在 $CuCo_2O_4$ 催化剂上完全氧化的可能机制[169]

5.4.3　铈基氧化物催化氧化丙酮

在 CeO_2 中引入 CuO，改善了 Ce 基氧化物的催化性能，CeO_2 负载的 CuO 催化剂在氧化反应中表现出优异的活性[172]。采用溶液燃烧法制备 $Cu_xCe_{1-x}O_y$（x = 0.06、0.13 和 0.23）催化剂，其中 $Cu_{0.13}Ce_{0.87}O_y$ 表现出了最佳的催化活性，晶格氧在催化反应中起到至关重要的作用。然而由于块状 CuO 的形成，$Cu_{0.13}Ce_{0.87}O_y$ 催化剂的稳定性仍需改进。焙烧温度对 $Cu_{0.13}Ce_{0.87}O_y$ 的活性和稳定性有显著影响。在 700℃下焙烧的样品显示出最高的活性，在 200℃左右可以实现 100% 丙酮转化率。在 400 ~ 700℃下焙烧的催化剂对丙酮氧化反应具有良好的稳定性[173]。制备方法对 $CuCeO_x$ 催化氧化丙酮的性能有重要影响。与采用尿素燃烧法和溶胶–凝胶法制备的催化剂相比，采用静电纺丝法制备的纳米纤维催化剂，呈现出高比表面积、丰富氧缺陷和可调变的 Ce 氧化态特性，表现出了更高的催化活性，$Cu_{0.5}Ce_{0.5}O_x$ 纳米纤维催化剂在 270℃实现丙酮的完全转化[174]。Ce 改性和 Zr 柱撑蒙脱石材料负载 CuO 对丙酮氧化也具有良好的催化活性，在 230℃下实现 100% 丙酮转化[175]。

对于负载在含 Al 介孔二氧化硅颗粒（Al-MSPs）上的不同金属（Cu、Co、Ni、Mn 和 Fe）改性的 CeO_2 催化剂，在催化氧化丙酮时，Ce 是主要的催化活性物种，其他金属的引入进一步提升了 Ce/Al-MSPs 的活性。其中 Mn-Ce/Al-MSP（Mn/Ce = 2∶1）性能最佳，在 200℃下实现丙酮完全转化。这与 $MnCeO_x$ 混合氧化物的协同效应紧密相关，增加了 Ce^{3+} 和 Mn^{4+} 比例，改善了催化剂可还原性和对丙酮的吸附能力[176]。通过快速盐模板气凝胶法（fast salt-templated aerosol process），制得一系列负载在介孔二氧化硅上的双金属 Ce/Al 催化剂，它们催化氧化丙酮的活性主要取决于表面氧化还原性和酸性。在 300℃热处理制得的 Ce/Al-SiO_2 催化剂具有较高的表面酸性和较强的表面还原性，在 100 ~ 300℃下具有最佳的丙酮氧化性能，在丙酮浓度为 1000ppm 和 GHSV 为 15000h^{-1} 的条件下，其 T_{90} 为 165℃[177]。

5.4.4　沸石分子筛和改性柱撑黏土影响研究

由于独特的结构、低成本和环境兼容性，沸石分子筛和改性柱撑黏土在 VOCs 催化氧化中被广泛用作载体或者活性物相，尤其通过层间柱撑的方法插入金属氧化物（Al_2O_3、Fe_2O_3、ZrO_2、Cr_2O_3、TiO_2），常被用于改善其稳定性和催化活性[178-181]。

Wang 等采用一步蒸发诱导自组装的方法，合成了 Ce/Al-MSPs 催化剂，其中 Ce/Al-MSPs(25)（Si/Ce = 25）催化剂在 150℃左右可以实现 80% 丙酮的去除且在高温下保持良好的催化稳定性，Ce 和 Al 之间的协同作用改进了催化剂的催化活性。Al 的担载量、催化剂比表面积、CeO_2 颗粒尺寸对低温催化氧化丙酮有重要影响[182]。Lin 等采用凝胶自组装法、浸渍法和喷涂法合成了 2.8% Ce/1.2% Al-MSPs 催化剂［Ce/Al-MSPs(50/25)］，它们具有较相似的孔径和比表面积，但是凝胶自组装法制备的催化剂具有更好的 Ce 和 Al 氧化物的分散性、高的表面氧化还原性能和酸性，因此对催化氧化丙酮表现出了独特的优势[183,184]。Al-、Zr-和 Fe-柱撑蒙脱石对典型 VOCs 氧化呈现出较高的催化活性[185]。CuO

负载的Ce改性的Zr柱撑蒙脱石催化剂，在230℃可实现将丙酮完全催化氧化，Ce改性使Zr柱撑蒙脱石材料层间距扩大和比表面积增加，同时提高了CuO的分散性[186]。在MnO_x负载在未柱撑或Al-和Zr-柱撑的两种不同天然黏土（蒙脱土和皂石）催化材料上，丙酮完全转化所需温度在610～660K范围内（图5-18）。黏土载体对催化活性有重要影响，催化活性依次按Al-柱撑黏土<未柱撑黏土<Zr-柱撑黏土提升。对于特定的柱撑元素，蒙脱石催化性能优于皂石。负载型的未柱撑黏土的催化稳定性高于负载型的Al-和Zr-柱撑黏土的[187]。在Fe-Mn混合氧化物柱撑黏土催化剂中，较高的锰含量对催化活性有益；当$Mn_{(Ⅲ)}/Fe_{(Ⅲ)}=16/4$时，催化剂催化活性相对更好，在200℃实现将丙酮完全催化氧化[188]。

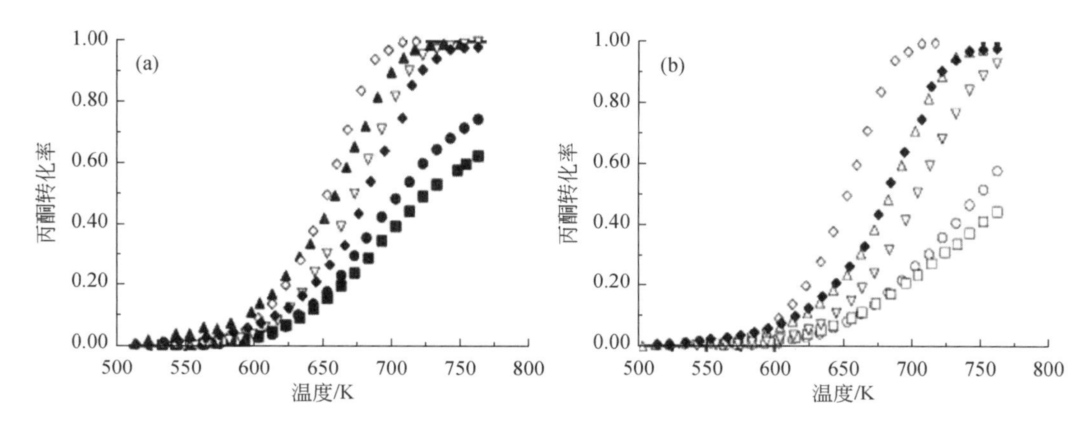

图5-18　不同催化剂上丙酮燃烧催化活性：(a) 蒙脱土（·），Al-柱撑蒙脱土（■），Zr-柱撑蒙脱土（▲），Al_2O_3（◆），ZrO_2（◇），和ZrO_2和蒙脱石机械混合（▽）；(b) 皂石（○），Al-柱撑皂石（□），Zr-柱撑皂石（△），Al_2O_3（◆），ZrO_2（◇）和ZrO_2和皂石的机械混合（▼）[187]

5.4.5　贵金属催化剂催化氧化丙酮

在TiO_2纳米片负载的贵金属颗粒平均尺寸为1.3nm、1.9nm和3.0nm的Pt纳米催化剂中，由于大大降低了对甲苯和丙酮的吸附，$Pt_{1.9nm}/TiO_2$对甲苯和丙酮混合物的催化脱除存在相互抑制作用。在140℃时，500ppm甲苯或丙酮的氧化反应速率分别为0.033μmol/(g_{cat}·s)和0.045μmol/(g_{cat}·s)，大大高于混合物氧化反应的相应速率（0.020μmol/(g_{cat}·s)和0.007μmol/(g_{cat}·s)）。$Pt_{1.9nm}/TiO_2$具有良好的催化稳定性和对H_2O与CO_2的耐受性。甲苯与丙酮共存在并未改变催化氧化反应机理，甲苯和丙酮混合物氧化脱除的反应路径可能遵循单甲苯或丙酮氧化的路径（图5-19）[189]。

在一系列改性Pt催化剂（Pt-Ce、Pt-Zr）中，Ce-改性的Pt催化剂（$Pt-Ce/TiO_2$）展示出优异的催化氧化丙酮的性能，T_{50}和T_{90}分别为210℃和236℃。Ce的加入有利于催化剂表面形成更多的金属态Pt，$Pt-Ce/TiO_2$中Pt^0的含量明显高于Pt/TiO_2的，因而促进了丙酮的氧化（图5-20）[190]。

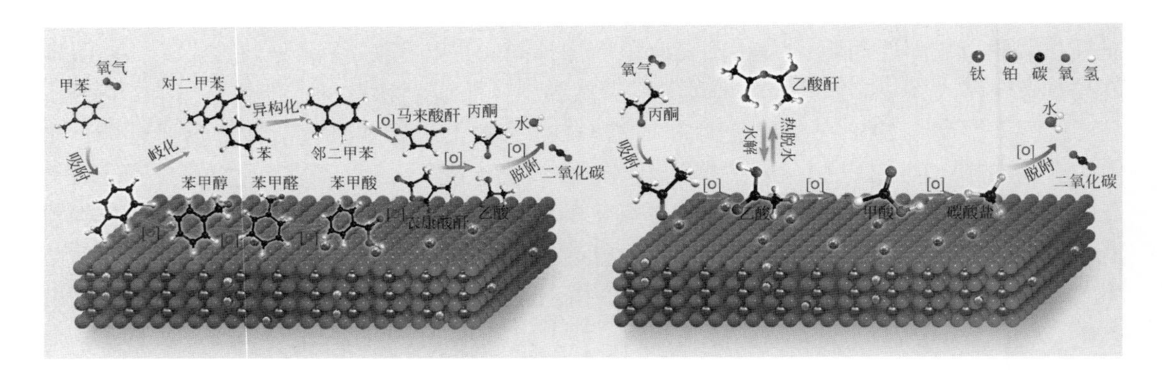

图 5-19 Pt/TiO_2 纳米片催化氧化甲苯和丙酮[189]

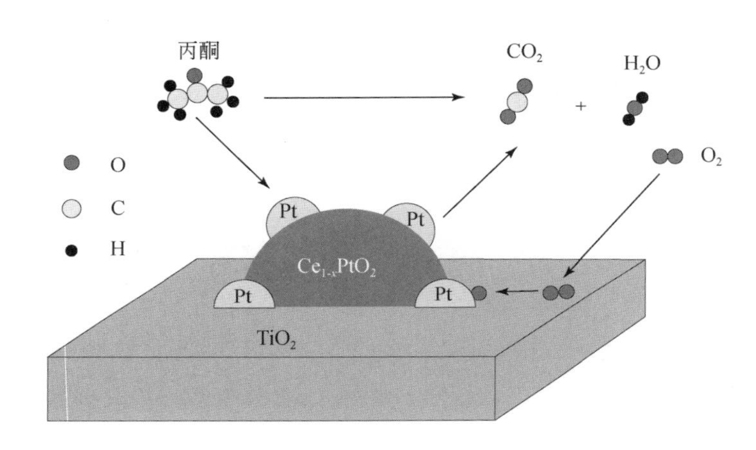

图 5-20 Pt-Ce/TiO_2 催化氧化丙酮[190]

János 采用原位透射红外光谱法，研究了在室温、有/无气相 O_2 和紫外照射下，丙酮在商用 TiO_2（P25）粉末催化剂上的光催化氧化反应途径。在厌氧条件下（无气相 O_2），丙酮在 TiO_2 上发生了一定程度的光氧化。然而当气相中存在 O_2 时，丙酮完全转化为醋酸盐和甲酸盐，最终转化为二氧化碳。光诱导反应的第一步是甲基自由基的产生，从而形成表面乙酸（源于乙酰基）和甲酸（源于甲基自由基）。乙酸根离子也容易被转换成甲酸盐，甲酸盐被光氧化成二氧化碳。在所采用的实验条件下，随着丙酮的光氧化，在 TiO_2 表面观察到碳酸盐和重碳酸盐的积累。当最初的自由基形成阶段产生含有多于一个碳原子的碳氢化合物（如在 2-丁酮和甲酰基氧化物的情况下）时，也可以观察到醛类在催化剂表面的形成[191]。

采用 V-TiO_2-C 纳米纤维膜催化剂催化氧化丙酮（图 5-21），10% V-TiO_2-C 表现出了高的催化活性，其丰富的多孔纳米纤维结构和吸附氧物种、强的酸性和氧化还原性是影响催化活性的主要因素[192]。多级结构的 V_2O_5/TiO_2 纳米纤维催化剂，由于其特殊的纳米形貌结构和丰富的氧缺陷，改进了传质过程，增强了催化活性[193]。

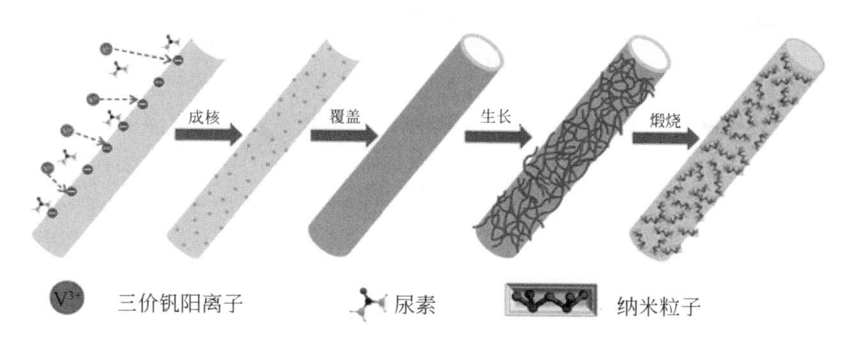

图 5-21　V-TiO_2-C 催化氧化丙酮[192]

V_2O_5/TiO_2 催化剂的氧化还原性可以通过改变 TiO_2 与 VO_x 物种之间的电子相互作用来调节[194,195]。双过渡金属复合催化剂形貌特征组装过程也是进行催化活性调控的有效途径，Zhu 等结合静电纺丝和水热生长方法制备了具有分层结构的 TiO_2 纳米纤维负载的 V_2O_5 催化剂，5wt% V_2O_5/TiO_2 纳米纤维催化剂具有最高的丙酮氧化活性［图 5-22，T_{90} = 300℃；GHSV = 360 000mL/(g · h)］[196]。

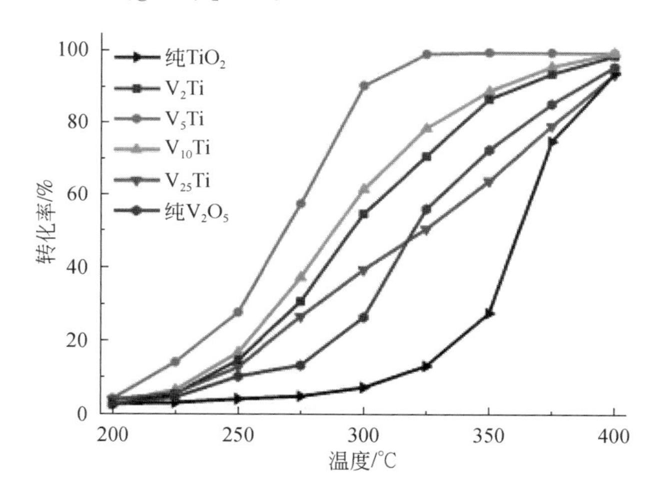

图 5-22　多级结构 V_2O_5/TiO_2 纳米纤维催化剂上丙酮氧化活性[196]

除热催化和光催化外，等离子协同催化消除污染物也受到较多关注。研究发现等离子协同催化显著提高了丙酮脱除效率和 CO_2 选择性、抑制了副产物 HCHO 和 HCOOH 的形成；在 MO_x/Al_2O_3（M = Ce、Co、Cu、Mn 和 Ni）催化剂中，5.0wt% CuO/Al_2O_3 催化剂显示出更高的性能，丙酮去除效率达到 94.2%，CO_2 选择性达到 80.1%；气流速率、电晕放电功率、丙酮初始浓度和催化剂表面氧物种特性对丙酮的去除效率和能源利用效率有重要影响[197-199]。在填充床介质阻挡放电反应器内，床层填料改善了催化性能，提升了能源利用密度，降低了副产物的生成，对丙酮去除起到了积极作用，然而高氧浓度抑制了丙酮的去除，CH_3 自由基在丙酮降解中发挥重要作用[200]（图 5-23）。

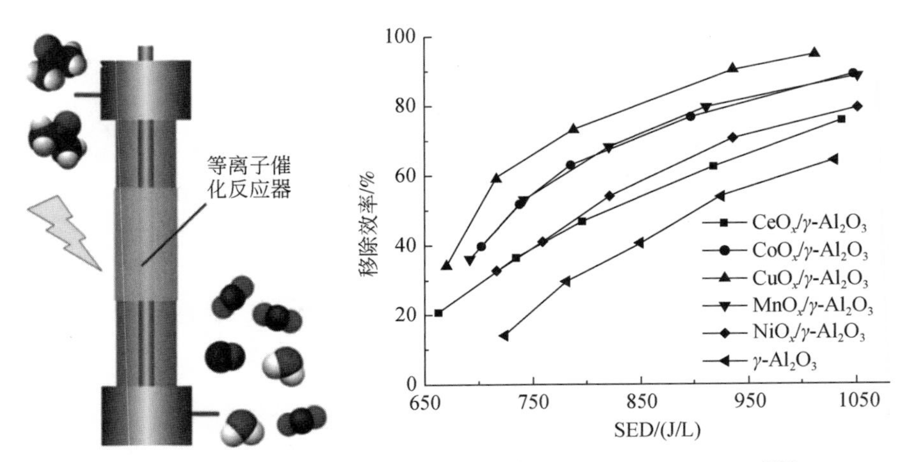

图 5-23　不同催化剂上等离子协同催化实验示意图和催化活性[197]

5.5　甲乙酮催化氧化

甲乙酮（MEK）是化学工业中常用于合成树脂、黏合剂制造、纺织品染色和印刷以及电子设备制造中的溶剂，也是润滑油精炼中的脱蜡剂和醇的变性剂[201]，往大气中排放也会导致人类健康问题和更广泛的环境问题。

5.5.1　金属氧化物上甲乙酮的催化氧化

在以 Fe_2O_3 为膜的催化反应器中，反应物穿过有催化剂分散的膜壁，传质阻力大大降低。MEK 在 500～2000ppm 范围内的完全燃烧温度降低至 255℃[202]。在此基础上，Picasso 等系统研究了催化燃烧 MEK 的反应动力学，提出了一系列 MEK 催化氧化的并联反应网络，测试了若干动力学模型，发现 Langmuir-Hinshelwood 机理能够较好地与实验结果相吻合，所获得的动力学参数可用于预测 Fe_2O_3 基催化膜反应器的性能[203]。MEK 在 Pt/Al_2O_3 膜催化剂上的氧化也呈现出类似的结果[204]。暴露（101）晶面的 Mn_3O_4 比 MnO_x 纳米棒具有更优异的 MEK 催化氧化活性，由于 MEK 分子在 Mn_3O_4（101）晶面的高亲和力，促进了其催化氧化过程[205]。在各种过渡金属（Mn、Co、Cr、Fe 和 Ni）掺杂的立方 ZrO_2 催化剂上催化氧化 MEK 时，Cr/ZrO_2 催化剂具有最高的活性，而 Ni/ZrO_2 表现出最低的活性[206]。在不同温度（485～673K）下，研究低浓度（空气中分别为 0.45mol% 和 0.4mol%）丙烷和 MEK 在 Cr/ZrO_2 催化剂上完全氧化反应动力学后发现，反应速率参数与幂律模型和氧化还原模型（Mars-van Krevelen）能较好地吻合，但氧化还原模型对丙烷和 MEK 完全氧化反应拟合得更好[207]。对于 $LaBO_3$（B＝Cr、Co、Ni 和 Mn）和 $La_{0.9}K_{0.1}MnO_{3+\delta}$催化剂（图 5-24），100% 转化 MEK 的催化活性顺序如下：$LaMnO_3>LaCoO_3\approx LaNiO_3>LaCrO_3$。掺杂 K 提高了 $LaMnO_3$ 的催化活性，这主要是由于表面积和 Mn^{4+} 比例的增加。MEK 氧化成二氧化碳的反应进程经历了形成乙醛、少量甲基乙烯基酮和二乙酰中间体的过程[208]。

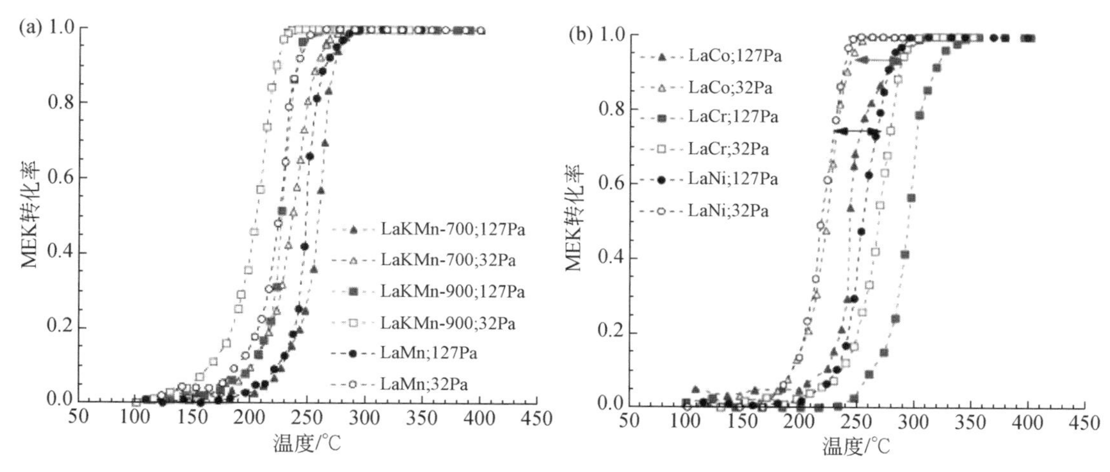

图5-24 系列钙钛矿材料上甲乙酮的催化氧化[208]

碱金属Na和Cs的引入，提升了Mn_2O_3和Mn_3O_4对MEK的催化氧化活性，硫酸盐则对其活性有抑制作用[209]。在锰基负载型和非负载型催化剂上，Mn_2O_3和Mn_3O_4催化氧化MEK的活性类似；对于负载型催化剂，活性依次按$Mn/\gamma\text{-}Al_2O_3 \approx Mn/SiO_2\text{-}Al_2O_3 > Mn/\alpha\text{-}Al_2O_3 \approx Mn/MgO$的次序降低。采用油相共还原和浸渍法制备了$Ru_xMn_y$/meso-$TiO_2$催化剂，其中$Ru_{25}Mn_{21}$/meso-$TiO_2$对MEK氧化表现出最佳性能，主要归因于其具有高分散的$Ru_{25}Mn_{21}$纳米颗粒、高的吸附氧浓度、高的氧化还原性能和甲乙基酮吸附性能以及$Ru_{25}Mn_{21}$与meso-TiO_2之间的强相互作用[210]。Luo等采用造纸技术和等体积浸渍法制备了一种新型氧化锰沉积的纸状不锈钢纤维包埋活性炭催化剂（Mn-GAC/PSSF），并同时制备了锰沉积的颗粒活性炭催化剂（Mn-GAC）作为对比。锰氧化物分布都较均匀，Mn主要以Mn^{3+}和Mn^{4+}形式存在。由于更优异的传质和接触效率，Mn-GAC/PSSF比Mn-GAC具有更高的催化氧化MEK的活性。Mn担载量越高，活性越好。30%-Mn-GAC/PSSF催化剂在521K下可以实现90% MEK的转化[211]。

Mojtaba等采用理想塞流模型和轴向分散塞流模型（弥散模型）模拟了二氧化钛涂覆在二氧化硅纤维毡上光催化降解甲乙酮的动力学模型。在Langmuir-Hinshelwood（L-H）表达式的基础上，考察了6个动力学速率方程，找出了最符合实验数据的模型。利用线性源球发射模型（LSSE）模拟了光催化剂表面的光强分布，并与实验数据进行了验证。此外，还应用比尔-朗伯模型模拟了光催化氧化（PCO）滤光片中光强的衰减。为了验证模型预测的可靠性，在小型连续流反应器中开展了一系列不同浓度（0.1～1ppm）、相对湿度（17%～67%）、流速（10～30L/min）和光照强度（7～23.5W/m^2）下MEK降解实验，以及在黑暗条件、不同浓度（0.25～1ppm）和相对湿度（15%～50%）条件下MEK降解实验。甲醛、乙醛、丙酮和丙醛等是MEK PCO反应的主要副产物。碳平衡结果表明，7.2% MEK矿化为CO_2，约10.8% MEK转化为副产物。通过对不同动力学速率表达式的研究发现，考虑水蒸气和副产物对吸附抑制作用的单分子L-H模型拟合最佳。离散模型结合该速率表达式在所有操作条件下都具有较高的精度。传质对PCO过程的影响不是主导步骤，PCO反应是限速步骤[212]。

丙酮和甲乙酮是两种典型的酮类挥发性有机物，是制造企业常用的溶剂。在同轴介质阻挡放电（DBD）反应器中，研究了 Cu 掺杂 MnO_2 催化剂对两种酮类 VOCs 去除效率和 CO_2 选择性的影响，并以比能量密度（SED）为函数进行了比较。结果表明，Cu 掺杂 MnO_2 催化剂的引入显著提高了 VOCs 去除效率和 CO_2 选择性。在 SED 为 600J/L 和 GHSV 为 300000mL/(g · h）条件下，$Cu_{0.133}Mn$ 表现出较高的去除效率（甲乙酮 97% 和丙酮 82.1%）和 CO_2 选择性（甲乙酮 91.7% 和丙酮 89.4%）。Cu 和 Mn 之间的协同作用，提高了 Cu-Mn 固溶体系的表面活性氧含量和还原性，从而改善了催化性能。此外，通过原位 FTIR 和 GC-MS 分析发现，Cu 掺杂 MnO_2 催化剂不仅可以加快 VOCs 降解速度，而且可以提高 VOCs 完全氧化过程中氧气和臭氧的利用率。图 5-25 给出了两种酮类 VOCs 在等离子体和等离子体催化过程中可能的降解途径[213]。

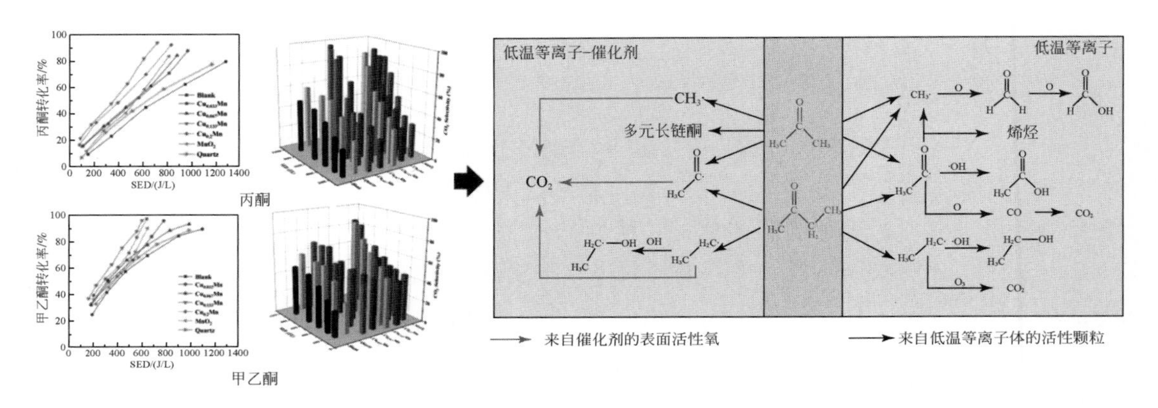

图 5-25　Cu/MnO_2 催化氧化酮类污染物[213]

5.5.2　负载型贵金属催化剂催化氧化甲乙酮

He 等[214]制备了具有规则纳米棒（Pt/KA-NRS）和球形纳米花（Pt/KA-SNFS）形貌的分级微介孔催化剂，其中 0.27wt% Pt/K-Al-SiO_2 催化剂表现出优异的低温活性、CO_2 选择性和 MEK 氧化稳定性（图 5-26 和图 5-27），在 170℃实现将甲乙酮完全氧化，这主要是因为催化剂表面丰富的 Brønsted 酸位点，促进了 Pt 纳米粒子的分散以及在催化剂上的稳定性；钾原子平衡了载体的负电荷，增强了 O_2 移动性。此外，独特的催化剂形貌和高的 Pt^0 含量也有利于催化活性的提升。

Arzamendi 等系统研究了 MEK 在 PdO_x(0-1wt% Pd)-MnO_x(18wt% Mn)/Al_2O_3、单金属 PdO_x(1wt% Pd)/Al_2O_3 和 MnO_x(18wt% Mn)/Al_2O_3 催化剂上的氧化反应动力学和产物选择性，发现 Pd/Al_2O_3 是最佳的完全氧化催化剂，而 MEK 在 MnO_x 存在下的部分氧化效应显著，但部分氧化产物（乙醛、甲基乙烯基酮和丁二酮）的最大产率始终低于 10%。CO_2 在 PdO_x/Al_2O_3 上的形成速率与表面氧化还原 Mars-van Krevelen(MvK）动力学模型和 Langmuir-Hinshelwood(L-H）模型均吻合较好。在含 Mn 催化剂上，与 MvK 模型吻合较好。无论哪种模型，Pd-Mn 双金属催化剂的动力学参数介于单金属样品值之间，表明在 MEK

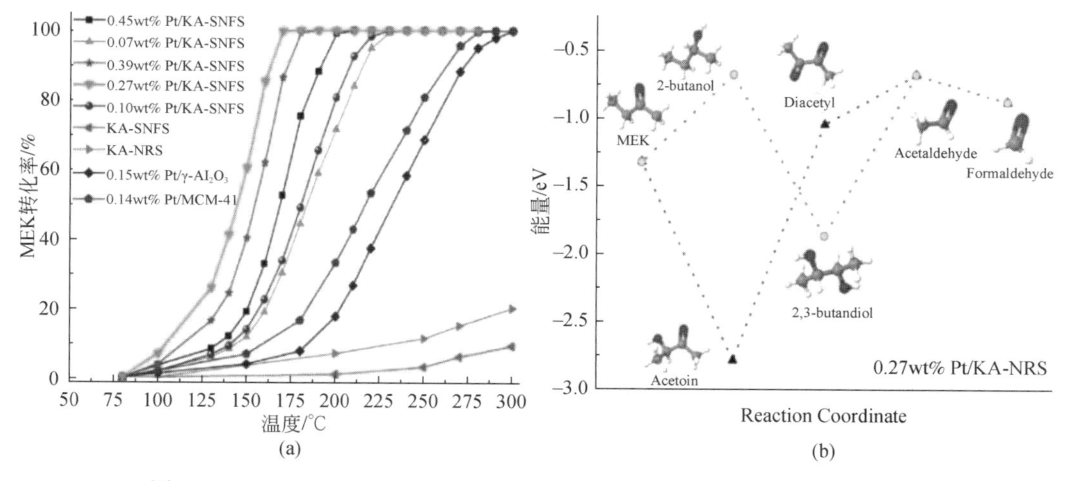

图 5-26　不同催化剂上甲乙酮的（a）催化氧化活性和（b）能垒分布[214]

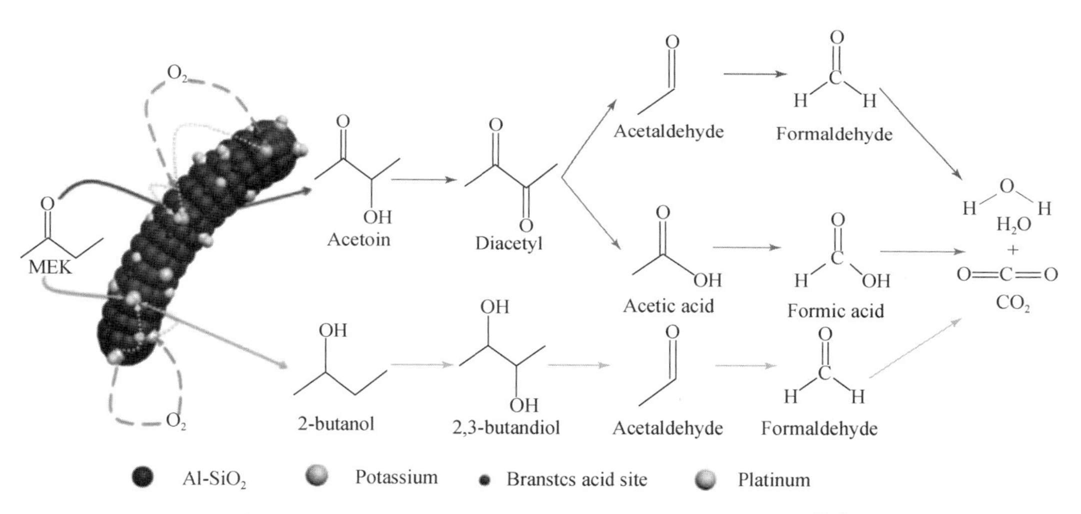

图 5-27　0. 27wt% Pt/KA-NRS 催化剂上甲乙酮反应机理[214]

燃烧中 Pd 和 Mn 物种之间是累积作用而不是协同作用[215]。Yue 等采用浸渍法制备了不同 Ce 含量的 Pd-Ce/ZSM-5 催化剂并用于 MEK 催化氧化（图 5-28），其中 $PdCe_{9.6}$/ZSM-5 催化剂表现出最高的活性，这是由于其具有强酸位和 PdO-Pd 氧化还原循环对[216]。

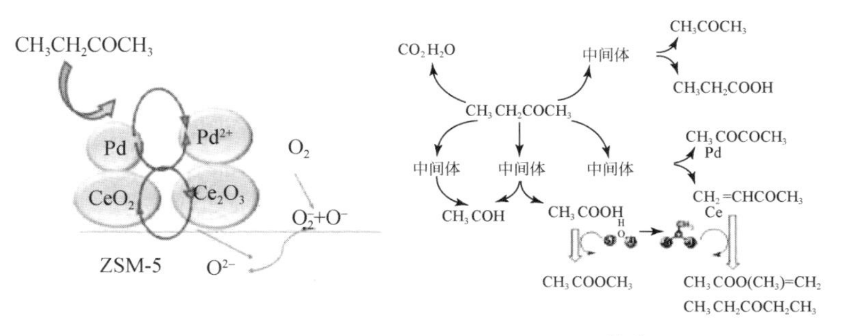

图 5-28　Pd-Ce/ZSM-5 催化氧化 MEK[216]

5.6 总结与展望

5.6.1 总结

本章主要总结了典型催化材料体系上醛酮类 OVOCs 催化氧化过程与机理。催化体系主要集中在贵金属体系（Pd、Pt、Ru 和 Au）和过渡金属体系（Mn 基、Co 基、Ce 基及其复合氧化物）。在贵金属体系下，贵金属与载体的相互作用对反应性能影响甚大，高度匹配性的结构对应关系的调控与构建至关重要，如何深入优化贵金属活性位结构特征对提升 OVOCs 催化氧化性能意义重大，因此须在高效开发单原子、双原子贵金属等负载型催化剂制备方法、调控机制方面开展研究。此外，在醛酮类 OVOCs 催化氧化过程和机理研究中，催化体系更多的是过渡金属及其复合氧化物，虽然贵金属具有较过渡金属更加优越的催化性能和活化氧气分子的能力，但是在某些情况下，通过导向设计过渡金属配位结构和多金属组分的相互协同作用，能够有效改善过渡金属复合催化材料对醛酮类污染物 C—H 和 C—C 键活化的性能，同时通过缺陷结构和晶面晶界优化，可以改善氧物种在表界面的形成与迁移。在开发设计醛酮类污染物催化体系时，可以考虑过渡金属和贵金属耦合作用下的反应过程研究，通过原子结构差异性的双金属活性位的特征调控实现 C—H 和 C—C 键的活化强化。通过对反应过程和反应机理的认识，可以看出，对于该类 OVOCs 污染物分子，其反应机理更多地遵从 MvK 机理，对于部分功能催化材料，包括 L-H 等多种反应机理并存，基于此，通过开发设计优质催化剂在调控、研究新的反应过程和机理方面意义重大。深入开展反应机理紧密相关、与污染物分子关键化学键的活化、催化材料表界面活性位点的氧化还原循环过程研究。

5.6.2 展望

针对醛酮类 OVOCs 的催化氧化，影响污染物分子高效降解的关键依然在于如何有效改善活性位点的氧化还原循环性能及克服初始过程 C—H 的活化能垒，借助于量化计算和系列原位表征手段，深入揭示活性位点动态演变与催化反应发生的基元过程。此外，对于复杂环境体系下，研究多组分协同去除机制，调控多（功能）位点下的复合污染物的吸附催化过程，实现靶向活化及污染物分子的降解。环境水、杂质组分等复杂介质对催化氧化 OVOCs 的影响机制和消除机理研究意义重大，其中先进催化剂的设计在逆转杂质分子对醛酮类 OVOCs 氧化干扰方面至关重要。醛酮类污染物催化氧化过程存在明显的梯级关系，开发多位点催化反应“通道”，实现污染物分子的规模消除，提升反应效率，最终实现高效的工业催化材料与技术工艺开发，推动典型行业醛酮类工业废气净化与治理。此外，在最新“双碳”发展趋势下，开发高效的吸附浓缩工艺技术，实现 OVOCs 的资源化利用成为有效解决污染的手段，构建醛酮类污染物资源回用新途径及高效转化制备化工产品新过程研究意义重大。

参考文献

[1] Duan J, Tan J, Liu Y, et al. Concentration, sources and ozone formation potential of volatile organic compounds (VOCs) during ozone episode in Beijing [J]. Atmospheric Research, 2008, 88 (1): 25-35.

[2] Patel M, R Kumar, Kishor K, et al. Pharmaceuticals of emerging concern in aquatic systems: Chemistry, occurrence, effects, and removal methods [J]. Chemical Reviews, 2019, 119 (6): 3510-3673.

[3] Vouvoudi E C, Achilias D S. Pyrolytic degradation of common polymers present in packaging materials [J]. Journal of Thermal Analysis and Calorimetry, 2019, 138 (4): 2683-2689.

[4] Sivaramakrishnan R, Michael J V, Harding L B, et al. Resolving some paradoxes in the thermal decomposition mechanism of acetaldehyde [J]. Journal of Physical Chemistry A, 2015, 119 (28): 7724-7733.

[5] Santos V P, Pereira M, Rfo J J M, et al. Mixture effects during the oxidation of toluene, ethyl acetate and ethanol over a cryptomelane catalyst [J]. Journal of Hazardous Materials, 2011, 185 (2): 1236-1240.

[6] Arzamendi G, Ferrero R, Pierna A R, et al. Kinetics of methyl-ethyl-ketone combustion in air at low concentrations over a commercial Pt/Al_2O_3 catalyst [J]. Industrial & Engineering Chemistry Research, 2007, 46 (26): 9037-9044.

[7] Santos V P, Carabineiro S, Tavares P B, et al. Oxidation of CO, ethanol and toluene over TiO_2 supported noble metal catalysts [J]. Applied Catalysis B: Environmental, 2010, 99: 198-205.

[8] Griffin M, Rodriguez A A, Montemore M M. The selective oxidation of ethylene glycol and 1, 2-propanediol on Au, Pd, and Au-Pd bimetallic catalysts [J]. Journal of Catalysis, 2013, 307: 111-120.

[9] Bilal M, Jackson S D. Ethanol steam reforming over Pt/Al_2O_3 and Rh/Al_2O_3 catalysts: the effect of impurities on selectivity and catalyst deactivation [J]. Applied Catalysis A: General, 2017, 529: 98-107.

[10] Chen B B, Shi C, Crocker M, et al. Catalytic removal of formaldehyde at room temperature over supported gold catalysts [J]. Applied Catalysis B: Environmental, 2013, 132-133: 245-255.

[11] Shen Y, Yang X, Wang Y, et al. The states of gold species in CeO_2 supported gold catalyst for formaldehyde oxidation [J]. Applied Catalysis B: Environmental, 2008, 79 (2): 142-148.

[12] Liu B, Liu Y, Li C, et al. Three-dimensionally ordered macroporous Au/CeO_2-Co_3O_4 catalysts with nanoporous walls for enhanced catalytic oxidation of formaldehyde [J]. Applied Catalysis B: Environmental, 2012, 127: 47-58.

[13] Bu Y, Chen Y, Jiang G, et al. Understanding of Au-CeO_2 interface and its role in catalytic oxidation of formaldehyde [J]. Applied Catalysis B: Environmental, 2020, 260: 118-138.

[14] Xu Q, Lei W, Li X, et al. Efficient removal of formaldehyde by nanosized gold on well-defined CeO_2 nanorods at room temperature [J]. Environmental Science & Technology, 2014, 48 (16): 9702-9708.

[15] Tan H, Wang J, Yu S, et al. Support morphology-dependent catalytic activity of Pd/CeO_2 for formaldehyde oxidation [J]. Environmental Science & Technology, 2015, 49 (14): 8675-8682.

[16] Ma L, Wang D, Li J, et al. Ag/CeO_2 nanospheres: efficient catalysts for formaldehyde oxidation [J]. Applied Catalysis B: Environmental, 2014, 148-149: 36-43.

[17] Yu L, Peng R, Chen L, et al. Ag supported on CeO_2 with different morphologies for the catalytic oxidation of HCHO [J]. Chemical Engineering Journal, 2018, 334: 2480-2487.

[18] Jiang G, Su Y, Li H, et al. Insight into the Ag-CeO_2 interface and mechanism of catalytic oxidation of

formaldehyde [J]. Applied Surface Science, 2021, 549: 149277.

[19] Li H F, Zhang N, Chen P, et al. High surface area Au/CeO_2 catalysts for low temperature formaldehyde oxidation [J]. Applied Catalysis B: Environmental, 2011, 110: 279-285.

[20] Ma L, Seo C Y, Chen X, et al. Sodium-promoted Ag/CeO_2 nanospheres for catalytic oxidation of formaldehyde [J]. Chemical Engineering Journal, 2018, 350: 419-428.

[21] Yan Z, Xu Z, Yu J, et al. Enhanced formaldehyde oxidation on CeO_2/AlOOH-supported Pt catalyst at room temperature [J]. Applied Catalysis B: Environmental, 2016, 199: 458-465.

[22] Zhang C, He H, Tanaka K. Catalytic performance and mechanism of a Pt/TiO_2 catalyst for the oxidation of formaldehyde at room temperature [J]. Applied Catalysis B: Environmental, 2006, 65 (1-2): 37-43.

[23] Zhang C, Li Y, Wang Y, et al. Sodium-promoted Pd/TiO_2 for catalytic oxidation of formaldehyde at ambient temperature [J]. Environmental Science & Technology, 2014, 48 (10): 5816-5822.

[24] Li Y, Zhang C, He H. Significant enhancement in activity of Pd/TiO_2 catalyst for formaldehyde oxidation by Na addition [J]. Catalysis Today, 2017, 281: 412-417.

[25] Li Y, Chen X, Wang C, et al. Sodium enhances Ir/TiO_2 activity for catalytic oxidation of formaldehyde at ambient temperature [J]. ACS Catalysis, 2018, 8 (12): 11377-11385.

[26] Zhang C, Liu F, Zhai Y, et al. Alkali-metal-promoted Pt/TiO_2 opens a more efficient pathway to formaldehyde oxidation at ambient temperatures [J]. Angewandte Chemie International Edition, 2012, 51 (38): 9628-9632.

[27] Wang L, Yue H, Hua Z, et al. Highly active Pt/Na TiO_2 catalyst for low temperature formaldehyde decomposition [J]. Applied Catalysis B: Environmental, 2017, 219: 301-313.

[28] Liu B T, Hsieh C H, Wang W H, et al. Enhanced catalytic oxidation of formaldehyde over dual-site supported catalysts at ambient temperature [J]. Chemical Engineering Journal, 2013, 232: 434-441.

[29] Li L, Wang L, Zhao X, et al. Enhanced catalytic decomposition of formaldehyde in low temperature and dry environment over silicate-decorated titania supported sodium-stabilized platinum catalyst [J]. Applied Catalysis B: Environmental, 2020, 277: 119216.

[30] Cui W, Xue D, Yuan X, et al. Acid-treated TiO_2 nanobelt supported platinum nanoparticles for the catalytic oxidation of formaldehyde at ambient conditions [J]. Applied Surface Science, 2017, 411: 105-112.

[31] Li Y, Zhang C, Ma J, et al. High temperature reduction dramatically promotes Pd/TiO_2 catalyst for ambient formaldehyde oxidation [J]. Applied Catalysis B: Environmental, 2017, 217: 560-569.

[32] Ahmad W, Park E, Lee H, et al. Defective domain control of TiO_2 support in Pt/TiO_2 for room temperature formaldehyde (HCHO) remediation [J]. Applied Surface Science, 2021, 538: 147504.

[33] Wang C, Li Y, Zhang C, et al. A simple strategy to improve Pd dispersion and enhance Pd/TiO_2 catalytic activity for formaldehyde oxidation: the roles of surface defects [J]. Applied Catalysis B: Environmental, 2021, 282: 119540.

[44] Wang L, Sakurai M, Kameyama H. Study of catalytic decomposition of formaldehyde on Pt/TiO_2 alumite catalyst at ambient temperature [J]. Journal of Hazardous Materials, 2009, 167 (1-3): 399-405.

[35] Zhu S, Zheng J, Xin S, et al. Preparation of flexible Pt/TiO_2/γ-Al_2O_3 nanofiber paper for room-temperature HCHO oxidation and particulate filtration [J]. Chemical Engineering Journal, 2022, 427: 130951.

[36] Sun X, Lin J, Guan H, et al. Complete oxidation of formaldehyde over TiO_2 supported subnanometer Rh catalyst at ambient temperature [J]. Applied Catalysis B: Environmental, 2018, 226: 575-584.

[37] Huang H, Ye X, Huang H, et al. Mechanistic study on formaldehyde removal over Pd/TiO_2 catalysts: oxygen transfer and role of water vapor [J]. Chemical Engineering Journal, 2013, 230: 73-79.

[38] Huang H, Hu P, Huang H, et al. Highly dispersed and active supported Pt nanoparticles for gaseous formaldehyde oxidation: influence of particle size [J]. Chemical Engineering Journal, 2014, 252: 320-326.

[39] Huang H, Leung D. Complete oxidation of formaldehyde at room temperature using TiO_2 supported metallic Pd nanoparticles [J]. ACS Catalysis, 2011, 1 (4): 348-354.

[40] Chen J, Jiang M, Xu W, et al. Incorporating Mn cation as anchor to atomically disperse Pt on TiO_2 for low-temperature removal of formaldehyde [J]. Applied Catalysis B: Environmental, 2019, 259: 118013.

[41] Chen X, Wang H, Chen M, et al. Co-function mechanism of multiple active sites over Ag/TiO_2 for formaldehyde oxidation [J]. Applied Catalysis B: Environmental, 2021, 282: 119543.

[42] Kwon D W, Seo P W, Kim G J, et al. Characteristics of the HCHO oxidation reaction over Pt/TiO_2 catalysts at room temperature: the effect of relative humidity on catalytic activity [J]. Applied Catalysis B: Environmental, 2015, 163: 436-443.

[43] Ye J, Zhou M, Le Y, et al. Three-dimensional carbon foam supported MnO_2/Pt for rapid capture and catalytic oxidation of formaldehyde at room temperature [J]. Applied Catalysis B: Environmental, 2020, 267: 118689.

[44] Sun D, Wageh S, Al Ghamdi, et al. Pt/C@ MnO_2 composite hierarchical hollow microspheres for catalytic formaldehyde decomposition at room temperature [J]. Applied Surface Science, 2019, 466: 301-308.

[45] Bai B, Qiao Q, Arandiyan H, et al. Three-dimensional ordered mesoporous MnO_2-supported Ag nanoparticles for catalytic removal of formaldehyde [J]. Environmental Science & Technology, 2016, 50 (5): 2635-2640.

[46] Li D, Yang G, Li P, et al. Promotion of formaldehyde oxidation over Ag catalyst by Fe doped MnO_x support at room temperature [J]. Catalysis Today, 2016, 277: 257-265.

[47] Chen J, Yan D, Xu Z, et al. A novel redox precipitation to synthesize Au-doped alpha-MnO_2 with high dispersion toward low-temperature oxidation of formaldehyde [J]. Environmental Science & Technology, 2018, 52 (8): 4728-4737.

[48] Hu P, Amghouz Z, Huang Z, et al. Surface-confined atomic silver centers catalyzing formaldehyde oxidation [J]. Environmental Science & Technology, 2015, 49 (4): 2384-2390.

[49] Chen Y, Gao J, Huang Z, et al. Sodium rivals silver as single-atom active centers for catalyzing abatement of formaldehyde [J]. Environmental Science & Technology, 2017, 51 (12): 7084-7090.

[50] Chen B b, Zhu X b, Crocker M, et al. FeO_x-supported gold catalysts for catalytic removal of formaldehyde at room temperature [J]. Applied Catalysis B: Environmental, 2014, 154-155: 73-81.

[51] Yan Z, Xu Z, Yu J, et al. Highly active mesoporous ferrihydrite supported Pt catalyst for formaldehyde removal at room temperature [J]. Environmental Science & Technology, 2015, 49 (11): 6637-6644.

[52] Chen M, Yin H, Li X, et al. Facet- and defect-engineered Pt/Fe_2O_3 nanocomposite catalyst for catalytic oxidation of airborne formaldehyde under ambient conditions [J]. Journal of Hazardous Materials, 2020, 395: 122628.

[53] An N, Yu Q, Liu G, et al. Complete oxidation of formaldehyde at ambient temperature over supported Pt/Fe_2O_3 catalysts prepared by colloid-deposition method [J]. Journal of Hazardous Materials, 2011, 186 (2-3): 1392-1397.

[54] An N, Wu P, Li S, et al. Catalytic oxidation of formaldehyde over Pt/Fe_2O_3 catalysts prepared by different method [J]. Applied Surface Science, 2013, 285: 805-809.

[55] Chen H, Rui Z, Wang X, et al. Multifunctional Pt/ZSM-5 catalyst for complete oxidation of gaseous formaldehyde at ambient temperature [J]. Catalysis Today, 2015, 258: 56-63.

[56] Ding J, Chen J, Rui Z, et al. Synchronous pore structure and surface hydroxyl groups amelioration as an efficient route for promoting HCHO oxidation over Pt/ZSM-5 [J]. Catalysis Today, 2018, 316: 107-113.

[57] Zhao H, Tang B, Tang J, et al. Ambient temperature formaldehyde oxidation on the Pt/Na-ZSM-5 catalyst: tuning adsorption capacity and the Pt chemical state [J]. Industrial & Engineering Chemistry Research, 2021, 60 (19): 7132-7144.

[58] Chen B B, Zhu X B, Wang Y D, et al. Nano-sized gold particles dispersed on HZSM-5 and SiO_2 substrates for catalytic oxidation of HCHO [J]. Catalysis Today, 2017, 281: 512-519.

[59] Chen H, Zhang R, Wang H, et al. Encapsulating uniform Pd nanoparticles in TS-1 zeolite as efficient catalyst for catalytic abatement of indoor formaldehyde at room temperature [J]. Applied Catalysis B: Environmental, 2020, 278: 119311.

[60] Chen D, Qu Z, Sun Y, et al. Identification of reaction intermediates and mechanism responsible for highly active HCHO oxidation on Ag/MCM-41 catalysts [J]. Applied Catalysis B: Environmental, 2013, 142-143: 838-848.

[61] Ding J, Rui Z, Lyu P, et al. Enhanced formaldehyde oxidation performance over Pt/ZSM-5 through a facile nickel cation modification [J]. Applied Surface Science, 2018, 457: 670-675.

[62] Song S, Wu X, Lu C, et al. Solid strong base K-Pt/NaY zeolite nano-catalytic system for completed elimination of formaldehyde at room temperature [J]. Applied Surface Science, 2018, 442: 195-203.

[63] Park S J, Bae I, Nam I S, et al. Oxidation of formaldehyde over Pd/Beta catalyst [J]. Applied Surface Science, 2012, 195-196: 392-402.

[64] Zhang L, Xie Y, Jiang Y, et al. Mn-promoted Ag supported on pure siliceous beta zeolite (Ag/beta-Si) for catalytic combustion of formaldehyde [J]. Applied Catalysis B: Environmental, 2020, 268: 118461.

[65] Zhang L, Chen L, Li Y, et al. Complete oxidation of formaldehyde at room temperature over an Al-rich beta zeolite supported platinum catalyst [J]. Applied Catalysis B: Environmental, 2017, 219: 200-208.

[66] Chen D, Shi J, Shen H. High-dispersed catalysts of core-shell structured Au@SiO_2 for formaldehyde catalytic oxidation [J]. Chemical Engineering Journal, 2020, 385: 123887.

[67] An N, Zhang W, Yuan X, et al. Catalytic oxidation of formaldehyde over different silica supported platinum catalysts [J]. Chemical Engineering Journal, 2013, 215-216: 1-6.

[68] Yang T, Huo Y, Liu Y, et al. Efficient formaldehyde oxidation over nickel hydroxide promoted Pt/γ-Al_2O_3 with a low Pt content [J]. Applied Catalysis B: Environmental, 2017, 200: 543-551.

[69] Sun X, Lin J, Wang Y, et al. Catalytically active Ir^0 species supported on Al_2O_3 for complete oxidation of formaldehyde at ambient temperature [J]. Applied Catalysis B: Environmental, 2020, 268: 118741.

[70] Bai B, Li J. Positive effects of K^+ Ions on three-dimensional mesoporous Ag/Co_3O_4 catalyst for HCHO oxidation [J]. ACS Catalysis, 2014, 4 (8): 2753-2762.

[71] Yan Z, Xu Z, Cheng B, et al. Co_3O_4 nanorod-supported Pt with enhanced performance for catalytic HCHO oxidation at room temperature [J]. Applied Surface Science, 2017, 404: 426-434.

[72] Le Y, Qi L, Wang C, et al. Hierarchical Pt/WO_3 nanoflakes assembled hollow microspheres for room-temperature formaldehyde oxidation activity [J]. Applied Surface Science, 2020, 512: 145763.

[73] Chen H, Tang M, Rui Z, et al. ZnO modified TiO_2 nanotube array supported Pt catalyst for HCHO removal under mild conditions [J]. Catalysis Today, 2016, 264: 23-30.

[74] Sun D, Le Y, Jiang C, et al. Ultrathin Bi_2WO_6 nanosheet decorated with Pt nanoparticles for efficient formaldehyde removal at room temperature [J]. Applied Surface Science, 2018, 441: 429-437.

[75] Liu F, Liu X, Shen J, et al. The role of oxygen vacancies on Pt/$NaInO_2$ catalyst in improving formaldehyde oxidation at ambient condition [J]. Chemical Engineering Journal, 2020, 395: 125131.

[76] Liu F, Shen J, Xu D, et al. Oxygen vacancies enhanced HCHO oxidation on a novel $NaInO_2$ supported Pt catalyst at room temperature [J]. Chemical Engineering Journal, 2018, 334: 2283-2292.

[77] Wang Y, Jiang C, Le Y, et al. Hierarchical honeycomb-like Pt/NiFe-LDH/rGO nanocomposite with excellent formaldehyde decomposition activity [J]. Chemical Engineering Journal, 2019, 365: 378-388.

[78] Li S, Ezugwu C I, Zhang S, et al. Co-doped MgAl-LDHs nanosheets supported Au nanoparticles for complete catalytic oxidation of HCHO at room temperature [J]. Applied Surface Science, 2019, 487: 260-271.

[79] Wang C, Li Y, Zheng L, et al. A nonoxide catalyst system study: alkali metal-promoted Pt/AC catalyst for formaldehyde oxidation at ambient temperature [J]. ACS Catalysis, 2020, 11 (1): 456-465.

[80] Ma Y, Zhang G. Sepiolite nanofiber-supported platinum nanoparticle catalysts toward the catalytic oxidation of formaldehyde at ambient temperature: efficient and stable performance and mechanism [J]. Chemical Engineering Journal, 2016, 288: 70-78.

[81] Chen D, Zhang G, Wang M, et al. Pt/MnO_2 nanoflowers anchored to boron nitride aerogels for highly efficient enrichment and catalytic oxidation of formaldehyde at room temperature [J]. Angewandte Chemie International Edition, 2021, 60 (12): 6377-6381.

[82] Wang Y, Liu K, Wu J, et al. Unveiling the effects of alkali metal ions intercalated in layered MnO_2 for formaldehyde catalytic oxidation [J]. ACS Catalysis, 2020, 10 (17): 10021-10031.

[83] Wang J, Li J, Zhang P, et al. Understanding the "seesaw effect" of interlayered K^+ with different structure in manganese oxides for the enhanced formaldehyde oxidation [J]. Applied Catalysis B: Environmental, 2018, 224: 863-870.

[84] Wang J, Li J, Jiang C, et al. The effect of manganese vacancy in birnessite-type MnO_2 on room-temperature oxidation of formaldehyde in air [J]. Applied Catalysis B: Environmental, 2017, 204: 147-155.

[85] Ma C, Sun S, Lu H, et al. Remarkable MnO_2 structure-dependent H_2O promoting effect in HCHO oxidation at room temperature [J]. Journal of Hazardous Materials, 2021, 414: 125542.

[86] Ji J, Lu X, Chen C, et al. Potassium-modulated δ-MnO_2 as robust catalysts for formaldehyde oxidation at room temperature [J]. Applied Catalysis B: Environmental, 2020, 260: 118210.

[87] Bo Z, Guo X, Wei X, et al. Mutualistic decomposition pathway of formaldehyde on O-predosed δ-MnO_2 [J]. Applied Surface Science, 2019, 498: 143784.

[88] Wang M, Zhang L, Huang W, et al. The catalytic oxidation removal of low-concentration HCHO at high space velocity by partially crystallized mesoporous MnO_x [J]. Chemical Engineering Journal, 2017, 320: 667-676.

[89] Rong S, He T, Zhang P. Self-assembly of MnO_2 nanostructures into high purity three-dimensional framework for high efficiency formaldehyde mineralization [J]. Applied Catalysis B: Environmental, 2020, 267: 118375.

[90] Rong S, Zhang P, Yang Y, et al. MnO_2 framework for instantaneous mineralization of carcinogenic airborne formaldehyde at room temperature [J]. ACS Catalysis, 2017, 7 (2): 1057-1067.

[91] Chen B, Wu B, Yu L, et al. Investigation into the catalytic roles of various oxygen species over different

crystal phases of MnO_2 for C_6H_6 and HCHO oxidation [J]. ACS Catalysis, 2020, 10 (11): 6176-6187.

[92] Selvakumar S, Nuns N, Trentesaux M, et al. Reaction of formaldehyde over birnessite catalyst: a combined XPS and ToF-SIMS study [J]. Applied Catalysis B: Environmental, 2018, 223: 192-200.

[93] Wang J, Zhang P, Li J, et al. Room-temperature oxidation of formaldehyde by layered manganese oxide: effect of water [J]. Environmental Science & Technology, 2015, 49 (20): 12372-12379.

[94] Rong S, Zhang P, Wang J, et al. Ultrathin manganese dioxide nanosheets for formaldehyde removal and regeneration performance [J]. Chemical Engineering Journal, 2016, 306: 1172-1179.

[95] Zhao W K, Zheng J Y, Wang X, et al. Removal of formaldehyde by triboelectric charges enhanced MnO-PI at room temperature [J]. Applied Surface Science, 2021, 541: 148430.

[96] Wang J, Yunus R, Li J, et al. *In situ* synthesis of manganese oxides on polyester fiber for formaldehyde decomposition at room temperature [J]. Applied Surface Science, 2015, 357: 787-794.

[97] Su J, Cheng C, Guo Y, et al. OMS-2-based catalysts with controllable hierarchical morphologies for highly efficient catalytic oxidation of formaldehyde [J]. Journal of Hazardous Materials, 2019, 380: 120890.

[98] Wang H, Huang Z, Jiang Z, et al. Trifunctional C@MnO catalyst for enhanced stable simultaneously catalytic removal of formaldehyde and ozone [J]. ACS Catalysis, 2018, 8 (4): 3164-3180.

[99] Huang Y, Liu Y, Wang W, et al. Oxygen vacancy-engineered δ-MnO_2/activated carbon for room-temperature catalytic oxidation of formaldehyde [J]. Applied Catalysis B: Environmental, 2020, 278: 119294.

[100] Liu F, Rong S, Zhang P, et al. One-step synthesis of nanocarbon-decorated MnO_2 with superior activity for indoor formaldehyde removal at room temperature [J]. Applied Catalysis B: Environmental, 2018, 235: 158-167.

[101] Peng S, Yang X, Strong J, et al. MnO_2-decorated N-doped carbon nanotube with boosted activity for low-temperature oxidation of formaldehyde [J]. Journal of Hazardous Materials, 2020, 396: 122750.

[102] Lu L, Tian H, He J, et al. Graphene-MnO_2 hybrid nanostructure as a new catalyst for formaldehyde oxidation [J]. Journal of Physical Chemistry C, 2016, 120 (41): 23660-23668.

[103] Wang J, Zhang G, Zhang P. Graphene-assisted photothermal effect on promoting catalytic activity of layered MnO_2 for gaseous formaldehyde oxidation [J]. Applied Catalysis B: Environmental, 2018, 239: 77-85.

[104] Du X, Li C, Zhao L, et al. Promotional removal of HCHO from simulated flue gas over Mn-Fe oxides modified activated coke [J]. Applied Catalysis B: Environmental, 2018, 232: 37-48.

[105] Chen J, Chen W, Huang M, et al. Metal organic frameworks derived manganese dioxide catalyst with abundant chemisorbed oxygen and defects for the efficient removal of gaseous formaldehyde at room temperature [J]. Applied Surface Science, 2021, 565: 150445.

[106] Quiroz J, Giraudon J M, Gervasini A, et al. Total oxidation of formaldehyde over MnO_x-CeO_2 catalysts: the effect of acid treatment [J]. ACS Catalysis, 2015, 5 (4): 2260-2269.

[107] Zhang Y, Chen M, Zhang Z, et al. Simultaneously catalytic decomposition of formaldehyde and ozone over manganese cerium oxides at room temperature: promotional effect of relative humidity on the $MnCeO_x$ solid solution [J]. Catalysis Today, 2019, 327: 323-333.

[108] Liang X, Liu P, He H, et al. The variation of cationic microstructure in Mn-doped spinel ferrite during calcination and its effect on formaldehyde catalytic oxidation [J]. Journal of Hazardous Materials, 2016, 306: 305-312.

[109] Zhao D Z, Shi C, Li X S, et al. Enhanced effect of water vapor on complete oxidation of formaldehyde in

air with ozone over MnO_x catalysts at room temperature [J]. Journal of Hazardous Materials, 2012, 239-240: 362-369.

[110] Ma C, Wang D, Xue W, et al. Investigation of formaldehyde oxidation over Co_3O_4-CeO_2 and Au/Co_3O_4-CeO_2 catalysts at room temperature: effective removal and determination of reaction mechanism [J]. Environmental Science & Technology, 2011, 45 (8): 3628-3634.

[111] Deng J, Song W, Chen L, et al. The effect of oxygen vacancies and water on HCHO catalytic oxidation over Co_3O_4 catalyst: a combination of density functional theory and microkinetic study [J]. Chemical Engineering Journal, 2019, 355: 540-550.

[112] Zha K, Sun W, Huang Z, et al. Insights into high-performance monolith catalysts of Co_3O_4 nanowires grown on nickel foam with abundant oxygen vacancies for formaldehyde Oxidation [J]. ACS Catalysis, 2020, 10 (20): 12127-12138.

[113] Li R, Huang Y, Zhu D, et al. Improved oxygen activation over a carbon/Co_3O_4 nanocomposite for efficient catalytic oxidation of formaldehyde at room temperature [J]. Environmental Science & Technology, 2021, 55 (6): 4054-4063.

[114] Ma C, Yang C, Wang B, et al. Effects of H_2O on HCHO and CO oxidation at room-temperature catalyzed by MCo_2O_4 (M = Mn, Ce and Cu) materials [J]. Applied Catalysis B: Environmental, 2019, 254: 76-85.

[115] Zhou C, Ding D, Zhu W, et al. Mechanism of formaldehyde advanced interaction and degradation on Fe_3O_4 (111) catalyst: density functional theory study [J]. Applied Surface Science, 2020, 520: 146324.

[116] Zhang S, Zhuo Y, Ezugwu C I, et al. Synergetic molecular oxygen activation and catalytic oxidation of formaldehyde over defective MIL-88B (Fe) nanorods at room temperature [J]. Environmental Science & Technology, 2021, 55 (12): 8341-8350.

[117] He M, Ji J, Liu B, et al. Reduced TiO_2 with tunable oxygen vacancies for catalytic oxidation of formaldehyde at room temperature [J]. Applied Surface Science, 2019, 473: 934-942.

[118] Xu Y, Dhainaut J, Dacquin J P, et al. $La_{1-x}(Sr,Na,K)_xMnO_3$ perovskites for HCHO oxidation: the role of oxygen species on the catalytic mechanism [J]. Applied Catalysis B: Environmental, 2021, 287: 119955.

[119] Yuan W, Zhang S, Wu Y, et al. Enhancing the room-temperature catalytic degradation of formaldehyde through constructing surface lewis pairs on carbon-based catalyst [J]. Applied Catalysis B: Environmental, 2020, 272: 118992.

[120] Waris S, Patel A, Ali A, et al. Acetaldehyde-induced oxidative modifications and morphological changes in isolated human erythrocytes: an *in vitro* study [J]. Environmental Science and Pollution Research, 2020, 27: 16268-16281.

[121] Yang C, Miao G, Pi Y, et al. Abatement of various types of VOCs by adsorption/catalytic oxidation: a review [J]. Chemical Engineering Journal, 2019, 370: 1128-1153.

[122] Takeguchi T, Aoyama S, Ueda J, et al. Catalytic combustion of volatile organic compounds on supported precious metal catalysts [J]. Topics in Catalysis, 2003, 23 (1): 159-162.

[123] Fuku K, Goto M, Sakano T, et al. Efficient degradation of CO and acetaldehyde using nano-sized Pt catalysts supported on CeO_2 and CeO_2/ZSM-5 composite [J]. Catalysis Today, 2013, 201: 57-61.

[124] Yasuda K, Nobu M, Masui T, et al. Complete oxidation of acetaldehyde on Pt/CeO_2-ZrO_2-Bi_2O_3 catalysts [J]. Materials Research Bulletin, 2010, 45 (9): 1278-1282.

[125] Mitsui T, Tsutsui K, Matsui T, et al. Catalytic abatement of acetaldehyde over oxide-supported precious metal catalysts [J]. Applied Catalysis B: Environmental, 2008, 78: 158-165.

[126] Mitsui T, Tsutsui K, Matsui T, et al. Support effect of complete oxidation of volatile organic compounds over Ru catalysts [J]. Applied Catalysis B: Environmental, 2008, 81: 56-63.

[127] Brayner R, Cunha D S, Bozon-Verduraz F. Abatement of volatile organic compounds: oxidation of ethanal over niobium oxide-supported palladium-based catalysts [J]. Catalysis Today, 2003, 78: 419-432.

[128] Karatok M, Vovk E I, Shah A A, et al. Acetaldehyde partial oxidation on the Au (111) model catalyst surface: C-C bond activation and formation of methyl acetate as an oxidative coupling product [J]. Surface Science, 2015, 641: 289-293.

[129] Nikawa T, Naya S i, Kimura T. Rapid removal and subsequent low-temperature mineralization of gaseous acetaldehyde by the dual thermocatalysis of gold nanoparticle-loadedtitanium (Ⅳ) oxide [J]. Journal of Catalysis, 2015, 326: 9-14.

[130] Nikawa T, Naya S, Tada H. Rapid removal and decomposition of gaseous acetaldehyde by the thermo- and photo-catalysis of gold nanoparticle-loaded anatase titanium (Ⅳ) oxide [J]. Journal of Colloid and Interface Science, 2015, 456: 161-165.

[131] Mullins D R, Albrecht P M. Acetaldehyde adsorption and reaction on CeO_2 (100) thin films [J]. Journal of Colloid and Interface Science, 2013, 117 (28): 14692-14700.

[132] Mann A K P, Wu Z, Calaza F C, et al. Adsorption and reaction of acetaldehyde on shape-controlled CeO_2 nanocrystals: elucidation of structure-function relationships [J]. ACS Catalysis, 2014, 4 (8): 2437-2448.

[133] Tada H, Jin Q, Nishijima H. Titanium (Ⅳ) dioxide surface-modified with iron oxide as a visible light photocatalyst [J]. Angewandte Chemie International Edition, 2011, 50 (15): 3501-3505.

[134] Picasso G, Quintilla A, Pina M P. Total combustion of methyl-ethyl ketone over Fe_2O_3 based catalytic membrane reactors [J]. Applied Catalysis B: Environmental, 2003, 46: 133-143.

[135] Martyanov I N, Uma S, Rodrigues S, et al. Decontamination of gaseous acetaldehyde over CoO_x-loaded SiO_2 xerogels under ambient, dark conditions [J]. Langmuir, 2005, 21: 2273-2280.

[136] Chang T, Lu J, Shen Z, et al. Post plasma catalysis for the removal of acetaldehyde using Mn-Co/HZSM-5 catalysts [J]. Industrial & Engineering Chemistry Research, 2019, 58: 14719-14728.

[137] Lee H, Song M, Ryu S, et al. Acetaldehyde oxidation under high humidity using a catalytic non-thermal plasma system over Mn-loaded Y zeolites [J]. Materials Letters, 2020, 262: 127051.

[138] Trawczynski J, Bielak B, Mista W. Oxidation of ethanol over supported manganese catalysts effect of the carrier [J]. Applied Catalysis B: Environmental, 2005, 55: 277-285.

[139] Luo J, Zhang Q, Huang A, et al. Total oxidation of volatile organic compounds with hydrophobic cryptomelane-type octahedral molecular sieves [J]. Microporous and Mesoporous Materials, 2000, 35-36: 209-217.

[140] Wang R H, Li J H. Effects of precursor and sulfation on OMS-2 catalyst for oxidation of ethanol and acetaldehyde at low temperatures [J]. Environmental Science & Technology, 2010, 44: 4282-4287.

[141] Li H, Yin S. Persistent fluorescence-assisted $TiO_{2-x}N_y$-based photocatalyst for gaseous acetaldehyde degradation [J]. Environmental Science & Technology, 2012, 46: 7741-7745.

[142] Rodrigues S, Ranjit K T, Uma S. Single-step synthesis of a highly active visible-light photocatalyst for oxidation of a common indoor air pollutant: acetaldehyde [J]. Advanced Material, 2005, 17 (20): 2467-2471.

[143] Saleh T A, Gondal M A, Drmosh Q A, et al. Enhancement in photocatalytic activity for acetaldehyde removal by embedding ZnO nano particles on multiwall carbon nanotubes [J]. Chemical Engineering Journal, 2011, 166: 407-412.

[144] Hou H, Miyafuji H, Saka S. Photocatalytic activities and mechanism of the supercritically treated TiO_2-activated carbon composites on decomposition of acetaldehyde [J]. Journal of Materials Science, 2006, 41: 8295-8300.

[145] Zhu G A, Jwa B, Ym C, et al. Enhanced moisture-resistance and excellent photocatalytic performance of synchronous N/Zn-decorated MIL-125 (Ti) for vaporous acetaldehyde degradation [J]. Chemical Engineering Journal, 2020, 388: 124389.

[146] Chen Y, Katsumata K. ZnO-graphene composites as practical photocatalysts for gaseous acetaldehyde degradation and electrolytic water oxidation [J]. Applied Catalysis A: General, 2015, 409: 1-9.

[147] Rizwan W, Suraj K T. Photocatalytic oxidation of acetaldehyde with ZnO-quantum dots [J]. Chemical Engineering Journal, 2013, 226: 154-160.

[148] Seo H, Park E, Kim H, et al. Influence of humidity on the photo-catalytic degradation of acetaldehyde over TiO_2 surface under UV light irradiation [J]. Catalysis Today, 2017, 295: 102-109.

[149] Havenga S P, de Beer D J, van Tonder P J M, et al. The effect of acetone as a post-production finishing technique on entry-level material extrusion part quality [J]. South Africa Journal of Industrial Engineering, 2018, 29 (4): 53-64.

[150] Wang Z, Wang F, Hermawan A, et al. SnO-SnO_2 modified two-dimensional MXene $Ti_3C_2T_x$ for acetone gas sensor working at room temperature [J]. Journal of Materials Science & Technology, 2021, 73: 128-138.

[151] Ni Y, Sun Z. Recent progress on industrial fermentative production of acetone-butanol-ethanol by clostridium acetobutylicum in China [J]. Applied Microbiology and Biotechnology, 2009, 83 (3): 415-423.

[152] Santos V, Pereira M, Órfao J, et al. Mixture effects during the oxidation of toluene, ethyl acetate and ethanol over a cryptomelane catalyst [J]. Journal of Hazardous Materials, 2011, 185: 1236-1240.

[153] Rachedi F, Guilet R, Cognet P. Microreactor for acetone deep oxidation over platinum [J]. Chemical Engineering & Technology, 2009, 32: 1766-1773.

[154] Wang C, Bai H. Catalytic incineration of acetone on mesoporous silica supported metal oxides prepared by one-step aerosol method [J]. Industrial & Engineering Chemistry Research, 2011, 50: 3842-3848.

[155] Zhao Q, Ge Y L, Fu K X. Oxidation of acetone over Co-based catalysts derived from hierarchical layer hydrotalcite: influence of Co/Al molar ratios and calcination temperatures [J]. Chemosphere, 2018, 204: 257-266.

[156] Mu X T, Ding H L, Pan W G, et al. Research progress in catalytic oxidation of volatile organic compound acetone [J]. Journal of Environmental Chemical Engineering, 2021, 9: 105650.

[157] Hu C Q, Zhu Q S, Jiang Z, et al. Catalytic combustion of dilute acetone over Cu-doped ceria catalysts [J]. Chemical Engineering Journal, 2009, 152: 583-590.

[158] Zhu X, Zhang S, Yu X. Controllable synthesis of hierarchical MnO_x/TiO_2 composite nanofibers for complete oxidation of low-concentration acetone [J]. Journal of Hazardous Materials, 2017, 337: 105-114.

[159] Rezlescu N, Rezlescu E, Popa P D, et al. Some nanograined ferrites and perovskites for catalytic combustion of acetone at low temperature [J]. Ceramics International, 2015, 41 (3): 4430-4437.

[160] Rezlescu N, Rezlescu E, Popa P D. Characterization and catalytic properties of someperovskites [J]. Composites Part B-Engineering, 2014, 60: 515-522.

[161] Rezlescu N, Rezlescu E, Popa P D. Partial substitution of manganese with cerium in $SrMnO_3$ nano-perovskite catalyst. Effect of the modification on the catalytic combustion of dilute acetone [J]. Material Chemistry and Physics, 2016, 182: 332-337.

[162] Gil A, Gandía L M, Korili S A. Effect of the temperature of calcination on the catalytic performance of manganese- and samarium-manganese-based oxides in the complete oxidation of acetone [J]. Applied Catalysis A: General, 2004, 274: 229-235.

[163] Dong A, Gao S, Wan X, et al. Labile oxygen promotion of the catalytic oxidation of acetone over a robust ternary Mn-based mullite $GdMN_2O_5$ [J]. Applied Catalysis B: Environmental, 2020, 271: 118932

[164] Zhao Q, Ge Y, Fu K. Catalytic performance of the Pd/TiO_2 modified with MnO_x catalyst for acetone total oxidation [J]. Applied Surface Science, 2019, 496: 143579.

[165] Sun Y G, Zhang X, Hao Z P. Surface properties enhanced Mn_xAlO oxide catalysts derived from Mn_xAl layered double hydroxides for acetone catalytic oxidation at low temperature [J]. Applied Catalysis B: Environmental, 2019, 251: 295-304.

[166] Mostafa A, Jafar S. Low temperature catalytic oxidation of binary mixture of toluene and acetone in the presence of ozone [J]. Catalysis Letters, 2018, 148: 3431-3444.

[167] Aghbolaghy M, Ghavami M, Soltan J, et al. Effect of active metal loading on catalyst structure and performance in room temperature oxidation of acetone by ozone [J]. Journal of Industrial and Engineering Chemistry, 2019, 77: 118-127.

[168] Zhao Q, Ge Y, Fu K. Oxidation of acetone over Co-based catalysts derived from hierarchical layer hydrotalcite: influence of Co/Al molar ratios and calcination temperatures [J]. Chemosphere, 2018, 204: 257-266.

[169] Zhang C, Wang J, Yang S, et al. Boosting total oxidation of acetone over spinel MCo_2O_4 (M=Co, Ni, Cu) hollow mesoporous spheres by cation-substituting effect [J]. Journal of Colloid and Interface Science, 2019, 539: 65-75.

[170] Spinicci R, Faticanti M, Marini P. Catalytic activity of $LaMnO_3$ and $LaCoO_3$ perovskites towards VOCs combustion [J]. Journal of Molecular Catalysis A: Chemical, 2003, 197: 147-155.

[171] Rezlescu N, Rezlescu E, Popa P D, et al. Partial substitution of manganese with cerium in $SrMnO_3$ nan-operovskite catalyst. Effect of the modification on the catalytic combustion of dilute acetone [J]. Material Chemistry and Physics, 2016, 182: 332-337.

[172] Martínez-Arias A, Gamarra D, Fernandez-García M. Oxidative steam reforming of methanol on $Ce_{0.9}Cu_{0.1}O_y$ catalysts prepared by deposition precipitation, coprecipitation, and complexation-combustion methods [J]. Journal of Catalysis, 2006, 240: 1-7.

[173] Hu C, Zhu Q, Jiang Z. Catalytic combustion of dilute acetone over Cu-doped ceria catalysts [J]. Chemical Engineering Journal, 2009, 152 (2-3): 583-590.

[174] Qin R, Chen J, Gao X. Catalytic oxidation of acetone over $CuCeO_x$ nanofibers prepared by an electrospinning method [J]. RSC Advances, 2014, 4 (83): 43874-43881.

[175] Chen M, Fan L P, Qi L Y, et al. The Catalytic combustion of VOCs over copper catalysts supported on cerium-modified and zirconium-pillared montmorillonite [J]. Catalysis Communications, 2009, 10: 838-841.

[176] Lin L Y, Bai H. Promotional effects of manganese on the structure and activity of Ce-Al-Si based catalysts

for low temperature oxidation of acetone [J]. Chemical Engineering Journal, 2016, 291: 94-105.

[177] Lin L, Bai H. Salt-templated synthesis of Ce/Al catalysts supported on mesoporous silica for acetone oxidation [J]. Applied Catalysis B: Environmental, 2014, 148-149: 366-376.

[178] Gandía L M, Vicente M A, Gil A. Preparation and characterization of manganese oxide catalysts supported on alumina and zirconia-pillared clays [J]. Applied Catalysis A: General, 2000, 196 (2): 281-292.

[179] Suzuki K, Mori T. Synthesis of alumina-pillared clay with desired pillar population using na-montmorillonite having controlled cation-exchange capacity [J]. Catalysis Communications, 1989, (1): 7-8.

[180] Oliveira L C A, Lago R M, Fabris J D. Catalytic oxidation of aromatic VOCs with Cr or Pd-impregnated Al-pillared bentonite: byproduct formation and deactivation studies [J]. Applied Clay Science, 2008, 39 (3): 218-222.

[181] Trombetta M, Busca G, Lenarda M. Solid acid catalysts from clays: evaluation of surface acidity of mono- and bi-pillared smectites by FT-IR spectroscopy measurements, NH_3-TPD and catalytic tests [J]. Applied Catalysis A: General, 2000, 193 (1): 55-69.

[182] Wang C Y, Bai H. Aerosol processing of mesoporous silica supported bimetallic catalysts for low temperature acetone oxidation [J]. Catalysis Today, 2011, 174 (1): 70-78.

[183] Lin L Y, Wang C, Bai H. A comparative investigation on the low-temperature catalytic oxidation of acetone over porous aluminosilicate-supported cerium oxides [J]. Chemical Engineering Journal, 2015, 264: 835-844.

[184] Lin L Y, Bai H. Salt-templated synthesis of Ce/Al catalysts supported on mesoporous silica for acetone oxidation [J]. Applied Catalysis B: Environmental, 2014, 148: 366-376.

[185] Li D, Li C, Suzuki K. Catalytic oxidation of VOCs over Al- and Fe-pillared montmorillonite [J]. Applied Clay Science, 2013, 77-78: 56-60.

[186] Chen M, Fan L, Qi L. The catalytic combustion of VOCs over copper catalysts supported on cerium-modified and zirconium-pillared montmorillonite [J]. Catalysis Communications, 2009, 10 (6): 838-841.

[187] Gandia L M, Vicente M A, Gil A. Complete oxidation of acetone over manganese oxide catalysts supported on alumina-and zirconia-pillared clays [J]. Applied Catalysis B: Environmental, 2002, 38 (4): 295-307.

[188] Mishra T, Mohapatra P, Parida K M. Synthesis, characterization and catalytic evaluation of iron-manganese mixed oxide pillared clay for VOC decomposition reaction [J]. Applied Catalysis B: Environmental, 2008, 79 (3): 279-285.

[189] Wang Z, Ma P, Zheng K. Size effect, mutual inhibition and oxidation mechanism of the catalytic removal of a toluene and acetone mixture over TiO_2 nanosheet-supported Pt nanocatalysts [J]. Applied Catalysis B: Environmental, 2020, 274: 118963.

[190] Ge Y, Fu K, Zhao Q, et al. Performance study of modified Pt catalysts for the complete oxidation of acetone [J]. Chemical Engineering Science, 2019, 206: 499-506.

[191] János S, Ja Hun K. Photo-catalytic oxidation of acetone on a TiO_2 powder: an in situ FTIR investigation [J]. Journal of Molecular Catalysis A: Chemical, 2015, 406: 213-223.

[192] Chen J, Yu X, Zhu X. Electrospinning synthesis of vanadium-TiO_2-carbon composite nanofibrous membranes as effective catalysts for the complete oxidation of low-concentration acetone [J]. Applied Catalysis A: General, 2015, 507: 99-108.

[193] Zhu X, Jing H C, Yu X, et al. Controllable synthesis of novel hierarchical V_2O_5/TiO_2 nanofibers with

improved acetone oxidation performance [J]. RSC Advances, 2015, 5 (39): 30416-30424.
[194] Gannoun C, Turki A, Kochkar H, et al. Elaboration and characterization of sulfated and unsulfated V_2O_5/TiO_2 nanotubes catalysts for chlorobenzene total oxidation [J]. Applied Catalysis B: Environmental, 2014, 147: 58-64.
[195] Chen J H, Yu X N, Zhu X C. Electrospinning synthesis of vanadium-TiO_2-carbon composite nanofibrous membranes as effective catalysts for the complete oxidation of low-concentration acetone [J]. Applied Catalysis A: General, 2015, 507: 99-108.
[196] Zhu X C, Chen J H, Yu X N, et al. Controllable synthesis of novel hierarchical V_2O_5/TiO_2 nanofibers with improved acetone oxidation performance [J]. RSC Advances, 2015, 5: 30416-30424.
[197] Zhu X, Xiang G, Yu X, et al. Catalyst screening for acetone removal in a single-stage plasma-catalysis system [J]. Catalysis Today, 2015, 256: 108-114.
[198] Zhu X, Tu X, Mei D. Investigation of hybrid plasma-catalytic removal of acetone over CuO/γ-Al_2O_3 catalysts using response surface method [J]. Chemosphere, 2016, 155: 9-17.
[199] Lyulyukin M N, Besov A S, Vorontsov A V. The Influence of corona electrodes thickness on the efficiency of plasmachemical oxidation of acetone [J]. Plasma Chemistry and Plasma Processing, 2011, 31 (1): 23-39.
[200] Zheng C, Zhu X, Gao X, et al. Experimental study of acetone removal by packed-bed dielectric barrier discharge reactor [J]. Journal of Industrial and Engineering Chemistry, 2014, 20 (5): 2761-2768.
[201] Arzamendi G, Ferrero R, Pierna Á R, et al. Kinetics of methyl ethyl ketone combustion in air at low concentrations over a commercial Pt/Al_2O_3 catalyst [J]. Industrial & Engineering Chemistry Research, 2007, 46: 9037-9044.
[202] Picasso G, Quintilla A, Pina M P. Total combustion of methyl-ethyl ketone over Fe_2O_3 based catalytic membrane reactors [J]. Applied Catalysis B: Environmental, 2003, 46: 133-143.
[203] Picasso E, Beroy A Q, Iritia M P, et al. Kinetic study of the combustion of methyl-ethyl ketone over α-hematite catalyst [J]. Chemical Engineering Journal, 2004, 102: 107-117.
[204] Pina M P, Irusta S, Menendez M, et al. Combustion of volatile organic compounds over platinum-based catalytic membranes [J]. Industrial & Engineering Chemistry Research, 1997, 36: 4557-4566.
[205] Jian Y F, Ma M D, Chen C W. Tuning the micromorphology and exposed facets of MnO_x promotes methyl ethyl ketone low-temperature abatement: boosting oxygen activation and electron transmission [J]. Catalysis Science & Technology, 2018, 8: 3863-3875.
[206] Choudhary V R, Deshmukh G M, Pataskar S G. Low temperature complete combustion of dilute toluene and methyl ethyl ketone over transition metal-doped ZrO_2 (cubic) catalysts [J]. Catalysis Communications, 2004, 5: 115-119.
[207] Choudhary V R, Deshmukh G M. Kinetics of the complete combustion of dilute propane and methyl ethyl ketone over Cr-doped ZrO_2 catalyst [J]. Chemical Engineering Science, 2005, 60: 1575-1581.
[208] Álvarez-Galván M C, de la Peña O'Shea V A, Arzamendi G, et al. Methyl ethyl ketone combustion over La-transition metal (Cr, Co, Ni, Mn) perovskites [J]. Applied Catalysis B: Environmental, 2009, 92: 445-453.
[209] Gandía L M, Korili S A, Gil A. Unsupported and supported manganese oxides used in the catalytic combustion of methyl-ethyl-ketone [J]. Study of Surface Science and Catalysis, 2000, 143: 527-535.
[210] Wang J, Dai L Y, Deng J G, et al. An investigation on catalytic performance and reaction mechanism of RuMn/meso-TiO_2 derived from RuMn intermetallic compounds for methyl ethyl ketone oxidation [J].

Applied Catalysis B: Environmental, 2021, 296: 120361.

[211] Luo C, Fan S, Li G, et al. Catalytic combustion of methyl ethyl ketone over paper-like microfibrous entrapped MnO_x/AC catalyst [J]. Material Chemistry and Physics, 2019, 230: 17-24.

[212] Mojtaba M, Fariborz H, Lee C S. Kinetic modeling of the photocatalytic degradation of methyl ethyl ketone in air for a continuous-flow reactor [J]. Chemical Engineering Journal, 2021, 404: 126602.

[213] Zeng X, Li B, Liu R, et al. Investigation of promotion effect of Cu doped MnO_2 catalysts on ketone-type VOCs degradation in a one-stage plasma-catalysis system [J]. Chemical Engineering Journal, 2020, 384: 123362.

[214] Jiang Z, He C, Dummer N F. Insight into the efficient oxidation of methyl-ethyl-ketone over hierarchically micro-mesostructured Pt/K-(Al)SiO_2 nanorod catalysts: structure-activity relationships and mechanism [J]. Applied Catalysis B: Environmental, 2018, 226: 220-233.

[215] Arzamendi G, de la Peña O'Shea V A, Álvarez Galván M C. Kinetics and selectivity of methyl-ethyl-ketone combustion in air over alumina-supported PdO_x-MnO_x catalysts [J]. Journal of Catalysis, 2009, 261: 50-59.

[216] Yue L, He C, Zhang X. Catalytic behavior and reaction routes of MEK oxidation over Pd/ZSM-5 and Pd-Ce/ZSM-5 catalysts [J]. Journal of Hazardous Materials, 2013, 244: 613-620.

第 6 章　醇酯类 VOCs 催化反应行为与过程

6.1　甲醇催化氧化

甲醇（methanol）又称羟基甲烷，是结构最为简单的饱和一元醇，是基本有机原料之一，主要应用于精细化工、塑料等领域，用来制造甲醛、乙酸、氯甲烷、甲胺、硫酸二甲酯、对苯二甲酸二甲酯、甲基丙烯酸甲酯和丙烯酸甲酯等多种有机产品，也是农药（杀虫剂、杀螨剂）和医药（磺胺类、合霉素等）的原料[1]。此外，甲醇还是一种比乙醇更好的溶剂，可以溶解多种无机盐，也可掺入汽油作替代燃料使用。在上述生产和使用过程中，会排放大量含有甲醇蒸气的废气。甲醇具有毒性，经消化道、呼吸道或皮肤摄入都会产生毒性反应，对人体神经系统和血液系统影响很大，对视神经和视网膜有特殊选择作用，引起病变，可致代谢性酸中毒，所以有必要对含甲醇的废气进行净化消除。由于具有较高效率和温和的操作条件，催化燃烧被认为是消除中低浓度 VOCs 最有前途的技术之一。近年来，用于甲醇氧化的催化材料主要是负载贵金属催化剂和金属氧化物催化剂。

6.1.1　负载贵金属催化剂催化氧化消除甲醇

1. Au 基催化剂催化氧化消除甲醇

负载在 Fe_2O_3 上的 Au、Ag、Cu 催化剂曾被用于甲醇的催化消除[2]。如图 6-1 所示，负载 Au 催化剂显示出较高的活性，催化活性顺序为 $Au/Fe_2O_3 >> Ag/Fe_2O_3 > Cu/Fe_2O_3 >$

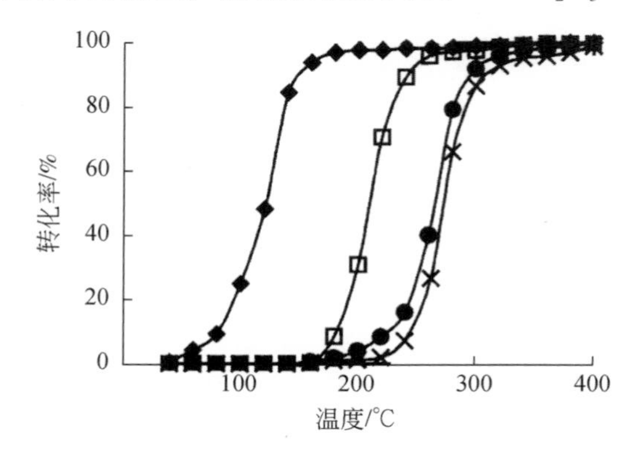

图 6-1　Au/Fe_2O_3（◆）、Ag/Fe_2O_3（□）、Cu/Fe_2O_3（●）和 Fe_2O_3（×）上甲醇转化率随反应温度的变化曲线[2]

Fe_2O_3。在Au/Fe_2O_3上，0.7%甲醇于60℃开始氧化，在160℃基本被完全氧化；而在载体Fe_2O_3上，甲醇在200℃时才开始氧化，在300℃以上才能被完全氧化。这是由于Au物种的引入削弱了Fe—O键，增强了晶格氧的迁移性。此外Au/CeO_2催化剂也曾用于几种典型VOCs（异丙醇、甲醇和甲苯）的深度催化氧化[3]，类似地，Au的存在导致与Au原子相邻的表面Ce—O键强度降低，从而增加了通过Mars-van Krevelen（MvK）反应机制参与VOCs氧化反应的表面晶格氧的迁移性，提高了材料的催化氧化活性。

由于Au和Ru的相互作用，$Au-Ru/TiO_2$对甲醇的低温完全氧化反应具有更高的催化活性[4]。傅里叶变换红外光谱（FTIR）结果显示（图6-2），在较低的温度下，甲氧基在Au-Ru双金属催化剂上很容易被氧化形成甲酸盐，且甲酸盐是甲醇氧化过程中的主要中间体。$Au-Ru/TiO_2$催化氧化消除甲醇的过程可能包括：甲醇化学吸附在TiO_2表面的—OH位上，通过消除H_2O分子产生单配位和双配位的吸附甲氧基（CH_3O）物种；部分甲氧基被氧化成甲酸盐（HCOO）吸附在TiO_2载体上，也可能在类似Au/CeO_2中[5]报道的金属/载体界面上；在含有Ru的催化剂上，甲醇完全脱氢生成的CO在Ru金属位上呈线性吸

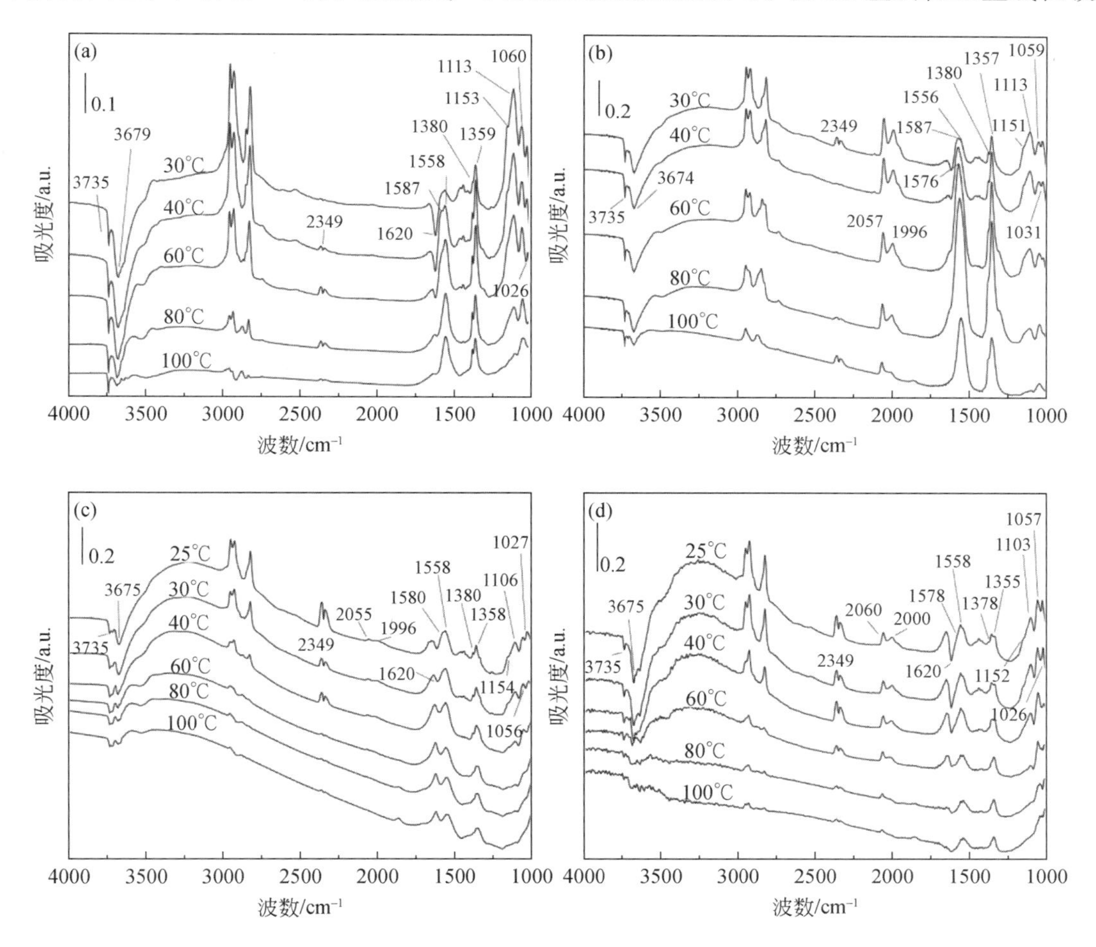

图6-2　在反应气氛下，（a）Au、（b）Ru、（c）Ru/Au原子比为1/1的Ru-Au、（d）Ru/Au原子比为0.75/1的Ru-Au催化剂上随温度变化的红外光谱图[4]

附。在室温下，CH_3O_S物种进一步氧化为 HCOO 物种（双配位和桥配位），双金属 Au-Ru 催化剂可以将吸附在 Ru 上的 CO 氧化成 CO_2，甲酸盐被氧化生成 CO_2 和 H_2O（桥式甲酸盐更稳定）。

相比于热催化氧化消除 VOCs 的方法，光催化技术可在常温常压下催化降解 VOCs，具有反应条件温和、成本低、操作简单、适用范围广等优势[6,7]。因此，光催化技术也被认为是一种极具潜力的处理小风量、低浓度 VOCs 的净化技术。光催化降解 VOCs 的基本原理是：在光照条件下，光催化剂通过吸收能量高于半导体带隙（E_g）的光子，将电子从价带（VB）激发到导带（CB），同时在 VB 产生空穴。光生电子和空穴通过体相内迁移到达光催化剂表面，迁移到表面的电子主要与分子氧反应生成超氧自由基（$\cdot O_2^-$），而空穴则可以将水氧化成羟基自由基（·OH），生成的活性氧（ROS）与吸附的 VOCs 发生反应，将其氧化成 CO_2 和 H_2O[8,9]。例如，多孔 WO_3 负载不同含量 Au 催化剂具有优异的光催化消除甲醇的性能[10]。负载 Au 纳米颗粒后，产生的表面等离子共振（SPR）效应可促进光生电子和空穴的分离，Au/WO_3 比 WO_3 具有更高的催化活性。随着 Au 负载量的增加，光催化降解甲醇的产物也有明显变化（图 6-3）。在 1wt% Au/WO_3 上，检测到的主要产物是甲醛和 H_2O。在 3wt% Au/WO_3 上，检测到的主要产物是 CO_2 和 H_2O。这可能是由于随着 Au 含量的增加，强化了催化剂表面氧气的解离，有利于吸附的甲氧基和甲醛深度氧化为 CO_2 和 H_2O。

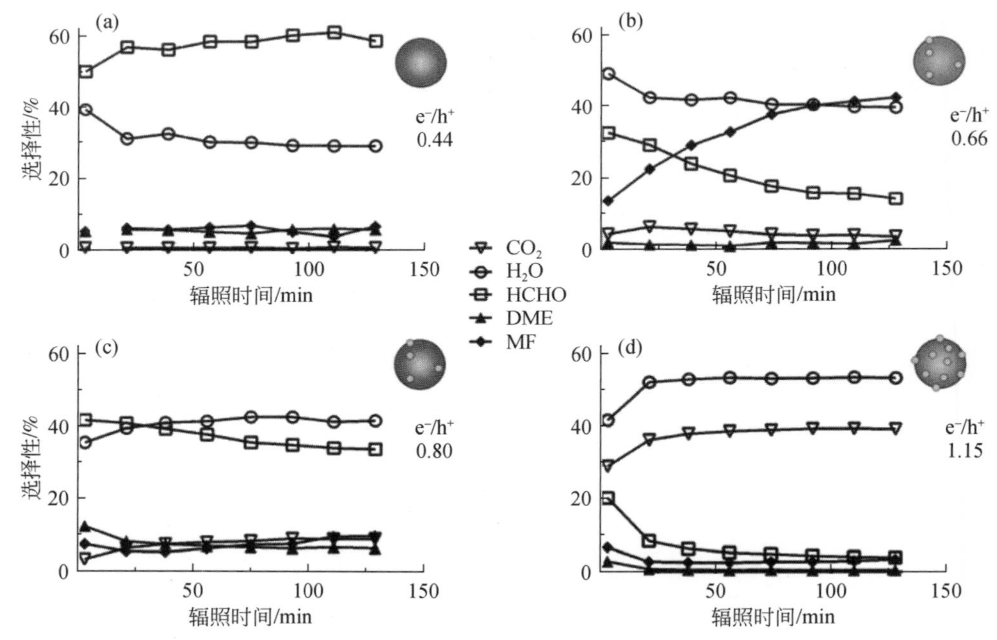

图 6-3　（a）WO_3、（b）SiO_2-Au、（c）1wt% Au/WO_3 和（d）3wt% Au/WO_3 光催化氧化甲醇时，产物选择性随辐照时间的变化[10]

2. Pd 基催化剂催化氧化消除甲醇

由于 Pd 基催化剂在相对较低的温度下具有较高的催化活性，在氧化环境中具有较高的耐热烧结性能[11-14]，因此其在催化氧化消除 VOCs 中具有广阔的应用前景。例如，以共沉淀法制备得到的 Al_2O_3-50wt% $Ce_xZr_{1-x}O_2$（x=0.1、0.3、0.5、0.7 和 0.9）混合氧化物为载体[15]，负载贵金属 Pd 后，Pd/Al_2O_3-$Ce_{0.3}Zr_{0.7}O_2$ 表现出较高的催化活性。这主要是由于贵金属 Pd 与载体 Al_2O_3-$Ce_{0.3}Zr_{0.7}O_2$ 之间有很强的相互作用，在低温下更容易形成氧化还原活性位点，促进甲醇的深度氧化。在 Pd/Al_2O_3-$Ce_{0.3}Zr_{0.7}O_2$ 催化剂中掺杂 Ba 后，催化氧化甲醇的活性得到进一步提升。Ba 的加入促进了中间物种甲氧基的形成，这是催化甲醇完全氧化的决速步骤。CO_2 程序升温脱附（CO_2-TPD）结果证实，Ba 掺杂后在 Pd/Al_2O_3-$Ce_{0.3}Zr_{0.7}O_2$ 上形成了更多甲醇选择性转化为 CO_2 所需的碱性位点[16]。

载体的酸碱性会影响 Pd 纳米粒子的分散性和氧化态[17,18]。在类似反应条件下，与 Pd/NaY 沸石和 Pd/Al_2O_3 催化剂相比，Pd/HY 沸石催化剂表现出更高的催化氧化甲醇的活性[19]。在反应气流速为 20cm^3/min 时，甲醇转化率达到 90% 所需的反应温度（T_{90}）为 120℃。一方面 HY 沸石更强的酸性增加了 Pd 的分散，另一方面具有亲电性的酸性载体会促进 Pd 原子失电子，即沉积在酸性载体上的 Pd^0 粒子比在中性或碱性载体上的 Pd^0 粒子更容易被氧化成 Pd^{2+}，从而有利于强化 MvK 氧化还原反应。

和 Au 基催化剂体系类似，向 Pd 基催化剂体系中引入合适的第二组分后，由于双金属体系物理化学性质不同于单金属体系，有利于改善催化剂催化氧化 VOCs 的活性和稳定性。例如，PdAg 双金属催化剂能有效促进甲醇的深度催化氧化[20]。Pt 对 Pd 基催化剂催化甲醇完全氧化反应的促进作用也得到了研究[21]，Pt 的引入形成了更多的吸附氧和 Ti^{4+} 物种，PdPt/TiO_x 的存在改善了吸附氧物种和反应中间物种的活动性，从而加快了催化甲醇氧化反应的速率。

3. Pt 基催化剂催化氧化消除甲醇

Pt 基催化剂由于其低温活性高、稳定性好而被广泛应用于催化氧化消除 VOCs 的过程[22]。CeO_2 常被用作工业催化剂的助剂或载体，可有效提高催化剂的热稳定性。此外在富氧和贫氧交替条件下，CeO_2 对氧的储存和释放也起着重要的作用，从而使催化剂在复杂工况下仍具备优异的催化氧化性能[23]。在 350℃ 焙烧制备得到的 Pt/TiO_2 催化剂，用于催化甲醇氧化时，在室温下即可实现 70% 的转化率。将 1mol%～2mol% 的 Ce 掺杂到 TiO_2 中，制得的 Pt/CeO_2-TiO_2 催化剂表现出与 Pt/TiO_2 催化剂非常相近的活性，但是其稳定性更好[24]。

在相同的反应条件下，与 Pt 相比，Re 解离氧气的能力更强，氧物种迁移性更大，因此 Pt-Re 合金催化剂表现出更高的催化氧化活性，产物中 CO_2 选择性更高，催化剂表面积碳较少[25]。采用多孔硅（KIT-6）模板法和聚乙烯醇保护 $NaBH_4$ 还原法制备的介孔锰氧化物（meso-MnO_y）及其负载型 Pt_xCo 催化剂，对甲醇氧化表现出较高的催化性能[26]，其中 0.70wt% $Pt_{2.42}Co$/meso-MnO_y 催化剂表现最为优异。在空速（SV）为 80000mL/(g·h) 时，0.70wt% $Pt_{2.42}Co$/meso-MnO_y 催化剂上 T_{50} 和 T_{90}（达到 50% 和 90% 甲醇转化率所需的反应温度）分别为 50℃ 和 86℃。这与 $Pt_{2.42}Co$ 合金纳米粒子的高度分散、O_{ads}（表面吸附氧）物种浓度高、低温还原性好以及 $Pt_{2.42}Co$ 合金纳米粒子与 meso-MnO_y 之间的强相互作用有关。锚定在 CeO_2-Al_2O_3-TiO_2 载体上的 Pd-Pt 催化剂具有非常高的催化活性。在反应条件为 1.0vol% CH_3OH、2.0vol% O_2 和 SV=35000h^{-1}时，甲醇转化率在低至 27℃下可达 35%，在 58℃时则高达 90%[27]。此外，在 Au/$CeZrO_x$ 上也获得了类似的高活性（80℃下实现 100%的甲醇转化率和 98%的 CO_2 选择性）[28]。

近年来，单原子催化剂备受关注。Pt_1/Co_3O_4 单原子催化剂表现出良好的低温催化氧化甲醇的活性[29]，96℃时甲醇转化率可以达到 90%。在该催化剂中，孤立的 Pt 原子固定在 Co_3O_4(111) 晶面上，Pt 原子占据了 Co^{2+}原子的位置（图 6-4）。Pt 原子位具有较高的电子占据态，对邻近 Co 原子的三维轨道表现出很强的亲和力，增强了 Pt_1/Co_3O_4 单原子催化剂中金属和载体之间的相互作用，促进电子从 Pt 原子向 Co 原子明显转移，最终提高催化剂表面氧空位的浓度。表面氧空位的再生促进了甲醇和 O_2 的共吸附，从而提高了 C—H 键的解离速率。DFT 计算也表明，氧空位上电子的转移降低了甲醇的吸附能和甲醇氧化的活化能垒。

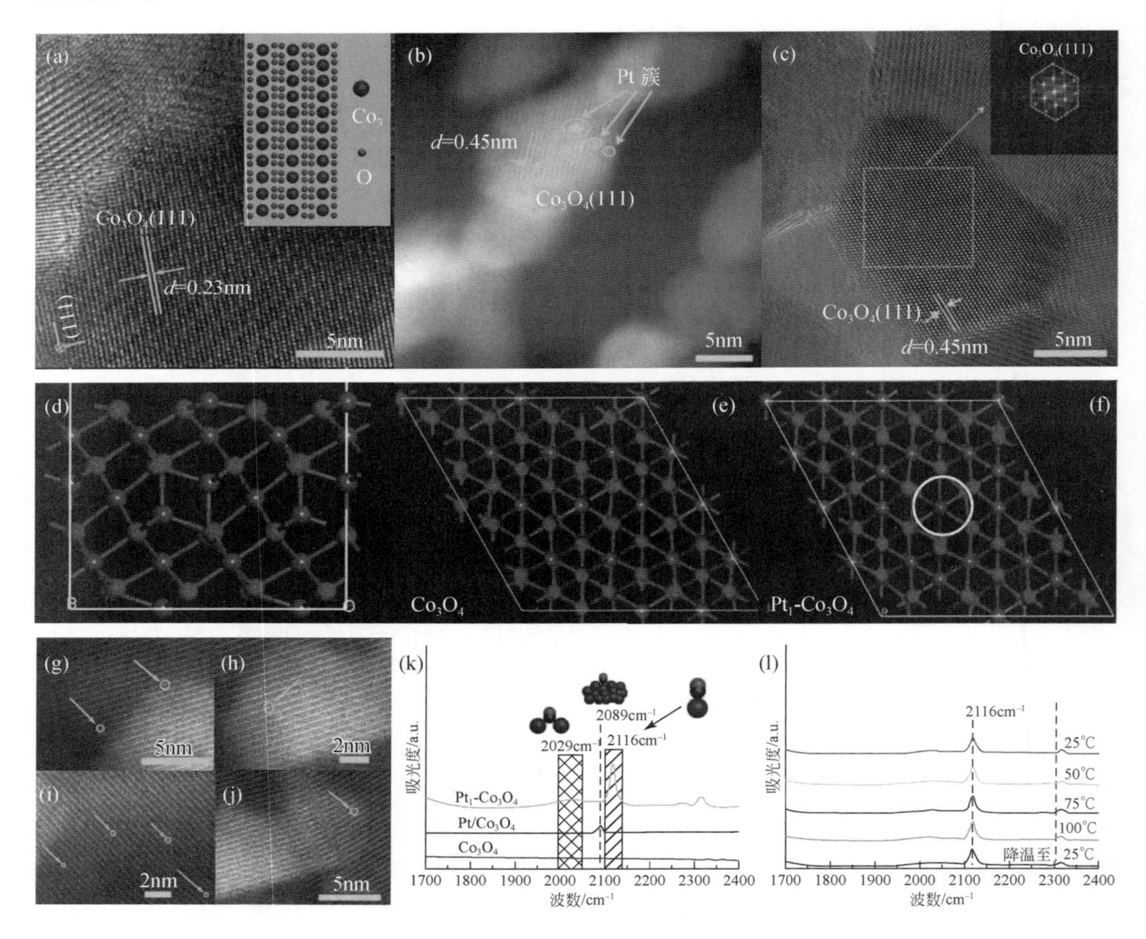

图 6-4　(a~c) Co_3O_4、Pt/Co_3O_4 和 Pt_1/Co_3O_4 的 HRTEM 图像；(d~f) 通过理论计算优化的稳定结构模型；(g~j) Pt_1/Co_3O_4 催化剂球差校正 HAADF-STEM 图像；(k) 催化剂上的原位 CO-FTIR 光谱；(l) 不同温度下 Pt_1/Co_3O_4 催化剂上的原位 CO-FTIR 光谱[29]

4. Ag 基催化剂催化氧化消除甲醇

研究表明，γ-Al_2O_3 负载的 Cu、Mn、Ce、K、Ag、Cu-Mn、Cu-Ce、Cu-Ag 和 Cu-K 催化剂在催化氧化消除甲醇时，Ag 基催化剂对甲醇完全氧化反应表现出相对高的催化活性。金属含量为 1.0wt% 的双金属催化剂体系，催化甲醇完全氧化的活性次序为：Cu-Ag>Cu-Mn>Cu-Ce>Cu-K。Ag/Al_2O_3 和 Cu-Ag/Al_2O_3 上催化甲醇完全氧化成 CO_2 的活性组分是分散在 γ-Al_2O_3 表面的 Ag^+物种。此外 XPS 和 EPR 表征结果证实，在 Cu-Ag 体系中 Ag_2O 和 CuO 界面处存在 Ag^{2+}物种[30]。Ag/白色石墨烯泡沫对甲醇完全氧化反应也具有高的催化活性及稳定性[31]。T_{50}和 T_{95}分别低至 50℃和 110℃。当反应温度为 100℃时，在 50h 持续反应过程中，甲醇在 Ag/白色石墨烯泡沫上的转化率始终维持在 93% 左右。Ag/白色石墨烯泡沫优异的催化性能主要归功于其独特的微观结构，特别是发达的孔隙和原子层厚度的薄壁结构。

6.1.2　金属氧化物催化剂催化氧化消除甲醇

虽然负载贵金属（如 Pt 和 Pd）催化剂[32]可以实现在较低温度下催化氧化消除 VOCs，但高成本限制了其广泛应用。因此，开发高效、廉价的催化材料成为人们的迫切需求，金属氧化物催化剂得到了广泛的研究[33]。

例如，Co_3O_4 是一种高效催化消除甲醇的材料。具有三维有序介孔结构的立方晶相 Co_3O_4 在空速为 20000mL/（g·h）时，139℃下即可实现 90% 以上的甲醇转化，这与其高表面积、优越的低温还原性和独特的三维有序介孔结构有关[33]。在钴基催化剂上，甲醇完全氧化反应的路径强烈依赖于钴的氧化状态以及甲醇与氧的混合比例（氧的化学势）[34]。图 6-5 给出了在温度为 520K，CH_3OH/O_2 摩尔比为 1/5，总压力为 0.3mbar（1bar=10^5Pa）时，Co（0001）单晶经 H_2 或 O_2 预处理后的 Co $2p_{3/2}$ XPS、Co L_3 NEXAFS 谱图和产物的选择性。可以看出，经 H_2 或 O_2 预处理后，分别形成类 CoO 物质和比例为 30/70 的 CoO/Co_3O_4 混合物。甲醇在前者上主要部分氧化生成 CH_2O，而在后者上被完全氧化为 CO_2 和 H_2O。反应体系中气相氧的化学势不仅决定了反应的表面氧化状态，还决定了反应中间体（CH_3O_{ads}和 $HCOO_{ads}$）的相对数量。部分氧化产物甲醛的形成不仅是由 CH_3O_{ads}物种的数量决定的，还与表面氧物种的活性有关。

除单一金属氧化物外，混合或复合金属氧化物也对催化氧化消除甲醇具有较高的活性。例如，4.0vol% 甲醇在由共沉淀法制备得到的水滑石 Cu-Mg-Al-O 混合金属氧化物体系的催化作用下，225℃开始转化，325℃被完全氧化[35]。

自 20 世纪 70 年代利用 TiO_2 光催化分解水制备 H_2 和 O_2 以来，具有化学稳定性好、对环境无害等优点的 TiO_2 便成为研究最多的光催化剂[32]。但 TiO_2 禁带宽度较大，对太阳能利用率低，且光生电子和光生空穴的快速复合也极大影响了 TiO_2 的光催化活性，表面结构优化是实现其光催化效率最大化的有效途径。TiO_2 纳米晶表面吸附甲醇和甲氧基物种的光催化氧化反应速率常数敏感依赖于表面位点。在相同表面上，甲氧基物种光氧化反应性能优于甲醇。在不同表面上，甲氧基物种光催化氧化反应性能随甲氧基/甲醇比例的增加

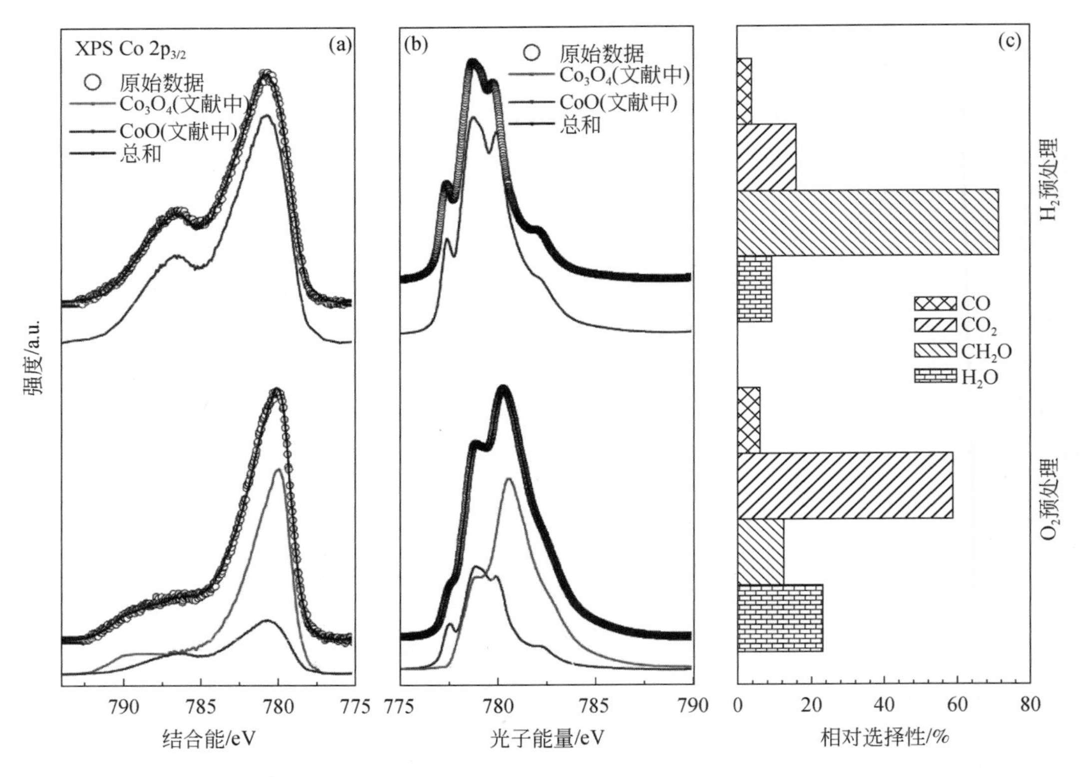

图 6-5　Co(0001) 单晶经 H_2 或 O_2 预处理后的（a）Co $2p_{3/2}$ XPS、（b）Co L_3 NEXAFS 谱图和（c）产物的选择性[30]

而提高。TiO_2 表面吸附甲醇物种及其能级结构与 TiO_2 表面结构密切相关。在 TiO_2(001) 表面主要生成 4 配位 Ti 吸附的 $CH_3O(a)_{Ti4c}$ 物种和少量 5 配位 Ti 吸附的 $CH_3OH(a)_{Ti5c}$ 物种；在 TiO_2(100) 和 (101) 表面生成 $CH_3OH(a)_{Ti5c}$、5 配位 Ti 吸附的 $CH_3O(a)_{Ti5c}$ 和少量与缺陷相关的甲氧基和甲醇物种。$CH_3O(a)$ 物种增强 TiO_2 表面能带向上弯曲，利于光生空穴向表面的扩散；而 $CH_3OH(a)$ 削弱 TiO_2 表面能带向上弯曲，不利于光生空穴向表面的扩散[36]。

6.1.3　甲醇催化转化制甲酸甲酯

甲醇作为最简单的醇，可以作为 C1 化学的原料和基础[37]。甲醇可以转化为一系列高价值的化学物质，如二甲氧基甲烷、甲酸、甲酸甲酯、碳酸二甲酯等[38-41]。目前对甲醇催化转化为高价值化学品的研究主要集中在气固相催化甲醇转化方面[42-44]。例如，负载 Pd 催化剂对甲醇有氧氧化制甲酸甲酯的反应显示出良好的催化活性[45,46]。在 Pd/SiO_2 催化剂上，80℃时甲醇转化率为 88%，甲酸甲酯的选择性为 72%[42]。负载 Au-Pd 双金属催化剂在甲醇氧化生成甲酸甲酯的低温反应中也表现出较高的催化活性[43]，原位漫反射傅里叶变换红外光谱（*in situ* DRIFTS）结果表明表面吸附物种，特别是甲酸盐物种对提高催化效率至关重要。

此外，采用溶胶-凝胶法制备的 Au-Pd/TiO_2 双功能催化剂[41]，能将甲醇在液相体系中一步氧化成甲酸甲酯。如图 6-6 所示，在反应条件为 Au-Pd/甲醇摩尔比为 1/2000、反应压力为 25bar、反应时间为 4h 和反应温度为 100℃时，甲醇转化率为 55.7%，甲酸甲酯选择性为 74.2%。催化剂经过 5 个循环反应后依旧有较高的活性和产物选择性。

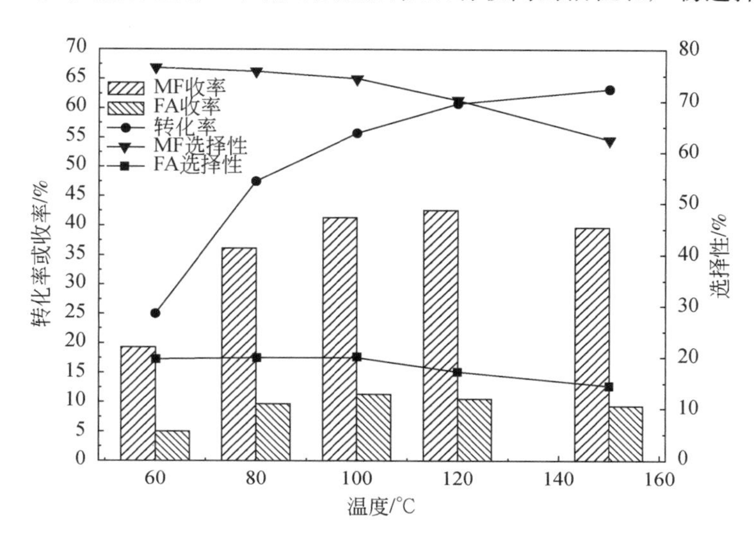

图 6-6　甲醇转化率、甲酸甲酯（MF）和甲酸（FA）的选择性和收率随反应温度的变化曲线[41]

光催化在甲醇选择性氧化制甲酸甲酯反应中也有一些应用，其中负载贵金属催化剂在甲醇制甲酸甲酯过程中表现出优异的光催化性能。例如，在一定反应条件下，Au-Pd/TiO_2 催化剂上甲醇的转化率大于 80%，甲酸甲酯的选择性大于 70%[47]。Au 的存在不仅促进了光生电子-空穴的分离，提高了光催化活性，而且抑制了 Pd 的氧化，降低了光生空穴的氧化能力，抑制了甲醇的矿化过程，从而提高了甲酸甲酯的选择性。利用超声波辅助的光沉积法（SPD），实现了 Au-Pd 纳米粒子对 TiO_2 P90（一种商用 TiO_2）的改性。改性后的催化剂对甲醇氧化制甲酸甲酯反应也表现出高活性（83%）、高选择性（70%）、高稳定性等优点[48]。Au-Pd 纳米粒子与 TiO_2 表面之间较强的金属-载体相互作用和 Au-Pd 粒子之间的协同作用是 Au-Pd/TiO_2 P90 具有良好活性和选择性的原因。负载 Au-Ag 双金属催化剂在甲醇选择性氧化生成甲酸甲酯的低温反应中也表现出较高的催化活性。在 15～45℃范围内，在紫外光照射下，Au-Ag/TiO_2 催化剂上的甲醇转化率为 75%～90%，甲酸甲酯选择性为 80%～85%。在反应过程中，配位甲氧基被空穴氧化成配位甲醛，其与过量的甲氧基进一步反应生成甲酸甲酯。氧气通入量是选择性生成甲酸甲酯的重要影响因素。当氧气通入量与化学计量比一致时，Au-Ag 纳米粒子表面的游离氧可补偿反应过程中形成的氧空位，使配位甲醛难以进一步深度氧化，提高了甲酸甲酯选择性[49]。采用溅射法在 α-Fe_2O_3 薄膜表面沉积了厚度约为 2nm 的超薄 Pt 层。由于 Pt^{4+}取代了 Fe^{3+}，Pt 作为电子供体，随着供体浓度的增加，催化剂导电性提高，电荷转移增强，光生载流子复合减少。另外，供体浓度的增加也会增强空间电荷层的电场，从而提高电荷分离效率。在可见光照射下，Pt 的引入有利于 Pt/α-Fe_2O_3 氧化甲醇制甲酸甲酯[50]。

除负载贵金属催化剂外，过渡金属氧化物催化剂也表现出优异的光催化氧化性能。在甲醇浓度为 1vol%、O_2 浓度为 0.5vol%、反应温度为 30℃时，甲醇在 CuO/CuZnAl 水滑石-ZnO 催化剂上的转化率约为 90%，甲酸甲酯的选择性约为 50%。ZnO、CuZnAl 水滑石和 CuO 的界面作用使该催化剂具有较好的活性和选择性[51]。在超声波辅助法制得的基于 TiO_2 和生物炭的新型无机-有机杂化材料的催化作用下，经光照 240min 后，甲醇转化率约为 90%、甲酸甲酯选择性约为 80%、甲酸甲酯收率约为 88%（图 6-7）。生物炭与 TiO_2 之间紧密接触的界面使催化剂具有较好的光生电子-空穴分离能力，从而表现出较高的催化活性和选择性[52]。

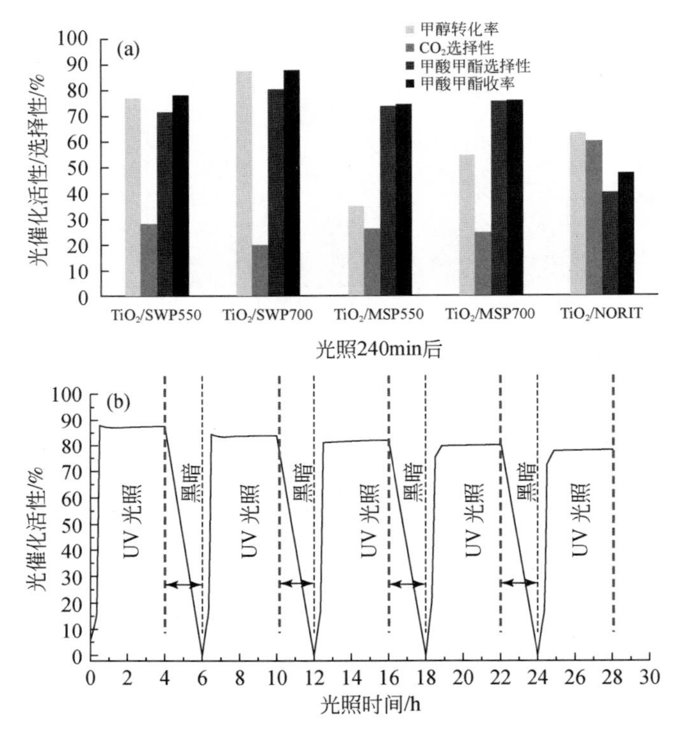

图 6-7 （a）在光照 240min 下，不同光催化剂上甲醇的光催化氧化活性；（b）TiO_2/SWP700 上光催化氧化甲醇的稳定性[52]

6.2 乙醇催化氧化

乙醇是基本的有机化工原料，可用来制取乙醛、乙醚、乙酸乙酯、乙胺等化工原料，也是制取溶剂、染料、涂料、洗涤剂等产品的原料，广泛用于国防化工、医疗卫生、食品工业、工农业生产等。此外，乙醇还可作为汽车燃料，与汽油混合作为混合燃料。乙醇易挥发，具有刺激性，长期接触高浓度的乙醇蒸气可引起鼻、眼、黏膜刺激症状，以及头晕、疲乏、震颤、恶心等。类似地，用于催化乙醇氧化的催化剂主要包括负载贵金属催化剂和金属氧化物催化剂[53]。

6.2.1　负载 Pt 催化剂催化氧化消除乙醇

负载贵金属催化剂因其活性高而普遍受到青睐，其中负载 Pt 催化剂被认为是催化净化乙醇效率最高的催化剂之一[54,55]。采用液相还原沉积法和浸渍法，制得 TiO_2 负载的 Pt、Pd、Ir、Rh 和 Au 催化剂。在催化乙醇氧化时，Pt/TiO_2 的催化活性最好，催化活性依次按 Pt/TiO_2>Pd/TiO_2>>Rh/TiO_2≈Ir/TiO_2>>Au/TiO_2 的次序降低[56]。与 Pt/CeO_2 催化剂相比，Pt/CeO_2/活性炭催化剂对乙醇完全氧化反应表现出更高的催化活性[57]。当 CeO_2 质量分数为 10wt% 时，Pt/CeO_2/活性炭催化剂的催化活性相对较高。在反应温度为 160℃时，乙醇可完全转化为 CO_2 和 H_2O，且持续反应 100h 后，催化剂活性没有下降。即便是在相对湿度为 40% 和 80% 的反应条件下，由于活性炭载体的疏水特性抑制了水的吸附，Pt/CeO_2/活性炭催化剂的催化活性仅略有下降。与以 $Pt(NH_3)_4(NO_3)_2$ 为铂源的催化剂相比，以 H_2PtCl_6 为铂源的 Pt/CeO_2/活性炭催化剂，由于具有更高的 Pt 分散度和更强的 Pt-CeO_2 相互作用，改善了催化剂氧化还原性能，从而表现出更高的催化活性和 CO_2 选择性[58]。CeO_2-ZrO_2 复合氧化物（Ce-Zr-O）具有高的氧迁移率和氧储存能力（OSC），其负载的 Pt 纳米颗粒催化剂的催化活性明显高于相应的 Au 催化剂，并可比肩商用催化剂 Pt-Pd/Al_2O_3 的活性[59]。除了 Pt 具有更好的还原性之外，CO_2-TPD 结果表明，Pt/Ce-Zr-O 催化剂的催化活性还与表面碱性中心的增加有关。事实上，K 和 Na 对 Pt/Al_2O_3 催化剂催化氧化低浓度乙醇有促进作用[60]。若以纯 Al_2O_3 载体作为催化剂，主要形成乙醚和乙烯，乙醇完全氧化成 CO_2 需要高于 400℃的温度。乙醇在 Pt/Al_2O_3 催化剂上先部分氧化成乙醛和乙酸，然后在较高的温度下生成 CO_2。向 Al_2O_3 载体中加入 K 或 Na 等碱性物质，可以中和其酸性位点，抑制乙醚、乙烯、乙酸的形成。当 K/Al 比为 0.1 时，Pt/Al_2O_3 催化剂活性相对较好，在 220℃时即可实现乙醇的完全转化。

6.2.2　金属氧化物催化剂催化氧化消除乙醇

负载贵金属催化剂在低温消除乙醇方面表现出优异的净化效率，但其成本高且在高温下容易烧结[61-63]。因此寻找低成本、高效率、低温可操作的乙醇氧化催化剂仍然是一个巨大的挑战。目前用于催化氧化消除乙醇的金属氧化物催化剂主要为 MnO_x、CeO_2 和 Co_3O_4 基催化剂。

1. MnO_x 基催化剂催化氧化消除乙醇

氧化锰（MnO_x）是一种廉价的材料，由于在多相催化方面的潜在应用，其得到了广泛的研究。MnO_x 常用的合成方法有沉淀法、水热法、溶胶–凝胶法和微波加热法[64-68]。以活性炭和碳干凝胶为模板，采用模板法制得的 MnO_x，尽管与常规制备方法制得的样品相比，其比表面积增加了 7 倍，但在评价这些 MnO_x 催化氧化乙醇性能后发现，催化活性主要取决于晶格氧的活动性，而晶格氧的活动性又与锰物种的氧化态紧密相关，乙醇可以在 240℃下被完全氧化成 CO_2[69]。在 MnO_x 中掺杂少量（10wt%）的 Cu 可以提升催化剂催化降解乙醇的活性[70]，这是由于 Cu 掺杂导致 MnO_x 结晶度降低和氧空位浓度增加。发达的介孔结构也可促进催化氧化乙醇的性能提升。采用纳米浇铸法，以 KIT-6 为模板，制备的三维介孔 MnO_2 具有高的比表面积（$87m^2/g$），在反应温度为150℃时，即可将乙醇完全消除，这与其更好的低温还原性和更高的 Mn^{4+} 含量有关[71]。采用软模板法和溶胶-凝胶法（图 6-8）制备的虫孔状介孔 $MnCoO_x$ 催化剂表现出高的比表面积和优异的乙醇氧化活性[72]。例如，Mn/Co 比例为 1/1 的催化剂，比表面积为 $208m^2/g$，表面 Co^{3+}/Mn^{4+} 比例为 18.7%，在空速为60000mL/(g · h) 时，催化乙醇氧化的 T_{50} 为 80℃，170℃时 CO_2 选择性达 100%。

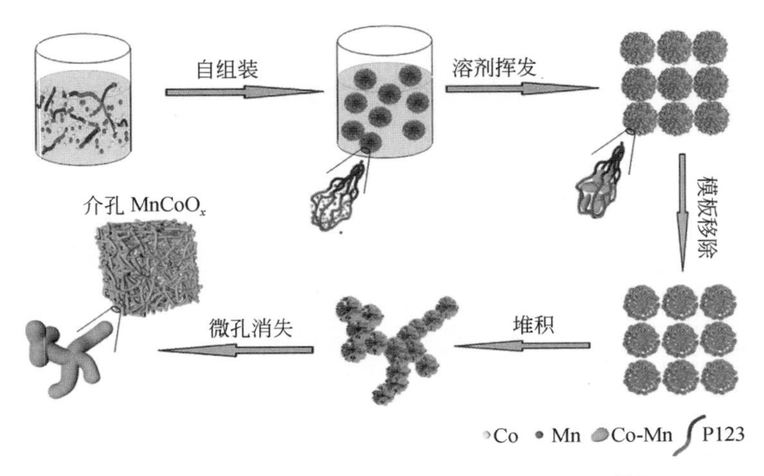

图 6-8 虫孔状介孔 $MnCoO_x$ 催化剂的合成策略[72]

2. CeO_2 基催化剂催化氧化消除乙醇

以 $Ce(NO_3)_3 \cdot 6H_2O$ 和 NaOH 为前驱体，采用水热合成法，在不同温度下合成了具有相似立方萤石结构的纳米棒和纳米立方体状 CeO_2 催化剂[73]。CeO_2 纳米棒的低温还原性能优于纳米立方体的。纳米棒和纳米立方体状 CeO_2 催化剂在催化乙醇氧化时，生成氧化产物和缩合产物（包括乙醛、乙酸、乙酸乙酯和 CO_2），CeO_2 纳米棒具有较高的催化乙醇氧化的活性，且 CO_2 选择性比纳米立方体状催化剂高。在 CeO_2 纳米棒上，乙醇转化率在反应温度为170℃时可达 99.2%，CO_2 选择性在反应温度为 210℃时超过 99.6%。在纳米立方体状催化剂上，乙醇转化率在反应温度为 235℃时为 95.1%，CO_2 选择性在反应温度为 270℃时仅为 93.86%。如图 6-9 所示，O^* 表示表面活性氧物种，A/Bc 表示酸/碱中心。在纳米 CeO_2 催化剂上，由于表面活性氧物种（O^*）的存在，乙醇在低温下被部分氧化生成乙醛、乙酸，缩合产物乙酸乙酯与纳米 CeO_2 催化剂表面存在酸/碱中心（A/Bc）有关[74]。此外还有脱水产物乙烯、缩合产物乙缩醛或/和乙醚生成。在较高温度下，部分氧化产物、缩合产物、脱水产物深度氧化生成 CO_2。

MnO_x-CeO_2 被发现对低碳醇氧化反应具有很高的催化活性，乙醇在 200℃ 的低温下即可完全氧化为 CO_2[75]，其活性甚至优于在 220℃ 下实现乙醇完全氧化的 Pt/Al_2O_3 催化

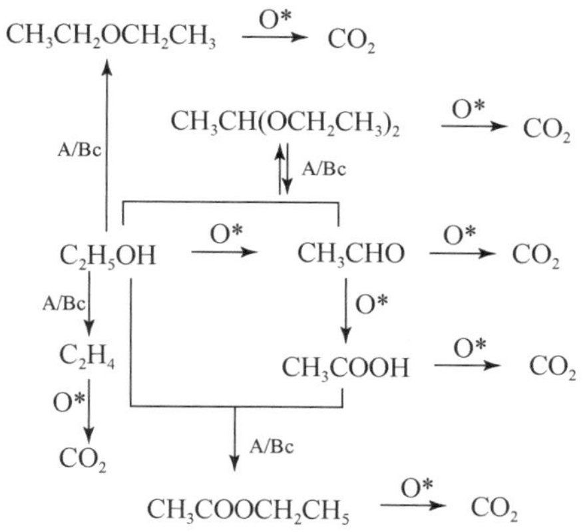

$CH_3CH_2OCH_2CH_3 \xrightarrow{O^*} CO_2$

$CH_3CH(OCH_2CH_3)_2 \xrightarrow{O^*} CO_2$

A/Bc

$C_2H_5OH \xrightarrow{O^*} CH_3CHO \xrightarrow{O^*} CO_2$

$CH_3CHO \xrightarrow{O^*} CH_3COOH \xrightarrow{O^*} CO_2$

$C_2H_5OH \xrightarrow{A/Bc} C_2H_4 \xrightarrow{O^*} CO_2$

$\xrightarrow{A/Bc} CH_3COOCH_2CH_3 \xrightarrow{O^*} CO_2$

图6-9　纳米CeO_2催化剂催化乙醇氧化的反应机理[73]

剂[60]。不过MnO_x-CeO_2催化剂虽具有较高的催化氧化含氧VOCs的活性，但在高温下容易烧结，导致严重的相偏析[76]。常用ZrO_2掺杂CeO_2改变局部氧环境，产生更多的表面缺陷，形成均匀固溶体，来提高催化剂储氧能力和热稳定性[77]。因此ZrO_2掺杂的锰铈复合氧化物能更有效地催化乙醇氧化[78]，乙醇在180℃时被完全氧化为CO_2。如图6-10所示，该催化剂在190℃下催化乙醇氧化的过程中也表现出良好的稳定性，乙醇转化率和CO_2选择性在120h内基本保持不变。

3. Co_3O_4基催化剂催化氧化消除乙醇

Co_3O_4常用于CO、CH_4和小分子有机化合物的催化氧化[79-82]。采用浸渍法制得Co_3O_4/KIT-6（简称COK_x，x为Co_3O_4的质量分数，x=10wt%、15wt%、20wt%、25wt%和30wt%）催化剂[79]。该催化剂具有与载体KIT-6类似的三维有序介孔结构和高的比表面积，COK_x催化剂的还原性、氧储量和氧迁移率均随着KIT-6上Co_3O_4负载量的增加而明显增加。以T_{50}和T_{99}为评判依据，COK_x催化剂催化乙醇氧化的活性按照$COK_{25}>COK_{30}\approx COK_{20}>COK_{15}>COK_{10}$的次序依次降低，这与$COK_x$催化剂氧的储存、释放和迁移性呈正相关。$COK_{25}$在7个反应循环后仍表现出良好的催化稳定性和$CO_2$选择性。在$COK_x$催化剂上进行的乙醇氧化反应，在低温下主要产物为乙醛，但当温度升高时主要形成CO_2。

单组分Co_3O_4存在低温活性差、机械强度差、易积碳等问题[83,84]。引入其他组分制备钴基复合金属氧化物，可以有效改善催化性能[85]。例如，通过掺杂过渡金属Mn离子来调变Co_3O_4晶格，促进MnO_x与Co_3O_4之间的相互作用，形成尖晶石型复合氧化物，可提高其催化氧化性能[86]。添加Ni物种可以显著增强CoNi/TiO_2复合氧化物的催化氧化性能，这是由于Ni物种的引入有效提高了表面羟基氧物种和吸附氧物种的浓度以及表面Co^{3+}物种的含量[87]。采用软模板法，制得含不同金属（Cu、Fe、Ni、Mn、Ce）离子掺杂的多孔钴基尖晶石型复合氧化物，发现金属离子掺杂促进了表面活性氧物种的形成。多孔结构与表面活性氧物种的协同作用，可以有效促进乙醇的完全氧化。含Ce的钴基多孔尖晶石型复合氧化物表现出较好的催化乙醇氧化活性和稳定性，乙醇转化率和CO_2选择性在200℃

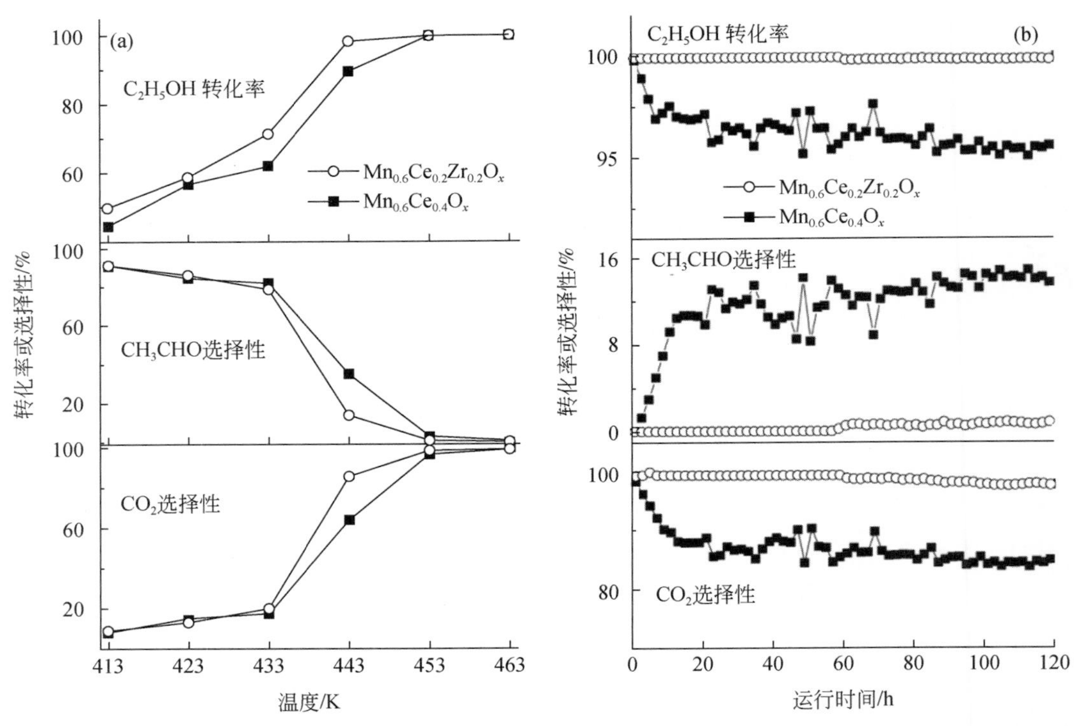

图 6-10　(a) 在空速为 100000mL/(g · h) 时，乙醇转化率、乙醛和 CO_2 选择性随反应温度变化的曲线；(b) 在反应气组成为 0.23% 乙醇+20% O_2+N_2，空速为 150000mL/(g · h) 和反应温度为 190℃时，催化剂催化乙醇氧化的稳定性测试[78]

时可分别达到 99.7% 和 99.1%[88]。

4. 水滑石基金属氧化物催化氧化消除乙醇

以水滑石作为前驱体，在合成分散性好、催化活性高以及稳定性强的金属氧化物催化剂方面具有巨大的潜力。例如，基于铜和/或钴的水滑石煅烧产生的金属氧化物在氮氧化物和硫氧化物的分解反应中具有非常高的催化活性和选择性。多种金属相的联合使用可以产生协同效应，从而改善催化性能。以相应的金属硝酸盐溶液为金属源，采用共沉淀法合成了一系列 $M^{Ⅱ}/M^{Ⅲ}$ 摩尔比为 2($M^{Ⅱ}$ = Cu、Co、Ni、Cu-Ni、Cu-Co、Co-Ni；$M^{Ⅲ}$ = Mn 或 Al) 的 $M^{Ⅱ}$-$M^{Ⅲ}$层状双氢氧化物 (LDH) 前驱体，经过煅烧制得的含 Mn 三元混合金属氧化物催化乙醇完全氧化的活性高于 Cu-Mn、Co-Mn、Ni-Mn 二元混合金属氧化物和含 Al 的三元混合金属氧化物，其中 Cu-Ni-Mn 混合金属氧化物的催化活性最好，催化活性随易还原组分含量的增加和低温下催化剂表面氧物种浓度的增加而升高[89]。Ni-Mg-Mn、Ni-Cu-Mg-Mn 和 Co-Mn-Al 混合金属氧化物对芳烃和含氧 VOCs (包括乙醇) 完全氧化反应表现出与 Pt/Al_2O_3 相当或更高的催化活性[90,91]。活性组分对乙醇氧化反应的产物分布也有重要影响。例如，在氧化钛负载的 Co-Mn-Al 混合氧化物 (Co/Mn/Al 摩尔比为 4/1/1) 催化剂上，当 (Co+Mn) 金属含量低于 5wt% 时，中间产物乙醛的生成受到限制，产物中 CO 含量急剧增加[92]。

利用稀土元素作为添加剂，可以提高其储氧能力，从而显著促进乙醇完全氧化过程[93]。例如，以 Co 和 Cu 水滑石为前驱体，在混合金属氧化物体系中引入稀土元素 Ce 或 Pr，改善了所得催化剂的氧化还原性和氧吸附能力，进而显著提高其催化乙醇氧化的性能[94]。

5. 钙钛矿型复合氧化物催化氧化消除乙醇

钙钛矿型复合氧化物（ABO_3）具有良好的催化活性、优异的热稳定性，在催化净化消除大气污染物领域备受关注。以锰酸镧（$LaMnO_3$）为例，其催化乙醇氧化的活性可以描述为镧和锰物种的协同作用（图 6-11）[95]。在 ABO_3 结构中，氧化镧的强碱性有利于吸附活化乙醇，氧化还原循环过程中锰位点上的氧物种的活化促进了乙醇的深度氧化。在 $LaMnO_3$ 催化乙醇氧化过程中，乙醇首先吸附在碳酸盐类物质解吸后产生的阴离子空位 $Mn^{(n-1)+}$ 和碱性位点 LaO^- 上形成乙氧基物种[96,97]，乙氧基可能与羟基反应产生水和阴离子空位 $Mn^{(n-1)+}$。锰位点经 O_2 再氧化后，根据反应温度不同，有两种路径：在低温下，乙醛发生解吸，表面可再生；在较高温度下，有机碎片被完全氧化成 CO_2。

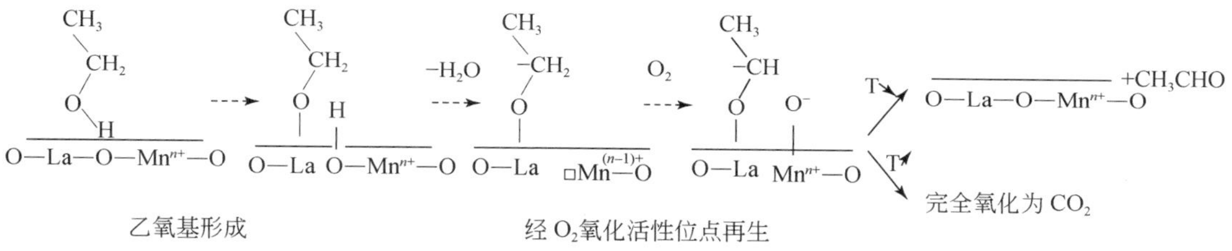

乙氧基形成　　经 O_2 氧化活性位点再生

图 6-11　$LaMnO_3$ 催化乙醇氧化机理图[95]

6.2.3　乙醇催化转化

由于化学工业逐渐从化石资源转向可再生资源，将乙醇转化为有价值的化学原料引起了研究者越来越多的关注。随着可用性的提高和成本的降低，乙醇有可能成为生产各种高附加值化学品的很有前途的平台分子[98]。本部分主要介绍乙醇脱水制乙烯和乙醇选择氧化制乙醛两个转化过程。

1. 乙醇脱水制乙烯

目前，乙烯生产主要以化石原料烃类蒸汽裂解为主。而随着化石资源的枯竭，乙烯价格不断上涨。不断攀升的乙烯价格、不断降低的生物乙醇成本，使得生物乙醇脱水转化为乙烯更具吸引力。醇脱水的反应途径主要包括 E1、E1cB 和 E2 机理（图 6-12）[99]，具体机理与醇的种类和所用的催化剂有关[100]。E1 机制通常通过酸性沸石催化剂上的碳正离子中间体进行。醇氧质子化后，C—O 裂解形成水和碳正离子中间体。碱位上的碳正离子中间体邻碳之间发生脱质子作用，生成烯烃产物。E1cB 机制通过碱性催化剂上的碳负离子中间体进行。首先 C—H 键发生裂解，形成碳负离子或烷氧基中间体，随后酸位上的羟基被消除，生成烯烃。而 E2 机制则包括羟基被酸和质子被碱协同消除。仲醇和叔醇（如异丙醇、叔丁醇）均有 E1 和 E2 反应机理[101-103]。由于形成伯碳正离子中间体的高能垒[104]，像乙醇这样的伯醇通常会经历一个协同的 E2 型机理[100]。

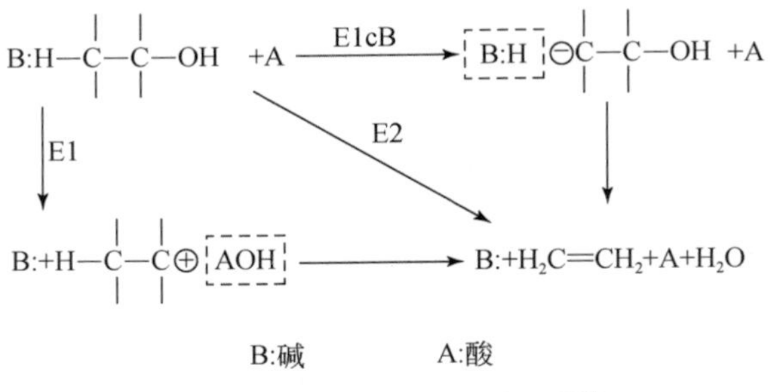

图 6-12　醇脱水的反应机理[99]

乙醇脱水制乙烯已在各种非均相催化剂上被广泛研究，其中 γ-Al_2O_3 和沸石（如 ZSM-5）因其高催化活性和高选择性而备受关注[99]。Sabatier 等对不同氧化物催化剂上的乙醇脱水进行了比较研究，发现 ThO_2、Al_2O_3 和 W_2O_3 在乙烯选择性方面表现最好。1981 年，市面上出现了氧化铝基催化剂（即 Holcon SD 公司生产的 Syndol 催化剂），用于乙醇制乙烯，具有高稳定性（>8 个月）和在 318℃时达 99% 的单程转化率，且乙烯选择性高达 97%。沸石具有孔结构均匀、比表面积大、酸度可调等特点，也广泛应用于醇脱水反应，其中 ZSM-5 或改性 ZSM-5 由于其表面的疏水性，在乙醇脱水制乙烯过程中表现出良好的催化性能[105-107]。在蒸汽处理的 ZSM-5 和石棉衍生的 ZSM-5 上，反应途径与反应温度有关。乙烯在较低的温度下主要是通过乙醚中间体形成（<270℃，图 6-13 中的路径 2 和路径 3），而在高温下主要是乙醇–乙烯直接反应形成（270～350℃，图 6-13 中的路径 1）[99]。

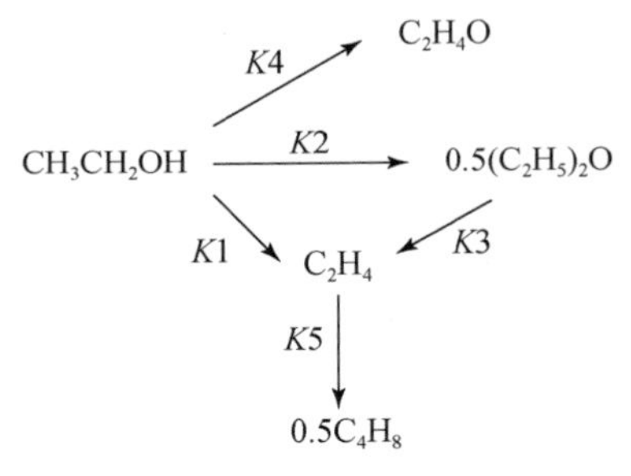

图 6-13　氧化铝催化剂上乙醇转化的反应路径图[99]

2. 乙醇选择氧化制乙醛

乙醛是比乙醇附加值更高的物质，可以通过乙醇在负载 Cu 催化剂上的脱氢或 V、Mo 基氧化物催化剂上分子氧氧化生成。Haruta 等曾对乙醇直接脱氢或氧化脱氢选择性转化为乙醛的研究进行了综述[98]。乙醇气相选择氧化制乙醛符合绿色和可持续性化学工业的发展需求，被认为是替代传统高污染、高成本的乙烯 Wacker-Smidt 氧化工艺的最佳选择[108]。在碱性和酸性金属氧化物上负载 Au 纳米颗粒后，可显著提升其催化乙醇氧化制乙醛的选择性[98]，但载体对负载 Au 纳米催化剂的活性和产物选择性有重要影响。图 6-14

将作为Au催化剂载体的普通金属氧化物分为了三类，总结了在反应条件为乙醇浓度＝0.77vol%，乙醇/O_2/N_2＝1/3/126，空速＝20000mL/(g_{cat}·h)时，Au催化剂催化乙醇氧化制乙醛的载体效应[109]。第一组是以p型半导体氧化物为代表，其对H_2、CO和烃类的完全氧化反应具有催化活性，可将乙醇完全氧化成CO_2和H_2O，特别是在MnO_2、Co_3O_4和NiO负载的Au催化剂上，在473K以下乙醇发生完全燃烧；第二组是以n型半导体金属氧化物为代表，其催化氧化乙醇生成乙酸和乙醛的混合物，ZnO和SnO_2对乙醇完全氧化反应表现出中等的催化活性；第三组则以碱性或强酸性金属氧化物为代表，如La_2O_3和MoO_3，其催化氧化乙醇制乙醛选择性和收率可分别高达95%和80%以上[98]。

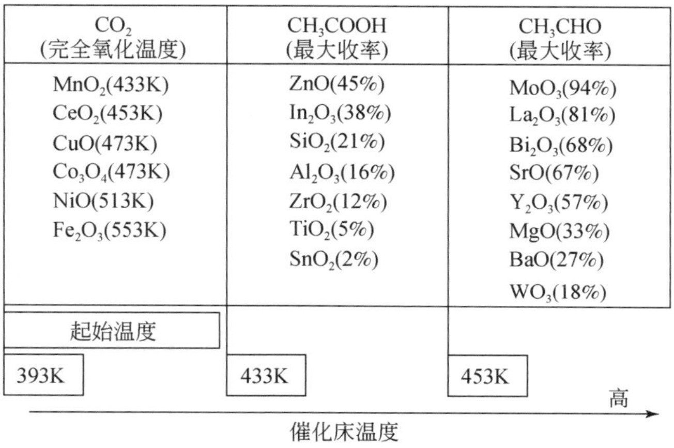

CO_2(完全氧化温度)	CH_3COOH(最大收率)	CH_3CHO(最大收率)
MnO_2(433K)	ZnO(45%)	MoO_3(94%)
CeO_2(453K)	In_2O_3(38%)	La_2O_3(81%)
CuO(473K)	SiO_2(21%)	Bi_2O_3(68%)
Co_3O_4(473K)	Al_2O_3(16%)	SrO(67%)
NiO(513K)	ZrO_2(12%)	Y_2O_3(57%)
Fe_2O_3(553K)	TiO_2(5%)	MgO(33%)
	SnO_2(2%)	BaO(27%)
		WO_3(18%)
起始温度		
393K	433K	453K

高

催化床温度

图6-14　载体对Au基催化剂催化乙醇氧化产物选择性的影响[98,109]

为更好地研究乙醇氧化过程中金属-载体之间的协同作用，系统评价了M/$MgCuCr_2O_4$(M＝Cu、Ag、Pd、Pt、Au)催化剂的催化性能，发现Pt/$MgCuCr_2O_4$和Pd/$MgCuCr_2O_4$对乙醇氧化活性较高，但选择性较低，这主要是因为它们在较低的温度下即可脱氢并裂解乙醇中的碳碳键[110]。Cu/$MgCuCr_2O_4$和Ag/$MgCuCr_2O_4$对乙醇氧化活性较低，这是因为在有氧氧化条件下，Cu^0和Ag^0容易氧化。Au/$MgCuCr_2O_4$表现出优异的催化乙醇氧化制乙醛的性能，催化活性高，乙醛选择性高，催化剂稳定性好，在250℃乙醇完全转化时，乙醛选择性仍高达96%。这是由于Au纳米粒子和表面Cu^+物种之间具有一定的协同作用，Cu^+作为O_2的活化位点[111]，分子氧在有缺陷的Cu^+位点被活化形成O_2^-物种，作为去除Au表面氢化物和裂解乙醇O—H键的活性位点[112]。

负载Au催化剂在乙醇气相氧化反应中表现出优异的催化性能，但其高昂的价格促使了对非贵金属催化剂或非金属催化剂的研究。例如，氮掺杂碳纳米管催化剂在乙醇选择氧化成乙醛过程中表现出较好的性能，在270℃乙醇转化率为72%，乙醛选择性为90%[113]。较高的乙醛收率是由于加入类石墨和类吡啶氮物种协同促进O_2解离吸附和乙醇吸附，显著降低了反应的活化能。MnO_2催化剂也被用于乙醇气相氧化[114,115]，发现被不可还原金属掺杂的α-MnO_2，如Na-OMS-2，可作为乙醇选择氧化的稳定高效催化剂，乙醛收率(200℃，66%)可与Ag-α-MnO_2(230℃，71%)相媲美[116]。不同晶体结构的α-、β-、γ-、δ-MnO_2用于催化乙醇选择氧化，发现γ-MnO_2表现出相对较高的活性，具有更高的表面可还原性的 Cu-γ-MnO_2 于 200℃获得了 75% 的乙醛收率和较好的催化稳定性，甚至可以与 Ag 基和 Au 基催化剂相媲美[117]。

最近，负载在 SiO_2 上的 NiCu 单原子合金催化乙醇的非氧化脱氢也被报道，通过促进 C—H 键的裂解选择性地生成乙醛和氢气。原位漫反射傅里叶变换红外光谱分析（*in-situ* DRIFTS）表明，SiO_2 载体促进乙醇 O—H 键的断裂，形成乙氧基中间体。对于 Cu/SiO_2 单金属催化剂，在 250℃时仍不会发生反应。在 NiCu/SiO_2 单原子合金催化剂上，由于 Cu 中原子级分散的 Ni 的存在显著降低了 C—H 键的活化能垒，乙醛可在低于 150℃的温度下形成[118]。

光催化在乙醇选择氧化制乙醛方面也有较多研究。在众多过渡金属氧化物中，TiO_2 表现出较好的乙醇催化转化性能。通过探究在 TiO_2、N-TiO_2 和金属修饰的 N-TiO_2 上光诱导乙醇气相氧化成乙醛可以发现，N 的掺入增强了催化剂对太阳光的吸收，而金属的引入可以有效促进光生电子-空穴的分离，从而提高其光催化活性[119]。采用溶胶-凝胶法，在紫外光活化的发光荧光粉微粒上成功合成了氧化钒-二氧化钛催化剂。TiO_2 纳米微晶在荧光粉表面上分散良好，增强了对乙醇的吸附；VO_x 的存在可抑制光生电子-空穴对的复合；V—O—Ti 和 V—O—V 键提高了 VO_x/TiO_2/ZSP（ZSP 为商用 ZnS 基荧光粉）催化剂的催化活性[120]。在 TiO_2/SiO_2 上引入 VO_x 也得到类似结果，VO_x 物种的存在使乙醇转化率达到 66%，乙醛选择性高于 99%[121]。氧化石墨烯浸渍 P25 TiO_2 对乙醇的光催化氧化也有显著的促进作用，这可能是由于氧化石墨烯与纳米 TiO_2 之间较强的相互作用和催化剂上较高的光生载流子分离效率[122]。Ru 物种对 TiO_2 光催化氧化乙醇也有一定的影响[123]。当 Ru 掺杂量小于 0.4wt% 时，相比于 TiO_2，在 RuO_x/TiO_2 上的乙醇转化率略有提高（60%），乙醛选择性显著提高（78%），CO_2 的选择性逐渐下降到 1%；当 Ru 负载量大于 0.4wt% 时，乙醇转化率逐渐下降，乙醛选择性基本不变，副产物中不再含有巴豆醛（图 6-15）。在 RuO_x/TiO_2 上，乙醇通过化学吸附形成乙氧基中间体，光激发 RuO_x 中的晶格氧从中间体中获取氢，使其形成乙醛。在未掺杂Ru 的 TiO_2 表面，羟基与 TiO_2 的空穴反应生成 ·OH，·OH 与吸附的乙氧基物种相互作用，生成吸附的乙醛自由基，进而优先生成巴豆醛和 CO_2。

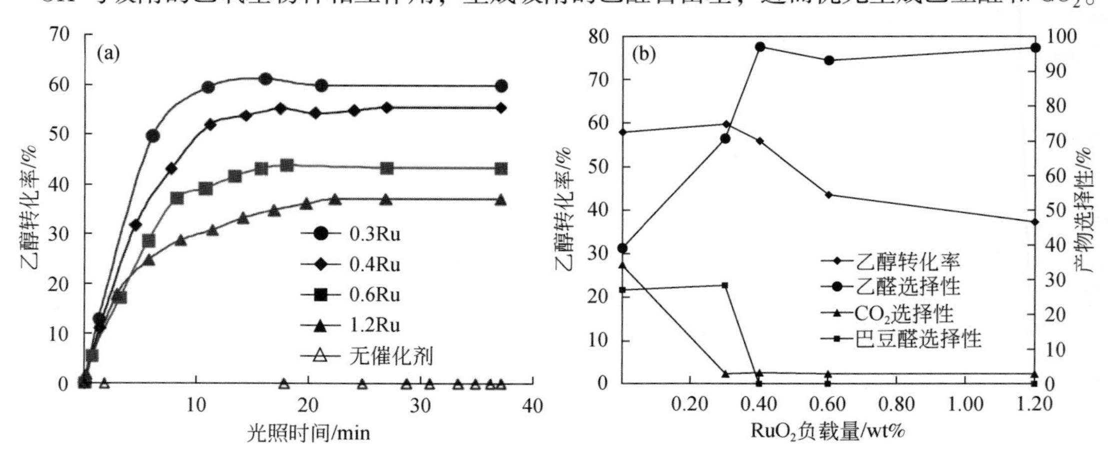

图 6-15　(a) 在不同光照时间下，RuO_2 负载量对乙醇转化率的影响；
(b) RuO_2 负载量对乙醇转化率和产物选择性的影响[123]

6.3 异丙醇催化氧化

异丙醇（IPA）作为溶剂和反应物广泛应用于半导体、印刷、涂料、喷漆和精密机械等行业[124,125]，是一种典型的高毒性挥发性有机物，其高浓度蒸气具有明显的麻醉作用，对眼、呼吸道的黏膜有刺激作用，损伤视网膜及视神经。近年来其完全催化消除得到了广泛的研究，尤其是Au基催化剂、Co_3O_4和尖晶石等金属氧化物催化剂报道最多。

6.3.1 Au基催化剂催化氧化消除异丙醇

近年来，研究人员发现金属氧化物负载的Au基催化剂在异丙醇氧化反应中表现出较高的催化性能。例如，在Au/FeO_x催化作用下，异丙醇在120℃开始氧化生成CO_2，在280℃时完全转化为CO_2和H_2O[126]。TiO_2、CeO_2和Al_2O_3等氧化物也经常作为负载Au的载体，用于异丙醇的完全氧化，Au氧化状态和颗粒大小对催化消除异丙醇起关键作用[124,126]。一般认为，异丙醇在酸位点上脱水生成丙烯，在酸位点和碱位点上脱氢生成丙酮[127,128]。图6-16为催化异丙醇完全氧化的反应路线。异丙醇经解离吸附形成异丙氧化物，随后通过两个平行反应进行：①脱水生成丙烯（步骤2），涉及强酸位点和弱碱位点；②脱氢生成丙酮（步骤3），需要中等强度的酸性位点和强碱性位点[127]。在Au/CeO_2、Au/Fe_2O_3、Au/TiO_2和Au/Al_2O_3催化剂中，Au/TiO_2有更强的酸性位点，对丙烯选择性最高（约42%）；Au/Al_2O_3强酸位点的数量比Au/TiO_2少，对丙烯的选择性略低（约30%）；Au/Fe_2O_3表现出较弱的酸性，因此对丙烯的选择性较低（低于10%）；在Au/CeO_2上，在117℃时表现出最低的丙烯选择性和最高的丙酮选择性（62%），这与其碱性和氧化还原性有关。H_2-TPR结果表明，Au/CeO_2表现出较强的Au和CeO_2相互作用，这被认为是在较低反应温度下完全氧化为CO_2的必要条件。Au/CeO_2催化剂具有良好的氧化还原性和较强的碱性，这可能是异丙醇完全氧化活性高的关键因素[124]。此外，CeO_2可以使Au粒子锚定在$Au/CeO_2/Al_2O_3$上，提高Au粒子的分散度，显著提升催化剂在VOCs氧化中的催化活性和稳定性[129]。

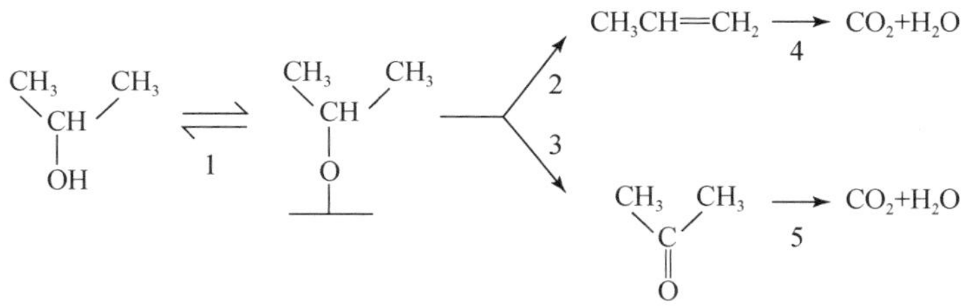

$CH_3CH(OH)CH_3 \overset{1}{\rightleftharpoons} CH_3CH(O-)CH_3 \xrightarrow{2} CH_3CH{=}CH_2 \xrightarrow{4} CO_2+H_2O$

$CH_3CH(O-)CH_3 \xrightarrow{3} CH_3C(O)CH_3 \xrightarrow{5} CO_2+H_2O$

图6-16 催化异丙醇完全氧化的反应机理[124]

Au的负载也可以增强三维空心TiO_2纳米球对异丙醇光催化氧化反应的活性。这是由于Au纳米粒子促进了电子-空穴的分离，具有中空结构的Au/TiO_2-3DHNSs（3DHNSs为三维空心纳米球）可增强光散射效应，提高对可见光的吸收，从而改善了催化剂的光催化活性（图 6-17）[130]。

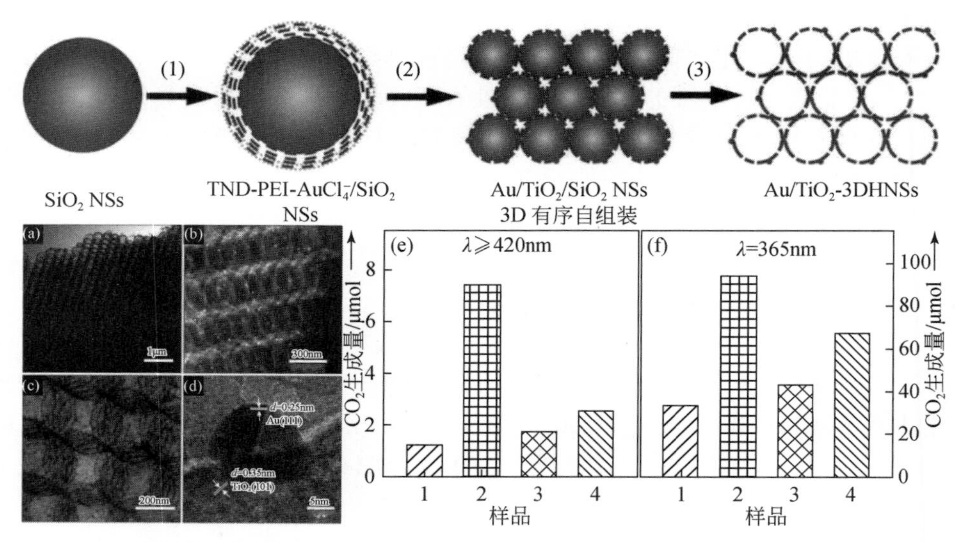

图 6-17 Au/TiO_2-3DHNSs 的制备过程示意图；Au/TiO_2-3DHNSs 的 TEM（a）、STEM（b）和 HRTEM 图像［（c）和（d）］；Au/TiO_2-P25、Au/TiO_2-3DHNSs、破碎 Au/TiO_2-3DHNSs 和 Au/TiO_2-HNSs（无 3D 有序结构）在（e）可见光照射下 10h 和（f）紫外光照射下 4h 的 CO_2 生成量[130]

相比于选择性生成丙酮，CeO_2 的引入对 Au/TiO_2 光催化氧化异丙醇选择性生成 CO_2 影响更大[131]。Au/TiO_2 展现出较好的光催化氧化异丙醇的活性（96%）和丙酮选择性（64%），远远优于 Au/TiO_2-CeO_2 的活性（64%）和丙酮选择性（37%），但 Au/TiO_2-CeO_2 上 CO_2 选择性最高（60%）。与上述类似，CeO_2 上较多的碱性位点和较好的氧化还原性更有利于异丙醇直接氧化为 CO_2。

6.3.2 金属氧化物催化剂催化氧化消除异丙醇

为了降低工业催化剂的成本，人们尝试开发活性与贵金属催化剂相当甚至更高的过渡金属氧化物催化剂。采用软模板法合成的介孔氧化钴材料对异丙醇具有良好的催化活性和稳定性[132]，350℃下煅烧制得的介孔 Co_3O_4 在反应温度为 160℃、空速为 60L/(g·h) 时，转换频率（TOF）可达 25.8h^{-1}，表观活化能为 69.7～115.6kJ/mol。介孔 Co_3O_4 的催化活性与其低温还原性、孔体积、Co^{3+}/Co^{2+} 比以及表面活性氧物种含量有关。异丙醇在完全氧化为 CO_2 和 H_2O 之前，在催化剂表面先被部分氧化为羰基物种和碳酸盐物种。

尖晶石型金属氧化物（AB_2O_4）由于高的耐热性、特定的电子结构、良好的催化活性，在传感器和多相催化等领域具有重要应用。Hosseini 等采用溶胶-凝胶法，制得 AMn_2O_4（A = Co、Ni、Cu）催化剂。由于 Mn^{3+} 与 Ni^{2+} 的协同作用，$NiMn_2O_4$ 表现出较好的催化活性，在 250℃下可实现异丙醇的完全氧化[133]。在 MCr_2O_4（M = Co、Cu、Zn）催化剂中，$ZnCr_2O_4$ 对异丙醇氧化反应表现出较高的催化活性和稳定性，这与其较多的表面氧物种、较多的活性 Cr^{3+}/Cr^{6+} 对以及ZnO和 $ZnCr_2O_4$ 之间的协同作用相关[134]。在系列Cu-$(Cr,Mn,Co)_2$ 混合氧化物中，由于较好的低温还原性以及Cu-Co尖晶石和CuO颗粒之间的协同效应，$CuCo_2O_4$ 催化剂表现出相对较高的催化异丙醇的氧化活性[135]。

向 TiO_2 中引入石墨烯，可抑制光生电子-空穴的复合，有助于光催化氧化异丙醇，添加1.0wt%石墨烯可将催化剂催化氧化异丙醇的活性提高至少2倍[136]。活性炭的引入可以避免中间产物等吸附在 TiO_2 活性位点上，以及活性炭与 TiO_2 或ZnO之间的相互作用，使 TiO_2-活性炭和ZnO-活性炭保持较高的催化氧化异丙醇的活性[137]。在Ti(Ⅳ)和Fe(Ⅲ)纳米团簇修饰的 TiO_2 上，异丙醇氧化的量子效率高（QE = 92.2%）、反应速率快（0.69μmol/h），这是因为Ti(Ⅳ)和Fe(Ⅲ)纳米团簇修饰可以有效促进光生电子-空穴的分离，光生电子聚集在Fe(Ⅲ)纳米团簇，光生空穴聚集在Ti(Ⅳ)纳米团簇[138]。在Fe(Ⅲ)-$Fe_xTi_{1-x}O_2$ 体系中，也证明高电荷分离效率可以改善催化剂对异丙醇的光催化氧化活性[139]。$FeWO_4/TiO_2$ 在可见光照射下也表现出良好的光催化氧化异丙醇活性。相同条件下，$FeWO_4/TiO_2$ 上异丙醇光催化氧化效率是N-TiO_2 上的2.7倍。负载CdS量子点后，双异质结 $FeWO_4/TiO_2$/CdS催化剂上光催化氧化异丙醇活性显著提高，效率分别是 $FeWO_4/TiO_2$ 和N-TiO_2 上的2.6倍和4.4倍，这可归因于 $FeWO_4$、TiO_2 和CdS之间较快的空穴转移速率[140]。将Cr(Ⅲ)纳米团簇负载到 $SrTiO_3$ 表面，该催化剂在可见光照射下对光催化氧化异丙醇同样具有优异的性能[141]。Cr(Ⅲ)纳米团簇有利于对可见光的吸收和电子-空穴的分离，也是异丙醇氧化的活性位点。

6.3.3　异丙醇催化转化

伯醇和仲醇选择性氧化成醛或酮是合成精细化学品的重要步骤，近年来受到广泛关注。醇的选择性氧化通常采用化学计量氧化剂如高锰酸盐和铬酸盐进行，但这些氧化剂价格昂贵且毒性强[142,143]，因此寻找简便、经济、对环境友好的方法，来避免使用有毒和昂贵的化学计量的金属氧化剂引起了研究者极大的兴趣。随着在均相和多相催化反应中新机制的不断发现，Au催化反应成为很有前途的研究领域。Gong等[144]研究了异丙醇在原子氧覆盖的Au(111)上的选择性氧化反应，结果表明具有很高的生成丙酮的选择性（约100%）。Au(111)表面上氧的主要作用是为了提取异丙醇分子中的羟基氢，形成表面结合的异丙氧化物，并抑制非选择性 γ-C—H键的断裂。图6-18为异丙醇在预先吸附原子氧的Au(111)上选择性氧化制丙酮的反应机理。

在生成丙酮的过程中，也能生成丙烯。不同的反应机制归因于过渡金属的金属—氧键强度的不同[144]，贵金属催化剂不发生C—O键断裂，而钼基催化剂可以发生C—O键断裂，从而生成丙烯[145]。对于异丙醇的吸附，Lewis酸碱对是必需的。生成丙酮和丙烯的反应途径都需要酸性和碱性位点，其中丙烯的生成发生在强酸性和弱碱性位点，异丙醇转化为丙酮则需要中等酸性和强碱性位点。

Au/α-Fe_2O_3 纳米片催化剂对选择性催化氧化异丙醇制丙酮表现出较高的活性。在反应物组成为1.2vol%异丙醇和40vol% O_2、反应温度为220℃时，丙酮在1.36wt% Au/α-Fe_2O_3 上的选择性和收率分别高达99%和95%[146]。对比商用 α-Fe_2O_3，1.36wt% Au/α-

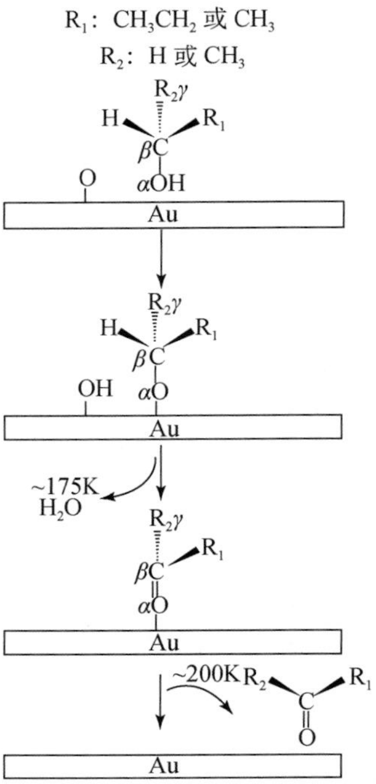

R_1：CH_3CH_2 或 CH_3

R_2：H 或 CH_3

$R_2\gamma$ H R_1 βC O αOH Au

$R_2\gamma$ H R_1 βC OH αO Au

~175K H_2O

$R_2\gamma$ R_1 βC αO Au

~200K R_2 R_1 C O

Au

图 6-18 丙醇或异丙醇在预先吸附原子氧的 Au(111) 上选择性氧化制丙醛或丙酮的反应机理图[144]

Fe_2O_3 拥有中等强度的酸性位点，且 Au 纳米颗粒在 α-Fe_2O_3 纳米片上的负载削弱了 Fe—O 键，增加了表面氧空位，提高了催化剂的低温还原性，酸碱位点和氧化还原位点协同作用共同促进了丙酮选择性的提高。结合气相色谱质谱联用技术（GC/MS），异丙醇原位 DRIFTS，异丙醇程序升温脱附（TPD）和异丙醇程序升温表面反应（TPSR）实验提出了异丙醇在 Au/α-Fe_2O_3 纳米片上选择氧化制丙酮可能的反应机理（图 6-19）。

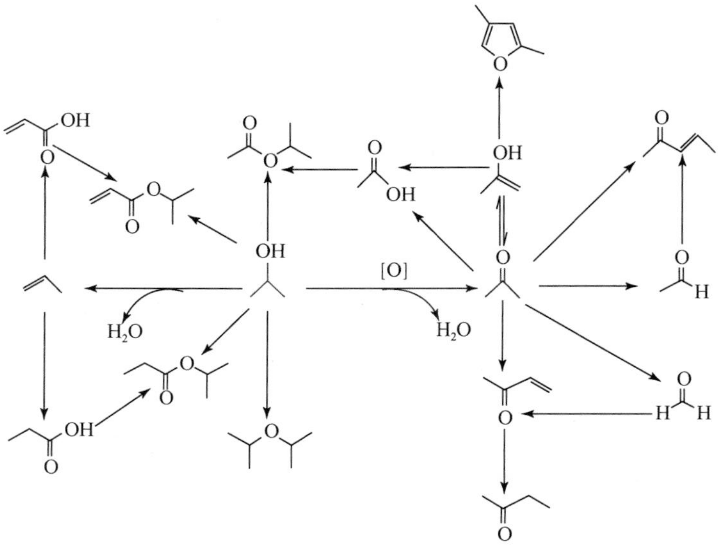

OH O O O OH O OH O OH O

OH [O] O O H

H_2O H_2O

O O O O H H O OH O O O

图 6-19 Au/α-Fe_2O_3 纳米片催化异丙醇选择氧化制丙酮反应机理[146]

铜因其高选择性、特殊的氧化还原性能、极化性和较低的成本而在脱氢反应中备受关注。采用直接水热合成法制备的铜掺杂的 MCM-41 介孔催化剂，结构规整，比表面积高，在 300℃时表现出良好的催化活性和非常高的丙酮选择性[147]，$[Cu^{\delta+}\cdots O^{\delta-}\cdots Cu^{\delta+}]_n$ 团簇和孤立的 $Cu^{\delta+}$ 阳离子可能都是引起异丙醇脱氢的物种。

系统评价了不同金属阳离子 Cu^{2+}、Zn^{2+}、Ni^{2+}、Co^{2+}、Al^{3+} 或 Mg^{2+} 掺杂的氧化锰八面体分子筛材料（OMS-2）对异丙醇分解反应的催化性能，发现与其他 M-OMS-2 催化剂相比，Cu-OMS-2 催化剂在 300℃有更高的异丙醇的转化率和最高的丙酮选择性，M-OMS-2 催化剂对丙烯的选择性一般都在 6% 以下。结合物化性质表征结果，特别是酸、碱性的研究，发现异丙醇在 M-OMS-2 催化剂上的脱氢反应，不是简单地通过碱性或酸性催化，而是由具有氧化还原性和碱性的活性位点协同催化。异丙醇的脱水发生在酸性位点，脱氢发生在酸碱对位点和氧化还原中心。此外，在 M-OMS-2 催化剂上，锰离子的氧化还原性质比酸碱性质对丙酮高选择性的影响更为显著[148]。

以乙酰丙酮钴为原料，在油胺中热分解得到晶粒尺寸为 9nm 的 Co_3O_4 纳米粒子，经煅烧后用于异丙醇的氧化反应。在较低温度下，可以选择性催化异丙醇氧化生成丙酮和水；在较高温度下，异丙醇完全氧化生成 CO_2 和 H_2O。在 430K，Co_3O_4 催化异丙醇氧化几乎实现完全转化，对丙酮的选择性高达 100%。较高的催化活性与催化剂表面大量的活性 Co^{3+} 物种以及表面结合的活性氧物种密不可分[149]。密度泛函理论计算结果表明，涉及吸附原子氧的氧化脱氢是能量上最有利的途径，如图 6-20 所示：脱氢路径 A 和路径 B 包含丙酮和 H_2 的脱附，氧化脱氢路径 C 和路径 D 生成丙酮和水，但路径 C 和路径 D 两条路径的区别在于脱附的水分子中的氧的来源不同。在遵循 MvK 机理的路径 C 中，氧来自晶格氧，留下表面氧空位；在遵循 Langmuir-Hinshelwood 机理的路径 D 中，氧来自共吸附的氧气，留下没有缺陷的表面。理论计算表明，和活性氧物种相邻的异丙醇盐的吸附更加有利，相比未吸附活性氧物种的催化剂表面，路径 D 是能量上最有利的路径。

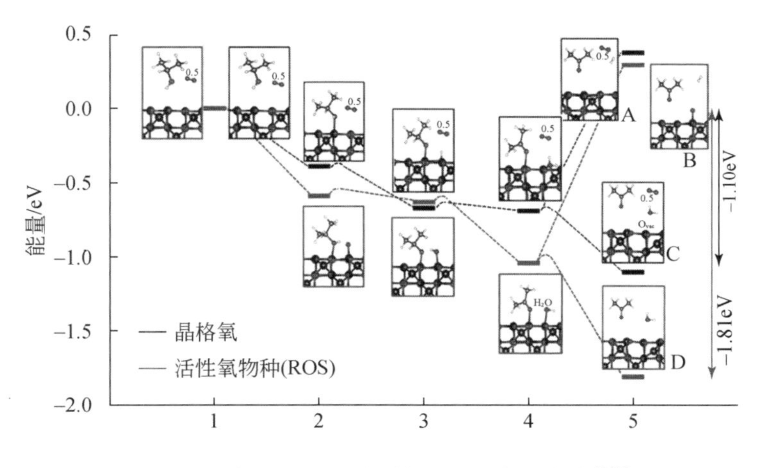

图 6-20　气相中异丙醇脱氢过程的能量分布[149]

此外，光催化在异丙醇选择氧化制丙酮反应中也有应用。例如，以 MOFs 为前驱体，通过两步热解法制备了超薄石墨烯包覆的金属铜纳米粒子（Cu@C/STO，STO 为

$SrTiO_3$)。在光催化氧化异丙醇过程中，Cu@ C/STO 的丙酮析出率约为 Cu/STO 的 21 倍[150]。这是由于在可见光照射下，超薄石墨烯可以抑制光生电子空穴对的复合，并防止 Cu 纳米粒子氧化为 CuO，从而提高了 Cu@ C/STO 的催化活性和稳定性。再如，利用浸渍法制备的（Au@ Ag)@ Au NPs/TiO_2 在可见光照射下，丙酮生成率约为 Au NPs/TiO_2 的 15 倍。光电化学测量表明，在可见光照射下，(Au@ Ag) @ Au NPs/TiO_2 的光生空穴-电子分离效率远高于 Au NPs/TiO_2，从而使其表现出优异的光催化活性[151]。此外，通过对比 (Au@ Ag)/$SrTiO_3$ 和 Au-Ag/$SrTiO_3$ 对异丙醇的光催化氧化性能，证明了核壳（Au@ Ag）纳米结构有助于光生电子-空穴的分离，从而提高了催化剂的光催化活性[152]。

6.4 乙酸乙酯催化氧化

乙酸乙酯（ethyl acetate，EA)，又称醋酸乙酯，具有水果香味，常温常压下为无色透明液态。浓度较高时有刺激性气味，易挥发，具有优异的溶解性、快干性，用途广泛，是一种重要的有机化工原料和工业溶剂。

乙酸乙酯是一种典型的酯类 VOCs，大量排放至环境中会造成严重污染，危害人类健康。由于在较低温度下可将乙酸乙酯转化为 CO_2 和 H_2O，催化氧化法是去除乙酸乙酯最为有效的治理技术之一。目前，用于催化氧化乙酸乙酯的催化剂可大致分为两类：①负载贵金属催化剂；②金属氧化物催化剂。表 6-1 为不同催化剂对乙酸乙酯催化氧化活性的对比[125]。

表 6-1 不同催化剂对乙酸乙酯催化氧化活性的对比

催化剂	乙酸乙酯浓度	空速	$T_{90\%}$/℃	参考文献
$MnMgAlO_x$	1000ppm	280mL/min	218	[153]
Mn/SBA-15	315ppm	500mL/min	<250	[154]
8.3% Mn/SBA-15	560ppm	500mL/min	265	[155]
锰钡矿	200ppm	200mL/min	<210	[156]
Cu_{10}/Al_2O_3-整体式	1802ppm	$5000h^{-1}$	250	[157]
$CuCe_{0.75}Zr_{0.25}$/ZSM-5	1000ppm	$24000h^{-1}$	248	[158]
Cu/Co-炭	600ppm	18000mL/min	<210	[159]
介孔-CrO_x	1000ppm	$20000h^{-1}$	190	[160]
20% Co/活性炭	0.88%	60000mL/(g · h)	210	[161]
CeCuO（Ce：Cu=1：2)	466.7ppm	$53050h^{-1}$	194	[82]
CeO_2-CoO_x	1000ppm	60000mL/(g · h)	195	[162]
1% Ru/CeO_2	0.1%	10000mL/(g · h)	<200	[163]
$La_{0.6}Sr_{0.4}CoO_{2.78}$	1000ppm	$20000h^{-1}$	170	[164]

6.4.1 负载贵金属催化剂催化氧化消除乙酸乙酯

负载贵金属催化剂具有较好的低温催化活性，用于乙酸乙酯低温催化氧化的贵金属催化剂主要包括Pt、Pd、Au、Ag等。催化剂的性能取决于制备方法、贵金属颗粒大小、氧化还原性、酸碱性、形貌及催化剂对反应物的吸附能力等因素。

1. Pt基催化剂催化氧化消除乙酸乙酯

Pt基催化剂由于其较高的活性被广泛应用于VOCs的净化。但在工业应用时，Pt基催化剂除受其高成本限制外，还不可避免地存在中毒失活的问题，如印刷和干燥过程中含有部分有机、无机化合物，可以使贵金属催化剂迅速失活。在模拟实际工况的条件下，将Pt负载于商用γ-Al_2O_3上，并长期暴露于六甲基二硅氧烷（HMDS），在空速为11500h^{-1}、乙酸乙酯浓度为425ppm的反应条件下，进行催化氧化性能评价，探究硅沉积行为及其对催化剂活性的影响[165]。发现随着反应时间的增加，CO_2收率降低。在300℃反应温度下，持续反应1000h后，CO_2收率减少26.2%。随着在HMDS中暴露时间的增加，硅沉积在催化剂颗粒上形成薄层，覆盖了部分Pt活性位点。如图6-21所示，失活后Pt活性位点数量明显减少，但乙酸乙酯的氧化反应仍可维持。

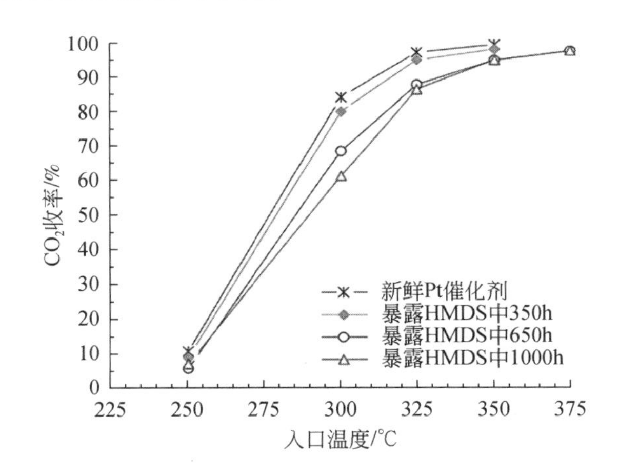

图6-21 不同反应时间后，硅沉积对催化乙酸乙酯氧化生成CO_2收率的影响[165]

2. Ru基催化剂催化氧化消除乙酸乙酯

近年来，Ru基催化剂在烷烃、芳烃和卤代烃[166,167]的催化氧化中表现出优异的性能，因此得到越来越多的重视。Ru基催化剂对含氧挥发性有机物（OVOCs）也具有较好的催化氧化活性[168,169]。用CeO_2负载的Ru、Pt、Pd和Rh催化剂对乙酸乙酯进行催化氧化，发现Ru/CeO_2具有最高的催化活性和CO_2选择性。采用分步浸渍法制备了Ru基双金属1wt% Ru-5wt% M/TiO_2（M=Co、Ce、Fe、Mn、Cu和Ni）催化剂用于乙酸乙酯的氧化消除（图6-22），发现1wt% Ru-5wt% Cu/TiO_2对乙酸乙酯具有最高的催化氧化活性，可在

210℃下使乙酸乙酯完全氧化[170]。

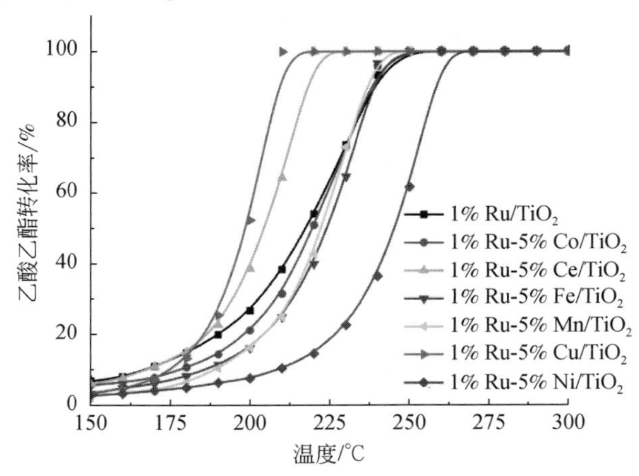

图 6-22　1wt% Ru/TiO_2 和 1wt% Ru-5wt% M/TiO_2（M=Co、Ce、Fe、Mn、Cu 和 Ni）催化剂上乙酸乙酯转化率与反应温度的关系[170]

在大多数催化氧化反应中，H_2O 分子会和反应物发生竞争吸附，导致催化剂的催化活性降低。在 Ru 基催化剂上，H_2O 分子对乙酸乙酯催化氧化反应的影响也得到了系统研究。当向乙酸乙酯中通入 1.0vol%、3.5vol% 和 6.5vol% H_2O 时，CO_2 选择性降低，副产物乙醛和乙醇增多，表明 H_2O 浓度的增加促进了有机副产物的生成，副产物可能主要来自乙酸乙酯的水解。与 1wt% Ru/TiO_2 相比，1wt% Ru-5wt% Cu/TiO_2 具有较高的 CO_2 收率和较少的副产物选择性。Ru 和 Cu 对乙酸乙酯的催化氧化反应有较好的协同效应，加上乙酸乙酯的吸附能（E_a）和吉布斯自由能变化（ΔG）较低，乙酸乙酯首先吸附在 CuO 表面（A）上，然后转移到 RuO_2 表面并被其活化发生反应。如图 6-23 所示，CuO 的禁带宽度

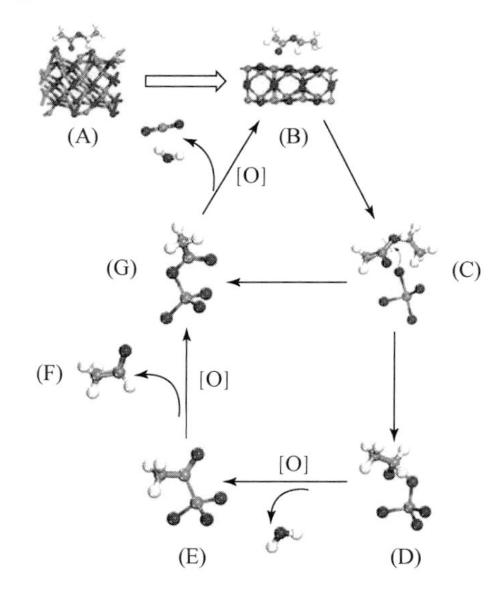

图 6-23　Ru-Cu 双金属催化剂催化乙酸乙酯氧化机理[170]

和功函数高于 $RuO_2(110)$ 表面上的，因此乙酸乙酯转移到 RuO_2 表面（B）并被其活化。然后 C—O 键发生解离，生成醇类（D）和乙酸（G）。醇类（D）迅速转化，生成吸附醛类（E）；醛（F）很容易作为副产物释放出来。吸附的醛（F）进一步氧化生成乙酸（G），最后乙酸（G）被氧化分解生成无机产物 CO_2 和 H_2O。

Ru 基催化剂的催化氧化活性与其结构有一定相关性。采用常规浸渍法制备得到 SnO_2 负载 Ru 催化剂[171]，80℃下蒸干，将得到的粉末在 400℃空气、氢气和氧气等不同气氛下焙烧。空气气氛下焙烧 0.5h 的 1.0wt% Ru/SnO_2 催化剂对乙酸乙酯催化氧化表现出较高的活性，在 230℃时达到完全转化；400℃还原处理后催化剂的催化活性有所降低，再氧化处理 0.5h 后其催化活性有所恢复。由相对应的 TEM 图像（图 6-24）可以看出，空气气氛下焙烧得到的催化剂表面分布着 Ru 的细小颗粒，而 400℃还原处理后的催化剂上可以明显观察到具有核壳结构的金属间化合物大颗粒。再经 400℃氧化处理后，具有核壳结构的大颗粒消失，纳米颗粒出现，这表明活性位点的结构变化，烧结和再分散等过程对催化剂活性具有一定的影响。

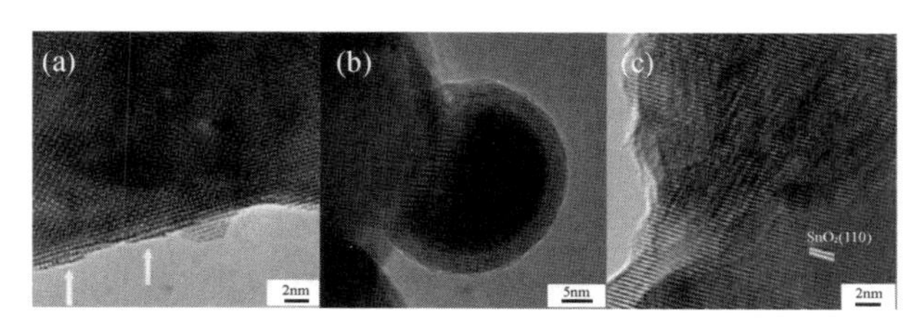

图 6-24　Ru/SnO_2 催化剂经 400℃空气焙烧（a），400℃、10% H_2/N_2 气氛下还原 0.5h（b）和 400℃空气气氛下氧化处理后（c）的 TEM 图像[171]

3. Au 基催化剂催化氧化消除乙酸乙酯

近年来，Au 基催化剂被广泛用于 VOCs 催化氧化。与其他贵金属相比，Au 被认为是一种相对惰性的贵金属，但可以通过改变 Au 基催化剂载体的种类和 Au 纳米粒子的大小来改善其催化活性。在催化乙酸乙酯氧化研究中，采用双浸渍法（DIM）制备了一系列负载量为 1.0wt% 的 Au 基催化剂[170]（Au/CuO、Au/Fe_2O_3、Au/La_2O_3、Au/MgO、Au/NiO 和 Au/Y_2O_3）。在空速为 $60000h^{-1}$、乙酸乙酯浓度为 466.7ppm 的反应条件下，催化活性从高到低为 Au/CuO>Au/NiO>Au/Fe_2O_3>Au/La_2O_3>Au/MgO>Au/Y_2O_3。Au/CuO、Au/NiO、Au/Fe_2O_3 的活性变化趋势与其载体氧化物的 H_2-TPR 低温还原峰温度的变化趋势一致，表明 Au 颗粒的负载增强了载体氧化物表面的氧化还原性和反应性，提高了晶格氧的迁移，反应遵循 MvK 机制。如图 6-25 所示，负载 Au 纳米颗粒后的材料催化乙酸乙酯完全氧化所需的温度降低了 20～110℃[172]。

6.4.2　金属氧化物催化剂催化氧化消除乙酸乙酯

常见的金属氧化物催化剂是以元素周期表中第Ⅷ和ⅠB 族金属为活性组分的催化剂。随着对非贵金属催化剂研究的深入，一些稀土元素和其他过渡金属元素也被引入催化

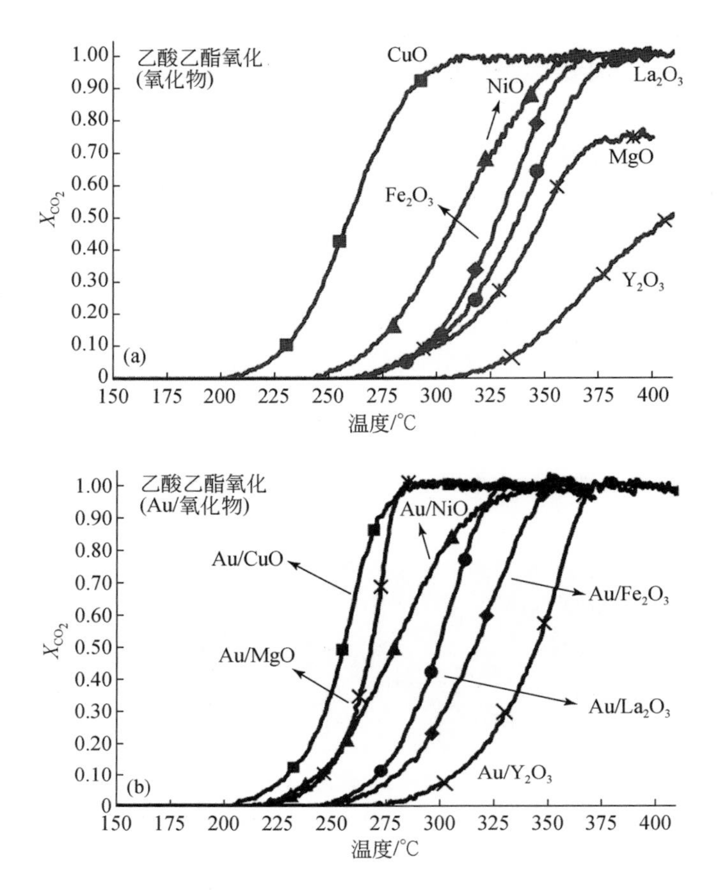

图 6-25　在氧化物（a）和 Au/氧化物（b）催化剂上，乙酸乙酯转化率与反应温度的关系[172]

VOCs 氧化的催化剂中。

与单一金属氧化物相比，复合金属氧化物通过调变金属类型和组成，可以在很大程度上优化催化反应的关键步骤，如 VOCs 分子的吸附能力、活化状态以及产物的解吸速率。制备方法对金属氧化物性能起着至关重要的作用。随着合成技术的发展，一些特殊结构如多孔、空心、核壳和蛋黄壳等类型的金属氧化物也被成功地制备出来。用于制备纳米金属氧化物的方法包括共沉淀法、溶胶–凝胶法、溶剂热法、微乳液法、燃烧法、蒸汽冷凝法、喷雾热解和模板法等。

1. MnO_x 催化剂催化氧化消除乙酸乙酯

锰氧化物中的锰离子具有多重价态，是优良的催化剂组分。锰氧化物（β-MnO_2、γ-MnO_2、Mn_2O_3、Mn_3O_4）对乙酸乙酯、己烷、丙酮的催化氧化活性甚至优于部分贵金属基催化剂[173,174]。一些研究者将 MnO_x 的高催化活性归因于锰物种的混合价态，以及氧物种的高活动性。在各种锰氧化物中，微孔氧化锰八面体分子筛（OMS-2）由于其优异的催化性能和形状选择性而受到了超过 50 年的关注[175-178]。在八面体中，锰主要以 Mn(Ⅳ) 和 Mn(Ⅲ) 的形式存在，K^+等阳离子和少量的水占据孔道，提供电荷平衡，稳定孔道结构。

在孔道中引入碱金属可以显著改变OMS-2的物理性质和化学性质，特别是表面酸碱性质[179]。Cs离子对K-OMS-2催化氧化乙酸乙酯的活性具有促进作用[180]。用离子交换技术将Cs加入K-OMS-2结构中，并没有影响K-OMS-2的晶相结构，但改变了表面酸碱性质，提高了催化剂的催化性能，使催化乙酸乙酯完全氧化所需温度从200℃降低到180℃。采用程序升温氧化技术（TPO），测定乙酸乙酯氧化过程中吸附在催化剂表面的氧物种含量，发现Cs的存在使吸附产物更易发生氧化反应。乙酸乙酯程序升温吸脱附（EA-TPD）测试中没有观测到乙酸乙酯的脱附，只检测到CO_2，峰值出现在300℃。在TPO测试中，CO_2脱附峰在245℃达到峰值，这表明晶格氧参与了乙酸乙酯的完全氧化过程。为验证该观点，进行了额外的无氧实验及三个周期的连续氧化实验。在较低的温度下，未观察到乙酸乙酯或其他含氧产物（如乙醇、乙醛、乙酸和丙酮）的脱附，表明不存在强酸中心。在连续氧化实验中，CO_2转化量急剧增加，达到最大值后下降。前两个周期的曲线类似，在第三个循环中，催化剂失活速度更快（图6-26）。这证明晶格氧参与了乙酸乙酯的氧化反应，并且在反应过程中，气相氧物种迅速补充到催化剂晶格中，使催化活性恢复。

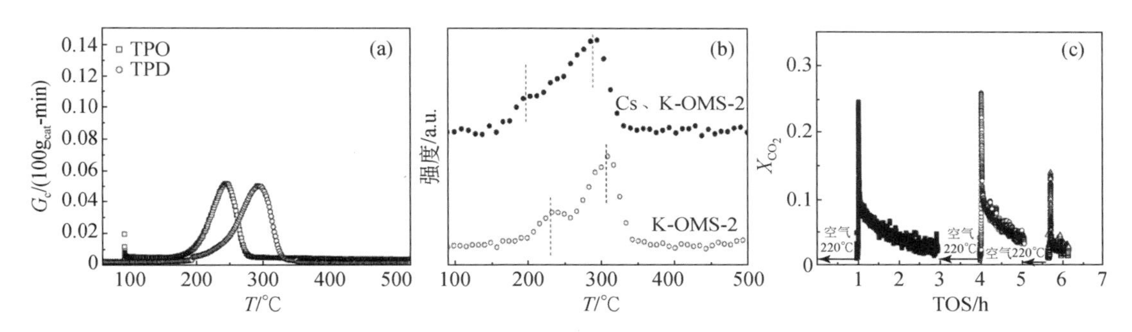

图6-26　（a）K-OMS-2在180℃反应后的TPO和TPD曲线；（b）乙酸乙酯在K-OMS-2和Cs、K-OMS-2催化剂上40℃吸附后，在氦气中进行程序升温实验结果；（c）活化条件对K-OMS-2在220℃无氧条件下转化为CO_2的影响[180]

不同的前驱体对MnO_x-SBA15催化剂催化氧化乙酸乙酯的性能也有一定的影响[154]。沉积的MnO_x晶相结构取决于用于浸渍催化剂的前驱体，催化剂的活性与晶相结构有关（图6-27）。具有Mn^{4+}/Mn^{3+}对的催化剂有利于乙酸乙酯的完全氧化。乙酸乙酯的催化氧化需要消耗晶格氧，当锰的氧化态降低时，O^{2-}的亲核性增加，因此Mn^{3+}-O中的O^{2-}比Mn^{4+}-O中的更亲核。乙酸乙酯吸附在Mn^{n+}-O^{2-} Lewis酸碱位点上，锰氧化物为被吸附的VOCs分子提供活性氧物种，从而使VOCs氧化为CO_2，然后活性位被气态O_2重新氧化，即活性晶格氧含量增加有助于催化活性的提高。

合成方法对催化剂性能有较大的影响。采用新型无溶剂反应和回流技术制备的K-OMS-2催化剂对乙酸乙酯和乙酸丁酯进行活性评价[180]。通过对前驱体球磨进行无溶剂反应制备的K-OMS-2纳米棒比传统合成方法制备的锰氧化物具有更好的催化性能。乙酸乙酯和乙酸丁酯的T_{90}分别为213℃和202℃，这与锰物种的平均氧化态增加有关，这也表明催化剂的性能并不完全取决于表面晶格氧的活动度。研究者通过自燃法（auto-combustion methodology）和共沉淀法制备了$MnMgAlO_x$复合氧化物催化剂，并对其催化氧化甲苯和乙

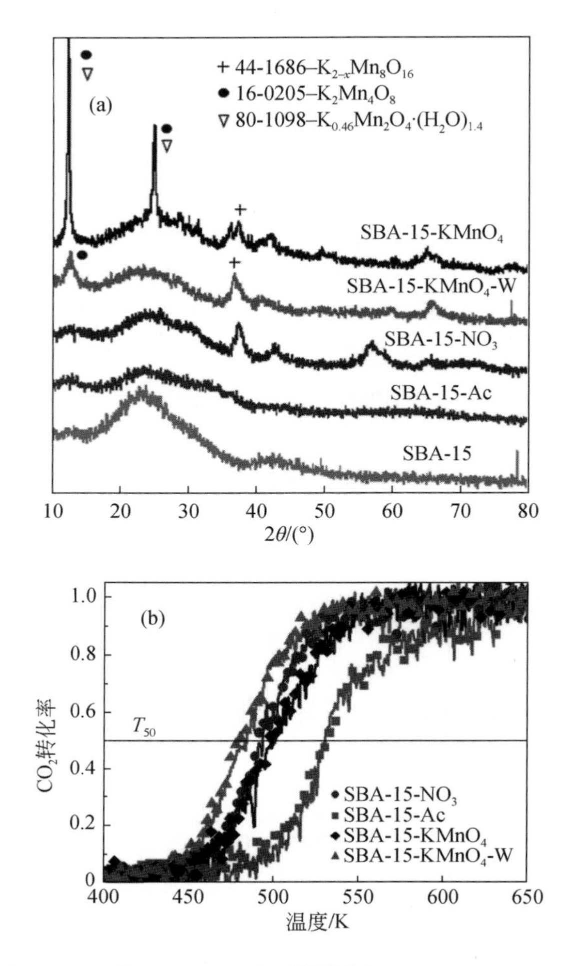

图 6-27 (a) SBA-15 和 SBA-15-x (x 分别代表 Ac、NO_3、$KMnO_4$) 催化剂的 X 射线衍射图；(b) 乙酸乙酯在 SBA-15-x 催化剂上转化率和温度的关系[154]

酸乙酯的活性进行评价。采用自燃法，可获得粒径较小且锰含量较高的复合金属氧化物，有利于提高催化活性，最优配比催化剂催化氧化乙酸乙酯的 T_{90} 为 218℃，低于仅存在 MnO_x 时的 T_{90}（244℃），其在乙酸乙酯氧化中的催化活性超过 1wt% Pt/Al_2O_3 商用催化剂，但在甲苯氧化中的催化活性则没有超过 1wt% Pt/Al_2O_3 催化剂的。这与文献报道的结果一致，在乙酸乙酯氧化过程中，锰氧化物催化剂的活性优于 Pt 基催化剂[181]。

2. CuO 基催化剂催化氧化消除乙酸乙酯

在过渡金属氧化物催化剂中，CuO 被认为是催化 VOCs 氧化活性较高的催化剂之一。在以 TiO_2、CeO_2/TiO_2 和 CeO_2-ZrO_2/TiO_2 为载体的催化剂中，TiO_2 负载的 CeO_2-ZrO_2 固溶体催化剂的催化活性最高[174]。以 5wt% CuO/10wt% CeO_2-ZrO_2-TiO_2 催化剂为例，乙酸乙酯在 270℃左右完全氧化，值得注意的是，CO_2 选择性为 100%。与仅经过 CeO_2 改性的催化剂相比，TiO_2 改性后组分间存在更多的界面，有利于活性相的分散和氧化反应。在乙酸乙酯浓度对催化剂性能影响的研究中，随着乙酸乙酯摩尔浓度从0.2%增加至2%时，转化率略有提高（图6-28），表明该催化剂具有一定实际应用价值。

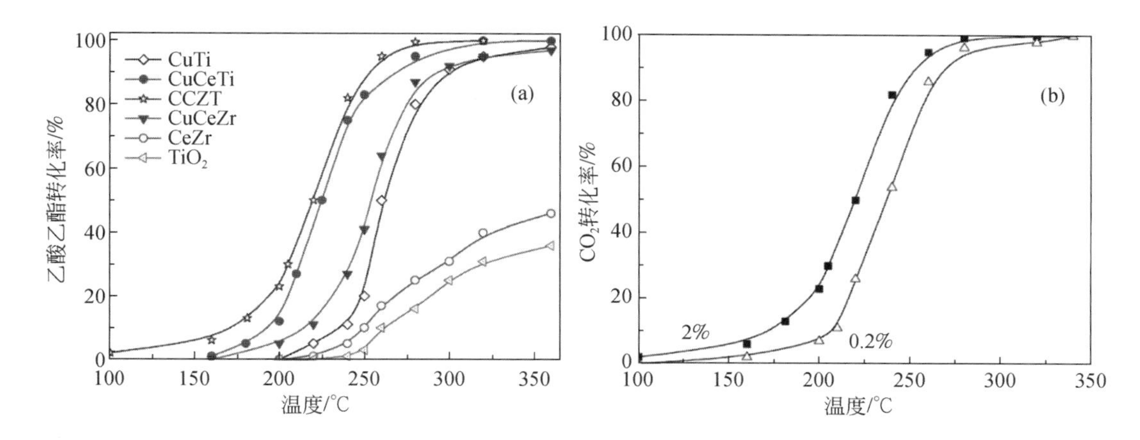

图6-28　(a) 在催化剂上，乙酸乙酯转化率和温度的关系；(b) 不同浓度乙酸乙酯对10wt% CuO/20wt% CeO_2-ZrO_2/TiO_2催化剂催化活性的影响[174]

在催化氧化乙酸乙酯时，会有副产物生成，主要为乙醛及少量丙酮。在CuO_x催化剂上，人们对催化氧化乙酸乙酯的产物选择性进行了探究。采用浸渍法和化学气相沉积法（CVD）制备了负载量为1wt%、3wt%、5wt%和10wt%的CuO/ZSM-5催化剂[182]，并对其催化氧化乙酸乙酯的活性进行评价，发现制备方法对催化剂活性有一定影响，CVD法制备的3wt% CuO/ZSM-5催化剂表现出最好的催化活性，T_{90}为235℃，远低于浸渍法制备的3wt% CuO/ZSM-5催化剂上的T_{90}（278℃）。CVD法制备的CuO_x催化剂是一种很有前途的催化氧化乙酸乙酯的催化剂。乙酸乙酯在一定条件下可完全氧化为CO_2和H_2O，少量乙酸乙酯在较低温度下可转化为乙醇、乙醛、乙酸等中间产物。在第一阶段，乙酸乙酯最初水解为乙醇和乙酸，最终通过乙醛氧化生成CO_2和H_2O[183]。一方面乙酸不稳定，容易分解；另一方面，由于ZSM-5载体表面具有较强的吸附作用，乙酸比乙醇优先氧化，这些都导致反应副产物中只有微量的乙酸。因此，该反应途径主要的中间产物是乙醇和乙醛[184]。

3. 铈基催化剂催化氧化消除乙酸乙酯

Ce基催化剂因具有较高的氧化还原性，是催化氧化乙酸乙酯的重要催化剂之一。人们就Ce掺杂对等离子体催化氧化乙酸乙酯过程中的CO_2、CO选择性进行了研究，发现与无催化剂存在时的等离子体氧化反应相比，$LaCoO_3$催化剂的存在增强了等离子体条件下对乙酸乙酯的消除，并提高了CO_x的选择性，掺杂Ce后催化剂催化氧化性能进一步提升[185,186]。与$LaCoO_3$催化剂相比，Ce掺杂钙钛矿催化剂具有更高的表面吸附氧（O_{ads}）浓度（最高为54.9%）和更好的低温氧化还原性，这两者都有助于等离子体辅助催化反应中乙酸乙酯及中间体的氧化。乙酸乙酯中C—O键的解离能为3.38eV，小于C—C键（3.44eV）、C—H键（4.29eV）和C═O键（7.55eV）。基于乙酸乙酯的化学结构，乙酸乙酯氧化的初始反应途径是C—C键和C—O键的断裂，形成乙基（$CH_3CH_2^*$）、乙酸基（CH_3COO^*）、乙酰基（CH_3CO^*）、乙氧基（$CH_3CH_2O^*$）和甲基（CH_3^*）。在等离子体环境中，大部分C_2基团会被电子或活性物种进一步降解为C_1（CH_3^*、CH_2O^*、CO和CO_2）。C_2和C_1基团与氧和羟基自由基发生碰撞，发生一系列的氧化反应。因此，可能生成乙醇、乙酸和乙醛等中间产物（图6-29）。

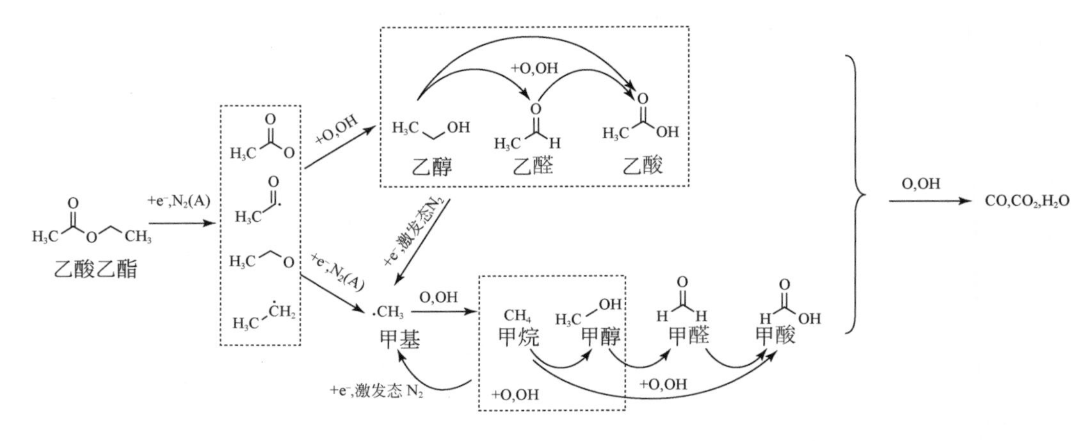

图6-29 等离子体催化氧化乙酸乙酯的主要反应途径[185]

同样，制备方法对Ce基催化剂催化氧化乙酸乙酯的性能有一定的影响。采用模板法和蒸发法合成了Ce基混合金属氧化物（Ce-Cu、Ce-Ni和Ce-Co）[187]。模板法是使用比表面积大、具有多孔结构的碳干凝胶作为模板，蒸发法以草酸热分解为基础，将所得材料作为氧化乙酸乙酯的催化剂。结果表明，催化活性与比表面积有关。通过模板法获得了具有较大比表面积的催化剂，Ce/Cu摩尔比为1/1的样品比表面积为$106m^2/g$。除Ce-Cu氧化物外，其他混合氧化物摩尔比为1/2的样品比相应1/1的样品具有更大的比表面积，摩尔比为1/2的Ce/Ni氧化物比表面积最大，可达$211m^2/g$。焙烧温度和催化剂的氧化还原性对催化活性也有较大的影响，在较低温度下焙烧可获得较小的晶体尺寸。蒸发法制备的材料比模板法制备的活性更好，等比例复合的Ce-Co和Ce-Cu氧化物催化活性最佳，T_{90}均约为195℃。

事实上，虽然CeO_2在乙酸乙酯氧化反应中具有一定的催化活性，但将CeO_2和其他金属氧化物进行复合后的金属氧化物一般具有更好的催化性能[188]。采用浸渍法制得的Co/CeO_2混合金属氧化物[161]比单独CeO_2和Co_3O_4具有催化优势，表现出一定的协同效应。其中当样品中Co含量为20wt%（Co/Ce原子比约为0.75）时催化氧化性能最佳，在260℃时乙酸乙酯完全氧化。相比之下，乙酸乙酯在单一氧化物上实现完全转化需要超过300℃。类萤石结构的Mn-Ce-O固溶体具有丰富的表面氧物种和较好的低温氧化还原性，对乙醇、正己烷、甲醛和乙酸乙酯的氧化具有很高的催化活性。然而在650℃或更高的温度下，固溶体中Mn的分离将导致Ce-Mn-O催化剂失活。$LaCeMnO_x$催化剂在有效抑制Mn物种偏析的同时，增加了催化剂的氧化还原性、氧空位数量和表面碱性[188]。由*in-situ* FTIR结果（图6-30）可知，La的加入阻碍了副产物乙醛和碳酸盐的形成，使得催化剂在

195℃下运行100h后，乙酸乙酯的转化率仍可达到80%。在SiO_2上负载铜铈双组分氧化物[189]，CuO纳米粒子与负载在SiO_2上的CeO_x纳米粒子之间形成界面层相互作用，将分散的CuO粒子稳定在CeO_x表面，从而提高了其催化活性。

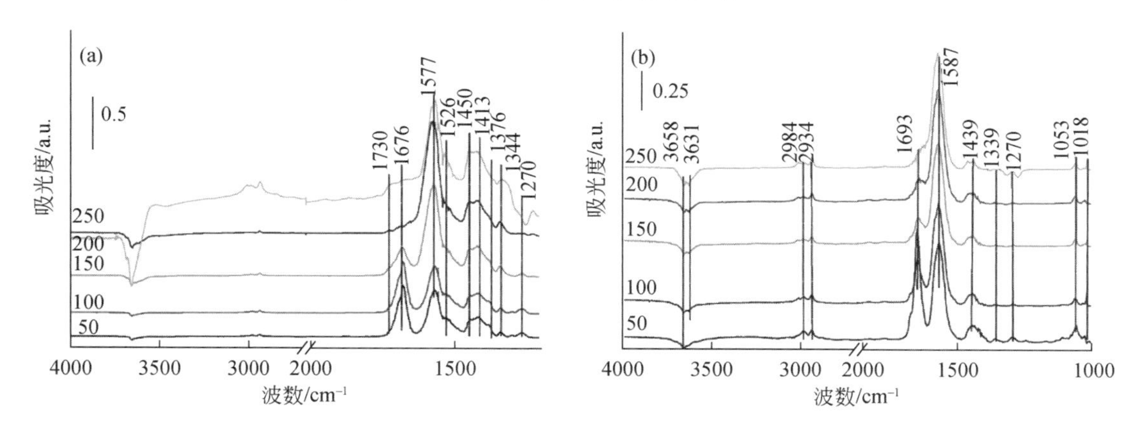

图6-30　不同温度下（a）$Ce_{0.5}Mn_{0.5}$和（b）10% La/$Ce_{0.5}Mn_{0.5}$催化剂上乙酸乙酯氧化的原位漫反射傅里叶变换红外光谱图[188]

6.5　乙酸丁酯催化氧化

乙酸正丁酯（*n*-butyl acetate），简称乙酸丁酯，化学式$CH_3COO(CH_2)_3CH_3$，分子量116.16，难溶于水，沸点为126.5℃，常温常压下为无色透明有果香气味的液体。急性毒性较小，但对眼鼻有较强的刺激性，而且在高浓度下会引起麻醉。目前催化氧化乙酸丁酯的研究较少，常用的技术可分为热催化氧化和光催化氧化。

将贵金属Ag负载在HY和HZSM-5分子筛上，Ag/HY和Ag/HZSM-5催化剂对乙酸丁酯氧化反应均表现出较高的催化活性[190]。2.5wt% Ag/HY的催化活性优于3.2wt% Ag/HZSM-5的，这是由于Ag/HY具有更高的金属分散性和酸性，以及HY独特的孔结构。当反应温度超过400℃时，乙酸丁酯在两种催化剂上的转化率均可达到100%。

催化剂表面酸性对乙酸丁酯氧化反应副产物也存在影响。采用浸渍法，将贵金属Pd负载到具有酸性位点的ZSM-5上进行探究[191]。结果表明，Pd/ZSM-5催化剂的酸性与乙酸丁酯氧化的催化活性没有直接相关性，Pd物种含量的增加对乙酸丁酯氧化反应的催化活性（CO_2收率为90%）略有影响（图6-31）。更多的金属位加速了完全氧化，有利于减少反应副产物。但强酸位点越多，生成的副产物种类越多。因此在具有较少强酸中心和较高氧化还原能力的催化剂上，乙酸丁酯氧化活性更好。总的来说，乙酸丁酯在激发态由于不稳定而分解，并与·OH进一步反应（$CH_3COOC_4H_9^* + \cdot OH \longrightarrow CH_3COO^- + C_2H_5OH$），形成的$CH_3COO^-$和$C_2H_5OH$与·OH反应生成$CO_2$和$H_2O$。乙酸丁酯通过脱氢、脱水、裂解、异构化等一系列反应生成包括2-甲基丙烯、乙酸、1-丁烯、2-丁烷、3-甲基戊烷、正己烷、2-甲基戊烷、2-甲基丁烷、CO_2等产物，图6-32为催化乙酸丁酯氧化过程中典型副产物的生成路线。

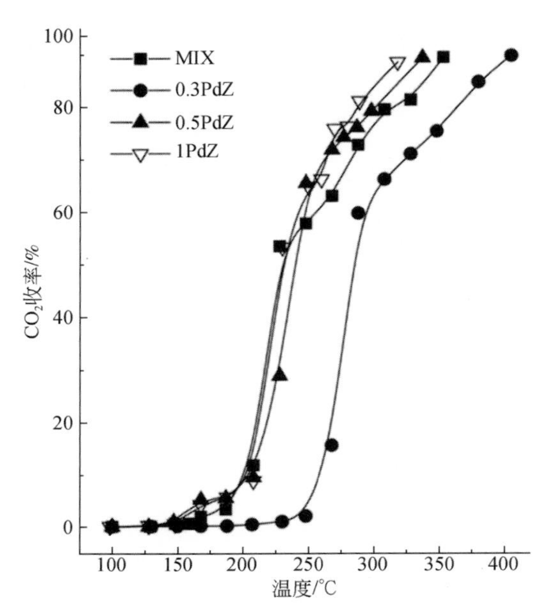

图 6-31　在 Pd 与 ZSM-5 物理混合（MIX）、0.3Pd/ZSM-5（0.3PdZ）、0.5Pd/ZSM-5（0.5PdZ）和 1Pd/ZSM-5（1PdZ）催化剂上，乙酸丁酯氧化 CO_2 收率与温度的关系[191]

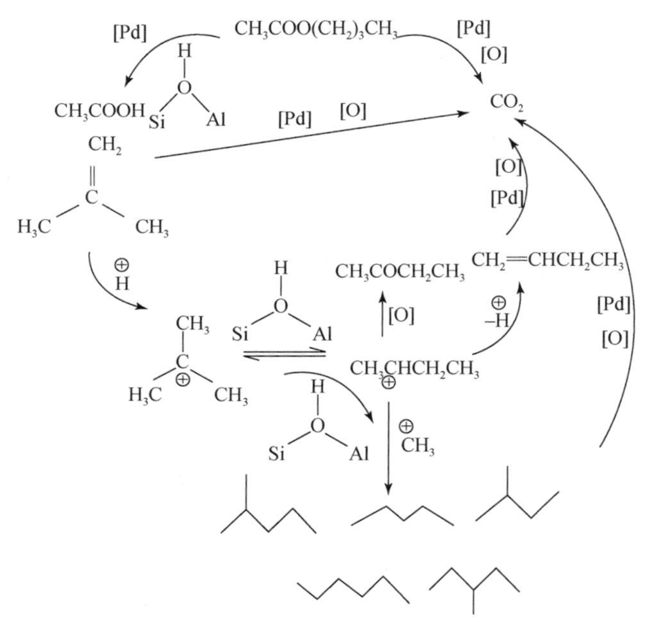

图 6-32　在 Pd 与 ZSM-5 物理混合、0.3Pd/ZSM-5、0.5Pd/ZSM-5 和 1Pd/ZSM-5 催化剂上，催化乙酸丁酯氧化路径图[191]

如上所述，TiO_2 是近年来研究最多的光催化剂。在紫外光照射下，光生电子-空穴可以与吸附在催化剂表面的 O_2 或 H_2O 充分接触，生成超氧自由基或羟基自由基活性物种，这些强氧化性自由基与 VOCs 通过一系列的化学反应，最终将 VOCs 降解为 CO_2 和 H_2O。

负载少量贵金属能够更有效地分离电子−空穴对，使光生电子聚集在贵金属上，可降低电子−空穴的复合。例如，将 Ag 和 V 共掺杂的 TiO_2 沉积在聚氨酯（Ag@ V-TiO_2/PU）上，有效降低了 TiO_2 的带隙，降低了光生电子和空穴的复合速率。该催化剂可用于光催化去除乙酸丁酯，共掺杂是一种协同提高 TiO_2 光催化活性的重要手段[192,193]。由于 V^{4+} 与 Ti^{4+} 离子半径相似，V^{4+} 比 Ag^{+} 更容易进入到 TiO_2 的晶格，两者的共掺杂促进了 TiO_2 晶格内部的电子转移。此外掺杂后 TiO_2 表面形成了 V_2O_5、Ag_2O 和 Ag 等纳米颗粒，显著增加了表面粗糙度，因此共掺杂的光催化剂的比表面积也高于未掺杂和单掺杂的光催化剂。掺杂量为 4wt% Ag 和 2wt% V 的 TiO_2 催化剂具有最高的比表面积和光催化活性，4Ag@ 2V-TiO_2/PU 催化剂上乙酸丁酯的去除率为 95.5%。在可见光照射下，4Ag@ 2V-TiO_2/PU 催化剂光催化降解 VOCs 的机理可以通过以下反应步骤来描述：

$$4Ag@2V\text{-}TiO_2/PU \xrightarrow{\text{光照}} e^- + h^+$$

$$e^- + O_2 \longrightarrow {}^*O_2^-$$

$$h^+ + H_2O \longrightarrow H^+ + {}^*OH$$

$$2h^+ + 2H_2O \longrightarrow 2H^+ + H_2O_2$$

$$H_2O_2 \longrightarrow 2\,{}^*OH$$

$$^*OH + VOCs \longrightarrow CO_2 + H_2O$$

6.6　总结与展望

尽管人们在研究催化氧化醇酯类 VOCs 方面取得重要进展，但在应对更严格排放标准时，在以下几个方面仍需要重点关注。

（1）如上所述，用于催化氧化消除 VOCs 的商用催化剂主要是负载型贵金属催化剂。制备方法对催化剂的物理化学性质和催化氧化性能有显著影响。为提高贵金属利用率，近年来单原子催化剂备受关注。因此在后续工作中，需要注重开发新的、简单的催化剂制备方法，实现单原子贵金属催化剂的规模化可控制备，大幅度降低贵金属使用量，从而降低催化剂成本。

（2）在催化氧化消除醇酯类 VOCs 时，会有较多中间产物生成。此外，在实际工况下，尾气中往往含有多种 VOCs。因此如何实现复杂工况下，多污染物的高效、温和、低成本净化，需要着重关注催化氧化技术与现有其他净化技术的耦合和优化，多污染物、多介质协同脱除新材料、新工艺的开发，减少或控制次生污染物的生成。

（3）在碳达峰、碳中和的要求下，一方面需要注重发展太阳光驱动的光催化降解低浓度 VOCs 技术，减少在催化消除 VOCs 过程中化石能源的消耗。另一方面，对于高浓度醇酯类 VOCs，除采用吸附、吸收等方法回收利用外，应尝试开发能在温和条件下，将其转变成高附加值产品的催化转化技术，实现高浓度 VOCs 废气的资源化利用。

参考文献

[1] 薛彩霞，陈玉涌．甲醇工业发展的方向及应用［J］．应用化工，2006，35（5）：382-384.

[2] Scirè S, Minico S, Crisafulli C, et al. Catalytic combustion of volatile organic compounds over group IB metal catalysts on Fe_2O_3 [J]. Catalysis Communications, 2001, 2: 229-232.
[3] Scirè S, Minico S, Crisafulli C, et al. Catalytic combustion of volatile organic compounds on gold/cerium oxide catalysts [J]. Applied Catalysis B: Environmental, 2003, 40 (1): 43-49.
[4] Calzada L A, Collins S E, Han C W, et al. Synergetic effect of bimetallic Au-Ru/TiO_2 catalysts for complete oxidation of methanol [J]. Applied Catalysis B: Environmental, 2017, 207: 79-92.
[5] Rousseau S, Marie O, Bazin P, et al. Investigation of methanol oxidation over Au/catalysts using operando IR spectroscopy: determination of the active sites, intermediate/spectator species, and reaction mechanism [J]. Journal of the American Chemical Society, 2010, 132: 10832-10841.
[6] DePuccio D P, Landry C C. Photocatalytic oxidation of methanol using porous Au/WO_3 and visible light [J]. Catalysis Science & Technology, 2016, 6: 7512-7520.
[7] Jin L Y, He M, Lu J Q, et al. Palladium catalysts supported on novel $Ce_xY_{1-x}O$ wash coats for toluene catalytic combustion [J]. Journal of Rare Earths, 2008, 26 (4): 614-618.
[8] Garcia T, Solsona B, Murphy D M, et al. Deep oxidation of light alkanes over titania-supported palladium/vanadium catalysts [J]. Journal of Catalysis, 2005, 229 (1): 1-11.
[9] Ferreira R S G, de Olivera P G P, Noronha F B. Characterization and catalytic activity of Pd/V_2O_5/Al_2O_3 catalysts on benzene total oxidation [J]. Applied Catalysis B: Environmental, 2004, 50 (4): 243-249.
[10] Pérez-Cadenas A F, Maorales Torres S, Kapteijn F, et al. Carbon-based monolithic supports for palladium catalysts: the role of the porosity in the gas-phase total combustion of *m*-xylene [J]. Applied Catalysis B: Environmental, 2008, 77 (3-4): 272-277.
[11] Luo Y J, Qian Q R, Chen Q H. On the promoting effect of the addition of $Ce_xZr_{1-x}O_2$ to palladium based alumina catalysts for methanol deep oxidation [J]. Materials Research Bulletin, 2015, 62: 65-70.
[12] Luo Y J, Xiao Y H, Cai G H, et al. A study of barium doped Pd/Al_2O_3-$Ce_{0.3}Zr_{0.7}O_2$ catalyst for complete methanol oxidation [J]. Catalysis Communications, 2012, 27: 134-137.
[13] Okumura K, Matsumoto S, Nishiaki N, et al. Support effect of zeolite on the methane combustion activity of palladium [J]. Applied Catalysis B: Environmental, 2003, 40: 151-159.
[14] Okumura K, Amano J, Yasunobu N, et al. X-ray absorption fine structure study of the formation of the highly dispersed PdO over ZSM-5 and the structural change of Pd induced by adsorption of NO [J]. Journal of Physical Chemistry B, 2000, 104: 1050-1057.
[15] Jabłońska M, Krol A, Kukulska-Zając E, et al. Zeolites Y modified with palladium as effective catalysts for low-temperature methanol incineration [J]. Applied Catalysis B: Environmental, 2015, 166-167: 353-365.
[16] McCabe R W, Mitchell P J. Exhaust-catalyst development for methanol-fueled vehicles: 2. Synergism between palladium and silver in methanol and carbon monoxide oxidation over an alumina-supported palladium-silver catalyst [J]. Journal of Catalysis, 1987, 103: 419-425.
[17] Guo Y Y, Zhang S, Zhu J, et al. Effects of Pt on physicochemical properties over Pd based catalysts for methanol total oxidation [J]. Applied Surface Science, 2017, 416: 358-364.
[18] Joung H J, Kim J H, Oh J S, et al. Catalytic oxidation of VOCs over CNT-supported platinum nanoparticles [J]. Applied Surface Science, 2014, 290: 267-273.
[19] Wang X, Lu G, Guo Y, et al. Structure, thermal stability and reducibility of Si-doped Ce-Zr-O solid solution [J]. Catalysis Today, 2007, 126 (3-4): 412-419.
[20] Zhao Q G, Bian Y R, Zhang W N, et al. The effect of the presence of ceria on the character of TiO_2

mesoporous films used as Pt catalyst support for methanol combustion at low temperature [J]. Combustion Science and Technology, 2016, 188: 306-314.
[21] Duke A S, Galhenage R P, Tenney S A, et al. *In situ* ambient pressure X-ray photoelectron spectroscopy studies of methanol oxidation on Pt (111) and Pt-Re alloys [J]. Journal of Physical Chemistry C, 2015, 119 (40): 23082-23093.
[22] Yang J, Liu Y X, Deng J G, et al. Pt_xCo/Meso-MnO_y: highly effificient catalysts for low-temperature methanol combustion [J]. Catalysis Today, 2019, 332: 168-176.
[23] Guo Y, Zhang S, Mu W, et al. Methanol total oxidation as model reaction for the effects of different Pd content on Pd-Pt/CeO_2-Al_2O_3-TiO_2 catalysts [J]. Journal of Molecular Catalysis, 2017, 429: 18-26.
[24] Kaminski P, Ziolek M. Mobility of gold, copper and cerium species in Au, Cu/Ce, Zr-oxides and its impact on total oxidation of methanol [J]. Applied Catalysis B: Environmental, 2016, 187: 328-341.
[25] Jiang Z Y, Feng X B, Deng J L, et al. Atomic-scale insights into the low-temperature oxidation of methanol over a single-atom Pt_1-Co_3O_4 catalyst [J]. Advanced Functional Materials, 2019, 29: 1902041.
[26] Jabłońska M, Nocun M, Bidzinska E. Silver-alumina catalysts for low-temperature methanol incineration [J]. Catalysis Letters, 2016, 146: 937-944.
[27] Zhao H J, Song J Z, Song X F, et al. Ag/White graphene foam for catalytic oxidation of methanol with high efficiency and stability [J]. Journal of Materials Chemistry A, 2015, 3: 6679-6684.
[28] Okumura K, Kobayashi T, Tanaka H, et al. Toluene combustion over palladium supported on various metal oxide supports [J]. Applied Catalysis B: Environmental, 2003, 44 (4): 325-331.
[29] Xia Y S, Dai H X, Jiang H Y, et al. Three dimensional ordered mesoporous cobalt oxides: highly active catalysts for the oxidation of toluene andmethanol [J]. Catalysis Communications, 2010, 11: 1171-1175.
[30] Zafeiratos S, Dintzer T, Teschner D, et al. Methanol oxidation over model cobalt catalysts: influence of the cobalt oxidation state on the reactivity [J]. Journal of Catalysis, 2010, 269: 309-317.
[31] Jabłońska M, Chmielarz L, Węgrzyn A, et al. Hydrotalcite derived (Cu, Mn)-Mg-Al metal oxide systems doped with palladium as catalysts for low-temperature methanol incineration [J]. Applied Clay Science, 2015, 114: 273-282.
[32] Fujishima A, Honda K. Electrochemical photolysis of water at a semiconductor electrode [J]. Nature, 1972, 238: 37-38.
[33] Yuan Q, Wu Z, Jin Y, et al. Photocatalytic cross-coupling of methanol and formaldehyde on a rutile TiO_2 (110) surface [J]. Journal of the American Chemical Society, 2013, 135: 5212-5219.
[34] Hoffmann M R, Martin S T, Choi W, et al. Environmental applications of semiconductor photocatalysis [J]. Chemical Reviews, 1995, 95 (1): 69-96.
[35] Weon S, He F, Choi W. Status and challenges in photocatalytic nanotechnology for cleaning air polluted with volatile organic compounds: visible light utilization and catalystdeactivation [J]. Environmental Science-Nano, 2019, 6: 3185-3214.
[36] Fu C, Li F, Zhang J, et al. Site sensitivity of interfacial charge transfer and photocatalytic efficiency in photocatalysis: methanol oxidation on anatase TiO_2 nanocrystals [J]. Angewandte Chemie (International Ed. in English), 2021, 133 (11): 6225-6234.
[37] Studt F, Sharafutdinov I, Abild P F, et al. discovery of a Ni-Ga catalyst for carbon dioxide reduction to methanol [J]. Nature Chemistry, 2014, 6: 320-324.
[38] Çelik M B, Özdalyan B, Alkan F. The use of pure methanol as fuel at high compression ratio in a single

cylinder gasoline engine [J]. Fuel, 2011, 90 (4): 1591-1598.

[39] Zhao H Y, Bennici S, Shen J Y, et al. Nature of surface sites of V_2O_5-TiO_2/SO_4^{2-} catalysts and reactivity in selective oxidation of methanol to dimethoxymethane [J]. Journal of Catalysis, 2010, 272 (1): 176-189.

[40] Yang H Z, Dai L, Xu D, et al. Electrooxidation of methanol and formic acid on PtCu nanoparticles [J]. Electrochimica Acta, 2010, 55 (27): 8000-8004.

[41] Shi D, Liu J F, Sun R, et al. Preparation of bifunctional Au-Pd/TiO_2 catalysts and research on methanol liquid phase one-step oxidation to methyl formate [J]. Catalysis Today, 2018, 316: 206-213.

[42] Wojcieszak R, Karelovic A, Gaigneaux E M, et al. Oxidation of methanol to methyl formate over supported Pd nanoparticles: insights into the reaction mechanism at low temperature [J]. Catalysis Science & Technology, 2014, 4: 3298-3305.

[43] Whiting G T, Kondrat S A, Hammond C, et al. Methyl formate formation from methanol oxidation using supported gold-palladium nanoparticles [J]. ACS Catalysis, 2015, 5: 637-644.

[44] Kaichev V V, Popova G Y, Chesalov Y A, et al. Selective oxidation of methanol to form dimethoxymethane and methyl formate over a monolayer V_2O_5/TiO_2 catalyst [J]. Journal of Catalysis, 2014, 311: 59-70.

[45] Lichtenberger J, Doohwan L, Iglesia E. Catalytic oxidation of methanol on Pd metal and oxide clusters at near-ambient temperatures [J]. Physical Chemistry Chemical Physics, 2007, 9: 4902-4906.

[46] Wojcieszak R, Gaigneaux E M, Ruiz P. Low temperature-high selectivity process over supported Pd nanoparticles in partial oxidation of methanol [J]. ChemCatChem, 2012, 4: 72-75.

[47] Czelej K, Cwieka K, Colmenares J C, et al. Toward a comprehensive understanding of enhanced photocatalytic activity of the bimetallic PdAu/TiO_2 catalyst for selective oxidation of methanol to methyl formate [J]. ACS applied Materials & Interfaces, 2017, 9 (37): 31825-31833.

[48] Colmenares J C, Lisowski P, Lomot D, et al. Sonophotodeposition of bimetallic photocatalysts Pd-Au/TiO_2: application to selective oxidation of methanol to methyl formate [J]. ChemSusChem, 2015, 8 (10): 1676-1685.

[49] Han C, Yang X, Gao G, et al. Selective oxidation of methanol to methyl formate on catalysts of Au-Ag alloy nanoparticles supported on titania under UV irradiation [J]. Green Chemistry, 2014, 16: 3603-3615.

[50] Zhang Z, Hossain M F, Miyazaki T, et al. Gas phase photocatalytic activity of ultrathin Pt layer coated on α-Fe_2O_3 films under visible light illumination [J]. Environmental Science & Technology, 2010, 44 (12): 4741-4746.

[51] Liang X, Yang X, Gao G, et al. Performance and mechanism of CuO/CuZnAl hydrotalcites-ZnO for photocatalytic selective oxidation of gaseous methanol to methyl formate at ambient temperature [J]. Journal of Catalysis, 2016, 339: 68-76.

[52] Lisowski P, Colmenares J C, Mašek O, et al. Dual functionality of TiO_2/Biochar hybrid materials: photocatalytic phenol degradation in the liquid phase and selective oxidation of methanol in the gas phase [J]. ACS Sustainable Chemistry & Engineering, 2017, 5 (7): 6274-6287.

[53] Wang F, Dai H X, Deng J G, et al. Manganese oxides with rod-, wire-, tube-, and flower-like morphologies: highly effective catalysts for the removal of toluene [J]. Environmental Science & Technology, 2012, 46: 4034-4041.

[54] Silva J C M, De Souza R F B, Parreira L S, et al. Ethanol oxidation reactions using SnO_2@Pt/C as an electrocatalyst [J]. Applied Catalysis B: Environmental, 2010, 99 (1-2): 265-271.

[55] Higuchi E, Miyata K, Takase T, et al. Ethanol oxidation reaction activity of highly dispersed Pt/SnO_2 double nanoparticles on carbon black [J]. Journal of Power Sources, 2011, 196 (4): 1730-1737.
[56] Santos V P, Carabineiro S A C, Tavares P B, et al. Oxidation of CO, ethanol and toluene over TiO_2 supported noble metal catalysts [J]. Applied Catalysis B: Environmental, 2010, 99 (1-2): 198-205.
[57] Abdelouahab-Reddam Z, Mail R E, Coloma F, et al. Platinumsupported on highly-dispersed ceria on activated carbon for the total oxidation of VOCs [J]. Applied Catalysis A: General, 2015, 494: 87-94.
[58] Abdelouahab-Reddam Z, Mail R E, Coloma F, et al. Effect of the metal precursor on the properties of Pt/CeO_2/C catalysts for the total oxidation of ethanol [J]. Catalysis Today, 2015, 249: 109-116.
[59] Gaálová J, Topka P, Kaluza L, et al. Gold versus platinum on ceria-zirconia mixed oxides in oxidation of ethanol and toluene [J]. Catalysis Today, 2011, 175: 231-237.
[60] Avgouropoulos G, Oikonomopoulos E, Kanistras D, et al. Complete oxidation of ethanol over alkali-promoted Pt/Al_2O_3 catalysts [J]. Applied Catalysis B: Environmental, 2006, 65 (1-2): 62-69.
[61] Zhao S, Hu F, Li J. Hierarchical core-shell Al_2O_3@Pd-CoAlO microspheres for low-temperature toluene combustion [J]. ACS Catalysis, 2016, 6: 3433-3441.
[62] Xu J, Ouyang L, Mao W, et al. Operando and kinetic study of low-temperature, lean-burn methane combustion over a Pd/γ-Al_2O_3 catalyst [J]. ACS Catalysis, 2012, 2: 261-269.
[63] Zhu J, Mu W, Su L, et al. Al-doped TiO_2 mesoporous material supported Pd with enhanced catalytic activity for complete oxidation of ethanol [J]. Journal of Solid State Chemistry, 2017, 248: 142-149.
[64] Kang M, Park E D, Kim J M, et al. Manganese oxide catalysts for NO_x reduction with NH_3 at low temperatures [J]. Applied Catalysis A: General, 2007, 327 (2): 261-269.
[65] Feng Q, Yanagisawa K, Yamasaki N. Hydrothermal soft chemical process for synthesis of manganese oxides with tunnel structures [J]. Journal of Porous Materials, 1998, 5: 153-162.
[66] Luo J, Zhang Q, Huang A, et al. Total oxidation of volatile organic compounds with hydrophobic cryptomelane-type octahedral molecular sieves [J]. Microporous and Mesoporous Materials, 2000, 35-36: 209-217.
[67] Ching S, Roark J L, Duan N, et al. Sol-gel route to the tunneled manganese oxide cryptomelane [J]. Chemistry of Materials, 1997, 9 (3): 750-754.
[68] Malinger K A, Ding Y S, Sithambaram S, et al. Microwave frequency effects on synthesis of cryptomelane-type manganese oxide and catalytic activity of cryptomelane precursor [J]. Journal of Catalysis, 2006, 239 (2): 290-298.
[69] Bastos S S T, Órfão J J M, Freitas M M A, et al. Manganese oxide catalysts synthesized by exotemplating for the total oxidation of ethanol [J]. Applied Catalysis B: Environmental, 2009, 93 (1-2): 30-37.
[70] Morales M R, Barbero B P, Cadus L E. Evaluation and characterization of Mn-Cu mixed oxide catalysts for ethanol total oxidation: influence of coppercontent [J]. Fuel, 2008, 87: 1177-1186.
[71] Bai B Y, Li J H, Hao J M. 1D-MnO_2, 2D-MnO_2 and 3D-MnO_2 for low-temperature oxidation of ethanol [J]. Applied Catalysis B: Environmental, 2015, 164: 241-250.
[72] Li X, Zheng J K, Liu S, et al. A novel wormhole-like mesoporous hybrid $MnCoO_x$ catalyst for improved ethanol catalytic oxidation [J]. Journal of Colloid and Interface Science, 2019, 555: 667-675.
[73] Zhou G L, Gui B G, Xie H M, et al. Influence of CeO_2 morphology on the catalytic oxidation of ethanol in air [J]. Journal of Industrial and Engineering Chemistry, 2014, 20: 160-165.
[74] Vindigni F, Manzoli M, Tabakova T, et al. Gold catalysts for low temperature water-gas shift reaction: effect of ZrO_2 addition to CeO_2 support [J]. Applied Catalysis B: Environmental, 2012, 125: 507-515.

[75] Delimaris D, Ioannides T. VOC oxidation over MnO_x-CeO_2 catalysts prepared by a combustion method [J]. Applied Catalysis B: Environmental, 2008, 84 (1-2): 303-312.

[76] Li H, Qi G, Zhang X, et al. Low-temperature oxidation of ethanol over a $Mn_{0.6}Ce_{0.4}O_2$ mixed oxide [J]. Applied Catalysis B: Environmental, 2011, 103: 54-61.

[77] Atribak I, Guillen-Hurtado N, Bueno-Lopez A, et al. Influence of the physico-chemical properties of CeO_2-ZrO_2 mixed oxides on the catalytic oxidation of NO to NO_2 [J]. Applied Surface Science, 2010, 256: 7706-7712.

[78] Li H J, Huang X, Zhang X J, et al. Stability improvement of ZrO_2 doped $MnCeO_x$ catalyst in ethanol oxidation [J]. Catalysis Communications, 2011, 12: 1361-1365.

[79] Xie H M, Lan H, Tan X, et al. High-efficient oxidation removal of ethanol from sir over ordered mesoporous Co_3O_4/KIT- 6 catalyst [J]. Journal of Environmental Chemical Engineering, 2019, 7: 103480.

[80] Ren Z, Wu Z L, Song W Q, et al. Low temperature propane oxidation over Co_3O_4 based nano-array catalysts: Ni dopant effect, reaction mechanism and structural stability [J]. Applied Catalysis B: Environmental, 2016, 180: 150-160.

[81] Chen S, Xie H M, Zhou G L. Tuning the pore structure of mesoporous Co_3O_4 materials for ethanol oxidation to acetaldehyde [J]. Ceramics International, 2019, 45: 24609-24617.

[82] Xie H M, Zhao X P, Zhou G L, et al. Investigating the performance of Co_xO_y/activated carbon catalysts for ethyl acetate catalytic combustion [J]. Applied Surface Science, 2015, 326: 119-123.

[83] Xu W C, Xiao K B, Lai S F, et al. Designing a dumbbell-brush-type Co_3O_4 for efficient catalytic toluene oxidation [J]. Catalysis Communications, 2020, 140: 106005.

[84] Wang F, Dai H X, Deng J G, et al. Nanoplate-aggregate Co_3O_4 microspheres for toluene combustion [J]. Chinese Journal of Catalysis, 2014, 35: 1475-1481.

[85] Cheng Z, Chen Z, Li J G, et al. Mesoporous silica-pillared clays supported nanosized Co_3O_4-CeO_2 for catalytic combustion of toluene [J]. Applied Surface Science, 2018, 459: 32-39.

[86] Zheng Y L, Wang W Z, Jiang D, et al. Amorphous MnO_x modified Co_3O_4 for formaldehyde oxidation: improved low-temperature catalytic and photothermocatalytic activity [J]. Chemical Engineering Journal, 2016, 284: 21-27.

[87] Xie H M, Xia D P, Zhou G L. Promoting effects of Ni for toluene catalytic combustion over CoNi/TiO_2 oxide catalysts [J]. International Journal of Chemical Reactor Engineering, 2018, 16 (6): 20170223.

[88] Xie H M, Tan X, Zhang G Z, et al. Porous Co-based spinel oxide prepared by soft-template method for ethanol oxidation [J]. Journal of Physics and Chemistry of Solids, 2020, 146: 109562.

[89] Jirátová K, Kovanda F, Ludvíkova J, et al. Total oxidation of ethanol over layered double hydroxide-related mixed oxide catalysts: effect of cation composition [J]. Catalysis Today, 2016, 277: 61-67.

[90] Kovanda F, Grygar T, Dorničák V, et al. Thermal behaviour of Cu-Mg-Mn and Ni-Mg-Mn layered double hydroxides and characterization of formed oxides [J]. Applied Clay Science, 2005, 28: 121-136.

[91] Obalová L, Jirátová K, Kovanda F, et al. Catalytic decomposition of nitrous oxide over catalysts prepared from Co/Mg-Mn/Al hydrotalcite-like compounds [J]. Applied Catalysis B: Environmental, 2005, 60: 289-297.

[92] Ludvíková J, Jirátová K, Klempa J, et al. Titania supported Co-Mn-Al oxide catalysts in total oxidation of ethanol [J]. Catalysis Today, 2012, 179: 164-169.

[93] Levasseur B, Kaliaguine S. Effects of iron and cerium in $La_{1-y}Ce_yCo_{1-x}Fe_xO_3$ perovskites as catalysts for

VOC oxidation [J]. Applied Catalysis B: Environmental, 2009, 88: 305-314.

[94] Pérez A, Montes M, Molina R, et al. Cooperative effect of Ce and Pr in the catalytic combustion of ethanol in mixed Cu/CoMgAl oxides obtained from hydrotalcites [J]. Applied Catalysis A: General, 2011, 408: 96-104.

[95] Najjar H, Batis H. La-Mn perovskite-type oxide prepared by combustion method: catalytic activity in ethanol oxidation [J]. Applied Catalysis A: General, 2010, 383: 192-201.

[96] Guan Y, Hensen E J M. Ethanol dehydrogenation by gold catalysts: the effect of the gold particle size and the presence of oxygen [J]. Applied Catalysis A: General, 2009, 361 (1-2): 49-56.

[97] Idriss H, Seebauer E G. Reactions of ethanol over metal oxides [J]. Journal of Molecular Catalysis A: Chemical, 2000, 152: 201-212.

[98] Takei T, Iguchi N, Haruta M. Synthesis of acetoaldehyde, acetic acid, and others by the dehydrogenation and oxidation of ethanol [J]. Catalysis Surveys from Asia, 2011, 15: 80-88.

[99] Sun J M, Wang Y. Recent advances in catalytic conversion of ethanol to chemicals [J]. ACS Catalysis, 2014, 4: 1078-1090.

[100] Tanabe K, Misono M, Hattori H, et al. New solid acids and bases: Their catalytic properties [M] // Tokyo: Kodansha LTD and Elsevier Science Publishers, 1990.

[101] Kwak J H, Rousseau R, Mei D H, et al. The origin of regioselectivity in 2-butanol dehydration on solid acid catalysts [J]. ChemCatChem, 2011, 3: 1557-1561.

[102] Roy S, Mpourmpakis G, Hong D Y, et al. Mechanistic study of alcohol dehydration on γ-Al_2O_3 [J]. ACS Catalysis, 2012, 2 (9): 1846-1853.

[103] Janik M J, Macht J, Iglesia E, et al. Correlating acid properties and catalytic function: a first-principles analysis of alcohol dehydration pathways on polyoxometalates [J]. Journal of Physical Chemistry C, 2009, 113 (5): 1872-1885.

[104] Arnett E M, Hofelich T C. Stabilities of carbocations in solution. 14. An extended thermochemical scale of carbocation stabilities in a common superacid [J]. Journal of the American Chemical Society, 1983, 105 (9): 2889-2895.

[105] Hahn-Hagerdal B, Galbe M, Gorwa-Grauslund M, et al. Bio-ethanol-the fuel of tomorrow from the residues of today [J]. Trends in Biotechnology, 2006, 24: 549-556.

[106] Mao R L V, Levesque P, McLaughlin G, et al. Ethylene from ethanol over zeolite catalysts [J]. Applied Catalysis, 1987, 34: 163-179.

[107] Mao R L V, Nguyen T M, McLaughlin G P. The bioethanol-to-ethylene (B. E. T. E.) process [J]. Applied Catalysis, 1989, 48: 265-277.

[108] Angelici C, Weckhuysen B M, Bruijnincx P C A. Chemocatalytic conversion of ethanol into butadiene and other bulk chemicals [J]. ChemSusChem, 2013, 6: 1595-1614.

[109] Takei T, Iguchi N, Haruta M. Support effect in the gas phase oxidation of ethanol over nanoparticulate gold catalysts [J]. New Journal of Chemistry, 2011, 35: 2227-2233.

[110] Liu P, Zhu X C, Yang S B, et al. On the metal-support synergy for selective gas-phase ethanol oxidation over $MgCuCr_2O_4$ supported metal nanoparticle catalysts [J]. Journal of Catalysis, 2015, 331: 138-146.

[111] Liu P, Hensen E J M. Highly efficient and robust Au/$MgCuCr_2O_4$ catalyst for gas-phase oxidation of ethanol to acetaldehyde [J]. Journal of the American Chemical Society, 2013, 135 (38): 14032-14035.

[112] Liu P, Li T, Chen H P, et al. Optimization of Au^0-Cu^+ synergy in Au/$MgCuCr_2O_4$ catalysts for aerobic

oxidation of ethanol to acetaldehyde [J]. Journal of Catalysis, 2017, 347: 45-56.

[113] Wang J, Huang R, Zhang Y J, et al. Nitrogen-doped carbon nanotubes as bifunctional catalysts with enhanced catalytic performance for selective oxidation of ethanol [J]. Carbon, 2017, 111: 519-528.

[114] Li J H, Wang R H, Hao J M. Role of lattice oxygen and Lewis acid on ethanol oxidation over OMS-2catalyst [J]. Journal of Physical Chemistry C, 2010, 114: 10544-10550.

[115] Bai B Y, Qiao Q, Li Y P, et al. Effect of pore size in mesoporous MnO_2 prepared by KIT-6 aged at different temperatures on ethanol catalytic oxidation [J]. Chinese Journal of Catalysis, 2018, 39: 630-638.

[116] Liu P, Duan J H, Ye Q, et al. Promoting effect of unreducible metal doping on OMS-2 catalysts for gas-phase selective oxidation of ethanol [J]. Journal of Catalysis, 2018, 367: 115-125.

[117] Wang P P, Duan J H, Wang J, et al. Elucidating structure-performance correlations in gas-phase selective ethanol oxidation and CO oxidation over metal-doped γ-MnO_2 [J]. Chinese Journal of Catalysis, 2020, 41: 1298-1310.

[118] Shan J J, Liu J L, Li M, et al. NiCu single atom alloys catalyze the C—H bond activation in the selective non-oxidative ethanol dehydrogenation reaction [J]. Applied Catalysis B: Environmental, 2018, 226: 534-543.

[119] Halasi G, Ugrai I, Solymosi F. Photocatalytic decomposition of ethanol on TiO_2 modified by N and promoted by metals [J]. Journal of Catalysis, 2011, 281 (2): 309-317.

[120] Sannino D, Vaiano V, Ciambelli P. Innovative structured VO_x/TiO_2 photocatalysts supported on phosphors for the selective photocatalytic oxidation of ethanol to acetaldehyde [J]. Catalysis Today, 2013, 205: 159-167.

[121] Sannino D, Vaiano V, Ciambelli P, et al. Enhanced performances of grafted VO_x on titania/silica for the selective photocatalytic oxidation of ethanol to acetaldehyde [J]. Catalysis Today, 2013, 209: 159-163.

[122] Andryushina N S, Stroyuk O L. Influence of colloidal graphene oxide on photocatalytic activity of nanocrystalline TiO_2 in gas-phase ethanol and benzene oxidation [J]. Applied Catalysis B: Environmental, 2014, 148-149: 543-549.

[123] Antoniadou M, Vaiano V, Sannino D, et al. Photocatalytic oxidation of ethanol using undoped and Ru-doped titania: acetaldehyde, hydrogen or electricity generation [J]. Chemical Engineering Journal, 2013, 224: 144-148.

[124] Liu S Y, Yang S M. Complete oxidation of 2-propanol over gold-based catalysts supported on metal oxides [J]. Applied Catalysis A: General, 2008, 334: 92-99.

[125] He C, Cheng J, Zhang X, et al. Recent advances in the catalytic oxidation of volatile organic compounds: a review based on pollutant sorts and sources [J]. Chemical Reviews, 2019, 119: 4471-4568.

[126] Minico S, Scirè S, Crisafulli C, et al. Influence of catalyst pretreatments on volatile organic compounds oxidation over gold/iron oxide [J]. Applied Catalysis B: Environmental, 2001, 34: 277-285.

[127] Manriquez M E, Lopez T, Gomez R, et al. Preparation of TiO_2-ZrO_2 mixed oxides with controlled acid-basic properties [J]. Journal of Molecular Catalysis A: Chemical, 2004, 220: 229-237.

[128] Diez V K, Apesteguia C R, Cosimo J I D. Acid-base properties and active site requirements for elimination reactions on alkali-promoted MgO catalysts [J]. Catalysis Today, 2000, 63: 53-62.

[129] Centeno M A, Paulis M, Montes M, et al. Catalytic combustion of volatile organic compounds on Au/CeO_2/Al_2O_3 and Au/Al_2O_3 catalysts [J]. Applied Catalysis A: General, 2002, 234: 65-78.

[130] Dinh C T, Yen H, Kleitz F, et al. Three-dimensional ordered assembly of thin-shell Au/TiO_2 hollow nanospheres for enhanced visible-light-driven photocatalysis [J]. Angewandte Chemie (International Ed. in English), 2014, 126 (26): 6618-6623.

[131] Fiorenza R, Bellardita M, Palmisano L, et al. A comparison between photocatalytic and catalytic oxidation of 2-propanol over Au/TiO_2-CeO_2 catalysts [J]. Journal of Molecular Catalysis A: Chemical, 2016, 415: 56-64.

[132] Dissanayake S, Wasalathanthri N, Shirazi A, et al. Mesoporous Co_3O_4 catalysts for VOC eimination: oxidation of 2-propanol [J]. Applied Catalysis A: General, 2020, 590: 117366.

[133] Hosseini S A, Niaei A, Salari D, et al. Nanocrystalline AMN_2O_4 (A = Co, Ni, Cu) spinels for remediation of volatile organic compounds synthesis, characterization and catalytic performance [J]. Ceramics International, 2012, 38: 1655-1661.

[134] Hosseini S A, Alvarez-Galvan M C, Fierro J L G, et al. MCr_2O_4 (M = Co, Cu, and Zn) nanospinels for 2-propanol combustion: correlation of structural properties with catalytic performance and stability [J]. Ceramics International, 2013, 39: 9253-9261.

[135] Hosseini S A, Niaei A, Salari D, et al. Study of correlation between activity and structural properties of Cu- (Cr, Mn and Co)$_2$ nano mixed oxides in VOC combustion [J]. Ceramics International, 2014, 40: 6157-6163.

[136] Tobaldi D M, Dvoranová D, Lajaunie L, et al. Graphene-TiO_2 hybrids for photocatalytic aided removal of VOCs and nitrogen oxides from outdoor environment [J]. Chemical Engineering Journal, 2021, 405: 126651.

[137] Matos J, García-López E, Palmisano L, et al. Influence of activated carbon in TiO_2 and ZnO mediated photo-assisted degradation of 2-propanol in gas-solid regime [J]. Applied Catalysis B: Environmental, 2010, 99 (1-2): 170-180.

[138] Liu M, Inde R, Nishikawa M, et al. Enhanced photoactivity with nanocluster-grafted titanium dioxide photocatalysts [J]. ACS Nano, 2014, 8 (7): 7229-7238.

[139] Liu M, Qiu X, Miyauchi M, et al. Energy-level matching of Fe (Ⅲ) ions grafted at surface and doped in bulk for efficient visible-light photocatalysts [J]. Journal of the American Chemical Society, 2013, 135 (27): 10064-10072.

[140] Bera S, Rawal S B, Kim H J, et al. Novel coupled structures of $FeWO_4$/TiO_2 and $FeWO_4$/TiO_2/CdS designed for highly efficient visible-light photocatalysis [J]. ACS Applied Materials & Interfaces, 2014, 6 (12): 9654-9663.

[141] Wardhana A C, Yamaguchi A, Shoji S, et al. Visible-light-driven photocatalysis via reductant-to-band charge transfer in Cr (Ⅲ) nanocluster-loaded $SrTiO_3$ system [J]. Applied Catalysis B: Environmental, 2020, 270: 118883.

[142] Sheldon R A, Arends I W C E, Brink G J, et al. Catalytic oxidations of alcohols [J]. Chemical Research, 2002, 35: 774-781.

[143] Enache D I, Edwards J K, Landon P, et al. Solvent-free oxidation of primary alcohols to aldehydes using Au-Pd/TiO_2 catalysts [J]. Science, 2006, 311: 362-365.

[144] Gong J L, Flaherty D W, Yan T, et al. Selective oxidation of propanol on Au (111): mechanistic insights into aerobic oxidation of alcohols [J]. Chemphyschem, 2008, 9: 2461-2466.

[145] Wiegand B C, Uvdal P, Serafin J G, et al. Isotopic labeling as a tool to establish intramolecular vibrational coupling: the reaction of 2-propanol on Mo (110) [J]. Journal of Physical Chemistry,

1992, 96: 5063-5069.

[146] Zhang H H, Dai L Y, Feng Y, et al. A resource utilization method for volatile organic compounds emission from the semiconductor industry: selective catalytic oxidation of isopropanol to acetone over Au/α-Fe_2O_3 nanosheets [J]. Applied Catalysis B: Environmental, 2020, 275: 119011.

[147] Bálsamo N F, Chanquía C M, Herrero E R, et al. Dehydrogenation of isopropanol on copper-containing mesoporous catalysts [J]. Industrial & Engineering Chemistry Research, 2010, 49: 12365-12370.

[148] Chen X, Shen Y F, Suib S L, et al. Catalytic decomposition of 2-propanol over different metal-cation-doped OMS-2 materials [J]. Journal of Catalysis, 2001, 197: 292-302.

[149] Anke S, Bendt G, Sinev I, et al. Selective 2-propanol oxidation over unsupported CO_3O_4 spinel nanoparticles: mechanistic insights into aerobic oxidation of alcohols [J]. ACS Catalysis, 2019, 9: 5974-5985.

[150] Ren L, Tong L, Yi X, et al. Ultrathin graphene encapsulated Cu nanoparticles: a highly stable and efficient catalyst for photocatalytic H_2 evolution and degradation of isopropanol [J]. Chemical Engineering Journal, 2020, 390: 124558.

[151] Kamimura S, Miyazaki T, Zhang M, et al. (Au@Ag)@Au double shell nanoparticles loaded on rutile TiO_2 for photocatalytic decomposition of 2-propanol under visible light irradiation [J]. Applied Catalysis B: Environmental, 2016, 180: 255-262.

[152] Kamimura S, Yamashita S, Abe S, et al. Effect of core@shell (Au@Ag) nanostructure on surface plasmon-induced photocatalytic activity under visible light irradiation [J]. Applied Catalysis B: Environmental, 2017, 211: 11-17.

[153] Castaño M H, Molina R, Moreno S. Catalytic oxidation of VOCs on $MnMgAlO_x$ mixed oxides obtained by auto-combustion [J]. Journal of Molecular Catalysis A: Chemical, 2015, 398: 358-367.

[154] Perez H, Navarro P, Delgado J J, et al. Mn-SBA-15 catalysts prepared by impregnation: influence of the manganese precursor [J]. Applied Catalysis A: General, 2011, 400: 238-248.

[155] Perez H, Navarro P, Torres G, et al. Evaluation of manganese OMS-like cryptomelane supported on SBA-15 in the oxidation of ethyl acetate [J]. Catalysis Today, 2013, 212: 149-156.

[156] Chen Y X, Tian G K, Zhou M J, et al. Catalytic control of typical particulate matters and volatile organic compounds emissions from simulated biomass burning [J]. Environmental Science & Technology, 2016, 50: 5825-5831.

[157] Pei T J, Liu L S, Xu L K, et al. A novel glass fiber catalyst for the catalytic combustion of ethyl acetate [J]. Catalysis Communications, 2016, 74: 19-23.

[158] Li S M, Hao Q L, Zhao R Z, et al. Highly efficient catalytic removal of ethyl acetate over Ce/Zr promoted copper/ZSM-5 catalysts [J]. Chemical Engineering Journal, 2016, 285: 536-543.

[159] Liao Y T, Jia L, Chen R J, et al. Charcoal-supported catalyst with enhanced thermal-stability for the catalytic combustion of volatile organic compounds [J]. Applied Catalysis A: General, 2016, 522: 32-39.

[160] Xia Y S, Dai H X, Jiang H Y, et al. Mesoporous chromia with ordered three-dimensional structures for the complete oxidation of toluene and ethyl acetate [J]. Environmental Science & Technology, 2009, 43: 8355-8360.

[161] Xie H M, Zhao X P, Zhou G L, et al. Investigating the performance of Co_xO_y/activated carbon catalysts for ethyl acetate catalytic combustion [J]. Applied Surface Science, 2015, 326: 119-123.

[162] Akram S, Wang Z, Chen L, et al. Low-temperature efficient degradation of ethyl acetate catalyzed by

lattice-doped CeO_2-CoO_x nanocomposites [J]. Catalysis Communications, 2016, 73: 123-127.

[163] Mitsui T, Matsui T, Kikuchi R, et al. Low temperature complete oxidation of ethyl acetate over CeO_2-supported precious metal catalysts [J]. Topics in Catalysis, 2009, 52: 464-469.

[164] Gomez D M, Gatica J M, Hernández-Garrido J C, et al. A novel CoO_x/La-modified-CeO_2 formulation for powdered and washcoated onto cordierite honeycomb catalysts with application in VOCs oxidation [J]. Applied Catalysis B: Environmental, 2014, 144: 425-434.

[165] Larsson A C, Rahmani M, Arnby K, et al. Pilot-scale investigation of Pt/alumina catalysts deactivation by organosilicon in the total oxidation of hydrocarbons [J]. Topics in Catalysis, 2007, 45: 121-124.

[166] Baranowska K, Okal J. Bimetallic Ru-Re/γ-Al_2O_3 catalysts for the catalytic combustion of propane: effect of the Re addition [J]. Applied Catalysis A: General, 2015, 499: 158-167.

[167] Liu X, Zeng J, Shi W, et al. Catalytic oxidation of benzene over ruthenium-cobalt bimetallic catalysts and study of its mechanism [J]. Catalysis Science & Technology, 2017, 7: 213-221.

[168] Wang J, Liu X, Zeng J, et al. Catalytic oxidation of trichloroethylene over TiO_2 supported ruthenium catalyst [J]. Catalysis Communications, 2016, 76: 13-18.

[169] Mitsui T, Tsutsui K, Matsui T, et al. Support effect on complete oxidation of volatile organic compounds over Ru catalysts [J]. Applied Catalysis B: Environmental, 2008, 81: 56-63.

[170] Liu X L, Han Q Z, Shi W B, et al. Catalytic oxidation of ethyl acetate over Ru-Cu bimetallic catalysts: further insights into reaction mechanism via *in situ* FTIR and DFT studies [J]. Journal of Catalysis, 2019, 369: 482-492.

[171] Kamiuchi N, Mitsui T, Muroyama H, et al. Catalytic combustion of ethyl acetate and nano-structural changes of ruthenium catalysts supported on Tin oxide [J]. Applied Catalysis B: Environmental, 2010, 97: 120-126.

[172] Carabineiro S, Chen X, Martynyuk O, et al. Gold supported on metal oxides for volatile organic compounds total oxidation [J]. Catalysis Today, 2015, 244: 103-114.

[173] Klabunde K J, Stark J, Koper O, et al. Nanocrystals as stoichiometric reagents with unique surface chemistry [J]. Journal of Physical Chemistry, 1996, 100: 12142-12153.

[174] Yang Y X, Xu X L, Sun K P. Catalytic combustion of ethyl acetate on supported copper oxide catalysts [J]. Journal of Hazardous Materials B, 2007, 139: 140-145.

[175] Zhao Q, Ge Y L, Fu K X, et al. Catalytic performance of the Pd/TiO_2 modified with MnO_x catalyst for acetone total oxidation [J]. Applied Surface Science, 2019, 496: 143579.

[176] Luo J, Zhang Q, Garcia J, et al. Adsorptive and acidic properties, reversible lattice oxygen evolution, and catalytic mechanism of cryptomelane-type manganese oxides as oxidation catalysts [J]. Journal of the American Chemical Society, 2008, 130: 3198-3207.

[177] Chen J, Li Y Z, Fang S M, et al. UV-vis-infrared light-driven thermocatalytic abatement of benzene on Fe doped OMS-2 nanorods enhanced by a novel photoactivation [J]. Chemical Engineering Journal, 2018, 332: 205-215.

[178] Yang S, Zhao H J, Dong F, et al. Three-dimensional flower-like OMS-2 supported Ru catalysts for application in the combustion reaction of *o*-dichlorobenzene [J]. Catalysis Science & Technology, 2019, 9: 6503-6516.

[179] Liu J, Makwana V, Cai J, et al. Effects of alkali metal and ammonium cation templates on nanofibrous cryptomelane-type manganese oxide octahedral molecular sieves (OMS-2) [J]. Journal of Physical Chemistry B, 2003, 107: 9185-9194.

[180] Santos V P, Pereira M F R, Orfao J J M, et al. Catalytic oxidation of ethyl acetate over a cesium modified cryptomelane catalyst [J]. Applied Catalysis B: Environmental, 2009, 88: 550-556.

[181] Soares G P, Rocha R P, Órfão J M, et al. Ethyl and butyl acetate oxidation over manganese oxides [J]. Chinese Journal of Catalysis, 2018, 39: 27-36.

[182] Zhou Y, Zhang H P, Yan Y. Catalytic oxidation of ethyl acetate over CuO/ZSM-5 catalysts: effect of preparation method [J]. Journal of the Taiwan Institute of Chemical Engineers, 2018, 84: 132-172.

[183] Aguero F N, Barbero B P, Gambaro L, et al. Catalytic combustion of volatile organic compounds in binary mixtures over MnO_x/Al_2O_3 catalyst [J]. Applied Catalysis B: Environmental, 2009, 91: 108-112.

[184] Delimaris D, Ioannides T. VOC oxidation over $CuO\text{-}CeO_2$ catalysts prepared by a combustion method [J]. Applied Catalysis B: Environmental, 2009, 89: 295-302.

[185] Zhu X B, Zhang S, Yang Y, et al. Enhanced performance for plasma-catalytic oxidation of ethyl acetate over $La_{1-x}Ce_xCoO_{3+\delta}$ catalysts [J]. Applied Catalysis B: Environmental, 2017, 213: 97-105.

[186] Cai Y X, Zhu X B, Hu W S, et al. Plasma-catalytic decomposition of ethyl acetate over $LaMO_3$ (M = Mn, Fe, and Co) perovskite catalysts [J]. Journal of Industrial and Engineering Chemistry, 2019, 70: 447-452.

[187] Chen X, Carabineiro S A C, Bastos S S T, et al. Catalytic oxidation of ethyl acetate on cerium-containing mixed oxides [J]. Applied Catalysis A: General, 2014, 472: 101-112.

[188] Lao Y J, Jiang X X, Huang J, et al. Catalytic oxidation of ethyl acetate on Ce-Mn-O catalysts modified by La [J]. Rare Metals, 2021, 40: 547-554.

[189] Tsoncheva T, Issa G, Blasco T, et al. Silica supported copper and cerium oxide catalysts for ethyl acetate oxidation [J]. Journal of Colloid and Interface Science, 2013, 404: 155-160.

[190] Wong C T, Abdullah A Z, Bhatia S. Catalytic oxidation of butyl acetate over silver-loaded zeolites [J]. Journal of Hazardous Materials, 2008, 157: 480-489.

[191] Yue L, He H, Hao Z P, et al. Effects of metal and acidic sites on the reaction by-products of butyl acetate oxidation over palladium-based catalysts [J]. Journal of Environmental Sciences, 2014, 26: 702-707.

[192] Pham T D, Lee B K. Selective removal of polar VOCs by novel photocatalytic activity of metals Co-doped TiO_2/PU under visible light [J]. Chemical Engineering Journal, 2017, 307: 63-73.

[193] Lin M Z, Chen H, Chen W F, et al. Effect of singlecation doping and codoping with Mn and Fe on the photocatalytic performance of TiO_2 thin film [J]. International Journal of Hydrogen Energy, 2014, 39: 21500-21511.

第7章　含卤素VOCs催化反应行为与过程

卤代挥发性有机物（halogenated volatile organic compounds，HVOCs），属于卤代烃（halogenated hydrocarbons）中较易挥发的一类有机化合物，主要包括含氯挥发性有机物（chlorinated volatile organic compounds，Cl-VOCs）、含溴挥发性有机物（brominated volatile organic compounds，Br-VOCs）和含氟挥发性有机物（fluorinated volatile organic compounds，F-VOCs）等，后者包括诸如氯氟碳类化合物（CFCs）、氢氯氟碳类化合物（HCFCs）、氢氟碳化合物（HFCs）等，常见的HVOCs见表7-1。相较于传统VOCs，HVOCs本身具有高毒性、高稳定性、难（生物）降解和极强的臭氧层破坏能力等特点，因而被严加管控，如美国129种环境优先污染物中有60种为卤代烃及其衍生物，这些污染物也被欧盟列为废气“黑名单”的首位；我国《优先控制化学品名录（第一批）》（2017年）所列22类/种化学品中，有9种属于含卤素类优先控制化学品，2020年发布的《优先控制化学品名录（第二批）》的18类管控化学品中，又增加了7类涉及含氯的有机物；共有6种有机物被列入《有毒有害大气污染物名录（第一批）》（2019年），而其中就有4种是含氯有机物（如二氯甲烷、三氯甲烷、三氯乙烯和四氯乙烯）。2021年生态环境部组织编制了《新污染物治理行动方案（征求意见稿）》（以下简称《行动方案》），《行动方案》中提出2021年将重点管控二噁英类、二氯甲烷、三氯甲烷、三氯乙烯、四氯乙烯、甲醛、乙醛等七种大气污染物。更重要的是，在HVOCs中，Cl-VOCs通常是二噁英类物质形成的主要前驱体，在Cl-VOCs存在下的焚烧、催化氧化过程都会产生大量二噁英。因此，我国多个VOCs行业排放标准中都对Cl-VOCs做了单独限定，如《烧碱、聚氯乙烯工业污染物排放标准》（GB 15581—2016）、《合成树脂工业污染物排放标准》（GB 31572—2015）以及《石油化学工业污染物排放标准》（GB 31571—2015）等。然而，目前诸如氯碱化工行业（氯乙烯、氯乙烷）、精细化工/制药行业（如聚碳酸酯合成、青霉素生产中存在二氯甲烷）都不可避免存在含氯有机物的使用或排放，更为严峻的是这些行业在短期内从源头替代、完全杜绝含氯有机物的使用还难以实现。因此，采用后处理方法对含Cl-VOCs废气进行净化处理仍必不可少，而催化氧化法被认为是目前处理Cl-VOCs最有效的方法之一。除Cl-VOCs外，Br-VOCs和F-VOCs也是典型的含卤素有机污染物，具有比Cl-VOCs更强的臭氧层破坏能力，尤其是在熏蒸、精对苯二甲酸（PTA）、制冷、金属清洗和半导体等行业广泛使用并排放，给大气环境造成了持久、不可逆的破坏，因此，对Br-VOCs和F-VOCs的环境化学行为及控制研究也是需要关注的重点之一。

表 7-1　常见的卤代挥发性有机化合物

序号	中文名称	英文名称	序号	中文名称	英文名称
1	氯甲烷	chloromethane	20	反式-1,3-二氯丙烯	*trans*-1,3-dichloropropene
2	二氯甲烷	methylene chloride	21	顺式-1,3-二氯丙烯	*cis*-1,3-dichloropropene
3	三氯甲烷	chloroform	22	反式-1,4-二氯-2-丁烯	*trans*-1,4-dichloro-2-butene
4	四氯甲烷	carbon tetrachloride	23	2-氯-1,3-丁二烯	2-chloro-1,3-butadiene
5	氯乙烷	chloroethane	24	氯苯	chlorobenzene
6	1,1-二氯乙烷	1,1-dichloroethane	25	2-氯乙基乙烯基醚	2-chloroethyl vinyl ether
7	1,2-二氯乙烷	1,2-dichloroethane	26	溴甲烷	bromomethane
8	1,1,1-三氯乙烷	1,1,1-trichloroethane	27	二溴甲烷	dibromomethane
9	1,1,2-三氯乙烷	1,1,2-trichloroethane	28	1,2-二溴甲烷	1,2-dibromomethane
10	1,1,1,2-四氯乙烷	1,1,1,2-tetrachloroethane	29	三溴甲烷	tribromomethane
11	1,1,2,2-四氯乙烷	1,1,2,2-tetrachloroethane	30	一溴二氯甲烷	bromodichloromethane
12	氯乙烯	vinyl Chloride	31	一氯二溴甲烷	chlorodibromomethane
13	1,1-二氯乙烯	1,1-dichloroethylene	32	1,2-二溴-3-氯丙烷	1,2-dibromo-3-chloropropane
14	反式-1,2-二氯乙烯	*trans*-1,2-dichloroethene	33	二氯二氟甲烷	dichlorodifluoromethane
15	三氯乙烯	trichlorothene	34	三氯氟甲烷	trichloromonofluoromethane
16	四氯乙烯	tetrachloroethene	35	氯氟碳类化合物	chlorofluorocarbons, CFCs
17	1,2-二氯丙烷	1,2-dichloropropane	36	氢氯氟碳类化合物	hydrochlorofluorocarbons, HCFCs
18	1,2,3-三氯丙烷	1,2,3-thrichloropropane	37	氢氟碳化合物	hydrofluorocarbons, HFCs
19	氯丙烯	chloropropene	38	碘甲烷	iodomethane

7.1　含氯挥发性有机物

Cl-VOCs 具有强毒性、高化学稳定性和较低生物降解性等特征，因此被大多数国家列为高毒害排放污染物[1-5]。基于分子结构，Cl-VOCs 可以被分为氯代烷烃、氯代烯烃和氯代芳香烃[6-10]。氯代烷烃的分子结构较为简单，包含三个代表性的化学键：C—C、C—H 和 C—Cl[11]。相比之下，氯代烯烃含有不饱和的 C ═C 键和 π-π 共轭体系，这种电子的不均匀分布使其在化学反应过程中有独特的表现[12-16]。氯代芳香烃拥有特殊的 p-π 共轭体系和六个碳原子组成的环状结构，不同 Cl 取代数目的氯代苯被表示为 $PhCl_x$。本节选择二氯甲烷和二氯乙烷作为氯代烷烃、氯乙烯和三氯乙烯作为氯代烯烃、氯苯和二氯苯作为氯代芳香烃的代表展开介绍。

Cl-VOCs 排放包括自然源和人为源[18-21]。随着城市化和工业化的快速推进，越来越多的 Cl-VOCs 从人类活动中排放出来，且排放来源广泛，有组织和无组织排放并存，往往与 NO_x、SO_2 等其他污染物同时排放[22,23]。Cl-VOCs 相关物质是很好的溶剂，具有很好的清洗和润滑功能，因此在工业生产中广泛应用。此外，Cl-VOCs 具有很高的挥发性，有相当一部分不希望或者不可避免产生的 Cl-VOCs 可以通过无组织的排放源排放到环境中。如农业生产中使用农药会释放出Cl-VOCs，并通过蒸发留在水、土壤甚至空气中[25,26]。

一般情况下，Cl-VOCs很难自然降解，大部分会在环境中积累，超过环境容量的限制。臭氧层破坏[27]、地面臭氧污染[28]、雾霾天气频发等一系列环境问题都与Cl-VOCs排放有关。Cl-VOCs在各种环境介质中的积累导致水、土壤和空气污染，并最终转移到生物体内。氯氟烃（chloro-fluoro-carbon）是公认的温室气体的重要成分，可在紫外光作用下分解成强自由基，如Cl·和CF·[29]。这些强自由基会与平流层的臭氧发生反应，导致臭氧层被破坏[19]。一些Cl-VOCs还会与大气中的其他成分发生反应，产生更多的有毒物质，并导致新的环境污染问题。紫外辐射触发Cl-VOCs与NO_x/SO_2的反应，产生二次有机气溶胶、臭氧和光化学烟雾。这与近年来频发的雾霾天气、光化学污染以及$PM_{2.5}$和臭氧浓度的不降反升等环境污染事件紧密关联[11,30]。就对人类健康的影响而言，长期接触Cl-VOCs可导致多种身体疾病，包括头晕、呼吸损伤、神经系统疾病、基因突变、致畸性和癌症。国际癌症研究机构（IARC）制定了几种致癌物分类，大多数Cl-VOCs都被列入了黑名单。一般将氯乙烯的致癌性质标记为G1，将三氯乙烯标记为G2A，将二氯甲烷、二氯乙烷、二氯苯标记为G2B。Huang等提到氯甲烷会对动物的肾脏、肝脏、中枢神经系统造成严重的损害，并具有致癌性[29]。此外，三氯乙烯还会引起泌尿系统和血液系统疾病，如白血病、骨髓瘤和淋巴瘤[29]。吸入氯苯可导致致畸、致癌和基因诱变[19]。因此，开发高效去除Cl-VOCs的技术，为人类创造良好的生存环境已成为当务之急。

目前对Cl-VOCs的控制方法可分为回收（吸附、吸收、膜分离和冷凝等）和降解（热燃烧、催化降解、非热等离子体、光催化氧化、臭氧氧化和生物降解等）[31,32]。每种处理技术都有相应的应用领域和优缺点。吸附法是一种处理低浓度Cl-VOCs的高效方法，具有操作简单、灵活、成本低等优点[33,34]。吸附效率主要取决于吸附材料和吸附质的分子结构。活性炭（AC）等碳基材料（碳纤维、碳纳米管、石墨烯）、金属基材料和金属有机骨架（MOFs）材料是常用的吸附剂材料[31,35]。具有极性的Cl-VOCs物质有利于吸附，但在实际条件下容易与多种VOCs及其他组分发生竞争吸附，从而降低吸附量[31]。此外，如何对饱和吸附剂进行有效再生，避免二次污染，是目前迫切关注的课题。现有的回收方法通常成本昂贵、能耗较高[6,36]。光催化方法可以在低温下获得较高的效率，但也存在光源能耗较高、Cl产物选择性低、催化剂还原性和稳定性差等问题[37]。低温等离子体对化学稳定性高的Cl-VOCs具有较高的清除效率，但选择性较差，容易产生有毒副产物[38]。生物降解技术具有成本低、选择性好等优点，但也受到耗时长以及氯代物高毒性不利于微生物生长的限制[6,38,39]。蓄热燃烧对高浓度Cl-VOCs表现出优异的降解性能，有机氯可被氧化成无机HCl和Cl_2。但反应温度较高（≥800℃），停留时间也需要严格控制，否则可能产生更多的有毒物质，如多氯联苯和二噁英[40-42]；同时高能耗也成为这一方法的严重的局限性[43]。催化降解就是将VOCs蓄热燃烧，在催化剂的辅助作用下实现低温下的高效降解的过程，通常在200～500℃之间Cl-VOCs可以完全降解[23,44,45]，合理的催化剂设计是获得更高的低温降解效率的关键。在大多数情况下，在最佳条件下也可以控制产物的选择性，使Cl-VOCs实现真正的完全降解。臭氧辅助催化降解可通过臭氧分解产生的强氧化自由基进一步将所需温度降低到100～200℃，甚至环境温度[22,34,46]。催化降解还常常与吸附、低温等离子体等其他技术结合来实现对Cl-VOCs的最终处理[43,47]。因此，低能耗、高选择性的催化降解被认为是工业上去除低浓度（<0.5vol%）Cl-VOCs 最有效和经济可行的策略之一。

7.1.1 氯代烷烃

氯代烷烃含有较为简单的结构，包含三个代表性的化学键：C—C、C—H 和 C—Cl。常见的氯代烷烃包括氯甲烷（CM；CH_3Cl）、二氯甲烷（DCM；CH_2Cl_2）、三氯甲烷（氯仿 CF；$CHCl_3$）、四氯化碳（CT；CCl_4）、氯乙烷（CE；C_2H_5Cl）、二氯乙烷（DCE；1,1-$C_2H_4Cl_2$ 和 1,2-$C_2H_4Cl_2$）以及三氯乙烷（TCA；1,1,1-$C_2H_3Cl_3$ 和 1,1,2-$C_2H_3Cl_3$）。其中，二氯甲烷的排放源包括合成树脂[6]、印刷[6]、制药工业[6-9]、杀虫剂[6,8]、电子产品生产[6,9]、气溶胶[6,9]、黏合剂[7]以及许多其他含氯溶剂。二氯乙烷的排放源则包括氯乙烯生产[10]、药物生产[6]、喷涂印染行业[6]和金属脱油行业[11]等。

1. 二氯甲烷

二氯甲烷（dichloromethane，DCM）是一种典型的 Cl-VOCs，被广泛用作溶剂和发泡剂，会危害人体的呼吸系统和中枢神经系统[48]。同时，二氯甲烷也是最稳定的氯代烷烃，它在环境中很难被自然降解。目前，实现二氯甲烷的环境友好型低温催化降解是当下众多科研工作者的研究重点[49-53]。催化剂的选择直接影响二氯甲烷的降解效果，V、Cr、Ce 和 Pt 基催化剂以及 HFAU、HY、HMOR 和 HZSM-5 沸石已被应用于二氯甲烷的深度催化降解中。

V 基催化剂在 Cl_2/HCl 气体组分中通常会表现出较好的稳定性。通过一种直接合成的方法制备 V_x-SBA-15 催化剂，将 V 与 SiO_2 骨架结合形成孤立的位点[54]。研究发现 V 主要以四面体配位的孤立位点形式存在，这些孤立的 V 位点对二氯甲烷降解具有催化活性[55]。Huang 等在 TiO_2 上负载 V-Ni 混合氧化物合成 V-Ni/TiO_2 催化剂[56]，在二氯甲烷氧化过程中，V-Ni/TiO_2 的活性要优于 V/TiO_2 和 Ni/TiO_2［图 7-1（a）］。在 V-Ni/TiO_2 催化体系中，二氯甲烷可以在 350℃［WHSV 为 15000mL/(g · h)］下完全转化为 CO_2、HCl 和少量的 CO，并且过程中没有生成毒副产物，这主要是由于氧化镍的引入强化了催化剂的氧化脱氢（oxidative dehydrogenation，ODH）能力、活性氧的还原性以及 Lewis 酸性强度。

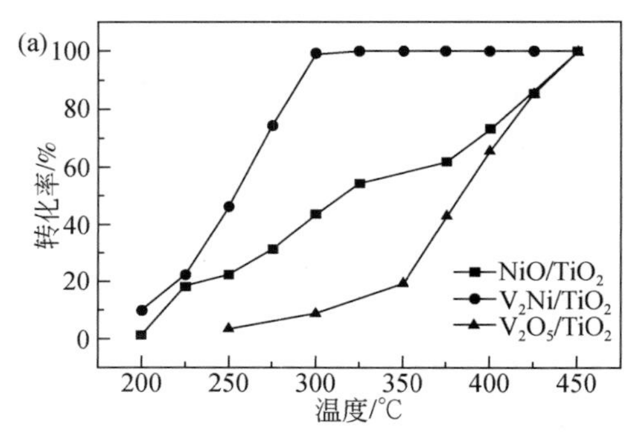

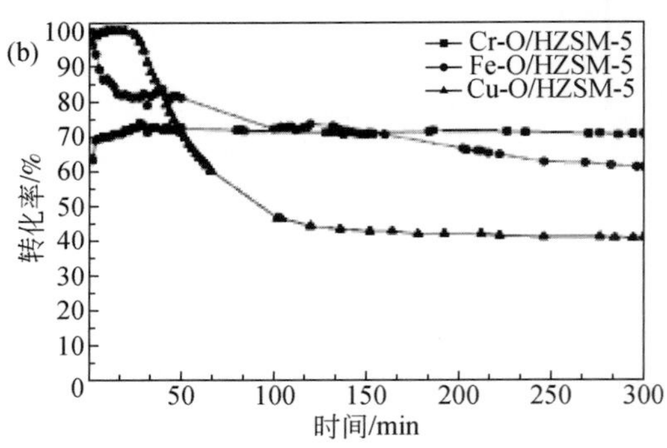

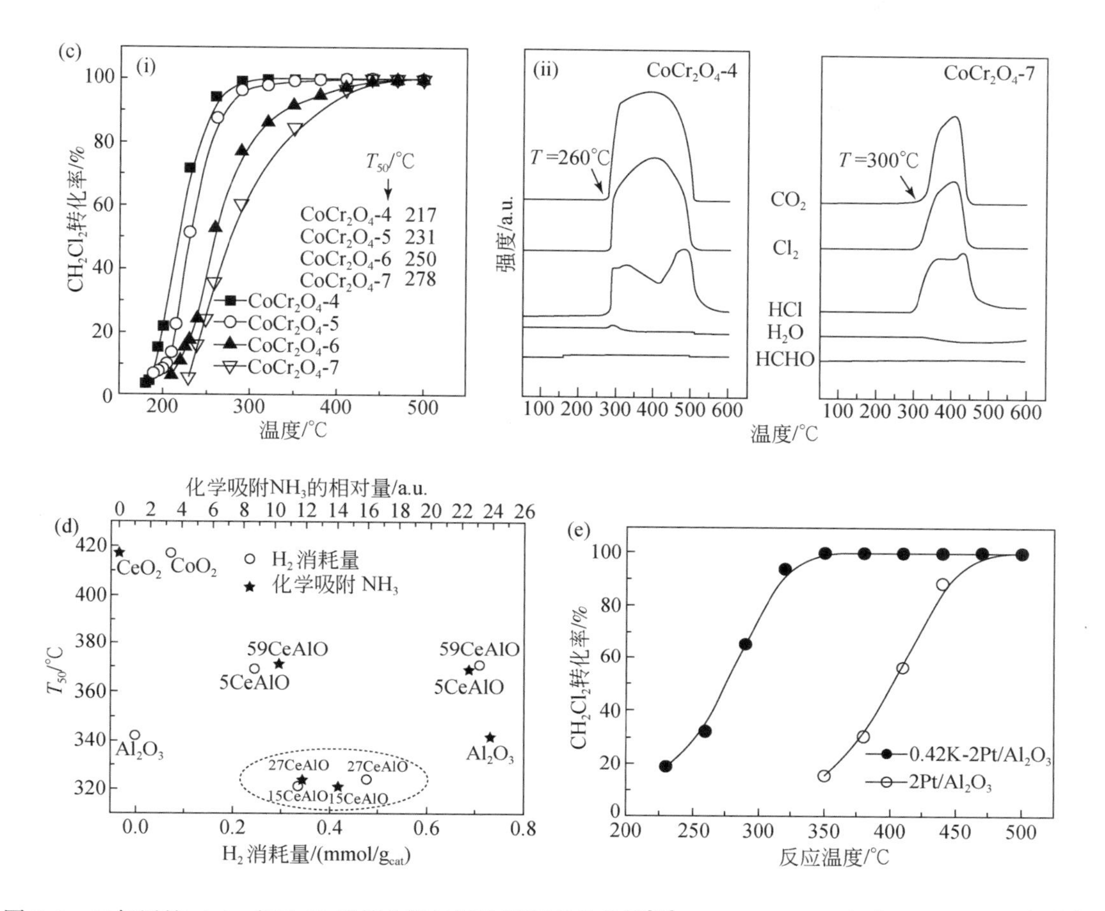

图 7-1　二氯甲烷（a）在 V-Ni 基催化剂的氧化降解变化曲线[56]；（b）HZSM-5 负载 Cr、Fe、Cu 氧化物在 320℃时的稳定性[59]；（c）在 $CoCr_2O_4$-4 和 $CoCr_2O_4$-7 催化剂上的（ⅰ）降解曲线和（ⅱ）产物分布[62]；（d）CeAlO 催化剂上 T_{50} 和 H_2 消耗量、表面酸性的关联关系[64]；（e）K 的存在对 Pt/Al_2O_3 催化剂活性的影响[65]

Cr 基氧化物对含氯 VOCs 的催化氧化非常有效。Kang 和 Lee 发现将 CrO_x 负载在活性炭上，利用表面存在高度分散的 Cr^{6+} 可以高效深度氧化二氯甲烷[57]。有研究将 CrO_x/Al_2O_3 催化剂应用于二氯甲烷的催化氧化中，由于大量高价态 Cr 离子的存在，可以在 350℃（GHSV 为 20000h^{-1}）实现对二氯甲烷的完全氧化[58]。Wu 等报道 Cr/HZSM-5 催化剂在二氯甲烷催化反应中相比 Cu/HZSM-5 和 Fe/HZSM-5 拥有更好的稳定性[59]。Fe/HZSM-5 失活是由于其对中间产物氧化能力较低而积碳造成活性位点的堵塞，而 Cu(OH)Cl 的形成则是 Cu/HZSM-5 催化剂失活的主要原因。研究发现，结构金属氧化物的活性物质局限在稳定的基体中，可以弥补负载型金属氧化物催化剂氧化含氯 VOCs 的缺点[60,61]。研究者制备了一系列不同温度下煅烧的尖晶石型 $CoCr_2O_4$ 催化剂并用于二氯甲烷催化氧化，结果表明，400℃煅烧获得的催化剂表现出最佳活性，GHSV 为 15000h^{-1}时，二氯甲烷降解效率在 257℃达到 90%［图 7-1（c）］。Xu 等指出该催化剂的高活性与其较大的比表面积有关，较大的比表面积提供了更多的表面酸性位点和活性氧种类[62]。此外，也有研究指出 1vol% 和 2vol% 水的引入，因水对催化剂表面中间物种的清洗作用，可以提升 $CoCrO_x$ 催化剂对二氯甲烷的降解效率[63]。

Ce 基氧化物催化剂具有丰富的氧空位和氧化还原能力，表现出优异的催化氧化性能。Wu 等制备了 Ce/TiO_2 催化剂并用于二氯甲烷的催化氧化[66]，结果发现 Cl 物种容易在纯 TiO_2 氧化物表面强烈吸附而大量积聚，最终致使催化剂趋于失活。加入 CeO_2 后可快速去除表面 Cl 物种，降低 Cl 物种对 Ce/TiO_2 的毒害，增强催化剂的活性和稳定性。后续研究发现，制备方法对 Ce/TiO_2 的催化性能也有显著影响。不同的制备方法导致 TiO_2 和 CeO_2 在催化剂表面的暴露数目不同，同时 TiO_2 和 CeO_2 间的金属相互作用也有差异。相比浸渍法和水热法，固体混合法制备的催化剂具有最好的催化活性，在 335℃下可以维持较长时间 97% 的活性（$GHSV = 30000h^{-1}$）和抗氯中毒性能[67]。Wu 等设计了一种具有分段催化功能的二级 Ce/TiO_2-Cu/CeO_2 催化剂[68]，在 330℃，$GHSV = 30000h^{-1}$的条件下，二氯甲烷的 CO_2 选择性可达 97%，只有较少的 CO、Cl_2 和 $C_xH_yCl_z$ 等副产物生成。此外，即使在水存在的情况下，二氯甲烷转化率和 CO_2 生成量也依然维持稳定。Wang 等围绕水汽含量和温度这两个关键因素对 CeO_2 催化剂降解二氯甲烷的影响进行了深入探究。结果表明，在 100℃、200℃和 330℃下，二氯甲烷转化率随含水量的升高而降低，同时，温度越高，水对二氯甲烷转化的抑制程度越弱。而当含水量超过 0.75vol% 时，抑制程度下降的趋势变慢[69]。经过 P 或者 Ru 修饰的 CeO_2 催化剂在低温下对 H_2O 的吸附效果加强，从而造成了更严重的失活[69]。不过，0.75vol% 水的引入只会在 200℃的低温下使 P/CeO_2 和 Ru/CeO_2 失活，此时二氯甲烷转化率略高于 70%，当温度升至 300℃后，水的钝化作用十分微弱。在 200℃去除水汽后，只有 P/CeO_2 能恢复到初始值且略有升高，而 Ru/CeO_2 恢复较低，这与 Cl 中毒程度较高有关[69,70]。

沸石分子筛具有优良的孔隙结构、热稳定性和离子交换特性，被广泛用作催化氧化 Cl-VOCs 的催化剂或催化剂载体。López-Fonseca 等报道，脱氯过程可在沸石上产生强酸性位点，进而提高二氯甲烷的催化氧化活性[71]。HMOR、HZSM-5 和 HY 质子沸石对二氯甲烷表现出优异的催化氧化活性，且活性效果呈 H-MOR>HZSM-5>HY 排序，同时实现了较高的 HCl 选择性。如前所述，Brønsted 酸性位点可以有效吸附二氯甲烷[72]。Zhang 等进一步研究了二氯甲烷在 NaFAU 和 HFAU 上的催化氧化，发现 NaFAU 比 HFAU 的活性更高，主要原因是它促进了吸附和脱氯过程[73]。脱氯反应将成为二氯甲烷催化氧化反应速率的决定步骤。Pinard 等总结了二氯甲烷在 Na 沸石上催化氧化的四个连续步骤：①二氯甲烷与 O—Na 基团的反应导致氯甲氧基的形成和 NaCl 的释放；②氯甲氧基水解为羟基甲氧基，然后释放 HCl；③甲醛的解吸导致羟基的形成，甲醛氧化为 CO、CO_2 和 H_2O；④脱氯过程中产生的 NaCl 与羟基反应回收 O—Na 基团[74]。

催化剂的表面酸性和氧化还原性能与二氯甲烷的催化行为紧密关联[64]。Lu 等研究表明 Pt 的添加显著增强了 CeO_2-Al_2O_3 的活性，这是由于 H_2PtCl_6 作为前驱体，提高了表面酸性，而且 Ce-Pt-O 固溶体的形成显著提高了催化剂的还原性能［图 7-1（d）］[64]。Keiski 等的研究中也得到类似的结论[75]。Lu 等进一步研究发现，K 的添加极大地增强了催化氧化反应活性［图 7-1（e）］，这主要归因于 Pt-O-K_x 物种的形成[65]。这些物种显著加速了

Al_2O_3 表面的甲酸中间体的分解，从而促进整个反应的进行。Pitkäaho 等报道，相比 Pt/Al_2O_3 和 Pd/Al_2O_3 催化剂，Pt/Al_2O_3 催化剂在反应中表现最佳[76]。此外，V_2O_5 的加入可以提高 Pt/Al_2O_3 的催化性能，并且促进 HCl 的生成。Magnoux 等认为 Pt 在 Pt/Al_2O_3 上的分散度对二氯甲烷的氧化速率没有明显影响，这主要是因为 Al_2O_3 本身具有高活性，它可使二氯甲烷转化为 CO、CH_3Cl 和 HCl，在催化氧化中发挥重要作用[76]。作者还研究了二氯甲烷在 Pt/HFAU 催化剂上的催化行为，结果表明二氯甲烷的转化与 Pt 粒径和 Pt 含量无关。二氯甲烷先在 HFAU 上的布朗斯特酸性位点（BAS）上水解为 HCl 和甲醛，然后在 Pt 位点上将甲醛氧化为 CO_2 和 H_2O[77]。

2. 1,2-二氯乙烷

1,2-二氯乙烷（1,2-dichloroethane，1,2-DCE）是生产聚氯乙烯的中间体，因此是工业烟气排放中最重要的 Cl-VOCs 之一[78-80]。1,2-二氯乙烷也可作为金属脱脂剂、油漆去除剂的溶剂、油漆的原材料以及塑料和弹性体的分散剂。大部分 1,2-二氯乙烷深度氧化的研究都集中在 Co 基和 Ce 基催化剂以及沸石上（表 7-2）。

表 7-2　低温氧化 1,2-二氯乙烷的催化剂及其实验参数与活性

催化剂	1,2-二氯乙烷浓度	空速/流量	T_{90}/℃	参考文献
Co_3O_4 纳米管	1000ppm	$30000h^{-1}$	340	[28]
CeO_2 纳米棒	1500ppm	$15000h^{-1}$	<230	[81]
5% VO_x/CeO_2	450ppm	15000mL/(g · h)	225	[82]
4.4% Fe-CeO_2-ST^b	500ppm	15000mL/(g · h)	237	[83]
45% CeO_2/HZSM-5^a	1000ppm	30000mL/(g · h)	<275	[84]
CeO_2/USY^c	1000ppm	$10000h^{-1}$	<260	[85]
CeO_2-USY-IM^d	1000ppm	$15000h^{-1}$	245	[86]
CeO_2-USY^c	1000ppm	75mL/min	245	[87]
$(Ce,Co)_xO_2$/HZSM-5	1000ppm	$9000h^{-1}$	230	[88]
CeO_2-TiO_2^{e}	1000ppm	$15000h^{-1}$	275	[89]
$(Ce,Co)_xO_2/Nb_2O_5$	1000ppm	$9000h^{-1}$	270	[90]
$Ce_{0.5}Zr_{0.5}O_x$	1000ppm	$30000h^{-1}$	<260	[91]
CeO_2-ZrO_2-CrO_x	1000ppm	$15000h^{-1}$	262	[92]
0.5% Pt/CrOOH	0.5%	$46000h^{-1}$	317	[79]

a. ZSM-5 载体使用过量的前驱体–乙醇溶剂浸渍；b. 溶剂热合成；c. CeO_2 ∶ USY 质量比为 1 ∶ 8；d. 浸渍法合成；e. Ce ∶ Ti 摩尔比为 14。

具有尖晶石结构的 Co_3O_4 是氧化 VOCs 最有效的催化剂之一[93-95]。有研究者制备了不同纳米结构（纳米管、纳米片和纳米棒）的 Co 氧化物并用于 1,2-二氯乙烷的氧化，发现纳米管状的 Co_3O_4 具有最佳的活性，GHSV 为 $30000h^{-1}$、400℃时可将 1,2-二氯乙烷彻底氧

化成 CO_2、HCl 和 Cl_2，且不产生其他有机副产物[28]。对于负载型 Co_3O_4 催化剂，其活性主要取决于载体的性质以及活性组分与载体之间的相互作用[11]。de Rivas 等通过不同方法合成了一系列 Co_3O_4 催化剂，发现沉淀法制备的催化剂对 1,2-二氯乙烷的氧化活性最高，甚至高于负载型贵金属催化剂[96]。de Rivas 等报道了湿浸渍法制备的 Co/SBA-15 催化剂，认为 Co 的掺入导致了 Brønsted 酸位和 Lewis 酸位的形成，而 SBA-15 的孔隙阻止了钴氧化物晶体在高温下的过度生长，从而改善了它们的氧化还原性能[97]。优异的酸性位点和氧化还原性能的共同作用显著加速了 1,2-二氯乙烷的氧化过程。

沸石类催化材料中，羟基磷灰石［$Ca_{10}(PO_4)_6(OH)_2$，HAP］是一种多孔载体，其表面磷酸盐基团的存在可以稳定活性位点的结构，通过改变钙磷比可以调节载体的酸碱性质[99-101]。此外，由于存在两种类型的沸石通道，HAP 能够进行阳离子和阴离子交换，因此可以在不破坏其典型的六方晶结构的情况下修改其化学性质[102]。这些特性表明，羟基磷灰石材料是新一代具有协同金属–载体相互作用的材料，可以提高其催化活性[103,104]。Co 负载的缺钙 HAP（Ca∶P＝1.5）催化剂含有易还原的 Co^{3+} 和 Co^{2+}，使得其在催化氧化反应中具有较高的稳定性并可以实现良好的 CO_2 选择性，而纯 HAP 载体的活性由于氯化作用而随着时间的推移出现明显的衰减［图 7-2（a）］[98]。

CeO_2 基氧化物及其负载型催化剂因其显著的氧化还原性能、热稳定性和抗氯中毒性能而在含氯 VOCs 氧化方面得到了广泛的研究，并取得了良好的效果[81,82,105]。Wang 等采用水热（HT）、冷共沉淀（CP）和溶剂热（ST）三种不同方法合成了具有二维纳米结构的 Fe 掺杂 CeO_2 纳米片，并将其用于 1,2-二氯乙烷的深度催化氧化[106]。结果表明，5wt% Fe-CeO_2-ST 具有较好的催化活性和较低的多氯烃选择性，这主要是由于其具有较高的氧空位和表面活性氧浓度。作者还提出通过加入 VO_x 或 RuO_2 进一步提高 Fe-CeO_2-ST 的稳定性和选择性[106]。在 1,2-二氯乙烷的氧化过程中，通常采用 ZSM-5、USY 等微孔沸石作为 CeO_2 的载体。Gutiérrez-Ortiz 等发现 CeO_2/HZSM-5 催化剂的活性受合成路线的影响较大，提出 CeO_2/HZSM-5 的催化行为可以通过氧迁移率和酸性位点的协同作用来解释。通过乙

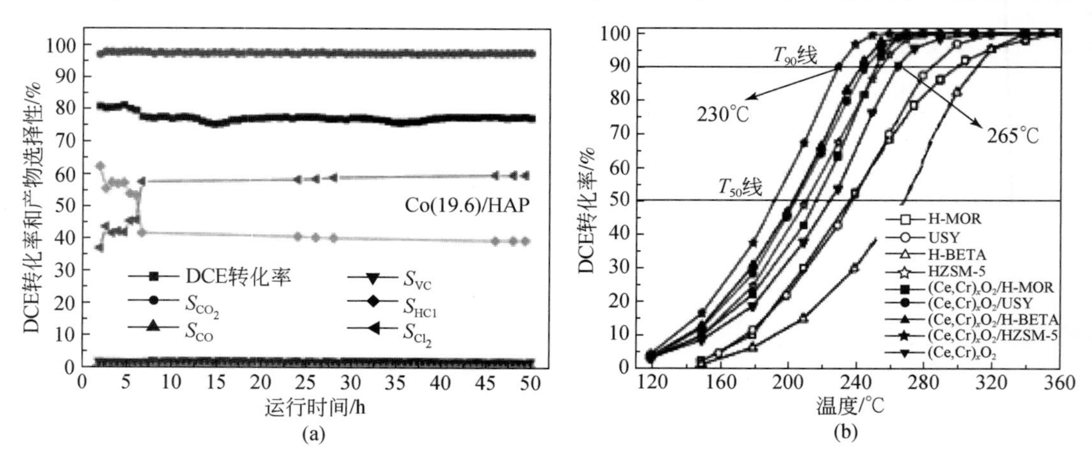

图 7-2　（a）375℃下，Co（19.6）/HAP 催化剂氧化二氯乙烷稳定性[98]；（b）催化剂深度氧化二氯乙烷性能[88]

醇浸渍的合成路径可使CeO_2高度分散，形成了较多的氧空位[50]，合成的催化剂具有最高的活性。Dai等合成了一种具有夹层结构的CeO_2@HZSM-5核壳杂化催化剂，由于CeO_2对Deacon反应（$2HCl+1/2O_2 = Cl_2+H_2O$）的活性较高，它能抑制1,2-二氯乙烷氧化过程中多氯代烃副产物的生成[84]。各种Y沸石（USY、HY和SSY）负载的CeO_2催化剂也被研究，其中CeO_2/USY催化剂在270℃（GHSV为10000h^{-1}）下的1,2-二氯乙烷转化率为98%[85]。Zhou等证实了CeO_2/USY催化剂的高稳定性[86]，其中CeO_2/USY比例为1∶8的负载型催化剂具有最佳的催化活性，这是因为CeO_2的分散程度高，并且酸性和氧化还原性能的结合更好。Zhou等将$(Ce, Cr)_xO_2$负载在HZSM-5上并用于1,2-二氯乙烷的催化氧化[107]，研究认为由于Cr^{6+}的引入，催化剂的氧化还原能力得到极大提升，但是其酸性却有所下降。随着$(Ce, Cr)_xO_2$掺杂量的提升，催化剂对1,2-二氯乙烷的降解效率先下降后升高，这也侧面反映了催化剂酸性对催化剂活性的影响。

CeO_2基混合氧化物催化剂在1,2-二氯乙烷催化氧化中也有报道[89,90,108]。其中，Ce-Zr混合氧化物具有良好的酸性和氧化还原性能，同时表现出很高的抗热老化性能和抗氯中毒性能，在含氯VOCs的氧化过程中具有很好的应用前景[105,109]。Rivas等使用H_2SO_4或HNO_3（1mol/L）处理Ce-Zr混合氧化物，实现总酸性和中/强酸性位点浓度的增加，结果发现硫酸改性的样品的1,2-二氯乙烷氧化活性显著增加，而硝酸改性后的样品活性无明显变化[91]。此外，Ce-Cr混合氧化物和Ce-Cr负载型混合氧化物催化剂均有报道[110,111]。Yang等提出引入ZrO_2或引入载体（如HZSM-5和Nb_2O_5）实现CeO_2-CrO_x催化活性和稳定性的显著提高[92]。有研究者合成了不同的Ce-Cr/沸石（HZSM-5，H-BETA，USY和H-MOR）催化剂，发现Ce-Cr/HZSM-5在其中拥有最高的活性，其可以在230℃下去除90%的1,2-二氯乙烷［图7-2（b）］[88]。其他VOCs引入对Ce-Zr混合氧化物降解1,2-二氯乙烷效率的影响也被报道[112]。研究发现，500ppm苯的引入，使得CeO_2-ZrO_2-CrO_x催化剂对1,2-二氯乙烷降解效率T_{90}从270℃提升到295℃。而在265℃时，1000ppm苯的引入使得1,2-二氯乙烷的降解效率降低了近10%。苯移除后，1,2-二氯乙烷的降解效率仅恢复了5%，这是由于两种VOCs的共存导致催化剂表面的积碳过多。也就是说，除了竞争性吸附外，VOCs浓度的增加也会加重积碳效应，造成催化剂更严重的失活。引入1000ppm的甲苯和甲醇后，1,2-二氯乙烷的转化率迅速从90%下降到79%，而去除甲苯和甲醇后，1,2-二氯乙烷的转化率恢复到原来的值。

7.1.2 氯代烯烃

氯代烯烃含有不饱和的C═C键和π-π共轭体系，这种电子的不均匀分布使其稳定性更强并且在催化氧化过程中容易生成更多的多氯代副产物。常见的氯代烯烃主要包括氯乙烯（VC；C_2H_3Cl）、三氯乙烯（TCE；C_2HCl_3）和全氯乙烯（PCE；C_2Cl_4）。聚氯乙烯常在合成树脂的工业尾气[6]、印刷[6]和聚氯乙烯生产[12,13]等行业中检测到。氯乙烯是世界上生产量第三大的合成塑料聚合物，广泛应用于管道、保温、建筑、家居装饰等领域，加重了氯乙烯排放。三氯乙烯具有良好的清洗性能，20世纪常用于金属脱脂和纤维脱脂干洗[14-16]。之后，由于三氯乙烯的持久性和对环境的高毒性，其使用受到限制。同时，在麻醉药品、农药和氯乙烯的生产中也会释放三氯乙烯。

1. 氯乙烯

原料生产、树脂合成、纺织印染、皮革制造和聚氯乙烯再加工等工业过程会释放大量的氯乙烯（vinyl chloride，VC）[113]。例如，聚氯乙烯的生产过程中会释放出高达1%~2%浓度的氯乙烯[114]。氧化降解氯乙烯的催化剂主要有贵金属Ru基和钙钛矿等材料。

RuO_2具有较强的氧化性，吸附的Cl可以通过在RuO_2上的Deacon反应去除，因此负载型Ru催化剂不仅具有优异的氧化还原活性，还具有很强的抗氯中毒性能。Wang等报道Ru修饰的Co_3O_4在氯乙烯催化氧化反应中比Co_3O_4和Ru/SiO_2表现出更高的活性并实现更好的HCl选择性[115]。并且，负载型Ru/Co_3O_4催化剂也比Ru掺杂的Co_3O_4催化剂表现出更高的活性，这是由于Co氧化物的高还原性，以及RuO_2与Co_3O_4之间的强相互作用。

ABO_3型的钙钛矿催化剂是通过高温煅烧的方法合成的，因此具有更好的热稳定性和抗结焦性。在对氯乙烯的氧化中，$LaMnO_3$催化剂可以在350℃的条件下实现对氯乙烯的90%去除。A/B位点的替代和HNO_3处理可以改变催化剂氧化还原性质和表面酸性，这就可以提高低温活性并缓解钝化带来的副产物问题[116]。Giroir-Fendler等研究了Co、Ni和Fe的B位点取代对$LaMnO_3$氧化物催化性能的影响[117]，所有被取代的样品都比单独$LaMnO_3$的催化活性更高，其中Ni取代的样品表现出最好的催化性能，可以在210℃（GHSV为15000h^{-1}）的条件下实现90%的氯乙烯转化。进一步研究Sr、Mg和Ce的A位取代对$LaMnO_3$氧化物催化氧化氯乙烯性能的影响，发现Ce和Mg对La的部分取代也可使得$LaMnO_3$氧化物的性能提升，而Sr的取代则产生负面影响[118]。然而，由于钙钛矿型催化剂的孔隙率较低，氧化还原性能较差，因此在低温等温和条件下对钙钛矿型催化剂的研究较少。

2. 三氯乙烯

三氯乙烯（trichloroethylene，TCE）是一种常见的含氯VOCs，常存在于黏合剂、油漆和涂料中，它被国际癌症研究机构（IARC）列为易致癌污染物。三氯乙烯也是造成平流层削减的主要成分之一，同时也是光化学烟雾的组成成分[119]。对于深度催化氧化三氯乙烯的研究，已经覆盖了大量的催化材料，如过渡金属（Mn、Fe、Cr、Ce和Cu）负载的催化剂[15,120-124]，钙钛矿型氧化物，水滑石类氧化物[125]，Pt、Pd、Ru基催化剂和沸石[126-132]。

Divakar等认为Fe的引入可以提升沸石（HZSM-5和H-Beta）对三氯乙烯的氧化性能，并且合成方法会影响催化剂的活性[120]。作者研究了Fe-ZSM-5的制备方法对Fe的种类和催化活性的影响。结果表明，ZSM-5的骨架结构和Fe纳米颗粒共同参与氯乙烯的催化氧化过程。使用离子交换法制备的样品比用浸渍法制备的样品可以获得更高的Fe分散性能，进而表现出更高的催化活性。此外，研究发现Fe-ZSM-5催化剂失活的原因是$FeCl_3$的形成，而不是焦炭的沉积。

CrO_x及其负载型催化剂被广泛应用于三氯乙烯的深度催化氧化研究中[122]。Miranda等指出CrO_x对于氯乙烯的催化活性高于$Mn/\gamma\text{-}Al_2O_3$。此外，水的存在可以促进Deacon反应维持平衡，进而强化了 CrO_x 的催化反应稳定性，而 MnO_x 催化剂则表现出相反的行为[133]。Meyer 等报道 Cr 交换的 USY 沸石（Cr-Y）具有更强的表面酸度，进而相比于 Co-Y、Mn-Y 和 Fe-Y 催化剂表现出更强的三氯乙烯氧化活性[71]。Zhou 等发现 Cr_2O_3-CeO_2 与 USY 具有较强的协同作用，而且 Cr_2O_3 和 CeO_2 之间的相互作用最终形成了强弱酸位点的最佳比例，并改善了 Cr_2O_3-CeO_2-USY 催化剂氧物种的迁移率，这些特性均有利于 HCl 的脱除和三氯乙烯的深度氧化[134]。Lee 和 Yoon 发现，CrO_x/Al_2O_3 催化剂中加入少量 Ru 进而形成高度分散的 Ru 氧化物，可将活性较低的 Cr^{3+} 转化为活性较高的 Cr^{6+}，进而提高 CrO_x/Al_2O_3 催化剂整体的催化性能，包括三氯乙烯降解活性、CO_2 选择性和稳定性都显著提高[135]。

Dai 等发现 CeO_2 表现出较高的三氯乙烯催化氧化活性，这与其表面碱性、良好的氧迁移能力和供氧能力有关[123]。然而，由于三氯乙烯分解产生的 HCl 或 Cl_2 容易吸附在活性位点上，致使 CeO_2 的活性迅速下降。Gutiérrez-Ortiz 等证实，在 CeO_2 晶格中加入 Zr 可以增强 CeO_2 的 Ce^{4+} 还原性、晶格氧迁移率和表面酸性，从而提高 CeO_2 在三氯乙烯氧化中的催化活性和稳定性[105]。

水滑石是由交替带正电荷的混合金属氢氧化物片和带负电荷的层间阴离子组成的二维层状合成材料[136]。水滑石的煅烧可形成具有独特性质的混合氧化物，这有利于 Cl-VOCs 的催化氧化，如小粒径、大比表面积和分散均匀的金属氧化物[137]。Blanch-Raga 等从水滑石类化合物中合成了不同的镁（Fe/Al）、镍（Fe/Al）和钴（Fe/Al）混合氧化物，并对它们进行三氯乙烯的氧化测试。结果发现钴催化剂活性最高，其次是镍和镁催化剂。当 Fe 被 Al 取代后，所有催化剂的活性都得到了提高，这是因为 Al 的存在增强了催化剂的酸性并促进了能够氧化三氯乙烯的活性 O_2^- 物质的生成[125]。

钙铝石（$Ca_{12}Al_{14}O_{33}$）是一种具有特殊结晶结构的介孔钙 Al_2O_3。与铝硅酸盐沸石相比，钙铝石的框架是由相互连接的球网组成的，每个球网由一个带有正电荷的独立单元和两个构成分子组成，$[Ca_{24}Al_{28}O_{64}]^{4+}$ 和剩下的两个氧化离子 O^{2-} 被锁定在框架定义的球网里[138]。在球网中储存 O^{2-} 离子的能力是钙铝石的一个有价值的特性。当温度高于 400℃ 时，这些氧离子可以在表面和体相之间迁移，从而产生独特的离子电导率。Rossi 等[139] 报道了钙铝石基催化剂催化氧化三氯乙烯，结果表明，钙铝石具有较高的催化活性、良好的循环稳定性和热稳定性。三氯乙烯在钙铝石催化剂上可以被完全转化为 CO_2，而释放出的 Cl 进入到钙铝石结构中。催化剂的高活性与其氧化性能有关，这是因为催化剂中存在 O^{2-} 和 O_2^{2-} 阴离子活性氧位点，有利于三氯乙烯的完全氧化，并且避免了积碳现象。

固体酸负载贵金属 Pt/Pd 催化剂也被用于三氯乙烯氧化[131]。Pt/Al_2O_3 和 Pd/Al_2O_3 催化剂在反应中表现出很高的活性[140,141]。在 Pd/H-BETA 的催化反应中发现贵金属与酸性位点之间存在协同效应[142]。然而，这些催化剂在催化氧化三氯乙烯过程中，产物中全氯乙烯 C_2Cl_4 表现出显著的选择性，特别是对含 Lewis 酸性位点的催化剂。Wang 等提出 Pt/P-MCM-41 催化剂中的磷相与 Pt 位点之间存在相互作用，导致 Pt 的氧化态和 Brønsted 酸性强度的变化[143]。在不同催化剂上氧化三氯乙烯的结果表明，在不生成全氯乙烯副产物的情况下，磷酸改性提高了催化剂对三氯乙烯的催化氧化性能。

7.1.3 氯代芳香烃

氯代芳香烃是 p-π 共轭体系和六个碳原子组成的环状结构。其中，氯苯（CB；C_6H_5Cl）和二氯苯（DCB；1,2-$C_6H_4Cl_2$、1,3-$C_6H_4Cl_2$ 和 1,4-$C_6H_4Cl_2$）是最常被研究的对象。城市生活垃圾的焚烧过程会排放大量的氯苯[17]和二氯苯[18]。此外，除草剂和农药生产[6,8]、药物加工[7]以及含氯苯的芳香剂、阻燃剂、脱脂剂的使用[8,19]等也不可避免地导致氯代芳香烃的释放。此外，氯苯和二氯苯是二噁英形成的重要前驱体，它们都是研究二噁英的常用模型分子[20-22]。二噁英包括多氯二苯并呋喃（PCDFs）和多氯二苯并二噁英（PCDDs），通常在城市固体废物焚烧（MSWI）[21,23,24]、钢铁烧结工业[22,23]和热电工业烟气中检测到。

1. 氯苯

氯苯（chlorobenzene，CB）也是工业生产过程中释放的一种典型含氯 VOCs。此外，氯苯是多氯代含氯有机物生成的前驱体或中间产物，所以它经常被用作含氯 VOCs 的模型污染物。例如，氯苯被用作高毒性多氯代二苯并二噁英/呋喃（PCDD/Fs）的模型化合物，这是因为它与这些污染物结构相似[48,144]。目前，氯苯的深度催化氧化工作主要集中在 Mn、V 基材料和 Pt、Pd、Ru 等贵金属负载型催化剂[99,145-153]。同时，也有一些工作集中在对钙钛矿型氧化物以及 Cu、U 和 Fe 基混合氧化物催化剂的研究上（表 7-3）。

表 7-3 氧化氯苯的催化剂及其实验参数与活性

催化剂	反应气组成	空速/h^{-1}	T_{90}/℃	参考文献
1% V9% Mo/TiO_2	200ppm CB，20% O_2，N_2 平衡	6000	240	[154]
Mn/KIT-6^a	5000ppm CB，空气平衡	20000	211	[155]
MnO_x/TiO_2^{b}	100ppm CB，空气平衡	36000	<120	[156]
MnO_x/TiO_2-碳纳米管^c	3000ppm CB，空气平衡	36000	150	[157]
Sn-$MnCeLaO_x^d$	2500ppm CB，20% O_2，N_2 平衡	20000	210	[158]
$MnCeLaO_x^e$	1000ppm CB，10% O_2，N_2 平衡	15000	<250	[159]
11% MnO_x/CeO_2 纳米颗粒	2500ppm CB，20% O_2，N_2 平衡	20000	275	[160]
CeO_x-MnO_x/TiO_2^{f}	2500ppm CB，空气平衡	10000	198	[146]
$Cu_{0.15}Mn_{0.15}Ce_{0.7}O_x^g$	600ppm CB，空气平衡	30000	255	[161]
$La_{0.8}Sr_{0.2}MnO_3$	1000ppm CB，10% O_2，N_2 平衡	15000	291	[162]
1% Ru/Ti-CeO_2^h	550ppm CB，空气平衡	15000	<225	[152]
1% Ru-CeO_2	550ppm CB，空气平衡	15000	250	[163]

a. Mn：Si 摩尔比=1：3；b. Mn：Ti 摩尔比=1：4；c. 使用溶胶-凝胶法制备；d. Sn：(Sn+Mn+Ce+La)=0.08；e. Mn：(Mn+Ce+La)=0.86；f. 400℃煅烧（Ce：Mn：Ti 摩尔比=1：1：8）；g. 均相共沉淀法制备；h. 以钛酸四丁酯为前驱体，采用共沉淀法合成 Ti-CeO_2 载体。

通过对一系列金属（Mn、Cu、Fe、Cr、Sn）负载于 KIT-6 催化剂的研究发现，Mn/KIT-6（Mn∶Si = 1∶3）表现出较高的氯苯氧化活性，当 GHSV 为 36000h^{-1} 时，T_{90} = 210.7℃［图 7-3（a）］[155]。此外，作者还研究了负载在不同载体（TiO_2、Al_2O_3 和 SiO_2）上的锰基催化剂，其中 MnO_x/TiO_2 活性最佳，这是因为高分散的 MnO_x 在催化反应过程中可以转化为高活性的氯氧化锰，进而促进氯苯的催化氧化[91]。Tian 等进一步报道了通过溶胶-凝胶法制备的 MnO_x/TiO_2 催化剂对氯苯的催化氧化性能，其对氯苯催化氧化活性优于溶剂热法和共沉淀法制备的催化剂[156]。碳纳米管具有较好的芳香烃吸附性能，碳纳米管的掺杂进一步促进了 MnO_x/Al_2O_3 和 MnO_x/TiO_2 催化剂对氯苯的催化氧化[157,164]。Liu 等指出在 $MnTiO_x$ 混合氧化物中加入 Sn 可以显著提高其在氯苯催化氧化反应过程中的稳定性［图 7-3（b）］[165]，机理研究表明 Sn 的加入可以降低脱氯所需的平均能量，进而减少反应过程中活性位点向 MnO_xCl_y 的转化[158]。

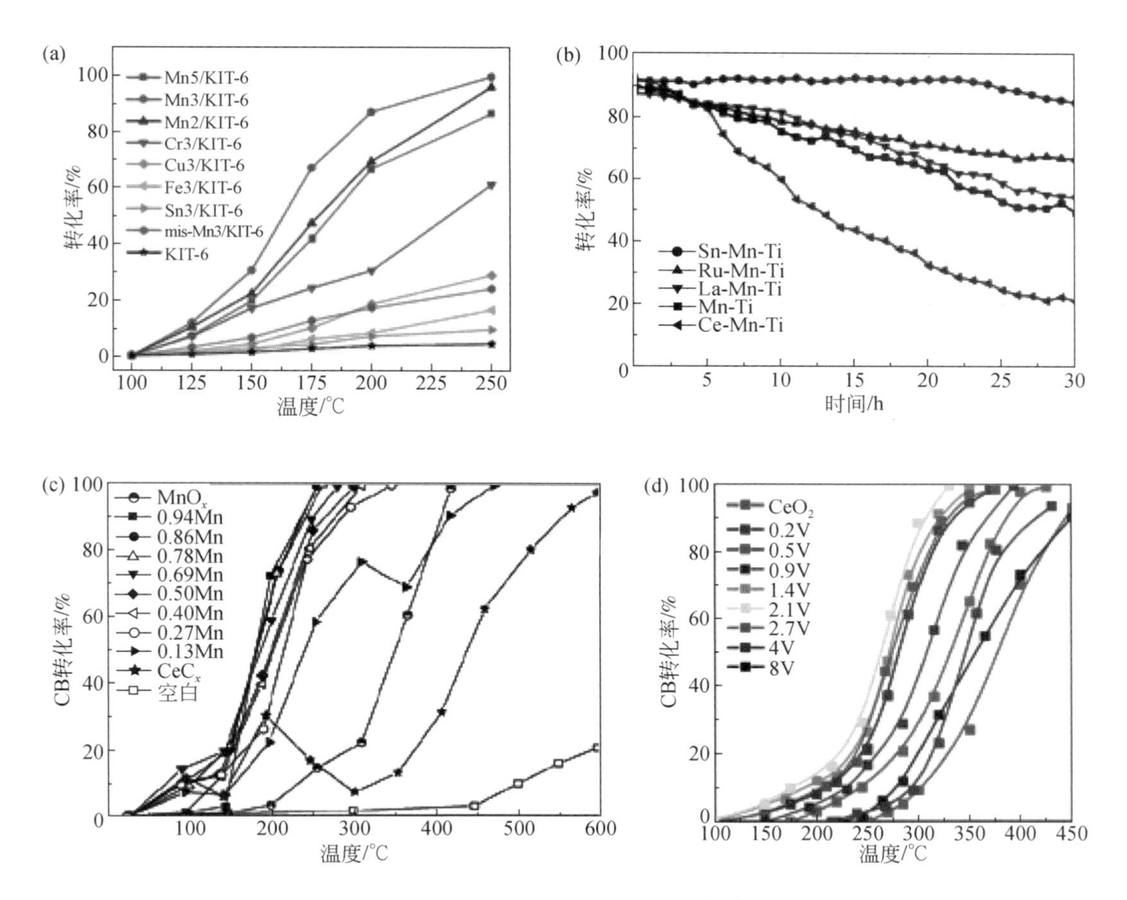

图 7-3　（a）KIT-6 负载不同金属氧化物催化氧化氯苯的活性曲线[155]；（b）Mn-Ti 和 X-Mn-Ti（X = Ce，La，Ru，Sn）催化剂在 175℃氧化氯苯的稳定性[165]；（c）具有不同 Mn∶（Mn+Ce）摩尔比的 MnO_x-CeO_2 催化剂对氯苯的氧化活性[166]；（d）不同 VO_x 负载量的 VO_x/CeO_2 催化剂对氯苯的氧化活性[148]

CeO_2 用于氯苯的催化氧化同样被广泛研究。Wang 等将 WO_x 引入到 CeO_2 催化剂中，显著提升了氧空位数量和酸性强度，进而表现出更加优异的氯苯降解效率[167]。同时在探究水汽对 WO_x/CeO_2 催化体系的影响中发现，低温下水汽可促进氯苯的催化氧化效率，而高温下水汽的引入对降解效率的影响却微乎其微[167]。这是因为较高的温度增强了游离水对羟基的吸附，抑制了表面氧的形成，锁定了活性位点。而羟基有助于吸附在酸性位点上水的活化，但表面氧的可用性是进一步氧化的关键[167]。Wang 等制备了不同 Mn：（Mn+Ce）比例的 MnO_x-CeO_2 混合氧化物，发现 MnO_x(0.86)-CeO_2 样品具有最佳的催化活性，GHSV 为 15000h^{-1}、254℃下可实现氯苯的完全氧化［图 7-3（c）］[166]。随后，La 的加入进一步促进了 $MnCeO_x$ 和 MnO_x 的分散，提高了 $MnCeO_x$ 在氯苯催化氧化反应中的稳定性[159,168]。Liu 等报道了 CeO_2 形貌对氯苯氧化性能的影响，研究发现 MnO_x/CeO_2 纳米颗粒具有更高的催化活性[160]。水汽带来的积极影响也被进一步探究，磷酸处理的 CeO_2 在250℃干燥条件下反应 200min 后，催化剂对氯苯的降解效率由 50% 降低到 30%，但在水存在的条件下（CB/H_2O = 1/10），降解效率仍然可在 40h 内维持 90%。将反应温度由250℃降低至 230℃，即使水汽存在，催化剂也没有明显失活[169]。在磷酸处理的 CeO_2 催化剂上，随着水的引入，Cl 的积累量从 10.36g/(kg 催化剂) 降低到 2.36g/(kg 催化剂)，这证实了水可以解吸催化剂表面富集的 Cl 物种，进而恢复活性位点。

许多类型的氧化物被用作锰铈混合氧化物的载体，如 γ-Al_2O_3、TiO_2、ZSM-5 和堇青石[146,147,170,171]。Li 等认为 Mn_8Ce_2/γ-Al_2O_3 具有较高的还原性，在所有 Mn_xCe_y/γ-Al_2O_3 样品中具有更高的活性[170]。随后的研究表明，Mg 的加入弱化了负载在 γ-Al_2O_3 上的 Mn 和 Ce 的相互作用，但是促进了 Mn 和 Ce 在 γ-Al_2O_3 上的分散，形成了 Ce-Mn-O 固溶体，从而使 Mn-Ce-Mg/γ-Al_2O_3 催化剂表现出较高的活性、良好的选择性和稳定性[172]。He 等指出在 400℃的煅烧温度下，Ce 和 Mn 会在扰动的氧环境下形成 $MnCeO_x$ 固溶体，最终使得 CeO_x-MnO_x/TiO_2 表现出较高的催化活性[146]。Chen 等发现 $Mn_8Co_1Ce_1$/堇青石催化剂在 GHSV = 15000h^{-1}、325℃的条件下可实现 90% 氯苯的降解。其中 Ce、Mn 和 Co 的协同作用形成了更多的晶格缺陷、更多的氧空位和更小的晶体尺寸，因此提高了氯苯氧化的稳定性[147]。Cl 的沉积抑制了催化剂的电子接受能力，从而导致 Lewis 酸性强度的降低。为 $MnCeO_x$ 引入 HZSM-5 载体，质子与水产生相互作用形成了与阴离子沸石骨架结合的水聚合体 $H_5O_2^+$，进而提升 Lewis 酸性强度[173]。在水汽存在条件下，$MnCeO_x$/HZSM-5 催化剂对氯苯降解的稳定性也有所研究。$MnCeO_x$/HZSM-5 催化剂在水汽存在时稳定性良好，而在干燥条件下保持 50h 后，对氯苯去除效率则从 90% 下降到 50%[21]。这是由于水的存在提升了 $MnCeO_x$/HZSM-5 催化剂的 Lewis 酸性强度，进而使其表现出良好的稳定性。

V 负载型金属氧化物是一类非常重要的用于 Cl-VOCs 降解的催化材料。Huang 等提出 VO_x/CeO_2 催化剂表现出优异的氯苯深度氧化活性。催化反应过程中，VO_x 通过阻滞 Cl 与 CeO_2 的表面晶格氧的交换，极大地提高了 VO_x/CeO_2 催化剂的稳定性［图 7-3（d）］[148]。TiO_2 具有良好的机械性能、热稳定性能和防腐性能，能促进 VO_x 活性相形成分散良好的单层，可以作为 VO_x 氧化物的载体[174]。此外，在 TiO_2 中引入 SO_4^{2-} 可以增强催化剂的酸度，尤其是显著增加 Brønsted 酸性位的数量，促进载体对芳烃的吸附，从而提高氯苯氧化的活性。此外，Lewis 酸性位的增加也可以改善 VO_x 相在催化剂表面的扩散[175]。Huang 等的研究表明，在 V_2O_5/TiO_2 中加入 MoO_3 可以改善催化剂的氧化还原性能，提高低温下氯苯的氧化活性[154]。然而，Busca 等报道 V_2O_5-WO_3/TiO_2 和 V_2O_5-MoO_3/TiO_2 催化剂在参与氯苯氧化反应过程中形成了少量的多氯化合物[176]。

Topka 等采用浸渍法将 Pt 和 Au 负载在 Ce-Zr 混合氧化物上并用于氯苯的催化氧化，研究发现 Pt 催化剂比 Au 催化剂具有更好的氧化还原性能，有更高的氯苯去除效率。Pt 催化剂的酸性较低，但这并不影响其对氯苯的氧化性能[177]。Crisafulli 等研究了 Pt/HZSM-5、Pt/H-Beta 和 Pt/γ-Al_2O_3 催化剂上的氯苯催化氧化行为。结果表明，硅铝比较低的分子筛载体（如 SiO_2/Al_2O_3 比为 30 和 50）具有更高的活性[150]。典型副产物多氯苯（$PhCl_x$）在催化剂上产生的数量次序由小到大为：Pt/HZSM5<Pt/H-Beta<Pt/γ-Al_2O_3。较小尺寸的沸石通道阻止了 PhCl 氯化生成 $PhCl_x$，因此能显著抑制多氯副产物的生成。文献也有报道，特别是在高温工况下，Pd 基催化剂在氯苯氧化过程中特别容易形成大量 $PhCl_x$[151,178]。Ru 基催化剂具有较高的反应活性、超高的稳定性和易于促进 Cl_2 生成（Deacon 反应促进 HCl 氧化）的特性而被应用于大规模氯气生产中[147,179]。Lu 等研究了掺杂 Ru 的 CeO_2 催化剂的氯苯催化氧化行为[163]，发现 Ru/CeO_2 表现出优异的活性和稳定性。进一步掺杂 Ti 可以提高 Ru/CeO_2 催化剂的氧空位比例和 CeO_2 高能晶格面的暴露，进而表现出更优异的氯苯氧化活性和稳定性[152]。

2. 1,2-二氯苯

1,2-二氯苯（1,2-dichlorobenzene，*o*-DCB）是一种常见的工业溶剂，广泛应用于蜡、树脂和橡胶生产等领域，有时也被用作脱脂剂和清洗剂。由于 1,2-二氯苯的结构与 2,3,7,8-四氯二苯二氧芑（TCDD）相似，而 TCDD 在一系列多氯二苯并二噁英（PCDDs）中毒性最大。因此，1,2-二氯苯在文献中经常被用作污染物模型分子。目前，针对催化氧化 1,2-二氯苯的研究主要集中在 V、Fe、Ti 和 Mn 基氧化物催化剂。

负载型过渡金属氧化物（Cr_2O_3、V_2O_5、MoO_3、Fe_2O_3 和 Co_3O_4）催化剂常被用于 1,2-二氯苯的催化氧化。以 TiO_2 和 Al_2O_3 为载体，Cr_2O_3 和 V_2O_5 作为活性组分表现出最优的 1,2-二氯苯催化氧化活性，其中 TiO_2 相比于 Al_2O_3 作为载体表现出更高的活性[182]。Choi 等合成了一种表面积大、化学成分均匀的钒钛气凝胶催化剂，在 1,2-二氯苯氧化中表现出优异的活性和热稳定性[183]。Moon 等则采用热分解法合成 V_2O_5/TiO_2 催化剂，具有良好的低温 1,2-二氯苯分解性能，在 WHSV 为 18mL/(g·h)、200℃时转化率可以达到95%[184]。Albonetti 等指出 Lewis 和 Brønsted 酸性位强度对于 V_2O_5/TiO_2 和 V_2O_5-WO_3/TiO_2 催化剂的 1,2-二氯苯催化性能有很大影响［图 7-4（a）］[180]，其中，Brønsted 酸性位的增强可显著提高 1,2-二氯苯的转化率，但导致了二氯二酸酐等中间产物的形成，因此猜测 Lewis 酸性位为吸附位点时更有利于中间产物进一步氧化为 CO 和 CO_2。在水分实验中，作者发现水的存在降低了 1,2-二氯苯的转化率，但可以提高 CO_x 选择性，这是由于 Brønsted 酸性位的还原和氢化物的水解。

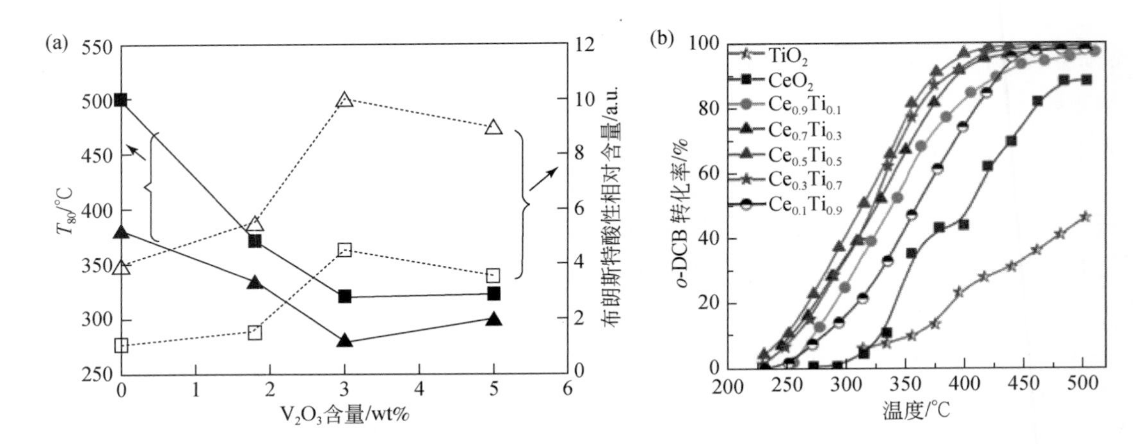

图 7-4　(a) 在 TiO_2 (■, □) 和 TiO_2/WO_3 (▲, △) 催化剂上 1,2-二氯苯转化率为 80% 时的温度（实心标记，实线）、Brønsted 酸性（空心标记，虚线）随 V 含量变化曲线[180]；(b) $Ce_{1-x}Ti_xO_2$ 催化剂上 1,2-二氯苯转化率随温度的变化曲线[181]

Cai 等采用共沉淀法制备了具有尖晶石结构的 Mn 改性 Co_3O_4 催化剂。结果表明，Co∶Mn 为 9∶1 的催化剂活性最高，在 GHSV 为 $15000h^{-1}$、347℃下可实现 90% 的 1,2-二氯苯降解效率，且表现出良好的稳定性[94]。1,2-二氯苯分子在 Co_3O_4 纳米粒子中 Co^{2+} 位点上的活化与其在表面活性氧物种上的氧化之间存在协同作用。最近，Zhang 等在 MnO_x 氧化物中添加单一 Ce 或 Ce、Fe 双金属，促进非晶态粉末的形成，显著增加了催化剂的比表面积和氧化还原性能，进而提高了对 1,2-二氯苯的氧化活性[185]。Choi 等报道了纳米尺寸的 Fe_3O_4@TiO_2 复合材料比纯 Fe_3O_4 和 TiO_2 具有更高的 1,2-二氯苯氧化活性[186]。$Fe_3O_{4+\delta}$ 的氧空位在 CO 的吸附和反应中起重要作用，而 TiO_2 可以为 $Fe_3O_{4+\delta}$ 的氧空位提供氧源，两者相辅相成。Wang 等采用溶胶–凝胶法制备了不同 Ti∶(Ce+Ti) 比例的 $Ce_{1-x}Ti_xO_2$ 混合氧化物，并将其用于对 1,2-二氯苯的催化氧化[181]。结果表明，Ti 的掺杂使晶体结构扭曲，显著增加了催化剂在高温条件下的酸性位点和氧迁移率，其中 Ti∶(Ce+Ti) 比例为 0.5 的催化剂表现最佳［图 7-4 (b)］。Ti 通过阻滞 Cl 与碱性晶格氧和羟基的交换，最终显著提高了 $Ce_{1-x}Ti_xO_2$ 催化剂的稳定性[181]。

与单一 Fe 氧化物材料相比，掺杂 Ca 的 FeO_x 催化剂对 1,2-二氯苯的氧化具有更高的催化活性。这是由于 Fe_2O_3 和 CaO 之间的强相互作用促进了 $CaCO_3$ 和 $FeCl_3$ 之间 Cl^- 的交换[187-189]。Ma 等使用一锅法合成了 $CaCO_3/\alpha$-Fe_2O_3 纳米复合材料[190]。Ca 含量为 9.5mol% 的催化剂表面更容易形成甲酸类物质，然后将其氧化为 CO，最终表现出更高的 1,2-二氯苯氧化活性。然而，$CaCO_3/\alpha$-Fe_2O_3 纳米颗粒在高水汽含量和较低的温度下（<350℃）的表现不佳。相较于颗粒状材料，Chen 等进一步合成了 $CaCO_3/Fe_2O_3$ 纳米棒催化剂，Ca 掺杂量为 2.8mol% 时，具有良好的催化活性、耐水性和热稳定性，在 350℃时达到了 100% 的 1,2-二氯苯转化，相应的 GHSV 为 $88000h^{-1}$[187]。作者将其优异的催化性能归因于 $CaCO_3$ 和 Fe_2O_3 纳米棒独特的表面形貌和界面微观结构。催化剂的形貌和微观结构对催化性能有重要影响。空心微球具有密度低、比表面积高、稳定性和表面渗透性良好等优

点，在非均相反应中得到了广泛的应用[191]。Zheng等在FeO_x空心微球上掺杂9.7mol% Ca，表现出良好的1,2-二氯苯催化活性、耐水性能和稳定性，相应的反应活化能E_a较低，仅为21.6kJ/mol[192]。

7.1.4　降解产物生成规律

Cl-VOCs催化氧化的最终产物包括H_2O、CO_2、CO、HCl和Cl_2，其他碳氢化合物及含氯物种则属于副产物，这些副产物有的毒性更强，甚至可能产生具有强致癌性的二噁英物质。从环境角度来讲，CO具有一定毒性，Cl_2具有强氧化性而且脱除相对困难，CO_2、H_2O和HCl是最期望得到的最终产物。因此，Cl-VOCs的催化氧化不仅要考虑降解效率，降解产物的分布也十分重要，其直接决定Cl-VOCs消除的彻底性，是否会造成二次污染。近年来，学者们也致力于开发先进高效的催化剂，以期实现Cl-VOCs的高效彻底转化，避免有毒副产物的生成。

1. CO_2选择性

CO具有较强的毒性，因此需避免或者减少CO的生成，Cl-VOCs中C元素氧化生成CO_2，提高产物中CO_2的选择性。CO是低温下的优势产物，吸附的碳酸盐种类一般与CO的形成直接相关，CO_2则更易于在较高温度下产生。具有较高氧化还原性能的催化剂可以促进CO进一步氧化成CO_2[193]。如图7-5（a）所示，CO的生成随温度的升高先升高后降低，CO_2产率在CO下降后迅速增加[63]。已有的研究表明温度升高有利于CO从吸附的碳酸盐中解吸，且较好的氧化还原性能有利于CO提前氧化为CO_2。He等发现CO_2选择性与O_{ads}/O_{latt}比值有很强的线性关系（$R^2=0.9251$）[11]。一些文献报道了Cu、Cr、Ce、Mn、La、Ru等金属掺杂可以获得更好的氧化还原性能，从而提高CO_2的选择性。其中，由于铜基催化剂具有较强的低温还原性，因此具有较好的CO氧化性能。此外，Cu离子还能诱导催化剂表面产生更多的羟基基团，而羟基是中间体氧化的关键活性物质，有利于CO_2的生成[3,194]。因此，Cu掺杂可以提高催化体系对CO_2的选择性。Liu等通过溶胶–凝胶法合成了$Ce_xCu_{1-x}Ti_4$催化剂，发现Cu掺杂的CeTi体系将CO_2选择性从低于10%提高到接近100%，而二氯甲烷转化率几乎没有损失，T_{90}仅仅从314℃提升到330℃[3]。在Co_3O_4中加入Cr不仅可以提高CO_2在高温下的选择性，而且能促进CO的生成向低温方向转移[63]。因此，强氧化物（Cr^{6+}）和高迁移率的表面晶格氧有助于提高CO_2选择性。具有强酸性而无氧化还原能力的HZSM-5体系未检测到CO_2生成，这说明HZSM-5的高降解效率仅归因于Cl-VOCs的解离而未进一步氧化。在HZSM-5上负载$(Ce, Cr)_xO_2$后，催化体系的氧化位点增加，随着$(Ce, Cr)_xO_2$与HZSM-5质量比的增加，CO_2选择性逐渐提高，最终达到100%[107]。CeO_2具有丰富的氧空位和良好的氧化还原性能，因此表现出较好的CO_2选择性。将其他过渡金属氧化物掺杂进入CeO_2体系中可以进一步提高CO_2的选择性。CeO_2-CrO_x-Nb_2O_5催化剂在二氯乙烷氧化过程中对CO_2的选择性超过98%[195]。在三氯乙烯降解过程中，Cr_2O_3-CeO_2催化剂可达到99%以上的CO_2选择性和95%~97%的碳平衡[2]。在整个二氯苯降解过程中，$CeMnO_x$ 催化剂上的唯一产物是 CO_2[20,196]。WO_3-Nb_2O_5 降解氯苯的 CO_2 选择性在 200～400℃范围内保持在 70%～85%，进一步引入 Ce 和 La 金属后，CO_2 选择性获得进一步提升[197]。在 Pd/TiO_2、Pt/TiO_2、Ru/TiO_2 和 Rh/TiO_2 催化体系中，Ru/TiO_2 催化体系的 CO_2 选择性最高。图 7-5（c）为 Ru/TiO_2 催化剂体系上氯苯降解过程中含碳产物的分布，不仅表现出最高的 CO_2 选择性，而且在不产生大量有机副产物的情况下实现了氯苯的完全降解[7]。CeO_2 体系中负载 Au-Pd 也有较高的 CO_2 选择性，约为 98%，在三氯乙烯氧化过程中仅检测到微量 CO[198]。

然而，金属负载和酸处理会对 CeO_2 体系带来一些负面影响。原始 CeO_2 在氯苯氧化过程中 CO_2 选择性高于 80%，但 WO_x 的负载使 CO_2 选择性下降到 70%～80%[167]。程序升温表面反应（TPSR）实验结果表明，由于表面过氧化物种的缺乏，在 VO_x/CeO_2 上 CO 成为主要产物[199,200]。磷酸负载在 CeO_2 上破坏了其氧化还原能力，甚至在更高的温度下也会导致 CO 的形成[69]。同样，硫酸改性后的 Ru/TiO_2 中 CO 含量更高，并且 CO 含量还会随着硫酸使用量的增加而增加[201]。Wu 等也报道了失活的催化剂的 CO_2 选择性较差[202]。

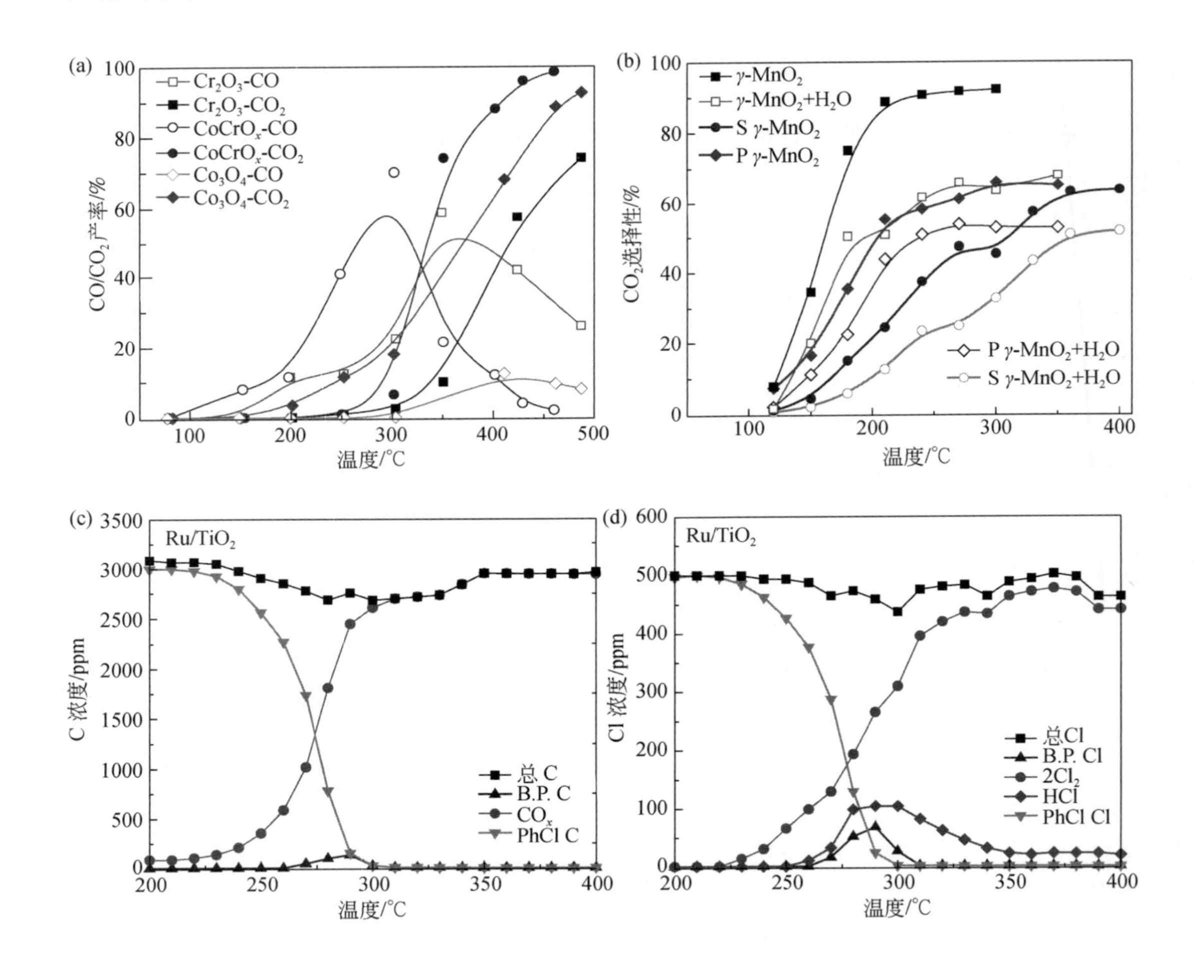

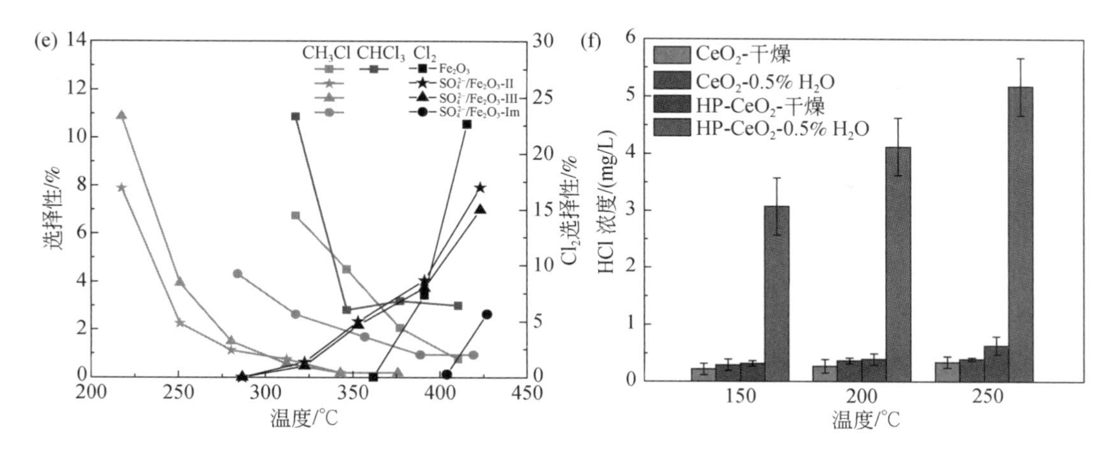

图7-5 (a) $CoCrO_x$ 催化剂氧化二氯甲烷的 CO 和 CO_2 产率[63]；(b) γ-MnO_2、S γ-MnO_2 (SO_4^{2-}) 和 P γ-MnO_2 (Pb^{2+}) 氧化氯苯的 CO_2 选择性[206]；(c) 含 C 产物浓度随温度变化曲线；(d) 含 Cl 产物浓度随温度变化曲线[7]；(e) SO_4^{2-}/Fe_2O_3催化剂氧化二氯甲烷的含氯有机物和 Cl_2 分布[205]；(f) 水对 CeO_2 和 HP-CeO_2 催化剂催化氧化氯苯过程中 HCl 产率的影响[169]

研究者还研究了其他组分对 CO_2 选择性的影响。首先，加水可以通过水气转化反应（$CO+H_2O \longrightarrow CO_2+H_2$）减少 CO 的生成来提高 CO_2 的选择性[69]。在 Co_3O_4@ZSM-5 和 Co_3O_4 上，2.5vol% 水的引入明显提高了二氯甲烷降解过程的 CO_2 产率[203]。在二氯乙烷降解过程中，水的存在使（Ce，Cr）$_xO_2$/HZSM-5 催化剂的 CO_2 选择性超过 99%[107]。在引入 1vol%~3vol% 的水时，Ru/SO_4^{2-}-Ti_xSn_{1-x}催化剂降解二氯乙烷的最终产物仍以 CO_2 为主，仅有微量 CO 被检测到[204]。在 RuO_2/TiO_2(P25) 降解三氯乙烯的整个测试温度范围内，1.5vol% H_2O 的引入将微量 CO 降至零水平[132]。然而，竞争性吸附也抑制了 CO 向 CO_2 的氧化[205]。如图 7-5 (b) 所示，在 1vol% 的水存在下，氯苯降解过程的 CO_2 选择性随着温度的升高明显降低。除了水之外，重金属（Pb）（1wt%）和 SO_2（1wt%）也被证实会降低 γ-MnO_2 上氯苯降解过程的 CO_2 选择性，这是由于 Pb^{2+}和 SO_4^{2-} 的引入导致催化体系氧化还原性能和酸性位的损失[206]。但也有不同的研究结论，如在二氯乙烷氧化过程中，CeO_2@HZSM-5 催化剂中存在微量 Pd（0.1wt%）可以提高 CO_2 的选择性，在 350℃下，CO 选择性从 25% 降低到 5%。作者认为微量 Pd 的负载增强了催化剂的氧化能力，使其具有更高的氧迁移率[27]。最后，其他类型的 VOCs 也表现出竞争效应。在二氯乙烷降解反应中加入苯会将 CO_2 选择性从 99% 降低到 87%[107]。同样，乙酸乙酯的引入使得在 250℃下，二氯乙烷降解的 CO_2 选择性也有轻微下降[27]。

上述结果表明，高温和良好的氧化还原能力有利于 CO_2 的形成。引入具有较多羟基基团的金属、提高表面氧的迁移率和还原性是提高 CO_2 选择性的常用策略。然而，一些酸改性通常会对 CO_2 的生成产生负面影响。水的存在一定程度上促进了 CO 向 CO_2 的转化，但竞争效应的存在也会抑制 CO_2 的生成。这些竞争效应在其他组分存在时表现得更为广泛，如 SO_2、重金属和其他 VOCs。

2. HCl 选择性

HCl 和 Cl_2 的形成可以有效减少 Cl 物种在催化剂表面的沉积，减轻氯化有机物的生成和催化剂失活。Cl_2 的生成与反应温度和氧化还原性能有关，而氧化还原性能可以影响 Deacon 反应。一般情况下，如图 7-5（d）和（e）所示，Deacon 反应在较高温度下会将 HCl 转化为 Cl_2，因此在较低温度下很难检测到 Cl_2[206-208]。在 Ru/SO_4^{2-}-Ti_xSn_{1-x} 催化剂中，Cl_2 从 230℃开始大量生成，而二氯乙烷降解性能稳定，其中较高的 Sn 含量也促进了 Cl_2 的形成。经 Deacon 反应证实，具有优异氧化还原性能的 RuO_x、CeO_2 和 CuO_x 均能促进 Cl_2 的生成[3,209-211]。在氯苯氧化过程中，温度为 350℃时 Ru/TiO_2 对 Cl_2 的选择性最高，可以达到接近 100%。Pd/TiO_2、Pt/TiO_2 和 Rh/TiO_2 则生成的 Cl_2 较少，但却生成较多的含氯副产物。Ru 负载在 CeO_2 上进一步增强了氧化还原性能，从而促进了二氯甲烷低温氧化过程中 Cl_2 的形成[69]。一些文献也报道了拥有高氧化还原性能的贵金属催化剂表现出高 HCl 选择性，如在 Ru/Co_3O_4 和 Co_3O_4 催化剂体系的氯乙烯氧化过程中均未检测到 Cl_2 生成[212]。Cl_2 可以与其他有机物发生亲电取代反应，从而生成多氯副产物，特别是在贵金属基催化剂上[7]。图 7-5（e）表明，在 Fe_2O_3 催化剂上氧化二氯甲烷时，$CHCl_3$ 的生成随着 Cl_2 生成而停止，验证了 Cl_2 与多氯副产物之间的密切关系[205]。因此，尽管 Deacon 反应可以缓解 Cl 的沉积，但 Cl_2 并不是预期的产物。

HCl 的形成与酸性位点有关。例如，在具有丰富酸性位点的 HZSM-5 上进行二氯乙烷氧化时，HCl 的选择性达到 100%[107]。随着 HZSM-5 负载更多（Ce，Cr）$_xO_2$，酸性减弱，HCl 选择性不断下降。负载在酸性载体上的 Pd/γ-Al_2O_3 比 Pd/SiO_2 更容易形成 HCl，且 SiO_2/Al_2O_3 比值较低的载体更易形成 HCl[213]。Sn、Nb 和 W 的掺杂可以增强催化体系的酸性强度，进而提高 HCl 的选择性[197,207]。WO_3-Nb_2O_5 双金属催化剂在 200～400℃的温度范围内对氯苯的氧化可达到 100% 的 HCl 选择性[81]。在二氯乙烷催化降解过程中，氯乙烯作为临界中间体容易在（Ce，Cr）$_xO_2$ 上氧化生成 Cl_2。而 Nb_2O_5 掺入（Ce，Cr）$_xO_2$ 则促进了 HCl 的形成，这是由于强烈的金属相互作用产生了更高的酸性强度[65]。同样地，Cr/TiO_2 催化剂中 Cr 和 Ti 的强相互作用使其 HCl 选择性达到 85.6%[214]。CeO_2-TiO_2 的相互作用大大改善了酸性，因此 HCl 是主要的氯化产物，在整个温度区间内二氯乙烷降解过程 HCl 选择性都接近 90%[215]。以上结果证实了酸性强度在 HCl 形成过程中的关键作用。

研究表明，CeO_2 对 Deacon 反应生成 Cl_2 具有活性。因此，如何提高 CeO_2 基催化剂的 HCl 选择性是近年来研究的热点。首先，改善酸性强度是首选策略。在三维有序介孔 CeO_2 中引入 Cr 可以有效提升酸性强度，可使 HCl 选择性从 36.5% 提高到 96.3%[2]。将 FeO_x 分散在 CeO_2 纳米片上可以有效减弱 CeO_2 固有的对 Deacon 反应的高活性，进而减少 Cl_2 的生成[106]。CeO_2@SiO_2 催化剂表现出较强酸性，相应地在整个温度范围内 HCl 占总 Cl 源的比例稳定在 57%～64%，且不受孔隙、通道和形貌的影响[216]。CeO_2 负载 WO_x 也可以改善酸性强度，结果表明对各种含氯 VOCs 降解均表现出较高的 HCl 选择性[167]。不同形貌的 $CeMnO_x$ 催化剂拥有大量氧空位和丰富的酸性位点，相应地，在整个二氯苯氧化过程中主要产物是 HCl，而 Cl_2 只能在 320℃以上才开始被检测到[20,196]。CeO_2 与 HZSM-5 的结合可以形成同时具有良好氧化还原性能和酸性强度的催化体系，从而达到理想的 HCl 选择性[217,218]。P 掺杂 CeO_2 可以引入大量的酸性位点，同时削弱了氧化还原能力，从而抑制 Cl_2 的生成，增强 HCl 选择性[69]。此外，也有研究认为羟基对 HCl 形成起促进作用。VO_x/Fe-CeO_2 催化剂表面具有丰富的羟基，其 HCl 选择性接近 100%。这些表面羟基与 Brønsted 酸性位点提供的 H 源相互作用以促进 HCl 的形成。游离的 Cl 可以与表面的羟基反应生成 HCl[5,219-221]。在 Ce-BEA 催化剂上，三氯乙烯降解过程中较高的 HCl 产率也归因于其较高的羟基密度[222]。另外，防止 Cl 物种与 CeO_2 接触可以有效缓解 Deacon 反应。Dai 等[198]制备了 CeO_2 上负载高度分散的 Au-Pd 合金纳米粒子，其可以有效抑制 HCl 在催化剂表面的吸附和进一步的 Deacon 反应，使三氯乙烯降解过程中 HCl 的选择性从 37.2% 提高到 88.5%~93.4%。具有三维介孔结构的 CeMn 双金属催化剂有利于提高传质效率，在不参与 Deacon 反应的情况下及时去除 HCl，避免生成 Cl_2。因此，在整个温度范围内，二氯苯降解过程中都检测不到 Cl_2，而在 300℃ 时出现了 HCl[20]。同样地，夹心结构 CeO_2@HZSM-5 催化剂有效阻止了 HCl 与 CeO_2 直接接触进行 Deacon 反应，最终减少了 Cl_2 的生成。

H_2O 和碳氢化合物拥有丰富的氢源和羟基，通常会促进盐酸的形成[27]。在 CeO_2@HZSM-5 催化氧化二氯乙烷过程中引入 5vol% H_2O 可以有效除去表面的 Cl 物种，并转移到 HCl，最终阻止 Cl_2 的生成[132]。如图 7-5（f）所示，对 HP-CeO_2 催化剂，H_2O 的存在导致氯苯氧化过程中的 HCl 浓度提高了近 10 倍[169]。在 PtPd/Al-Ce 催化剂中，1.5vol% 的 H_2O 的引入可促进二氯甲烷降解过程中 HCl 的选择性从 37% 提高到 68%[223]。除 H_2O 外，苯的加入也提供了 H 原子，使（Ce，Cr）$_x$$O_2$/HZSM-5 催化剂在二氯乙烷降解过程中 HCl 的选择性超过 99%[107]。其他化合物，如正己烷和甲苯的引入，在二氯乙烷和三氯乙烯的催化降解过程中也提高了 HCl 的选择性[224]。

如上报道的结果显示，较强的氧化还原性能可以促进 Cl_2 的形成，特别是 RuO_2 和 CeO_2 对 Deacon 反应有较强的活性。不过，Cl_2 脱除难度高，而且 Cl_2 的高氧化性也会加剧氯化反应，进而产生更多的氯代副产物，尤其是多氯副产物。因此，提高 HCl 选择性、抑制 Cl_2 的生成应当是含氯 VOCs 催化氧化过程中一项重要的目标。Cl_2 倾向于在较高的温度下由吸附的 Cl 物种通过 Deacon 反应产生。总结来看，共有四种策略可以抑制 Cl_2 的生成：①提高催化剂酸度以加速 C—Cl 键的解离，提供丰富的 H 原子源，实现 Cl 物种的快速脱附，避免其参与 Deacon 反应；②合理设计催化剂结构，保护特定活性组分，避免与吸附 Cl 物种的直接接触，同时强化传质促进 HCl 的扩散脱附；③补充丰富的羟基和额外的氢化物源可以促进 HCl 的形成；④优化催化剂氧化还原性能，在较低的温度下实现 Cl-VOCs 的高转化率，避开 Cl_2 生成的高温度窗口。因此，催化剂应当不仅仅具有较高的氧化还原性能来促进 Cl-VOCs 分子和中间物种的氧化，还应该具有较高的酸度和较多的羟基官能团来促进 C—Cl 键的解离和 HCl 生成，同时也可以抑制 HCl 吸附导致在高氧化性的工况下参与 Deacon 反应生成 Cl_2[225]。

7.1.5　副产物生成规律

不同 Cl-VOCs 催化氧化过程中的副产物有所不同，表 7-4 总结了文献中报道的典型

Cl-VOCs 降解过程中副产物的生成清单。

表 7-4 含氯 VOCs 催化氧化副产物清单

Cl-VOCs		副产物
氯代烷烃	二氯甲烷	CH_3Cl，$CHCl_3$，HCHO
	二氯乙烷	CH_3Cl，$CHCl_3$，CCl_4，C_2H_3Cl，1,2-$C_2H_2Cl_2$，1,1,2-$C_2H_3Cl_3$，C_2HCl_3，C_2Cl_4，CH_3CHO，CH_3COOH
氯代烯烃	氯乙烯	CH_2Cl_2，$CHCl_3$，CCl_4，$C_2H_2Cl_2$，$C_2H_3Cl_3$，C_2HCl_3
	三氯乙烯	C_2Cl_4，C_2HCl_5
氯代芳香烃	氯苯	$CHCl_3$，CCl_4，C_2H_4O，C_2HCl_3，C_2Cl_4，C_3H_6O，C_4H_6O，C_4H_8，C_5H_8O，C_6H_6，C_6H_6O，$PhCl_2$，$PhCl_3$，$PhCl_4$，$PhCl_5$，$PhCl_6$
	二氯苯	C_6H_6，PhCl，$PhCl_3$

1. 氯代烷烃降解副产物

CH_3Cl 是二氯甲烷氧化过程中最常见的副产物。在 HZSM-5 催化体系中，二氯甲烷转化率达到约 100%，但几乎所有的二氯甲烷都转化为 CH_3Cl 而没有被进一步氧化，这与 HZSM-5 氧化还原性能差有关[124]。此外，文献还报道了二氯甲烷氧化过程中 HCHO 和多氯副产物（如 $CHCl_3$、CCl_4）的生成。在初始浓度 1000ppm，二氯甲烷转化率为 80% 时，CeTi 催化剂上检测到痕量 HCHO（约 8.4ppm）以及 24.6ppm 的 CH_3Cl[3]。TiO_2 上 Ni-V 的过量负载也会导致 CCl_4 的形成[226]。二氯甲烷在 Co_3O_4 上氧化会产生大量 $CHCl_3$ 和 CCl_4，而在 Cr_2O_3 上氧化却几乎不产生副产物[63]。二氯甲烷在 $CoCrO_x$ 双金属催化剂上的氧化过程中，$CHCl_3$ 和 CCl_4 取代 CH_3Cl 成为主要副产物[63]。从图 7-6（d）可以看出，这两种副产物的含量随温度升高而下降。在长时间运行下，二氯甲烷的转换率保持稳定，但随着催化反应的进行，晶格氧逐渐被还原，副产物含量随时间的延长而明显增加[63]。这些结果表明，考察催化剂的稳定性不能仅仅以转化率为指标，还应考虑副产物的形成。另有文献报道，在 Fe/CeO_2 催化剂的作用下，二氯乙烷的氧化在初始阶段即开始失效，相应的副产物 *Z*-1,2-二氯乙烯和 *E*-1,2-二氯乙烯急剧上升，然后保持稳定，而氯乙烯的含量则先上升后下降[106]。Weng 等首次报道了二氯甲烷在 Mn/CNT 催化剂上氧化过程会生成 PCDD/Fs，验证了芳构化和缩合反应最终生成了二噁英[227]。

通常，二氯乙烷的脱氯化氢反应首先生成 C_2H_3Cl，因此 C_2H_3Cl 被认为是二氯乙烷氧化过程中的主要副产物[108,228]。从图 7-6（b）中 C_2H_3Cl 随温度变化的趋势可见，C_2H_3Cl 首先随温度升高而升高，表明脱 HCl 反应首先发生[78,229]。酸度较强但氧化还原性能很差的 HZSM-5 具有较高的二氯乙烷转化率，但也伴随生成大量的 C_2H_3Cl，而酸性差但氧化还原能力较强的 $(Ce, Cr)_2O_x$ 对二氯乙烷转化率低，但却几乎不产生 C_2H_3Cl[107]。C_2H_3Cl 氯化反应生成 1,1,2-$C_2H_3Cl_3$ 的过程称为亲核加成反应，再通过脱氯化氢反应生成 1,2-$C_2H_2Cl_2$[216]。因此，随着温度的升高，氯化副产物是逐步产生的[11]。氯化链式反应、脱氯化氢、加氢脱氯和脱氯反应导致了更多种氯化副产物的生成。通常，一个碳原子的副产

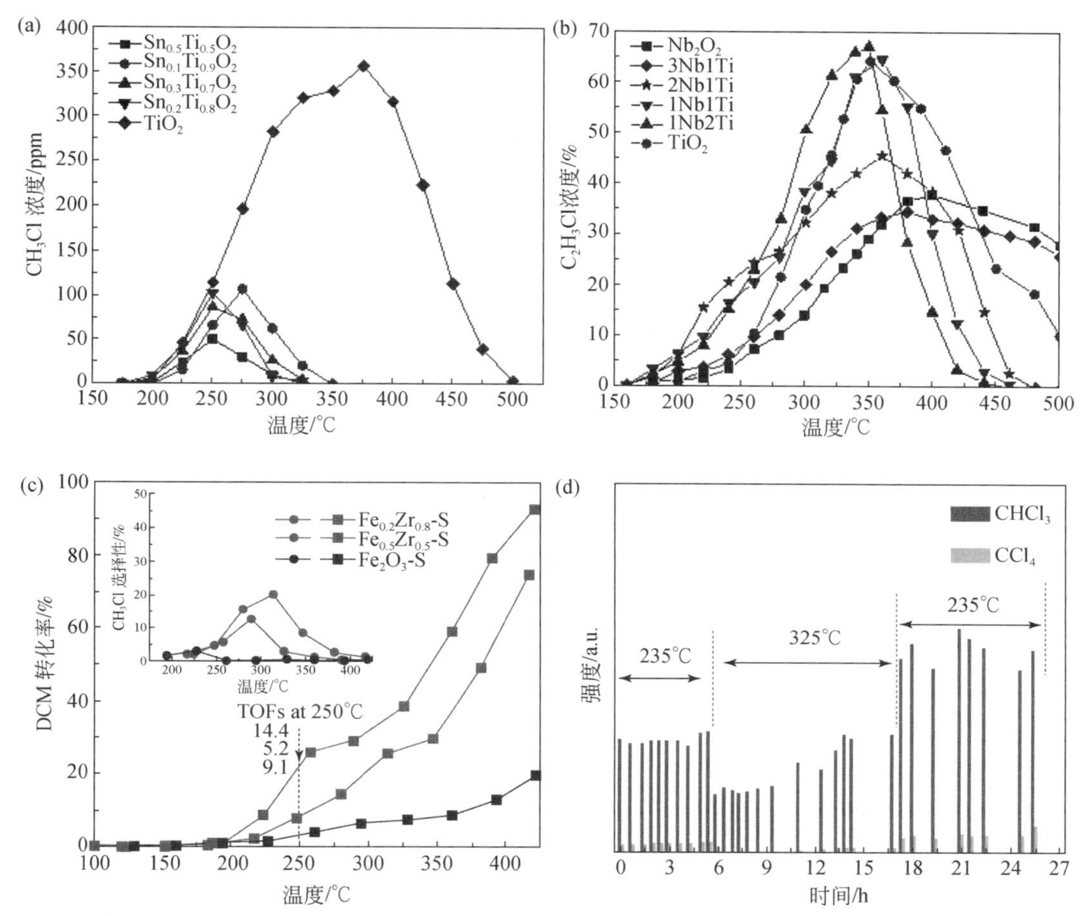

图7-6　(a) 二氯甲烷在$Sn_xTi_{1-x}O_2$上催化氧化过程中CH_3Cl的浓度变化；反应条件：1000ppm二氯甲烷，20% O_2和N_2平衡，GHSV=22500mL/(g·h)[4]；(b) 二氯乙烷在Nb_2O_5/TiO_2上催化氧化过程中C_2H_3Cl浓度的变化；反应条件：1000ppm二氯乙烷，21% O_2和N_2平衡，GHSV=9000mL/(g·h)[228]；(c) CH_3Cl的引入对Fe_xZr_{1-x}上催化氧化二氯甲烷转化率的影响；反应条件：6000ppm二氯甲烷，10% O_2和N_2平衡，GHSV=30000h^{-1}[232]；(d) 在$CoCrO_x$催化剂上氧化二氯甲烷的稳定性测试中$CHCl_3$和CCl_4的生成量；反应条件：1000ppm二氯甲烷，21% O_2和N_2平衡，GHSV=43750mL/(g·h)[63]

物比两个碳原子的副产物浓度低得多，这是由于C—C键比C—Cl键更难裂解[11]。这些副产物在H-ZSM5催化剂上进一步氧化反应产生一些含氧物质（如CH_3CHO、CH_3COOH、CH_3OH）[80,230]。除上述副产物外，Zhang等还检测到氯乙醇和乙烯醇，这是二氯乙烷在Mn/ZSM-5上氧化的重要中间体，这些副产物倾向于生成多氯代乙烯（$C_2H_xCl_{4-x}$）[231]。

2. 氯化烯烃降解副产物

与氯代烷烃相比，氯代烯烃不仅含有C—H、C—C、C—Cl键，而且含有C═C键，双键不易破坏且在催化过程中容易发生加成反应。因此，氯乙烯氧化过程中的直接反应和副反应会产生更多的副产物。一般来说，氯乙烯催化氧化的副产物主要有 $C_2H_3Cl_3$、CH_2Cl_2、$CHCl_3$ 和 CCl_4。二氯乙烷脱氯化氢首先生成氯乙烯（C_2H_3Cl）。因此，二氯乙烷氧化的副产物也应发生在氯乙烯催化氧化中。但在几种催化剂体系中，$CHCl_3$ 通常被报道为主要副产物而非 1,1,2-$C_2H_3Cl_3$。如图 7-7（a）~（c）所示，$CHCl_3$ 的最大值接近 120ppm，而 CCl_4 和 C_2HCl_3 均低于 20ppm[116]。此外，在 $LaMnO_3$ 催化剂体系中，氯乙烯氧化尾气通过在线质谱仪上检测到 CHCl ═CHCl、CH_2 ═CCl_2、CHCl ═CCl_2[116]。综上所述，CH_2Cl_2、$CHCl_3$、$C_2H_3Cl_3$、$C_2H_2Cl_2$、C_2HCl_3 和 CCl_4 都是氯乙烯催化氧化过程中可能产生的副产物，其中一些有同分异构体。

全氯乙烯（perchloroethylene，PCE，C_2Cl_4）是三氯乙烯氧化过程中的主要副产物，它是在氯化和脱氯化氢反应中产生的[129,233]。目前尚不清楚加成的 Cl 来自哪里，是气相中的

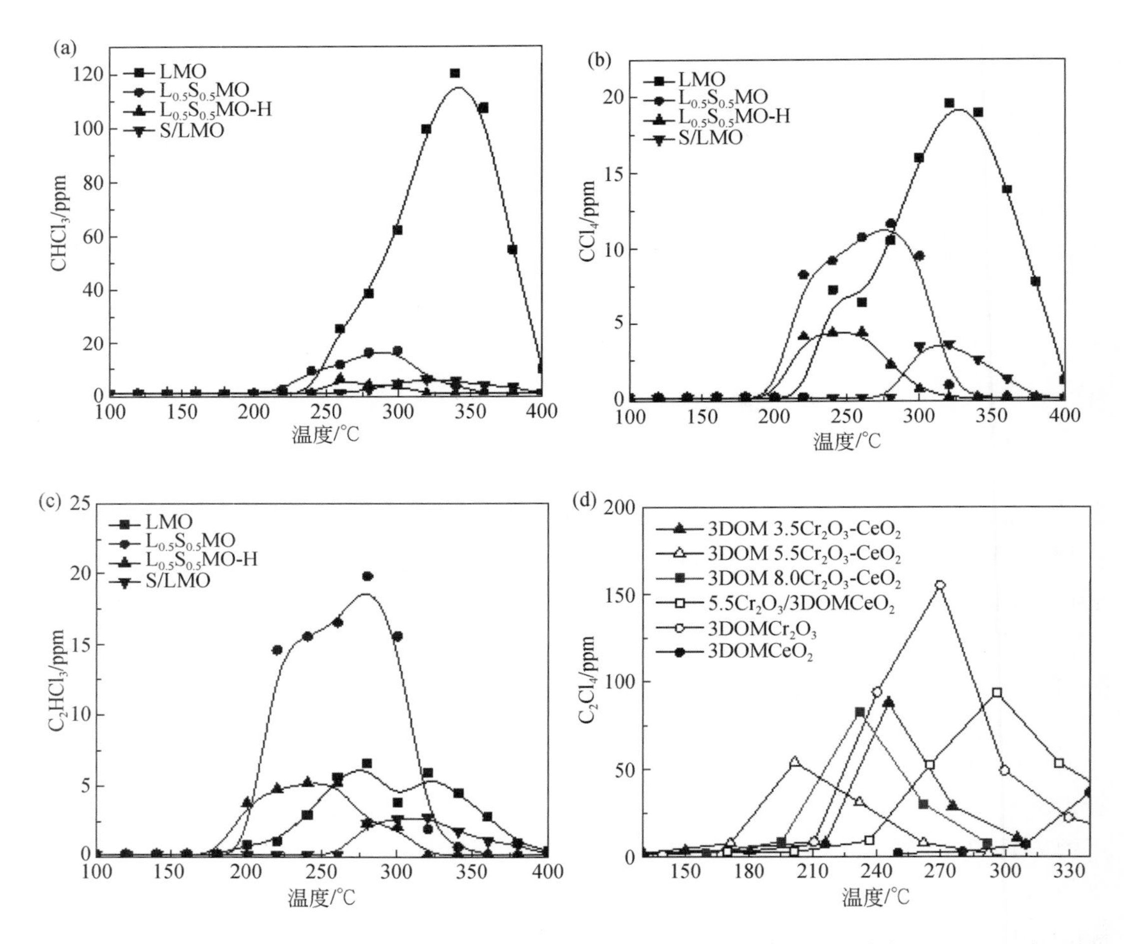

图 7-7　（a）~（c）在 LaMnO 催化剂上氧化氯乙烯的主要氯代副产物分布；反应条件：1000ppm 氯乙烯，21% O_2 和 N_2 平衡，GHSV = 15000h^{-1}[116]；（d）在 $CrCeO_x$ 催化剂上氧化三氯乙烯时的 C_2Cl_4 浓度变化；反应条件：750ppm 三氯乙烯，20% O_2 和 N_2 平衡，GHSV = 20000mL/(g · h)[2]

$Cl_2(g)$、HCl(g)，还是吸附的 Cl 物种[129]。但是，三氯乙烯氧化过程中 Cl_2 的形成应该与全氯乙烯的形成密切相关[233]。Cl_2 在较低温度下与三氯乙烯反应形成全氯乙烯，全氯乙烯在较高温度下分解为 Cl_2 和金属氯化物[15]。如图 7-7（d）所示，具有强酸性位点的 Cr_2O_3 催化剂在氧化三氯乙烯（750ppm）过程中全氯乙烯浓度最高可达 150ppm，而在 Au-Pd/CeO_2 上全氯乙烯浓度低于 168ppm[2]。La-Mn 基钙钛矿型催化剂的活性较差，需要较高的温度才开始生成副产物，在 200～600℃之间检测到全氯乙烯，最终温度升高可以完全消除全氯乙烯[127]。此外，Zhu 等[132]在全氯乙烯气氛中引入 HCl 或在三氯乙烯气氛中引入 Cl_2 都会产生少量的 C_2HCl_5（10ppm）。在 Ce-BEA 催化剂体系三氯乙烯氧化过程也检测到少量的 $C_2H_2Cl_2$，这是通过氯化反应生成的（$2C_2HCl_3 \rightleftharpoons C_2H_2Cl_2+C_2Cl_4$）[222]。Ordónëz 等指出 C_2Cl_4、CCl_4 和 $CHCl_3$ 也会在 Mn 催化剂上产生，但在 Cr 催化剂上只有痕量的 CCl_4 产生[133]。

3. 氯代芳香烃降解副产物

与烷烃和烯烃不同，氯代芳香烃具有特殊的苯环结构和 p-π 共轭键，因此氧化过程更为复杂，生成的副产物也更为丰富。氯苯在 MnCe 催化剂上只发生脱氯反应，苯环未裂解，因此仅检测出苯这一副产物。然而，在 MnCe/HZSM-5 催化体系中，苯几乎消失，检测出的副产物有 CCl_4、$CHCl_3$、CH_2Cl_2、C_2HCl_3、C_2HCl_4 和 $C_6H_4Cl_2$[234]。HZSM-5 表面丰富的 Brønsted 酸性位点可以有效阻止金属氧化物被氯化，同时促进苯环的开裂以及积碳的深度氧化[234]。Wu 等也报道了氯苯在 MnO_2 催化剂体系反应产生的多氯副产物，如 $CHCl_3$、CCl_4、C_2HCl_3 和 C_2Cl_4[202]。在 α-MnO_2 催化体系中，芳香化合物的亲电取代促进氯苯氯化成多氯代苯，而且表面富集的不稳定 Cl 物种促使氯苯氧化时产生一定量的二氯苯[202]。Zhu 等系统地研究了氯苯在 TiO_2 负载贵金属 Pd、Pt、Ru 和 Rh 催化剂上氧化过程产生的多氯副产物分布[7]，如图 7-8（a）所示，四种催化剂均检测到多氯代苯 $PhCl_x$（$x \geqslant 2$），其中 $PhCl_6$ 可以忽略不计。低氯副产物往往比高氯副产物的产生温度低。温度的升高加速了 Cl 的脱附，从而导致副产物种类的减少[7]。1,2-二氯苯、1,3-二氯苯和 1,4-二氯苯三种二氯苯在 Ru/CeO_2 催化剂体系的氯苯催化氧化过程中，在 240℃时开始生成，T_{80}～T_{90}时达到最高浓度，但均低于 10ppm（氯苯初始浓度为 1000ppm）[235]。

所有这些氯代副产物都有可能通过亲核取代反应生成氯酚，并最终缩合成类二噁英化合物[38,236]。PCDD/Fs 的形成包括发生在 500～800℃的均相路线（氯酚和氯苯在气相中热解重排）和发生在 200～400℃的非均相路线（催化剂表面的催化反应）。在 Cl-VOCs 的催化氧化过程中，多氯代苯通过 Ullmann 反应转化为 PCDD/Fs，反应过程中固相和气相氯都有贡献[237,238]。在 Pd/TiO_2 和 Ru/TiO_2 催化体系中，氯苯氧化过程尾气中二噁英类多氯联苯的含量分别为 0.0027ng WHO-TEQ/Nm^3 和 0.0055ng WHO-TEQ/Nm^3[7]。Weng 等详细研究了 Pt、Ru、V、Ce 和 Mn 氧化物催化剂上氧化氯苯时 PCDD/Fs 的生成情况。研究发现，Mn/CNT 对 PCDD/Fs 的形成最为活跃，表明在 Mn/CNT 上发生了更多的亲电氯化反应[227]。同样，1,2-二氯苯作为典型的氯代芳香烃在催化氧化过程也会生成二噁英。Wang 等发现，1,2-二氯苯在 CuO_x/TiO_2-CNTs 上氧化过程中更容易生成 PCDFs，而不是 PCDDs，

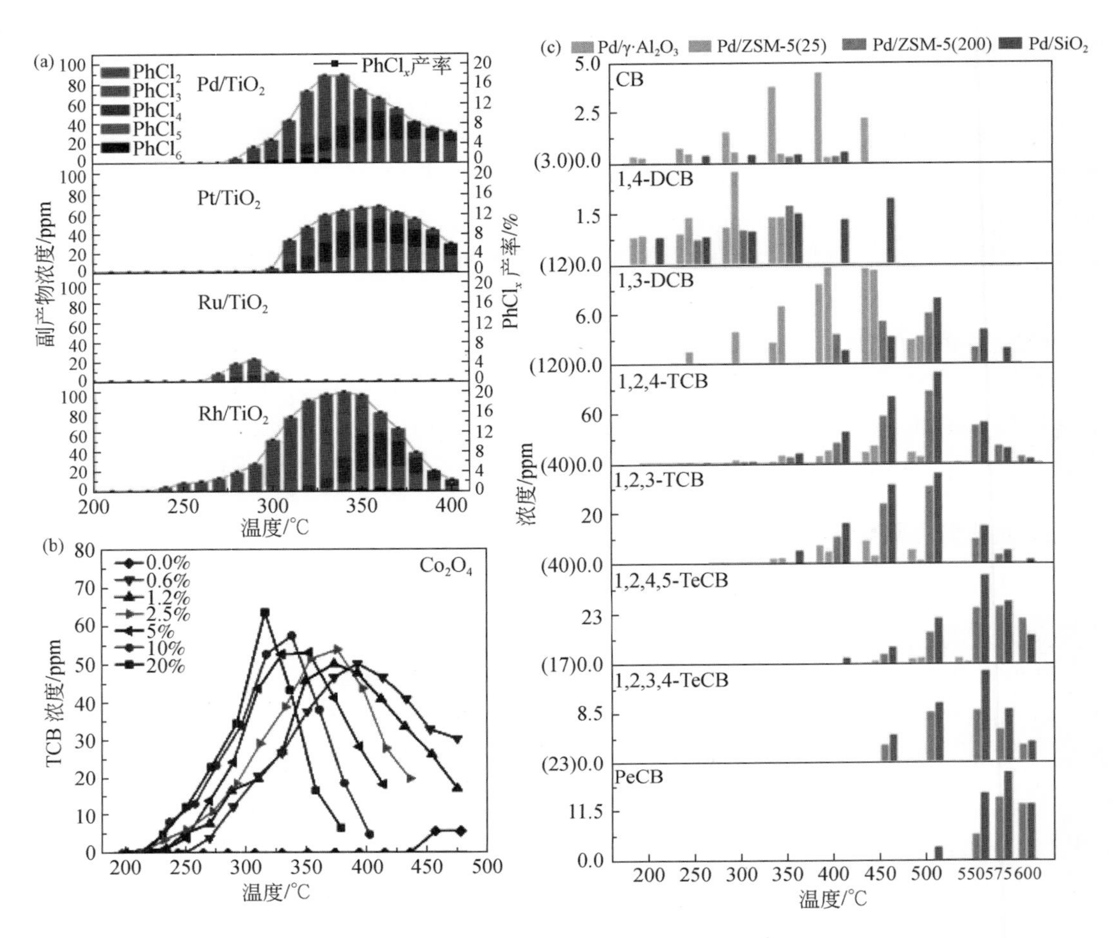

图 7-8 (a) 在 TiO_2 作为载体的贵金属催化剂上，氯苯催化氧化过程中 $PhCl_x$ 产率随温度的变化；反应条件：500ppm 氯苯，20% O_2 和 N_2 平衡，GHSV=60000mL/(g·h)[7]；(b) 在 Co_3O_4 催化剂上，1,2-二氯苯催化氧化过程中 O_2 浓度对 1,2,4-三氯苯生成量的影响；反应条件：1000ppm 1,2-二氯苯，N_2 平衡，GHSV=30000mL/(g·h)[243]；(c) 在 Pd 负载催化剂上，1,2-二氯苯催化氧化过程中副产物的分布；反应条件：450ppm 1,2-二氯苯，21% O_2 和 N_2 平衡，GHSV=15000h^{-1}[213]

并且由于 CNTs 具有很强的吸附能力，因此无法立即去除 PCDD/Fs[239]。此外，在氯苯氧化过程中还检测到其他氯代烃类和非氯代有机物。碱性表面晶格氧和吸附氧活化形成甲酸根离子，这与部分副产物的形成有关[240]。在 CeO_2 催化体系中氯苯氧化的出口气体中大约检测到 C_3H_6、C_6H_{14}、C_6H_{12}、C_6H_6、C_7H_8、C_3H_6O、C_3H_8O、$C_4H_6O_2$、C_4H_8O、$C_4H_8O_2$、CH_3Cl、C_2H_3Cl、CH_2Cl_2、$C_2H_4Cl_2$、$C_2H_3Cl_3$、$C_2H_2Cl_2$、C_2HCl_3、$C_3H_4Cl_2$ 和 $C_6H_4Cl_2$ 等 19 种副产物[169]。Zhao 等发现在 Mn-Ce-Zr 整体催化剂上，氯苯氧化过程的主要副产物为 $CHCl_3$、CCl_4、C_2H_4O、C_3H_6O、C_4H_6O、C_6H_6O 以及 C_4H_8，并未检测到 PCDD/Fs[241]。在 V_2O_5-WO_3/TiO_2 催化剂上，氯苯脱氯后苯环裂解会生成烷烃、烯烃和乙醛[242]。

一般情况下，在二氯苯的催化氧化过程中，通过脱氯反应和氢化物的亲核攻击会产生苯和氯苯[243]。氯化反应则不可避免地存在芳香族亲电取代机制，因此势必会产生多氯代副产物，如1,2,4-三氯苯（TCB）[244,245]。研究发现，Co_3O_4 对氯化反应的活性最强，但对脱氯反应的活性较差，因此在 Ru/Co_3O_4 催化剂上，苯和氯苯的浓度远低于1,2,4-三氯苯[243]。氧气是副产物形成的一个极其重要的因素，由于氧具有较高的电负性，氯氧化合物可以为芳香烃的亲电取代提供活性Cl[239]，也有研究证实1,2,4-三氯苯的形成与 O_2 浓度有很强的相关性［图7-8（b）］[243]。另外，有研究认为较高的 O_2 浓度有助于氯苯催化氧化中对1,2-二氯苯选择性的提高[246]。Cheng 等[213]研究了Pd负载催化剂上的副产物分布，如图7-8（c）所示，氯化有机物的浓度与反应温度有很强的相关性，其中高氯代有机物的生成温度较高。此外，SiO_2/Al_2O_3 比值高、Lewis酸性位点少的催化剂有利于 $PhCl_x$ 的生成（$x \geqslant 3$），但不利于 $PhCl_x$（$x \leqslant 2$）的生成[62]。这些多氯有机物在长期运行过程中表现出轻微的下降，因此副产物的形成应不仅仅来源于氯的沉积[213]。

7.1.6　副产物抑制策略

二氯甲烷和二氯乙烷脱氯反应是其副产物产生的主要途径，但是氯乙烯和三氯乙烯副产物的生成则涉及更为复杂的C—C和C═C键断裂和重组。相应地，CH_3Cl、C_2H_3Cl、$CHCl_3$ 和 C_2Cl_4 分别是二氯甲烷、二氯乙烷、氯乙烯和三氯乙烯的主要副产物。而且二氯甲烷、氯乙烯和三氯乙烯的副产物生成路径都包含在二氯乙烷的氧化路径中。脱氯化氢、加氢脱氯、脱氯和氯化反应共同作用，一步一步产生这些副产物。氯苯和二氯苯催化氧化过程的主要副产物都是氯代芳香烃。氧气在氯化反应中也起到关键作用。C—Cl键解离后如果不进行深度氧化则会产生苯，继续氧化则会产生大量非氯代副产物。这些非氯代副产物具有更强的毒性，而且复杂，尤其是芳香烃更容易转化为苯酚和PCDD/Fs类物质。一些通用的副产物生成机理总结如下：①多氯副产物相比于低氯副产物更容易在高温下产生，这是由于脱氯反应首先发生，然后 Cl_2 在高温下进一步促进氯化反应；②吸附的氯物种（常为氯氧化物）应当是相对低温下氯化反应的主要源头；③这些副产物随着Cl-VOCs的氧化开始生成，然后进一步随着温度的升高而增加；④副产物是否或者何时开始下降并最终消失取决于催化剂的氧化还原性能；⑤副产物分布温度窗口越窄、副产物最高浓度以及最高浓度所对应的温度越低是研究所期望的；⑥由于C—C键比C—Cl键更难断裂，副产物中主要和原始Cl-VOCs拥有相同的碳原子数量，不过氯乙烯和三氯乙烯却不存在这个问题。

有机副产物的抑制目标包括两个方面：降低副产物浓度和将副产物最终消除的温度降低。这些有机副产物可以分为三个部分：脱氯反应产生的低氯代副产物、氧化反应产生的非氯代副产物和氯化反应产生的多氯代副产物。如上所述，在氯代烷烃和烯烃的催化氧化过程中，非氯代副产物相比于氯代副产物可以忽略不计。只有氯代芳香烃往往会产生大量的非氯代副产物。低氯代和非氯代副产物可以和原始Cl-VOCs一起通过改善催化剂的氧化还原性能实现分解。此外，这些副产物也是Cl-VOCs深度氧化过程的关键副产物。因此，副产物的抑制策略应当是促进这些副产物的深度氧化而不是仅仅抑制生成。氯化反应生成的高氯代副产物不容易被破坏，甚至在高温下倾向于转化为具有更高毒性的PCDD/Fs。因此，如何抑制氯化反应应当是首选策略。综上，副产物抑制有两个方向：促进深度氧化和抑制氯化。

1. Cl-VOCs 深度氧化强化

一般地，吸附氯物种是深度氧化还是参与氯化反应主要取决于表面吸附氧物种和氧迁移率[106,216]。例如，Ru/CNT 具有相比于 Pt/CNT 和 Mn/CNT 更强的氧化还原性能，因此其产生了较少的多氯代副产物和 PCDD/Fs[227]。金属掺杂是常用的提高催化剂氧化还原性能的方法。例如，CeO_2 拥有丰富的氧空位和优异的氧化还原性能，常被用来提高催化剂的氧化还原性能。Ce 掺入 HZSM-5 后，二氯甲烷氧化过程产生的 CH_3Cl 浓度下降了[124]。相比于纯的 CeO_2，构建具有多孔硅骨架和较弱酸性位点的 CeO_2@ SiO_2 催化剂可以将二氯乙烷氧化过程中的 C_2H_3Cl 和 1,2-$C_2H_2Cl_2$ 的生成下降 2/3[216]。CeO_2 中掺杂 Fe 可以产生更多的氧空位和表面活性氧，可有效抑制二氯乙烷氧化过程副产物的生成[106]。氯乙烯催化氧化过程中，CeO_2 催化剂几乎不会生成 $C_2H_3Cl_3$、CH_2Cl_2 和 CCl_4 等副产物，但是检测到大量的 $CHCl_3$。相反，CoO_x 催化剂则会产生上述四种副产物，但掺入 CeO_2 可以有效降低上述副产物的生成[12]。

CrO_x 也拥有较强的氧化还原性能，尤其是其中的 Cr(Ⅵ) 物种。Cr 掺杂到 HZSM-5 中可以实现二氯甲烷氧化过程中无 CH_3Cl 的生成[124]。尖晶石的 $CoCr_2O_4$ 催化剂也被报道不会产生氯代副产物，仅仅检测到一些甲醛[247]。将 CrO_x 掺杂到 3D $MnCO_3O_x$ 当中可以有效降低二氯乙烷氧化过程中 1,1,2-$C_2H_3Cl_3$ 的生成，而且其他副产物也消失，如 C_2HCl_3、C_2Cl_4、$CHCl_3$ 和 CCl_4[248]。此外，3D 结构拥有大量交联的介孔和大孔孔道结构也会促进 Cl-VOCs 分子和它们衍生的大分子有机副产物在催化剂中的扩散[248,249]。CrO_x-CeO_2 复合催化剂在二氯乙烷氧化过程中可有效抑制副产物生成，只有约 5ppm 的 C_2H_3Cl 生成。进一步将 Nb 掺杂进入 CeCr 催化剂，由于 Nb_2O_5 不太理想的氧化还原性能，反而促进了 C_2H_3Cl 的生成[195]。在 CeO_2-CrO_x 中掺杂 ZrO_2 可以增强氧空位和 Cr(Ⅵ) 物种，最终二氯乙烷氧化过程副产物 C_2H_3C 生成量大大减少[112]。Cr_2O_3 和 CeO_2 不仅可以削弱碱性位点，而且可以提供更多的酸性位点，表现出更强的氧化还原性能，可以促进三氯乙烯的深度氧化，进而产生更低浓度的全氯乙烯，如图 7-7 (d) 所示[2]。相似地，Cr-Ce/HZSM-5 可以降低三氯乙烯氧化过程中副产物全氯乙烯的生成，而且可以将全氯乙烯最高浓度的生成温度向低温转移[124]。

Co_3O_4 拥有丰富的表面氧化物种，也被证明可以降低副产物的生成。在 Co/羟磷灰石催化剂体系中，二氯乙烷催化氧化的副产物 C_2H_3Cl 随着 Co 含量的增加而下降[250]。Co_3O_4/$LaSrFeCoO_3$ 催化剂由于 Co 的存在也将 $CHCl_3$、CCl_4、1,1,2-$C_2H_3Cl_3$ 和 C_2HCl_3 四种副产物的生成总量下降了 2/3[11]。Ru-Co 复合氧化物拥有更强的氧化还原性能，在氯乙烯催化氧化中显著抑制副产物生成[212]。相似地，CoPO-MCF（钴磷酸盐-SiO_2 介孔泡沫）具有独特的内部交联结构，可以为 Ru 和 CoPO-MCF 提供了很好的相互作用，进而表现出更高的氧化还原性能，将副产物 $C_2H_3Cl_3$ 和 CCl_4 的浓度降至 5ppm 左右[251]。

TiO_2 负载型催化剂及改性也是常见的以提高其氧化还原性能为目的的研究类型。Cu/CeTi 催化剂在二氯甲烷催化氧化过程中不会产生任何副产物，这其中 Cu 起到关键作用[3]。在空心的TiO_2负载Ni-V可以显著改善其氧化还原性能，最终成功将CH_3Cl的浓度从250ppm下降至近零的水平[226]。TiO_2的晶型也影响副产物的氧化。锐钛矿TiO_2在二氯甲烷氧化过程中产生的最高CH_3Cl浓度达到将近300ppm[66]。Liu等将Sn掺杂进入TiO_2，实现了锐钛矿（101）向金红石相$Sn_{0.2}Ti_{0.8}O_2$(110）的转变，进而降低二氯甲烷氧化过程中CH_3Cl的生成，如图7-6（a）所示[4]。Dai等在TiSn载体上负载Ru，成功将氯苯氧化过程中二氯苯生成的温度窗口变得更窄，二氯苯的选择性也降低至7%，这一效果优于Ru/CeO_2和Ru/Co_3O_4[235,240,243]。Nb_2O_5拥有较弱的酸性位点，可以抑制具有C═C和C—Cl键的C_2H_3Cl的生成[252]。Zuo等合理调控了Nb_2O_5/TiO_2的比例，实现最优的氧化还原性能和酸性位，同时取得较高的比表面积，最终促进了C_2H_3Cl的最终氧化，实现CH_3Cl、CH_3CHO和CH_3COOH的彻底降解，如图7-6（b）所示[228]。

2. 抑制氯化反应

首先，Cl_2的生成与催化剂氧化还原性能有关。如何管理催化反应过程与Cl_2之间的氯化反应对于控制多氯代副产物的生成十分重要。比如说，Ru负载到CeO_2可以显著提升其氧化还原性能，进而促进Cl_2生成，因此二氯甲烷氧化过程检测到了除CH_3Cl之外的多氯代副产物$CHCl_3$和CCl_4[69]。具有强酸性能的催化剂可以有效抑制氯化反应。VO_x拥有较强的Brønsted和Lewis酸性位点，V可以为Brønsted V-OH提供质子源，进而促进HCl的生成，最终抑制氯化反应[253,254]。同样地，V/CNT催化剂产生较少的多氯代副产物和PCDD/Fs[180,199]。$CoCrO_x$复合氧化物催化剂拥有强酸性能，因此在二氯甲烷氧化反应结束后催化剂表面没有检测到多氯代副产物[63]。在单一催化剂上，1000ppm二氯甲烷氧化过程副产物$CHCl_3$和CCl_4的最高浓度达到500ppm，Wang等合成了Co_3O_4@ZSM-5强酸催化剂，成功将其降低至可忽略水平[203]。在Fe_2O_3和Ru/Ti_xSn_{1-x}催化剂上引入SO_4^{2-}可以有效提高催化剂的酸性，进而有效抑制CH_3Cl和$CHCl_3$的生成[204,205]。然而，这种抑制效果并不普适。SO_4^{2-}浸渍到Fe-Zr催化剂体系显著提升了二氯甲烷的转化率，但是增加了CH_3Cl选择性，当进一步提升Fe/(Fe+Zr)的比例才实现了该副产物的降低[232]。此外，H_3PO_4修饰常常导致更高的CH_3Cl选择性[69]。H_3PO_4修饰的CeO_2将尾气中CH_3Cl的选择性从<0.5%增加到最高18%[255]。H_3PO_4引入了O^{2-}，可以促进CH_3Cl生成的决定步骤：氢传递[256,257]，但是催化剂氧化还原性能却明显弱化，难以将CH_3Cl氧化为CO_x。但是，进一步提升PO_x含量可以提供更多的Brønsted酸性位点，进而降低碱性位强度，因此降低CH_3Cl选择性[255]。相反，在氯苯催化氧化过程中，HP-CeO_2产生了更多的苯，但是却检测到较少的氯代副产物，浓度约为8μg/m³，而且几乎检测不到二噁英。在单一CeO_2催化剂上，二噁英共检测到12种，浓度约为30μg/m³[169]。HNO_3处理后的LaSrMnO催化剂显著降低了氯乙烯催化氧化过程中$CHCl_3$、CCl_4和$C_2H_3Cl_3$的浓度，如图7-7（a）~（c）所示[258]。

部分氯代金属氧化物会为氯化反应提供Lewis酸性位点[259]。氯与金属基更强的亲和力可以抑制Cl脱附，进而促进氯化反应。因此，保护关键活性金属避免氯化对于抑制副产物的氯化十分重要。Sn—Cl（323kJ/mol）与Ti—Cl（213kJ/mol）相比具有更强的键能，因此 Sn 可以保护 TiO_2 避免深度氯化，进而抑制副产物的生成[4]。如图 7-7（a）～（c）所示，$LaMnO_3$ 催化剂 Sr 取代可以获得较强的碱性位点，而且 Sr—Cl 更容易形成，因此可以有效保护 Mn，防止参与氯化反应，显著降低 $CHCl_3$ 和 CCl_4 的生成量[258]。Weng 等将 Nb 引入 Cu-HZSM-5 催化剂来保护 Cu 物种避免氯化，这是由于 Nb 位点更倾向于吸附解离的 Cl 物种，因此抑制多氯代副产物的生成[260]。Dai 等合成了三明治结构的 CeO_2@ HZSM-5 催化剂，可以保护 CeO_2，避免将其暴露给二氯乙烷或 HCl 分子，最终成功抑制了多氯代副产物的生成[27]。CeO_2 负载高度分散的 FeO_x 可以成功抑制 Cl_2 生成，进而抑制多氯代副产物的生成[106]。碱金属可以为 Ca-Fe 体系提供氯离子的吸收池，实现稳定化[261-263]。MnO_x 催化剂加入 $CaCO_3$ 可以和解离的 Cl 结合，进而抑制多氯代副产物的生成[264]。碱金属 K 也可以将 Cl 转化为 KCl，因此在 MnCe/HZSM-5 催化剂体系中引入 K 可以降低氯苯氧化过程中含氯副产物的生成，而且几乎检测不到芳香烃的生成[208]。但是，一些新的副产物被检测到，包括 C_2H_3Cl、$C_2H_2Cl_2$ 和 C_3H_5Cl[208]。

许多金属组合方法被报道可以缓解氯化活性。Xing 等提出 Fe-Mn 催化剂存在金属间强相互作用，有更强的中等酸性位，可以抑制氯苯氧化过程中二氯苯的生成[265]。Wang 等用金属 Sr、Al 和 Fe 修饰 $LaMnO_3$ 催化剂可以实现氯苯氧化过程无二氯苯的生成[266,267]。VO_x/TiO_2 催化剂也被报道有相似的现象[144,268]。CrO_x 催化剂容易产生二氯苯，但是 Cr/TiO_2 催化剂在氯苯氧化过程却只检测到了苯[211,214]。在 Co_3O_4 催化剂体系中加入 Mn 可以调整 Cl 的吸附强度，进而抑制二氯苯的进一步氯化。相应地，三氯苯的生成曲线开始向高温区转移，最高浓度从 22ppm 降低至 2ppm[269]。向 Co_3O_4 催化剂中加入 Ru 可以形成 Ru-O-Co 物种，进而保护吸附在 Co^{2+}/Co^{3+} 附近的 Cl 物种，防止进一步氯化。最终，在 Ru/Co_3O_4 催化剂作用下，在二氯苯氧化过程中 1,2,4-三氯苯的生成浓度下降到小于 10ppm，最终在 300℃消失[243]。

7.2 Cl-VOCs 催化降解反应机理

在 Cl-VOCs 分子中，C—Cl 键常具有较低的解离能，因此，C—Cl 键的解离通常是 Cl-VOCs 催化降解的第一步。随后，中间体的进一步氧化会向最终产物迁移转化。但不容忽略的是，这些中间体物种在氧化过程中会与游离的 Cl 物种结合，极易发生氯化反应，从而生成更多含氯有机副产物，不利于催化降解反应的进行。由此，催化降解含氯 VOCs 机理可以分为催化降解反应路径机理及氯化反应机理，本节将围绕这两个机理部分展开。

7.2.1 Cl-VOCs 催化降解机理

1. 氯代烷烃催化降解机理

研究者普遍认为，催化剂表面的羟基自由基活性物种直接参与氧化，而不是氧气分子。Brink 等提出的二氯甲烷催化降解机理认为，二氯甲烷会与羟基反应生成半缩醛（HCHO），然后转化为甲氧基（CH_3O^-）（通过碱性位点的 Cannizzaro 机制生成）和甲酸

(HCOOH)[270]。Liu等通过原位红外证实了甲氧基的形成[3]。最后，甲酸盐物种被羟基氧化成 CO_x[3,124]。Liu等进行了电子结构分析后发现，金红石相 TiO_2(110) 面具有含丰富电子的表面桥连接氧原子，这促进了C—Cl键的断裂[4]。与硫酸盐反应形成的强酸性能更好地促进氯解离，并通过二氧亚甲基（—O—CH_2—O—）和甲醛（—CH_2O—）聚合生成乙酸盐和酚类物质[205,232,270]。

Gong等基于密度泛函理论（density functional theory，DFT）计算研究了 CeO_2(111) 面上二氯乙烷降解的反应路线[271]，发现催化剂表面二氯乙烷的主要吸附位点是氧空位，而酸性位并没有对二氯乙烷起到重要的吸附作用[271]。从图7-9（a）可以看出，由于C—Cl键的能量势垒较低，与具有高势能的C—C和C—H键相比，C—Cl键总是先于C—C和C—H键断裂。脱氯、脱氢和C—C键裂解依次发生，产生的中间体如图7-9（b）所示。He等提出了两种二氯乙烷催化降解的途径，分别是C—Cl键的断裂产生 C_2H_3Cl（HCl释放）以及C—C键的断裂产生 CH_3Cl[11,248]。晶格氧主要通过MvK机理与吸附的二氯乙烷和其他氯代物质分子的作用来参与氧化还原反应。随后，晶格氧和电子随着活性氧的补充而转移[11]。然而，在特定的催化剂作用下，C—C键并未发生断裂[248]。Cui等研究发现，随着温度的升高，C_2H_3Cl 依次转化为含碳离子（COO^-）、乙醇（C_2H_6O）和乙酸（CH_3COOH）[108,216]。醇类物质通常会在氧化还原能力较低的催化剂上检测到。Zhou等指出HZSM-5上的羟基和氧通过质子化和亲核氧化将 C_2H_3Cl 转化为氯氢盐、CH_3CHO 和 CH_3COOH[124]。最后，这些有机中间产物转化为 CO_x 和 H_2O。

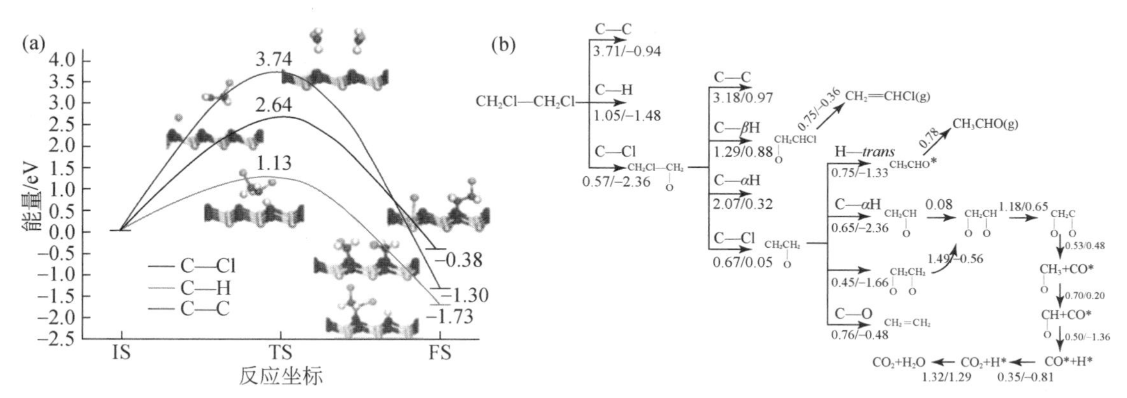

图7-9　(a) CeO_2 (111) 面上二氯苯第一次裂解的能量分布和关键态结构；(b) 使用DFT得到的反应路径和能量分布[271]

2. 氯代烯烃催化降解机理

氯乙烯和三氯乙烯是二氯乙烷降解过程中重要的副产物[11,248]。因此，氯乙烯和三氯乙烯的催化降解机理可以通过二氯乙烷的降解路径进行了解。氯乙烯的降解机理少有相关研究报道。Zhou等报道了三氯乙烯的催化降解路径，吸附在催化剂表面的三氯乙烯分子与表面羟基反应生成酰基氯，最终氧化成 CO_x、HCl、Cl_2 和 H_2O[124]。气相氧气分子活化产生的表面吸附氧与C—Cl和C═C键的活化密切相关，这促进了三氯乙烯的降解。更多的羟基物种有利于三氯乙烯催化氧化过程的脱氯化氢反应。

3. 氯代芳香烃催化降解机理

对氯苯催化降解来说，反应过程中氯苯分子首先吸附在 Brønsted 酸性位点上，然后 C—Cl 键发生断裂[21,272]。随后，表面活性氧物种和羟基自由基将苯基自由基氧化生成酚类物质，而后酚类物质进一步通过不同的氧化路径实现迁移转化[180,268]。由此可见，酚类物质是氯苯催化降解过程中的关键中间体。Zhu 等提出了氯苯在贵金属（Pd、Pt、Ru、Rh）上催化降解的机制[7]。苯酚的进一步氧化过程中可以检测到邻苯醌或对苯醌。然后，苯环上的 C—C 键发生亲核解离，环状结构被破坏生成马来酸酯或马来酸酐等更小分子物质。接着，马来酸盐物种进一步氧化产生乙酸盐、醛等简单小分子物质，最后被活性氧及羟基自由基等强氧化基团氧化成最终产物 CO_2、CO、H_2O、HCl 和 Cl_2。反应中间体物质如果没有得到有效的进一步氧化，极易以副产物的形式存在于尾气中或者残留在催化剂表面。尤其是对于氯苯这种结构较为复杂的分子，产生的中间体种类繁多。由此，通过副产物分析来探究催化氯苯降解机理也是重要的途径之一。Zhao 等研究了氯苯分子在 Mn-Ce-Zr 催化剂上的降解副产物的生成与分布情况，并据此提出了氯苯催化降解机理[241]：首先，C—Cl 键受到攻击发生断裂生成苯基和游离的氯离子。随后，Cl^- 水解生成 HCl，而苯基被进一步氧化产生苯氧基（路径 1）、2-丁烯和乙醛（路径 2）。其中，苯氧基又会被氧活性物种进一步氧化生成丙酮和乙醛，并形成含氧烃类（路径 3）、2-丁烯和乙醛（路径 4）。最后，这些中间体物质及副产物将被氧化成为最终产物[234,273]。原位漫反射傅里叶变换红外光谱（*in-situ* DRIFTs）直观地反映出 Cl-VOCs 催化降解反应过程中间体的生成与分布情况，因此，常被用于探究催化降解 Cl-VOCs 反应机理。Weng 等基于原位红外分析了 $MnCeO_x$ 和 $MnCeO_x$/HZSM-5 上氯苯分子的催化降解过程[234]。对于单一的 $MnCeO_x$ 催化剂体系来说，整个过程只涉及了 Cl 的解离和单一副产物苯的生成过程。而当 HZSM-5 作为载体引入之后，在氯解离之后，促进了酚盐物种的进一步解离。类似地，研究发现酚盐类物质会进一步被转化为苯醌和环己酮类物种，而后被氧活性物种和羟基自由基氧化成为乙酸盐和马来酸盐，最终形成 H_2O 和 CO_2[21]。

氯化反应会产生高氯代芳香烃类物质，因此，亲电取代后的进一步降解可视为二氯苯的降解过程[234]。二氯苯首先被氧化为奎宁类物质，接着 C—Cl 断裂，苯环结构被破坏，生成氯化乙酰盐和氯化马来酸盐，最后会受到游离 Cl 的攻击转化为多氯链烃或直接被彻底氧化生成终产物 CO_2/H_2O[253,274]。Tang 等提出了一种二氯苯在 CeMn 催化剂体系上降解的机理[20]，该机理强调二氯苯在催化剂上达到吸附平衡后，CeO_2 上氧空位附近的羟基自由基会提供氢与游离 Cl 结合形成 HCl，富电子的 Mn—O—Ce 键连体系的形成可以明显削弱 Cl 的吸附。研究者基于二氯苯在既有氧化还原位点又有酸性位点的 CeMn/TiO_2-SiO_2 催化剂体系上的催化降解实验研究，提出了一种简单的二氯苯催化降解机制[273]。二氯苯通过亲核取代被吸附在酸性位点上，随后被活性氧物种氧化[21,275]，最终生成反应终产物 CO_2、H_2O、Cl_2 和 HCl。DFT 计算表明酰氯化物是由游离的氧和氯生成的，即氧氯化反应[276]。Zhu 等提到在 V_2O_5/TiO_2 催化体系中，氯取代基越多，相应的反应活化能越高，氯苯催化降解反应的活化能约为 62. 5kJ/mol，三氯苯约为 86. 1kJ/mol[277]。同时，氯取代基越多，降解越难，这主要是由于电子屏蔽效应。然而，多氯代苯在亲核取代中更活跃，这也是造成氯化反应发生、众多含氯副产物生成的重要原因[275]。

4. Cl-VOCs 通用催化降解机理

一般来说，Cl-VOCs 的催化降解过程主要涉及四个步骤：Cl-VOCs 分子和氧气分子的吸附、活化、Cl 解离、C—Cl/C—C 键断裂和进一步氧化、最终产物的解吸[155,273,278]。由于 C—C 和 C—H 键键能较高，因此它们的断裂总是发生在脱氯（C—Cl 断裂）之后。催化降解机理取决于催化特性和 Cl-VOCs 的分子结构，降解过程多种多样，因此很难有统一的反应路径[279]。在大多数过渡金属氧化物催化剂体系降解氯苯和二氯苯的研究中，反应机制主要遵循 MvK 机理模型[168,280,281]。晶格氧通过吸附气态氧的补充参与氧化还原循环，即金属氧化物催化剂的金属价态循环。催化降解反应中，羟基自由基具有更高的催化活性，可以促进反应中间产物通过进一步氧化而向终产物迁移转化的过程[277,282]。催化剂表面的酸性位点对于催化降解 Cl-VOCs 起着至关重要的作用，而 Brønsted 酸性位点和 Lewis 酸性位点在反应中则发挥不同的作用。Weng 等研究发现，Brønsted 酸性位点主要通过亲核取代吸附 Cl-VOCs 分子，丰富的 Brønsted 酸性位点可以阻止催化剂 Cl 中毒[234]。Lewis 酸性位点是使 C—C 键发生断裂的核心活性位点，强化 Lewis 酸性有助于提高终产物的 CO_2 产率[108,277]。Bertinchamps 等研究发现，H_2O 的存在会降低催化剂表面的 Brønsted 酸性位点[283]。而 Wu 等却发现，H_2O 对 Brønsted 酸性位几乎无影响，并且发现 H_2O 的存在可以恢复 Lewis 酸性位[21]。由此发现，Brønsted 酸性位点与 Lewis 酸性位的比率会直接影响 Cl-VOCs 催化降解的表现。

基于以上研究总结，本小节得出了二氯甲烷、二氯乙烷和氯苯等 Cl-VOCs 分子的简化降解途径，如图 7-10 所示。二氯甲烷分子首先会被氧化为半缩醛（HCHO）、甲氧基（CH_3O^-）和甲酸酯（HCOOH）。然后，甲酸类物质被氧活性物种进一步氧化成终产物 CO_x 和 H_2O。二氯乙烷分子会首先转化为氯乙烷（C_2H_3Cl）、碳酸离子（COO^-）、氯乙醇（C_2H_5ClO）、乙醇（C_2H_6O）、乙醛（CH_3CHO）和乙酸（CH_3COOH）。紧接着，乙酸类物质也会被氧活性物种氧化成终产物 CO_x 和 H_2O。氯苯分子结构相对复杂，催化转化产生的中间体也较多，其中主要是一些具有环状结构的物质。它首先会被转化为苯基、苯氧基、2-丁烯醛（C_4H_6O）、乙醛（C_2H_4O）、苯醌（$C_6H_4O_2$）、环己酮（$C_6H_{10}O$）、丙酮（C_3H_6O）、乙醛（CH_3CHO）、甲酸（HCOOH）和马来酸盐（$C_4H_4O_4$）。而后甲酸和马来酸盐最终被氧化为终产物 CO_x 和 H_2O。

7.2.2　Cl-VOCs 氯化反应机理

氯化反应过程会伴随 Cl-VOCs 催化降解过程的发生。7.1.5 节中提到 Cl-VOCs 催化降解过程中会产生一定量的含氯副产物，特别是氯苯降解会产生多种多氯芳烃，甚至毒性更强的 PCDD/Fs 等物质。而这些含氯有机副产物的形成和氯化反应过程是直接相关的，换言之，含氯有机副产物是氯化反应的部分产物。因此，研究氯化反应机理是研究氯迁移转化路径的关键性步骤，更为解决氯化问题提供良好的理论依据。

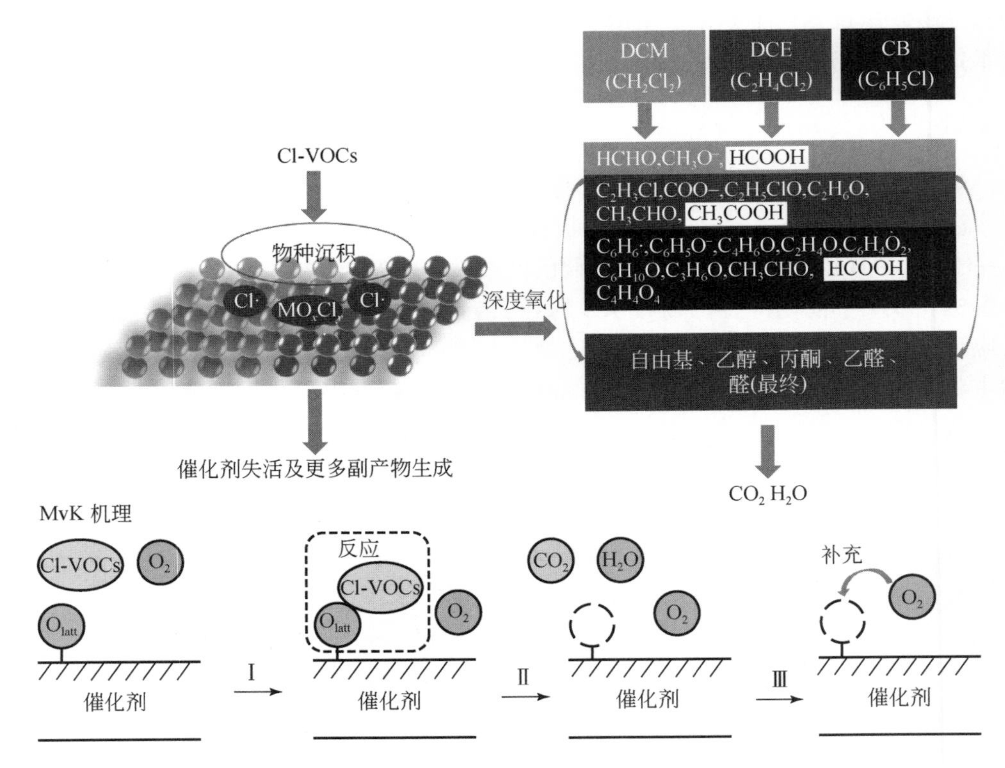

图 7-10　二氯甲烷、二氯乙烷和氯苯的反应路径以及 MvK 机理

1. 氯代烷烃降解机理

二氯甲烷分子初步氧化反应生成的甲氧基物种容易与 C—Cl 键断裂产生的游离 Cl 物种发生氯化反应。Bink 等提出甲氧基氯化和氢的迁移转化会实现由—O—CH_2—O—向氯甲氧基（—O—CH_2Cl）的转变，最终生成 CH_3Cl[52,232]。同时，氯甲氧基会发生歧化反应，反应过程会不断消耗大量的羟基自由基[284]。Krawietz 等提出氯甲氧基可以与二氯甲烷降解的另一中间体物质半缩醛反应生成甲酸盐物种和 CH_3Cl[285]。此外，有研究发现在氧化条件下，氢化物的转化速率决定了由氯甲氧基生成 CH_3Cl 的反应速率，但是，只有当一定量的甲醛物种生成之后，CH_3Cl 才会开始形成[124,255]。根据化学计量计算分析，Mijoin 等证实了两个二氯甲烷分子和一个 H_2O 分子会降解成一个 CH_3Cl 分子、一个 CO 分子和三个 HCl 分子，属于歧化反应[286]。总的来说，产生争议最多的焦点问题是 Cl 的供体是谁？很多研究都认为 CH_3Cl 的形成与甲醛和甲氧基物种紧密相关，如何促进甲醛和甲氧基物种的进一步氧化，从而抑制 CH_3Cl 的生成是解决二氯甲烷催化氧化过程中氯化问题的关键[124]。有研究发现，Cr^{6+}具有较强的氧化还原能力、丰富的氧物种和良好的氧迁移能力，可以通过向催化剂中添加 Cr 来实现甲醛和甲氧基物种的深度氧化，进而抑制氯化过程[124]。此外，SO_4^{2-} 络合物被认为具有比表面氧物种更高的氧化活性，可以通过亲电子氧化将氯甲基硫酸酯氧化为甲酸盐，相应地，表面氧活性物种可以将有机 SO_3^{2-} 氧化为 SO_4^{2-} 和甲酸盐物

种[204,287]。相似地，另有研究在 Ru/SO_4^{2-}-Ti_xSn_{1-x} 催化剂体系二氯甲烷催化氧化实验中得出了类似的结论[204]。研究发现 Ti-O-Sn 促使在具有强酸性的缺陷上产生更多高活性的氧物种和 SO_4^{2-}-Ti^{4+} 络合物。高活性的氧化性物种会促进中间体的深度氧化，同时，二氯甲烷会与 SO_4^{2-}-Ti^{4+} 络合物相互作用形成 S—O—CH_3Cl，其进一步被羟基自由基氧化成 S—O—CH_2—O—。紧接着，SO_4^{2-} 对 S—O—CH_2—O—进行单电子氧化生成羧酸类物种，最后被表面氧物种氧化成为终产物 CO_2。自由基取代反应同样会生成其他含氯副产物，如 $CHCl_3$ 和 CCl_4，这主要是由于氯物种和氯氧化物对 CH_2Cl_2…HO—M 的氯化作用[69]。由此可见，在二氯甲烷的催化降解过程中，Cl_2 的生成促进了自由基取代反应的发生，最终导致更多的氯代有机副产物的生成，如 $CHCl_3$ 和 CCl_4，众多含氯有机副产物的累积会使得催化剂钝化，甚至发生中毒，从而抑制催化降解二氯甲烷主反应的效率。

在二氯乙烷的催化降解过程中，氯化反应和脱氯化氢反应会同时发生，由此产生的多氯代副产物体系更为复杂，而二氯甲烷的氯化更是二氯乙烷氯化路径中的一部分。如图 7-11 所示的两条路径：二氯乙烷降解的初产物 C_2H_3Cl 依次转化为 1,1,2-$C_2H_3Cl_3$、C_2HCl_3 和 C_2Cl_4，而二氯甲烷降解初产物 CH_3Cl 依次转化为 CH_2Cl_2、$CHCl_3$ 和 CCl_4[288,289]。此外，1,1,2-$C_2H_3Cl_3$ 也可以通过 C—C 键的断裂分解成为 CH_3Cl 和 CH_2Cl_2[288]。Dai 等进一步发现

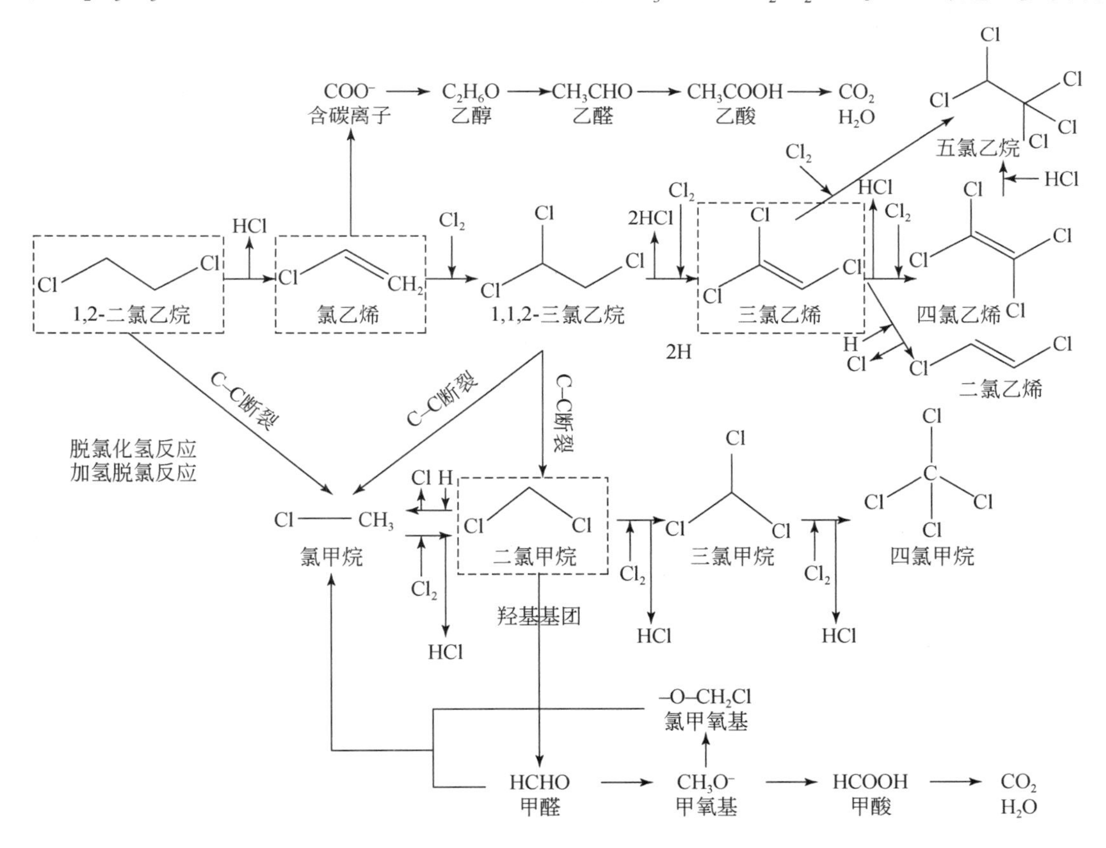

图 7-11 氯代烷烃和氯代烯烃催化氧化过程常见副产物和重要中间体生成路径

了由 $C_2H_2Cl_2$ 生成 C_2H_3Cl 这一反应路径[27]。为抑制更多氯化反应副产物的产生，应促使 C_2H_3Cl 的深度氧化而阻止其发生氯化。Zou 等提出 HZSM-5 催化剂上的羟基自由基和氧物种通过质子化作用和亲核氧化作用将 C_2H_3Cl 转化为氯醇盐，进一步氧化为 CH_3CHO 和 CH_3COOH[10,271]。氯化过程产生的氯代副产物容易吸附在催化剂表面，占据氧空位，破坏其他中间体的吸附稳定性。因此，催化氧化反应势能会相应提高甚至导致催化剂失活。

2. 氯代烯烃降解机理

三氯乙烯分子中的 C ═C 键容易被活化发生亲电氯化作用而形成 C_2HCl_5[290]。解离出的 C—Cl 键促进了 O_2^- 活性物种的脱氯化氢作用，进而产生全氯乙烯[124,290]。此外，另一更常见的全氯乙烯生成路径是金属氯化物和 Cl_2 对于三氯乙烯的氯化过程。较强的氧化还原能力及丰富的迁移能力、良好的活性氧物种是中间产物（全氯乙烯和酰氯物种）快速氧化成 CO_x 的关键。值得注意的是，通过 Deacon 反应生成的大量 Cl_2 也是有利于全氯乙烯生成的。

3. 氯代芳香烃降解机理

Zhao 等基于 Ce-Zr 催化剂体系对于氯苯的催化氧化过程展开研究，提出了一系列通过亲电取代反应形成二氯苯的过程，进一步与 O_2^- 和 Cl 自由基作用转化为 $CHCl_3$ 和 CCl_4[234,241]。类似地，Weng 等研究指出酚盐氧化产生的末端中间体（乙酸盐和马来酸盐）同样可以发生亲电取代生成氯代碳氢化合物（$C_xH_yCl_z$）[234]。图 7-12（a）清楚地表示出氯苯在贵金属催化剂上催化氧化过程伴随的向多氯苯的演变过程。空间效应和电子效应会降低 1,2-$PhCl_2$、1,3,5-$PhCl_3$ 和 1,2,3,4-$PhCl_4$ 的生成量[7]。图 7-12（b）则描述了 1,2-二氯苯的氯化过程，这里氯苯和 1,4-二氯苯被认为是初产物。1,2-二氯苯与羟基自由基相互作用后产生氧中心异构体自由基[213]，进而，受到 H * 的攻击会产生氯苯。如果氯苯没有从催化剂上解吸，C—H 会受到 Cl 物种的攻击转化成 1,4-二氯苯。因此，脱附和氯氧化之间的竞争作用决定了大量多氯苯副产物的产生与否，更高的反应温度和较弱的 Cl 物种吸附能力是阻断氧氯化的两个重要的手段[213]。

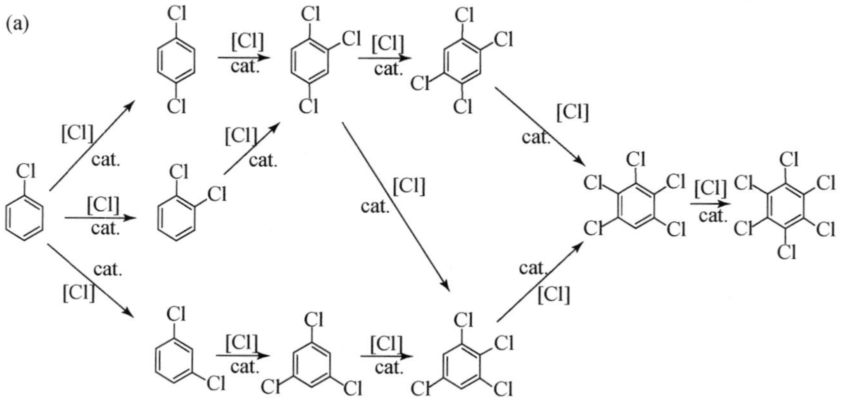

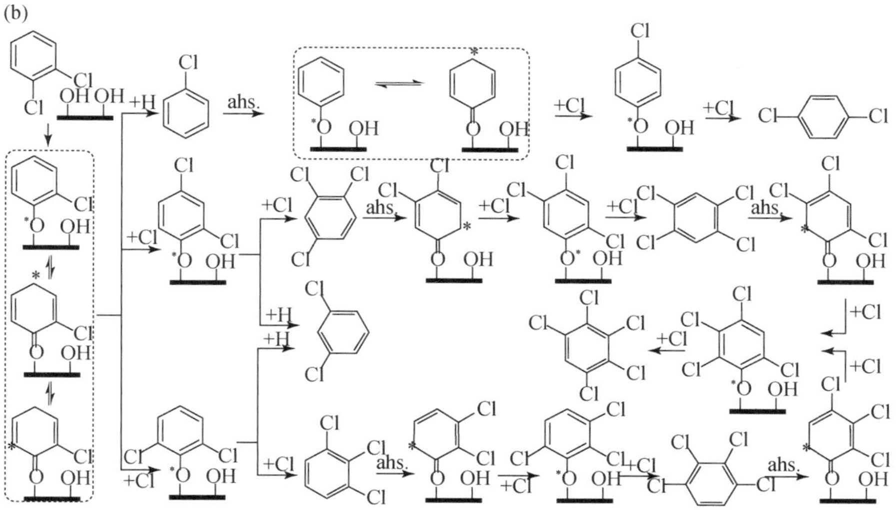

图 7-12　(a) 氯苯向多氯苯的氯化过程；(b) 二氯苯向多氯代有机物的氯化过程

4. Cl-VOCs 通用的氯化反应机理

氯化反应过程更常发生于中间体产生的各个步骤。Deacon 反应生成的 Cl_2 和催化剂表面游离的 Cl 物种（金属氯化物和金属氯氧化物）是促使氯化反应发生的重要原因。因此，促进 Cl-VOCs 催化降解反应中间产物向终产物的深度氧化，从而减少来自 Cl 物种的攻击是至关重要的。相关研究发现，一定的湿度条件会加速 Cl 物种在催化剂表面的清除，进而抑制亲电取代过程，而这更多地是归因于羟基化过程产生的大量羟基自由基[234]。氯化过程产生的游离 Cl 物种发生亲电取代反应通常和金属氯化物的 Lewis 酸性位点联系紧密[234]。对于二氯甲烷催化降解过程来说，反应产生的甲氧基发生氯化反应会产生氯甲氧基，进一步与半缩醛反应产生甲酸盐物种和 CH_3Cl。CH_3Cl 会与具有高反应活性的 Cl_2 和氯氧化物生成 $CHCl_3$ 和 CCl_4。二氯乙烷催化降解过程会产生 1,1,2-$C_2H_3Cl_3$、C_2HCl_3 和 C_2Cl_4 等多氯代有机物。如果以上物种的 C—C 键在反应中被进一步破坏，则会产生 CH_3Cl、CH_2Cl_2、$CHCl_3$ 和 CCl_4 等含氯副产物。氯苯的氯化反应过程可能逐步产生二氯苯、三氯苯等多氯苯副产物。此外，Cl-VOCs 催化降解过程产生的非氯代中间产物，容易受到 Cl 物种的攻击（亲电取代反应），这也是产生氯代有机物副产物的重要途径。O_2^- 活性物种参与氯氧化反应，是多氯副产物生成的关键因素。二氯甲烷和二氯乙烷的加氢脱氯和脱氯化氢是生成其催化反应过程最主要含氯副产物的关键步骤，即 CH_3Cl 和 C_2H_3Cl 的产生。氯乙烯和三氯乙烯是二氯乙烷催化降解过程中的中间体物质，也有相似的降解路径及氯化反应过程。但是，与二氯甲烷和二氯乙烷催化降解不同，氯乙烯和三氯乙烯催化反应过程最主要的含氯副产物（$CHCl_3$ 和 C_2Cl_4）是通过氯化反应而不是脱氯反应产生的。

7.3 含溴挥发性有机物

Br-VOCs 是现已查明的臭氧层（ODS）消耗物质之一，具有比 Cl-VOCs 更高的臭氧层破坏能力，如溴代烃贡献了南极臭氧空洞的 20% ~50%、溴自由基对臭氧的破坏能力是氯的 50 倍左右。Br-VOCs 主要包括溴甲烷、二溴甲烷、1,2-二溴甲烷、一溴二氯甲烷、一氯二溴甲烷和 1,2-二溴-3-氯丙烷等，而溴甲烷是溴代烃中最大的单一源，又称为溴代甲烷或甲基溴，它的全球变暖潜能值（ODP）被确定为 0.6μL/m^3，在大气中的平均寿命为 1 ~3 年。1992 年内罗毕会议和同年在哥本哈根召开的《关于消耗大气臭氧层物质的蒙特利尔议定书》（简称《蒙特利尔议定书》）第四次缔约国大会都将溴甲烷列为受控物质，要求发达国家于 2005 年、发展中国家于 2015 年全面淘汰溴甲烷。我国于 1998 年和 1999 年分别签署了《保护臭氧层维也纳公约》和《蒙特利尔议定书》，并于 2015 年 6 月 30 日停止生产 ODS 产品。此外，于 2019 年 1 月 1 日起，含有溴甲烷成分的农药产品也被禁止使用。鉴于溴甲烷的特点，目前有关卤代甲烷破坏臭氧层的研究主要集中在溴甲烷上（氯甲烷也是其中之一），对溴甲烷的毒性、破坏臭氧层特性、来源、源头替代以及后处理净化等方面展开了大量的研究。与氯代甲烷相比，环境中溴甲烷来源更加多样化且净化处理具有其自身特性。

7.3.1 溴甲烷来源

1. 海洋、天然生物释放

海水含有高浓度的氯离子和溴离子，是天然卤代有机化合物的大本营，海洋已经被证明是溴甲烷自然源中最大的释放源，而溴甲烷作为一种易挥发性且难溶于水的低碳卤代烃在自然条件下很容易释放至大气环境中[291]。另外，与氯离子相比，溴离子更易被海洋生物利用（海洋中存在溴的过氧化物酶），即当溴离子和过氧化氢共存时会产生溴化有机底物，再经过一系列氧化过程溴离子就能与有机物结合形成大量的溴甲烷。研究表明海洋中的溴甲烷与海洋化学及光化学等非生物过程密切相关，但生物作用如浮游植物、藻类释放溴甲烷也是主要途径之一。科研人员发现很多海洋浮游植物都可以产生氯甲烷、溴甲烷和碘甲烷等有机物，另外，简单的海藻中也能分离得到包括溴甲烷在内的多种卤代甲烷[292]。自《蒙特利尔议定书》、《哥本哈根修正案》实施以来，人为释放的溴甲烷越来越少，而自然源尤其是海洋释放量所占比例越来越高（35Gg/年）。海水中溶存的 CH_3Br 可能的去除途径包括：水解反应（$CH_3Br+H_2O \longrightarrow CH_3OH+H^++Br^-$）、氧化还原反应、表层海水中的化学降解、大气中的光化学降解（与羟基自由基的反应）、生物降解和生物浓缩作用、沉积物吸附、海-气交换作用，其中以水解反应和海-气交换作用为主，目前没有更好的人为集中处理方法[293]。

2. 生物质燃烧释放

早期认为海洋自然释放、熏蒸人为排放是环境中溴甲烷的两大来源，近年来发现生物质的燃烧也会释放出大量的溴甲烷，原因在于天然有机材料如木头和燃料大多都含有可观含量的无机卤素成分，这些无机卤素在燃烧过程中会产生卤代甲烷（图 7-13）[294]，初步估计全球由生物质燃烧排放的溴甲烷为 10 ~ 50Gg/年（2012 年估算为 23Gg），与海洋释放、熏蒸产生的溴甲烷相当。另外，生物质燃烧过程也会产生大量的氯甲烷，且比溴甲烷的量更大，估计每年释放 1. 8Tg。

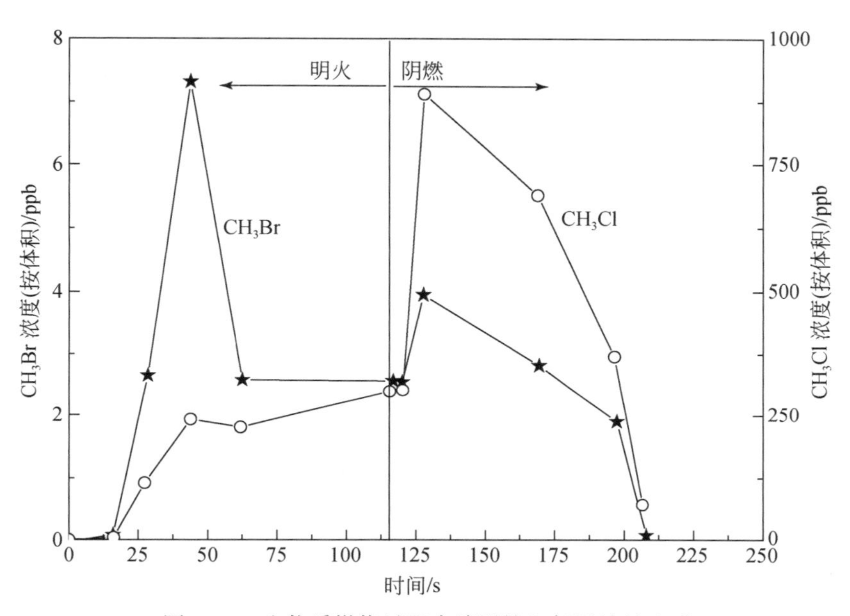

图 7-13　生物质燃烧过程中溴甲烷和氯甲烷的生成

3. 烘焙、烹饪过程产生

由于食品原材料生长环境如海洋以及食盐中通常也含有溴，尤其很多西方国家在烘焙过程中会添加一些含溴的原材料，如作为面团调整剂、抗氧化剂的 $KBrO_3$，当这些溴源存在时，果胶和木质素等在高温下（烘焙）会通过一系列反应生成溴甲烷和氯甲烷（图 7-14），其产生量与烘焙过程中 Br 的转化效率、面粉甲氧基含量以及烹饪方法、食谱

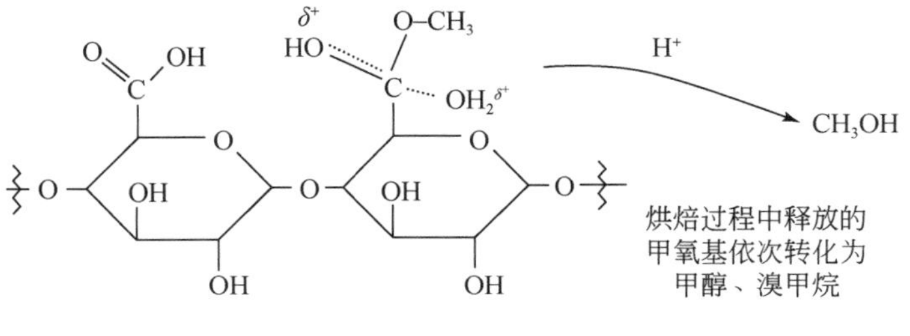

H^+ → CH_3OH

烘焙过程中释放的甲氧基依次转化为甲醇、溴甲烷

$$CH_3OH+H^++Br^- \longrightarrow CH_3Br+H_2O$$

图 7-14　烘焙过程中溴甲烷的生成途径

等有关[295]。与烘焙过程类似，其他烹饪过程中也会或多或少地产生溴甲烷。尽管 $KBrO_3$ 作为烘焙添加剂已开始禁用，烘焙过程产生的溴甲烷逐渐降低，但是作为与溴甲烷类似的氯甲烷的产生仍然不可避免（食品烹饪过程中食盐氯化钠的使用不可避免）。

4. 土壤熏蒸、检疫及装运前熏蒸释放

溴甲烷因其具有良好的穿透性和低残留性，在土壤杀虫杀菌、国境检疫处理如检疫及装运前熏蒸（quarantine and preshipment fumigation，QPS）中被广泛应用，但其也是毒性最强的熏蒸剂之一，对生物具有很强的毒性。尽管《蒙特利尔议定书》规定在 2015 年前包括发展中国家在内全面禁止使用溴甲烷，然而，由于目前仍未发现溴甲烷的有效的替代物，《蒙特利尔议定书》在 1992 年的修正案中豁免了溴甲烷在 QPS 中的使用，并从 2003 年起增补了溴甲烷的关键用途豁免条款以用于农产品有害生物的熏蒸处理。因此，在未来很长一段时间内来自熏蒸过程的溴甲烷排放不可避免，据估算熏蒸过程中 50%~80% 的溴甲烷被释放至大气中，每年产生 20 ~60Gg[296]。

5. 精对苯二甲酸行业废气排放

精对苯二甲酸（PTA）是生产诸如聚对苯二甲酸乙二酯（PET）聚酯、涤纶等化学纤维的主要原料，通常在乙酸钴/乙酸锰/溴化氢催化剂存在下由对二甲苯（PX）的空气氧化而合成。在此反应过程中反应器顶部将产生含有乙酸、水、氮气、氧气、二氧化碳、一氧化碳、对二甲苯、乙酸甲酯、溴甲烷等多种气体的 PTA 尾气。PTA 尾气具有成分复杂、浓度高（非甲烷总烃通常超过 1700μL/L，严重超过国家排放标准）、废气量大（一套 30 万 t/年的 PTA 装置，其废气排放量在 $80000Nm^3/h$ 以上，Bloomberg 数据显示，截至 2017 年年底，全球 PX 产能达 5270 万 t 且增速高达 10%~20%，其中中国 PX 产能达 1463 万 t，甚至 2021 年末国内 PTA 产能预计将达到 7309 万 t）、溴甲烷危害大（有毒、臭氧层破坏、废气净化催化剂毒化失活）等特点。尤其是溴甲烷的存在对尾气治理提出了严苛的挑战，是近年来废气治理关注的重点之一。

6. 甲烷溴化、溴氧化制烯烃行业废气排放

随着化工产业及能源开发利用的变革升级，近年来，有关甲烷（天然气的主要成分、资源丰富）催化活化和选择转化的研究进入科研人员的视野，主要技术路线包括直接转化、合成气、卤化等，其中卤化技术路线（包括氯甲烷、溴甲烷和碘甲烷路线）受到格外关注（图 7-15）[297-299]。该技术路线主要是甲烷首先通过卤化转化为卤代甲烷（氯甲烷、溴甲烷），然后卤代甲烷进一步转化为甲醇、二甲醚、高碳烃、低碳烯烃等高附加值的产品。相较于甲烷部分氧化、直接转化或氧化偶联等甲烷直接活化途径，卤化技术具有反应温度低、节省能耗且产物卤代甲烷可相对容易地转化为其他化学品等特点，具有较大的经济意义。又由于溴的氧化能力较弱，溴氧化途径可更高选择性地生成目标产物溴甲烷，且生成的溴甲烷 C—Br 键相较氯甲烷中的 C—Cl 键较弱，更易于后续反应的发生。但是这些工艺必定要排放一定量的卤代烃废气，甚至伴随着甲烷、含氧烃类、烯烃等有机物，在后处理净化方面存在一定的难点，需对该行业未来的废气治理予以重视。

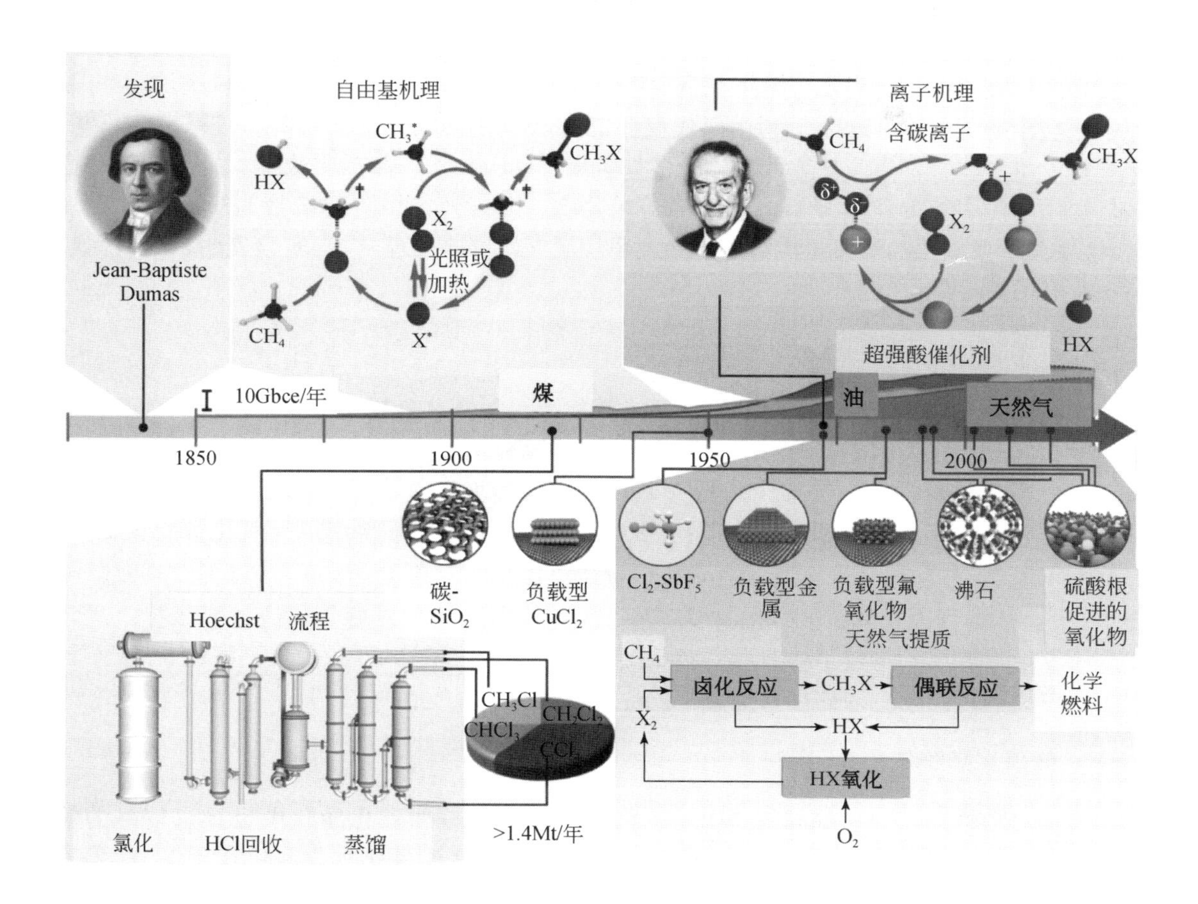

图7-15　天然气转化卤化路线发展历程

7.3.2　溴甲烷常见的处理方法

溴甲烷作为挥发性有机物与传统的VOCs一样，可以采用诸如活性炭或沸石吸附、吸收、燃烧等多种手段或组合手段加以净化，但鉴于溴甲烷独特的应用场合和自身特点，也有一些“专用”的净化处理方法。

1. 化学反应吸收降解法

硫代硫酸盐是一类能与卤代烃发生快速反应的亲核试剂，如溴甲烷与硫代硫酸钠能够快速反应生成无毒的甲基化硫代硫酸钠和溴化钠（$Na_2S_2O_3 + CH_3Br \longrightarrow CH_3NaS_2O_3 + NaBr$），该反应可以用于溴甲烷废气的化学降解，尤其适用于废气成分简单、废气量较小、溴甲烷浓度高的熏蒸行业溴甲烷尾气无害化处理。张广平等详细研究了通过硫代硫酸盐降解法处理熏蒸尾气[300]，结果表明硫代硫酸钠溶液能快速降解尾气中的溴甲烷。该方法具有条件温和、降解效率高等优点，美国的 Value Recovery 公司利用硫代硫酸钠降解技术与相转移催化技术的组合实现了溴甲烷回收处理的商业化，澳大利亚的 Nordiko 公司也将该技术成功商业化。除此之外，利用卤代烷还能与氢氧化钠、醇钠、酚钠、硫脲、硫醇钠、羧酸盐、氨、胺等发生亲核取代反应，诸如氢氧化钠吸收法、胺类吸收法、臭氧分解法也被广泛用于溴甲烷的化学降解。田毅峰等采用 20% 氢氧化钾-乙醇溶液为吸收液并添加 0.5% 碘离子作催化剂研究了熏蒸后残余溴甲烷尾气的回收处理[301]，实验表明最多可回收 98% 左右的溴甲烷尾气。

2. 生物降解法

海洋作为大气中溴甲烷主要的自然源，其很大一部分来自某些浮游生物、细菌等代谢的产物，因此，这表明生物降解法可以作为溴甲烷净化的途径之一。某些生物如从溴甲烷熏蒸的土壤中分离的 IMB-1 细菌菌株（基因组内含有两种具有转甲基活性的卤甲烷氧化酶）可以以溴甲烷为碳源和能量来源，在甲基单氧酶的作用下将溴甲烷氧化分解为 CO_2、H_2O 和 HBr[302]。同样，来自苏北盐城海岸带盐沼卤代甲烷降解菌 m3-35 也可以高效降解溴甲烷[303]。尽管生物降解法净化溴甲烷具有工艺简单、环境友好等优点，但该技术通常仅适用于溴甲烷尾气量较小的情形，对于大气量的溴甲烷尾气处理占地规模较大、成本较高，至今仍未见到完全商业化的报道。

3. 光催化降解法

光催化降解作为一种温和的 VOCs 净化方式在溴甲烷的催化净化中也具有较好的效果。如 Su 等系统研究了溴甲烷在 TiO_2 基催化剂上的气相光催化氧化净化[304,305]，结果表明在紫外光（365nm）、30～105℃温和条件下，TiO_2 对溴甲烷的降解表现出高活性，但是 TiO_2 在反应初始阶段存在显著的失活现象，且水的存在也会很大程度上抑制降解性能，原因在于反应生成的富电子基团、水等对溴甲烷降解亲电性活性中心具有毒化作用。后续发现将 SO_4^{2-} 引入 TiO_2 会显著提高 TiO_2 光降解溴甲烷的性能，主要是因为 SO_4^{2-} 与 TiO_2 表面形成双齿配位结构使得 Ti^{4+} 的正电性增强，有利于 TiO_2 导带上的光生电子向表面迁移，提高了光生电子与空穴的分离效率，且 SO_4^{2-}/TiO_2 催化剂表现出优异的水汽耐受性。

4. 催化燃烧法

催化燃烧（催化氧化）法在 VOCs 的净化中广为应用，其通常只需 250～350℃的反应温度，具有耗能低、设备占地小、运行成本低、适用范围广等优点，在理想状况下可将溴甲烷完全矿化为 CO_2、H_2O、HBr 和 Br_2，而分解后的无机产物经 NaOH 或 NaOH-尿素（提高吸收效率，溴酸钠、次溴酸钠进一步无毒化）碱液吸收后的尾气可直接排放，无二次污染和后处理等问题，在燃烧及碱吸收过程中主要发生的反应如下[306]：

$$4CH_3Br+7O_2 \longrightarrow 2Br_2+4CO_2+6H_2O \tag{7-1}$$

$$2CH_3Br+3O_2 \longrightarrow 2HBr+2CO_2+2H_2O \tag{7-2}$$

$$Br_2+2NaOH \longrightarrow NaBr+NaBrO+H_2O \tag{7-3}$$

$$3Br_2+6NaOH \longrightarrow 5NaBr+NaBrO_3+3H_2O \tag{7-4}$$

$$HBr+NaOH \longrightarrow NaBr+H_2O \quad (7\text{-}5)$$

$$4(NH_2)_2CO+3Br_2+4H_2O \longrightarrow 6NH_4Br+4CO_2+N_2 \quad (7\text{-}6)$$

$$(NH_2)_2CO+2HBr+H_2O \longrightarrow 2NH_4Br+CO_2 \quad (7\text{-}7)$$

$$(NH_2)_2CO+3NaBrO \longrightarrow 3NaBr+CO_2+N_2+2H_2O \quad (7\text{-}8)$$

$$(NH_2)_2CO+NaBrO_3 \longrightarrow NaBr+CO_2+N_2+2H_2O \quad (7\text{-}9)$$

另外，由于排放溴甲烷废气的行业通常是废气组成复杂的 PTA 行业以及潜在的甲烷卤化行业，这些行业废气中除了溴甲烷外更多的组分为传统 VOCs，催化燃烧法相较于化学反应法、生物降解法、光催化法等更具有广谱性、经济性、适用范围广等特点，是溴甲烷相关行业废气净化的主流方法之一。同样，溴甲烷催化燃烧的关键问题仍然是开发高活性、高稳定性、高选择性的催化剂，因此，本文将对催化燃烧法处理溴甲烷废气的最近进展做简要归纳和总结。

7. 3. 3　Br-VOCs 催化燃烧

与传统 VOCs 相比，溴甲烷等 Br-VOCs 的催化燃烧与 Cl-VOCs 一样面临着催化剂易受反应生成的 HBr 或 Br_2 中毒失活以及多溴副产物选择性等问题，但 Br-VOCs 的催化燃烧与氯代烃和氟代烃也存在明显的不同之处，如后两者可以通过加入水和氢（烃类）等氢源提高生成卤化氢的选择性，从而降低其对催化剂的中毒作用，而该策略对溴代烷烃的作用通常并不明显，在溴代烷烃催化燃烧时，单质溴的选择性都很高，可达到 80% 左右。高选择性的 Br_2 可能导致催化剂的快速失活以及多溴副产物的生成（在溴甲烷催化燃烧中通常没有多溴副产物，但是多碳含溴烃类目前未见详细报道），这些特点将对溴代烃催化燃烧催化剂的开发提出新的问题和挑战。目前催化剂开发的研究工作主要集中在负载型贵金属催化剂和体相型过渡金属催化剂两类上，并开展了诸如载体性质裁剪、第二组分促进、表面酸碱性调变、氧化还原能力控制等的改性，期望在活性、寿命、产物选择性及反应机理等方面实现提升、优化和控制。

1. 贵金属催化剂上 Br-VOCs 的催化燃烧

Pt 和 Pd 等贵金属催化剂用于 VOCs 的催化燃烧已经被证明是一种高活性、高稳定性、耐高温、广谱性的催化剂并已商业化多年[307-309]，同样也可以作为 Br-VOCs 催化燃烧的主要活性组分并受到科研人员的优先关注。如 Pignatello 等考察了 CeO_2-Al_2O_3、Al_2O_3、TiO_2 等不同载体上负载的 Pt 和 Pd 催化剂对溴甲烷催化燃烧的性能（图 7-16）[310]，发现 Pt/30% CeO_2-Al_2O_3 催化剂表现出最高的活性，高浓度的溴甲烷（针对熏蒸行业废气）在 400℃时能够完全氧化，作者认为其高活性与 CeO_2 的特性密切相关。另外，Pt/30% CeO_2-Al_2O_3 催化剂也表现出高的抗水性能（水蒸气的存在并不影响催化活性）以及较好的稳定性（3 次活性循环测试和 400℃下耐久性测试溴甲烷转化率几乎不变，活性组分在低温、高温下均未发现溴化现象），矿化后的含溴无机产物主要是 HBr 和 Br_2，而 Br_2 的选择性更依赖于反应温度，如在 350℃时可达到 90%。此外，作者发现 Br_2 主要是通过类 Deacon 反应（$2HBr+1/2O_2 \longrightarrow Br_2+H_2O$）产生而非溴甲烷的直接氧化产生。Windawi 等研究了

Al_2O_3 和 TiO_2 负载的 Pt 蜂窝整体式催化剂对 Br-VOCs（溴甲烷）催化燃烧的效果[311]，结果表明苯的加入不会抑制 Al_2O_3 基催化剂的溴甲烷活性，但是会明显抑制苯的燃烧，其原因是无机溴会强吸附在 Al_2O_3 载体上，导致催化剂的中毒失活。相反，对于 TiO_2 载体催化剂，苯的活性并不受溴甲烷的影响，而溴甲烷的活性却受到苯的抑制，原因归结为苯与溴甲烷间对活性位的竞争吸附以及对溴甲烷自由基的抑制。

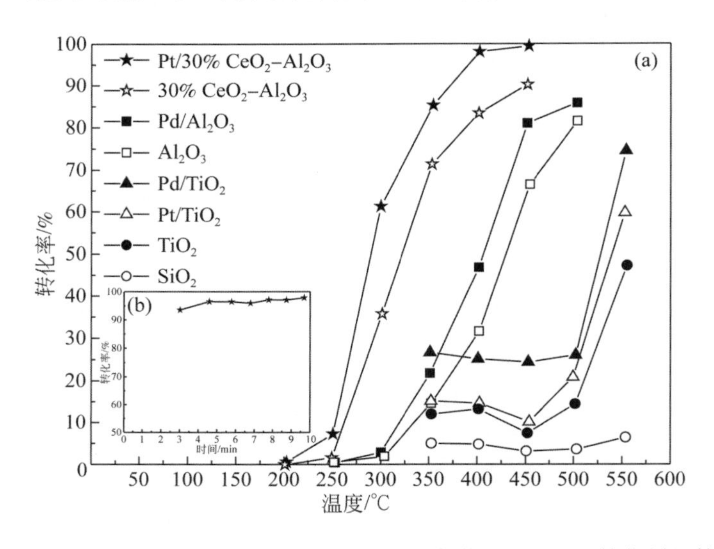

图 7-16 （a）溴甲烷在 CeO_2-Al_2O_3、Al_2O_3、TiO_2 负载的 Pt 和 Pd 催化剂上催化燃烧及（b）Pt/30% CeO_2-Al_2O_3 催化剂的稳定性

尽管 Pt、Pd 等传统贵金属催化剂在 VOCs 催化燃烧中被广泛研究和应用，但是对于纯 Br-VOCs 催化燃烧相关的研究报道较少，大量的研究主要是集中在 PTA 行业（针对传统 VOCs 净化为主，提高抗溴中毒能力），在后续章节给予详细介绍。但是从实际应用角度出发（工业废气通常组成复杂、浓度变化幅度大、催化剂需耐高温），开发面向复杂气体成分的贵金属催化剂仍是主流，更多的研究应该面向抑制催化剂失活、多溴副产物的生成，而不同载体的选择和改性、助剂的选择以及贵金属的制备方法、工艺尤为重要。近年来，价格相对低廉的 Ru 基贵金属催化剂在 Cl-VOCs 催化燃烧方面表现出优异的催化特性而备受关注，被认为是 Cl-VOCs 催化燃烧催化剂中最具应用前景的催化剂之一。与此同时，Ru 基催化剂也被大量应用于 Br-VOCs 的催化燃烧。Liu 等研究了溴甲烷在不同载体如 TiO_2（P25）、SiO_2、Al_2O_3 和 ZrO_2 负载的 Ru 催化剂上的催化氧化（图 7-17 所示），结果表明相较于 Pt、Pd 贵金属催化剂，Ru 基催化剂对 Br-VOCs 的催化燃烧具有极高的活性，Ru/TiO_2 催化剂对溴甲烷（100ppm）表现出最高活性（T_{90}仅为 212℃），即使活性最差的 Ru/ZrO_2 催化剂的 T_{90}也仅 232℃[312]。此外，作者也强调了 Ru 的活性很大程度上依赖于载体的性质。通过对比我们前期关于 Ru 基催化剂上 Cl-VOCs 催化燃烧研究，我们认为 Ru 的状态、分散度也非常重要，由于金红石相的 TiO_2 与 RuO_2 具有更为接近的晶体结构，体现为 Ru 更容易高度分散、更高的催化活性，而作者的结果也表明 Ru 倾向于锚定在金红石相的 TiO_2 表面。溴甲烷氧化的主要含溴产物为 HBr 和 Br_2，没有含溴的有机副产物产生，

且 Br_2 的选择性高达 95%，作者认为 Br_2 来自溴甲烷的直接氧化和 HBr 的类 Deacon 反应。另外，Ru/TiO_2 催化剂还表现出较好的稳定性和抗 Br 中毒能力，尽管水的存在会在一定程度上抑制催化活性，但随着温度的增加而减弱且该抑制作用是可逆的（仅是对活性中心的竞争吸附）。作者还考察了 Ru/TiO_2 催化剂对 PTA 行业模拟废气催化氧化净化的性能，结果表明 CO、溴甲烷、苯和乙酸甲酯共存的多组分有机物在 260℃之前均能完全氧化，具有应用于 PTA 行业废气净化的潜力。

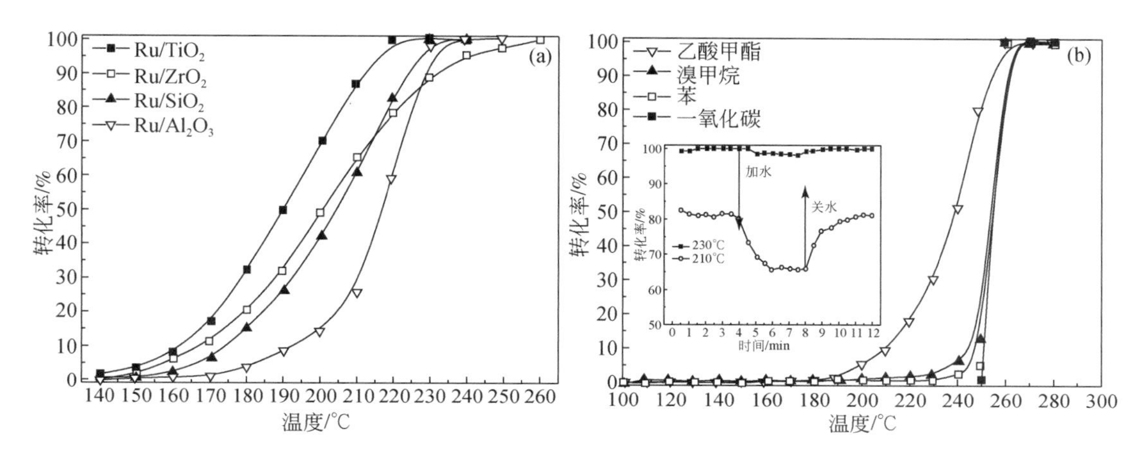

图 7-17　（a）不同载体负载的 Ru 基催化剂上溴甲烷的催化燃烧和（b）PTA 行业模拟多组分废气在 Ru/TiO_2 催化剂上的催化燃烧

通常认为 Cl-VOCs 和 Br-VOCs 催化燃烧的反应机理类似，但 Lv 等在考察了 CH_2Cl_2 和 CH_3Br 在 Ru/TiO_2 和纯锐钛矿 TiO_2 催化剂上的催化燃烧后发现锐钛矿相 TiO_2 活性高于金红石相 TiO_2（与刘霄龙等普遍认为金红石相 TiO_2 尤其是 Ru 负载金红石相 TiO_2 是更好的卤代烃催化燃烧催化剂不同），CH_2Cl_2 的活性主要取决于 TiO_2 的性质，而 CH_3Br 中 C—Br 键的解离和 CH_x 氧化主要发生在 Ru 物种上（TiO_2 并没有催化活性），因此 CH_2Cl_2 和 CH_3Br 催化氧化的反应机理存在明显的不同。另外，CH_2Cl_2 和 CH_3Br 的稳定性也不一样，前者达到最大转化率后逐渐下降，而后者保持稳定。对长时间稳定测试后的催化进一步表征发现 Ru 的颗粒大小、分散度、价态变化不是两者差异的原因，而酸性质表征（NH_3-TPD 和吡啶红外）表明催化剂的 Lewis 酸在溴甲烷反应后增加而氯甲烷反应后降低，为此进一步确认 C—Cl 解离主要发生在 Lewis 酸性位上而 C—Br 则在 Ru 物种上。作者认为基于软硬酸碱理论（hard-soft-acid-base theory，HSAB 理论）CH_2Cl_2 中的 Cl 作为硬碱更容易与强酸 Ti^{4+} 键合，而 CH_3Br 中的 Br 作为交界碱（borderline base，介于硬碱和软碱之间的路易斯碱）更倾向于与 Ru^{2+}/Ru 软酸络合（如图 7-18 所示）[313]。当进一步引入过渡金属如 Ce、Co、Mn、Nb 或 Ni 时可以调变催化剂的中强 Lewis 酸，尤其是 Nb 的引入可以显著增加中强 Lewis 酸，从而较大幅度地提高 Ru/a-TiO_2 的初活性[314]。

Lv 等后续还开展了金红石、锐钛矿混合相的 TiO_2（通过纯锐钛矿 TiO_2 高温焙烧得到）负载 Ru 催化剂上的溴甲烷的催化燃烧[315]。相较于纯相 TiO_2 负载的 Ru 催化剂，混合相载体催化剂具有更高的催化活性，但是可以观察到明显的失活现象（前期研究表明锐

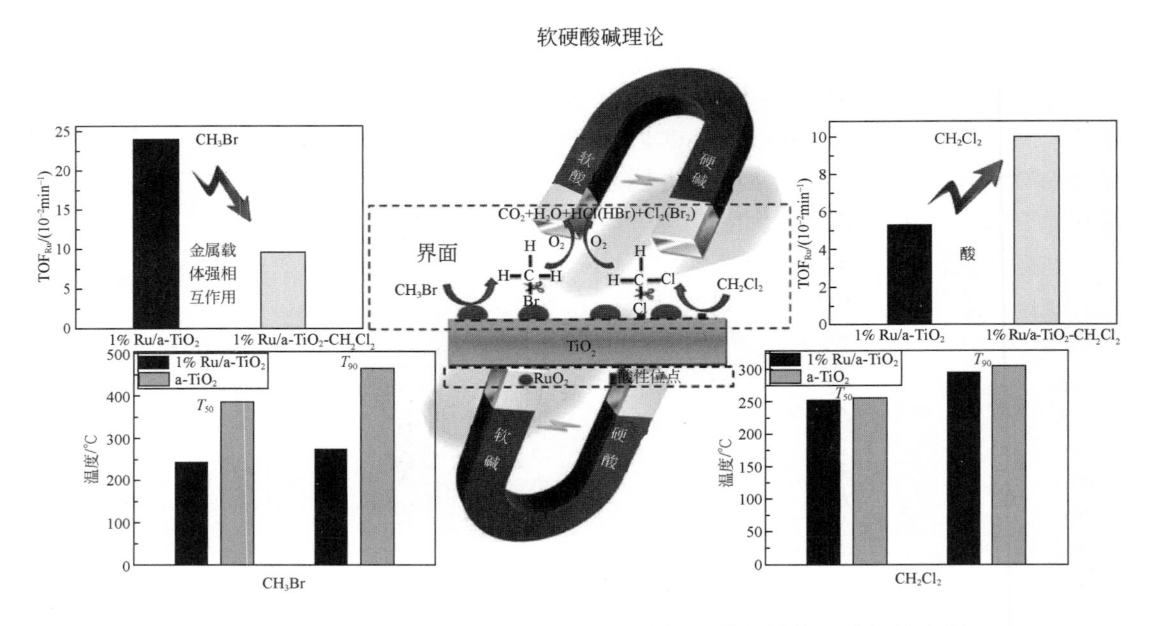

图 7-18　溴甲烷、二氯甲烷在 Ru/a-TiO_2 的催化剂上的催化燃烧及其软硬酸碱机理

钛矿 TiO_2 不会发生失活）。失活前后的催化剂表征确定了 Ru 的烧结以及氧化（Ru^0 氧化为高价态的 Ru）是失活的主要原因，与此同时，通过 CeO_2 的添加提高了 Ru 与载体的强相互作用、抑制 Ru 烧结有利于提高催化剂的稳定性（图 7-19）。综合以上研究可以发现，金红石相 TiO_2 的存在可能是 Ru/TiO_2 催化剂溴甲烷催化燃烧失活的原因所在，但由于金红石相 TiO_2 与 Ru 具有更类似的结构，理应 Ru 更容易分散以及产生更强的相互作用，为此应该表现出更好的活性以及稳定性，但实验结果却相反，具体的原因还有待深入研究。

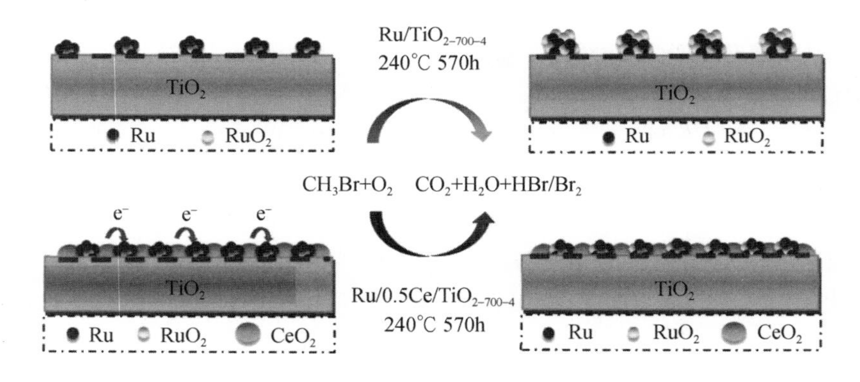

图 7-19　溴甲烷在混合相 TiO_2 负载 Ru 上的催化燃烧以及 CeO_2 修饰提高稳定性示意图

虽然负载型贵金属催化剂具有高活性、广谱性、高热稳定性，但在含溴或含氯有机物催化燃烧实际应用中存在价格昂贵、抗中毒能力差（容易被反应生成的 HBr、Br_2、HCl 和 Cl_2 等卤化导致失活和多溴/氯副产物产生）以及高 Deacon 反应活性而导致高活性、腐蚀性的 Br_2 和 Cl_2 形成等问题[316]，即使是被特别关注的 Ru 催化剂也仍然存在诸多问题，如

Ru的负载量通常较高（如2%~5%，甚至更高）、抗高温性能较差，因此研究低Ru负载量、筛选合适载体或第二组分引入以提高热稳定性、表面酸碱性–氧化还原性剪裁以控制产物选择性等是后续值得研究的方向。值得注意的是，过渡金属催化剂通常不存在或能够很好地克服贵金属催化剂的缺点，尤其是具有抗氯/溴中毒能力，因而近年来备受Br-VOCs、Cl-VOCs催化燃烧领域的关注。

2. 过渡金属催化燃烧Br-VOCs

1）Co基过渡金属催化剂

梅剑等系统地研究了作为含溴挥发性有机物（Br-VOCs）典型模型分子的二溴甲烷在尖晶石型钴基氧化物催化剂上的催化燃烧性能[317]，结果表明尖晶石型钴氧化物对溴甲烷的催化燃烧表现出较好的催化性能，但是存在颗粒本身易团聚、CO_2选择性低以及抗Br中毒能力差等问题（表7-5）。为此设计合成了诸如Mn促进的Mn-Co/TiO_2负载型钴氧化物、不同形貌CeO_2负载的Co_3O_4(Co_3O_4/CeO_2)、Ti掺杂的Co_3O_4(Ti-Co_3O_4）二元复合氧化物、Mn-Ti掺杂的Co_3O_4(Mn-Ti-Co）三元复合氧化物以及不同孔结构的Co_3O_4等催化剂，在活性、选择性、稳定性方面的区别以及二溴甲烷在Co_3O_4基催化剂上催化燃烧机理方面进行详细研究（图7-20）。通过Co_3O_4的负载化来提高其分散性、抑制团聚，从而提高活性，而Mn的进一步添加（Mn-Co/TiO_2）在显著提高催化剂活性时，也明显提高了抗溴中毒能力，其主要得益于$Co^{2+}+Mn^{4+}\rightleftharpoons Co^{3+}+Mn^{3+}$氧化还原循环降低了Mn与Co活性位间的电子转移能量，也更有利于二溴甲烷分子的吸附、活化；Mn或Ti掺杂制备的二元或

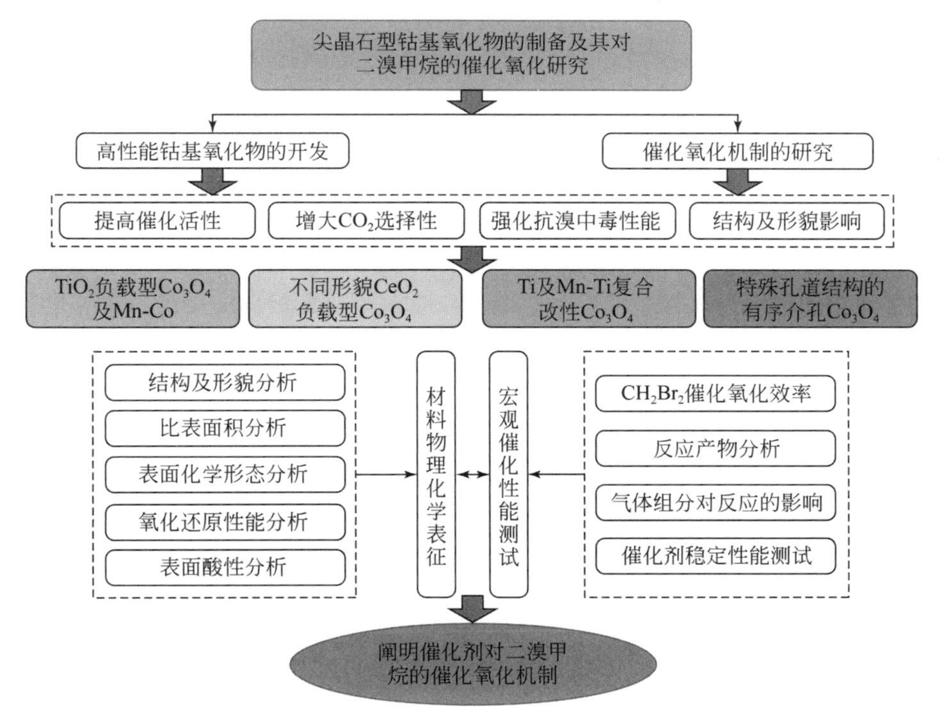

图7-20　二溴甲烷在Co基催化剂上催化燃烧的研究思路流程图

三元 Co_3O_4 基复合氧化物催化剂，由于固溶体的形成以及缺陷位、表面酸性、氧化还原能力、表面积的增加，表现出比负载型 Co_3O_4 催化剂更好的活性、CO_2 选择性及抗 Br 中毒能力，并最终优化出 Mn-Ti 共掺杂的 Co_3O_4 表现出最高的活性，即使是在 H_2O 或对二甲苯存在下二溴甲烷的 T_{90} 在 244℃和 270℃时也能获得，在 250℃表现出高的稳定性且没有其他溴代副产物产生。

表 7-5 不同 Co 基催化剂上二溴甲烷催化燃烧性能比较

催化剂		T_{90}（活性）/℃	CO_2 选择性（250℃）/%	稳定性（30h）
负载型	Co_3O_4/TiO_2	346	12	较差
	$Mn\text{-}Co/TiO_2$	325	33	较好
	Co_3O_4/CeO_2	312	45	较好
复合型	$Ti\text{-}Co_3O_4$	245	100	较好
	$Mn\text{-}Ti\text{-}Co_3O_4$	234	100	较好
有序介孔	Co_3O_4	271	100	较好

2）体相有序介孔 Co_3O_4 催化剂

采用 SBA-15（Co_3O_4-S）和 KIT-6（Co_3O_4-K）介孔分子筛作为硬模板合成了不同的有序介孔尖晶石型 Co_3O_4，并与传统沉淀法制备的 Co_3O_4-B 对比研究了二溴甲烷的催化燃烧[318]。结果表明硬模板法制备的 Co_3O_4 由于有序的介孔结构、大的比表面积、高含量的 Co^{3+}［暴露（220）晶面］以及良好的氧化还原能力表现出更高的二溴甲烷活性，尤其是 Co_3O_4-K 的二溴甲烷 T_{90} 仅 271℃。与此同时，Co_3O_4 尖晶石催化剂也表现出高的 CO_2 选择性、好的稳定性（30h 内不失活）且无含溴有机副产物。值得注意的是，在 Cl-VOCs 或传统 VOCs 催化燃烧中通常认为 Co 基催化剂中更高含量的 Co^{2+} 意味着更好的催化活性，原因在于高浓度的 Co^{2+} 导致更多的氧缺陷、活性氧和更多的 VOCs 吸附位[319,320]，而目前的研究结果则表明更高含量的 Co^{3+} 更有利于二溴甲烷的催化燃烧。此外，研究也提出了二溴甲烷在 Co_3O_4 尖晶石催化剂上催化燃烧的机理，即：①二溴甲烷分子通过 Br 吸附在 Co 活性位上；②吸附的二溴甲烷发生 C—Br 键断裂，含碳碎片则解离成甲酸物种；③甲酸物种被表面活性氧物种氧化为 CO 或 CO_2；④气相氧解离补充消耗的表面氧物种；⑤吸附解离的溴物种以 Br_2（通过 Deacon 反应生成）和 HBr 的形式脱离催化剂表面（图 7-21）。

3）Ti 改性的 Co_3O_4 催化剂

Mei 等通过传统共沉淀法制备了 Ti 掺杂的 Co_3O_4 以提升二溴甲烷催化燃烧的催化性能[321]。结果表明：Ti 的引入使得 Co_3O_4 的晶体结构发生了扭曲并形成了 Co-O-Ti 固溶体，当 Co/Ti 摩尔比为 4 时（Co4Ti1），Ti-Co_3O_4 复合氧化物具有最高的二溴甲烷活性（T_{90} 为 245℃）和 CO_2 选择性（低温下 CO_2 选择性仍然有待进一步提升），远高于纯 Co_3O_4 的活性（T_{90} 为 287℃），也高于有序介孔 Co_3O_4-K 的活性（T_{90} 为 271℃）。这可归结为 Ti 的掺杂提高了 Co^{3+}/Co^{2+} 比例以及表面酸性，并确认了二溴甲烷的吸附发生在作为酸性位的 Co 物种上，如 Co_3O_4、$CoTiO_3$ 和 Co_2TiO_4。

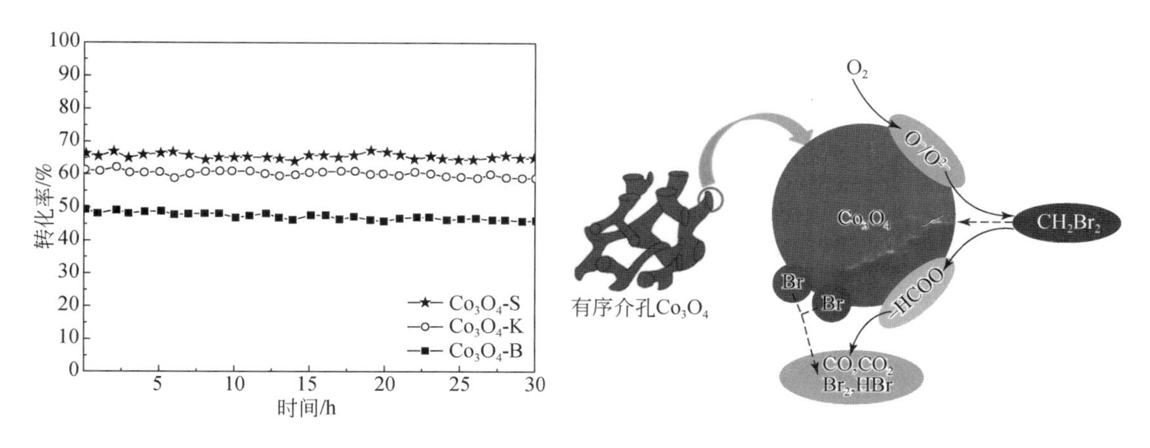

图 7-21　二溴甲烷在有序介孔 Co_3O_4 催化剂上催化燃烧稳定性及反应机理

4）Mn-Ti 共掺杂改性 Co_3O_4 催化剂

Mn 改性的 Ti-Co_3O_4 进一步提高了催化剂的比表面积、表面酸性和氧化还原能力，二溴甲烷催化燃烧的 T_{90} 为 234℃，尤其是低温下 CO_2 的选择性也有明显提升。机理研究表明，与纯 Co_3O_4 和 Ti 掺杂的 Co_3O_4 催化剂相似，这是一个酸性位吸附解离—活性氧氧化—气相氧补充的循环过程（图 7-22）[322]。

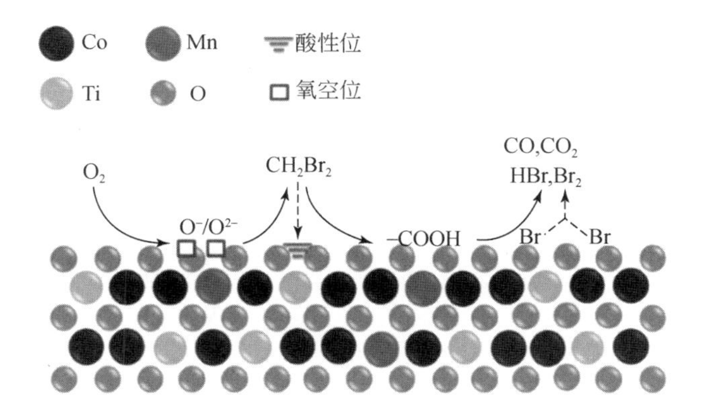

图 7-22　二溴甲烷在 Mn、Ti 共改性的 Co_3O_4 催化剂上催化燃烧机理

5）Mn 促进的负载型 Co_3O_4 催化剂

Mei 等除了对 Mn-Ti 共掺杂改性的体相 Co_3O_4 催化剂进行研究外，还对负载型的 Mn 促进的 Co_3O_4 催化剂上二溴甲烷的催化燃烧行为进行了详细探究[323]。研究发现 Co/TiO_2 尽管具有较好的催化活性，但是在较低温度时会有未完全氧化的产物一溴甲烷的产生，当温度高于 200℃时二溴甲烷才会被完全氧化。此外，在 350℃以上将产生 Br_2，Br_2 生成较高的温度表明其主要是通过 Deacon 反应途径产生（$4HBr + O_2 = 2Br_2 + 2H_2O$）。对于 Mn(1)-Co/$TiO_2$ 催化剂，二溴甲烷催化燃烧活性进一步提升且没有非完全氧化产物一溴甲

烷的生成，而 Br_2 在 300℃以上就会产生。值得注意的是 CO 在两种催化剂中均一直存在，即使反应温度高达 400℃以上，但 Mn-Co/TiO_2 的选择性低于 Co/TiO_2。这些结果均表明 Mn 的引入增加了 Co 催化剂的氧化还原能力，导致非完全氧化产物如 CO、一溴甲烷降低，而深度氧化产物 Br_2 增加。此外，作者还考察了水和对二甲苯对二溴甲烷催化燃烧的影响，在低温下水的存在促进了二溴甲烷的转化，这主要是因为水有利于无机溴物种从催化剂表面脱出，从而减缓催化剂失活。当温度提高时，水对活性的抑制作用显现，原因在于竞争吸附导致的活性的降低高于失活减缓（高温下失活不严重）。由于对活性位的“竞争消耗”，对二甲苯在一定程度上抑制其活性。300℃下稳定性测试表明 Mn-Co/TiO_2 催化剂具有更好的耐久性，30h 内活性几乎不变，原因在于 Mn 的引入提高了催化剂的氧化能力，从而促使无机溴物种快速脱离催化剂表面。而 Co/TiO_2 则表现出明显的失活，与前述研究表明非负载型的体相 Co_3O_4 甚至在更低温度下都能保持稳定（通常认为高温能够促使无机溴物种快速脱离催化剂活性位，因此在高温下表现出更好的稳定性）。原位红外研究揭示二溴甲烷中的 Br 首先吸附在氧空位上，被相邻的亲电氧物种（adjacent nucleophilic oxygen）解离并产生半缩醛物种（hemiacetal species），接下来气相氧补充消耗的氧物种将半缩醛物种进一步转化成甲酸、CO 和 CO_2（图 7-23），该反应途径与二氯甲烷的主流反应机理类似。另外，作者认为 Mn-Co 间的氧化还原循环（$Co^{2+}+Mn^{4+} \rightleftharpoons Co^{3+}+Mn^{3+}$）能够促进电子转移，从而有利于二溴甲烷的吸附。

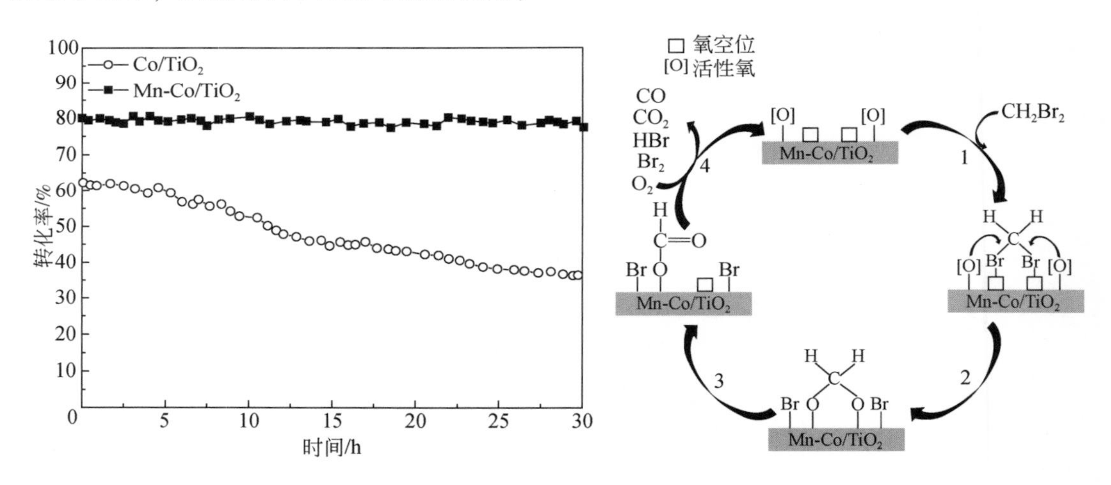

图 7-23 二溴甲烷在 Mn-Co/TiO_2 催化剂上催化燃烧稳定性及反应机理

6）CeO_2 促进的 Co_3O_4 催化剂

鉴于 CeO_2 在 Cl-VOCs 催化燃烧中的高活性以及其丰富的氧缺陷、优异的氧化还原能力，也有学者探究了 CeO_2 促进的 Co_3O_4 催化剂对二溴甲烷的催化燃烧行为[324,325]。首先考察了不同形貌 CeO_2 负载的 Co_3O_4，由于高含量的 Co^{3+}、丰富的表面氧和氧空穴以及强相互作用，CeO_2 纳米棒负载的 Co_3O_4 表现出最高的活性，T_{90} 为 312℃［空速为 75000mL/(g · h)］，并且在 300℃下具有较好的稳定性，与 Co/TiO_2 相比有所提高。但是，该催化剂表现出较低的 CO_2 选择性，即使在 450℃下仍然有 CO 生成。其机理也与 Co_3O_4 有所区别，首先二溴甲烷中的Br吸附在氧空穴上，并被相邻的亲电氧物种解离形成双齿甲氧基物种，与此同时通过Cannizzaro歧化反应（Cannizzaro type disproportionation）歧化为甲酸和甲氧基物种（与二氯甲烷的机理类似），然后被来自气相氧解离吸附峰活性氧物种氧化为CO和CO_2。尽管CeO_2负载的Co_3O_4具有较好的性能，但作者认为由于Co_3O_4是主要的活性中心，而负载化减少了活性中心的数量，因此后续还进一步研究了CeO_2-Co_3O_4体相催化剂的二溴甲烷催化燃烧性能。采用碳球为硬模板、多步浸渍的方法制备了Co_3O_4/CeO_2为核、Co_3O_4为壳的多级空心、双组分微球催化剂。催化剂性能评价结果表明二溴甲烷催化燃烧的T_{90}为321℃，但同样在450℃下仍然有CO生成，与之前负载型催化剂无本质区别。作者认为Co_3O_4/CeO_2-Co_3O_4催化剂比CeO_2和Co_3O_4具有更好的活性，这主要得益于其多级孔结构、高表面积以及Co_3O_4和CeO_2的强相互作用（图7-24）。

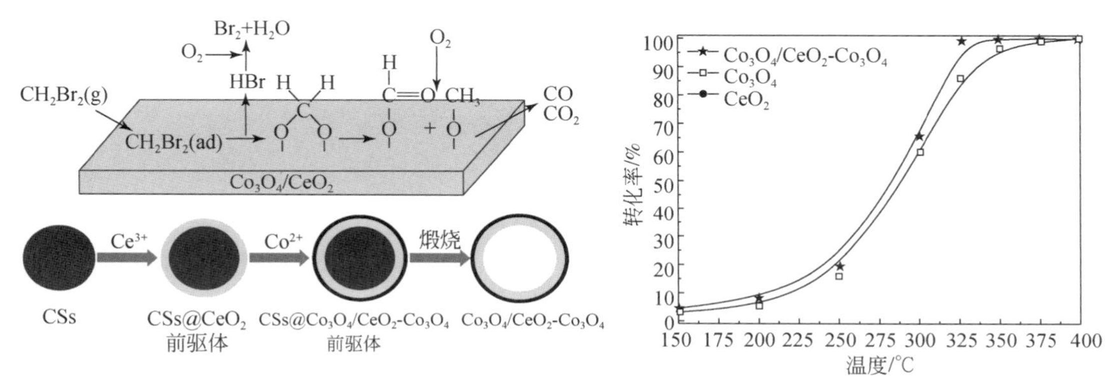

图7-24 二溴甲烷在Co_3O_4/CeO_2催化剂上催化燃烧反应机理及Co_3O_4/CeO_2-Co_3O_4的活性

基于前面关于Co基催化剂上二溴甲烷催化燃烧的系列研究结果，可以确定的是Co_3O_4基催化剂对二溴甲烷表现出高的活性、较高的稳定性且无多溴副产物，是一类具有较好潜在应用价值的Br-VOCs催化燃烧催化剂。尽管如此，Co基催化剂在Br-VOCs催化燃烧中的应用还有待更深入、全面的研究，如①在稳定性测试过程中作者通常只考察了较短时间（30h内）的稳定性，但是对于体相催化剂尤其是Co基需要更长的时间才能确定是否存在Co被溴化、流失而失活；②PX等其他VOCs的存在被证明明显抑制了Co基催化剂对溴甲烷的活性，但实际过程中VOCs组成复杂，因此需要对Co基催化剂的广谱性进一步扩展；③与Cl-VOCs在Co基催化剂上催化燃烧不同的是二溴甲烷的氧化并无多溴副产物产生（Cl-VOCs催化燃烧过程中存在大量多氯副产物），后续可以开展更多不同Br-VOCs如含有多个碳的Br-VOCs的催化燃烧，从机理层面确认多溴副产物不易形成的本质原因，或可以用来指导Cl-VOCs催化燃烧催化剂的理性设计。另外，Co_3O_4催化剂在Cl-VOCs、CO以及丙烷等污染物的催化燃烧方面均表现出高活性，因此作为一种具有较好广谱性的活性组分值得进一步研究，尤其是通过负载Ru或其他贵金属、掺杂CeO_2等其他过渡金属的改性，预期在抑制多溴产物、提高溴能力、提升完全氧化性能、增强广谱性以及稳定性等方面有更多的突破。

7）Mn 基过渡金属催化剂

Mn 基催化剂由于具有多种晶相、不同价态以及高的氧化还原特性，在 VOCs 催化燃烧中表现出优异的性能而被广泛应用，尤其是 Mn 与稀土或其他过渡金属复合时可以进一步扩展其在 VOCs 催化燃烧中的应用并提升其催化性能。刘风芬等考察了 Ce-Mn 复合氧化物催化剂对精对苯二甲酸（PTA）氧化尾气中二溴甲烷催化燃烧的催化活性[326]，结果表明当催化剂床层入口温度高于 283℃、二溴甲烷体积分数为 0.4%～1%、空速小于 $24000h^{-1}$时，二溴甲烷转化率大于 95%、Br_2 及 HBr 的总收率可以达到 83% 以上。多种表征结果确定了 Mn^{3+}进入 CeO_2 晶格形成固溶体结构而带来的优异低温还原性能和氧迁移能力。Williams 等考察了不同卤代烃类在霍加拉特（Hopcalite）催化剂上的催化分解行为[327]。霍加拉特催化剂是 1919 年由美国约翰·霍普金斯大学和加利福尼亚大学共同开发的一种由一定比例活性 MnO_2 和 CuO 复合的催化剂，被广泛应用于对瓦斯气的防护（CO 消除），近年来也被应用于 VOCs 的催化燃烧[328]。他们考察了 19 种分别含氯、溴、氟的有机物的催化分解并对生成的酸（HCl、HBr 和 HF）、游离态卤素（Cl_2、Br_2 和 F_2）等产物进行了分析，结果表明，19 种卤代烃中有 7 种在 305～315℃下不分解，另外 12 种转化率在 1.5%～100% 之间，几乎都不会产生光气。此外，也有研究表明无定形的 MnO_x 可以作为光催化剂在溴甲烷的分解方面表现出较好的效果，可以用于溴的回收再利用[329]。

除上述研究最多的 Co、Mn 过渡金属氧化物之外，基于 Cl-VOCs 催化燃烧的大量研究结果，可以预期 Cr、Cu、V、Ce、Fe 等过渡金属氧化物在 Br-VOCs 的催化燃烧方面也具有较好的应用前景，其研究方向应该集中在过渡金属复合氧化物的制备、过渡金属表面酸改性如硫酸、磷酸或分子筛、过渡金属与贵金属间的协同促进，在催化活性、广谱性、产物选择性以及催化剂热稳定性等方面取得进一步的突破。

7.3.4　典型应用行业 Br-VOCs 催化燃烧

以溴甲烷催化燃烧为背景的实际应用行业目前主要集中在两个相关行业，即土壤熏蒸、检疫及装运前熏蒸和 PTA 行业。

1. 检疫及装运前熏蒸行业：高浓度溴甲烷催化燃烧

检疫及装运前熏蒸行业排放的溴甲烷尾气具有浓度大、组成单一等特点，在实际处理中通常采用过渡金属催化剂在 300～500℃下直接氧化分解。早在 1984 年，上海市环境保护科学研究所就开发了针对熏蒸行业溴甲烷尾气催化燃烧净化的催化剂 8342，该催化剂为负载型的 Cu、Cr 过渡金属氧化物催化剂，中试结果表明溴甲烷除去效率高达 95% 以上[306]。Ryan 也研究了集装箱熏蒸后通过催化分解的方式在 537℃下可以将溴甲烷的浓度从 $3000g/m^3$ 降至 $25g/m^3$，Chen 等采用 $CeO_2-Al_2O_3$ 负载的贵金属 Pt、Pd 催化剂可以在 300℃下获得 92%～97% 的溴甲烷转化率并具有较高的稳定性[296]。由于熏蒸行业溴甲烷排放浓度通常较高，因此，催化剂的抗溴中毒能力在此行业备受关注。

2. PTA行业：多组分、低氧浓度、低浓度溴甲烷催化燃烧

精对苯二甲酸（PTA）是生产诸如聚对苯二甲酸乙二酯（PET）聚酯、涤纶等化学纤维的主要原料，通常以乙酸钴/乙酸锰/溴化氢为催化剂的对二甲苯（PX）空气氧化过程合成。在此反应过程中反应器顶部将产生含有乙酸、水、氮气、氧气、二氧化碳、一氧化碳、对二甲苯、乙酸甲酯、溴甲烷等气体，经过气液分离、冷凝回流后直接排放形成PTA尾气，其具体组成见表7-6[330,331]。这些尾气通常可以通过催化燃烧的方式加以净化，其中乙酸甲酯含量较大且难以氧化，此外尾气中含有的溴甲烷极具毒性且也难以降解，并且会造成催化剂的中毒失活。相较于熏蒸行业，PTA尾气成分复杂、含氧量低也是主要的难点之一，为此，实际应用的催化剂大多为具有较好广谱性的贵金属催化剂。

表7-6　精对苯二甲酸尾气组成

尾气组分	组分含量
氮气	平衡气
氧气	3.59%
水	0.6%
二氧化碳	1.42%
一氧化碳	0.53%
乙酸甲酯	0.48%
溴甲烷	23.6ppm
苯	460ppm
甲苯	320ppm
对二甲苯	250ppm
甲醇	0.9%（仅启动时）

朱连利研究了PTA行业尾气在双贵金属催化剂PtPd/Al_2O_3上的催化燃烧净化[330]，发现溴甲烷的存在会使催化剂发生中毒失活［乙酸乙酯的完全转化温度从300℃增加至340℃，图7-25（a）］，失活前后的CO-TPD结果表明溴中毒后导致催化剂吸附能力下降而造成催化剂活性降低。后续研究发现采用La、Mn、Co、Fe、W、V、Ce、Ag等金属对Pt-Pd双贵金属进行改性，大多数都能提高乙酸甲酯的氧化活性，尤其是Mn和Ce共同改性的Pt-Pd双贵金属催化剂表现出较好的抗溴中毒能力，连续注射四针溴甲烷后乙酸甲酯的T_{99}基本稳定在278℃左右。此外，在注射相同量的溴甲烷后，MnCe改性的Pt-Pd双贵金属催化剂很快恢复活性，未改性的催化剂在4h后未能完全恢复活性［图7-25（b）］。作者认为MnCe双金属改性的Pt-Pd双贵金属催化剂较好的抗溴中毒能力在于Ce与Pt-Pd强相互作用而保护其不受溴中毒，而Mn自身较好的活性间接弥补了贵金属的活性损失。

中国石化大连（抚顺）石油化工研究院刘新友等以分子筛和稀土金属氧化物为堇青石陶瓷涂层，然后再浸渍活性组分Pt、Pd双贵金属制备得到FCP-1整体式催化剂[332]，以100～500mg/m^3溴甲烷、50～150mg/m^3苯和50～150mg/m^3甲苯混合气为PTA模拟尾气，

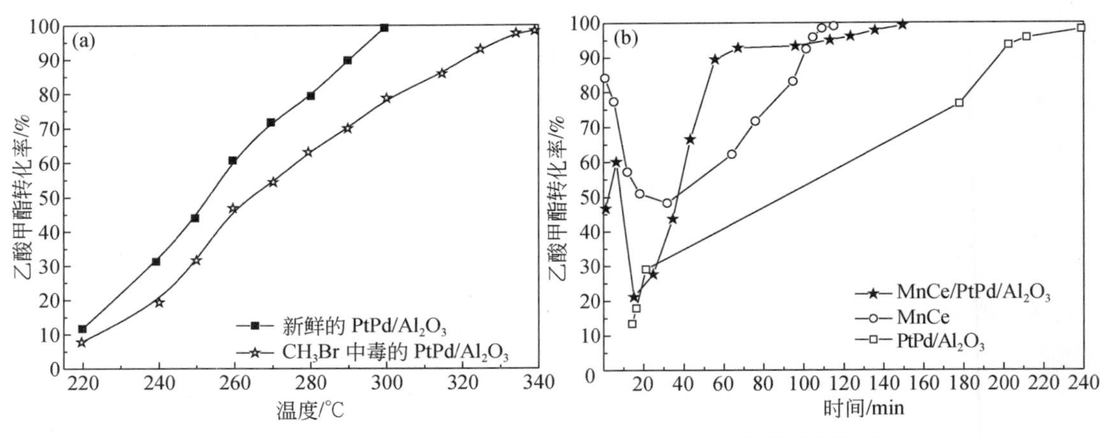

图 7-25 （a）PTA 行业尾气在 $PtPd/Al_2O_3$ 双贵金属催化剂以及（b）MnCe 改性的 PtPd 催化剂上的催化燃烧

考察了该催化剂净化 PTA 尾气的性能，结果表明 FCP-1 在反应温度>280℃时，非甲烷总烃、苯、甲苯去除率分别高于 98%、92% 和 93%，均满足我国《大气污染物综合排放标准》(GB 16297—1996)。同时，FCP-1 催化剂在高空速条件下仍然具有良好的活性和稳定性（500h 内尾气排放仍然达标）。

中国石化扬子石化公司公开了一种 PTA 尾气催化燃烧非贵金属催化剂[333]，其主要以 CuO、MnO_2 和 CeO_2 等非贵金属氧化物为活性组分，对流速为 60～120L/h、浓度为 500～2000mg/m^3 的溴乙烷废气催化燃烧时，在 420℃下溴乙烷的转化率可达到 96%～97%，该催化剂成本低廉、制备简单且具有较好的抗中毒能力。

朱廷钰公开了一种用于 PTA 尾气净化的 Ru 基催化剂[334]，以金红石相的 TiO_2 为第一载体并采用 ZrO_2、Al_2O_3、SiO_2 或 ZnO 进一步修饰改性，结果表明模拟的 PTA 尾气在 170～230℃下能被完全氧化，CO_2 选择性高于 99%。第二载体对活性也有明显作用，其中 Zr 的促进作用最强（图 7-26）。此外，该催化剂对溴代烃催化燃烧还表现出高稳定性以及高选择性（无多溴副产物生成）等优点。

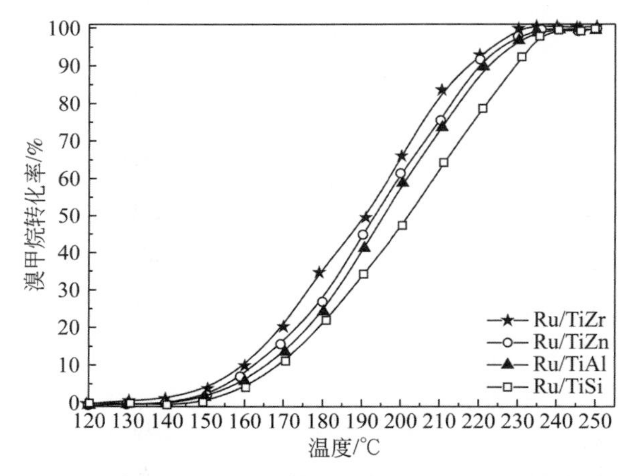

图 7-26 溴甲烷在不同载体负载 Ru 催化剂上的催化燃烧

国外生产 VOCs 净化企业如 Sud-Chemie、Engelhard、Johnson Matthey、Allied Signal、UOP、BASF 等均开发并应用了针对卤代烃有机物催化燃烧的催化剂。Johnson Matthey 公司开发了新一代的低成本非贵金属催化剂 Halocat SC29（替换 Halocat AH 400），其在 PTA 废气催化燃烧净化中具有较好的效果（CO、溴甲烷、乙酸、苯、甲苯、乙醇、乙酸乙酯、甲酸酯、二甲苯在五年内保持98%的转化率），媲美于 $50g/ft^2$ 的贵金属催化剂，且具有较好的稳定性（在 100ppm 溴甲烷 550℃ 老化 30 周仍然具有高活性）（图 7-27）。另外，Topsoe 公司的颗粒状 CK-302PTA 催化剂以铜锰为主要活性组分（5.5% Cu 和 9.5% Mn），具有良好的耐高温性能及抗中毒能力，广泛用于 PTA 尾气处理。诸如 CK 305/CK 395 以氧化铝为载体、普通金属氧化物为活性组分，专门为制药行业的卤代烃净化而定制，其后续型号 CK 306 除了卤代烃外，对 CO 也具有较好的效果。Degussa 早期的 HDC 系列催化剂（0.15% Pt-0.15% Pd/Al_2O_3）以及 Wheelabrator 公司的 12% Cr_2O_3-2% CrO_3/Al_2O_3 催化剂在含有卤代烃（包括溴甲烷）和传统 VOCs 的混合有机废气甚至 PCDD/Fs 催化燃烧方面均表现出较好的性能。

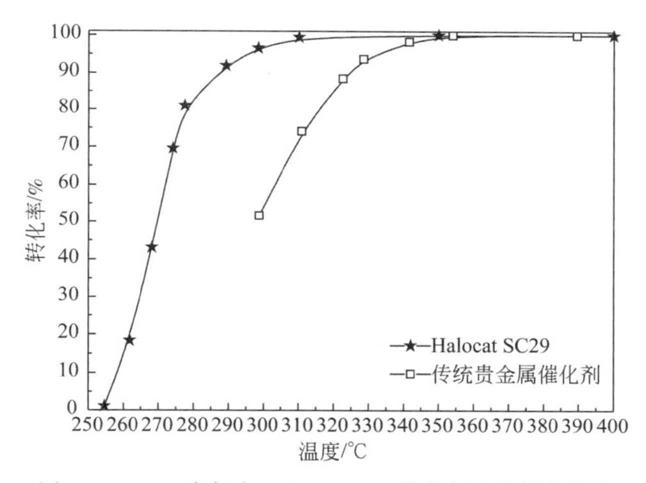

图 7-27　PTA 废气在 Halocat SC29 催化剂上的催化燃烧

7.4　含氟挥发性有机物

含氟有机物在制冷剂、染料、医药、农药、有机合成等领域应用广泛，由于含氟有机物具有独特的生物化学性质（C—F 键容易替代 C—H，容易被生物体接受而进入代谢反应）、非常大的 C—F 键键能和极高的化学稳定性（难以生物降解或不降解，由此导致在环境中长期滞留和累积），给环境带来极大的危害。环境中的含氟有机物主要包括含氟挥发性有机物和含氟非挥发性有机物两大类，其中含氟挥发性有机物（F-VOCs）作为最常见的温室气体备受关注。此外，含氟挥发性有机物与其他温室气体相比，除了具有更严重的臭氧层破坏能力外［高的全球增温潜能值（GWPs）、长寿命］，它并无自然来源，主要来自人类活动。F-VOCs 主要包括四类：氢氟碳化合物（HFCs）、全氟化碳（PFCs）、三氟化氮（NF_3）和六氟化硫（SF_6），前两类还可细分为氯氟碳类化合物（CFCs）、氢氯氟碳类化合物（HCFCs）、氢氟碳化合物（HFCs）以及氟代烷烃、醚类和胺类等[335]。CFCs、HCFCs、HFCs 由于具有较强的化学稳定性、热稳定性、气液两相变化容易等特点被广泛应用于制冷剂，但其具有极大的大气层臭氧破坏能力和仅次于 CO_2 的温室效应。尽管 1987 年签署的《蒙特利尔议定书》已经禁止了氟利昂的生产和使用，但是仍有少量氟利昂被使用。此外，在金属加工、半导体电子等行业大量含氟有机物的使用短期内不可能杜绝，F-VOCs 的排放仍然不可避免。2021 年 4 月 16 日在中法德领导人气候视频峰会上中国已正式接受《〈蒙特利尔议定书〉基加利修正案》，加强氢氟碳化物等非二氧化碳温室气体的管控。《基加利修正案》规定大部分发展中国家将在 2024 年冻结 HFCs 的生产和消费，并从 2029 年开始削减，需要削减的 HFCs 包括 R134、R134a、R143、R245fa、R365mfc、R227ea、R236cb、R236ea、R236fa、R245ca、R43-10mee、R32、R125、R143a、R41、R152、R152a 和 R23 等。因而通过不同的后处理技术将含氟有机物安全分解仍然是环境治理的迫切要求。采用催化分解技术直接矿化 F-VOCs，如催化燃烧、催化水解以及催化水解氧化是诸多可实现的技术之一，将其彻底矿化分解为 CO_2、HF、H_2O 等。但是相较于 Cl-VOCs 和 Br-VOCs，除了催化剂易遭受 F 中毒失活外，由于含氟有机物分解过程中产生具有更强腐蚀性、氧化性、反应性的 HF 甚至是 F_2，因此对催化剂、反应设备的化学稳定性、抗腐蚀性有更高的要求，这在具体的实践中将产生更大的挑战。

7.4.1 F-VOCs 催化燃烧降解

总体来说，通过催化燃烧方式对含氟有机物废气的处理具有较高的难度，这是因为大多数活性组分、催化剂载体在反应过程中都会被氟化而失活，尽管如此也有大量研究工作希望在此方面有所突破。Farris 等报道了六氟丙烯在 Pt/Al_2O_3 催化剂上的催化燃烧，实验结果也验证了催化剂的快速失活，其原因在于高比表面积的活性氧化铝载体被氟化为三氟化铝[336]。Imamura 等考察了二氟二氯甲烷在 TiO_2-SiO_2 催化剂上的催化氧化，结果同样表明催化剂存在快速失活现象，原因也在于 SiO_2 的氟化而流失[337]。在后续研究中，Imamura 进一步确定 SiO_2 基催化剂由于 Si 容易被氟化为氟化硅而不能用于含氟有机物的催化氧化[338]。Yates 和 Fan[339] 以及 Green 和 Karmakar[340] 的研究也表明 TiO_2 催化剂用于六氟丙烯和二氟二氯甲烷的催化氧化中均表现出较好的活性，但是由于 TiO_2 在反应过程中被氟化为 TiF_4 或 $TiOF_2$ 而导致催化剂快速失活。

由上述研究可见，常规金属氧化物如 Al_2O_3、TiO_2、SiO_2 等作为催化剂活性组分或载体由于容易被氟化而导致失活，无法真正用于含氟有机物的催化燃烧。为此，大量的研究工作集中在新型的载体筛选、载体改性（尤其酸性改性）或改变反应途径如催化水解氧化（在含氟有机废气中引入一定量的水），以提高催化剂的耐氟化能力和寿命。Kwon 等采用磷酸对 γ-Al_2O_3 进行表面修饰并考察了 SF_6 在水存在下的催化燃烧，γ-Al_2O_3 尽管具有较高的催化活性，但正如所预期的一样，催化剂发生了快速失活（α 相变和 AlF_3 生成）。采用磷酸改性会导致氧化铝表面形成 $AlPO_4$（4.8wt%），可以制备 $AlPO_4/\gamma$-Al_2O_3 催化剂，改性催化剂虽然活性有所降低，但稳定性明显提高[341]。Tajima 等考察了 1,1,2-三氟 1,2,2-三氯乙烷（CFC-113）在 TiO_2-ZrO_2 固体酸催化剂上的催化氧化[342]，尽管具有较好的活性，但是活性组分氟化流失不可避免，甚至在反应器底部能观察到白色固体析出（钛的氟化物）。他们后续采用 TiO_2-ZrO_2 为载体负载一系列诸如W、Pd、Cr、Fe、Mo、V等金属进一步考察了CFC-113的催化氧化水解（图7-28），结果表明W的引入明显提升了 TiO_2-ZrO_2 的催化活性（W负载量为1.5wt%时最佳），且至少70h内不会发生明显失活，但是CO的选择性较高（与 CO_2 等比例），而Pd、Co、Ni或Cr的负载提高了 CO_2 的选择性，尤其是负载Pd和Cr催化剂上 CO_2 的选择性高于95%。当W/TiO_2-ZrO_2 和Pd/TiO_2-ZrO_2 机械混合后 CO_2 的选择性高达95%以上，且该复合催化剂在至少150h内保持稳定不失活（图7-28）。需要注意的是，他们的研究是在含有一定量水蒸气（4000ppm）的气氛下进行的，水对稳定性是否有影响并未详细讨论，但无论如何W/TiO_2-ZrO_2 的稳定性比 TiO_2-ZrO_2 有明显提升，后者会有缓慢的失活。Bickle等报道了当以 B_2O_3-SiO_2-Al_2O_3、ZrO_2 或 ZrO_2-TiO_2 为载体负载Pt时，催化剂对CFC-113的催化水解氧化均发生明显失活（Si、Al、B、Ti容易被氟化，而 ZrO_2 载体催化剂相对更稳定）[343]。经过磷酸改性的 ZrO_2 负载Pt后制得的Pt/ZrO_2-(PO_4)催化剂稳定性得到明显提高，在500℃下CFC-113转化率至少能够在280h内保持在99%左右，且 CO_2 的选择性高于93%，因此其是一个具有实际应用前景的催化剂，但是他们并没有给出磷酸根修饰能够提高Pt/ZrO_2 催化剂稳定性和 CO_2 选择性的具体解释。

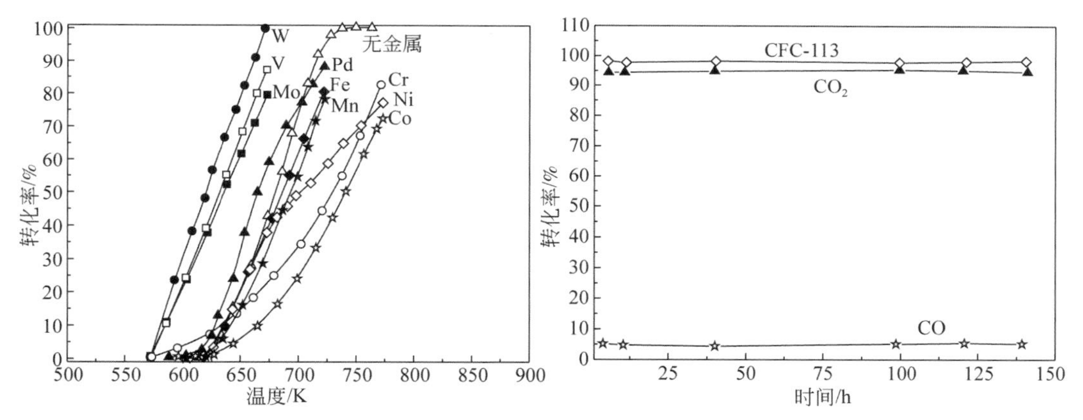

图7-28 不同金属负载的 TiO_2-ZrO_2 催化剂上CFC-113活性以及W/TiO_2-ZrO_2 和Pd/TiO_2-ZrO_2 混合催化剂的稳定性（623K）

7.4.2 F-VOCs催化水解降解

含氟/氯有机物的催化水解具有热力学有利、水直接参与反应、工艺流程简单、分解的主要产物为HF、HCl（通常具有更强反应性的 F_2 或 Cl_2 不会产生）和 CO_2 易于处理、无PCDD/Fs生成等优点，在F-VOCs净化中受到关注，催化剂主要为沸石、过渡金属氧化物、磷酸盐、硫酸盐和杂多酸[344]，其中由于磷酸盐、硫酸盐基催化剂能够明显提高催化剂的抗氟化能力而备受关注。马臻等报道了 WO_3/Al_2O_3 作为一种新型的氟利昂-12催化剂表现出高活性、选择性和稳定性[345]，在305℃下将氟利昂-12完全催化水解：

$CCl_2F_2+H_2O \longrightarrow CO_2+HCl+HF$，得益于分散在 Al_2O_3 上的 WO_3 产生的中强酸性位，$CFCl_3$（CFC-13）和 CO 副产物均未检测到，WO_3 的表面改性增强了 Al_2O_3 的化学稳定性即耐氟化性能（形成 AlF_3），同时 Al_2O_3 的寿命也得到明显的提升。Rossin 等对比研究了水存在的情况下 CHF_3 在 ZrO_2、ZrO_2-SO_4 和 1% Pt/ZrO_2-SO_4 催化剂上的催化分解行为（图 7-29）[346]，结果表明，SO_4^{2-} 的改性赋予 ZrO_2 明显的酸性而大大提高了 ZrO_2 的催化活性，而 CHF_3 的分解为催化水解过程而非催化氧化，因此水的存在尤为必要。另外，Pt 的负载对 ZrO_2-SO_4 的活性并不会产生明显的影响，也间接证明该过程为非氧化反应，但是 Pt 会促进 CO 的氧化而提高 CO_2 的选择性。与此同时水也促进了催化剂的稳定性（由于 ZrO_2 容易被氟化，无水条件下快速失活），尽管如此，由于 F 在活性位上不可避免的累积、SO_4^{2-} 的流失以及催化剂比表面积的下降，即使在水存在下 ZrO_2-SO_4 催化剂也会面临缓慢失活。

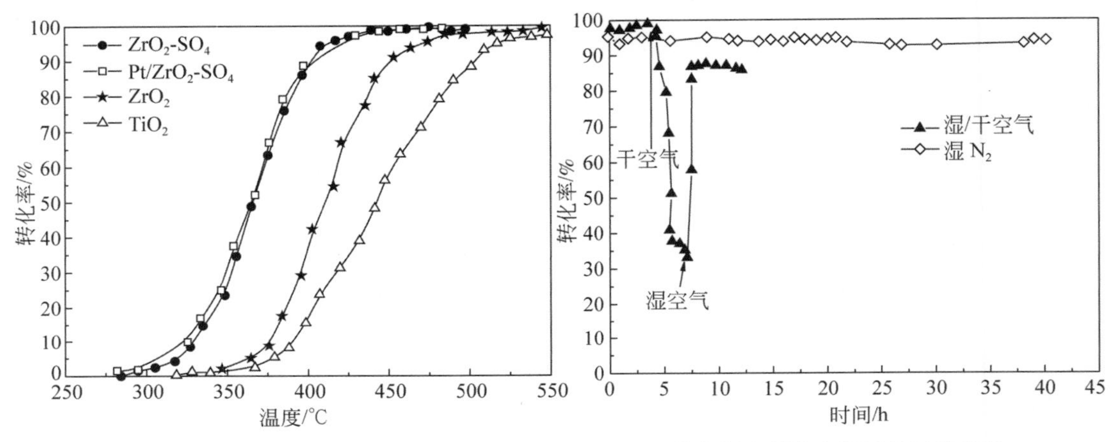

图 7-29　CHF_3 在 ZrO_2、ZrO_2-SO_4 和 1% Pt/ZrO_2-SO_4 催化剂上催化水解活性及稳定性

Cai 等发现 SO_4^{2-} 促进的 ZrO_2-SiO_2 超强酸催化剂对 CHF_3 热分解表现出较好的催化性能（产物主要为 C_2F_4 和 C_3F_6）[347]，在 750℃ 下能够获得 94.6% 的总选择性，详细探讨了 Brønsted 酸、Lewis 酸性位对催化活性、产物选择性的协同影响并提出了详细的反应途径（图 7-30）。但是该催化剂仍然会因为产生的低聚物在活性位、孔道的堵塞而失活，并非在含氟有机物催化燃烧或无水催化分解过程中常见载体或活性相被氟化，这也进一步表明了 SO_4^{2-} 改性的 ZrO_2 等载体具有较好的抗氟化能力。

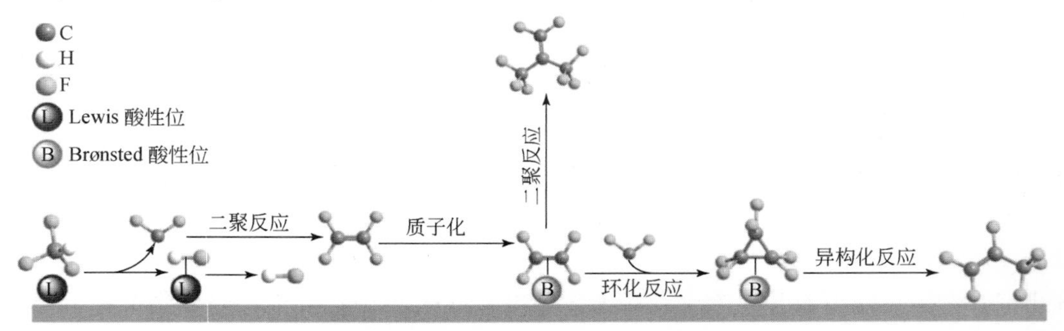

图 7-30　CHF_3 在 SO_4^{2-}/ZrO_2-SiO_2 上催化分解的途径

Park等研究了不同的全氟化碳（PFCs）如CF_4和C_4F_8以及NF_3在磷酸盐浸渍改性的氧化铝（$AlPO_4$-Al_2O_3）催化剂上的催化水解（图7-31）[348]，结果表明NF_3在400℃下即可完全分解，而CF_4和C_4F_8完全分解则需要高于650℃，其高活性归结为γ-Al_2O_3丰富的表面Lewis酸性位。另外，该催化剂也表现出高的选择性和稳定性，如在700℃下CF_4的分解产物只有CO_2和HF，无其他副产物，在750℃下至少15天无明显失活。但纯Al_2O_3在连续运行2天后转化率就降至40%以下，磷酸盐的引入明显提高了Al_2O_3的稳定性，作者认为其原因在于磷酸根抑制了亚稳相的γ-Al_2O_3在高温下向α相的转变。

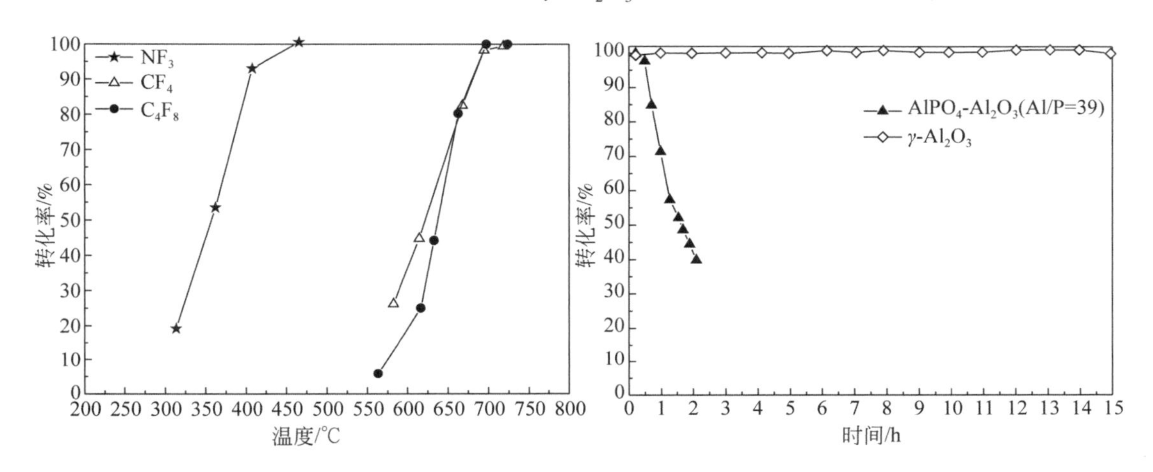

图7-31　不同全氟化碳在$AlPO_4$-Al_2O_3（Al/P=39）上的催化水解和CF_4稳定性（750℃）

Kojima等研究了第二金属如Mg、Co、Cu、Y或Nd改性的焦磷酸镍（$Ni_2P_2O_7$）催化剂上CHF_3的催化水解氧化（$CHF_3+H_2O+0.5O_2 \longrightarrow CO_2+3HF$）[349]，并与正磷酸铝催化剂进行了对比研究。结果表明焦磷酸镍在650℃以上才对CHF_3的分解展现出活性，而Mg、Cu或Co的添加明显提高了其低温催化活性（Nd和Y抑制活性），其中加入Mg后活性提升最明显。Mg改性的$Ni_2P_2O_7$(Ni-Mg P2）进一步与$AlPO_4$对比研究发现，在500℃下后者表现出更高的催化活性，但是伴随着明显的失活，且Ni-Mg P2催化剂一直保持着100%的CO_2选择性。$AlPO_4$的高活性归结为其高的强酸性位，但正由于强酸性位的存在，促使了偶联反应的发生并导致高分子或碳吸附于催化剂表面（堵塞孔道、占据酸性位），同时伴随着铝的氟化，因此$AlPO_4$催化剂表现出明显的失活现象。Ni-Mg P2催化剂则由于较弱的酸性位表现出更高的稳定性和选择性。

无论是催化氧化还是催化水解途径降解含氟有机物都会产生HF或F_2，其具有极强的腐蚀性，对设备有严苛的耐腐蚀要求。另外，产生的HF或F_2仍然需要二次净化处理，在实际过程中增加了成本以及流程的复杂性。一种采用固体碱如CaO或MgO与含氟有机物直接反应的途径也被广泛用于含氟有机物的净化分解，可以直接将有机氟转化为CaF_2等固体，而不经过HF或F_2。例如，Furusawa等报道了CaO对三氟甲烷（HFC-23）和二氟氯甲烷（HCFC-22）的直接转化表现出高的转化率，产物除了CO_2、CO、H_2O以及高纯度的CaF_2之外没有其他含氟副产物[350]。Nakayama等采用$CaCO_3$生成过程中的Ca(OH_2）和$CaCO_3$混合废料直接处理HFC-134a，同样表明该方法除了能高效率净化HFC-134a废气外，还能得到高纯度的 CaF_2，实现废气废渣的变废为宝[351]。然而，该途径还存在反应速度慢、反应不彻底、反应温度较高等缺点，还有进一步提升的空间。在 Cl-VOCs 或传统 VOCs 催化燃烧中广为使用的沸石分子筛由于具有可控的、丰富的酸性位被认为其在含氟有机物的催化氧化中也具有较好的潜力（高效解离 C—F 键），但是由于沸石分子筛骨架中 SiO_2、Al_2O_3 容易被反应产生的 HF、F_2 等氟化，造成结构塌陷、催化剂失活。Yamamoto 等采用 CaO 和沸石分子筛复合的催化-吸附反应材料研究了 CF_4 的分解，结果表明分子筛的加入明显提高了 CaO 的活性，而 CaO 的存在减缓了分子筛的失活。另外，分子筛的种类也有明显区别，CF_4 分解活性依次为 MOR>ZSM-5>Beta>Y[352]。在该过程中可以认为 CaO 作为牺牲剂优先与 HF 反应，从而避免了 HF 对分子筛骨架结构的破坏，提高了分子筛催化剂的稳定性，然而相比于传统的催化氧化或催化水解过程，CaO 作为消耗性试剂也限制了该过程的实际推广应用。

$$CF_4+O_2 \longrightarrow CO_2+2F_2(\Delta G^{\ominus}=494\text{kJ/mol}) \tag{7-10}$$

$$CF_4+2H_2O \longrightarrow CO_2+4HF(\Delta G^{\ominus}=-150\text{kJ/mol}) \tag{7-11}$$

$$CF_4+2CaO \longrightarrow 2CaF_2+CO_2(\Delta G^{\ominus}=-646\text{kJ/mol}) \tag{7-12}$$

众多研究结果表明，对于含氟有机物的催化氧化、催化水解或催化水解氧化，硫酸根、磷酸根（包括磷酸盐）等促进的氧化物均表现出较好的前景，尤其在稳定性方面表现突出，原因在于额外的酸性位的引入以及氧化物化学稳定性的提升。但是由于硫酸根的促进（形成超强酸）只在少数氧化物如 Zr、Ti、Al、Fe 等氧化物及其复合氧化物上才具有明显作用，且硫酸根/盐在高温下容易分解导致 S 的流失而损失催化活性[353]，此外，硫酸根促进产生的超强酸由于酸性过强在无氧条件下会导致催化剂的积碳失活。而磷酸根、磷酸盐由于具有适当的酸性和氧化性以及高的热稳定性和化学稳定性，在含氟有机物催化分解方面可能具有更好的前景。另外，与 Br-VOCs 一样，催化水解氧化路线或许更适合实际含氟有机物废气的净化处理，一是因为实际废气大多情况下本身含有一定量的水，二是水解氧化路线反应温度较低，且 CO_2 选择性高，F_2（Cl_2 或 Br_2）的选择性也可以得到很好的控制以抑制多卤素有机副产物的生成。

7.5　总结与展望

Cl-VOCs 与普通 VOCs 相比具有更强的毒性、更高的化学稳定性和更低的生物可降解性。从实际工业应用出发，Cl-VOCs 催化氧化过程中催化剂的稳定性、可再生性（生命周期）和实际气氛中复杂烟气组分的影响都应该被考虑。同时具有较强酸性和氧化还原性能的催化剂对 Cl-VOCs 氧化十分重要。不同种类的 Cl-VOCs 具有不同的分子结构，因而表现出不同的降解活性。一般来讲，贵金属催化剂拥有良好的低温氧化还原性能而表现出良好的催化活性，其中 Ru 基催化剂活性优异。过渡金属和稀土金属氧化催化剂拥有多变的化学价态和氧空位，同样具有很强的应用潜力。HZSM-5 和 TiO_2 作为催化剂载体可以调控酸性强度、金属分散度、热稳定性和抗腐蚀性能。双金属氧化物催化剂和 3D 结构的催化剂可以提供强交互作用，进而表现出优异的酸性强度、氧化还原性能和氧气迁移率，最终促进催化氧化反应。

Cl沉积是造成催化剂失活的最主要因素，而且难以恢复活性。金属氯化和氯氧化过程使得表面活性氧物种和酸性位被破坏，且氯氧化物和气相氯化物均可诱发活性金属的挥发和腐蚀。设计催化剂使其具有特定的结构以及强交互作用可以有效缓解金属氯化。引入Brønsted酸性位点和氢源则可以有效促进HCl脱附。水可以清洗催化剂表面积聚的Cl物种，而且可以为HCl生成提供氢源。但是过高水气含量容易造成竞争效应，这一点不能被忽略。CO_2、SO_2和重金属都可能降低催化剂活性，但是其他VOCs、NO_x、NH_3和O_2对氧化活性的影响不太一致。

含氯VOCs催化氧化涉及四个步骤：吸附、活化和氯解离、C—Cl/C—C键断裂和深度氧化、最终产物脱附。C—Cl键具有较低的化学键能，因此发生在Brønsted酸性位点上的C—Cl键亲核取代是最初步骤。羟基自由基在氧化循环过程中起到关键作用。醛类、醇类、酮类和酸类是被普遍认可的中间产物，甲酸则被认为是二氯甲烷、二氯乙烷、氯苯和二氯苯氧化过程的最终一步的中间产物。

Cl-VOCs催化氧化过程产物分布十分复杂，H_2O、CO_2和HCl是被期望的最终产物，CO、Cl_2和其他有机物被认为是副产物。多氯代有机副产物有可能转化为氯代苯酚，进一步转化则可能生成PCDD/Fs，造成更大毒性，应引起重视。催化剂的高氧化还原性能可以促进CO向CO_2的转化，但也促进了Deacon反应，导致Cl_2的生成。Cl_2有很高的氧化性能，不容易从催化剂表面脱除，而且易发生氯化反应，进而产生多氯副产物。Cl的解离和加成会产生更多种氯代副产物，这主要来自中间产物的不完全氧化和氯化反应。水的引入可以去除催化剂表面副产物，也可能会诱发更多的非氯代副产物。

Cl物种的迁移转化路径包括发生在Brønsted酸性位上的HCl脱附、通过Deacon反应产生的Cl_2、氯化反应生成的有机副产物以及发生在催化剂表面的氯沉积。促进深度氧化反应和抑制氯化反应是控制副产物生成的主要策略。合理调控催化剂的氧化还原性能，实现低温下中间产物的深度氧化，可以有效抑制Cl_2和多氯代副产物的生成。增强催化剂Brønsted酸性强度、弱化催化剂碱性强度、构筑催化剂3D孔道结构、引入特殊元素作为催化反应过程的Cl接收池等措施常被作为缓解氯化反应、降低含氯副产物生成的可行策略。

催化氧化法脱除Cl-VOCs具有很多的优势，但同时也存在一些潜在风险，包括催化剂钝化和副产物生成问题。特别是，在实际工业工况下评价含氯VOCs降解活性依然存在挑战。未来研究仍需就以下方面展开：

（1）使用分子模拟和原位技术全面研究建立催化氧化过程中Cl迁移转化路径，包括FTIR、同位素示踪、同步辐射和激光诊断等。

（2）建立不同Cl-VOCs分子结构与降解活性之间的关系，包括碳原子数、键型、H/Cl比等，这些决定了降解原理和Cl迁移。

（3）揭示催化剂中氧化还原位点、酸性位点和碱性位点在催化氧化过程活化、解离、氧化、氯化和脱附各个步骤的作用。这将为未来催化剂设计提供更强的理论基础和依据。

（4）研究多种VOCs共存以及H_2O、SO_2、NO_x和重金属等复杂组分存在下活性位点作用和Cl迁移过程，为开发工业催化剂提供理论基础。此外，在含氯VOCs分子中Cl的取代位置以及取代数量对催化活性的影响也应该被研究。

（5）开发具有特定形貌和结构的新型催化剂以获得更强的金属交互作用，进而改善催化剂性能并加速大分子物质的扩散，为实现低温高效降解提供可能，进而避免高温氯化反应。三维梯级多孔催化剂、核壳结构催化剂、单原子催化剂是很好的选择，可以合理暴露活性位点，保护活性金属避免氯化。

（6）开发整体式的催化剂并结合流场优化模拟工业工况，同时优化传热传质效率，提升催化剂活性。此外，应当开发低成本的催化剂高效再生技术。

（7）除催化剂开发之外，对于含卤素 VOCs 降解更应重视如何解决副产物的生成和进一步脱除问题。因此，工艺的优化是十分重要的，从而在尽可能温和的反应条件下进行以抑制多卤素副产物的产生。可以探索开发加氢脱氯和催化氧化的分步降解、水解脱氯耦合催化氧化降解、臭氧耦合催化氧化的强化降解、等离子体辅助催化氧化、催化燃烧-液相高级氧化组合的降解等新型技术路线。

此外，对于 Br-VOCs 和 F-VOCs 的催化燃烧净化，在催化剂的设计、性能要求等方面与 Cl-VOCs 的催化燃烧整体上遵循相同的原则。后续的研究重点在于提炼三者相通和差异之处以便借鉴性地、具有侧重点地开展相关深入研究，如：

（1）Cl-VOCs 催化燃烧可以继续集中在反应机理、多氯/脱氯副产物生成和控制途径以及二噁英完全净化的研究。

（2）Br-VOCs 催化燃烧更多地还是需要针对具体行业如 PTA 行业废气来开展，研究多组分的 VOCs 催化燃烧以及催化剂抗低浓度卤素中毒的性能；另外，与 Cl-VOCs 对比，研究低 Br_2 选择性和无多溴副产物的内在机理，从而为能够抑制多氯副产物形成的 Cl-VOCs 催化燃烧催化剂的设计起到指导作用。

（3）F-VOCs 催化氧化应该重点关注反应生成的高腐蚀性、高反应性、高氧化性的 HF 和 F_2 的调控和原位移除，催化剂的化学稳定性至关重要。另外，F-VOCs 分子中一般 H/C 或 H/F 比小，因此探索具有较好应用前景的催化水解氧化途径所需的高活性、高耐水性、高化学稳定性的催化剂也是重点研究方向，尤其是扩展至 Cl-VOCs 和 Br-VOCs 的催化燃烧。

参考文献

[1] Yang P, Fan S, Chen Z, et al. Synthesis of Nb_2O_5 based solid superacid materials for catalytic combustion of chlorinated VOCs [J]. Applied Catalysis B: Environmental, 2018, 239: 114-124.

[2] Zhang X, Liu Y, Deng J, et al. Three-dimensionally ordered macroporous Cr_2O_3-CeO_2: high-performance catalysts for the oxidative removal of trichloroethylene [J]. Catalysis Today, 2020, 339: 200-209.

[3] Yang Y, Liu S, Zhao H, et al. Promotional effect of doping Cu into cerium-titanium binary oxides catalyst for deep oxidation of gaseous dichloromethane [J]. Chemosphere, 2019, 214: 553-562.

[4] Yang Y, Li H, Zhao H, et al. Structure and crystal phase transition effect of Sn doping on anatase TiO_2 for dichloromethane decomposition [J]. Journal of Hazardous Materials, 2019, 371: 156-164.

[5] Wan J, Yang P, Guo X, et al. Elimination of 1, 2-dichloroethane over (Ce, Cr)$_xO_2$/Nb_2O_5 catalysts: synergistic performance between oxidizing ability and acidity [J]. Chinese Journal of Catalysis, 2019, 40: 1100-1108.

[6] He C, Cheng J, Zhang X, et al. Recent advances in the catalytic oxidation of volatile organic compounds: a review based on pollutant sorts and sources [J]. Chemical Reviews, 2019, 119: 4471-4568.

[7] Liu X, Chen L, Zhu T, et al. Catalytic oxidation of chlorobenzene over noble metals (Pd, Pt, Ru, Rh)

and the distributions of polychlorinated by-products [J]. Journal of Hazardous Materials, 2019, 363: 90-98.

[8] Li T, Li H, Li C. A review and perspective of recent research in biological treatment applied in removal of chlorinated volatile organic compounds from waste air [J]. Chemosphere, 2020, 250: 126338.

[9] Assal Z, Ojala S, Zbair M, et al. Catalytic abatement of dichloromethane over transition metal oxide catalysts: thermodynamic modelling and experimental studies [J]. Journal of Cleaner Production, 2019, 228: 814-823.

[10] Xu L, Stangland E E, Mavrikakis M. A DFT study of chlorine coverage over late transition metals and its implication on 1, 2-dichloroethane hydrodechlorination [J]. Catalysis Science & Technology, 2018, 8: 1555-1563.

[11] Tian M, He C, Yu Y, et al. Catalytic oxidation of 1, 2-dichloroethane over three-dimensional ordered meso-macroporous $Co_3O_4/La_{0.7}Sr_{0.3}Fe_{0.5}Co_{0.5}O_3$: destruction route and mechanism [J]. Applied Catalysis A: General, 2018, 553: 1-14.

[12] Wang C, Zhang C, Hua W, et al. Catalytic oxidation of vinyl chloride emissions over Co-Ce composite oxide catalysts [J]. Chemical Engineering Journal, 2017, 315: 392-402.

[13] Zhang C, Wang C, Hua W, et al. Relationship between catalytic deactivation and physicochemical properties of $LaMnO_3$ perovskite catalyst during catalytic oxidation of vinyl chloride [J]. Applied Catalysis B: Environmental, 2016, 186: 173-183.

[14] He C B, Pan K L, Chang M B. Catalytic oxidation of trichloroethylene from gas streams by perovskite-type catalysts [J]. Environmental Science and Pollution Research, 2018, 25: 11584-11594.

[15] Blanch-Raga N, Palomares A E, Martinez-Triguero J, et al. Cu and Co modified beta zeolite catalysts for the trichloroethylene oxidation [J]. Applied Catalysis B: Environmental, 2016, 187: 90-97.

[16] Cucciniello R, Intiso A, Castiglione S, et al. Total oxidation of trichloroethylene over mayenite ($Ca_{12}Al_{14}O_{33}$) catalyst [J]. Applied Catalysis B: Environmental, 2017, 204: 167-172.

[17] Wang H C, Liang H S, Chang M B. Chlorobenzene oxidation using ozone over iron oxide and manganese oxide catalysts [J]. Journal of Hazardous Materials, 2011, 186: 1781-1787.

[18] Wang Q L, Huang Q X, Wu H F, et al. Catalytic decomposition of gaseous 1, 2-dichlorobenzene over CuO_x/TiO_2 and CuO_x/TiO_2-CNTs catalysts: mechanism and PCDD/Fs formation [J]. Chemosphere, 2016, 144: 2343-2350.

[19] Ye N, Li Y, Yang Z, et al. Rare earth modified kaolin-based Cr_2O_3 catalysts for catalytic combustion of chlorobenzene [J]. Applied Catalysis A: General, 2019, 579: 44-51.

[20] Yang S, Zhao H, Dong F, et al. Highly efficient catalytic combustion of *o*-dichlorobenzene over three-dimensional ordered mesoporous cerium manganese bimetallic oxides: a new concept of chlorine removal mechanism [J]. Molecular Catalysis, 2019, 463: 119-129.

[21] Weng X L, Sun P F, Long Y, et al. Catalytic oxidation of chlorobenzene over $Mn_xCe_{1-x}O_2$/HZSM-5 catalysts: a study with practical implications [J]. Environmental Science and Technology, 2017, 51: 8057-8066.

[22] Jin D D, Ren Z Y, Ma Z X, et al. Low temperature chlorobenzene catalytic oxidation over MnO_x/CNTs with the assistance of ozone [J]. RSC Advances, 2015, 5 (20): 15103-15109.

[23] Zhao H J, Han W L, Dong F, et al. Highly-efficient catalytic combustion performance of 1, 2-dichlorobenzene over mesoporous TiO_2-SiO_2 supported CeMn oxides: the effect of acid sites and redox sites [J]. Journal of Industrial and Engineering Chemistry, 2018, 64: 194-205.

[24] Zhan M X, Yu M F, Zhang G X, et al. Low temperature degradation of polychlorinated dibenzo-*p*-dioxins and dibenzofurans over a VO_x-CeO_x/TiO_2 catalyst with addition of ozone [J]. Waste Management, 2018, 76: 555-565.

[25] Man Y B, Chow K L, Cheng Z, et al. Profiles and removal efficiency of organochlorine pesticides with emphasis on DDTs and HCHs by two different sewage treatment works [J]. Environmental Technology & Innovation, 2018, 9: 220-231.

[26] Kida M, Ziembowicz S, Koszelnik P. Removal of organochlorine pesticides (OCPs) from aqueous solutions using hydrogen peroxide, ultrasonic waves, and a hybrid process [J]. Separation and Purification Technology, 2018, 192: 457-464.

[27] Dai Q G, Wang W, Wang X Y, et al. Sandwich-structured CeO_2@ZSM-5 hybrid composites for catalytic oxidation of 1,2-dichloroethane: an integrated solution to coking and chlorine poisoning deactivation [J]. Applied Catalysis B: Environmental, 2017, 203: 31-42.

[28] Gonzalez-Prior J, Lopez-Fonseca R, Gutierrez-Ortiz J I, et al. Oxidation of 1, 2-dichloroethane over nanocube-shaped Co_3O_4 catalysts [J]. Applied Catalysis B: Environmental, 2016, 199: 384-393.

[29] Huang B B, Lei C, Wei C, et al. Chlorinated volatile organic compounds (Cl-VOCs) in environment-sources, potential human health impacts, and current remediation technologies [J]. Environment International, 2014, 71: 118-138.

[30] Xu Z Z, Deng S B, Yang Y, et al. Catalytic destruction of pentachlorobenzene in simulated flue gas by a V_2O_5-WO_3/TiO_2 catalyst [J]. Chemosphere, 2012, 87 (9): 1032-1038.

[31] Zhang X Y, Gao B, Creamer A E, et al. Adsorption of VOCs onto engineered carbon materials: a review [J]. Journal of Hazardous Materials, 2017, 338: 102-123.

[32] Krishnamurthy A, Adebayo B, Gelles T, et al. Abatement of gaseous volatile organic compounds: a process perspective [J]. Catalysis Today, 2020, 350: 100-119.

[33] Guo Y Y, Li Y R, Wang J, et al. Effects of activated carbon properties on chlorobenzene adsorption and adsorption product analysis [J]. Chemical Engineering Journal, 2014, 236: 506-512.

[34] Chen G Y, Wang Z, Lin F W, et al. Comparative investigation on catalytic ozonation of VOCs in different types over supported MnO_x catalysts [J]. Journal of Hazardous Materials, 2020, 391: 122218-122234.

[35] Gelles T, Krishnamurthy A, Adebayo B, et al. Abatement of gaseous volatile organic compounds: a material perspective [J]. Catalysis Today, 2020, 350: 3-18.

[36] Shah R K, Thonon B, Benforado D M. Opportunities for heat exchanger applications in environmental systems [J]. Applied Thermal Engineering, 2000, 20 (7): 631-650.

[37] Zou W X, Gao B, Ok Y S, et al. Integrated adsorption and photocatalytic degradation of volatile organic compounds (VOCs) using carbon-based nanocomposites: a critical review [J]. Chemosphere, 2019, 218: 845-859.

[38] Du C C, Lu S Y, Wang Q L, et al. A review on catalytic oxidation of chloroaromatics from flue gas [J]. Chemical Engineering Journal, 2018, 334: 519-544.

[39] Li T, Li H, Li C L. A review and perspective of recent research in biological treatment applied in removal of chlorinated volatile organic compounds from waste air [J]. Chemosphere, 2020, 250: 126338.

[40] He C, Yu Y K, Shen Q, et al. Catalytic behavior and synergistic effect of nanostructured mesoporous CuO-MnO_x-CeO_2 catalysts for chlorobenzene destruction [J]. Applied Surface Science, 2014, 297: 59-69.

[41] Huang H B, Xu Y, Feng Q, et al. Low temperature catalytic oxidation of volatile organic compounds: a review [J]. Catalysis Science & Technology, 2015, 5: 2649-2669.

[42] Liu Y X, Deng J G, Xie S H, et al. Catalytic removal of volatile organic compounds using ordered porous transition metal oxide and supported noble metal catalysts [J]. Chinese Journal of Catalysis, 2016, 37 (8): 1193-1205.
[43] Yang C T, Miao G, Pi Y H, et al. Abatement of various types of VOCs by adsorption/catalytic oxidation: a review [J]. Chemical Engineering Journal, 2019, 370: 1128-1153.
[44] Dai C H, Zhou Y Y, Peng H, et al. Current progress in remediation of chlorinated volatile organic compounds: a review [J]. Journal of Industrial and Engineering Chemistry, 2018, 62: 106-119.
[45] Kamal M S, Razzak S A, Hossain M M. Catalytic oxidation of volatile organic compounds (VOCs): a review [J]. Atmospheric Environment, 2016, 140: 117-134.
[46] Liang H S, Wang H C, Chang M B. Low-temperature catalytic oxidation of monochlorobenzene by ozone over silica-supported manganese oxide [J]. Industrial & Engineering Chemistry Research, 2011, 50 (23): 13322-13329.
[47] Durme J Van, Dewulf J, Leys C, et al. Combining non-thermal plasma with heterogeneous catalysis in waste gas treatment: a review [J]. Applied Catalysis B: Environmental, 2008, 78 (3-4): 324-333.
[48] Vu V H, Belkouch J, Ould-Dris A, et al. Removal of hazardous chlorinated VOCs over Mn-Cu mixed oxide based catalyst [J]. Journal of Hazardous Materials, 2009, 169 (1-3): 758-765.
[49] Huang H F, Zhang X X, Jiang X J, et al. Hollow anatase TiO_2 nanoparticles with excellent catalytic activity for dichloromethane combustion [J]. RSC Advances, 2016, 6: 61610-61614.
[50] Gutierrez-Ortiz J I, Lopez-Fonseca R, Aurrekoetxea U, et al. Low-temperature deep oxidation of dichloromethane and trichloroethylene by H-ZSM-5-supported manganese oxide catalysts [J]. Journal of Catalysis, 2003, 218 (1): 148-154.
[51] Gu Y L, Yang Y X, Qiu Y M, et al. Combustion of dichloromethane using copper-manganese oxides supported on zirconium modified titanium-aluminum catalysts [J]. Catalysis Communications, 2010, 12 (4): 277-281.
[52] Wang L F, Sakurai M, Kameyama H. Catalytic oxidation of dichloromethane and toluene over platinum alumite catalyst [J]. Journal of Hazardous Materials, 2008, 154 (1-3): 390-395.
[53] Ran L, Qin Z, Wang Z Y, et al. Catalytic decomposition of CH_2Cl_2 over supported Ru catalysts [J]. Catalysis Communications, 2013, 37: 5-8.
[54] Gao F, Zhang Y H, Wan H Q, et al. The states of vanadium species in V-SBA-15 synthesized under different pH values [J]. Microporous and Mesoporous Materials, 2008, 110 (2-3): 508-516.
[55] Piumetti M, Bonelli B, Armandi M, et al. Vanadium-containing SBA-15 systems prepared by direct synthesis: physico-chemical and catalytic properties in the decomposition of dichloromethane [J]. Microporous and Mesoporous Materials, 2010, 133 (1-3): 36-44.
[56] Zhang X H, Pei Z Y, Ning X J, et al. Catalytic low-temperature combustion of dichloromethane over V-Ni/TiO_2 catalyst [J]. RSC Advances, 2015, 5 (96): 79192-79199.
[57] Kang M, Lee C H. Methylene chloride oxidation on oxidative carbon-supported chromium oxide catalyst [J]. Applied Catalysis A: General, 2004, 266 (2): 163-172.
[58] Ma R H, Hu P J, Jin L Y, et al. Characterization of CrO_x/Al_2O_3 catalysts for dichloromethane oxidation [J]. Catalysis Today, 2011, 175 (1): 598-602.
[59] Su J, Liu Y, Yao W Y, et al. Catalytic combustion of dichloromethane over HZSM-5-supported typical transition metal (Cr, Fe, and Cu) oxide catalysts: a stability study [J]. Journal of Physical Chemistry C, 2016, 120 (32): 18046-18054.

[60] Kim D C, Ihm S K. Application of spinel-type cobalt chromite as a novel catalyst for combustion of chlorinated organic pollutants [J]. Environmental Science and Technology, 2001, 35: 222-226.
[61] Liu J D, Zhang T T, Jia A P, et al. The effect of microstructural properties of $CoCr_2O_4$ spinel oxides on catalytic combustion of dichloromethane [J]. Applied Surface Science, 2016, 369: 58-66.
[62] Wang Y, Jia A P, Luo M F, et al. Highly active spinel type $CoCr_2O_4$ catalysts for dichloromethane oxidation [J]. Applied Catalysis B: Environmental, 2015, 165: 477-486.
[63] Feng X B, Tian M J, He C, et al. Yolk-shell-like mesoporous $CoCrO_x$ with superior activity and chlorine resistance in dichloromethane destruction [J]. Applied Catalysis B: Environmental, 2020, 264: 118493-118506.
[64] Chen Q Y, Li N, Luo M F, et al. Catalytic oxidation of dichloromethane over Pt/CeO_2-Al_2O_3 catalysts [J]. Applied Catalysis B: Environmental, 2012, 127: 159-166.
[65] Wang Y, Liu H H, Wang S Y, et al. Remarkable enhancement of dichloromethane oxidation over potassium-promoted Pt/Al_2O_3 catalysts [J]. Journal of Catalysis, 2014, 311: 314-324.
[66] Cao S, Wang H Q, Yu F X, et al. Catalyst performance and mechanism of catalytic combustion of dichloromethane (CH_2Cl_2) over Ce doped TiO_2 [J]. Journal of Colloid and Interface Science, 2016, 463: 233-241.
[67] Cao S, Wang H Q, Shi M P, et al. Impacts of structure of CeO_2/TiO_2 mixed oxides catalysts on their performances for catalytic combustion of dichloromethane [J]. Catalysis Letters, 2016, 146: 1591-1599.
[68] Cao S, Shi M P, Wang H Q, et al. A two-stage Ce/TiO_2-Cu/CeO_2 catalyst with separated catalytic functions for deep catalytic combustion of CH_2Cl_2 [J]. Chemical Engineering Journal, 2016, 290: 147-153.
[69] Dai Q, Wu J, Deng W, et al. Comparative studies of P/CeO_2 and Ru/CeO_2 catalysts for catalytic combustion of dichloromethane: from effects of H_2O to distribution of chlorinated by-products [J]. Applied Catalysis B: Environmental, 2019, 249: 9-18.
[70] Dai Q, Bai S, Wang J, et al. The effect of TiO_2 doping on catalytic performances of Ru/CeO_2 catalysts during catalytic combustion of chlorobenzene [J]. Applied Catalysis B: Environmental, 2013, 142-143: 222-233.
[71] Lopez-Fonseca R, de Rivas B, Gutierrez-Ortiz J I, et al. Enhanced activity of zeolites by chemical dealumination for chlorinated VOC abatement [J]. Applied Catalysis B: Environmental, 2003, 41: 31-42.
[72] Lopez-Fonseca R, Cibrian S, Gutierrez-Ortiz J I, et al. Oxidative destruction of dichloromethane over protonic zeolites [J]. AIChE Journal, 2003, 49 (2): 496-504.
[73] Zhang L L, Liu S Y, Wang G Y, et al. Catalytic combustion of dichloromethane over NaFAU and HFAU zeolites: a combined experimental and theoretical study [J]. Reaction Kinetics Mechanisms and Catalysis, 2014, 112 (1): 249-265.
[74] Pinard L, Mijoin J, Magnoux P, et al. Oxidation of chlorinated hydrocarbons over Pt zeolite catalysts 1-mechanism of dichloromethane transformation over PtNaY catalysts [J]. Journal of Catalysis, 2003, 215: 234-244.
[75] Pitkäaho S, Nevanpera T, Matejova L, et al. Oxidation of dichloromethane over Pt, Pd, Rh, and V_2O_5 catalysts supported on Al_2O_3, Al_2O_3-TiO_2 and Al_2O_3-CeO_2 [J]. Applied Catalysis B: Environmental, 2013, 138: 33-42.
[76] Pitkäaho S, Ojala S, Maunula T, et al. Oxidation of dichloromethane and perchloroethylene as single

compounds and in mixtures [J]. Applied Catalysis B: Environmental, 2011, 102: 395-403.

[77] Pinard L, Mijoin J, Ayrault P, et al. On the mechanism of the catalytic destruction of dichloromethane over Pt zeolite catalysts [J]. Applied Catalysis B: Environmental, 2004, 51: 1-8.

[78] Tian M J, Jian Y F, Ma M D, et al. Rational design of CrO_x/$LaSrMnCoO_6$ composite catalysts with superior chlorine tolerance and stability for 1, 2-dichloroethane deep destruction [J]. Applied Catalysis A: General, 2019, 570: 62-72.

[79] Rotter H, Landau M V, Herskowitz M. Combustion of chlorinated VOC on nanostructured chromia aerogel as catalyst and catalyst support [J]. Environmental Science and Technology, 2005, 39: 6845-6850.

[80] Tian M J, Ma M D, Xu B T, et al. Catalytic removal of 1, 2-dichloroethane over $LaSrMnCoO_6$/H-ZSM-5 composite: insights into synergistic effect and pollutant-destruction mechanism [J]. Catalysis Science and Technology, 2018, 8: 4503-4514.

[81] Dai Q G, Huang H, Zhu Y, et al. Catalysis oxidation of 1, 2-dichloroethane and ethyl acetate over ceria nanocrystals with well-defined crystal planes [J]. Applied Catalysis B: Environmental, 2012, 117: 360-368.

[82] Dai Q G, Bai S X, Li H, et al. Catalytic total oxidation of 1, 2-dichloroethane over highly dispersed vanadia supported on CeO_2 nanobelts [J]. Applied Catalysis B: Environmental, 2015, 168: 141-155.

[83] Wang W, Zhu Q, Dai Q G, et al. Fe doped CeO_2 nanosheets for catalytic oxidation of 1, 2-dichloroethane: effect of preparation method [J]. Chemical Engineering Journal, 2017, 307: 1037-1046.

[84] Dai Q G, Wang W, Wang X Y, et al. Sandwich-structured CeO_2@ZSM-5 hybrid composites for catalytic oxidation of 1, 2-dichloroethane: an integrated solution to coking and chlorine poisoning deactivation [J]. Applied Catalysis B: Environmental, 2017, 203: 31-42.

[85] Zhou J M, Zhao L, Huang Q Q, et al. Catalytic activity of Y zeolite supported CeO_2 catalysts for deep oxidation of 1,2-dichloroethane (DCE) [J]. Catalysis Letters, 2009, 127: 277-284.

[86] Huang Q Q, Xue X M, Zhou R X. Influence of interaction between CeO_2 and USY on the catalytic performance of CeO_2-USY catalysts for deep oxidation of 1, 2-dichloroethane [J]. Journal of Molecular Catalysis A: Chemical, 2010, 331 (1-2): 130-136.

[87] Huang Q Q, Xue X M, Zhou R X. Decomposition of 1,2-dichloroethane over CeO_2 modified USY zeolite catalysts: effect of acidity and redox property on the catalytic behavior [J]. Journal of Hazardous Materials, 2010, 183: 694-700.

[88] Yang P, Shi Z N, Tao F, et al. Synergistic performance between oxidizability and acidity/texture properties for 1, 2-dichloroethane oxidation over $(Ce, Cr)_xO_2$/zeolite catalysts [J]. Chemical Engineering Science, 2015, 134: 340-347.

[89] Shi Z N, Yang P, Tao F, et al. New insight into the structure of CeO_2-TiO_2 mixed oxides and their excellent catalytic performances for 1, 2-dichloroethane oxidation [J]. Chemical Engineering Journal, 2016, 295: 99-108.

[90] Yang P, Zuo S F, Shi Z N, et al. Elimination of 1, 2-dichloroethane over $(Ce, Cr)_xO_2$/MO_y catalysts (M=Ti, V, Nb, Mo, W and La) [J]. Applied Catalysis B: Environmental, 2016, 191: 53-61.

[91] de Rivas B, Sampedro C, Garcia-Real M, et al. Promoted activity of sulphated Ce/Zr mixed oxides for chlorinated VOC oxidative abatement [J]. Applied Catalysis B: Environmental, 2013, 129: 225-235.

[92] Yang P, Yang S S, Shi Z N, et al. Accelerating effect of ZrO_2 doping on catalytic performance and thermal stability of CeO_2-CrO_x mixed oxide for 1, 2-dichloroethane elimination [J]. Chemical Engineering

Journal, 2016, 285: 544-553.
[93] Liotta L F, Wu H J, Pantaleo G, et al. Co_3O_4 nanocrystals and Co_3O_4-MO_x binary oxides for CO, CH_4 and VOC oxidation at low temperatures: a review [J]. Catalysis Science and Technology, 2013, 3 (12): 3085-3102.
[94] Cai T, Huang H, Deng W, et al. Catalytic combustion of 1, 2-dichlorobenzene at low temperature over Mn-modified Co_3O_4 catalysts [J]. Applied Catalysis B: Environmental, 2015, 166: 393-405.
[95] Gonzalez-Prior J, Lopez-Fonseca R, Gutierrez-Ortiz J I, et al. Catalytic removal of chlorinated compounds over ordered mesoporous cobalt oxides synthesised by hard-templating [J]. Applied Catalysis B: Environmental, 2018, 222: 9-17.
[96] de Rivas B, Lopez-Fonseca R, Jimenez-Gonzalez C, et al. Synthesis, characterisation and catalytic performance of nanocrystalline Co_3O_4 for gas-phase chlorinated VOC abatement [J]. Journal of Catalysis, 2011, 281: 88-97.
[97] Gonzalez-Prior J, Gutierrez-Ortiz J I, Lopez-Fonseca R, et al. Oxidation of chlorinated alkanes over Co_3O_4/SBA-15 catalysts. Structural characterization and reaction mechanism [J]. Catalysis Science and Technology, 2016, 6: 5618-5630.
[98] Boukha Z, Gonzalez-Prior J, de Rivas B, et al. Synthesis, characterisation and behaviour of Co/hydroxyapatite catalysts in the oxidation of 1, 2-dichloroethane [J]. Applied Catalysis B: Environmental, 2016, 190: 125-136.
[99] Feng Y H, Yin H B, Gao D Z, et al. Selective oxidation of 1, 2-propanediol to lactic acid catalyzed by hydroxylapatite nanorod-supported Au/Pd bimetallic nanoparticles under atmospheric pressure [J]. Journal of Catalysis, 2014, 316: 67-77.
[100] Ogo S, Onda A, Iwasa Y, et al. 1-Butanol synthesis from ethanol over strontium phosphate hydroxyapatite catalysts with various Sr/P ratios [J]. Journal of Catalysis, 2012, 296: 24-30.
[101] Elkabouss K, Kacimi M, Ziyad M, et al. Cobalt-exchanged hydroxyapatite catalysts: magnetic studies, spectroscopic investigations, performance in 2-butanol and ethane oxidative dehydrogenations [J]. Journal of Catalysis, 2004, 226 (1): 16-24.
[102] Boukha Z, Kacimi M, Ziyad M, et al. Comparative study of catalytic activity of Pd loaded hydroxyapatite and fluoroapatite in butan-2-ol conversion and methane oxidation [J]. Journal of Molecular Catalysis A: Chemical, 2007, 270: 205-213.
[103] Carvalho D C, Pinheiro L G, Campos A, et al. Characterization and catalytic performances of copper and cobalt-exchanged hydroxyapatite in glycerol conversion for 1-hydroxyacetone production [J]. Applied Catalysis A: General, 2014, 471: 39-49.
[104] Sudhakar M, Kumar V V, Naresh G, et al. Vapor phase hydrogenation of aqueous levulinic acid over hydroxyapatite supported metal (M=Pd, Pt, Ru, Cu, Ni) catalysts [J]. Applied Catalysis B: Environmental, 2016, 180: 113-120.
[105] de Rivas B, Lopez-Fonseca R, Sampedro C, et al. Catalytic behaviour of thermally aged Ce/Zr mixed oxides for the purification of chlorinated VOC-containing gas streams [J]. Applied Catalysis B: Environmental, 2009, 90: 545-555.
[106] Wang W, Zhu Q, Dai Q, et al. Fe doped CeO_2 nanosheets for catalytic oxidation of 1,2-dichloroethane: effect of preparation method [J]. Chemical Engineering Journal, 2017, 307: 1037-1046.
[107] Yang P, Zuo S, Zhou R. Synergistic catalytic effect of $(Ce, Cr)_xO_2$ and HZSM-5 for elimination of chlorinated organic pollutants [J]. Chemical Engineering Journal, 2017, 323: 160-170.

[108] de Rivas B, Lopez-Fonseca R, Gonzalez-Velasco J R, et al. On the mechanism of the catalytic destruction of 1, 2-dichloroethane over Ce/Zr mixed oxide catalysts [J]. Journal of Molecular Catalysis A: Chemical, 2007, 278: 181-188.

[109] de Rivas B, Lopez-Fonseca R, Gutierrez-Ortiz M A, et al. Impact of induced chlorine-poisoning on the catalytic behaviour of $Ce_{0.5}Zr_{0.5}O_2$ and $Ce_{0.15}Zr_{0.85}O_2$ in the gas-phase oxidation of chlorinated VOCs [J]. Applied Catalysis B: Environmental, 2011, 104: 373-381.

[110] Yang P, Shi Z N, Yang S S, et al. High catalytic performances of CeO_2-CrO_x catalysts for chlorinated VOCs elimination [J]. Chemical Engineering Science, 2015, 126: 361-369.

[111] Yang P, Yang S S, Shi Z N, et al. Deep oxidation of chlorinated VOCs over CeO_2-based transition metal mixed oxide catalysts [J]. Applied Catalysis B: Environmental, 2015, 162: 227-235.

[112] Yang P, Yang S, Shi Z, et al. Accelerating effect of ZrO_2 doping on catalytic performance and thermal stability of CeO_2-CrO_x mixed oxide for 1, 2-dichloroethane elimination [J]. Chemical Engineering Journal, 2016, 285: 544-553.

[113] Vlasenko V M, Chernobrivets V L. Catalytic purification of gases to remove vinyl chloride [J]. Russian Journal of Applied Chemistry, 2002, 75: 1262-1264.

[114] Zhang C H, Wang C, Hua W C, et al. Relationship between catalytic deactivation and physicochemical properties of $LaMnO_3$ perovskite catalyst during catalytic oxidation of vinyl chloride [J]. Applied Catalysis B: Environmental, 2016, 186: 173-183.

[115] Wang C, Zhang C H, Hua W C, et al. Low-temperature catalytic oxidation of vinyl chloride over Ru modified Co_3O_4 catalysts [J]. RSC Advances, 2016, 6: 99577-99585.

[116] Wang L, Wang C, Xie H, et al. Catalytic combustion of vinyl chloride over Sr doped $LaMnO_3$ [J]. Catalysis Today, 2019, 327: 190-195.

[117] Zhang C H, Wang C, Zhan W C, et al. Catalytic oxidation of vinyl chloride emission over $LaMnO_3$ and $LaB_{0.2}Mn_{0.8}O_3$ (B = Co, Ni, Fe) catalysts [J]. Applied Catalysis B: Environmental, 2013, 129: 509-516.

[118] Zhang C H, Hua W C, Wang C, et al. The effect of A-site substitution by Sr, Mg and Ce on the catalytic performance of $LaMnO_3$ catalysts for the oxidation of vinyl chloride emission [J]. Applied Catalysis B: Environmental, 2013, 134: 310-315.

[119] Gonzalez-Olmos R, Roland U, Toufar H, et al. Fe-zeolites as catalysts for chemical oxidation of MTBE in water with H_2O_2 [J]. Applied Catalysis B: Environmental, 2009, 89: 356-364.

[120] Divakar D, Romero-Saez M, Pereda-Ayo B, et al. Catalytic oxidation of trichloroethylene over Fe-zeolites [J]. Catalysis Today, 2011, 176: 357-360.

[121] Lucio-Ortiz C J, De la Rosa JR, Ramirez A H, et al. Synthesis and characterization of Fe doped mesoporous Al_2O_3 by sol-gel method and its use in trichloroethylene combustion [J]. Journal of Sol-Gel Science and Technology, 2011, 58: 374-384.

[122] Kawi S, Te M. MCM-48 supported chromium catalyst for trichloroethylene oxidation [J]. Catalysis Today, 1998, 44: 101-109.

[123] Dai Q G, Wang X Y, Lu G Z. Low-temperature catalytic combustion of trichloroethylene over cerium oxide and catalyst deactivation [J]. Applied Catalysis B: Environmental, 2008, 81: 192-202.

[124] Yang P, Xue X, Meng Z, et al. Enhanced catalytic activity and stability of Ce doping on Cr supported HZSM-5 catalysts for deep oxidation of chlorinated volatile organic compounds [J]. Chemical Engineering Journal, 2013, 234: 203-210.

[125] Blanch-Raga N, Palomares A E, Martinez-Triguero J, et al. The oxidation of trichloroethylene over different mixed oxides derived from hydrotalcites [J]. Applied Catalysis B: Environmental, 2014, 160: 129-134.

[126] Maghsoodi S, Towfighi J, Khodadadi A, et al. The effects of excess manganese in nano-size lanthanum manganite perovskite on enhancement of trichloroethylene oxidation activity [J]. Chemical Engineering Journal, 2013, 215: 827-837.

[127] He C B, Pan K L, Chang M B. Catalytic oxidation of trichloroethylene from gas streams by perovskite-type catalysts [J]. Environmental Science and Pollution Research, 2018, 25: 11584-11594.

[128] Intriago L, Diaz E, Ordonez S, et al. Combustion of trichloroethylene and dichloromethane over protonic zeolites: influence of adsorption properties on the catalytic performance [J]. Microporous and Mesoporous Materials, 2006, 91: 161-169.

[129] Aranzabal A, Romero-Saez M, Elizundia U, et al. The effect of deactivation of H-zeolites on product selectivity in the oxidation of chlorinated VOCs (trichloroethylene) [J]. Journal of Chemical Technology and Biotechnology, 2016, 91: 318-326.

[130] Lopez-Fonseca R, Aranzabal A, Gutierrez-Ortiz J I, et al. Comparative study of the oxidative decomposition of trichloroethylene over H-type zeolites under dry and humid conditions [J]. Applied Catalysis B: Environmental, 2001, 30: 303-313.

[131] Kulazynski M, van Ommen J G, Trawczynski J, et al. Catalytic combustion of trichloroethylene over TiO_2-SiO_2 supported catalysts [J]. Applied Catalysis B: Environmental, 2002, 36: 239-247.

[132] Wang J, Liu X, Zeng J, et al. Catalytic oxidation of trichloroethylene over TiO_2 supported ruthenium catalysts [J]. Catalysis Communications, 2016, 76: 13-18.

[133] Miranda B, Diaz E, Ordonez S, et al. Oxidation of trichloroethene over metal oxide catalysts: kinetic studies and correlation with adsorption properties [J]. Chemosphere, 2007, 66: 1706-1715.

[134] Huang Q Q, Meng Z H, Zhou R X. The effect of synergy between Cr_2O_3-CeO_2 and USY zeolite on the catalytic performance and durability of chromium and cerium modified USY catalysts for decomposition of chlorinated volatile organic compounds [J]. Applied Catalysis B: Environmental, 2012, 115: 179-189.

[135] Lee D K, Yoon W L. Ru-promoted CrO_x/Al_2O_3 catalyst for the low-temperature oxidative decomposition of trichloroethylene in air [J]. Catalysis Letters, 2002, 81: 247-252.

[136] Vaccari A. Preparation and catalytic properties of cationic and anionic clays [J]. Catalysis Today, 1998, 41: 53-71.

[137] Blanch-Raga N, Palomares A E, Martinez-Triguero J, et al. Cu mixed oxides based on hydrotalcite-like compounds for the oxidation of trichloroethylene [J]. Industrial and Engineering Chemistry Research, 2013, 52: 15772-15779.

[138] Cucciniello R, Proto A, Rossi F, et al. Mayenite based supports for atmospheric NO_x sampling [J]. Atmospheric Environment, 2013, 79: 666-671.

[139] Cucciniello R, Intiso A, Castiglione S, et al. Total oxidation of trichloroethylene over mayenite ($Ca_{12}Al_{14}O_{33}$) catalyst [J]. Applied Catalysis B: Environmental, 2017, 204: 167-172.

[140] Gonzalez-Velasco J R, Aranzabal A, Lopez-Fonseca R, et al. Enhancement of the catalytic oxidation of hydrogen-lean chlorinated VOCs in the presence of hydrogen-supplying compounds [J]. Applied Catalysis B: Environmental, 2000, 24: 33-43.

[141] Gonzalez-Velasco J R, Aranzabal A, Gutierrez-Ortiz J I, et al. Activity and product distribution of

alumina supported platinum and palladium catalysts in the gas-phase oxidative decomposition of chlorinated hydrocarbons [J]. Applied Catalysis B: Environmental, 1998, 19: 189-197.

[142] Lopez-Forlseca R, Gutierrez-Ortiz J I, Gonzalez-Velasco J R. Catalytic combustion of chlorinated hydrocarbons over H-BETA and PdO/H-BETA zeolite catalysts [J]. Applied Catalysis A: General, 2004, 271: 39-46.

[143] Li D, Zheng Y, Wang X Y. Effect of phosphoric acid on catalytic combustion of trichloroethylene over Pt/P-MCM-41 [J]. Applied Catalysis A: General, 2008, 340: 33-41.

[144] Lichtenberger J, Amiridis M D. Catalytic oxidation of chlorinated benzenes over V_2O_5/TiO_2 catalysts [J]. Journal of Catalysis, 2004, 223: 296-308.

[145] Li Z M, Guo X L, Tao F, et al. New insights into the effect of morphology on catalytic properties of MnO_x-CeO_2 mixed oxides for chlorobenzene degradation [J]. RSC Advances, 2018, 8: 25283-25291.

[146] He F, Chen Y, Zhao P, et al. Effect of calcination temperature on the structure and performance of CeO_x-MnO_x/TiO_2 nanoparticles for the catalytic combustion of chlorobenzene [J]. Journal of Nanoparticle Research, 2016, 18 (5): 119.

[147] Kan J W, Deng L, Li B, et al. Performance of co-doped Mn-Ce catalysts supported on cordierite for low concentration chlorobenzene oxidation [J]. Applied Catalysis A: General, 2017, 530: 21-29.

[148] Huang H, Gu Y F, Zhao J, et al. Catalytic combustion of chlorobenzene over VO_x/CeO_2 catalysts [J]. Journal of Catalysis, 2015, 326: 54-68.

[149] Guan Y J, Li C. Effect of CeO_2 redox behavior on the catalytic activity of a VO_x/CeO_2 catalyst for chlorobenzene oxidation [J]. Chinese Journal of Catalysis, 2007, 28: 392-394.

[150] Scire S, Minico S, Crisafulli C. Pt catalysts supported on H-type zeolites for the catalytic combustion of chlorobenzene [J]. Applied Catalysis B: Environmental, 2003, 45: 117-125.

[151] Giraudon J M, Elhachimi A, Leclercq G. Catalytic oxidation of chlorobenzene over Pd/perovskites [J]. Applied Catalysis B: Environmental, 2008, 84: 251-261.

[152] Dai Q G, Bai S X, Wang J W, et al. The effect of TiO_2 doping on catalytic performances of Ru/CeO_2 catalysts during catalytic combustion of chlorobenzene [J]. Applied Catalysis B: Environmental, 2013, 142: 222-233.

[153] Ye M, Chen L, Liu X L, et al. Catalytic oxidation of chlorobenzene over ruthenium-ceria bimetallic catalysts [J]. Catalysts, 2018, 8: 116.

[154] Huang X, Peng Y, Liu X, et al. The promotional effect of MoO_3 doped V_2O_5/TiO_2 for chlorobenzene oxidation [J]. Catalysis Communications, 2015, 69: 161-164.

[155] He F, Luo J Q, Liu S T. Novel metal loaded KIT-6 catalysts and their applications in the catalytic combustion of chlorobenzene [J]. Chemical Engineering Journal, 2016, 294: 362-370.

[156] Tian W, Fan X Y, Yang H S, et al. Preparation of MnO_x/TiO_2 composites and their properties for catalytic oxidation of chlorobenzene [J]. Journal of Hazardous Materials, 2010, 177: 887-891.

[157] Tian W, Yang H S, Fan X Y, et al. Low-temperature catalytic oxidation of chlorobenzene over MnO_x/TiO_2-CNTs nano-composites prepared by wet synthesis methods [J]. Catalysis Communications, 2010, 11: 1185-1188.

[158] Mao D, He F, Zhao P, et al. Enhancement of resistance to chlorine poisoning of Sn-modified MnCeLa catalysts for chlorobenzene oxidation at low temperature [J]. RSC Advances, 2015, 5: 10040-10047.

[159] Dai Y, Wang X Y, Li D, et al. Catalytic combustion of chlorobenzene over Mn-Ce-La-O mixed oxide catalysts [J]. Journal of Hazardous Materials, 2011, 188: 132-139.

[160] Zhao P, Wang C N, He F, et al. Effect of ceria morphology on the activity of MnO_x/CeO_2 catalysts for the catalytic combustion of chlorobenzene [J]. RSC Advances, 2014, 4: 45665-45672.

[161] He C, Yu Y K, Shi J W, et al. Mesostructured Cu-Mn-Ce-O composites with homogeneous bulk composition for chlorobenzene removal: catalytic performance and microactivation course [J]. Materials Chemistry and Physics, 2015, 157: 87-100.

[162] Lu Y J, Dai Q G, Wang X Y. Catalytic combustion of chlorobenzene on modified $LaMnO_3$ catalysts [J]. Catalysis Communications, 2014, 54: 114-117.

[163] Dai Q G, Bai S X, Wang X Y, et al. Catalytic combustion of chlorobenzene over Ru-doped ceria catalysts: mechanism study [J]. Applied Catalysis B: Environmental, 2013, 129: 580-588.

[164] Fan X Y, Yang H S, Tian W, et al. Catalytic oxidation of chlorobenzene over MnO_x/Al_2O_3-carbon nanotubes composites [J]. Catalysis Letters, 2011, 141: 158-162.

[165] Li J W, Zhao P, Liu S T. SnO_x-MnO_x-TiO_2 catalysts with high resistance to chlorine poisoning for low-temperature chlorobenzene oxidation [J]. Applied Catalysis A: General, 2014, 482: 363-369.

[166] Wang X Y, Kang Q, Li D. Catalytic combustion of chlorobenzene over MnO_x-CeO_2 mixed oxide catalysts [J]. Applied Catalysis B: Environmental, 2009, 86: 166-175.

[167] Gu Y, Cai T, Gao X, et al. Catalytic combustion of chlorinated aromatics over WO_x/CeO_2 catalysts at low temperature [J]. Applied Catalysis B: Environmental, 2019, 248: 264-276.

[168] Dai Y, Wang X Y, Dai Q G, et al. Effect of Ce and La on the structure and activity of MnO_x catalyst in catalytic combustion of chlorobenzene [J]. Applied Catalysis B: Environmental, 2012, 111: 141-149.

[169] Dai X, Wang X, Long Y, et al. Efficient elimination of chlorinated organics on a phosphoric acid modified CeO_2 catalyst: a hydrolytic destruction route [J]. Environmental Science and Technology, 2019, 53: 12697-12705.

[170] Wu M, Wang X Y, Dai Q G, et al. Low temperature catalytic combustion of chlorobenzene over Mn-Ce-O/gamma-Al_2O_3 mixed oxides catalyst [J]. Catalysis Today, 2010, 158: 336-342.

[171] Sun P F, Wang W L, Dai X X, et al. Mechanism study on catalytic oxidation of chlorobenzene over $MnxCe_{1-x}O_2$/H-ZSM5 catalysts under dry and humid conditions [J]. Applied Catalysis B: Environmental, 2016, 198: 389-397.

[172] Wu M, Wang X Y, Dai Q G, et al. Catalytic combustion of chlorobenzene over Mn-Ce/Al_2O_3 catalyst promoted by Mg [J]. Catalysis Communications, 2010, 11: 1022-1025.

[173] Marie-Rose S C, Belin T, Mijoin J, et al. Catalytic combustion of polycyclic aromatic hydrocarbons (PAHs) over zeolite type catalysts: effect of water and PAHs concentration [J]. Applied Catalysis B: Environmental, 2009, 90: 489-496.

[174] Bertinchamps F, Gregoire C, Gaigneaux E M. Systematic investigation of supported transition metal oxide based formulations for the catalytic oxidative elimination of (chloro) -aromatics. Part Ⅱ: influence of the nature and addition protocol of secondary phases to VO_x/TiO_2 [J]. Applied Catalysis B: Environmental, 2006, 66: 10-22.

[175] Gannoun C, Delaigle R, Debecker D P, et al. Effect of support on V_2O_5 catalytic activity in chlorobenzene oxidation [J]. Applied Catalysis A: General, 2012, 447: 1-6.

[176] Finocchio E, Ramis G, Busca G. A study on catalytic combustion of chlorobenzenes [J]. Catalysis Today, 2011, 169: 3-9.

[177] Topka P, Delaigle R, Kaluza L, et al. Performance of platinum and gold catalysts supported on ceria-zirconia mixed oxide in the oxidation of chlorobenzene [J]. Catalysis Today, 2015, 253: 172-177.

[178] Lamonier J F, Nguyen T B, Franco M, et al. Influence of the meso-macroporous ZrO_2-TiO_2 calcination temperature on the pre-reduced Pd/ZrO_2-TiO_2 (1/1) performances in chlorobenzene total oxidation [J]. Catalysis Today, 2011, 164: 566-570.

[179] Liu Y, Luo M F, Wei Z B, et al. Catalytic oxidation of chlorobenzene on supported manganese oxide catalysts [J]. Applied Catalysis B: Environmental, 2001, 29: 61-67.

[180] Albonetti S, Blasioli S, Bonelli R, et al. The role of acidity in the decomposition of 1, 2-dichlorobenzene over TiO_2-based V_2O_5/WO_3 catalysts [J]. Applied Catalysis A: General, 2008, 341: 18-25.

[181] Deng W, Dai Q G, Lao Y J, et al. Low temperature catalytic combustion of 1, 2-dichlorobenzene over CeO_2-TiO_2 mixed oxide catalysts [J]. Applied Catalysis B: Environmental, 2016, 181: 848-861.

[182] Krishnamoorthy S, Rivas J A, Amiridis M D. Catalytic oxidation of 1, 2-dichlorobenzene over supported transition metal oxides [J]. Journal of Catalysis, 2000, 193: 264-272.

[183] Choi J, Shin C B, Park T J, et al. Characteristics of vanadia-titania aerogel catalysts for oxidative destruction of 1, 2-dichlorobenzene [J]. Applied Catalysis A: General, 2006, 311: 105-111.

[184] Chin S, Jurng J, Lee J H, et al. Catalytic conversion of 1, 2-dichlorobenzene using V_2O_5/TiO_2 catalysts by a thermal decomposition process [J]. Chemosphere, 2009, 75: 1206-1209.

[185] Tang A D, Hu L Q, Yang X H, et al. Promoting effect of the addition of Ce and Fe on manganese oxide catalyst for 1, 2-dichlorobenzene catalytic combustion [J]. Catalysis Communications, 2016, 82: 41-45.

[186] Choi J S, Youn H K, Kwak B H, et al. Preparation and characterization of TiO_2-masked Fe_3O_4 nano particles for enhancing catalytic combustion of 1, 2-dichlorobenzene and incineration of polymer wastes [J]. Applied Catalysis B: Environmental, 2009, 91: 210-216.

[187] Ma X D, Zhao M Y, Pang Q, et al. Development of novel $CaCO_3$/Fe_2O_3 nanorods for low temperature 1, 2-dichlorobenzene oxidation [J]. Applied Catalysis A: General, 2016, 522: 70-79.

[188] Decker S P, Klabunde J S, Khaleel A, et al. Catalyzed destructive adsorption of environmental toxins with nanocrystalline metal oxides. Fluoro-, chloro-, bromocarbons, sulfur, and organophosophorus compounds [J]. Environmental Science and Technology, 2002, 36: 762-768.

[189] Ma X D, Shen J S, Pu W Y, et al. Water-resistant Fe-Ca-O_x/TiO_2 catalysts for low temperature 1, 2-dichlorobenzene oxidation [J]. Applied Catalysis A: General, 2013, 466: 68-76.

[190] Ma X D, Sun Q, Feng X, et al. Catalytic oxidation of 1, 2-dichlorobenzene over $CaCO_3$/α-Fe_2O_3 nano-composite catalysts [J]. Applied Catalysis A: General, 2013, 450: 143-151.

[191] Rodriguez-Gonzalez B, Vereda F, de Vicente J, et al. Rough and hollow spherical magnetite microparticles: revealing the morphology, internal structure, and growth mechanism [J]. Journal of Physical Chemistry C, 2013, 117: 5397-5406.

[192] Ma X D, Feng X, Guo J, et al. Catalytic oxidation of 1, 2-dichlorobenzene over Ca-doped FeO_x hollow microspheres [J]. Applied Catalysis B: Environmental, 2014, 147: 666-676.

[193] Chen S L, Luo L F, Jiang Z Q, et al. Size-dependent reaction pathways of low-temperature CO oxidation on Au/CeO_2 catalysts [J]. ACS Catalysis, 2015, 5: 1653-1662.

[194] Tanaka K, Shou M, He H, et al. Dynamic characterization of the intermediates for low-temperature PROX reaction of CO in H_2-oxidation of CO with OH via HCOO intermediate [J]. Journal of Physical Chemistry C, 2009, 113: 12427-12433.

[195] Wan J, Yang P, Guo X, et al. Investigation on the structure-activity relationship of Nb_2O_5 promoting CeO_2-CrO_2-Nb_2O_5 catalysts for 1, 2-dichloroethane elimination [J]. Molecular Catalysis, 2019, 470:

75-81.

[196] Zhao H, Dong F, Han W, et al. Study of morphology-dependent and crystal-plane effects of $CeMnO_x$ catalysts for 1, 2-dichlorobenzene catalytic elimination [J]. Industrial and Engineering Chemistry Research, 2019, 58: 18055-18064.

[197] Tao H, Li J, Ma Q, et al. Synthesis of W-Nb-O solid acid for catalytic combustion of low-concentration monochlorobenzene [J]. Chemical Engineering Journal, 2020, 382: 123045-123053.

[198] Zhang X, Liu Y, Deng J, et al. Alloying of gold with palladium: an effective strategy to improve catalytic stability and chlorine-tolerance of the 3DOM CeO_2-supported catalysts in trichloroethylene combustion [J]. Applied Catalysis B: Environmental, 2019, 257: 117879-117890.

[199] Dai Q, Yin L L, Bai S, et al. Catalytic total oxidation of 1, 2-dichloroethane over VO_x/CeO_2 catalysts: further insights via isotopic tracer techniques [J]. Applied Catalysis B: Environmental, 2016, 182: 598-610.

[200] Dai Q, Bai S, Li H, et al. Catalytic total oxidation of 1, 2-dichloroethane over highly dispersed vanadia supported on CeO_2 nanobelts [J]. Applied Catalysis B: Environmental, 2015, 168: 141-155.

[201] Ying Q, Liu Y, Wang N, et al. The superior performance of dichloromethane oxidation over Ru doped sulfated TiO_2 catalysts: synergistic effects of Ru dispersion and acidity [J]. Applied Surface Science, 2020, 515: 145971-145978.

[202] Weng X, Long Y, Wang W, et al. Structural effect and reaction mechanism of MnO_2 catalysts in the catalytic oxidation of chlorinated aromatics [J]. Chinese Journal of Catalysis, 2019, 40: 638-646.

[203] Fei X, Cao S, Ouyang W, et al. A convenient synthesis of core-shell Co_3O_4@ZSM-5 catalysts for the total oxidation of dichloromethane (CH_2Cl_2) [J]. Chemical Engineering Journal, 2019, 387: 123411-123421.

[204] Zhao J, Tu C, Sun W, et al. The catalytic combustion of CH_2Cl_2 over SO_4^{2-}-Ti_xSn_{1-x} modified with Ru [J]. Catalysis Science and Technology, 2020, 10: 742-756.

[205] Zhang Z, Huang J, Xia H, et al. Chlorinated volatile organic compound oxidation over SO_4^{2-}/Fe_2O_3 catalysts [J]. Journal of Catalysis, 2018, 360: 277-289.

[206] Sun P, Long Y, Long Y, et al. Deactivation effects of Pb (Ⅱ) and sulfur dioxide on a γ-MnO_2 catalyst for combustion of chlorobenzene [J]. Journal of Colloid and Interface Science, 2020, 559: 96-104.

[207] He F, Jiao Y, Wu L, et al. Enhancement mechanism of Sn on the catalytic performance of Cu/KIT-6 during the catalytic combustion of chlorobenzene [J]. Catalysis Science and Technology, 2019, 9: 6114-6123.

[208] Sun P, Wang W, Weng X, et al. Alkali potassium induced HCL/CO_2 selectivity enhancement and chlorination reaction inhibition for catalytic oxidation of chloroaromatics [J]. Environmental Science and Technology, 2018, 52: 6438-6447.

[209] Huang Q Q, Xue X M, Zhou R X. Catalytic behavior and durability of CeO_2 or/and CuO modified USY zeolite catalysts for decomposition of chlorinated volatile organic compounds [J]. Journal of Molecular Catalysis A: Chemical, 2011, 344: 74-82.

[210] Amrute A P, Mondelli C, Moser M, et al. Performance, structure, and mechanism of CeO_2 in HCl oxidation to Cl_2 [J]. Journal of Catalysis, 2012, 286: 287-297.

[211] Dai Q G, Bai S X, Wang Z Y, et al. Catalytic combustion of chlorobenzene over Ru-doped ceria catalysts [J]. Applied Catalysis B: Environmental, 2012, 126: 64-75.

[212] Wang C, Zhang C, Hua W, et al. Low-temperature catalytic oxidation of vinyl chloride over Ru modified

Co_3O_4 catalysts [J]. RSC Advances, 2016, 6: 99577-99585.

[213] Li N, Cheng J, Xing X, et al. Distribution and formation mechanisms of polychlorinated organic by-products upon the catalytic oxidation of 1, 2-dichlorobenzene with palladium-loaded catalysts [J]. Journal of Hazardous Materials, 2020, 393: 122412-122420.

[214] Jiao Y, Chen X, He F, et al. Simple preparation of uniformly distributed mesoporous Cr/TiO_2 microspheres for low-temperature catalytic combustion of chlorobenzene [J]. Chemical Engineering Journal, 2019, 372: 107-117.

[215] Shi Z, Yang P, Tao F, et al. New insight into the structure of CeO_2-TiO_2 mixed oxides and their excellent catalytic performances for 1, 2-dichloroethane oxidation [J]. Chemical Engineering Journal, 2016, 295: 99-108.

[216] Fei Z, Cheng C, Chen H, et al. Construction of uniform nanodots CeO_2 stabilized by porous silica matrix for 1, 2-dichloroethane catalytic combustion [J]. Chemical Engineering Journal, 2019, 370: 916-924.

[217] de Rivas B, Sampedro C, Ramos-Fernandez E V, et al. Influence of the synthesis route on the catalytic oxidation of 1, 2-dichloroethane over CeO_2/H-ZSM5 catalysts [J]. Applied Catalysis A: General, 2013, 456: 96-104.

[218] de Rivas B, Sampedro C, Lopez-Fonseca R, et al. Low-temperature combustion of chlorinated hydrocarbons over CeO_2/H-ZSM5 catalysts [J]. Applied Catalysis A: General, 2012, 417: 93-101.

[219] Ying Q, Liu Y, Wang N, et al. The superior performance of dichloromethane oxidation over Ru doped sulfated TiO_2 catalysts: synergistic effects of Ru dispersion and acidity [J]. Applied Surface Science, 2020, 515: 145971.

[220] Cen W, Liu Y, Wu Z, et al. Cl species transformation on CeO_2 (111) surface and its effects on CVOCs catalytic abatement: a first-principles investigation [J]. Journal of Physical Chemistry C, 2014, 118: 6758-6766.

[221] Tao H Y, Li J, Ma Q Y, et al. Synthesis of W-Nb-O solid acid for catalytic combustion of low-concentration monochlorobenzene [J]. Chemical Engineering Journal, 2020, 382: 123045.

[222] Gołąbek K, Palomares A E, Martínez-Triguero J, et al. Ce-modified zeolite BEA catalysts for the trichloroethylene oxidation. The role of the different and necessary active sites [J]. Applied Catalysis B: Environmental, 2019, 259: 118022-118033.

[223] Pitkäaho S, Ojala S, Maunula T, et al. Oxidation of dichloromethane and perchloroethylene as single compounds and in mixtures [J]. Applied Catalysis B: Environmental, 2011, 102: 395-403.

[224] Gutierrez-Ortiz J I, de Rivas B, Lopez-Fonseca R, et al. Catalytic purification of waste gases containing VOC mixtures with Ce/Zr solid solutions [J]. Applied Catalysis B: Environmental, 2006, 65: 191-200.

[225] Lin F, Zhang Z, Li N, et al. How to achieve complete elimination of Cl-VOCs: a critical review on byproducts formation and inhibition strategies during catalytic oxidation [J]. Chemical Engineering Journal, 2021, 404: 126534.

[226] Zhou B, Zhang X, Wang Y, et al. Effect of Ni-V loading on the performance of hollow anatase TiO_2 in the catalytic combustion of dichloromethane [J]. Journal of Environmental Sciences, 2019, 84: 59-68.

[227] Liu J, Dai X, Wu Z, et al. Unveiling the secondary pollution in the catalytic elimination of chlorinated organics: the formation of dioxins [J]. Chinese Chemical Letters, 2020, 31 (6): 1410-1414.

[228] Yang P, Li J, Bao L, et al. Adsorption/catalytic combustion of toxic 1,2-dichloroethane on multifunctional Nb_2O_5-TiO_2 composite metal oxides [J]. Chemical Engineering Journal, 2019, 361: 1400-1410.

[229] Yang P, Yang S, Shi Z, et al. Deep oxidation of chlorinated VOCs over CeO_2-based transition metal mixed oxide catalysts [J]. Applied Catalysis B: Environmental, 2015, 162: 227-235.

[230] Zheng J, Liu J, Zhao Z, et al. The synthesis and catalytic performances of three-dimensionally ordered macroporous perovskite-type $LaMn_{1-x}Fe_xO_3$ complex oxide catalysts with different pore diameters for diesel soot combustion [J]. Catalysis Today, 2012, 191: 146-153.

[231] Wang H, Peng B, Zhang R, et al. Synergies of Mn oxidative ability and ZSM-5 acidity for 1, 2-dichloroethane catalytic elimination [J]. Applied Catalysis B: Environmental, 2020, 276: 118922.

[232] Zhang Z, Xia H, Dai Q, et al. Dichloromethane oxidation over Fe_xZr_{1-x} oxide catalysts [J]. Applied Catalysis A: General, 2018, 557: 108-118.

[233] Wang T, Dai Q, Yan F. Effect of acid sites on catalytic destruction of trichloroethylene over solid acid catalysts [J]. Korean Journal of Chemical Engineering, 2017, 34: 664-671.

[234] Sun P, Wang W, Dai X, et al. Mechanism study on catalytic oxidation of chlorobenzene over $Mn_xCe_{1-x}O_2$/H-ZSM5 catalysts under dry and humid conditions [J]. Applied Catalysis B: Environmental, 2016, 198: 389-397.

[235] Huang H, Dai Q G, Wang X Y. Morphology effect of Ru/CeO_2 catalysts for the catalytic combustion of chlorobenzene [J]. Applied Catalysis B: Environmental, 2014, 158: 96-105.

[236] Altarawneh M, Dlugogorski B Z, Kennedy E M, et al. Mechanisms for formation, chlorination, dechlorination and destruction of polychlorinated dibenzo-*p*-dioxins and dibenzofurans (PCDD/Fs) [J]. Progress in Energy and Combustion Science, 2009, 35: 245-274.

[237] Stanmore B. The formation of dioxins in combustion systems [J]. Combustion and Flame, 2004, 136: 398-427.

[238] Addink R, Olie K. Mechanisms of formation and destruction of polychlorinated dibenzo-*p*-dioxins and dibenzofurans in heterogeneous systems [J]. Environmental Science and Technology, 1995, 29: 1425-1435.

[239] Wang Q L, Huang Q X, Wu H F, et al. Catalytic decomposition of gaseous 1,2-dichlorobenzene over CuO_x/TiO_2 and CuO_x/TiO_2-CNTs catalysts: mechanism and PCDD/Fs formation [J]. Chemosphere, 2016, 144: 2343-2350.

[240] Zhao J, Xi W, Tu C, et al. Catalytic oxidation of chlorinated VOCs over Ru/Ti_xSn_{1-x} catalysts [J]. Applied Catalysis B: Environmental, 2020, 263: 118237-118240.

[241] Long G, Chen M, Li Y, et al. One-pot synthesis of monolithic Mn-Ce-Zr ternary mixed oxides catalyst for the catalytic combustion of chlorobenzene [J]. Chemical Engineering Journal, 2019, 360: 964-973.

[242] Weng X L, Xue Y, Chen J K, et al. Elimination of chloroaromatic congeners on a commercial V_2O_5-WO_3/TiO_2 catalyst: the effect of heavy metal Pb [J]. Journal of Hazardous Materials, 2020, 387: 121705-121716.

[243] Lao Y J, Zhu N X, Jiang X X, et al. Effect of Ru on the activity of Co_3O_4 catalysts for chlorinated aromatics oxidation [J]. Catalysis Science and Technology, 2018, 8: 4797-4811.

[244] van den Brink R W, Robert L, Peter M. Formation of polychlorinated benzenes during the catalytic combustion of chlorobenzene using a Pt/γ-Al_2O_3 catalyst [J]. Applied Catalysis B: Environmental, 1998, 16: 219-226.

[245] Dai Q, Bai S, Wang X, et al. Catalytic combustion of chlorobenzene over Ru-doped ceria catalysts: mechanism study [J]. Applied Catalysis B: Environmental, 2013, 129: 580-588.

[246] Lao Y, Zhu N, Jiang X, et al. Effect of Ru on the activity of Co_3O_4 catalysts for chlorinated aromatics

oxidation [J]. Catalysis Science and Technology, 2018, 8: 4797-4811.

[247] Wang Y, Jia A P, Luo M F, et al. Highly active spinel type $CoCr_2O_4$ catalysts for dichloromethane oxidation [J]. Applied Catalysis B: Environmental, 2015, 165: 477-486.

[248] Tian M, Guo X, Dong R, et al. Insight into the boosted catalytic performance and chlorine resistance of nanosphere-like meso-macroporous $CrO_x/MnCO_3O_x$ for 1, 2-dichloroethane destruction [J]. Applied Catalysis B: Environmental, 2019, 259: 118018.

[249] Hu X, Huang L, Zhang J, et al. Facile and template-free fabrication of mesoporous 3D nanosphere-like $MnxCo_{3-x}O_4$ as highly effective catalysts for low temperature SCR of NO_x with NH_3 [J]. Journal of Materials Chemistry A, 2018, 6: 2952-2963.

[250] Boukha Z, González-Prior J, Rivas B, et al. Synthesis, characterisation and behaviour of Co/hydroxyapatite catalysts in the oxidation of 1, 2-dichloroethane [J]. Applied Catalysis B: Environmental, 2016, 190: 125-136.

[251] Wang C, Tian C, Guo Y, et al. Ruthenium oxides supported on heterostructured CoPO-MCF materials for catalytic oxidation of vinyl chloride emissions [J]. Journal of Hazardous Materials, 2018, 342: 290-296.

[252] Gutierrez-Ortiz J I, de Rivas B, Lopez-Fonseca R, et al. Combustion of aliphatic C_2 chlorohydrocarbons over ceria-zirconia mixed oxides catalysts [J]. Applied Catalysis A: General, 2004, 269: 147-155.

[253] Wang J, Cao X, Sun J, et al. Disruption of endocrine function in H295R cell in vitro and in zebrafish in vivo by naphthenic acids [J]. Journal of Hazardous Materials, 2015, 299: 1-9.

[254] Huang H, Gu Y, Zhao J, et al. Catalytic combustion of chlorobenzene over VO_x/CeO_2 catalysts [J]. Journal of Catalysis, 2015, 326: 54-68.

[255] Dai Q, Zhang Z, Yan J, et al. Phosphate-functionalized CeO_2 nanosheets for efficient catalytic oxidation of dichloromethane [J]. Environmental Science and Technology, 2018, 52: 13430-13437.

[256] Deno N, Peterson H J, Saines G S. The hydride-transfer reaction [J]. Chemical Reviews, 1960, 60: 7-14.

[257] Zhou J, Mullins D R. Adsorption and reaction of formaldehyde on thin-film ceriumoxide [J]. Surface Science, 2006, 600: 1540-1546.

[258] Wang L, Wang C, Xie H K, et al. Catalytic combustion of vinyl chloride over Sr doped $LaMnO_3$ [J]. Catalysis Today, 2019, 327: 190-195.

[259] Amrute A P, Mondelli C, Hevia M A, et al. Mechanism-performance relationships of metal oxides in catalyzed HCl oxidation [J]. ACS Catalysis, 2011, 1: 583-590.

[260] Sun P, Zhai S, Chen J, et al. Development of a multi-active center catalyst in mediating the catalytic destruction of chloroaromatic pollutants: a combined experimental and theoretical study [J]. Applied Catalysis B: Environmental, 2020, 272: 119015-119023.

[261] Ma X, Feng X, Guo J, et al. Catalytic oxidation of 1,2-dichlorobenzene over Ca-doped FeO_x hollow microspheres [J]. Applied Catalysis B: Environmental, 2014, 147: 666-676.

[262] Ma X, Sun Q, Feng X, et al. Catalytic oxidation of 1, 2-dichlorobenzene over $CaCO_3/\alpha\text{-}Fe_2O_3$ nanocomposite catalysts [J]. Applied Catalysis A: General, 2013, 450: 143-151.

[263] Ma X, Shen J, Pu W, et al. Water-resistant Fe-Ca-O_x/TiO_2 catalysts for low temperature 1, 2-dichlorobenzene oxidation [J]. Applied Catalysis A: General, 2013, 466: 68-76.

[264] Chen J, Wang W, Zhai S, et al. The positive effect of Ca^{2+} on cryptomelane-type octahedral molecular sieve (K-OMS-2) catalysts for chlorobenzene combustion [J]. Journal of Colloid and Interface Science,

2020, 576: 496-504.

[265] Wang Y, Wang G, Deng W, et al. Study on the structure-activity relationship of Fe-Mn oxide catalysts for chlorobenzene catalytic combustion [J]. Chemical Engineering Journal, 2020, 395: 125172.

[266] Lu Y, Dai Q, Wang X. Catalytic combustion of chlorobenzene on modified $LaMnO_3$ catalysts [J]. Catalysis Communications, 2014, 54: 114-117.

[267] Dai Y, Wang X Y, Li D, et al. Catalytic combustion of chlorobenzene over Mn-Ce-La-O mixed oxide catalysts [J]. Journal of Hazardous Materials, 2011, 188: 132-139.

[268] Sun Y K, Xu S, Bai B, et al. Biotemplate fabrication of hollow tubular $Ce_xSr_{1-x}TiO_3$ with regulable surface acidity and oxygen mobility for efficient destruction of chlorobenzene: intrinsic synergy effect and reaction mechanism [J]. Environmental Science & Technology, 2022, 56: 5796-5807.

[269] Cai T, Huang H, Deng W, et al. Catalytic combustion of 1,2-dichlorobenzene at low temperature over Mn-modified Co_3O_4 catalysts [J]. Applied Catalysis B: Environmental, 2015, 166-167: 393-405.

[270] Brink R W van den, Peter M, Robert L, et al. Catalytic oxidation of dichloromethane on γ-Al_2O_3: a combined flow and infrared spectroscopic study [J]. Journal of Catalysis, 1998, 180: 153-160.

[271] Yin L L, Lu G, Gong X Q. A DFT+U study of the catalytic degradation of 1, 2-dichloroethane over CeO_2 [J]. Physical Chemistry Chemical Physics, 2018, 20: 5856-5864.

[272] Emeis C. Determination of integrated molar extinction coefficients for infrared absorption bands of pyridine adsorbed on solid acid catalysts [J]. Journal of Catalysis, 1993, 141: 347-354.

[273] Zhao H, Han W, Dong F, et al. Highly-efficient catalytic combustion performance of 1,2-dichlorobenzene over mesoporous TiO_2-SiO_2 supported CeMn oxides: the effect of acid sites and redox sites [J]. Journal of Industrial and Engineering Chemistry, 2018, 64: 194-205.

[274] Taralunga M, Mijoin J, Magnoux P. Catalytic destruction of chlorinated POPs-catalytic oxidation of chlorobenzene over PtHFAU catalysts [J]. Applied Catalysis B: Environmental, 2005, 60: 163-171.

[275] Wang J, Wang X, Liu X, et al. Kinetics and mechanism study on catalytic oxidation of chlorobenzene over V_2O_5/TiO_2 catalysts [J]. Journal of Molecular Catalysis A: Chemical, 2015, 402: 1-9.

[276] Podkolzin S G, Stangland E E, Jones M E, et al. Methyl chloride production from methane over lanthanum-based catalysts [J]. Journal of the American Chemical Society, 2007, 129: 2569-2576.

[277] Wang J, Wang X, Liu X, et al. Catalytic oxidation of chlorinated benzenes over V_2O_5/TiO_2 catalysts: the effects of chlorine substituents [J]. Catalysis Today, 2015, 241: 92-99.

[278] Miran H A, Altarawneh M, Jiang Z T, et al. Decomposition of selected chlorinated volatile organic compounds by ceria (CeO_2) [J]. Catalysis Science and Technology, 2017, 7: 3902-3919.

[279] Huang H B, Xu Y, Feng Q Y, et al. Low temperature catalytic oxidation of volatile organic compounds: a review [J]. Catalysis Science and Technology, 2015, 5: 2649-2669.

[280] Wang X, Li Z, Huang Y, et al. Processing of magnesium foams by weakly corrosive and highly flexible space holder materials [J]. Materials and Design, 2014, 64: 324-329.

[281] Lee J E, Ok Y S, Tsang D C W, et al. Recent advances in volatile organic compounds abatement by catalysis and catalytic hybrid processes: a critical review [J]. Science of the Total Environment, 2020, 719: 137405-137416.

[282] Alderman S L, Farquar G R, Poliakoff E D, et al. An infrared and X-ray spectroscopic study of the reactions of 2-chlorophenol, 1, 2-dichlorobenzene, and chlorobenzene with model CuO/silica fly ash surfaces [J]. Environmental Science and Technology, 2005, 39: 7396-7401.

[283] Bertinchamps F, Attianese A, Mestdagh M M, et al. Catalysts for chlorinated VOCs abatement: multiple

effects of water on the activity of VO_x based catalysts for the combustion of chlorobenzene [J]. Catalysis Today, 2006, 112: 165-168.

[284] Muddada N B, Olsbye U, Fuglerud T, et al. The role of chlorine and additives on the density and strength of Lewis and Brønsted acidic sites of γ-Al_2O_3 support used in oxychlorination catalysis: a FTIR study [J]. Journal of Catalysis, 2011, 284: 236-246.

[285] Krawietz T R, Goguen P W, Haw J F. Chloromethoxyl and dichloromethoxyl formation on zeolite ZnY, an *in situ* NMR and flow reactor study [J]. Catalysis Letters, 1996, 42: 41-45.

[286] Maupin I, Pinard L, Mijoin J, et al. Bifunctional mechanism of dichloromethane oxidation over Pt/Al_2O_3: CH_2Cl_2 disproportionation over alumina and oxidation over platinum [J]. Journal of Catalysis, 2012, 291: 104-109.

[287] Li X, Nagaoka K, Simon L J, et al. Oxidative activation of *n*-butane on sulfated zirconia [J]. Journal of the American Chemical Society, 2005, 127: 16159-16166.

[288] Tian M, He C, Yu Y, et al. Catalytic oxidation of 1, 2-dichloroethane over three-dimensional ordered meso-macroporous $Co_3O_4/La_{0.7}Sr_{0.3}Fe_{0.5}Co_{0.5}O_3$: destruction route and mechanism [J]. Applied Catalysis A: General, 2018, 553: 1-14.

[289] Tian M, Guo X, Dong R, et al. Insight into the boosted catalytic performance and chlorine resistance of nanosphere-like meso-macroporous $CrO_x/MnCO_3O_x$ for 1, 2-dichloroethane destruction [J]. Applied Catalysis B: Environmental, 2019, 259: 118018.

[290] Zhang X, Liu Y, Deng J, et al. Alloying of gold with palladium: an effective strategy to improve catalytic stability and chlorine-tolerance of the 3DOM CeO_2-supported catalysts in trichloroethylene combustion [J]. Applied Catalysis B: Environmental, 2019, 257: 117879.

[291] 杜慧娜，谢文霞，崔育倩，等. 海洋中溴甲烷的研究进展 [J]. 应用生态学报，2014，25 (12)：3694-3700.

[292] Rhew R C, Miller B R, Weiss R F. Natural methyl bromide and methyl chloride emissions from coastal salt marshes [J]. Nature, 2000, 403 (67): 292-295.

[293] 金梨娟，陈宝梁. 环境中卤代有机污染物的自然来源、背景浓度及形成机理 [J]. 化学进展，2017，29 (9)：1093-1114.

[294] Manö S, Andreae M O. Emission of methyl bromide from biomass burning [J]. Science, 1994, 263: 1255-1257.

[295] Thornton B F, Horst A, Carrizo D, et al. Methyl chloride and methyl bromide emissions from baking: an unrecognized anthropogenic source [J]. Science of the Total Environment, 2016, 551-552: 327-333.

[296] 顾杰，吴新华，杨光，等. 溴甲烷熏蒸尾气减排技术研究与应用现状 [J]. 植物检疫，2015，6：1-6.

[297] Paunović V, Pérez-Ramírez J. Catalytic halogenation of methane: a dream reaction with practical scope? [J]. Catalysis Science and Technology, 2019, 9: 4515-4530.

[298] Paunović V, Hemberger P, Bodi A, et al. Evidence of radical chemistry in catalytic methane oxybromination [J]. Nature Catalysis, 2018, 1: 363-370.

[299] He J L, Xu T, Wang Z H, et al. Transformation of methane to propylene: a two-step reaction route catalyzed by modified CeO_2 nanocrystals and zeolites [J]. Angewandte Chemie International Edition, 2012, 51 (10): 2438-2442.

[300] 张广平，马晨，张瑞峰，等. 硫代硫酸钠溶液降解溴甲烷熏蒸尾气的评估试验研究 [J]. 植物检疫，2019，33 (1)：51-55.

[301] 田毅峰，花立中，冯桂学，等．溴甲烷尾气化学吸附技术的研究［J］．植物检疫，2014，5：31-34.
[302] Shorter J H, Kolb C E, Crill P M, et al. Rapid degradation of atmospheric methyl bromide in soils［J］. Nature, 1995, 377: 717-719.
[303] 赵平芝．苏北盐城海岸带盐沼卤代甲烷降解菌的研究［D］．南京：南京大学，2008.
[304] 苏文悦，付贤智，魏可镁．溴代甲烷在 TiO_2 上的光催化降解研究［J］．高等学校化学学报，2001，22（2）：272-275.
[305] 苏文悦，付贤智，魏可镁．溴代甲烷在 SO_4^{2-}/TiO_2 上的光催化降解［J］．环境科学，2001，22（2）：91-94.
[306] 李德，程勇，钱华，等．催化分解法治理溴甲烷废气的研究［J］．环境化学，1984，3：17-21.
[307] 曾俊淋，刘霄龙，王健，等．贵金属催化剂对 VOCs 催化氧化的研究进展［J］．环境工程，2015，11：72-77.
[308] Sharma R K, Zhou B, Tong S M, et al. Catalytic destruction of volatile organic compounds using supported platinum and palladium hydrophobic catalysts［J］. Industrial and Engineering Chemistry Research, 1995, 34: 4310-4317.
[309] Windawi H, Wyatt M. Catalytic destruction of halogenated volatile organic compounds: mechanisms of platinum catalyst systems［J］. Platinum Metals Review, 1993, 37（4）: 186-193.
[310] Chen C Y, Pignatello J J. Catalytic oxidation for elimination of methyl bromide fumigation emissions using ceria-based catalysts［J］. Applied Catalysis B: Environmental, 2013, 142-143: 785-794.
[311] Windawi H, Zhang Z C. Catalytic destruction of halogenated air toxins and the effect of admixture with VOCs［J］. Catalysis Today, 1996, 30: 99-105.
[312] Liu X L, Zeng J L, Wang J, et al. Catalytic oxidation of methyl bromide using ruthenium-based catalysts［J］. Catalysis Science and Technology, 2016, 6: 4337-4345.
[313] Lv L R, Wang S, Ding Y, et al. Reaction mechanism dominated by the hard-soft acid-base theory for the oxidation of CH_2Cl_2 and CH_3Br over a titanium oxide-supported Ru catalyst［J］. Industrial and Engineering Chemistry Research, 2020, 59（16）: 7383-7388.
[314] Lv L R, Wang S, Ding Y, et al. Mechanistic insights into the contribution of Lewis acidity to brominated VOCs combustion over titanium oxide supported Ru catalyst［J］. Chemosphere, 2021, 263: 128112.
[315] Lv L R, Wang S, Ding Y, et al. Deactivation mechanism and anti-deactivation modification of Ru/TiO_2 catalysts for CH_3Br oxidation［J］. Chemosphere, 2020, 257: 127249.
[316] Chen B, Carson J, Gibson J, et al. Destruction of PTA Offgas by Catalytic Oxidation［M］. New York: Marcel Dekker, Inc., 2003, 179-190.
[317] 梅剑．尖晶石型钴基氧化物的制备及其对二溴甲烷的催化氧化研究［D］．上海：上海交通大学，2018.
[318] Mei J, Xie J K, Qu Z, et al. Ordered mesoporous spinel Co_3O_4 as a promising catalyst for the catalytic oxidation of dibromomethane［J］. Molecular Catalysis, 2018, 461: 60-66.
[319] Fei X Q, Cao S, Ouyang W L, et al. A convenient synthesis of core-shell Co_3O_4@ZSM-5 catalysts for the total oxidation of dichloromethane（CH_2Cl_2）［J］. Chemical Engineering Journal, 2020, 387: 123411.
[320] Xie S H, Liu Y X, Deng J G, et al. Insights into the active sites of ordered mesoporous cobalt oxide catalysts for the total oxidation of *o*-xylene［J］. Journal of Catalysis, 2017, 352: 282-292.
[321] Mei J, Huang W J, Qu Z, et al. Catalytic oxidation of dibromomethane over Ti-modified Co_3O_4 catalysts: structure, activity and mechanism［J］. Journal of Colloid and Interface Science, 2017, 505: 870-883.

[322] Mei J, Qu Z, Zhao S J, et al. Promoting effect of Mn and Ti on the structure and performance of Co_3O_4 catalysts for oxidation of dibromomethane [J]. Industrial and Engineering Chemistry Research, 2018, 57: 208-215.

[323] Mei J, Zhao S J, Huang W J, et al. Mn-Promoted Co_3O_4/TiO_2 as an efficient catalyst for catalytic oxidation of dibromomethane (CH_2Br_2) [J]. Journal of Hazardous Materials, 2016, 318: 1-8.

[324] Mei J, Ke Y, Yu Z J, et al. Morphology-dependent properties of Co_3O_4/CeO_2 catalysts for low temperature dibromomethane (CH_2Br_2) oxidation [J]. Chemical Engineering Journal, 2017, 320: 124-134.

[325] Mei J, Xie J K, Sun Y N, et al. Design of Co_3O_4/CeO_2-Co_3O_4 hierarchical binary oxides for the catalytic oxidation of dibromomethane [J]. Industrial and Engineering Chemistry Research, 2019, 73: 134-141.

[326] 刘风芬，陈献，汤吉海，等. Ce-Mn复合氧化物对二溴甲烷燃烧的催化性能 [J]. 南京工业大学学报，2010，32 (6)：31-35.

[327] Musick J K, Williams F W. Catalytic decomposition of halogenated hydrocarbons over hopcalite catalyst [J]. Industrial and Engineering Chemistry Product Research and Developmentl, 1974, 13: 175-179.

[328] 张纪领，尹燕华，张志梅. 霍加拉特催化剂催化燃烧VOCs研究综述 [J]. 环境污染与防治，2007，8：1-8.

[329] Lin J C, Chen J, Suib S L, et al. Recovery of bromine from methyl bromide using amorphous MnO_x photocatalysts [J]. Journal of Catalysis, 1996, 161: 659-666.

[330] 朱连利. 催化氧化法处理PTA尾气催化剂的开发 [D]. 上海：华东理工大学，2010.

[331] 职克利. PTA尾气监测及治理技术中试研究 [D]. 西安：西安石油大学，2008.

[332] 刘新友，王学海，刘淑鹤，等. FCP-1型催化剂催化燃烧PTA尾气性能研究 [J]. 当代化工，2015，44 (1)：34-36，38.

[333] 李维新，管国锋，万辉，等. 一种PTA尾气催化燃烧非贵金属催化剂及制备方法：中国，CN 201210034962. 2012-02-16.

[334] 朱廷钰，刘霄龙，王健，等. 一种用于PTA氧化尾气净化的整体式钌催化剂、制备方法及其用途：中国，CN201510575295. X [P]. 2015-09-10.

[335] 吴敏，周钰明，薛静. 生态环境中的含氟有机物 [J]. 化工时刊，2002，11：5-8.

[336] Farris M M, Klinghoffer A A, RosSnl J A, et al. Deactivation of a Pt/Al_2O_3 catalyst during the oxidation of hexafluoropropylene [J]. Catalysis Today, 1992, 11: 501-516.

[337] Imamura S, Shiomi T, Ishida S, et al. Decomposition of dichlorodifluoromethane of titania/silica [J]. Industrial and Engineering Chemistry Research, 1990, 29 (9): 1758-1761.

[338] Imamura S. Catalytic decomposition of halogenated organic compounds and deactivation of the catalysts [J]. Catalysis Today, 1992, 11: 547-567.

[339] Fan J F, Yates J T. Infrared study of the oxidation of hexafluoropropene on TiO_2 [J]. Journal of Physical Chemistry, 1994, 98 (41): 10621-10627.

[340] Karmakar S, Greene H L. An investigation of $CFCl_2$ (CCl_2F_2) decomposition on TiO_2 catalyst [J]. Journal of Catalysis, 1995, 151: 394-406.

[341] Park N K, Park H G, Lee T J, et al. Hydrolysis and oxidation on supported phosphate catalyst for decomposition of SF_6 [J]. Catalysis Today, 2012, 185: 247-252.

[342] Tajima M, Niwa M, Fujii Y, et al. Decomposition of chlorofluorocarbons on W/TiO_2-ZrO_2 [J]. Applied Catalysis B: Environmental, 1997, 14: 97-103.

[343] Bickle G M, Suzuki T, Mitarai Y. Catalytic destruction of chlorofluorocarbons and toxic chlorinated

hydrocarbons [J]. Applied Catalysis B: Environmental, 1994, 4: 141-153.

[344] 马臻，陶泳，高滋. 氟利昂水解的催化体系 [J]. 化学世界，2001，3：157-160.

[345] 马臻，华伟明，唐颐，等. 用以分解氟里昂-12 的新型催化剂 WO_3/Al_2O_3 [J]. 应用化学，2000，17（3）：319-321.

[346] Feaver W B, Rossin J A. The catalytic decomposition of CHF_3 over ZrO_2-SO_4 [J]. Catalysis Today, 1999, 54: 13-22.

[347] Wang G, Cai G M. Unraveling the cooperative effects of acid sites and kinetics for pyrolysis of CHF_3 to C_2F_4 and C_3F_6 on SO_4^{2-}/ZrO_2-SiO_2 [J]. AIChE Journal, 2021, 67: 17154.

[348] Jeon J Y, Xu X F, Choi M H, et al. Hydrolytic decomposition of PFCs over $AlPO_4$-Al_2O_3 catalyst [J]. Chemical Communications, 2003, 39 (11): 1244-1245.

[349] Onoda H, Ohta T, Tamaki J, et al. Decomposition of trifluoromethane over nickel pyrophosphate catalysts containing metal cation [J]. Applied Catalysis A: General, 2005, 288: 98-103.

[350] Furusawa T, Ogawa T, Numao T, et al. Production of CaF_2 by the destructive adsorption of trifluoromethane and a binary mixture of trifluoromethane/chlorodifluoromethane with CaO powder under air-flow [J]. Journal of Chemical Engineering of Japan, 2012, 45: 459.

[351] Yamamoto H, Araki S, Inoue H, et al. Development of detoxifying treatment and regeneration process of HFC-134a by waste materials [J]. Journal of Environmental Conservation Engineering, 2013, 42: 36-40.

[352] Araki S, Hayashi Y, Hirano S, et al. Decomposition of tetrafluoromethane by reaction with CaO-enhanced zeolite [J]. Journal of Environmental Chemical Engineering, 2020, 8: 103763.

[353] Bickle G M, Suzuki T, Mitarai Y. Catalytic destruction of chlorofluorocarbons and toxic chlorinated hydrocarbons [J]. Applied Catalysis B: Environmental, 1994, 4: 141-153.

第8章　含氮/硫VOCs催化反应行为与过程

8.1　含氮VOCs的催化反应行为与过程

含氮挥发性有机物（nitrogen-containing VOCs，NVOCs）主要包括腈类、脂肪胺类、醇胺类、酰胺类、芳香胺类、硝基类等污染物，常见于石化、化工、涂装、电子、医药等行业有机废气排放。含氮挥发性有机物对生态环境和人体健康具有严重的危害，作为$PM_{2.5}$和O_3的前体物导致复合大气污染，另外含氮有机物一般具有恶臭、剧毒，从而危害人体健康。腈类化合物，如丙烯腈（AN）、乙腈和氢氰酸，通常具有较强的毒性和致癌性，在世界各国内都采取强制措施进行管控，如日本和美国对于工作环境中的丙烯腈浓度有非常严格的限制，要求浓度低于2ppm。广泛应用于医药合成和化工生产中间体的正丁胺，美国国家职业安全和健康研究所规定的职业接触限值定为5ppm（$15mg/m^3$）。*N*,*N*-二甲基甲酰胺（*N*,*N*-Dimethylformamide，DMF）是常见的有机溶剂，其潜在毒性会导致出生缺陷，日本和美国建议对DMF的接触限值为10ppm。硝基苯是美国EPA规定主要的129种污染物之一，在中国也被列为主要的58种污染物之一。

8.1.1　典型含氮废气的催化降解过程

对于NVOCs的降解，传统的处理方式一般采用直接燃烧，直接燃烧通常温度较高，导致燃料和能源消耗较大，且燃烧过程一般会产生二次污染物NO_x。近年来，国家陆续颁布的重点行业大气污染物排放标准均明确指出VOCs燃烧装置除满足有机物的排放要求外，还需同时满足NO_x的排放限值。直接燃烧法处理中高浓度含氮有机废气易导致尾气氮氧化物超标排放。催化氧化是降解含氮有机废气的有效方式，通过催化剂的高效设计，可以将NVOCs（$C_xH_yO_zN$）中的C和H催化氧化为CO_2和H_2O，同时N选择转化为N_2，在降低反应温度的同时抑制NO_x、氰化氢（HCN）等二次污染物的生成。目前研究中，涉及较多的污染物有丙烯腈、乙腈、HCN、正丁胺、DMF、三乙胺、乙二胺等。其中对HCN的催化降解介绍如下。

HCN作为一类气态剧毒物质，主要排放来自于石化、化工、冶金等行业废气。研究表明暴露于300ppm的HCN气氛下，仅需1min便足以致死。由于其毒性较大并对大气环境造成影响，受到了相关研究人员的关注。

Zhang等[1]研究了不同过渡金属（Cu、Co、Fe、Mn、Ni）修饰的ZSM-5催化剂催化氧化HCN的性能。研究表明，Cu-ZSM-5对HCN的催化降解表现出较好的活性，T_{90} = 350℃，且N_2产率大于95%。此外利用理论计算研究了反应机理，如图8-1所示，NCO+

NO ⟶ N_2+CO_2 被证实为 N_2 和 CO_2 的生成路径之一，且 NO 是由 NCO 氧化生成的。

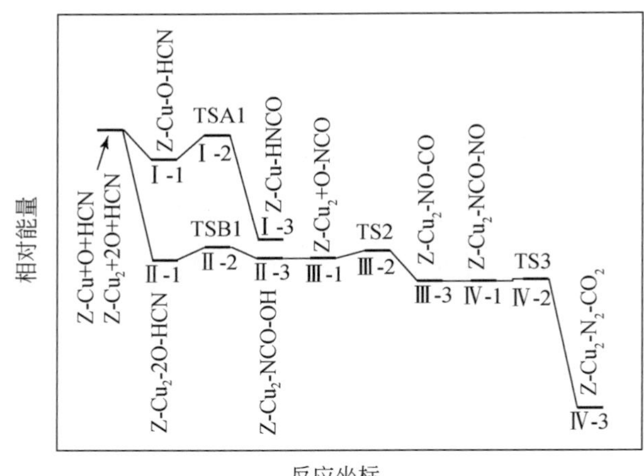

图 8-1　20T-Cu-ZSM-5 模型上整个催化过程的能量分布

Zhang 等[2]还利用理论计算的方法构建了具有单核［Cu］$^+$、双核［Cu］$^+$和［Cu-O-Cu］$^{2+}$活性中心的三种 24T-Cu-BEA 模型，并在这三种模型上研究了 HCN 的选择性催化分解的机理。密度泛函理论模拟结果表明，在双核［Cu］$^+$位点上 HCN 遵循以 NCO 为重要中间体的氧化机制，双核［Cu］$^+$活性中心能产生协同作用，可显著降低 HCN 氧化成 NCO 的能垒（1.6kcal/mol）。在单核［Cu］$^+$和［Cu-O-Cu］$^{2+}$位点上遵循氧化-水解机制，氧化机制中 HCN 通过 HNCO 中间体再氧化为 NH 自由基和 CO_2，水解机制中 NH 自由基水解为 NH_3。在单核［Cu］$^+$和［Cu-O-Cu］$^{2+}$位点上 NH_2 自由基水解为 NH_3 步骤的能垒分别为 72.3kcal/mol 和 74.3kcal/mol，是氧化-水解机制的控速步骤。

Ning 等[3]采用溶胶凝胶法合成了 MnO_x/TiO_2-Al_2O_3 复合氧化物催化剂并研究了反应温度、氧浓度、Mn 含量、相对湿度和催化剂焙烧温度对 HCN 催化降解的影响。15% 的 MnO_x/TiO_2-Al_2O_3 催化剂表现出较好的 HCN 降解性能，在 200℃实现 100% 的 HCN 转化率和 70% 的 N_2 收率。Tian 等[4]认为开发新型低温 HCN 处理技术对 HCN 的污染控制至关重要，因此制备了 Cu-Mn-O 氧化物催化剂，用于 HCN 的催化氧化。结果表明，Cu-Mn-O 催化剂具有良好的 HCN 催化性能，160℃实现完全转化。Mn^{3+}为主要的活性物种，与 Cu^{2+}组成了氧化还原对（$Cu^{2+}+Mn^{3+}$══$Cu^{+}+Mn^{4+}$）。此外，HCN 降解的含氮产物主要有 NH_3、NO、NO_2、N_2O 和 N_2，说明催化氧化和水解同时存在。机理研究表明，在 HCN 催化氧化的过程中存在 4 种中间体（即—CN、—NH_2、═NH 和—NCO），随后进一步氧化生成 NO^+，该物种与中间体发生反应或进一步氧化生成最终产物。具体反应机理如图 8-2 所示。

Wang 等[5]制备了系列 La_xCu_y/TiO_2 催化剂并考察了其在 1% 的 O_2 和 10% 相对湿度下对 HCN 的去除。La/Cu 比对催化性能有重要影响，La_1Cu_9/TiO_2 催化剂可以在 150℃实现 HCN 的完全转化，氮气选择性为 62.4%（图 8-3）。表征结果说明，低浓度的 La 能够有效地提高催化剂的氧化还原性质和酸性。La 和 Cu 的协同作用使该催化剂有较好的低温活性。

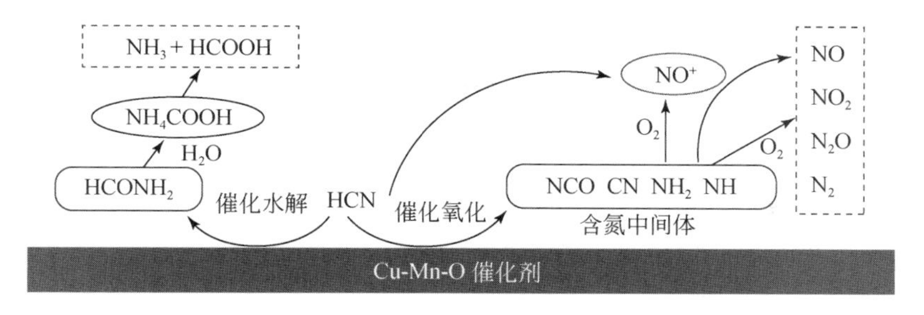

图8-2　HCN在Cu-Mn-O催化剂上的催化分解机理

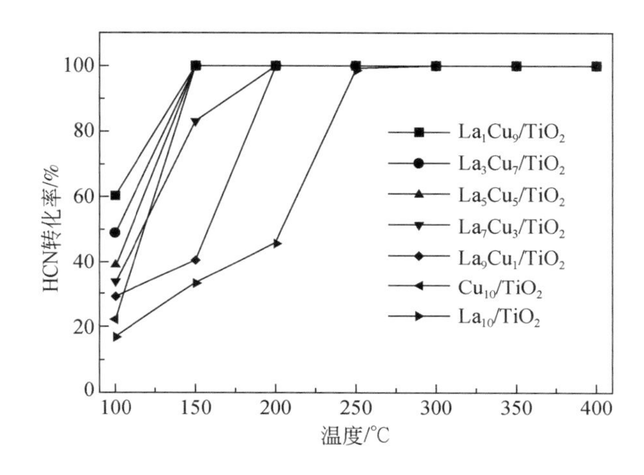

图8-3　不同La/Cu比催化剂上HCN的转化

Kröcher等[6]考察了HCN在TiO_2、Al_2O_3、ZrO_2、SiO_2、La_2O_3-TiO_2、WO_3-TiO_2、MoO_3/TiO_2、Fe_2O_3/TiO_2、V_2O_5/WO_3-TiO_2、HZSM-5、Fe-ZSM-5、Cu-ZSM-5、Pd/Al_2O_3、Pt/Al_2O_3、Pt/V_2O_5/WO_3-TiO_2、MnO_x-Nb_2O_5-CeO_2上的水解和氧化性能。研究发现所测试的水解催化剂中，两性的TiO_2样品最适合将HCN分解为NH_3和CO。Al_2O_3也可用作水解催化剂，但活性较TiO_2低约50%。ZrO_2的水解活性很低，SiO_2几乎没有活性。La_2O_3-TiO_2在高温下表现出比未掺杂的TiO_2更高的HCN水解活性。酸性氧化物对TiO_2的掺杂会降低HCN水解的活性，WO_3-TiO_2的活性仅为未掺杂TiO_2的一半。弱氧化还原的Fe元素掺杂TiO_2不能提升催化剂水解活性。V_2O_5/WO_3-TiO_2催化剂几乎没有HCN水解活性，因此不适用于从废气中去除HCN。这意味着，如果HCN在配备有钒基SCR（选择性催化还原）催化剂的发动机中形成，则它必须在进入SCR催化剂之前进行水解，或者必须在下游的氧化催化剂上进行氧化。HZSM-5仅有较低的HCN水解活性，且受其他气体组分的影响很大，NH_3会强烈抑制HCN水解，NO和NO_2能促进水解，促进作用归因于催化剂表面吸附的NH_3能通过SCR过程与NO_x反应，从而维持催化剂表面的清洁。Fe-ZSM-5能在300℃以上条件下，将HCN转化为氨，并且当NO存在时，能通过SCR反应将其转化为N_2。与使用钒催化剂的SCR系统相比，使用Fe-ZSM-5的系统应该能够处理低浓度的HCN，并且在原料气中存在HCN的情况下，它可以无需采取额外措施，便可作为SCR催化剂使用，因此当与 Fe-ZSM-5 催化剂一起使用时，HCN 可以被视为 SCR 的“还原剂”。Cu-ZSM-5 催化剂对 HCN 的分解活性比 Fe-ZSM-5 或 TiO_2 高 5 ~ 10 倍，但由于其高氨氧化活性，它不适合作为 SCR 催化剂。当温度高于 300℃时，含 Pd 和 Pt 的催化剂具有和 Cu-ZSM5 类似的高活性，但 N_2O 的生成量明显高于 Cu-ZSM-5 或 MnO_x-Nb_2O_5-CeO_2。尽管含 Pd 和 Pt 的氧化催化剂对 HCN 氧化具有很高的活性，但它在 NH_3 氧化中会形成大量的副产物，不适合作为 HCN 氧化催化剂。在 MnO_x-Nb_2O_5-CeO_2 上，300℃条件下 HCN 主要分解为 NH_3，当 NO_x 存在时，具有较高的 N_2 选择性。高于 300℃时，HCN 优先氧化为 NO_x，但在 MnO_x-Nb_2O_5-CeO_2 上形成的 N_2O 要比在贵金属基催化剂上形成的低 5 倍。因此，与含贵金属的催化剂相比，Cu-ZSM-5 和 MnO_x-Nb_2O_5-CeO_2 更适合作为 HCN 氧化催化剂，可以同时具备高活性和良好的 N_2 选择性。

Peden 等[7]研究了 0.5% Pt/Al_2O_3 对 HCN 的氧化性能，研究发现 T_{95} = 250℃，这一温度条件下有最好的 N_2 选择性，但低于 30%。其还研究了柴油机尾气中其他微量成分对 Pt/Al_2O_3 上 HCN 氧化的影响。添加 3500ppm 水或 250ppm 丙烯（C_3H_6）对 150 ~ 300℃温度范围内的 HCN 转化率没有影响，但添加 C_3H_6 会显著增加 NO 的生成，可能是由于添加的 C_3H_6 消耗了催化剂表面的活性氧，从而抑制了 NO 到 NO_2 的转化。在 200℃以下的条件下，添加 35ppm 的 NO 或 32ppm 的 NO_2 会轻微促进 HCN 的降解。表 8-1 总结了文献报道中 HCN 催化氧化性能。

表 8-1 HCN 催化氧化性能总结表

活性组分	载体	活性	选择性	反应条件
Cu、Co、Fe、Mn、Ni	ZSM-5	Cu-ZSM-5 活性最高（T_{90} = 350℃）	N_2 产率大于 95%（T>350℃）	1200ppm HCN，3% O_2，流量 80mL/min
不同 Ti/Al TiO_2-Al_2O_3		Ti/Al 比为 8 : 2 的 TiO_2-Al_2O_3 活性最好，300℃实现完全转化		100ppm HCN，0.2% O_2，GHSV = 32000h^{-1}
不同 Mn 含量	Ti/Al = 8 : 2 的 TiO_2-Al_2O_3	15% 的 Mn 活性最好，200℃实现完全转化	N_2 选择性为 70%	100ppm HCN，0.2% O_2，GHSV = 32000h^{-1}
Cu-Mn-O 复合氧化物		160℃实现完全转化	产物主要为 N_2O，NH_3，NO/NO_2 和 N_2	160ppm HCN，20% O_2，GHSV = 25000h^{-1}
La_xCu_y/TiO_2 复合氧化物		150℃实现 HCN 的完全转化	氮气选择性为 62.4%	催化剂用量 0.2g，100ppmHCN，1% O_2，GHSV = 32000h^{-1}
Pt	Al_2O_3	T_{95} = 250℃	氮气选择性低于 30%	30ppm HCN，6% O_2，GHSV = 30300h^{-1}

8.1.2 典型腈类挥发性有机物的催化降解

日本 Nanba 团队对于丙烯腈的催化降解进行了系统的研究。首先，Nanba 等[8]考察了不同的金属活性组分（Mg、Ca、Mn、Fe、Co、Ni、Cu、Zn、Ga、Pd、Ag、Pt）负载在不同的氧化物（Al_2O_3、SiO_2、TiO_2、ZrO_2、MgO）和 ZSM-5 上的催化剂对丙烯腈的去除。首先研究了不同金属和金属氧化物在 SiO_2 载体上丙烯腈的转化活性，Pt 和 Pd 的活性最高（T_{95} = 250℃）；Cu 和 Ag 的氮气选择性较高（68%，61%）。进一步探究了 Ag 和 Cu 负载在不同载体的催化性能，Ag/SiO_2 和 Ag/TiO_2 的氮气选择性在 80% 以上（350℃）。而 Cu-ZSM-5 有最高的 N_2 选择性（300℃达到 80%）。为了进一步研究 Cu-ZSM-5 在丙烯腈催化降解中的活性位，Nanba 等[9] 考察了不同 Cu 负载量（6.4wt%、3.3wt%、2.9wt%、2.3wt%、1.3wt% 和 0.7wt%）的 Cu-ZSM-5 催化氧化丙烯腈的活性和 N_2 的选择性。负载量较高的催化剂均可在 300～400℃达到完全转化，N_2 的选择性可高达（90%～95%）。Cu 负载量较高时，有大块的 CuO 存在，而 Cu 负载量为 3.3wt% 时，在 Cu-ZSM-5 中存在高分散的 CuO。EPR 表征表明 Cu-ZSM-5 中有三种孤立的 Cu^{2+}，即平面正方形、四方锥体、畸变四方锥体，如图 8-4 所示。研究表明，Cu^+、四方锥体的 Cu^{2+} 和畸变四方锥体 Cu^{2+} 催化降解丙烯腈活性较低；块状 CuO 和高分散的 CuO 具有较高的催化活性，但会形成 NO_x。Cu-ZSM-5 在较大温度范围内具有高的 N_2 选择性是因为平面正方形 Cu^{2+} 有较高的还原特性。

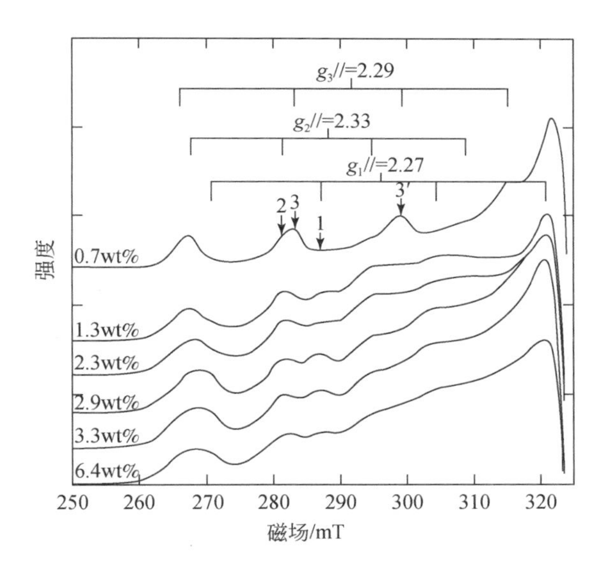

图 8-4　不同 Cu 负载量 Cu-ZSM-5 的 EPR 谱图

Nanba 等[10] 考察了丙烯腈在 Cu-ZSM-5 上的降解机理。研究表明，O_2 对于丙烯腈的降解和 N_2 的生成是必需的，氧浓度较低时，会有乙腈和 HCN 生成，说明丙烯腈分解不完全。此外，反应气氛中少量 H_2O 的加入促进了丙烯腈与 O_2 的反应，H_2O 含量为 0.5% 时，具有较高的丙烯腈转化率和 N_2 选择性，大于 0.5% 时 N_2 选择性反而降低。他们考察了接触时间对丙烯腈降解的影响，说明 N_2 的形成存在一个诱导期，经过一些固定的中间产物（如 HCN、HNCO、NH_3、NO_x）形成。通过 *in situ* DRIFTs 揭示了反应机理，吸附态的丙烯腈大部分转化为异氰酸盐（异氰酸盐由氧化乙烯基团产生），进一步水解为吸附态 NH_3，

而 N_2 是通过 NH_3 氧化或 NH_3 物种与吸附态的硝酸盐物种反应而生成的，具体反应机理如图 8-5 所示。

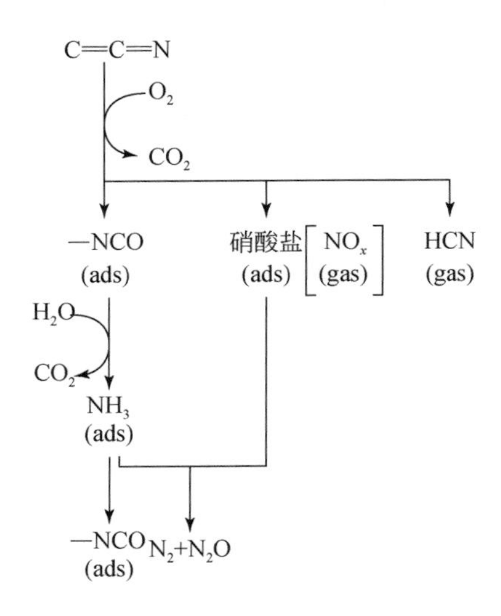

图 8-5　丙烯腈氧化生成 N_2 的机理

Nanba 等[11]研究了在丙烯腈降解过程中，载体对 Ag 催化剂的影响。其中，Ag/TiO_2 和 Ag/SiO_2 催化剂的 N_2 选择性最高，在 350℃达到 85% 左右。表征结果表明活性组分 Ag 的存在有以下几种形式：Ag、Ag^+、Ag_n、$Ag_n^{\delta+}$、Ag_2O。金属 Ag 与 NO_x 的形成相关，Ag^+、Ag_n、$Ag_n{}^{\delta+}$物种在 C ═C、C—C 键的断裂并形成 HCN、HNCO、CH_3CN 等中间产物过程中起催化作用，分散的 Ag_2O 物种对 NH_3 的形成起促进作用。*In situ* DRIFTs 表征得出，NH_3 由丙烯腈水解形成，水解过程会提高催化剂中氧化态 Ag 物种的生成。丙烯腈的降解活性由氧化态 Ag 和金属态 Ag 共同决定，促进丙烯腈水解形成 NH_3，然后进一步氧化生成 N_2。图 8-6 为 Ag 催化剂催化降解丙烯腈的反应过程。为了进一步探讨载体的影响，Nanba 等[12]研究了 Ag 负载在不同晶相 TiO_2 载体的催化剂对丙烯腈的降解。锐钛矿型 TiO_2 在 350℃和 400℃时 N_2 选择性均高于 70%，在 300℃时 N_2 的选择性较低。金红石型 TiO_2 在 300～400℃下都表现了中等的 N_2 选择性（50% 左右）。研究结果表明，两种催化剂表面均有金属 Ag 颗粒且高度分散，则负载的 Ag 颗粒的形态依赖于 TiO_2 的晶相。Ag 负载在锐钛矿型 TiO_2 上的催化剂有较多的氧化态的 Ag 物种存在，而负载在金红石型 TiO_2 上的为金属态 Ag 物种。因而，进一步证实了之前的结论，丙烯腈降解的选择性受氧化态 Ag 物种的影响，而 Ag 的氧化态受载体 TiO_2 晶相影响。

介孔分子筛具有较高的比表面积、有序的孔结构且孔径可调、水热稳定性较高，是一种优良的催化剂载体，在催化氧化中有较好的应用。Chen 等[13]采用浸渍法合成了 M/SBA-15 催化剂［M＝过渡金属（Cu、Co、Fe、V、Mn）和贵金属（Pd、Ag、Pt）］，并研究了其对乙腈的催化降解活性，反应活性顺序为 Pt/>Pd/>Cu/>Co/>Fe/>V/>Ag/>Mn/>SBA-15。Cu/SBA-15 展现了较好的催化活性，T>350℃时，乙腈接近完全转化，同时 N_2 的选择性接近 80%。其进一步对比了 Cu 负载在不同的载体 SBA-15、Al_2O_3、SiO_2 的催化

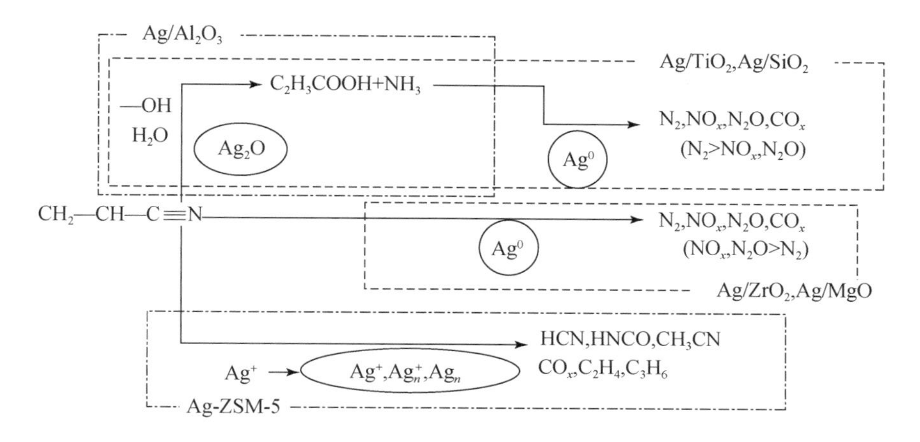

图 8-6　Ag 催化剂催化降解丙烯腈的反应过程

活性，Cu/SBA-15 活性选择性更高，这是因为 SBA-15 具有长程有序的结构且比表面积较高，有利于活性组分的分散。他们探讨了乙腈催化降解机理，乙腈在 Cu-SBA-15 上氧化形成—NCO（异氰酸基），然后进一步氧化生成目标产物 N_2。此外，Zhang 等[14]研究了不同介孔分子筛作为载体负载 Cu、Co、Fe、Pt 的催化剂对丙烯腈的催化降解活性。Cu/SBA-15、Co/SBA-15、Fe/SBA-15、Pt/SBA-15 分别在 450℃、350℃、550℃、300℃下使丙烯腈完全转化。Cu/SBA-15 催化剂的 N_2 选择性较高，$T>400$℃，N_2 的选择性为 64%。其进一步考察了 Cu 负载在不同介孔分子筛（SBA-15、SBA-16、KIT-6）上的催化氧化丙烯腈的活性，Cu/SBA-15 催化剂上丙烯腈的转化率和 N_2 选择性较高。研究结果表明，Cu/SBA-15 催化活性高的原因是其大孔道结构促进了 Cu 物种的分散。其对 Cu/SBA-15 和 Fe/SBA-15 降解丙烯腈的机理进行了对比研究，发现 Cu/SBA-15 催化剂对于丙烯腈的降解主要以氧化为主，而 Fe/SBA-15 对丙烯腈的降解主要以水解为主，如图 8-7 所示。

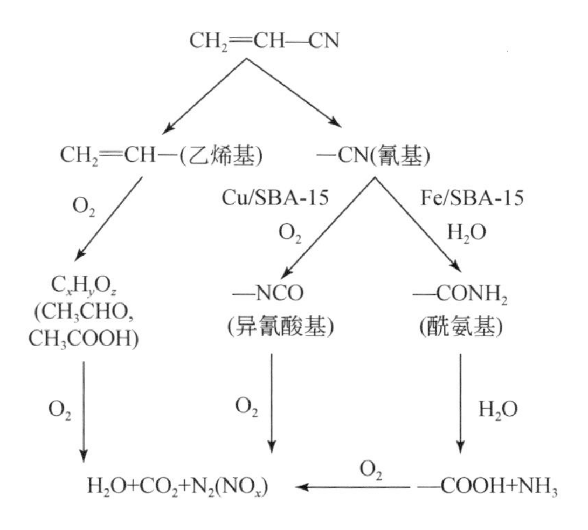

图 8-7　丙烯腈在 Cu/SBA-15 和 Fe/SBA-15 上的催化氧化机理

与纯Si分子筛载体SBA-15相比，微孔分子筛的框架Al的存在可能更有利于腈类的催化氧化。因此，Zhang等[15]研究了Cu修饰的不同微孔分子筛（ZSM-5、Beta、MCM-49、MCM-22、Y）对丙烯腈的催化氧化。Cu-ZSM-5活性较高，归因于其活性Cu^{2+}物种较多。通过原位红外和DFT理论计算研究了其反应机理，C_2H_3—CN键断裂后形成中间物种NCO，随后该中间物种进一步氧化生成N_2和CO_2。在有H_2O参与的环境下，丙烯腈会进行水解生成NH_3物种，而N_2是由NH_3选择氧化生成的。

氧化物催化剂通常有丰富的氧物种，作为催化剂或载体应用广泛。Karakas等[16]采用浸渍法合成了Cu、Ce、Fe、Pt负载在Al_2O_3上的催化剂并考察了其选择氧化乙腈的催化性能。Cu-Ce/Al_2O_3催化剂活性最好，在600℃实现乙腈的完全转化。乙腈氧化的不同机理取决于催化剂结构。乙腈分解为氰化物的过程遵循分步氧化机理，首先产生氰酸，进一步氧化成N_2、N_2O和NO。此外，乙腈水解的机理涉及氰化物物种与水反应生成NH_3，NH_3物种进一步被氧化成N_2、N_2O和NO。Cu/Al_2O_3、Cu-Ce/Al_2O_3和Fe/Al_2O_3催化剂降解乙腈的机理主要为水解，600℃以下的主要产物为NH_3，700℃时NH_3全部消失，转化为其他含氮产物。Fe系催化剂氧化活性较高，生成NO较多，而Cu系催化剂的N_2选择性较高。

Zhang等[17]研究了Cu掺杂的钙钛矿型催化剂$LaB_{0.8}Cu_{0.2}O_3$（B = Fe、Co、Mn）对丙烯腈的降解。$LaFe_{0.8}Cu_{0.2}O_3$表现出较好的催化活性，在300℃时对丙烯腈达到了100%的转化率，同时达到了80%的N_2转化率，如图8-8所示。表征结果表明，Cu的掺杂可以提高催化剂的低温氧化还原性能，表面吸附氧的浓度也有一定提高，有利于丙烯腈的低温转化。同时还考察了H_2O和SO_2对丙烯腈催化活性的影响，5% H_2O对活性的影响不大，加入100ppm的SO_2后，600℃丙烯腈才可完全转化，同时N_2的选择性也降低了10%以上。此外，还利用*in situ* DRIFTs和DFT计算对$LaFeO_3$和$LaFe_{0.8}Cu_{0.2}O_3$对丙烯腈降解的机理进行了研究，揭示了两种不同的反应机制：对于$LaFeO_3$催化剂，为水解主导机理，丙烯酸物种稳定存在于催化剂表面，而$LaFe_{0.8}Cu_{0.2}O_3$催化剂的主导机制为氧化，丙二酸为重要的中间物种。另外，Cu替换并进入$LaFeO_3$可以降低—NH—O到—N—OH的能垒，这是N_2生成的速控步骤。

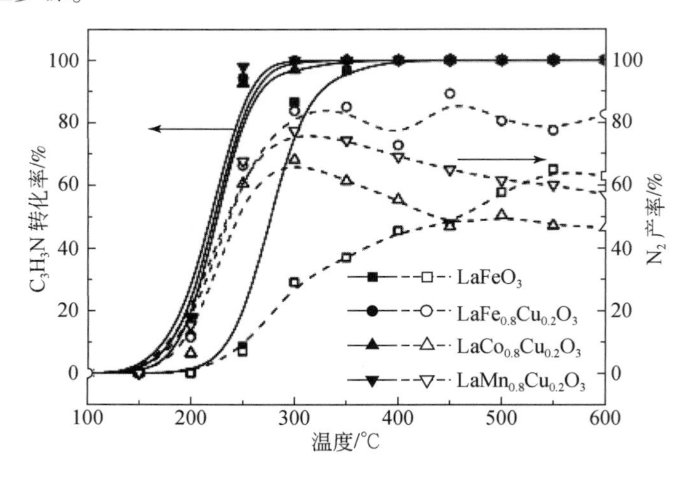

图8-8　丙烯腈的转化率及N_2产率

腈类挥发性有机物在 TiO_2、Al_2O_3 和 HZSM-5 催化剂上可发生水解反应并生成 NH_3 和羧酸，但是这些催化剂的深度氧化能力不足；在贵金属和一些金属氧化物催化剂上，由于它们过强的氧化性能，容易导致含腈挥发性有机物被过度氧化产生 NO_x。Liu 等[18]整合了这两种类型催化剂的优点，制备了 $CuCeO_x$/HZSM-5 催化剂并用于乙腈的选择氧化。催化剂表现出较高的活性，并能有效抑制 NO_x 的生成，在250℃下 CH_3CN 完全转化，在150～400℃的温度范围内 NO_x 生成量小于10%。由 *in situ* DRIFTS 研究所涉及的反应机理可以推断：在 $CuCeO_x$ 上主要发生氧化反应，—CN 基团被转化为—NCO，再进一步氧化为 NO_x；在 HZSM-5 上 CH_3CN 主要水解为氨。对于 $CuCeO_x$/HZSM-5 复合催化剂，可以在催化剂内部发生选择性催化还原反应，此外，NH_3-TPSR 实验表明，强酸性 HZSM-5 的引入也可以抑制 NH_3 在高温下的过氧化，通过这种双功能催化剂的设计，可显著提升 N_2 选择性，反应机理如图 8-9 所示。

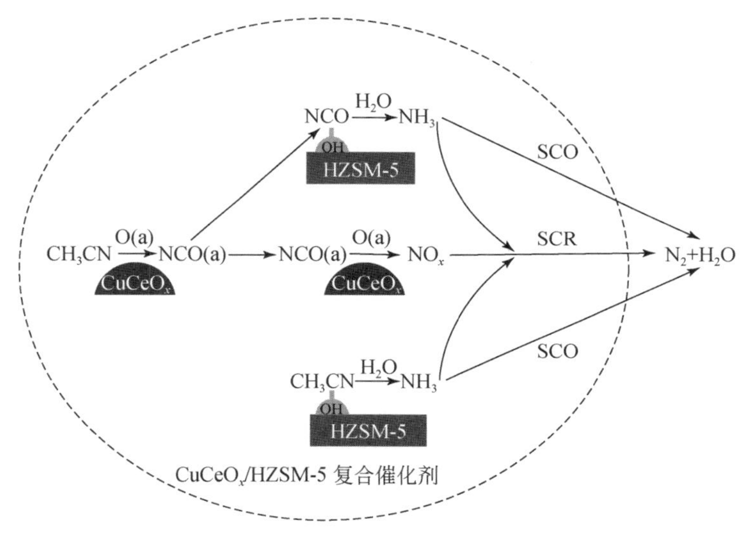

图 8-9　$CuCeO_x$-HZSM-5 催化剂提高 N_2 选择性的机理

Liu 等[18]进一步对 $CuCeO_x$ 和 HZSM-5 的质量比进行了优化，研究发现 $2CuCeO_x$/HZSM-5 的催化剂可在225～350℃温度范围内完全矿化乙腈，且 N_2 选择性超过93%。其优异的性能可归因于在这一合适配比下，氧化铜和 Cu^{2+} 物种呈高度分散态共存。高分散的氧化铜与氧化铈强相互作用，具有最佳的氧化还原性，有效地促进了 CH_3CN 的选择氧化。同时，Cu^{2+} 物种的存在可以促进内部 NH_3-SCR 反应。因此，氧化反应和水解反应的协同确保了优异的活性和 N_2 选择性。

工业应用一般都采用整体式催化剂。Du 等[19]采用捏合挤出法制备了以 ZSM-5、TiO_2 和 Al_2O_3（代号 ZTA）为原料的挤压型催化剂，并将其应用于含丙烯腈废气的催化净化。Ce 和 Ce/Fe 的加入改善了 Cu 基/ZTA 催化剂的催化性能，归因于 Cu、Ce 和 Fe 之间的相互作用可以提高催化剂的氧化还原性质，提供更多的活性氧物种。同时，表面酸性也有一定的改变，有新的强酸性位出现。此外，该催化剂稳定性较好，稳定运行 1000h 后都能够保持很好的活性和 N_2 选择性。图 8-10 为挤压型催化剂的典型图片。表 8-2 总结了文献报道中腈类催化氧化性能。

图 8-10　挤压型催化剂的典型图片（催化剂体为三叶形，当量直径约为 4mm）

表 8-2　腈类催化氧化性能总结表

活性组分	载体	活性	选择性	反应条件
Mg/Ca/Mn/Fe/Co/Ni/Cu/Zn/Ga/Pd/Ag/Pt	Al_2O_3/SiO_2/TiO_2/ZrO_2/MgO/ZSM-5	Pt 和 Pd 活性高（T_{95}=250℃）	Cu 和 Ag 的氮气选择性较高（68%，61%）	200ppm AN，5% O_2，0% 或 5% H_2O，0.1g 催化剂，流量：160mL/min
Ag	Al_2O_3/SiO_2/TiO_2/ZrO_2/MgO/ZSM-5	Ag/ZrO_2>Ag/MgO，Ag/SiO_2>Ag/TiO_2>Ag/Al_2O_3>Ag-ZSM-5	Ag/SiO_2 和 Ag/TiO_2 的氮气选择性在 80% 以上（350℃）	200ppm AN，5% O_2，0% 或 5% H_2O，0.1g 催化剂，流量：160mL/min
Cu	Al_2O_3/SiO_2/TiO_2/ZrO_2/MgO/ZSM-5	TiO_2>ZrO_2>ZSM-5=Al_2O_3>MgO>SiO_2	Cu-ZSM-5 有最高的 N_2 选择性（300℃达到 80%）	200ppm C_2H_3CN，5% O_2，0% 或 5% H_2O，0.1g 催化剂，流量：160mL/min
Cu	ZSM-5	除 0.7wt% 的 Cu-ZSM-5 外，均可在 300～400℃达到完全转化	N_2 的选择性可高达 90%～95%	200ppm C_2H_3CN，5% O_2，0% 或 0.5% H_2O，0.1g 催化剂，流量：160mL/min
Cu	ZSM-5	AN 转化率随 O_2 浓度的增加而增加	H_2O 含量为 0.5% 时，具有较高的丙烯腈转化率和 N_2 选择性，H_2O 含量大于 0.5% 时，N_2 选择性反而降低	200ppm AN+5% O_2+0.5% H_2O，0.1g 催化剂，流量：160mL/min
Ag	Al_2O_3/SiO_2/TiO_2/ZrO_2/MgO/ZSM-5	Ag-ZSM-5>Ag/Al_2O_3>Ag/TiO_2>Ag/SiO_2>Ag/MgO>Ag/ZrO_2	Ag/TiO_2 和 Ag/SiO_2 对 N_2 选择性最高，在 350℃达到 85% 左右，Ag/ZrO_2 和 Ag/MgO 在 300℃时，N_2 的选择性为 65%	200ppm C_2H_3CN，5% O_2，0.1g 催化剂，流量：160mL/min
Ag	TiO_2 不同晶相	T_{50} 均为 270℃左右	锐钛矿型 TiO_2 在 350℃和 400℃时 N_2 选择性大于 70%；在 300℃时 N_2 的选择性较低。金红石型 TiO_2 在 300～400℃都表现了中等的 N_2 选择性（50%左右）	200ppm C_2H_3CN，5% O_2，0.5% H_2O，0.15g 催化剂，流量：240mL/min

续表

活性组分	载体	活性	选择性	反应条件
Cu/Co/Fe/Pt	SBA-15	Cu/Co/Fe/Pt/SBA-15 分别在 450℃、350℃、550℃、300℃下使丙烯腈转化完全	Cu/SBA-15 对 N_2 的选择性较好，当 T>400℃，N_2 的选择性为 64%	0.3% C_2H_3CN，8% O_2，GHSV = 37000h^{-1}
Cu	SBA-15/SBA-16/KIT-6	Cu/SBA-15 催化降解丙烯腈活性较高	Cu/SBA-15 选择性较强	0.3% C_2H_3CN，8% O_2，GHSV = 37000h^{-1}
Fe/Co/Mn	$LaB_{0.8}Cu_{0.2}O_3$	$LaFe_{0.8}Cu_{0.2}O_3$ 表现出较好的催化活性，在 300℃对丙烯腈达到了 100% 的转化率	$LaFe_{0.8}Cu_{0.2}O_3$ 在 300℃达到了 80% 的 N_2 转化率	3000ppm C_2H_3CN，1.6% O_2，GHSV = 120000h^{-1}
Cu/Co/Fe/V/Mn/Pd/Ag/Pt	SBA-15	Pt/>Pd/>Cu/>Co/>Fe/>V/>Ag/>Mn/>SBA-15	Cu/SBA-15 展现了较好的催化活性，T>350℃时乙腈接近完全转化，同时 N_2 的选择性接近 80%	1% CH_3CN，5% O_2，GHSV = 20000h^{-1}
Cu	SBA-15、Al_2O_3、SiO_2	Cu/SBA-15 活性、选择性更高	N_2 的选择性为 80%	1% CH_3CN，5% O_2，GHSV = 20000h^{-1}
$CuCeO_x$	HZSM-5	2$CuCeO_x$/HZSM-5 表现出最好的催化性能，200℃达到了 100% 的转化率	225 ~ 350℃范围内 N_2 选择性大于 93%	600ppm CH_3CN，5% O_2，流量：1.0L/min

8.1.3　典型胺类挥发性有机物的催化降解

罗孟飞等[20]考察了 Ce、Cr、Mn 单组分催化剂负载在 6% Al_2O_3 硅藻土上对丙酮、正丁胺、甲苯的氧化活性。催化剂上有机物氧化活性次序为：丙酮>正丁胺>甲苯。催化剂对正丁胺的氧化活性顺序：Mn>Cr>Ce，T_{98}分别对应为 280℃、320℃、340℃。他们进一步考察了 Ce、Cr 负载量（Ce/Cr = 3 ∶ 1）及硅藻土的 Al_2O_3 添加量对催化剂氧化活性的影响，Ce、Cr 的负载量从 0.04mol/100g 增加到 0.08mol/100g，催化剂活性明显提高，负载量再增加，T_{98}仍然保持 220℃。同一负载量（0.08mol/100g）载于 Al_2O_3 含量不同的硅藻土时，Al_2O_3 含量较低时，催化活性较好。他们还考察了添加 Mn、K 对 Ce-Cr 催化剂活性的影响，Mn 的添加对反应活性无影响，在此基础上添加 K 则降低了正丁胺的反应活性。除此之外，他们还考察了控 NO_x 的生成能力。当活性组分为 Ce 时，T = 360℃，控 NO_x 率可达 90.2%；添加 Mn、K 对 Ce-Cr 催化剂的控 NO_x 的生成能力有明显提高作用。

丝光沸石通常被认为有优良的抗烧结、耐酸和抗水性能，常用作吸附剂，同时，丝光沸石也是性能较佳的载体。张素清等[21]发现以 Cu 为活性组分负载在改性丝光沸石（NaM 型）上的催化剂对正丁胺具有较高的深度氧化活性和较高的控 NO_x 生成能力，此外，他们还考察了不同 Cu 含量对正丁胺催化氧化的影响。罗孟飞等[22]研究了 Pt 负载在天然丝光沸石上将正丁胺完全氧化的反应机理。首先对正丁胺氧化的中间产物进行研究，发现正丁醇、正丁醛是可检测到的氧化中间产物（图 8-11）。进一步探究反应机理，正丁胺的氧化反应是从 C—N 键的断裂开始的，C—N 键断裂后产生烃基，进而氧化生成正丁醇、正丁醛。在探究 NO_x 的生成规律时发现，尾气中 NO_x 的浓度随反应温度的升高出现先增加后减少的趋势，在 410℃ 出现峰值，此时 NO_x 的选择性为 94% 左右。低温 NO_x 的大量生成主要是正丁胺氧化造成的，而高温时，NO_x 生成降低的主要原因是还原性的中间产物与 NO_x 发生反应，进一步生成 N_2。

Zhou 等[23,24]研究了 CrCe 负载在不同载体 Na-蒙脱土、Al-PILC、Zr-PILC、Ti-PILC 和 Al_2O_3/Ti-PILC 上选择催化氧化正丁胺的性能。CrCe/Ti-PILC 和 CrCe/Al_2O_3/Ti-PILC 催化活性较高，且催化剂都表现出较好的控 NO_x 生成能力，NO_x 的产率低于 2%（图 8-12）。结果表明，载体的孔道结构和酸性对反应的活性和选择性有影响，介孔结构和具有合适的酸性位点的载体对反应有较高的活性，正丁胺吸附在催化剂的酸性位上，进行反应生成 CO_2 和 N_2。此外，他们采用等体积浸渍法制备了不同铬铈比的 CrO_x-CeO_2/Ti-PILC 催化剂（Cr/Ce 摩尔比分别为 1：0、6：1、4：1、3：1、0：1），总负载量 Cr+Ce 为 8wt%，并研究了各催化剂上正丁胺的催化降解性能。研究结果表明，随着 Cr/Ce 比例的升高，正丁胺的催化降解活性提高。CrCe(6：1)/Ti-PILC 在正丁胺催化降解中展现了最高的活性和控 NO_x 能力。温度达到 T_{98} 时，NO_x 的产率低于 0.5%。

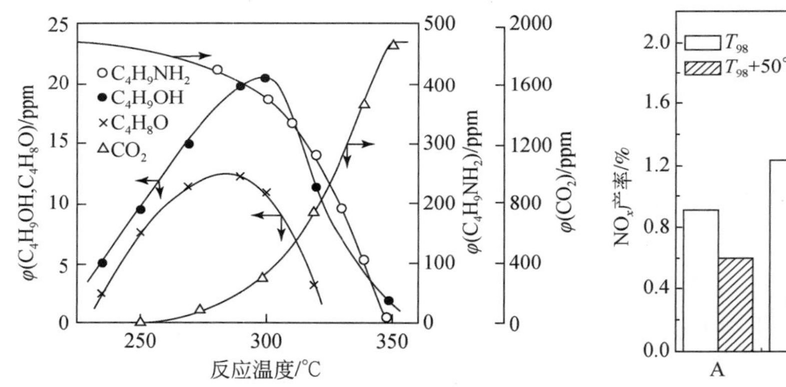

图 8-11　正丁胺氧化产物随温度的变化　　　图 8-12　负载型 CrCe 催化剂上 NO_x 的生成

He 等[25,26]研究了短棒状微介孔复合的催化剂 Pd/SBA-15-r 催化氧化正丁胺的性能，并揭示了其构效关系。Pd/SBA-15-r 催化剂在 280℃ 可实现正丁胺的完全转化，同时 NO_x 生成量较低，归因于该催化剂有较大的比表面积和孔隙率，有利于 Pd 活性物种的分散，加快了氧化过程及产物扩散，抑制了反应副产物的生成。此外，他们对正丁胺在 Pd/SBA-15-r 催化剂上的反应机理进行了探讨（图 8-13），正丁胺与氧气反应生成酰胺，进而水解生成 NH_3，NH_3 与氧气反应生成最终产物 N_2 或 NO_x。他们还研究了合成方法不同［原位合成法（IS）、浸渍法（WI）和嫁接法（GA）］对 Pd/SiO_2 催化剂降解正丁胺性能的影响，Pd/SiO_2-GA 催化剂性能最好，在 250℃ 实现正丁胺的完全转化，NO_x 产率约为 5%。嫁接法合成的催化剂活性物种 Pd 分散度较高，因此催化降解正丁胺的性能较好。表 8-3 总结了文献报道中正丁胺催化氧化性能。

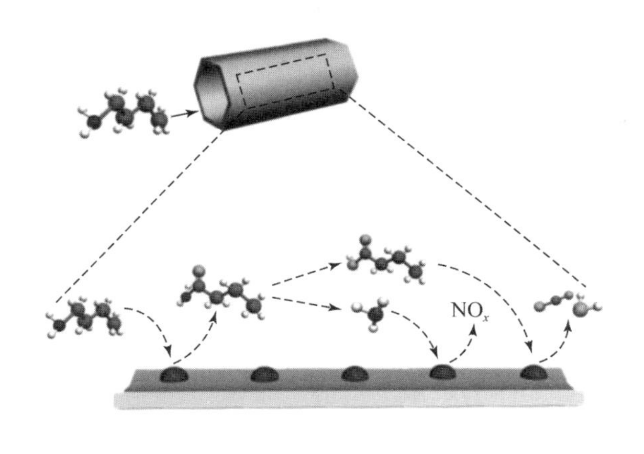

图 8-13　正丁胺在 Pd/SBA-15-r 催化剂上的反应机理

表 8-3　正丁胺催化氧化性能总结表

活性组分	载体	活性	选择性	反应条件
Pd	SBA-15 纳米棒	280℃正丁胺完全转化	NO_x 产率为 2%	100ppm 正丁胺，20% O_2，GHSV = 24000h^{-1}
Pd	不同比表面积 SiO_2	250℃正丁胺完全转化	NO_x 产率为 5%	100ppm 正丁胺，20% O_2，GHSV = 24000h^{-1}
Ce/Cr/Mn	6% Al_2O_3 硅藻土	Mn>Cr>Ce	T = 360℃ 时控 NO_x 率达 90.2%	2～3g/m^3 正丁胺 GHSV = 20000h^{-1}
Ce-Cr 添加 Mn/K	6% Al_2O_3 硅藻土	负载量大活性高，Mn 的添加对反应活性无影响，再添加 K，反应活性降低	T = 260℃，控 NO_x 率可达 93.2%，添加 Mn、K 后，Ce-Cr 催化剂的控 NO_x 的生成能力明显提高	2～3g/m^3 正丁胺，GHSV = 20000h^{-1}
Cu	改性丝光沸石（NaM 型）	T=270℃时，正丁胺转化率达 100%	T=270℃时，正丁胺浓度为 2500mg/m^3，未检测到 NO_x 生成	2600mg/m^3 正丁胺，GHSV = 10000h^{-1}
Cu	Cu_xMg_{3-x}AlOHDL	350℃正丁胺完全转化	T = 350℃，N_2 选择性为 83%	375ppm 正丁胺，5% O_2，GHSV = 12000h^{-1}
Cu	ZSM-5/MOR/MCM-22/Hβ/SAPO-34	载体为 ZSM-5 时具有最佳的活性，300℃正丁胺完全转化	T = 550℃，N_2 选择性大于 95%	375ppm 正丁胺，5% O_2，GHSV = 12000h^{-1}
CrO_x-CeO_2	Na-蒙脱土/Al-PILC/Zr-PILC/Ti-PILC/Al_2O_3/Ti-PILC	CrCe/Ti-PILC 和 CrCe/Al_2O_3/Ti-PILC 催化活性较高	表现出较好的控 NO_x 生成能力，NO_x 的产率低于 2%	1000ppm 正丁胺，GHSV = 20000h^{-1}
CrO_x-CeO_2	Ti-PILC	CrCe（6 ∶ 1）/Ti-PILC 的活性和控 NO_x 生成能力最高	温度达到 T_{98} 时，NO_x 的产率低于 0.5%	1000ppm 正丁胺，空气气氛，GHSV = 20000h^{-1}

Cheng 等[27]研究了不同 Cu 取代量的水滑石型催化剂 $Cu_xMg_{3-x}AlOHDL$（x=0.1、0.2、0.3、0.4、0.5）对正丁胺的降解，$Cu_{0.4}Mg_{2.6}Al_2O$ 表现出最好的催化活性，在 350℃时正丁胺转化率为 100%，N_2 选择性为 83%。铜的取代在提高催化活性和选择性方面发挥了关键作用，这归因于 Cu 的掺入对催化剂酸性的改善。正丁胺易于吸附在酸性位点，随后 C—C 键断裂形成 CH_3—CH_2—CH_2—CH_2^* 和 NH_2^*，然后吸附的 NH_2 物质可以转化为无机含氮产物。催化剂的弱酸性有利于吸附的 NH_2 物质的活化。同时，他们还研究了 $Cu_{0.4}Mg_{2.6}Al_2O$ 的 NH_3-SCR 性能，催化剂在 270℃时 NO 转化率为 79%，N_2 选择性为 95%。这一双功能催化剂为实际应用中 VOCs 和 NO_x 的协同控制提供了新途径。

Cheng 等[28]考察了 Cu 改性的不同类型的分子筛（ZSM-5，MOR，MCM-22，Hβ，和 SAPO-34）对正丁胺的选择氧化性能。Cu/ZSM-5 有最好的催化活性和 N_2 选择性，在 300℃可将正丁胺完全转化，且在 300～500℃范围内 N_2 选择性均大于 90%。相比于其他载体，ZSM-5 有最丰富的弱酸位点和最好的 Cu 物种分散性，更有利于正丁胺的吸附和氧化。他们还通过控制 ZSM-5 分子筛的硅铝比，研究了 Cu/ZSM-5 上铜物种和酸性对正丁胺降解的协同效应[29]。催化剂的氧化还原性和化学吸附氧影响正丁胺的转化，N_2 选择性受 Brønsted 酸量和 Cu^{2+}种类分散性的影响。而 Cu-ZSM-5 催化剂表面的酸性位点会影响 Cu 物种的形成。随着 Brønsted 酸量的下降，Cu 物种的分散性下降，孤立的 Cu^{2+}逐渐减少，低聚 Cu^{2+}—O^{2-}—Cu^{2+}物种增加，N_2 选择性下降。

8.1.4　其他含氮挥发性有机物的催化降解

有机废气中含氮有机物占有相当比例，涉及许多行业，如染料、制药、塑料、皮革、鱼类加工等行业都有此类废气排放，污染大气。含氮有机物中氮的存在形式有很多，如—NH_2、—NH、—CN、—NO 等。除以上几种研究较多的污染物外，还对另外一些 NVOCs 有一定的研究，如吡啶、苯胺、硝基苯、*N*,*N*-二甲基甲酰胺（DMF）等。吡啶可用作溶剂，在工业上还可用作变性剂、助染剂，以及合成一系列产品（包括药品、消毒剂、染料、食品调味料、黏合剂、炸药等）的原料。苯胺是最重要的胺类物质之一，主要用于制造染料、药物、树脂，还可以用作橡胶硫化促进剂等，它本身也可作为黑色染料使用。其衍生物甲基橙可作为酸碱滴定用的指示剂。硝基苯是重要有机中间体，用于生产染料、香料、炸药等有机合成工业。*N*,*N*-二甲基甲酰胺是一种用途极广的优良溶剂及化工原料，主要用作工业溶剂，医药工业上用于生产激素，农药工业中可用来生产杀虫脒。

罗孟飞等[30]以吡啶氧化为探针反应，考察了负载金属（Ag、Cu、Mn、Cr、Fe、Co、Ni、V、Ce）的 Al_2O_3 催化剂的催化氧化活性及 NO_x 的生成规律。Ag-O/Al_2O_3 催化剂的催化活性最佳，T_{98} 为 240℃。该催化剂控 NO_x 能力较强，T=330℃时，NO_x 的生成率为 5%。他们进一步考察了活性组分负载量的影响，Ag 的负载量从 0.05mol/100gAl_2O_3 增加到 0.2mol/100gAl_2O_3，结果表明增加负载量可提高反应活性和控制 NO_x 的能力。此外，他们还考察了催化剂表面酸碱性的影响，选择了不同的载体，如 SiO_2 和预先浸渍 KOH 的 Al_2O_3，氧化活性顺序为 Cu-O/Al_2O_3>Cu-K-O/Al_2O_3=Cu-O/SiO_2，NO_x 控制能力：Cu-K-

O/Al_2O_3>Cu-O/SiO_2>Cu-O/Al_2O_3。可见，催化剂表面酸性增强有利于吡啶氧化活性的提升，而NO_x控制能力降低。罗孟飞等[31]还考察了Ag-Mn、Ag-Co和Ag-Ce复合氧化物上CO、丙酮和吡啶的催化氧化性能。对于吡啶的选择性催化氧化降解，双组分Ag-Mn/(4：1)和Ag-Co/(4：1)催化剂的氧化活性均高于单组分Ag，其达到98%的转化率时的温度分别为：220℃、210℃，NO_x生成率<5%的上限温度分别为340℃、350℃。而且实验证明，对于吡啶的氧化，催化剂的氧化活性与NO_x控制能力正相关。

陈平等[32]探究了具有K_2NiFO_4型结构的稀土复合氧化物$LaSrMO_4$（M = Mn、Fe、Co、Ni）对有机胺的催化降解作用。三乙胺和吡啶催化氧化活性顺序为Co > Mn > Ni > Fe。$LaSrCoO_4$将三乙胺和吡啶完全转化的温度分别为330℃和380℃。由于吡啶自身为环状结构，较难断键分解，因此$LaSrCoO_4$催化氧化三乙胺的活性优于吡啶。他们进一步考察了空速对转化率的影响，催化剂的活性随空速增加而下降，空速大于20000m^3/h时，活性下降更明显。他们进一步考察了NO_x的生成及催化分解，过渡金属的氧化还原性对吡啶和三乙胺的催化降解有重要影响，其中含Ni的催化剂NO_x的产生率与其他催化剂相比较低，反应温度为三乙胺和吡啶的全转化温度时，$LaSrNiO_4$复合氧化物催化剂尾气中NO_x浓度均低于10%。

袁贤鑫等[33]以正丁胺、苯胺、硝基苯为代表物，考察了铈基复合氧化物负载在改性丝光沸石上的催化剂的氧化活性及控制NO_x能力。首先考察了单组分催化剂氧化活性：正丁胺催化氧化活性顺序为Fe>Cr>Ce>Mn>Cu；苯胺氧化活性顺序为Ce>Cr>Fe>Mn>Cu；硝基苯氧化活性顺序为Ce>Cr>Fe>Mn>Cu。进而考察了双组分催化剂氧化活性，发现Ce-Cr催化剂对于正丁胺和苯胺的催化氧化活性最佳，而Ce-Fe催化剂对硝基苯的催化氧化性能最好。进一步调控Ce、Cr的相对含量，并对催化剂的氧化活性进行考察，对于正丁胺、苯胺、硝基苯的氧化，Ce、Cr相对原子比均以67：33的催化剂活性最高，正丁胺、苯胺、硝基苯的完全氧化温度分别为280℃、310℃和440℃，同时基本上不产生NO_x。钟依均等[34]合成了改性丝光沸石（HM）负载Pt、Pd和CuO的催化剂，并研究了乙腈、硝基甲烷和乙二胺的催化氧化。首先考察了氧化降解产物，在实验温度范围内，含氮产物有N_2、N_2O和NO_2。进一步研究了催化剂的氧化降解活性和N_2选择性，对于乙腈和乙二胺的催化氧化活性：Pt>Pd>CuO（以Pt为活性组分时，分别在250℃和350℃完全转化）；对硝基甲烷的降解活性为：Pt>CuO>Pd（以Pt为活性组分时，在280℃完全转化）。N_2的选择性：CuO>Pd>Pt，在CuO/HM催化下，乙二胺的N_2选择性可达95%（400℃），乙腈的N_2选择性为90%（300℃），硝基甲烷的N_2选择性为65%（300℃）。他们考察了N_2的选择性与温度的关系，随着反应温度的升高，硝基甲烷氧化降解的N_2选择性呈单调下降；而乙腈和乙二胺的N_2的选择性出现了极小值，高温时N_2的选择性升高，这可能是由于氧化生成的NO在高温时更有利于和—CN或—NH反应生成N_2。

袁贤鑫等[35]还研究了两种催化剂PCN-1（沸石负载Fe、Cu、Mn等过渡金属）、PCN-2型（沸石负载Pt、Pd金属）对含氮有机物如DMF、正丁胺、环己胺、苯胺、硝基苯等深度氧化的活性及其控NO_x的能力。PCN-1型催化剂对正丁胺、DMF等含氮有机物的氧化活性较高（T_{98}分别为280℃和260℃），但对二甲苯、硝基苯等的氧化是PCN-2型催化剂活性较高（T_{98}分别为200℃和280℃）。对苯胺和环己胺的氧化，两种催化剂的活性都较低。他们进而讨论了 PCN-1 和 PCN-2 的控 NO_x 效率，对正丁胺和 DMF 分别在 340℃ 和 320℃ 控 NO_x 率达到 99%、100%，随温度的升高，控 NO_x 率下降，同等条件下，PCN-1 比 PCN-2 有更好的控 NO_x 性能。根据工业的使用情况，还可将两个催化床层串联使用，保证其高的氧化活性和高的控 NO_x 能力，DMF 在双催化剂床中可在 260℃ 实现完全转化，控 NO_x 率高达 99.5%。此外，对 PCN-1 催化剂的稳定性进行了研究，维持空速为 $5000h^{-1}$，反应温度为 300℃，反应物浓度变化不大的情况下，经过 500h 的反应，催化活性稳定。

Guo 等[36]研究了棒状（NRs）、立方体状（NCs）、八面体状（NOs）的 CeO_2 负载 MnO_x 的催化剂对 DMF 的选择氧化性能，结果表明活性变化规律为：MnO_x/CeO_2-NRs>MnO_x/CeO_2-NCs>MnO_x/CeO_2-NOs>CeO_2-NRs>CeO_2-NCs>CeO_2-NOs，MnO_x/CeO_2-NRs 在 180℃ 完全转化 DMF，氮气选择性大于 90%。他们还发现在反应气氛中加入 5% 的水后，低温条件下 DMF 的转化率低于干燥条件下，但是随着温度的进一步升高，DMF 转化率高于干燥条件下的转化率，且 CO_2 产率得到明显提升。

Luo 等[37]考察了不同 Mn 负载量修饰的不同 SiO_2/Al_2O_3 的 xCu/ZSM-5-y（负载量 x=4%、12%、20%；SiO_2/Al_2O_3 比值 y=18、360）催化氧化二乙胺的活性和 N_2 选择性，研究发现随着 Mn 负载量的增加和 SiO_2/Al_2O_3 比例的提升，MnO_x/ZSM-5 催化剂对二乙胺的氧化活性增高，活性最高的 20MnO_x/ZSM-5-360 催化剂，T_{98}=220℃。尽管这一催化剂具有较高的催化活性，但是 N_2 选择性会随着反应温度的上升迅速恶化（220℃ 时 N_2 选择性 100%，420℃ 时下降到 58.3%），相比之下，具有低 SiO_2/Al_2O_3 的催化剂有利于维持较好的 N_2 选择性，20MnO_x/ZSM-5（18）催化剂在 180℃ 的温度窗口（240～420℃）内 N_2 选择性超过 95%。随 Mn 负载量的上升催化剂表面富集了更多的容易还原的 MnO_x 物种，随 SiO_2/Al_2O_3 的下降催化剂表面形成更多的中强酸，这有利于二乙胺的氧化和促进 N_2 的生成。类似地，Luo 等[38]还研究了不同 Cu 负载量修饰的不同 SiO_2/Al_2O_3 的 xCu/ZSM-5-y（x=0%、2%、6%、10%、14%；y=18、60、130、360）催化氧化二乙胺的活性和 N_2 选择性。研究发现有别于 Mn 修饰对活性选择性的影响，当 Cu 负载量小于 6% 时，活性随负载量的增加而提高，过多的负载则不能进一步提升活性；随 SiO_2/Al_2O_3 比值的下降，催化剂活性呈上升趋势，最低的 T_{98}=240℃。Cu 的负载量对 N_2 选择性没有显著的影响，SiO_2/Al_2O_3 比值的下降则有利于拓宽 N_2 选择性超过 95% 的温度窗口，对于 6CuO/ZSM-5-18 催化剂温度窗口可达 160℃（240～400℃）。高度分散的 CuO 与催化剂表面酸性位点的协同催化是二乙胺的选择性催化氧化性能提升和维持良好的 N_2 选择性的重要原因。在 CuO/ZSM-5 催化剂上 CuO 和表面酸性位点协同催化氧化机理示意图如图 8-14 所示。

8.1.5　总结与展望

尽管国内外研究机构围绕高效催化材料的开发及其氧化性能强化、催化活性位点上污染物分子和中间物种活化机制、分子水平上研究污染物分子键的断裂和氧化机理进行了成效显著的研究工作。但在含氮 VOCs 高效选择氧化活性物种、活性中心和转化速控步骤揭示方面仍有待进一步深入研究。

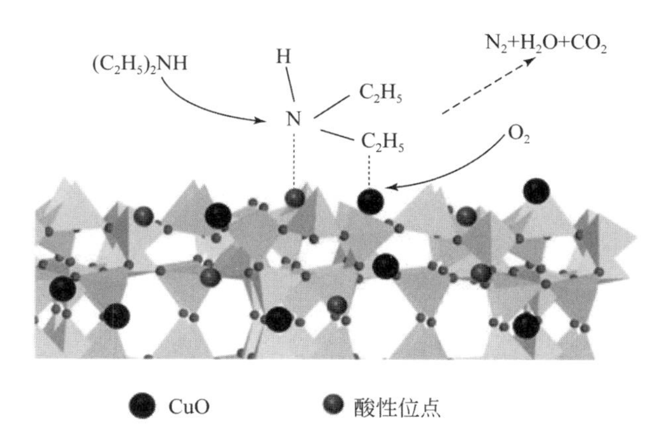

图 8-14　CuO/ZSM-5 催化剂上 CuO 与表面酸性位点协同催化二乙胺氧化的机理

但实际工业有机废气成分复杂，排放的含氮有机废气通常还伴有芳香烃和含氧有机物废气。含氮有机废气选择氧化反应的活性组分一般为 Cu、Ag 等，而芳香烃和含氧有机物完全氧化的活性组分一般为 Pd、Pt 等贵金属，高温促进氧化反应完全。不同物理和化学性质的 VOCs 混合，多组分 VOCs 相互作用，会严重影响催化剂的活性、选择性和稳定性。通常情况下，反应体系中引入其他组分会抑制 VOCs 的氧化，目前针对多组分 VOCs，特别是涉及含氮有机物的复合污染研究还较少见。亟待开展多组分污染物转化规律、多组分有机污染物反应动力学以及多组分有机物反应分子之间的相互作用机制研究。

模拟典型行业排放工况下（污染物组成与浓度、反应空速、湿度、杂质气体等）含氮有机废气的催化降解研究目前还较为少见，开展实际条件下催化剂的活性、选择性与稳定性研究，获得有潜在工业应用前景的催化材料是未来值得探究的方向之一。

8.2　含硫 VOCs 的催化反应行为与过程

以硫醇、硫醚为代表的含硫挥发性有机物（SVOCs）来源广泛，多产生于化工、纺织、皮革、造纸、橡胶制造等行业，以及污水处理厂、垃圾填埋厂等环境治理过程，是环境中重要的恶臭污染来源。SVOCs 具有较高的生理毒性，严重损害人体中枢神经系统，引发呼吸困难，甚至造成死亡；SVOCs 易与大气中活性自由基发生系列光化学反应，加剧光化学烟雾的危害；工业过程中，SVOCs 会对机械设备和管道设施等有较强的腐蚀作用，引发重大安全事故。SVOCs 通常是无组织排放，浓度范围变化幅度大，且与其他 VOCs 共存，简单的治理工艺无法实现其彻底、高效脱除。例如，传统的吸附法存在吸附容量低且吸附剂需频繁解析，催化燃烧易导致氧化态硫物种的二次排放，催化氧化技术的调控难点在于如何有效控制催化剂的硫酸盐累积及其引发的催化剂硫中毒问题。催化分解技术是指在无氧反应条件下，定向转化 SVOCs 为 H_2S 并用于后续克劳斯工艺，实现 SVOCs 高效选择性转化和硫物种的资源化利用。其中，抗硫与抗积碳耦合的高性能催化剂的理性设计是实现催化分解技术进一步应用的前提。本章通过对比总结 SVOCs 的各项治理技术，重点关注反应过程中的催化反应行为及其反应机理，以期为 SVOCs 的后续高效治理提供可借鉴的研究思路。基于反应过程分类，本章着重从 SVOCs 催化分解和催化氧化技术进行总结。

8.2.1 硫醇催化分解

硫醇催化分解[39]是指硫醇在催化剂的作用下实现无氧过程催化转化，生成简单的无机小分子化合物，避免催化剂的硫酸盐累积中毒，实现硫醇的高效脱除。催化分解方法因无需引入额外的反应剂（如 H_2、O_2 等），对设备的安全运行具有重要的意义，近年来受到广泛的关注。以甲硫醇（CH_3SH）为例，首先进行其吸附过程，并利用催化剂的特定性能（如酸碱性和氧化还原性等），实现化学键的断裂和再结合，定向生成小分子类化合物。从基元反应的角度，吸附态的 CH_3SH 分子首先会进行 S—H 键的断裂，形成 CH_3S^* 和 H^* 等基团，生成的 CH_3S^* 会进一步断裂形成 CH_3^* 和 S^* 基团。其中，CH_3^* 易与 H^* 结合，生成 CH_4 分子并从催化剂表面脱附出来；而 S^* 一方面会与 H^* 结合，生成 H_2S 并从催化剂表面脱附，另一方面部分 S^* 会直接在催化剂表面累积，导致催化剂上硫累积。实际反应中的基元反应远不止上述过程，因此还会伴随一定量的其他产物。目前用于甲硫醇分解的催化剂主要分为金属单质、金属氧化物、沸石分子筛、负载型硅基介孔材料和负载型铝基材料五类。

1. 金属单质

由于硫醇分子中的硫含有未共享电子对，在还原条件下，这些硫原子会以解离吸附的方式作用于金属表面，使得金属催化剂出现中毒行为。沈师孔等[40]开展了甲硫醇在金属 Ni 表面分解和脱附等化学行为研究。研究发现，甲硫醇在 Ni 表面的分解路径和产物与其初始暴露度有关。当甲硫醇的初始暴露度较高时，其分解所产生的吸附态硫易占据 Ni（100）面的四重穴中心，导致金属 Ni 表面化学活动能力的降低，使其分解甲硫醇的活性显著降低。

热力学上，甲硫醇气相分解反应中，C—S 键较 S—H 键的断裂更易进行，但在实际反应中，甲硫醇在金属表面的化学行为则依据金属组元而定。夏文生等[41]采用键级守恒-Morse 势法比较了甲硫醇在金属 Ni、Pt 和 Cu 上的热分解反应性能。结果表明，从 Ni 到 Pt 再至 Cu，甲硫醇中 C—S 键断裂几率降低，而 S—H 键断裂几率则相对增加。CH_3S^* 解离过程中产生的 S^* 使金属表面硫化中毒，最终影响金属的化学反应活性。此外，Carley 等[42]也研究了甲硫醇在金属 Cu 表面的化学吸附和反应行为。结果显示，该过程中主要的分解脱附产物为 CH_4 和 H_2，同时伴随一定量 C_2H_4 及原子态 C，原子态的 C 经过累积最终形成积碳产物。

2. 金属氧化物

由于甲硫醇是一种具有还原性的酸性气体，其可被催化剂表面的碱性位点吸附，在催化剂表面的酸性位及氧化型活性位的耦合作用下，实现化学键断裂和催化分解。Ozturk 等[43]在 Ni/TiO_2 催化剂上进行甲硫醇的化学反应行为研究，结果表明，甲硫醇通过加氢脱

硫过程生成 CH_4，并进行非选择性分解，该过程会产生原子态 C 和 S 物种。其中 C 在 TiO_2 的晶格氧作用下，被氧化生成 CO 气体分子并脱附出来。Mukoyama 等[44]分别以 TiO_2、ZrO_2、Al_2O_3、CeO_2、ZnO 和 La_2O_3 为催化剂，进行甲硫醇催化分解研究。研究发现，TiO_2 催化分解甲硫醇的反应活性和稳定性能最优。低温条件下（低于 400℃），甲硫醇分解生成 CH_3SCH_3 和 H_2S，主要通过 $2CH_3SH \!=\!=\!= CH_3SCH_3+H_2S$ 反应实现；高温条件下，甲硫醇被进一步分解生成 CH_4、H_2S 和 C 等，其反应过程为：$2CH_3SH \!=\!=\!= CH_4+2H_2S+C$。基于上述结果，Mukoyama 等推测甲硫醇在 TiO_2 催化剂上的反应过程及发生的反应路径与反应温度有关。

二氧化铈（CeO_2）含有一定量的氧空位，可作为氧化还原型反应的表面活性位[45]。CeO_2 基催化剂合成过程中，由于晶格扩张等过程，会产生一定量的 Ce^{3+}。为保证电荷平衡，Ce^{3+}的存在导致一定量氧空位的形成，从而进行电荷补偿[46]。因此，氧化铈基催化剂中 Ce^{4+}/Ce^{3+}的相互作用及转化过程增强了铈基催化剂的氧储存和释放能力，有利于铈基催化剂反应活性的提高[47]。Laosiripojana 等[48]采用纳米 CeO_2 用于甲硫醇催化分解过程，结果表明，CeO_2 在一定的反应条件下可以使甲硫醇分解为 CO、CO_2 和 CH_4 等小分子化合物，反应中的硫主要转化为易于处理的无机硫化合物 H_2S，其中，CH_4 主要是由于 CH_3SH 通过加氢过程所产生：$CH_3SH+H_2 \!=\!=\!= CH_4+H_2S$。反应体系中无 H_2O 引入时，反应后的催化剂的主要物相变为 Ce_2O_2S；在反应体系中引入适量 H_2O 时，此时反应后的催化剂主要物相为 $Ce_2(SO_4)_3$ 和 $Ce(SO_4)_2$。Laosiripojana 等还指出铈基硫酸盐材料［$Ce_2(SO_4)_3$ 和 $Ce(SO_4)_2$］具有更为优异的氧迁移能力，有效阻止了反应中催化剂的硫中毒失活。上述研究中甲硫醇催化分解的反应温度高达 900℃，且采用阳离子模板剂合成 CeO_2 过程复杂，耗时较长（整个过程需 2～3 天）。He 等[49,50]利用微波辅助柠檬酸络合法快速制备了纳米 CeO_2（仅需 6h），合成的 CeO_2 颗粒分布均匀，显示出较好的催化分解活性，450℃可实现甲硫醇的完全降解，但是稳定性较差，反应 10h 内便快速失活。如图 8-15 所示，甲硫醇首先吸附在催化剂的碱性位点上，然后由氧化铈的表面晶格氧与甲硫醇中的硫进行氧硫交换，反应后的催化剂表面累积了大量 Ce_2S_3 物种，覆盖催化剂的活性中心，导致催化剂失活。此外，随着反应的进行，催化剂表面的晶格氧大量丢失，表明晶格氧的消耗也是催化剂失活的原因之一。

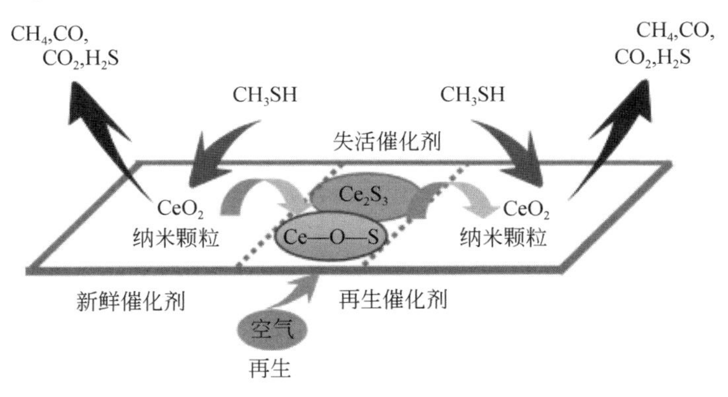

图 8-15　氧化铈催化剂催化降解甲硫醇机理图

CeO_2 的快速失活可归因于表面晶格氧的消耗，基于缺陷化学，氧化铈基催化剂中可通过掺杂其他金属离子，诱发形成更多的氧空位，增加表面晶格氧含量，提高体相晶格氧迁移能力，改善材料的储氧性能[51,52]。一方面，当低价态金属离子进入氧化铈晶格中并取代部分 Ce 原子，此时由于掺杂的金属离子与 Ce^{4+} 半径的不同，遵循电荷补偿机制，氧化铈基材料会产生晶格畸变，形成氧缺陷（氧空位）[53,54]。Chen 等[55]制备了具有更多氧空位的 $Ce_{0.75}Y_{0.25}O_{2-\delta}$ 固溶体，其中，Y 的掺杂减小了晶体颗粒的尺寸且 Y^{3+} 进入 CeO_2 晶格，引起晶格缺陷，促进体相晶格氧的迁移，以补充表面晶格氧，从而提高铈基材料的抗硫稳定性能。Chen 等通过设计一系列的 H_2-TPR 实验证明，$Ce_{0.75}Y_{0.25}O_{2-\delta}$ 比体相 CeO_2 的体相晶格氧迁移率更快。Chen 等[17]还在 CeO_2 中掺杂了一定量的 ZrO_2，形成铈锆固溶体复合氧化物（$Ce_xZr_{1-x}O_2$），有效阻止了 CeO_2 的烧结，提高 $Ce_xZr_{1-x}O_2$ 的储氧能力（OSC）和热稳定性，增强其低温催化活性[56-60]。另一方面，在氧化铈基催化剂中通过掺杂引入离子半径较小的金属阳离子，同样可以诱导表面缺陷及氧空位的形成[61,62]。He 等[63,64]在氧化铈基材料中（Ce^{4+}离子半径为 0.97Å）通过引入稀土元素（如 Y、Gd、Nd 和 La 等三价阳离子，离子半径依次为 1.03Å，1.05Å，1.11Å 和 1.15Å），提高其催化反应活性。如图 8-16 所示，由于 Y 和 Gd 掺杂，形成了适量的强碱性位点[65]、更多的氧空位，有利于酸性甲硫醇气体分子的吸附和活化。然而，He 等发现 Nd 和 La 掺杂，易形成过量强碱性位点，导致催化剂上酸性硫物种（H_2S）的富集，在催化剂表面生成大量的 Ce_2S_3 物种，最终导致催化剂硫中毒失活。根据刘峰等[66]报道，铈锆固溶体对乙硫醇催化降解同样展示出较好的催化活性。

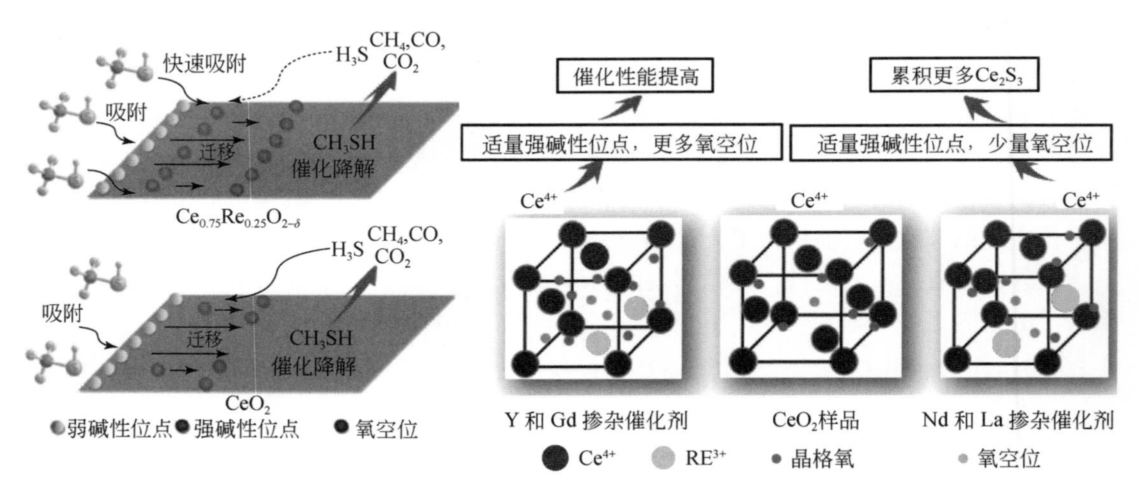

图 8-16　CH_3SH 在 CeO_2 和 $Ce_{0.75}RE_{0.25}O_{2-\delta}$ 固溶体上转化的反应机理

综上所述，合适的助剂调控（如 Zr、Y 和 Gd 等）对于铈基催化剂催化分解 SVOCs 的性能改善具有重要的影响，调控铈基催化剂具有适量的碱性中心和活性氧物种可提高其催化活性，但过量碱位点的存在易引起催化剂的硫累积和中毒。

3. 沸石分子筛

以 ZSM-5 为代表的沸石分子筛[67]具有独特的规整晶体结构和孔道结构、较大比表面积、易于调变的酸中心位点、良好的水热稳定性能，被认为是性能优异的催化裂解催化剂。Huguet 等[39,68,69]在 HZSM-5、Y 型、β 型以及镁碱沸石等沸石分子筛上开展了甲硫醇催化分解研究。研究发现[68,70]，具有 MFI 结构的 HZSM-5 沸石分子筛表现出最优的活性和稳定性。如图 8-17 所示，300～400℃时，CH_3SH 在 HZSM-5 催化剂的作用下分解为甲硫醚（CH_3SCH_3）和 H_2S。超过 400℃，CH_3SH 转化率增加，产物中 CH_3SCH_3 开始减少。在 450℃时，甲硫醇的转化率接近 100%，甲硫醚进一步分解产生 H_2S、CH_4、C_2H_6 和 C_3H_8 以及苯、甲苯和二甲苯（BTX）等产物。然而，甲硫醇在 HZSM-5 分子筛上易裂解产生积碳，导致其催化稳定性差（在线反应 6h 后，催化剂开始失活）。此外，Cammarano 等[69]还研究了 HZSM-5 分子筛催化降解乙硫醇（C_2H_5SH）的性能，C_2H_5SH 在 400℃时完全催化转化，450℃下催化剂稳定性可稳定维持 70h。对于 C_2H_5SH/CH_3SH 混合物，HZSM-5 催化剂在 550℃才可完全催化降解，且稳定时长降低至 11h。催化剂快速失活的原因主要还是强酸位点导致的表面积碳累积。

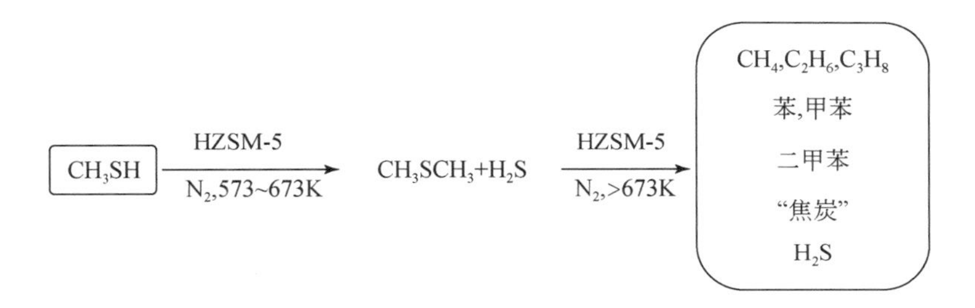

图 8-17　HZSM-5 催化剂催化降解甲硫醇的机理图

研究者通过添加碱金属（Na）[71]、过渡金属（Cr）[72]、磷酸[73]以及稀土金属（La、Ce、Pr、Nd、Er、Y[74,75]）等来改性 HZSM-5 催化剂，增加催化剂上碱性中心的数量，降低强酸性中心强度。其中碱金属 Na 改性的 HZSM-5 催化剂，少量的 Na 可提高其反应性能，过多 Na 的引入会导致骨架中 Si、Al 结构的破坏，引起催化剂稳定性能的下降；过渡金属 Cr 改性的 HZSM-5 催化剂不仅降低了载体的强酸度，同时 Cr 物种的引入提高了催化剂氧化还原性能，其催化降解甲硫醇的低温活性得到改善；La/HZSM-5 催化剂上引入磷酸后破坏了催化剂上用于消除积碳的活性碳酸氧镧物种，导致催化剂的快速失活。稀土金属由于具有一定的碱性，成为调控 HZSM-5 酸强度的重要活性组分[76,77]。如图 8-18 所示，He 等制备了不同稀土改性的 HZSM-5 催化剂并应用于甲硫醇的催化降解。未改性的 HZSM-5 分子筛在 550℃下才能实现甲硫醇的 100% 转化分解，而稀土改性的 HZSM-5 分子筛能在 500℃下实现甲硫醇完全转化分解，其中，La 和 Sm 改性的 HZSM-5 分子筛在 450℃时甲硫醇的转化率高达 95%。比较所选的 9 种稀土金属改性的 HZSM-5 分子筛催化分解甲硫醇活性大小顺序为：La/HZSM-5>Sm/HZSM-5>Nd/HZSM-5>Gd/HZSM-5>Y/HZSM-5>Eu/HZSM-5>Er/HZSM-5>Pr/HZSM-5>Ce/HZSM-5>HZSM-5。其中 La 改性的 HZSM-5 催化剂表现出最佳的催化性能，筛选出 La 的最佳负载量为 13%。因此，He 等[78]和 Lu 等[79]详细分析了 La 改性对 HZSM-5 分解 CH_3SH 的性能的影响。La 的引入不仅降低了 HZSM-5 催化剂的本征活化能（从 51.4kJ/mol 降至 40.6kJ/mol），也显著提高了催化剂的稳定性（提高至 80h）。如图 8-19（a）所示，La 改性后的 HZSM-5 催化剂碱性位点数量明显增多，强酸性位点数量减少，降低了甲硫醇催化裂解过程中的积碳累积。由此可见，La/HZSM-5 催化剂有效避免了前述铈基催化剂的硫中毒问题，同时 La 物种的引入，有效调控了催化剂的酸中心强度，避免催化剂的积碳失活。此时，催化剂的积碳问题可通过简单的空气再生实现良好的循环利用，这为后续 SVOCs 的催化分解中催化剂的碳、硫中毒问题提供了解决思路。

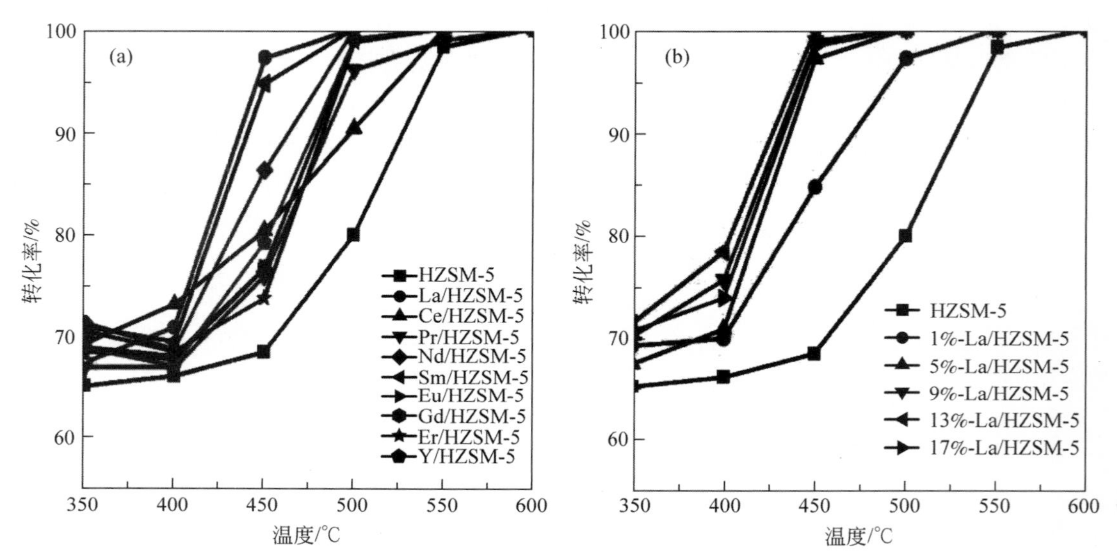

图 8-18　不同稀土金属改性 HZSM-5（a）和不同 La 含量改性的 HZSM-5 分子筛（b）催化分解甲硫醇的活性

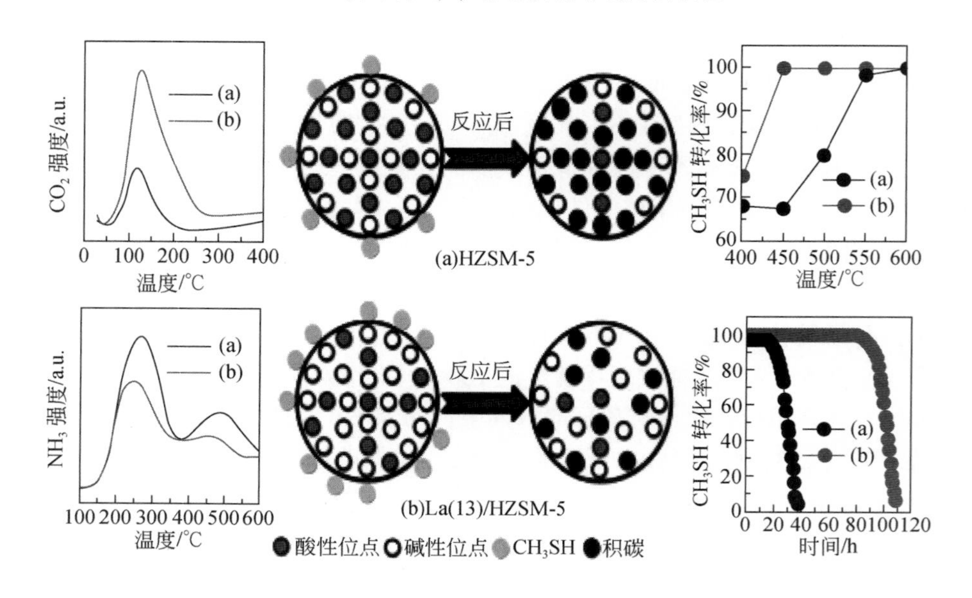

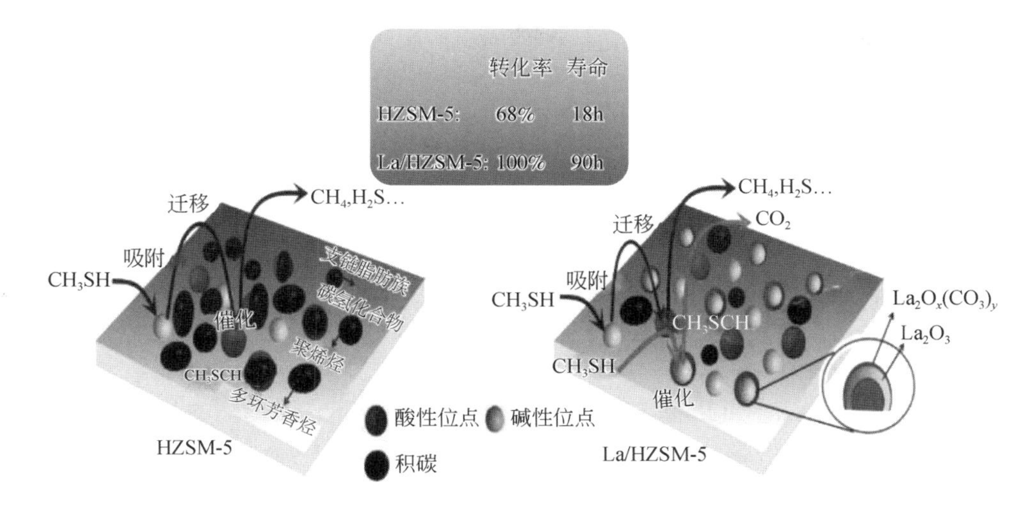

图 8-19　HZSM-5 和 La/HZSM-5 催化剂催化降解甲硫醇的机理图

4. 负载型硅基介孔材料

He 等[80]利用氨基功能化的 MCM-41 吸附废水中高毒性六价铬物种，随后通过焙烧处理合成高性能 Cr/MCM-41 催化剂，催化分解甲硫醇。如图 8-20（a）和（b）所示，获得的废铬吸附剂在 400℃即可完全降解甲硫醇，且在长达 90h 的稳定性测试实验中，催化剂的催化活性无明显下降。催化活性和稳定性均优于铈基和 HZSM-5 基催化剂。反应后的催化剂由高毒的六价铬转化为低毒的三价铬［图 8-20（c）］，从而实现含铬废水治理和恶臭甲硫醇催化分解的双重目的。He 等[81]探究了水体中杂质共存离子对实际废 Cr 吸附剂物化性质和催化活性的影响。共存阳离子对重复使用的 Cr 吸附剂的催化活性影响较小，而共存阴离子会引起 MCM-41 硅基骨架的破坏，导致低活性、团聚态 Cr(Ⅵ) 物种的形成。Zhao 等[82]为了进一步了解硅基载体上 Cr 活性物种，合成了系列 Cr/MCM-41 催化剂，探究了碱金属钾（K）对甲硫醇去除的影响。K 的引入提高了 Cr/MCM-41 催化剂的催化活

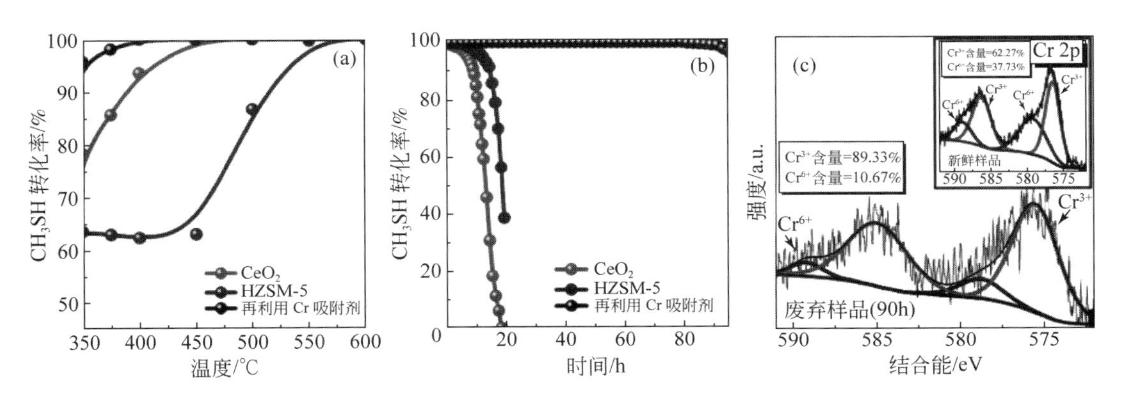

图 8-20　（a）活性和（b）稳定性对催化去除 CH_3SH 的评价；
（c）反应前后废铬吸附剂的 Cr 2p XPS 谱图

性，CH_3SH 在 350℃完全转化，低于文献报道的反应温度。Zhao 等分析表明，K 和 Cr 之间的强相互作用产生了 K_2CrO_4 和 $K_2Cr_2O_7$ 物种，锚定大量活性单聚体 Cr 物种，从而提高了催化活性。

5. 负载型铝基材料

Al_2O_3 表面富含羟基，通常与金属氧化物形成较强的相互作用，有利于 Cr 物种的活化、锚定和分散，从而提高催化活性和稳定性。Lu 等[83]制备了一系列的 Cr(x)-Al_2O_3（x=1.0wt%，2.5wt%，5.0wt%，7.5wt%，10wt%）催化剂，优化筛选出 7.5wt% Cr 为最佳负载量。Cr(7.5)-Al_2O_3 比其他样品和报道的催化剂表现出更高的活性，在 375℃时 CH_3SH 和 CH_3CH_2SH 几乎可以完全转化，而目前文献报道的催化剂的反应温度普遍在 450℃以上。Zhao 等[84]进一步对比了不同载体上 Cr(7.5)-Al_2O_3 和 Cr(7.5)-SiO_2 的催化性能，结果表明 Cr(7.5)-Al_2O_3 具有较好的催化性能，这主要是由于 Al_2O_3 表面存在大量的 Al—OH，与 SiO_2 载体相比，Al_2O_3 载体的铬催化剂易形成均匀分散的单聚体活性 Cr(Ⅵ)位点（图 8-21）。因此，有效调控载体上羟基的数量和性质，合理建立金属-载体的强相互作用，是实现 Cr 基催化剂高效催化分解 SVOCs 的有效途径。

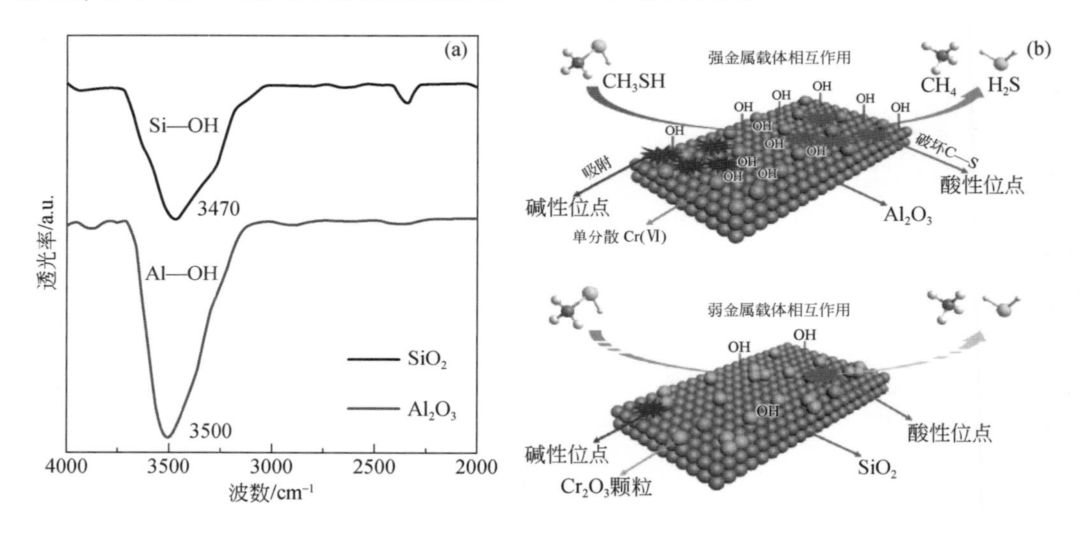

图 8-21 （a）Al_2O_3 和 SiO_2 催化剂的 FTIR 谱图；（b）载体表面性能及 xCr/Al_2O_3 和 xCr/SiO_2 催化剂的催化性能机理

如表 8-4 所示，催化分解 SVOCs 面临碳中毒和硫中毒的双重难题，这对催化剂的合理设计提出了更高的要求。从现有报道分析，目前 SVOCs 催化分解的主要活性位点是活性氧物种、氧化还原性和酸碱性。其中，催化剂表面的活性氧物种在促进化学键断裂的同时，易发生氧硫交换过程，导致催化剂硫中毒。氧化还原性主要影响催化剂的低温活性，通常催化剂氧化还原性强，低温活性好。对于催化剂上的酸碱性位点而言，碱性位点主要用于第一步反应，即将酸性的硫醇分子吸附在催化剂上，进而由强酸性位点进一步断裂 C—S 键，实现硫醇的裂解。催化剂的酸性过强将会导致断裂过多的 C—S 键，部分含碳物质来不及快速脱附，造成催化剂碳中毒。因此，要设计高性能抗硫抗碳催化剂，需考虑调控催化剂具有适量的活性氧物种和适量的酸中心位点及酸强度。

表 8-4　甲硫醇催化分解性能总结表

催化剂	转化温度/℃	稳定性/h	反应条件	失活原因
TiO_2	500	40（T=60%）	10ppm CH_3SH，0.5g	碳中毒
CeO_2	450	8	1% CH_3SH，0.2g	硫中毒
$Ce_{0.75}RE_{0.25}O_{2-\delta}$（Y/La/Sm/Gd/Nd）	450	<12	1% CH_3SH，0.2g	硫中毒
HZSM-5	600	6	CH_3SH/N_2(0.5/99.5)	碳中毒
Cr/HZSM-5	450	20	1% CH_3SH，0.2g	碳中毒
（Nd/Sm/Er/Y）改性 HZSM-5	500	<70	1% CH_3SH，0.4g	碳+硫中毒
La/HZSM-5	450	80	1% CH_3SH，0.4g	碳中毒
P/La/HZSM-5	500	15	0.5% CH_3SH，0.2g	碳中毒
再利用 Cr 吸附剂	400	90	1% CH_3SH，0.2g	碳+硫中毒
5% Ce/MCM-41	600	100	0.5% CH_3SH，0.2g	碳中毒
Cr-N-K/MCM-41	350	—	1% CH_3SH，0.2g	碳+硫中毒
Cr(7.5)-Al_2O_3	375	30	1% CH_3SH，0.2g	碳+硫中毒
Cr(7.5)-SiO_2	425	42	1% CH_3SH，0.2g	碳+硫中毒

8.2.2　硫醇催化氧化

硫醇催化氧化法是利用氧气（空气）、臭氧和水等氧化物分子，在低温条件下将硫醇催化氧化为简单的二硫化物或硫氧化物，该方法具有去除率高、反应条件温和以及处理成本低等特点。本章基于氧化剂类型（氧气、臭氧和水）进行分类，重点总结催化氧化、催化臭氧化以及水存在的催化氧化及液相催化氧化三种氧化技术在硫醇处理过程中的应用。

1. 催化氧化

催化氧化技术主要基于硫醇分子在氧气的氧化作用下，发生解离性重构，最终生成二硫化物和水，反应过程可总结为：$2RSH+1/2O_2 = 2RSSR+H_2O$。Kastner 等[85]研究表明，甲硫醇分子在粉煤灰和木料上可实现低温条件下（23～25℃）被催化氧化生成二甲基二硫醚［$(CH_3)_2S_2$］。Liu 等[86]以 Fe-Cu 双金属改性的活性炭作为催化剂催化氧化甲硫醇，结果显示，Fe-Cu 之间的相互作用显著提高了金属的分散性，增强了活性炭催化氧化甲硫醇的能力，在 Fe、Cu 负载量分别为 2% 和 0.6% 时，Fe-Cu 双金属改性的活性炭显示出最佳的脱硫效果，室温条件下（25℃）甲硫醇的吸附容量高达 485.2mg/g，最终的氧化产物为二甲基二硫醚［$(CH_3)_2S_2$］和金属甲基磺酸盐［$(CH_3S)_{2x}M$］。Zhao 等[87]系统探究了不同金属（Cu、Ni、Al、Fe 和 Zn）改性活性炭在低温条件下（50℃）催化氧化甲硫醇的反应活性，其中 Cu 改性的活性炭表面易形成更多的 OH^- 和 Cu—O 界面，促进了甲硫醇的催化氧化活性。氧化的主要产物为二甲基二硫醚［$(CH_3)_2S_2$］和金属硫酸盐物种（图 8-22），其中金属硫酸盐物种的累积易堵塞催化剂的孔结构，最终引起催化剂的失活。Yi 等[88]以 Al_2O_3 为载体，探究了不同金属 Cu、Fe、Mn、Ce 和 Co 改性的催化剂催化氧化甲硫醇的反应活性，其中 15% Cu 负载的催化剂表面生成更多的活性氧物种，提供更多的碱性位点（弱碱及中强碱），促进甲硫醇分子的催化氧化过程。在此基础上，Yi 等[89]构建了 Cu-Mn/Al_2O_3 双金属位点催化氧化甲硫醇，相比于 Cu-Co 和 Cu-Fe 等双金属位点以及 Cu、Co、Fe 等单金属位点，Cu-Mn/Al_2O_3 催化剂显示出最优的反应活性与稳定性能，在脱硫反应的 85min 内，甲硫醇的去除率一直稳定维持在 100%。

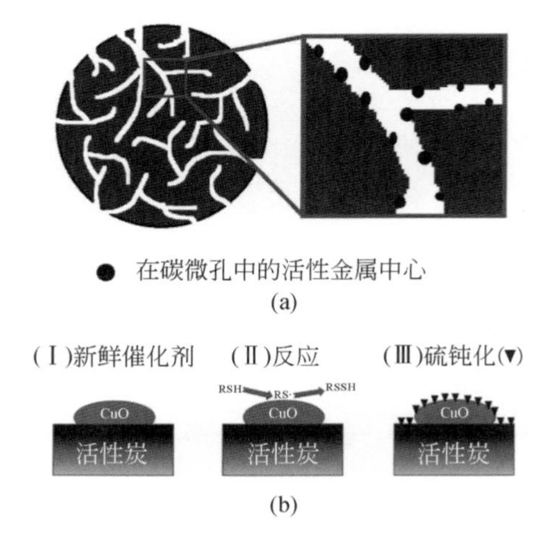

图 8-22　不同金属改性活性炭催化氧化甲硫醇的（a）反应示意图，（b）反应机理图

Gao 等[90]制备了 CuZnAl 水滑石，并用于甲硫醇催化氧化。实验表明，在 150℃时，甲硫醇去除率在 94% 以上，且 140h 内催化活性保持稳定。然而反应温度对催化氧化过程中的产物种类影响较大，当反应温度为 150℃时，氧化产物主要为二甲基二硫醚（$2CH_3SH+1/2O_2 \longrightarrow CH_3SSCH_3+H_2O$），当反应温度提高至 300℃时，氧化产物主要是 SO_2。Zhao 等[91]合成了 NiAl 水滑石，经不同温度焙烧形成 NiAl-HTO。其中，350℃焙烧的 Ni_3Al-HTO 催化剂催化氧化甲硫醇的效果最好，反应 1h 后的去除效率依然保持 100%（图 8-23）。结合 CO_2-TPD 和理论计算结果，合成的 NiAl-HTO 材料表面碱位点增多，促进酸性甲硫醇分子的吸附与催化活化，然而研究中对于甲硫醇催化氧化的具体碱性位点与反应活性的构效关系的认识仍不够清晰。

2. 催化臭氧化

臭氧具有较强的氧化性，且是一种亲电分子，可与甲硫醇、二甲基二硫化物［$(CH_3)_2S_2$］等反应物分子的高电子密度位点发生结合，促进氧化反应的发生。催化臭氧氧化主要包括臭氧在催化剂表面的吸附和活化，分为贵金属/复合型活性组分催化剂。

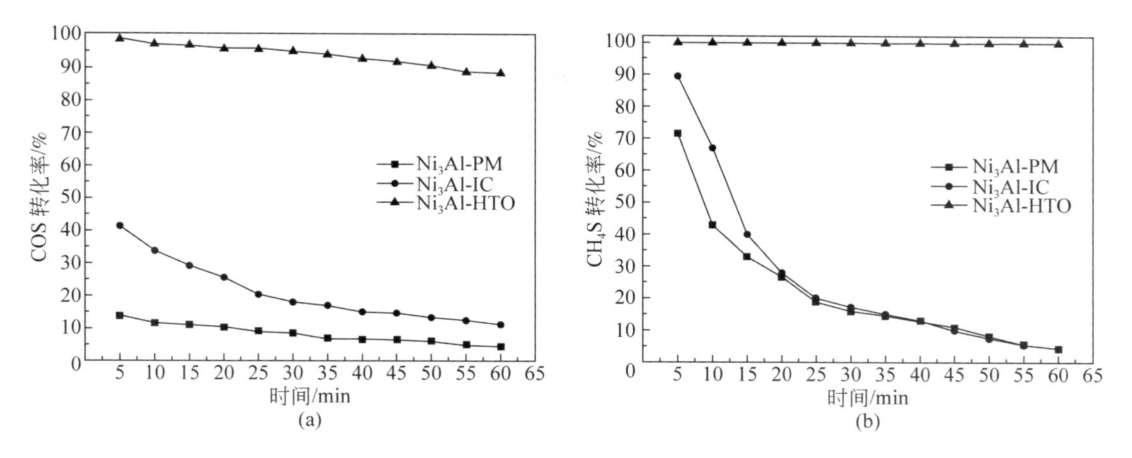

图 8-23　Ni_3Al-HTO、Ni_3Al-PM 和 Ni_3Al-IC 上 COS（a）和 CH_4S（b）的去除

贵金属催化剂具有转化率高、催化活性稳定等特点，被广泛用于催化反应。其中银（Ag）对 CH_3SH 中 S—H 官能团有很高的亲和力，利于含 SVOCs 的吸附。Xia 等[92]制备了原子级 Ag 粒子掺杂 3D MnO_2 微球（Ag/MnO_2 PHMSs）催化剂，研究了 CH_3SH 在不同体系下的吸附和氧化，以及不同催化剂对 CH_3SH 去除的影响。实验结果如图 8-24（a）所示，在 CH_3SH 吸附阶段，MnO_2 在 4min 达到吸附平衡，在 10min 内的 CH_3SH 去除率达到 40%；而 Ag/MnO_2 在吸附初期的效果较低，但 10min 内的 CH_3SH 去除率比 MnO_2 略高。在氧化反应阶段，0.3% Ag/MnO_2 催化效果最佳（去除率>90%）。不同催化剂的影响结果如图 8-24（b）所示，0.3% Ag/MnO_2 的催化效果最佳。催化剂中 Ag 粒子高度分散，在 Ag 上吸附 CH_3SH，使 CH_3SH 转化为 CH_3SAg/CH_3S-SCH_3，被 MnO_2 活性位点上由臭氧活化产生的活性氧物种氧化为 $CH_3SO_3^-$，最终被氧空位深度氧化为 SO_4^{2-} 和 CO_2。在反应过程中 Mn 的还原和 Ag 的氧化可以维持具有循环电子转移的氧化还原环，补充相邻 MnO_2 中 Ag/MnO_2 界面的氧空位，使该催化剂保持良好的催化活性。

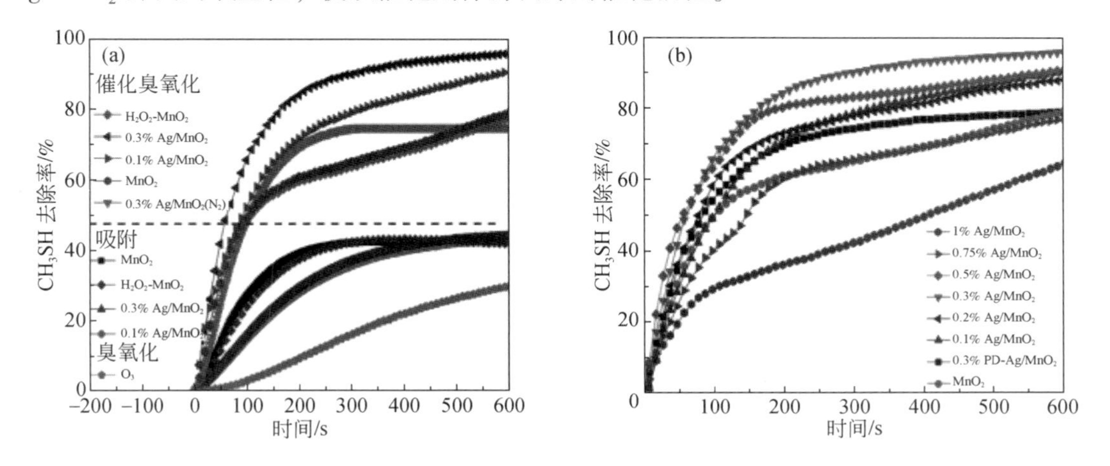

图 8-24　（a）不同体系中 CH_3SH 的吸附和催化臭氧化性能；
（b）不同催化剂对 CH_3SH 脱除效果的影响

甲硫醇催化臭氧化反应中，随着 MnO_2 的表面活性位点的减少，催化剂活性逐渐下降，因此寻求高效稳定的催化剂仍有很大的必要。过渡金属 Cu 具有多价态，有利于电子的转移，且 CuO 对 SVOCs 的硫醇基团具有高亲和力，利于硫醇的吸附。因此，Yang 等[93]构建了 CuO/MnO_2 串联催化剂，在 CuO/MnO_2 界面上建立循环的电子转移，提升了催化臭氧化去除甲硫醇的稳定性能。实验表明（图 8-25），在无臭氧的气氛下去除 CH_3SH 实验中，$5CuO/V_O$-MnO_2、7.5CuO/V_O-MnO_2 催化效果较好［图 8-25（a）］。不同催化剂在臭氧气氛下去除 CH_3SH 效果中，$5CuO/V_O$-MnO_2 的活性最好［图 8-25（b）］。他们还研究了催化剂对臭氧的去除效果，实验表明 $5CuO/V_O$-MnO_2 可 100% 去除臭氧［图 8-25（c）］。在催化剂稳定性实验中，$5CuO/V_O$-MnO_2 在 5h 内可实现 80ppm CH_3SH 和 200ppm 臭氧的 100% 去除。CH_3SH 催化臭氧化过程分为两个部分：首先，MnO_2 的氧空位可捕获更多的表面氧来补充吸附氧（O_{abs}）物种，使 CH_3SH 吸附在多价 CuO［Cu（Ⅰ）/Cu（Ⅱ）］上，形成 CH_3S-Cu、CH_3S-Cu-SCH_3；同时，臭氧分子被固定在 $5CuO/V_O$-MnO_2 氧空位上。随后，

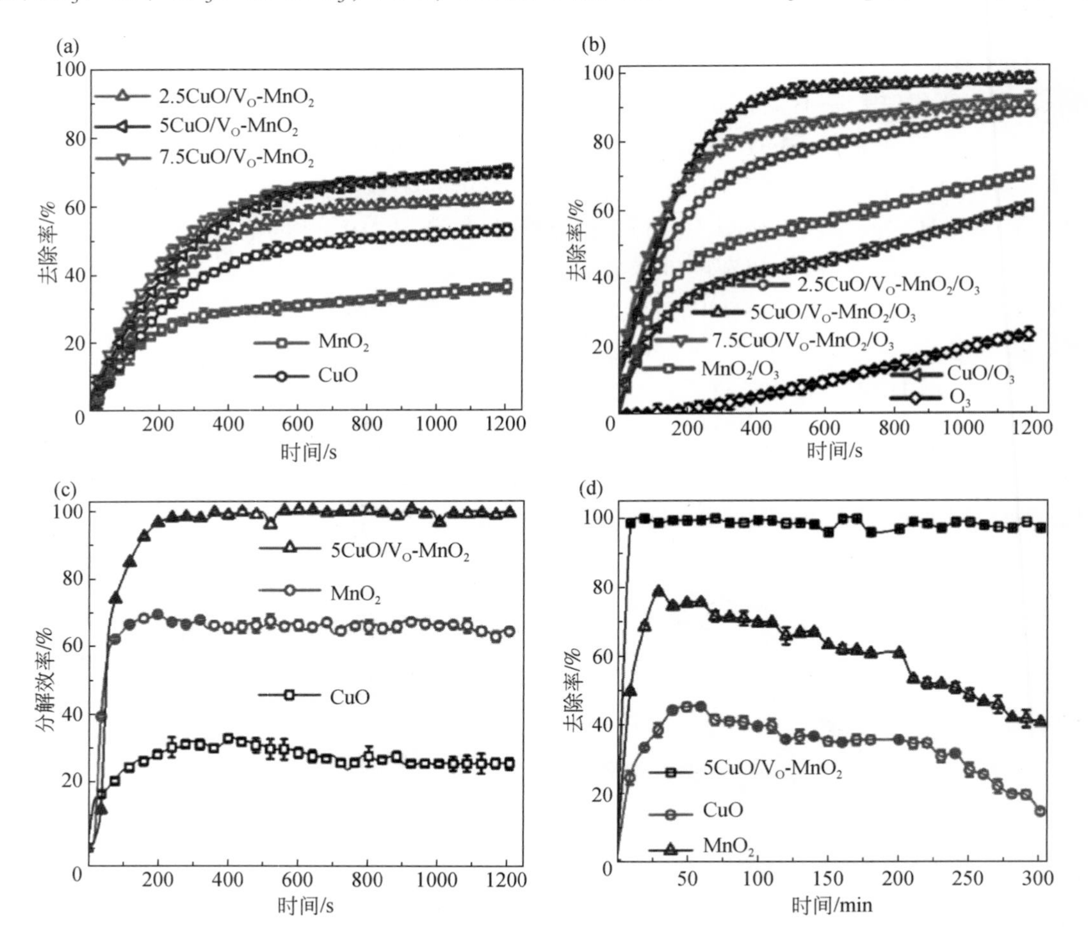

图 8-25　（a）不同体系在无 O_3 气氛下去除 CH_3SH 的时间分布；（b）不同体系在 O_3 气氛下去除 CH_3SH 的时间分布；（c）$5CuO/V_O$-MnO_2/O_3 体系中 O_3 分解效率；（d）$5CuO/V_O$-MnO_2、CuO 和 MnO_2 去除 CH_3SH 的实验

再将臭氧、H_2O 活化成活性氧物种（$\cdot O_2^-$/$\cdot OH$/$^1O_2$），含硫物质与活性氧物种反应生成 $CH_3SO_3^-$/SO_4^{2-}/HCOO—/CO_3^{2-}/CO_2，$CH_3SO_3^-$ 最终氧化成 SO_4^{2-}/CO_3^{2-}。Mn(Ⅱ)/Mn(Ⅲ) 与 Mn(Ⅳ) 间的电子交换和 Cu(Ⅰ)/Cu(Ⅱ) 间电子交换为可持续的催化臭氧化提供电子形成氧空位，使得催化剂可在 5h 内保持良好的催化活性（图 8-26）。此外，He 等[94]研究了不同晶面［(100)、(110)、(310)］的 α-MnO_2 催化臭氧化去除甲硫醇的性能。结果表明，310-MnO_2 性能优于 100-MnO_2、110-MnO_2，这归因于（310）晶面具有较高的表面能和氧空位，有利于吸附和活化臭氧为中间过氧化物（O_2/O_2^{2-}）和活性氧（O_2/$^1O_2$（单线态氧））。CH_3SH 分子化学吸附硫原子形成 CH_3S^-，CH_3S^-进一步转化为中间产物 $CH_3SO_3^-$，最终氧化为 SO_4^{2-} 和 CO_3^{2-}/CO_2。

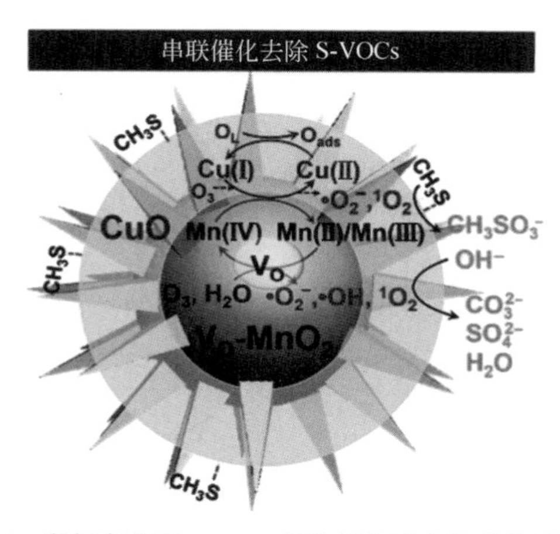

图 8-26 臭氧存在下 CH_3SH 催化氧化反应机理的可能路径

3. 水存在的催化氧化及液相催化氧化

反应过程中的水蒸气能生成表面碱基（OH^-、M—O 键和 O^{2-}），以及促进尿素水解产生羟基（$NH_3+H_2O \longrightarrow NH_4^++OH^-$）。所产生的表面碱基是去除 COS 和 CH_3SH 反应的活性位点，CH_3SH 则被表面碱基氧化成硫酸盐。蔡哲斌等[95]采用类水滑石为前驱体制备固体碱型复合氧化物 Co-O/Mg（Al）O 催化剂，可在常温常压下催化氧化正丁硫醇（C_4H_9SH）向二硫化物转变。该催化剂的碱性主要来源于 MgO，利于催化剂与 C_4H_9SH 相互作用，形成 $C_4H_9S^-$，实现硫醇氧化生成正丁基二硫醚的反应过程。Bashkova 等[96]研究了不同来源的活性炭作为 CH_3SH 吸附剂在湿、干和氧化条件下的性能。实验表明，常温下椰子壳活性炭对湿气流中 CH_3SH 的脱除效率为 100%，CH_3SH 被氧化成二硫化物。湿润环境中的水产生活性自由基，促使二硫化物转化为磺酸。不同来源的活性炭对 CH_3SH 的吸附容量差异明显。Cui 等[97]通过铁掺杂活性炭改变活性炭表面性质，增强活性炭的吸附硫容，实验表明 $FeCl_3$ 改性后的活性炭吸附二硫化物的硫容得到很大的提升。尽管 Fe 改性后的活性炭除硫较好，但是引入 $FeCl_3$ 产生的活性位点的热稳定性较差，通过热解吸处理使用后的活性炭，其不能完全恢复原来的容量。为此 Lyu 等[98]制备了一系列 Fe-N 偶联改性后的活性炭并用于乙硫醇的去除，具有很好的再生性能。实验发现（图 8-27），在 500℃焙烧后的 Fe/ACN 的催化活性最高，可在 300min 内有效去除 CH_3SH。反应后的催化剂经过简单的氮气热处理可使其硫容恢复到新鲜催化剂的 80%（图 8-28）。经过氨气焙烧，使氮与铁之间形成强相互作用，增加了 Fe_3O_4 相的含量和分散性，从而暴露了更多的乙基硫醇活性位点。此外，所形成的吡啶-N、吡咯-N 等含氮基团是碱性基团，有助于含硫化合物的吸附和活化。

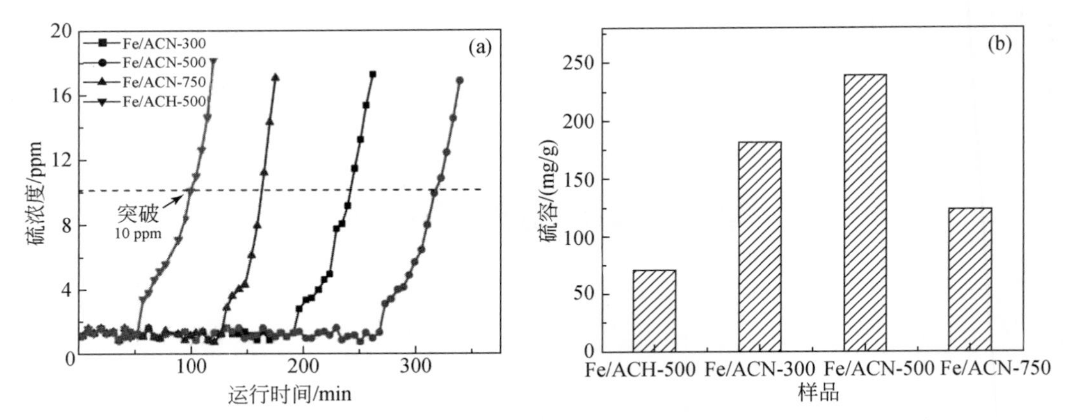

图 8-27　Fe/ACH-500 和 Fe/ACN-z 催化剂在室温和常压下的脱硫曲线和硫容

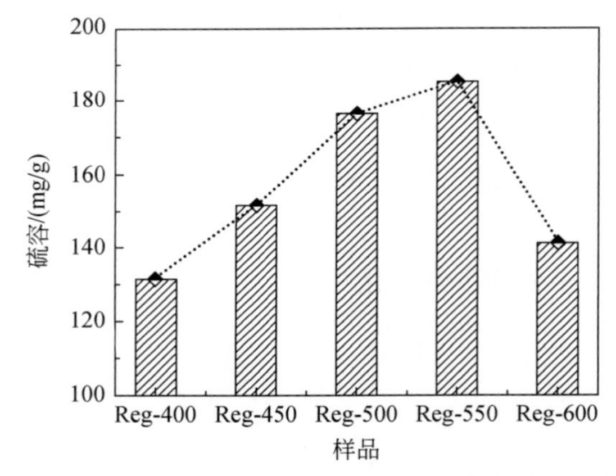

图 8-28　不同再生温度下 Fe/ACN-500 催化剂的硫容

围绕 SVOCs 的液相催化过程，研究者也开展了大量的研究工作。方建朝等[99]以 H_2O_2 为氧化剂，钛硅分子筛（TS-1）为催化剂，研究 TS-1/H_2O_2 对 CO_2 气体中 CH_3SH 的氧化性能。研究发现，TS-1/H_2O_2 体系可在常温下实现 CH_3SH 的高效脱除，H_2O_2 将 CH_3SH 氧化成 CH_3SOH、CH_3SO_2H 和 CH_3SO_3H。TS-1 分子筛再生 5 次后催化效果没有明显的下降、结构保持完整，具有多次重复使用性能。Yang 等[100]以 H_2O_2 为氧化剂，通过类 Fenton 反应机理氧化去除 CH_3SH。实验表明［图 8-29（a）］，在 pH = 3.5，H_2O_2 = 10.0mmol/L 时，催化活性最好，10min 内完全去除 CH_3SH。类 Fenton 反应去除 CH_3SH 的最终产物主要为硫酸盐［图 8-29（b）］，CH_3SO_3H 初期浓度升高而后下降，但硫酸根离子浓度一直增加，说明 CH_3SO_3H 为中间产物。

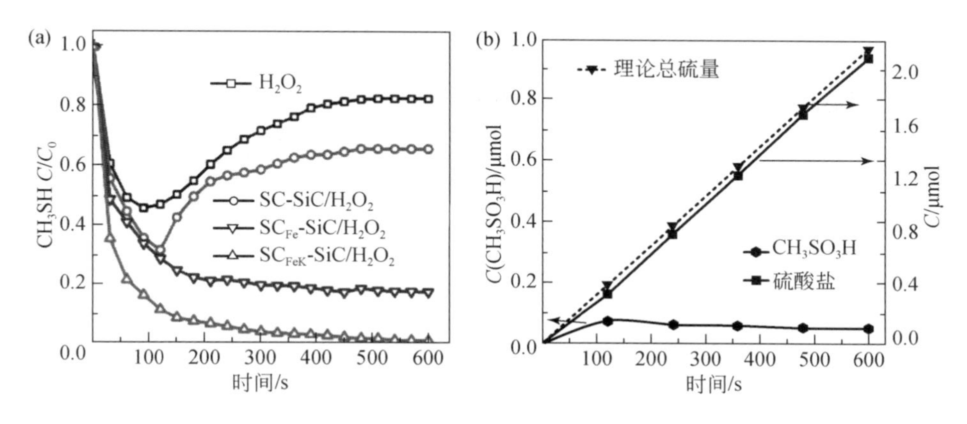

图 8-29 (a) 不同体系 (pH=3.5, $[H_2O_2]$=10.0mmol/L) (b) 非均相类 Fenton 反应中 SC_{FeK}-SiC/H_2O_2 体系中硫化物的质量平衡分析

赵鹏雷[101]在酸性条件下，研究了 $H_2O_2/FeCl_3$ 对 1-丁硫醇的催化氧化反应。实验表明：酸性条件下，在 $H_2O_2/FeCl_3$参与反应下，丁硫醇在 1min 内生成氧化中间产物二丁二硫，继而被进一步催化裂解，使 C—S 键和 C—C 键断裂，生成丁磺酸、硫酸、丁酸、丁二酸、丙二酸、乙二酸、乙酸、甲酸等产物。Zeng 等[102]通过活化过硫酸盐 (PS) 生成具有高氧化还原电位的硫酸盐自由基 (SO_4^-·) 来氧化 CH_3SH，同时零价铁 (ZVI) 原位生成亚铁离子 (Fe^{2+})，CH_3SH 被完全氧化生成 $CH_3SO_3^-$ 和 SO_4^{2-}。He 等[103]制备了一系列的 CuO/SC，可有效激活过硫酸盐 (PS) 去除 CH_3SH。实验表明，在 CuO 和 SC 的协同作用下，CuO/SC-PS 复合体系在反应 10min 后可去除 90% 以上的 CH_3SH，五次循环过后，甲硫醇去除率略微下降 (图 8-30)。

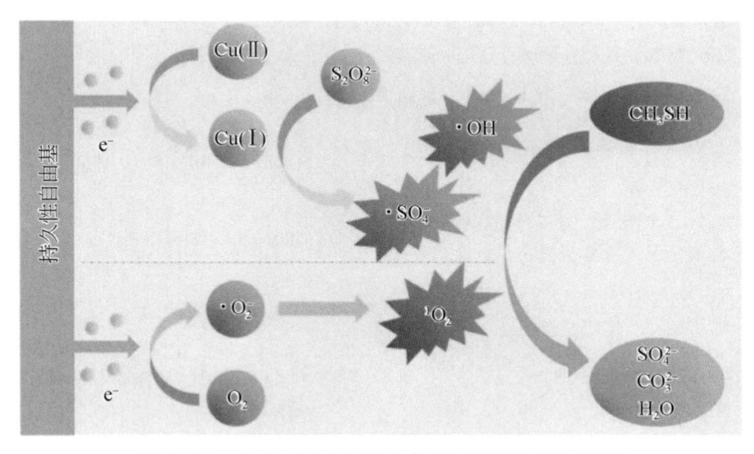

图 8-30 CuO/SC-PS 复合体系的催化氧化机理

催化氧化法对于 SVOCs 类物质具有良好的去除效果 (表 8-5)，可在常压低温下反应。但是催化氧化法去除硫醇目前仍存在一些问题，如催化剂的再生问题、再生后的催化剂催化效果可能较差、反应的稳定性等问题仍需解决。因此成本低、去除效果好、可循环使用催化剂仍具有很大的应用前景。

表 8-5　硫醇催化氧化性能总结表

催化剂	催化性能	反应条件
木材、粉煤灰	23～25℃，可将 H_2S/CH_3SH 氧化为 $(CH_3)_2S_2$	5% H_2S，0.5% MT，或0.5% DMDS
Fe-Cu/AC	2wt% Fe，Fe/Cu=10：3 改性的 AC 效果最好，再生后性能良好	2000ppm CH_3SH，H_2O，GHSV=7500h^{-1}
Cu，Ni，Al，Fe，Zn/AC	Cu/AC≈Ni/AC>Al/AC>Fe/AC>Zn/AC	500ppm CH_3SH，50℃
Cu，Fe，Co，Ce，Mn/Al_2O_3	15% Cu/Al_2O_3 > 15% Fe/Al_2O_3 > 15% Mn/Al_2O_3>15% Ce/Al_2O_3>15% Co/Al_2O_3>Al_2O_3	300ppm CH_3SH，N_2：O_2=4：1，GHSV=12000h^{-1}
Cu，Fe，Co，Mn/γ-Al_2O_3	Cu-Mn/γ-Al_2O_3 > Cu-Co/γ-Al_2O_3 ≈ Cu/γ-Al_2O_3>Cu-Fe/γ-Al_2O_3>Co/γ-Al_2O_3>Mn/γ-Al_2O_3>Fe/γ-Al_2O_3	400ppm CH_3SH，N_2：O_2=4：1，GHSV=12000h^{-1}
CuZnAl	150℃，硫醇在 140h 内转化率下降至 94%，200h 内下降至 80%	O_2/S=30，WHSV=50h^{-1}，0.1MPa
NiAl-HTO	Ni/Al=3，尿素/金属=60，350℃煅烧制的材料在 50℃下具有最佳效果	400ppm CH_3SH，350ppm COS，200mL/min，50℃
Ag/MnO_2 PHMSs	0.3% Ag/MnO_2 PHMSs 可 600s 去除 95% CH_3SH	0.1g 催化剂，70ppm CH_3SH，1.5mg/L O_3
310-MnO_2/Al_2O_3	800s 内 100% 去除 70ppm CH_3SH，2.5h 寿命	0.1g 催化剂，70ppm CH_3SH，2.0mg/L O_3
CuO/V_O-MnO_2	5CuO/V_O-MnO_2 在 25℃下可去除 99% 的 CH_3SH，且催化剂寿命可延长至 300min	80ppm CH_3SH，200ppm O_3，气体流量=100 mL/min，RH(相对湿度)=60%，GHSV=60000h^{-1}
Co-O/Mg(Al)O	Mg/Al=3：1，600℃焙烧的 Co-O/Mg(Al)O 活性最好，氧化产物为正丁基二硫醚	反应温度：(40±1)℃，正丁硫醇：1.0mL，p_{O_2}=101.3kPa
不同来源的活性炭	椰子壳活性炭可 100% 脱除湿空气中 CH_3SH	3000ppm CH_3SH
AC-$FeCl_3$	AC-$FeCl_3$ 去除的 DMS 为 3.32mg/g，比 AC (2.23mg/g) 效果好	1268ng/min DMS，1015ng/min CH_3SH
Fe/ACN	Fe-N 改性后 AC 的硫容提高近 4 倍，将乙硫醇氧化为二乙基硫化物和金属磺酸盐	500ppm C_2H_5SH，空气，GHSV=12000h^{-1}
TS-1	TS-1/H_2O_2 再生 5 次后，其反应的穿透时间基本不变，甲硫醇被 H_2O_2 氧化为甲磺酸	0.5g TS-1，100mL H_2O_2，60mL/min CH_3SH
SC_{FeK}-SiC	经 KOH 活化后的 SC_{FeK}-SiC 可去除 99% 的 CH_3SH	0.5g 催化剂，50ppm CH_3SH，10.0mmol/L H_2O_2，pH=3.5
$FeCl_3/H_2O_2$	在丁硫醇和 H_2O_2 的反应中加入 $FeCl_3$，丁硫醇的降解速率提高，氧化中间产物二丁二硫也被完全分解	1148ppm H_2O_2，200ppm 丁硫醇
ZVI-$S_2O_8^{2-}$	780s 内 ZVI-$S_2O_8^{2-}$ 几乎完全去除 CH_3SH	2000ppm CH_3SH
CuO/SC	PS 与 CuO/SC 共存时，10min 内可去除 91.4% 的 CH_3SH	50ppm CH_3SH

8.2.3 硫醚催化分解

目前对硫醚直接分解的研究相对较少。Koshelev[104] 以 Al_2O_3 为催化剂，研究了 400 ~ 500℃内甲硫醚的分解过程。研究表明，400℃条件下 DMS 几乎无分解，其转化率随温度的升高而升高，500℃条件下，DMS 转化率为 82%，反应持续 30min 后开始失活。主要产物为 CH_4 及 H_2S，还会生成少量甲硫醇（CH_3SH）。DMS 吸附到 Al_2O_3 上后产生 CH_3S^- 和 CH_3^-，CH_3S^- 和 CH_3^- 局部断裂形成焦炭和氢原子，产生的 H 与未反应的 CH_3S^- 及 CH_3^- 反应，生成 CH_3SH 和 CH_4，随着反应温度进一步升高，部分 CH_3SH 分解为 CH_4 和 H_2S（图 8-31），此时导致产物中 CH_3SH 的选择性逐渐降低。催化剂经六次再生循环后仍保持初始活性和比表面积。Shimoda 等[105] 通过对比 γ-Al_2O_3、TiO_2、CeO_2、ZrO、MgO 及 SiO_2 在 500℃下催化 DMS 的反应，发现 DMS 通过 MgO 及 SiO_2 时既未被分解也未被吸附，CeO_2、ZrO_2 可吸附 DMS，在 γ-Al_2O_3、TiO_2 上会发生 DMS 吸附、催化剂硫化及 DMS 分解等反应（图 8-32）。其中，γ-Al_2O_3 上进行 Ni 改性，10wt% Ni/Al_2O_3 在 350℃即可实现 DMS 的完全转化，400℃下可生成大量 CH_4 及 H_2S。Ni 主要以 NiO 及 $NiAl_2O_4$ 的形式存在，通入 DMS 后会被硫化为 NiS/Al_2O_3，从而提高 DMS 的分解活性。研究发现，NiS 的形成受 Ni 负载量的影响，当负载量较低时（<10%），催化剂中的 Ni 物种不易被硫化，过高负载量则易出现烧结现象，导致催化剂催化性能降低。Ni 负载量为 10wt% 时，NiO 的颗粒最小，分散度最高，具有最优异的催化性能［图 8-33（a）］。

Calderon 等[106] 采用零价纳米铁还原污水处理设备中的二甲基二硫醚（DMDS）。发现存在断裂 C—S 及 S—S 两种竞争机制，在反应的初始阶段 C—S 及 S—S 均断裂，形成 CH_4 和 FeS，反应一段时间后以第二种机制为主，仅断裂 S—S，形成两分子 CH_3SH。反应方程如下：

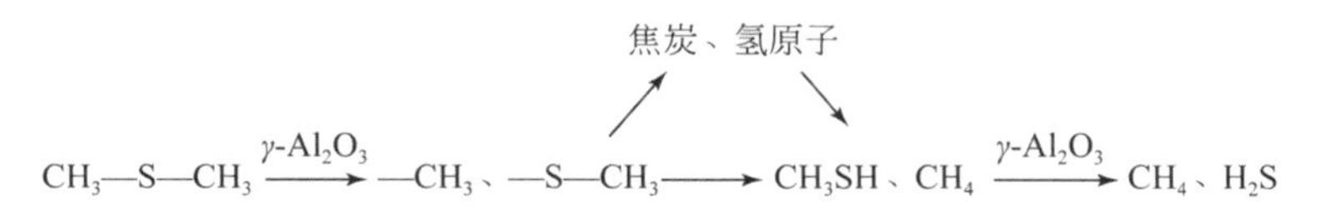

图 8-31 γ-Al_2O_3 催化分解甲硫醚机理图

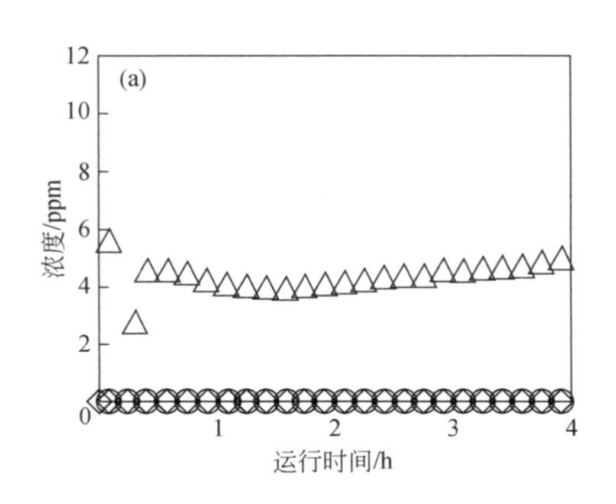

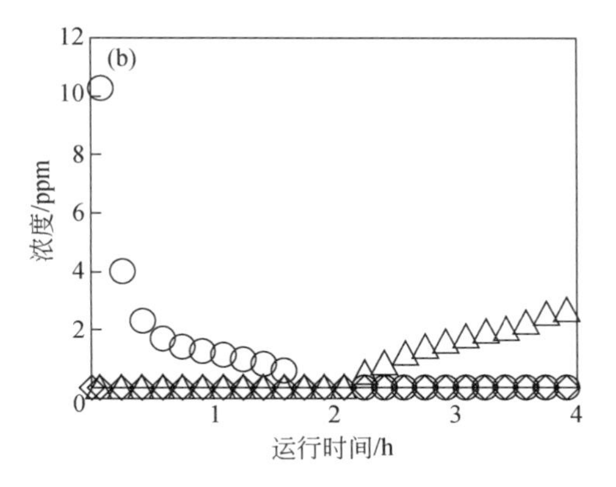

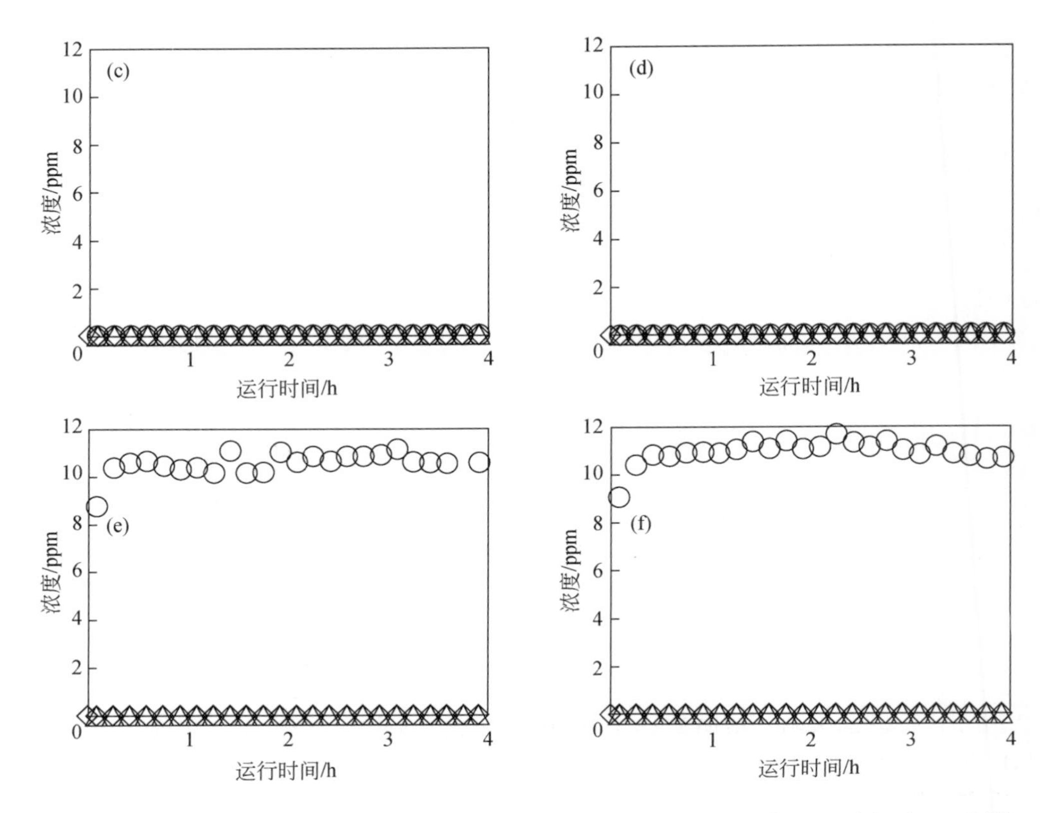

图 8-32　γ-Al_2O_3（a）、TiO_2（b）、ZrO_2（c）、CeO_2（d）、SiO_2（e）和 MgO（f）在 500℃下分解 240min 时，尾气中 DMS（○）、H_2S（△）、CH_3SH（□）和 CH_4（◇）浓度的变化

反应条件：DMS 浓度 = 10ppm，N_2 平衡；总气体流量 = 500cm³/min；催化剂用量 = 500mg

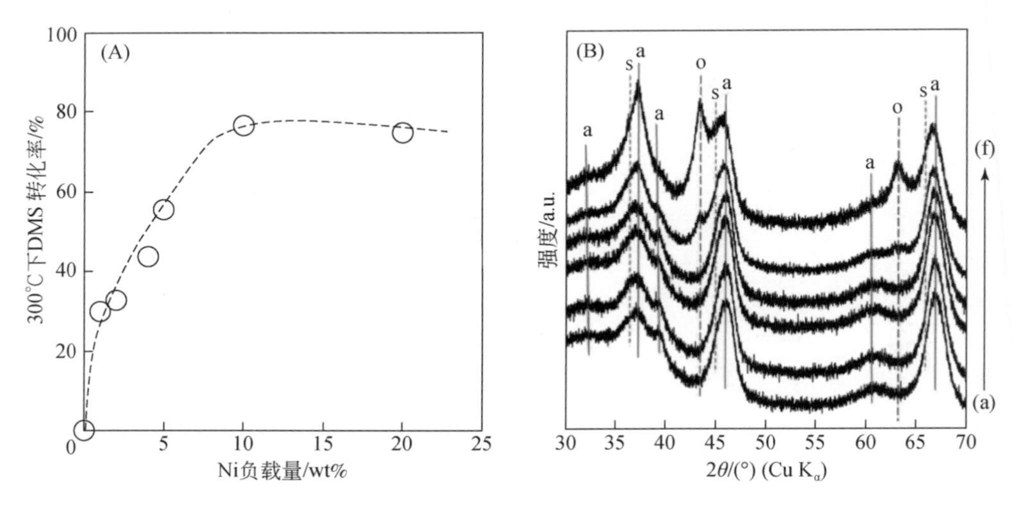

图 8-33　（A）γ-Al_2O_3 负载 Ni 基催化剂负载 Ni 对 DMS 的影响（300℃分解），（B）新鲜 γ-Al_2O_3 负载 Ni 基催化剂的 XRD 谱图：1wt%（a），2wt%（b），4wt%（c），5wt%（d），10wt%（e），20wt%（f）；衍射峰：（a —）γ-Al_2O_3，（s ---）$NiAl_2O_4$，（o ······）NiO

$$CH_3—S—S—CH_3+3Fe^0+2H^+ \longrightarrow 2FeS+2CH_4+Fe^{2+} \quad (8\text{-}1)$$

$$CH_3—S—S—CH_3+Fe^0+2H^+ \longrightarrow 2CH_3—S—H+Fe^{2+} \quad (8\text{-}2)$$

第一种机制反应速率更快，但 DMDS 转化率较低，第二种机制则相反。

硫醚的催化分解主要以金属氧化物催化剂为主，催化剂积碳失活、反应温度高、是目前面临的主要问题；此外，提高产物中 CH_4 及 H_2S 等可资源化气体的选择性也是未来研究方向之一。

8.2.4　硫醚催化氧化

硫醚催化氧化脱硫分两个步骤进行：第一步通过使用合适的含氧催化剂或通入氧化性气体，将硫醚氧化成砜和亚砜类化合物；第二步通过继续升温或光照等手段，进一步分解生成 CO_2、SO_2 等小分子化合物。目前，按其活性组分可分为贵金属催化剂和非贵金属催化剂两大类。

硫醚催化氧化的贵金属催化剂目前主要研究的贵金属有 Ag、Au 和 Pt。Hwang 等[107]采用 Ag 和 Mn 改性的 Ag/ZSM-5、Mn/ZSM-5、Ag-Mn/ZSM-5 三种催化剂用于 DMS 的催化降解。与未改性的 NH_4^+-ZSM-5 相比，DMS 在 Ag/ZSM-5 上的吸附时间较长，说明 Ag^+在沸石中有助于 DMS 的吸附，增加了 O_3 对 DMS 的氧化。Ag-Mn/ZSM-5 催化剂在室温下能吸附 SO_2 并将其氧化为 H_2SO_4。而单金属离子交换催化剂 Ag/ZSM-5 和 Mn/ZSM-5 则不能进行此反应（图 8-34）。这表明 Ag-Mn/ZSM-5 中两种金属在 SO_2 的氧化过程中具有协同作用。因此，提出 SO_2 在 Ag-Mn/ZSM-5 催化剂上的氧化步骤（图 8-35）。在反应初期，催化剂中 Mn^{2+}吸附 SO_2，Ag^+吸附水分子。SO_2 和 H_2O 形成 H_2SO_3，再被 Mn^{2+}氧化成 H_2SO_4。单一的 Ag^+和 Mn^{2+}位点无法实现上述氧化反应。

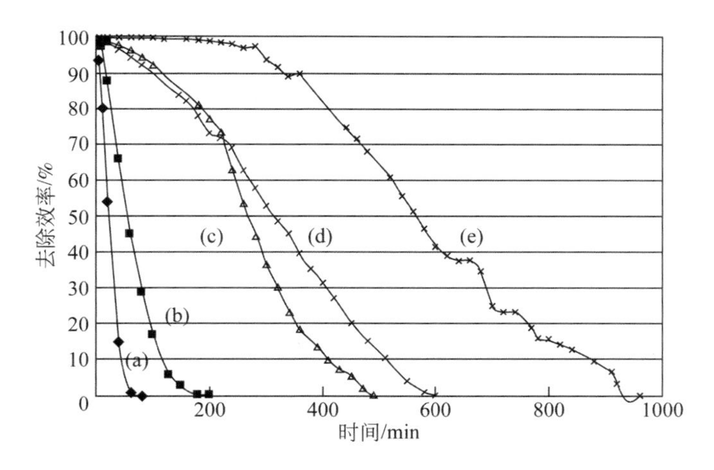

图 8-34　(a) NH_4^+-ZSM-5、(b) Ag/ZSM-5、(c) NH_4^+-ZSM-5+O_3、(d) Ag/ZSM-5+O_3 在 GHSV = 180000h^{-1} 和室温，以及 (e) Ag/ZSM-5+O_3 在 GHSV = 90000h^{-1} 和室温下的吸附曲线

$$DMS + O_3 \xrightarrow[(Ag\text{-}Mn)/ZSM\text{-}5]{\text{空气},H_2O,130℃} DMSO,\ DMSO_2,\ SO_2,\ H_2SO_3,\ H_2SO_4,\ \ldots\ldots$$

$$SO_2 \xleftrightarrow{Ag^{+}\text{---}H_2O} SO_2 \cdot H_2O \longleftrightarrow H_2SO_3$$

$$H_2SO_3 + 1/2\ O_2 \xrightarrow{Mn^{2+}} H_2SO_4$$

图 8-35　反应产物和反应路径

Nevanperä 等[108]将 Au、Pt 和 Cu 分别负载在 Al_2O_3、CeO_2 和 CeO_2-Al_2O_3 上，并对 DMDS 的催化氧化研究中发现，用 H_2-TPR 测定催化剂的还原性。图 8-36（a～d）为不同载体上 Au、Pt、Cu 催化剂的氢吸收情况。含金催化剂的 H_2-TPR 谱如图 8-36（b）所示，Au/Ce 催化剂在 100～200℃之间观察到一个大的峰值，表明金纳米颗粒的存在大大削弱了氧化铈的表面氧，其还原温度降低至 100℃或更低。140℃的峰说明 Au 的存在削弱了表面 Ce—O 键，从而促进了表面氧物种的减少。含铂催化剂的 H_2-TPR 谱如图 8-36（c）所示。

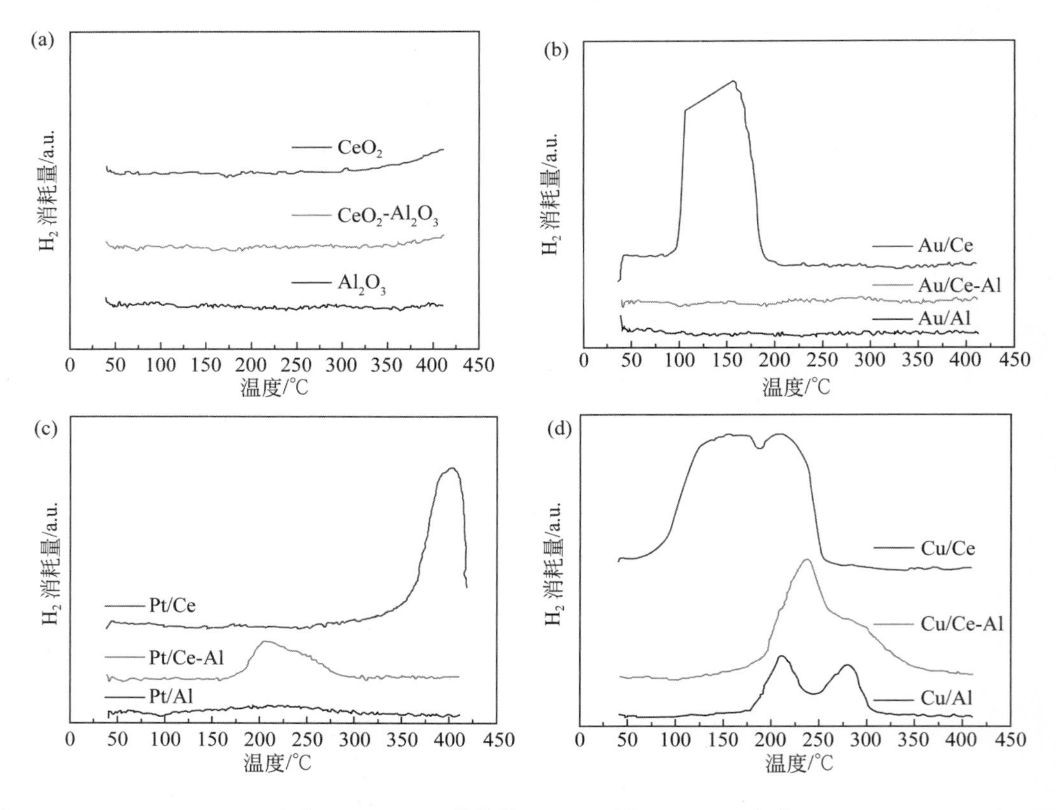

图 8-36　（a）γ-Al_2O_3、CeO_2 和 CeO_2-Al_2O_3 载体的 H_2-TPR 图；（b）Au 负载于 γ-Al_2O_3、CeO_2 和 CeO_2-Al_2O_3 载体的 H_2-TPR 图；（c）Pt 负载于 γ-Al_2O_3、CeO_2 和 CeO_2-Al_2O_3 载体的 H_2-TPR 图；（d）Cu 负载于 γ-Al_2O_3、CeO_2 和 CeO_2-Al_2O_3 载体的 H_2-TPR 图

在 Pt/Al 催化剂的情况下，100 ~ 300℃ 的宽泛温度范围内观察到少量的 H_2 吸收，峰值在 229℃ 时达到最高。此外，在 50 ~ 70℃ 的温度范围内看到了非常小的 H_2 吸收，这可能是由于吸附氧物种的减少。铂的加入促进了 CeO_2 和 CeO_2-Al_2O_3 载体的还原，表明 Pt 存在于 CeO_2 表面有助于减少表面 CeO_2 因氢气溢出而产生的还原。含铜催化剂的 H_2-TPR 谱图如图 8.36（d）所示，双峰值在 260 ~ 280℃ 和 210 ~ 230℃，高温峰值代表铜氧化物的晶体阶段，低温峰可能归因于氧化铜的无定形的阶段。因此，还原性的提高对 DMDS 的氧化有关键作用，氧的活化与氧化产物的形成具有相关性。

所有制备的催化剂及其载体的 DMDS 催化氧化曲线如图 8-37（a ~ c）所示。大多数催化剂在 300 ~ 600℃ 的温度范围内实现了 DMDS 的完全转换。Cu/Ce-Al 催化剂的 DMDS 催化氧化活性最高［图 8-37（c）］，其次是 Cu/Al［图 8-37（a）］和 Cu/Ce［图 8-37（b）］。对于 Cu/Ce-Al 催化剂，DMDS 的氧化在 250℃ 左右开始，325℃ 完全转化［图 8-37（c）］。达到 100% 转化率的最佳催化剂是 Cu/Al 和 Pt/Al［图 8-37（a）］，温度分别在 545℃ 和 550℃ 左右。值得注意的是，与铂和金催化剂相比，含铜催化剂表现出更高的活性。Au 对 DMDS 的氧化并没有明显的改善作用。这可能是因为在 600℃ 高温焙烧时，由于 <10nm（约 530℃ 以下）的 Au 粒子的熔点较低，导致催化剂的活性较低，因此小的 Au 粒子的烧结活性较低。而本研究使用的尿素沉积–沉淀法制备金颗粒，其粒径在 1 ~ 6nm 范围内。比较 Au 和 Pt 催化剂，发现 Au 催化剂在中低温度下氧化 DMDS 的效果较好。

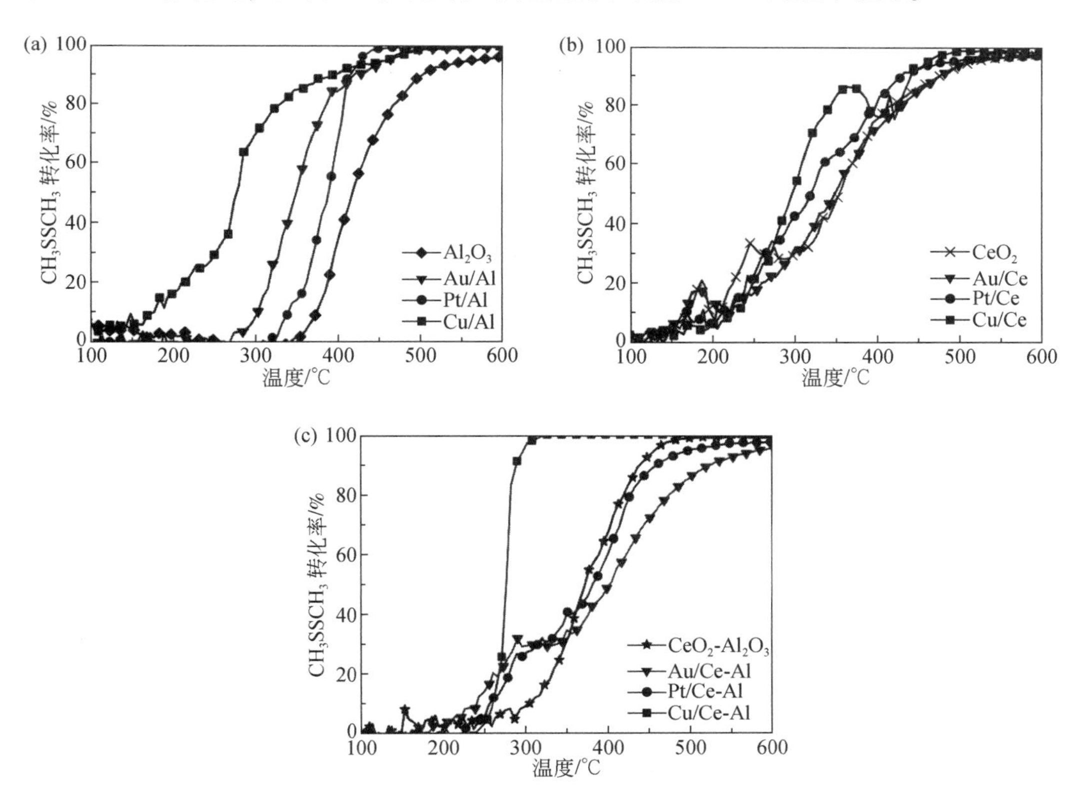

图 8-37　（a）Au、Pt、Cu 在 γ-Al_2O_3 催化剂上的发光曲线；（b）Au、Pt、Cu 在 CeO_2 催化剂上的发光曲线；（c）Au、Pt、Cu 在 CeO_2-Al_2O_3 催化剂上的发光曲线

非贵金属与贵金属相比价格较便宜，虽然催化活性较低，但由于具有足够的活性，优良的稳定性而受到人们的重视。Endalkachew Sahle-Demessie 等[109]采用浸渍法制备了 CuO-MoO_3/γ-Al_2O_3 催化剂，研究表明，在 γ-Al_2O_3 上负载 10wt% CuO 和 10wt% MoO_3 时，其催化活性最好，DMS 转化率为 100%。XRD、TPR 和 NH_3-TPD 分析结果表明，CuO-MoO_3/γ-Al_2O_3 催化剂上存在 $Cu_3Mo_2O_9$ 和 $CuMoO_4$ 物种，且 CuO-MoO_3/γ-Al_2O_3 催化剂上的酸中心数量和酸强度明显高于 CuO/γ-Al_2O_3 催化剂（图 8-38），在图谱中出现了两个独特的峰：第一个峰位于 150 ~ 250℃ 的温度区间，第二个峰位于 300 ~ 450℃ 的温度区间。低温峰为弱酸脱附的氨，高温峰为强酸脱附的氨。CuO-MoO_3/γ-Al_2O_3 催化剂的总酸度和强酸中心数量均高于 CuO/γ-Al_2O_3 催化剂，说明 Mo 的加入提高了催化剂的酸度和酸强度。因此，CuO-MoO_3/γ-Al_2O_3 催化剂的酸强度和总酸度的增加是其高催化活性的原因。

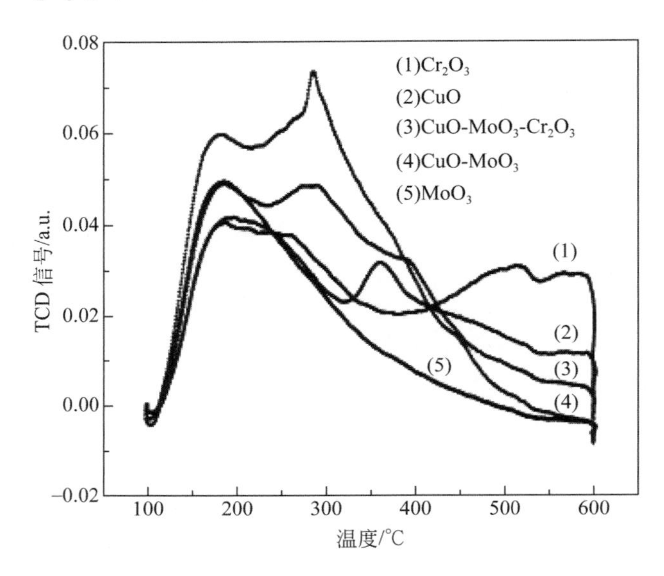

图 8-38 用于臭氧氧化 DMS 的 γ-Al_2O_3 氧化铝上各种金属氧化物的 NH_3-TPD 模式

根据产物分布，给出了 DMS 与臭氧催化氧化的反应机理（图 8-39）。在用 O_3 催化氧化 DMS 的过程中观察到的主要产物是 DMDS、二甲基亚砜（dimethyl sulfoxide，DMSO）、二甲基砜（dimethyl sulfone，$DMSO_2$）、CO_2 和 SO_2。还有少量的甲醇、甲醛、甲硫醇和甲磺酸甲酯。DMS 与臭氧的初始反应形成 DMSO，进一步氧化生成 $DMSO_2$。生成的 $DMSO_2$ 将进一步氧化成甲磺酸。甲磺酸的形成可以通过 C—S 键断裂或二甲基亚砜氧化和释放甲基。用 O_3 氧化 DMS 也可能导致几种中间体的形成，如 CH_3SCH_2O、CH_3S、CH_3SO 和 CH_3SO_2，C—S 键断裂，用 O_3 进一步氧化产生 SO_2 和 CO_2。固液萃取废催化剂的离子色谱分析表明废催化剂上存在硫酸盐。这表明在用 O_3 氧化 DMS 的过程中，SO_2 被进一步氧化成 SO_3 和 SO_4^{2-}。

之后其课题组同样通过 V_2O_5/TiO_2 催化剂验证其反应机理（图 8-40）[110]。DMS 与 O_3 的初始反应形成 DMSO，进一步氧化生成 $DMSO_2$。生成的 $DMSO_2$ 将进一步氧化成甲磺酸。甲磺酸的形成可以通过 C—S 键断裂或 DMSO 氧化释放甲基。DMS 与大气中的 OH、NO_3、

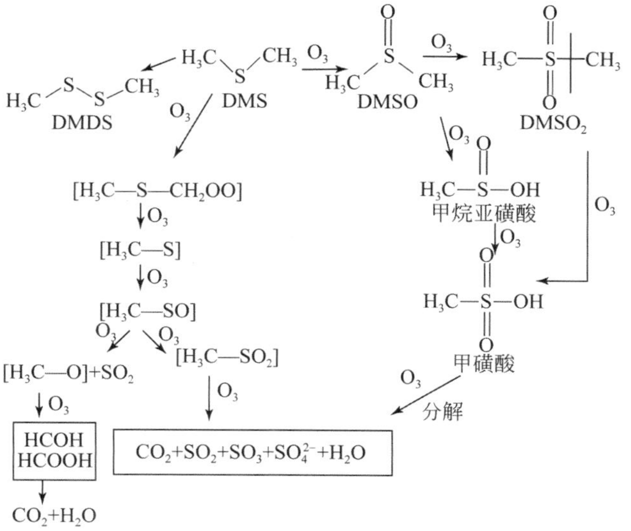

图8-39 臭氧在负载型金属氧化物催化剂上氧化DMS的反应机理

Cl和卤素氧化物自由基反应，生成SO_2、DMSO、$DMSO_2$、甲烷亚磺酸（methanesulfinic acid，MSIA）和甲磺酸（methanesulfonic acid，MSA）。用O_3氧化DMS也可能形成几种中间体，如CH_3SCH_2O、CH_3S、CH_3SO和CH_3SO_2，经O_3进一步氧化会产生SO_2和CO_2。

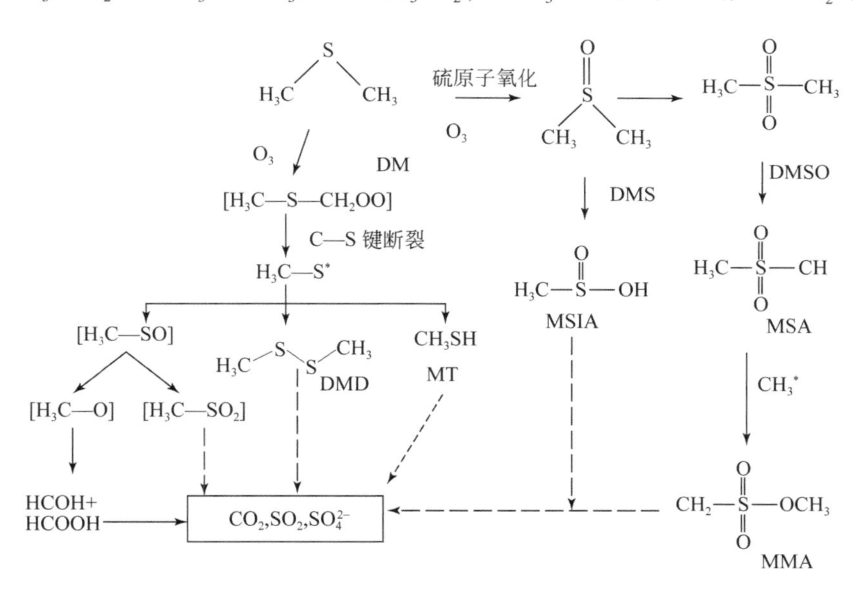

图8-40 臭氧催化氧化DMS反应机理的合理方案（虚线表示在到达最终产品之前跳过的多个反应步骤）

在非贵金属氧化物中，Fe基催化剂在硫醚催化氧化中表现出良好的催化性能。S. Chandra Shekar等[111,112]采用共沉淀法制备了不同Fe含量的Fe_2O_3-ZrO_2催化剂，并研究了以臭氧为氧化剂的DMS气相氧化过程中催化剂的活性和稳定性，并与氧气进行了比较

(图 8-41)。在没有臭氧的情况下，催化剂的活性很低，而臭氧直接影响 Fe_2O_3 氧化还原循环，且含 20% Fe 的催化剂在 80h 的运行中没有失活。

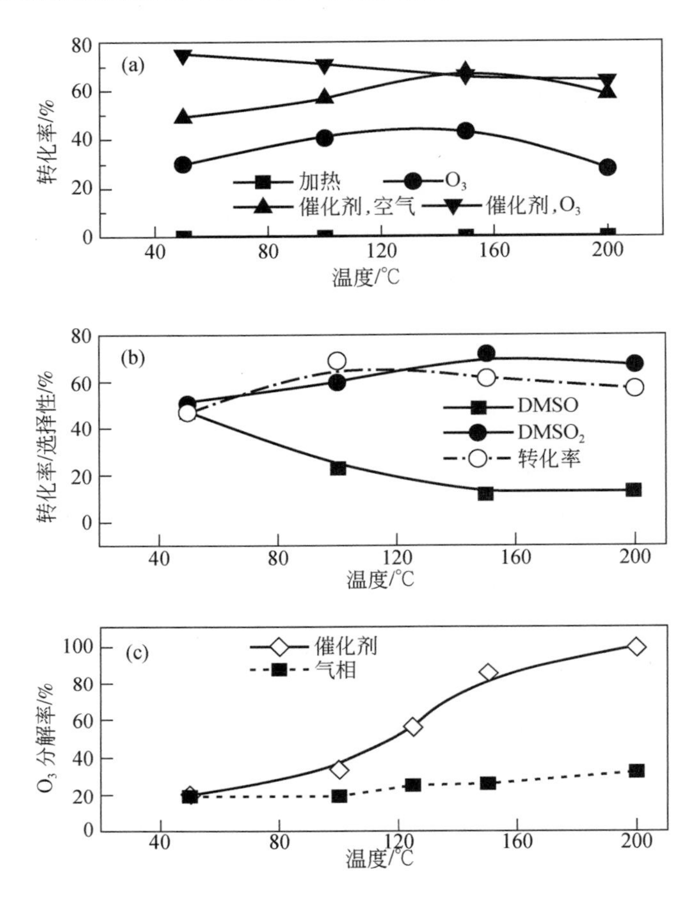

图 8-41 (a) 反应温度对 DMS 氧化的影响 (GHSV = 15300h^{-1}；DMS/O_3 = 13；催化剂为 Fe-3)；(b) O_3 存在下的转化率和产物分布 (GHSV = 15300h^{-1}；DMS/O_3 = 13；催化剂为 Fe-3)；(c) 臭氧分解 (GHSV = 15300h^{-1}；O_3 = 1600ppm；催化剂为 Fe-3)

在 DMS 氧化过程中，MSIA、MSA 和硫酸盐作为反应产物形成。在低温 (<200℃) 下，足够的 O_3 到达催化剂的表面，在该表面上 O_3 可以被分解导致活性氧物种的形成。O_3 由于与 Fe^{3+} 相互作用而分解成氧物种，形成催化活性位 O-Fe^{3+}。DMS 与表面活性位 O 的初始反应 O-Fe^{3+} 形成 DMSO，进一步氧化生成 $DMSO_2$。生成的 DMSO 和 $DMSO_2$ 将分别进一步被氧化成 MSIA 和 MSA 中间体。O_3 会破坏这些中间体的 C—S 键，进一步氧化产生 SO_2 和 CO_x (图 8-42)[112]。

催化氧化法对硫醚类具有较好的脱除性能，但该技术在实现工业化的过程中也存在着许多问题，如目前对于催化剂的高活性和高选择性问题还没有找到有效的解决办法，在萃取剂方面也存在着高成本及回收难等问题。所以，选择性催化氧化脱硫技术还需要进一步的研究与发展。

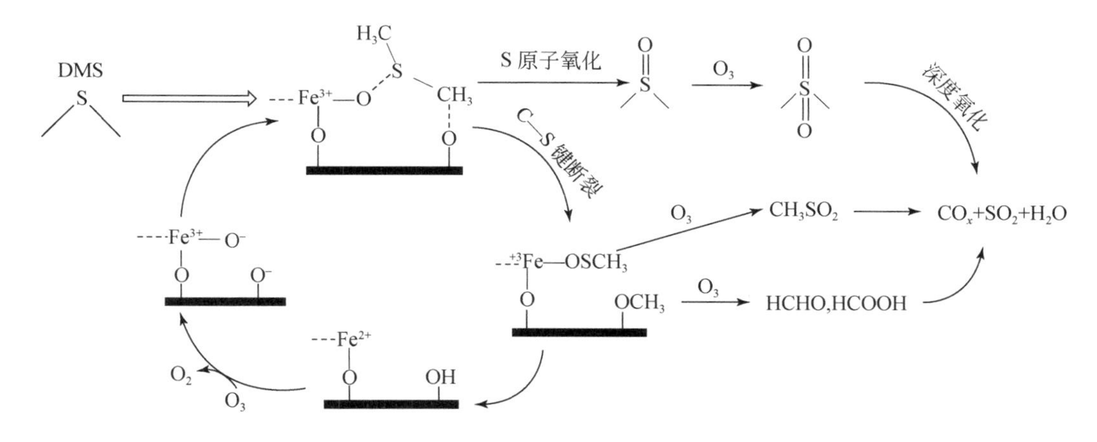

图 8-42　臭氧存在下 DMS 催化氧化反应机理的可能路径[112]

8.2.5　总结与展望

SVOCs 作为一类特殊的挥发性有机物，随着我国环保治理力度的持续加强，在未来的环境领域必将受到更为广泛的关注。由于这类污染物性质的特殊性，单一的治理工艺无法实现其彻底、高效脱除，多手段耦合的技术方案在未来的研究中将发挥越来越重要的作用。其中，催化氧化技术的关键点在于合理控制催化剂的硫酸盐累积中毒过程。通过合理调控催化剂的孔结构以及引入氧循环载体，在一定程度上可缓解催化剂的硫中毒和硫累积难题。无氧型催化分解技术可实现 SVOCs 定向转化为 H_2S，为硫物种的后续资源化利用提供可能。一方面，合理调控金属氧化物催化剂的氧缺陷位点数目，增强催化剂的氧迁移能力，可有效避免催化氧化技术带来的硫酸盐累积问题。另一方面，酸催化反应机制在催化分解 SVOCs 反应过程中扮演着重要的作用，通过合理调控催化剂的活性组分与载体的构效关系，实现催化剂活性中心的纳米团簇化，可有效减缓传统金属催化剂活性中心的硫中毒问题。此外，有效调控催化剂酸中心位点，构建路易斯酸位点作用下的酸催化反应过程，可有效解决 SVOCs 催化分解过程中的积碳问题，同时避免金属催化的硫中毒难题，这将是未来无氧型催化分解过程中的核心技术点。

参 考 文 献

[1] Liu N, Yuan X, Chen B, et al. Selective catalytic combustion of hydrogen cyanide over metal modified zeolite catalysts: From experiment to theory [J]. Catalysis Today, 2017, 297: 201-210.

[2] Liu N, Yuan X, Zhang R, et al. Mechanistic insight into selective catalytic combustion of acrylonitrile (C_2H_3CN): NCO formation and its further transformation towards N_2 [J]. Physical Chemistry Chemical Physics, 2017, 19 (11): 7971-7979.

[3] Wang X, Cheng J, Wang X, et al. Mn based catalysts for driving high performance of HCN catalytic oxidation to N_2 under micro-oxygen and low temperature conditions [J]. Chemical Engineering Journal, 2018, 333: 402-413.

[4] Li Y, Yang H, Zhang Y, et al. Catalytic decomposition of HCN on copper manganese oxide at low temperatures: performance and mechanism [J]. Chemical Engineering Journal, 2018, 346: 621-629.

[5] Wang Q, Wang X, Wang L, et al. Catalytic oxidation and hydrolysis of HCN over La_xCu_y/TiO_2 catalysts at low temperatures [J]. Microporous and Mesoporous Materials, 2019, 282: 260-268.

[6] Kröcher O, Elsener M. Hydrolysis and oxidation of gaseous HCN over heterogeneouscatalysts [J]. Applied Catalysis B: Environmental, 2009, 92 (1): 75-89.

[7] Zhao H, Tonkyn R G, Barlow S E, et al. Catalytic oxidation of HCN over a 0.5% Pt/Al_2O_3 catalyst [J]. Applied Catalysis B: Environmental, 2006, 65 (3): 282-290.

[8] Nanba T, Masukawa S, Uchisawa J, et al. Screening of catalysts for acrylonitrile decomposition [J]. Catalysis Letters, 2004, 93 (3): 195-201.

[9] Nanba T, Masukawa S, Ogata A, et al. Active sites of Cu-ZSM-5 for the decomposition of acrylonitrile [J]. Applied Catalysis B: Environmental, 2005, 61 (3): 288-296.

[10] Nanba T, Masukawa S, Uchisawa J, et al. Mechanism of acrylonitrile decomposition over Cu-ZSM-5 [J]. Journal of Molecular Catalysis A: Chemical, 2007, 276 (1): 130-136.

[11] Nanba T, Masukawa S, Uchisawa J, et al. Effect of support materials on Ag catalysts used for acrylonitrile decomposition [J]. Journal of Catalysis, 2008, 259 (2): 250-259.

[12] Nanba T, Masukawa S, Uchisawa J, et al. Influence of TiO_2 crystal structure on acrylonitrile decomposition over Ag/TiO_2 [J]. Applied Catalysis A: General, 2012, 419-420: 49-52.

[13] Zhang R, Shi D, Liu N, et al. Mesoporous SBA-15 promoted by 3d-transition and noble metals for catalytic combustion of acetonitrile [J]. Applied Catalysis B: Environmental, 2014, 146: 79-93.

[14] Zhang R, Shi D, Liu N, et al. Catalytic purification of acrylonitrile-containing exhaust gases from petrochemical industry by metal-doped mesoporous zeolites [J]. Catalysis Today, 2015, 258: 17-27.

[15] Liu N, Shi D, Zhang R, et al. Highly selective catalytic combustion of acrylonitrile towards nitrogen over Cu-modified zeolites [J]. Catalysis Today, 2019, 332: 201-213.

[16] Karakas G, Sevinc A. Catalytic oxidation of nitrogen containing compounds for nitrogen determination [J]. Catalysis Today, 2019, 323: 159-165.

[17] Zhang R, Li P, Xiao R, et al. Insight into the mechanism of catalytic combustion of acrylonitrile over Cu-doped perovskites by an experimental and theoretical study [J]. Applied Catalysis B: Environmental, 2016, 196: 142-154.

[18] Wang Y, Ying Q, Zhang Y, et al. Reaction behaviors of CH_3CN catalytic combustion over $CuCeO_x$-HZSM-5 composite catalysts: the mechanism of enhanced N_2 selectivity [J]. Applied Catalysis A: General, 2020, 590: 117373.

[19] Du C, Chen H, Zhao X, et al. Promotional effect of Ce and Fe addition on Cu-based extruded catalyst for catalytic elimination of co-fed acrylonitrile and HCN [J]. Catalysis Communications, 2019, 123: 27-31.

[20] 罗孟飞，袁贤鑫，陈敏，等. Ce-Cr/硅藻土对几种低分子量有机物氧化作用的催化活性研究 [J]. 环境科学，1993，14 (1): 17-19，92-93.

[21] 张素清，杜少斌，王瑾. 含氮有机废气深度氧化催化剂的研究 [J]. 环境化学，1993，12 (1): 24-28.

[22] 罗孟飞，袁贤鑫. 正丁胺在 Pt/NM 催化剂上完全氧化反应机理的研究 [J]. 环境科学学报，1994，14 (3): 355-360.

[23] Huang Q, Zuo S, Zhou R. Catalytic performance of pillared interlayered clays (PILCs) supported CrCe catalysts for deep oxidation of nitrogen-containing VOCs [J]. Applied Catalysis B: Environmental, 2010,

95 (3): 327-334.

[24] Shi Z, Huang Q, Yang P, et al. The catalytic performance of Ti-PILC supported CrO_x-CeO_2 catalysts for *n*-butylamine oxidation [J]. Journal of Porous Materials, 2015, 22 (3): 739-747.

[25] Ma M, Huang H, Chen C, et al. Highly active SBA-15-confined Pd catalyst with short rod-like micro-mesoporous hybrid nanostructure for *n*-butylamine low-temperature destruction [J]. Molecular Catalysis, 2018, 455: 192-203.

[26] Ma M, Jian Y, Chen C, et al. Spherical-like Pd/SiO_2 catalysts for n-butylamine efficient combustion: effect of support property and preparation method [J]. Catalysis Today, 2020, 339: 181-191.

[27] Xing X, Li N, Cheng J, et al. Hydrotalcite-derived $CuxMg_{3-x}AlO$ oxides for catalytic degradation of *n*-butylamine with low concentration NO and pollutant-destruction mechanism [J]. Industrial and Engineering Chemistry Research, 2019, 58 (22): 9362-9371.

[28] Xing X, Li N, Sun Y, et al. Selective catalytic oxidation of *n*-butylamine over Cu-zeolite catalysts [J]. Catalysis Today, 2020, 339: 192-199.

[29] Xing X, Li N, Cheng J, et al. Synergistic effects of Cu species and acidity of Cu-ZSM-5 on catalytic performance for selective catalytic oxidation of *n*-butylamine [J]. Journal of Environmental Sciences, 2020, 96: 55-63.

[30] 罗孟飞，余敏，袁贤鑫. 吡啶在金属氧化物催化剂上的氧化和 NO_x 生成的控制 [J]. 应用化学, 1995, 12 (4): 87-89.

[31] 罗孟飞，朱波，周仁贤，等. Ag-Mn, Ag-Co 和 Ag-Ce 复合氧化物上 CO, 丙酮和吡啶的催化燃烧 [J]. 环境化学, 1996, 15 (3): 193-198.

[32] 陈平，楼辉，沈学优，等. 具有 K_2NiF_4 型结构的稀土复合氧化物对有机胺的催化降解作用研究 [J]. 环境污染与防治, 1996, 18 (1): 11-12, 41-45.

[33] 袁贤鑫，蒋欣凡，王莉红. 含氮有机物深度氧化催化剂的研究 [J]. 石油化工, 1990, 19 (12): 828-832.

[34] 刘泽菊，朱波，钟依均，等. 含氮有机物在 Pt/HM, Pd/HM 和 CuO/HM 催化剂上的氧化降解 [J]. 环境化学, 1997, 16 (3): 204-207.

[35] 袁贤鑫，罗孟飞，陈敏，等. 净化含氮有机污染物的催化剂及工艺 [J]. 环境科学, 1992, 13 (1): 58-62, 27-96.

[36] Huang F, Ye D, Guo X, et al. Effect of ceria morphology on the performance of MnO_x/CeO_2 catalysts in catalytic combustion of *N*,*N*-dimethylformamide [J]. Catalysis Science and Technology, 2020, 10 (8): 2473-2483.

[37] Lu Y, Hu C, Zhang W, et al. Promoting the selective catalytic oxidation of diethylamine over MnO_x/ZSM-5 by surface acid centers [J]. Applied Surface Science, 2020, 521: 146348.

[38] Hu C, Fang C, Lu Y, et al. Selective oxidation of diethylamine on CuO/ZSM-5 catalysts: the role of co-operative catalysis of CuO and surface acid sites [J]. Industrial and Engineering Chemistry Research, 2020, 59 (20): 9432-9439.

[39] Hulea V, Huguet E, Cammarano C, et al. Conversion of methyl mercaptan and methanol to hydrocarbons over solid acid catalysts-A comparative study [J]. Applied Catalysis B: Environmental, 2014, 144: 547-553.

[40] 沈师孔，Glan J. 甲硫醇在 Ni (100) 面上分解和脱附 [J]. 分子催化, 1989, 2: 81-88.

[41] 夏文生，汪海有，万惠霖，等. 甲硫醇、甲醇在金属表面上的分解反应性能比较研究 [J]. 高等学校化学学报, 1998, 19 (3): 438-438.

[42] Carley A F, Davies P R, Jones R V, et al. A combined XPS/STM and TPD study of the chemisorption and reactions of methyl mercaptan at aCu (110) surface [J]. Topics in Catalysis, 2003, 22 (3): 161-172.

[43] Ozturk O, Park J B, Black T J, et al. Methanethiol chemistry on TiO_2-supported Ni clusters [J]. Surface Science, 2008, 602 (19): 3077-3088.

[44] Mukoyama T, Shimoda N, Satokawa S. Catalytic decomposition of methanethiol to hydrogen sulfide over TiO_2 [J]. Fuel Processing Technology, 2015, 131: 117-124.

[45] Campbell C T, Peden C. Oxygen vacancies and catalysis on ceria surfaces [J]. Science, 2005, 309 (5735): 713-714.

[46] Liu X, Zhou K, Wang L, et al. Oxygen vacancy clusters promoting reducibility and activity of ceria nanorods [J]. Journal of the American Chemical Society, 2009, 131 (8): 3140-3141.

[47] Vilé G, Colussi S, Krumeich F, et al. Opposite face sensitivity of CeO_2 in hydrogenation and oxidation catalysis [J]. Angewandte Chemie International Edition, 2014, 126 (45): 12265-12268.

[48] Laosiripojana N, Assabumrungrat S. Conversion of poisonous methanethiol to hydrogen-rich gas by chemisorption/reforming over nano-scale CeO_2: the use of CeO_2 as catalyst coating material [J]. Applied Catalysis B: Environmental, 2011, 102 (1-2): 267-275.

[49] He D, Hao H, Chen D, et al. Rapid synthesis of nano-scale CeO_2 by microwave-assisted sol-gel method and its application for CH_3SH catalytic decomposition [J]. Journal of Environmental Chemical Engineering, 2015, 4 (1): 311-318.

[50] He D, Wan G, Hao H, et al. Microwave-assisted rapid synthesis of CeO_2 nanoparticles and its desulfurization processes for CH_3SH catalytic decomposition [J]. Chemical Engineering Journal, 2016, 289: 161-169.

[51] Liu Z, Yang Y, Zhang S, et al. Selective catalytic reduction of NO_x with NH_3 over Mn-Ce mixed oxide catalyst at low temperatures [J]. Catalysis Today, 2013, 216: 76-81.

[52] Bo Z, Li D, Wang X. Catalytic performance of La-Ce-O mixed oxide for combustion of methane [J]. Catalysis Today, 2010, 158 (3-4): 348-353.

[53] Nakajima A, Yoshihara A, Ishigame M. Defect-induced Raman spectra in doped CeO_2 [J]. Physical Review B, 1994, 50 (18): 13297-13307.

[54] Minervini L, Zacate M O, Grimes R W. Defect cluster formation in M_2O_3-doped CeO_2 [J]. Solid State Ionics, 1999, 116 (3-4): 339-349.

[55] Chen D, Zhang D, He D, et al. Relationship between oxygen species and activity/stability in heteroatom (Zr, Y) -doped cerium-based catalysts for catalytic decomposition of CH_3SH [J]. Chinese Journal of Catalysis, 2018, 39 (12): 1929-1941.

[56] Monte R D, Kaspar J. Nanostructured CeO_2-ZrO_2 mixed oxides [J]. Journal of Materials Chemistry A, 2005, 36 (26): 633-648.

[57] Katta L, Sudarsanam P, Thrimurthulu G, et al. Doped nanosized ceria solid solutions for low temperature soot oxidation: zirconium versus lanthanum promoters [J]. Applied Catalysis B: Environmental, 2010, 101 (1-2): 101-108.

[58] Abdollahzadeh G S, Zamani C, Andreu T, et al. Improvement of oxygen storage capacity using mesoporous ceria-zirconia solid solutions [J]. Applied Catalysis B: Environmental, 2011, 108: 32-38.

[59] Adamski A, Tabor E, Gil B, et al. Interaction of NO and NO_2 with the surface of $Ce_xCr_{1-x}O_2$ solid solutions-influence of the phase composition [J]. Catalysis Today, 2007, 119 (1-4): 114-119.

[60] 王艳杰，刘瑞，吕广明，等. 纳米 CeO_2 的催化基础及应用研究进展 [J]. 中国稀土学报，2014，3：257-269.

[61] Denardo G，Spallucci E. Reducibility of $Ce_{1-x}Zr_xO_2$：origin of enhanced oxygen storage capacity [J]. Catalysis Letters，2006，108（1）：165-172.

[62] Rangaswamy A，Sudarsanam P，Reddy B M. Rare earth metal doped CeO_2-based catalytic materials for diesel soot oxidation at lower temperatures [J]. Journal of Rare Earths，2015，33（11）：1162-1169.

[63] Fu Y P，Chen S H，Huang J J. Preparation and characterization of $Ce_{0.8}M_{0.2}O_{2-\delta}$（M=Y，Gd，Sm，Nd，La）solid electrolyte materials for solid oxide fuel cells [J]. International Journal of Hydrogen Energy，2010，35：745-752.

[64] Anjaneya K C，Nayaka G P，Manjanna J，et al. Studies on structural，morphological and electrical properties of $Ce_{0.8}Ln_{0.2}O_{2-\delta}$（Ln = Y^{3+}，Gd^{3+}，Sm^{3+}，Nd^{3+} and La^{3+}）solid solutions prepared by citrate complexation method [J]. Journal of Alloys and Compounds，2014，585：594-601.

[65] Angelescu E，Pavel O D，Che M，et al. Cyanoethylation of ethanol on Mg-Al hydrotalcites promoted by Y^{3+} and La^{3+} [J]. Catalysis Communications，2004，5（10）：647-651.

[66] 刘峰，何德东，陆继长，等. 尿素研磨燃烧法合成 $Ce_{0.8}Zr_{0.2}O_2$ 固溶体对乙硫醇催化分解的研究 [J]. 中国稀土学报，2018，36（1）：53-60.

[67] 王春蓉. 沸石分子筛的性能与应用研究 [J]. 化学与粘合，2010，32（4）：76-78.

[68] Huguet E，Coq B，Durand R，et al. A highly efficient process for transforming methyl mercaptan into hydrocarbons and H_2S on solid acid catalysts [J]. Applied Catalysis B：Environmental，2013，134：344-348.

[69] Cammarano C，Huguet E，Cadours R，et al. Selective transformation of methyl and ethyl mercaptans mixture tohydrocarbons and H_2S on solid acid catalysts [J]. Applied Catalysis B：Environmental，2014，156-157：128-133.

[70] Hulea V，Huguet E，Cammarano C，et al. In Conversion of methyl mercaptan and methanol to hydrocarbons over zeolites-a comparative study [J]. Applied Catalysis B：Environmental，2014，144：547-553.

[71] Yu J，He D，Chen D，et al. Investigating the effects of alkali metal Na addition on catalytic activity of HZSM-5 for methyl mercaptan elimination [J]. Applied Surface Science，2017，420：21-27.

[72] 余杰，何德东，陈定凯，等. 不同金属助剂对 HZSM-5 分子筛催化分解甲硫醇性能的影响 [J]. 化工进展，2018，3：1021-1029.

[73] Cao X，He D，Lu J，et al. The negative effect of P addition of La/HZSM-5 on the catalytic performance in methyl mercaptan abatement [J]. Applied Surface Science，2019，494：1083-1090.

[74] Liu J P，He D D，Chen D K，et al. Promotional effects of rare-earth（La，Ce and Pr）modification over HZSM-5 for methyl mercaptan catalytic decomposition [J]. Journal of the Taiwan Institute of Chemical Engineers，2017，80：262-268.

[75] He D，Hao H，Chen D，et al. Effects of rare-earth（Nd，Er and Y）doping on catalytic performance of HZSM-5 zeolite catalysts for methyl mercaptan（CH_3SH）decomposition [J]. Applied Catalysis A：General，2017，533：66-74.

[76] Zhang L，Gao J，Hu J，et al. Lanthanum oxides-improved catalytic performance of ZSM-5 in toluene alkylation with methanol [J]. Catalysis Letters，2009，130（3-4）：355-361.

[77] Ye J L，Li Z X，Duan H C，et al. Lanthanum modified Ni/γ-Al_2O_3 catalysts for partial oxidation of methane [J]. Journal of Rare Earths，2006，24（3）：302-308.

[78] He D, Zhao Y, Yang S, et al. Enhancement of catalytic performance and resistance to carbonaceous deposit of lanthanum (La) doped HZSM-5 catalysts for decomposition of methyl mercaptan [J]. Chemical Engineering Journal, 2018, 336: 579-586.

[79] Lu J, Hao H, Zhang L, et al. The investigation of the role of basic lanthanum (La) species on the improvement of catalytic activity and stability of HZSM-5 material for eliminating methanethiol- (CH_3SH) [J]. Applied Catalysis B: Environmental, 2018, 237: 185-197.

[80] He D, Zhang L, Zhao Y, et al. Recycling spent Cr-Adsorbents as catalyst for eliminating methylmercaptan [J]. Environmental Science and Technology, 2018, 52 (6): 3669-3675.

[81] He D, Zhang Y, Yang S, et al. The development of a strategy to reuse spent Cr-Adsorbents as efficient catalyst: from the perspective of practical application [J]. ACS Sustainable Chemistry and Engineering, 2019, 7 (3): 3251-3257.

[82] Zhao Y, Lu J, Chen D, et al. Probing the nature of active chromium species and promotional effects of potassium in Cr/MCM-41 catalysts for methyl mercaptan abatement [J]. New Journal of Chemistry, 2019, 43 (32): 12814-12822.

[83] Lu J C, Liu J P, Zhao Y T, et al. The identification of active chromium species to enhance catalytic behaviors of alumina-based catalysts for sulfur-containing VOC abatement [J]. Journal of Hazardous Materials, 2019, 384: 121289-121289.

[84] Zhao Y, Chen D, Liu J, et al. Tuning the metal-support interaction on chromium-based catalysts for catalytically eliminate methyl mercaptan: anchored active chromium species through surface hydroxyl groups [J]. Chemical Engineering Journal, 2020, 389: 124384.

[85] Kastner J R, Das K C, Buquoi Q, et al. Low temperature catalytic oxidation of hydrogen sulfide and methanethiol using wood and coal fly ash [J]. Environmental Science and Technology, 2003, 37 (11): 2568-2574.

[86] Liu Q, Ke M, Yu P, et al. High performance removal of methyl mercaptan on metal modified activatedcarbon [J]. Korean Journal of Chemical Engineering, 2017, 7: 22892-22899.

[87] Zhao S, Yi H, Tang X, et al. Methyl mercaptan removal from gas streams using metal-modified activated carbon [J]. Journal of Cleaner Production, 2015, 87 (1): 856-861.

[88] Yi H, Zhang X, Tang X, et al. Promotional effects of transition metal modification over Al_2O_3 for CH_3SH catalytic oxidation [J]. Chemistryselect, 2019, 4 (34): 9901-9907.

[89] Yi H, Tao T, Zhao S, et al. Promoted adsorption of methyl mercaptan by γ-Al_2O_3 catalyst loaded with Cu/Mn [J]. Environmental Technology and Innovation, 2021, 21: 101349.

[90] Gao L, Xue Q, Ye L, et al. Base-free catalytic aerobic oxidation of mercaptans for gasoline sweetening over HTLcs-derived CuZnAl catalyst [J]. AIChE Journal, 2010, 55 (12): 3214-3220.

[91] Zhao S, Yi H, Tang X, et al. Removal of volatile odorous organic compounds over NiAl mixed oxides at low temperature [J]. Journal of Hazardous Materials, 2017, 344: 797-810.

[92] Xia D, Xu W, Wang Y, et al. Enhanced performance and conversion pathway for catalytic ozonation of methyl mercaptan on single-atom Ag deposited three-dimensional ordered mesoporous MnO_2 [J]. Environmental Science and Technology, 2018, 52 (22): 13399-13409.

[93] Yang J, Huang Y, Chen Y W, et al. Active site-directed tandem catalysis on CuO/VO-MnO_2 for efficient and stable catalytic ozonation of S-VOCs under mild condition [J]. Nano Today, 2020, 35: 100944.

[94] He C, Wang Y, Li Z, et al. Facet engineered α-MnO_2 for efficient catalytic ozonation of odor CH_3SH: oxygen vacancy-induced active centers and catalytic mechanism [J]. Environmental Science and

Technology, 2020, 54 (19): 12771-12783.
[95] 蔡哲斌，柯贤．催化氧化正丁硫醇的 Co-O/Mg (Al) O 催化剂 [J]．化学工程，2010，24 (10): 1-4.
[96] Bashkova S, Bagreev A, Bandosz T J, Adsorption of methyl mercaptan on activated carbons [J]. Environmental science & technology, 2002, 36: 2777-2782.
[97] Cui H, Scott Q T. Adsorption/desorption of dimethylsulfide on activated carbon modified with iron chloride [J]. Applied Catalysis B: Environmental, 2009, 88 (1-2): 25-31.
[98] Lyu Y, Liu X, Liu W, et al. Adsorption/oxidation of ethyl mercaptan on Fe-N-modified active carbon catalyst [J]. Chemical Engineering Journal, 2020, 393: 124680.
[99] 方建朝，陈绍云，张永春，等．TS-1/H_2O_2 催化氧化脱除 CO_2 气体中甲硫醇的研究 [J]．天然气化工，2013，38 (5): 9-12.
[100] Yang J, Zhang Q, Zhang F, et al. Three-dimensional hierarchical porous sludge-derived carbon supported on silicon carbide foams as effective and stable Fenton-like catalyst for odorous methyl mercaptan elimination [J]. Journal of Hazardous Materials, 2018, 358: 136-144.
[101] 赵鹏雷．1-丁硫醇的氧化及催化氧化反应 [J]．科技创新导报，2012，15: 123-123.
[102] Zeng J W, Hu L L, Tan X Q, et al. Elimination of methyl mercaptan in ZVI-$S_2O_8^{2-}$ system activated with *in-situ* generated ferrous ions from zero valent iron [J]. Catalysis Today, 2017, 281: 520-526.
[103] He H, Hu L, Zeng J, et al. Activation of persulfate by CuO-sludge-derived carbon dispersed on silicon carbide foams for odorous methyl mercaptan elimination: identification of reactive oxygen species [J]. Environmental Science and Pollution Research, 2018, 27 (2): 1224-1233.
[104] Koshelev C N, Mashkina A V, Kalinina N G. Decomposition of dimethyl sulfide in the presence of Al_2O_3, and catalyst deactivation [J]. Catalysis Letters, 1989, 39 (2): 367-372.
[105] Shimoda N, Koide N, Kasahara M, et al. Development of oxide-supported nickel-based catalysts for catalytic decomposition of dimethyl sulfide [J]. Fuel, 2018, 232: 485-494.
[106] Calderon B, Aracil I, Fullana A. Deodorization of a gas stream containing dimethyl disulfide with zero-valent iron nanoparticles [J]. Chemical Engineering Journal, 2012, 183: 325-331.
[107] Hwang C L, Tai N H. Vapor phase oxidation of dimethyl sulfide with ozone over ion-exchanged zeolites [J]. Applied Catalysis A: General, 2011, 393 (1-2): 251-256.
[108] Nevanperä K T, Ojala S, Bion N, et al. Catalytic oxidation of dimethyl disulfide (CH_3SSCH_3) over monometallic Au, Pt and Cu catalysts supported on gamma-Al_2O_3, CeO_2 and CeO_2-Al_2O_3 [J]. Applied Catalysis B: Environmental, 2016, 182: 611-625.
[109] Devulapelli V G, Sahle-Demessie E. Catalytic oxidation of dimethyl sulfide with ozone: Effects of promoter and physico- chemical properties of metal oxide catalysts [J]. Applied Catalysis a- General, 2008, 348 (1): 86-93.
[110] Darif B, Ojala S, Kärkkäinen M, et al. Study on sulfur deactivation of catalysts for DMDS oxidation [J]. Applied Catalysis B: Environmental, 2017, 206: 653-665.
[111] Shekar S C, Soni K, Bunkar R, et al. Ozone assisted partial oxidation of DMS to DMSO on Fe based catalyst [J]. Catalysis Communications, 2009, 11 (2): 77-81.
[112] Soni K C, Shekar S C, Singh B, et al. Catalytic activity of Fe/ZrO_2 nanoparticles for dimethyl sulfide oxidation [J]. Journal of Colloid and Interface Science, 2015, 446: 226-236.

第 9 章　多组分 VOCs 催化反应行为与过程

工业生产过程所排放的有机废气通常是多种 VOCs 组分共存。在催化燃烧过程中，不同种类、不同性质的 VOCs 所参与的催化反应过程显著不同。VOCs 分子间的相互作用及不同 VOCs 分子与催化反应界面的吸附作用不同，使得多组分 VOCs 的催化反应与单组分相比更为复杂。针对多组分 VOCs 催化反应行为及过程机制的研究，能够有效指导工业催化剂的设计优化，从而针对不同企业、行业的废气排放特征匹配最优的治理方案，以实现 VOCs 更为高效的治理。

在多组分 VOCs 催化燃烧中，受催化剂类型、污染物组成（种类与浓度）等因素影响，多组分间的相互作用一般表现为互不干扰（表示为 A—B）、单向干扰（如 A 干扰 B，表示为 A→B）和双向干扰（如 A 干扰 B 且 B 干扰 A，表示为 A ⟷B）三种情况，如图 9-1 所示。其中，单向干扰在多组分 VOCs 反应中较为常见，如间二甲苯在 Au-Pd/α-MnO_2催化剂上会单向抑制甲苯的氧化等[1]。而在芳香烃（如苯或甲苯）和含氧有机物（如乙酸乙酯）的混合反应体系中，VOCs 组分间的相互作用则更多地表现为相互抑制或协同促进的双向干扰作用。由于催化燃烧的反应过程与催化剂的物化性质以及 VOCs 的种类均有很强的关联性，不同催化剂上的多组分 VOCs 催化反应行为非常复杂，其相互影响机制尚未有普适性结论。在本章中，我们将主要基于 VOCs 的种类及组成，分别介绍多组分 VOCs 的催化反应行为与过程，以期为不同行业、不同工况的多组分 VOCs 高效催化治理提供有益指导。

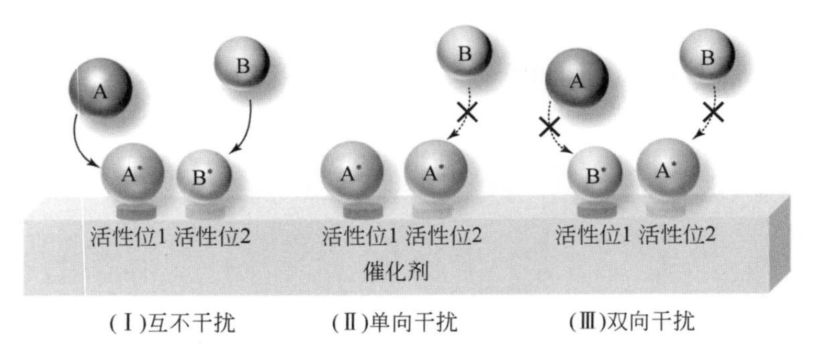

图 9-1　多组分 VOCs 间相互作用的具体表现形式
（其中 A 与 B 指代不同的 VOCs 分子，* 指代吸附态 VOCs 分子）

9.1　多组分 VOCs 催化燃烧的反应原理

尽管多组分 VOCs 的催化燃烧过程受污染物种类和组成等诸多因素影响，但其反应本质仍与单组分 VOCs 的催化反应原理类似，即在气固相催化反应界面上，多组分 VOCs 与氧气等反应物仍经历外扩散—内扩散—吸附—反应—脱附—内扩散—外扩散七个基础步骤。在多组分反应中，VOCs 分子同样先作用于催化剂表面发生电子转移，后通过活化（离子化、自由基化或配位化）与富集加速催化反应的进行。在多组分反应中，VOCs 各组分的相对浓度、不同性质的 VOCs 分子因电子与空间结构差异导致的在催化剂表面的吸附性差异以及其与活性氧物种的竞争等，均是影响催化反应进行的重要因素。

当前，针对单组分 VOCs 的催化燃烧机理已有广泛的研究基础。Tichenor 等[2] 的研究表明，不同种类的 VOCs 分子在相同操作条件下的氧化性通常依醇类>醛类>芳香类>酮类>乙酸类>烷烃类的顺序递减。Hermia 等[3] 于 1993 年建立了分子量与 VOCs 氧化性之间的关系，指出分子量越大的 VOCs 越难被氧化分解。例如，丁醛（分子量 72）、乙苯（分子量 106）和茚（分子量 116）的氧化性以丁醛>乙苯>茚的顺序递减。拥有长碳链的 VOCs 多经历逐步氧化的过程，如丙酮先被氧化成低分子质量的乙醛，随后乙醛被进一步氧化直至完全转化为二氧化碳与水[4]。然而，针对多组分 VOCs 的催化燃烧，由于反应涉及众多影响因素，目前还未有普适性的反应机理。

VOCs 催化燃烧的反应机制主要取决于催化剂的物化性质和反应底物及氧气在催化剂表面的吸脱附特性，一般可用三种模型进行描述，分别为 Mars-van Krevelen（MvK）模型、Langmuir-Hinshelwood（L-H）模型与 Eley-Rideal（E-R）模型。多组分 VOCs 的催化燃烧同样遵循上述三种反应机理，但通常情况下为多机理共存。MvK 反应机制被广泛用于描述 VOCs 在金属氧化物催化剂上的催化燃烧过程，其特征在于反应主要发生在 VOCs 与催化剂的晶格氧之间。在多组分反应中，MvK 机制［图 9-2（a）］可具体描述为：①多组分 VOCs 吸附于催化剂表面（形成竞争吸附而相互干扰），随后被催化剂表面的晶格氧氧化，并留下表面氧空位，此时金属离子活性中心被还原；②气相氧分子在空位上被活化，解离为氧原子并填补氧空位形成新的晶格氧，此时金属活性中心被重新氧化。与单组分 VOCs 的 MvK 机制相同，多组分 VOCs 催化燃烧的 MvK 机制反应速率也取决于金属 M—O 键的强度[5]。

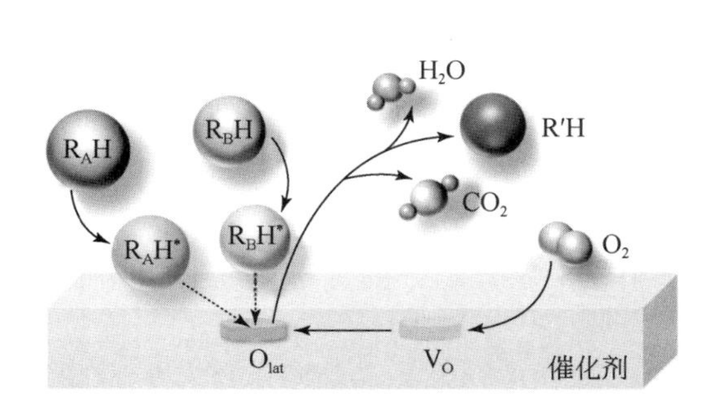

(a)反应机理Ⅰ:Mars-van Krevelen(MvK)机制

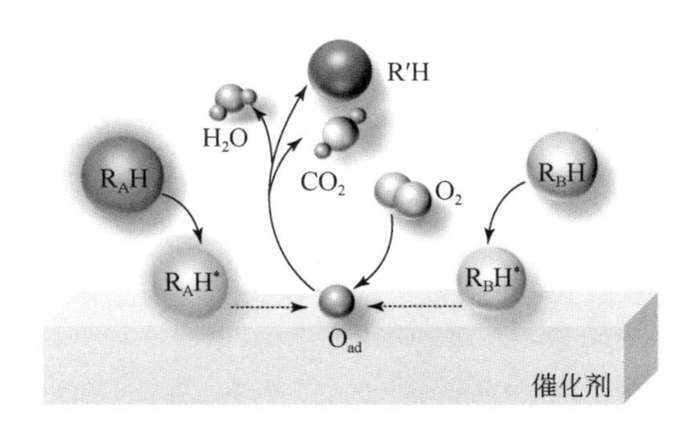

(b)反应机理Ⅱ:Langmuir-Hinshelwood(L-H)机制

图 9-2　多组分 VOCs 催化燃烧的两种主要反应机理模型

多组分反应的 L-H 机制［图 9-2（b）］则设定反应发生在吸附态的多组分 VOCs 与吸附态的氧物种之间，一般以贵金属还原态为活性中心。多组分反应的 L-H 机制主要包括以下三个阶段：①气相氧分子在贵金属活性中心上吸附解离形成吸附氧物种；②多组分VOCs以缔合形式（即不发生解离）吸附于催化剂活性位点形成竞争吸附，如该活性位点与氧气的吸附位点相同，VOCs分子也会与活性氧形成竞争吸附；③吸附氧物种攻击吸附态的多组分VOCs生成CO_2和水或其他VOCs中间物种。此外，多组分VOCs的E-R反应机制同样与单组分反应类似，但相较于上述两种反应机制较为少见。

9.2　同种类VOCs混合的催化反应行为与过程

9.2.1　芳香烃类

芳香烃是我国最大的人为源VOCs之一，其化合物间存在显著的电子与空间结构差异，因此对多组分催化燃烧的影响最为显著。例如杨力、卜龙利等发现，当甲苯与氯苯进行双组分反应时，各组分的催化燃烧效率较之其单组分时均有下降[6,7]；类似地，陶飞在研究CeO_2-MnO_x催化剂时也发现，苯的引入会导致氯苯的氧化效率降低[8]等。

研究发现，苯在单组分反应时，其在锰氧化物催化剂上的氧化效率比甲苯高。但当二者共存时，则表现出双向抑制效应，即苯与甲苯的氧化效率较之其单组分反应时均有显著下降[9]。作者认为，这种双向抑制作用主要源于二者在活性位点上的竞争吸附，且根据二者双组分反应时的活性表现推测，共存时甲苯比苯更易吸附于催化剂的活性位点。He等在Pd/ZSM-5催化剂上也观察到芳香烃在二元混合体系反应时的双向干扰作用，甲苯与苯在贵金属表面的吸附常数之比通常大于1，因此当二者共存时多表现为甲苯对苯的氧化抑制。作者指出这主要是因为甲苯结构中的甲基存在诱导效应，使苯环的电子云密度增加，因此甲苯更易吸附于Pd/ZSM-5催化剂表面，从而优先占据活性位点[10]。

此外，俞丹青等考察了$(MnCe)_xTiO_2$催化剂用于苯、甲苯和二甲苯混合反应时的表现[11]，同样发现了在苯-甲苯的二元反应体系中苯的氧化受到了明显抑制。作者指出，甲苯的甲基侧链增强了分子极性，不仅使其更易吸附于催化剂活性位点，且因其侧链极性高于苯环更易受到活性氧的攻击。而在甲苯-二甲苯的二元反应体系中，甲苯的氧化则受到了明显抑制，原因是二甲苯中含有两个甲基侧链，具有比甲苯更高的分子极性。苯环大π键的共轭性减弱使得二甲苯更易吸附于催化剂活性位点，从而导致甲苯的吸附被抑制。

Joung等进一步考察了更多元混合体系如苯、甲苯、乙苯和邻二甲苯（简写为BTEX）在Pt/CNT催化剂上的氧化过程[12]。作者测量了BTEX混合组分的穿透曲线和吸附容量（图9-3），发现BTEX的吸附穿透曲线呈明显的置换效应，即吸附性强的物质在吸附过程中会置换吸附性弱的物质。这种置换效应与VOCs分子在催化剂表面的吸附性及挥发度密切相关。在Pt/CNT催化剂表面，BTEX的吸附性依邻二甲苯>乙苯>甲苯>苯的顺序递减。该顺序与各组分在催化燃烧过程中所表现出的氧化效率顺序一致，表明在多元芳香烃混合体系中，各组分VOCs的氧化主要由其在催化剂表面的吸附性强弱决定。

Barresi等在苯、甲苯、乙苯、邻二甲苯和苯乙烯所组成的多组分芳香烃催化燃烧研究中也有类似的发现[13]。在Pt基催化剂上，多元混合反应体系中各组分的氧化效率与其单

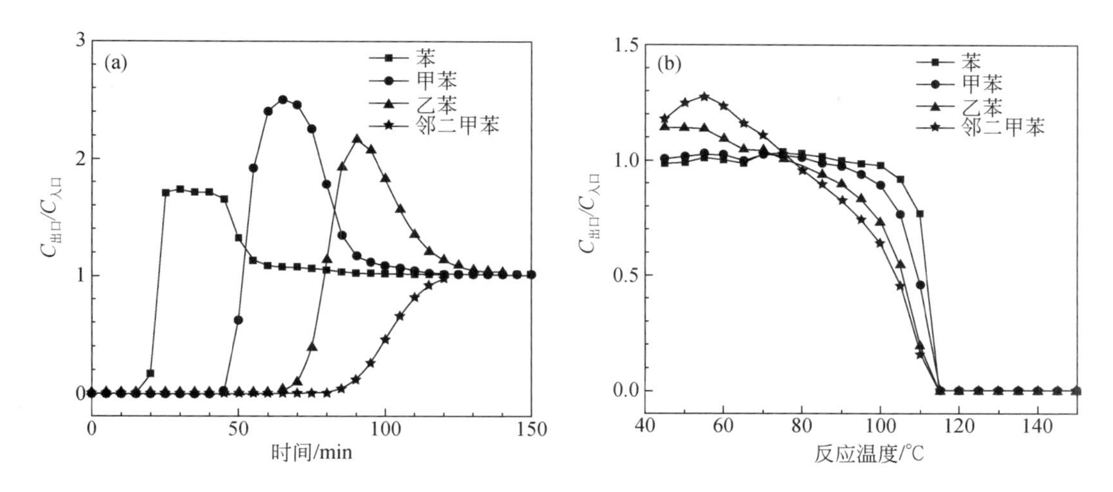

图 9-3　多组分 BTEX 混合气体在 30 wt% Pt/CNT 催化剂上的吸附穿透曲线（a）及随反应温度变化的催化氧化效率（b）

反应条件：VHSV = $7.5\times10^4 h^{-1}$，P = 101.3kPa；进气：BTEX = 100ppmv/组分，干燥空气作载气

组分反应的顺序完全相反，并且多元芳香烃反应时各组分产生的抑制效应依苯乙烯>邻二甲苯>乙苯>甲苯>苯的顺序递减，这主要与分子吸附性能由强变弱有关。作者还指出，芳香烃分子与氧气在 Pt 基催化剂上的吸附活性位点不同，故在该体系催化剂中不存在芳香烃分子与氧气间的竞争吸附。

然而，Becker 等在 PdY 催化剂上却观察到与上述结论完全相反的现象，即通入一定量吸附性更强的甲苯却促进了苯的转化（Tol→Bz）[14]。不同于多组分 VOCs 竞争吸附的解释，作者认为导致该现象的主要原因是甲苯的电离能（8.82 eV）低于苯（9.24 eV），因此甲苯的加入有利于将催化剂中 Pd（Ⅱ）转化为活性相 Pd（0）团簇，从而提高了苯的氧化效率。类似的促进作用在催化燃烧苯、甲苯和二甲苯三元体系（简称三苯系）的研究中也有报道。许秀鑫等发现，单组分 VOCs 在 $La_{0.8}Ce_{0.2}Mn_{0.8}Co_{0.2}O_3/\gamma\text{-}Al_2O_3$ 催化剂上的氧化性与 VOCs 分子的极性成正比，而当二甲苯、甲苯和苯混合反应时，吸附性最弱的苯的氧化效率却得到了显著提升[15]，这可能也与多组分反应过程中催化剂活性相物化性质的改变相关。因此，多组分芳香烃的催化反应行为不仅取决于 VOCs 分子在催化剂表面的竞争吸附，还与反应中催化剂活性相物化性质改变等过程相关。

9.2.2　卤代烃类

目前针对卤代烃的催化燃烧研究多以氯代烃为主，如氯代烷烃、氯代烯烃以及氯代芳香烃等。在氯代烃催化燃烧中，从 VOCs 上解离下来的氯极易攻击催化剂的路易斯酸中心，导致催化剂氯中毒并产生更毒的多氯副产物甚至二噁英[16-19]。含氯 VOCs 的催化燃烧一般以结合能相对较低的 C—Cl 键断裂为反应第一步，其后伴随有水解脱 HCl、氯自由基聚合（semi-Deacon 反应）以及脱氯中间物种深度氧化等反应过程。而在多组分含氯 VOCs 催化燃烧中，VOCs 分子的氯原子数量、碳氢比等都会直接影响催化反应过程与产物生成。

López-Fonseca 等研究了 1，2-二氯乙烷（DCE）、二氯甲烷（DCM）和三氯乙烯（TCE）的单组分与多组分在不同质子沸石催化剂［HZSM-5，H-MOR 和化学脱铝的 H-Y（δ）］上的催化燃烧过程，发现在单组分反应时，DCE 最易被氧化，而 TCE 最难[20]。而当上述氯代烃两两混合时，各组分间均存在显著的双向抑制效应。其中，DCE 对其他组分的抑制作用最强，而 TCE 最弱，DCM 的氧化被另两种组分抑制最为显著。作者认为该抑制特征与氯代烃在催化剂吸附位点上的竞争吸附有关。三种氯代烃在其吸附位点上的竞争都无法取得绝对优势，因此任一组分都难以完全阻止其他组分在催化剂表面的吸附。在三种氯代烃中，DCE 的吸附性最强，因此其对其他组分的抑制作用最为明显，但其自身氧化仍会受到其他两种组分的影响。无论是二元还是三元的混合体系，三种氯代烃的氧化效率都与其单组分反应时的顺序一致。图 9-4 展示了在不同质子沸石催化剂上组分浓度为 1000ppm的 DCE-DCM-TCE 三元反应体系转化效率与温度的关系图。无论在哪种催化剂上，三种氯代烃的氧化效率均表现为 DCE>DCM>TCE，其多组分共存的竞争吸附未从根本上改变三者的氧化效率排序，这一现象与芳香烃 VOCs 的多组分反应有显著不同。此外，随着三元混合体系中各组分浓度的升高，三种氯代烃的氧化效率均呈现显著下降，猜测这主要由高浓度反应下多组分间的竞争吸附增强所致。

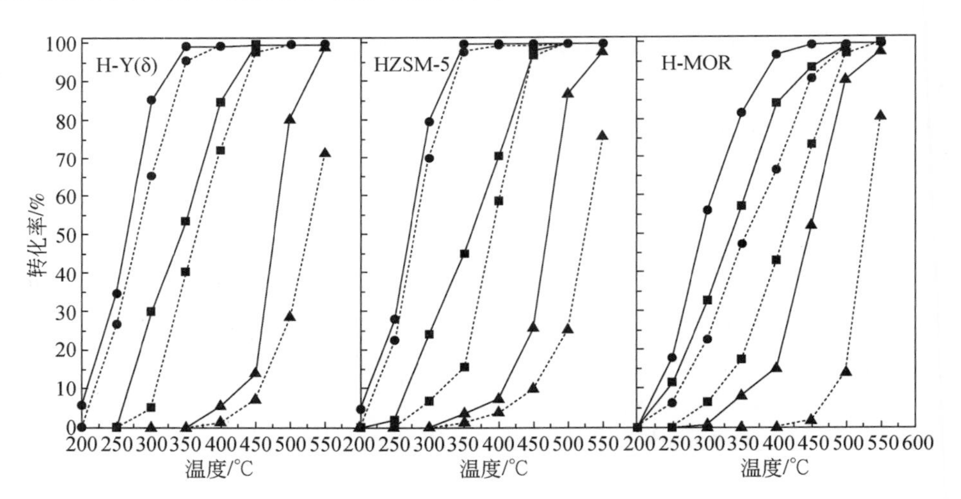

图 9-4　DCE-DCM-TCE 在三种质子沸石催化剂上单独反应（实线）或三元混合反应（虚线）时催化氧化效率随温度的变化：DCE（ ）；DCM（ ）；TCE（▲）

除氧化速率外，多组分氯代烃的共存对其反应中间物种以及 HCl 的选择性也有显著影响。在上述三元混合体系中，各氯代烃的反应副产物生成量较之其单组分反应时均有下降，但其 HCl 的选择性均显著提高。作者认为反应副产物减少的原因一方面是多组分反应的抑制效应导致所需催化转化温度提高，另一方面是共存的氯代烃，尤其是 DCE，在反应过程中生成了更多的水分子，有效促进了催化剂表面氯脱附，从而抑制了催化剂氯中毒。

与氯代烷烃相比，氯代芳香烃的催化燃烧过程更为复杂。Wang 等通过动力学计算与原位红外表征研究了 V_2O_5/TiO_2 催化剂上氯苯催化燃烧的反应机制[21]。如图 9-5 所示，氯苯分子（A）在 V ═O 上先发生 C—Cl 键亲核取代，并在催化剂表面形成酚盐物种（B）。该酚盐物种随后被活性氧攻击，并通过亲电取代形成儿茶酚（C）或喹啉类（D）等物质，再被进一步氧化可形成马来酸酯（E）、氯化乙酸酯（F）和氯乙酰氯（G）等产物。最后，上述产物经深度氧化形成最终的 CO_2 与 H_2O 等。在该反应过程中，C—Cl 键的亲核取代是动力学上的速控步骤。

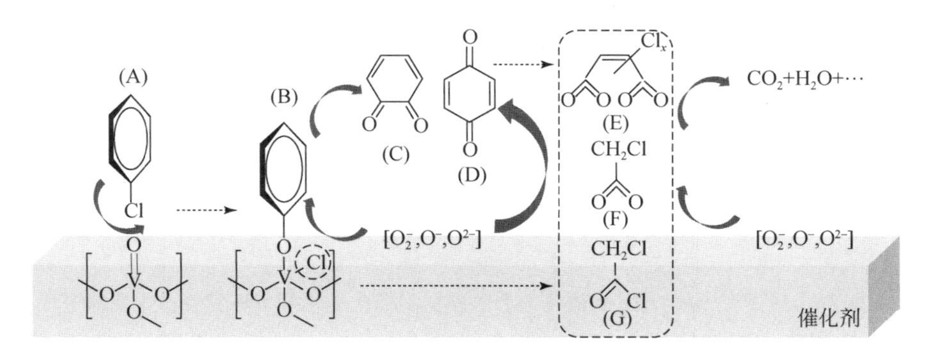

图 9-5 氯苯在 V_2O_5/TiO_2 催化剂上的催化氧化反应机理示意图

在单组分反应中，苯环上的氯原子数量增加会增强氯对苯环的吸电子效应，导致多氯苯被活性氧攻击的难度加大。因此，在催化燃烧反应中，多氯苯的氧化效率往往比低氯代苯低。在多组分反应中，Wang 等发现邻二氯苯、间二氯苯或 1，2，4-三氯苯与氯苯共存时，多氯苯的引入会显著降低氯苯的氧化效率，但其自身的氧化效率却得到一定程度的提升[21]。作者认为导致该现象的主要原因有两点：一是多氯苯分子量较大，相较于氯苯更易吸附于催化剂表面，从而抑制了氯苯吸附；二是多氯苯可提供两个及以上具有相似解离能的 C—Cl 键，其发生亲核取代反应的概率更高，较之氯苯具有更强的反应性。研究发现，在低温区（150 ~ 250℃）多氯苯的吸附优势更为明显，但随着反应温度的升高（≥250℃），多氯苯的氧化效率逐渐降低，直至低于氯苯，原因是多氯苯较大的分子直径使其在高温区受内扩散的影响严重，导致其吸附性下降，反应活性位点被氯苯优先占据。

可见，氯代芳香烃的空间位阻效应会在很大程度上影响其多组分的催化反应过程。Chen 等考察了氯苯-二氯乙烷（CB-DCE）在 MnO_x/Al_2O_3 催化剂上的臭氧协同催化反应，发现氯苯较之二氯甲烷的氧化效率更高。两种氯代化合物间呈现明显的双向干扰作用[22]。DCE 的添加显著提高了 CB 的转化率，但其自身的氧化效率却受到 CB 的明显抑制。如图 9-6 所示，在 CB-DCE 的混合反应中，随着 DCE 浓度的升高，同一臭氧浓度下的 CB 转化率显著提高，但 DCE 的转化率却随着 CB 浓度的升高而下降。导致该现象的主要原因是 DCE 比 CB 更难被氧化：氯原子交替排列的 DCE 分子极性较弱，相较于 CB 难吸附于催化剂表面；DCE 分子的四面体结构也使其更难靠近催化剂的活性中心。

9.2.3 醛/酮/酯类

醛/酮/酯类 VOCs 因结构中拥有羰基，其分子极性比一般的脂肪烃类 VOCs 更强，因

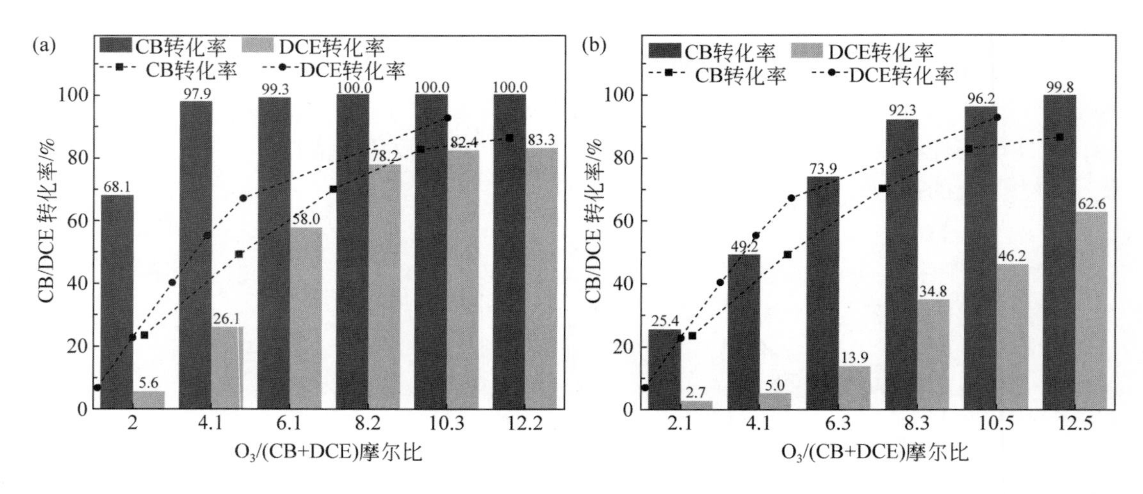

图 9-6　CB-DCE 混合气体在 MnO_x/Al_2O_3 催化剂上协同臭氧催化氧化效率随臭氧输入量的变化（柱高）[22]

温度为 120℃，催化剂用量为 0.025g，进气浓度：(a) 25ppm CB+75ppm DCE；(b) 50ppm CB+50ppm DCE

此易吸附于催化剂表面。与单组分反应相比，醛/酮/酯类 VOCs 的多组分反应虽有一定差异性，但较之芳香烃或卤代烃，该差异性较小，其多组分 VOCs 间的竞争吸附也并不明显。Xia 等考察了 α-MnO_2 和 Au-Pd/α-MnO_2 催化燃烧丙酮–乙酸乙酯的反应，发现当二者共存时，丙酮在 α-MnO_2 上的氧化效率有一定提升，但在 Au-Pd/α-MnO_2 催化剂上的氧化效率无明显变化。作者认为，丙酮在 α-MnO_2 上的氧化效率提升可能与多组分 VOCs 催化燃烧过程的放热增强有关[1]。Soares 等研究了隐钾锰矿催化剂催化燃烧乙酸乙酯和乙酸丁酯的反应，发现当二者以等比例混合时，两种酯的氧化效率与单组分反应时类似，二者间的相互影响较小[23]。

9.2.4　小结

同种类 VOCs 在多组分反应时的催化燃烧过程较之单组分反应均表现出一定的差异性，其中醛/酮/酯类的差异性最小。多组分 VOCs 的催化反应特征与其混合气组成、化合物分子量、空间构型、原子比、极性及吸附性等因素密切相关。组分间的性质差异性越大，其共存时的相互影响越显著。如极性和结构差异明显的氯苯和二氯乙烯在混合时的反应就表现出双向干扰的效应；吸附性差异明显的苯、甲苯、乙苯与邻二甲苯在多组分反应时就展现了完全不同于其单组分反应的氧化效率排序。一般地，在扩散、吸附与反应各阶段中占优势地位的 VOCs 物种，其在相应阶段受其他组分的影响会较小。不同种类 VOCs 因反应机制不同，各影响因素在其多组分反应时的作用会有所差异，并最终均体现在改变 VOCs 催化燃烧的氧化效率、副产物生成及产物选择性等方面。此外，目前针对同种类 VOCs 在多组分反应时的反应路径变化研究仍鲜有报道，未来在该方面的研究有待加强。

9.3　不同种类 VOCs 混合的催化反应行为与过程

9.3.1　芳香烃与烷烃/烯烃类

在不同类型的 VOCs 中，烷烃或烯烃被认为是最难被氧化的。而芳香烃因其在催化反应界面的强吸附性通常较易被氧化。这种可氧化性的差异导致当芳香烃与烷烃/烯烃混合时，其多组分反应的“混合效应”更为显著。应卫勇等研究了甲苯和丙烯在负载型 Pt/Al_2O_3 催化剂上的催化燃烧过程，发现二者间存在显著的相互抑制效应，双组分 VOCs 的氧化效率均低于其单组分反应的转化率[24]。Wang 等考察了 CuO/γ-Al_2O_3 催化剂上甲苯与正己烷共存体系的催化燃烧过程，发现甲苯对正己烷呈单向抑制作用，即两种 VOCs 共存时正己烷的氧化效率下降，而甲苯的氧化效率未受影响[25]。作者随后利用 VOCs 程序升温脱附（TPD）证实甲苯对正己烷的氧化抑制是由二者的竞争吸附造成的。甲苯-TPD 和正己烷-TPD 表明，吸脱附时甲苯的脱附量比正己烷高，表明甲苯在 CuO/γ-Al_2O_3 催化剂上的吸附性比正己烷强。

Banu 等研究了 Pt/γ-Al_2O_3 催化剂上环辛烷和邻二甲苯单独反应与二元混合物反应的催化燃烧过程，发现当两种 VOCs 共存时，组分间呈现单向抑制作用，即邻二甲苯显著抑制了环辛烷的氧化，且该抑制效应随邻二甲苯的浓度增加而增强。反之，环辛烷的存在不会影响邻二甲苯的氧化[26]。作者推测了单组分反应和多组分反应的环辛烷和邻二甲苯反应机制，认为邻二甲苯适用于与氧分子竞争吸附的 L-H 机制，即双分子单位点吸附。此时吸附态邻二甲苯与吸附态氧的反应是速控步骤。而环辛烷则适用于一种衍变的涉及氧吸附的 E-R 反应机制，即环辛烷分子主要与优先覆盖于催化剂表面的活性氧反应。作者指出，环辛烷所受的抑制作用源于 VOCs 分子与 Pt 上吸附的活性氧竞争。此外，双甲基的存在使得邻二甲苯苯环上 π 电子具有高密度，因此邻二甲苯在 Pt 上的吸附性更强，从而抑制了氧分子吸附，造成多组分反应时环辛烷的氧化因活性氧分子不足而被抑制，这也是单组分反应时邻二甲苯的氧化效率随其进口浓度增加而降低的主要原因。邻二甲苯对环辛烷氧化的单向抑制表明二者的反应活性位点相同，但邻二甲苯在该位点上的吸附性更强，因此，只有当邻二甲苯被大量消耗后，环辛烷才能参与反应。

然而，在三元混合体系中，由于各组分间的影响更为复杂，上述反应机制无法完全适用。Dryakhlov 等的研究发现，当环辛烷、正戊烷、对二甲苯三者共存时，不管温度和浓度如何变化，正戊烷对环辛烷和对二甲苯的氧化效率均没有影响。而环辛烷却显著抑制了对二甲苯的氧化，但随着对二甲苯浓度的升高，该抑制效应逐渐消失。此外，由于对二甲苯具有比正戊烷或环辛烷更强的吸附性，后二者的氧化效率会因对二甲苯的存在被显著抑制[27]。

Ordóñez 等研究了 Pt/γ-Al_2O_3 催化燃烧苯、甲苯和正己烷三种 VOCs 两两混合的反应过程，发现在双组分反应中，芳香烃对正己烷表现出单向的抑制作用，即苯或甲苯的存在会显著抑制正己烷的氧化，但正己烷不会影响苯或甲苯的氧化[28]。作者提出了一种涉及

VOCs 竞争吸附的 MvK 衍变模型并用以描述该双组分反应的动力学。该模型认为，催化剂表面的氧物种浓度是恒定的，催化反应主要发生在晶格氧与吸附态 VOCs 分子之间，氧气与 VOCs 吸附在不同的活性位点，但各组分 VOCs 会竞争吸附于催化剂的同一活性位点。在烷烃-芳香烃双组分反应体系中，考虑到芳香烃的苯环结构特征，其往往对催化剂具有更强的吸附性。对于正己烷-苯/甲苯的二元混合体系，正己烷的吸附性要弱于苯/甲苯，尤其是甲苯，因此其对苯和甲苯的氧化几乎没有影响。根据模型计算所得的吸附常数比，作者指出甲苯具有比苯更强的吸附性，这主要源于甲基对苯环的诱导效应，使得苯环 π 电子具有更高的密度，从而提高了其在 Pt/γ-Al_2O_3催化剂上的吸附性。这种竞争吸附导致的单向抑制作用现象，在其他饱和烃甚至含杂原子的饱和烃（如乙醇、甲基叔丁基醚）混合体系中也有发现[28]。

多组分 VOCs 的催化燃烧过程差异主要受 VOCs 分子的不同结构与性质影响，但当催化剂种类或组成发生改变时，各组分间的相互影响可能也会随之变化。Saqer 等研究了 γ-Al_2O_3为载体的铜、锰和铈的二元复合氧化物催化剂（即铜锰、铜铈、锰铈）催化燃烧甲苯和丙烷的反应过程。作者发现，在上述催化剂中不管是单组分还是双组分反应，甲苯的氧化效率均优于丙烷[29]。对于该双组分 VOCs 体系，甲苯和丙烷总体表现为双向抑制效应，其抑制程度主要取决于金属氧化物催化剂的物化性质。甲苯在这三种催化剂上的氧化效率均受到丙烷的显著抑制，且在铈基催化剂上的抑制最为明显。丙烷在三种催化剂上受甲苯的抑制存在一定差异：其在铜锰基催化剂上的氧化几乎不受甲苯的影响，但在铈基催化剂尤其是铈锰催化剂上，丙烷的氧化效率被甲苯显著抑制。作者推测上述差异是丙烷与甲苯在不同催化剂上的吸附性不同所致。甲苯在铜锰基催化剂上的氧化被丙烷显著抑制是由于其在这两类催化剂上的吸附性较丙烷弱，而在铈基催化剂上，甲苯和丙烷的吸附性类似，故二者间的相互抑制表现得最为明显。

催化剂活性相形貌结构也会显著影响多组分 VOCs 的催化燃烧过程。Grbic 等研究了 Pt 纳米颗粒平均尺寸分别为 1.0nm 和 15.0nm 的 Pt/Al_2O_3催化剂催化燃烧正己烷和甲苯混合气的反应过程。作者探究了活性相的尺寸效应对多组分 VOCs 的吸附与反应的影响[30]，发现在两种不同粒径的 Pt 催化剂上，正己烷和甲苯的双组分氧化均表现出双向抑制效应。作者最初基于 MvK 反应机制认为正己烷和甲苯的双向抑制主要源于二者对活性氧的竞争吸附。然而，该机制却无法解释高温条件下的实验结果。基于 VOCs 吸附平衡和氧分子吸附理论，作者随后建立了第二种模型，即氧气与 VOCs 吸附于不同的活性中心，且考虑到 VOCs 吸附会使 Pt 处于不同的氧化状态，认为氧气主要吸附在还原态的 Pt 位点上。基于该模型，作者指出正己烷与甲苯间的双向抑制主要源于二者在同一活性位点上的竞争吸附。根据计算的正己烷与甲苯的吸附常数比，在小尺寸 Pt 催化剂上，正己烷的吸附性比甲苯强，而在大尺寸 Pt 催化剂上，甲苯的吸附性比正己烷强，因此影响二者吸附行为的主要因素是其在不同尺寸 Pt 上的吸附特性不同。与正己烷相比，甲苯具有更高的电子密度，因此更易吸附于 Pt 催化剂表面，这与大尺寸 Pt 催化剂上的吸附常数计算结果一致。而在小尺寸 Pt 催化剂上，甲苯受空间位阻作用而难以吸附，因此表现出较正己烷更弱的吸附性。

综上，在芳香烃与烷烃/烯烃组成的多组分 VOCs 体系中，组分间的相互影响多表现为单向或双向抑制作用。当同类脂肪烃共混时，其单独反应的氧化效率一般较之多组分共存时更高。但当脂肪烃与芳香烃共混时，由于芳香烃的强吸附性，脂肪烃的氧化往往受到抑制，其一般仅在相对浓度较高时才会对芳香烃氧化表现出显著的抑制作用。需指出的是，不管同种类还是不同种类VOCs的多组分反应抑制效应，其一般都是由组分间竞争吸附于同一活性位点所致，但也与催化剂种类、组成、催化剂的活性相性质以及反应的速控步骤差异等因素息息相关。

9.3.2 芳香烃与卤代烃

与芳香烃-烷烃/烯烃混合的多组分VOCs类似，在芳香烃与卤代烃混合体系中，二者对同一活性位点的竞争吸附同样被认为是造成相互抑制效应的主要原因。不同的是，当有卤代烃共存时，其中间产物乃至终产物都有可能参与到竞争吸附中，导致与其混合的多组分反应更为复杂，多组分VOCs反应的影响不仅体现在各组分的氧化效率变化上，也体现在副产物和最终产物的选择性变化上。

Rivas等研究了$Ce_xZr_{1-x}O_2$系列催化剂催化燃烧DCE、三氯乙烯（TCE）、甲苯单组分体系及其DCE-甲苯、TCE-甲苯二元混合体系的反应过程，发现单组分反应时，VOCs分子间的氧化效率表现为甲苯> DCE>TCE[31]。在脂肪族氯代烃催化燃烧反应中，不饱和烃比饱和烃更难被氧化，这主要是因为Cl的诱导和共振效应作用于C=C双键，使其变得更为稳定。此外，Cl原子相较于H原子具有更大的原子半径和更强的电负性，因此还易形成空间位阻和电子效应，对多氯代VOCs的吸附造成更大阻碍。当与甲苯共存时，氯代烃氧化的活性和选择性均受到多组分反应的影响，总体表现为双向抑制作用。其中，TCE相较于DCE受甲苯的抑制作用更为严重，原因是TCE的分子体积较大，在吸附过程中更易受到大体积分子甲苯的影响。反之，甲苯的氧化也会被氯代烃抑制，且其受TCE的影响更大。作者认为，三种VOCs分子表现出的抑制效应主要源于其对催化剂活性氧物种的竞争吸附以及空间位阻对吸附过程的阻碍作用。由于混合氧化物催化剂在晶格氧传递方面更具优势，在$Ce_xZr_{1-x}O_2$催化剂上的三种VOCs氧化受抑制程度较之于其在纯氧化铈催化剂上要低。此外，VOCs分子间的抑制效应使得其完全氧化温度较高，这使得具有高晶格氧活度的$Ce_xZr_{1-x}O_2$催化剂更有利于多组分VOCs的深度氧化。

在芳香烃-卤代烃多元混合体系中，除氧化效率外，各组分VOCs氧化的反应产物往往也有一定变化。Wang等研究了二氯甲烷（DCM）-甲苯二元混合体系在铂铝催化剂上的催化燃烧过程，发现甲苯的加入对DCM的氧化未造成影响，但其有效抑制了副产物CH_3Cl的生成[32]。低浓度DCM对甲苯的氧化影响甚微，但随着DCM浓度的升高，甲苯的氧化逐渐受到抑制。作者通过调控贵金属负载量发现，DCM主要吸附在氧化铝的酸性位点上，而甲苯氧化主要发生在Pt位点。甲苯与DCM的反应活性位点不同导致二者间不会发生竞争吸附。通过考察水汽对DCM催化氧化的影响，作者发现水汽并未改变DCM的氧化效率，但可与DCM脱除的氯离子形成HCl，从而抑制了CH_3Cl的生成。该结果从另一方面也表明甲苯抑制副产物CH_3Cl生成的原因可能与其在催化燃烧中产生了大量的水分子有关。此外，水分子与副产物CH_3Cl的存在均会影响甲苯在Pt位点上的吸附。当DCM氧化时，其脱氯过程对水分子的消耗有利于甲苯氧化反应的进行，但其副产物 CH_3Cl 会与甲苯在 Pt 位点形成竞争吸附，从而抑制甲苯的氧化。当双组分反应中 DCM 浓度较低时，副产物 CH_3Cl 的生成量较少，其对甲苯氧化的抑制作用比脱氯消耗水分子带来的促进作用更弱，因此整体上低浓度 DCM 对甲苯氧化的影响并不明显。但随着 DCM 浓度的增加，CH_3Cl 的抑制效应占据主导地位，导致甲苯的氧化效率降低。可见，芳香烃与卤代烃的多组分 VOCs 反应不仅受 VOCs 分子性质（电子效应与空间位阻）的影响，还受其中间产物及终产物的竞争吸附影响。

9.3.3　芳香烃和醛/酮/酯类

苯环（尤其存在给电子取代基团时）使芳香烃具有很强的吸附性，从而在多组分 VOCs 反应中显示出显著的竞争优势。在芳香烃和醛/酮/酯类含氧有机物组成的多组分体系中，芳香烃的吸附优势往往仍然明显。Tsou 等在研究 Pt/沸石催化剂上甲基异丁基酮（MIBK）的催化燃烧过程中发现，邻二甲苯的引入显著抑制了 MIBK 的氧化[33]。作者认为该抑制作用源于二者对相同活性位点的竞争吸附。邻二甲苯得益于苯环上的 π 电子具有比 MIBK 更强的吸附性。Pina 等研究了 $Pt/\gamma\text{-}Al_2O_3$ 催化剂催化燃烧甲苯和甲基乙基甲酮（MEK）的反应过程，同样发现了类似的抑制现象，即甲苯单向抑制了 MEK 的氧化[34]。借助原位漫反射傅里叶变换红外光谱（DRIFT），作者发现在多组分反应时，甲苯会与 MEK 竞争吸附于 Pt 活性位点。上述研究结果与 Santos 等的研究一致，作者发现甲苯和乙酸乙酯在隐钾锰矿上呈现单向的抑制作用，即甲苯强烈抑制乙酸乙酯的氧化，且该抑制效应随甲苯浓度的增加而增强，但乙酸乙酯几乎不影响甲苯的氧化[35]。作者指出，造成甲苯对乙酸乙酯产生显著抑制的原因是乙酸乙酯在隐钾锰矿上的弱吸附性，即使在高温条件下，甲苯对催化剂也具有更高的亲和性。而与甲苯相比，苯通常无法在与其他 VOCs 的竞争吸附中占据优势。Papaefthimiou 等对比了苯-乙酸乙酯双组分体系在掺杂 W 的 Pt/TiO_2 上的催化燃烧过程，发现乙酸乙酯显著抑制了苯的氧化，但其自身氧化不受苯的影响[36]。

事实上，即便是具有相似结构的 VOCs，其在多组分 VOCs 反应中受到的影响也可能不同。Blasin-Aube 等在甲苯-含氧有机物（乙酸乙酯/丙酮）双组分反应的研究中发现，在 Sr 掺杂的 $LaMnO_3$ 钙钛矿催化剂上，甲苯与丙酮的共存呈现双向促进效应，但当其与同样拥有羰基结构的乙酸乙酯共存时却表现出双向抑制效应[37]。类似的实验结果在芳香烃（苯/甲苯）-乙酸乙酯二元混合体系中也有报道。例如，在 Pd/ZSM-5 催化剂上，乙酸乙酯-苯系物混合总体呈现双向干扰效应，苯与甲苯的存在均显著抑制了乙酸乙酯的氧化，而乙酸乙酯对苯的氧化显著抑制，却对甲苯的氧化起到促进作用[10]。作者还发现，不管乙酸乙酯的浓度如何变化，只要其与甲苯共存，甲苯的氧化效率都会得到促进，如图 9-7 所示。即便加入原本表现出抑制作用的苯，乙酸乙酯对甲苯氧化的促进作用仍然存在。

多组分 VOCs 的促进或抑制作用源于各组分间的竞争吸附，研究者们多试图从 VOCs 分子结构、诱导效应、极性与吸附性等方面解释 VOCs 分子的不同反应行为。然而，Aguero 等指出，多组分 VOCs 体系的各组分氧化产物也可能是影响其催化反应过程的重要因素[38]。作者观察到，在 Mn/Al_2O_3 催化剂上乙酸乙酯单独反应时的氧化性大于甲苯，其

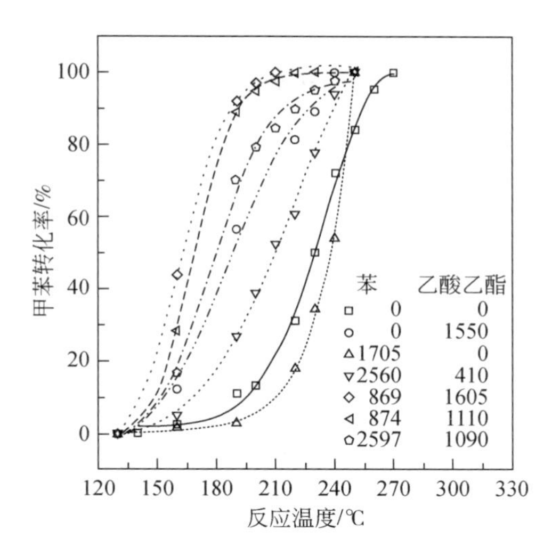

图 9-7　不同浓度的苯或乙酸乙酯共存时甲苯（1500ppm）的温度-转化率曲线（浓度单位为 ppm）[10]

完全氧化温度低于甲苯的起始氧化温度。理论上讲，当二者共存时，甲苯的氧化不会受到乙酸乙酯的影响，但事实上，乙酸乙酯的存在却显著抑制了甲苯的氧化。作者认为这种抑制作用可能是二者的进料总浓度过高导致，乙酸乙酯完全燃烧生成的 CO_2 和 H_2O 是甲苯催化氧化被抑制的重要原因。

除上述影响因素外，具有特殊结构的催化剂与多组分 VOCs 分子间的相互作用会导致空间位阻或择形效应，从而影响多组分 VOCs 的催化反应过程与行为。Beauchet 等在 NaX 沸石上催化燃烧邻二甲苯-异丙醇双组分 VOCs 的研究中发现，空间位阻或择形效应对二者的竞争吸附产生了显著影响[39]。在含水体系中，邻二甲苯的存在对异丙醇的氧化有明显的抑制作用，而异丙醇对邻二甲苯的氧化未产生影响。虽然低浓度异丙醇与邻二甲苯混合时没有显著的竞争吸附，但在有水的条件下，邻二甲苯在分子筛上的吸附比异丙醇强，导致异丙醇完全脱附，而邻二甲苯则部分脱附。基于邻二甲苯（1360ppm）-异丙醇（210ppm）-水（1.1%）体系所建立的分子吸附模型如图 9-8 所示。其中，水比异丙醇和邻二甲苯的吸附性更强，且水和异丙醇均吸附在超笼结构的阳离子位点，而邻二甲苯吸附在超笼结构孔隙附近，导致水和邻二甲苯间的竞争吸附弱于水与异丙醇间的竞争吸附。因此，邻二甲苯对异丙醇的抑制仍可用吸附竞争机制来解释，但该竞争机制主要源于催化剂的空间位阻或择形效应，即邻二甲苯在 NaX 超笼孔附近的吸附限制了异丙醇到达沸石的碱性位点。此外，邻二甲苯的存在还会对异丙醇的次级产物（丙烯、焦炭）产生影响。由于邻二甲苯与异丙醇次级产物如丙烯具有相似的极性，二者的反应位点相同，邻二甲苯与丙烯的竞争吸附使得后者无法被完全氧化成醛，进而产生严重积碳，导致催化剂性能下降，二氧化碳选择性降低。

一般地，在多组分 VOCs 催化燃烧反应中具有竞争吸附优势的物种都无法完全抑制其他共存组分的吸附。但在芳香烃与醛/酮/酯类含氧有机物的混合体系中，却能观察到完全抑制现象。Papaefthimiou 等研究了 Pt 和 Pd 两种负载型氧化铝催化剂催化燃烧苯-丁醇双组分 VOCs 的反应过程，发现在这两种催化剂上，只要反应体系中还有未反应的丁醇存在，

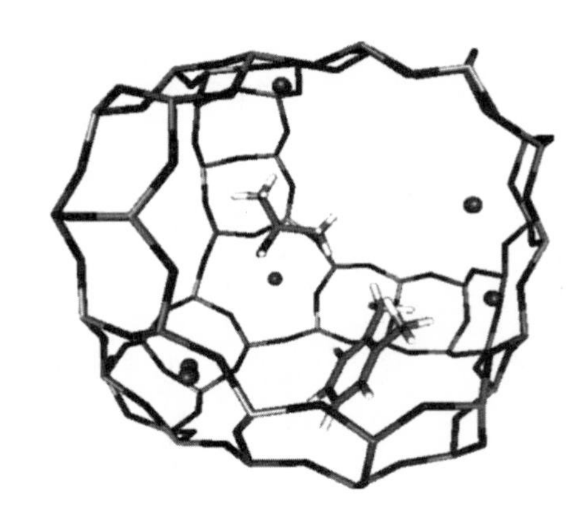

图 9-8 含水条件下（50℃）异丙醇和邻二甲苯在 NaX 沸石催化剂超笼结构中的分子吸附模型（图中仅显示异丙醇与邻二甲苯分子，α 超笼结构中的球体代表 Na^+）[39]

苯的氧化就会被完全抑制。只有当丁醇被完全消耗，苯的氧化才会迅速恢复到单独反应时的状态[40]。甲苯和乙酸乙酯在 Pt-Al_2O_3 催化剂表面的氧化也可观察到类似的完全抑制现象，即甲苯在与乙酸乙酯的竞争吸附中占据绝对优势，只有当甲苯转化率达到 100% 后乙酸乙酯才开始被氧化[41]。Papaefthimiou 等还观察到不同催化剂类型对苯–丁醇双组分反应完全抑制现象的影响，即在 Pt 催化剂上，苯完全抑制丁醇的氧化，但在 Pd 催化剂上，苯反而促进了丁醇氧化[40]。

相较于芳香烃与醛/酮/酯类 VOCs 多组分共存时的抑制效应，其相互间的协同促进效应也有报道。Irusta 等研究了 La 基钙钛矿催化剂催化燃烧低浓度甲苯和甲基乙基甲酮（MEK）的反应过程，发现当二者共存浓度比例合适时，甲苯与 MEK 间的影响呈双向促进作用[42]。其中，甲苯对 MEK 氧化的促进作用与其相对浓度无关，甲苯的引入可将 MEK 的转化率（230℃）从 5% ~20% 提升至 90% 以上。而 MEK 对甲苯氧化的促进则与其相对浓度有关，即多组分反应条件下，甲苯转化率的增幅随混合体系中 MEK 浓度的升高而变大。作者基于 DRIFT 分析了引发这种促进效应的原因，发现甲苯与 MEK 同时通入可以显著增强两种物质在催化剂表面的吸附（尤其是甲苯的吸附），且甲苯的存在代替了部分 MEK 在还原性位点上的吸附，从而提高了 MEK 在氧化位点上的吸附。此外，甲苯的氧化被促进还可能与反应体系中还原气氛的变化有关。MEK 浓度升高严重削弱了反应体系的还原气氛，导致催化剂表面被还原程度降低，利于甲苯的深度氧化。虽然还原气氛增强有利于 VOCs 分子的吸附与氧化，但过高的还原气氛也会消除催化剂表层的晶格氧，进而导致催化剂氧化性能降低。

针对芳香烃–含氧有机物多组分反应的促进效应，除特定位点的竞争吸附研究外，也有学者提出了其他的见解。Santos 等指出，在隐钾锰矿催化剂上，乙醇处于高转化率时可微弱促进甲苯的氧化，且该促进作用随乙醇浓度的增加而增强。作者将这种促进作用归因于混合体系反应放热所导致的催化剂表面局部升温[35]。Xia 等在 MnO_2 纳米管负载 Au-Pd 合金纳米催化剂上也观察到含氧有机物（丙酮或乙酸乙酯）促进间二甲苯氧化的现象，且同样认为其主要原因是多组分 VOCs 氧化放热导致催化剂表面局部温度上升。需指出的是，该结论目前尚需进一步的实验验证[1]。

综上，对于芳香烃和醛/酮/酯类 VOCs 的混合氧化，研究人员普遍观察到组分间的抑制效应，甚至出现完全抑制的现象。当然，在部分催化剂上研究人员也观察到协同促进的现象，但该现象较为少见。各组分 VOCs 在催化反应中的相互影响多以竞争吸附来解释，且通常与 VOCs 种类、浓度、催化剂的性质以及 VOCs 氧化反应产物（如 CO_2 和 H_2O）等相关，但多组分 VOCs 催化燃烧过程的催化剂局部温度升高也可能是 VOCs 氧化促进的重要因素。

9.3.4　卤代烃和其他脂肪烃

卤代烃与其他脂肪烃在催化燃烧过程中的相互影响更为复杂。Brink 等研究了氯苯在 $Pt/\gamma\text{-}Al_2O_3$ 催化剂上与脂肪烃共存时的催化燃烧过程，发现庚烷的存在使得氯苯的氧化得到增强，且有效消除了多氯苯副产物，但其自身的氧化却被抑制。加入其他烃类物质也得到类似的结果[43]。作者认为烃类化合物氧化后产生的热量增多不足以解释氯苯氧化增强现象，烷烃共存时的促进作用主要是因为烃类氧化生成的水有利于催化剂表面氯的脱除，有效抑制催化剂氯中毒。

然而，Gutiérrez-Ortiz 等以二氧化铈、二氧化锆、$Ce_xZr_{1-x}O_2$ 混合氧化物为催化剂，对 DCE 或三氯乙烯（TCE）与正己烷所组成的二元 VOCs 混合气体的催化燃烧进行了研究，得到的实验结果却与上述的结论不同[44]。作者发现，在单组分反应中，VOCs 氧化效率按正己烷< DCE < TCE 的顺序递增。但在正己烷–氯代烃二元混合体系中，两种 VOCs 间的相互影响则表现为双向抑制，即当正己烷引入时，氯代烃的氧化受到了抑制，反之亦然。该抑制作用主要由 VOCs 各组分对催化剂表面活性位点的竞争吸附引起。其中，正己烷的氧化抑制可能是氯代烃在催化剂表面的优先吸附，或氯占据了氧吸附位点所致。此外，正己烷对 TCE 氧化的抑制作用比其对 DCE 的抑制作用更为明显，这可能与 TCE 分子中 Cl 原子数更多相关。除表观反应活性变化外，正己烷对氯代烃的产物分布也有影响，得益于正己烷提供的额外氢质子，其共存反应有效提高了氯代烃氧化产物 HCl 的选择性。类似的结果在前述芳香烃–卤代烃混合体系中也有报道。

Musialik-Piotrowska 等考察了 DCE 与其他脂肪烃（如正己烷）或含氧烃（丙酮、乙醇、乙酸乙酯）的双组分混合物在 Pt 负载型堇青石催化剂上的催化燃烧过程[45]。在单组分反应中，这几种 VOCs 的单反应活性按乙醇>正己烷=乙酸乙酯>丙酮>DCE 的顺序递减，表明 Pt 催化剂对其他几种非卤代有机物的氧化性更好。而对于双组分反应，卤代烃与其他烃间则表现出显著的双向抑制效应，即其他烃的存在均显著抑制了 DCE 的氧化，反之 DCE 的存在也降低了其他烃的氧化效率，并同时增多了不完全氧化产物（如乙醛）的生成。作者认为，各组分 VOCs 对相同活性位点的竞争吸附是导致该现象的主要因素。由于其他烃的吸附性都比 DCE 高，在混合体系中会优先吸附于催化剂活性位点，从而抑制了 DCE 的吸附与氧化。

此外，Musialik-Piotrowska 等还分别研究了 Pt 负载、Pd 负载以及 $La_{0.5}Ag_{0.5}MnO_3$ 钙钛矿负载堇青石三种催化剂上 TCE 与其他烃（正庚烷、乙醇、丁酮、丙酮、乙酸乙酯）双组分 VOCs 的催化燃烧过程[46]。作者发现，混合 VOCs 间的相互作用与催化剂种类有很大关系。在 Pt 催化剂上，其他共存显著提高了 TCE 的氧化效率，但在 Pd 催化剂上，仅乙醇的添加对 TCE 的氧化起到促进作用。然而，在钙钛矿催化剂上，除正庚烷（轻微抑制）外，其他烃的共存都对 TCE 氧化有着明显的抑制。反之，在两种贵金属催化剂上，TCE 的存在均对其他烃表现出抑制作用。但在钙钛矿催化剂上，TCE 对除正庚烷外的其他烃的氧化未产生影响。作者认为，上述系列催化剂所表现出的多组分反应行为差异可归因于 Pt、Pd 及金属氧化物催化剂上金属–氧键结合能的不同。

综上，对于卤代烃和其他脂肪烃的混合氧化，底物间的竞争吸附也是导致其催化反应行为变化的主要因素。不同催化剂上的卤代烃和其他脂肪烃的干扰效应存在差异，猜测与催化剂上的金属–氧键结合能有关，但还有待进一步证实。特别是，脂肪烃的加入在一定程度上改变了卤代烃氧化产物的分布，脂肪烃在氧化过程中提供的 H 质子，有效促进了解离氯从催化剂表面脱除，从而抑制了催化剂氯中毒并提高了产物 HCl 的选择性。

9.4　多组分 VOCs 催化剂的选择与设计

多组分 VOCs 的催化燃烧本质上仍是一个气相底物（包括氧气、VOCs 分子、水等）在催化剂表面吸附与反应的多相催化过程。进入到反应体系的多组分 VOCs 无论是以何种种类或浓度组成，都会对催化燃烧的过程造成一定影响。不同性质的 VOCs 在不同催化剂上的反应机制有着显著不同。在实际工业应用中，针对特定的多组分 VOCs 反应体系，如何合理设计催化剂组成结构以匹配多组分 VOCs 的反应特征是降低工业催化剂贵金属用量，实现 VOCs 高效治理的关键。

张杨飞研究了两种过渡金属氧化物催化剂催化燃烧甲苯–乙酸乙酯的单组分与双组分反应性能[47]，发现 $CuMnCe_{0.25}/TiO_2$ 是催化燃烧甲苯的优选催化剂，而 $MnCe_{0.125}/Cord$ 是催化燃烧乙酸乙酯的优选催化剂。对于单组分反应，优选催化剂的氧化效率显著优于二者混合催化剂的氧化效率。而对于双组分反应，混合催化剂的效率则显著优于任一单组分催化剂的氧化效率。特别是，当双组分 VOCs 的组成比例与其优选催化剂混合比例一致时，其催化燃烧的效率最高。

Sanz 等考察了 OMS-2、Pt/OMS-2、Pt/Al_2O_3 三种催化剂催化燃烧甲苯–乙酸乙酯的单组分及双组分反应性能，发现 OMS-2 催化剂对乙酸乙酯的氧化效率最高，而 Pt/OMS-2 对甲苯的氧化效率最高[41]。在双组分反应中，Pt/OMS-2 催化剂因同时具有甲苯与乙酸乙酯氧化反应的活性位点而表现出最高的催化燃烧性能。在 Pt/OMS-2 催化剂上作者未观察到甲苯与乙酸乙酯的竞争吸附，因此推测甲苯的氧化更易发生在 Pt 位点上，而乙酸乙酯的氧化更易发生于锰氧化物。事实上，贵金属催化剂并不总是表现出比金属氧化物催化剂更高的催化活性，如乙酸乙酯、MEK 等含氧有机物的催化燃烧，其在氧化锰等金属氧化物上的催化活性往往比在 Pt 基催化剂上更高。

综上，针对多组分 VOCs 催化燃烧的催化剂设计，主要思路有两种：一是在充分分析 VOCs 混合气体的各组分性质和反应机制基础上，合理选择单组分反应最优的催化剂，并根据多组分 VOCs 的浓度配比同比例混合单组分最优催化剂；二是深入剖析多组分 VOCs

催化燃烧的相互干扰作用，在单一催化剂上构建不同种类 VOCs 的定向吸附中心，以避免多组分 VOCs 反应的相互干扰。上述两种设计思路的共通之处在于，二者均需先明晰多组分 VOCs 的反应特征，再通过多种催化剂混合或在同一催化剂上构建多活性中心，保障多组分反应的高效进行。

9.5 总结与展望

本章基于 VOCs 的种类与组成，以非卤代脂肪烃、芳香烃、卤代烃、含氧烃为重点，分别介绍了同种类多组分 VOCs 与不同种类多组分 VOCs 在典型催化剂上的催化燃烧行为与过程，并从 VOCs 间竞争吸附及催化剂物化性质差异等方面分析了多组分 VOCs 催化燃烧的相互干扰机制及其影响因素，总结多组分 VOCs 间的相互干扰主要由 VOCs 分子在催化剂表面的吸附强弱不同所致，具体表现为互不干扰、单向干扰和双向干扰（如 A 干扰 B 且 B 干扰 A，表示为 A↔B）三种情况，且该干扰效应主要受 VOCs 性质、相对浓度组成、催化反应过程温度升高、活性相性质改变及产物分布变化等因素影响。

表 9-1 归纳了本章所涉及的多组分 VOCs 的催化燃烧研究。这些研究多通过程序升温脱附（TPD）、漫反射红外光谱（DRIFT）、分子模拟等手段，深入探究了多组分 VOCs 的吸附行为与反应机制。在竞争吸附与反应方面，上述研究重点探讨了 VOCs 各组分间的竞争吸附、VOCs 分子与氧分子间的竞争吸附以及 VOCs 分子与反应中间物种间的竞争吸附等过程，指出吸附能力强的 VOCs 更易占据催化剂的活性位点，从而影响与之共存的其他 VOCs 分子的氧化效率。一般认为，性质相同或结构相似的 VOCs 分子间的相互影响较小，如同种类混合的醛/酮/酯类反应体系，而当性质与结构差异显著时，多组分 VOCs 间就会发生显著的竞争吸附。例如，多组分芳香烃因侧链极性差异易在催化剂表面发生竞争吸附或置换效应；烷烃与芳香烃混合时，由于芳香烃的吸附性更强，烷烃的转化率出现显著下降等。此外，VOCs 氧化的中间产物乃至最终产物也会参与到竞争吸附与反应中，如邻二甲苯会与异丙醇的次级氧化产物丙烯发生竞争吸附，从而抑制了异丙醇的深度氧化；富氢的烷烃与氯代烃共存时可作为氢源提高产物 HCl 的选择性，从而加速催化剂表面氯的清除，避免催化剂氯中毒。

作为多相催化的反应界面，催化剂的性质（包括类型、组成、活性相尺寸等）以及催化过程中催化剂的局部升温等也会对多组分 VOCs 的催化燃烧过程产生影响。实际反应中，多组分 VOCs 的催化燃烧行为非常复杂，其间的相互影响并不局限于上述所列举的各种表现形式。针对多组分 VOCs 催化燃烧反应的研究目前仍处于起步阶段，后续还需就理论优化、现场表征技术提升以及工业应用场景适应等方面继续开展深入研究：其一，结合合理的实验设计，适当修正单组分 VOCs 的催化反应模型，建立适配度更高的多组分 VOCs 反应模型，为工业催化剂的设计与优化提供理论基础；其二，探索利用先进的现场表征技术分析多组分 VOCs 在不同催化剂上的吸脱附过程、反应界面微环境变化等，指导多组分催化剂的设计开发，适当降低工业催化剂的活性组分用量；其三，合理构建多活性中心催化剂，以匹配实际工业废气 VOCs 成分复杂、浓度波动范围大、含水汽或其他致催化剂毒化成分等排放特征，设计开发具有活性高、抗干扰性高、稳定性高、贵金属含量低

表 9-1 多组分 VOCs 催化氧化的混合效应及其影响因素

序号	混合效应	VOCs 组分(A+B+…)	分类	催化剂	主要原因	影响因素	文献
1	单向抑制(B→A)	甲苯+间二甲苯	2 种芳香烃	Au-Pd/α-MnO_2 纳米管	竞争吸附		[1]
	互不干扰(A—B)	丙酮+乙酸乙酯	酮类+酯类			VOCs 分子极性	
	双向干扰:抑制(A→B)+促进(B→A)	间二甲苯+丙酮/乙酸乙酯	芳香烃+酮类		抑制:竞争吸附 促进:反应放热,催化剂表面温度升高	VOCs 分子极性	
2	双向抑制	苯+甲苯	2 种芳香烃	0.5 wt% Ca/Mn_3O_4	竞争吸附		[9]
3	双向抑制	苯+甲苯	2 种芳香烃	Pd/ZSM-5-还原	竞争吸附	VOCs 结构的诱导效应	[10]
	双向抑制	苯+乙酸乙酯	芳香烃+酯类		竞争吸附		
	双向干扰:抑制(A→B)+促进(B→A)	甲苯+乙酸乙酯	芳香烃+酯类		抑制:竞争吸附		
4	单向抑制(B→A)	苯+甲苯	2 种芳香烃	TiMnCe	竞争吸附	VOCs 分子极性	[11]
	单向抑制(B→A)	甲苯+二甲苯	2 种芳香烃		竞争吸附	VOCs 分子极性	
5	互相抑制	苯+甲苯+乙苯+邻二甲苯	4 种芳香烃	Pt/CNT	吸附置换效应	VOCs 的吸附性和挥发性	[12]
6	互相抑制	苯+甲苯+乙苯+邻二甲苯+苯乙烯	5 种芳香烃	整体式铂基催化剂	竞争吸附	VOCs 吸附常数,浓度	[13]
7	促进(B→A)	苯+甲苯	2 种芳香烃	PdY	利于活性相转化 Pd(Ⅱ)→Pd(0)	VOCs 电离能	[14]
8	促进(BC→A)	苯+甲苯+二甲苯	3 种芳香烃	$La_{0.8}Ce_{0.2}Mn_{0.8}Co_{0.2}O_3$/γ-$Al_2O_3$			[15]
9	互相抑制(二元/三元) HCl 选择性提高	DCE-DCM-TCE 两两混合或三元混合	3 种芳香烃	质子分子筛	竞争吸附	VOCs 吸附性,浓度 氢源	[20]

续表

序号	混合效应	VOCs 组分(A+B+…)	分类	催化剂	主要原因	影响因素	文献
10	双向干扰:抑制(A→B)+促进(B→A)	邻二氯苯/间二氯苯/1,2,4-三氯苯+氯苯	2 种氯代烃	V_2O_5/TiO_2	抑制:低温竞争吸附/活化(亲核取代),高温内扩散 促进:催化剂表面氯化程度下降	C-Cl 个数,分子量	[21]
11	双向干扰:抑制(A→B)+促进(B→A)	CB+DCE	2 种氯代烃	Mn/Al_2O_3	竞争吸附	VOCs 极性,VOCs 结构的空间效应	[22]
12	双向抑制(非等比浓度)	乙酸乙酯+乙酸丁酯	2 种酯类	MnO_2-隐钾锰矿	—		[23]
13	单向抑制(A→B)	甲苯+正己烷	芳香烃+烷烃	$CuO/\gamma\text{-}Al_2O_3$	竞争吸附	—	[25]
14	单向抑制(A→B)	邻二甲苯+环辛烷	芳香烃+烷烃	$Pt/\gamma\text{-}Al_2O_3$	竞争吸附,竞争氧物种		[26]
15	抑制(B→A),正戊烷无影响	对二甲苯+环辛烷+正戊烷	芳香烃+烷烃三元	Pt/Al_2O_3		吸附性,浓度	[27]
16	单向抑制(A→B)	苯/甲苯+正己烷	芳香烃+烷烃	$Pt/\gamma\text{-}Al_2O_3$	竞争吸附	吸附性	[28]
17	双向抑制	甲苯+丙烷	芳香烃+烷烃	$\gamma\text{-}Al_2O_3$ 负载铜、锰和铈氧化物二元混合催化剂	竞争吸附	吸附性、催化剂的组成	[29]
18	双向抑制	甲苯+正己烷	芳香烃+烷烃	Pt/Al_2O_3	竞争吸附	催化剂的尺寸效应	[30]
19	双向抑制	甲苯+DCE/ TCE	芳香烃+氯代烃	$Ce_xZr_{1-x}O_2$	竞争吸附,竞争氧物种		[31]
20	双向干扰:抑制(高浓度 B→A),副产物抑制(A→B)	甲苯+DCM	芳香烃+氯代烃	铂铝催化剂	产物/副产物参与竞争吸附或反应	产物水,一氯甲烷	[32]
21	单向抑制(A→B)	邻二甲苯+MIBK	芳香烃+酮类	Pt/沸石	竞争活性位点		[33]
22	单向抑制(A→B)	甲苯+MEK	芳香烃+酮类	$Pt/\gamma\text{-}Al_2O_3$	竞争吸附		[34]

续表

序号	混合效应	VOCs 组分(A+B+…)	分类	催化剂	主要原因	影响因素	文献
23	单向抑制(A→B)	甲苯+乙酸乙酯	芳香烃+酯类	隐钾锰矿	竞争吸附	吸附性	[35]
	促进(B→A)	甲苯+乙醇	芳香烃+醇类		反应放热		
24	单向抑制(B→A)	苯+乙酸乙酯	芳香烃+酯类	$Pt/TiO_2(W^{6+})$			[36]
25	双向促进	甲苯 202+丙酮 500	芳香烃+酮类	$La_{0.8}Sr_{0.2}MnO_{3+x}$			[37]
	双向抑制	甲苯 500+乙酸乙酯 500	芳香烃+酯类				
26	双向干扰:促进(A→B)+抑制(B→A)	甲苯+乙酸乙酯	芳香烃+酯类	Mn/Al_2O_3	抑制:产物参与竞争吸附	VOCs 浓度,产物 CO_2 和 H_2O	[38]
27	单向抑制(A→B)	邻二甲苯+异丙醇	芳香烃+醇类	NaX 沸石	竞争吸附	空间效应	[39]
28	完全抑制(B→A)	苯+丁醇	芳香烃+醇类	Pt 和 Pd 负载型氧化铝			[40]
29	完全抑制(A→B)	甲苯+乙酸乙酯	芳香烃+酯类	$Pt-Al_2O_3$			[41]
30	双向促进	甲苯+MEK	芳香烃+酮类	La 基钙钛矿	特定位点竞争吸附,提高有效吸附	浓度	[42]
31	双向干扰:促进(B→A)+抑制(A→B)	氯苯+庚烷	卤代烃+非卤代脂肪烃	$Pt/\gamma-Al_2O_3$	促进:产物促进脱氯	产物水	[43]
32	双向抑制,HCl 选择性提高	DCE/TCE+正己烷	卤代烃+非卤代脂肪烃	$Ce_xZr_{1-x}O_2$	竞争吸附	Cl 原子数	[44]
33	双向抑制	DCE+正己烷/丙酮/乙醇/乙酸乙酯	卤代烃+非氯脂肪烃	Pt 负载型堇青石	竞争吸附		[45]
34	双向干扰:促进(B→A)+抑制(A→B)	TCE+正庚烷/乙醇/丁酮/丙酮/乙酸乙酯	卤代烃+非氯代脂肪烃	Pt 负载型堇青石		催化剂的种类	[46]
	双向干扰:促进(乙醇→A)+抑制(A→B)			Pd 负载型堇青石		催化剂的种类	
	抑制(B→A)			$La_{0.5}Ag_{0.5}MnO_3$ 负载型堇青石		催化剂的种类	

的“三高一低”工业催化剂。围绕着更为经济高效的 VOCs 催化燃烧技术开发，期望广大有志于环境保护的学生及科技工作者共同努力，深入探究实际工业应用条件下的多组分 VOCs 催化燃烧反应特征，一起引领 VOCs 催化治理技术革新以及低载量贵金属或非贵金属催化剂设计开发。

参考文献

[1] Xia Y S, Xia L, Liu Y X, et al. Concurrent catalytic removal of typical volatile organic compound mixtures over Au-Pd/α-MnO_2 nanotubes [J]. Journal of Environmental Sciences, 2018, 64: 276-288.

[2] Tichenor B A, Palazzolo M A. Destruction of volatile organic compounds via catalytic incineration [J]. Environmental Progress, 1987, 6 (3): 172-176.

[3] Hermia J, Vigneron S. Catalytic incineration for odour abatement and VOC destruction [J]. Catalysis Today, 1993, 17 (1-2): 349-358.

[4] Tai X H, Lai C W, Juan J C, et al. Nanocatalyst-based catalytic oxidation processes [M] //Abdeltif A, Assadi A A, Nguyen-Tri P, et al. Nanomaterials for Air Remediation. Amsterdam: Elsevier, 2020: 133-150.

[5] Doornkamp C, Ponec V. The universal character of the Mars and van Krevelen mechanism [J]. Journal of Molecular Catalysis A-Chemical, 2000, 162, (1-2): 19-32.

[6] 卜龙利, 杨力, 孙剑宇, 等. 双组分 VOCs 的催化氧化及动力学分析 [J]. 环境科学, 2014, 35 (9): 3302-3308.

[7] 杨力. 双组分 VOCs 的微波辅助催化氧化及动力学特性 [D]. 西安: 西安建筑科技大学.

[8] 陶飞. CeO_2-MnO_x 复合氧化物的形貌调控合成及其对 CVOCs 催化性能的研究 [D]. 杭州: 浙江大学.

[9] Kim S C, Shim W G. Catalytic combustion of VOCs over a series of manganese oxide catalysts [J]. Applied Catalysis B-Environmental, 2010, 98 (3-4): 180-185.

[10] He C, Li P, Cheng J, et al. A comprehensive study of deep catalytic oxidation of benzene, toluene, ethyl acetate, and their mixtures over Pd/ZSM-5 catalyst: mutual effects and kinetics [J]. Water Air and Soil Pollution, 2010, 209 (1-4): 365-376.

[11] 俞丹青. 钛基催化剂催化氧化苯系物有机废气的研究 [D]. 杭州: 浙江大学.

[12] Joung H J, Kim J H, Oh J S, et al. Catalytic oxidation of VOCs over CNT-supported platinum nanoparticles [J]. Applied Surface Science, 2014, 290: 267-273.

[13] Barresi A A, Baldi G. Deep catalytic-oxidation of aromatic hydrocarbon mixtures-reciprocal inhibition effects and kinetics [J]. Industrial & Engineering Chemistry Research, 1994, 33 (12): 2964-2974.

[14] Becker L, Forster H. Oxidative decomposition of benzene and its methyl derivatives catalyzed by copper and palladium ion-exchanged Y-type zeolites [J]. Applied Catalysis B-Environmental, 1998, 17 (1-2): 43-49.

[15] 许秀鑫, 赵朝成, 王永强. B 位元素掺杂对 $La_{0.8}Ce_{0.2}Mn_xM_{1-x}O_3$/$\gamma$-$Al_2O_3$ 催化剂催化 VOCs 燃烧性能的影响 [J]. 石油学报 (石油加工), 2013, 29 (5): 778-784.

[16] He C, Cheng J, Zhang X, et al. Recent advances in the catalytic oxidation of volatile organic compounds: a review based on pollutant sorts and sources [J]. Chemical Reviews, 2019, 119 (7): 4471-4568.

[17] Weng X, Meng Q, Liu J, et al. Catalytic oxidation of chlorinated organics over lanthanide perovskites: effects of phosphoric acid etching and water vapor on chlorine desorption behavior [J]. Environmental

Science & Technology, 2019, 53 (2): 884-893.
[18] Sun P, Zhai S, Chen J, et al. Development of a multi-active center catalyst in mediating the catalytic destruction of chloroaromatic pollutants: a combined experimental and theoretical study [J]. Applied Catalysis B-Environmental, 2020, 272: 119015.
[19] Long Y, Su Y, Xue Y, et al. V_2O_5-WO_3/TiO_2 catalyst for efficient synergistic control of NO_x and chlorinated organics: insights into the arsenic effect [J]. Environmental Science & Technology, 2021, 55 (13): 9317-9325.
[20] López-Fonseca R, Gutiérrez-Ortiz J I, González-Velasco J R. Mixture effects in the catalytic decomposition of lean ternary mixtures of chlororganics under oxidising conditions [J]. Catalysis Communications, 2004, 5 (8): 391-396.
[21] Wang J, Wang X, Liu X L, et al. Kinetics and mechanism study on catalytic oxidation of chlorobenzene over V_2O_5/TiO_2 catalysts [J]. Journal of Molecular Catalysis A-Chemical, 2015, 402: 1-9.
[22] Chen G Y, Wang Z, Lin F W, et al. Comparative investigation on catalytic ozonation of VOCs in different types over supported MnO_x catalysts [J]. Journal of Hazardous Materials, 2020: 391.
[23] Soares O S G P, Orfao J J M, Figueiredo J L, et al. Oxidation of mixtures of ethyl acetate and butyl acetate over cryptomelane and the effect of water vapor [J]. Environmental Progress & Sustainable Energy, 2016, 35 (5): 1324-1329.
[24] 应卫勇, 廖仕杰, 房鼎业, 等. 新型催化剂上甲苯、丙烯、一氧化碳催化燃烧反应动力学 [J]. 化工学报, 2002, 53 (10): 1051-1055.
[25] Wang C H. Al_2O_3-supported transition-metal oxide catalysts for catalytic incineration of toluene [J]. Chemosphere, 2004, 55 (1): 11-7.
[26] Banu I, Manta C M, Bercaru G, et al. Combustion kinetics of cyclooctane and its binary mixture with *o*-xylene over a Pt/γ-alumina catalyst [J]. Chemical Engineering Research & Design, 2015, 102: 399-406.
[27] Dryakhlov A S, Ulybin B E, Kalinkina L I, et al. Kinetics of individual and joint hydrocarbon oxidation [J]. Russian Chemical Bulletin, 1982, 31: 757-764.
[28] Ordóñez S, Bello L, Sastre H, et al. Kinetics of the deep oxidation of benzene, toluene, *n*-hexane and their binary mixtures over a platinum on gamma-alumina catalyst [J]. Applied Catalysis B-Environmental, 2002, 38 (2): 139-149.
[29] Saqer S M, Kondarides D I, Verykios X E. Catalytic oxidation of toluene over binary mixtures of copper, manganese and cerium oxides supported on γ-Al_2O_3 [J]. Applied Catalysis B-Environmental, 2011, 103 (3-4): 275-286.
[30] Grbic B, Radic N, Terlecki-Baricevic A. Kinetics of deep oxidation of *n*-hexane and toluene over Pt/Al_2O_3 catalysts-oxidation of mixture [J]. Applied Catalysis B-Environmental, 2004, 50 (3): 161-166.
[31] Rivas D B, Gutiérrez-Ortiz J I, López-Fonseca R, et al. Analysis of the simultaneous catalytic combustion of chlorinated aliphatic pollutants and toluene over ceria-zirconia mixed oxides [J]. Applied Catalysis A: General, 2006, 314 (1): 54-63.
[32] Wang L, Sakurai M, Kameyama H. Catalytic oxidation of dichloromethane and toluene over platinum alumite catalyst [J]. Journal of Hazardous Materials, 2008, 154 (1-3): 390-395.
[33] Tsou J, Magnoux P, Guisnet M, et al. Catalytic oxidation of volatile organic compounds-oxidation of methyl-isobutyl-ketone over Pt/zeolite catalysts [J]. Applied Catalysis B-Environmental, 2005, 57 (2): 117-123.
[34] Pina M P, Irusta S, Menendez M, et al. Combustion of volatile organic compounds over platinum-based

catalytic membranes [J]. Industrial & Engineering Chemistry Research, 1997, 36 (11): 4557-4566.

[35] Santos V P, Pereira M F R, Orfao J J M, et al. Mixture effects during the oxidation of toluene, ethyl acetate and ethanol over a cryptomelane catalyst [J]. Journal of Hazardous Materials, 2011, 185 (2-3): 1236-1240.

[36] Papaefthimiou P, Ioannides T, Verykios X E. Performance of doped Pt/TiO_2 (W^{6+}) catalysts for combustion of volatile organic compounds (VOCs) [J]. Applied Catalysis B-Environmental, 1998, 15 (1-2): 75-92.

[37] Blasin-Aube V, Belkouch J, Monceaux L. General study of catalytic oxidation of various VOCs over $La_{0.8}Sr_{0.2}MnO_{3+x}$ perovskite catalyst—influence of mixture [J]. Applied Catalysis B-Environmental, 2003, 43 (2): 175-186.

[38] Aguero F N, Barbero B P, Gambaro L, et al. Catalytic combustion of volatile organic compounds in binary mixtures over MnO_x/Al_2O_3 catalyst [J]. Applied Catalysis B-Environmental, 2009, 91 (1-2): 108-112.

[39] Beauchet R, Mijoin J, Batonneau-Gener I, et al. Catalytic oxidation of VOCs on NaX zeolite: mixture effect with isopropanol and *o*-xylene [J]. Applied Catalysis B-Environmental, 2010, 100 (1-2): 91-96.

[40] Papaefthimiou P, Ioannides T, Verykios X E. Combustion of non-halogenated volatile organic compounds over group Ⅷ metal catalysts [J]. Applied Catalysis B-Environmental, 1997, 13 (3-4): 175-184.

[41] Sanz O, Delgado J J, Navarro P, et al. VOCs combustion catalysed by platinum supported on manganese octahedral molecular sieves [J]. Applied Catalysis B-Environmental, 2011, 110: 231-237.

[42] Irusta S, Pina M P, Menendez M, et al. Catalytic combustion of volatile organic compounds over La-based perovskites [J]. Journal of Catalysis, 1998, 179 (2): 400-412.

[43] Brink R W V D, Mulder P, Louw R. Catalytic combustion of chlorobenzene on Pt/gamma-Al_2O_3 in the presence of aliphatic hydrocarbons [J]. Catalysis Today, 1999, 54 (1): 101-106.

[44] Gutiérrez-Ortiz J I, Rivas B D, López-Fonseca R, et al. Catalytic purification of waste gases containing VOC mixtures with Ce/Zr solid solutions [J]. Applied Catalysis B-Environmental, 2006, 65 (3-4): 191-200.

[45] Musialik-Piotrowska A, Mendyka B. Catalytic oxidation of chlorinated hydrocarbons in two-component mixtures with selected talys VOCs [J]. Cais Today, 2004, 90 (1-2): 139-144.

[46] Musialik-Piotrowska A, Syczewska K. Catalytic oxidation of trichloroethylene in two-component mixtures with selected volatile organic compounds [J]. Catalysis Today, 2002, 73 (3-4): 333-342.

[47] 张杨飞. 过渡金属负载催化剂催化燃烧甲苯，乙酸乙酯双组分 VOCs 的性能 [D]. 广州：华南理工大学，2013.

第10章　VOCs 氧化整体式催化剂

粉末催化剂在工业源 VOCs 催化燃烧实际应用中存在一定局限，如床层压降大、反应物浓度分布不均匀、床层温度梯度大等。相对而言，整体式催化剂由于具有床层压降低、物料与催化剂接触充分、床层表面能有效避免出现过热点、催化剂的装填及维护更为简便等优势，更加符合大空速条件下工业源 VOCs 的催化燃烧反应。因此开发整体式催化剂以满足工业应用需求具有重要意义。

整体式催化剂通常由蜂窝陶瓷载体、涂层和活性组分三部分构成，其中活性组分是最关键的部分，涂层作为催化剂活性组分的载体，直接影响活性相的状态及其催化性能，并对催化剂寿命起着重要作用。整体式催化剂载体应具备合适的孔结构、较大的比表面积、优异的活性组分分散性、较高的热稳定性和导热性、耐磨损、耐腐蚀等特点，现有整体式催化剂所用载体大多为蜂窝状堇青石、金属丝网等。

对于 VOCs 催化反应而言，整体式催化剂具有以下优点：①活性组分以薄层的形式均匀负载在载体上，有利于减少外扩散的影响，催化剂活性组分能被更充分地利用，同时一定程度上克服了一般催化剂在反应过程中发生的物理磨损等过程；②改善反应物的流动状况，传统反应器中，由于催化剂颗粒填充的随机性，很难避免反应物在流动过程中存在死角、沟流等情况的发生，进而对反应速率及净化效率产生负面影响，整体式蜂窝催化剂提供的孔道是规则且直通的，反应物在其内部的流动状况接近于平推流，返混较少，克服了填充床存在的问题；③整体式催化剂床层中的压降比填充床显著降低，适合高流速或要求低压降的反应工况；④整体式催化剂中良好的流动状况也有利于改善反应时的传热状态，使得反应物和催化剂充分接触，更快达到均温，降低局部过热现象发生的概率；⑤提高多相催化反应的性能，对某些质量传递控制的反应过程，利用整体式催化剂可以降低成本；⑥整体式催化剂是结构化的，相比填充床整体式催化剂，其制备更容易实现工业放大。

10.1　整体式催化剂常用的制备方法

目前，整体式催化剂常用的制备方法主要有涂覆法、水热法、化学气相沉积法、沉淀法等（图 10-1）。

溶胶-凝胶法是一种常见的催化剂制备方法，即金属醇盐或有机盐前驱体经过水解络合反应得到溶胶，再经干燥固化得到干凝胶，最后在适宜温度下煅烧得到催化剂。溶胶-凝胶法制备的载体和涂层具有烧成温度低、有效组分分散均匀、晶体形貌好、晶体粒径小、比表面积大等优点，但溶胶-凝胶法制备所需时间较长且制备方法较复杂。

浸渍法是将载体浸泡于浸渍液（多为可溶性硝酸盐溶液）中，浸渍过程是将一种或几种活性组分以盐溶液浸渍多孔载体，并渗透到载体内部空隙和表面。目前较为常用的浸渍

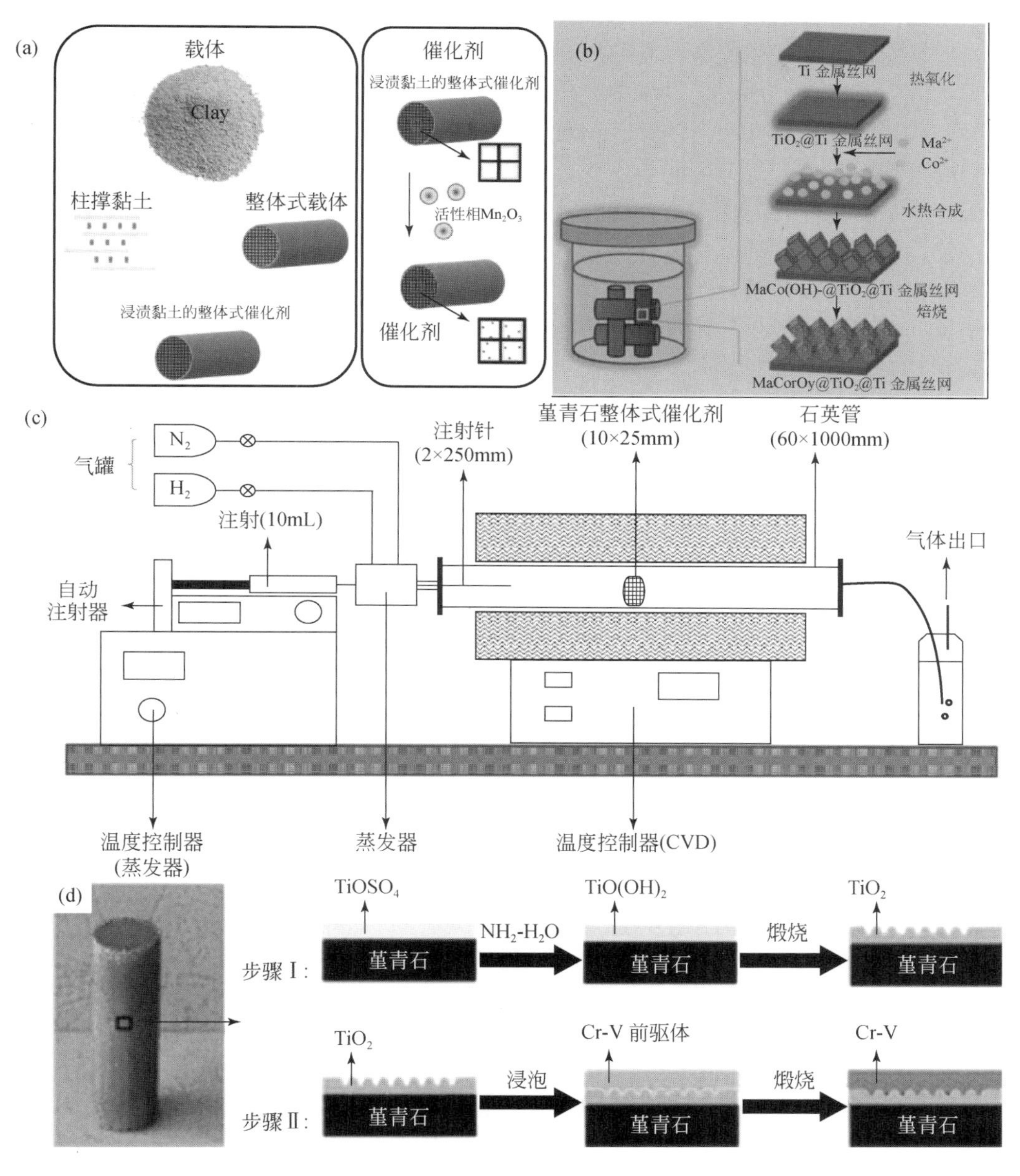

图 10-1 整体式催化剂的制备方法示意图：(a) 涂覆法；(b) 水热法；(c) 化学气相沉积法；(d) 沉淀法

方法为等体积浸渍法和过量浸渍法。等体积浸渍是载体微孔体积刚好为载体所需浸渍液的使用量，可省略废弃浸渍液的回收步骤，是工业催化剂生产中常用的方法。过量浸渍法是将载体浸入过量的浸渍液中（通常载体全部浸泡于浸渍液中），达到吸附平衡后，载体从浸渍液中捞出沥干，将其干燥焙烧后得到催化剂，这种方法单次负载后活性组分含量较低，需要多次负载才能得到预期负载量。浸渍法的优点在于负载的活性组分大多数分布于载体表面，其活性组分用量少、利用率高，可有效降低催化剂整体成本，且制备过程可以直接利用载体，省去催化剂的成型步骤，使得催化剂的制备过程大大简化，且可以通过选择适当的载体，为催化剂提供所需的物理结构特性。但浸渍法活性组分大多数采用金属硝酸盐类物质，其在催化剂煅烧过程中会产生 NO_x 等污染物，且活性组分在载体上的负载属于平面负载，烟气长期冲刷会使活性物质受到磨损而流失；此外，利用浸渍法制备的催化剂在干燥过程中其活性组分可能会发生迁移，造成活性组分的不均匀分布。

沉淀法是在整体式催化剂上负载活性组分相对较容易的方法，优点是不溶性金属盐可沉积在载体上，在之后的干燥过程中不再移动。沉淀法一般可以通过两种途径进行：一是将溶解性良好的金属盐放入容器中溶解，并将催化剂载体置于容器中，再缓慢加入第二盐，使第一盐沉淀。如果金属盐没有足够的溶解度来满足所需的金属负载量，可向含催化剂载体的混合容器中同时加入金属盐和沉淀剂，但这种方法可能会导致载体上活性相沉积不均（制备过程中液体快速通过载体可缓解此问题）。共沉淀法是将催化剂所需的两个或两个以上的组分同时沉淀的一种方法，常用来制备高含量多组分的催化剂，且各组分之间的比例较为恒定，分布也比较均匀；如果组分之间能够形成固溶体，则分散度和均匀性更为理想。

粉末催化材料可通过涂覆法进一步涂覆于整体式基体获得整体式催化剂。涂覆法是将一定配比的催化剂前驱体、黏结剂、溶剂等制成浆料，再把催化剂浆料涂覆于载体表面，形成含有催化剂前驱体涂层的整体式催化剂。涂覆法制备的催化剂具有制备过程简单、原料用量少、活性相分散性好、催化剂利用率高等优点。挤出法是将催化剂所需物料经过混捏、炼泥、挤出成型、干燥焙烧进而得到整体式催化剂，挤出法得到的整体式催化剂具有压降低、容尘量大等特点。

水热合成是将水溶液置于高温高压环境中得到结晶物质的方法，制备得到的纳米晶粒具有结晶度高、粒径均匀、分散性好等优点。水热合成法在制备整体式催化剂方面的应用是将载体置于含有涂层或者活性物质的前驱体溶液中，在高温高压下发生水热反应，使涂层或活性相直接在载体上生长，其优点是负载牢固度高、活性相不易脱落，缺点是该方法制备条件较为苛刻，且高温下晶体生长速度较快，不易控制。

化学气相沉积法一般是指将金属载体放置在反应器中，通入特定气体，在高温下利用气体之间的反应或者气体与载体之间的反应，在整体式载体上沉积活性相，该方法对于沉积量和沉积速度的可控性强，但操作温度较高，因此在实际应用中仍受到一定程度的限制。

10.2　堇青石整体式催化剂

蜂窝堇青石（$2MgO \cdot 2Al_2O_3 \cdot 5SiO_2$）是常用的整体式催化剂载体之一，一般由连续且平行的孔道结构组成，平行孔道的截面一般可分为正方形、圆形、六边形、三角形等，平行通道使得蜂窝状载体具有机械性能强、稳定性高、压降低、耐磨性好等优势；除此之外，规则的孔道结构有助于加速传质过程，提升催化剂的固有催化活性[1]。堇青石载体是在1200℃以上经过高温烧制而成，具有良好的耐高温能力，适合高温催化氧化反应。然而，新鲜堇青石载体的比表面积较低（约 $0.7m^2/g$），不能满足具有良好活性位点分散性的整体催化剂的要求。堇青石载体在使用之前通常会对其进行一定的预处理，在减少杂质的同时增加载体表面粗糙度，便于活性组分负载。为了提高载体的吸附性能和活性组分在载体表面的分散度，往往会在载体表面涂覆一层涂层，之后在复合载体表面负载活性组分。催化剂涂层质量是影响催化剂性能的重要因素，开发牢固度高、负载量高、制备工艺简单的催化剂涂层对堇青石整体式催化剂具有重要意义。

10.2.1　γ-Al_2O_3涂层的堇青石整体式催化剂

γ-Al_2O_3具有较大的比表面积（150～300m^2/g）、高的孔隙率、孔结构和孔分布可调、丰富的表面酸中心和表面羟基官能团、良好的机械稳定性和热稳定性、价格低廉等优点[2-4]；此外，γ-Al_2O_3的高黏附性使其可以在不添加额外黏合剂的情况下均匀地涂覆在堇青石基体表面，其作为堇青石涂层被广泛研究。

催化剂的活性与许多因素有关，如活性相比例、负载量、催化剂制备方法等，反应中往往是几种因素协同对催化剂活性起作用。通过调变金属阳离子比例，改变活性组分负载量，催化剂制备方法及掺杂其他金属可以得到具有不同性能的催化材料。Zhao 等[5] 发现 Cu_xCo_{1-x}/Al_2O_3/堇青石催化剂的 Cu/Co 比例（x=0～1）对甲苯的转化有显著影响，当两种活性组分比例为 1∶1 时，制备的催化剂（$Cu_{0.5}Co_{0.5}/Al_2O_3$/堇青石）具有最高的活性，能够在 315℃下实现甲苯的完全氧化［甲苯浓度=0.1%；空速=5.6×10^4mL/(g·h)］，催化剂的高活性归因于在氧化铜中加入钴后，Cu-Co-O 固溶体的形成和催化剂还原性的提高（图 10-2）。催化剂的活性相含量对催化性能有重要影响，低负载量导致活性位点浓度降低，而高负载量易导致活性位点结晶度升高或重叠，均不利于催化反应的进行。Morales 等[6] 发现在整体式蜂窝陶瓷上负载高含量锰铜［>(7.49±0.3)%］易导致活性相较高的结晶度，致使吸附氧和晶格氧降低，催化剂活性下降；3.48wt% 锰铜活性相负载的催化剂具有大量的氧空位和表面吸附氧，在正己烷燃烧中显示出最高的催化活性。Jiang 等[7] 考察

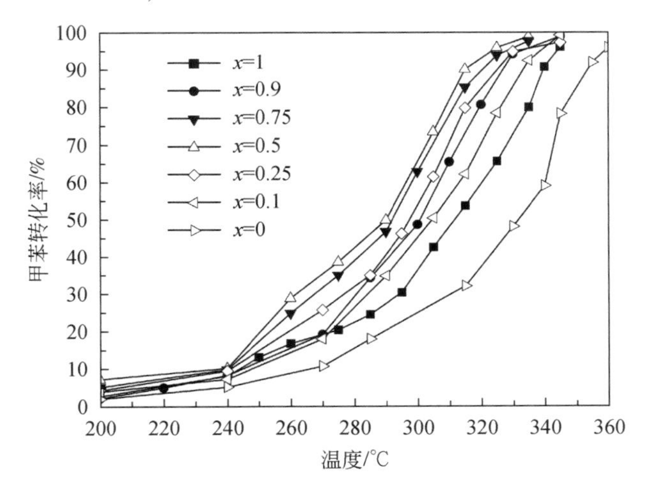

图 10-2　Cu_xCo_{1-x}/Al_2O_3/堇青石整体式催化剂的甲苯氧化性能[5]

了 Pt-Pd 活性相含量（0.07wt% ~0.4wt%）对催化剂苯氧化活性的影响，发现催化剂活性随贵金属含量的增加而增加（特别是 0.1wt% ~0.2wt% 范围内），但当含量继续增加时，催化剂活性增加趋势并不明显，这与过量贵金属含量引起的吸附位点重叠有关。Wu 等[8]分别通过溶胶–凝胶法、涂覆法、溶胶浸渍法和一步溶液浸渍法制备了 Cu-Mn/γ-Al_2O_3/堇青石整体式催化剂，研究发现通过溶胶浸渍法制备的催化剂具有最高的活性和机械稳定性，且该方法极具实用性。Zhou 等[9]发现用沉积–沉淀法制备的 MnO_x-CeO_2/La-Al_2O_3/堇青石比用浸渍法制备的材料表现出更高的甲苯催化活性，表面丰富的氧物种使得材料具有出色的低温氧化还原性能。

10.2.2 碳基材料涂层的堇青石整体式催化剂

碳基材料作为堇青石催化剂涂层已有较多报道。在众多碳材料中，碳纳米纤维、石墨烯和复合碳材料因具有高的比表面积、优良的热稳定性和可调的孔结构而得到广泛研究。此外，实际工业废气中通常含有一定量的水分，水分子的存在阻碍了污染物分子与活性位点的接触，碳材料因其疏水特性而受到越来越多的关注，其在潮湿条件下催化分解 VOCs 具有较大的应用前景。

碳纳米纤维（ACNF）具有抗氧化能力强、涂层量和厚度可控、机械强度高等优点，在催化领域得到了广泛应用。此外，ACNF 在聚集过程中呈网状结构，弯曲度较低，提高了反应传质效率[10]。Morales-Torres 等[11]研究了碳纳米纤维负载 Pt 催化剂对苯、甲苯和间二甲苯的催化降解，发现 Pt/ACNF/堇青石整体式催化剂较 Pt/γ-Al_2O_3/堇青石材料具有更高的催化性能。Pt/ACNF/堇青石优异的催化性能主要由于 ACNF 涂层较 γ-Al_2O_3涂层更疏水，而不依赖于活性金属和反应物分子类型。催化剂对苯、甲苯和间二甲苯的不同降解效率归因于涂层与污染物分子的相互作用不同（图 10-3）。

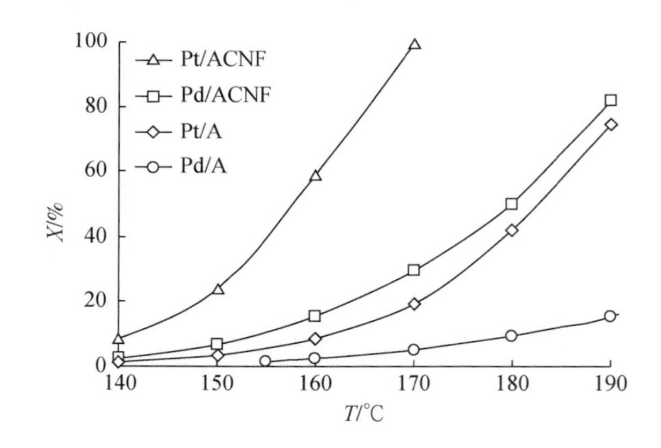

图 10-3　碳纳米纤维涂层对 Pt 基催化剂氧化 VOCs 性能的影响[13]

石墨烯具有二维结构、大比表面积和多样化表面官能团[12]，作为催化剂载体被广泛研究。Li 等[13]合成了一系列具有石墨烯涂层的 Pd 基堇青石催化剂，并与传统 Pd/堇青石催化剂进行对比，结果显示 Pd/石墨烯/堇青石整体式催化剂在甲苯氧化中表现出更高的反应活性和稳定性，主要原因是污染物在石墨烯和金属相之间存在巨大的浓度差，提高了甲苯的转移速率，且Pd/石墨烯/堇青石催化剂上Pd纳米粒子具有更好的分散性。此外，石墨烯涂层增加了堇青石的疏水性，使其在潮湿环境中具有良好的活性和稳定性。

除碳纳米纤维、石墨烯和氧化石墨烯外，研究者也报道了以煅烧有机物形成的碳材料作为堇青石整体式催化剂的涂层，且碳材料孔结构对催化性能有较大影响。Pérez-Cadenas等[14]研究了具有不同孔类型（介孔复合碳、微孔复合碳及α-Al_2O_3改性的堇青石）整体式催化剂对间二甲苯的氧化性能，发现催化剂活性顺序为Pd/介孔复合碳/堇青石>Pd/微孔复合碳/堇青石>Pd/α-Al_2O_3/堇青石，原因在于介孔碳涂层对改善活性金属颗粒与VOCs分子之间的接触更有利。Pérez-Cadenas等[15]发现Pt/碳/堇青石整体式催化剂在155℃时实现了苯的全转化［空速=2000m^3/(h·$m^3_{催化剂}$)］，与Pt/γ-Al_2O_3/堇青石催化剂相比，碳基涂层涂覆催化剂表现出更高的苯氧化性能，这与碳基材料的疏水性和反应中促进水分子释放有关。在此基础上，研究人员进一步合成了Pt/Pd修饰的碳包覆堇青石催化剂[16]，发现复合活性相整体式催化剂在150~180℃可实现二甲苯的完全转化［空速=2000m^3/(h·$m^3_{催化剂}$)］，且Pt基整体式催化剂的活性高于Pd基整体式催化剂，这与Pd的分散性和热稳定性较低有关。

10.2.3 金属氧化物涂层的堇青石整体式催化剂

1. 单组分金属氧化物涂层

单组分金属氧化物（如CeO_2、TiO_2、Mn_2O_3、Co_3O_4、ZnO等）涂覆的堇青石整体式催化剂在VOCs催化降解中的应用近年来得到研究者的关注。Li等[17]以CeO_2为涂层制备了系列Ni-Mn/CeO_2/堇青石催化剂并用于苯催化氧化，结果表明Ni/Mn摩尔比为1∶1的催化剂具有最高的催化活性（苯浓度=1376ppm；空速=15000h^{-1}），$NiMnO_3$和CeO_2之间的协同作用、涂层的高比表面积和较大孔尺寸促进了活性相的分散，提升了催化剂的氧化活性。研究表明，向CeO_2涂层中掺入稀土元素能有效提高材料的催化性能。Gómez等[18]报道了Co/La-CeO_2/堇青石和Pt/La-CeO_2/堇青石催化剂上甲苯和乙酸乙酯的催化氧化性能，发现所制备的整体式催化剂仍然保持与粉末催化剂类似的结构和组成性质。在相同实验条件下，15wt% Co基催化剂表现出比3wt% Pt基催化剂更好的催化活性。

TiO_2也常作为堇青石的涂层使用。相比γ-Al_2O_3，TiO_2涂层能更好地改善堇青石的表面性能[19,20]。Hoang等[21]分别采用溶剂热法和原子层沉积法制备了超低负载量Pt/TiO_2纳米线/堇青石催化剂（Pt负载量=1.1g/ft^3），最佳催化剂能够分别在313℃和315℃下实现90%丙烯和乙烯的催化氧化，小颗粒金属相具有的优异性能使得堇青石催化剂显示出较高的低温催化活性。研究者发现反应气氛中添加H_2会降低总烃氧化的起燃温度（最高达30℃），这是由于H_2抑制了活性较低的Pt氧化物物种（PtO、PtO_2等）的形成。Chen等[22]研究了制备方法对Pt/TiO_2/堇青石整体式催化剂性能的影响，结果发现相比于传统浆料涂覆法，分散液喷涂法具有简单高效、环境友好、活性组分利用率高等优点，更适合于整体催化剂的大规模生产。分散液喷涂法制备的Pt/TiO_2/堇青石催化剂显示出高的甲苯催化活性（T_{90} =212℃）和优异的稳定性（120h 连续反应未观察到催化剂失活）。除此之外，研究者利用分散液喷涂法成功制备了一系列不同基体（网状 SiC、泡沫氧化铝、砖块）负载的 Pt/TiO_2 整体式催化剂，证明了该方法制备整体式催化剂的普适性（图 10-4）。Yi 等[20]的研究表明，超声波对 Mn-CeO_x/TiO_2/堇青石催化剂的性能有促进作用[19]，超声处理有利于活性相分散，提升催化剂上 Mn^{4+}/Mn^{3+}、Ce^{4+}/Ce^{3+} 和 O_{ads}/O_{latt} 的比例。此外，研究人员发现添加 10wt% 十六烷基三甲基溴化铵（CTAB）和超声波处理协同最有利于催化剂氧化活性的提升。

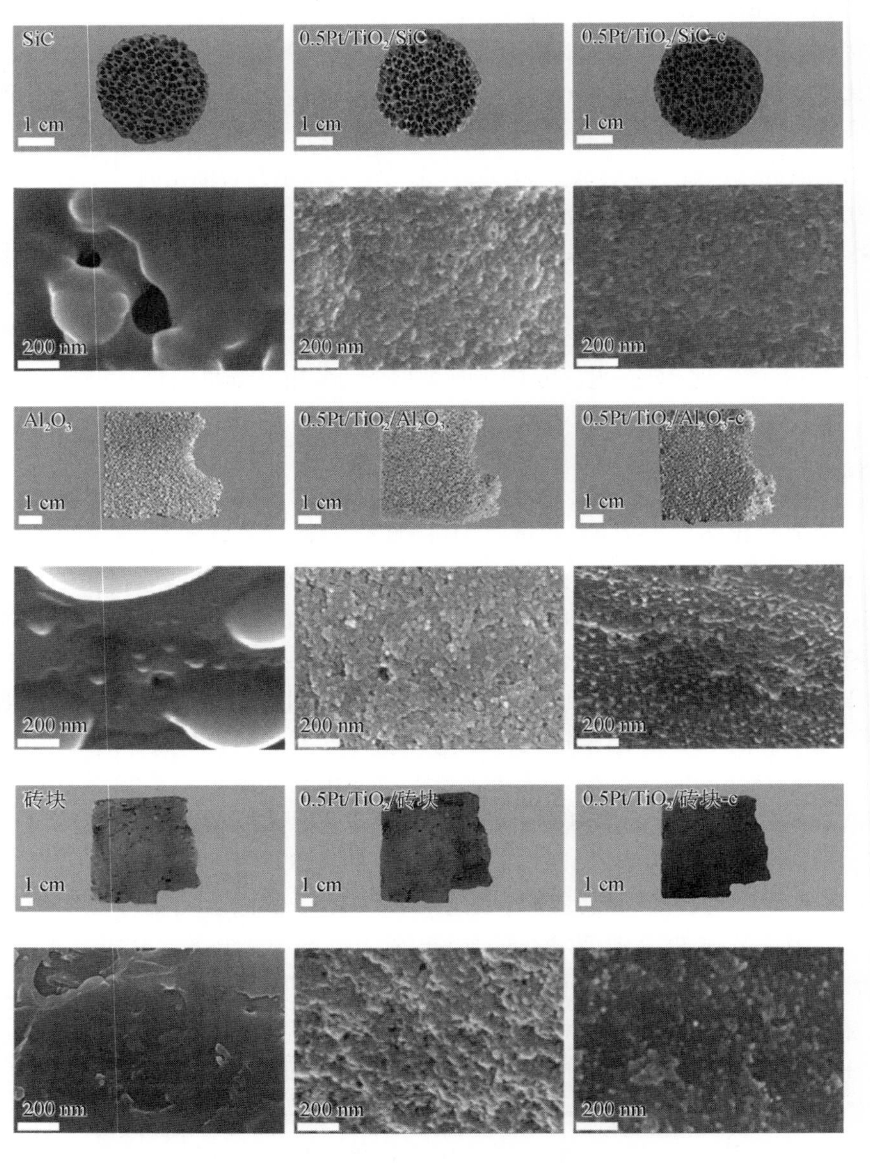

图 10-4　不同整体式载体负载 Pt/TiO_2 的 SEM 图像[22]

Co_3O_4、ZnO 等金属氧化物作为堇青石涂层也得到了一定的研究，该类氧化物涂层的优势主要表现在具有大的比表面积、丰富的孔隙结构、较好的催化活性和稳定性、再生能力强等[23]。Sun 等[24]研究了 $LaBO_3$（B = Mn、Co、Ni）/Co_3O_4的催化活性，通过比较 $LaMnO_3$/Co_3O_4/堇青石和 $LaMnO_3$/堇青石研究了 Co_3O_4对催化邻二甲苯性能的影响，结果表明 Co_3O_4涂层极大改善了催化剂的储氧能力，提升了催化剂活性。此外，作者进一步研究了不同形貌金属基钙钛矿、煅烧时间和煅烧温度对催化性能的影响，发现催化剂 3D 分层空心微球结构拥有更多的氧空位和更大的比表面积，增强了钙钛矿活性相和邻二甲苯间的接触。其中，La_2NiO_4/Co_3O_4/堇青石整体式催化剂（La_2NiO_4负载量 = 11.39wt%；焙烧温度 = 600℃；焙烧时间 = 4h）具有最佳的催化性能，在 299℃下实现 90% 邻二甲苯的催化转化。Wang 等[25]研究了 $LaBO_3$（B = Ni、Co、Mn）/ZnO/堇青石催化剂上丙烷的氧化行为，发现催化剂上丙烷的氧化活性顺序为 $LaCoO_3$/ZnO/堇青石 > $LaMnO_3$/ZnO/堇青石 > La_2NiO_4/ZnO/堇青石。La 基钙钛矿纳米颗粒在 ZnO 纳米棒阵列界面中良好的分散性有助于增强催化性能，使得 ZnO 为涂层的整体式催化剂与钙钛矿直接涂覆的堇青石催化剂相比具有更高的活性和更低的表观活化能。

2. 复合金属氧化物涂层

复合金属氧化物涂层与单一金属氧化物涂层间最大的不同是复合氧化物金属之间能够形成氧负离子，使得有机物分子更容易接近进而提高其催化活性。常见的研究策略是通过改性/掺杂其他稀土或过渡金属氧化物、调节金属比例和含量以及优化制备方法来改善涂层性能。多组分氧化物涂层的主要作用为提供大的比表面积分散活性组分以阻碍大的晶体形成，同时涂层的某些组分与活性相之间存在协同作用，提升催化剂性能。

CeO_2具有优异的储放氧能力和氧化还原性能，研究者对其进行了广泛研究以改善涂层性能。Deng 等[26]采用浸渍法和溶胶−凝胶法制备了 Ni-Mn/$Ce_xZr_{1-x}O_2$/堇青石，活性测试结果表明 $NiMnO_3$/$Ce_{0.75}Zr_{0.25}O_2$/堇青石具有最佳的活性，在 275℃下即能实现 95% 苯的转化、250℃下可以实现 95% 甲苯和二甲苯的转化（空速 = 15000h^{-1}），其优异的活性归因于高分散 $NiMnO_3$活性相和优异的氧转移能力（涂层中丰富的晶格畸变和缺陷所致）。Zhu 等[27]考察了不同涂层对负载 Pt 催化剂活性的影响，结果表明 CuMnCe 复合金属氧化物涂层能够有效分散 Pt 活性相且 Pt/PtO 和 CuMnCe 氧化物涂层间存在明显的协同作用，因此 Pt/CuMnCe/堇青石相比 Pt/CeY/堇青石表现出更高的催化活性（甲苯、乙酸乙酯和正己烷的 T_{90}转化温度分别为 216℃、200℃和 260℃；空速 = 5000h^{-1}）（图 10-5）。Li 等[28]证实 $Ce_{0.5}Mn_{0.5}O_{1.5}$涂层能够提高 Pd/$Ce_{0.5}Mn_{0.5}O_{1.5}$/堇青石催化剂上 PdO 的分散度，提升其催化性能。Sedjame 等[29]研究了系列 Pt 基整体式催化剂（Pt/Al_2O_3/堇青石、Pt/ZrO_2/堇青石、Pt/CeO_2/堇青石、Pt/Al_2O_3/堇青石、Pt/Al_2O_3-ZrO_2/堇青石、Pt/Al_2O_3-CeO_2/堇青石和 Pt/CeO_2-ZrO_2/堇青石）上乙酸的催化氧化特征，发现在 Pd/Al_2O_3和 Pd/ZrO_2催化剂中添加 CeO_2可显著提高催化剂的催化活性，主要归功于 CeO_2的高储氧能力和碱性。研究表明，由于 CeO_2-Y_2O_3涂层可为 Pd 中心提供足够的附着力和高污染物吸附率，Pd/CeO_2-Y_2O_3/堇青石催化剂表现出优异的甲苯和乙酸乙酯氧化活性（T_{99}分别为 220℃和 310℃；空速 = 15000h^{-1}）[30]。

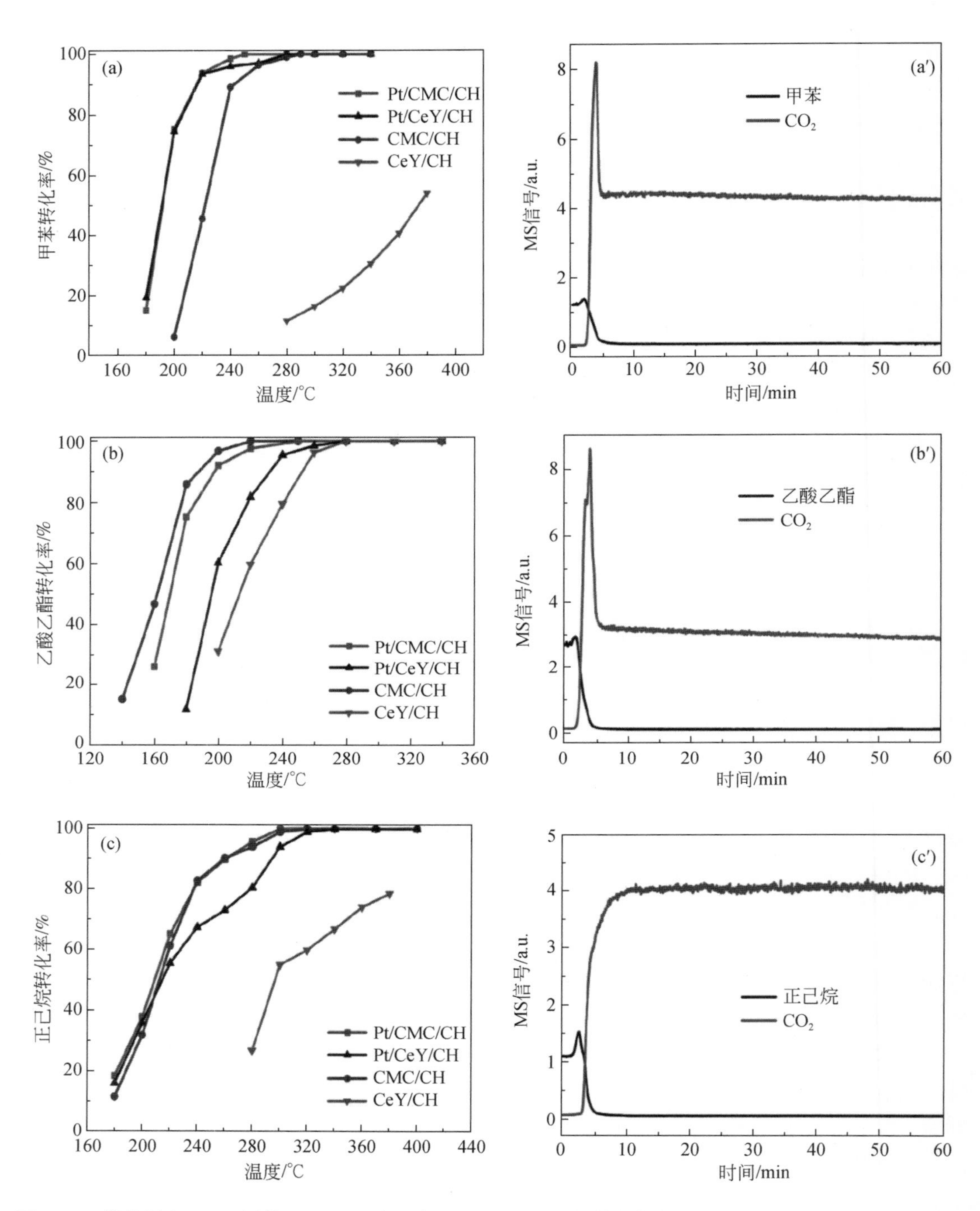

图 10-5　催化剂上（a）甲苯、（b）乙酸乙酯和（c）正己烷的催化氧化；（a′）甲苯、（b′）乙酸乙酯和（c′）Pt/CuMnCe/堇青石上正己烷氧化的质谱图（升温速率 3.5℃/s）[27]

涂层的金属比例和金属含量也是影响整体式催化剂活性的重要因素。Li 等[28]制备了 Pd/CeMnO/堇青石催化剂，发现 Ce：Mn 摩尔比影响催化剂活性和涂层的内聚力，0.1wt% $Pd/Ce_{0.5}Mn_{0.5}O_{1.5}$/堇青石催化剂具有最优的氧化活性，可在200℃、220℃和220℃实现甲苯、丙酮和乙酸乙酯的完全氧化。Hou 等[31]采用共沉淀法合成了具有不同锰氧化物含量的 MnO_x/$Ce_{0.65}Zr_{0.35}O_2$/堇青石催化剂并用于甲苯的催化氧化。结果表明，MnO_x/$Ce_{0.65}Zr_{0.35}O_2$/堇青石催化剂的活性随着 MnO_x 含量（5wt% ~15wt%）的增加而升高，但继续提高活性相的含量（20wt%）对催化活性提升效果不明显，原因是一定程度上提升催化剂中 MnO_x 含量能够诱发 Mn^{4+} 种类形成以及增加催化剂表面吸附氧和晶格氧浓度（图 10-6）。Jin 等[32]通过浸渍法制备了 $Pt/Ce_xY_{1-x}O$/堇青石催化剂并用于甲苯催化氧化，发现 $Pt/Ce_{0.8}Y_{0.2}O$ 堇青石具有最高的活性，且催化剂活性随着涂层中 Ce 含量的增加而升高。Chen 等[33]制备了系列 Pd/La-Cu-Co-O/堇青石催化剂并用于苯催化氧化，发现 Cu 的引入有利于减小催化剂微晶尺寸、提高 Pd 活性相分散度，进而提升催化剂活性。活性测试结果表明 0.06wt% Pd/La-Cu-Co-O/堇青石催化剂在 350℃下可实现 95% 苯的催化氧化（空速 = 20000h^{-1}）。

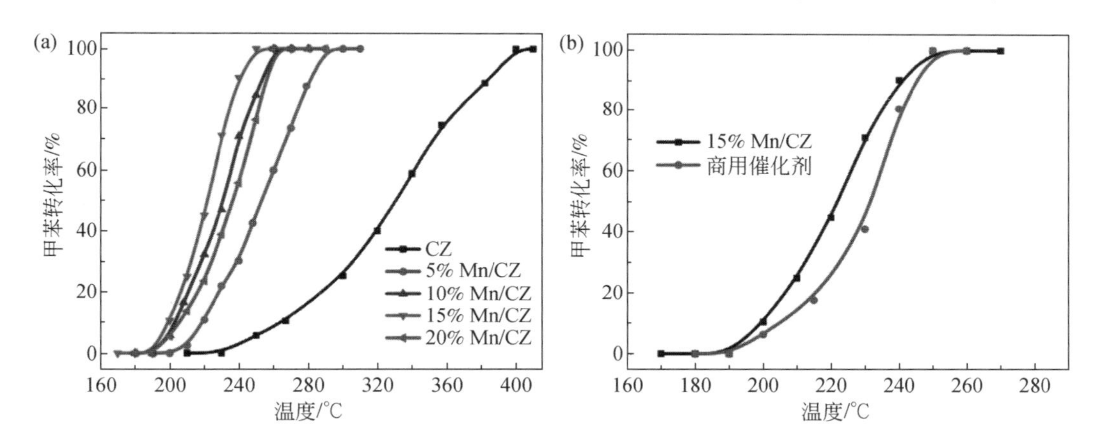

图 10-6　MnO_x/$Ce_{0.65}Zr_{0.35}O_2$/堇青石（Mn/CZ）催化剂上甲苯的催化氧化[31]

制备方法对复合金属氧化物涂层堇青石整体式催化剂的性能有较大影响。Guiotto 等[34]采用直接合成法和传统优化涂层法制备了 $LaCoO_3$/堇青石催化剂，发现直接合成法制备的催化剂具有更高的催化活性，且合成方法简单快速、可重现。Azalim 等[35]通过一锅合成法和浸渍法合成了 Ce-Zr-Mn/堇青石催化剂，探究了活性相引入方法对催化剂性能的影响。相比采用浸渍法制备的 Ce-Zr-Mn/堇青石催化剂，一锅合成法制备的催化剂比表面积大、高金属相分散度高、可还原性能优异，在正丁醇催化氧化反应中表现出更高的活性（图 10-7）。Topka 等[36]比较了 AuCeZr（Au 负载于 CeZr 后再负载在堇青石上）和 Au/CeZr（CeZr 负载在堇青石上之后再负载 Au）催化剂的性能，证实 Au 的引入方法对催化剂的乙醇氧化活性有显著影响。在相同实验条件下，Au/CeZr 催化剂（T_{50} = 80℃）活性优于 AuCeZr 催化剂（T_{50} = 120℃），这与 Au/CeZr 上较小的 Au 颗粒有关（约 6.7nm）。

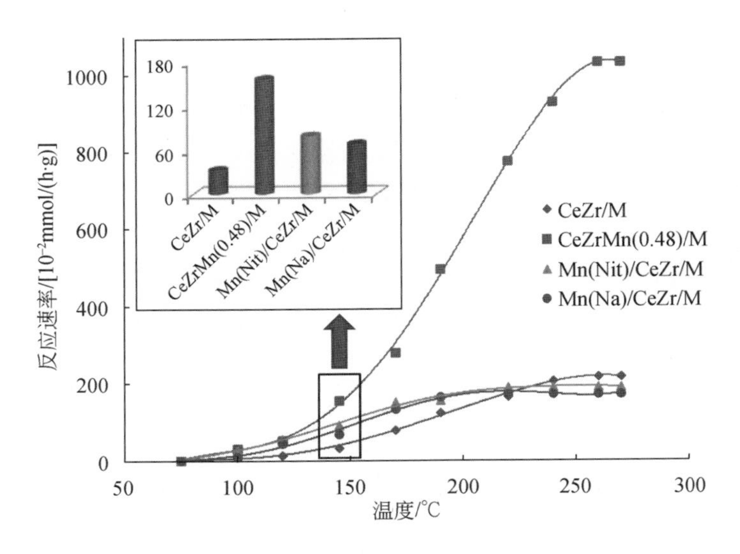

图 10-7 不同催化剂的正丁醇催化氧化性能[35]

通过单一金属氧化物的复合作为催化剂涂层也能提高催化剂的催化性能。研究者发现在 Al_2O_3 中添加 TiO_2 或 ZrO_2 可以改善涂层性能[37,38]。Xiong 等[37]制备了一系列具有良好机械稳定性和水热稳定性的 Pt/TiO_2-Al_2O_3/堇青石整体式催化剂（图 10-8），其在 10% 水蒸气存在下于 800℃老化后，可在 289℃下实现 60% 丙烷转化，表现出比传统粉末催化剂更好的催化性能。Zhou 等[38]将不同氧化物（Al_2O_3、SiO_2 或 TiO_2）-ZrO_2 作为整体式催化剂的复合涂层，发现 Al_2O_3-ZrO_2 涂层相比 SiO_2-ZrO_2/TiO_2-ZrO_2 涂层更容易获得，制备 Al_2O_3-ZrO_2 涂层的最佳条件为 γ-Al_2O_3 : H_2O : Zr（CH_3COO）$_2$ 为 1 : 2 : 0.2。研究者测试了 Rh/M-ZrO_2/堇青石和 Pd/M-ZrO_2/堇青石（M=Al_2O_3、SiO_2 和 TiO_2）催化剂的苯氧化性能，发现 Rh 基催化剂的活性顺序为 Rh/Al_2O_3-ZrO_2/堇青石>Rh/TiO_2-ZrO_2/堇青石>Rh/SiO_2-ZrO_2/堇青石，而 Pd 基催化剂的活性顺序刚好相反（Pd/SiO_2-ZrO_2/堇青石>Pd/TiO_2-ZrO_2/堇青石>Pd/Al_2O_3-ZrO_2/堇青石），涂层中 ZrO_2 在稳定活性成分和防止烧结方面起着重要作用。Wang 等[39]发现两步法制备的 Pt/β 沸石-Al_2O_3/堇青石催化剂相比浆料浸渍法和动态水热合成法制备的催化剂具有更高的活性，Al_2O_3 是 β 沸石层与堇青石基质间的桥连体，可有效提升活性相负载量（约 16wt%）和 β 沸石层的稳定性。

分子筛材料均匀的孔径分布有利于提高其对 VOCs 分子的几何选择性，大的比表面积可促进活性相分散、提高活性位利用率。通常可以通过离子交换或浸渍吸附将活性金属引入分子筛。Varela-Gandia[40]研究了 Pd/M/堇青石催化剂（M=BETA、ZSM-5、SAPO-5 和 γ-Al_2O_3）的萘氧化性能，发现萘在 Pd/SAPO-5/堇青石和 Pd/γ-Al_2O_3/堇青石上的完全氧化温度约为 165℃，活性高于 Pd/BETA/堇青石和 Pd/ZSM-5/堇青石催化剂，但 Pd/BETA/堇青石和 Pd/ZSM-5/堇青石具有更高的催化稳定性（由于 Pd 纳米颗粒的团聚，Pd/SAPO-5 和 Pd/γ-Al_2O_3 在三个反应循环后出现失活）。

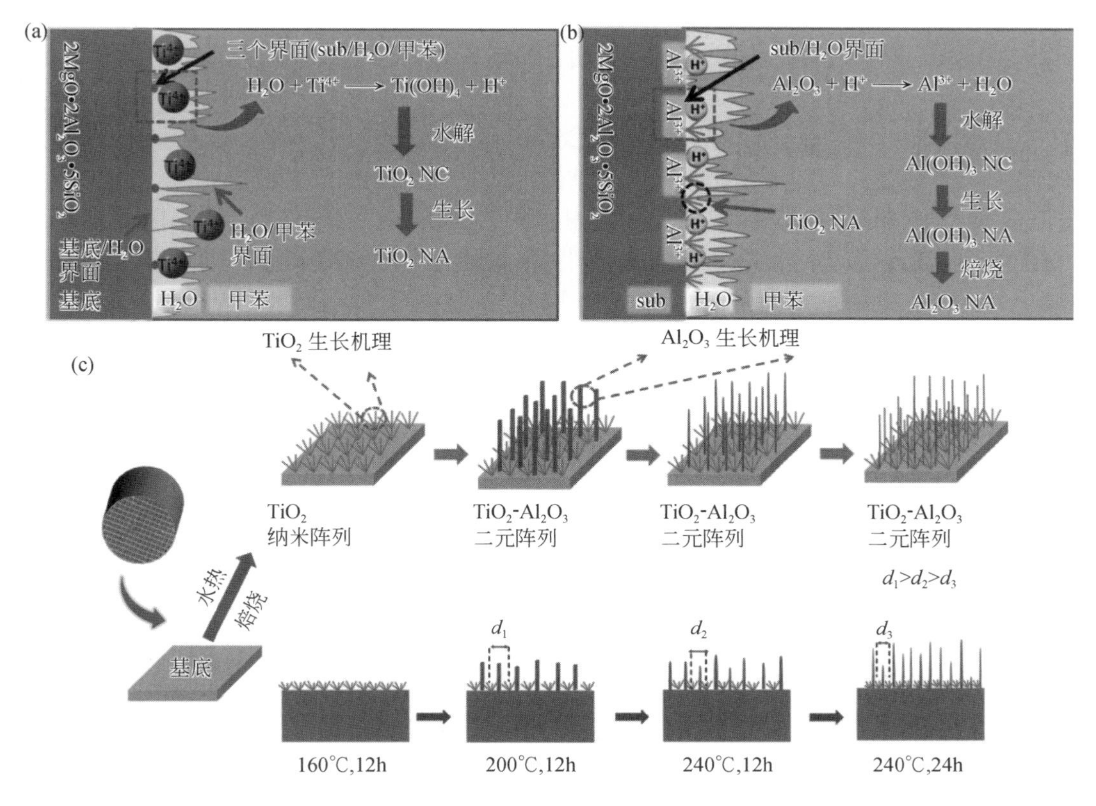

图 10-8　TiO_2-Al_2O_3纳米阵列/堇青石整体式催化剂的制备图：（a）160℃下制备 TiO_2 纳米阵列/堇青石催化剂；（b）200℃/240℃下制备 TiO_2-Al_2O_3纳米阵列/堇青石催化剂；（c）不同温度和不同时间下制备 TiO_2-Al_2O_3纳米阵列/堇青石催化剂[35]

10.2.4　无涂层堇青石整体式催化剂

无涂层催化剂避免了复杂的涂层过程，能够有效降低能耗和催化剂成本，目前过渡金属氧化物直接涂覆于堇青石制备整体式催化剂也得到了一定的研究。MnO_x由于其多变的价态和优异的氧化还原能力，在 VOCs 催化氧化中被广泛报道。Piumetti 等[41]发现 Mn_3O_4 相比 Mn_2O_3和 Mn_xO_y具有更高的氧化性能，其在 70℃下可实现乙烯的完全氧化，催化剂表面大量亲电子氧和结构缺陷导致的丰富 Bronsted 酸性位点是 Mn_3O_4高活性的本质原因。研究者进一步将 Mn_3O_4沉积在堇青石上作为 VOCs 催化氧化整体式催化剂，结果表明整体式催化剂表现出与粉末催化剂相近的活性并具有优异的稳定性。

尽管 MnO_x在 VOCs 催化氧化中被广泛报道，但单组分 MnO_x的催化性能仍然不令人满意。研究者通过将 MnO_x与其他过渡金属氧化物（如 Fe、Ni、Cu 和 Co）复合来提高其催化性能。在含 Mn 复合氧化物中，金属氧化物摩尔比对催化剂的结构和金属相的分散性有着重要影响；此外，金属负载量和煅烧温度在一定程度上也影响着催化性能。Tang 等[42]

制备了 Mn-Co 复合氧化物纳米阵列/堇青石整体式催化剂，发现复合氧化物和纳米线结构有利于提高反应传质效率，从而提升催化活性。研究者对比了一系列具有不同摩尔比的催化剂（0.5Co-4Mn/堇青石、1Co-4Mn/堇青石、2Co-4Mn/堇青石、4Co-4Mn/堇青石、6Co-4Mn/堇青石和 8Co-4Mn/堇青石），发现 6Co-4Mn 能在堇青石载体上形成更高的活性相沉积，进而具有最高的丙烷氧化活性，同时该催化剂具有优异的反应稳定性（图 10-9）。Ma 等[43]制备了具有不同 Fe/Mn 摩尔比的 Fe-Mn/堇青石催化剂，结果表明 Fe/Mn 摩尔比为 4 时得到的催化剂显示出比相应的粉末催化剂更高的活性，在 300℃下实现了 90% 甲苯的催化氧化（空速 = 10000h^{-1}）。Huang 等[44]发现 Ni-Mn/堇青石催化剂（Ni/Mn 摩尔比 = 1∶1；总金属负载量 = 10wt%）具有最高的甲苯氧化活性，高煅烧温度（1000℃）易引起活性相烧结，进而导致催化剂失活。研究者对不同比例 Cu-Mn 复合氧化物/堇青石催化剂（Cu/Mn 摩尔比 = 1∶1、1∶2、1∶4、2∶1 和 4∶1）的甲苯氧化性能也进行了探究，发现 Cu/Mn 摩尔比为 1∶2 的催化剂具有高分散的 $CuMn_2O_4$ 活性相，因而表现出最高的催化活性[45]。

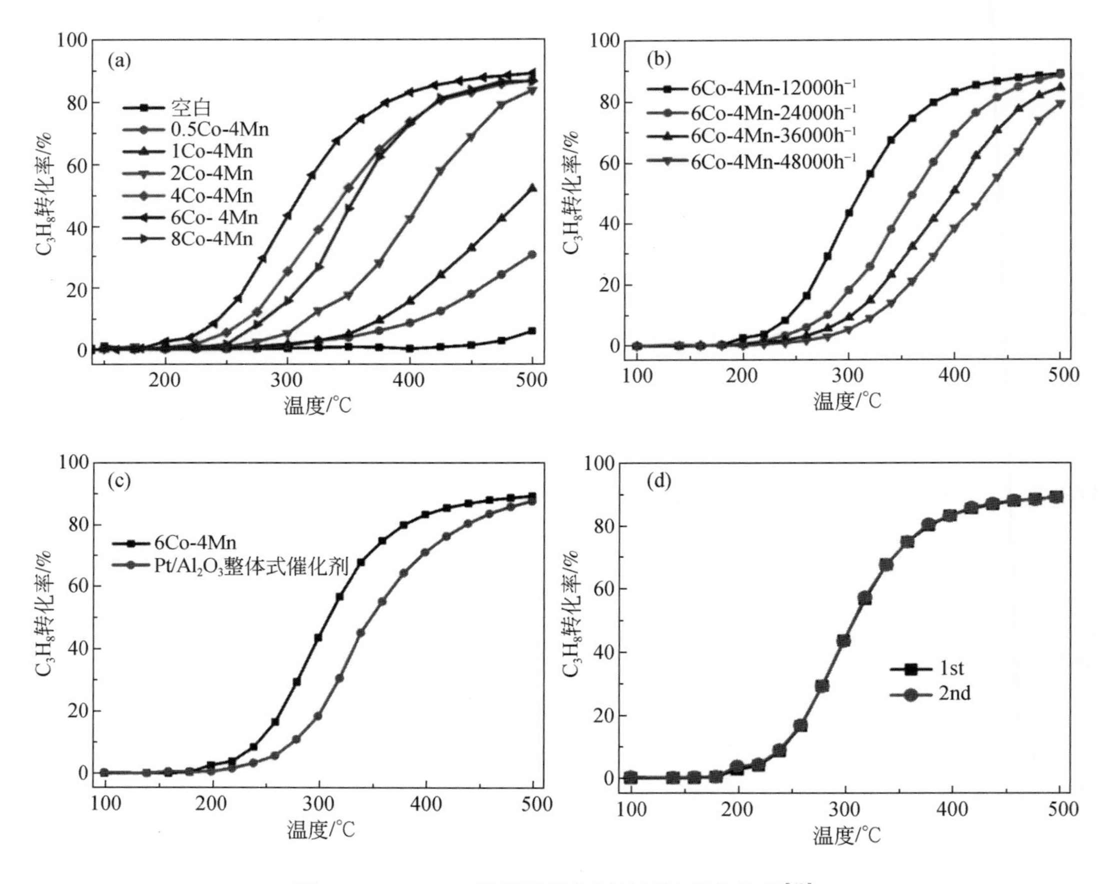

图 10-9　Co-Mn/堇青石催化剂的丙烷氧化性能[42]

Huang 等[46]通过燃烧合成法制备了系列 $MnCeO_x$/堇青石催化剂，发现 Mn/Ce 摩尔比为 1∶1 的 $MnCeO_x$/堇青石表现出最高的催化活性，在 300℃下甲苯的转化率达到 99.1%

（空速 = 20000h^{-1}）。Yi 等[47]提出 Mn/Ce 摩尔比对堇青石整体式催化性能有显著影响，Mn4Ce1/堇青石催化剂表面存在更多的吸附氧物种和更高的 Ce^{4+}/Ce^{3+} 比例，因此具有最佳的氧化活性。Colman-Lerner 等[48]通过浸渍制备了系列 Ce-Mn/堇青石整体式催化剂并用于乙醇、甲乙酮和甲苯的催化氧化，发现 Ce-Mn/堇青石催化剂相比 CeO_2/堇青石和 MnO_x/堇青石催化剂表现出更高的催化活性，原因是 Ce-Mn 活性相之间的协同作用有利于催化剂还原性、电导率和表面酸度的提升，进而提高催化活性。

为了进一步改善基于 MnO_x 的整体式催化剂的催化性能，研究者将第三种金属元素引入到 MnCe 复合氧化物中。Lu 等[49]通过原位溶胶–凝胶法合成了具有不同金属摩尔比的 Cu-Mn-Ce/堇青石催化剂，发现 $Cu_{0.15}Mn_{0.3}Ce_{0.55}$/堇青石在催化氧化各类 VOCs（尤其是烷烃和含氧烃）均具有最佳活性（高于商业 Pd/Al_2O_3 催化剂），且整体式催化剂具有优异的机械稳定性。Zhang 等[50]采用溶胶–凝胶法制备了一系列 Mn-Ce-M（M = Cu、Ni 和 Co）/堇青石催化剂，发现 CuO_x 的引入对催化性能提升最有利；其中，$MnCeCu_{0.4}$/堇青石催化剂在 277℃下实现 90% 邻二甲苯催化氧化（空速 = 10000h^{-1}），且催化剂具有良好的反应稳定性和 VOCs 氧化普适性，具有较好的应用前景。Kan 等[51]采用溶胶–凝胶法制备了 Co-Mn-Ce/堇青石催化剂，发现 Mn8Co1Ce1/堇青石具有最佳的催化活性和稳定性，其可在 325℃下完成 90% 氯苯的催化转化（空速 = 15000h^{-1}）；添加 Co 有效提升了 Mn-Ce/堇青石的催化活性，原因是 Ce、Mn 和 Co 之间的协同作用可以促使更多氧空位、更小晶粒尺寸和更多晶格缺陷的形成。Chen 等[52]制备了 MnO_x 纳米阵列/堇青石整体式催化剂，提出可以通过增加纳米阵列结构的开放表面来增强催化剂的丙烷氧化性能，且纳米阵列具有装载额外过渡金属氧化物层的能力。研究者进一步采用水热法将 $CuMn_2O_4$ 纳米片层均匀涂覆到 MnO_x 纳米阵列上，发现所获得的催化剂表现出优异的性能（T_{90} = 400℃）。

制备方法对催化剂的 VOCs 氧化性能也有着深远的影响。研究发现，通过溶胶–凝胶法合成的 Mn-CeO_x/堇青石催化剂显示出较润浸渍法制备的样品更高的催化活性，这归因于其更大的比表面积、更丰富的孔结构和更好的活性相分散度[47]。将制备好的粉末催化剂活性相分散体喷雾或负载在堇青石上也是整体式催化剂常用的制备方法。Chen 等[53]提出了一种高效、经济、简单的 CuCe/堇青石整体催化剂合成策略。研究者首先采用溶剂热法制备了高活性纳米 CuCe 分散液，然后将其喷洒到堇青石、砖块、铁皮等物体上得到整体式催化剂（图 10-10），以模拟工业废气净化装置中的结构。由于 CuCe 活性物种在堇青

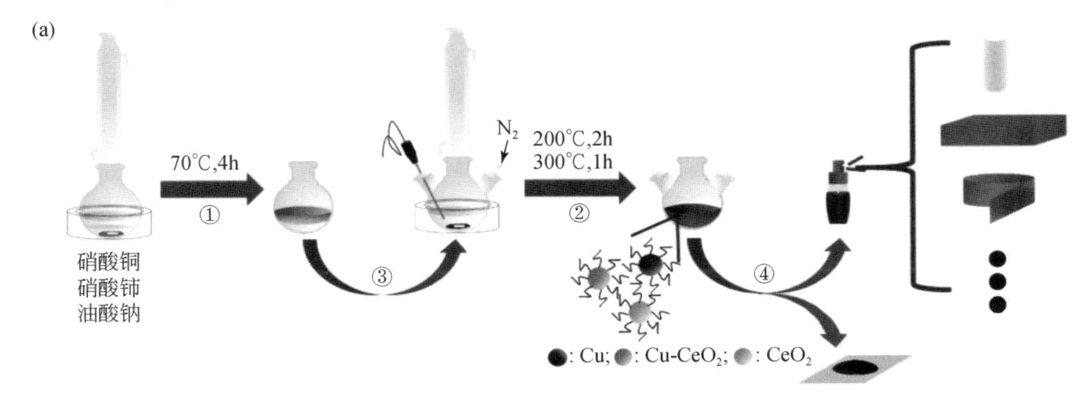

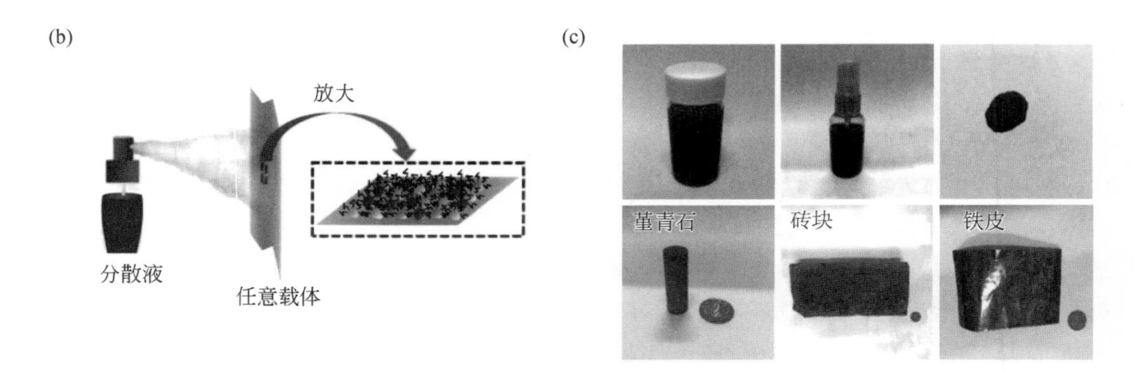

图 10-10　(a) Cu-Ce 纳米分散液制备：①正己烷和乙醇混合液，②油胺和油酸混合液，③去离子水洗涤，④乙醇洗涤、离心、正己烷中再分散（或焙烧）；(b) 喷洒 CuCe 分散液制备整体式催化剂示意图；(c) CuCe 纳米分散液、粉末催化剂和整体式催化剂[53]

石载体表面的良好分散，CuCe/堇青石催化剂在 300℃ 时实现了 95% 甲苯的催化氧化［甲苯浓度 = 2000ppm；空速 = 370000mL/(g·h)］。Bo 等[54] 发现微波辐射可以提升 Cu-Mn-Ce/堇青石催化剂的甲苯氧化活性；其中，6.7wt% Cu-Mn-Ce/堇青石催化剂可在 200℃ 实现 98% 甲苯转化，原因是微波导致偶极子极化和热点效应。

10.3　陶瓷膜整体式催化剂

陶瓷膜具有良好的化学和机械稳定性以及较长的使用寿命，在 VOCs 催化氧化中的应用引起了越来越多学者的关注。Cuo 等[55] 发现 Mn-Ce/陶瓷膜催化剂具有优异的苯催化氧化性能；其中，Mn/Ce 摩尔比为 3∶1 的陶瓷膜催化剂拥有最佳活性，在 90vol%（20℃）水蒸气存在条件下，催化剂在 244℃ 实现了 90% 苯的催化矿化（空速 = 5000h^{-1}）且表现出优异的抗水性，陶瓷膜促进了活性相的高分散，丰富了活性氧物种，进而提升了催化剂活性（图 10-11）[35]。

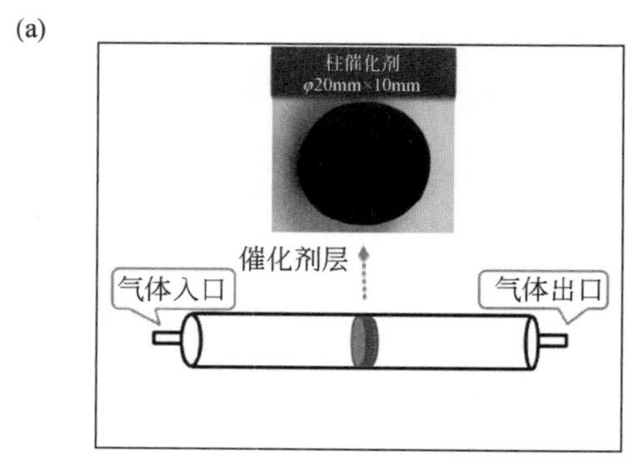

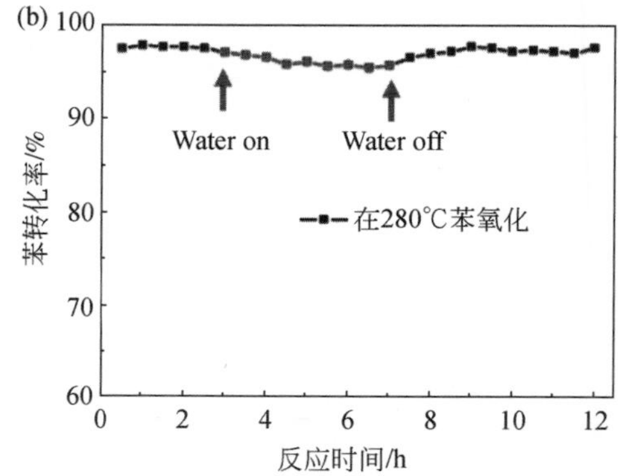

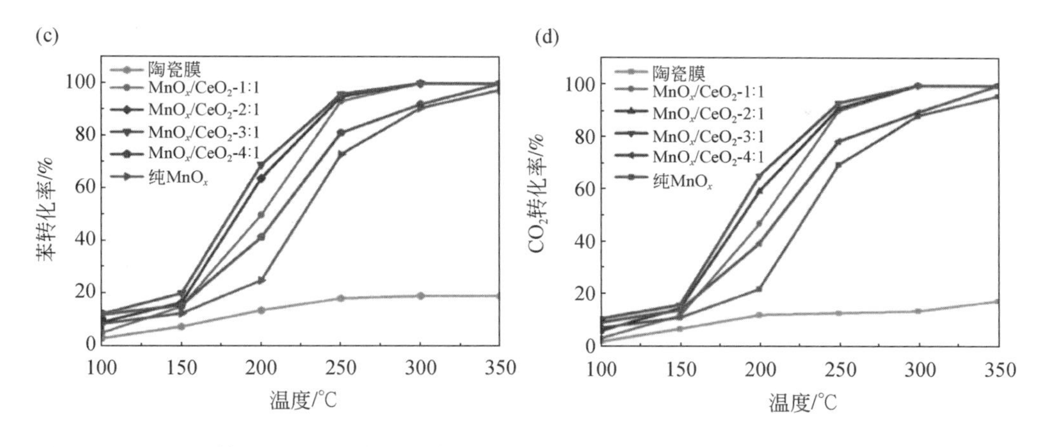

图 10-11　(a) 整体式催化反应装置示意图；(b) Mn-Ce/陶瓷膜催化剂的抗水性（Mn/Ce 摩尔比为 3 : 1；反应温度：280℃）；(c) 催化剂上苯的转化率和 (d) CO_2 选择性[55]

Bénard 等[56]研究了传统整体反应器和流通式膜反应器的 VOCs 氧化性能，发现丙烯和甲苯在 Pt/Al_2O_3/流通膜上的完全氧化温度分别为 150℃和 185℃，且在任何温度下流通膜反应器的 VOCs 催化性能都高于传统的整体式催化剂，原因为流通膜反应器能够保证气态反应物分子与膜活性位点的充分接触。Liu 等[57]通过水盐法制备了 Pt/SiC@ Al_2O_3 多孔陶瓷膜整体式催化剂并将其用于苯的催化氧化，发现催化剂具有良好的催化性能，在 215℃下苯的转化率接近 90% [Pt 负载量=0.176wt%；空速=6000mL/(g · h)]。

10.4　陶瓷泡沫/陶瓷纤维整体式催化剂

陶瓷泡沫压降低、几何面积高且具有良好的互连性孔结构，适用于接触时间短、长径比低的反应器（尤其是高放热反应）。Richardson 等[58]发现在陶瓷泡沫上添加涂层（如 γ-Al_2O_3）会导致催化剂总表面积增加（2 ~ 15m^2/g），但随着催化剂表面粗糙度的增加，系统压降也增大。Ribeiro 等[59]的研究结果表明 Pt/MFI 沸石/陶瓷泡沫催化剂的甲苯催化氧化活性高于所对应的粉末催化剂，陶瓷泡沫结构、沸石薄层沉积均匀性以及 Pt 颗粒从沸石内孔到外表面的尺寸和位置变化对催化剂氧化活性有重要影响。Domínguez 等[60]对比了 Au/Al_2O_3/陶瓷泡沫和 Au/CeO_2/陶瓷泡沫催化剂的 2-丙醇氧化活性，结果表明涂层氧化物类型、载体整体结构和气体流速会影响反应中间产物类型。此外，测试结果表明 Au/CeO_2/陶瓷泡沫催化剂的活性高于 Au/Al_2O_3/陶瓷泡沫，原因是 Au 原子氧化能力和 CeO_2 涂层所具有的氧化还原性质之间的协同作用增强了催化剂的催化性能。与商用 Pt 基堇青石催化剂相比，Pt/沸石/陶瓷泡沫催化剂具有更高的甲苯催化活性，这与陶瓷泡沫独特的孔结构所提供的流体动力学有关，无规则的孔结构和曲折度更有助于反应过程中的传热传质（图 10-12）[61]。但相较于整体式堇青石载体材料，陶瓷泡沫存在脆性高、强度及耐用性较低、制造过程复杂等不足，这在一定程度上限制了其实际应用。

陶瓷纤维因其具有耐高温、质量轻、热稳定性高、抗机械振动性强等优点，受到研究

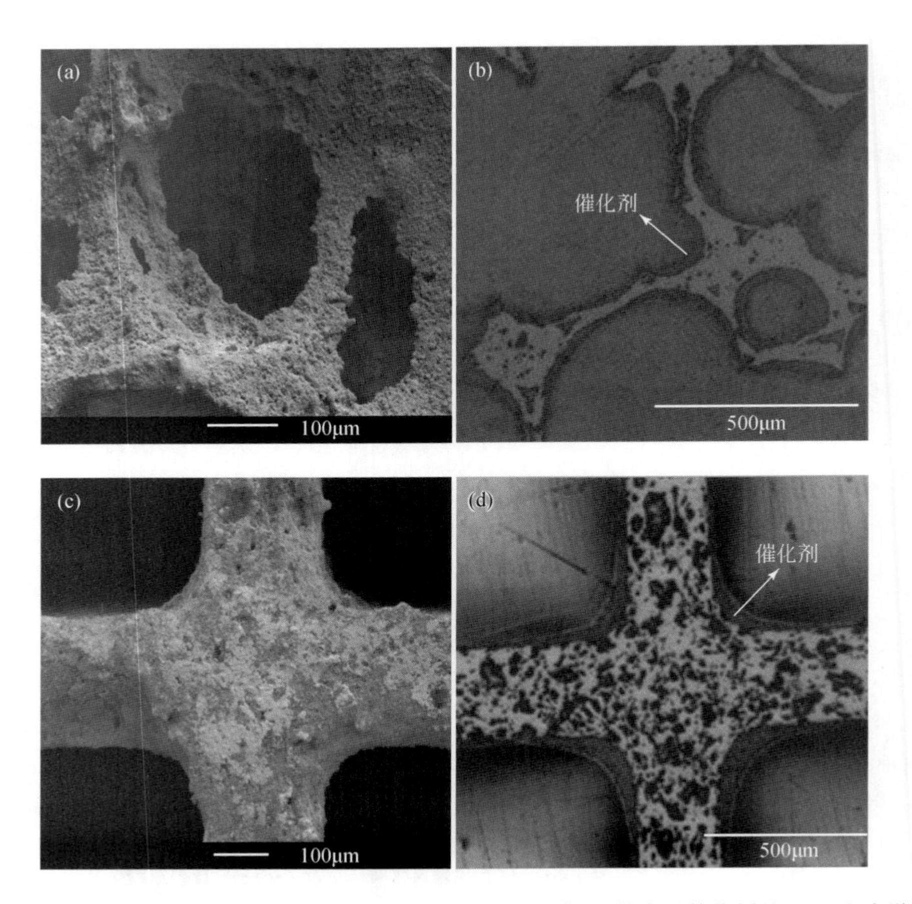

图 10-12 （a，b）Pt/沸石/陶瓷泡沫催化剂和（c，d）Pt/沸石/堇青石催化剂的 SEM 和光学图[61]

者越来越多的关注[62]。Deng 等[62]发现 Pd/陶瓷纤维整体式催化剂具有较高的苯氧化活性，当 Pd 负载量为 0. 8wt% 时催化剂的催化活性最高。Pd/陶瓷纤维催化剂的性能与预处理获得的酸度、Pd 颗粒尺寸与分散性、活性表面氧种类及材料氧化还原特性有关。

10. 5 金属丝网整体式催化剂

相较于陶瓷基体，金属丝网机械强度和热导率高、压降低，且具有良好的开孔密度，在 VOCs 催化氧化反应中被大量研究[45,63,64]。但金属丝网载体也存在与涂层的结合度不够、受热冲击或机械振动时涂层易脱落等不足，需要通过制备方法优化等加以改进，如 FeCrAl 合金材料在特定处理后能产生 Al_2O_3 氧化层，非常有利于催化活性涂层的稳定负载。金属丝网整体式催化剂具有高孔隙率，气流的径向混合很容易通过多孔网状结构实现，从而在反应床上产生更均匀的流体分布，因此金属丝网整体式催化剂结合了颗粒状催化剂与整体式催化剂在非均相催化反应中的优势。另外，金属丝网具有加工简单、结构规整、流场可设计等优点，同时金属丝网优异的几何灵活性使其具有很强的工业适用性。水热法可对金属丝网涂层结构进行纳米级精确调控，制备出具有特定形貌的涂层，可实现后续负载金属活性组分的均匀分散，提高涂层的热稳定性，以适应反应条件较为苛刻的场合。但水热法制备的涂层仍存在诸多问题，如制备工艺复杂、涂层较薄且与载体结合力不佳、反应原料或产物对环境有害等。

金属材料的比表面积一般都很低，导致活性组分很难直接负载，因此需要在金属载体表面涂覆一层比表面积较大的涂层。涂层需与金属载体的附着性好且附着均匀、比表面积大、高温稳定性好。但金属载体与涂层的热膨胀系数相差较大，易导致涂层与载体之间的结合力较差，因此，金属载体涂覆前需要进行预处理，主要目的是去除金属载体表面的污垢、油腻等，为涂层提供一个可接受的表面，进而增加涂层的机械强度和结合力。金属载体一般的预处理方法有酸碱腐蚀法、高温氧化法和阳极氧化法；其中，酸碱腐蚀法和阳极氧化法是最常用的金属载体预处理方法。从学术和实际应用的角度来看，金属整体式材料由于具有机械强度好、可塑性和导热性高、相间传质速率快等优点，可作为整体式催化剂的优良载体[65,66]。

10.5.1　不锈钢丝网整体式催化剂

不锈钢基材具有良好的耐酸碱腐蚀性，并且可以克服在径向混合中气体通过整体式通道的传质和传热问题。不锈钢丝网在许多 VOCs 催化氧化反应中显示出较高的催化活性。不锈钢丝网催化剂的整体结构是影响其性能的重要因素，Sanz 等[67] 制备了两种结构类型（堆积和平行通道整体结构）的不锈钢丝网整体式催化剂并研究了结构和开孔对其催化性能的影响，发现狭窄多孔基质结构可导致湍流形成，提升反应物混合度，因此堆叠的金属丝网整体式催化剂比平行金属丝网材料表现出更好的催化性能［图 10-13（a～e）］，在堆叠的金属丝网整体式催化剂上反应物从气相到固相表现出更高的传质效率。

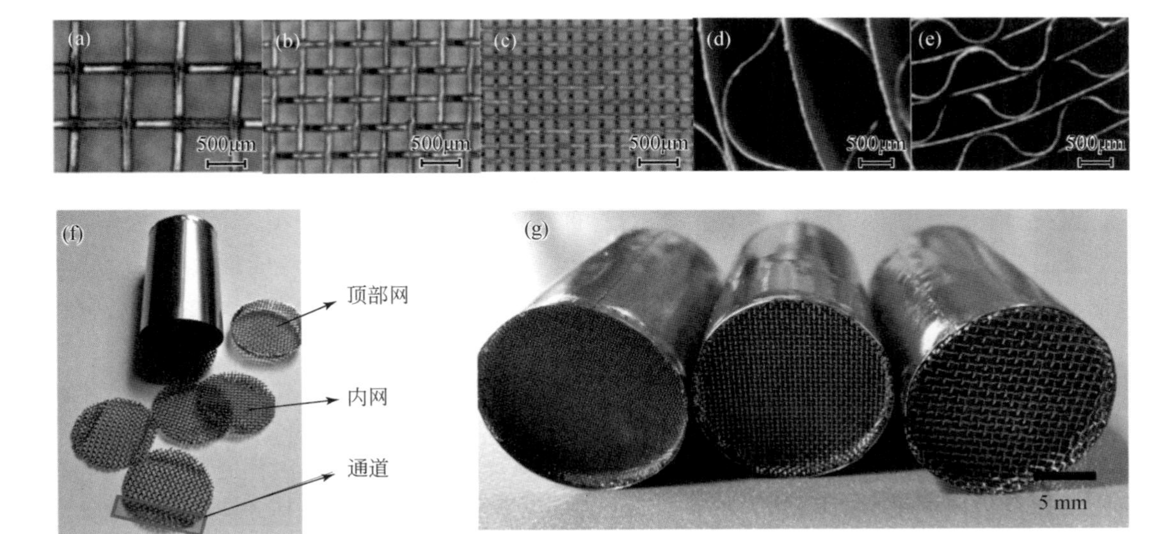

图 10-13　（a～c）具有不同线径的堆叠式金属丝网；（d，e）具有不同网孔的平行通道金属载体[67]；（f）具有两个小的横向通道和金属整体覆盖的金属丝网圆盘；（g）不同网眼类型制成的整体式催化模块[67]

ZrO_2和Al_2O_3通常用作不锈钢丝网整体式催化剂的涂层来改善基体性能。Novaković等[68]研究了涂层沉积方法（电化学法和喷雾热解法）对ZrO_2/不锈钢丝网催化剂上正己烷氧化活性的影响，结果表明利用喷雾热解法可以沉积较厚的ZrO_2涂层，导致更多的活性相沉积，从而提高催化活性。研究者发现Pt/CuCo/La_2O_3/ZrO_2/不锈钢丝网和Pt/ZrO_2/不锈钢丝网样品表现出相似的催化活性，因此喷雾热解法不能为Pt和Co-Cu尖晶石氧化物之间的协同作用提供帮助。Yang等[69,70]通过电泳沉积法制备了多孔Al/Al_2O_3/不锈钢丝网蜂窝整体材料，并将Pt-TiO_2粉末涂覆在制备的不锈钢丝网蜂窝整体材料上，发现不锈钢丝网整体催化剂在几种典型VOCs（正己烷、乙酸乙酯、甲苯、苯、乙醇、甲醇）的催化氧化方面显示出较堇青石蜂窝催化剂更高的催化活性，这主要由于不锈钢丝网蜂窝相互连接的通道，导致了气流在三维方向上的流动，有助于提升湍流效应和降低传质阻力。另外，研究者采用湿浸渍法制备了用于乙酸乙酯催化氧化的不锈钢丝网负载Fe-Mn整体式催化剂并探究氧化铝对催化剂性能的影响[71]，结果表明催化剂活性顺序为IFeMn3>IFeMn2≈Al3FeMn3>Al3FeMn2>Al3FeMn1>IFeMn1。尽管含氧化铝的催化剂具有较大的比表面积，但其不是影响催化剂催化性能的最重要因素，IFeMn3的高活性与形成Fe-Mn固溶体和存在有缺陷的MnO_x物种有关。

阳极氧化和酸处理是金属整体式催化剂常用的两种预处理方式，不同预处理方法对催化剂性能的影响会有所差别，预处理方法对催化活性的影响主要体现在是否得到氧化物涂层、比表面积、活性相分散度和黏附性等方面。通过阳极氧化预处理的金属材料能获得致密的氧化物涂层，从而增加载体比表面积并促进活性相的黏附[72]。Song等[73]通过浸渍法合成了0.1% Pd-6% Mn/不锈钢丝网催化剂，发现该催化剂具有高的催化氧化性能，可分别在260℃、220℃和320℃下实现甲苯、丙酮和乙酸乙酯的完全转化（空速=10000h^{-1}），且催化剂具有优异的长时（700h）反应稳定性。经阳极氧化预处理所制备的催化剂具有更高的VOCs催化氧化活性，阳极氧化膜的形成有效促进了活性相的分散。研究者进一步制备了系列Pd-Y/不锈钢丝网催化剂用于VOCs催化氧化，结果表明阳极氧化预处理形成的氧化膜导致了Pd和Y活性相的高分散，有效增强了催化剂活性，制备的Pd-Y/不锈钢丝网催化剂具有优异的活性和稳定性［240℃连续催化氧化甲苯（1000h）未发生失活］[74]。Ma等[75]通过阳极氧化预处理提高活性成分的分散度，提高了0.1% Pt-0.5% Pd/不锈钢丝网的催化性能，催化剂分别在220℃、260℃和280℃可以实现甲苯、丙酮和乙酸乙酯的完全氧化。Godoy等[76]制备了CeO_2/不锈钢丝网整体式催化剂，发现煅烧能极大改善金属丝网结构的热稳定性，催化剂活性与金属丝网预处理过程、CeO_2颗粒类型和堆叠的丝网数量有关［图10-13（f，g）］。

除阳极氧化预处理外，酸处理也有助于提高不锈钢丝网整体式催化剂的VOCs氧化性能。酸处理中影响催化剂活性的主要因素是酸溶液类型和浓度。Zhang等[77]研究了不同类型电解质对Pt/不锈钢丝网整体式催化剂活性的影响，发现使用5%乙酸预处理的催化剂具有最佳的甲苯和丙酮催化活性。Li等[78]研究了酸类型（HNO_3-HF和HCl）对不锈钢丝网基体表面形态及Pd颗粒与基体之间黏附力的影响，发现与使用HCl预处理的催化剂相比，使用HNO_3-HF蚀刻的催化剂显示出更高的甲苯催化活性，但具有相对较差的活性相附着力。在此基础上，研究者还探究了使用不同前驱体盐（硝酸锰和乙酸盐）制备的Mn基不锈钢丝网整体式催化剂的乙酸乙酯氧化性能，结果表明使用乙酸盐制备的催化剂表现出最高的活性，原因是乙酸盐前驱体制备的催化剂上形成高活性 Mn_2O_3活性相，而使用硝酸盐前驱体制备的催化剂表面主要为低活性 Mn-Cr-O 混合相[79]。Jiratova 等[80]通过磁控溅射法制备了 Co_3O_4/不锈钢丝网整体式催化剂并用于乙醇催化氧化，发现氧化气氛下（Ar-O_2）沉积过程中发生了 Co 颗粒的直接氧化，没有经过煅烧的催化剂由于较小的氧化物尺寸表现出高催化活性。另外，磁控溅射法制备的催化剂显示出比浸渍方法制备的催化剂更好的活性相黏附性。

10.5.2　铝丝网整体式催化剂

铝丝网整体式催化剂用于 VOCs 催化氧化的研究报道相对较少。Jirátová 等[81]采用水热法制备了 Co-Mn-Al/铝丝网整体式催化剂，发现具有不同线径和空旷区域的铝丝网对催化剂性能的影响较小，而氧化物颗粒尺寸减小能有效提升催化剂的乙醇深度氧化效率。进一步研究发现在铝丝网上通过沉积 $Co(OH)_2$颗粒获得的氧化钴活性相提供了比 Co-Mn-Al 氧化物更高的催化活性，催化性能与活性相沉积量、氧化物颗粒尺寸有关。

10.6　金属纤维整体式催化剂

10.6.1　不锈钢纤维整体式催化剂

不锈钢纤维具有优异的机械强度、大比表面积、均匀的微孔结构、较低的传质阻力、高耐腐蚀性和热稳定性，被广泛应用于 VOCs 催化剂载体、移动源废气处理系统和过滤器。沸石膜常用于不锈钢纤维整体式催化剂涂层，其能有效地改善不锈钢纤维载体性能，显著提高催化剂催化活性。CoO_x、MnO_x和 CuO_x是最常见的不锈钢纤维整体式催化剂活性相。Chen 等[82]制备了 Co/ZSM-5/PSSF（纸状不锈钢纤维）并用于异丙醇的催化氧化，结果表明 Co/ZSM-5/PSSF 整体式催化剂具有比颗粒状 Co/ZSM-5 催化剂更高的活性，不锈钢纤维载体对催化活性的提高具有重要作用。Zhou 等[83]发现 Cu/LTA 沸石/PSSF 催化剂（$T_{50}=268℃$）具有较 Cu/LTA 沸石粉末催化剂（$T_{50}=293℃$）更高的丙酮催化活性，原因是粉末催化剂的反应传质阻力远高于不锈钢纤维整体式催化剂。Zhang 等[84]比较了 Cr/ZSM-5/PSSF 和 Cr/ZSM-5 的三氯乙烯催化性能，发现 Cr/ZSM-5/PSSF 整体式催化剂具有更高的催化活性，原因是不锈钢纤维上形成的 ZSM-5 沸石膜展现出更加优异的氧化性能。Chen 等[85,86]研究发现不锈钢纤维整体式催化剂的氧化活性和稳定性与载体引起的高效传质和污染物分子与活性相的高效接触有关。

除提高接触效率外，不锈钢纤维上涂覆的沸石膜也能大幅提升活性相的分散度。Wang 等[87]研究了 Co/ZSM-5/PSSF 整体式催化剂和 Co/ZSM-5 颗粒催化剂的异丙醇氧化性能。结果表明，Co/ZSM-5/PSSF 的催化活性远高于 Co/ZSM-5（T_{50}和 T_{90}分别降低 107℃和 51℃），且 Co/ZSM-5/PSSF 上污染物的表观活化能和气流压降较低（图 10-14），废沸石膜

的存在促进了 CoO_x 的分散。Chen 等[88]的研究结果也表明 ZSM-5 膜的存在大幅提升了 Cu-Mn（1∶6）/ZSM-5/PSSF 催化剂的异丙醇氧化活性和稳定性。

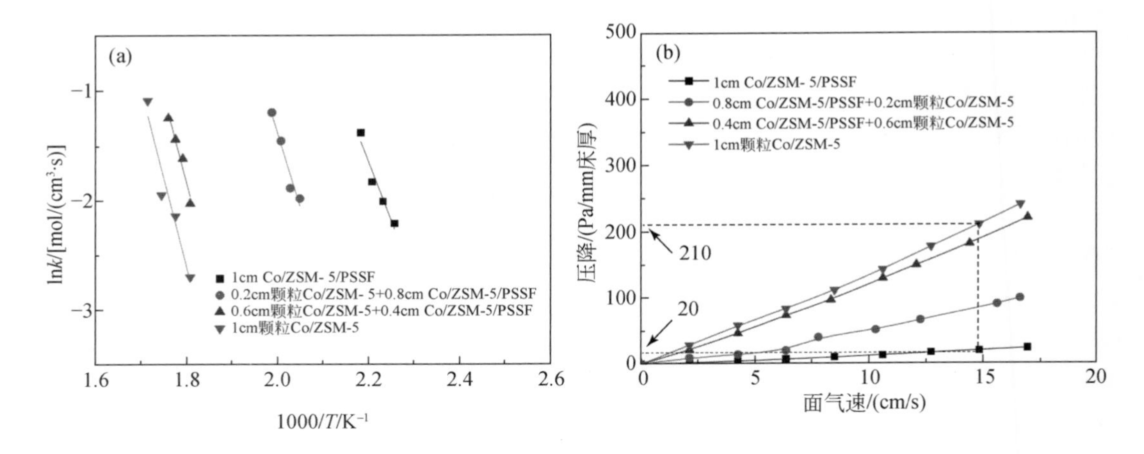

图 10-14 （a）Co/ZSM-5/PSSF 整体式催化剂和 ZSM-5 颗粒催化剂异丙醇氧化的 Arrhenius 曲线；（b）不同面气速下催化剂的压力损失[87]

部分 VOCs 催化氧化反应中，整体式催化剂的性能与活性相含量有一定关系。Luo 等[89]研究了不同 Mn 含量的 Mn-GAC/PSSF 催化剂（GAC：颗粒活性炭）对甲乙酮的催化氧化，发现整体式催化剂的活性优于颗粒催化剂，30% Mn-GAC/PSSF 催化剂的 T_{90} 较 10% Mn-GAC/PSSF 催化剂低 45℃，Mn 负载量是催化活性的决定性因素（图 10-15）。Aguero 等[90]也得出类似的结论，ZSM-5/PSSF 的均匀微孔结构可从较高浓度锰前驱体溶液中吸附更多的锰离子，从而使催化剂在反应中能提供更多活性位点，促进异丙醇的催化氧化。Zhou 等[83]采用化学气相沉积法制备得到了 Cu/LTA/PSSF 催化剂，发现 10% Cu/LTA/PSSF 具有最高的丙酮氧化活性，催化剂活性随着 Cu 负载量的增加而增加，但 Cu 负载量过高

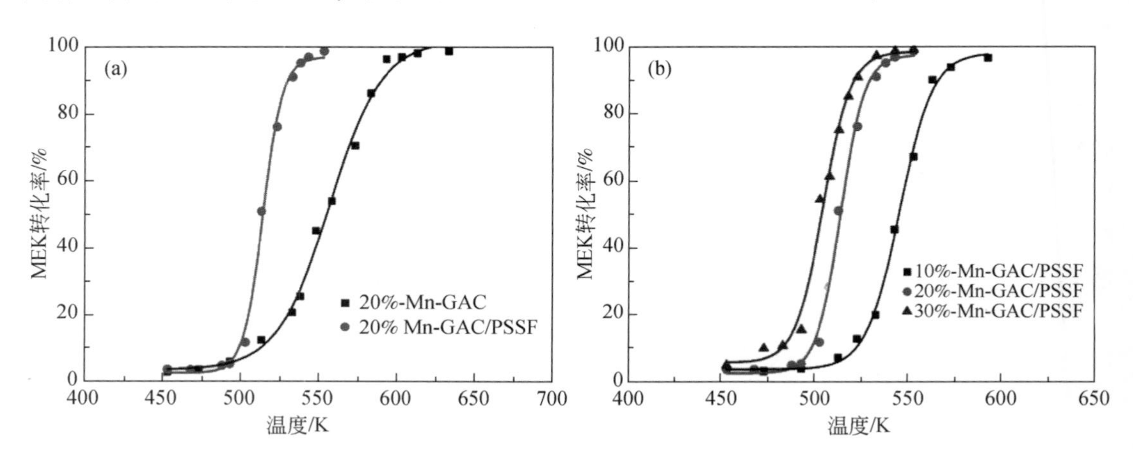

图 10-15 （a）Mn-GAC 和 Mn-GAC/PSSF 催化剂上甲乙酮的催化氧化；（b）不同锰含量的 Mn-GAC/PSSF 催化剂上甲乙酮的催化氧化[89]

(>10%)也会对催化活性产生不利影响。Zhang 等[91]研究了 Cr 含量对 Cr/ZSM-5/PSSF 材料催化性能的影响，发现 1% Cr/ZSM-5/PSSF 具有最高的活性和稳定性，而 Cr 含量最高的催化剂（7% Cr/ZSM-5/PSSF）显示出最低的三氯乙烯催化活性。

实际工业废气成分复杂，常常包含多种污染物，因而整体式催化剂的普适性在实际应用中非常重要[82,92]。Chen 等[82]研究了 Cu-Mn（1∶6）/ZSM-5/PSSF 催化剂上典型 VOCs 的催化氧化行为（空速 = 3822 ~ 11466h^{-1}），发现催化剂在 300℃下可实现单一污染物（如异丙醇、乙酸乙酯）的完全氧化，甲苯的存在对异丙醇或乙酸乙酯的氧化效率影响较小（甲苯的反应性低于异丙醇或乙酸乙酯），原因为异丙醇和乙酸乙酯的线性分子具有较小的动力学直径和较强的亲核性。但研究者随后的研究发现在 Co-Cu-Mn（1∶1∶1）/ZSM-5/PSSF 催化剂上甲苯对异丙醇和乙酸乙酯的氧化具有抑制作用，这主要与污染物在催化剂表面的竞争吸附有关[92]。Zhou 等[83]探索了整体式催化剂制备方法（浸渍法和化学气相沉积法）对催化剂催化性能的影响，结果表明采用化学气相沉积法制备的催化剂的性能优于浸渍法制备的催化剂，且化学气相沉积法经济、简单、高效，具有普适性。研究者还研究了不锈钢丝布作为乙烯完全氧化的金属载体。Kim 等[93]制备了 Pd/Al_2O_3/SSWC 催化剂（SSWC：不锈钢纤维布），并通过热处理提高了涂层的黏合强度。发现虽然 Pd/Al_2O_3/SSWC 的乙烯氧化性能略低于 Pd/Al_2O_3粉末催化剂，但 Pd/Al_2O_3/SSWC 整体式催化剂在高空速下（8000h^{-1}）的系统压降能显著降低，更适合于工业应用。

10.6.2 FeCrAl 合金整体式催化剂

FeCrAl 合金是一类性能优异的 VOCs 催化氧化整体式催化剂载体。尽管 FeCrAl 合金的比表面积低于常规颗粒催化剂，但其可以根据催化反应的类型为合适的流体提供几何通道，并且可以构造蜂窝结构的催化反应器，从而大大降低系统压降。研究者采用化学气相沉积法将活性成分 K 负载在 FeCrAl 基体上，发现金属 K 在煅烧过程中与载体表面的 Al_2O_3发生反应生成高活性 K-O-Al 层［图 10-16（A）］，能提升催化剂的性能[94]。Li 等[95]研究了 Pd/FeCrAl 丝网整体式催化剂对甲苯的催化氧化活性，发现最佳 Pd 含量为 0.3wt% ~ 0.4wt%，800℃焙烧能在催化剂表层（0.1 ~ 1μm 厚度）形成大量 PdO 活性相，有效提升催化剂的活性与稳定性。此外，研究者通过化学沉积法制备了 Pt/FeCrAl 丝网催化剂（最佳煅烧温度和 Pt 负载量为 450℃和 0.20wt%）并用于甲苯催化氧化［图 10-16（B）］，发现 FeCrAl 丝网具有优异的黏合强度和良好的活性，所形成的 Pt 微粒以点状形式均匀分布在金属基材表面，暴露出更多的 Pt 颗粒外表面，增加活性位点与反应物之间的接触，提高催化活性[96]。Li 等[97]将 Pt 纳米颗粒悬浊液喷涂到 FeCrAl 纤维整体式基材上，由于 Pt 纳米粒子在氧化铝涂层（FeCrAl 热处理形成）表面上的高度分散，0.1wt% Pt/FeCrAl 纤维整体式催化剂表现出了高的甲苯氧化活性和稳定性，而 Pt 的最佳负载量为 0.1wt%。

Al_2O_3涂层类型对 FeCrAl 整体式催化剂的催化性能也有一定影响。Aguero 等[98]在 FeCrAl 整体式催化剂上涂覆了不同类型 Al_2O_3层来催化氧化乙醇、乙酸乙酯和甲苯。结果表明，以 θ-δ-Al_2O_3为涂层的催化剂具有最佳的活性，其次是使用胶体 Al_2O_3和 H_2SO_4阳极氧化的铝整体催化剂（$H_2C_2O_4$代替 H_2SO_4可以提高催化活性）。研究者进一步探究了活性

图 10-16　(A) K/FeCrAl 基体照片：(a) 新鲜基体；(b) C/KOH/H_2O 浆料负载于基体 (100℃烘干)；(c) 烘干焙烧后的负载材料；(d) 洗涤烘干后的 K/FeCrAl 基体[94]；(B) 化学沉积法制备 Pt/FeCrAl 丝网催化剂示意图[96]

相负载量对 MnO_x/FeCrAl 整体式催化剂氧化乙醇、乙酸乙酯和甲苯性能的影响，发现比表面积和催化活性都随着 MnO_x 含量的增加而增加，但过高的 MnO_x 负载量会对催化剂表面活性相分散度产生负面影响，进而降低催化活性[90]。

10.7　金属泡沫整体式催化剂

金属泡沫具有孔密度大、孔径小、孔隙率大、导热系数高、机械强度高、降噪和减震效果好等特点，被广泛用作催化剂载体、电池电极等。由于金属泡沫具有开放的孔道结构和优异的热导系数等特点，作为催化剂载体可以大幅改善催化剂床层内的流体力学行为和传质传热效率，适用于高通量、强放热反应。

10.7.1　镍泡沫整体式催化剂

与其他金属基材相比，具有三维网状结构的泡沫镍具有稳定性好、孔隙率高、抗热震性好、体积密度小和比表面积大的特性，是整体式催化剂的良好载体。金属钴储量丰富，Co_3O_4不仅可以用作活性成分，还可以作为活性相的载体。Zhang 等[99]通过水热法合成了一系列具有不同活性相形貌（纳米片、纳米线、纳米团簇和珊瑚状微球）的 Co 基镍泡沫催化剂用于甲苯氧化，发现 Co_3O_4纳米团簇/镍泡沫催化剂具有最高的反应速率、再生能力和稳定性，原因是该催化剂具有最大的表面积、更丰富的表面 Co^{3+}和更多的活性表面氧。Mo 等[100]以叶状 Co-ZIF-L 为模板，制备了 L-12（Co_2AlO_4@Co-Co LDHs 的焙烧产物）镍泡沫催化剂（图 10-17），结果表明 L-12 镍泡沫催化剂具有优异的循环性和稳定性，优异的催化性能归因于其高比表面积、丰富表面氧空位和高浓度 Co^{3+}物种。Jiang 等[101]发现 Co：Mn摩尔比为 1：1 的 Co-Mn/Ni 泡沫催化剂具有最高的甲苯催化活性，可在 270℃下实现甲苯的完全氧化［甲苯浓度 1000ppm；空速 = 30000mL/(h · g)］。Co 和 Mn 固溶体的形成有利于提高表面 Mn^{3+}和 Co^{3+}、表面氧空位含量以及改善低温还原性。

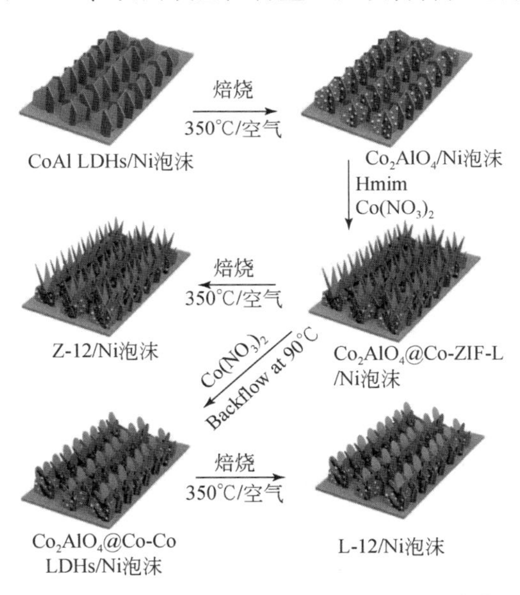

图 10-17　L-12 镍泡沫催化剂制备流程图[96]

10.7.2　铝（钛）泡沫整体式催化剂

Sanz 等[102]通过阳极氧化和湿式浸渍法制备了 Pt/Al 泡沫整体式催化剂并用于甲苯催化氧化，发现催化剂的活性随着 Pt 含量和载体泡沫孔密度的增加而增加（40ppi>20ppi>10ppi），这与高孔密度载体具有更好的气固相传热效率有关。阳极氧化过程中温度的升高导致催化剂表面积和孔隙率增大（不改变 Al_2O_3 含量），Al_2O_3 含量随着阳极氧化时间的增加而增加，Al_2O_3含量增加导致催化剂比表面积和孔径增大。Morales 等[103]通过轨道搅拌和循环浸渍法制备了 FeCrAl（FM-W）和阳极氧化的铝整体式催化剂（AM-2IS）并用于 VOCs 催化氧化，发现整体式催化剂和浸渍液的接触可通过轨道搅拌过程进行强化，并且可以获得更多的负载。AM-2IS 催化剂对乙醇、正己烷和甲苯的催化活性略高于 FM-W，这是因为 AM-2IS 催化剂获得了最佳的 Mn/Cu 比和轨道振荡引起的活性相分散。Li 等[104]研究了具有不同 Co/Mn 摩尔比的 Al 基体层状双氢氧化物薄膜（煅烧后形成 $CoMn_xAlO$）的催化性能，发现 $CoMn_2AlO$ 泡沫催化剂具有最高的氧化性能，可在 238℃ 实现 90% 苯的催化氧化［空速=300000mL/(g_{cat} · h)］，催化剂活性与 Mn^{4+}/Mn^{3+}、Co^{3+}/Co^{2+} 和金属的协同作用而产生的表面吸附氧有关。

相对于研究较多的镍泡沫/铝泡沫整体式催化剂，钛泡沫整体式催化剂在 VOCs 催化氧化中的报道较少。Giraud 等[105]通过连续浸涂法将 Pt-TiO_2粉末涂覆在 TiO_2泡沫上，发现 Pt-TiO_2/Ti 泡沫催化剂具有优异的催化性能；其中，浸渍 6 次的 Pt-TiO_2/Ti 泡沫催化剂在 115℃时可实现 50% 甲醇的催化氧化。

10.8　VOCs 催化氧化整体式反应器

目前已经报道了许多不同类型的反应器（如固定床反应器和流化床反应器）用于 VOCs 催化氧化。固定床反应器可细分为连续流固定床反应器和膜反应器。研究者设计了一系列整体式催化剂如蜂窝状催化剂和泡沫催化剂等来取代连续流固定床反应器中具有高扩散阻力的常规颗粒状催化剂，能够改善气固接触，增强催化剂的耐磨性并减少整个系统的压降[106-112]。Nigar 等[113]开发了一种微波加热的吸附剂反应器系统并用于研究正己烷（500ppm）的连续氧化，该系统包含吸附型 DAY 沸石和 PtY 沸石。通过短的周期性微波脉冲选择性地加热沸石，使得正己烷解吸及燃烧。除此之外，结果表明即使在现实的潮湿气体条件下，该反应器也是高效的，因为这些条件有利于更强烈的微波吸收，从而加快了吸附床和催化床的加热。可以通过短时间（3min，30W）的微波加热脉冲（5min）来实现连续去除气态 VOCs（图 10-18）。催化剂和多孔膜可以通过不同的方式（萃取器、分配器和接触器）组合，具体取决于给定膜反应器中所需的应用[114]。通常采用在 Knudsen 体制下以流通结构运行的膜反应器来去除 VOCs，该类型气固接触器在分子和孔壁之间提供了紧密的接触，从而最大程度地降低了扩散阻力。反应器的构型也对 VOCs 燃烧中催化剂的性能具有重要意义的影响。Bénard 等[56]比较了传统的整体式反应器和流通式膜反应器（接触器式）中 Pt/Al_2O_3催化剂对丙烯的氧化行为。由于丙烯、O_2分子和催化活性位点之间的高接触效率，可以确定流通式膜反应器的性能更好。Syed-Hassan 等[115]最近提出了一种用于乙烷的好氧催化氧化的替代方法，该方法利用了纳米粒子流化床反应器。这种方法有很多优点包括低压降，活性物质的良好分散，催化剂床层内部的温度分布均匀以及没有颗粒内传质屏障。研究结果表明：与传统的 NiO/SiO_2催化剂相比，流态化的 NiO 纳米颗粒表现出非常不同的特性。已经确定，在流态化的 NiO 纳米颗粒中缺乏刚性的多孔结构促进了乙基自由基从 NiO 纳米颗粒的表面解吸到气相中，这被认为引发了进一步的气相自由基反应，最终导致了反应速度优于 NiO 纳米粒子。

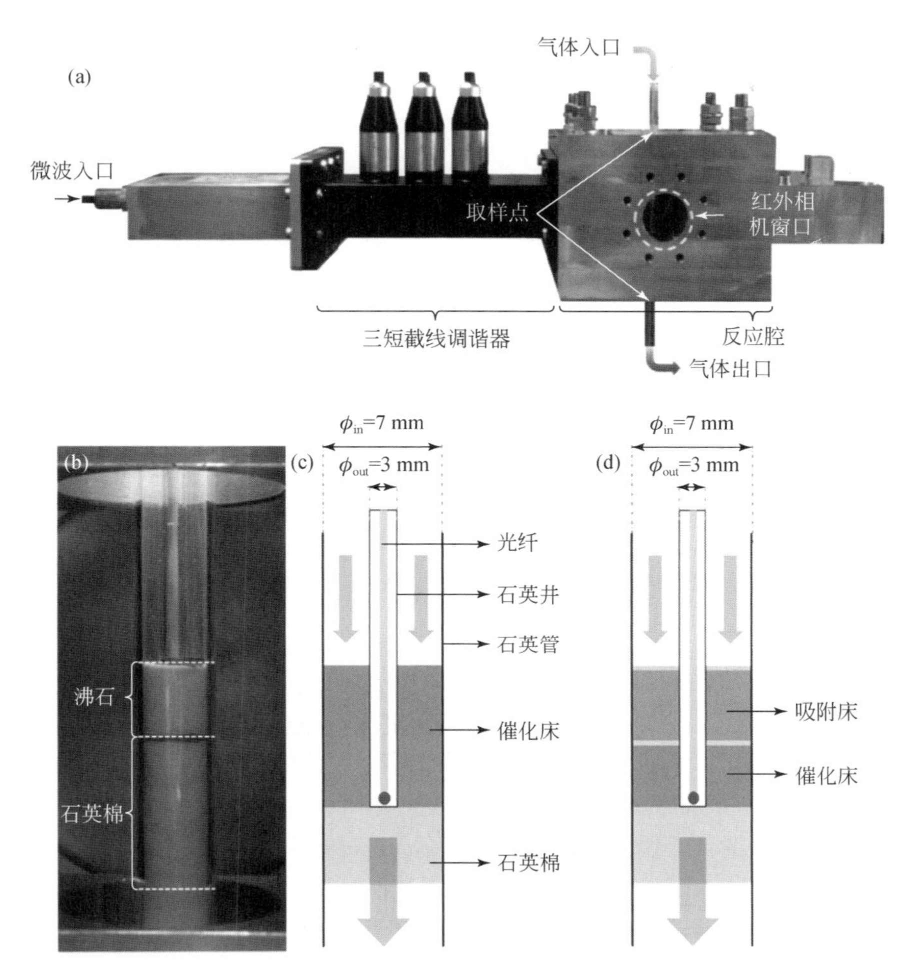

图 10-18　（a）微波加热装置；（b）固定床反应器内部结构；（c）填充 PtY 沸石的单一反应器；（d）填充吸附床、DAY 沸石、催化床和 PtY 的复合反应器[113]

整体反应器和相应的催化剂在 VOCs 方面目前已经应用在实际工业中。对整体催化反应器的讨论在考虑质量和传热的同时对催化系统的设计提供帮助，使其在新工艺的开发中发挥重要作用。整体反应器的整体性能取决于动力学、热力学、传输现象和流体动力学的综合。在这些反应器中，许多因素如催化剂涂层的不均匀性、载体类型（堇青石和金属基质）、载体几何通道都会极大地影响性能。Rodriguez 等[116]研究了整体反应器中涂层不均匀性对 Mn-Cu 混合氧化物催化剂上乙醇和乙醛催化氧化的质量和传热的影响以及乙醛催化氧化。较高的毛细作用力在通道角上形成过量的堆积催化剂并导致乙醇和乙醛的反应速率大大降低，并且随着积累厚度的增加，效率随着降低的程度而更加明显。除此之外，不均匀性对减小气固相的界面温度差和反应的热生成速率有一定增强效果，后者导致反应器中较低的温度，这些都对效率产生不利影响。Hayes 等[117]提出整体式通道中涂层厚度的不均匀性会导致通道周围反应物浓度的大变化和反应速率的变化，因此传质系数沿着气固界面变化。他们比较了方形通道和正弦形通道造成的差异，结果表明涂层厚度、通道半径，以及由可变厚度引起的涂层中的角扩散对速率和传质都有重要影响［图 10-19（A）］。

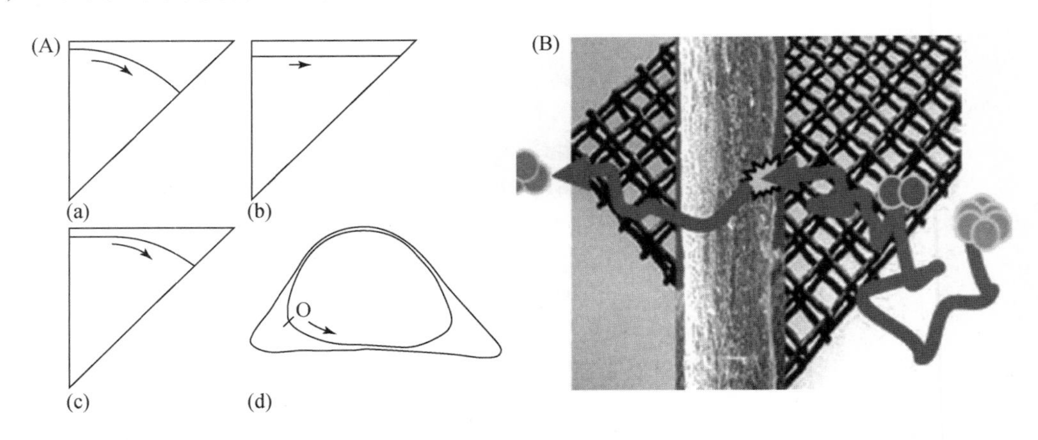

图 10-19 （A）四种主要通道和修补基面涂层组合[116]：（a）方形通道的圆形修补基面涂层，（b）方形通道的方形修补基面涂层，（c）方形通道的圆角状修补基面涂层和（d）“正弦形”通道带有不规则的涂层；（B）基于金属载体的结构化反应器[118]

除了堇青石外，金属载体也是良好的选择，如金属泡沫和金属丝网等。具有更多开放结构和连续性的金属泡沫与其他金属相比导致更大的湍流，有利于传质，使得反应器的性能得到了改善。Łojewska 等[118]的研究结果表明基于金属载体的整体式反应器表现出很高的正己烷燃烧效率，使用金属丝网作为载体的催化剂显示出比使用钢板的催化剂更好的活性。与堇青石整体式转化器相比，金属载体的反应器可缩短反应器长度，并降低压降［图 10-19（B）］，这是因为传质增加，扩散限制降低。Jodlowski 等[119]研究了用于正己烷催化燃烧反应器的催化剂载体类型（机织、编织金属丝网和整体式）的影响。结果表明使用编织纱网时，反应堆长度减少最多。编织纱布载体由于其高的比表面积和强大的传质能力而比其他更佳，且良好的传质性能导致高转化率并降低局部过热的风险。Everaert 等[120]研究了在烧结金属羊毛催化剂上涂覆的 V-Ti-W 上氯代烃的催化燃烧。通常使用具有方形几何通道的堇青石整料，这是因为其具有在高流速下的低压降和高机械强度。

研究者建立了模型以更好地描述催化反应器中的热量和质量传递。模型的建立有助于描述反应堆内传质传热过程，并预测各种因素对反应器性能的影响。一项研究调用了使用一维数学模型来研究整体反应器中 MIBK 的催化燃烧，同时考虑了反应发生在催化剂表面以及轴向的热/质传递率[121]。研究表明，在不同温度范围内，催化过程受不同机理的控制。具体来讲，催化性能在低温范围内由动力学控制，但温度升高后则由传质过程控制。除此之外，研究者发现孔密度的增加有利于催化性能、圆形比方形或三角形具有更高的传热和传质速率。Rodríguez 等[122]使用等温一维非均质模型研究了陶瓷整体结构中乙醇催化氧化的内部和外部传质限制。对于具有较厚催化涂层的整体材料，必须将内部扩散视为主要控制因素，但对于界面面积较小或在较高温度下运行的整体材料，外部传质阻力是影响整个过程的主要因素。Duplancic 等[123]研究了甲苯在 Al/Al_2O_3 负载锰镍混合氧化物上的催化氧化过程，并使用前者的一维拟均相模型和一维非均相模型比较了粉末催化剂在固定床和金属整体反应器中的性能，发现金属整体反应器中催化反应由动力学控制，粉末催化剂的反应速率受相扩散的影响。

10.9 总结与展望

催化氧化技术是实现工业源 VOCs 达标排放的高效技术之一，其发展与革新对大气环境的优化改善具有重要的现实意义。催化氧化技术涉及环境、催化、化工等多个领域，尽管我国在催化氧化方面已经做了大量的研究，但总体技术水平仍处于发展阶段。传统颗粒或者粉末催化剂存在易磨损、整体效率低、难以回收、实际应用中会堵塞催化剂活性位或堵塞反应器等不足。相比较而言，兼具催化剂和反应器特点和性能的整体式催化剂能提高催化活性和选择性、消除反应气体在反应床层内的不均匀分布、改善反应器中催化床层上的物质传质、降低压力损失、减少操作费用，在工业 VOCs 消除中被广泛研究和应用。

堇青石结构可调控、热膨胀系数小，是最常用的整体式催化剂载体。但堇青石整体式催化剂导热性能较差，VOCs 氧化反应几乎在绝热条件下进行，当系统温度有巨大波动时，催化剂活性相与载体间易产生较大应力，导致涂层脱落，缩短催化剂使用寿命。金属载体相对于堇青石载体有很多优点，如较高的热稳定性和机械强度、较低的热容、体积和负载小，但金属载体与催化剂涂层间黏附强度较低，另外金属载体与金属氧化物活性相热膨胀系数各异，催化剂抗高温氧化性能和高温水热稳定性能有待提高。新型经济高效整体式催化剂的研发一直是催化氧化技术的核心，目前的研究工作通过制备方法改进、涂层调控、催化剂形貌/结构优化、反应器设计等使整体式催化剂的催化性能和稳定性得到了一定改善，但该技术在催化剂成本优化、抗水/热冲击能力、反应动力学与机理、催化剂失活再生机制、反应器稳定性和经济性等方面仍需开展研究和应用工作。

未来研究工作可围绕以下几个方面。

(1) 通过催化剂活性组分的合理调配、助催化剂和抗毒性位点的添加、高热稳定性和机械稳定性基体的开发以及涂层技术的革新，实现催化剂成本和性能优化，提升反应器床层运行稳定性。

(2) 探索多组分 VOCs 降解过程的混合效应，通过多活性位点耦合（尤其是廉价过渡金属和稀土）和催化剂结构设计，在单一/耦合催化床层上实现多组分污染物的高效降解，节约技术成本。

(3) 发展产物快响应在线监测手段和流/热场模拟技术，深入探究整体式催化剂上 VOCs 降解的动力学规律、反应机制、催化剂失活机制，为催化剂和反应器的开发与创新提供理论指导。

(4) 明晰不同行业 VOCs 废气排放特征，依据真实废气组成和排放工况，揭示污染物降解行为和催化剂中毒失活机制，设计/选择高效催化剂、反应器和（协同）控制技术，实现尾气达标排放。

(5) 研究催化剂失活机制（碳沉积、活性位点中毒、团聚、变性、迁移/流失等）和再生/资源回收技术，实现 VOCs 废气的经济高效稳定降解。

参考文献

[1] Zhao S Y, Xu B L, Yu L, et al. Honeycomb-shaped PtSnNa/γ-Al_2O_3/cordierite monolithic catalyst with

improved stability and selectivity for propane dehydrogenation [J]. Chinese Chemical Letters, 2018, 29 (6): 884-886.

[2] Trueba M, Trasatti S P. Alu mina as a support for catalysts: a review of fundamental aspects [J]. European Journal of Inorganic Chemistry, 2005, 17: 2293-3403.

[3] Bartholomew C H, Farrauto R J. Fundamentals of industrial catalytic processes [J]. Applied Catalysis A: General, 2001, 208 (1-2): 429-430.

[4] Chen B B, Zhu X B, Crocker M, et al. Complete oxidation of formaldehyde at ambient temperature over γ-Al_2O_3 supported Au catalyst [J]. Catalysis Communications, 2013, 42: 93-97.

[5] Zhao F, Zhang G, Zeng P, et al. Preparation of Cu_xCo_{1-x}/Al_2O_3/cordierite monolithic catalysts and the catalytic combustion of toluene [J]. Chinese Journal of Catalysis, 2011, 32 (5): 821-826.

[6] Morales M R, Yeste M P, Vidal H, et al. Insights on the combustion mechanism of ethanol and n-hexane in honeycomb monolithic type catalysts: influence of the amount and nature of Mn-Cu mixed oxide [J]. Fuel, 2017, 208: 637-646.

[7] Jiang L, Yang N, Zhu J, et al. Preparation of monolithic Pt-Pd bimetallic catalyst and its performance in catalytic combustion of benzene series [J]. Catalysis Today, 2013, 216: 71-75.

[8] Wu D, Li W, Gao R. Comparison of the methods for preparing a cordierite monolith-supported Cu-Mn mixed-oxide catalyst [J]. Journal of Chemical Technology & Biotechnology, 2014, 89 (10): 1559-1564.

[9] Zhou X, Lai X, Lin T, et al. Preparation of a monolith MnO_x-CeO_2/La-Al_2O_3 catalyst and its properties for catalytic oxidation of toluene [J]. New Journal of Chemistry, 2018, 42 (20): 16875-16885.

[10] García-Bordej E, Kvande I, Chen D, et al. Carbon nanofibers uniformly grown on γ-alumina washcoated cordierite monoliths [J]. Advanced Materials, 2010, 18: 1589-1592.

[11] Morales-Torres S, Pérez-Cadenas A F, Kapteijn F, et al. Palladium and platinum catalysts supported on carbon nanofiber coated monoliths for low-temperature combustion of BTX [J]. Applied Catalysis B: Environmental, 2009, 89 (3-4), 411-419.

[12] Zhu Y, Yu L, Wang X, et al. A novel monolithic Pd catalyst supported on cordierite with graphene coating [J]. Catalysis Communications, 2013, 40: 98-102.

[13] Li W, Ye H, Liu G, et al. The role of graphene coating on cordierite-supported Pd monolithic catalysts for low-temperature combustion of toluene [J]. Chinese Journal of Catalysis, 2018, 39 (5): 946-954.

[14] Pérez-Cadenas A F, Morales-Torres S, Kapteijn F, et al. Carbon-based monolithic supports for palladium catalysts: the role of the porosity in the gas-phase total combustion of *m*-xylene [J]. Applied Catalysis B: Environmental, 2008, 77 (3-4): 272-277.

[15] Pérez-Cadenas A F, Morales-Torres S, Maldonado-Hódar F J, et al. Carbon-based monoliths for the catalytic eli mination of benzene, toluene and *m*-xylene [J]. Applied Catalysis A: General, 2009, 366 (2): 282-287.

[16] Pérez-Cadenas A F, Kapteijn F, Moulijn J A, et al. Pd and Pt catalysts supported on carbon-coated monoliths for low-temperature combustion of xylenes [J]. Carbon, 2006, 44 (12): 2463-2468.

[17] Li B, Huang Q, Yan X K, et al. Low-temperature catalytic combustion of benzene over Ni - Mn/CeO_2/cordierite catalysts [J]. Journal of Industrial and Engineering Chemistry, 2014, 20 (4): 2359-2363.

[18] Gómez D M, Gatica J M, Hernández-Garrido J C, et al. A novel CoO_x/La-modified-CeO_2 formulation for powdered and washcoated onto cordierite honeycomb catalysts with application in VOCs oxidation [J]. Applied Catalysis B: Environmental, 2014, 144: 425-434.

[19] Yi H, Huang Y, Tang X, et al. Mn-CeO_x/MeO_x (Ti, Al) /cordierite preparation with ultrasound-assisted

for non-methane hydrocarbon removal from cooking oil fumes [J]. Ultrasonics sonochemistry, 2019, 53: 126-133.

[20] Yi H, Huang Y, Tang X, et al. Synthesis of Mn-CeO_x/cordierite catalysts using various coating materials and pore-forming agents for non-methane hydrocarbon oxidation in cooking oil fumes [J]. Ceramics International, 2018, 44 (13): 15472-15477.

[21] Hoang S, Lu X, Tang W, et al. High performance diesel oxidation catalysts using ultra-low Pt loading on titania nanowire array integrated cordierite honeycombs [J]. Catalysis Today, 2019, 320: 2-10.

[22] Chen X, Zhao Z, Zhou Y, et al. A facile route for spraying preparation of Pt/TiO_2 monolithic catalysts toward VOCs combustion [J]. Applied Catalysis A: General, 2018, 566: 190-199.

[23] Tang W, Deng Y, Li W, et al. Restrictive nanoreactor for growth of transition metal oxides (MnO_2, Co_3O_4, NiO) nanocrystal with enhanced catalytic oxidation activity [J]. Catalysis Communications, 2015, 72: 165-169.

[24] Sun X, Wu D. Monolithic $LaBO_3$ (B=Mn, Co or Ni) /Co_3O_4/cordierite catalysts for *o*-xylene combustion [J]. ChemistrySelect, 2019, 4 (19): 5503-5511.

[25] Wang S, Ren Z, Song W, et al. ZnO/perovskite core - shell nanorod array based monolithic catalysts with enhanced propane oxidation and material utilization efficiency at low temperature [J]. Catalysis Today, 2015, 258: 549-555.

[26] Deng L, Huang C, Kan J, et al. Effect of coating modification of cordierite carrier on catalytic performance of supported $NiMnO_3$ catalysts for VOCs combustion [J]. Journal of Rare Earths, 2018, 36 (3): 265-272.

[27] Zhu A, Zhou Y, Wang Y, et al. Catalytic combustion of VOCs on Pt/CuMnCe and Pt/CeY honeycomb monolithic catalysts [J]. Journal of Rare Earths, 2018, 36 (12): 1272-1277.

[28] Li X X, Chen M, Zheng X M. Preparation and characterization of a novel washcoat material and supported Pd catalysts [J]. Kinetics and Catalysis, 2013, 54 (5): 572-577.

[29] Sedjame H J, Brahmi R, Lafaye G, et al. Influence of the formulation of catalysts deposited on cordierite monoliths for acetic acid oxidation [J]. Comptes Rendus Chimie, 2018, 21 (3-4): 182-193.

[30] Aguero F N, Morales M R, Duran F G, et al. MnCu/cordierite monolith used for catalytic combustion of volatile organic compounds [J]. Chemical Engineering & Technology, 2013, 36 (10): 1749-1754.

[31] Hou Z, Feng J, Lin T, et al. The performance of manganese-based catalysts with $Ce_{0.65}Zr_{0.35}O_2$ as support for catalytic oxidation of toluene [J]. Applied Surface Science, 2018, 434: 82-90.

[32] Jin L Y, He M, Lu J Q, et al. Palladium catalysts supported on novel $Ce_xY_{1-x}O$ washcoats for toluene catalytic combustion [J]. Journal of Rare Earths, 2008, 26 (4): 614-618.

[33] Chen Y W, Li B, Niu Q, et al. Combined promoting effects of low-Pd-containing and Cu-doped $LaCoO_3$ perovskite supported on cordierite for the catalytic combustion of benzene [J]. Environmental science and pollution research international, 2016, 23 (15): 193-15201.

[34] Guiotto M, Pacella M, Perin G, et al. Washcoating vs. direct synthesis of $LaCoO_3$ on monoliths for environmental applications [J]. Applied Catalysis A: General, 2015, 499: 146-157.

[35] Azalim S, Brahmi R, Agunaou M, et al. Washcoating of cordierite honeycomb with Ce-Zr-Mn mixed oxides for VOC catalytic oxidation [J]. Chemical Engineering Journal, 2013, 223: 36-546.

[36] Topka P, Klementova M. Total oxidation of ethanol over Au/$Ce_{0.5}Zr_{0.5}O_2$ cordierite monolithic catalysts [J]. Applied Catalysis A: General, 2016, 522: 130-137.

[37] Xiong J, Luo Z, Yang J, et al. Robust and well-controlled TiO_2-Al_2O_3 binary nanoarray-integrated ceramic

honeycomb for efficient propane combustion [J]. CrystEngComm, 2019, 21 (17): 2727-2735.

[38] Zhou T, Li L, Cheng J, et al. Preparation of binary washcoat deposited on cordierite substrate for catalytic applications [J]. Ceramics International, 2010, 36 (2): 529-534.

[39] Wang T, Yang S, Sun K, et al. Preparation of Pt/beta zeolite- Al_2O_3/cordierite monolith for automobile exhaust purification [J]. Ceramics International, 2011, 37 (2): 621-626.

[40] Varela-Gandía F J, Berenguer-MurciaÁ, Lozano-Castelló D, et al. Total oxidation of naphthalene at low temperatures using palladium nanoparticles supported on inorganic oxide- coated cordierite honeycomb monoliths [J]. Catalysis Science & Technology, 2013, 3 (10): 2708-2716.

[41] Piumetti M, Fino D, Russo N. Mesoporous manganese oxides prepared by solution combustionsynthesis as catalysts for the total oxidation of VOCs [J]. Applied Catalysis B: Environmental, 2015, 163 (163): 277-287.

[42] Tang W, Ren Z, Lu X, et al. Scalable integration of highly uniform $Mn_xCo_{3-x}O_4$ nanosheet array onto ceramic monolithic substrates for low- temperature propane oxidation [J]. ChemCatChem, 2017, 9 (21): 4112-4119.

[43] Ma WJ, Huang Q, Xu Y, et al. Catalytic combustion of toluene over Fe- Mn mixed oxides supported on cordierite [J]. Ceramics International, 2013, 39 (1): 277-281.

[44] Huang Q, Zhang Z Y, Ma W J, et al. A novel catalyst of Ni-Mn complex oxides supported on cordierite for catalytic oxidation of toluene at low temperature [J]. Journal of Industrial and Engineering Chemistry, 2012, 18 (2): 757-762.

[45] Avila P, Montes M, Miró E E. Monolithic reactors for environmental applications a review on preparation technologies [J]. Chemical Engineering Journal, 2005, 109 (1-3): 11-36.

[46] Huang Q, Yan X, Li B, et al. Study on catalytic combustion of benzene over cerium based catalyst supported on cordierite [J]. Journal of Rare Earths, 2013, 31 (2): 124-129.

[47] Yi H, Huang Y, Tang X, et al. Improving the efficiency of Mn- CEO_x/cordierite catalysts for nonmethane hydrocarbon oxidation in cooking oil fumes [J]. Industrial & Engineering Chemistry Research, 2018, 57 (12): 4186-4194.

[48] Colman- Lerner E, Peluso M A, Sambeth J, et al. Cerium, manganese and cerium/manganese ceramic monolithic catalysts. Study of VOCs and PM removal [J]. Journal of Rare Earths, 2016, 34 (7): 675-682.

[49] Lu H, Zhou Y, Huang H, et al. In-situ synthesis of monolithic Cu-Mn-Ce/cordierite catalysts towards VOCs combustion [J]. Journal of Rare Earths, 2011, 29 (9): 855-860.

[50] Zhang X, Wu D. Ceramic monolith supported Mn-Ce-M ternary mixed-oxide (M=Cu, Ni or Co) catalyst for VOCs catalytic oxidation [J]. Ceramics International, 2016, 42 (15): 16563-16570.

[51] Kan J, Deng L, Li B, et al. Performance of co-doped Mn-Ce catalysts supported on cordierite for low concentration chlorobenzene oxidation [J]. Applied Catalysis A: General, 2017, 530: 21-29.

[52] Chen S Y, Tang W X, He J K, et al. Copper manganese oxide enhanced nanoarray- based monolithic catalysts for hydrocarbon oxidation [J]. Journal of Materials Chemistry A, 2018, 6: 19047-19057.

[53] Chen X, Xu Q, Zhou Y, et al. Facile and flexible preparation of highly active cuce monolithic catalysts for VOCs combustion [J]. ChemistrySelect, 2017, 2 (28): 9069-9073.

[54] Bo L, Sun S. Microwave- assisted catalytic oxidation of gaseous toluene with a Cu- Mn- Ce/cordierite honeycomb catalyst [J]. Frontiers of Chemical Science and Engineering, 2019, 13 (2): 385-392.

[55] Cuo Z, Deng Y, Li W, et al. Monolithic Mn/Ce-based catalyst of fibrous ceramic membrane for complete

oxidation of benzene [J]. Applied Surface Science, 2018, 456: 594-601.

[56] Bénard S, Giroir-Fendler A, Vernoux P, et al. Comparing monolithic and membrane reactors in catalytic oxidation of propene and toluene in excess of oxygen [J]. Catalysis Today, 2010, 156 (3-4): 301-305.

[57] Liu H, Li C, Ren X, et al. Fine platinum nanoparticles supported on a porous ceramic membrane as efficient catalysts for the removal of benzene [J]. Scientific Reports, 2017, 7: 16589.

[58] Richardson J T, Peng Y, Remue D. Properties of ceramic foam catalyst supports: pressure drop [J]. Applied Catalysis A: General, 2000, 204 (1): 19-32.

[59] Ribeiro F, Silva J M, Silva E, et al. Catalytic combustion of toluene on Pt zeolite coated cordierite foams [J]. Catalysis Today, 2011, 176 (1): 93-96.

[60] Domínguez M I, Sánchez M, Centeno M A, et al. 2-Propanol oxidation over gold supported catalysts coated ceramic foams prepared from stainless steel wastes [J]. Journal of Molecular Catalysis A: Chemical, 2007, 277 (1-2): 145-154.

[61] Silva E R, Silva J M, Oliveira F, et al. Cordierite foam supports washcoated with zeolite-based catalysts for volatile organic compounds (VOCs) combustion [J]. Materials Science Forum, 2010, 636-637: 104-110.

[62] Deng H, Kang S Y, Wang C Y, et al. Palladium supported on low-surface-area fiber-based materials for catalytic oxidation of volatile organic compounds [J]. Chemical Engineering Journal, 2018, 348: 361-369.

[63] Banús E D, Sanz O, Milt V G, et al. Development of a stacked wire-mesh structure for diesel soot combustion [J]. Chemical Engineering Journal, 2014, 246: 353-365.

[64] Marc P, Heddrich M, Jahn E, et al. Fiber based structured materials for catalytic applications [J]. Applied Catalysis, A. General: An International Journal Devoted to Catalytic Science and Its Applications, 2014, 476: 78-90.

[65] Cai S X, Zhang D S, Shi L Y, et al. Porous Ni-Mn oxide nanosheets *in situ* formed on nickel foam as 3D hierarchical monolith de-NO_x catalysts [J]. Nanoscale, 2014, 6 (13): 7346-7353.

[66] Liu Y, Xu J, Li H R, et al. Rational design and in situ fabrication of MnO_2@$NiCo_2O_4$ nanowire arrays on Ni foam as high-performance monolith de-NO_x catalysts [J]. Journal of Materials Chemistry A, 2015, 3 (21): 11543-11553.

[67] Sanz O, Banús E D, Goya A, et al. Stacked wire-mesh monoliths for VOCs combustion: effect of the mesh-opening in the catalytic performance [J]. Catalysis Today, 2017, 296: 76-83.

[68] Novaković T, Radić N, Grbić B, et al. Oxidation of *n*-hexane over Pt and Cu-Co oxide catalysts supported on a thin-film zirconia/stainless steel carrier [J]. Catalysis Communications, 2008, 9 (6): 1111-1118.

[69] Yang K S, Choi J S, Chung J S. Evaluation of wire-mesh honeycomb containing porous Al/Al_2O_3 layer for catalytic combustion of ethyl acetate in air [J]. Catalysis Today, 2004, 97 (2-3): 159-165.

[70] Yang K S, Choi J S, Lee S H, et al. Development of Al/Al_2O_3-coated wire-mesh honeycombs for catalytic combustion of volatile organic compounds in air [J]. Industrial & Engineering Chemistry Research, 2004, 43 (4): 907-912.

[71] Duran F G, Barbero B P, CadusL E. Oxidation of ethyl acetate on Fe-Mn oxides from nitrates deposited by impregnation on monoliths of aisi 304 stainless steel [J]. Journal of the Chilean Chemical Society, 2017, 62 (4): 3708-3715.

[72] Zhang T, Chen M, Gao Y Y, et al. Preparation process and characterization of new Pt/stainless steel wire mesh catalyst designed for volatile organic compounds elimination [J]. Journal of Central South University, 2012, (2): 25-29.

[73] Song C, Chen M, Ma C A, et al. Pd-Mn/Stainless steel wire mesh catalyst for catalytic oxidation of toluene,

acetone and ethyl acetate [J]. Chinese Journal of Catalysis, 2009, 27: 1903-1906.

[74] Song C. Pd-Y/stainless steel wire mesh catalyst for combustion of volatile organic compounds [J]. Chinese Journal of Inorganic Chemistry, 2009, 25 (3): 397-401.

[75] Ma Y, Chen M, Song C, et al. Catalytic oxidation of toluene, acetone and ethyl acetate on a new Pt-Pd/stainless steel wire mesh catalyst [J]. Acta Physico-Chimica Sinica, 2008, 24 (7): 1132-1136.

[76] Godoy M, Banús E, Sanz O, et al. Stacked wire mesh monoliths for the simultaneous abatement of VOCs and diesel soot [J]. Catalysts, 2018, 8 (1): 16.

[77] Zhang T, Chen M, Gao Y Y, et al. Preparation process and characterization of new Pt/stainless steel wire mesh catalyst designed for volatile organic compounds elimination [J]. Journal of Central South University, 2012, 19 (2): 319-323.

[78] Li Y F, Li Y, Yu Q, et al. Preparation and application of Pd-based stainless steel wire mesh monolith catalyst [J]. Advanced Materials Research, 2012, 557-559: 1543-1546.

[79] Durán F G, Barbero B P, Cadús L E. Catalytic combustion of ethyl acetate over manganese oxides deposited on metallic monoliths [J]. Chemical Engineering & Technology, 2014, 37 (2): 310-316.

[80] Jiratova K, Perekrestov R, Dvorakova M, et al. Cobalt oxide catalysts in the form of thin films prepared by magnetron sputtering on stainless-steel meshes: performance in ethanol oxidation [J]. Catalysts, 2019, 9 (10): 806.

[81] Jirátová K, Kovanda F, Balabánová J, et al. Alu minum wire meshes coated with Co-Mn-Al and Co oxides as catalysts for deep ethanol oxidation [J]. Catalysis Today, 2018, 304: 165-171.

[82] Chen H, Zhang H, Yan Y. Catalytic combustion of volatile organic compounds over a structured zeolite membrane reactor [J]. Industrial & Engineering Chemistry Research, 2013, 52 (36): 12819-12826.

[83] Zhou C, Zhang H, Yan Y, et al. Catalytic combustion of acetone over Cu/LTA zeolite membrane coated on stainless steel fibers by chemical vapor deposition [J]. Microporous and Mesoporous Materials, 2017, 248: 139-148.

[84] Zhang Y, Zhang H, Yan Y. Catalytic oxidation of tricholoethylene over Cr/ZSM-5/PSSF zeolite membrane catalysts prepared by chemical vapor deposition [J]. Journal of Chemical Technology & Biotechnology, 2019, 94 (5): 1585-1592.

[85] Chen H, Yan Y, Shao Y, et al. Catalytic combustion kinetics of isopropanol over novel porous microfibrous-structured ZSM-5 coating/PSSF catalyst [J]. Aiche Journal, 2015, 61 (2): 620-630.

[86] Chen H, Zhang H, Yan Y. Gradient porous Co-Cu-Mn mixed oxides modified ZSM-5 membranes as high efficiency catalyst for the catalytic oxidation of isopropanol [J]. Chemical Engineering Science, 2014, 111: 313-323.

[87] Wang T, Zhang H, Yan Y. High efficiency of isopropanol combustion over cobalt oxides modified ZSM-5 zeolite membrane catalysts on paper-like stainless steel fibers [J]. Journal of Solid State Chemistry, 2017, 251: 55-60.

[88] Chen H, Zhang H, Yan Y. Fabrication of porous copper/manganese binary oxides modified ZSM-5 membrane catalyst and potential application in the removal of VOCs [J]. Chemical Engineering Journal, 2014, 254: 133-142.

[89] Luo C, Fan S, Li G, et al. Catalytic combustion of methyl ethyl ketone over paper-like microfibrous entrapped MnO_x/AC catalyst [J]. Materials Chemistry and Physics, 2019, 230: 17-24.

[90] Aguero F N, Barbero B P, Almeida L C, et al. MnO_x supported on metallic monoliths for the combustion of volatile organic compounds [J]. Chemical Engineering Journal, 2011, 166 (1): 218-223.

[91] Zhang Y, Zhang H, Yan Y. Catalytic oxidation of tricholoethylene over Cr/ZSM-5/PSSF zeolite membrane catalysts prepared by chemical vapor deposition [J]. Journal of Chemical Technology & Biotechnology, 2019, 94 (5): 1585-1592.

[92] Chen H, Yan Y, Shao Y, et al. Catalytic activity and stability of porous Co-Cu-Mn mixed oxide modified microfibrous-structured ZSM-5 membrane/PSSF catalyst for VOCs oxidation [J]. RSC Advances, 2014, 4 (98): 55202-55209.

[93] Kim K J, Ahn H G. A study on utilization of stainless steel wire cloth as a catalyst support [J]. Journal of Industrial and Engineering Chemistry, 2012, 18 (2): 668-673.

[94] Chen A B, Zhang Y X, Yu Y F, et al. Potassium-activated wire mesh: a stable monolithic catalyst for diesel soot combustio [J]. Chemical Engineering & Technology, 2017, 40 (1): 50-55.

[95] Li Y, Li Y, Yu Q, et al. Catalytic oxidation of toluene over Pd-based FeCrAl wire mesh monolithic catalysts prepared by electroless plating method [J]. Catalysis Communications, 2012, 29: 127-131.

[96] Li Y, Fan Y, Jian J, et al. Pt-based structured catalysts on metallic supports synthesized by electroless plating deposition for toluene complete oxidation [J]. Catalysis Today, 2017, 281: 542-548.

[97] Li H, Wang Y, Chen X, et al. Preparation of metallic monolithic Pt/FeCrAl fiber catalyst by suspension spraying for VOCs combustion [J]. RSC Advances, 2018, 8 (27): 14806-14811.

[98] Aguero F N, Barbero B P, Sanz O, et al. Influence of the support on MnO_x metallic monoliths for the combustion of volatile organic compounds [J]. Industrial & Engineering Chemistry Research, 2010, 49 (4): 1663-1668.

[99] Zhang Q, Mo S, Chen B, et al. Hierarchical Co_3O_4 nanostructures *in-situ* grown on 3D nickel foam towards toluene oxidation [J]. Catalysis, 2018, 454: 12-20.

[100] Mo S, Zhang Q, Ren Q, et al. Leaf-like Co-ZIF-L derivatives embedded on Co_2AlO_4/Ni foam from hydrotalcites as monolithic catalysts for toluene abatement [J]. Journal of hazardous materials, 2019, 364: 571-580.

[101] Jiang X, Xu W, Lai S, et al. Integral structured Co-Mn composite oxides grown on interconnected Ni foam for catalytic toluene oxidation [J]. RSC Advances, 2019, 9 (12): 6533-6541.

[102] Sanz O, Javier E F, Sánchez M, et al. Alu minium foams as structured supports for volatile organic compounds (VOCs) oxidation [J]. Applied Catalysis A: General, 2008, 340 (1): 125-132.

[103] Morales M R, Barbero B P, Cadús L E. MnCu catalyst deposited on metallic monoliths for total oxidation of volatile organic compounds [J]. Catalysis Letters, 2011, 141: 1598-1607.

[104] Li S, Mo S, Wang D, et al. Synergistic effect for promoted benzene oxidation over monolithic CoMnAlO catalysts derived from *in situ* supported LDH film [J]. Catalysis Today, 2019, 332: 132-138.

[105] Giraud S, Loupias G, Maskrot H, et al. Dip-coating on TiO_2 foams using a suspension of Pt-TiO_2 nanopowder synthesized by laser pyrolysis-preliminary evaluation of the catalytic performances of the resulting composites in deVOC reactions [J]. Journal of the European Ceramic Society, 2007, 27 (2-3): 931-936.

[106] Li B, Chen Y, Li L, et al. Reaction kinetics and mechanism of benzene combustion over the $NiMnO_3$/CeO_2/Cordierite catalyst [J]. Journal of Molecular Catalysis A: Chemical, 2016, 415: 160-167.

[107] Kouotou P M, Pan G F, Weng J J, et al. Stainless steel grid mesh-supported CVD made Co_3O_4 thin films for catalytic oxidation of VOCs of olefins type at low temperature [J]. Journal of Industrial and Engineering Chemistry, 2016, 35: 253-261.

[108] Özçelik T G, Alpay E, Atalay S. Kinetic study of combustion of isopropanol and ethyl acetate on

monolith-supported CeO_2 catalyst [J]. Progress in Reaction Kinetics and Mechanism, 2019, 38 (1): 62-74.

[109] De la Rosa J R, Lucio-Ortiz C J, Pedroza-Solis C D, et al. La-, Mn- and Fe-doped zirconia washcoats deposited on monolithic reactors via sol-gel method: characterization and evaluation of their mass transfer phenomena and kinetics in trichloroethylene combustion [J]. International Journal of Chemical Reactor Engineering, 2017, 15 (5): 20170027.

[110] Nezi C, Poulopoulos S, Philippopoulos C. Methyl tertiary butyl ether catalytic oxidation over Pt/Rh and Pd monolithic exhaust catalysts: intrinsic kinetic studies in a spinning basket flow [J]. Industrial & Engineering Chemistry Research, 2001, 40 (15): 3325-3330.

[111] Poulopoulos S G. Catalytic oxidation of ethanol in the gas phase over Pt/Rh and Pd catalysts: kinetic study in a spinning-basket flow reactor [J]. Reaction Kinetics Mechanisms and Catalysis, 2015, 117 (2): 487-501.

[112] Liakopoulos C, Poulopoulos S, Philippopoulos C. Kinetic studies of acetaldehyde oxidation over Pt/Rh and Pd monolithic catalysts in a spinning-basket flow reactor [J]. Industrial & Engineering Chemistry Research, 2001, 40 (6): 1476-1481.

[113] Nigar H, Julián I, Mallada R. Microwave-assisted catalytic combustion for the efficient continuous cleaning of VOC-containing air streams [J]. Environmental Science & Technology, 2018, 52 (10): 5892-5901.

[114] Miachon S, Dalmon J A. Catalysis in membrane reactors: what about the catalysts? [J]. Topics in Catalysis, 2004, 29 (1-2): 59-65.

[115] Syed-Hassan S S A, Li C Z. Catalytic oxidation of ethane with oxygen using fluidised nanoparticle NiO catalyst [J]. Applied Catalysis A General, 2011, 405 (1-2): 166-174.

[116] Rodríguez M L, Cadús L E, Borio D O. Monolithic reactor for VOCs abatement: influence of non-uniformity in the coating [J]. Journal of Environmental Chemical Engineering, 2017, 5 (1): 292-302.

[117] Hayes R E, Liu B, Moxom R, et al. The effect of washcoat geometry on mass transfer in monolith reactors [J]. Chemical Engineering Science, 2004, 59 (15): 3169-3181.

[118] Łojewska J, Kołodziej A, Łojewski T, et al. Structured cobalt oxide catalyst for VOC combustion. Part Ⅰ: Catalytic and engineering correlations [J]. Applied Catalysis A: General, 2009, 366 (1): 206-211.

[119] Jodłowski P J, Jędrzejczyk R J, Gancarczyk A, et al. New method of determination of intrinsic kinetic and mass transport parameters from typical catalyst activity tests: problem of mass transfer resistance and diffusional limitation of reaction rate [J]. Chemical Engineering Science, 2017, 162: 322-331.

[120] Everaert K, Mathieu M, Baeyens J, et al. Combustion of chlorinated hydrocarbons in catalyst-coated sintered metal fleece reactors [J]. Journal of Chemical Technology & Biotechnology, 2003, 78 (2-3): 167-172.

[121] Jang S H, Ahn W S, Ha J M, et al. Mathematical model of a monolith catalytic incinerator [J]. Korean Journal of Chemical Engineering, 1999, 16 (6): 778-783.

[122] Rodríguez M L, Cadús L E. Mass transfer limitations in a monolithic reactor for the catalytic oxidation of ethanol [J]. Chemical Engineering Science, 2016, 143: 305-313.

[123] Duplancic M, Tomasic V, Gomzi Z. Catalytic oxidation of toluene: comparative study over powder and monolithic manganese-nickel mixed oxide catalysts [J]. Environmental Technology, 2018, 39 (15): 2004-2016.

第 11 章　VOCs 催化氧化反应器结构和设计

11.1　VOCs 催化氧化反应器总论

在前面的章节中详细介绍了可挥发性有机废气（VOCs）各类污染物分子的催化降解技术，主要内容均集中在催化剂本征特性上。而工业上真正使用这些催化剂，并组装成一个反应器时，则需要考虑更多的因素，包括传质、传热和反应动力学，这些参数与催化剂材质、形状、装填方式有紧密的关联，同时也会影响整体反应效率。

表 11-1 列出了不同典型 VOCs 有机污染分子催化完全氧化的热力学数据和在反应器中的绝热升温数据。由数据可知，VOCs 催化燃烧是体积增大、熵增过程，并且强放热，在热力学角度上是吉布斯函数为负数的自发反应。因此，在克服动力学活化能的能垒后，催化燃烧反应都能快速进行，并且一般为不可逆的反应（反应平衡常数大）。从表 11-1 中可知，1g/m^3浓度的苯，绝热升温达到 31℃，也就是完全催化氧化后，污染空气气流经过催化剂层，可以使气流升温 31℃。在实际工业治理中，废气浓度只要不超过爆炸下限浓度的 25%，均是可被允许的处理浓度。以甲苯为例，最高允许处理浓度为 12.3g/m^3，其气流最大升温可达到 394℃。因此这部分热量不仅大，是一种很好的热资源，需要充分地利用，以降低整体装置的运行能耗，而且可以产生一定的经济效应。

表 11-1　典型污染物分子完全氧化热力学数据

污染物分子	$\Delta H^{\ominus}$/(kJ/mol)	$\Delta S^{\ominus}$/[J/(mol·K)]	$\Delta G^{\ominus}$/(kJ/mol)	ΔT（1g/m^3浓度完全氧化时反应绝热升温）/℃	爆炸最低极限浓度/(g/m^3)
苯	-3169.51	245.38	-3242.67	31.45	48.75
甲苯	-3772.06	184.58	-3827.09	31.95	49.29
二甲苯	-4375.21	253.29	-4450.73	31.70	51.58
乙苯	-4387.11	139.84	-4428.80	31.79	47.32
苯乙烯	-4262.38	1199.43	-4619.99	31.63	51.07
乙烯	-1323.10	-29.51	-1314.41	35.67	34.25
丙烯	-1926.46	89.015	-1952.97	35.22	37.50
丁烯	-2540.77	150.56	-2585.66	34.83	40.00
甲醛	-519.45	-21.47	-513.05	13.31	93.75
乙醛	-1100.00	175.08	-1152.20	19.21	78.57
丙醛	-1717.35	82.89	-1742.06	22.75	59.55
乙酸乙酯	-2096.60	222.02	-2162.80	18.38	78.57

续表

污染物分子	$\Delta H^{\ominus}$/(kJ/mol)	$\Delta S^{\ominus}$/[J/(mol·K)]	$\Delta G^{\ominus}$/(kJ/mol)	ΔT（1g/m³浓度完全氧化时反应绝热升温)/℃	爆炸最低极限浓度/(g/m³)
丙酮	-1687.55	186.89	-1743.27	22.33	64.73
乙醚	-2530.53	226.26	-2597.99	26.28	61.12
正丁醇	-2506.23	206.78	-2567.88	26.02	46.25
异丙醇	-1875.08	292.98	-1962.43	23.08	53.57
乙烷	-1428.13	139.38	-1469.73	36.58	40.18
丙烷	-1801.35	199.98	-1860.97	31.45	41.25
丁烷	-2657.63	234.89	-2727.66	35.16	38.84
戊烷	-3271.78	212.97	-3335.28	34.98	48.21
正己烷	-3886.83	266.87	-3966.40	34.77	42.23
环己烷	-3687.50	271.24	-3768.37	33.75	48.75
乙酸	-837.70	112.12	-871.13	10.76	107.14
丙酮	-1687.55	186.89	-1743.27	22.33	64.73
丁酮	-2302.8	243.19	-2375.31	24.62	64.29
环己酮	-3339.17	250.21	-3413.77	26.20	48.13
乙醇	-1278.53	218.79	-1343.76	21.38	67.77
甲醇	-672.18	156.55	-718.86	16.16	85.71
环氧丙烷	-1811.37	99.89	-1841.15	23.97	80.27
环氧乙烷	-1218.06	49.38	-1232.78	21.29	58.93

图 11-1 给出了工业上最常见的催化氧化反应器结构，一个完整的反应器基本上都包括了三个主要部件：催化反应床层、换热器和加热器。催化反应床层是整个反应器的核心，设计一个优良结构的反应床层，可以提高反应效率，降低能耗，更为重要的是可以提高净化率，满足环境达标需求。当然换热器和加热器也是必不可少的部件，从表 11-1 可知，完全氧化反应都是强放热反应，而要让有机分子在催化剂表面发生反应，则需要克服一定的活化能，也就是需要把整体气流加热到一定温度才能进行快速反应，从工业催化剂实际应用来看，一般甲苯分子起燃温度在 200℃左右，但是要达到 98% 以上的转化率，需要进口气的温度更高，一般设计要求中会达到 280℃以上。因此反应床层进口温度控制是一个关键参数。为了充分利用能量，需要把反应后的高温气体经过气气换热来把热量传递给进口气体，使其提升温度，并通过加热器把经过换热的进口气体提升到特定催化燃烧起燃温度。

因此一个完整的催化燃烧反应器，都需要对催化反应床层、换热器和加热器的结构进行优化和设计，掌握其中一些设计要点和规律。尤其是随着时代科技的进步，新型 3D 结构催化剂、各式换热和加热技术层出不穷，我们只有对其基本核心的内容进行分析和总结，才能不断发展和优化反应器。在接下来的章节，我们将对催化反应床层、换热器和加热器展开分析。

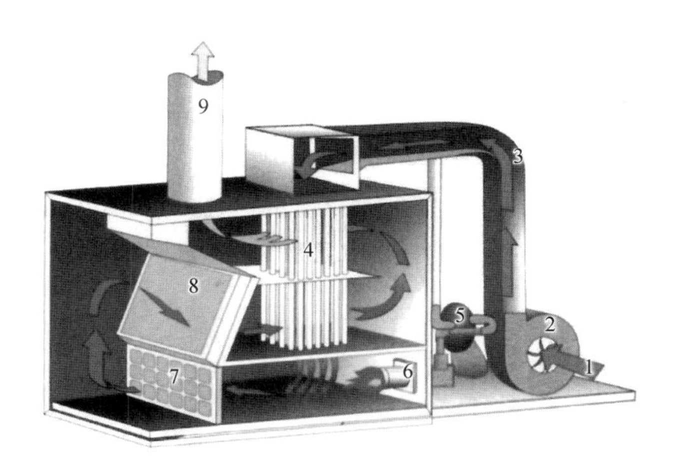

图 11-1　典型的工业氧化催化器结构

1. VOCs；2. 风机；3. 引风管道；4. 列管式换热器；5. 燃料阀；6. 加热器；7、8. 催化剂；9. 排气管

11.2　VOCs 催化氧化反应床层结构和设计

11.2.1　规整催化剂基本构型和参数

催化反应器的类型包括流化床、浆态床和固定床等型式，这主要是由催化剂在反应过程中的状态决定的。流化床反应器中催化剂呈现流化状态，具有优良的传质和传热系数，能很好地解决强放热反应造成的床层温度分布不均匀的问题。但是，流化床对催化剂磨耗较大，并且反应器结构较为复杂，并不是主流的催化氧化反应器型式。浆态床则主要应用在气液固三相催化反应体系中，不适用于气固相反应。固定床反应器具有结构简单、操作方便、运行能耗低的特性，虽然存在一定的传质和传热阻力，但只要设计好催化剂的结构形态，同样具备很高的反应效率，尤其是针对 VOCs 废气治理的催化氧化反应，其目的是追求更高的矿化率，对反应控制要求不是很高，固定床完全可以满足要求，因此固定床反应器是目前最为主流的 VOCs 催化燃烧反应器。

催化剂的结构形式会直接影响固定床反应器的效率，一般来说颗粒催化剂是最为常见的固定床催化剂，但传统颗粒填充床反应器的一个固有特性是催化剂的随机性和不均匀分布，这主要源于催化剂颗粒在反应器器壁附近的松散填装。这种不均匀分布容易导致[1]：①反应器气流在内部分布不均匀；②反应物在催化剂表面接触不均匀；③流体停留时间偏离设计值；④床层放热反应的热点和飞温无法控制。另外，颗粒催化剂的尺寸和形状要由反应器流体力学和热/质传递条件来确定，催化剂的使用还要考虑放大、装卸操作和技术管理问题。因此，人们一直尝试将催化剂设计（本征催化性能及颗粒内部热/质传递）与反应工程（热/质传递、流体力学、流动状态和压力降）一起优化，进行一体化高效耦合。催化剂的结构化设计及应用淡化了传统概念上的催化剂和反应器之间的界限，相对于传统固定床填料的随机和不均匀分布，规整和结构化避免了沟流、颗粒团聚等问题。尤其在环境领域 VOCs 氧化反应的废气流量普遍较大，并且呈现为非稳态（废气组成和浓度波动变化)，为了应对非稳态操作条件和降低反应气流阻力，需要把催化剂进行规整化，优化其流场分布，提高反应效率。规整催化剂反应器床层也已经成为普遍采用的 VOCs 燃烧反应床层。

图 11-2 和图 11-3 展示了规整催化剂各种外观和内部孔道结构[2]，通过现代合成制备技术，尤其是 3D 打印技术的迅速发展，根据反应特性和条件来设计规整结构催化剂成为可能。规整催化剂基本构型和性质通常使用通道几何形状和水力学参数进行描述，包括通道壁边长 L 和通道壁厚度 t。通道大小关系到通道密度（n）、几何表面积（GSA）、前段开口面积（OFA）、水力直径（D_h）、堆积密度（ρ）、热积分系数（TIF）、机械积分系数(MIF)、流动阻力（R_f）、整体热传递（H_s）和起燃系数（LOF）等，这些参数都可影响规整催化剂的性能和耐用性[3]。

图 11-2　各种规整催化剂外形
（a）陶瓷基；（b）金属基

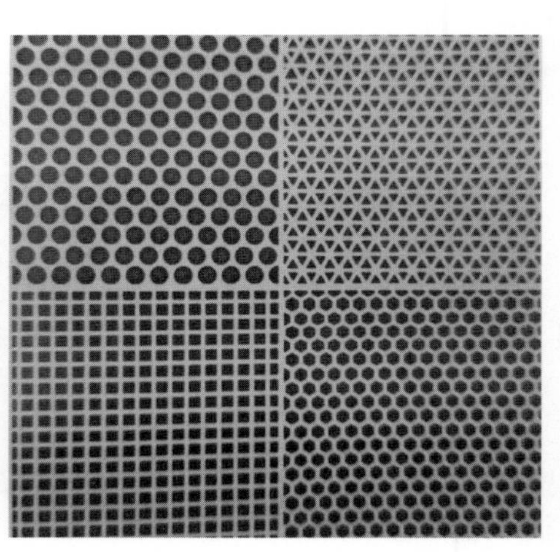

图 11-3　规整催化剂的孔道结构

通常规整催化剂的孔道一般为四边形，但也可以是三角形、六边形以及其他较为复杂的形状（图 11-3)。为更好地描述各种孔道结构的规整催化剂，需要对其不同形状的孔道进行基本参数的描述，并用数学方式计算，下面是一些具有代表性孔道结构的基本参数描述（图 11-4)。

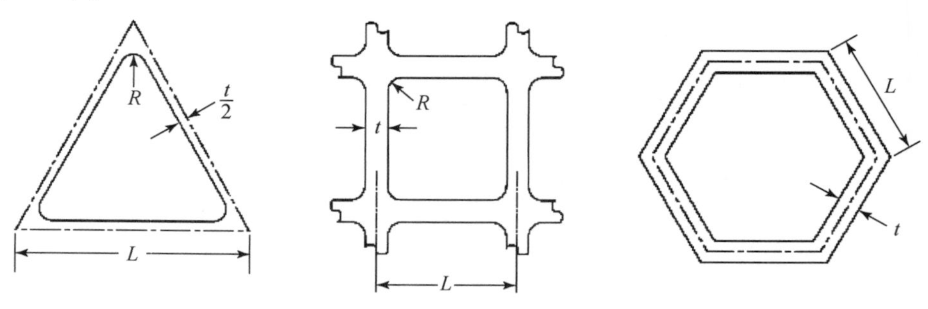

图 11-4　规整催化剂孔道形状和基本参数

（1）通道密度（n）：在单位面积内的孔道数量。

等边三角形孔道为

$$n = \frac{4}{\sqrt{3}\,L^2}$$

正四边形孔道为

$$n = \frac{1}{L^2}$$

六边形孔道为

$$n = \frac{0.384}{L^2}$$

（2）几何表面积（GSA）：单位床层体积的外传质比表面积，根据不同的 L 单位取值，单位可以为：m^2/m^3、in^2/in^3、cm^2/cm^3。

等边三角形孔道为

$$GSA = 3n\left[(L-\sqrt{3}t)-\left(\frac{2\pi}{3}-2\sqrt{3}\right)R\right]$$

正四边形孔道为

$$GSA = 4n\left[(L-t)-(4-\pi)\frac{R}{2}\right]$$

六边形孔道为

$$GSA = 6n(L-0.577t)$$

（3）前端开口面积（OFA）：前端表面积的开孔体积之和，相当于空隙面积分数，一般单位为%。

等边三角形孔道为

$$OFA = \frac{1}{L^2}\left[(L-\sqrt{3}t)^2 - 4\left(3-\frac{\pi}{\sqrt{3}}\right)R^2\right]$$

正四边形孔道为

$$OFA = n\left[(L-t)^2-(4-\pi)R^2\right]$$

六边形孔道为

$$OFA = \frac{(L-0.577t)^2}{L^2}$$

（4）水力直径（D_h）：以圆形孔计的孔道直径。

等边三角形、正四边形和六边形孔道计算方式相同，均为

$$D_h = 4\,\frac{OFA}{GSA}$$

（5）堆积密度（ρ）：催化剂填装的堆积密度，g/in^3，g/cm^3。

等边三角形、正四边形和六边形孔道计算方式相同，均为

$$\rho = \rho_c(1-P)(1-OFA)$$

式中，ρ_c为催化剂基底材料的密度，P为孔壁材料的孔隙率。

(6) 流动阻力 (R_f)。

等边三角形孔道为

$$R_f = 1.66 \frac{(GSA)^2}{(OFA)^3}$$

正四边形孔道为

$$R_f = 1.775 \frac{(GSA)^2}{(OFA)^3}$$

六边形孔道为

$$R_f = 1.879 \frac{(GSA)^2}{(OFA)^3}$$

(7) 体相热传递 (H_s)。

等边三角形孔道为

$$H_s = 0.75 \frac{(GSA)^2}{(OFA)^2}$$

正四边形孔道为

$$H_s = 0.9 \frac{(GSA)^2}{(OFA)^2}$$

六边形孔道为

$$H_s = 0.98 \frac{(GSA)^2}{(OFA)^2}$$

蜂窝陶瓷规整催化剂基本参数特性见表 11-2。

表 11-2　蜂窝陶瓷规整催化剂基本参数特性举例 (R=0)

基本参数	孔道形状		
	四边形	六边形	三角形
L/cm	0.18	0.13	0.25
t/cm	0.03	0.016	0.029
D_h/cm	0.15	0.11	0.12
GSA/(cm^2/cm^3)	18.5	27.4	22.0
OFA/%	68.9	75.7	63.8
ρ/(g/cm^3)	0.51	0.40	0.55
$R_f^*/10^2$	120	198	200
H_s	2885	5760	3675

11.2.2　规整催化剂床层反应效率

蜂窝结构催化剂涂层内的反应速率往往低于本征反应速率，内扩散的影响可用局部有效因子进行评价，局部有效因子定义为蜂窝结构催化剂涂层内、外表面的平均反应速率的比值：

$$\eta_L = \frac{(R_V)_I}{(R_V)_S}$$

式中，η_L为局部有效因子；$(R_V)_I$ 为蜂窝结构催化剂涂层内的平均反应速率，mol/(m^3 · s)；$(R_V)_S$ 为蜂窝结构催化剂涂层外表面的平均反应速率，mol/(m^3 · s)。

考虑到蜂窝结构催化剂涂层的扩散阻力，反应物在通道内呈现一定的浓度梯度分布，此时涂层外表面的反应物浓度会显著低于通道内的平均体相浓度，因此，可定义整体有效因子为蜂窝结构催化剂涂层内的平均反应速率与通道内的平均体相浓度计算的反应速率的比值：

$$\eta_G = \frac{(R_V)_I}{(R_V)_b}$$

式中，η_G 为整体有效因子；$(R_V)_I$ 为蜂窝结构催化剂涂层内的平均反应速率，mol/(m^3 · s)；$(R_V)_b$ 为蜂窝结构催化剂孔道内的平均体相浓度计算的反应速率，mol/(m^3 · s)。

对于简单的动力学模型，局部有效因子取决于无因子的局部西勒（Thiele）模数。对于一级反应动力学，西勒模数可定义为[4]

$$\phi_L = L_c\sqrt{\frac{k_V}{D_{eff}}}$$

式中，ϕ_L 为局部西勒模数；L_c 为特征长度，m；k_V 为反应速率常数，mol/(m^3 · s)。D_{eff} 为蜂窝结构催化剂涂层内的有效扩散系数，m^2/s。

其中，特征长度是指蜂窝结构催化剂涂层的体积与流体/涂层界面表面积的比值。局部西勒模数和局部有效因子具有以下关系：

$$\eta_L = \frac{\tanh(\phi_L)}{\phi_L}$$

对于等温的一级反应，整体有效因子和局部有效因子具有以下关系：

$$\frac{1}{\eta_G} = \frac{1}{\eta_L} + \frac{\phi_L^2}{Bi_m}$$

其中，

$$Bi_m = \frac{k_m L_c}{D_{eff}}$$

式中，Bi_m 为毕渥（Biot）数；k_m 为传质扩散系数，m/s；L_c 为特征长度，m；D_{eff}为蜂窝结构催化剂涂层内的有效扩散系数，m^2/s。

蜂窝结构催化剂的应用还需要考虑涂层的厚度，即反应物在通道内的扩散长度。对于慢反应，蜂窝结构催化剂可选择较厚涂层以最大化地利用反应器体积，其固体分数可超过传统颗粒状填料最高值的60%，同时不会明显增加压力降；对于快反应，选用的蜂窝结构应该有较大的几何表面积和较薄的涂层厚度。因此，蜂窝结构催化剂相比传统颗粒催化剂具有更大的设计灵活性，在匹配扩散和反应速率方面拥有更大的弹性。

11.2.3　规整催化剂反应床层的传质

前面通过引入有效因子探讨了蜂窝结构催化剂涂层内部的传质过程（内扩散），接下来将进一步讨论气体到蜂窝结构催化剂涂层表面的质量传递（外扩散），该过程的阻力主要是由催化剂涂层表面附近的气膜引起的，其传质系数采用舍伍德数（Sherwood number, *Sh*）表示。在计算 *Sh* 的关联式中，最常用的是由 Hawthorm 提出的关联式[5-6]：

$$Sh=Sh_{\infty}\,[1+C\times 16P]^{0.45}$$

其中，

$$P=\frac{D_{\mathrm{h}}\cdot Re\cdot Sc}{16L}$$

式中，*Sh* 为舍伍德数；Sh_{∞} 为浓度边界层已充分发展的舍伍德数；*C* 为考虑表面粗糙度的常数，光滑表面 $C=0.078$，粗糙表面 $C=0.095$；*P* 为横向的佩克莱（Peclet）数；D_{h}为蜂窝结构催化剂孔道的水力学直径，m；*Re* 为雷诺（Reynolds）数；*Sc* 为施密特（Schmidt）数；*L* 为蜂窝结构催化剂通道的轴向长度，m。

为了更准确地计算流动气体到蜂窝结构催化剂涂层表面的传质，West 等提出了简化的关联式[7]：

$$Sh(P)=Sh_{\infty}+1.044\,(f\cdot Re)^{1/3}P^{1/3}$$

式中，*Sh*（*P*）为给定轴长度的舍伍德数；Sh_{∞} 为浓度边界层已充分发展的舍伍德数；*f* 为摩擦系数；*Re* 为雷诺（Reynolds）数；*P* 为横向的佩克莱（Peclet）数。

为了进一步减小误差，West 等[7]提出了不同 *P* 值范围的关联式：

$$Sh(P)=\begin{cases}1.077\,(f\cdot Re)^{1/3}P^{1/3}, & \text{当 } P>\dfrac{0.8Sh_{\infty}^{3}}{f\cdot Re}\text{时}\\ Sh_{\infty}, & \text{当 } P\leqslant\dfrac{0.8Sh_{\infty}^{3}}{f\cdot Re}\text{时}\end{cases}$$

11.2.4　规整催化剂反应床层的压力降

压力降主要与两个因素相关：催化剂基材和气体流动分布，其中催化剂基材是最主要的背压贡献者，对于废气治理领域，蜂窝结构的基材（具有高的空隙率、比表面积和气流通道）逐渐取代了早期的颗粒催化剂。因此可以通过不断优化孔道结构和形状来达到催化效率和压降的最佳平衡。其中蜂窝催化剂孔密度和孔壁厚度是被研究最多的两个因素。蜂窝体的长度、孔壁厚度、孔形状是被许多研究者所关注的重要研究参数。

Tannaka 等[8]发现正方形孔比六角孔道具有更好的催化效率，但压力降却是六角形孔道更低（因为它具有更大的开孔率和水力直径）。另外，当两者具有相同的几何比表面积时，则正方形的孔道压降更低。Andreassi 等[9]研究了孔密度和水力直径与压降的关系，发现孔密度为 300cpsi，正方形孔具有更小的压力降，不同孔的压降趋势为（压力降从小到大）：正方形>六角形>正弦曲线>三角形孔。而当水力直径都相同时（如水力直径都为 1.26mm），则压降趋势变为：三角形孔>正弦曲线>正方形>六边形。

为了能够在更大范围内预测不同形状蜂窝体的压降，一些压力降计算模型被提出。Darcy[10]最早提出了著名的经验公式——Darcy 公式，但是这仅适用于不可压缩的、等温低速流动的牛顿流体，具有一定的局限性，因此人们不断对 Darcy 公式进行修正。对于蜂窝结构催化剂，代表性的压力降关联式为 Darcy-Weisbach 方程：

$$\Delta P = f\frac{\rho V^2}{2}\times\frac{L}{D_h}$$

式中，ΔP 为压力降，Pa；f 为摩擦系数；ρ 为流体密度，kg/m^3；V 为表观速度，m/s；L 为蜂窝结构催化剂通道的轴向长度，m；D_h 为蜂窝结构催化剂通道的水力学直径，m。

目前很多模型被证明有一定的规律性并与实际接近，但是还是没有一个模型是能够非常准确预测压力降损失的确切数据。对于复杂的孔道结构，Shahrin 等[11]借助计算流体动力学（CFD）来建立单个孔和亚网格模型（single channel modeling and sub-grid scale modeling），以此来模拟孔道内流动状态，从而通过整合得到相对较为准确的数值。图 11-5 为不同模型拟合的结果，其中 CFD 模拟计算得到的压降最接近真实值。

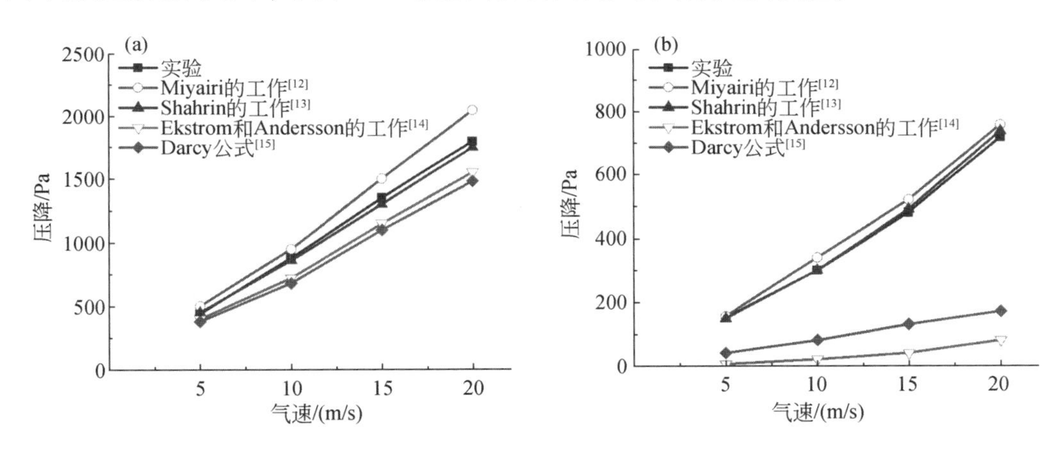

图 11-5　正方形（a）和六角形（b）孔道压降与气速的关系[12-15]

11.2.5　规整催化剂反应床层的传热

热量和质量传递是结构催化剂与反应器在化学反应工程方面的研究重点，涉及内容十分广泛。当蜂窝结构载体的各相内部或其之间存在浓度差、温度差时，它的内部就会发生热量和质量的传递，尤其是将它们应用于多相催化和环境催化时，各相内部及其之间的动量和能量传递比较复杂，极有必要进行深入的讨论。

化学反应伴随着吸热或放热，尤其对于强吸/放热过程，热量的传递是一个关键的问题。VOCs 催化燃烧反应器内绝热温度升高约达几百摄氏度，这使得实际生产过程中必须考虑反应器内的热效应。对于结构催化剂与反应器的传热，蜂窝结构载体内的传热速率一般要比常规填料床反应器略低一些。蜂窝结构载体的二维直通平行通道之间没有流体的径向传输，也就是通道之间没有流体的径向传热，在通道内径向热传递以对流传热的形式发生于气体和固体壁之间。陶瓷蜂窝结构载体的热导率较低，通常可认为是绝热的。相反，金属蜂窝结构载体有较好的导热性质，其轴向和径向热传导都相当好。

近年来，二维均匀准连续模型已经被证明能够方便地评估蜂窝结构催化剂与反应器的传热性能，与复杂烦琐的离散模型相比，它已经大大简化了计算的难度，而使用该模型进行预测的前提是获得准确的有效轴向和径向热导率[2]。

1. 有效轴向热导率

目前主要有两种方法计算有效轴向热导率：非均匀模型和准均匀模型。

1）非均匀模型

Groppi 等[16]根据蜂窝结构载体直通平行通道的形式，提出了一个简单的计算有效轴向热导率的表达式，即

$$k_{e,a}=k_s(1-\varepsilon)$$

式中，$k_{e,a}$为有效（effective）轴向（axial）热导率，W/(m · K)；k_s为蜂窝结构载体材料（solid）的热导率，W/(m · K)；ε 为孔隙率。

有效轴向热导率 $k_{e,a}$只与蜂窝结构载体的物理性质和几何形状有关，即蜂窝结构载体本身的导热性能越好、孔隙率越低，$k_{e,a}$会越大。

此外，还可以用来计算蜂窝结构催化剂的热传导，在考虑蜂窝结构载体本身和催化剂涂层的传热阻力后，能够得到用于计算蜂窝结构催化剂的有效轴向热传导率的表达式，即

$$k_{e,a}=\lambda k_s+\xi k_w$$

式中，λ 为蜂窝结构载体占蜂窝结构催化剂的体积分数；ξ 为催化剂涂层占蜂窝结构催化剂的体积分数；k_w为催化剂涂层（washcoat）的热导率，W/(m · K)。

需要指出的是，由于一般情况下催化剂涂层的热导率远小于高热导率的蜂窝结构载体（$k_w/k_s<0.01$），催化剂涂层的轴向传热可以被忽略。通道的几何形状和涂层分布都不影响 $k_{e,a}$，这是建立在轴向传热不受通道和催化剂涂层影响基础之上的。因此，上式仅适用于蜂窝结构载体及催化剂的横截面相同的情况。

2）准均匀模型

在有效轴向热导率计算中，准均匀模型主要考虑了流体的阻力。一般情况下，蜂窝结构载体、催化剂涂层和流体可视为蜂窝结构催化剂中的三个平行的阻力，由此可以得到整体的有效轴向热导率的表达式，即

$$k_{e,a}=\lambda k_s+\xi k_w+\phi k_f$$

式中，ϕ 为流体（fluid）占蜂窝结构催化剂的体积分数；k_f为流体的热导率，W/(m · K)；$k_{e,a}$，λ，k_s，ξ，k_w同前式。

2. 有效径向热导率

当仅考虑蜂窝结构载体本身的径向传热时，即不考虑催化剂涂层时，采用对称模型计

算有效径向热导率 $k_{e,r}$ 的公式如下：

$$k_{e,r}=\frac{\frac{k_f^2}{k_s^2}\times\frac{1-\varepsilon}{1+\varepsilon}+\frac{k_f}{k_s}\times\frac{3\ \varepsilon^2+2\varepsilon+3}{(1+\varepsilon)^2}+2\ \frac{1-\varepsilon}{1+\varepsilon}}{\frac{k_f^2}{k_s^2}\times\left(\frac{1-\varepsilon}{1+\varepsilon}\right)^2+3\ \frac{k_f}{k_s}\times\frac{1-\varepsilon}{1+\varepsilon}+2}$$

式中，$k_{e,r}$ 为有效（effective）径向（radial）热导率，W/(m · K)；k_s 为蜂窝结构载体（solid）材料的热导率，W/(m · K)；ε 为蜂窝结构载体材料的孔隙率；k_f 为流体的热导率，W/(m · K)。

当考虑催化剂涂层的径向导热时，采用上述的对称模型计算有效径向热导率 $k_{e,r}$ 的公式如下[17]：

$$k_{e,r}=k_s\frac{\frac{k_f^2}{k_s^2}\times\frac{1-(\phi+\xi)}{1+(\phi+\xi)}+\frac{k_f}{k_s}\times\frac{3\ (\phi+\xi)^2+2(\phi+\xi)+3}{[1+(\phi+\xi)]^2}+2\ \frac{1-(\phi+\xi)}{1+(\phi+\xi)}}{\frac{k^2}{k_s^2}\times\left[\frac{1-(\phi+\xi)}{1+(\phi+\xi)}\right]^2+3\ \frac{k}{k_s}\times\frac{1-(\phi+\xi)}{1+(\phi+\xi)}+2}$$

其中 k 为

$$k=k_w\frac{\frac{k_f^2}{k_w^2}\times\frac{1-\phi}{1+\phi}+\frac{k_f}{k_w}\times\frac{3\ \phi^2+2\phi+3}{(1+\phi)^2}+2\ \frac{1-\phi}{1+\phi}}{\frac{k_f^2}{k_w^2}\times\left(\frac{1-\phi}{1+\phi}\right)^2+3\ \frac{k_f}{k_w}\times\frac{1-\phi}{1+\phi}+2}$$

式中，$k_{e,r}$ 为有效（effective）径向（radial）热导率，W/(m · K)；k_s 为蜂窝结构载体（solid）材料的热导率，W/(m · K)；k_f 为流体（fluid）的热导率，W/(m · K)；ξ 为催化剂涂层占蜂窝结构催化剂的体积分数；ϕ 为流体占蜂窝结构催化剂的体积分数。

需要指出的是，对于具有催化剂涂层的蜂窝结构催化剂，有效径向热导率的计算与轴向类似，由于一般情况下催化剂涂层的热导率远小于高热导率的蜂窝结构载体（$k_w/k_s<0.01$），催化剂涂层本身的轴向传热可以被忽略。

3. 对流传热

对流传热是指蜂窝结构的催化剂涂层与流动气体之间的对流传热过程。通过实验观察与理论分析，流动气体的性质、流动状态、引起气体流动的原因以及蜂窝结构载体通道的形状、尺寸等都会影响对流传热系数 α。通常采用因子分析法评估对流传热系数的不同影响因素，可以得出对流传热系数 α 与努赛尔（Nusselt）数的关联式，即

$$\frac{\alpha d}{k_g}=Nu$$

式中，α 为对流传热系数，W/(m · K)；d 为蜂窝结构催化剂单通道的内径，m；k_g 为流动气体的热导率，W/(m · K)；Nu 为努赛尔数。

通过努赛尔数可以方便地求得对流传热系数 α，表 11-3 列出了不同几何通道形状的渐近努赛尔数（恒定壁温）。

表 11-3　不同几何通道形状的渐近努赛尔数

几何形状	Young 和 Finlayson[18]	Shah 和 London[19]
圆形	—	3. 657
正方形	2. 978	2. 976
长方形（$b/a=0.5$）	3. 392	3. 391
长方形（$b/a=0.25$）	4. 441	4. 439
等腰三角形	2. 491	2. 470
正弦曲线	—	2. 120

11. 3　工业 VOCs 催化反应器的换热型式

在工业 VOCs 废气催化燃烧装置中，废气的加热和经过催化燃烧后的废气冷却通过换热器来实现，换热器、加热器是该装置系统中重要的组件之一。另外，工业 VOCs 废气催化处理温度覆盖范围宽，从室温到几百摄氏度，相应地，选择的废气加热方式也不同。通常，根据使用的传热方式不同，可选择间壁式或蓄热式，根据使用的加热介质不同，可使用热水、水蒸气、导热油、熔盐、烟道气和电等。下面重点介绍间壁式换热器、加热炉的结构与设计思路。

11. 3. 1　常见换热器型式及特点

热交换器，也称为换热器，是把热量从一种介质（热物料）传递给另一种介质（冷物料）的设备，是 VOCs 工业废气催化燃烧反应系统的重要设备单元之一，如通过换热器，利用燃烧反应后的高温气体预热来自前段的低温工业废气，回收利用 VOCs 燃烧过程产生的热量，有效降低废气处理过程的能耗。

换热器按冷热物流间的接触方式，可分为直接式、蓄热式、间壁式等。

所谓直接式换热，是一种混合式换热，指冷热流体直接混合接触，物料混合的同时实现热、质交换。例如，为了避免 VOCs 催化燃烧反应器中催化剂层超温，可引入环境冷空气或冷的工业废气与预热后的高温原料气直接混合，通过调整冷气流量，达到控温的目的。又如凉水塔内，热的循环水和空气逆向接触，发生热质传递，部分水汽化被空气带走，实现循环水的冷却降温。

蓄热式换热，是一种周期流动式换热，指在换热器中设置蓄热材料，高温流体流过蓄热材料层，蓄热层被加热，然后通过阀门切换，冷流体流过高温蓄热层，蓄热层降温，冷流体被加热。蓄、放热阶段切换进行。如 VOCs 工业废气处理中的蓄热式热力氧化（RTO）技术，就是采用了这种换热方式。

间壁式换热，是指冷、热流体分别在独立的冷、热通道内流动，其间设有固体壁面，冷、热流体流动过程中通过固体壁面进行换热，是工业上最常用的换热方式。如图 11-1 中的列管式换热器，就是利用出口高温废气预热进口含 VOCs 废气。固体壁面的型式主要有管和板。为强化传热，可改进管或板的结构，如采用异形管、管或板的表面处理、加装翅片等，由此形成各式各样的间壁式换热器，主要包括：管壳式换热器、套管式换热器、管式换热器、板式换热器、翅片管式换热器、板翅式换热器等[20]。常见间壁式换热器特性见表 11-4。

表 11-4　常见管壳式和板式换热器的特性[21,22]

分类	名称	特性	相对费用	耗用金属 /(kg/m²)
管壳式	固定管板式	使用广泛，已系列化；壳程不易清洗；管壳两物流温差大于 60℃ 应设置膨胀节，最大使用温差不超过 120℃	1.0	30
	浮头式	壳程易清洗；管壳两物流温差不大于 120℃；内垫片易渗漏	1.22	46
	填料函式	优点同浮头式，造价高，不宜制造大直径	1.28	—
	U 形管式	制造、安装方便，造价较低，管程耐高压；但结构不紧凑、管子不易更换和不易机械清洗	1.01	—
板式	板翅式	紧凑、效率高，可多股物流同时换热，使用温度不大于 150℃	0.6	16
	螺旋板式	结构紧凑；换热效率高；可用于带颗粒物料，温位利用好；制造简单但不易检修		50
	伞板式	制造简单、紧凑、成本低、易清洗，使用压力不大于 1.2MPa，使用温度不大于 150℃		16
	波纹板式	紧凑、效率高、易清洗，使用压力不大于 1.5MPa，使用温度不大于 150℃		—

11.3.2　换热器选用基本原则

换热器的型式和种类有很多，在设计或选型时应满足以下基本要求。

（1）在给定工艺条件，如冷或热流体流量、进口温度下，达到所要求的出口温度，即满足工艺操作条件。

（2）考虑流体腐蚀性、操作温度与压力，选择合适的材质和结构以防腐防漏，确保换热器长期运转、安全可靠。

（3）根据需要设置排放口和检查孔等，方便安装、操作及维修清洗；同时考虑外形和重量，便于运输和拆装。

（4）选择合适的传热面和流体流动型式，有较高传热效率和较低流体阻力，通过经济核算，权衡设备费和操作费，保证经济合理。

（5）应尽可能采用标准系列，如参考《热交换器》（GB 151—2014）等，以方便设计以及检修、维护等[23]。对于 VOCs 的催化燃烧过程而言，大多数涉及的是无相变的气–气换热，即来自生产系统的低温含 VOCs 废气与经过催化燃烧反应器的高温废气之间的换热，以回收热量，降低电耗和运行成本。该换热器通常与 VOCs 催化燃烧反应器集成在一个装置内，要求装置结构简单可靠，因此，管壳式换热器（列管式）成为首选型式；另外，因为是气–气换热，常见的列管式换热器的传热系数低，如何强化传热，提高传热效率是关键，因此，紧凑式换热器，如板式换热器也成为该系统的选项之一。

基于上述考虑，本节将重点介绍管壳式（列管式）换热器、板式换热器的结构和设计思路。

11.3.3　管壳式换热器结构和设计

1. 管壳式（列管式）换热器的类型

常见的管壳式换热器有如下几种。

1）固定管板式换热器

固定管板式换热器（图 11-6）采用焊接方式将连接管束的管板固定在壳体两端，制造方便、紧凑、造价较低。但壳程无法采用机械清洗，管壁与壳壁会产生大的热应力。该换热器适用于：①壳程流体清洁、不易结垢，或管外侧可采用化学方法清洗；②管壳程温差不超过 50℃，否则，应采用温度补偿结构，如在管壳程温差低于 60～70℃、壳程压力低于 0.7MPa 时，可在壳体上装膨胀节。

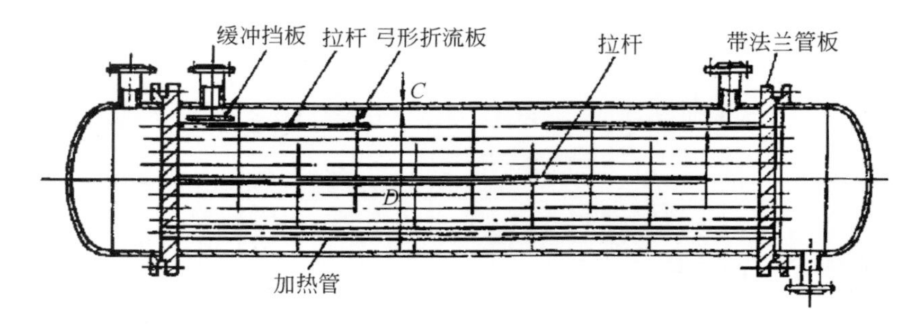

图 11-6　固定管板式换热器

2）浮头式换热器

浮头式换热器（图 11-7）采用法兰将管束一端的管板固定到壳体，另一端可在壳体内自由伸缩，并在该端管束上加一称为“浮头”的顶盖，管束自由伸缩、可抽出，无热应力、便于清洗；但结构较复杂，造价高，制造安装要求高。该换热器能在较高压力下工作，适用于管、壳程温差较大或壳程流体易结垢的场合。

3）U 形管式换热器

U 形管式换热器（图 11-8）管束由弯成 U 形传热管组成，可自由伸缩，无温差应力，结构相对简单，造价比浮头式低，管外易清洗。但管束中心带有间隙，管板上排列的管数

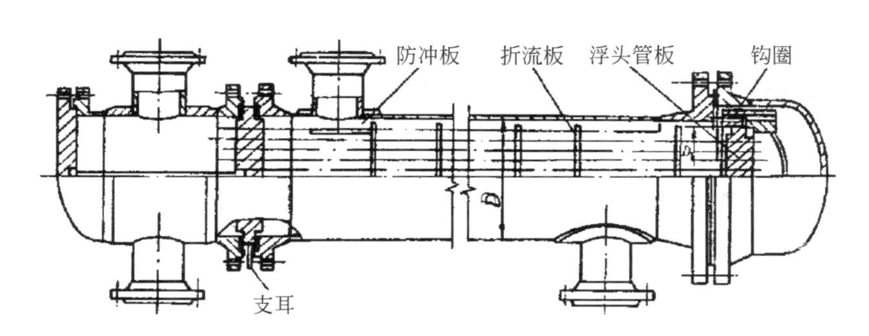

图 11-7　浮头式换热器

较少，各排管子曲率和长度不同，故壳程流体分布不够均匀，会影响传热效果。该换热器适用于管程流体较清洁、壳程流体易结垢，或管壳程温差较大的场合。

图 11-8　U 形管式换热器

2. 设计的一般原则

1）流程安排

在管壳式换热器设计中，冷、热流体的流程需进行合理安排，一般应考虑以下原则。

（1）易结垢流体应走易于清洗的一侧，如固定管板式、浮头式换热器宜走管程，而 U 形管换热器则走壳程。

（2）若需要提高流体速度，以增强表面传热系数，则该流体走管程，这是因为管程流通截面积相对较小，同时，还易于采用多管程结构。

（3）腐蚀性流体应走管程，以节约耐腐蚀材料用量，降低换热器成本。

（4）压力高的流体应走管程，因管子直径小，承压能力强，还可避免壳体及其密封结构的耐高压要求。

（5）饱和蒸汽走壳程，便于排出冷凝液。

（6）黏度大的流体在较低的雷诺数下即可达到湍流状态，应走壳程。

实际设计中，上述原则常常不能同时满足，应首先满足其中较为重要的要求。

2）流体进出口温度及终端温差的确定

工艺流体的进出口温度由工艺条件规定，加热剂或冷却剂的进口温度一般也是确定的，但对于使用公用工程的场合，设计者选定其出口温度时应加以权衡。如以循环水为冷却剂时，若冷却水出口温度较高，其用量减少，操作费降低，但因传热温差减小，换热面积增大，设备费增加，因此，应该优化出口温度，使总费用（操作费和设备费之和）最低。另外，还应考虑到温度对污垢的影响，如未经处理的河水作冷却剂时，其出口温度超过50℃时，积垢明显增多，传热阻力增加[24]。

在确定流体进出口温度时，还需要考虑换热器的终端温差，一般认为理想终端温差如下：

（1）热端温差应控制在20℃以上。

（2）用水或其他冷却介质冷却时，冷端温差不低于5℃。

（3）存在工艺流体冷凝时，冷却剂进口温度应高于工艺流体中最高凝点组分的凝点5℃以上。

（4）空冷器的最小温差应大于20℃。

（5）冷凝含惰性气流体时，冷却剂出口温度至少比冷凝组分露点低5℃。

3）流体流速

流速提高，流体湍动程度增加，可提高传热效率且有利于冲刷污垢和沉积，但流速过大，传热壁面磨损严重，甚至造成设备振动，影响设备操作和使用寿命，能耗也增加。因此，流体流速应适当。根据经验，气体的适宜流速为5.0～15.0m/s，而低黏度油类，以0.8～1.8m/s为宜。

4）压力降

考虑到流体输送功耗，需保证换热器管壳程压力降在一定范围内。如VOCs催化燃烧反应器通常为常压操作，建议控制压力降不超过35kPa，若考虑到系统风机全风压、催化剂层和管道阻力，某些场合下换热器部分可接受的压降会更低。

5）传热膜系数

传热面两侧的传热膜系数相差很大时，较小一侧是控制传热效果的主要因素。设计换热器时，应尽量增大这一侧的传热膜系数，使冷热两侧的传热膜系数相当。增加传热膜系数的方法包括以下几个。

（1）缩小通道截面积，以增大流速。

（2）增设挡板或促进产生湍流的插入物。

（3）管壁上加翅片，提高湍流程度的同时，也增大了传热面积。

（4）糙化传热表面，如沟槽或多孔表面等。

6）污垢系数

换热器使用中无法避免壁面结垢，目前对污垢热阻尚无可靠关联式进行定量计算，设计时要合理选择污垢热阻。选用过大的安全系数，有时会适得其反，如流速下降，自然“去垢”作用减弱，污垢反而增加；又如新开工时换热表面无污垢，造成过热等。另外，应从工艺本身降低污垢系数，如改进水质、消除死区、增加流速、防止局部过热等。常见流体污垢热阻的取值可参考《化工工艺设计手册》推荐的污垢热阻经验系数，如水蒸气$8.8\times10^{-5}m^2\cdot K/W$，循环水$17.2\times10^{-5}m^2\cdot K/W$，工厂排气$176\times10^{-5}m^2\cdot K/W$，天然气烟道气$88\times10^{-5}m^2\cdot K/W$，天然气$17.2\times10^{-5}m^2\cdot K/W$，液化气$20\times10^{-5}m^2\cdot K/W$等。

7）换热管

换热管的选择除了材质外，主要考虑的是换热管管径、管长以及布管方式。管径越小换热器越紧凑、越便宜，但换热器压降越大。对于易结垢的物料，为方便清洗，常采用外径为 25mm 的管子。常用的换热管规格可根据国家标准来选用，可参考《输送流体用无缝钢管》（GB/T 8163—2018），《流体输送用不锈钢无缝钢管》（GB/T 14976—2012）。

传热面积相同时，采用长管管程数少，压降低，单位传热面积造价也低。但管子过长给制造带来困难。一般选用的管长为 4 ~ 6m，对于大面积或无相变的可选用 8 ~ 9m。

管子在管板上的分布主要是正方形和三角形，其中，三角形分布有利于壳程物流的湍流，而正方形有利于壳程清洗。不常用的同心圆式分布一般用于小直径的换热器。管心距是两相邻管子中心的距离，管心距小、设备紧凑，但会引起管板增厚、清洁不便、壳程压降增大，一般为 $1.25d \sim 1.5d$（d 为管外径）。

3. 换热器的工艺设计

换热器的设计大体包括工艺设计和结构设计，前者主要包括传热、压降计算和优化分析等，后者主要包括换热器构造、强度、振动、密封、维修等。本节主要介绍换热器的工艺设计（图 11-9）。

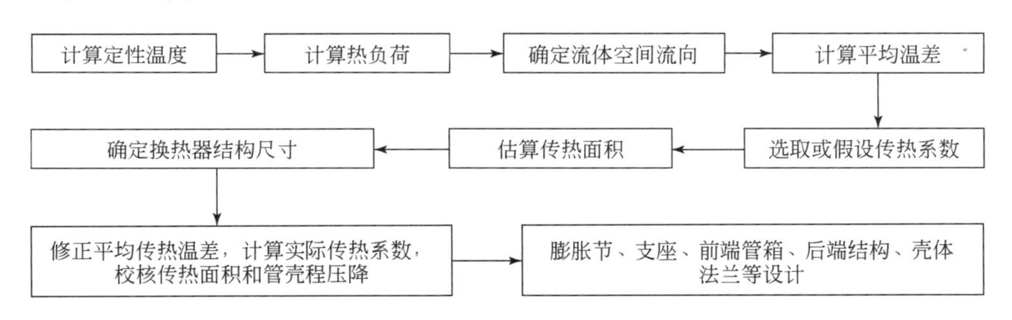

图 11-9　换热器工艺设计的基本流程

1）估算传热面积[25]

A. 换热器的热流量、加热剂或冷却剂的用量

换热器的热流量是指在确定的物流进口温度下，使其达到规定的出口温度，冷流体和热流体之间所交换的热量，或是通过冷、热流体的间壁所传递的热量。

对于无相变的物流，换热器的热流量：$Q = q_m C_p \Delta T$，对于有相变的单组分饱和蒸汽冷凝或饱和液体汽化的过程，则根据冷凝或汽化量、冷凝热或汽化热确定：$Q = q_m \cdot \Delta H_r$。式中，Q 为热流量，W；q_m 为工艺流体的质量流量，kg/s；C_p 为工艺流体的定压比热容，J/(kg·K)；ΔT 为工艺流体的温度变化，K；ΔH_r 为冷凝或汽化组分的冷凝热或汽化热，J/kg。

根据计算的热流量以及采用的加热剂或冷却剂是否存在相变，即可计算所需的加热剂流量（$q_{m,h}$）或冷却剂流量（$q_{m,c}$）。

对于换热器的热损失计算，一般可近似取换热器热流量的 3% ~5% 。

B. 平均传热温差

传热温差是传热推动力。其值和冷热流体的进出口温度以及它们的相对流向有关。一般来说，冷热流体的相对流向有三种，即并流、逆流和错流。

对于并流和逆流，平均传热温差均可用换热器两端流体温度差的对数平均值表示，即

$$\Delta t_{\mathrm{m}}=\frac{\Delta t_1-\Delta t_2}{\ln\dfrac{\Delta t_1}{\Delta t_2}}$$

式中，Δt_{m}为并流或逆流的平均传热温差，K；Δt_1、Δt_2分别为换热器两端热、冷流体温度之差，K。

对于错流，可先按逆流情况计算，然后加以校正，即

$$\Delta t_{\mathrm{m}}=\varepsilon_{\Delta t}\cdot\Delta t_{\mathrm{m},逆流}$$

式中，$\varepsilon_{\Delta t}$为温差校正系数。其值可参考相关设计手册。

在相同的冷、热流体进出口温度条件下，逆流传热温差最大，所以工程上逆流是首选方案。

C. 估算传热面积

根据冷、热流体性质，按经验选取换热器总传热系数 K（具体可参考相关设计手册）。然后利用传热速率方程估算传热面积 A，即

$$A_p=\frac{Q}{K\cdot\Delta t_{\mathrm{m}}}$$

式中，A_p为估算的传热面积，m^2；K为预估的传热系数，$\mathrm{W/(m^2\cdot K)}$；Δt_{m}为平均传热温差，K。

2）根据估算的传热面积，初选换热器结构参数

主要内容包括以下几个方面。

（1）确定管径和管内流速，选择管径及管内流速，选取管长，确定管程数和总管数。

（2）平均传热温差的修正：选用多管程换热器时，其平均传热温差需要修正。可根据相关手册（如《化工工艺设计手册》）中查得温差校正系数 $\varepsilon_{\Delta t}$。一般要求 $\varepsilon_{\Delta t}$不得低于0.8。否则，应考虑采用多壳程结构或多台换热器串联来解决。

（3）确定传热管的排列方式和管心距，由此初步确定换热器壳体内径。选择和设计折流板、支承板及其主要附件（如旁路挡板、防冲挡板、接管等）。

3）换热器核算

A. 换热面积核算

核算的目的在于验证所设计的换热器达到所规定的热流量时是否留有一定的传热面积裕量。

列管式换热器传热面积以传热管外表面积为准。当初步确定了换热器结构尺寸后，即可根据换热管内外的传热情况，计算总传热系数 K_{c}和所需的换热面积 A_{c}，即可来判断设计的换热器结构是否合理。此时有

$$K_{\mathrm{c}}=\frac{1}{\dfrac{d_{\mathrm{o}}}{\alpha_{\mathrm{i}}d_{\mathrm{i}}}+\dfrac{R_{\mathrm{i}}d_{\mathrm{o}}}{d_{\mathrm{i}}}+\dfrac{R_{\mathrm{w}}d_{\mathrm{o}}}{d_{\mathrm{m}}}+R_{\mathrm{o}}+\dfrac{1}{\alpha_{\mathrm{o}}}}$$

式中，K_c为计算总传热系数，W/(m^2 · K)；α_o为壳程表面传热系数，W/(m^2 · K)；R_o为壳程污垢热阻，m^2 · K/W；R_w为管壁热阻，m^2 · K/W；R_i为管程污垢热阻，m^2 · K/W；d_o为换热管外径，m；d_i为换热管内径，m；d_m为换热管平均直径，m；α_i为管程表面传热系数，W/(m^2 · K)。

计算 K_c的关键是管程和壳程表面传热系数 α_i和 α_o的计算。

a. 壳程流体无相变时的表面传热系数

对于装有弓形折流板的列管式换热器，壳程表面传热系数计算方法有 Bell 法、Kern 法及 Donohue 法，其中 Bell 法精度较高，但计算复杂。目前设计人员较为常用的是 Kern 法和 Donohue 法，其中，Kern 法最为简单便利。

Kern 提出的采用弓形折流板时壳程表面传热系数计算式：

$$\alpha_o = 0.36\frac{\lambda}{d_e}Re_o^{0.55}Pr^{1/3}\left(\frac{\mu}{\mu_w}\right)^{0.14}$$

式中，λ 为壳程流体的热导率，W/(m · K)；d_e为当量直径，m；Re_o为壳程流体流动雷诺数；Pr 为定性温度下的普朗特数；μ 为壳程流体定性温度下的黏度，Pa · s；μ_w为流体在壁温下的黏度，Pa · s。

当量直径 d_e随着换热管的排布方式而变，对于最常见的正三角形排列，可用下式进行计算：

正三角形排列：$d_e = \dfrac{4\left(\dfrac{\sqrt{3}}{2}t^2 - \dfrac{\pi}{4}d_o^2\right)}{\pi d_o}$

式中，t 为管心距，m；d_o为换热管外径，m。

雷诺数：$Re = \dfrac{d_e u_o \rho}{\mu}$　$u_o = \dfrac{q_{Vo}}{S_o}$　$S_o = B \cdot D\left(1 - \dfrac{d_o}{t}\right)$

式中，q_{Vo}为壳程流体体积流量，m^3/s；S_o为壳程流体流通面积，m^2；B 为折流板间距，m。

上述方程式适用条件：$Re_o = 2\times(10^3 \sim 10^6)$，弓形折流板圆缺高度为直径的 25%。

b. 管程流体无相变的表面传热系数

计算公式为

$$\alpha_i = 0.023\frac{\lambda_i}{d_i}Re^{0.8}Pr^n \qquad n = \begin{cases} 0.4 & \text{当流体被加热时} \\ 0.3 & \text{当流体被冷却时} \end{cases}$$

其适用条件为：低黏度流体 $\mu < 2\times10^{-3}$ Pa · s；雷诺数 $Re > 10000$；普朗特数 Pr 在 0.6 ~ 160 之间；换热管长径比 $l/d > 50$；定性温度为流体进出口温度的算术平均值；特征尺寸取换热管内径 d_i。

其他条件下的圆管内外表面传热系数的计算方法可参考有关文献。

c. 污垢热阻和管壁热阻

污垢热阻根据经验选取，可参考化工工艺设计手册等相关文献。管壁热阻取决于换热管壁厚和材料，其值为：$R_w = \dfrac{b}{\lambda_w}$ [式中，b 为换热管壁厚，m；λ_w为管壁热导率，W/(m · K)]

d. 换热面积裕量

根据计算的总传热系数 K_c 和修正平均传热温差，计算所需传热面积：

$$A_c=\frac{Q}{K_c\cdot\Delta t_m}$$

所设计换热器的面积裕量：

$$H=\frac{A-A_c}{A_c}\times100\%$$

为保证换热器操作可靠性，一般要求换热器面积裕量大于 15% ~20% 。否则，应调整换热器结构尺寸，直至满足要求。

B. 换热管和壳体壁温核算

某些情况下，表面传热系数与壁温有关。这时需假设壁温，求得表面传热系数后，再核算壁温。另外，计算热应力、检验所选换热器的型式是否合适、或是否需要加设温度补偿装置等，均需核算壁温。

C. 换热器内流体流动阻力计算

对于流体无相变的换热器，可用下式计算流体流动阻力。

a. 管程阻力

管程流体流动阻力为流体流经换热管的直管阻力和管程局部阻力之和，即

$$\Delta p_t=(\Delta p_i+\Delta p_r)N_sN_pF_s$$

$$\Delta p_i=\lambda_i\times\frac{l}{d_i}\times\frac{\rho\cdot u^2}{2}$$

$$\Delta p_r=\zeta\times\frac{\rho\cdot u^2}{2}$$

式中，Δp_t 为管程总阻力，Pa；Δp_i 为管程直管阻力，Pa；Δp_r 为管程局部阻力，Pa；N_s 为壳程数；N_p 为管程数；F_s 为管程结垢修正系数，可取 1.5；λ_i 为摩擦系数；l 为换热管长度，m；d_i 为换热管内径，m；u 为管内流速，m/s；ρ 为流体密度，kg/m^3；ζ 为局部阻力系数，一般可取为 3。

b. 壳程阻力

当壳程装有弓形折流板时，计算流体阻力方法较多，其中 Bell 法计算值与实际数据显示出很好的一致性。虽然 Bell 法计算准确，但比较麻烦，而且对换热器的结构尺寸要求比较详细。工程计算中常用的方法是埃索法，其思路与 Bell 法相同。具体计算公式如下：

$$\Delta p_s=(\Delta p_o+\Delta p_i)F_sN_s$$

$$\Delta p_o=Ff_oN_{TC}(N_B+1)\frac{\rho u_o^2}{2}$$

$$\Delta p_i=N_B\left(3.5-\frac{2B}{D}\right)\frac{\rho u_o^2}{2}$$

$$F_s=\begin{cases}1.15 & (\text{对液体})\\ 1.0 & (\text{对气体})\end{cases}$$

$$N_{TC}=\begin{cases}1.1N_T^{0.5} & (\text{正三角形排列})\\ 1.19N_T^{0.5} & (\text{正方形排列})\end{cases}$$

$$F=\begin{cases}0.4 & （正方形斜转 45°）\\ 0.5 & （正三角形）\end{cases}$$

$$f_o=5.0Re_o^{-0.228}\quad (Re_o>500)$$

$$u_o=\frac{V_o}{S_o}=\frac{V_o}{B(D-N_{TC}d_o)}$$

式中，Δp_s为壳程总阻力，Pa；Δp_o为流体流过管束的阻力，Pa；Δp_i为流体流过折流板缺口的阻力，Pa；N_s为壳程数；F_s为壳程结垢修正系数；N_T为每一壳程的管子总数；D 为换热器壳体内径，m；N_B为折流板数量；B 为折流板间距，m；u_o为壳程流体流过管束的最小流速，m/s；S_o为壳程流体流过管束的流通面积，m^2；F 为管子排列型式对阻力的影响；f_o为壳程流体摩擦因子。

换热器内流体流动阻力应在一定范围内。如果阻力过大，则应修正设计。

4. 管壳式换热器的不足与改进方向

管壳式换热器作为应用最普遍的一种换热器结构，结构简单可靠，但用于 VOCs 催化过程中气-气、气-液、气-汽等介质的换热时，则存在明显的不足之处，主要表现为气体一侧的表面传热系数太低，换热面积大，相应的设备投资和占地面积大，其次，高气速会带来高压降。为改善传热，常见的改进方向如下。

（1）采用结构更为紧凑的换热器型式，如板式换热器、板翅式换热器等。

（2）对换热管进行改进，增强换热管表面的传热系数，如采用异型管、翅片管等。

（3）新型的壳程折流板型式，如螺旋折流板、折流杆等。

11.3.4　翅片管式换热器结构、流动与传热性能

翅片管式换热器在化工、石化、环保、动力、空调和制冷领域中应用广泛，如空冷器、空气加热器、冷风机蒸发器等。

当换热器两侧流体的表面换热系数相差较大时，在换热系数低的流体（如气体）一侧加上翅片，增大换热面积的同时，促进了流体湍动以减少热阻，有效增大传热系数，增加换热量或减少所需换热面积，达到高效紧凑的目的。

1. 翅片管的类型和结构

翅片管一般由基管和翅片组合而成，基管一般为圆管，也采用椭圆管和扁平管。翅片主要有平翅、间断型、波纹、齿形、椭圆管等。也有一些新型的翅片管，如外翅片+内插物、内外翅片等（图 11-10），同时强化管内外的传热，特别适用于气体与气体的换热。具体也可参考：《翅片管式换热设备技术规范》（JB/T 11249—2012）。

2. 翅片管式换热器的传热计算

1）翅片管式换热器的传热计算公式

其基本方程式与其他管式换热器的一样：$Q=K_iA_i\Delta t_m=K_oA_o\Delta t_m$

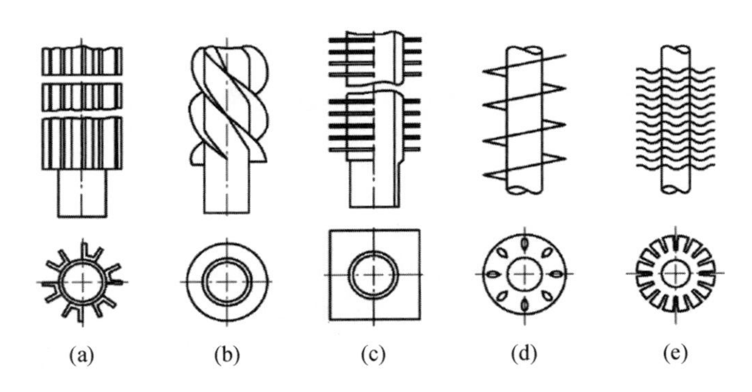

图 11-10　各类翅片

式中，K、A 分别为总传热系数和传热面积；下标 i 为以基管内表面为基准；o 为以翅片侧外表面为基准。

2）圆管-圆形翅片管束的传热和压降计算[26,27]

A. 对流传热膜系数

Briggs 等对正三角形叉排布置提出了如下关联式：

$$\alpha_o = 0.1378\frac{\lambda}{d_r}\left(\frac{G_{max}d_r}{\mu}\right)^{0.718}\left(\frac{C_p\mu}{\lambda}\right)^{1/3}\left(\frac{S_f}{H_f}\right)^{0.296}$$

式中，d_r为翅根直径，m，对于整体翅片、高频频焊翅片、嵌翅，$d_r = d_o$（基管外径）；对于绕翅、套翅，$d_r = d_o + 2\delta_f$（δ_f为翅片厚度，m）；G_{max}为最窄流通截面处的质量流量，kg/(m^2·s)；μ 为流体动力黏度，kg/(m·s)；C_p为流体定压比热容，J/(kg·K)；S_f、H_f为翅片间距和翅片高度，m。

Schmit 也提出了相应的关联式：

正三角形叉排时：

$$\alpha_o = 0.45\frac{\lambda}{d_r}\left(\frac{G_{max}d_r}{\mu}\right)^{0.625}\left(\frac{C_p\mu}{\lambda}\right)^{1/3}\left(\frac{A_o}{A_o^*}\right)^{-0.375}$$

正方形顺排时：

$$\alpha_o = 0.30\frac{\lambda}{d_r}\left(\frac{G_{max}d_r}{\mu}\right)^{0.625}\left(\frac{C_p\mu}{\lambda}\right)^{1/3}\left(\frac{A_f}{A_o^*}\right)^{-0.375}$$

式中，A_o^*为每米基管的外表面积，$A_o^* = \pi \cdot d_r$，m^2/m。

上述两式适用范围：$5 < A_f/A_o^* < 12$。

B. 压降计算

Briggs 等提出正三角形叉排布置的流动阻力公式：

$$\Delta p = f\frac{nG_{max}^2}{2\rho}$$

摩擦系数：$f = 37.86\left(\frac{G_{max}d_r}{\mu}\right)^{-0.315}\left(\frac{S_1}{d_r}\right)^{-0.927}\left(\frac{S_1}{S_2}\right)^{0.515}$

式中，n 为流动方向上的管排数；S_1、S_2分别为横向节距和纵向节距（与流体流动方向垂直和平行两个方向的翅片管心距)，m。

3）圆管–矩形翅片叉排管束

A. 对流换热传热膜系数

当 $S_1 \geqslant S_2$ 时

$$\alpha_o = 0.251 \frac{\lambda}{d_e}\left(\frac{G_{max} d_r}{\mu}\right)^{0.67}\left(\frac{S_1 - d_r}{d_r}\right)^{-0.2}\left(\frac{S_1 - d_r}{S_f} + 1\right)^{-0.2}\left(\frac{S_1 - d_r}{S_2 - d_r}\right)^{0.4}$$

式中，d_e 为当量直径，m；

$$d_e = \frac{A_{1r} d_r + A_{1f}\sqrt{A_{1f}/(2n_f)}}{A_{1r} + A_{1f}}$$

式中，n_f 为单位长度圆管上的翅片数；A_{1r} 为每根管单位长度上无翅片部分的表面积，m^2/m；A_{1f} 为单位长度上的翅片管总表面积，m^2/m，当 n 根管插入同一组翅片时取翅片总表面积的 $1/n$。

上式适用于空气，用于其他气体时，除 μ、λ 代表该气体物性数据外，公式右端还应乘以 $[Pr_{(气体)}/Pr_{(空气)}]^{1/3}$ 以考虑物性对换热系数的影响。修正式中 $Pr = C_p \cdot \mu/\lambda$ 为普朗特数。

B. 流动阻力计算

$$\Delta p = f\frac{nG_{max}^2}{2\rho} \quad N/m^2$$

摩擦系数：$f = 1.463\left(\frac{G_{max} d_r}{\mu}\right)^{-0.245}\left(\frac{S_1 - d_r}{d_r}\right)^{-0.9}\left(\frac{S_1 - d_r}{S_f} + 1\right)^{0.7}\left(\frac{d_e}{d_r}\right)^{0.9}$

上述两种翅片管束的换热和阻力计算公式仅适用于表面结构未作处理的平翅片管束。

11.3.5 板式换热器结构和设计

1. 板式换热器的基本结构

板式换热器是以波纹板（或其他突出物）为传热面、高效紧凑的换热器。其优点在于：①与管壳式换热器相比，板式换热器的板间距小，易产生湍流，可强化传热效果；②薄板片可降低壁面热阻；③板间流动死区少，有效换热面积大；④壁面光滑且剪切力大，不易结垢，污垢热阻小。

板式换热器存在的主要缺点有：①密封周边长，使用中需要频繁拆卸清洗，泄漏可能性大；②垫圈材料大多采用天然橡胶和合成橡胶，使用温度受限；③承压能力低，不宜处理悬浮状物料，处理量较小。

板式换热器一般在压力 15×10^5 Pa 和温度 150℃ 以内操作，性能可靠。国外也有使用压缩石棉垫片的，最高操作温度 360℃，压力可达 28×10^5 Pa。

板式换热器按构造分为可拆卸（密封垫式）、全焊式和半焊式三种，其中以密封垫式应用最为广泛。可拆卸板式换热器主要由传热板片、密封垫片、压紧装置和其他一些部件，如轴、接管等组成。在固定压紧板上，交替安装板片和垫圈，然后安装活动压紧板、旋紧压紧螺栓即构成一台板式换热器。冷、热流体在板片两侧各自的流道内流动，通过传热板片进行热交换。

传热板片的波纹形式对传热及流动阻力有较大影响，图 11-11 列出了我国板式换热器国家标准的板片波纹形式。其中，人字形和水平平直波纹板应用最广[28]。

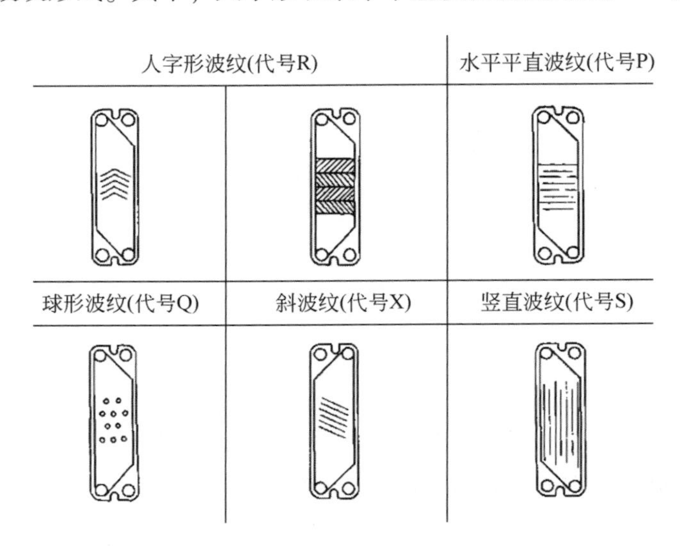

图 11-11　我国板式换热器国家标准的板片波纹形式

板片的厚度为 0.5～1.5mm，通常约为 1mm，目前几乎全是冲压成型。板片材料有碳钢、不锈钢、铝及其合金、黄铜、蒙乃尔合金、镍、钼、钛、钛钯合金及氟塑料-石墨等，应用最广的是不锈钢。

为了满足传热和阻力要求，对于板式换热器，可进行多种方式的流程和通道数的配置：①流体的流动可以是串联、并联（这时为纯逆流）和混联（一种流体为并联，另一种流体为串联）；②流程可以是单流程或多流程，两流体的流程数可以相等或不等；③两流体的流程中的通道数不一定要相等，如一种流体为 1（程）×4（通道），另一种流体为 2（程）×2（通道）（图 11-12）。

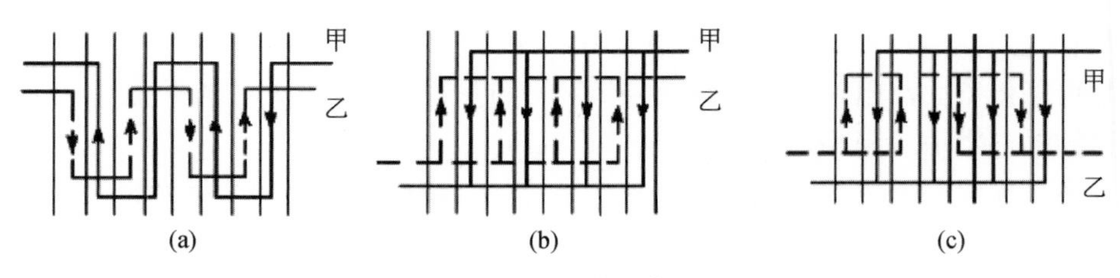

图 11-12　板式换热器中流体的流动连接

2. 板式换热器的传热、阻力计算

A. 对流传热系数计算

其形式与管内或槽道内的对流换热公式相同，湍流换热时为

$$Nu = CRe^n Pr^m \left(\frac{\mu}{\mu_w}\right)^{0.14}$$

当流体被加热时，$m=0.4$；被冷却时 $m=0.3$；而 C 和 n 随板片、流体和流动的类型不同而不同。

其采用的典型参数值：$C=0.15 \sim 0.4$，$n=0.65 \sim 0.85$，$m=0.3 \sim 0.45$，$Z=0.05 \sim 0.2$（黏度修正项的指数）。

Arun Huley 等提出了类似的经验关联式[29]：

$$Nu = 0.159 Re^{0.7} Pr^{1/3} \left(\frac{\mu}{\mu_w}\right)^{0.14}$$

对牛顿型流体的层流流动，可用 Sieder-Tate 型方程式进行估算：

$$Nu = C \cdot \left(Re \cdot Pr \cdot \frac{d_e}{L}\right)^n \cdot \left(\frac{\mu}{\mu_w}\right)^x$$

其中，$C=1.86 \sim 4.50$，$n=0.25 \sim 0.33$，$x=0.1 \sim 0.2$，通常为 0.14。

在计算板式换热器流道内流体的 Re 时，需要计算当量直径 d_e，其计算式为

$$d_e = \frac{4A}{U} = \frac{4Lb}{2L} = 2b$$

式中，L 为板间流道有效宽度，m；b 为板间流道平均间距，m。

B. 板式换热器流动阻力计算

无相变换热时，流动阻力的计算关系式为

$$\Delta p = m \cdot Eu \cdot \rho \cdot u^2 = m \cdot b \cdot Re^d \cdot \rho \cdot u^2$$

式中，m 为流程数；u 为流体流速，m/s；ρ 为流体密度，kg/m^3。其中的 b 和 d 与板式换热器的具体结构有关，可咨询制造厂家。

11.3.6　蓄热式换热器结构和设计

1. 蓄热式换热器的分类与基本结构

在蓄热式换热器中，冷、热流体交替流过同一固体传热面，依靠构成传热面物体的热容作用（吸热或放热），实现冷、热流体间的热交换。蓄热式换热器常用于流量大的气-气换热场合，如石化、环保等的余热利用和废热回收等。

蓄热式换热器分为移动床型和周期变换型两大类，前者蓄热体由流动的固体颗粒组成，后者多由耐火材料、金属板、网等构成。在 VOCs 燃烧领域，采用后者居多。

周期变换型蓄热式换热器的换热过程分为两个阶段进行：首先是热介质流过蓄热体，放出热量加热蓄热体，其次是冷介质流过蓄热体吸收热量，蓄热体冷却。交替重复，实现连续换热。为使流动和换热都不间断，需两套设备并列或同一设备中有两套并列蓄热体通道同时工作。当热介质在一个通道中放热时，冷介质则在另一通道内吸热，定期倒换，即可实现连续流动且不间断换热。根据切换方式不同，又分为固定型（阀门切换）和转动型（回转式）两种[30]。

回转型蓄热式换热器主要是由圆筒形蓄热体（转子）及风罩组成，具体又可分为转子

回转型和外壳回转型。在转子回转型中，转子转动，而风罩不动，转子周期性不断交替通过冷热流体通道。而外壳回转型则相反，转子不动，外壳（风罩）转动。

阀门切换型蓄热式换热器是由两个蓄热室组成。首先，冷流体从蓄热室甲流过，蓄热体释放热量被冷流体带走，同时，热流体流过蓄热室乙，热量由热流体传递给蓄热体。在下一个周期，双通阀门转动90°，则冷、热流体改向分别流向蓄热室乙、甲，这样周期倒换，实现冷热流体间的换热。

另一类蓄热式换热器是颗粒蓄热体移动型，蓄热体颗粒依靠重力通过热流体室吸收热量，然后流过冷流体室放出热量，从而实现热交换。

2. 固定型（阀门切换）蓄热式换热器的设计

由于蓄热式换热器始终处于不稳定传热工况下工作，温度随时间和位置而变，传热系数和传热量也随时间而变化。在设计计算中，为解决这一困难，把加热期和冷却期合并作为一个循环周期来考虑，即传热系数为一个循环周期内的平均值。

1）传热系数

对于常用的格子砖蓄热体，蓄热能力、砖表面与内部温度之差等对传热影响较大，每个周期传热系数常表示为

$$K=\left(\frac{1}{\alpha_1\tau_1}+\frac{1}{\alpha_2\tau_2}+\frac{2}{C\gamma\delta\eta\xi}\right)^{-1}\quad[\mathrm{J/(m^2\cdot℃\cdot 周期)}]$$

式中，C 为蓄热体平均比热；γ 为蓄热体容重；δ 为蓄热体厚度；η 为蓄热体利用率；ξ 为蓄热体温度变动系数。

在计算蓄热室格子砖的传热系数时，分别按格子砖上部（热端）和下部（冷端）求取，再取平均值：

$$K=\frac{K_t+nK_b}{1+n}\quad[\mathrm{J/(m^2\cdot℃\cdot 周期)}]$$

式中，K_t、K_b分别为上、下部的传热系数值；n 为考虑上、下部传热系数差别的经验修正系数。

2）对流传热系数

对于回转型，对流传热系数可由下式计算：

$$Nu=ARe^m Pr^{0.4}C_tC_1$$

式中，A 为系数，因蓄热板的结构不同而异；C_t为与蓄热壁温及气流温度相关的系数，当热流体被冷却时，$C_t=1$；冷流体被加热时，$C_t=(T/T_b)^{0.5}$（式中，T 为流过气体的温度，T_b为蓄热板壁温）；C_1为考虑蓄热板通道长度与其当量直径比值的修正系数，当 $l/d_e\geqslant50$ 时，$C_1=1.0$。

上述方程中，定性尺寸为蓄热板通道的当量直径，定性温度为流过气体的平均温度。

对于阀门切换型，对流传热系数可按下式计算：

$$\alpha_c=B\cdot W_{max}^{0.5}\cdot d_e^{-0.33}\cdot\varphi\quad[\mathrm{W/(m^2\cdot K)}]$$

式中，B 为系数，因格子砖结构不同而异；d_e 为格子砖孔的当量直径，m；W_{max}为折算到标准状态下气体在最小截面处流速，$\mathrm{Nm/(m^2\cdot s)}$；φ 为与温度相关的校正系数。

由于热流体如烟气温度高，对于热流体与格子砖之间除了对流传热外，还应考虑辐射换热，即采用复合换热系数：

$$\alpha_{1,t}=\alpha_{1,tc}+\alpha_{1,tr}$$

$$\alpha_{1,b}=\alpha_{1,bc}+\alpha_{1,br}$$

式中，$\alpha_{1,t}$、$\alpha_{1,b}$分别为蓄热室上、下部烟气与格子砖之间的复合传热系数；$\alpha_{1,tc}$、$\alpha_{1,bc}$分别为蓄热室上、下部烟气与格子砖之间的对流传热系数；$\alpha_{1,tr}$、$\alpha_{1,br}$分别为蓄热室上、下部烟气与格子砖之间的辐射传热系数，可根据气体与物体间辐射传热求解。

对于冷流体与格子砖间的换热，则仅考虑对流换热，即

$$\alpha_{2,t}=\alpha_{2,tc}$$

$$\alpha_{2,b}=\alpha_{2,bc}$$

根据上述各方程式，可先求得 K_t 和 K_b，然后即可求得总传热系数 K。

3）传热面积

对于回转型，传热面积 A 与所消耗的燃料量有关：

$$A=\frac{B_j\cdot Q}{K\cdot \Delta t_{1m,c}}\quad [m^2]$$

式中，B_j为燃料消耗量，kg/h；Q 为 1kg 燃料所产生的烟气量（包括漏风量）在空气预热器中放出的热量，J/kg。

对于阀门切换型，传热面积的计算式为

$$A=\frac{Q}{K\cdot \Delta t_{1m,c}}\cdot\frac{1+\eta_p}{2\eta_p}\quad [m^2]$$

式中，Q 为每周期内预热气体从格子砖获得的热量，J/周期；η_p为预热气体从格子砖获得热量与烟气在蓄热室中所释放的热量之比。

此外，阀门切换型的换热面积还可根据炉窑型式及燃料种类选取经验值。

11.3.7　运用现代设计工具进行换热器设计

当换热器的型式选定后，设计工作主要涉及冷、热流体侧的表面传热系数、总传热系数、两侧压降的计算。目前，这些计算均有发表的文献资料提供相应的经验关联式，因此，可以采用 Microsoft Excel 之类的软件，自己编写应用程序来完成换热器的设计计算。

更为简便的是，可以采用商用的软件来完成换热器的计算，现在成熟的换热器设计软件主要有 HTRI、HTFS，特别是使用越来越广泛的 Aspen Tech 公司的 EDR（Heat Exchanger Design & Rating），能有效加快设计速度，提升设计效率和设计质量。

上述两种途径实现的前提是换热面的结构确定，并有研究数据或经验关联式支撑的情形。对于设计人员自己构思的具有独特结构的换热面，需要设计人员进行必要的实验研究，在得到传热计算相关的关联式后再采用上述方法完成设计工作。近年来，计算机技术发展突飞猛进，数值模拟技术快速发展，利用计算流体力学（computational fluid dynamics，CFD）的基本原理对换热器进行建模，预测换热效果。目前，国内外已经开发的 CFD 软件

包括：ANSYS CFD（FLUENT/CFX）、Comsol Multiphysics、PHOENICS、FLOW3D 等，其中，应用较为广泛的是一种大型通用的有限元分析软件——ANSYS 中的流体动力学系统。其主要包括三部分：前处理器、求解器和后处理器，通过将实际物理问题转化为求解器可以处理的形式，对质量守恒、能量守恒和动量守恒方程进行求解，对结果进行后处理，可以获得直观明确的数据和图表，如换热器内复杂流动场中速度、温度和压力的近似值，以及这些物理量随时间的变化关系。这一技术已在换热器性能研究中获得长足的进步[31,32]。

11.4　工业 VOCs 催化氧化反应器的加热方式

11.4.1　常见的加热方式

当要求流体温度在 200℃以下时，通常采用水蒸气加热；在 VOCs 催化处理中，可能会涉及 200 ~ 450℃的较高温度，这时可以采用导热油或熔盐为热载体，相应地，设备投资增大、工艺复杂、操作难度也增大；而要得到更高的温度，如 400℃以上的高温，则需采用烟道气，为此，常常采用以电或燃气（油）燃烧放热作为加热介质的加热炉来实现。

根据使用能源的不同，加热炉分为火焰加热和电加热两大类。火焰加热使用的是燃料，按其使用燃料的不同，又可分为燃煤炉、燃油炉和燃气炉；电加热按电能转化为热能的方式不同，可分为电阻加热［包括箱式电阻炉、接触电热（自阻加热）装置］和感应加热（包括高、中、低频感应加热）等[33]。在工业 VOCs 催化燃烧反应器系统中，加热器主要用于预热废气，考虑到环保因素，常用的加热炉为燃气炉、电阻加热炉和感应加热炉。

11.4.2　燃气燃烧加热炉结构和设计

火焰炉加热常用的燃料包括固体燃料（煤和焦炭等）、液体燃料（重油、柴油和废油等）、气体燃料（发生炉煤气、天然气、焦炉煤气和高炉煤气等），因为受环保的限制，目前越来越偏向气体燃料，特别是天然气。

火焰加热炉一般由辐射室、对流室、余热回收系统、燃烧器以及通风系统等五部分组成。

（1）辐射室——通过火焰或高温烟气辐射传热，全炉最关键的部位，炉子的优劣主要是辐射室性能。

（2）对流室——辐射室排出烟气对流换热，一般占全炉热负荷的 20% ~30%。对流室换热比例越大，全炉热效率越高。对流室可布置于辐射室之上，使用钉头管或翅片管以提高热效率。

（3）余热回收系统——离开对流室的烟气进一步回收余热，如预热燃烧用空气（空气余热方式）、或加热水副产蒸汽（废热锅炉方式），加热炉总热效率可提高到 90%。

（4）燃烧器——燃料燃烧产生热量，合适的燃烧器型式和布置方式非常关键。

（5）通风系统——燃烧空气进入燃烧器到烟气排出炉子，包括自然通风（依靠烟囱本身抽力）和强制通风（风机）方式。

燃气燃烧加热炉的设计工作内容主要包括：①加热炉的热平衡计算；②辐射传热计算；③对流传热计算；④压力损失计算；⑤燃烧器的选型和设计计算。具体计算过程复杂，可参考钱家麟主编的《管式加热炉（第二版)》(中国石化出版社，2003)。

11.4.3　电阻加热炉结构和设计

1. 电阻炉的基本结构

电阻炉加热方式分为直接电阻加热和间接电阻加热。如电流直接通过被加热物料，依靠物料本身的电阻使其加热，称为直接电阻加热（或电接触加热)；如电流通过特制的电热元件（电热体)，将其加热到一定温度，然后通过辐射、对流或传导方式，把热量传递给被加热物料，称为间接电阻加热。对于 VOCs 催化处理过程，利用间接电阻加热较多，即为电阻炉。

电阻炉中的电热体主要分为金属电热体和非金属电热体。其中，金属电热体材质有镍铬和铁铬铝合金，在一些高温炉上也采用钨、钼、钽等材料。非金属电热体主要有碳化硅、二硅化钼、石墨和碳质等，它们的特点是抗高温性能强、电阻率大、使用温度可达 1400℃以上。

2. 电阻炉设计计算

电阻炉的设计计算步骤如下。

（1）根据需要选择电热装置的型式和炉膛尺寸。

（2）按照热平衡计算确定电加热装置（或电炉）总功率。

（3）根据总功率确定电热体数量和功率。

（4）确定供电电压（当电加热装置功率低于 15kW 时，一般采用单相 220V)。

（5）确定电热体及其在装置内的布置。

（6）计算电热体的截面积及长度。在确定面积和长度时，应考虑：①电热体电阻适当，以保证所需功率及达到要求的温度；②电热体表面功率应小于材料许用表面功率，否则影响电热体寿命。电热体本身温度应比炉温高 50～100℃，以维持电热体寿命。

11.4.4　感应加热炉（电磁加热）结构和设计

1. 感应加热的原理和特点

电磁加热（electromagnetic heating，EH）技术也称电磁感应加热，是一种直接加热的方式，其原理是通过电子线路板产生交变磁场，当含铁质容器置于其上时，容器表面切割交变磁力线，在容器底部金属部分产生交变的电流（即涡流)，涡流使容器底部的载流子产生高速无规则运动，载流子与原子互相碰撞、摩擦而产生热能，从而起到加热物品的效果。因为铁制容器自身可发热，热转化率最高可达到95%。

感应加热装置（感应电炉）主要包括：电源、感应器、电容器组、测量仪表、变压器、汇流排。

2. 感应加热装置的设计

设计步骤主要包括：根据生产工艺要求和被加热物料的物理性能，确定感应加热装置的型式和结构，并计算感应器的结构尺寸和装置的电、热参数以及感应器的匝数；根据计算结果，合理设计和选用装置及其材料、进出料机构、仪表等配套设备。设计的主要内容包括工艺条件、最佳感应频率、感应器主要尺寸确定[34]。

几个主要参数：工频感应加热器功率因素 $\cos\varphi$ 为0.65~0.75，平均效率 η 为0.5~0.6。设备壁厚为透入深度 δ 的2倍以上，并要求5~8mm以上。当采用三相电源时，线圈间距不低于60mm，反接中间一相。设计单位面积功率约 $4W/cm^2$。

11.5 总结与展望

催化燃烧反应器在VOCs治理中是一个核心内容，其设计制造的优劣程度直接影响治理效果。笔者在近几年工程实践中，发现国内目前催化燃烧治理设施普遍存在如下一些问题：①催化反应器启动不够快，目前催化剂普遍使用堇青石陶瓷为基材，它是一种优良的蓄热材料，因此从预热废气到催化反应启动，往往需要1~2h，对于一些频繁启动装置，往往响应不够快，导致反应前期废气容易超标排放；②换热器换热面积太小，目前工业在使用的是一些常规催化反应器，换热器面积远达不到设计要求，因此加热能耗特别高；③催化反应器耐腐蚀性差，工业废气往往成本非常复杂，废气中会含有较多的酸性物质，在高温下，极易腐蚀反应器内部钢材，导致气流分布不均和沟流产生，影响催化反应效果；④催化剂模块的堆放方式不合理，催化剂堆放一定要防止短路和沟流现象产生。

工业应用的VOCs治理系统中，经典的催化燃烧系统逐渐成熟，并在不断优化中，相信在短时间内，随着专业技术人才源源不断的加入，文中提到的这些问题都可以得到有效解决。同时，学术界也在不断努力开发一些新型的耦合催化氧化反应装备，主要有：①加热和催化反应器一体化的新型VOCs催化燃烧装置。为提高催化燃烧启动速度，高导热性的金属基VOCs催化剂得到了研究者的重视，系列泡沫金属[35]、金属丝网[36]、加热丝[37]等金属基催化剂VOCs被报道，并提出了催化剂与加热管耦合，催化器和加热器集成于一体，这种新型反应器可以迅速起燃并预热废气，从而达到快速响应和起燃的目的。②催化燃烧技术耦合其他技术的VOCs处理装置。采用催化燃烧耦合SCR的一体化装置来治理含氮有机废气[38]，并利用废气氧化后所释放的热量对后续进入装置的废气进行预热升温。此外，还有文献报道了催化燃烧和耦合热力氧化技术[39]，其对VOCs治理耗能低，能解决二次污染问题。也有文献报道了催化燃烧耦合等离子体的VOCs治理工艺[40]，可实现苯、甲苯和二甲苯的高效催化降解。但无论催化氧化反应器结构形式如何变化，对完全催化氧化反应器设计追求的初心应该是：高净化率、高安全性、低成本和低能耗。只要我们技术人员始终不放弃这个初心，相信不远的将来，我国的反应器设计和制造水平会达到世界一流。

参考文献

[1] 陈诵英，郑经堂，王琴. 结构催化剂与环境治理［M］. 北京：化学工业出版社，2016.

[2] 路勇，巩金龙，朱吉钦. 结构催化剂与反应器［M］. 北京：化学工业出版社，2020.

[3] Cybulski A, Moulijin J A. Structured Catalysts And Reactors［M］. Boca Raton: Taylor & Francis Group, 2006: 27-30

[4] Hayes R E, Liu B, Moxom R. The effect of washcoat geometry on mass transfer in monolith reactor［J］. Chemical Engineering Science, 2004, 59 (15): 3169-3181.

[5] Joshi S Y, Harold M P, Balakotaiah V. Overall mass transfer coefficients and controlling regimes in catalytic monoliths［J］. Chemical Engineering Science, 2010, 65 (5): 1729-1747.

[6] Hawthorn R D. After burner catalysts effects of heat and mass transfer between gas and catalyst surface［J］. Amer Inst Chem Engns Symp ser, 1996, 51: 2409-2418.

[7] West D H, Balakotaiah V, Jovanovic Z. Experimental and theoretical investigation of the mass transfer controlled regime in catalyticmonoliths［J］. Catalysis Today, 2003, 88 (1-2): 3-16.

[8] Tanaka M, Ito M, Makino M, et al. Influence of cell shape between square and hexagonal cells［C］. SAE World Congress &Exhibition , 2003.

[9] Andreassi L, Cordiner S, Mulone V. Cell shape influence on mass transfer and backpressure losses in an automotive catalytic converter［C］. SAE World Congress & Exhibition, 2004.

[10] 邵潜，龙军，贺振富. 规整结构催化剂及反应器［M］. 北京：化学工业出版社，2005.

[11] Shahrin H A, Suzairin M S, Wan S I W S, et al. Pressure drop analysis of square and hexagonal cells and its effects on the performance of catalytic converters［J］. International Journal of Environmental Science and Development, 2011, 2 (3): 239-247.

[12] Miyairi Y, Aoki T, Hirose S, et al. Effect of cell shape on mass transfer and pressure loss［C］. SAE World Congress & Exhibition, 2003.

[13] Shahrin H A, Suzairin M S, Wan S I W S, et al. Pressure drop analysis of square and hexagonal cells and its effects on the performance of catalyticconverters［J］. International Journal of Environmental Science and Development, 2011, 2 (3): 239-247.

[14] Ekstrom F, Andersson B. Pressure drop of monolythic catalytic converters experiments and modeling［C］. SAE World Congress & Exhibition, 2002.

[15] Shah R K, Sekulic D P. Fundamentals of the Heat Exchanger Design［M］. Hoboken: John Wiley & Sons, 2002.

[16] Groppi G, Tronconi E. Continuous vs discrete model of nonadiabatic monolith catalysts［J］. AIChE Journal, 1996, 42 (8): 2382-2387

[17] Visconti C G, Groppi G, Tronconi E. Accurate prediction of the effective radial conductivity of highly conductive honeycomb monoliths with square channels［J］. Chemical Engineering Journal, 2013, 223: 224-230.

[18] Young L, Finlayson B. Mathematical models of the monolith catalytic converter: Part Ⅰ. Development of model and application of orthogonal collocation［J］. AIChE Journal, 1976, 22 (2): 331-343.

[19] Shah R, London A. Thermal boundary conditions and some solutions for la minar duct flow forced convection［J］. Journal of Heat Transfer, 1974, 96 (2): 159-165.

[20] 余建祖. 换热器原理与设计 [M]. 北京：北京航空航天大学出版社，2006.
[21] 梁志武，陈声宗. 化工设计 [M]. 4 版. 北京：化学工业出版社，2016.
[22] 吴德荣. 化工装置工艺设计（下册）[M]. 上海：华东理工大学出版社，2014.
[23] 陈英南，刘玉兰. 常用化工单元设备的设计 [M]. 上海：华东理工大学出版社，2005.
[24] 匡国柱，史启才. 化工单元过程及设备课程设计 [M]. 北京：化学工业出版社，2008.
[25] 中石化上海工程有限公司. 化工工艺设计手册 [M]. 5 版. 北京：化学工业出版社，2018.
[26] 钱颂文. 换热器设计手册 [M]. 北京：化学工业出版社，2002.
[27] 刘纪福. 翅片管换热器的原理与设计 [M]. 哈尔滨：哈尔滨工业大学出版社，2013.
[28] 史美中，王中铮. 热交换器原理与设计 [M]. 4 版. 南京：东南大学出版社，2009.
[29] Huley A, Manglik R. Enhanced transfer characteristics of single-phase flows in a plate heat exchanger with mixed chevron plates [J]. Enhanced Heat Transfer, 1997, 4: 187-201.
[30] 朱聘冠. 换热器原理及计算 [M]. 北京：清华大学出版社，1987.
[31] 王志鹏. 新型垂直式斜折流片换热器传热和阻力性能研究 [D]. 太原：太原理工大学，2019.
[32] 孟芳. 螺旋折流板管壳式换热器的 CFD 模拟研究 [D]. 天津：天津大学，2015.
[33] 袁宝歧，蔡惕民，袁名炎. 加热炉原理与设计 [M]. 北京：航空工业出版社，1989.
[34] 刘非轼. 炉子供热 [M]. 长沙：中南工业大学出版社，1987.
[35] Chen X, Li J, Wang Y, et al. Preparation of nickel-foam-supported Pd/NiO monolithic catalyst and construction of novel electric heating reactor for catalytic combustion of VOCs [J]. Applied Catalysis A-General, 2020, 607: 117839.
[36] Hao L, Wang Y, Chen X, et al. Preparation of metallic monolithic Pt/fecral fiber catalyst by suspension spraying for VOCs combustion [J]. RSC Advances, 2018, 8 (27): 14806-14811.
[37] Zhu Q, Li H, Wang Y, et al. Novel metallic electrically heated monolithic catalysts towards VOC combustion [J]. Catalysis Science & Technology, 2019, 9 (23): 6638-6646.
[38] 廖精华，何升宝. 高浓度含氮有机废气催化净化装置：中国，CN201911274757.9 [P]. 2020-03-24.
[39] 张杰，张艺，陈晶. VOCs 联合处理装置及 VOCs 联合处理方法：中国，202010511543.5 [P]. 2020-08-18.
[40] 王浩然，顾婷婷，屠万婷，等. 催化燃烧——等离子体协同处理挥发性有机废气 [J]. 盐城工学院学报（自然科学版），2017, 30 (3): 14-18.

第 12 章　VOCs 氧化协同控制技术

针对重点 VOCs 排放行业我国已经或者正在制定严格的控制政策和排放标准，特别是对于有毒致癌或恶臭 VOCs 物质（如苯、甲苯和苯乙烯等），须执行更为严格的单项污染物特别排放限值。在北京、上海和广东等省市出台的汽车涂装、印刷、家具制造和船舶工业等行业 VOCs 排放浓度标准中，许多行业要求非甲烷总烃低于 $30mg/m^3$、苯系物低于 $10mg/m^3$、苯低于 $0.5mg/m^3$。同时，VOCs 也是恶臭的主要来源，而恶臭目前在我国居民投诉原因中居于首位，易激化社会矛盾、影响社会稳定[1]。生态环境部新出台的《恶臭污染物排放标准》对各特征污染物浓度限值进行了规定，其中甲硫醇为 $0.002mg/m^3$，甲硫醚为 $0.02mg/m^3$，苯乙烯为 $1mg/m^3$。因此亟需对重点行业排放 VOCs 及其特征污染物的深度治理进行加强，从而满足日益严格的排放标准。

我国对 VOCs 污染控制的重视起步较晚，且相关理论和技术研究基础薄弱。由于前期主要关注工业生产过程排放高浓度 VOCs 的治理，因此大力发展了热力焚化、催化燃烧和冷凝回收等技术。但随着排放标准和政府监管日趋严格，高浓度 VOCs 废气依靠单一技术治理往往达不到要求，需要采用协同控制技术，进一步深度氧化分解。除高浓度 VOCs 外，许多工业过程排放大量浓度较低的 VOCs，包括化工（如橡胶制品、油墨、胶黏剂、塑料、染料和日用化工等）、工业涂装（汽车、木质家具、交通设备和家电制造等）、包装印刷以及其他行业（电子、制鞋、纺织和木材加工）等。《“十三五”挥发性有机物污染防治工作方案》中，将这些涉低浓度 VOCs 排放行业纳入重点整治对象。

低浓度 VOCs 废气来源众多、风量通常较大，排放总量不可忽视，且污染物种类繁多、特性差异大，废气工况复杂，要实现高效深度处理非常困难，缺乏经济、长效治理措施，目前普遍没有得到有效治理。因此低浓度 VOCs 也是我国 VOCs 控制难点和研究热点[2-4]。当活性炭吸附、微生物降解、热力焚烧和催化燃烧等传统方法应用于低浓度 VOCs 废气治理时，由于技术本身的局限以及 VOCs 废气复杂多样，往往在安全、能耗、稳定性、二次污染或成本等方面存在不足。如吸附法因吸附剂具有选择性，对很多污染物的吸附容量有限，且再生和处置困难、成本高，易造成二次污染[5]，因此亟须发展低浓度 VOCs 废气深度治理技术。本章节主要介绍吸附浓缩-催化氧化、等离子体-催化氧化、光热协同催化氧化、光解协同催化氧化、臭氧协同催化氧化和液相吸收协同催化氧化等几种 VOCs 治理新技术。

12.1 吸附浓缩–催化氧化 VOCs

12.1.1 吸附浓缩–催化氧化技术简介

对于没有回收价值的 VOCs 废气，可以采用催化氧化、热力燃烧等技术进行处理[6]。与热力燃烧相比，催化燃烧反应温度低，散热损失小，且能有效降低二次污染物排放。目前，研究人员在催化剂活性组分配比、制备方法、后处理手段及催化反应机制等方面开展了大量研究。对于成分复杂且排放工况多变的工业有机废气，催化燃烧技术的应用还有很多问题需要解决[7]。

在 VOCs 浓度较高（$>2000mg/m^3$）的情况下，氧化过程中释放的热量可以维持反应的持续进行，因而不需要额外补充能量。但是，工业源 VOCs 排放浓度往往较低，如橡胶、塑料以及毛皮等轻工业的 TVOCs 浓度一般低于 $500mg/m^3$，而且同一排放源的浓度随时间变化波动较大[8]。因此，单位体积有机废气的热值一般较低，而且热值波动范围大，使用燃烧或催化氧化技术进行处理时，难以维持系统热平衡，需要补充燃料，导致能耗较大，设备的运行成本高，且系统运行的稳定性差[9]。而且在废气风量较大的情况下，需要较大体积的热交换器和催化反应器才能实现有效的升温和氧化[10]。

吸附浓缩–催化燃烧组合是处理大风量、低浓度有机废气的一种有效技术解决方案，使用非常广泛。该技术实施过程中，用吸附剂除去废气中的 VOCs，达到废气净化的目的；当吸附剂饱和后，进行解吸处理，对形成的小风量、高浓度有机气体进行催化氧化处理，从而达到彻底销毁 VOCs 的目的。Campesi 等[11]研究了吸附浓缩过程对于乙酸乙酯和乙醇在 Cu/Mn 氧化物催化剂上降解反应的影响，发现 VOCs 浓缩可以显著降低所需要的催化床的体积，这是因为吸附浓缩降低了气体的流量，而且 VOCs 浓度的升高极大地提高了催化反应器的绝热温升，减少了额外能量的使用。实验与理论研究表明，相比传统热力燃烧或催化氧化，吸附浓缩–催化氧化技术具有很大的节能潜力[12]。目前，吸附浓缩–催化氧化 VOCs 常用的吸附工艺主要包括固定床吸附和转轮吸附。

12.1.2 固定床吸附浓缩–催化氧化

国内在 20 世纪 80 年代开始研发吸附浓缩–催化氧化技术，在 90 年代初，中国人民解放军防化研究院研制出固定床吸附浓缩–催化氧化装置[13,14]。经过多年应用实践，该类装置得到了不断完善，废气处理量可以达到 10 余万 m^3/h，已经成为国内工业 VOCs 废气治理的主流技术之一。

典型的固定床吸附浓缩–催化氧化工艺流程如图 12-1 所示。可采用多个固定吸附床，吸附和再生交替使用。有机废气经过除尘等前处理后，进入吸附床，吸附饱和后，采用小气量的热空气作为脱附介质，使吸附剂再生，解吸下来的增浓 VOCs 送入催化反应器进行氧化降解，可以维持自行氧化状态，在平稳运行的条件下不需要进行外加热。反应后生成的高温气体携带的热量经过热交换，用于再生空气和浓缩 VOCs 废气的预热。目前常用的吸附剂包括蜂窝活性炭、活性炭纤维和蜂窝分子筛等。对于大风量有机废气的治理，一般使用整体式蜂窝状吸附剂。与颗粒状活性炭相比，蜂窝状活性炭的开孔率高，流体通过时的阻力很小，具有优越的动力学性能，且不易堵塞，吸附与解吸速度快，能大大提高吸附净化和解吸效果，适用于大风量、低浓度有机废气的治理[14]。在评价蜂窝状吸附剂的性能时，除了考虑 VOCs 的吸附量和吸附动力学特征外，其机械稳定性是须考虑的重要因素，要求其能耐受大风量冲击，使用过程中损耗较小。

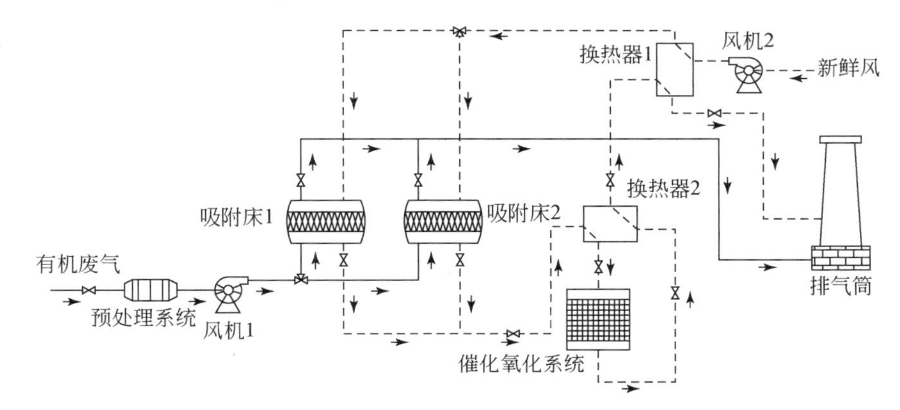

图 12-1　典型固定床吸附浓缩-催化氧化工艺流程

VOCs 在活性炭上的脱附再生温度与其分子量、沸点等属性相关，一般较高沸点有机物较难脱附，需要较高的再生温度。再生温度的选择必须考虑活性炭使用的安全性，一般建议再生温度不超过 120℃[9]。因此，使用热空气再生工艺时，活性炭吸附不适用于高沸点 VOCs 治理。将微孔活性炭改造成微孔-介孔复合结构，微孔有利于污染物快速、大量吸附，介孔有利于吸附和脱附过程中的传质，是 VOCs 吸附剂的研发方向之一[15,16]。

有机废气中往往含有颗粒物，如在涂装工艺废气中含有高黏性的漆雾颗粒物，即使其浓度较低也会堵塞吸附剂孔道，对吸附净化效率造成重大的影响[9,17]。因此，在废气进入吸附床前，一般要进行过滤等预处理，以提高吸附床的使用寿命。

王学华等[14]分析研究了某吸附浓缩-催化氧化有机废气治理工程的运行情况。该工程采用四个吸附箱和一个催化反应器。使用蜂窝活性炭作为吸附剂，蜂窝陶瓷负载的 Pt、Pd 作为催化剂。设计处理风量为 65000m^3/h。在运行时，三个吸附床处于吸附状态，一个吸附床处于再生或冷却状态。在甲苯和 TVOCs 平均浓度分别为 96.6mg/m^3 和 113.0mg/m^3、活性炭体积为 5.4m^3 的条件下，吸附单元可以在 18h 内维持 95% 以上的去除率（图 12-2）。在 100～120℃下解析 4h，通过在催化反应器进气口与贵金属催化剂之间布置加热管，为携带热量的解吸气体（100～120℃）加热，使其达到催化燃烧温度。当温度达到低温燃烧设计温度时，加热停止，VOCs 氧化释放的热量即可维持整个系统的运行。对于本工程，甲苯、二甲苯的起燃温度为 240℃，反应放热使得催化反应床的最高温度能达到 512℃。在催化燃烧过程中，TVOCs 的去除率均保持在 99% 以上（图 12-3）。

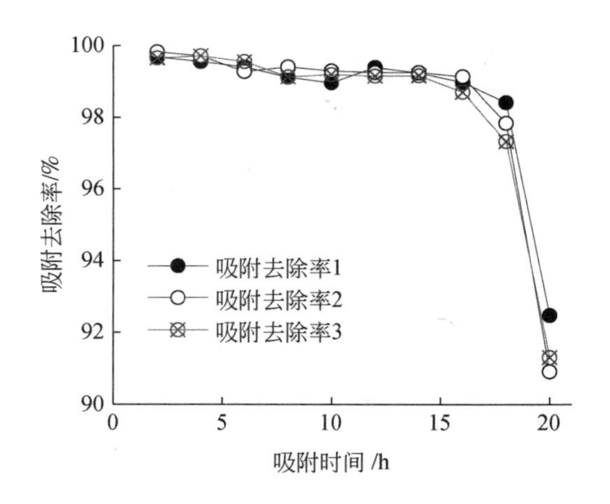

图 12-2 甲苯在蜂窝活性炭上的吸附去除曲线

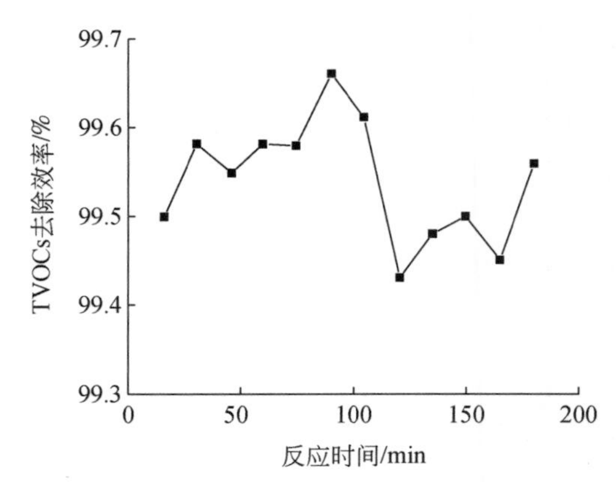

图 12-3 催化氧化反应器 TVOCs 去除效率曲线

12.1.3 转轮吸附浓缩–催化燃烧 VOCs

转轮吸附+催化燃烧是 20 世纪 70 年代由日本企业发明的一种有机废气处理技术，在发达国家得到了大量使用，广泛应用于涂装、涂料、化工、制药、橡胶制品和包装印刷等行业 VOCs 废气处理。其主要特征是吸附床是转轮结构。把加工成波纹形和平板形的陶瓷纤维纸用无机黏合剂黏接，卷成具有蜂窝状结构的转轮，并将疏水性分子筛涂敷在蜂窝状通道的表面，制成吸附轮盘。轮盘安装在被分隔成吸附、再生、冷却三个区的壳体中，吸附、再生、冷却三个区分别与待处理空气、再生空气、冷却空气相连接。在运行时，在调速马达的驱动下，轮盘以 3～8r/h 的速度缓慢回转，在不同区域同步进行吸附、再生与冷却。为了防止各区之间窜风及轮盘的圆周与壳体之间发生泄漏，各个区的分隔板与轮盘之间、轮盘的圆周与壳体之间用耐高温、耐溶剂的材料密封，如氟橡胶等。

典型的转轮吸附浓缩–催化氧化工艺流程如图 12-4 所示。

在吸附风机的驱动下，有机废气进入转轮的吸附区，VOCs 分子被蜂窝吸附剂所捕获，废气得到净化。随着转轮的回转，接近吸附饱和状态的吸附剂进入再生区，在脱附风机的驱动下，再生空气流经传热器 1 获得高温后，与再生区的吸附剂接触，使 VOCs 分子脱附下来。再生空气的风量一般仅为待处理有机废气风量的 1/10，因此，该过程将待处理有机废气浓度浓缩了 10 倍。浓缩后的有机气体经过传热器 2 后达到起燃温度，随后进入催化燃烧反应器进行催化氧化反应。反应后的热气流依次进入传热器 2 和传热器 1 后，浓度达标气流予以排放。再生后的吸附剂旋转至冷却区进行降温后，返回到吸附区，实现吸附–脱附–冷却的循环过程。冷却空气与再生空气可以为同一股气流，冷却之后的温空气经传热器 1 后成为热空气，用于脱附再生。为了防止催化燃烧室温度过高，可以设置第三方冷却气路用于催化燃烧室的紧急降温。

转轮吸附浓缩–催化氧化工艺的有效性与吸附剂、催化剂以及操作条件密切相关[18]。在转轮吸附工艺中，疏水沸石吸附剂被较多使用。沸石转轮对废气组分要求较高。对低沸

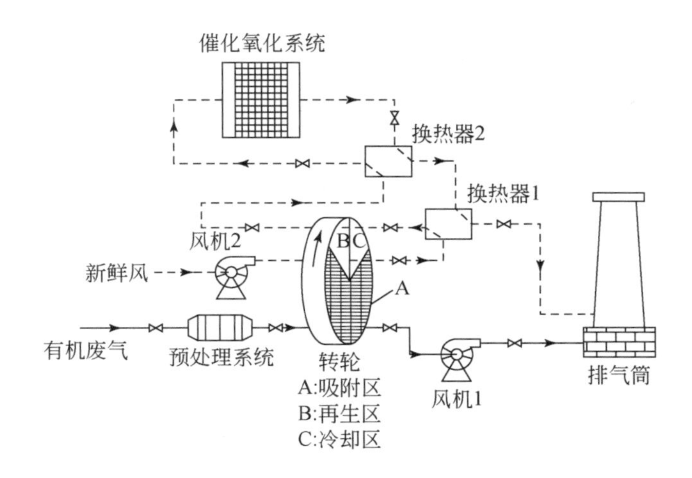

图 12-4 典型的转轮吸附浓缩–催化氧化工艺流程

点有机物，如一氯甲烷、二氯甲烷等，沸石的吸附效率较低。微孔沸石对大分子挥发性有机物吸附效果也不理想。例如，苯乙烯在沸石上容易发生缩聚反应，生成聚合物，堵塞微孔，造成沸石吸附剂的不可逆失效[19]。

在转轮结构和操作条件优化的情况下，转轮对于常见的有机废气具有良好的净化效果，可以耐受一定范围内的 VOCs 浓度波动。例如，在 100 ~ 500mg/m^3进气浓度条件下，某沸石转轮对甲苯、乙醇和乙酸乙酯的吸附去除率均保持在 90% 以上[20]。在实际的排放过程中，随着生产环节的改变，可能出现浓度的剧烈变化，对催化反应床的温度和效率造成扰动[21]。可以在完善实时监测功能的前提下，制定不同工况下程序的自控切换功能，调节新风阀、转轮转速、浓缩倍数等，设置异常联锁处置安全程序，保障设备的稳定运行[22]。

进气温度对有机组分的沸石上的吸附效率影响显著，尤其是对于吸附作用力比较弱的组分，废气温度过高可能会造成较低的吸附去除率。例如，甲醇分子量较小，与甲苯和乙酸乙酯相比，其在沸石上的吸附较弱，因而受温度的影响更大[15]。化学化工、制药等行业所排放的往往为高温气体。对于较高温度的有机废气，在进入转轮之前，应进行冷却预处理。

废气在转轮上的过流速度决定了其和吸附剂的接触时间，进而影响 VOCs 的吸附效率。因此，有机废气的进气风量也是转轮装置运行的重要参数，工程实施过程中，需要根据实际风量设计转轮参数。

选择合适的特征脱附温度，可以满足快速脱附浓缩。一般高温有利于高效再生。但是，脱附温度过高，可能导致在冷却区难以实现完全冷却，影响吸附效率。而且高温会缩短密封材料的使用寿命，造成不同区域窜风。高温脱附也意味着系统运行能耗较高。因此，再生温度选择必须兼顾安全性、效率和系统稳定性。

浓缩比是评价转轮性能的一个重要指标。陈弘俊等[20]研究，某转轮在不同浓缩比下对 VOCs 的吸附与催化氧化效率，如图 12-5 所示。当浓缩比为 20 : 1 时，转轮吸附效率为

90%，催化氧化效率为 98%；减小浓缩比，转轮吸附效率上升，而催化氧化效率下降，当浓缩比为 3∶1 时，吸附效率为 92%，催化氧化效率降低至 96%。浓缩比随着再生风量的增大而下降，增大再生风量可以提高吸附剂的再生效率，从而提升转轮的吸附效率。但是，如果再生风量过大，会造成催化剂床层空速过大，降低催化氧化效率，并且增加再生风机和催化氧化反应的能耗。此外，浓缩程度不够，催化氧化反应放热不足以维持反应的持续进行，也是造成能耗增加的因素。因此，浓缩比应兼顾效率与能耗。对于高浓度有机废气，可在确保去除率的前提下选择低浓缩比；而对于低浓度有机废气，可适当选择高浓缩比，以提高系统的整体能效。

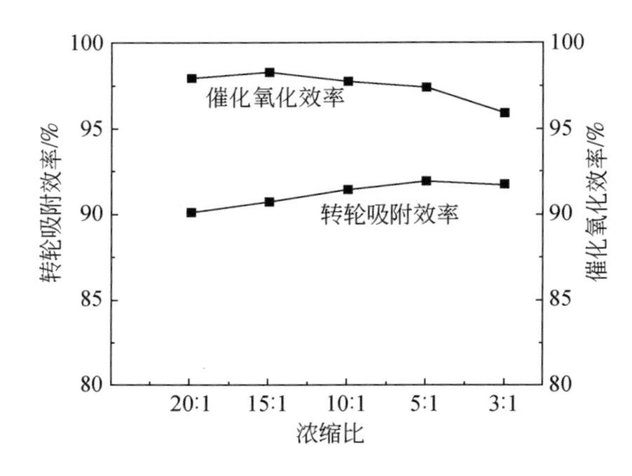

图 12-5　浓缩比对转轮吸附净化效率和催化氧化效率的影响

转轮转速决定了废气在吸附区和再生区的停留时间，由于吸附和再生是同步进行的，两者之间存在相互影响，并影响装置的整体效率[18]。转速偏小，吸附区停留时间长，容易造成吸附床被 VOCs 完全穿透，流出气中 VOCs 浓度超标。适当增加转速，单位时间内有更多吸附剂参与吸附作用，可以提高对 VOCs 的吸附去除效率。但是转速过大会造成脱附区和冷却区的停留时间过短，吸附剂的再生和冷却不充分，进而降低吸附效率。另外，转速应该与进气流量相适应。由于有机废气的进气流量增大会缩短吸附剂的穿透时间，当进气流速提高时，转速应相应提高，在一定条件下，最佳转速与进气流速成正比。实际应用时，需要协调多种因素，将转轮转速优化在一定区间内，实现吸附与再生最佳平衡。

12.1.4　吸附剂选择

活性炭是常用的吸附剂，其具有很大的比表面积，对 VOCs 具有很大的吸附容量。但是，实践过程中发现，活性炭使用过程中也存在一些比较难以克服的问题。活性炭的可燃性带来的安全性问题一直是该工艺使用过程中备受关注的问题。活性炭一般是微孔结构，其孔径分布和很多 VOCs 分子大小相当，孔道内存在吸附势场叠加效应，对 VOCs 具有很强的吸附作用力，因而表面吸附过程中可能释放出较多的吸附热，如果吸附床导热不好，会导致吸附热蓄积升温，存在活性炭着火的风险，尤其是当有机物浓度比较高的情况下。再生过程中，解吸出来的高浓度 VOCs 在吸附床后端的再吸附，也容易造成剧烈升温。此外，在表面催化位点的作用下，有些不饱和有机物在吸附过程中可能发生缩聚等反应，释放的反应热也可能带来危险。

有些有机废气的湿度较高，如喷涂线漆雾经过水幕净化后会形成高湿度的废气，制药工业发酵罐尾气的湿度接近 100%[9]。因为制备方法的原因，有些活性炭表面具有丰富的极性含氧官能团，导致其具有较强的亲水性，不利于高湿度条件下的有机物选择性吸附[23]。因此，在选择活性炭吸附剂的时候，需要考虑其疏水性。

沸石分子筛也被用于 VOCs 的固定床吸附及转轮吸附。分子筛的比表面积比活性炭低，对 VOCs 的吸附容量一般低于活性炭。沸石分子筛是多孔结构的铝硅酸盐晶体，多数具有较强的亲水性。在选择沸石吸附剂时，疏水性是重要的参数。一般硅/铝比高的分子筛具有更好的疏水性[24]。国内外科研单位和企业在疏水分子筛开发方面做了较多工作。沸石具有不可燃性，可耐受高温使用。但是，再生实际工程中，由于沸石常常需要较高的再生温度（超过 200℃），对于低燃点 VOCs 的处理，安全性同样是必须考虑的问题。而且，分子筛远比活性炭昂贵，制约其普遍应用，发展低成本、性能优异的分子筛是未来重要的研究方向。

12.1.5　催化剂选择

目前贵金属和过渡金属氧化物催化剂在 VOCs 催化氧化中都得到了广泛研究和应用。通常低温活性被作为衡量催化剂性能的重要指标，较低操作温度有利于降低应用过程中的运行费用。针对吸附浓缩-催化氧化工艺，对催化剂还有一些特定的要求。由于浓缩后的 VOCs 浓度较高，反应后释放出大量反应热，会造成催化剂的温度急剧上升，因此要求催化剂具有较好的热稳定性，在一定高温下不发生烧结失活。为降低反应过程中的床层阻力，工业应用过程中一般使用蜂窝式催化剂（图 12-6），包括陶瓷载体涂覆负载型催化剂和挤压成型的氧化物催化剂。催化剂还需具有较好的机械强度，能够耐受热冲击和气流剪切磨损。

图 12-6　蜂窝催化剂照片

12.2 等离子体-催化氧化 VOCs

12.2.1 等离子体氧化 VOCs

等离子体（plasma）也称为物质的第四态，是由大量带电粒子与中性粒子组成的宏观体系。通常等离子体中所含正离子数目与电子数目是大体相等的，故其整体呈现准中性[25,26]。等离子体中的带电粒子与中性粒子可自由运动，彼此间能发生充分的相互作用，这赋予了等离子体独特的物理化学性质。例如，等离子体作为带电粒子的集合体，有类似金属的导电性质，可用于磁流体发电；等离子体富含大量高能粒子，可用于电弧焊接或等离子体喷涂；尤其是等离子体的化学性质十分活泼，可以在温和条件下引发各类化学反应，适用于材料表面改性、刻蚀、烟气治理等。因而，等离子体技术在环境、能源以及材料等诸多领域具有十分广泛的应用前景[27,28]。

依照温度划分，等离子体可分为高温等离子体和低温等离子体。高温等离子体的温度在 $10^8 \sim 10^9$K，主要用于热核聚变等能源领域。低温等离子体的温度在 $10^3 \sim 10^5$K，又可分为热等离子体与冷等离子体。其中，冷等离子体处于非热平衡态，电子温度可以高达 $10^3 \sim 10^4$K，但气体温度却可低至室温。目前，低温等离子体最常用的产生手段是气体放电[29]。大气压低温等离子体氧化 VOCs 可在常温常压下进行，设备简单，启动迅速，其不仅能够处理常规方法难以氧化降解的 VOCs，而且适用的降解浓度范围宽，可处理低浓度、多组分的 VOCs，在 VOCs 治理方面极具应用前景[30,31]。

研究表明，低温等离子体（以下简称等离子体）技术对烃、醛、醇、芳烃和卤代烃等多类 VOCs 均有氧化治理效果[32,33]。目前，基于介质阻挡放电（dielectric barrier discharge，DBD）[34]、电晕（corona）放电、微波（microwave discharge）放电以及滑动弧（gliding arc）放电[35]等一些常用等离子体放电形式的 VOCs 氧化治理技术已被研究者广泛研究。尽管产生等离子体的放电形式多种多样，VOCs 的结构与性质也各不相同，但等离子体氧化治理 VOCs 的基本物理化学过程均源自等离子体中电子、激发态物种和自由基等活性物种的驱动。通常等离子体中的高能电子、自由基（如 · O、 · OH 等）等高活性物种能够直接与 VOCs 分子碰撞作用，在气相中经过复杂的氧化反应[36]，将 VOCs 氧化为 CO_2、H_2O 和其他产物。放电产生等离子体的过程能够形成大量具有强氧化能力的高活性自由基（如 · O 和 · OH 的氧化电势均高于 2.4V），这些强氧化性自由基无疑在等离子体氧化 VOCs 反应中扮演着至关重要的角色[37,38]。

VOCs 转化率、CO_2 选择性、反应碳平衡以及反应能量效率是评价等离子体氧化 VOCs 性能的常用指标。等离子体氧化 VOCs 反应的性能会随着 VOCs 种类及浓度、放电反应器结构、电源参数以及放电能量密度（放电功率与气体流量的比值）等诸多因素而变化。例如，相同条件下，VOCs 转化率会随放电等离子体能量密度的增加而升高[39,40]；VOCs 的浓度高，不利于获得高转化率，但放电过程中二次污染的副产物（O_3 与 NO_x）的生成却能够得到有效抑制；采用高频率电源会使反应过程的热损耗增加，不利于低浓度 VOCs 氧化反应过程中能量效率的提高。

等离子体氧化 VOCs 的理想产物是无害的 CO_2 和 H_2O，但在等离子体反应过程中要实现对 VOCs 的完全矿化难度较大。例如，利用介质阻挡放电氧化空气中甲苯（甲苯浓度 100ppm）的过程中，反应尾气中可以检测到多种产物（苯甲醛、甲酸、CO 和 CO_2 等）[41]。一般地，仅采用等离子体手段氧化 VOCs，其反应过程包含许多反应路径，如等离子体直接氧化三氯乙烯，产物中包含多种未被完全氧化的有机物以及 CO 等物种（图 12-7）[42]。事实上，要做到对产物选择性的有效调控正是等离子体技术氧化 VOCs 所要解决的关键难题之一。现有研究结果表明，等离子体对绝大多数 VOCs 均能展现出一定的氧化降解能力，但仅依靠调变放电参数来实现对目标产物选择性的调控难度很大。例如，通过增大放电功率来提升 VOCs 转化率是常用方法，然而伴随放电功率的增大，不仅增加反应能耗、尾气中残留的二次污染物浓度会升高，而且目标产物 CO_2 选择性没有显著提高。

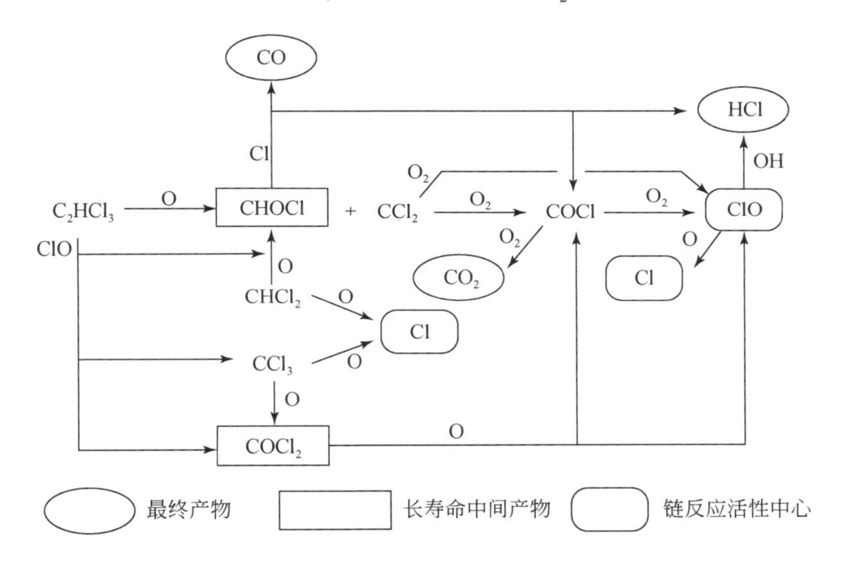

图 12-7　等离子体氧化三氯乙烯的主要反应路径示意图[42]

12.2.2　等离子体催化氧化 VOCs

近些年来，基于等离子体与催化剂构建的等离子体催化技术在环境与能源等领域受到了人们的普遍关注[43-45]。等离子体催化技术在氧化 VOCs 反应过程中能够借助等离子体与催化剂间的协同效应发挥出巨大优势。一方面，等离子体既可以直接氧化降解 VOCs，又能够实现对 VOCs 的初步活化，从而促进低温（可低至室温）下催化剂表面的 VOCs 氧化反应进行。另一方面，催化剂能在等离子体的作用下调控 VOCs 氧化的反应路径，针对性地提高目标产物选择性，并有效抑制放电中有害副产物的生成，在 VOCs 氧化方面展现巨大优势。

等离子体的放电形式与催化剂的形状结构多种多样，从等离子体与催化剂的耦合形式来看，等离子体催化体系的构型主要包含两类：内置式结构与后置式结构（图 12-8）。内置式结构是将全部或部分催化剂置于等离子体区内，该结构能使等离子体影响或改变置于其中的催化剂的性质，同时也能确保放电辐射光、放电产生的活性物种与催化剂发生直接作用。后置式结构是将催化剂置于等离子体区之后，该类结构可先利用等离子体对反应气体进行预活化处理，随后气体进入催化区域发生进一步的催化氧化反应。

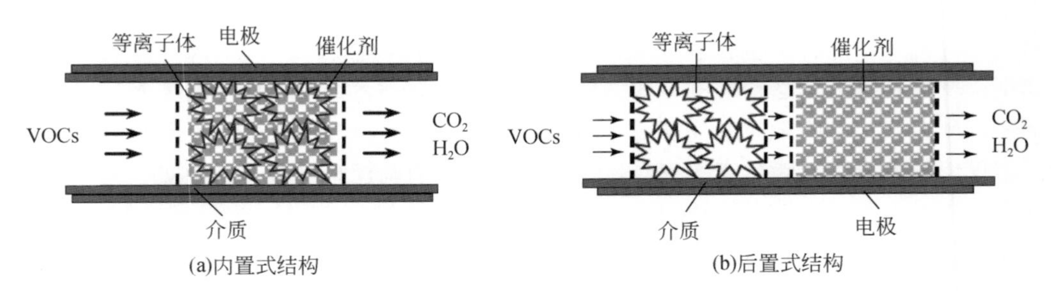

图 12-8　等离子体同催化剂的耦合结构示意图

与等离子体降解 VOCs 相比，具有内置式结构的等离子体催化体系内发生的 VOCs 氧化反应更为复杂。事实上，等离子体催化氧化 VOCs 反应是一个十分复杂的物理–化学过程，既存在气相等离子体反应，又包括发生于催化剂表面的多相反应。表 12-1 对比了等离子体氧化体系与内置式结构的等离子体催化体系在氧化脱除 VOCs 反应中的性能差异。通过表 12-1 的数据对比可知，由于等离子体与催化剂间的高效协同作用，在 VOCs 氧化反应中，等离子体催化体系通常能够比单纯的等离子体氧化体系获得更高的 VOCs 转化率、CO_2选择性、反应碳平衡以及能量效率。不仅如此，催化剂的存在还能够有效调控等离子体催化反应过程的副产物的生成规律。研究者们发现，较单纯的等离子体氧化过程而言，等离子体与贵金属纳米催化剂耦合构建的等离子体催化体系在氧化甲苯反应中生成的有害副产物 O_3以及 NO_x浓度均有大幅度下降（图 12-9）[41, 46]。

表 12-1　等离子体与内置式结构等离子体催化体系氧化 VOCs 的结果比较

VOCs	初始浓度/ppm	放电形式	催化剂	能量密度/(J/L)	等离子体			内置式结构等离子体催化体系			参考文献
					转化率/%	CO_2选择性/%	碳平衡/%	转化率/%	CO_2选择性/%	碳平衡/%	
苯	1500	电晕	Pt/TiO_2	—	81	54	62	88	68	72	[47]
异丙醇	250	DBD	MnO_x	195	73	37	86	90	62	96	[48]
甲苯	100	DBD	3% MnO_x	160	66	23	63	78	56	77	[49]
甲苯	50	DBD	MnO_x-Al_2O_3/Ni	450	51	64	—	89	73	—	[50]
CFCs	~500	DBD	TiO_2	66	12	16	67	27	33	50	[51]
CF_4	300	DBD	CuO/ZnO/MgO/Al_2O_3	—	43	48	98	60	95	98	[52]
TCE	250	DBD	3% TiO_2	1090	100	23	100	100	40	100	[53]

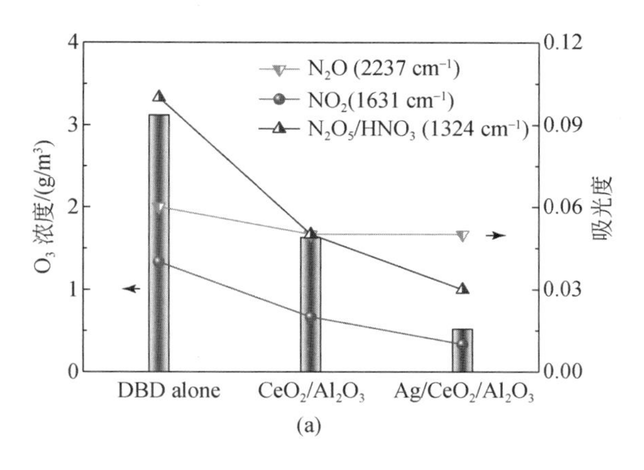

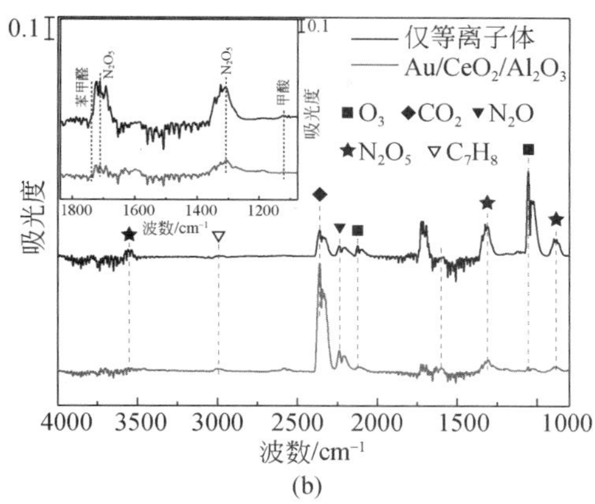

图 12-9　(a) 等离子体以及等离子体协同 Ag 纳米催化剂体系在催化氧化甲苯（模拟空气组成，甲苯浓度 600ppm，能量密度 1800J/L）过程中的 O_3浓度和 NO_x生成量的变化规律；(b) Au 纳米催化剂存在对等离子体催化氧化甲苯（模拟空气组成，甲苯浓度 100ppm，能量密度 1500J/L）过程中主要副产物的影响

后置式结构的等离子体催化体系由两段式反应器构成，在前段等离子体反应器内主要发生 VOCs 的直接转化与初步活化反应，在后段催化反应器中则会发生初步活化物种的进一步催化氧化反应。由于等离子体区形成的短寿命的氧化性物种（如 ·O、·OH 等）一旦离开放电区便会猝灭，因此能够在催化反应区域驱动氧化反应进行的活性物种主要源自等离子体区产生的稳定的氧化性物种（如 O_3）。如在催化反应区域采用具有高 O_3分解性能的催化剂通常可以获得更高的 VOCs 转化率，这是由于 O_3分解产生的活性氧可以促进 VOCs 氧化反应的进行。较内置式结构，后置式结构等离子体催化体系的优点是可以实现等离子体段和催化剂段的独立控制，从而便于根据实际反应的要求来灵活调变等离子体段的电极结构和放电功率，以及催化剂形状和催化床层温度等参数。表 12-2 中对比了单纯等离子体与后置式结构的等离子体催化体系在氧化 VOCs 反应中的性能差异，结果表明：尽管后置式结构等离子体催化体系内等离子体与催化剂间的协同作用相对较弱，但较单纯等离子体氧化方法，将催化区域后置于等离子体区依然能有效提升 VOCs 的转化率和 CO_2选择性，进而改善反应碳平衡。值得注意的是，后置式结构等离子体催化体系在氧化 VOCs 的过程中，催化剂不但能够利用等离子体区产生的 O_3氧化 VOCs，同时也能够显著降低产物中 O_3与 NO_x这类放电二次污染物的浓度。例如，研究者们发现，对于 100ppm 的乙醛氧化反应（能量密度为 8J/L），较单纯等离子体氧化反应，将 α-MnO_2/γ-Al_2O_3置于等离子体区后可以使乙醛转化率提高近 60%，而 NO_x的浓度却降低 30%；在相同的能量密度下，将该后置式等离子体催化体系用于 100ppm 苯的氧化脱除，可以使苯的氧化脱除率提升近 150%，二次污染物 O_3的浓度降低超过 70%[54]。

表 12-2 等离子体与后置式结构等离子体催化体系氧化 VOCs 结果比较

VOCs	初始浓度/ppm	放电形式	催化剂	能量密度/(J/L)	等离子体			后置式结构等离子体催化体系			参考文献
					转化率/%	CO_2选择性/%	碳平衡/%	转化率/%	CO_2选择性/%	碳平衡/%	
乙醛	100	DBD	Co-OMS-2/Al_2O_3	10	62	21	—	100	45	—	[55]
苯	106	DBD	MnO_x	1260	66	48	76	100	56	80	[56]
甲苯	50	DBD	TiO_2-Al_2O_3/Ni	160	73	59	83	94	99	103	[57]
甲苯	240	DBD	MnO_2-Fe_2O_3	172	36	6	38.8	79	24	53	[58]
异丙醇	330	电晕	Pt/陶瓷	142	23	—	—	66	—	—	[59]
苯	106	DBD	Ag/Al_2O_3	383	75	30	—	97	95	—	[60]

按照运行模式进行划分，等离子体催化体系可以划分为连续模式与循环模式。连续模式下，VOCs 流经等离子体催化体系的全过程中放电持续进行，能够保证等离子体、催化剂以及 VOCs 间的充分作用，利于实现 VOCs 的高效氧化。循环模式包含 VOCs 吸附存储与放电催化氧化两个阶段，且这两个阶段交替进行：存储阶段不放电，VOCs 分子吸附富集并存储于催化剂的表面；放电阶段存储于催化剂表面的 VOCs 分子将在放电等离子体与催化剂的共同作用下被氧化为 CO_2和 H_2O。吸附存储与放电催化氧化的交替进行使循环模式的能耗显著降低，该模式特别在低浓度 VOCs 氧化治理中的优势显著。总之，等离子体与催化剂的协同作用不但能提高 VOCs 转化率和 CO_2选择性，而且可以抑制有害副产物的产生。

12.2.3 连续模式等离子体催化氧化 VOCs

等离子体催化体系由大气压非热等离子体与催化剂耦合而成，系统的反应温度低、活化能力强、启动迅速、设备简便易行，在 VOCs 治理领域极具应用前景。长期以来，介质阻挡放电作为最适于同催化剂协同的大气压放电形式已为研究者们普遍采用。迄今，基于介质阻挡放电与催化剂（如氧化物、贵金属以及钙钛矿催化剂等）构建的等离子体催化体系在 VOCs 氧化治理研究中应用最为广泛[61-63]。连续模式等离子体催化体系氧化治理 VOCs 研究多致力于实现等离子体与催化剂间的高效协同，这本身就是等离子体催化领域研究试图攻克的关键难题之一。由于等离子体催化体系中同时存在多种物理场（如电、磁、光等）与化学场（如等离子化学场、催化剂表界面场等）（图 12-10），因此利用多场耦合为体系营造独特的物理–化学环境就成为实现等离子体高效协同催化氧化的关键所在。现有研究结果表明[41,44]，通过对放电反应器的设计以及催化剂的可控构造，进而调变等离子体与催化剂间的相互作用，能够有效调控体系的多场耦合特性，从而实现对 VOCs 氧化性能的改善。

1. 放电等离子体对 VOCs 氧化的影响

按照催化剂在放电反应器内的放置位置划分，放电等离子体与催化剂的具体耦合形式

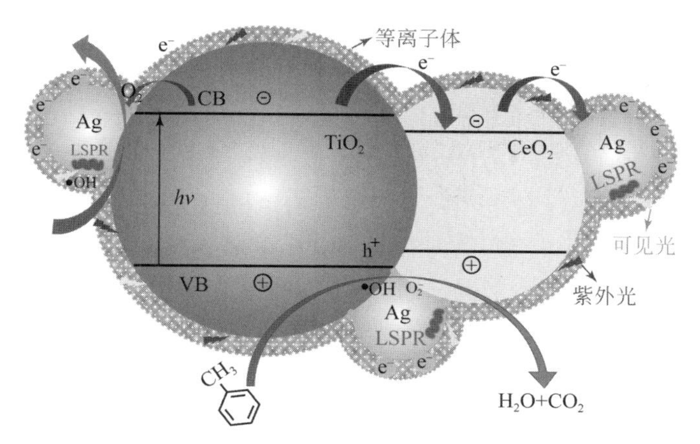

图 12-10　等离子体协同 Ag-CeO_2/TiO_2 纳米光催化剂氧化甲苯反应体系内的多场耦合示意图[64]

可分为三类：催化剂大间距后置于放电区、催化剂紧邻后置于放电区和催化剂与放电原位耦合（图 12-11）。其中催化剂与放电等离子体原位耦合的方式用于 VOCs 氧化性能最佳，这是由于催化剂置于等离子区内可以与短、长寿命（>1ms）活性物种、光子以及高能粒子等充分发生作用，利于等离子体与催化剂间产生高效协同效应。催化剂紧邻后置于放电区时，等离子区内的短寿命活性物种一旦离开放电区即发生猝灭，因此催化剂仅能利用长寿命的活性物种引发反应，故其氧化 VOCs 性能不及原位耦合结构。将催化剂大间距后置于放电区，该结构中不仅等离子区内的短寿命活性物种无法贡献于 VOCs 氧化反应，而且放电产生的长寿命活性物种在到达催化剂前也会发生部分损失，这很难实现等离子体与催化剂间的协同，因而 VOCs 氧化反应性能较差。

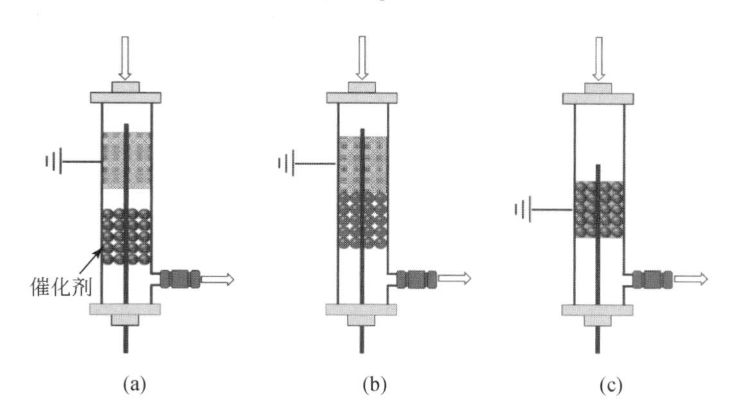

图 12-11　等离子体与催化剂耦合形式示意图：（a）催化剂大间距后置于放电区；（b）催化剂紧邻后置于放电区；（c）催化剂与放电原位耦合

低浓度 VOCs 氧化反应通常在空气气氛下进行，大气压下的空气介质阻挡放电是典型的丝状放电模式，该放电模式容易产生较强的电流脉冲，形成大量丝状放电通道。具有丝状放电模式特点的介质阻挡放电能够直接氧化降解 VOCs，但也会在放电中产生较高浓度的 O_3、NO_x 等有害的副产物[65,66]。通过等离子体与催化剂的协同作用，能有效调变介质阻挡放电的放电模式，使丝状放电模式逐渐向更加均匀的放电模式过渡，在均匀放电模式下等离子体与催化剂间的相互作用更加充分，且放电有害副产物的产生也能得到有效抑制。图 12-12 示例了催化剂与介质阻挡放电原位耦合构建的协同体系对放电模式的影响[46]。当放电区域无催化剂存在时，我们可以在介质阻挡放电的一个周期内清晰地观测到强电流脉冲，这说明放电为典型的丝状放电模式；当将 CeO_2/Al_2O_3 催化剂填充于放电区域之后，在相同输入功率下放电的电压电流幅值均有所降低；而把 $Ag/CeO_2/Al_2O_3$ 催化剂填充于放电区域，放电的电压与电流进一步削弱，同时微放电电流脉冲数量明显增多且强度变弱［图 12-12（a）~（c）］。上述放电特性的变化规律意味着，放电与催化剂的协同作用使介质阻挡放电的放电模式由丝状放电模式转变为一种更均匀的放电模式，原因在于催化剂的存在抑制放电等离子体区域强电流脉冲通道的形成，并且在催化剂的孔道内形成大量的微放电通道[41,44]。尤其是，类似 $Ag/CeO_2/Al_2O_3$ 这类含金属纳米粒子的催化剂，其可以使等离子区沿着催化剂的表面延展，从而令整个放电变得更均匀。介质阻挡放电李萨如图形的变化同样可以反映放电模式的改变［图 12-12（d）］，CeO_2/Al_2O_3 与 $Ag/CeO_2/Al_2O_3$ 催化剂同放电的协同作用使李萨如图形由单纯放电的平行四边形向椭圆形状转变，同时在相同的输入功率 5W 下，放电功率也随放电模式的改变由 0.5W 分别增至 0.75W 与 1.2W。

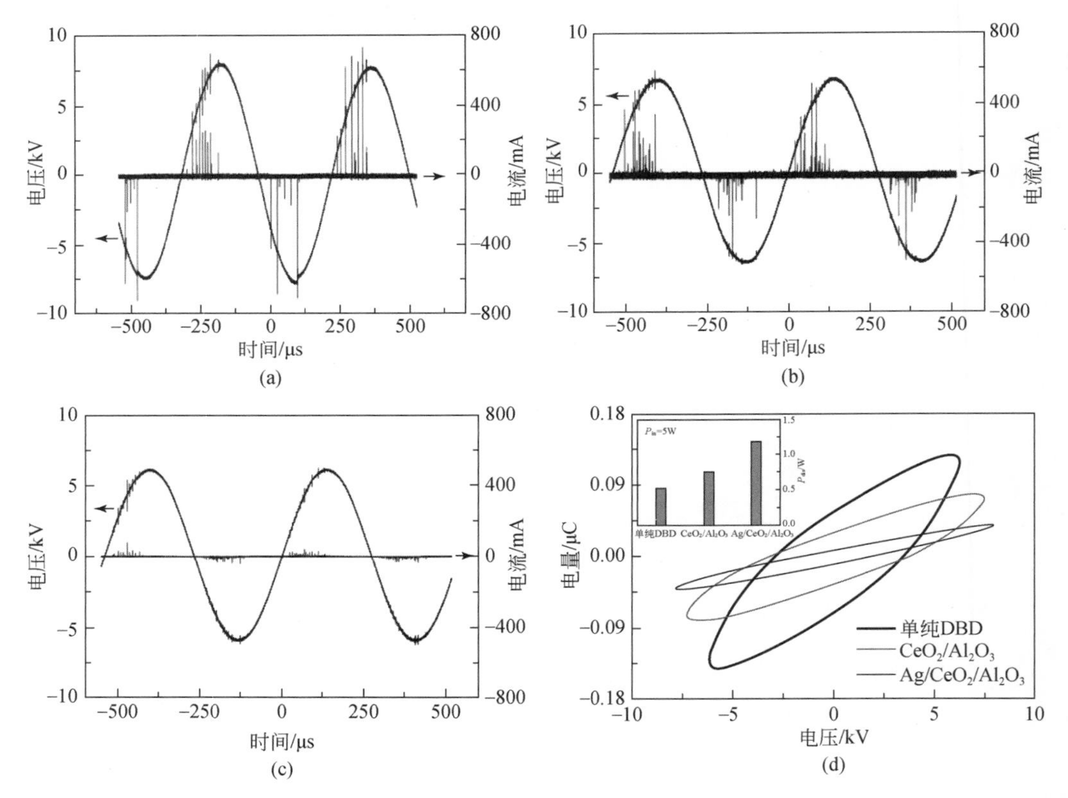

图 12-12　输入功率为 5W 时，介质阻挡放电以及等离子体催化体系氧化甲苯（浓度为 600ppm）时的电压电流波形图和李萨如图形：（a）单纯介质阻挡放电的电压电流；（b）放电协同 CeO_2/Al_2O_3 催化剂体系的电压电流；（c）放电协同 $Ag/CeO_2/Al_2O_3$ 催化剂体系的电压电流；（d）不同体系的李萨如图形与放电功率

2. 催化剂对等离子体降解 VOCs 的影响

要在等离子体催化体系内实现多场高效耦合，催化剂是关键。长期以来，绝大多数等离子体催化氧化 VOCs 的研究均致力于研制高效实用型催化剂。迄今基于贵金属催化剂（如 Pt，Au 与 Ag 等）构建的等离子体催化体系因其性能优异（可获得高 VOCs 转化率与高 CO_2选择性），在 VOCs 氧化研究中应用最为广泛。研究表明，催化剂的微观结构与表界面性质能显著影响其与等离子体的相互作用，是决定连续模式等离子体催化氧化 VOCs 效率的关键因素[41, 44, 64]。

如前所述，改变介质阻挡放电的放电模式可以对 VOCs 的氧化产生显著影响，而催化剂的微观结构与性质正是决定放电模式的重要因素。具有独特多孔结构的催化剂不仅拥有较大的比表面积，其与介质阻挡放电协同体系能够使放电通道均匀地分布于孔道中，更容易在催化剂表面建立多场高效耦合的物理-化学环境，确保等离子体与催化活性位点的充分作用。另外，催化剂的组成是构成表面催化活性位的关键要素，由金属纳米粒子与金属氧化物构建的界面体系通常能展现出很高的催化活性。例如，研究者通过在多孔结构 CeO_2/Al_2O_3表面负载纳米 Au 粒子创造了大量 Au/氧化物界面（图 12-13），相比之下，Au/Al_2O_3由于无 CeO_2的

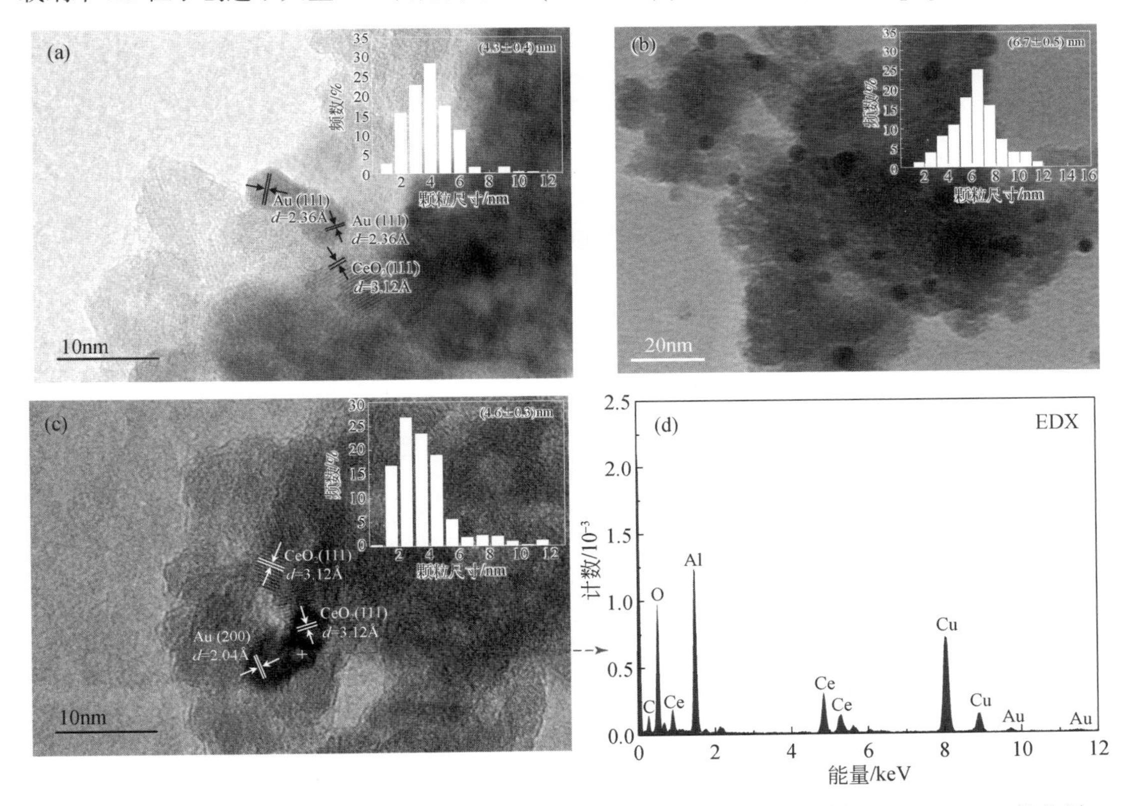

图 12-13　纳米 Au 催化剂的 TEM 图片与纳米 Au 粒子的粒径分布：（a）新鲜 $Au/CeO_2/Al_2O_3$催化剂；（b）新鲜 Au/Al_2O_3催化剂；（c）经过甲苯等离子体催化反应（连续反应 10h，模拟空气组成，甲苯浓度 100ppm）后的 $Au/CeO_2/Al_2O_3$；（d）经过等离子体催化反应后的 $Au/CeO_2/Al_2O_3$的 EDX 能谱

存在不仅使 Au 纳米粒子的尺寸显著增加，更造成了高活性 Au/CeO_2界面体系的缺失。可知，通过构建 Au/CeO_2/Al_2O_3纳米催化剂可实现对纳米催化剂表界面物理-化学环境的定制，将该催化剂同介质阻挡放电协同就能够有效调控甲苯在催化活性位上的吸脱附行为，削弱甲苯分子的化学键，在增强表面催化反应的同时，有效避免放电产生的毒化物种对活性位点的吸附占据，从而提升等离子体催化反应连续高效运行的稳定性[41]。

如图 12-14 所示，相同放电能量密度下，纳米 Au 粒子的出现使甲苯转化率与 CO_2选择性均得到显著提升，尤其是在能量密度为 1500J/L 时，放电等离子体协同 Au/CeO_2/Al_2O_3催化氧化可以使甲苯转化率与 CO_2选择性均达到 90% 以上。值得注意的是，Au/CeO_2/Al_2O_3催化剂原位耦合于放电区域还极大地抑制了放电过程中有害副产物 O_3与 NO_x的生成。可知，通过研制具有特定微观结构和性质的催化剂，并构建其与放电等离子体原位耦合的等离子体催化体系，能够在等离子体与催化剂间产生强协同作用，使体系在 VOCs 氧化反应中展现出优异性能[41]。

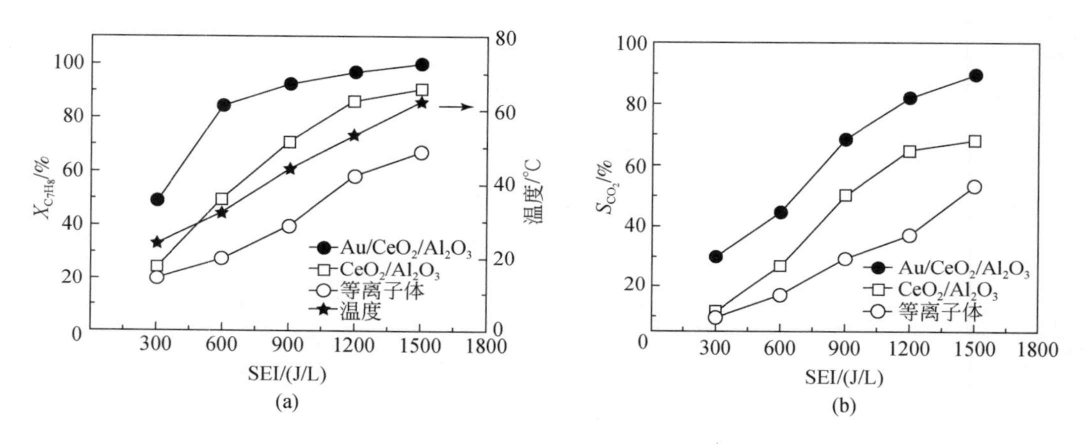

图 12-14 介质阻挡放电以及等离子体催化体系氧化甲苯（浓度为 100ppm）时的性能：（a）甲苯转化率随能量密度的变化；（b）CO_2选择性随能量密度的变化

类似地，研究者们将 Ag 纳米粒子与 CeO_2共载于多孔的 TiO_2表面构建了（Ag-CeO_2）/TiO_2催化剂，该催化剂既含有丰富的多孔结构，同时存在大量 Ag/氧化物界面体系（图 12-15），这使（Ag-CeO_2）/TiO_2与放电等离子体实现高效协同，进而在甲苯氧化反应中展现出优异的性能[64]。

由图 12-16 可知，介质阻挡放电与构建的（Ag-CeO_2）/TiO_2催化剂能够实现高效协同，其主要原因在于（Ag-CeO_2）/TiO_2催化剂对丝状放电模式的调变、对等离子体辐射光的高效利用，以及其 Ag/CeO_2、Ag/TiO_2界面体系在等离子体作用下展现的高催化活性[64]。

12.2.4 循环模式等离子体催化氧化 VOCs

放电能耗是等离子体催化氧化 VOCs 需要考虑的一个重要指标。对于低浓度 VOCs 治理，仅有少部分的放电能量能够贡献于 VOCs 氧化反应，这导致反应能耗过高。循环模式

图 12-15　(a) 多孔 TiO_2 载体；(b) 未经使用的 ($Ag-CeO_2$)/TiO_2 催化剂；(c) 经过甲苯等离子体催化反应（连续反应 1h，模拟空气组成，甲苯浓度 100ppm）后的 ($Ag-CeO_2$)/TiO_2 的 SEM 图片以及元素的分布图

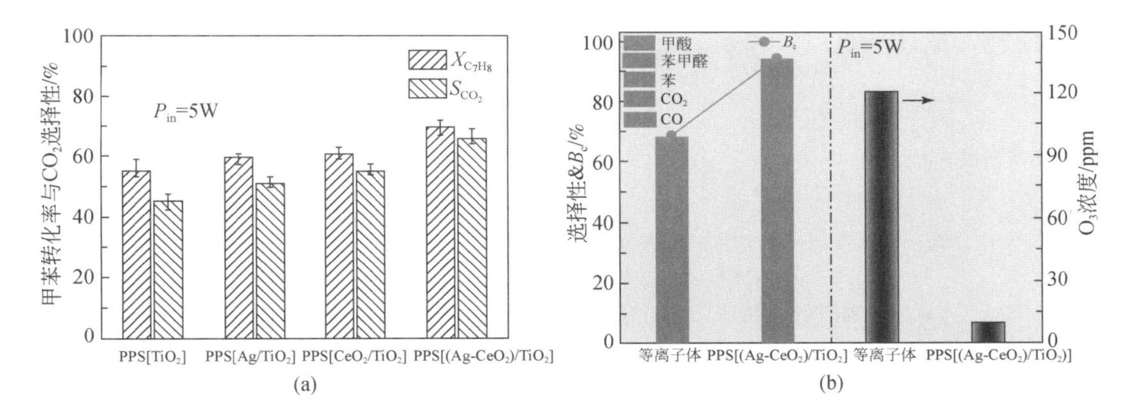

图 12-16　(a) 输入功率为 5W 时不同等离子体催化体系氧化甲苯（浓度为 100ppm）的甲苯转化率与 CO_2 选择性；(b) 输入功率为 5W 时介质阻挡放电与放电协同 ($Ag-CeO_2$)/TiO_2 催化剂体系氧化甲苯的产物分布、碳平衡及 O_3 浓度

等离子体催化氧化法是解决低浓度 VOCs 氧化治理过程中高能耗问题的有效手段。循环模式等离子体催化氧化法由 Kim 等[67]与朱爱民教授研究团队[68]首先提出，该方法包括低浓度 VOCs 在催化剂表面吸附存储和存储 VOCs 的放电等离子体催化氧化两个阶段，因此称其为存储-放电循环模式（简称为循环模式）等离子体催化氧化方法。循环模式等离子体催化氧化 VOCs 的运行原理如图 12-17（a）所示：在存储阶段，低浓度 VOCs 吸附存储于催化剂表面，该阶段运行时间较长且无需放电，因此该过程无能耗；在放电阶段，存储于催化剂表面的 VOCs 在短时间的放电等离子体作用下被催化氧化为 CO_2 和 H_2O，同时催化

剂被占据的吸附位点得到再生，进而可以进行循环操作。值得注意的是，存储阶段吸附于催化剂表面的 VOCs 会发生原位分解，而放电阶段要实现对存储 VOCs 的有效矿化，因此放电气氛中需要含有氧气；若无氧气存在，放电阶段存储的 VOCs 将在等离子体作用下生成更多的其他等离子体裂解中间有机物，而不是被高效矿化为 CO_2 与 H_2O。另外，尽管废气中的 VOCs 浓度较低，但由于存储阶段 VOCs 因吸附累积会达到较高的浓度值，因此在放电阶段引入氧气时应当考虑等离子体区域的爆炸风险问题，确保将等离子体催化反应区域控制在爆炸极限下。循环模式等离子体催化氧化法在治理低浓度 VOCs 方面具有十分显著的优势：首先，循环模式氧化治理低浓度 VOCs 只在短暂的放电阶段消耗电能，因此能有效降低能耗。如图 12-17（b）所示，对于同样浓度的 VOCs 氧化，连续模式等离子体催化氧化法放电须持续进行，过程能耗较高；循环模式在存储阶段（t_1）不消耗能量，仅在 t_2 时间内进行放电，由于 $t_1 \gg t_2$，因此循环模式的整个过程能耗极低。其次，VOCs 浓度较低时，连续模式放电过程易产生 O_3 与 NO_x；循环模式下 VOCs 在存储阶段可富集于催化剂表面，放电阶段富集的高浓度 VOCs 能利用放电产生的 · O 等活性物种，在有效氧化 VOCs 的同时抑制 O_3、NO_x 等物种生成。

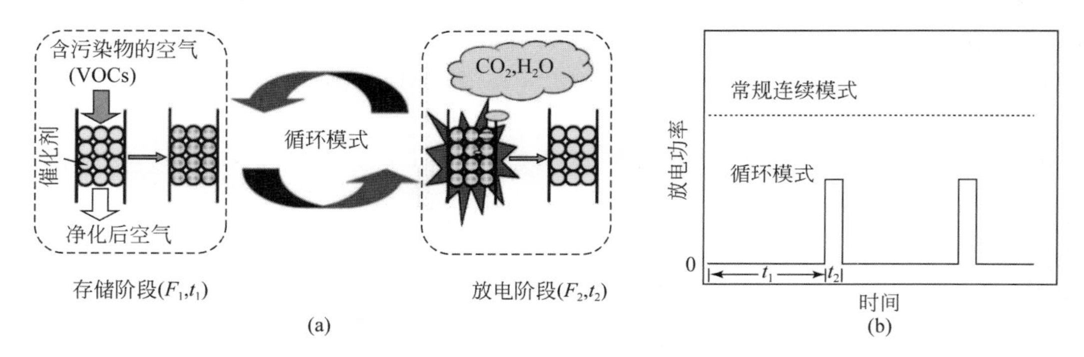

图 12-17 循环模式等离子体催化氧化 VOCs[69]：（a）循环模式原理示意图；（b）循环模式与连续模式的放电功率随时间变化的对比

F_1. 存储阶段气体流量；F_2. 放电阶段气体流量；t_1. 存储时间；t_2. 放电时间

1. VOCs 吸附存储阶段

循环模式等离子体催化氧化 VOCs 所用的催化剂需要同时满足存储与放电两个阶段的要求，在存储阶段应考虑的重要指标是催化剂对 VOCs 吸附存储容量。催化剂的存储容量与其结构性质密切相关。具有较大比表面积、丰富孔道结构的催化剂（如分子筛、活性炭等催化材料）通常能在存储阶段展现高存储容量。另外，催化剂表面性质的差异使它们对 VOCs 具有不同的选择性吸附能力，因此不同种类的 VOCs 在催化剂上的存储容量存在差异。

锰氧化物是用于 VOCs 氧化的一类常用催化剂[70,71]。研究结果表明，甲醛分子可吸附于氧化锰表面并被初步氧化为甲酸，锰含量对氧化锰催化剂甲醛存储容量有显著影响[72,73]。由于锰含量的增加能够为甲醛分子提供更多的吸附位点，因此 γ-Al_2O_3 负载的氧化锰催化剂对甲醛的存储（穿透）容量会随锰含量的增加而增大［图 12-18（a）］[72]。此外，丰富氧化锰催化剂的孔道结构以及增加其比表面积，也利于提升 VOCs 的存储容量。

Torres 等[74]利用模板法制备的氧化锰催化剂具有丰富的介孔结构，较常规氧化锰催化剂，其比表面积增加了近 75%，相应甲醛吸附存储能力得到显著增强。分子筛具有规整的晶型结构，且孔径分布与表面性质灵活可调，因此其也是在 VOCs 吸附存储方面极具应用前景的一类催化剂。研究表明，通过在分子筛表面引入活性金属组分可以调变其 VOCs 存储容量。朱爱民教授团队[69]尝试将 Ag 与 Cu 组分负载于 HZSM-5 分子筛表面以提升甲醛存储容量，图 12-18（b）的结果表明：Ag、Cu 组分共载于 HZSM-5 分子筛可产生协同效应，为低浓度甲醛吸附存储提供更多位点，从而显著提升甲醛的存储容量。

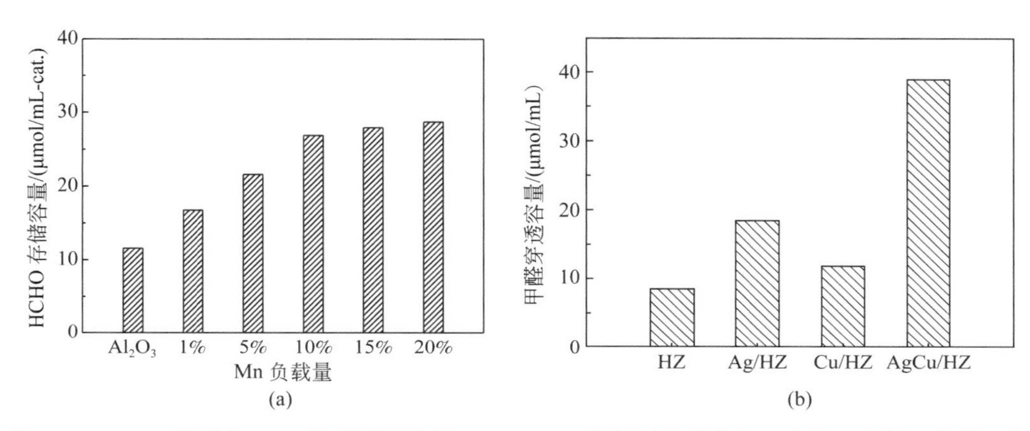

图 12-18　(a) 甲醛在 Al_2O_3 与不同锰含量 MnO_x/Al_2O_3 催化剂上的存储（穿透）容量，条件：模拟空气流量为 450mL/min，相对湿度为 50%（25℃），空速为 27000h^{-1}，甲醛浓度约为15ppm；(b) 甲醛在 HZSM-5（HZ），Ag/HZ，Cu/HZ 和 AgCu/HZ 催化剂上的穿透容量，条件：5.2wt% Ag/HZ，5.1wt% Cu/HZ，3.6wt% Ag-2.1wt% Cu/HZ，模拟空气流量为 300mL/min，相对湿度为 50%（25℃），空速为 12000h^{-1}，甲醛浓度为 24～30ppm

低浓度 VOCs 吸附存储阶段还应当特别注意湿度影响。实际工况下，低浓度 VOCs 污染物中的水蒸气浓度远高于 VOCs 组分的浓度，这就要求在循环模式的 VOCs 存储阶段，催化剂能够选择性吸附 VOCs 组分，避免水分子竞争吸附导致 VOCs 存储容量显著下降。需要指出的是，对于存储模式等离子体催化氧化 VOCs 反应中常用的分子筛催化剂，可以通过提高硅铝比来提高其疏水性，从而达到有效避免水分子同 VOCs 分子竞争吸附的目的。例如，对基于硅铝比为 360 的 HZSM-5 分子筛构建的 AgCu/HZSM-5 催化剂，当低浓度甲醛反应气由干气增加至相对湿度 93% 时（室温），甲醛在 AgCu/HZSM-5 催化剂上的存储量仅从 48mmol/mL-cat 下降至 41mmol/mL-cat[69]。有意思的是，在室温与相对湿度 50% 的条件下，甲醛初始浓度为 26ppm、11ppm 和 6ppm 时所对应的存储阶段所需时间分别为 163min、320min 和 690min（图 12-19），这意味着即使存在水蒸气的竞争吸附作用，甲醛初始浓度的降低也不会影响 AgCu/HZSM-5 催化剂的存储容量。

2. VOCs 等离子体催化氧化阶段

循环模式等离子体催化氧化 VOCs 在放电阶段的理想状态是将吸附存储于催化剂表面的 VOCs 完全氧化为 CO_2 与 H_2O。事实上，吸附存储于催化剂表面的 VOCs 在放电阶段的

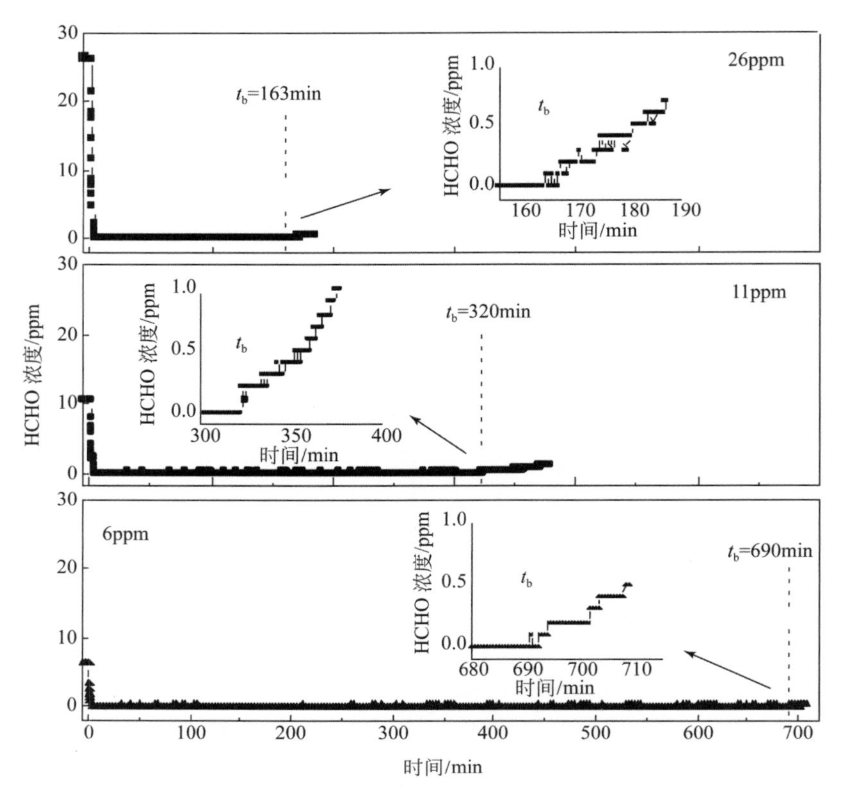

图 12-19　一定水蒸气含量下，甲醛初始浓度对 AgCu/HZSM-5 催化剂上甲醛存储量的影响

条件：AgCu/HZSM-5 催化剂，模拟空气流量为 300mL/min，空速为 12000h^{-1}，相对湿度为 50%（25℃）

氧化效果会受诸多因素（反应器结构、放电功率、放电时间、催化剂种类等）的影响。

放电功率是影响存储于催化剂表面 VOCs 能否在放电阶段完全转化为 CO_2 的关键因素之一。增加放电功率能提高等离子体密度，产生更多的氧化性物种，有利于放电等离子体与存储 VOCs 的相互作用与反应。赵德志等[69]的研究结果表明，存储阶段吸附于 AgCu/HZSM-5 催化剂表面的甲醛，在放电阶段向 CO_2 的转化量依赖于放电功率变化。存储于 AgCu/HZSM-5 表面的甲醛在放电功率为 1.4W 时无法完全氧化为 CO_2；将放电功率提升至 3.1W 时，存储的甲醛仅需 6min 就可以被完全转化为 CO_2［图 12-20（a）］。苯的稳定性高于甲醛，其在放电条件下向 CO_2 的转化难度更高。Fan 等[75]的研究结果表明，吸附存储于 Ag/HZ 表面的苯在放电功率为 3.3W 时，放电处理 15min 也仅能将约 90% 的苯转化为 CO_2；将放电功率增加到 4.7W 以上才可将苯完全转化为 CO_2［图 12-20（b）］。可见，根据存储阶段吸附的 VOCs 种类性质，调变放电功率是调控放电产生的活性氧物种浓度，实现吸附态 VOCs 向 CO_2 完全转化的有效方法。

放电气氛是影响存储 VOCs 在放电阶段向 CO_2 转化的另一关键因素。富氧或纯氧气氛放电能够产生更多的氧化性物种，故在相同条件下，可以更有效地将存储的 VOCs 氧化为 CO_2。但考虑到空气较富氧或纯氧更经济易得，利用空气气氛放电实现高效 VOCs 氧化，其实用性更强。研究结果表明[69]，对于 AgCu/HZSM-5 表面相同存储量的甲醛，氧气放电

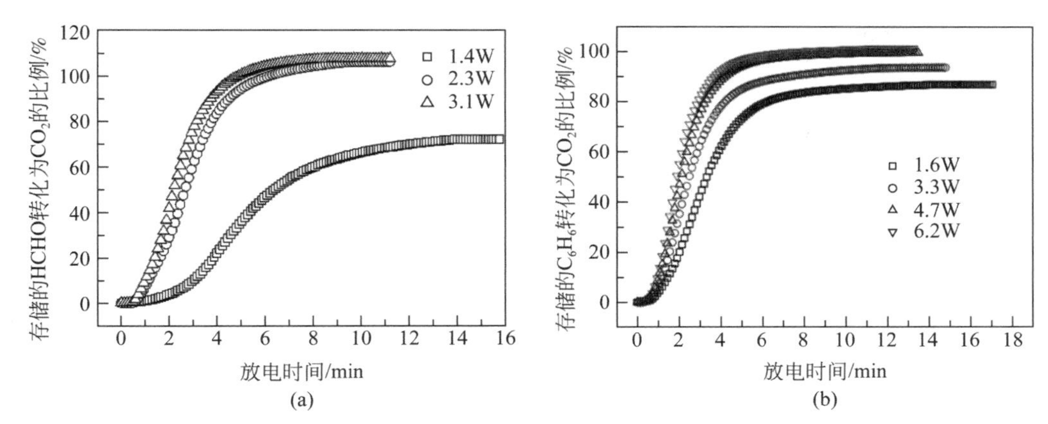

图 12-20　(a) 放电功率对存储甲醛氧化为 CO_2 的影响，条件：催化剂为 AgCu/HZSM-5；存储阶段模拟空气流量 300mL/min，相对湿度为 50% (25℃)，空速为 12000h^{-1}，存储时间为 40min，甲醛浓度为 27 ~ 31ppm；放电阶段条件为氧气流量 60mL/min；(b) 放电功率对存储苯氧化为 CO_2 的影响，条件：催化剂为 0.8wt% Ag/HZ；存储阶段模拟空气流量 600mL/min，相对湿度为 50% (25℃)，苯浓度 4.7ppm，存储时间 60min；放电阶段条件为氧气流量 60mL/min

时产物 CO_2 的释放迅速，约 6min 就接近完全释放；空气放电产物 CO_2 的释放速率会下降，需要 10min 才能完成氧化过程 [图 12-21 (a)]，这是由于在放电过程中氧气比空气能产生更高密度的活性氧物种。值得注意的是，虽然空气放电氧化存储甲醛所需的放电时间比氧气气氛更长，但却不会影响等离子体催化氧化阶段的 CO_2 选择性以及碳平衡，空气放电 14min 与氧气放电 10min 所得到的碳平衡及 CO_2 选择性均接近 100% [图 12-21 (b)]。放电气氛还会影响等离子体催化氧化过程的产物分布：氧气放电氧化 VOCs 的产物主要是 CO_2；空气中含有氮气，其放电过程中产物除了 CO_2 之外，还会生成少量的 N_2O、NO 和 NO_2。有趣的是，对等离子体催化氧化阶段产物的连续监测结果表明，空气放电一段时间后方能检测到 NO_x，此时催化剂表面存储的 VOCs 已绝大部分被氧化为 CO_2，这表明存储于催化剂表面的 VOCs 能抑制放电过程 NO_x 的生成。

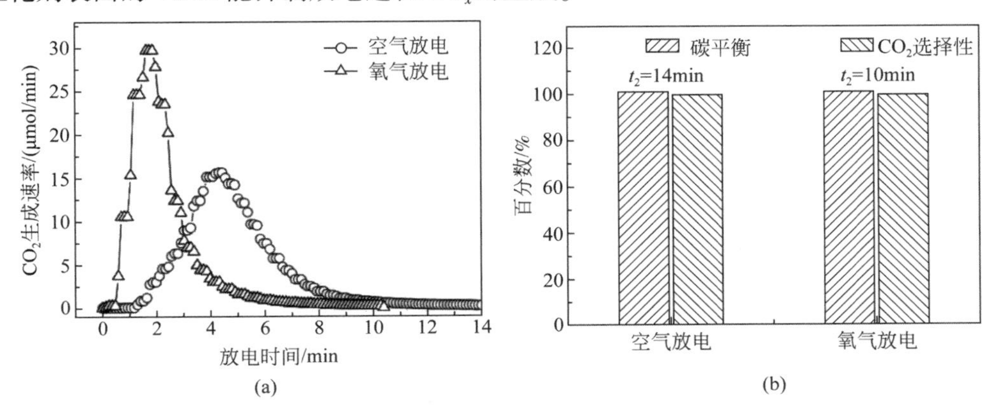

图 12-21　空气与氧气放电对 CO_2 生成的影响：(a) CO_2 生成速率；(b) 碳平衡和 CO_2 选择性

条件：AgCu/HZSM-5 催化剂；存储阶段模拟空气流量为 300mL/min，相对湿度为 50% (25℃)，甲醛浓度为 5 ~ 6ppm；放电阶段空气或氧气流量 60mL/min，放电功率 2.3W

在循环存储模式等离子体催化氧化 VOCs 过程中，催化剂性质不仅决定存储阶段 VOCs 的吸附存储性能，而且显著影响放电阶段 VOCs 向 CO_2 的转化以及反应碳平衡。基于不同活性组分构建的催化剂之间性质差异很大，这是导致它们在等离子体催化氧化阶段性能差异的重要因素。Fan 等[76]的研究结果表明，对于循环存储模式等离子体催化氧化苯反应，通过在 HZSM-5 分子筛表面负载不同的活性组分（Ce、Co、Ag、Mn、Fe、Ni、Cu 和 Zn），能够显著改变等离子体催化氧化阶段得到的 CO_2 选择性与反应碳平衡。其中，Ag/HZSM-5 催化剂性能最佳，在等离子体催化氧化阶段能同时获得较高碳平衡和接近 100% 的 CO_2 选择性（图 12-22）。

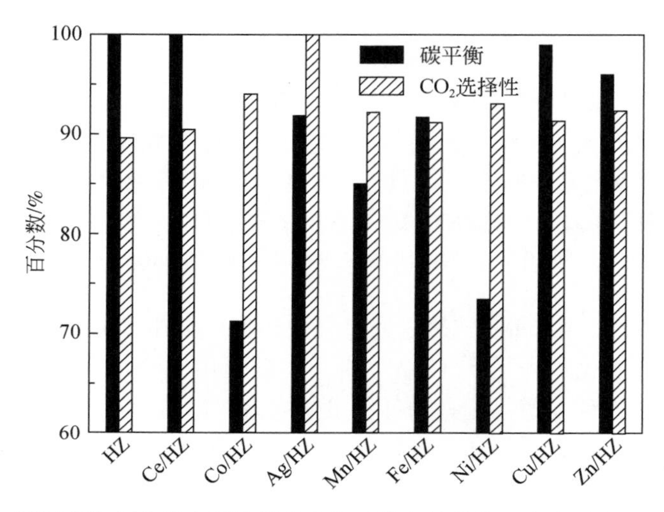

图 12-22 不同催化剂上等离子体催化氧化吸附存储苯的反应碳平衡和 CO_2 选择性
条件：催化剂金属负载量为 2wt%；存储阶段模拟空气流量 600mL/min，相对湿度 50%（25℃），苯浓度为 4.7ppm，存储时间 60min；放电阶段氧气流量 60mL/min，功率 4.7W，放电时间 15min

12.3 光热协同催化氧化 VOCs

12.3.1 光热协同催化氧化技术介绍

热催化氧化和光催化氧化是两种主要的 VOCs 催化氧化技术，在当前都得到了大量的研究和应用。

热催化氧化的特征是催化剂在一定温度下实现 VOCs 氧化反应的活化，活化温度取决于催化剂的组成与结构、污染物的种类及工况条件。一些贵金属（如 Pt、Pd、Au 等）催化剂和金属（如 Mn、Co、Cu 等）氧化物催化剂都可以实现 VOCs 的高效氧化。目前，热催化氧化领域的研究主要集中在催化剂的优化，以降低 VOCs 催化氧化反应的起燃温度，减少能耗。除了少数污染物（如甲醛、乙烯）可以在特定催化剂上实现环境温度下的催化氧化外，绝大多数 VOCs 的催化氧化过程都需要加热到一定温度下才能发生。高能耗带来的高运行成本是制约热催化氧化技术应用的主要因素之一。

光催化氧化的特征是利用光辐射活化催化剂，实现在温和条件下氧化降解 VOCs。用于光催化的通常是半导体催化剂，在光的辐照下，其电子从价带跃迁到导带，在价带和导带分别形成光致空穴和光生电子。光致空穴有很强的氧化性，而光生电子有很强的还原性，可以与 O_2 或 H_2O 反应，生成超氧自由基和羟基自由基等活性氧物种。这些强氧化性物种参与 VOCs 的氧化反应，最终生成矿化产物。传统光催化剂带隙较宽，光谱响应范围窄，只对紫外光有响应，因而对太阳辐射的利用率低，而且量子效率低。此外，光生电子和空穴容易发生复合，寿命短。近年来，研究人员在拓宽 TiO_2 等半导体材料的光谱响应范围和促进光生电子和空穴分离等方面做了大量探索，采取的策略包括杂原子和金属离子掺杂、构筑异质结等。通过这些手段，可以将催化剂对光的响应拓展到可见光区域，也可延缓光生电子和空穴的复合，但对近红外光和红外光的利用率仍然较低。光能利用率和氧化效率不足是制约光催化技术应用的主要因素。

结合热催化和光催化技术的优点和实现途径，国内外研究人员提出了光热协同催化氧化的技术思路。该技术的特征是催化剂本身具有优异的热催化性能，同时具有良好的吸收太阳辐射并转换成热能的能力，在太阳能的驱动下可升温实现 VOCs 的氧化，因此不需要其他的能量输入。有些催化剂同时具有光催化能力，在热催化反应发生的同时，也能发生光催化反应，且光催化和热催化存在协同效应，光热协同催化可以在更低的温度下实现污染物的氧化，且在去除效率、催化稳定性和副产物抑制等方面优于单一热催化或光催化。近年来，在热催化和光催化材料发展的基础上，研究人员在光热协同催化材料构筑、不同 VOCs 的光热协同催化氧化行为、光热催化反应机制等方面开展了大量探索性研究[76]。典型光热催化反应测试装置如图 12-23 所示。

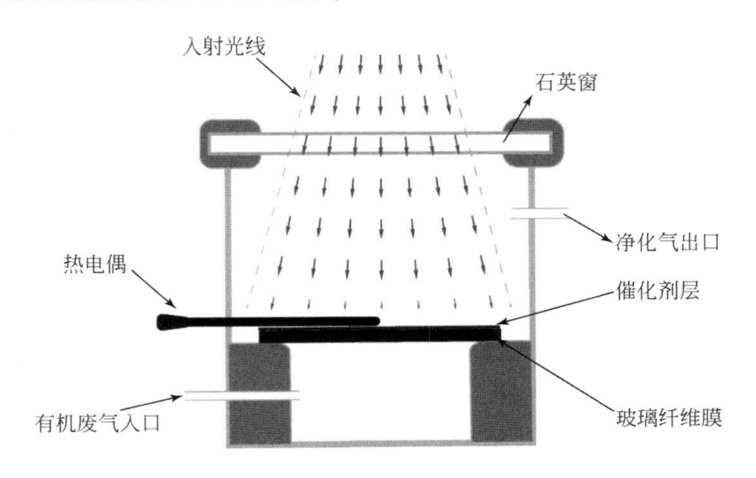

图 12-23　典型光热催化反应测试装置示意图[77]

12.3.2　光热催化剂

目前，被用于 VOCs 光热协同催化氧化的催化剂主要包括具有高活性的负载型贵金属和兼具光响应性与热催化活性的金属氧化物。

在光的辐照下，当贵金属的离域电子的振荡频率与入射波长匹配时，等离子体共振效应会增强，电子从费米能级被激发到更高能级，产生高能量的“热电子”，“热电子”通过电子-声子相互作用释放能量，再通过声子-声子弛豫将热量传递至周围环境[78,79]。贵金属颗粒含有丰富的离域电子，可以通过局域表面等离子体共振产生热量，实现催化体系的快速升温。例如，不同于纯 γ-Al_2O_3，负载在 γ-Al_2O_3 上的 Pt 纳米颗粒在紫外-可见-近红外光谱区域有吸收，因此光照可以升高催化剂的温度（图 12-24），利用吸收辐射使催化剂升温至 170℃，可以使甲苯在催化剂表面发生氧化反应[80]。贵金属催化剂的价格较高，为了提高其利用率，研究人员采用了多种手段来提高贵金属的分散度。Deng 等[81]用浸渍-裂解法制备了 Pt/Fe_2O_3 催化剂，电镜分析等表征表明，Pt 以单原子状态分散在 Fe_2O_3 载体表面（图 12-25），该催化剂可以高效地将吸收的太阳光转化成热，在 720mW/cm^2 的模拟太阳光的辐照下，催化剂表面温度迅速升至 210℃，实现甲苯的高效降解。

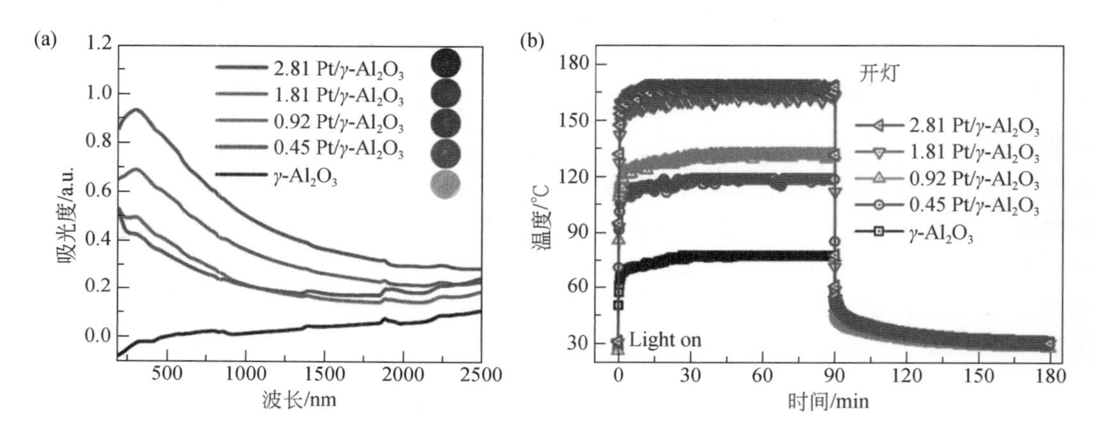

图 12-24　Pt/γ-Al_2O_3 催化剂的（a）紫外-可见-近红外漫反射光谱和（b）光照下的温度变化曲线

将贵金属负载到半导体类氧化物上，可以拓宽半导体的光谱响应范围，增强可见和红外光谱的吸收。并且，在贵金属和半导体之间会形成肖特基势垒，利于捕获光生电子，促进电子-空穴对的分离，从而提升光催化性能[82]。贵金属表面等离子体共振产生的“热电子”也被认为能参与催化反应，但是由于纳米尺度的金属带隙为零，通常情况下，“热电子”与空穴会很快复合，而金属-半导体异质结的存在则可以促进电子转移，提高“热电子”的寿命[79]。此外，贵金属表面等离子体共振效应造成的升温也有利于界面处的载体晶格氧的活化，进而参与反应，提升热催化性能。

在 VOCs 的光热协同催化氧化过程中，半导体负载型贵金属催化剂往往表现出光与热的协同效应。例如，在紫外光（356nm）辐照下，Pt/TiO_2 对乙醇的光热催化完全氧化效率超过单纯热催化和光催化的效率之和[38]。在 Pt/TiO_2 对苯的光热协同催化氧化中，也表现出相似的现象[83]。这可能是因为紫外光加速了 TiO_2 的晶格氧氧化有机物的过程，同时 O_2 在纳米 Pt 催化剂表面发生解离吸附，形成具有高氧化活性的吸附态氧原子，溢流到纳米 TiO_2 催化剂表面，加速了表面被有机物还原的 TiO_2 的重新氧化，从而促进了催化剂的氧化

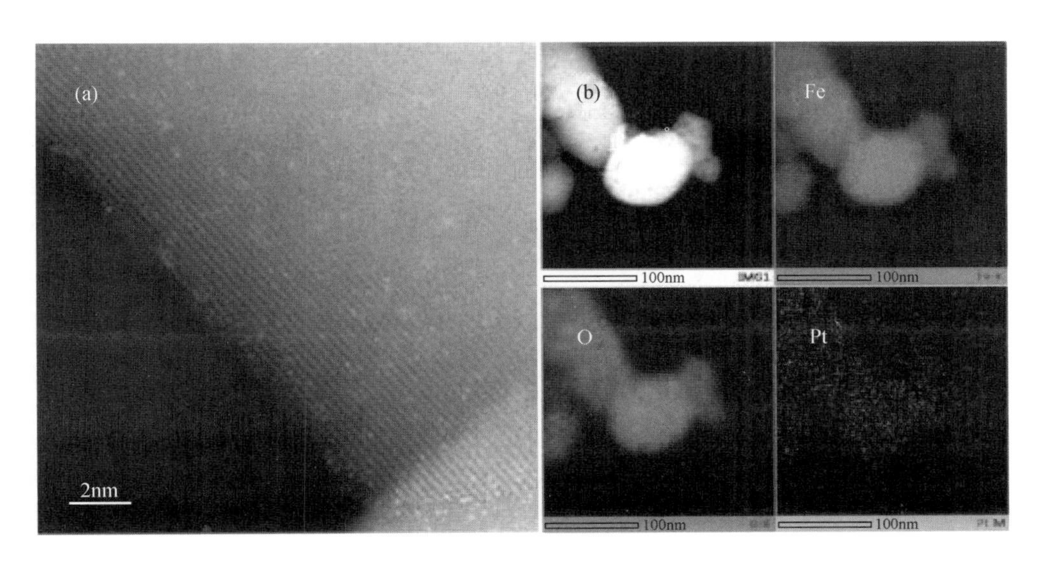

图 12-25　Pt/Fe_2O_3催化剂的（a）HAADF-STEM 照片与（b）EDS 元素分布图

还原循环。Pt/CeO_2催化剂在全太阳光、可见光和红外光辐照下都能光热协同催化氧化苯[84]。当通过可见-红外（>480nm）辐照将催化剂升温到不同温度时，光热反应的速率都远高于同温度下的单纯热催化（图 12-26），因而推断“热电子”参与了苯的活化（CeO_2载体的带隙较大，在该区域不吸收光子，故可排除光催化作用的贡献）。“热电子”也可能通过改变载体的电荷分布而促进氧的活化，如在 Pd/CeO_2对 CO 和甲苯的光热协同催化氧化反应中，Pd 表面等离子体共振产生的“热电子”通过界面转移到 CeO_2，促进了CeO_2表面吸附 O_2 的解离形成活性氧物种（图 12-27），被认为是氧化效率高的原因之一[85]。

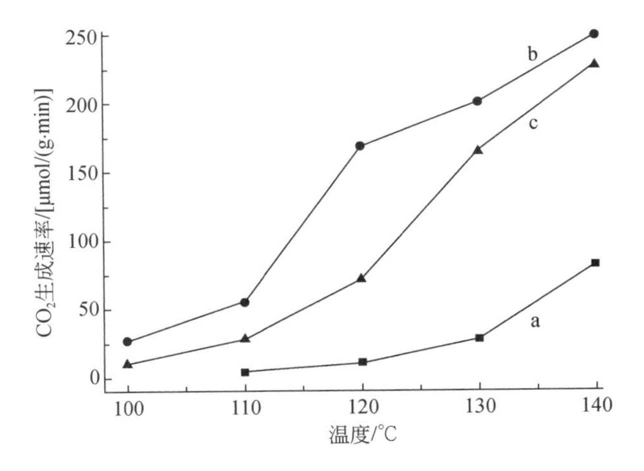

图 12-26　Pt/CeO_2催化的苯氧化过程中 CO_2的生成速率：a 避光热催化，b 全太阳光谱光热催化，c>480nm 可见-红外光谱光热催化[9]

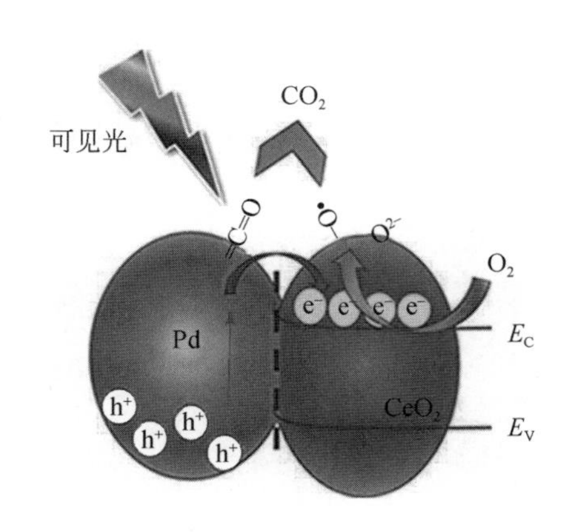

图 12-27 Pd/CeO_2催化剂在可见光辐照下“热电子”促进 O_2活化示意图

金属氧化物也被用于 VOCs 的光热协同催化氧化，包括 TiO_2、CeO_2、Co_3O_4、WO_3、MnO_x 及其复合氧化物等。与贵金属催化剂相比，金属氧化物催化剂的价格低廉。经过优化，金属氧化物催化剂也能具有较好的 VOCs 光热协同催化氧化性能。

基于氧化物催化剂的光热协同催化氧化反应也能展现出显著的光、热协同效应。单组分光催化剂 TiO_2在热催化氧化 VOCs 反应中的性能一般不理想，但在光热催化反应条件下，氧化效率能得到极大的提高。例如，TiO_2在对苯的光催化（40℃，紫外光）和热催化（240℃）氧化过程中，在 1h 内苯降解率分别能达到 48.4% 和 16.3%[83]；而在紫外光辐照下，TiO_2催化剂对苯的光热协同催化氧化降解率（240℃）超过单纯的光催化和热催化的降解率之和，可在 1h 内实现苯的完全降解，这是因为光热协同降低了苯氧化的活化能；而且在光热协同催化氧化过程中，催化剂表面几乎没有颜色变化，而光催化和热催化则出现明显的炭沉积，这也表明在光热催化条件下，生成的氧化性物种具有更强的反应性。

作为氧化物催化剂上氧的活化位点，表面氧空位在光热催化反应中可以发挥重要作用。在 WO_3催化剂对乙醛的光热协同催化氧化（紫外光，60℃）中，适度还原的催化剂表现出更好的性能，这与其具有更高的氧空位浓度有关[86]。

将具有光催化性能和热催化性能的不同氧化物复合，能拓宽他们的光谱吸收范围、促进光生电子和空穴的分离，同时，光催化机制与热催化机制存在协同耦合。例如，常用的光催化剂 TiO_2带隙较宽，只在紫外区域有响应。而将 TiO_2与热催化剂 CeO_2复合得到的催化剂，则在可见光或全太阳光下具备光热协同催化氧化苯的活性，且性能远优于单一的 CeO_2或 TiO_2[87]。苯被 TiO_2表面的光致空穴氧化后，生成的中间体具有高活性，容易在界面处获得 CeO_2的晶格氧，导致 CeO_2表面被还原的同时，自身被进一步氧化；而因光生电子生成的活性氧物种则可以使表面被还原的 CeO_2再度氧化，从而加速 CeO_2的氧化还原循环，提升总体催化效率（图 12-28）。Co_3O_4/TiO_2复合催化剂也表现出类似的光谱吸收和活性促进效应[88]。

锰氧化物自身表现出对太阳光的强烈吸收，且能够通过光热转换使催化体系升温，因此，是被研究较多的光热催化剂[89-91]。此外，锰氧化物的 MnO_6八面体中心的 Mn 离子在

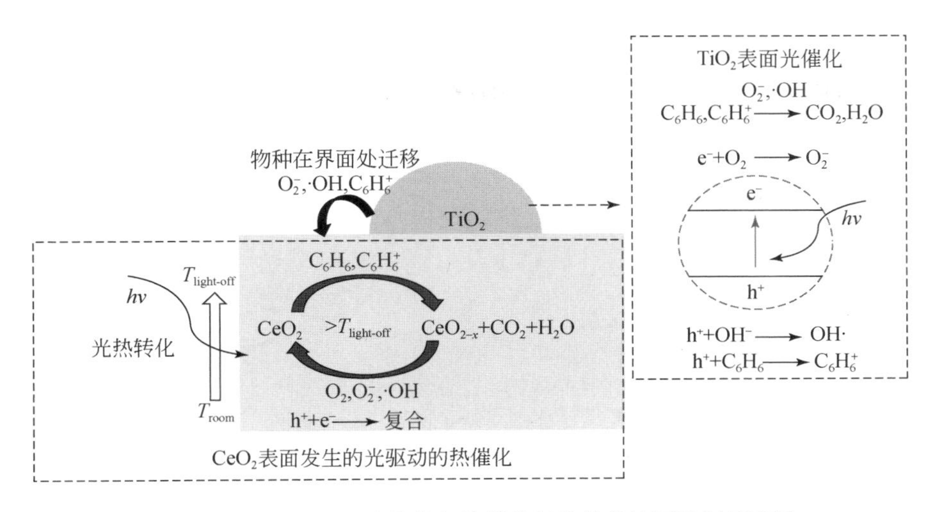

图 12-28　TiO_2/CeO_2光催化与热催化氧化苯的协同机制示意图

吸收光子后，发生 d-d 轨道的跃迁，削弱 Mn—O 键，使晶格氧变活泼，这也是促进其太阳光照下的催化氧化活性的原因[89]。

钙钛矿型氧化物（ABO_3）结构稳定，而且具有较强的晶格氧移动性和较好的可还原性，在 VOCs 的热催化氧化方面的应用已经得到了较多关注。实际上，很多这类材料（A 为 La、Ce 和 Sm 等，B 是 Cr、Mn、Fe、Co 和 Ni 等）的带宽较窄，在紫外-可见区域都有强吸收，因此，也被用于 VOCs 的光热协同催化氧化[92]。钙钛矿氧化物在光热催化反应中表现出较好的活性稳定性。例如，苯乙烯在催化反应过程中容易发生缩聚，造成催化剂失活，但是在 $LaMnO_3$对苯乙烯的光热氧化反应中（140℃），催化剂经历五次循环反应（每次 40min）后没有出现失活现象，且苯乙烯的去除率维持在约 96.6%[92]。以上结果归因于催化剂良好的光吸收能力和反应性氧物种的高活性。

尖晶石类（AB_2O_4）复合氧化物也具有光吸收能力和氧化还原性能。ACo_2O_4（A = Ni，Cu，Fe，Mn）在全太阳光谱（200～2500nm）都具有强吸收（图 12-29），而且能产生强加热效应，可以为光热协同催化氧化提供能量[77]。ACo_2O_4被用于甲苯的光热协同催化氧化，其中，$NiCo_2O_4$表现出最好的活性和稳定性[77]。除了光吸收转换和储氧能力外，光辐照引发的活性氧种的移动性增强，也被认为是高活性的重要原因。

12.3.3　光热协同催化氧化机制

在光热协同催化氧化反应过程中，光致升温导致热催化反应的发生；在光催化剂存在的情况下，光催化和热催化反应同时发生；光催化与热催化之间往往存在协同效应，不同光热催化体系的作用机制也不尽相同。对于半导体负载型贵金属催化剂，在光辐照条件下，因贵金属表面的等离子体共振效应产生的热电子转移到半导体上，延长了热电子的寿命，使催化体系迅速升温，促成热催化反应的活化。贵金属-半导体界面处的异质结结构促进了光生电子-空穴对的分离，提高了光催化活性。有些研究揭示，“热电子”可能也

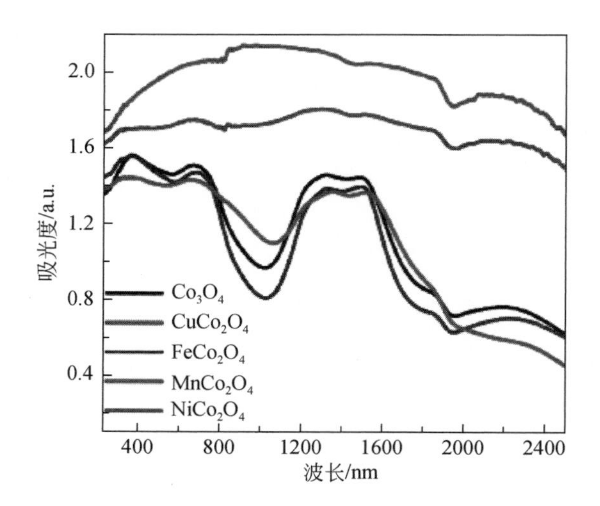

图 12-29　尖晶石类氧化物催化剂的紫外可见漫反射光谱

参与了反应（图 12-27），尤其是贵金属–半导体异质结的存在可以延长“热电子”的寿命，增大了其参与反应的概率。Mars-van Krevelen 机理，即氧化还原循环，常被用于解释 VOCs 的热催化氧化反应[93]。Mars-van Krevelen 机理涉及反应物与催化剂表面晶格氧之间的反应，随着反应体系温度的升高，金属氧化物催化剂或金属氧化物载体的表面晶格氧活性增强，与有机物反应并将其氧化，自身被还原，形成氧空位，随后，氧空位被氧气补充，氧化物复原，进入下一轮氧化还原反应（图 12-30）。在光催化–热催化耦合体系中，光催化反应生成高活性有机物中间物种，更容易与热催化剂的晶格氧反应，同时光催化反应生成的活性氧物种可以促进有机物的热催化氧化，加速氧化还原循环，进而促进光热协同催化氧化反应效率。

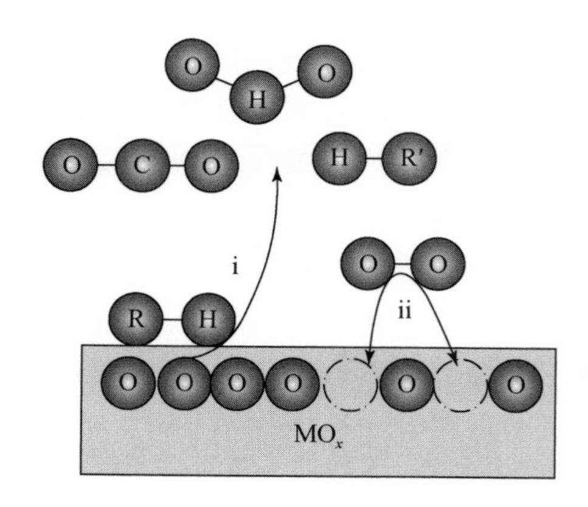

图 12-30　催化剂的表面氧化还原循环：(i) 有机物与晶格氧反应，催化剂被还原；(ii) 气相氧补充晶格氧缺位，催化剂再氧化

12.4 光解协同催化氧化 VOCs 技术

12.4.1 真空紫外光解 VOCs 技术

真空紫外光解是近年来研究和应用较多的低浓度 VOCs 和恶臭处理新技术，具备氧化能力强、操作简便、反应条件温和、过程简单等诸多优点[94, 95]，能够弥补高温热力焚烧或催化燃烧存在的诸多不足，成为近年来低浓度 VOCs 治理研究的热点，是一种比较有前景的低浓度 VOCs 治理和除臭技术。

1. 真空紫外光解 VOCs 技术原理

光解反应属于初级光化学反应，当一个分子吸收一个光量子辐射能（一定波长的光）的能量等于或者大于分子键的解离能时，其化学键断裂，产生原子或自由基。一般而言，不同物质的分子结构不同，其解离能也有较大差别，所需的激发光波长也有所差异。目前紫外光分为四个波段：100 ~ 200nm VUV，200 ~ 270nm UVC，270 ~ 320nm UVB，320 ~ 400nm UVA，其中真空紫外光（VUV）因其波长短、光子能量大（6.2 ~ 12.4eV），而被应用于直接光解污染物。市面上多采用的真空紫外灯主要发射 254nm 波长的紫外光和 6% ~10% 的 185nm 波长紫外光[96]。254nm 和 185nm 紫外光对应光子能量分别为 4.88eV 和 6.7eV，4.88eV 基本能够断裂 C—H 键、C—C 键等化学键，而 6.7eV 能量更高，可直接断裂水分子中 O—H 键（5.11eV）和氧气分子中的 O—O 键（5.12eV），分别生成羟基自由基（·OH）和氧自由基（·O）等活性氧物种（reactive oxygen spieces，ROS）[97]。此外，空气中的 O_2 和 H_2O 也能吸收此波段的高能紫外光，生成活性物种·OH 和·O 以及 O_3 等，从而进一步氧化污染物。真空紫外光解的作用机理主要包括以下两种方式[98,99]。

（1）直接降解：波长为 185nm 的高能光子直接打断 VOCs 的化学键。

（2）氧化降解：分子态的 H_2O 或 O_2 吸收高能光子的能量，解离生成 ROS 共同氧化 VOCs。

反应过程如下：

$$O_2+h\nu\ (185\text{nm})\longrightarrow O(^1D) + O(^3P) \tag{12-1}$$

$$O(^1D) + M \longrightarrow O(^3P) + M(M=O_2\text{或}N_2) \tag{12-2}$$

$$O(^3P)+O_2+h\nu\ (185\text{nm})\longrightarrow O_3 \tag{12-3}$$

$$O_2+e^-\longrightarrow O_2^- \tag{12-4}$$

$$O(^1D)+H_2O \longrightarrow 2\cdot OH \tag{12-5}$$

$$H_2O+h\nu\ (185\text{nm})\longrightarrow H + \cdot OH \tag{12-6}$$

$$H_2O+h\nu\ (185\text{nm})\longrightarrow \cdot OH+H^++e^- \tag{12-7}$$

$$\cdot H+O_2\longrightarrow \cdot O_2H \tag{12-8}$$

在以 H_2O 为主的液相反应中，$\cdot O_2H$ 会发生一系列反应生成 H_2O_2 和·OH，作为活性物种氧化水中的污染物，并且在液相反应中臭氧不易生成；但是当 VUV 光解法应用于气态污染物时，体系则会生成以 O_3、·O 为主的活性氧物种，氧化气态污染物，当气相体系湿度大时，臭氧的生成也会被抑制。此类由自由基或活性氧物种等中间体进行氧化的反应又被称作光氧化过程，是一类不可逆反应。直接光解和光氧化反应均属于光解过程。表 12-3所示为常见 VOCs 的 O_3和·OH 的相对速率常数，从表中可看出·OH 的相对反应速率远高于 O_3。在污染物净化氧化过程中，·OH 的氧化能力远高于 O_3。

表 12-3 常见挥发性有机物中臭氧和羟基自由基相对速率常数

化合物	k_{O_3}/[dm^3/(mol·s)]	$k_{·OH}$ [dm^3/(mol·s)]
氯代烯烃	10^{-1} ~ 10^3	10^9 ~ 10^{11}
酚类	10^3	10^9 ~ 10^{10}
芳香类	1 ~ 10^2	10^8 ~ 10^{10}
酮类	1	10^9 ~ 10^{10}
醇类	10^{-2} ~ 1	10^8 ~ 10^9
烷烃类	10^{-2}	10^6 ~ 10^9

2. 真空紫外光解 VOCs 技术研究进展

真空紫外光技术采用真空紫外灯作为光源，是一种效率极高、功能强大的治理新技术。由于真空紫外灯的结构、价格与传统 254nm 杀菌灯相近，除了发射 254nm 主波长外，还能发射占总能量 6% ~10% 的 185nm 紫外光，成本低廉，近年来被广泛地应用于各类污染物的去除和降解[100-103]。表 12-4 为传统真空紫外灯的发射强度。Thomson 等[103]发现 185nm 紫外光可提高水中天然有机质的生物降解和矿化性能。Tasaki 等[104]采用 8W 的 VUV 紫外灯光照 24h 降解烷基苯磺酸盐，可获得 100% 去除率和 77% 的 TOC 效率。Kim 和 Tanaka[105]对比了 30 种药品和个人护理用品的降解性能，发现含有 185nm 和 254nm 的光解降解效率要远远高于单独 254nm 降解效率。·OH 是 VUV 光解水中污染物的重要因素。Alapi 等[106]研究发现液相中 VUV 光解苯酚的速率是 UV 光解的两倍，这是由于 VUV 体系中·OH 的存在协助加快了原本只能被 185nm 紫外光光解的苯酚的分解速率。Zhang 等[107]对比了真空紫外灯发射的 254nm 和 185nm 光在水中产生 H_2O_2的光化学过程及影响因素，发现在富氧水体中能产生稳定的 H_2O_2及丰富的·OH，并构建了数学模型。Ma 等[108]建立了 VUV 光解有机污染物的动力学模型，有效地预测真实水体中不同条件对该方法降解污染物的速率影响，为 VUV 光解技术的实际应用提供理论基础。

表 12-4 低压汞灯相对于 254nm 的发射强度[109]

λ/nm	发射强度（$I_{o,\ rel}$）
184. 9	8
296. 7	0. 2
248. 2	0. 01

续表

λ/nm	发射强度（$I_{o,\ rel}$）
253.7	100
265.2～265.5	0.05
275.3	0.03
280.4	0.02
289.4	0.04
405.5～407.8	0.39
302.2～302.8	0.06
312.6～313.2	0.6
334.1	0.03
365.0～366.3	0.54

由于 VUV 真空紫外光拥有在空气中的衰减要小于水相中，气相中离解物质的迁移率要高于水中，且其自由基不易再次结合等优点，近年来被广泛研究应用于处理气态污染物，如苯、甲苯、氯代有机物、汞蒸气和聚苯乙烯气溶胶等[95, 98, 110-112]。由于空气中含有大量氧气和一定量水气，VUV 光解空气会产生大量 O_3、·O 含氧物种和一定量的·OH，可用于间接氧化污染物[113]。Tsuji[94]对比了在 N_2和空气（1%～20% O_2）氛围下光解甲醛的性能，发现 1% O_2下甲醛的降解率最高，此时 VUV 直接光解效率高，其光解产物 HCHO、HCOOH、CO 易被·O 和·OH 进一步氧化为 CO_2。Quici 等[114]分别选取 VUV、UVC 两种紫外光源氧化降解气相甲苯，VUV 照射下甲苯去除效果与矿化率均最高[115]。Jiang 等[116]考察了光解气态蒎烯的反应条件、停留时间影响，以及降解中间产物的种类和生物可降解性。研究发现，在湿度 35%～40%，空床停留时间分别为 18s 和 45s 时，约 33%和 43%的总碳转化为可溶性有机碳。Alapi 等[117]研究了不同工况对 VUV 光解氯代甲烷（$CHCl_3$、CH_2Cl_2）的影响，发现在 O_2存在条件下，湿度的增大伴随着·OH 浓度的增加，因此有利于提高污染物的分解效率（图 12-31）。Huang 等[118]研究了停留时间、相对湿度、初始浓度等对 VUV 光解苯的影响，发现水蒸气可提高苯去除效率并减少臭氧的剩余量，因为水分子可被高能光子直接利用产生羟基自由基，而 VUV 体系中苯的氧化主要依靠羟基自由基；此外，实验结果表明，增加停留时间以及减少初始浓度有利于苯的矿化。在优化的光解条件下，VUV 光解技术可以作为一种有效的脱毒和改善生物降解性的预处理方法。

3. 真空紫外光解技术局限性

VUV 光解气态污染物，特别是芳香烃类 VOCs 时容易产生各类中间产物，会对环境造成严重二次污染[119]。Zhao 等[120]通过 GC-MS 和 PTR-MS 等手段考察了 VUV 光解室内萘的中间产物，研究发现降解过程中产生的主要的中间产物包括 13 种气相 VOCs 和 5 种半挥发油相有机物，其中醛类的累积会对人体健康造成更严重的危害。因此，为提高 VUV 光解气态污染物的矿化率，研究者在改进反应器的同时会加入少量氧化剂。Liu[121]采用 VUV

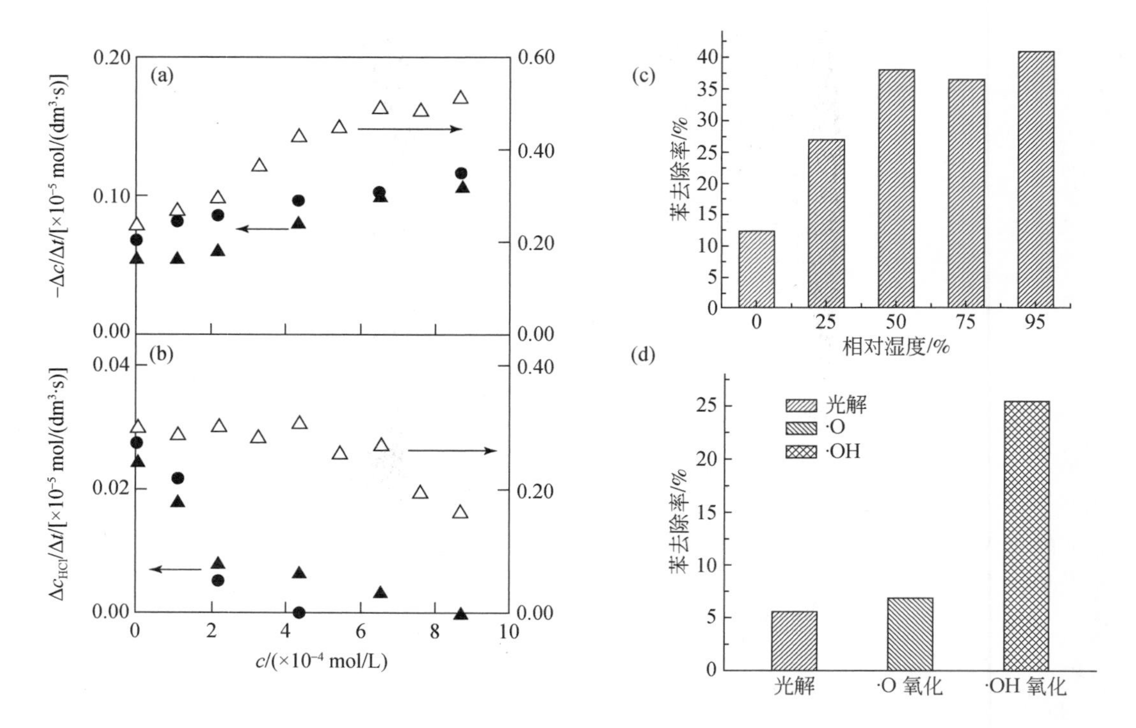

图 12-31　在不同含氧水蒸气浓度下（a）CH_2Cl_2 和 $CHCl_3$ 的去除率和（b）HCl 的累积效率（△：1.10×10^{-4}mol/L CH_2Cl_2；▲：3.60×10^{-5}mol/L CH_2Cl_2；●：3.69×10^{-5}mol/L $CHCl_3$）[118]；（c）相对湿度对 VUV 光氧化降解苯的性能（初始甲苯浓度：50ppm，流速：1L/min）[118]；（d）VUV 系统各过程对苯降解性能的贡献[117]

湿法喷洒式反应器，通过 VUV 真空紫外光激活 $O_2/H_2O/H_2O_2$ 系统去除气态 NO 和 SO_2。在加入 H_2O_2 的最优条件下，体系对 NO 和 SO_2 的去除率分别达到了 96.8% 和 100%。其中 NO 主要是被 O_3、·O 和·OH 氧化。为将该技术应用于烟气脱硫脱硝，Liu[95] 还将此反应器与热辅助和过硫酸盐耦合从而应用于去除汞蒸汽，研究发现，VUV 紫外光除了可光解生成 O_3、·O 和·OH 外，还可激活过硫酸盐生成·SO_4^-，进一步氧化汞蒸汽。中山大学黄海保团队[122,123] 对比了 VUV（185nm+254nm）、UV（254nm）和 O_3 对甲苯的去除效率、CO_2 产物的浓度及甲苯光解中间产物的影响（图 12-32），发现 VUV 光解甲苯的去除率要远远高于 UV 和 O_3 氧化工艺。超过 35% 甲苯被 VUV 光解直接去除，同时有 55ppm 的 CO_2 产生和 50ppm 的 O_3 产生，此外，VUV 光解会产生大量中间产物，而在 UV 和 O_3 工艺下中间产物极少甚至几乎没有。尽管 VUV 体系具有氧化性强、操作简单等优势，但单独 VUV 辐射直接降解污染物的能力有限，且伴随大量中间产物的产生，难以将 VOCs 完全彻底矿化，而且还会产生臭氧、一氧化碳等副产物。臭氧可引发头痛、喉咙发炎等症状，浓度过高则危害人类生命；一氧化碳则可使人窒息；若 VUV 光解尾气不加处理即排放，容易造成二次污染。因此，光解尾气的处理问题依然有待妥善解决。

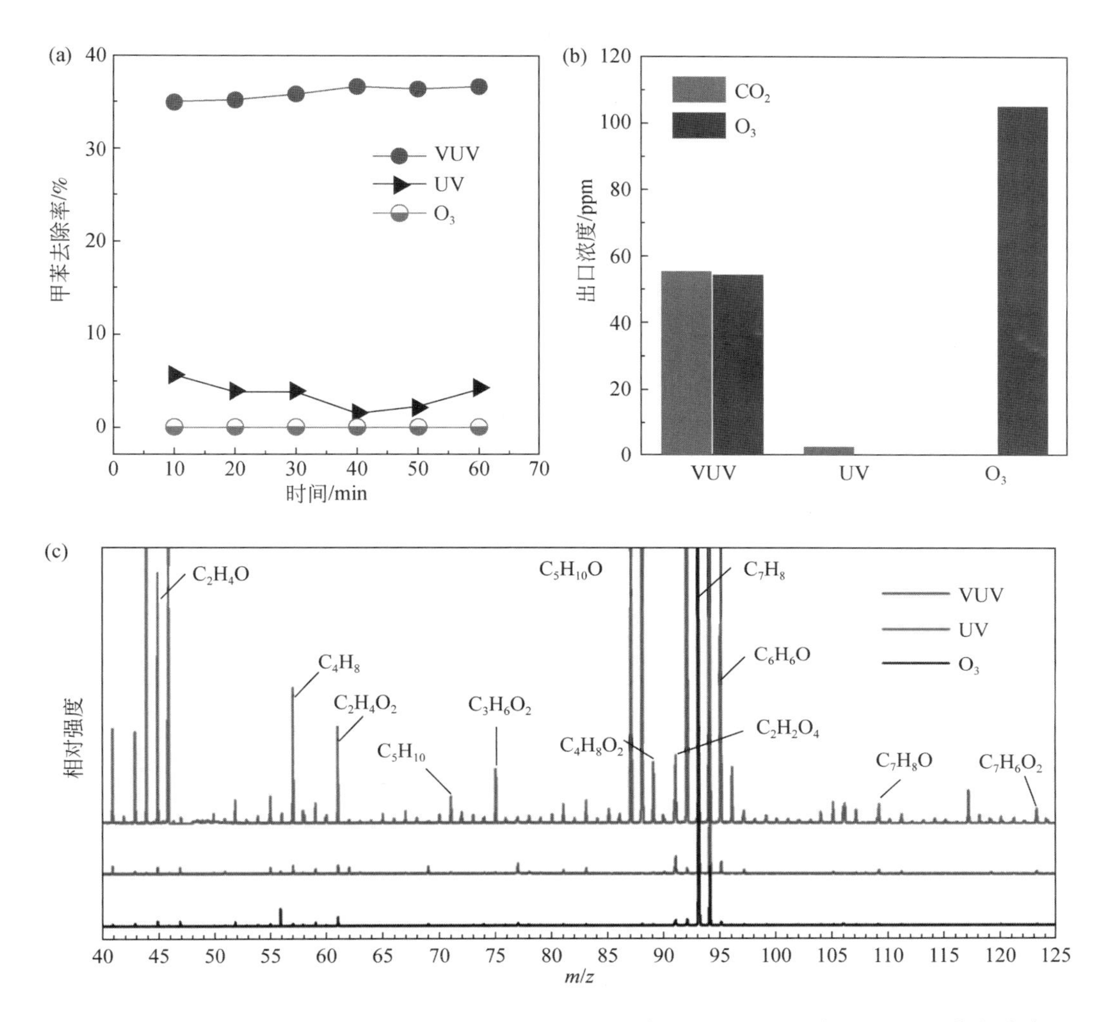

图 12-32 单独 VUV、UV、O_3工艺在湿度 RH = 47% 时降解甲苯的过程中：（a）甲苯去除率；（b）反应 60min 后的出口 CO_2和 O_3浓度；（c）中间产物质子传递质谱图（VUV 系统主要产物为苯酚、乙醛、戊酮等含氧有机物）

12.4.2 真空紫外光解–催化协同氧化 VOCs 技术

尽管 VUV 的光解性能强于 UV 光，但是 VUV 光辐射更容易被水吸收，透过率低，该过程中自由基扩散不及时，且光解不完全，易生成毒副产物，从而限制其应用范围，其仅适用于小体量水处理（<10m^3/日）[123]。Mora 等[124]考察了水体中 Cl^-、NO_3^-、SO_4^{2-}和溶解有机碳对 VUV 光解莠去津除草剂的性能影响，发现 NO_3^-具有最大的摩尔吸光系数，其次是 Cl^-、溶解有机碳和 SO_4^{2-}。研究发现，当在 VUV 光解后加入生物处理，或是在水中通入臭氧时，可显著减少体系中亚硝酸盐的含量，提高有机物的去除率，因此 VUV 光解技术常作为前处理方式与其他氧化方式耦合使用。Fu 等[125]在降解丁基黄原酸钠时对比了

VUV/O_3、单独 O_3 和 VUV 光解性能，发现 VUV/O_3 的 COD 去除率和矿化率相对于单独臭氧氧化分别提升了 30.4% ~41.6% 和 16.2% ~23.3%。Li 等[126, 127]将 VUV 光解与 UV/Cl_2 系统相结合处理水中亚甲基蓝和饮用水中的痕量有机物，研究发现，尽管 VUV 光子能量仅为 5.6%，组合系统的去除性能均高于 VUV/UV 和 UV/Cl_2，其高性能主要来源于 · OH 和 · OCl。

近年来人们开始将 VUV 光解与光催化剂（如 TiO_2）结合起来，形成真空紫外光催化（VUV-PCO），来提高污染物的去除效率、稳定性，以及减少毒副产物的产生。相比传统 254nm 光催化，真空紫外灯代替激发光催化降解室内空气污染物，对于苯、甲苯和细菌等单一污染物均有更好的净化效果。黄海保团队[128]对比了 VUV、VUV-PCO、UV-PCO 工艺降解甲苯的性能，发现真空紫外光催化净化苯、甲苯效率是 254nm 紫外光催化的 7 倍以上，在提高了稳定性的同时，还能有效减少中间产物的生成。该团队进一步选取了商业二氧化钛 P25 作为光催化剂，研究不同气氛下，VUV-PCO（P25）、O_3+UV-PCO（P25）、UV-PCO（P25）、O_3+PCO（P25）等不同体系的甲苯光催化氧化去除率和相应 CO_2 产生浓度，发现 VUV-PCO（P25）对甲苯的去除率约为 50%，显著高于其他体系，同时，其 CO_2 的产生量约为 150ppm，远高于光解的二氧化碳产生量（50ppm），此外，O_3 的出口浓度以及中间产物的种类和出口浓度均显著下降（图 12-33，表 12-5）。研究发现，VUV 光解 H_2O 经催化剂更容易捕获电子、产生高活性的 · OH，而 VUV 光解产生的 O_3 有利于抑制电子与空穴的复合，提高了光致发光效率。

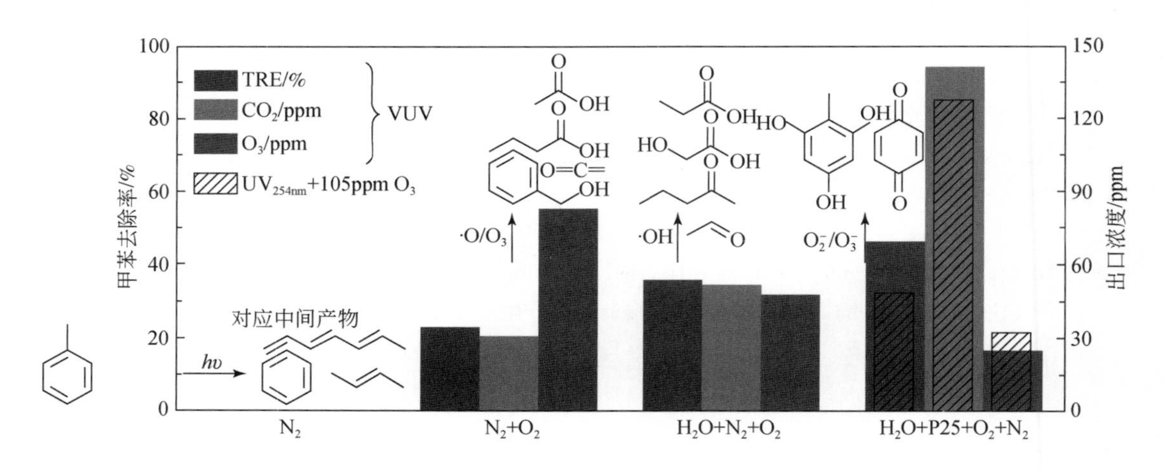

图 12-33　不同氛围下 VUV-PCO（P25）降解甲苯去除率及生成 CO_2 和 O_3 浓度

表 12-5　无氧和不同湿度条件下 VUV 和 VUV-PCO（P25）降解甲苯的主要中间产物的化学式

序列	N_2+ VUV			N_2+ VUV-PCO（P25）		
	RH=0%	RH=47%	RH=85%	RH=0%	RH=47%	RH=85%
1	C_7H_{10}	C_7H_{10}	* $C_7H_6O_2$	C_7H_{10}	C_7H_{10}	C_7H_{10}
2	C_6H_6	$C_4H_8O_2$	* $C_7H_8O_3$	C_4H_8	$C_2H_4O_3$	$C_2H_4O_3$
3	C_4H_8	$C_2H_2O_4$	C_7H_{10}	C_6H_6	C_4H_8	C_4H_8

续表

序列	N_2+ VUV			N_2+ VUV-PCO（P25）		
	RH=0%	RH=47%	RH=85%	RH=0%	RH=47%	RH=85%
4	C_5H_{10}	$C_2H_4O_3$	C_6H_6	C_5H_{10}	C_3H_6O	C_2H_2O
5		C_2H_4O	* $C_2H_4O_2$		$C_6H_{10}O$	C_3H_6O
6		$C_2H_4O_2$	C_2H_2O		C_6H_6	$C_6H_{10}O$
7		C_2H_2O	C_4H_8		C_5H_{10}	C_6H_6
8		C_7H_6O	$C_2H_4O_3$			
9		$C_6H_{10}O$	$C_6H_4O_2$			
10		C_6H_6	C_4H_8O			
11		C_4H_8	$C_3H_6O_2$			
12		C_3H_6O	C_6H_{10}			
13			C_3H_6O			

注：信号强度由高至低排列；* 为仅在 VUV 体系中出现。

Fu 等[129]在 TiO_2表面掺杂贵金属 Pt，分别以 VUV-PCO、UV+O_3、UV-PCO 工艺降解气态甲醛与副产物臭氧。结果表明不同工艺的甲醛去除效率顺序为：VUV-PCO>UV+O_3>UV-PCO。Kim 等[130]也将 Pd 负载到 TiO_2薄膜上以实现甲苯与副产物的同时去除。结果表明，以 Pd/TiO_2为催化剂的 VUV-PCO 系统比以 TiO_2为催化剂的 VUV-PCO 具有更高的甲苯降解效果，但仍残余一定量臭氧，造成二次污染。可见，贵金属的改性能够一定程度提高光催化性能，但存在成本高、再生工艺不完善以及臭氧消除不完全等缺点，因此在工业上其应用受到限制。Huang 等[131]选取过渡金属 Mn 掺杂 TiO_2，发现以 MnO_2/TiO_2作为催化剂的 VUV-PCO 工艺可完全降解臭氧，但 VOCs 的去除率仅为 58%。这主要由于催化剂吸附性能不高，降低了污染物在催化剂的停留时间与富集量。Shu 等[132]在 VUV-PCO 系统中通过锰掺杂的介孔 TiO_2降解苯，结果显示 Mn 掺杂的催化剂苯去除效率比商用二氧化钛 P25 的要高得多，其优异的性能来源于介孔 TiO_2能增强对光的吸收和利用的同时提高对苯的吸附性能，此外，Mn 的掺杂能引入表面氧空位，臭氧在活性氧空位上催化分解而产生的 O（^{1}D）、O（^{3}P）、·OH 等活性氧物种，有助于提高苯的氧化效率（图 12-34）。Valério 等[133]在大孔载体中进行了光催化和臭氧化的协同作用，实现约 100% 的四环素降解；该作用归因于与多孔结构的协同作用，由于结构通道内形成的曲折和湍流，与多孔结构的协同作用促进了 O_3和 O_2的传质，并增加了反应物的停留时间。Zhu 等[134]合成了可控形貌的 MnO_x/TiO_2复合纳米管用于丙酮的完全氧化。由于实际应用中，VOCs 风量大，为了进一步提高催化剂对 VOCs 的吸附利用和转化，黄海保等[111]通过溶胶凝胶法制备了负载在大比表面积分子筛上的 Mn 修饰的 TiO_2/ZSM-5，进行 VUV-PCO 降解苯的测试，结果显示在反应过程中，苯去除率和臭氧去除率始终保持 100%，这是由于该催化剂同时集合了吸附、光催化、臭氧催化氧化功能，使得 VUV 体系中的波长为 254nm 的光子能量及副产物臭氧都得到有效利用（图 12-35、图 12-36）。

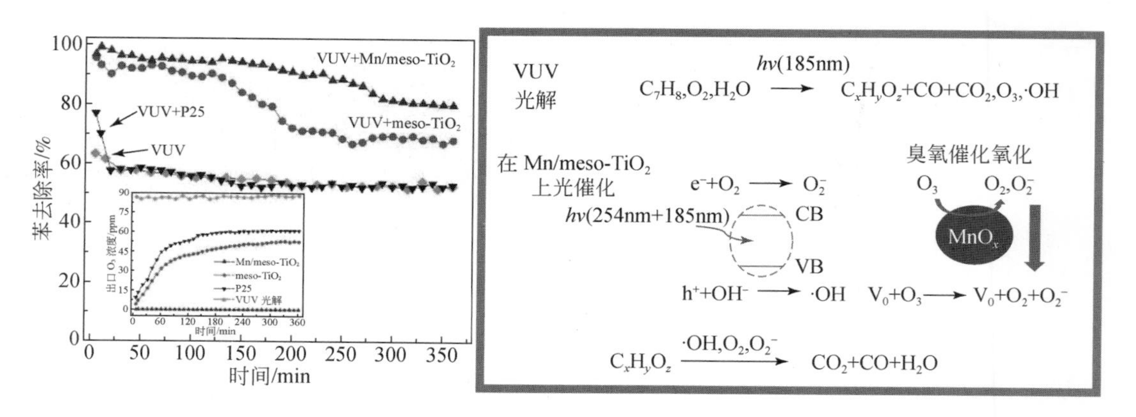

图 12-34 Mn-mesoTiO$_2$在真空紫外光催化氧化体系下净化 VOCs 示意图

图 12-35 三效催化剂 Mn/TiO$_2$/ZSM-5（a）扫描电镜（SEM）图像；（b）透射电镜（TEM）图像；（c）VUV-PCO 系统苯的降解效率；（d）臭氧生成量

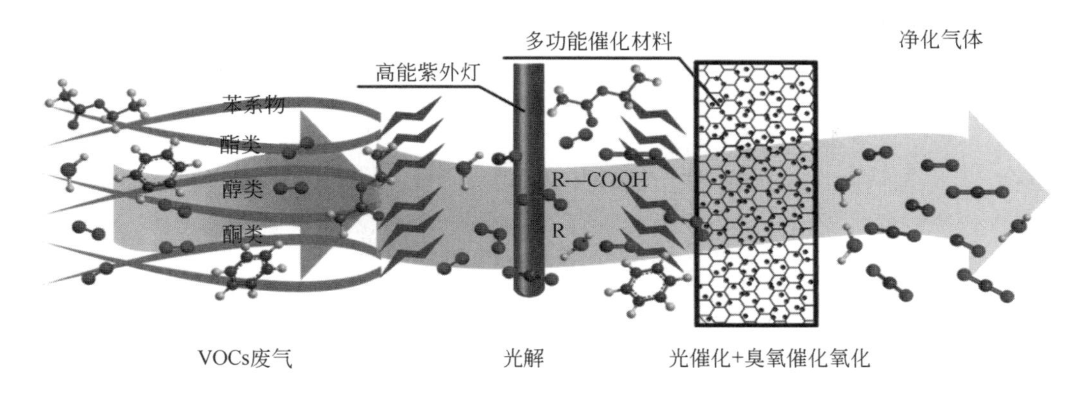

图 12-36　真空紫外光催化净化复合污染物示意图

12.5　臭氧催化氧化 VOCs 技术

12.5.1　臭氧催化氧化技术介绍

臭氧具有很高的氧化电位（2.07eV），在元素单质中，其氧化电位仅比氟低，超强的氧化能力使臭氧在灭菌、消毒和污染物消除领域具有广泛的应用。对比催化氧化技术，臭氧催化氧化技术可以在低温甚至室温下实现污染物的深度氧化，并提高催化剂的稳定性[135-137]。

12.5.2　臭氧催化氧化的机理

臭氧催化氧化反应是在催化剂表面进行的一种非均相反应，遵循 L-H 和 MvK 机理（图 12-37）。L-H 机理包括两个基本反应[138-140]，如公式（12-9）和图 12-38 所示。

（1）臭氧在表面活性位点分解成原子氧[141-143]。

（2）VOCs 在载体上的准平衡吸附、VOCs 向活性位点的迁移以及 VOCs 与原子氧反应形成氧化产物 CO_2和 H_2O。

$$O_3 \longrightarrow O_2 + O \tag{12-9}$$

$$VOCs+O \longrightarrow CO_2+H_2O \tag{12-10}$$

$$VOCs+O_{lat} \longrightarrow V_o + RCOOH \text{ 或 } ROH \tag{12-11}$$

$$RCOOH \text{ 或 } ROH + O \longrightarrow CO_2+H_2O \tag{12-12}$$

$$RCOOH \text{ 或 } ROH + OH \longrightarrow CO_2+H_2O \tag{12-13}$$

$$O_3+V_o \longrightarrow O_2+O_{lat} \tag{12-14}$$

$$H_2O+O \longrightarrow 2OH \tag{12-15}$$

$$R\cdot +O_2 \longrightarrow RO_2\cdot \longrightarrow CO_2+H_2O \tag{12-16}$$

基于 MvK 机制，具有强还原性和反应性的原始表面氧物种在 VOCs 臭氧催化氧化中也发挥了重要作用[144-147]。VOCs 首先被催化剂的表面氧物种［如晶格氧（O_{lat}）］部分氧化［式（12-11）］，随后被原子氧进一步氧化成 CO_2和 H_2O［式 12-12）］。在此过程中消耗的晶格氧可以从臭氧中补充［式（12-14）］。

当反应中存在水蒸气时，催化剂表面吸附的水和原子氧相互作用会形成羟基［式（12-15）］。丰富的羟基极大地促进了 VOCs 的转化［式（12-13）］。但是，过量的水蒸气会占据催化剂的活性位点、抑制臭氧分解，从而减少臭氧分解产生活性氧物种。

分子氧也通过自氧化反应参与到 VOCs 的臭氧催化氧化过程中[148, 149]：即分子氧参与并将自由基中间体（R·）氧化为 CO_2和 CO（式 12-16）。这使得臭氧催化氧化反应中臭氧的实际消耗量远低于理论消耗量（每摩尔苯和甲苯完全氧化成二氧化碳分别需要 15mol 和 18mol 的臭氧）[70, 150-153]。

总的来说，VOCs 臭氧催化氧化的主要活性氧物种是原子氧和表面氧物种（晶格氧和羟基）。其中，臭氧分解形成的原子氧在 VOCs 的臭氧催化氧化中占主导地位[154, 155]。拥有较低平均氧化态、丰富氧空位和较强路易斯酸位点的催化剂有利于臭氧分解成原子氧，进而促进臭氧催化氧化。增加催化剂的表面氧物种是促进 VOCs 臭氧催化氧化的另一个重要途径。

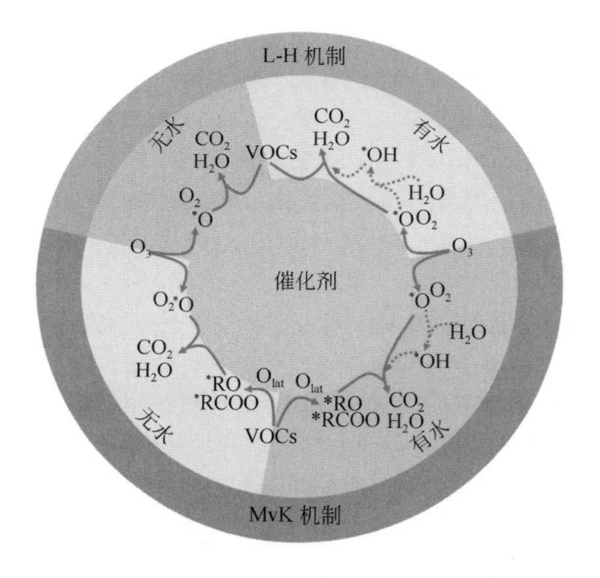

图 12-37　臭氧催化氧化 VOCs 的机理[137]

12.5.3　臭氧催化氧化常见催化剂

各种具有不同理化性质的 VOCs 需要的催化剂各不相同。迄今，已经探索了臭氧催化氧化 VOCs 的各种催化剂，包括介孔材料、过渡金属氧化物、贵金属催化剂等（图 12-38）。

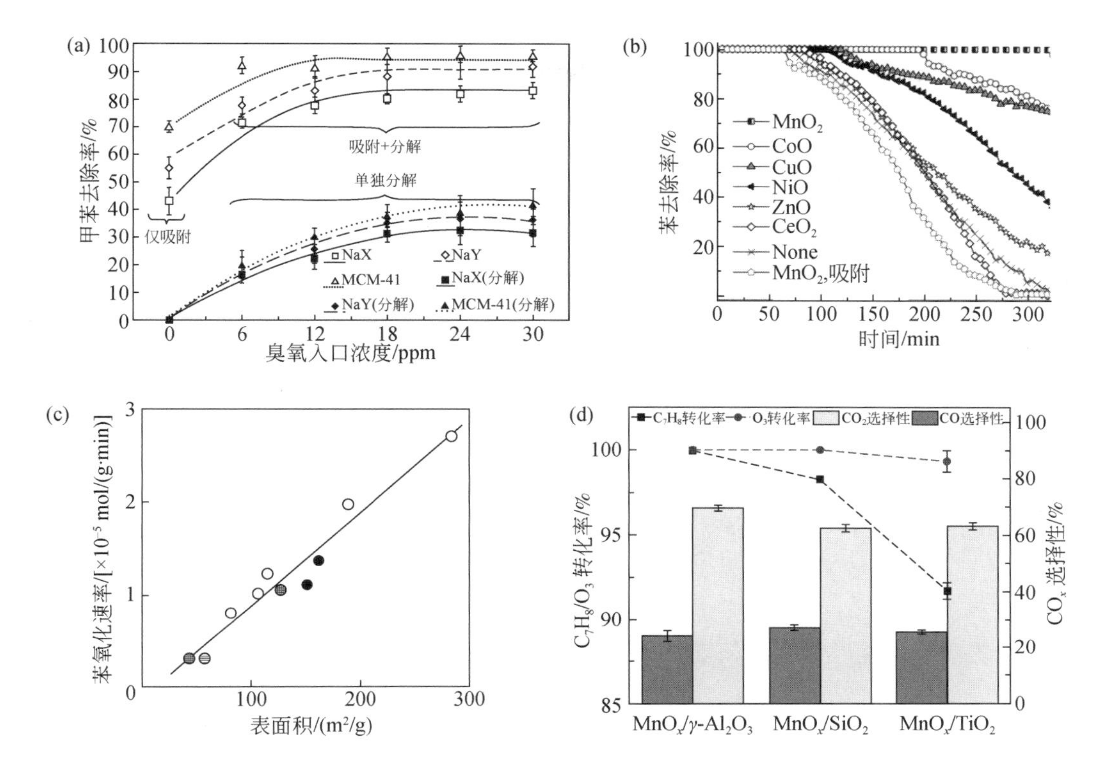

图 12-38　(a) 甲苯在不同块状介孔材料上的吸附和臭氧催化氧化[156]；(b) 苯在不同过渡金属氧化物上臭氧催化氧化的性能对比[138]；(c) 不同载体对苯的臭氧催化氧化[149]；(d) 不同载体负载氧化锰对甲苯的臭氧催化氧化[153]

1. 块状介孔材料

臭氧催化氧化常用的块状介孔材料包括沸石分子筛和介孔过渡金属氧化物。臭氧可以在沸石分子筛的强路易斯酸位点上分解提供活性氧物种。13X、NaX、NaY、MCM-41 等已被用于去除甲苯[156-158]。介孔过渡金属氧化物，如 CeO_2、Mn_2O_3、ZrO_2 和 γ-Al_2O_3 也表现出甲苯臭氧催化氧化活性。活性位可能是 CeO_2 和 Mn_2O_3 上的表面氧缺陷，以及 ZrO_2 和 γ-Al_2O_3 上的表面酸位点。此外，块状介孔材料由于其丰富的孔道结构、大孔体积及高比表面积，对 VOCs 和臭氧有良好吸附能力，可以延长 VOCs 和臭氧停留时间及反应接触时间，有利于 VOCs 的臭氧催化氧化。

2. 过渡金属氧化物催化剂

块状介孔材料通常存在失活较快的问题，通过负载过渡金属氧化物，催化剂的臭氧催化氧化活性显著提升。不同过渡金属之间催化活性不同，其中氧化锰表现出最佳的臭氧催化氧化活性。中山大学黄海保教授[136]开发了一系列 ZSM-5 负载的过渡金属氧化物催化剂并用于苯臭氧催化氧化，去除效率顺序为：MnO_2/ZSM-5>CoO/ZSM-5>CuO/ZSM-5>NiO/ZSM-5>ZnO/ZSM-5>CeO_2/ZSM-5。其他学者对比不同的过渡金属氧化物，也得出类似的结论：负载型氧化锰是甲苯低温催化臭氧反应最活跃的催化剂之一[150, 159]。负载氧化锰的催化性能通常取决于其结构、氧化状态和分散性。一般而言，具有低氧化态、适当的金属分散度、高比表面积和丰富的表面氧物种的负载型锰基催化剂有利于臭氧催化氧化 VOCs。

不同载体负载的氧化锰已被用于臭氧催化氧化。Park 等研究了一系列锰氧化物负载的催化剂：MnO_x/MCM-41[160]、MnO_x/Al-SBA-16[161]、MnO_x/SBA-15[161]、MnO_x/SBA-15[162]和 MnO_x/KIT-6[163]。Shao 等[153]研究了 SiO_2、TiO_2和 γ-Al_2O_3负载的 MnO_x，并指出 MnO_x/γ-Al_2O_3拥有最多的总酸和最多的 Mn^{3+}，从而实现了最高的甲苯和臭氧转化（近 100%）。Lin 和他的同事[164, 165]合成了一系列负载在 Al_2O_3、TiO_2、SiO_2、CeO_2和 ZrO_2上的 MnO_x催化剂。结果表明，MnO_x/Al_2O_3由于其优异的孔结构特性、最高含量的表面吸附氧物种、强氧化还原能力、最大的 O_2解吸能力，以及非常高的表面酸度，显示出优异的臭氧催化氧化性能。碳材料，如活性炭、石墨烯，也是常用的载体。Fang 等通过浸渍法制备了 MnO_x/AC[166]和 MnO_x/SiO_2@AC[167]催化剂，实现了 100% 的苯去除率和臭氧分解效率。Hu 等[168]制备了 MnO_2/石墨烯复合材料，复合材料中的石墨烯不仅锚定了具有丰富表面缺陷的 MnO_2簇（64.6wt%），而且还通过石墨烯基板上的 π 电子耦合和分解臭氧吸附甲苯。Wang 等[169]制备了 C@MnO 催化剂，用于甲醛与臭氧的催化降解。不饱和 MnO 金属位点具有良好的催化性能，而碳内核增强了 HCHO 吸附（图 12-39）。

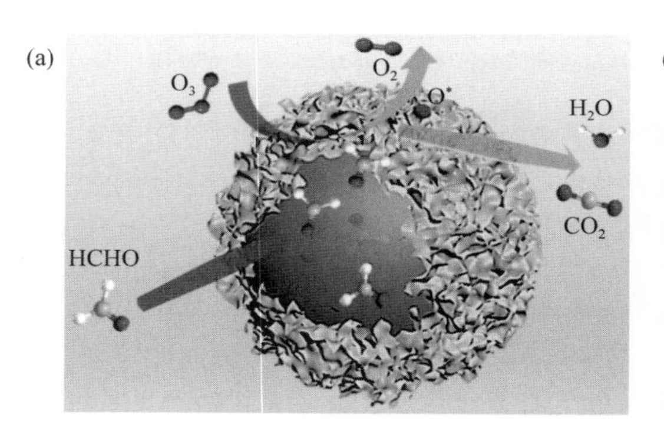

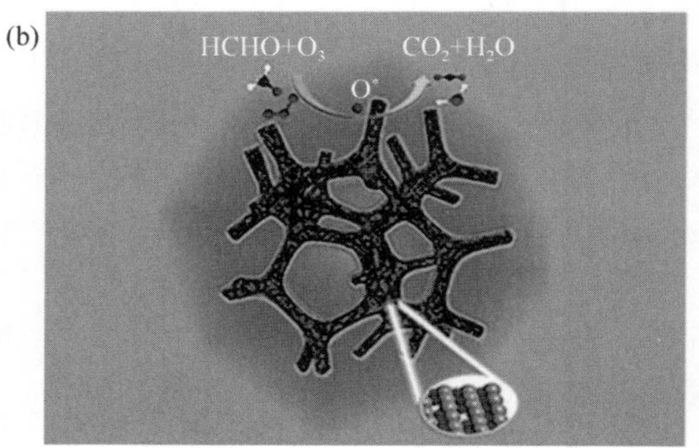

图 12-39 （a）C@MnO 催化剂上臭氧催化氧化甲醛的原理图[169]；
（b）NiO 上臭氧催化氧化甲醛的原理图[178]

另外，对于一些特殊方法合成的非负载型锰氧化物催化剂，臭氧催化氧化性能与比表面积、孔隙结构、晶型、表面氧空位及晶格氧浓度都息息相关。Zhang 等[170]对比了 α-MnO_2、β-MnO_2、γ-MnO_2臭氧催化氧化甲醛的活性。由于 α-MnO_2具有 4.6Å 的［2×2］隧道结构，有利于甲醛分子（4.5Å）的扩散。此外，α-MnO_2拥有较多的 Mn^{3+}含量、丰富的氧空位和较高的活性氧迁移率，表现出更优异的活性。Zhang 等[171]比较了三种不同的 MnO_2催化剂，发现 α 比 β 晶相更有利于氯苯的臭氧催化氧化。对比 α-MnO_2的不同晶面，即（100）、（110）和（310）晶面，具有高表面能的（310）晶面有利于氧空位的构建和臭氧活化成过氧化物物种，因此表现出更高的活性和稳定性[172]。同时，无定形 MnO_x表现出很高的臭氧催化氧化活性，Zhao 等[147, 173]使用无定形 MnO_x将 HCHO 完全臭氧催化氧化

成 CO_2。

氧化铁也是常见的臭氧催化氧化催化剂。Wang 等将氧化铁用于氯苯[174, 175]和 PCDD/Fs[176,177]的臭氧催化氧化。在 1200ppm 臭氧下，氧化铁在 150℃时达到最高的氯苯转化率 91.7%；100ppmO_3下，氧化铁实现了超过 90% 的气态 PCDD/Fs 转化率。

3. 贵金属催化剂

贵金属催化剂也表现出优秀的臭氧催化氧化能力，主要是由于贵金属和载体的结合，促进了氧空位的形成和金属氧化态的降低，从而提高催化剂活性协同作用。

Ag 是臭氧催化氧化最常用的贵金属之一，目前研究表明，Ag 催化剂可以促进副产物氧化为 CO 和 CO_2。Sugasawa 等[179]对比研究系列 ZSM-5 负载过渡金属催化剂（Fe、Ni、Ag、Co 和 Mn）发现 Mn/ZSM-5 和 Ag/ZSM-5 表现出相近的甲苯去除性能，但是 Ag/ZSM-5 的 CO_2选择性要高出许多。Einaga 和 Ogata 等[180]将 Ag/Al_2O_3催化剂与氧化铝负载的金属氧化物（Fe、Mn、Co、Ni、Cu）进行了比较，发现 Ag/Al_2O_3催化剂对 CO_x的选择性最高，但其活性略低于 Mn/Al_2O_3。He 等[181]制备了用于甲硫醇臭氧催化氧化的 Ag/MnO_2，实现了 95% 的 CH_3SH（70ppm）去除率。Ag 的掺杂促进了大量晶格氧产生、降低了锰的价态，表现出更好的还原性和更高的氧迁移率，有利于氧气的吸附并进一步激发形成活性氧物种。此外，催化剂表面的 Ag 物种也促进了 CH_3SH 的化学吸附，将 CH_3SH 转化为 CH_3SAg/CH_3S-SCH_3，并被羟基自由基和$^1O_2$进一步被氧化为 SO_4^{2-}和 CO_2。

Pt 拥有很强的氧活化能力，也常用于臭氧催化氧化。Rezaei 等[182]对比了 Pt-MnO_x/γ-Al_2O_3和 Pd-MnO_x/γ-Al_2O_3对甲苯的臭氧催化氧化。铂和氧化锰相互作用，形成 Mn—O—Pt 键，改变了锰的电子结构，降低了 Mn 的氧化态，从而有效提高了催化剂活性。但是 Pd 主要沉积在氧化铝表面，缺乏与锰的原子相互作用，表现出较差的活性。Baei 等[183]制备了 Pt/Fe_2O_3、Pt/NiO、Pt/Al_2O_3和 Pt/ZnO 催化剂用于甲苯的臭氧催化氧化，其中 Pt/Fe_2O_3表现出最高的活性。Xiao 等[184]制备了 Pt-Ce/BEA 催化剂，Pt 与 CeO_2之间的强相互作用促使电子从 Pt 迁移到 CeO_2，使得 Ce^{4+}价态降低为 Ce^{3+}，同时也增加了氧缺陷，因而表现出卓越的催化性能。

4. 其他催化剂

除以上介绍的块状介孔材料、过渡金属氧化物、贵金属催化剂外，还有其他催化剂也用于臭氧催化氧化，如 MgO/Ni[185]、NiO/Ni[186]以及固溶体[187-189]等。这些催化剂大都拥有丰富的酸性位点和丰富的氧缺陷。

12.5.4　臭氧催化氧化 VOCs 的影响因素

反应条件（水蒸气和温度）对 VOCs 的臭氧催化氧化有重要的影响。优化反应条件可以有效提高臭氧催化氧化活性，延长催化剂寿命，避免催化剂在实际应用中经常出现的失活和中毒现象。

1. 水的影响

在 VOCs 的臭氧催化氧化过程中，水蒸气起着重要作用。对于大多数臭氧催化氧化的催化剂而言，水蒸气可抑制催化剂失活并提高污染物的转化率。一方面，水蒸气和有机副产物之间的竞争性吸附有效地抑制了这些副产物在催化剂表面的形成和积累；另一方面，水蒸气通过与臭氧分解产生的原子氧相互作用而促进形成更多的活性羟基。水与表面活性氧反应形成并补充了消耗的表面羟基。这些增加的活性羟基可以有效地将 VOCs 氧化为 CO_2[135, 147, 166, 190]。

但是过量的水蒸气会降低臭氧的分解速率，甚至由于水在催化剂表面上的竞争性吸附并占据活性位点而导致催化剂水中毒，并降低臭氧分解性能[191]，从而导致活性氧物种的减少和臭氧催化氧化性能显著下降。Einaga 等[149]报道了 MnO_2/Al_2O_3 上水蒸气将臭氧分解速率降低到初始速率的一半，从而抑制了苯的转化。对于 MnY 催化剂[70]，水蒸气（0.8vol%）的强吸附完全抑制了苯的氧化活性，使催化剂几乎失活。中山大学黄海保团队[135]对水蒸气抑制臭氧催化氧化开展了大量研究，发现苯去除效率和 O_3 转化率都因水蒸气而降低，水中毒应该是 MnO_2/ZSM-5 失活的主要原因。Sekiguchi 等[192]报道，水蒸气抑制了疏水性 O_3 和 VOCs 气体的吸附，并在气相中的高相对湿度下进一步降低甲苯去除率（图 12-40）。

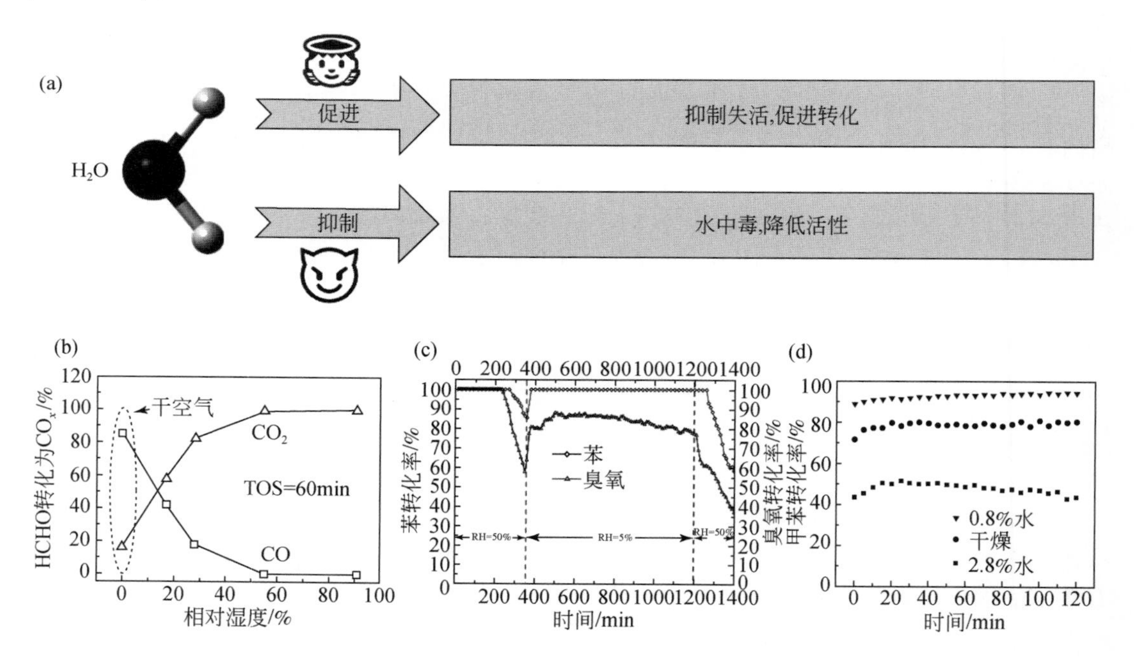

图 12-40 （a）水蒸气对催化氧化 VOCs 的影响途径；（b）甲醛在 MnO_x 上的臭氧催化氧化性能；（c）苯在 MnO_x/ZSM-5 上的臭氧催化氧化性能；（d）甲苯在 MnO_x/USY 上的臭氧催化性能[137]

2. 反应温度的影响

VOCs 的臭氧催化氧化是一个耗能过程，这意味着温度越高，去除效率越高。较高的温度有利于热力学反应的发生，它可以有效地促进反应平衡的右移并改善 VOCs 的催化氧化作用，从而实现更高的 VOCs 和臭氧的转化率[139, 148, 159, 164, 184, 193-197]。此外，高温为催化剂提供了高能量，从而活化难降解挥发性有机化。例如，氯苯的臭氧催化氧化通常在 80 ~ 150℃的温度范围内进行[152, 198, 199]。而 PCDD/Fs 则在 150 ~ 180℃下被高效地降解[174, 175]。在 VOCs 的催化臭氧氧化过程中，各种不完全氧化的中间体（如表面甲酸盐、羧酸盐和碳酸盐物质[136, 145, 149, 200]、S 和 Cl 元素以及形成的水容易吸附在催化剂表面，占据活性位点，导致催化剂失活[159, 201]。提高温度有助于除去这些中间体和水，从而获得稳定的活性。Rezaei 等[152, 202]研究了不同催化剂对温度的依赖性，并提出至少需要 65℃才能保持稳定的催化剂活性。在上一节中提到的催化剂水中毒，也可以通过提高温度来抑制。中山大学黄海保教授团队[135]报道了通过将温度从 25℃增加到 50℃抑制了水中毒，在该温度下苯和臭氧的去除效率均保持在 100%，CO_2选择性提高到 95.9%。

然而，在高温反应条件下，催化剂会发生烧结现象，从而使得催化剂失活。并且臭氧在高温下也更容易自分解和催化分解。因此，应基于催化剂和污染物优化反应温度。如氯苯氧化中，由于 O_3和 Fe_2O_3对氯苯氧化的协同作用，在 150℃时可获得最高的转化率，温度进一步升高，一些气态臭氧在与催化剂相互作用之前发生热分解，从而导致在 Fe_2O_3上生成的活性氧种类减少，观察到转化率下降。而氯苯在 90℃时获得在氧化锰上的最佳转化率，由于无载体氧化锰催化剂在高温下烧结，在 90℃以上转化率开始显著下降[174, 175]。较高的温度提供了足够的能量来实现 VOCs 和中间体的完全氧化以及氧化产物的快速解吸，而臭氧自分解和催化剂烧结限制了反应温度。因此，应根据催化剂和污染物对反应温度进行优化。

12.6　液相吸收协同高级氧化技术

12.6.1　液相吸收协同高级氧化技术介绍

低温等离子体–催化、光催化和臭氧催化等工艺因具有反应条件温和、过程简单等优点，近年来受到广泛重视。羟基自由基（·OH）是这些过程的关键活性物种，其氧化能力强（氧化还原电位为 2.8V），能与大多数有机物快速反应。但在气–固相反应中，·OH 的生成受限于催化剂表面活性位点、湿度或光照等因素，导致·OH 产生速率过慢以及数量过少，因此存在能耗高、效率低等不足；同时，该过程容易产生降解不完全的中间产物，造成二次污染和催化剂失活等问题，极大地限制了其工业应用。

与气–固体系产生·OH 相比，Fenton 等液相高级氧化技术（AOPs）能够通过光、电、热或催化等方式激活氧化剂（H_2O_2、HSO_5^-、$S_2O_8^{2-}$等），快速生成大量·OH 和 SO_4^-·等自由基[203]。其过程简单、效率高，因此在有机废水降解中得到广泛研究和应用，但目前在废气治理研究中的报道较少[204, 205]。若将 AOPs 应用于 VOCs 废气治理，构建液相吸收协同高级氧化技术，将能极大地提高·OH 产生速率和数量，有效增强 VOCs 氧化降解能力。如图 12-41 所示，液相吸收协同高级氧化技术主要涉及气液传质、氧化降解和气液分离等三个过程。首先，VOCs 废气在气液传质的作用下进入水中，再进一步被水中产生的活性物种彻底氧化降解成 CO_2和 H_2O。最终，净化后的气体通过气液分离过程排放到大气中。研究表明，该工艺是气液传质与氧化反应的协同体系。溶液中 VOCs 快速降解，能增加气液传质速率、加快 VOCs 从气相到液相的输送，促进 VOCs 传质-氧化反应进行[205]。值得注意的是，水力搅拌冲刷可以促进氧化剂与污染物的充分接触和氧化，且·OH 氧化 VOCs 生成易溶于水的中间产物，避免中间产物黏附催化剂导致的失活，从而有效解决气-固催化反应存在的缺陷。VOCs 液相氧化过程通过控制氧化试剂投加，可以快速调控体系中自由基浓度及其生成与终止，进而控制 VOCs 氧化降解进程，应对不同复杂工况 VOCs 降解。反应过程只需在水溶液中不断补充氧化剂，净化的气体可直接排放而水溶液可循环使用。

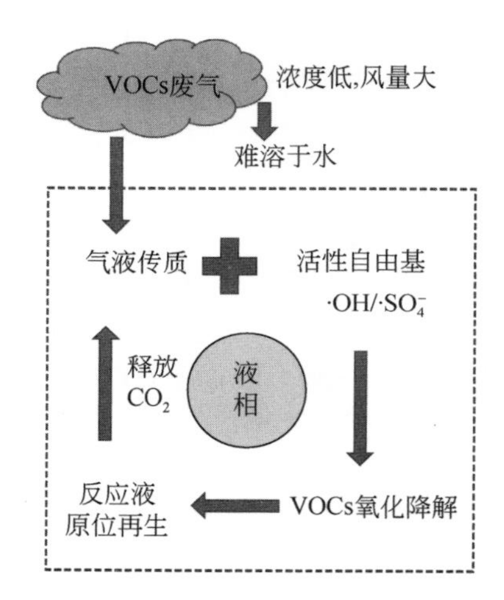

图 12-41　液相协同高级氧化技术降解 VOCs 废气流程示意图

AOPs 在废水领域的研究成果能为液相氧化 VOCs 废气研究提供重要理论基础，但其在废气和废水治理两过程存在显著差异，包括：①反应体系不同，废水 AOPs 通常为均相反应，污染物和氧化剂接触充分，反应速度非常快。而 VOCs 废气 AOPs 体系更为复杂，并非简单自由基反应，涉及气液两相甚至气液固多相传质和反应，这些过程和反应相互影响和制约。②活性自由基生成速度和作用时间不同，废水是序批式反应过程，希望快速产生大量活性自由基，污染物氧化作用时间短。而 VOCs 废气治理是多相、连续动态反应过程，要求氧化试剂分解速度合适、自由基有效作用时间长，以保证液相中自由基与持续通入的 VOCs 污染物充分接触和氧化。③后续处理不同，污水经过 AOPs 处理后往往需要经过复杂的后续处理才能排放。而 VOCs 废气 AOPs 过程催化剂与反应液无需分离，水溶液可循环利用，这为激活方式和催化剂设计提供更多选择。因此，针对液相吸收协同高级氧化技术，仍需要深入理解该方法的降解特性与关键机制，阐明其在实际应用中的科学问题和基础理论。这对于低浓度 VOCs 治理关键瓶颈突破和新技术开发具有重要意义。

液相吸收协同高级氧化技术具有气液传质与氧化反应的协同效应。液相吸收的 VOCs 被 · OH 等活性物种快速降解后，能增加气液传质速率、加快 VOCs 从气相到液相的输送，促进 VOCs 传质–氧化反应进行。特别是难溶性 VOCs，被自由基氧化后生成易溶性醛类和酸类物质，极大地增强水吸收速率和容量。根据经典的双膜理论，气液两相之间存在固定的气膜和液膜，VOCs 气体进入液相的传质阻力主要集中在界面两侧的膜内[206]。同时，在界面处，两相分别处于平衡状态，其传质系数表达式为

$$K=D/\delta \tag{12-17}$$

式中，K 为传质系数；D 为扩散系数；δ 为膜厚度。由此可知，气液传质过程主要受到气膜和液膜阻力的影响，增加气液接触面积、提高气体分压，强化气相主体或液相主体扰动，均有利于降低气–液膜阻力，提高气液传质效果，尤其是对于受液膜控制的难溶性 VOCs 气体[207, 208]。液相中存在自由基氧化反应时，能使液膜阻力降低，两相的平衡状态将被打破，VOCs 在界面两侧形成浓度差，气相中的 VOCs 在浓度梯度力的作用下，不断向液相输入，大大提高气液传质效率的同时，也促进 VOCs 的氧化分解。此外，液相中加入固体微粒对促进气液传质有重要影响，能改变气液两相间的传质路线、边界效应和接触面积等[209, 210]。具有较强吸附能力的活性微粒能从液相进入传质膜层，吸附溶解的气体后返回至液相主体发生解吸，从而得到再生并循环往复，最终增强气液传质效果。根据运输机理，粒径小于传质膜厚度的吸附颗粒可以进入气膜–液膜的界面内，额外吸附一定的 VOCs 分子进入液相进行脱附，从而减小液膜阻力；同时，微细颗粒的存在能够显著阻碍气泡间的聚并，从而增大了气液接触面积，提升了 VOCs 气液传质效果。

根据活性自由基种类的差异，目前液相吸收协同高级氧化技术主要可以大致分为两大类：一类是以过氧化氢为氧化剂的协同工艺；另一类是以过硫酸盐为氧化剂的协同工艺。

12.6.2　H_2O_2协同氧化 VOCs

过氧化氢（H_2O_2）是一种无色透明的液体氧化剂，在一定触媒或其他氧化剂作用下，可产生强氧化性的 · OH，使难降解污染物直接矿化为无毒无害物质。H_2O_2作为绿色原料，具有氧化性强、安全无污染、廉价易得等优点，在有机污染物治理领域得到广泛应用。根据不同的 · OH 激活方式，基于 H_2O_2 的高级氧化技术主要有 Fenton、UV/H_2O_2、UV/Fenton、H_2O_2/O_3等技术。H_2O_2 高级氧化技术降解污染物受多种工况条件影响，包括 H_2O_2 浓度、Fe^{2+}浓度、初始 pH、反应温度、无机阴离子等。· OH 具有极强的亲电子能力，其电子亲和能高达 569. 3kJ，对电子云密度高的地方具有较强的攻击能力[211]。· OH 几乎能与所有的生物大分子、有机物通过不同的路径进行化学反应，并且其反应速率常数通常大于 10^6L/(mol · s)。其与有机物质的反应主要通过以下三个路径：①脱氢反应［式（12-18)］，即 · OH 与有机物反应，并取代氢原子的位点；②亲电子加成反应［式（12-19)］，即 · OH 对有机物 π 位的电子，并加成到不饱和碳键上，从而产生有机自由基；③电子转移反应［式（12-20)］，即 · OH 与有机物反应时，若发生多卤取代或者位阻现象，脱氢反应和亲电子加成反应不能顺利进行，此时 · OH 与有机质主要发生电子转移反应。

$$RH+\cdot OH \longrightarrow H_2O+R\cdot \tag{12-18}$$

$$R_2C{=}CR_2 + HO\cdot \longrightarrow \cdot CR_2{-}CR_2{-}OH \tag{12-19}$$

$$RX + \cdot OH \longrightarrow OH^- + RX^+ \cdot \tag{12-20}$$

Lawson 和 Adams[212] 对液相协同高级氧化技术降解 VOCs 废气作了一些探索，通过在鼓泡塔中加入 O_3 和 H_2O_2 试剂，发现甲苯在鼓泡塔内的吸收速率明显增强。由此，他们进一步考察气液流速比、O_3 和 H_2O_2 浓度以及溶液 pH 等影响因素，结果表明 O_3 和 H_2O_2 浓度对甲苯的去除起到主要作用，而气液流速比的改变并未显著影响甲苯的去除。陈志星等学者[12] 利用喷淋的方式促进 VOCs 废气和 Fenton 试剂充分混合，通过优化 H_2O_2 投加量、硫酸亚铁投加量、pH 和气液比等工艺条件，使二甲苯的去除率达到了 75.3% 以上。廖飞凤等[213] 采用液相吸收协同 UV/Fenton 法处理低溶解性的 VOCs 废气，并考察 H_2O_2 用量、溶液 pH 和 Fe^{2+} 浓度等条件的影响，发现液相中的氧化降解反应能够极大地提高难溶解性 VOCs 的吸收，硝基苯的去除率高达 70%。Tokumura 等[214] 利用简单的鼓泡式反应器耦合 UV/Fenton 的方法氧化降解甲苯废气（图 12-42），通过对 H_2O_2 浓度、Fe^{2+} 浓度等工艺参数的优化，使得甲苯去除率显著提高。Liu 等[215] 利用液相吸收协同 Fenton 反应降解甲苯废气，通过工艺参数优化，甲苯去除率最高可达 80%，但随着 H_2O_2 的消耗，甲苯去除率快速下降。这些研究结果初步表明，液相氧化法是一种简单有效的 VOCs 治理方法，能实现 VOCs 废气的深度、清洁氧化，减少有毒有害的副产物向大气中排放，降低二次污染的危害。

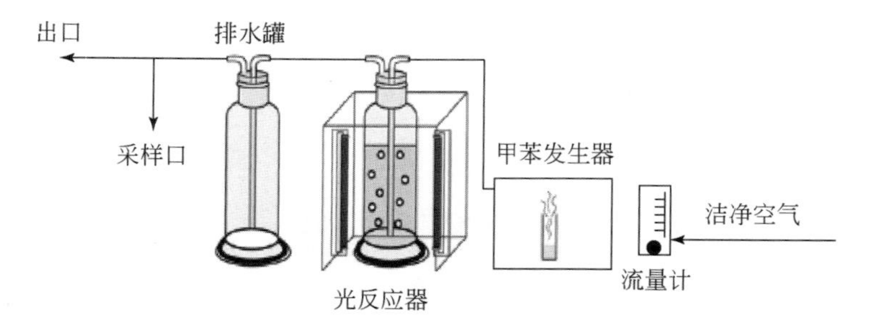

图 12-42　液相协同 UV/Fenton 的工艺流程

Tokumura 等[216] 通过建立动力学模型，对液相协同 UV/Fenton 体系降解甲苯废气的机理进行探究。结果表明，Fenton 反应过程中的铁离子循环是甲苯氧化降解速率的控制步骤，主要影响自由基的产生、甲苯的氧化降解和中间产物的生成等。同时，研究也提出了液相协同高级氧化技术降解 VOCs 废气是遵循“多釜串联式”模型理论（图 12-43），并且有效预测甲苯在液相协同体系中的去除规律。此外，Biard 等[17,217] 也通过建立气液传质动力学模型对液相高级氧化技术降解 VOCs 进行研究。结果表明，H_2O_2/O_3 体系中二甲基二硫化物的气液传质效率要远远高于纯水吸收，这主要是由于二甲基二硫化物被大量 ·OH 氧化分解，从而促进气液传质。并且，该模型也可以很好地评估醛类、醇类 VOCs 在液相体系中的去除效果。Choi 等[218] 利用电子自旋共振光谱分析技术和自由基淬灭方法探究液相氧化 VOCs 体系中的活性物质转化规律。结果表明，Fenton 反应产生的 · OH 是氧化降解气态甲苯的主要活性物质，其对甲苯的氧化降解主要是通过羟基化、醛基化和羧酸化等作用。Hatipoglu 等[219]利用密度泛函理论研究 · OH 在液相中氧化降解甲苯的反应路径。结果表明，· OH 更容易去攻击苯环而不是甲基基团。这是因为苯环与 · OH 形成弱的配位键，生成一种具有活性的前驱体，显著降低化学反应能垒。

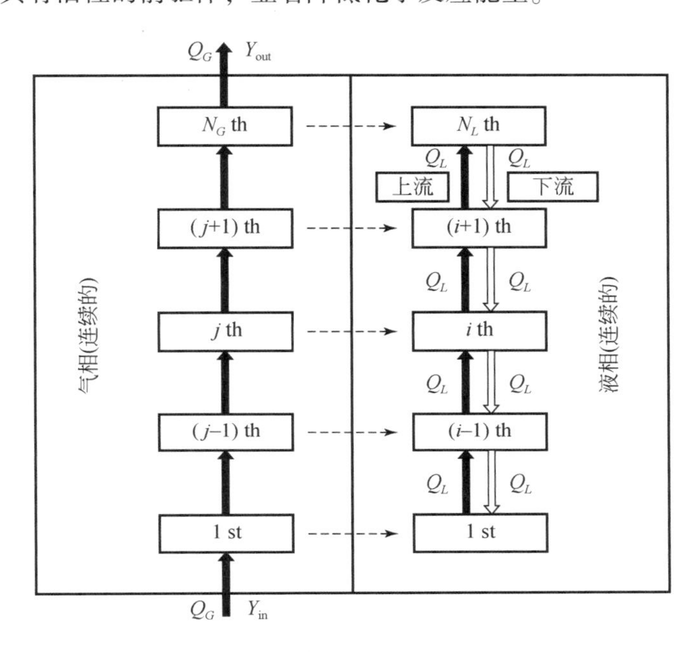

图 12-43 “多釜串联式”的气液传质模型

随着研究的深入，液相协同高级氧化技术也逐渐从简单的气液两相体系拓展到气–液–固多相体系。研究表明，在液相氧化体系中加入多孔吸附材料能够改变气液两相的界面效应，增大气液的接触面积，降低气–液膜阻力，提高气液传质效果[220, 221]。比如，活性炭、分子筛、SiO_2和 Al_2O_3等材料具有较大的比表面积和丰富的孔道结构，是良好的 VOCs 吸附和催化剂载体材料。另外，通过对材料孔道结构和化学特性的调控，能够制备出具有 VOCs 吸附和催化活化双功能的材料，实现同时促进气液传质和活性基团生成的目的。例如，在液相协同 UV/Fenton 体系中，添加活性炭颗粒能够显著地增大正辛烷等多种 VOCs 的气液传质效果，并提高 UV/Fenton 氧化 VOCs 的能力。另外，在该体系中加入具有催化活性组分的吸附材料，能够显著加快吸附–氧化–再生–吸附的循环过程，苯、甲苯、乙苯和二甲苯等 VOCs 都能被完全降解，且催化剂经过四次重复使用仍未出现失活现象[22, 23,222, 223]。Huang 等[224]通过浸渍法制备高分散 Fe_2O_3/ZSM-5 催化剂，并用于非均相 UV/Fenton 体系氧化甲苯废气（图 12-44），结果表明 Fe_2O_3/ZSM-5 在液相体系中存在协同作用，既能够显著提高甲苯气液传质速率，又能够增强 · OH 生成能力，从而显著提高甲苯去除效果和矿化效率；同时，净化后尾气产物只有 CO_2，未检测到任何副产物，主要是因为甲苯在液相氧化过程中生成可溶性的中间产物，并被液相有效截留（图 12-45）。液相吸收协同高级氧化技术从简单的气–液两相逐渐发展到气–液–固多相反应，液相氧化

VOCs 的机制不断被挖掘，体系不断被开发和完善。这些研究均表明液相氧化 VOCs 是一种简单高效，并且能够进行深度氧化的技术。

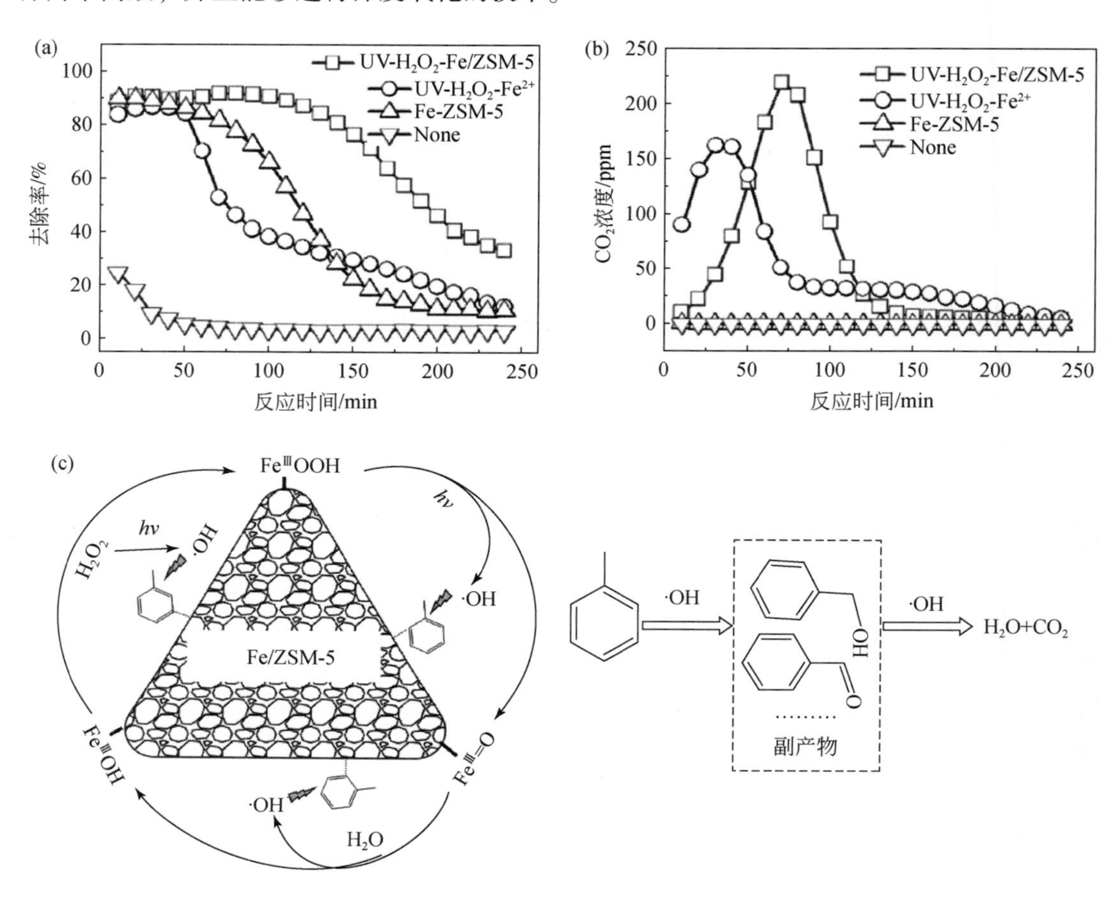

图 12-44 甲苯废气在非均相 UV/Fenton 体系的降解率（a）及产生的 CO_2 浓度（b）；甲苯废气在非均相 UV/Fenton 体系的氧化降解原理示意图（c）

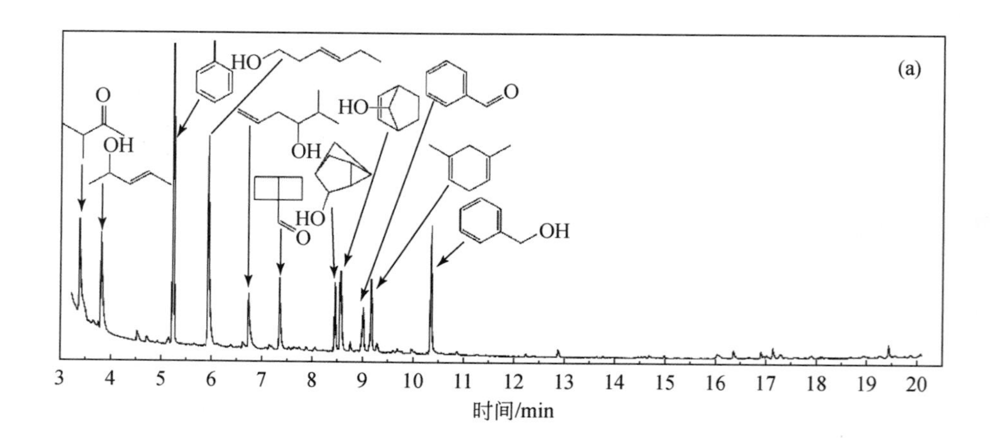

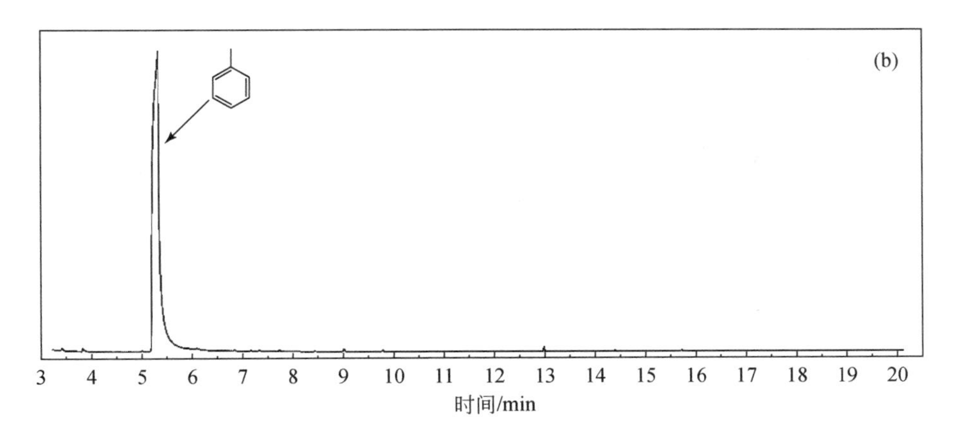

图 12-45　液相协同 UV/Fenton 体系氧化降解甲苯的气液相产物对比：（a）液相中间产物 GC-MS 图；（b）气相中间产物 GC-MS 图

12.6.3　过硫酸盐协同氧化 VOCs

近年来，硫酸根自由基（$SO_4^- \cdot$）氧化体系作为一类新型的高级氧化技术（SR-AOPs）逐渐受到研究学者的关注。与 · OH 类似，$SO_4^- \cdot$ 也是一种强氧化性自由基，可以通过活化过硫酸盐的 O—O 键产生。过硫酸盐包括过一硫酸盐（HSO_5^-）和过二硫酸盐（$S_2O_8^{2-}$），其分子式如图 12-46 所示，O—O 键解离能分别为 377kJ/mol 和 92kJ/mol[225]。

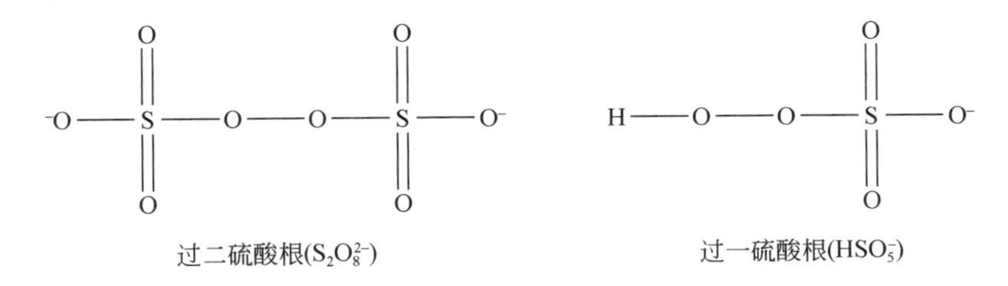

图 12-46　过硫酸根分子式

在光、热、催化剂或碱性条件下，过硫酸盐的 O—O 键被打断产生 $SO_4^- \cdot$，其反应式如下所示：

1. UV 光活化

$$HSO_5^- + h\nu \longrightarrow SO_4^- \cdot + \cdot OH \tag{12-21}$$

$$S_2O_8^{2-} + h\nu \longrightarrow 2\ SO_4^- \cdot \tag{12-22}$$

2. 热活化

$$HSO_5^- + heat \longrightarrow SO_4^- \cdot + \cdot OH \tag{12-23}$$

$$S_2O_8^{2-}+heat \longrightarrow 2SO_4^- \cdot \quad (12\text{-}24)$$

3. 催化活化

$$HSO_5^-+M^{n+} \longrightarrow SO_4^- \cdot +OH^-+M^{(n+1)+} \quad (12\text{-}25)$$

$$S_2O_8^{2-}+M^{n+} \longrightarrow SO_4^- \cdot +SO_4^{2-}+M^{(n+1)+} \quad (12\text{-}26)$$

4. 碱活化

$$HSO_5^-+H_2O \longrightarrow SO_4^- \cdot +3H^++O_2^- \cdot \quad (12\text{-}27)$$

$$2\ S_2O_8^{2-}+2H_2O \longrightarrow SO_4^- \cdot +3SO_4^{2-}+O_2^- \cdot +4H^+ \quad (12\text{-}28)$$

SO_4^-·有一个孤对电子，得电子能力强，去除有机物主要通过争夺其最外层电子来实现［式（12-29）］，可将大多数有机污染物氧化为小分子有机酸，最终矿化为CO_2和H_2O，并生成无污染的硫酸根离子。此外，SO_4^-·还可与水、水中离子反应生成·OH 等自由基［式（12-30）和式（12-31）］，因此体系中存在多种活性基团[226, 227]：

$$SO_4^- \cdot +R \longrightarrow SO_4^{2-}+R \cdot \quad (12\text{-}29)$$

$$SO_4^- \cdot +H_2O \longrightarrow SO_4^{2-}+\cdot OH+H^+ \quad (12\text{-}30)$$

$$SO_4^- \cdot +OH^- \longrightarrow SO_4^{2-}+\cdot OH \quad (12\text{-}31)$$

目前液相氧化 VOCs 技术仍处于起步阶段，大多数研究主要是集中于液相·OH 氧化体系，对其他自由基在液相氧化 VOCs 技术研究较少。而且，液相·OH 氧化体系在实际应用中存在一些不足，如·OH 寿命短，过程受 pH 影响大，且·OH 氧化无选择性，易被体系中非目标污染物/本底值影响和消耗。这些缺陷严重制约·OH 氧化体系在 VOCs 治理方面的应用。一方面，液相氧化 VOCs 技术是一个复杂的多相体系，涉及 VOCs 的气液传质过程和自由基与 VOCs 的传质过程，两个过程相互促进又相互制约。VOCs 需要从气相中传输进入液相中，然后在液相中扩散并与自由基相互接触，这就要求自由基有较长的半衰期，以保障自由基与 VOCs 有充分接触时间。另一方面，工业排放 VOCs 成分复杂，某些特定 VOCs 具有严格的排放限值，因此单一自由基氧化体系难以应付种类繁多、工况复杂的 VOCs 废气，这也要求液相氧化体系不能局限于·OH 的研究。如上所述，SO_4^-·也是一种强氧化性自由基，与·OH 液相氧化体系相比，具有以下优势[228,229]：①与传统基于·OH 高级氧化技术中使用的氧化剂H_2O_2相比，PDS 和 PMS 在常温下为固态，性质稳定，易于运输和储存，本身价格比H_2O_2便宜，技术成本较低；②SO_4^-·的氧化还原电位为 2.5～3.1V，在中性条件下比·OH（1.8～2.7V）的氧化还原电位更高；③SO_4^-·的半衰期为 40μs，是·OH 半衰期的 1000 倍以上，这使得SO_4^-·与污染物的接触时间更长，在 VOCs 液相氧化体系中有更好的传质作用；④SO_4^-·相比·OH 更具有选择性，对某些特定化合物具有更高的降解效率，如SO_4^-·在氧化降解芳香烃 VOCs 时，表现出优异的氧化特性；⑤SO_4^-·不容易受水质本底物质干扰，溶解性有机物与SO_4^-·的反应速率常数为6.8×10^3 $(mg/L)^{-1}\cdot s^{-1}$，低于与·OH 的反应速率常数［1.4×10^4 $(mg/L)^{-1}\cdot s^{-1}$］，因此，当水中存在多种污染物时，SO_4^-·能优先选择与目标污染物反应；⑥SO_4^-·能够与体系中的H_2O和OH^-反应转化成·OH。且随着 pH 的升高，转化速率增快，当 pH<9 时，体系自由基主

要为 SO_4^-·，当体系 pH>9 时，·OH 会成为体系主要自由基。当两种强氧化性的自由基共存时，可以优势互补，协同促进污染物的降解，从而弥补了 SO_4^-· 因选择性强而对部分污染物降解效果差的缺点。

研究表明，基于 SO_4^-· 的液相高级氧化技术对甲苯、苯、乙苯、氯苯等 59 种 VOCs 都有很好的去除效果，主要是因为 SO_4^-· 具有很好的选择性，对 C＝C 双键等富电子基团有较高氧化速率[230]。值得注意的是，由于液相协同过硫酸盐体系中主要存在 SO_4^-· 和 ·OH 两种活性物种，其对不同种类 VOCs 废气的氧化降解表现出明显的差异。例如，黄海保团队[205]利用液相协同 UV/PMS 体系氧化乙酸乙酯和甲苯两种物理化学特性差异大的混合气体，发现两者去除效率均超过 90%（图 12-47）。然而，进一步的研究表明，SO_4^-· 和 ·OH 与不同化学结构的 VOCs 的反应速率存在明显差异，SO_4^-· 容易攻击甲苯等含“碳碳双键”等富电子基团的 VOCs；而 ·OH 具有无选择性，容易攻击乙酸乙酯等含缺电子基团 VOCs。因此，液相协同 UV/PMS 对含多组分 VOCs 废气也展现出优异的去除效果，能够高效、优先氧化 VOCs 废气中优控污染物，实现 VOCs 及其特征污染物的科学、精准治理。

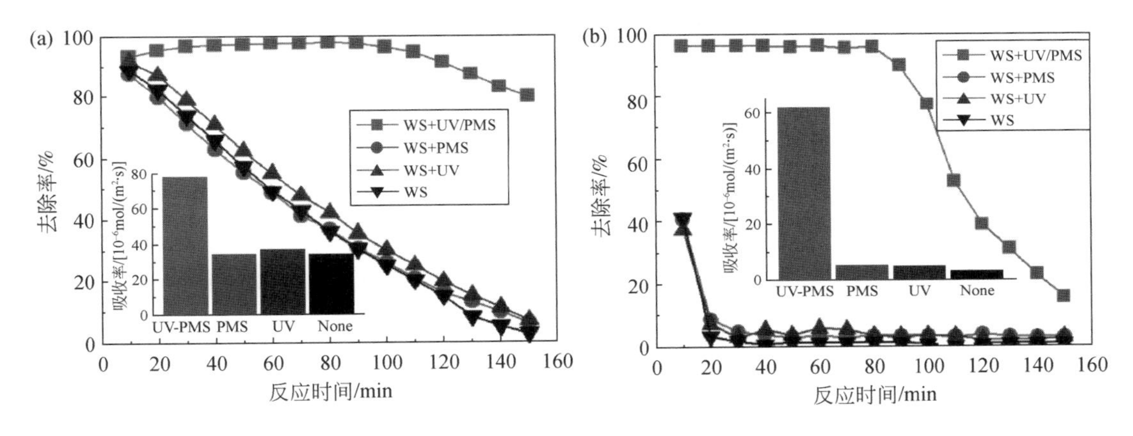

图 12-47　(a) 乙酸乙酯和 (b) 甲苯两种典型 VOCs 废气在液相协同 UV/PMS 体系内的去除效果和传质效果对比

由于 SO_4^-· 具有选择性，主要通过电子转移的方式氧化降解 VOCs 废气。因此，该过程容易产生含孤对电子的中间态产物，从而引起其他活性物种参与氧化反应过程。研究表明，SO_4^-· 首先攻击氯苯，并通过电子转移的方式从芳香环中夺取 1 个电子。此时，氯苯失去一个电子被氧化形成“碳正自由基”。“碳正自由基”能够激发 HO· 和 O_2 的协同作用，从而显著缩短了氯苯的降解途径，最终达到深度氧化降解氯苯的效果。然而，在缺氧条件下，“碳正自由基”会发生偶联反应生成二聚物，反而增加中间产物的毒性（图 12-48）。因此，控制体系中 SO_4^-·、HO·、O_2 的含量，能够得到更好的矿化协同效应，避免二次污染的产生。同时，该研究也发现，甲苯或氯苯废气经过液相协同过硫酸盐体系氧化降解后，大多数中间产物能够被氧化降解生成 CO_2，少部分中间产物存在羟基基团容易被液相截留，净化后出口气体中几乎没有检测到气态中间产物[231]。这也证明该体系能够有效减少气态中间产物的生成，避免大气二次污染，为 VOCs 废气深度氧化提供一种新的解决方案。

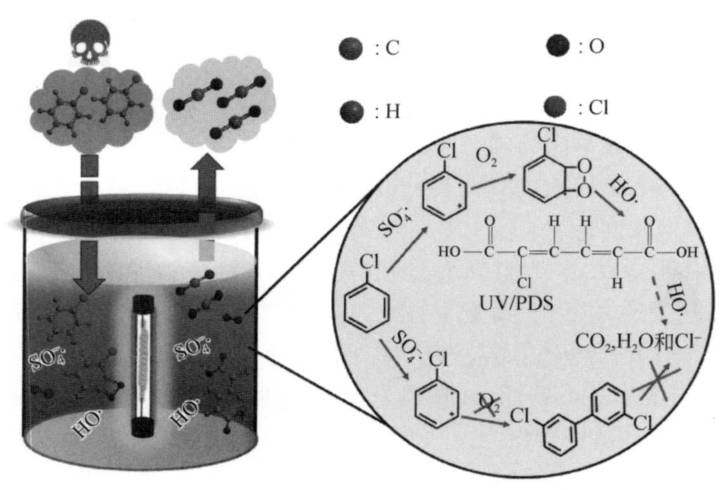

图 12-48　液相吸收协同 UV/PDS 体系深度氧化降解氯苯示意图

UV/PMS 体系能够有效活化 PMS 产生 SO_4^-·和 HO·降解气态 VOCs，但存在成本高、能耗高等问题，不利于实际工业应用。在废水处理领域，采用非均相催化剂活化 PMS 降解有机污染物已得到广泛应用，其不仅效率高、能耗少，而且可有效避免金属离子浸出、循环稳定性能好[232,233]。据文献报道，Co 和 Fe 等过渡金属氧化物是最常用于激活 PMS 的催化剂，其中 Co^{2+}活化 PMS 反应活性最高[234,235]。然而，非均相金属氧化物通常以颗粒聚集的形式出现，导致其分散性差，活化 PMS 的活性位点较少[236,237]。多孔材料的比表面积大，有利于分散金属纳米颗粒，有效暴露活性位点。黄海保等[238]以未煅烧的 SBA-15 为载体，通过一步煅烧法合成了高度分散的 Co-Fe 双金属催化剂，其能在液相体系中有效活化 PMS 产生 SO_4^-·和 HO·降解气态甲苯，其去除率高达 96%。由于未去除模板剂，Co 和 Fe 物种在未煅烧的 SBA-15 的限域空间范围内反应形成高度分散的活性物种，有效避免了传统制备过程中金属颗粒易于聚集的现象（图 12-49）。通过 SO_4^-·和 HO·的共同作用，甲

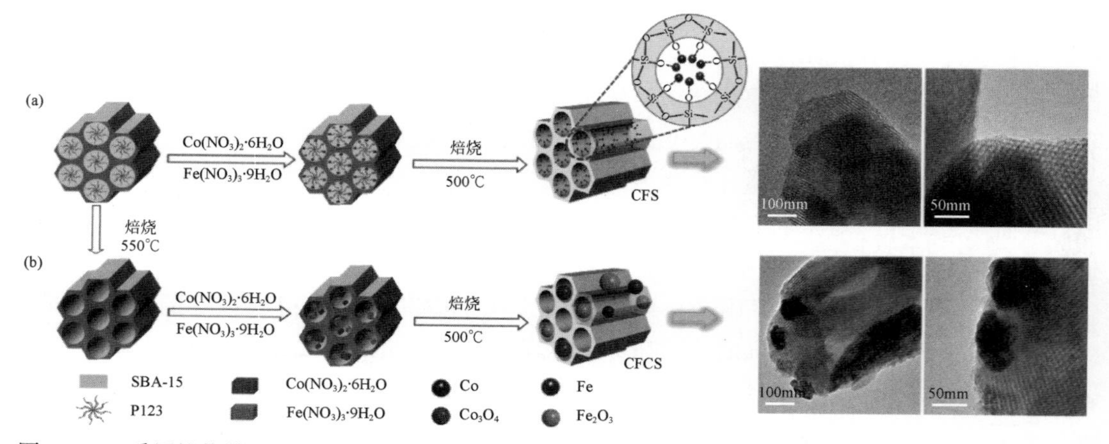

图 12-49　采用煅烧前（a）和煅烧后的 SBA-15（b）合成的 Co-Fe 双金属催化剂及其对应的 TEM 图像

苯被有效分解生成大量的小分子中间体（如烯酮、丁烯、乙酸、乙酸乙酯）并被截流在液相中，这些中间体可进一步受到自由基的攻击矿化为 CO_2 和 H_2O，从而有效降低母体 VOCs 及其毒副产物排放的环境风险（图 12-50）。除了甲苯之外，该催化剂对苯乙烯、氯苯等芳香烃类 VOCs 同样表现出优异的降解性能，苯乙烯、氯苯在体系中的降解率分别达到 91%、87%。以上结果表明，基于过硫酸盐的高级氧化技术适用于在液相体系中降解气态 VOCs，具有较高的降解效率和矿化能力，能够有效避免催化剂失活和二次空气污染。

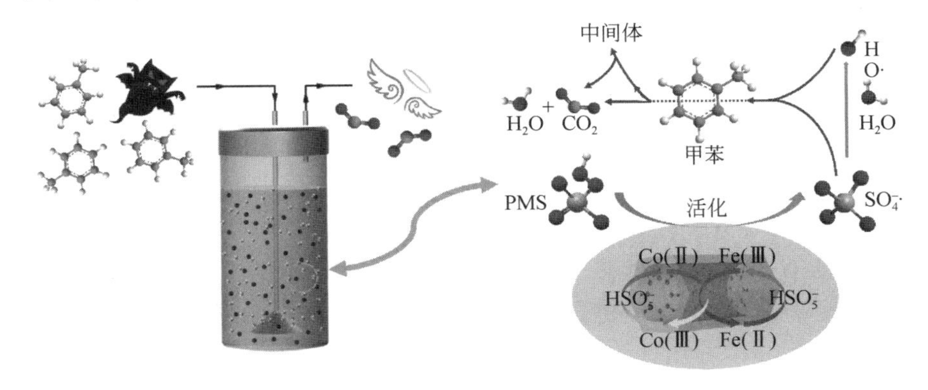

图 12-50　液相吸收协同 Co-Fe 双金属催化剂/PMS 体系深度氧化降解甲苯示意图[238]

12.7　总结与展望

我国低浓度、大风量 VOCs 废气来源众多，排放总量不可忽视，且随着各行业 VOCs 排放标准和政府监管日趋严格，各类低浓度 VOCs 废气成为我国当前重点整治对象。但是，低浓度 VOCs 存在污染物种类繁多、特性差异大、废气工况复杂等难题，单一治理技术往往难以达到排放要求。实现 VOCs 的高效深度处理具有一定挑战性，需要采用多种技术方法进行协同控制。近年来吸附浓缩-催化氧化、等离子体-催化氧化、光热协同催化氧化、光解协同催化氧化、臭氧协同催化氧化和液相吸收协同催化氧化等治理新技术得到广泛研究和一定程度的工业应用，为低浓度 VOCs 废气治理提供了新思路和解决方案。

吸附浓缩-催化氧化技术是目前应用最为广泛的协同控制技术，具有较高的吸附与催化氧化效率。该技术具有良好的自适应性，其去除效果对 VOCs 浓度变化不敏感，尤其适用于大风量、低浓度有机废气的治理。此外，吸附浓缩-催化氧化技术还具有设备投资、操作成本较低的优点。吸附剂的选择是该技术的关键。工业上常用吸附剂活性炭的结构以微孔为主，对有机物的吸附容量大、作用力强，同时也导致其再生困难、脱附阶段时间较长。升高温度可以提高脱附效率，这要求吸附剂具有较高的燃点。因此，不可燃的疏水分子筛吸附剂的开发和利用是该技术的重要发展方向之一。此外，通过调控吸附剂的孔结构，优化微孔-介孔比例，实现微孔吸附与介孔传质的协同，也是改善吸附与脱附动力学、提高吸附床的使用效率的有效方法。沸石转轮在治理大风量、低浓度有机废气方面优势明显，但对废气组分要求较高。由于沸石是硅铝酸盐，废气中如果存在酸性或碱性组分，会腐蚀其骨架结构，造成孔的坍塌。另外，沸石在吸附和高温脱附过程中，可能发生催化不饱和有机物（如苯乙烯）的缩聚反应，易生成聚合物。废气中的有机硅氧烷、高沸点的大分子物质等同样难以脱附，容易导致分子筛孔道堵塞、再生困难，可能会对分子筛转轮造成永久性损坏。因此，在选用转轮吸附技术前，需对废气组分进行可行性评估。总之，吸附浓缩-催化氧化技术的研发主要集中在疏水吸附材料的研制，提高吸附过程安全性的反应器结构、流场的设计，长寿命密封材料的开发和自动控制系统的优化等方面，随着关键材料与工艺的突破、模型研究的深入，该技术的应用将会更加成熟和普及。

等离子体技术具有反应温度低、活化能力强、启动迅速、设备简便易行等优点，受到了越来越多科研工作者的关注。等离子体技术对于低浓度、成分复杂的 VOCs 有较强的氧化治理能力，同时也存在应用中能耗普遍偏高、难以控制有害副产物（CO、O_3、NO_x 等）生成等问题，这成为限制该技术在 VOCs 氧化治理领域应用与发展的关键难题。等离子体-催化氧化技术能够结合等离子体与催化氧化各自的优势，使两者间产生协同效应，显著降低反应过程能耗，提升 VOCs 氧化性能和 CO_2 选择性，并抑制反应过程中有害副产物的产生，在低浓度 VOCs 氧化治理领域极具应用前景。目前，国内外已对等离子体催化氧化 VOCs 反应做了大量的研究工作，然而相关研究多局限于宏观层次的认识（主要关注 VOCs 转化率、产物选择性等指标），尚缺乏对反应微观物理-化学过程（如等离子体参数、微观反应动力学、等离子体与催化剂作用机制等）的深入认识，更难以企及对高效等离子体催化体系的定制。要进一步推动连续模式等离子体催化氧化 VOCs 技术的发展，有必要增强对等离子体催化体系内多场耦合特性逐步地深入理解，揭示等离子体与催化剂高效协同机制，从而为高性能的催化剂的研制提供理论依据与指导。更进一步地，依据具体 VOCs 氧化治理要求，实现对等离子体催化体系的定制，并开发廉价催化剂替代现有的高性能贵金属催化剂，为基于非贵金属催化剂构建高效的等离子体催化氧化 VOCs 系统开辟新途径。循环模式等离子体催化氧化过程中放电阶段时间短暂，能在保证有效氧化存储 VOCs 的同时显著降低能耗，并在多次循环过程中展现出优异的稳定性，这使其在低浓度 VOCs 净化治理方面展现良好的应用前景。

光热协同催化氧化和光解协同催化技术可以通过光激发产生的光催化以及热催化或臭氧催化氧化等多过程协同作用，能产生各类高活性氧化活性物种，具有氧化能力强、过程简单且反应条件温和等优点，因此近年来成为低浓度 VOCs 治理领域研究新热点。如何克服协同催化体系中光催化过程的固有缺点，如光量子效率低、电子/空穴对复合以及能耗高等，仍然是技术从实验室研究走向工业大规模应用需要重点解决的问题。对于光热协同催化氧化，光是造成催化剂温度升高的能量来源，因此催化剂须在具有良好的热催化/光催化性能的同时，必须能够有效地吸收光子，并将其转化成热能。从节能的角度，尤其期望催化剂具有强全太阳光谱响应能力，从而能实现完全由太阳光驱动的氧化反应。相对于其他 VOCs 降解技术，光热协同催化氧化技术的发展历程较短，在材料筛选与优化以及反应机制方面仍需要进一步深入的研究，揭示结构与性能之间的内在联系，切实提高 VOCs 的降解效率。当前的多数研究都是基于批次式反应器开展的，对于工业源有机废气的治理，也需要进一步针对实际连续排放进行反应器设计与优化。在光解协同催化技术中，同时存在光催化、臭氧氧化和催化氧化等过程协同作用，净化过程简单、效率高，该技术有望广泛应用于工业低浓度 VOCs、恶臭和室内环境异味治理。目前对 VUV 光解与催化的协同效应和机制的研究已取得一些进展，但多数研究仍只围绕苯、甲苯等单一污染物，有必要探索其他组分 VOCs 和复合污染治理应用。制造更高强度和高功率的双波段（185nm+254nm）紫外灯、提高臭氧利用率以强化污染物降解并彻底消除残余臭氧，也是实现 VOCs 深度氧化的有效策略。同时也需要开发低成本、多功能并可工业化应用的整体式催化剂，并针对不同行业和类型的 VOCs 废气开展工程示范应用。

臭氧催化氧化技术可以显著降低 VOCs 氧化反应温度，甚至在常温下实现 VOCs 高效深度氧化，过程简单、反应条件温和，臭氧被分解成氧气、无残余，是最有前途的 VOCs 控制技术之一。一方面，在电子产品制造、薄膜生产、包装容器、板材加工、印刷行业等众多工业过程中，由于采用高压电晕处理和 UV 固化导致臭氧和 VOCs 污染同时存在。另一方面，在工业 VOCs 治理过程大量采用的等离子体和光解氧化等过程中也会产生大量的臭氧副产物。因此非常有必要构建臭氧和 VOCs 协同治理技术体系，重点解决臭氧这种被“浪费”的资源。通过对臭氧的资源化利用，将臭氧化害为利，变废为宝，实现臭氧和 VOCs 高效协同深度净化。臭氧催化氧化技术具有重要的环境、经济和社会效益，已被国家发展和改革委员会纳入《VOCs 污染控制技术与装备创新平台建设》技术范畴，有望在多种场景中得到广泛应用，尤其是针对各种工业过程和室内环境中的低浓度 VOCs 和恶臭异味的治理。目前常温下 VOCs 的矿化率仍然有待提高，VOCs 难以完全被氧化和矿化，导致中间产物的生成、产生新污染，而且这些有机中间产物以及水分在反应过程中逐渐累积在催化剂表面，导致催化剂失活。因此，如何提高催化剂的矿化率、减少毒副中间产物的生成，提高潮湿和低温等极端环境工况下催化稳定性，是臭氧催化氧化后续需要重点攻克的难题。其中，臭氧催化氧化与臭氧发生技术相结合是进一步提高 VOCs 去除效率的有效途径。

液相吸收协同高级氧化 VOCs 是 AOPs 技术向废气治理领域的极大拓展，具有过程简单、氧化活性物种丰富且容易控制、反应速率和响应速度快等优点，具有广泛应用前景。但目前研究刚刚起步，基础理论和技术应用有待进一步挖掘和拓展。液相吸收协同高级氧化技术涉及吸收-吸附、界面反应和液相氧化等过程，亟须解决功能材料对气液传质和自由基氧化的增强机制认识不够深入，以及不同特性的 VOCs 在气-液-固三相分配、氧化及其转化的规律不够清楚等问题。另外，VOCs 液相降解过程中自由基的类型、产生方式和氧化降解行为等环节仍有待深入研究。典型 VOCs 与不同自由基（·OH 和 SO_4^-·）氧化反应的机制、结构-反应定量构效关系以及氧化剂高效活化等关键科学问题仍需解决。

参考文献

[1] 翟增秀，孟洁，王亘，等. 有机溶剂使用企业挥发性恶臭有机物排放特征及特征物质识别［J］. 环境科学，2018，39（8）：3557-3562.

[2] 栾志强，王喜芹，刘媛.《重点行业挥发性有机物综合治理方案》解读——末端治理技术［J］. 中国环保产业，2019，（11）：7-9.

[3] Zhuang Z P，Zhou W J，Pang Z H，et al. Analysis on comprehensive treatment of VOCs in key industries of a city［J］. E3S Web of Conferences，2020，145：02060.

[4] 张昊. 挥发性有机物废气处理技术进展与前瞻 [J]. 环境与发展, 2019, 1 (6): 80-82.
[5] 冯霞. 探究 VOC 废气治理工程技术方案 [J]. 低碳世界, 2021, 11 (01): 9-10.
[6] 席劲瑛. 工业 VOCs 气体处理技术应用状况调查分析 [J]. 中国环境科学, 2012, 32 (11): 1955-1960.
[7] 杨仲卿. 挥发性有机废气热氧化技术研究进展 [J]. 化工进展, 2017, 36 (10): 3866-3875.
[8] 席劲瑛. 不同行业点源产生 VOCs 气体的特征分析 [J]. 环境科学研究, 2014, 27 (2): 134-138.
[9] 栾志强, 郝郑平, 王喜芹, 等. 工业固定源 VOCs 治理技术分析评估 [J]. 环境科学, 2011, 32 (12): 3476-3486.
[10] Campesi M A, Carlos D, Lu Z, et al. Evaluation of an adsorption system to concentrate VOC in air streams prior to catalytic incineration [J]. Journal of Environmental Management, 2015, 154: 216-24.
[11] Campesi A, Carlos D, Lu Z, et al. Effect of concentration by thermal swing adsorption on the catalytic incineration of VOCs [J]. International Journal of Chemical Reactor Engineering, 2012. 10 (1): 1498-1502.
[12] Yamaguchi T, Aoki A, Sakurai M, et al. Development of new hybrid VOCs treatment process using activated carbon and electrically heated alumite catalyst [J]. Journal of Chemical Engineering of Japan, 2013, 46 (12): 802-810.
[13] 田静, 史兆臣, 万亚萌, 等. 挥发性有机物组合末端治理技术的研究进展 [J]. 应用化工, 2019, 48 (06): 1433-1439.
[14] 李蕾, 王学华, 王浩, 等. 吸附浓缩-催化燃烧工艺处理低浓度大风量有机废气 [J]. 环境工程学报, 2015, 9 (11): 5555-5561.
[15] Wang G, Dou B J, Zhang Z S, et al. Adsorption of benzene, cyclohexane and hexane on ordered mesoporous carbon [J]. Journal of Environmental Sciences, 2015, 30: 65-73.
[16] Zhang W. Microbial targeted degradation pretreatment: a novel approach to preparation of activated carbon with specific hierarchical porous structures, high surface areas, and satisfactory toluene adsorption performance [J]. Journal of Environmental Sciences, 2019, 53 (13): 7632-7640.
[17] 陈磊. 活性炭吸附浓缩-RCO 催化氧化装置在某涂装生产线废气净化系统中的应用 [J]. 现代矿业, 2019, 35 (6): 255-257.
[18] 高博, 曾毅夫, 叶明强, 等. 治理 VOCs 的新工艺——沸石转轮吸附浓缩+催化燃烧 [J]. 中国环保产业, 2016 (8): 39-45.
[19] 刘相章. 浅谈低浓度有机废气治理技术的选择 [J]. 中国环保产业, 2020, (2): 45-49.
[20] 陈弘俊, 韩忠娟, 罗福坤. 转轮吸附耦合催化氧化工艺吸脱附性能研究 [J]. 中国环保产业, 2019, (11): 29-32.
[21] Kuboňová L. The balancing of VOC concentration fluctuations by adsorption/desorption process on activated carbon [J]. Adsorption, 2013, 19 (2-4): 667-673.
[22] 邢春霞, 柴灵芝, 隋宝玉, 等. RCO 工艺在海工废气治理中的应用分析 [J]. 中国环保产业, 2020, (10): 43-46.
[23] Chen T, Fu CC, Liu Y Q, et al. Adsorption of volatile organic compounds by mesoporous graphitized carbon: enhanced organophilicity, humidity resistance, and mass transfer [J]. Separation and Purification Technology, 2021, 264: 118464.
[24] Hu Q, Dou B J, Tian H, et al. Mesoporous silicalite-1 nanospheres and their properties of adsorption and hydrophobicity [J]. Microporous and Mesoporous Materials, 2010. 129 (1-2): 30-36.
[25] Fridman A. Plasma Chemistry [M]. Cambridge: Cambridge University Press, 2008.

[26] 菅井秀郎. 等离子体电子工程学 [M]. 北京：科学出版社, 2002.
[27] 力伯曼，里登伯格. 等离子体放电原理与材料处理 [M]. 蒲以康等译. 北京：科学出版社, 2007.
[28] 朱益民. 非热放电环境污染治理技术 [M]. 北京：科学出版社, 2013.
[29] 弗尔曼，扎什京. 低温等离子体 [M]. 邱励俭译. 北京：科学出版社, 2019.
[30] Kim HH. Nonthermal plasma processing for air-pollution control: a historical review, current issues, and future prospects [J]. Plasma Processes and Polymers, 2004, 1 (2): 91-110.
[31] 杜长明. 低温等离子体净化有机废气技术 [M]. 北京：化学工业出版社, 2017.
[32] Karatum O, Deshusses M A. Comparative study of dilute VOCs treatment in a non-thermal plasma reactor [J]. Chemical Engineering Journal, 2016, 294: 308-315.
[33] Wan Y J, Fan X, Zhu T L. Removal of low-concentration formaldehyde in air by DC corona discharge plasma [J]. Chemical Engineering Journal, 2011, 171 (1): 314-319.
[34] Kogelschatz U. Dielectric-barrier discharges: their history, discharge physics, and industrial applications [J]. Plasma Chemistry and Plasma Processing, 2003, 23 (1): 1-46.
[35] Indarto A, Yang D R, Azhari C H, et al. Advanced VOCs decomposition method by gliding arc plasma [J]. Chemical Engineering Journal, 2007, 131 (1-3): 337-341.
[36] Storch D G, Kushner M J. Destruction mechanisms for formaldehyde in atmospheric pressure low temperature plasmas [J]. Journal of Applied Physics, 1993, 73 (1): 51-55.
[37] Hsiao M C, Penetrante B M, Merritt B T, et al. Effect of gas temperature on pulsed corona discharge processing of acetone, benzene and ethylene [J]. Journal of Advanced Oxidation Technologies, 1997, 2 (2): 306-311.
[38] Rudolph R, Francke K P, Miessner H. OH radicals as oxidizing agent for the abatement of organic pollutants in gas flows by dielectric barrier discharges [J]. Plasmas and Polymers, 2003, 8 (2): 153-161.
[39] Wu J L, Huang Y X, Xia Q B, et al. Decomposition of toluene in a plasma catalysis system with NiO, MnO_2, CeO_2, Fe_2O_3, and CuO catalysts [J]. Plasma Chemistry and Plasma Processing, 2013, 33 (6): 1073-1082.
[40] Penetrante B M, Hsiao M C, Bardsley J N, et al. Electron beam and pulsed corona processing of carbon tetrachloride in atmospheric pressure gas streams [J]. Physics Letters A, 1995, 209 (1-2): 69-77.
[41] Zhu B, Zhang L Y, Li M, et al. High-performance of plasma-catalysis hybrid system for toluene removal in air using supported Aunanocatalysts [J]. Chemical Engineering Journal, 2020, 381: 122599.
[42] Xiao G. Non-thermal plasmas for VOCs abatement [J]. Plasma Chemistry and Plasma Processing, 2014, 34 (5): 1033-1065.
[43] Chen H L, Lee H M, Chen S H, et al. Removal of volatile organic compounds by single-stage and two-stage plasma catalysis systems: a review of the performance enhancement mechanisms, current status, and suitable applications [J]. Environmental Science & Technology, 2009, 43 (7): 2216-2227.
[44] VanDurme J, Dewulf J, Leys C, et al. Combining non-thermal plasma with heterogeneous catalysis in waste gas treatment: a review [J]. Applied Catalysis B-Environmental, 2008, 78 (3-4): 324-333.
[45] Whitehead J C. Plasma-catalysis: the known knowns, the known unknowns and the unknown unknowns [J]. Journal of Physics D-Applied Physics, 2016, 49 (24): 24.
[46] Zhu B, Yan Y, Li M, et al. Low temperature removal of toluene over $Ag/CeO_2/Al_2O_3$ nanocatalyst in an atmospheric plasma catalytic system [J]. Plasma Processes and Polymers, 2018, 15 (8): e1700215.
[47] Chavadej S, Kiatubolpaiboon W, Rangsunvigit, et al. A combined multistage corona discharge and catalytic

system for gaseous benzene removal [J]. Journal of Molecular Catalysis a-Chemical, 2007, 263 (1-2): 128-136.

[48] Subrahmanyarn C, Renken A, Kiwi-Minsker L. Novel catalytic dielectric barrier discharge reactor for gas-phase abatement of isopropanol [J]. Plasma Chemistry and Plasma Processing, 2007, 27 (1): 13-22.

[49] Subrahmanyam C, Magureanu A, Renken, A, et al. Catalytic abatement of volatile organic compounds assisted by non-thermal plasma—Part 1. a novel dielectric barrier discharge reactor containing catalytic electrode [J]. Applied Catalysis B-Environmental, 2006, 65 (1-2): 150-156.

[50] Guo Y F, Ye D Q, Chen K F, et al. Toluene decomposition using a wire-plate dielectric barrier discharge reactor with manganese oxide catalyst in situ [J]. Journal of Molecular Catalysis A-Chemical, 2006, 245 (1-2): 93-100.

[51] Wallis A E, Whitehead J C, Zhang K. Plasma-assisted catalysis for the destruction of CFC-12 in atmospheric pressure gas streams using TiO_2 [J]. Catalysis Letters, 2007, 113 (1-2): 29-33.

[52] Chang M B, Lee H M. Batement of perfluorocarbons with combined plasma catalysis in atmospheric-pressure environment [J]. Catalysis Today, 2004, 89 (1-2): 109-115.

[53] Subrahmanyam C, Magureanu M, Laub D, et al. Nonthermal plasma abatement of trichloroethylene enhanced by photocatalysis [J]. Journal of Physical Chemistry C, 2007, 111 (11): 4315-4318.

[54] Li Y, Fan Z Y, Shi J W, et al. Post plasma-catalysis for VOCs degradation over different phase structure MnO_2 catalysts [J]. Chemical Engineering Journal, 2014, 241: 251-258.

[55] Li Y Z, Fan Z Y, Shi J W, et al. Removal of volatile organic compounds (VOCs) at room temperature using dielectric barrier discharge and plasma-catalysis [J]. Plasma Chemistry and Plasma Processing, 2014, 34 (4): 801-810.

[56] Einaga H, Ibusuki T, Futamura S. Performance evaluation of a hybrid system comprising silent discharge plasma and manganese oxide catalysts for benzene decomposition [J]. Ieee Transactions on Industry Applications, 2001, 37 (5): 1476-1482.

[57] Huang H B, Ye D Q, Leung D Y C, et al. Byproducts and pathways of toluene destruction via plasma-catalysis [J]. Journal of Molecular Catalysis A-Chemical, 2011, 336 (1-2): 87-93.

[58] Delagrange S, Pinard L, Tatibouet J M. Combination of a non-thermal plasma and a catalyst for toluene removal from air: manganese based oxide catalysts [J]. Applied Catalysis B-Environmental, 2006, 68 (3-4): 92-98.

[59] Demidiouk V, Chae J Q. Decomposition of volatile organic compounds in plasma-catalytic system [J]. Ieee Transactions on Plasma Science, 2005, 33 (1): 157-161.

[60] Jiang N, Qiu C, Guo L J, et al. Post plasma-catalysis of low concentration VOC over alu mina-supported silver catalysts in a surface/packed-bed hybrid discharge reactor [J]. Water Air and Soil Pollution, 2017, 228 (3): 113.

[61] An H T Q, Huu T P, Le Van T, et al. Application of atmospheric non thermal plasma-catalysis hybrid system for air pollution control: toluene removal [J]. Catalysis Today, 2011, 176 (1): 474-477.

[62] Dinh M T N, Giraudon, J M, Lamonier J F, et al. Plasma-catalysis of low TCE concentration in air using $LaMnO_{3+\delta}$ as catalysts [J]. Applied Catalysis B-Environmental, 2014, 147: 4-911.

[63] Lu M J, Huang R, Wang P T, et al. Asma-catalytic oxidation of toluene onmnxoy at atmospheric pressure and room temperature [J]. Plasma Chemistry and Plasma Processing, 2014, 34 (5): 1141-1156.

[64] Yan Y, Gao Y N, Zhang L Y, et al. Promoting plasma photocatalytic oxidation of toluene via the construction of porous Ag-CeO_2/TiO_2 photocatalyst with highly active Ag/oxide interface [J]. Plasma

Chemistry and Plasma Processing, 2020, 41 (1): 335-350.

[65] Guo Y F, Liao X B, Fu M L, et al. Toluene decomposition performance and NO_x by-product formation during a DBD-catalyst process [J]. Journal of Environmental Sciences, 2015, 28: 187-194.

[66] Raju B R, Reddy E L, Karuppiah J, et al. Catalytic non-thermal plasma reactor for the decomposition of a mixture of volatile organic compounds [J]. Journal of Chemical Sciences, 2013, 5 (3): 673-678.

[67] Kim HH, Ogata A, Futamura S. Oxygen partial pressure-dependent behavior of various catalysts for the total oxidation of VOCs using cycled system of adsorption and oxygen plasma [J]. Applied Catalysis B-Environmental, 2008, 79 (4): 356-367.

[68] 吕福功. 常温常压下等离子体氧化吸附态VOCs的研究 [D]. 大连: 大连理工大学, 2007.

[69] Zhao D Z, Li X S, Shi C, et al. Low-concentration formaldehyde removal from air using a cycled storage-discharge (CSD) plasma catalytic process [J]. Chemical Engineering Science, 2011, 66 (17): 3922-3929.

[70] Einaga H, Teraoka Y, Ogat A. Benzene oxidation with ozone over manganese oxide supported on zeolite catalysts [J]. Catalysis Today, 2011, 164 (1): 571-574.

[71] Lamaita L, Peluso M A, Sambeth J E, et al. Synthesis and characterization of manganese oxides employed in VOCs abatement [J]. Applied Catalysis B: Environmental, 2005, 61 (1): 114-119.

[72] Zhu B, Li X S, Sun P, et al. A novel process of ozone catalytic oxidation for low concentration formaldehyde removal [J]. Chinese Journal of Catalysis, 2017, 38 (10): 1759-1769.

[73] Zhao D Z, Shi C, Li X S, et al. Enhanced effect of water vapor on complete oxidation of formaldehyde in air with ozone over MnO_x catalysts at room temperature [J]. Journal of Hazardous Materials, 2012, 239-240: 362-369.

[74] Torres J Q, Giraudon G M, Lamonier J F. Formaldehyde total oxidation over mesoporous MnO_x catalysts [J]. Catalysis Today, 2011, 176 (1): 277-280.

[75] Fan H Y, Shi C, Li X S, et al. High-efficiency plasma catalytic removal of dilute benzene from air [J]. Journal of Physics D-Applied Physics, 2009, 42 (22): 225105.

[76] Fan H Y, Li X S, Shi C, et al. Plasma catalytic oxidation of stored benzene in a cycled storage-discharge (CSD) process: catalysts, reactors and operation conditions [J]. Plasma Chemistry and Plasma Processing, 2011, 31 (6): 799-810.

[77] Chen X, Cai S C, Yu E Q, et al. Photothermocatalytic performance of ACo_2O_4 type spinel with light-enhanced mobilizable active oxygen species for toluene oxidation [J]. Applied Surface Science, 2019, 484: 479-488.

[78] 芮泽宝, 杨晓庆, 陈俊妃. 光热协同催化净化挥发性有机物的研究进展及展望 [J]. 化工学报, 2018, 69 (12): 4947-4958.

[79] 李娟娟, 张梦, 菜松财. 光热催化氧化VOCs的研究进展 [J]. 环境工程, 2020, 38 (1): 13-20.

[80] Cai S C, Li J J, Yu E Q, et al. Strong photothermal effect of plasmonic Pt nanoparticles for efficient degradation of volatile organic compounds under solar light irradiation [J]. ACS Applied Nano Materials, 2018, 1 (11): 6368-6377.

[81] Wang Z, Xie S H, Feng Y, et al. Simulated solar light driven photothermal catalytic purification of toluene over iron oxide supported single atom Pt catalyst [J]. Applied Catalysis B: Environmental, 2021, 298: 120612.

[82] Guo Y L, Wen M C, Li G Y, et al. Recent advances in VOC elimination by catalytic oxidation technology onto various nanoparticles catalysts: a critical review [J]. Applied Catalysis B: Environmental, 2021,

281: 119447.

[83] Li Y Z, Huang J C, Peng T, et al. T Photothermocatalytic synergetic effect leads to high efficient detoxification of benzene on TiO_2 and Pt/TiO_2 nanocomposite [J]. ChemCatChem, 2010, 2 (9): 1082-1087.

[84] Mao M Y, Li Y Z, Lv H Q, et al. Efficient UV-vis-IR light-driven thermocatalytic purification of benzene on a Pt/CeO_2 nanocomposite significantly promoted by hot electron- induced photoactivation [J]. Environmental Science: Nano, 2017, 4 (2): 373-384.

[85] Zou J S, Si Z C, Cao Y D, et al. Localized surface plasmon resonance assisted photothermal catalysis of CO and toluene oxidation over Pd-CeO_2 catalyst under visible light irradiation [J]. The Journal of Physical Chemistry C, 2016, 120 (51): 29116-29125.

[86] Li Y Y, Wang C H, Zheng H, et al. Surface oxygen vacancies on WO_3 contributed to enhanced photothermo-synergistic effect [J]. Applied Surface Science, 2017, 391: 654-661.

[87] Zeng M, L i Y Z, Mao M Y, et al. Synergetic effect between photocatalysis on TiO_2 and thermocatalysis on CeO_2 for gas-phase oxidation of benzene on TiO_2/CeO_2 nanocomposites [J]. ACS Catalysis, 2015, 5 (6): 3278-3286.

[88] Shi Z K, Lan L, Li Y Z, et al. Co_3O_4/TiO_2 Nanocomposite formation leads to improvement in ultraviolet-visible-infrared-driven thermocatalytic activity due to photoactivation and photocatalysis-thermocatalysis synergetic effect [J]. ACS Sustainable Chemistry & Engineering, 2018, 6 (12): 16503-16514.

[89] Yang Y, Li Y Z, Mao M Y, et al. UV-visible-infrared light driven thermocatalysis for environmental purification on ramsdellite MnO_2 hollow spheres considerably promoted by a novel photoactivation [J]. ACS Appl Mater Interfaces, 2017, 9 (3): 2350-2357.

[90] Ma Y, Li Y Z, Mao M Y, et al. Synergetic effect between photocatalysis on TiO_2 and solar light-driven thermocatalysis on MnO_x for benzene purification on MnO_x/TiO_2 nanocomposites [J]. Journal of Materials Chemistry A, 2015, 3 (10): 5509-5516.

[91] Hou J T, Li Y Z, Mao M Y, et al. Full solar spectrum light driven thermocatalysis with extremely high efficiency on nanostructured Ce ion substituted OMS-2 catalyst for VOCs purification [J]. Nanoscale, 2015, 7 (6): 2633-2640.

[92] Chen J Y, Hen Z G, Li G Y, et al. Visible-light-enhanced photothermocatalytic activity of ABO_3-type perovskites for the deconta mination of gaseous styrene [J]. Applied Catalysis B: Environmental, 2017, 209: 146-154.

[93] Kamal M S, Razzak S A, Hossain M M. Catalytic oxidation of volatile organic compounds (VOCs): a review [J]. Atmospheric Environment, 2016, 140: 117-134.

[94] Tsuji M, Miyano M, Kamo N, et al. Photochemical removal of acetaldehyde using 172nm vacuum ultraviolet excimer lamp in N_2 or air at atmospheric pressure [J]. Environmental Science and Pollution Research, 2019, 26 (11): 11314-11325.

[95] Liu Y, Wang Y. Gaseous elemental mercury removal using VUV and heat coactivation of Oxone/H_2O/O_2 in a VUV-spraying reactor [J]. Fuel, 2019, 243: 352-361.

[96] Zoschke K, Börnick H, Worch E. Vacuum-UV radiation at 185nm in water treatment: a review [J]. Water Research, 2014, 52: 131-145.

[97] Teddy B, Fabricr D, gregoire D, et al. Radical-induced chemistry from VUV photolysis of interstellar ice analogues containing formaldehyde [J]. Astronomy & Astrophysics, 2016, 593: A60.

[98] Huang H B, Lu H X, Huang H L, et al. Recent development of VUV-based processes for air pollutant deg-

radation [J]. Frontiers in Environmental Science, 2016, 4: 00017.

[99] Huang H H, Ye X G, Huang H L, et al. Photocatalytic oxidation of gaseous Benzene under 185 nm UV irradiation [J]. International Journal of Photoenergy, 2013, Article ID 890240.

[100] Han M Q, Mohseni M. Impact of organic and inorganic carbon on the formation of nitrite during the VUV photolysis of nitrate containing water [J]. Water Research, 2020, 68: 115169.

[101] Alessandra B P, Valter M, Debora F, et al. Degradation of mela mine in aqueous systems by vacuum UV-(VUV-) photolysis. An alternative to photocatalysis [J]. Catalysis Today, 2020, 340: 286-293.

[102] Yang L X, Zhang Z H. Degradation of six typical pesticides in water by VUV/UV/chlorine process: evaluation of the synergistic effect [J]. Water Research, 2019, 161: 439-447.

[103] Thomson J, Roddick F A, Drikas M. Vacuum ultraviolet irradiation for natural organic matter removal [J]. Journal of Water Supply: Research and Technology-AQUA, 2004, 53 (4): 193-206.

[104] Tasaki T, Wada T, Baba Y. Degradation of surfactants by an integrated nanobubbles/VUV irradiation technique [J]. Industrial & Engineering Chemistry Research, 2009, 48 (9): 4237-4244.

[105] Kim I, Tanaka H. Photodegradation characteristics of PPCPs in water with UV treatment [J]. Environment International, 2009, 35 (5): 793-802.

[106] Alapi T, Dombi A. Comparative study of the UV and UV/VUV-induced photolysis of phenol in aqueous solution [J]. Journal of Photochemistry & Photobiology A Chemistry, 2007, 188 (2-3): 409-418.

[107] Zhang Q, Wang L, Chen Y, et al. Understanding and modeling the formation and transformation of hydrogen peroxide in water irradiated by 254nm ultraviolet (UV) and 185nm vacuum UV (VUV): effects of pH and oxygen [J]. Chemosphere, 2020, 244: 125483.

[108] Xie P, Yue S Y, Ding J Q, et al. Degradation of organic pollutants by vacuum-ultraviolet (VUV): kinetic model and efficiency [J]. Water Research, 2018, 133: 69-78.

[109] Masschelein W J, Rice R G. Ultraviolet Light in Water and Wastewater sanitation [M]. Boca Raton: Lewis Publishers, 2016.

[110] Xue Y F, Lu A G, Fu X R, et al. Simultaneous removal of benzene, toluene, ethylbenzene and xylene (BTEX) by CaO_2 based Fenton system: Enhanced degradation by chelating agents [J]. Chemical Engineering Journal, 2018, 331: 255-264.

[111] Huang H B, Huang H L, Feng Q Y, et al. Catalytic oxidation of benzene over Mn modified TiO_2/ZSM-5 under vacuum UV irradiation [J]. Applied Catalysis B: Environmental, 2017, 203: 870-878.

[112] He C, Shen B X, Chen J H, et al. Adsorption and oxidation of elemental mercury over Ce-MnO_x/Ti-PILCs [J]. Environmental Science Technology, 2014, 48 (14): 7891-7898.

[113] Sleiman M, Conchon P, Ferronato C, et al. Photocatalytic oxidation of toluene at indoor air levels (ppbv): towards a better assessment of conversion, reaction intermediates and mineralization [J]. Applied Catalysis B: Environmental, 2009, 86 (3-4): 159-165.

[114] Quici N. Effect of key parameters on the photocatalytic oxidation of toluene at low concentrations in air under 254+185nm UV irradiation [J]. Applied Catalysis B: Environmental, 2010, 95 (3-4): 312-319.

[115] Farhanian D, Haghighat F, Lee C S, et al. Impact of design parameters on the performance of ultraviolet photocatalytic oxidation air cleaner [J]. Building and Environment, 2013, 66: 148-157.

[116] Chen J M, Cheng Z W, Jiang Y F, et al. Direct VUV photodegradation of gaseous α-pinene in a spiral quartz reactor: intermediates, mechanism, and toxicity/biodegradability assessment [J]. Chemosphere, 2010, 81 (9): 1053-1060.

[117] Alapi T, Dombi A. Direct VUV photolysis of chlorinated methanes and their mixtures in an oxygen stream

using an ozone producing low- pressure mercury vapour lamp [J]. Chemosphere, 2007, 67 (4): 693-701.

[118] Huang H B, Huang H L, Zhang L, et al. Photooxidation of gaseous benzene by 185nm VUV irradiation [J]. Environmental Engineering Science, 2014, 31 (8): 481-486.

[119] Dhada I, Sharma M, Nagar P K. Quantification and human health risk assessment of by-products of photo catalytic oxidation of ethyl benzene, xylene and toluene in indoor air of analytical laboratories [J]. Journal of Hazardous Materials, 2016, 316: 1-10.

[120] Zhao W R, Yang Y N, Dai J S, et al. VUV photolysis of naphthalene in indoor air: intermediates, pathways, and health risk [J]. Chemosphere, 2013, 91 (7): 1002-1008.

[121] Liu Y X, Wang Q, Pan J F. Novel process of simultaneous removal of nitric oxide and sulfur dioxide using a vacuum ultraviolet (VUV) -activated $O_2H_2OH_2O_2$ system in a wet VUV-spraying reaction [J]. Environmental Science & Technology, 2016, 50: 12966-12975.

[122] Liang S M, Shu Y J, Li K, et al. Mechanistic insights into toluene degradation under VUV irradiation coupled with photocatalytic oxidation [J]. Journal of Hazardous Materials, 2020, 399: 122967.

[123] Moussavi G, Shekoohiyan S. Simultaneous nitrate reduction and aceta minophen oxidation using the continuous-flow chemical- less VUV process as an integrated advanced oxidation and reduction process [J]. Journal of Hazardous Materials, 2016, 318: 329-338.

[124] Mora A S, Mohseni M. Temperature dependence of the absorbance of 185nm photons by water and commonly occurring solutes and its influence on the VUV advanced oxidation process [J]. Environmental Science Water Research & Technology, 2018, 4: 1303-1309.

[125] Fu P F, Feng J, Yang H F, et al. Degradation of sodium *n*-butyl xanthate by vacuum UV-ozone (VUV/O_3) in comparison with ozone and VUV photolysis [J]. Process Safety and Environmental Protection, 2016, 102: 64-70.

[126] Li M K, Qiang Z M, Hou O, et al. VUV/UV/chlorine as an enhanced advanced oxidation process for organic pollutant removal from water: assessment with a novel mini-fluidic VUV/UV photoreaction system (MVPS) [J]. Environmental Science Technology, 2016, 50 (11): 849-956.

[127] Li M K, Hao M Y, Yang L X, et al. Trace organic pollutant removal by VUV/UV/chlorine process: feasibility investigation for drinking water treatment on a mini-fluidic VUV/UV photoreaction system and a pilot photoreactor [J]. Environmental Science Technology, 2018, 52 (13): 7426-7433.

[128] Huang X, Yuan J, Shi J W, et al. Ozone- assisted photocatalytic oxidation of gaseous acetaldehyde on TiO_2/H-ZSM-5 catalysts [J]. Journal of hazardous materials, 2009, 171 (1-3): 827-832.

[129] Fu P F, Zhang P Y. Characterization of Pt-TiO_2 film used in three formaldehyde photocatalytic degradation systems: UV_{254nm}, O_3+UV_{254nm} and $UV_{254+185nm}$ via X-ray photoelectron spectroscopy [J]. Chinese Journal of Catalysis, 2014, 35 (2): 210-218: 119447.

[130] Kim J Y, Zhang P Y, Li J, et al. Photocatalytic degradation of gaseous toluene and ozone under $UV_{254+185nm}$ irradiation using a Pd-deposited TiO_2 film [J]. Chemical Engineering Journal, 2014, 252: 337-345.

[131] Huang H B, Huang H L, Zhang L, et al. Enhanced degradation of gaseous benzene under vacuum ultraviolet (VUV) irradiation over TiO_2 modified by transition metals [J]. Chemical Engineering Journal, 2015, 259: 534-541.

[132] Shu Y J, Ji J, Xu Y, et al. Promotional role of Mn doping on catalytic oxidation of VOCs over mesoporous TiO_2 under vacuum ultraviolet (VUV) irradiation [J]. Applied Catalysis B: Environmental, 2018, 220: 78-87.

[133] Valerio A, Wang J F, Tong S, et al. Synergetic effect of photocatalysis and ozonation for enhanced tetracycline degradation using highlymacroporous photocatalytic supports [J], Chemical Engineering and Processing-Process Intensification, 2020, 149, 107838.

[134] Zhu X C, Zhang S, Yu X N, et al. Controllable synthesis of hierarchical MnO_x/TiO_2 composite nanofibers for complete oxidation of low-concentration acetone [J]. Journal of hazardous materials, 2017, 337: 105-114.

[135] Huang H, Ye X, Huang W J, et al. Ozone-catalytic oxidation of gaseous benzene over MnO_2/ZSM-5 at ambient temperature: catalytic deactivation and its suppression [J]. Chemical Engineering Journal, 2015, 264: 24-31.

[136] Huang H B, Huang W J, Xu Y, et al. Catalytic oxidation of gaseous benzene with ozone over zeolite-supported metal oxide nanoparticles at room temperature [J]. Catalysis Today, 2015, 258: 627-633.

[137] Liu B Y, Ji J, Zhang B G, et al. Catalytic ozonation of VOCs at low temperature: a comprehensive review [J]. Journal of Hazardous Materials, 2022, 422: 126847.

[138] Reed C, Xi Y, Oyama S T. Distinguishing between reaction intermediates and spectators: a kinetic study of acetone oxidation using ozone on a silica-supported manganese oxide catalyst [J]. Journal of Catalysis, 2005, 235 (2): 378-392.

[139] Rezaei E, Soltan J. Exafs and kinetic study of MnO_x/γ-alumina in gas phase catalytic oxidation of toluene by ozone [J]. Applied Catalysis B: Environmental, 2014, 148-149: 70-79.

[140] Hu M C, Yao Z H, Hui K N, et al. Novel mechanistic view of catalytic ozonation of gaseous toluene by dual-site kinetic modelling [J]. Chemical Engineering Journal, 2017, 308: 710-718.

[141] Ji J, Fang Y, He L S, et al. Efficient catalytic removal of airborne ozone under ambient conditions over manganese oxides immobilized on carbon nanotubes [J]. Catalysis Science & Technology, 2019, 9 (15): 4036-4046.

[142] Liu S L, Ji J, Yu Y, et al. Facile synthesis of amorphous mesoporous manganese oxides for efficient catalytic decomposition of ozone [J]. Catalysis Science & Technology, 2018, 8 (16): 4264-4273.

[143] Yu Y, Ji J, Li K, et al. Activated carbon supported MnO nanoparticles for efficient ozone decomposition at room temperature [J]. Catalysis Today, 2020, 355: 573-579.

[144] Li J, Na H B, Zwng X L, et al. *In situ* drifts investigation for the oxidation of toluene by ozone over Mn/HZSM-5, Ag/HZSM-5 and Mn-Ag/HZSM-5 catalysts [J]. Applied Surface Science, 2014, 311: 690-696.

[145] Aghbolaghy M, Soltan J, Chen N. Role of surface carboxylates in the gas phase ozone-assisted catalytic oxidation of toluene [J]. Catalysis Letters, 2017, 147 (9): 2421-2433.

[146] Aghbolaghy M, Soltan J, Sutarto R. The role of surface carboxylates in catalytic ozonation of acetone on alu mina-supported manganese oxide [J]. Chemical Engineering Research and Design, 2017, 128: 73-84.

[147] 赵德志. 甲醛脱除的等离子体催化新过程与 O_3 催化氧化 [D]. 大连: 大连理工大学, 2012.

[148] Einaga H, Ogata A. Benzene oxidation with ozone over supported manganese oxide catalysts: effect of catalyst support and reaction conditions [J]. Journal of Hazardous Materials, 2009, 164 (2-3): 1236-41.

[149] Einaga H, Futamura S. Catalytic oxidation of benzene with ozone over alu mina-supported manganese oxides [J]. Journal of Catalysis, 2004, 227 (2): 304-312.

[150] Einaga H, Futamura S. Comparative study on the catalytic activities of alu mina-supported metal oxides for oxidation of benzene and cyclohexane with ozone [J]. Reaction Kinetics and Catalysis Letters, 2004. 81

(1): 121-128.

[151] Einaga H, Mseda N, Yamamoto S. Catalytic properties of copper-manganese mixed oxides supported on SiO_2 for benzene oxidation with ozone [J]. Catalysis Today, 2015, 245: 22-27.

[152] Rezaei E, Soltan J. Low temperature oxidation of toluene by ozone over MnO_x/γ-alu mina and MnO_x/MCM-41 catalysts [J]. Chemical Engineering Journal, 2012, 198-199: 482-490.

[153] Shao J M, Lin F W, Liu P X, et al. Low temperature catalytic ozonation of toluene in flue gas over Mn-based catalysts: effect of support property and SO_2/water vapor addition [J]. Applied Catalysis B: Environmental, 2020, 266.

[154] Li W, Gibbs G V, Oyama S T, Mechanism of ozone decomposition on a manganese oxide catalyst. 1. *In situ* Raman spectroscopy and *ab initio* molecular orbital calculations [J]. Journal of the American Chemical Society, 1998, 120 (35): 9041-9046.

[155] Li W, Oyama S T. Mechanism of ozone decomposition on a manganese oxide catalyst. 2. Steady-state and transient kinetic studies [J]. Journal of the American Chemical Society, 1998, 120 (35): 9047-9052.

[156] Kwong C W, Chao C Y, Hui K S, et al. Catalytic ozonation of toluene using zeolite and MCM-41 materials [J]. Environmental Science & Technology, 2008, 42 (22): 8504-8509.

[157] Chao C Y, Kwong C W, Hui K S. Potential use of a combined ozone and zeolite system for gaseous toluene eli mination [J]. Journal of Hazardous Materials, 2007, 143 (1-2): 118-127.

[158] Kwong C W, Chao C Y H, Hui K S, et al. Removal of VOCs from indoor environment by ozonation over different porous materials [J]. Atmospheric Environment, 2008, 42 (10): 2300-2311.

[159] Gopi T, Swrth G, Shekar S C, et al. Ozone catalytic oxidation of toluene over 13X zeolite supported metal oxides and the effect of moisture on the catalytic process [J]. Arabian Journal of Chemistry, 2016, 12 (8): 4502-4513.

[160] Lee C R, Jurng J, Bae G N, et al. Effect of Mn precursors on benzene oxidation with ozone over MnO_x/MCM-41 at low temperature [J]. Journal of Nanoscience and Nanotechnology, 2011, 11 (8): 7303-7306.

[161] Park J H. Kim J M, Jin M, et al. Catalytic ozone oxidation of benzene at low temperature over MnO_x/Al-SBA-16 catalyst [J]. Nanoscale Research Letters, 2012, 7: 14.

[162] Jin M S, Jung H K, Ji M K, et al. Benzene oxidation with ozone over MnO_x/SBA-15 catalysts [J]. Catalysis Today, 2013, 204: 108-113.

[163] Park J H, Kim J M, Jin M, et al. Catalytic oxidation of benzene with ozone over Mn/KIT-6 [J]. Journal of Nanoscience and Nanotechnology, 2013, 13 (1): 423-426.

[164] Chen G Y, Wang Z, Lin F W, et al. Comparative investigation on catalytic ozonation of VOCs in different types over supported MnO_x catalysts [J]. Journal of Hazardous Materials, 2020, 391: 122218.

[165] Lin F W, Wang Z, Zhang Z M, et al. Comparative investigation on chlorobenzene oxidation by oxygen and ozone over a MnO_x/Al_2O_3 catalyst in the presence of SO_2 [J]. Environmental Science & Technology, 2021, 55 (5): 3341-3351.

[166] Fang R M, Huang H B, Huang W J, et al. Influence of peracetic acid modification on the physicochemical properties of activated carbon and its performance in the ozone-catalytic oxidation of gaseous benzene [J]. Applied Surface Science, 2017, 420: 905-910.

[167] Fang R M, Huang W J, Huang H B, et al. Efficient MnO_x/SiO_2@AC catalyst for ozone-catalytic oxidation of gaseous benzene at ambient temperature [J]. Applied Surface Science, 2019, 470: 439-447.

[168] Hu M, Hui K S, Hui K N. Role of graphene in MnO_2/graphene composite for catalytic ozonation of gaseous

toluene [J]. Chemical Engineering Journal, 2014, 254: 237-244.

[169] Wang H C, Huang Z W, Jiang Z, et al. Trifunctional C@ MnO catalyst for enhanced stable simultaneously catalytic removal of formaldehyde and ozone [J]. ACS Catalysis, 2018, 8 (4): 3164-3180.

[170] Zhang Y, Shi J, Fang W J, et al. Simultaneous catalytic eli mination of formaldehyde and ozone over one-dimensional rod-like manganese dioxide at ambient temperature [J]. Journal of Chemical Technology and Biotechnology, 2019, 94 (7): 2305-2317.

[171] Zhang Z M, Xiang K, Lin F W, et al. Catalytic deep degradation of Cl-VOCs with the assistance of ozone at low temperature over MnO_2 catalysts [J]. Chemical Engineering Journal, 2021, 426: 130814.

[172] He C. Facet engineered α-MnO_2 for efficient catalytic ozonation of odor CH_3SH: oxygen vacancy-induced active centers and catalytic mechanism [J]. Environmental Science & Technology, 2020, 54 (19): 12771-12783.

[173] Zhao D Z, Ding T Y, Li X S, et al. Ozone catalytic oxidation of HCHO in air over MnO_x at room temperature [J]. Chinese Journal of Catalysis, 2012, 33 (2-3): 396-401.

[174] Wang H C, Liang H S, Chang M B. Chlorobenzene oxidation using ozone over iron oxide and manganese oxide catalysts [J]. Journal of Hazardous Materials, 2011, 186 (2-3): 1781-1787.

[175] Wang H C, Liang H S, Chang M B. Ozone-enhanced catalytic oxidation of monochlorobenzene over iron oxide catalysts [J]. Chemosphere, 2011, 82 (8): 1090-1095.

[176] Wang H C, Chang S H, Hung P C, et al. Catalytic oxidation of gaseous PCDD/Fs with ozone over iron oxide catalysts [J]. Chemosphere, 2008, 71 (2): 388-397.

[177] Wang H C, Chang S H, Huang P C, et al. Synergistic effect of transition metal oxides and ozone on PCDD/F destruction [J]. Journal of Hazardous Materials, 2009, 164 (2-3): 1452-1459.

[178] Wang H C, Guo W Q, Jiang Z, et al. New insight into the enhanced activity of ordered mesoporous nickel oxide in formaldehyde catalytic oxidation reactions [J]. Journal of Catalysis, 2018, 361: 370-383.

[179] Sugasawa M, Ogata A. Effect of different combinations of metal and zeolite on ozone-assisted catalysis for toluene removal [J]. Ozone-Science & Engineering, 2011, 33 (2): 158-163.

[180] Einaga H, Ogata A. Catalytic oxidation of benzene in the gas phase over alu mina-supported silver catalysts [J]. Environmental Science & Technology, 2010, 44 (7): 2612-2617.

[181] Xia D H, Xu W J, Wang Y C, et al. Enhanced performance and conversion pathway for catalytic ozonation of methyl mercaptan on single-atom Ag deposited three-dimensional ordered mesoporous MnO_2 [J]. Environmental Science & Technology, 2018, 52 (22): 13399-13409.

[182] Rezaei E, Soltan J, Chen N, et al. Effect of noble metals on activity of MnO_x/γ-alu mina catalyst in catalytic ozonation of toluene [J]. Chemical Engineering Journal, 2013, 214: 219-228.

[183] Baei M S, Katal R, Abbasian S. Removal of toluene from polluted air using ozone and Pt catalyst [J]. Asian Journal of Chemistry, 2012, 24 (1): 81-84.

[184] Xiao H L, Wu J L, Wang X Q, et al. Ozone-enhanced deep catalytic oxidation of toluene over a platinum-ceria-supported BEA zeolite catalyst [J]. Molecular Catalysis, 2018, 460: 7-15.

[185] Zhu J. Catalytic activity and mechanism of fluorinated MgO film supported on 3D nickel mesh for ozonation of gaseous toluene [J]. Environmental Science: Nano, 2020, 7: 2723-2734.

[186] Tian S H, Zhan S J, Lou Z C, et al. Electrodeposition synthesis of 3D-$NiO_{1-\delta}$ flowers grown on Ni foam monolithic catalysts for efficient catalytic ozonation of VOCs [J]. Journal of Catalysis, 2021, 398: 1-13.

[187] Jiang H B, Xu X C, Zhang Y, et al. Nano ferrites (AFe_2O_4, A=Zn, Co, Mn, Cu) as efficient catalysts for catalytic ozonation of toluene [J]. RSC Advances, 2020, 10 (9): 5116-5128.

[188] Teramoto Y, Kosuge K, Sugasawa M, et al. Zirconium/cerium oxide solid solutions with addition of SiO_2 as ozone-assisted catalysts for toluene oxidation [J]. Catalysis Communications, 2015, 61: 112-116.
[189] Zhang Z M, Lin F W, Xiang L, et al. Synergistic effect for simultaneously catalytic ozonation of chlorobenzene and NO over $MnCoO_x$ catalysts: byproducts formation under practical conditions [J]. Chemical Engineering Journal, 2022, 427: 130929.
[190] Liu Y, Li X S, Liu J L, et al. Ozone catalytic oxidation of benzene over AgMn/HZSM-5 catalysts at room temperature: effects of Mn loading and water content [J]. Chinese Journal of Catalysis, 2014, 35 (9): 1465-1474.
[191] Yu Y, Liu S L, Ji L, et al. Amorphous MnO_2 surviving calcination: an efficient catalyst for ozone decomposition [J]. Catalysis Science & Technology, 2019, 9 (18): 5090-5099.
[192] Sekiguchi K, Sanada A, Sakamoto K. Degradation of toluene with an ozone-decomposition catalyst in the presence of ozone, and the combined effect of TiO_2 addition [J]. Catalysis Communications, 2003, 4 (5): 247-252.
[193] Li M S, Hui K N, Hui K S, et al. Influence of modification method and transition metal type on the physicochemical properties of MCM-41 catalysts and their performances in the catalytic ozonation of toluene [J]. Applied Catalysis B: Environmental, 2011, 107 (3-4): 245-252.
[194] Einaga H, Teraoka Y, Ogata A. Catalytic oxidation of benzene by ozone over manganese oxides supported on USY zeolite [J]. Journal of Catalysis, 2013, 305: 227-237.
[195] An H B, Park S H, Jhurng S H, et al. Benzene oxidation with ozone over MnO_x/MSU-H and MnO_x/mesoporous-SAPO-34 catalysts [J]. Journal of Nanoscience and Nanotechnology, 2015, 15 (1): 454-458.
[196] Einaga H, Maeda N, Nagai Y. Comparison of catalytic properties of supported metal oxides for benzene oxidation using ozone [J]. Catalysis Science & Technology, 2015, 5 (6): 3147-3158.
[197] Rezaei F, Moussavi G, Bakhtiari A R, et al. Toluene removal from waste air stream by the catalytic ozonation process with MgO/GAC composite as catalyst [J]. Journal of Hazardous Materials, 2016, 306: 348-358.
[198] Chen R, Jin D D, Yang H S, et al. Ozone promotion of monochlorobenzene catalytic oxidation over carbon nanotubes-supported copper oxide at high temperature [J]. Catalysis Letters, 2013, 143 (11): 1207-1213.
[199] Jin D D, Ren Z Y, Ma Z X, et al. Low temperature chlorobenzene catalytic oxidation over MnO_x/CNTs with the assistance of ozone [J]. RSC Advances, 2015, 5 (20): 15103-15109.
[200] Zhang Y, Chen M X, Zhang Z X, et al. Simultaneously catalytic decomposition of formaldehyde and ozone over manganese cerium oxides at room temperature: promotional effect of relative humidity on the $MnCeO_x$ solid solution [J]. Catalysis Today, 2019, 327: 323-333.
[201] Kim J, Lee J E, Lee H W, et al. Catalytic ozonation of toluene using Mn-M bimetallic HZSM-5 (M: Fe, Cu, Ru, Ag) catalysts at room temperature [J]. Journal of Hazardous Materials, 2020, 397: 122577.
[202] Rezaei E, Soltan J, Chen N. Catalytic oxidation of toluene by ozone over alu mina supported manganese oxides: effect of catalyst loading [J]. Applied Catalysis B: Environmental, 2013, 136-137: 239-247.
[203] 吕来, 胡春. 多相芬顿催化水处理技术与原理 [J]. 化学进展, 2017, 29 (9): 981-999.
[204] Chen L W, Ma J, Li X C, et al. Strong enhancement on fenton oxidation by addition of hydroxyla mine to accelerate the ferric and ferrous iron cycles [J]. Environmental Science & Technology , 2011, 45 (9): 3925-3930.
[205] Xie R J, Ji J, Guo K H, et al. Wet scrubber coupled with UV/PMS process for efficient removal of gaseous

VOCs：roles of sulfate and hydroxyl radicals [J]. Chemical Engineering Journal，2019，356：632-640.
[206] Whitman W G. The two-film theory of gas absorption [J]. Chemical Metall English，1923，29：146-148.
[207] 刘杨先，潘剑锋，刘勇. UV/H_2O_2氧化联合 CaO 吸收脱除 NO 的传质反应动力学 [J]. 化工学报，2013，64 (3)：1063-1068.
[208] Mei M，Hebrard G，Dietrich N，et al. Gas-liquid mass transfer around Taylor bubbles flowing in a long，in-plane，spiral-shaped milli-reactor [J]. Chemical Engineering Science，2020，222：115717.
[209] Lin C，Zhou M，Xu C J，et al. Enhancement of gas-liquid mass transfer by a dispersed second liquid phae [J]. Chemical Engineering Science，1986，41 (7)：1873-1877.
[210] 姜家宗，赵博，糙萌，等. 微细颗粒强化气液传质研究综述 [J]. 中国电机工程学报，2014，34 (5)：784-792.
[211] 管来霞，崔波，官清疆，等. 催化氧化法处理红色基 B 废水的动力学研究 [J]. 工业催化，2010，18 (8)：71-74.
[212] Lawson R B，Adams C D. Enhanced VOC absorption using the ozone/hydrogen peroxide advanced oxidation process [J]. Journal of the Air and Waste Management Association，1999，49 (11)：1315-1323.
[213] 廖飞凤，徐江兴，徐薇，等. UV/Fenton 法处理硝基苯废气的试验研究 [J]. 哈尔滨建筑大学学报，2002，35 (3)：65-67.
[214] Tokumura M. Method of removal of volatile organic compounds by using wet scrubber coupled with photo-Fenton reaction：preventing emission of by-products [J]. Chemosphere，2012，89 (10)：1238-1242.
[215] Liu G Y，Huang H B，Xie R J，et al. Enhanced degradation of gaseous benzene by a Fenton reaction [J]. RSC Advances，2016，7：71-76.
[216] Tokumura M，Shibusawa M，Kawase Y. Dynamic simulation of degradation of toluene in waste gas by the photo-Fenton reaction in a bubble column [J]. Chemical Engineering Science，2013，100：212-224.
[217] Biard P F，Couvert A，Renner C，et al. Assessment and optimisation of VOC mass transfer enhancement by advanced oxidation process in a compact wet scrubber [J]. Chemosphere，2009，77 (2)：182-187.
[218] Choi K，Bae S，Lee W. Degradation of off-gas toluene in continuous pyrite Fenton system [J]. J Hazard Mater，2014，280：31-37.
[219] Hatipoglu A，Vione D，Yalcin Y，et al. Photo-oxidative degradation of toluene in aqueous media by hydroxyl radicals [J]. Journal of Photochemistry and Photobiology A：Chemistry，2010，215 (1)：59-68.
[220] Ozkan O，Calimli A，Berber R，et al. Effect of inert solid particles at low concentrations on gas-liquid mass transfer in mechanically agitated reactors [J]. Chemical Engineering Science，2000，55：2737-2740.
[221] Ferreira A，Derreria C，Teixeira J A，et al. Temperature and solid properties effects on gas-liquid mass transfer [J]. Chemical Engineering Journal，2010，162 (2)：743-752.
[222] Chen H Y，Liu J M，Pei Y P，et al. Study on the synergistic effect of UV/Fenton oxidation and mass transfer enhancement with addition of activated carbon in the bubble column reactor [J]. Chemical Engineering Journal，2018，336：82-91.
[223] Aziz A，Kim K S. Synergistic effect of UV pretreated Fe-ZSM-5 catalysts for heterogeneous catalytic complete oxidation of VOC：a technology development for sustainable use [J]. Journal of Hazardous Materials，2017，340：351-359.
[224] Xie R J，Liu G Y，Liu D P，et al. Wet scrubber coupled with heterogeneous UV/Fenton for enhanced VOCs oxidation over Fe/ZSM-5 catalyst [J]. Chemosphere，2019，227：401-408.
[225] Wacławek S，Lutze H V，Grubei K，et al. Chemistry of persulfates in water and wastewater treatment：a

review [J]. Chemical Engineering Journal, 2017, 330: 44-62.

[226] Furman O S, Teel A L, Watts R J. Mechanism of base activation of persulfate [J]. Chemical Engineering Journal, 2010, 44: 6423-6428.

[227] Anipsitakis G P, Dionysiou D D. Transition metal/UV-based advanced oxidation technologies for water deconta mination [J]. Applied Catalysis B: Environmental, 2004, 54 (3): 155-163.

[228] Sharma J, Mishra I M, Dionysiou D D, et al. Oxidative removal of bisphenol a by UV-C/peroxymonosulfate (PMS): kinetics, influence of co-existing chemicals and degradation pathway [J]. Chemical Engineering Journal , 2015, 276: 193-204.

[229] Tsitonaki A, Petri B, Crimi M, et al. *In situ* chemical oxidation of conta minated soil and groundwater using persulfate: a review [J]. Critical Reviews in Environmental Science and Technology, 2010, 40 (1): 55-91.

[230] Huang K C, Zhao Z Q, Hoag G E, et al. Degradation of volatile organic compounds with thermally activated persulfate oxidation [J]. Chemosphere, 2005, 61 (4): 551-560.

[231] Xie R J, Cao J P, Xie X W, et al. Mechanistic insights into complete oxidation of chlorobenzene to CO_2 via wet scrubber coupled with UV/PDS [J]. Chemical Engineering Journal, 2020, 401: 126077.

[232] Zheng H, Bao J G, Huang Y, et al. Efficient degradation of atrazine with porous sulfurized Fe_2O_3 as catalyst for peroxymonosulfate activation [J]. Applied Catalysis B-Environmental B, 2019, 259: 118056.

[233] Xia X H, Zhu F Y, Li J J, et al. A review study on sulfate-radical-based advanced oxidation processes for domestic/industrial wastewater treatment: degradation, efficiency, and mechanism [J]. Frontiers in Chemistry, 2020, 8: 592056.

[234] Sun X W, Xu D Y, Dai P, et al. Efficient degradation of methyl orange in water via both radical and non-radical pathways using Fe-Co bimetal-doped MCM-41 as peroxymonosulfate activator [J]. Chemical Engineering Journal , 2020, 402: 125881.

[235] Yin Y, Wu H, Shi L, et al. Quasi single cobalt sites in nanopores for superior catalytic oxidation of organic pollutants [J]. Environmental Science: Nano, 2018, 5 (12): 2842-2852.

[236] Yin Y, Shi L, Li W L, et al. Boosting fenton-like reactions via single atom Fe catalysis [J]. Environmental Science & Technology, 2019, 53 (19): 11391-11400.

[237] Yin Y, Yang Z F, Wen Z H, et al. Modification of as synthesized SBA-15 with Pt nanoparticles: nanoconfinement effects give a boost for hydrogen storage at room temperature [J]. Scientific Reports, 2017, 7 (1): 4509.

[238] Xie Y, Yang Z Y, Wen Z H, et al. A highly dispersed Co-Fe bimetallic catalyst to activate peroxymonosulfate for VOCs degradation in wet scrubber [J]. Environmental Science: Nano, 2021, 7: 2976-2987.